城市设计：美国的经验

URBAN DESIGN:THE AMERICAN EXPERIENCE

[美] 乔恩·朗 著
王翠萍 胡立军 译

中国建筑工业出版社

著作权合同登记图字：01－2003－3784号
图书在版编目(CIP)数据

城市设计：美国的经验/[美]乔恩·朗著；王翠萍，胡立军译．—北京：中国建筑工业出版社，2007
ISBN 978－7－112－09480－6

Ⅰ.城… Ⅱ.①乔…②王…③胡… Ⅲ.城市规划－建筑设计－研究－美国 Ⅳ.TU984.712

中国版本图书馆CIP数据核字（2007）第106899号

责任编辑：陆新之 董苏华
责任校对：王雪竹 兰曼利

城市设计：美国的经验
[美]乔恩·朗 著
王翠萍 胡立军 译
*
中国建筑工业出版社出版、发行(北京西郊百万庄)
各地新华书店、建筑书店经销
北京普克创佳图文设计有限公司制版
北京中科印刷有限公司印刷
*
开本：880×1230毫米 1/16 印张：33 字数：1045千字
2008年10月第一版 2008年10月第一次印刷
定价：120.00元
ISBN 978－7－112－09480－6
(16144)

(邮政编码 100037)

华盛顿州的西雅图

向麦勒迪斯、本杰明、苏珊娜致谢

For Meredith, Benjamin, and Susannah with thanks

"现代主义者总是一贯正确的"

罗伯特·文丘里

"The Modernists almost got it right."

Robert Venturi

序　言

城市设计是一个相对持久活动的新术语，关注人类居住环境及其各部分的四维空间设计。1955年克拉伦斯·斯特恩写道：城市设计“是把各个构筑物及其周围环境联系起来并且服务现代生活的艺术”。在斯特恩的判断中还应该加上时间要素。城市设计是一门相当复杂的艺术，因为它试图同时获得多重结果。这些结果包括提供各类活动庇护所，创造场所感，保障建筑环境的技术完备，保持财政的收支平衡以及维护优良的生态环境。城市设计涉及众多领域，因而是将一门专业研究与其他专业联系起来的艺术。

“城市设计”这个术语从20世纪50年代后期开始进入专业设计领域，这一认同充分说明了在美国及其他地区，即使它不是一门学科，至少它也已经发展成为一种与众不同的专业活动。城市设计源于建筑学，更具体地说，它发源于建筑学的现代建筑运动，它的产生基于对现代主义失败之处的反省，以求把握人类体验与城市生活的真实性。

第二次世界大战以后，欧洲的城市需要重建，不断发展的制造业和运输业技术也给世界各地的城市提出了重建的要求，加上人口膨胀以及新的社会政策和社会秩序的变化，带来了前所未有的建筑高潮。几乎在全世界各个国家都建成了一系列新城镇，包括首都城、工业/公司城、居住区和大的城市更新项目，大多数项目由专业设计人员根据现代建筑运动的某个分支理论的原则来进行设计和建设，尽管设计目标差距不大，建成之后的质量却大相径庭。但与某些冷嘲热讽的评论恰恰相反的是，他们的设计初衷都是要创造适于居住、令人愉快的新天地，其中的一些项目也确实成了雅俗共赏的好作品，可是还有一些项目虽然被专业人士高度评价，却最终无法居住。20世纪50年代后期，一批建筑师、城市规划师及景观设计师对当代设计工作中传统的过程式模式广泛不满，这种不满导致了城市设计专业的发展。

对这种现象的评论可谓众说纷纭。一些建筑师认为它们不够艺术且很少能成为被遵循的建筑范例，另外一些评论从居民和项目使用者的感受出发，认为设计原则根本没能创造出适于居住的环境，一些使用者甚至认为建筑师们没有考虑他们的需求，而只是追求建筑师自己的艺术设想。在看待设计原则自身的缺陷上也有分歧，人类学家认为许多设计原则和范例对文化的考虑欠妥，社会学者对建筑师们提出的建筑环境和社会行为之间的关系缺乏严谨的建筑理论研究不以为然。总之，建筑理论的欠缺已很明显，如果想要提高使用者对其所在的建筑环境（即专业设计人员的工作）的生活体验，就必须更多地考虑城市、居住区以及其他的人类居住环境设计。于是一些人开始自称为城市设计师并承担起了这个挑战。

从20世纪50年代起，城市设计作为一个专业领域和一门学科有了较大的发展，特别是在美国，它有了明确的实用主义的研究方向。一些作品相当成功地回答了人类体验的许多方面问题，但是也有些工作仍然成效甚微，没有达到设计师的意图。我们越来越明显地发现，许多使用过的或是正在被使用的信息是建立在一整套片面的世界观，亦或是对环境随机的观察或轶事传闻之上。无论过去还是现在仍需要以经验主义方法论来更多地了解城市、城市化及物质环境布局，即建筑和城市设计在人类生活中的角色，在这个过程中建筑师们要作为艺术家，通过城市形态来表达他们对社会的直观认识。

建筑师在建筑和城市空间设计上作为艺术家的角色是显而易见的。一些最精彩且深受喜爱的场所就是通过这种方式创造出来的，与此同时也产生了不少截然相反的作品。但是建筑师更重要的角色是作为一名城市设计师，一名应用行为科学家，这第二重身份与当前建筑师们的自我形象非常矛盾，其中一个原因是因为误解。因为第二重角色从来就被认为是社会学者的工作，而事实上现代主义时期的建筑师们就希望能担当这个角色，他们之所以不太成功是因为当时还缺少建筑理论来阐释设计准则与社会期望之间的相互关系。我们现在已经认识到建筑环境不仅仅是设计者设定的那些人生活方式的反映，尽管当前许多建筑观念仍然抱着这种态度。

现代建筑运动的一个失败之处无疑就是建筑师们确信通过改变物质环境的布局就可以改变居住者的社会行为，这个信念在欧洲理性主义者中比在美国更为根深蒂固，特别是那些政治倾向强的建筑师们，常常按照他们个人的意愿去构想所期望的大众行为模式，进而来设计建筑、邻里以及城市。他们隐含的信条就是“功能随从形式”，这是一条与戈特弗里德·森佩尔早在19世纪就提出来的建筑理论“形式随从功能”背道而驰的观点。

我们现在已经认识到形式不能产生功能，除非人们很愿意地去按某种形式提供的模式进行行动，回顾过去会容易使我们明白这一点。现代主义者很容易就看出了形式与行为相关并假设二者有随机的联系。今天我们进一步认识到：“形式应该随从所期望的功能”将是一条适用于今日城市设计的理论。为此我们需要更好地理解功能与形式的内涵，幸运的是，过去20年来的研究已经为我们形成了经得起验证的外延定义。

伴随城市设计发展的同时，一门重要的研究领域也在发展着。它以不同的名称出现：环境心理学、环境社会学、人类环境研究，或更准确地说：环境与行为研究。这种同步发展并非偶然。作为相关领域城市设计与这些方面的研究都是从建筑的现代主义和后现代主义的失败之处出发，来试图把握人的生活和本质，而人是建筑师（和其他设计人员）与其设计、为其设计的根本。这些研究为城市设计师提供了相当数量的可直接使用的宝贵经验，然而对它们的直接使用却只是部分的，因为有效使用它们的方法还没有出现，本书的目的就是为了探索一种这样的方法。

20世纪80年代期间，城市设计和其他许多研究领域一样追求狭隘的实用主义，一个主要的问题是建设方案的经济效益，如何把项目建成并出售(或是频繁的售与建)。许多城市设计师因而把他们关心的问题从现代主义者们所关心的社会环境问题上转移出来。从某个角度上看，城市设计凭经验来应付市场，仅仅成了一种商品。由于在指导思想和做法上市场倾向如此严重，许多城市质量的问题从此被忽略了，这种视市场为惟一的最佳资源批发商，而设计就是为了出售的观点是令人遗憾的。同样令人遗憾的是城市设计在追求实用的过程中丢失了太多现代主义者所拥有的创造美好世界的本意。我们仍需要坚持他们提倡的创造一个功能合理并充满诗意的世界的根本目标。一些城市设计师在工作中一直坚持着这个目标，我们可以向他们学习，我们也可以从那些有意无意达到了这个目标的作品中去学习。我们需要了解城市设计的全部内容以及城市设计所需的知识才能做好这个工作，没有什么捷径可走。

城市设计师在当今与未来的社会变革和技术发展中的作用虽然是有限的，但却很重要。许多变化虽然无法预测，但是很清楚的是：世界人口结构的变化，非洲、亚洲和拉丁美洲国家加剧的城市化进程，有限的资源和缺乏政策的扶持等诸多因素，将很难保障和维护生活在西方民主国家的人们所期望的生活质量。为充分应付这些变化所需要的深刻的政治经济变革并不是从事实际工作的城市设计师们所关心的直接问题。然而优秀的城市设计却能够为建设一个更好的世界作出贡献。而想这样做的惟一出发点是用知识来替代我们关于城市和人类的异想天开的偏见，我们还必须认识到在塑造未来人类居住环境的过程中，城市规划、城市设计、建筑学及景观建筑学根本的政治性。

本书论点

本书试图综述一些研究人员的成果，关注的是如何利用我们已掌握的关于环境与人的知识来提高我们的能力，去创造一个不仅适于居住，而且可以享乐其中并注定会鼓舞人心的建筑环境。尽管这本书尽力想勾画出一个美国城市设计的全貌，却不可能涵盖这个课题的各个方面，它旨在形成一个框架，便于人们了解城市设计要做些什么，它对于人及社会的责任是什么，同时它也能指出其他相关的研究领域以便填补知识及方法的空白。鉴于此，本书可以说是过去20年来三次努力的延续。

1971年在富兰克林学院召开了一次会议，由宾夕法尼亚州费城地区的几家单位赞助，促成了第一部著作的诞生。这次会议的论文由美国建筑师学会费城分会出版，名为《人类行为的建筑》(*Architecture for Human Behavior*)(编辑：查尔斯·伯内特、乔恩·朗、戴维·维冲)。当时正是建筑专业寻找方向的时期，对于选择这个试图理解环境与人类行为关系的研究方向曾有过不少担忧，因为这是城市建筑理论中一个艰难的发展方向。当时的研究目标是为了帮助我们理解人们如何体验环境，以及这种理解对于建筑和城市设计有什么影响。这次会议的成功吸引了更多的论文，于是在1974年道威迪、哈钦生、罗斯收集并出版了《为人类行为而设计：建筑学与行为科学》(*Designing for Human Behavior: Architecture and Behavioral Sciences*)（编辑：乔恩·朗、查尔斯·伯内特、瓦特·莫里斯基、戴维·维冲)。这两次努力的最终目的在第三本书《创造建筑理论：行为科学在环境设计中的作用》(*Creating Architectural Theory：The Role of the Behavioral Sciences in Environmental Design*)中更为明确的阐明了（凡·诺斯特拉德·莱茵霍尔德,1987年)。

与其他的一些作品并列，现在《为人类行为而设计》被看作是城市设计理论的萌芽，对比其他早期著作而言为设计观念学开创了一个更为严格的经验方法论的方向。它建立在发展和使用系统研究成果的基础上，认为城市设计的主要目的是为了加强和丰富居住于其中的人们的体验，所以特别关注行为科学，提出范例转换对建筑师很有必要，即提倡转换那种被广泛接受的模拟和解决问题的方法，强调这种变换与设计师惯用的理论或观念学以及他们在设计中使用的典型或是城市建筑类型有关，它倡导在建筑师众多的观点中作这种转化。

基于近期设计研究及实践的成果,《创造建筑理论》成为一部更为成熟的著作，对这本书的反映也很有启发性。一些评论认为每位从事实际工作的建筑师都应读读这本书（例如，格迪斯、狄欧，1989年)，而另一些人（例如，蒙哥马利，1989年；弗朗西斯科，1989年）在不反对它的宗旨的同时认为，建筑师们并不倾向按书中所描述的那样进行工作。因为这样的努力不会让他们从同行及市场中获得回报。他们的同行只对建成作品中巧妙的艺术处理感兴趣，而市场只看中什么容易出售。

无论在哪里设计师们都会把这些范例丢得一干二净。

事实上设计师继续进行着的设计程序，一般地说都最大限度地排斥着范例所需要的知识态度和行为。更为重要的是，所有的迹象都表明：他们还会在可以看得到的将来继续这样做下去（弗朗西斯科，1989年)。

本书尤其要证明的是，以上观点至少不全是正确的，特别是对于那些在政府部门工作的、决定公共场所设计新模式的城市设计带头人来说，尤其不正确。许多设计师越来越倾向于经验主义方法论，认识到从那些能够满足居住者心理的环境设计中可以学到很多设计和实践的经验，事实上在美国的专业设计过程中凭经验做事的传统由来已久。如果城市设计是为所有人创造一个可以享乐其中的世界，那么它的努力就绝不是许多建筑师所认为的那种不用费力的、凭直觉的艺术行为。许多建筑师宁愿缩小他们所关心的范围以便能继续从事艺术工作，而不愿意去触及除了自我表现之外的其他工作。艺术家在社会中是个重要的角色，承担了城市设计的一部分工作，但这不应是所有设计师的中心角色，特别是对城市设计师而言不应如此。我们应该区分何地需要艺术的想象，何时城市设计是解决问题的方法，会为社会作出更大贡献。

致　谢

本书既没有独创的思想，也没有别出心裁的理论体系，而只是我对许多人工作的总结。尽管也许会令他们不安，我还是要说：全书大部分的工作受益于宾夕法尼亚大学城市设计专业我的同事和学生们。在我任教于宾夕法尼亚大学的近20年里，在那里执教过的建筑师、规划师和景观建筑师们的思想以及我前两任的专业负责人戴维·克兰和诺曼·德所建立的知识体系对我有深远的影响。尽管这本书是关于美国的城市设计，但是它的大部分理论也适用于其他所有民主社会，实际上已经有许多思想在大西洋两岸纵横交流，许多美国建筑师被欧洲的经验吸引，从那里借鉴了不少良莠不齐的经验，书的后文会一一评述。但是美国建筑师和他们的国际同行如果想要在今后的工作中最好地借鉴美国的经验就应该根据美国的国情来看待这些实例。

想要感谢所有帮助过我的人或是找出对我有影响的理论思想都是非常困难的。过去20年间，除了寻找一种典范的城市设计实践和教育之外，环境设计研究组织（Environmental Design Research Association（EDRA））也发展起来。在它组织的会议中，爱思考的同行们发表了许多有潜力而且多样化的文章。他们的名字将在这本书中一次次出现，此书也反映了许许多多其他同行设计者的思想。

此书的主要思想框架来自于亚伯拉罕·马斯洛(1943年,1968年,1971年,1987年)的著作。作为一个人性学家、心理学家，他尽力从事研究人与人类需求的模型。作为研究学者、学说创立人、教育家和理论家，凯文·林奇关于环境质量的构成要素理论对城市设计的经验方法论有根深蒂固的影响，同时还有克里斯托弗·亚历山大和阿摩斯·拉普卜特的著作以及世界各地许多知名的或从不为人所知的建筑师们的作品都为我们指明了方向。这些人中有著名的：赫曼·赫斯特伯格、鲁西尼·克罗尔和B·道斯。在B·道斯探索印度建筑的过程中，他的作品渐渐地偏离了他的老师勒·柯布西耶的设计方向。在荣誉光环之外，还有大量不知名的建筑师们关心着建筑环境的质量，他们的名字也会在本书中出现。然而我们关注的重点并不在宣扬某个人，而是关注不同的设计流派，以及在完成的作品中作为实践基础的设计理论。

感谢那些和本书直接有关的人和他们的先辈比较容易。查尔斯·伯内特是1971年美国建筑师学会费城分会的执行董事，负责组织了富兰克林学院会议。瓦特·莫里斯基参与了所有以上各方面工作，是环境研究所的负责人。他每天在建筑计划及设计的实践中都遵循经验主义方法论的工作方式。他在知识上和精神上对本书的贡献是不能低估的。埃利克斯·沃基对图例的收集工作帮助很大，并且他是一位热心的评论家，乔纳森·巴尼特、Tamas Lukovich和威廉·格里格斯比对此书的改进提出重要意见，温迪·洛克、维多利亚·克雷文和凯利·弗朗西斯对最后的出书提出了很好的建议和不间断的支持。书中的图例来源于许多方面，如图注所示，并在索引中一一列出，米切尔· 坎贝尔在冲印照片时提供了很多的帮助。

一个人受其经验影响是无法避免的，我在三个多民族、多元文化、其中的两个又是多语种的社会里生活的经历使我明白，那种以种族和自我为中心的态度去创造设计理论的方式是多么荒唐。印度、南非和美国尚且各自有过而且依然有困难为他们的建筑多样性下定义，建筑行业内几乎没有人试着去探讨建筑的多样性。

同样无法避免的是高等教育对人的影响。教育家们，如，在约翰内斯堡的吉伯特·赫伯特、威弗瑞德·马洛斯（《教技术》的作者，维瓦斯特兰大学出版社，1972年）和在康奈尔大学的麦可·雨果·伯瑞特、斯图尔特·斯特恩、巴塞利· 琼斯 和J·吉布森提出，考虑适时出现的环境方式就是我们感知的方式以及我们设计的方式。尽管本书持有与柯林·罗尔不同的观点，他在康奈尔大学时对城市设计的热衷让设计师极受影响。从长期看，我在维瓦斯特兰大学和康奈尔大学当学生时的同学们，在宾夕法尼亚大学和费城德雷塞尔大学执教时的学生们以及现在悉尼新南威尔士大学的学生们或许才是对我要求最严的评论家和我未意识到的老师。

这部书的思想框架最初接受过一些人直言不讳的评论，他们中有：马克·考迪瑞(1974年)、布鲁斯·斯万威尔（1976年)、奈杰尔· 路易斯(1977年)、Jitendra Pathak(1980年)，安妮·威勒（1988年)，一些以前的学生后来变成了专业的伙伴和朋友，在这里尤其要提到的是：坦普尔大学建筑学院前院长George Claflen教授所给予我的友谊、知识和评论。

许多人不厌其烦地向我展示新视野天地。我对芝加哥和中西部地区的知识来自于和Cathy A Kolnick一起考察这些地区，在柏林有可妮莉亚·狄亚勒斯博士，在悉尼有埃利克斯·沃基，在印度、巴西和欧洲大陆不厌其烦地帮我了解建筑文化联系的人多不胜数。他们对于我理解许多事物的迟钝所付出的耐心超出想象。保罗·里德和我在新南威尔士大学的同事们也为我提供了关于澳洲城市以及美国城市特征的重要见解。

尽管现代主义大师们也许会被本书的理论吓坏，我们最终必须认识到他们通过他们的著作和作品带给本书理论的影响。十月革命后苏联建筑的构成主义和理性主义运动明确地追求设计的经验主义方法论，虽说包豪斯大师们的理论根深蒂固地受理性主义影响，却也直觉地感到这个需要而没法将它实施，而本书的思想脉络曾被贬称为“包豪斯的最后一击”。勒·柯布西耶作为20世纪的建筑巨匠也曾经试图把人作为所有设计依据的尺度，而我们如果现在不能做得更好，那他的努力就白费了。

目　录

简 介

华盛顿特区的宾夕法尼亚林荫道

这本书的目的是阐述我们从美国城市设计经验中已经学到的东西。对城市设计的关注既把城市设计当成一个产品也是把它看成为一种公众决议制订的过程。这本书并没有包括对近年来作品的详细描述，相反，它致力于得出对潜在于那些作品之中态度看法的一种理解。这种理解源于：(1) 对过去30年的观察和经验的研究；(2) 某些城市设计师所采用某种设计方法时主张的政治立场，并表现在与经验主义者或现代主义者的争论之中。

然而这种关注是针对美国的建设项目与研究开发两者而言的，如果孤立地以任何地域性作品的角度来看待，那么，就理解不了这种美国经验。贯穿于这个世纪，美国对待城市设计的方法态度已深深地受到欧洲城市设计的本质特征及其建筑思想与发展的影响。实际上，这种穿梭于大西洋上的针对城市设计问题的广义解决方法已经得到传播，就如同建筑学研究的方式方法一样，已经成为这个世纪的一种标志（森克威切，1974年）。近来通过对亚洲、拉丁美洲、非洲人以及他们所营造的环境所进行的跨文化研究，我们已经掌握了越来越多的经验教训。因此，本书的观察对在城市设计中已经存在的一系列态度方法和从城市设计作品使用者的观点出发对其中所包含意义的研究是有所侧重的。

这篇简介描绘了分布于书中的以及赋予全文结构的广为人知的观点。它以一篇关于城市形成的短评开始（这个评注在第2章中将会深入展开），又以一篇关于本书概要的描述和注释结束。在这中间将介绍20世纪前后城市设计的两股思潮：理性主义和经验主义。

城市设计

从远古时期开始，人类聚居场所的构筑物就由人类的基本行为引导着——即如何制定移动路线，如何形成公共生活空间，建筑如何与其他建筑相联系，以及其自身将起什么作用。这些规则有时候可以清楚地进行阐述，但是有时它们仅仅是被简单地理解，被那些害怕被放任自流的人所使用。当城市发展逐渐明显地出现不协调时，城市就被一系列法律和实实在在的物质财富所统治。法律往往能够确保个人实现所向往的环境行为，但通常人们并不因此而满足。

城市建设方式的决策者包括各种各样的人。事实上，城市建设方式也影响着包括政治家、律师、开发商、环卫工程师、建筑师、规划师、个体商业者、房地产开发商等的工作。其中的每个团体都在按自己的态度、消费观念、利益以及自然观和公众利益观去寻求营造环境的方式。尽管这种各自为政的做法取得了一定的成绩，但是大量没有经过合作的做法也造成了许多损失。独立的个人在制订决策的过程中起过很多积极作用，但就是这一点也是社区团体在决策过程中丧失最本质作用的原因。城市设计不断地被卷入关于个人权益和公众权益的争论之中。

城市形态的竞争力实际上决定着民众的整体生活质量。实际上权力的分配参差不齐，那些对资源有控制权的人对未来城市形态起着主要的影响作用。在资本主义国家，市场规律和财富对城市将在哪里及将如何发展的政策制订起着不相称的作用，主要体现在与他们自身利益相关的方面。民主政治体系的构成方式用来限制在将来的社会、经济和物质秩序中如何使用其经济力量。

在城市的形成中，公共机构起着主要作用，因为城市的很多区域都是公众所有权的一部分。市政当局为投资资产、资源的方法提供了一个框架——“一个资本网络”（戴维·克兰，1960年），在这其中，个人建立了一个无形的社会法律网络（莱，1988年）。城市设计师在有关人类聚居场所设计的理论知识争论中居于主导地位。设计师通过对市场和立法过程进行有意识的协调，以及通过提供意见、暗示潜在的将来和政策、程序来实现这种主导权，就像为权力精英们进行优良的设计一样充当着相似的角色。城市设计师出色地完成这些职责的能力依靠于他们对人类的理解，对多维空间环境体验的感知能力，以及决策的制订过程。

物质化的城市存在于三维空间之中，但是经常发生变化，并且随时间而改变着，因此，城市存在于四维空间之中。社会将城市设计视为一种职业活动的必要性原因就在于它所存在的潜在效益，这种效益是通过城市、郊区、邻里的协调发展而产生；这种必要性也存在于建筑物的复杂性之中——一种对需求整体的重新思考和满足这种需求的规则。这种协调能够通过两种途径来实现：(1)为开发制订设计政策和指标，允许其他人按自己的决定进行设计；(2)在控制和开发整个设计的过程中有一整套的协助措施。在前一种情况里，城市设计接近于城市规划，而在后一种情况里，城市设计类似于建筑设计。

在民主国家存在各种提高公众福利以及使城市成长壮大的法律机制。建筑法规影响着建筑的本源：

在考虑公众利益的前提下，土地利用法规和分区利用法规是处理城市发展和变化的正式机制（莱，1988年；舒尔茨，1989年）。特别是当土地利用和交通运输规划之间协调一致时它们是强有力的机制。主要的城市几乎都有城市分区法规。写这本书的时候，得克萨斯州的休斯敦便是其中的一个城市。现在普遍存在的一种观点认为，个人实现自己意愿的权力要比许多重要环境体验内的环境质量更为重要。然而，甚至在休斯敦却被许多规划所指导，特别是涉及到主要交通和洪水这些不得不应付的问题时，更是如此。我们可以通过休斯敦的例子了解这种对由经济决定的城市发展模式不一致的干涉所产生的效果和代价（吉拉德，1987年）。

传统的土地利用规划和分区规划早已经关注要创造一个有益于健康的环境，并合理地进行土地使用分配（从某些人的观点来看），以及形成一种有效的土地流通模式。主要涉及到的是人类的生物特性，偶尔才是其他的动物。在这个框架里，开发商和建筑师要进行的单体建筑设计被什么是可以售出的所感知，或者更可能的是被什么是他们经常创造出来并会被售出的感知能力并且被建筑潮流所引导。城市中的许多富人区便是在这种开发模式下产生的。在那里，建筑理念被引入大规模的城市建设中比在单体建筑建设中的更多，但所形成的环境现在来看已经显现得非常黯淡无光，这是因为建筑师强调用几何图形秩序的创造来例证他们设计中的某种建筑思想。

虽然城市中土地的利用已经受到一些关注，但令人吃惊的是，人们对于如何才会塑造一个好的城市三维空间形象却没有什么观点。在大多数的例子中多是涉及关于那些反复多变的建筑高度和软弱的建筑法规（阿托，1981年）。那些控制性规范是反复无常的。它们不是源于对经验的总结，而是源于一个特别时期的美学偏见以及对阳光特性和效能的坚持。实际上，建筑高度控制易被改变或忽视反映经济的需求，除了在那些有明确的理由规定建筑高度的地方之外（例如，旧金山的高度控制就是为了避免在特殊的公众场所产生阴影），一般都可能发生变化。在当前这个时期，我们所迷失的是对整个城市环境的关注和随着各类人群不断变化着的需求而进行调整的计划。这种对需要关注城市空间环境四维空间质量的重视，以及它们所能给人们提供的环境已经促成了城市设计作为一个职业领域的发展，同时在它们的权限内日益成为一种规律和法则。事实上，本书提及的问题之一便是关注城市设计在自己的权限内作为一种职业的自律程度。

尽管在20世纪50年代后期，美国就是城市设计作为明确的职业活动与研究地区的起源地，但是20年以后，美国的建筑师和城市规划师仍然在询问，“什么是城市设计？”。他们也要求“给我展示一个城市设计方案”。在几乎没有可以被正式称为城市设计的建成实物或形态的情况下，这样的问题和要求并不让人感到吃惊。城市设计的目标通常仅仅被视为是一种大体量的建筑、城市规划以及／或者是景观性的建筑。从1970年后这种情况才发生了很大的转变。

城市设计现在被认为是职业人士关心的事情，是由建筑大师设计的一系列优秀的建筑。但是我们清楚地知道，建筑本身并不能创建美好的城市和城市空间场所。印地安纳州的哥伦布可能是拥有建筑大师设计的建筑最多的城市（皮尔森，1990年）。如果不加约束地只是通过知名景观建筑师的设计就把它们聚集在一起的话，那么，在视觉上它们肯定就会产生强有力的冲击力。哥伦布是一个令人愉快的城市，但是在这个城市重新组织建设时，也存在着错失的发展机遇。因为可以把这个城市街道的自然肌理构成作为城市设计和城市质量评价的一个基本构成要素却被城市设计师们遗忘了。城市设计领域的诞生本来就是源自认识到城市各构成部分之间关联的必要性，特别是对那些公众活动构成领域部分之间关联必要性的认识。城市设计也诞生于对土地进行良好合理分配的重视中，土地自己不会自动形成一个好城市。最重要的是，城市设计诞生于人类经历了以城市规模制订政策和现代运动建筑设计理论造成了枯燥城市环境这样一种失败的经历之后。尽管在这些地方居住的人在某一天里曾在特别的时间段用特别的光线拍摄过这些场所，这些环境空间也曾有过很高的上镜率（当还没有人居住的时候）（雅各布斯，1961年；布瑞林，1976年；布莱克，1977年；休伊特，1984年）。

从中世纪起便有重新思考建筑和与其相伴相生的城市设计行业所有本质的需要。相似的，城市规划和景观建筑已经加重了兴趣焦点。这种结果已经促成最初关注于城市设计职业焦点的分裂。城市设计已经越来越显现为一个被默认是满足职业需要的领域。它现在已经创建了历史和一系列作品。在过去的30年里，人们经常询问通过外在的城市设计行为取得什么样的城市设计才是恰当的，同时为将来把城市设计作为一种不同的活动建立一个方向也同样是恰当的。

城市发展状态是动态的。作为一个需要较强理解能力的调查活动领域和设计活动，城市设计是一种明确的活动行为。作为一种新出现的职业，它更多地取决于传统设计领域的发展，以及传统设计领域职业的关注。随着发展，对传统设计的关注已经并将会使越来越多的良好环境特征和良好城市特征的社会发展与人类利益相联系，同时，这种关注可能不会容忍私人设计师个人奇怪念头的产生。

建筑理论的发展

传统地看，城市设计是建筑学领域的一个专门化。它被建筑学作为一门学科基本关注点的转移所引导并受到冲击，但是建筑学仅是作为一个职业。在过去的20年里，建筑学已经经历了许多的转变，然而其潜在的设计观点仍保持着令人吃惊的顽固化。现代主义的单调早已让位于后现代主义(波托盖西，1979年；伯格曼，1981年；科瑞茨，1988年)以及更近时期的解构主义(约翰逊，维格里，1988年；诺里斯，1988年；贝特斯加，1990年)，可能甚至是让位于一种软弱或离散的建筑学运动(伊各纳斯·德·索拉·莫拉雷斯，1989年；P·布坎南，1990年)。对奇怪地迷失在建筑学科知识引领者之间的理论/观点的辩论已成为一种在设计中营造一个更适合居住、令人愉悦环境的中心议题的关注焦点——关于如何感知这个世界的关注。更确切地说，针对不同建筑法规的运用及其促成的固有形态的结果进行了没有特别评价意图的探索。

处于带头人地位的建筑思想家关注的是运用相似的建筑开发手法解决相类似地区的建筑问题，使其得到广泛应用。这种方法已成为争论的话题，不是因为不同但却相近的手法会创造不同的设计，而是因为类似的形式美已经成为设计中首先考虑的要素。(参见，拉文，1990年)。创造形式的方法不但已经在为形式进行辩护，而且这种方法也已变成了它们追求的最终结果。建筑理论家们宁愿驾驭着控制的理论知识界，也不去改善建筑环境的质量。

运用新的观点和方法所创作的一些设计是迷人的，并不是因为创作的规则迷人(对其他职业人员除外)，而是因为它们所提供的体验和建造时使用的人的感知方式。这样也会误导人们，使人们认为这种智慧的产物自身就是成功的原因。巴黎的拉维莱特公园就将是一个成功或失败的例子(其他的设计除外)，就是基于它所能提供给人的空间场所体验感受，而不是因为它的几何体系的智巧或是存在于杰克库斯·德里达作品中被它的设计师伯纳德·屈米所争论的学术基础(参见诺里斯，1988年；伯纳德·屈米，1988年，1990年)。成功或者失败都是因为那些设计体系所能提供给人亲身体验感受的内容。在不同的文化系统中，人类对建筑环境体验感知的特征需求可以作为城市设计的基础被理解。设计思维中相似“母题”设计的作用同样也是设计方法论里关注的一个主题。这种相似物体的美丽只是一些鉴赏家的兴趣而已。

过去的20年里，大多数学术上的争论已经避开了建筑从业人员。建筑职业的主流仍然还是关注设计建筑的基础工作。但就目的来讲，建筑师的大部分工作现在已经是足够好了。现在主要考虑的是解决空间循环的问题（一种在最轻微的感知中对功能的关注)，应用一种立面（现在通常是和历史参照相联)，以及在可知的预算范围之内解决空气流通和结构上的技术问题。从现代运动中所继承的是现代运动对空间设计的明确态度。把那些需求综合成一个相互协调的整体已经变为和正在变为一种日益复杂的任务。因此，目前许多的建筑工作都集中在单体建筑设计上。这就足以让绝大多数的从业者担忧了。相比之下，也正是出于本质的需求，城市设计是在政治领域里完成的一项公众事业。城市设计也许会更加被认为是建筑公众利益的组成部分，同时也是建筑和景观建筑职业的组成部分。

如果按照任何同时代相似手法修建的一系列建筑能自动形成完美环境的话，如果它们不是存在于文学中的暗示，而是存在于每一天的生活中，那么，城市设计的理论就会如同这本书中所继续发展的理论和观点一样将成为不必要的了。既没有获得成功，也没有其他建筑理论被带入城市设计领域的实例。今天主流建筑师在城市设计中主要运用的仍是理性主义者的模式，理性主义者模式关注的焦点则是理性的环境和理性几何学的城市设计。所有的城市设计也的确包含着几何学，但是正如外星人以及那些研究城市品质和城市生活的人所知道的，纯粹研究理论的人的观点迂腐有限。

城市设计中的理性主义和经验主义

杰弗里·布罗特本德(1990年)早就明确了一些关于城市设计的新思想，他恰当地称之为城市空间设计中涌现出的新观念。他将这些思潮分为反映未来思考和设计的两组方法：新理性主义和新经验主义。前者

1.堪萨斯州塞吉威克县的郊区住房
(照片来源：承蒙马文·圣·克鲁特惠赠)

2.芝加哥伊利诺伊工学院的建筑馆（又名克朗楼）

3.宾夕法尼亚州艾尔肯斯公园的贝丝犹太教的教会会堂

4.佛罗里达州迪斯尼世界的天鹅饭店
(照片来源：理查德·菲特兹哈丁格摄影)

5.哥伦布俄亥俄州立大学的威克斯纳艺术中心
(照片来源：理查德·菲特兹哈丁格摄影)

6.纽约的炮台公园城

图1－1　20世纪的五种建筑运动

当20世纪美国的大多数建筑已经是一种地方风格或新殖民地风格（1）时，三种与建筑职业相关清晰可辨的态度已经体现在现代主义之中：经验主义（2）和理性主义（3）、后现代主义（4）、解构主义（5）。每种方法都与其附属的方法有关系，这些附属方法使这种方法的区别变得过分的简单化，但是它的确也表达了三种针对人和环境的职业态度。在被描述为理性主义和经验主义的两种主流思潮来看建筑仍是比较好的。20世纪40年代由密斯·凡·德·罗设计的伊利诺伊工学院的克朗楼，由于他对人与社会的理想化模式和对正交几何的关注，使他的设计很明显地融入了理性主义的潮流。经验主义源于远古的(通常是外来的)形式，从过去的经验模式和自然模式中汲取了很多深厚的内容，例如，由弗兰克·劳埃德·赖特设计的贝丝犹太人教会堂（3）。后现代主义的实例如，由麦克·格瑞沃设计的天鹅旅馆（4）。解构主义的实例如，由彼得·埃森曼设计的威克斯纳艺术中心（5），其表达的内涵即使都反对现代主义，但也仅仅是停留在表面形式上。也许一种更为离散的建筑正在开始出现。它通常与城市设计项目（6）相关。

的观点主要是与一种良好的、简单的、有序的社会生活相关联，也与一种抽象的纯粹的几何建筑相关。美国新理性主义作品大部分是从欧洲大陆汲取了灵感，在那里有着一种对诸如洛吉耶、克劳德·尼古拉斯·勒杜和艾蒂安·路易斯·布雷等贯穿于法国18世纪的这些理性主义者线性思考方式的延续。从政治的角度出发，他们从哲学思想所提倡并扩大的公共生活中汲取了灵感。新理性主义者，比如，意大利的新理性主义运动（罗西，1982年），已经比他们在美国的同伴更多地被政治运动所推动。实际上，在他们的设计中有着对人类生活质量更多的关注，但是仅仅是建筑师关于其他人的生活应该是什么样子的设想，并不是关于人类真实生活的设想。问题是这些设想已经是并且仍然是高度简约主义的类型。新理性主义涉及到的抽象的人如同涉及到的抽象几何学一样（伍德、勃朗温、拉蒂默，1966年；斯特林格，1980年；埃利斯，卡夫、1989年）。在一定范围内而言，这些人的抽象模式与他们在设计中所考虑到的人是相一致的。鉴于支持这本书的价值观建筑师的设计思想是合情合法的。当人类的行为活动模式和人类需求与现实社会脱离得太远时，如果还按照他们的意愿进行设计的话，那么，建筑设计就将遭受损失；对使用者而言，评价时尽管建筑形式是纯几何性的，那么，也会吸引设计师。

这本书中的很多论点都源自于经验主义的传统，但是它们既没有必要支持也不反对过去的美学设计思想（西谛，1889年；昂温，1909年；卡伦，1961年）或是近期新传统主义的作品（克历尔，1987年；杜安伊，1989年；汉迪，1991年）。而且某些论点是出自对城市现实的研究，即对环境如何起作用以及对人类需求的研究。代表了用户引导的设计方法——一种如大多数现代主义者、理性主义者和经验主义者所宣称的应该拥有的立场。

要理解城市存在的形态、它所服务的人类目的，以及为什么它们是一种方法但是它们又不会告诉我们今后要去做些什么。**设计是被一系列观点指导的意志行为。**任何设计师所采取的恰当而明确的观点本身就是政治性的和源于一定世界观基础之上的。许多关于今天的城市设计师所坚持观点态度的描述和说明也是本书的一个基本组成部分。在这本书的论点中，还提出了许多关于诸如城市设计本质特征的复杂问题。它们包括城市设计师已经做的和正在做的一些事情，也包括关于世界范围内城市设计师应采取的观点，以及作为城市设计行为设计基础应具备的知识（多尔顿，1989年；穆德，1992年）。目的是要我们从动机和行为两方面来进行学习，从经验主义科学的作品和关于人类需求的类科学中进行学习，这样我们就可以了解这些需求是如何被满足的；要从建筑形式所固有的内容或所支持的内容中去学习。要理解这个目标的重要性就不得不去理解环境的本质特性，20世纪的城市是怎样发展的，以及现代运动形成过程中成功与失败的经验教训。

现代运动对城市设计的关注

现代运动关于城市设计的理论(比如，设计城市及其区域的规则／原则)包含了关于如何塑造好生活和好环境的不同类型观念。在现代运动的全盛时期，无论持有什么样的观念，建筑师都普遍关注于城市和创造一个美好的世界。他们对工业城市的憎恶（查尔斯·狄更斯描写的“焦炭城”和大部分工人的生活条件）使他们联合起来（恩格尔，1892年；芒福德，1961年）。他们主要被分成两组相互交叉的人：分权主义者（也就是所知的祖籍英国的美国人）和中央集权主义者（欧洲大陆人）。每一种思维方式都深深地根植于他们的文化和理论遗产中。前者是经验主义者，后者是理性主义者。第一类团体中包括那些改革家，其中很多都不是建筑师。他们注视着现实生活，并源于他们的价值观发现设想中的那些乡村环境或是中世纪城市错综复杂般的小城镇社区是他们设计的未来生活模式。第二类团体中大多数人是建筑师，他们根据可参考的知识框架，希望有一种设想中的轻快的、充满阳光的、高科技的、社会主义的大都市存在。前者的目标是创造一个生动活泼的世界，后者的目标是创造一个花园中的城市——一个功能良好的艺术品般的城市，而且在社会和经济两方面都是如此，运用先进的技术便意味着要去解决工业城市的问题（塞特、C.I.A.M.，1944年；勒·柯布西耶，1973年）。

正是由现代运动的两股主流思潮所倡导的住房领域里的新建筑和城市形式形成了城市最为清晰、相互分离的个性和印象。克拉伦斯·佩里的“邻里单位”规划理论，正如理查德·斯坦和亨瑞·赖特在纽约郊区的雷德朋居住区所完成的设计（斯坦，1957年；参见图2–8)，以及勒·柯布西耶在马赛完成的住宅单元集合体马赛公寓一样（勒·柯布西耶，1953年；参见图2–11），也许被视为是两种针锋相对的对待城市的观点。还有其他的模式，比如那些由路德维希·希尔伯塞（帕米、斯贝斯、哈灵顿，1988年），布鲁诺· 陶特、包豪斯(威格勒，1969年)所提倡的设计理论，也是20世纪里建筑师偏爱的一部分（参见舍伍德，1978年），但是纽约郊区的雷德朋居住区和马赛公寓（或者在美国20世纪60年代的住房计划）表现了对待未来城市的两种不同观点，甚至它们与被工业城市设计师所感知的工业城市问题在本质上也是一样的。在最初的背景环境中，两种模式对居民来讲还是比较好的设计（参见兰辛、玛瑞斯、兹赫尼，1970年关于雷德朋居住区的设计；埃文，1973年关于马赛公寓的设计），但是它们却很少适应发展的需求。

把经验主义和理性主义这两种学院派的思想视为祖籍英国的美国人和欧洲大陆人的观点现在正在被误导，因为这些从那两种思想中所诞生的思想已经在这个世界的许多地方被实践过了。在美国和英国出现了更多的理性主义设计方法（例如，在芝加哥的伊利诺伊理工学院、西格拉姆大厦，以及纽约的林肯中心，也许都不是很成功的例子；还有一些更不幸的例子，芝加哥南部圣路易斯的普鲁伊戈居住区，以及伦敦的Roehamptom和Thamesmead地区）。大多数欧洲大陆城市郊区的发展都是源于“田园城市”的理论模式（例如，20世纪60年代斯堪的纳维亚新镇的大部分住宅的开发），以及在许多场所

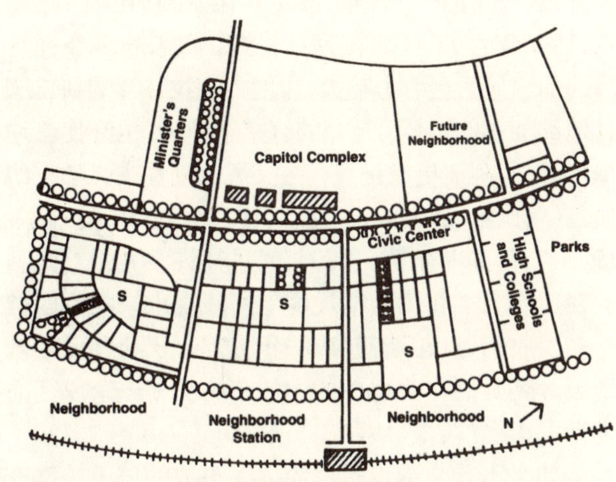

1.建筑师奥托所作的印度奥里萨邦首府布邦奈瓦的规划
（资料来源：奥里萨邦公共管理委员会提供的最初规划草案）

2.建筑师朱利斯·威兹设计的布邦奈瓦的秘书处
（照片来源：桑托斯·库玛·密斯瑞摄影）

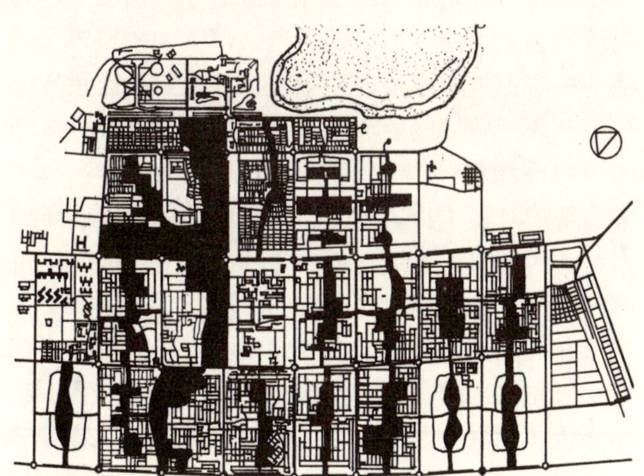
3.建筑师勒·柯布西耶和其他人所做的印度昌迪加尔的规划
（资料来源：很多人；绘制：埃利克斯·沃基）

4.建筑师勒·柯布西耶设计的印度昌迪加尔议会大厦综合体

图1－2　布邦奈瓦和昌迪加尔

由于州边界的重新划定而显得非常迫切，在印度独立前和独立后分别建造了两个新的州政府。奥里萨邦首府布邦奈瓦(1949年)是最早建的，沿袭了包含对许多经验主义传统历史建筑式样的参照而建造的，特别是对佛教建筑的参考。昌迪加尔的规划(1952年)规模要小一些，是一种基于邻里单位理论思想基础上的规划模式，但是实施的邻里单位(地区)要比佩里提倡的大了许多，已经被“合理化”为一种正交的几何性特征。除了一致性之外，昌迪加尔的建筑之间没有丝毫的关联性，但是这对于印度的城市空间来说已经是进步的。

都有对中世纪城市的错综复杂进行复制的痕迹，特别是在欧洲（例如，法国的葛伊摩港）。尽管有大量纯粹思维方式的类型存在，这两种思维方式关于未来可能性和设计原理的梦想经常还在实践中相互融合。这些梦想和它们的建筑表现点燃了世界各地许多人的想象力。它们不但已经促成了建筑师的思想理念，而且促成了政治家们的思想理念，也促成了财富开发商以及公众对于如何去组织环境以便于改善对其中居民生活质量的关注。

毫无疑问，我们中大多数生活在所谓发达国家中的人，生活条件要比我们的祖父母一代人好得多。关于这种生活条件的提高有很多原因。在20世纪，我们整个世界的社会和政治特征经历了一场根本性的变化。伴随着科技的发展，这些变化给人们带来一种只有财富才能够提供的生活方式（伯汉姆，1960年）。那么，对于这个比以前更好的世界，现代运动的建筑思想到底在哪些领域中做了贡献呢？

如果一个人看到遍布世界的城市和郊区，他就可以清晰地看到现代主义运动学院派的一个设计思想或另一个学派所造成的影响。公司总部大厦、高收入阶层的公寓坐落在绿色的田野中，社会（公众）住宅开发都有相似的模式，许多城市更新的开发中都体现了理性主义关于建设和／或者二次开发城市地区的思想观念。位于郊区中心超巨型的学校或商店的房屋显示了经验主义学派的影响，正如在城市公共生活中心新建的类似于意大利广场的空间形式一样。也许，在第二次世界大战后遍布世界的新城镇中，这两种学派的影响是最明显的。

从1945年以来，美国一直都没有进行关于新城镇建设的统计调查。这些新城镇的数量当然是巨大的，但是与许多其他国家相比，美国的新城镇数量就相对要少一些了。它们包括那些作为政府通过工业和／或住房的重新分配政策对经济干预的直接结果，以及由私人资助发展而建造的城镇。纽约北部郊区的新城镇，以及产生于许多西欧国家新城镇政策的定居点／城镇／城市等都是例子。新城镇包括了许多政府的首都——阿布贾、 布邦奈瓦、巴西利亚、昌迪加尔、达卡、伊斯兰堡、甘地纳加尔——视为殖民帝国主义的崩溃已经发生，以及某些国家、州或者省都尝试着去建立象征身份的城市。在美国已经有了一个关于地方新首府的设计和想法，这个新首府也许会比朱诺能更好地服务于阿拉斯加州。

新独立的印度两个同时期规划建设的州政府城市的实例就例证了现代主义认为的也许要比美国或欧洲城市更好的实例(参见图1–2)。布邦奈瓦(1949年)是奥里萨邦的新首府(规划师是奥托，建筑师是朱利斯·威兹)，沿用了“田园城市”的设计理论思想(朱利斯·威兹，1954年；奥托，1960年)，然而旁遮普邦的首府昌迪加尔(1952年)，以及后来旁遮普邦和哈日雅娜邦(建筑师是勒·柯布西耶)都沿用了理性主义的设计原理(伊温森，1973年；尼尔森，1975年；瑞伯雷特，1985年)。在这两者之中，昌迪加尔市更像是一件美术作品，不管它是对的或错的都被人们广泛地熟知，布邦奈瓦则有着更适合居住的美誉(凯特尤，1953年)。然而，印度的情况对这两个城市设计中的任何一个城市都没有产生一点影响(参见伊温森，1966年；尼尔森，1975年；1977年，阿摩斯·拉普卜特，布邦奈瓦)。昌迪加尔显然更有影响力，印度古吉拉特邦的新首府甘地纳加尔(1964年)是它的直接继承者。也许比昌迪加尔、巴西利亚更像是现代主义思想理性主义学派的典范(陶比尔，1966年；伊温森，1973年；格林、爱森尔，1986年；曼斯菲尔德，1990年)。虽然许多关于巴西利亚在所有人类行为活动尺度上所表现出来的问题被许多人质问过(霍斯顿，1989年)，但是巴西利亚的规划设计还是被作为巴西的一件艺术品和一个象征而进行了庆祝(培根，1974年)。

如果不是全部也是世界上大多数的城市，都有过城市的更新计划，以用来满足和服务于日益增长变化的人口需求和／或工业基础的变化需求。尽管街道的模式保持着固有的特色，但美国的城市公共活动中心已被根本地改变了。重建在第二次世界大战中被轰炸毁坏的欧洲和日本城市需要建设许多新的综合性建筑；在所有者放弃的基地上已经进行了许多新的开发项目，这个结果是由于工业发展所致力追求而形成的衰退；许多是归因于变化的土地价值和城市租金结构。

在美国城市的中心、铁路站场、码头中，也包括市郊住宅区的“公共活动中心区”（参见图3–2）都有新的城市建设项目。尽管目前经济处于低迷期，但是很多建设项目仍处于绘图板上或在修建之中。绝大多数项目是对现代运动哲学理论主义学派进行的完善和改编，因为它们涉及到高密度商业环境的设计，也有一些内容是经验主义很少涉及到的。通常源于经济决定论的思想——经济实用主义的城市设计。

在这些新城镇中，某些新城的更新计划和20世纪建设的郊区开发项目已经获得了很大程度的成功和

1. 纽约洛克菲勒中心

2. 费城的佩恩中心

图1－3 洛克菲勒中心和佩恩中心

洛克菲勒中心设计于20世纪40年代，是为了满足非常明显的意图而建造的，主要被一个独立的设计小组和土地的所有权模式所控制，现在已经成为纽约市曼哈顿中城的心脏地区（1）。它的设计源于一种自身元素和与相关部分的相互交织。费城的佩恩中心从20世纪60年代开始建造，被设计成并且已经成为改变周围地区环境的催化剂。它离散的特质表明它不得不与许多土地所有权模式进行抗争（2）。在许多利益竞争之间由于缺少合作而导致丧失了许多可以创造更好设计的机遇。

更加地怡人化(例如纽约的洛克菲勒中心)。许多实例都表明了营造那些既要作为象征又要在其中进行工作和/或生活的成功环境场所的难处(例如巴黎的拉·德方斯，昌迪加尔议会大厦综合体)。其他那些已经足够好的作品，达到的整体质量却并不是设计师所希望的(如费城的佩恩中心)。一些设计思想在某些场所很有效，但是在其他场所却不可行，因为成功与失败的决定因素对城市规划师和建筑师并不是直觉般那么明显(例如美国城市和郊区的中心步行商业街区域；参见图20-1)。某些其他的设计已经被证明是不适合居住的，特别是那些以理性主义思想为基础的居住环境规划设计，尽管关于它们的争论本身是合理的，其本身也是直观的有感染力的(纽曼，1972年；玛瑞特，1982年)。

尽管许多这些冒险是大胆的，但很明显，即便是它们中最成功的，也包含了付出的所丧失许多机会的代价；而其他的设计可能将会有更好的效果。在某些情况下，采取不协调的行动会比仔细编排得如同管弦乐般的城市设计的效果要更好。事实上，几乎在建筑设计的每一个方面，除了专门订制的房屋之外，现代运动都遭到了非比寻常的批评（例如简·雅各布斯，1961年；卡普兰，1973年；布瑞林，1974年；布莱克，1977年；沃尔夫，1981年；霍斯顿，1989年)。尤其是在涉及到理性主义思想的城市影响方面尤为严厉。直到20世纪70年代早期，在这些批判面前，建筑学既作为一门专业也作为一种职业，才从涉及到的城市中离开，转而走向相对安全的单体建筑设计和对新绘画美学观念的密切关注，最近又关注于类似语言学类推法的研究。城市规划职业已经认识到那些关于建构物质环境对社会行为活动影响的思想决定论是有勇无谋的，开始变得比物质形态规划更多地关注于社会规划和经济规划。这种关注焦点的变化在美国的学术界中尤为真实。对物质环境关注和对公众领域设计的关注在美国已经坚持作为一种职业的关注，但是在其他国家要比美国强烈得多。

如果建筑学转向对美术和批评理论以及理论基础的知觉认知研究，那么相比之下，城市规划就已经试图把自己变成一种关注于经济发展、戒毒、无家可归者这类特殊问题的类科学。这些问题是一种更深刻的社会问题，也是许多社会不得不面对的和极其“不愉快”症结的真实征兆（伯泽杰内克，1974年)。在尝试处理这些问题的过程中，城市规划关注于营造环境和未来的传统方法，虽然没有完全被丢弃，但是大多数行为在美国已经停滞不前了。

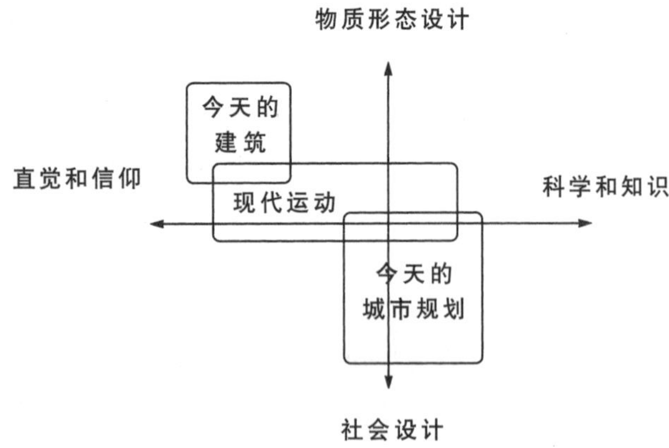

图1－4　今天的建筑学和城市规划关注的城市领域范围

然而人口在持续地增长，基础设施进行了连续的投资，郊区的开发也在继续进行，城市更新在向前推进，新的城镇也在不断地进行建设。即使设计师实践的关注焦点已经发生转移，而实际上，一些建筑师和规划师仍然关注于物质性城市、城镇或郊区的特征塑造。虽然城市设计从一开始产生就受到争议，但是城市设计作为一个新的研究领域和职业应用已经在过去的30多年里稳步地发展着。目前这个领域没有统一的名称叫法，它在世界各地又以不同的名字存在。在这本书里，我只是简单地采用“**城市设计**”这个称呼，因为在今天讲英语的世界范围内这个名词的使用最为广泛。

从美国的城市设计经验中学习

一直都存在着很多关于应该采取更好的人类住所环境营造效果和／或保持现存住所环境良好质量的努力等方面的疑问。在20世纪80年代和90年代，许多建筑师（参见杰弗里·布罗特本德，1990年）和其他的一些人（例如旦兹格，塞特，1973年）对未来城市的发展都进行了假设，或是进行探索性的设想。在美国和其他资本主义国家也存在与财富发展过程紧密相连的高度实用主义的城市设计作品。与之相比，许多的设想计划与社会的正式政治结构密切相关，比如在那些强有力的中央集权制政府的国家：斯堪的纳维亚、法国和印度。

今天，有许多关于城市设计的思潮，同时城市设计也把许多设计思绪收聚在一起（斯科特·布朗，1982年，1990年）。这本书的大部分内容就是关于美国最近涌现的经验主义思潮的叙述，通过对自身知识基础下意识地进行关注——既是实质性的也是程序性的关注，能够从其他同时期的城市建设成就和前期思潮中区别开来。是把城市设计师的设计手法从依靠个人的直觉、经验，特别是童年时期的直觉和经验的手法中转移开的广泛尝试中的一部分，并将作为理论基础的首选。这个基础是针对被检验的知识而言的。这一成就既不否认科学中的艺术性，也不否认艺术中的科学性，也不否认它对本世纪过去的第一个10年的经验主义的继承。

所有的设计决策都源自于或暗示了一些关于现实的主张——关于这个世界以及它是怎样运转的理论基础和关于什么是对与错的态度。在城市设计中，一个完整的系列问题的起源都围绕着折中而展开，出现在实现竞争目标之间的折中，出现在一个团体和另一个团体需求与欲望之间的折中。这些问题都是实质性的，涉及到城市设计的产物，也是／或是程序性的，涉及到产生设计的过程——设计师的义务和不同团体的权力直接或间接地包含在设计过程中。

有很多规范性的理论或设计思想都例证了城市设计师的渴望（例如勒·柯布西耶，1934年；塞特，C.I.A.M.，1943年；库哈斯，1978年；“马丘比丘宪章”，1979年；休伊特，1984年；亚历山大，1987年；金，1989年；普瑞斯等人，1991年；也可参见本书的第2章、第3章、第23章）。这些陈述绝大多数都关注于良好环境的特性，但是也有一些集中在城市设计的过程中。城市设计的特征既依靠于支持者的社会政治姿态，也依靠于作为其中组成部分的社会。

一种针对城市设计经验主义的方法意味着一系列面向设计过程的态度和制订设计决策的信息基础（明确的理论基础）方法的建立。它依靠于建立一个设计能得到满足并且可以运用实践性知识设计指导原则来满足设计目标的具体程序。设计的产品就是从这些设计目标和程序中产生的，这些程序常常能够完成那些目标，而不是依靠于一种设想的应用类型学解决方法。在这本书中描述的是一种针对设计的新现代主义方法。一种“新现代主义”的称谓使其和“后现代主义”有着一样的语源学感觉。“人文主义”也许是另一种称谓，但是大部分设计理论学家都会去争辩他们的作品是人文主义的（维特基，1977年）。

这本书的倡导

一个比理性主义者和经验主义者以及他们的学术后裔的主流所拥护的更为宽泛的城市设计方法能

建立起来吗？许多已经存在的可能性将会引起建筑师的注意吗？这些建筑师心灵上的回应主要来自大多数公共建筑和私人建筑的特征设计，而不是来自在他们的脑海中经常出现的更现实的已经营造好的城市建筑（维辛斯基，1990年）。这本书所拥护的是一种针对城市设计的已经被拓宽的新功能性方法，并围绕由亚伯拉罕·马斯洛(1987年)所确定的相对全面的人类需求而展开。

城市设计不得不在一种文化的框架体系内被审视感知。在美国，设计过程不得不在竞争的、多司法权的、资本主义的和与人分享的民主政治内被认识和被视为其中的一个决策过程。虽然很多经验能够从任何空间场所建设的经验中学习得到，但是美国的城市设计师需要从一种是什么构成了一个好的城市、好的城市空间或郊区的欧洲中心观点中走出，就像许多其他国家的城市设计师需要从一种城市设计的美国观点中走出来是一样的。这种需要在一个过多地依靠于一般方法、类型学和范例作为设计基础的职业中尤为重要。一个人能够从范例的研究中学到很多知识，正如将在本书中提到的，但是必须要根据它们在特定的文化背景中要致力解决问题的角度去领会。

这些定位的含义对于从一种示范性的方法转移到一种程序性的设计方法是一种需要（参见柯林·罗尔，1983年；朗，1985年）。类型或者范例能够被应用在适当的地方去解决设计问题是重要的，但是由于它们过多地适应经济的原因因而成了反功利主义（玛瑞特，1982年）。针对这种需要我们将会采取一种针对设计的解决问题方法，这些设计方法可能从过去30年既是实质性又是程序性的经验主义研究形成的知识发展过程中生成。

这本书描述关于经验主义立场的论点是一种实用主义的论点。许多设计师担心采用这样的方法将意味着所有的设计都将会是同一种风格。这个判断是毫无根据的。不仅设计情形不同，而且经验主义方法的核心就是对即将出现情形产生的反应。每个设计师在这种思维和实践模式中工作肯定会有他或她自己的嗜好。有时那就是业主所寻求的。所有的设计都会有设计师在房间里留下自己的一些内容——设计师自己独特的风格；一个设计师要得到的场所，正如，斯迪温·艾泽纽沃说的是“他们自己愉悦的”。这些设计风格和设计意味着在一个对设计方法全部理解的范围内用不同的方法而进行的设计。这些不同的方法也许会导致非常不同的每一个都是不错的设计成果。这个结果并不令人吃惊。对于在每一天的生活中能够成功有所作为的人，他们的反应可以被普遍化地作为一种社会条件和环境模式。于是许多不同的设计会从根本上解决相同的设计问题。现在需要简单地解决眼前的问题。

现存的城市几乎没有一个是长时间静态不动的。城市设计师必须要认识到城市变化的本质特征；有一些体现经济上的增长，其他的则是体现经济上的下降，还有其余的一些只是在简单地改变了城市的个性特征。城市设计师必须意识到他们正在为所代表的公众利益而进行工作，尽管公众利益的特征难以用精度去明确。城市设计师的任务将经常是为了不同类型人的行为需求和美学需求去寻求不连续的、不明确的设计和安排。有时候，实质上是在寻求大胆的建筑解决方法。最重要的是，城市设计师不得不认识到他们的工作将随着时间的进展必须要发展得足够强壮以应对那些未来预想不到的变化。

城市设计不会诞生在真空环境中。虽然它的职业目的会改变建筑环境，被认为是有必要更好地服务于人类的目的，但它也可以在一个更广阔的环境内存在，是一个由人组成的与自然有复杂相互关联的环境和文化现象，建造环境的过程是一种进化和产生产品的历程。今天的城市设计是一个源自于一系列观念基础之上的进化领域，这些前期情况能够追溯到对工业革命的回应之始。许多已经写进现代运动的失败总结里，目的是以此来指导人类不断提高的需求，它所陈述的目标已经都是那么完成的。当然需要认识到这些失败，但是把身体连同浴缸里的水都扔出浴缸那将是有危险的。我们已经从失败中汲取了很多教训，但是我们也能从成功中学到很多知识。针对城市设计的经验主义方法，在探究将来应该做些什么时，应将现代运动的思想作为出发点。这些陈述中有关潜在的说明和分析都是这本书基本的关注点。

科学和城市设计的成长

在20世纪的发展进程中，知识是呈指数级增长的，尽管有很多还是未知的。在建筑师中有一种过高估计他们的直觉知识品质的倾向，他们认为，他们想要的其实也是其他人想要的（密歇尔森，1968年）。他们低估了他们的世界观和经历对所理解内容的影响（或是他们所注意的东西）及因此对他们所知道内容的影响。这种迷信仍是由许多设计师的直觉造成的，正如克里斯托弗·亚历山大（1964年)几乎在30年前所认识的一样。直觉在设计中可以起重要的作用，但是不能有效地服务于社会。正确的直觉都以一个正确的知识背景为基础。

与建筑相关的学科，不论从结构体系还是到舒适系统都已有了长足的发展。绝大多数的设计师乐于认识到这种知识的增长。这些系统设计正如它们已经变得更加复杂一样，现在通常是在专业人员的指导下而不是在建筑师的指导下而展开工作的。结构工程师和其他专家已经接手了建筑设计许多方面的工作内容。城市基础结构设施的设计由许多人来把握要比目前所达到的状况需要进行更好的协调。由许多建筑师和工程师提议的表面上含有高新科技的城市设计(例如达希登，1972年；斯基、斯东，1976年；曼斯菲尔德，1990年；P·库克，1991年）在评审临近时，令人吃惊地表现出对科技发展的还不掌握和理解。

设计师在接受集中于他们工作领域里的知识增长时存在极多的困难——即要为人们提供更好的聚居生活场所空间。这些知识正在社会科学或行为科学——心理学、社会学和人类学中发展，而且经常是和建筑师的传统判断力相反（迈克里达兹，1980年)。这些知识对建筑师的内心深处有直接影响，无论他们是关注于建筑还是关注于城市环境。这种研究的成果和局限性已经被完好地记录下来（例如沙里宁，1976年；阿摩斯·拉普卜特，1977年；朗，1987年；朱伯、摩尔，1987年,1989年,1991年)。一些研究成果在更大的范围内为公众所熟知（例如纽曼，1972年)，因此，建筑师不得不去熟悉并研究它们在设计中应用的情况。建筑师热衷的其他研究在诸如特殊环境中需要的适当美学方法之类的论题中加入了大量清晰明了的内容（耐撒，1988年)。目前看来，短时期内，可避免涉及到这些建筑学和城市设计外在的议题。就是非常情绪化的挑战设计师自我知识结构的主题。随着受教育的大众日益增多，这种逃避将使设计职业，特别是城市设计将无利益可言。如果对目前的研究探索和理论发展没有投入关注的话，那么当其他的设计职业在现存的这些职业与技术知识发展领域中产生作用时将取代城市设计。如果目前的城市设计师试图简化他们所面对的问题，而不是去把握那些问题的复杂性和不明确性，那么一批新的装备良好的能够掌控它们的设计师将会涌现出来。

我们正在学习很多关于地球环境特性和城市变化敏感性的知识，我们已经更深一步地意识到，我们的设计计划设想对周围环境产生的影响（麦克哈格，1969年；霍夫，1984年；斯本，1984年；贡杜安，1986年；戈德史密斯，1990年；拉姆，1991年)。我们的设计师正在被频繁地要求阐明主要项目对环境产生的影响。通常我们只是在法律上要求设计师这么去做。我们需要平等地意识到周围环境对我们设计的影响，而不仅仅是一种生物学的感知需求，而且是一种社会学的感知需求。通过拓展专业领域去处理这些问题成为事实，但是城市设计师需要全面地了解这些问题和如何处理这些实际上日益增加的开发计划（如问题的确认和澄清）是熟悉社会科学研究的专家所做的，但是这些计划对于城市设计来说也属于基础性的工作。

在传统设计领域里乐意围绕所有这些变化而建立的一套新的职责和愿望所在就是景观建筑学。正如20多年前I·L·麦克哈格在《设计结合自然》(Design with Nature，1969年）这本书中所感知的，景观建筑学已经脱离了它的园艺背景，而没有太多的担心去迎接生物和社会科学研究以及美术方式的思想。城市设计的经验主义方法也已沿着相似的轨迹缓慢地移动了很多，部分是因为学术继承，而且是因为城市设计已经不得不在环境布局中涉及到许多复杂的论题。本书主要的内容就是关于这么做的努力成果和所获得的经验教训。

本书的概要

这本书的结构复杂，因为它试图以一种线性的方式涉及到一系列相互交织的观点思想。作为一个结果，概要沿用了一种环状的路径方法，其中肯定的判断通过实际的情况而获得，转而，这种实际的情况也影响着观察世界的方式。

这本书分为四个部分。第一个部分，城市设计的背景，城市设计的双重属性——作为政策设计和作为建筑设计——及它所基于的态度(信仰和价值)，不但进行描述而且也进行评价。部分是一系列关于城市设计的观察，部分是规范地陈述城市设计师应该怎样做、做什么，这个论题涉及到的很多细节会在第三部分进行展开。后面的篇章都是基于在第二部分中所呈现的积极性理论是合理的这样一种假定基础上的。第一部分建议许多近期作品中反映的保护用户的利益主义需要通过一种更多对设计师的社会义务和对公众领域公众利益要求的关注来调和的。实际上，需要重新设计城市设计。

第二部分，功能主义的重新定义，描述现存于城市规划师、建筑师和景观建筑师中被支配的经验主义知识和它所引导设计议题的要点。这些知识已经是从实际经验中为其他人所设计的作品的评价中，以及从关于环境和环境与人类行为的科学与准科学中收集而来的。它力争要成为一种肯定性的陈述。尽管这种方法是从分析的角度来观察世界，设计师仍然需要把全部的事情放在一起进行研究——设计是一种创造性的综合活动。

第三部分，综合——城市设计的新功能性方法，描述以一种经验主义者的风格开展城市设计将意味着什么。正如文中所指出的，它吸收了评价及对第一部分的前半部分中描述要点的指示。是一个建筑学的和城市设计规范的程序性理论，而且还必须要成为城市设计基本的基础，而不是任何城市形式的一般模型的规范性程序理论。这样的理论将在第24章中描述。

最后一部分，结论——城市设计的未来，阐明城市设计作为一门学科和作为一种职业性活动与如果城市设计不是一种职业之间的区别。试图去理解今天城市设计不确定的角色，正如城市设计师争取他们自己的职业合法性一样。还断言“现代主义者总是一贯正确的”！

第一部分

城市设计的背景

圣路易斯
（照片来源：承蒙拉里·马克斯的惠赠）

人类聚居建筑环境正在持续地改变和被改变着。有时候这些变化迅速产生，而在其他的时空场所里这些物质形态看似却又是静止的。然而它们决不是真正静止的；城市的自然环境和人工环境、郊区和村庄通常都是在变化的。发生在建成环境中的一些变化是由于人类的介入而产生的，但是许多变化也是由于地球自身环境的自然过程自然而然形成的。这些自然过程包括稳定的腐蚀、氧化和由于阳光、风、雨的作用以及生物和植物成长所导致的褪色效果。也包括地震、飓风等更为引人注目的影响，以及其他在影响人类聚居环境时引起灾难的自然现象，通常人们没有很好的计划如何去应对它们。其他聚居环境物质结构的变化是因为团体和个人适应自身需求而有意造成的。将来所发生的变化就是为了回应这些变化而产生的，因为新的模式有着不可预测的效果，这些效果既是积极的又是消极的。它们也是为了反映人们关于最好地满足他们自身需求发展的感知。

人有许多理由要去适应这个世界的物质结构：为了让生活更舒适，更快乐，为了让他们自己获得尊重，当然有时候也是为了反对其他人而达到自己的目标。在历史发展的不同时期，改变的速度也是变化的，因为社会有着变化的经济、技术和理论资源标准以及变化的政治领悟力。

今天许多人对未来世界报有悲观的情绪。在21世纪即将来临的前10年里，全世界人所面对的问题是如此的错综复杂和明显的棘手，以至于一种对建筑环境质量的关注看起来是如此边缘化。在一种全球性的标准上，人们所面对的问题本质上讲就是经济和社会问题。不幸的是，看起来人们并没有因为什么政治意图而去处理它们，直到发达国家的大多数人已经被这些问题严重地影响着。世界人口组织结构已发生了一些变化，主要的人口汇集到许多第三世界国家的城市中，有限的可利用的资源要有效地为这些人进行服务。人类已经达成这样的共识：如果世界上所有的人都生活得和美国人一样的话，鉴于我们目前的技术，那么，将会导致一种已经很严重的大气污染，污染将威胁到人的生命。所有提出的这些观察结果都在质问城市设计的重要性和实用性。为什么一个人要为这个问题而烦恼呢？

当旧建筑不再有功利性功能时，它们将会不断地被拆除，新建筑将会建成，新城镇将会改造，郊区将会开发，村庄也将会变化。某些将要进行的经济扩张导致世界上某些具有针对性的区域建筑环境进行高标准的开发，而其他的部分区域会压缩建设。城市和地区基础结构设施的变化将促成新技术的开发，我们可以看到旧的基础结构设施已经被荒废或者是以新方式使用。这些将要发生的变化方式不仅对当基础设施作为产品模式时对聚居空间形式的有效性产生影响，而且对它们作为潜在问题改进者的生产，个人和团体开发机遇的提供者，以及作为自我价值的象征而产生影响。空间场所形态的确与人相关，因为它们影响着人类生活的各个方面。

本书论述有关美国城市设计职业活动及其作为美国人改变一部分物质环境进程的方式。在美国绝大多数人类聚居地像世界其他地方一样，在没有那些自称为建筑师、城市设计师或规划师的人的帮助下就已经发展了。今天这种情况仍然是真实存在的。为什么我们要去苦苦地思考这个进程的本质呢？为什么我们应是一名把城市设计作为一种如同这里将要产生的职业活动的提倡者呢？为什么经验主义的处理手法会盛行呢？一种商议好的和自觉的对城市形态的关注以什么样的方式才能更好地改进那些历史上绝大多数已经被设计的聚居环境从而使其进入无意识的过程呢？

本书的第一部分将要给我们展现目前对美国城市设计的理解，即写书的意图，书中所陈述问题的分类，以及这些内容在过去的20世纪期间所发生的变化。书中剩余部分的目的是为了实施城市设计理论和在将来付诸实践的学术框架的发展建立一个基础。为了能够建立这样一个框架，不仅需要人们对环境特质的理解，也需要人们对形成环境时活动的理解；如果城市设计不是一种职业的话，还需要一种对促进城市设计作为一种职业性活动发展观点的理解。

第一部分分为两个子部分：今天的城市设计、评价与对策。标题说明了每个部分的意图。第一个子部分是描述性和解释性的，第二个子部分是分析性和说明性的。前者的目标是提供一种对城市设计领域职业活动范围的理解，后者是对当今美国开展的多数城市设计工作态度观点提出的疑问，并且提供一种从城市设计的成果中进行学习的方法描述，这些结果应该使我们充满信心地进入21世纪。这种方法在本书的第三部分以实证性的理论态度利用较多的篇幅进行描述，这些实证性的理论以第二部分作为基础。

今天的城市设计

旧金山米申海湾
（照片来源：承蒙旧金山市政府城市规划委员会的惠赠）

在物质世界中，建筑环境是其中的一个组成部分，它被禁锢在一种人类社会与文化领域之间进化的关系之中。这些领域也包含其他的动物和生物世界，他们交替地影响着人们的生活。建筑师和城市设计师主要关注改变物质世界以便让它能更好地适应人们的各种需求，包括业主和他们自己的各种需求。今天，他们看待自己所关注的方式主要是现代建筑运动的一种传统。这个传统是不同的人也是空想主义家和从业者非同寻常的差异之一，这些人的观点变化很大。从拉斯金到傅立叶，从弗兰克·劳埃德·赖特到勒·柯布西耶，他们普遍都有一种信仰：通过改变人们周围的物质环境就能够建立新的物质社会秩序。然而，一切并没有像他们想象的那么容易。

对于建筑师和政治家们而言，他们都认为建筑环境是人们生活质量的主要决定因素仍然是非常诱人的。虽然建筑环境的质量是环境品质的一个主要标志，但是超越这种观念的标准也是诱人的。正如现代主义者所做的，认为建筑环境是在物质和社会领域两者关系中的独立变量——社会行为是非独立变量。我们已经掌握了明确的方法，即这一关系并不那么简单。改变世界不一定会对世界性的社会有所影响。

第 1 章，环境的本质，尝试以一种对建筑师和其他如同城市设计师一样的工作有用的方式去描述人类环境的本质和环境改变的本质。这一章的目标是提供一个环境模型和一个将阐明城市设计师在力争营造一个更好的世界中扮演的角色和所做出努力的个人环境模型。这个模型将作为城市设计探讨和贯穿全书的城市设计基础。

所有的人类聚居地都有一种已经存在的其他模式（或设计）之中的一种模式（或设计）。现代的美国城市和郊区已经演变成因某些个人意志决定而发展的城市。扮演不同角色的各式各样的人都被卷入到这场城市变化的动态发展过程中。建筑师也许能设计单体建筑和综合建筑，景观建筑师也许能设计花园、公园和广场，交通工程师也许能设计交通运输系统，环卫工程师也许能设计一个排水系统，一个学校委员会也许能进行学校专业的配置，但是所有这些公众领域的变化都倾向于建立在一种分散秩序的基础之上，它们通常也是相互竞争的，但是都达不到超越预期目标的基础之上。这些竞争的因素导致建筑环境形态是一系列相关自然力量和活动的、经济性的、社会性的、合法的产物，而这些又是由于个人或机构，正式的或非正式的原因所造成的。今天美国的城市设计师在寻求创造一种源于对他们的支持者——支付费用的业主义务的一种秩序——基于他们自己的渴望是艺术性的和/或创造一种适宜人类生活的更好环境。通常他们的利益已经是其支持者私人利益，但是在其他时间里，他们已经寻求到做出源于对公众利益领悟基础上的公共性决定。在这么做的过程之中，他们已经建立了在他们前辈——现代主义者之上的思想。

现代运动不同流派的建筑师们都意识到个人利益和公众利益竞争的动力是为了控制城市形成和社会最终的机遇成本。他们看到建筑师变得开始关注把单体建筑作为艺术创作的主要源泉。与此相比，他们的目标是准备把“建筑学（特别是在城市设计中）放在真实的平台上——经济和社会的平台”（塞特，C.I.A.M.，1944年）。但达到这个目标是困难的。然而，它仍然是有价值的，不应该在困难显现时被那么多建筑师所放弃。回顾现代主义者的行为，往往是因为缺乏有关人类生活和城市形态形成过程动力机制的知识而使其行为受到阻碍。他们经常依赖自己的直觉和偏见作为制订设计决定的基础。很多近期的城市设计作品反映出了这些失败——通过一种财政上注重实效的态度替代以前对公众利益关注的态度过程。尽管有些受到高度重视的城市设计也是源自这样一种态度，但是仍继续让社会付出沉重的代价。需要意识到现代主义理论的缺点。

现代主义者没有理解人类需求的丰富性、环境的富足性以及人与环境之间关系的复杂性——即人类行为活动的基本过程。虽然他们关于人类行为和环境关系的直觉思考经常是有效的，但是要作为设计的人类基本模型却是有限的。大体上也就是说，某种生物学丝毫不承认在对待生命与对待世界和建筑的态度上有文化差异的模型存在。他们提出的人类行为与环境相互作用的模型被简单的认可，属于从美学赏识角度认为的人类行为是反映行为主义的那一种类型，建筑环境不过是一种激发和活力。我们需要一个生态学的人类模型——人类行为的生物和社会因素环境相互作用的模型，并作为环境的一个组成部分和一个贡献者。我们需要理解生命的复杂性和人类行为，建筑环境应该更多精心地构筑并反映对人与现存环境的沟通。

第2章的目的是介绍20世纪城市的形成，准备把城市设计纳入远景规划之中，为随后章节中描述的有关城市设计是一种对社会有益的职业活动和能够更胜于此的讨论提供了基础。本章主要关注城市设计作为一种自我意识的活动。在美国和其他资本主义国家，城市设计是一种干涉传统市场和介入指导决策的法律结构活动。它在所有的社会里为政策和规划之间提供了一种链接，包括那些以主题规划为基准的社会。

绝大多数的城市、城镇和郊区的模式都是以一种非自我意识的方式进行开发的，尽管它们的组成部分也许是经过高度有意识自觉设计的。这些模式存在于低度劳动分工和高度劳动分工的社会中，在前一种社会中，只有很少的建筑形式及缓慢的发展变化，在后一种社会中，则有许多建筑形式和快速的发展变化。这些判断并不意味着建筑环境的开发不被社会基准和规范所掌握及控制，但是这些准则已作为符合解决人类相互关系的基本问题的反应而多次地进步了。我们能够从它们那里学到很多知识，但是本书关注于将城市设计作为职业性的活动。如果具有自我意识的城市设计没能产生一个更好的环境，而那些没有自我意识的设计却达到了的话（这个目的），那么它就不是社会中最有益的一种活动。

20世纪的美国城市已经在许多相互关联的因素作用下成形。这些因素中的一部分因素不得不带有地理学因素的背景——气候的特征、地势、地质概况以及植物群和某些特别地方的动物群。在今天人们所拥有的技术力量前提之下，当与美国的经济、文化特征进行对比，或与美国技术发展较快的某些州进行对比的时候，这些因素已经被大量地忽略了，并且成了现代城市物质空间布局不相称的预言家。相比之下，世界上许多具有传统地方性特征的聚居地主要都是由当地的自然人文条件促成。无论它们的地理位置如何，所有的聚居模式都已经被一些规则所指导。有时这些规则是非正式的，但是在许多地方则是由建筑控制法典和禁止开发的具体方式与分区制法令规定的其他方式所控制和引导着。

城市，或者至少是它们中的一部分，已经被城市设计哲学的设计观念学所指导。偶尔的对绝大多数的美国城市、郊区和今天城镇的一瞥，也许就会对城市设计师的思想而不是设计留下印象。这个结论可能会为时过早。在许多城市里仍留有零碎的城市美化运动方案，以及应用“田园城市”的概念，在这个国家许多地方也能够找到“光辉城市”的痕迹。许多城市设计的失败就是由于这三个为了创造我们所希望的环境而产生的主要哲学原理，同时，这也是写作本书的动机之一。城市设计正如我们今天所理解的，它不但已从现代建筑的成功中酝酿涌现，而且从现代主义者对人类行为与环境之间基本关系方面的失败认识中涌现，也从对已经完成的设计品质的失望中涌现出来。我们希望能够做得更好。

第2章回顾了从第二次世界大战以来对城市设计进行评论的总结，显现了对如何完成城市设计认知的提高。这些认知与那些能够营造高品质环境和好设计的认知并行。粗略地按年代次序进行排列，它们是一种对（1）巨型街区设计，（2）设计基础结构设施并与建筑相衔接，以及更为近期一些的设计，即（3）街道特征属性的设计和与对毗连的建筑指导方针原则的关注。

自从第二次世界大战以来，许多城市都已经进行了设计，现在被认为是在城市设计师以城市或新镇标准，或以邻里单位或分区标准的执行范围内进行设计的城市。这些设计可以采用以下四种主要形式中的任何一种：（1）由一个设计师或一个设计小组同时进行基础结构设施系统和建筑项目的设计；（2）由不同的设计师在一个由独立的设计师和设计小组建立的完整机构中进行的独立方案设计并完成，在设计师或设计小组的管理下，主要的设计是同时进行的；（3）单独的基础结构设施系统的设计，或结合基础结构设施系统设计的设计；（4）其他设计师创造单体建筑或景观建筑师进行方案的指导。由于四种主要形式关注内容的不同，城市设计师能够扮演不同的角色。在第3章中描述城市设计关注的范围，在书的结论中阐述今天城市设计的本质特征。这一章的内容是关于城市设计作为一种职业活动的论述。对城市设计作为一种硬性规定的关注在书中出现得较迟一些。与城市设计作为一种职业和城市设计作为一门专业之间的区别相关的是城市设计师要作为空想家，要探寻反映潜在问题中的设计梦想，与作为从业者直接面对世界上各类专业设计人员之间的区别。

空想家很注意从业者以及公众所关注事物实现的可能性。他们试图以一种全盘的方式来处理环境，尽管他们的宣言经常很不符合这个目标。专业人员倾向于以一种循序渐进的方式来处理世界上的事物发展及变化。实际上某些设计师也许也试图从城市到烟灰缸大小的范围去规范整体的物质环境，但是这种设计方式蕴含很多固有的危险。它抑制了个人掌握自己命运的要求和过高地估计了美国社会中城市设计的实效性。然而更为普遍的、专业性的介入发生在下文所提到的一个或其他三个之一的设计行为中：（1）巨大规模的项目设计；（2）一个空间场所基础结构设施的设计——它的“资产的网络”；（3）指导种种导致一个城市设计所有模式的单体设计决定的公众政策的制订——它的“无形的网络”。

城市设计师所指出的问题仅仅是今天美国城市市民和他们居住生活的郊区所面临主要问题的一部分。许多空间场所看似处在一种混乱之中：高犯罪率，基础结构设施破败不堪，看起来好像是处在经济破产的边缘而来回摇摆。提供给市民的生活品质看起来是低下的。然而在美国的大都市地区，却可以明确地提供许多优质生活必要的内容。在这个国家，许多地方的人们仍然在向那里聚集，因为那些地区提供了人们所寻找的发展及生活的机遇，但这种聚集主要是一种向市郊的移民活动。我们能够从那种选择中学到很多知识，特别是当新的通信技术预示了从一个场所到另一个场所之间移动非常灵活时，城市形态就可能会相应改变。城市设计在将来会担当一个日益重要的角色，如同建筑职业的主流仍集中在单体建筑设计上一样，也如同城市规划设计人员关注社会和经济论点一样。所有这些因素的成功将归功于美国社会政治和管理机构协调的职责。将这种理解作为背景，我们就能判断到目前城市设计取得的成就和局限性以及形成这些现象的原因。

1

环境的本质

如果说城市设计的目的旨在提高人类的生活质量，那么在进行设计时也就需要考虑环境的质量。因此设计决策的基础就在于对环境特性要有充分的认识。任何有关环境的讨论都离不开某种生物群体，在我们这本书里环境则是相对人类而言的。我们也会间接地提及其他一些生物，但那也只是为了考虑对人类生活的影响。本书阐述的设计观念立足于这样一种理念，那就是城市设计的目的在于改善人类生活，而人类自身被贬低则源于人类对大多数的但不是对全部的其他生物造成的危害。

与我们日常所说的环境不同，人类环境这个概念相当复杂。它不仅包括自然领域的环境，还包括由栖息于其中的人、动物、生物以及他们（尤其是人）建立起来的聚居场所组成的领域。对设计师而言，人类环境有着不同的层面，其中最重要的就是为人类生活提供环境的人类聚居地的物质结构或者布局特征。而人类聚居地也只是一个更大的环境，即是社会自然环境的一部分。设计师对人类聚居地的物质构成设计会产生一定的影响，但对于更大组成范围内的人类环境错综复杂的关系网来讲他们的作用就微乎其微了。因为很多人都会影响到整个人类乃至其他物种整体习性的形成，要认识到人类行为与环境的这种关系，设计师就要从更长远的着眼点来看待环境质量这个问题。

决定未来环境设计计划的人，尤其是代表其他人做此决定的人，就需要一个良好的“环境”模型以及人类模型概念来组织观念思想。他们还必须建立一个较好的人类模型，这些模型应比较简单，但是能解释许多现象，它们不一定要面面俱到，但要尽可能地解释可以表达一些特殊任务目标的重要信息。进行城市规划、城市设计、风景建筑设计和建筑设计所必需的根本就在于要在总体上对环境特性、组成结构和所提供的人类生活娱乐的环境有一个全面整体的把握。

城市设计与人类日常生活环境休戚相关，这里提出一种生态学阐述方法（参见卡曼斯基，1989年关于在这种情形背后对理性思考的窘境）。设计师关心的人类生活的物质世界是一个由行为活动和美的展示所划分的具有不同层次的世界。它不是原生态的物质世界。

环　境

环境包括四种相互联系的组成成分：生物的、生命的、社会的和文化的成分（吉布森，1966年，1979年；朗，1987年）。生物环境指的是地球的属性以及它的结构和发展过程，生命环境指的是占领生物环境的有机体，社会环境是人类成员以及其他物种个体之间的关系，文化环境则是指更为广义上的社会行为准则及其产物。从这种意义而言，建筑环境就是一种文化产物，它存在于生物环境之中，本身也是这种环境的一部分（拉森，1964年）。

生物环境和生命环境的许多方面都不能明确地进行区分。因此，对设计师而言，它们都可以被认为是一种多层面的生物环境。同样，社会环境和文化环境之间的区别也不明确，它们可以被认为是一种多层面的社会环境。建筑设计、城市规划、环境艺术设计、城市设计都是人类为了满足自身生理需求和社会文化需求而对生物环境进行的自发的改造行为。他们也是社会环境的一部分，因为他们充满了形成人类对自身及周围环境认识的潜在含义。

1.宾夕法尼亚州的乡村
（照片来源：承蒙安妮·斯特朗的惠赠）

2.纽约曼哈顿中心

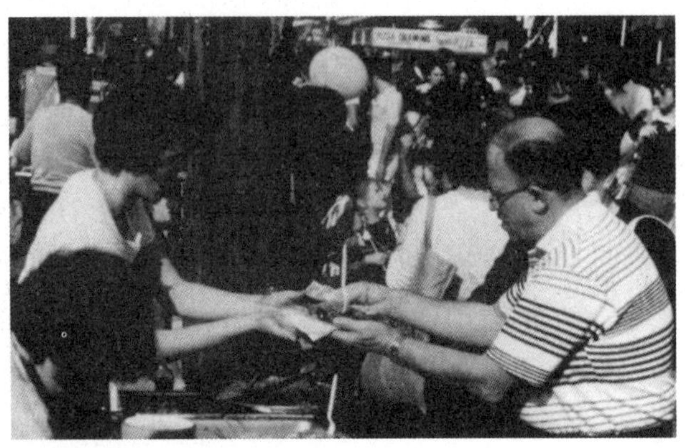

3.费城的第九街意大利市场
（照片来源：作者收集）

图1—1 环境

日常用语里的“环境”一词指人类的生物环境（1）。狭义上讲，是指包括自然环境和人工环境在内的整个周围环境（2）。人工环境包括组成人类物质文化生活的诸多因素——衣物、工具和建筑环境。非物质文化环境包括语言、神话和社会习俗（3）。所有这些因素都是生物环境和社会环境的一部分。城市设计产生于生物环境和社会环境，同时反过来也促成了这两种环境的形成。

生物环境

生物环境是人类生存的背景和物质基础。包括地球的自然结构、大气层，以及由于自然因素原因而促成发生的变化——地球结构层的变化和气候变化的自然历程。历史上地域特性和气候变化对人类聚居地的形成产生深远的影响。但是不论是对还是错，这种作用现在都已大大减弱了。科技的发展突破了生物领域对建筑和城市设计的制约，人类已经能够进入世界的任何角落。除了那些气候极其恶劣的地区，但那些地区已成为人们的参观胜地。随着人口数量的增多和随之而来的对水和能源的进一步需求，研究生物环境对人类定居地的影响作用已经提到议事日程上（贡杜安，1986年）。

地区特性和地域气候特征对当地动植物的生存有很大影响，它们是构成生物环境的基本因素（伊克斯莱、彼德森、拉金，1982年）。地区特征取决于地球表面的地理构造。而地域气候状况，包括四季交替、温度变化、降雨量、主导风向和气温，则部分取决于该地区的纬度，部分取决于其陆地、洋流以及和风向的状况，以及有关的海拔高度、地理位置。气候还会受到地域特性和自然布局特征的影响，也会受到自然的和人为的因素，即受到该地区的自然因素以及存在于其中的人类建筑的影响。

地区特征中的坡度、地质构造和相对海平面关系，都是人们建造自己定居地时考虑的一个基本环境因素。地区特征还对一个地区的美学因素起着主导作用，除此之外，还包括该地区的动植物生长分布状况。除了消灭虫害以外，设计师把大部分的注意力都放在对地区特征的关注上。但是人类生活质量在一定程度上还依赖于像鸟类这些未驯化的动物，就像依赖于那些已驯化的动物一样(雷蒂、麦斯特、富兰克林，1978年；斯本，1984年)。

世界上绝大部分的地区已经开发，人类已经相当地适应了这个世界上的生物特性。当人类迁徙时，他们会把自己土地上的植物移植过去，把当地的动物也带过去（当然了，这些动植物要能够适应新的环境）。有的时候这些迁移过去的生物对新环境适应得非常好，以至于对当地原有的物种造成相当大的破坏。

世界上很多生机勃勃的东西都是被“赋予了生命”。但是由于受到文化的束缚，要定义什么是生命却并不是那么容易。显然，对我们而言，很多生物环境中的元素具有生命，但不一定是具有活力的，比如说蔬菜。然而一个天然的磁场也具有生命吗?它有生机吗？很多人认为有生机的东西是因为它们被赋予了生命——比如，山丘、石头、建筑物（E·马丁，1991年)。很多建筑师在设计的时候都会赋予环境人性化，但这与印第安的霍皮族人认为的用泥巴建盖的木屋是具有生气的建筑截然不同。我很赞成霍皮族人的观点，我相信这种观点一定是他们在设计霍皮族人建筑时考虑的一个主要因素。与很多人一样，我支持在犹太教与基督教所共有的文化建筑中采取一种相对狭义一点的观点。人类生机勃勃的环境就是由人类及其他动物共同构成的。

社会生物环境

种群中的个体为群体或其他个体的生存和发展提供了刺激和帮助。种群的层次性越高，它的社会性也就越强。多数种群都生活在有秩序的社会体系当中，动物为人类的发展提供了大量的资源，人类也是一个特殊的单一类型种群，而且人类的社会系统是更为复杂的。

社会系统由很多经常相互作用交往的个人组成，虽然他们并不一定经常面对面地进行接触，但却是建立在为达到特定的目的基础上的作用关系。无论这种目的明确与否，我们总会对他人的行为抱有一定的期望。人际交往中总是存在一定的行为准则。在现代社会中，每个人都是某一特定社会体系中的一员，而这种社会体系的划分则是与人们不同的生活圈、不同的社会经济地位以及所从事的活动相关。人们总是归属于不同组织的成员，他们需要的空间形态和物质环境形态特征应根据其组织的不同而分别予以考虑。

西蒙·戈特沙尔克(1975年)列出了正式的社会组织和公共组织之间的区别。它们的相似点和不同点列在表1-1中。一个组织可以包括其他形态的子系统。比如说，一个居住地可能有一些正式的组织，但是居民生活质量在很大程度上还要依赖于他们所能参加的公共组织，还有那些弱势群体也可能包括其中。人群中的弱势群体部分取决于他们个人的性格、能力和可利用的资源状况，但更重要的还是取决于他们所处的文化环境。商业组织也是这样，存在于正式的结构中，同时也存在于非正式的网络体系中，这些网络使得社团得以生存下去，因此在设计初始就必须将这个网络体系考虑进去(莫里斯基，1974年；莫里斯基、朗，1982年)。任何组织都有自身的文化。

文化是人类学的术语，它是由一个群体所共享的内在的和外在的规则和意义所组成。这些规则和意义包括人类为了生存、工作、繁衍所需要的最基本

1.西雅图的贝肯街

2.旧金山

3.费城北部宽阔的街道

图1-2　地形和城市布局

一个城市的自然地理面貌在很大程度上受其地形的影响，虽然北美的城市，像西雅图（1）和旧金山（2），城市中网格交错，但仍然依山而建。这些规划布局说明了理性主义者对于地形的观点是不一定完全理性地吻合。然而，就因为这些城市的地形才被人们所喜爱。建于平地上的建筑（3）不会自然而然地形成斜坡与山地上建筑那样的风格。

活动，两性之间的关系，孩子为了走向社会所接受的教育，约束家庭和社区的各种礼节，以及社区作为一个整体而被纳入社会组织。文化标准规定了一整套的态度：对他人的态度，对生物环境的态度，对建筑环境的态度，以及对设计工作的态度。这些态度包含在人类广泛的宗教准则中——包括对生与死的态度，对人类生存的解释，即与伦理有关的系统。

组织存在于更为广泛的社会、文化和空间框架中。一些组织是地方性的(比如具有明确的界域)，但是有一些则不是。玛西亚·佩雷·艾菲瑞特(1974年)定义了四种团体：有明确领域的团体，限制责任义务的团体，社会团体和个人团体。在有明确领域的团体中，几乎所有的人际交往都限定在这一地区层次上，人们过着教区式的生活。在科学技术高度发展的社会里，由于社会和物质的高度机动灵活性，除了小孩子外，体力和脑力都发展成熟的成年人受到的地区性限制要比过去少得多。但他们仍然生活在限定责任的社区内，还对身边的人负有一定的义务。个人团体是某个人在某一时期所拥有的个人关系网。他的这些关系有的是正式组织的一部分，有的是公共组织的一部分，或者有的还依赖于血缘关系。虽然规划师和城市设计师一再试图通过物质设计使这些地方地区化(格林、爱森尔，1986；参见第13章)，但是他们的着眼点在空间上越来越分散(克历尔，1968；伊克斯莱、彼德森、

正式的社会组织和公共组织的相似点和不同点 表1－1

正式的社会组织和公共组织的相似点
1．是完整的相互影响的系统
2．具有严谨的制度，因为它们都具有较高的价值观及相互作用的关系
3．不仅有自己的子系统，而且也是其他系统的一部分
4．感情整体定位（忠诚，义务）的多种多样化

正式的社会组织和公共组织的不同点

（任何一个尺度都可以认为代表一个联系体）

正式组织	公共组织
限定的特定目标	无限定的特定目标
功能性集体定位	非功能性集体定位
由合作联系，比如特殊的和限定的合作	由整体合作联系（积极的和消极的）
机械的交互作用	随机的作用
多样化的责任和正式的层次	无正式层次的多样化责任
合法的权利具有规范性，功利性和强制性	仅有规定的权利才是合理的
由外在因素创造或自身因素创造	由自身因素创造
以所包含的系统确定子系统的责任	包含的系统由子系统决定

（资料来源：西蒙·戈特沙尔克，1975年）

拉金，1982年)。今天仍有很多人属于“没有近亲关系的社区”一族(韦伯，1963年)。作为一个整体，一个社会就是由所有这些相互联系的环节组成的。

人工环境

在设计领域里我们经常提到“自然环境”这个词，本书也不例外。在不同情况下它的意义不尽相同。有时我们用它指生物结构，也就是地球的地壳状况；有时它又指人工环境，即人类对物质环境的

1．明尼阿波利斯

2．洛杉矶

3．在明尼阿波利斯的尼克雷特购物中心内

图1－3 人工环境

人工环境是用艺术手段建造起来的。一般在提到人工环境时都是指建筑物或者其他一些遮蔽物（1、2），大部分乡村环境也是人工建造的。我们现在居住的地球在很大程度上讲就是视觉、听觉（2、3）和嗅觉的人工产物。城市环境一部分是由专业建筑师和其他设计师有目的地建造起来的，但其他的却是人类偶然行为的结果（3）。

改造。在这本书里，自然环境是广义的说法，建筑环境构成了人工自然环境。但由于其各个部分的相互混合，所以含义相当复杂。

建筑环境仅仅是包括视觉、嗅觉和触觉在内的人类为其自身建造的人工环境的一个组成部分。人类建造了摩天大楼，谱写了乐章，创作了诗歌，还建立了家族关系，组织了慈善机构去救助人类的弱势群体。另外，除了建筑与基础结构设施体系外，物质环境中的很大一部分也是由于人类为其自身目的建造的。即使在一些地区人类还没有修建建筑物，但是这些地区也仍然受到人类行为活动的影响。如果不是说严格意义上的建筑环境，那么，景色也是人工环境的一个组成部分。没有人类或别的生物所不能影响到的地区。许多动物也建造了他们的非自然环境（万·弗莱斯，1974年），但他们对整个环境的影响比人类产生的影响要小的多。

建筑环境

许多种群都筑造了他们的建筑，但只有人类才是有意识地建造环境。建筑环境可以被认为是包括对世界各个层次环境的人工重组。这些层次具有不同的成分、颜色、透明度、刚度、密度和反射比，他们有着不同的质地和气味，他们还具有对温度作用不同的反应(参见第9章)。根据这些不同层次的性质状况，人类进行了不同程度的改造。而改造的结果又反过来影响到人类行为活动与美的展示。当人类的需求发生变化或者发现有更新更好的方法可以实现人类需求时，我们就会改变生物各个层次的质量状况来满足不同的目的需求。他们应该发挥这些变化的特性与这种感知的作用，这种设计变化的过程是有关设计思想体系论点的中心，即设计的专业化应该有助于社会发展的未来。

人类对所生活的自然环境造成的改变是巨大的，并且每天随着人口的膨胀而变得更加剧烈，人们也一直在为创造更好的生活质量而进行努力着。森林已经变成了牧场，没有效益的牧场又变回了森林，一些过度放牧的土地变成了沙漠，城市和道路也已经建成，并且每时每刻被自然的作用或人们有目的的改造所改变着。河流已经被改道，沙漠也变成了良田，而同时这些毫无意识的人类莽撞行为使得肥沃的牧场和湖泊也变成了荒漠。人们建造堤坝形成新的湖泊。地道将地球穿通。照亮广阔区域的能力已经改变白天和黑夜的概念，并且也文明地消灭了许多“幽灵”。我们制造了具有所有用途的机器。总之，我们有效地使世界变得有感知能力，并成为我们的经验。人们由于自己的或其他人的利益缘故已经造成了所有的这些变化。设计师应该在设计中考虑人类经历的这些方式是如何取决于人们在思想意识或潜意识中不同的模式的。

人类模型

人类是非常复杂的。在对待这种复杂性上，人类从各自的目的出发而产生不同的看法。在日常生活中，当设计师以自我意识为人们进行设计时，主要就是基于人类的行为模式作出决定的，但是从来就没有完全地理解人类。其实，我们也没有这样的理解能力。然而我们在20世纪的发展进程中已经提高了对自己、对他人以及对支撑着我们的生物、社会和心理因素的理解程度，系统的研究已经具有相当的实用价值。我们拥有一个整体模式或者想象力，经常很难弄清楚我们究竟是谁。精确的模型帮助我们检查我们的设计思想体系和设计过程。而且，这些模型在检查精确性或者矛盾性方面是开放的。

城市规划师和城市建筑设计师在工作时，就像在任何设计中一样经常因为他们自己对人们的想象和他们的性格而持有偏见(伍德、朗勃温、拉蒂默，1966年；斯特林格，1980年；埃利斯、卡夫，1989年)。在历史的发展进程中，社会学家，学院派的诸如心理学家，还有专业领域的诸如医生和建筑师持有的人类概念也是不尽相同的(奈瑟，1977年)。有时我们已经认识到我们是理性的人群——经济的人群，但有时却是并不理性的人群。人类拥有很多种模型。在关于人类模型的定义方面，没有人能够完善它。

与其他人类模型相比较而言，最简单的人类模型就是把人类作为一个生物群体——一个有机体模型。这种模型仍然是一种复杂的模型，因为人类的有机构成存在很大的差异。现代生物和医药的研究成果表明，我们已经对人类这个有机体有一定理解，还有一些没有理解。幸运的是，设计师意识到的并非是人类所有方面的表现都体现了一个生物群体的作为。但是，有机体模型是环境设计的基础条件，因为健康地创造环境的实用性是它的基本目标。不幸的是，很大程度上很多设计已经并且仍然仅仅是基于这种模型基础之上，并且，更为不幸的是，其实还有许多并不明确的模糊的模型。在社会行为方面，人们被看作是被动的目标体。“有机建筑定义了建筑环境是通过一系列的刺激去引导和包含着人类的个体，并不考虑他自身的力量或他与其他人的关系”(斯特林格，1980年)。其实正是这种现代建筑所采用的模式被作为“功能主义建筑”概念的基础。这是一种必需的模型，但是在今天和将来的城市建筑中却是一种并不充分的模型。

另一种模型是人们在社会功能方面上的——角色模型。个人在一个社会系统中拥有明确的角色，并且这些角色形成了人的行为和价值，因为在每个文化和子文化中都有一种期望行为的标准。纯粹看待个体所充当的角色，表明这种角色是决定一个人行为的惟一要素，并且个人性格特征是独立的。基于角色模型的建筑学重点集中在为有机建筑物而进行的设计上。例如，房子是为父母和孩子而建的，父亲作为一个工人，母亲作为一个家庭主妇，还有哥哥、姐姐等等；医院是为医生、管理者、护士、领导、病人和参观者而建的(斯特林格，1980年)。这种模型，像有机体模型一样，是进行设计的一个必需条件，但并不是充分条件，因为它只是人们最基本的需求。

关系模型比角色模型更加复杂。人类被看作是客体和主体。人类是社会角色综合的个体，并且也必须要看到他与其他人的关系。这种模型所给予的设计目标是能够使人们处于一个他们所希望的社会、政治工作框架中，处在伦理和道德系统里，这是通过努力奋斗才能达到的境界。它使得现实主义者要努力实现基本需求和认知需求。为了完全理解对城市设计师这种复杂人类模型之间的含义，我们需要理解人是如何体验环境，以及理解他们的体验动机。

环境体验的特征

不论是在生物环境还是在社会环境、自然环境中，或者是在人工环境中，作为人类潜在的体验都是丰富的。人类体验其自身环境所涉及的基本过程如图1-4所示，关于环境的信息可以从认知的过程中获得。这个过程由客观需求所引发的图表来指导。这些图表也勾勒出人类对环境（影响）情感和人类行为的反应，反过来情感反应的结果也影响着这些图表。我们拥有的一些处理环境中事物的设想是与生俱来的。然而，不论是有意识的还是无意识的设想，更多的是通过人类拥有的经验学习和改变到的(奈瑟，1977年)。

虽然人类学、社会学和心理学的研究已经使我们在本质上对这些过程的理解增加，但是仍然存在许多谜团。关于这些过程是如何展开工作的仍然有许多不同的假设和理论，但是在基本特性方面已经取得了广泛的一致见解（参见朗，1987年）。

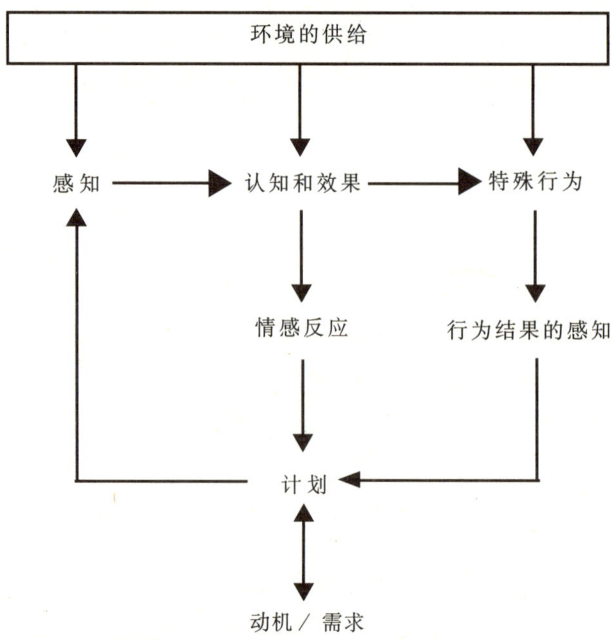

图1－4　人类行为的基本过程

动机和需求

满足需求是人类行为的推动力。人类需求模型为许多建筑学的理论特别是现代建筑学的理论提供了基础（参见伯汉姆，1960年；威格勒，1969年；康拉德，1970年；艾格里斯，1980年）。这个基础是实用的，这将在本书的第二部分“功能主义的重新定义”中进行专门讨论。然而，在第二部分中仍然要强调人类需求，一个能满足需求的而且比过去更加丰富的模型，特别是通过作为建筑和城市设计基础的建筑职业来满足人类的需求。

已经建立了许多这样的模型（比如E·福瑞莫，1941年；马斯洛，1943年，1987年；莱顿，1959年；坎垂里，1965年；也可参见P·彼德森，1969年；迈克里达兹，1980年）。亚伯拉罕·马斯洛关于人类基本需求和认知需求的等级模型可能是对人类动机最为广泛接受的一种实用描述。马斯洛认为，从最迫切的基本需求到最不迫切的基本需求之间存在一个等级。这些需求与认知和审美需求是平行的。最迫切的需求凌驾于最不迫切的需求之上，但并不是无止境的。一旦一个人的需求达到了满足的程度，那么他对需求的认知就转向次要的维持生活方面的需求。尽管马斯洛的模型作为一个有争论的观点发表在40年前，并且从那时起就经受了仔细的审查，并且直到被一个更好的模型所代替，他的模型都可以被认为是一个不仅是从人类行为活动考虑的观点，而且也是从设计目标出发考虑的实用观点。本书的第二部分将围绕这一模型展开讨论。

人类最基本的需求是生存需求。为了生存，那么，如，水、食物、空气和足够的温度，就能满足这些基本的生理需求。其次最基本的需求就是安全需求。这种需求包括生理和心理两种成分。生理安全主要是避免遭受直接的或非直接的伤害，这些伤害来自其他人类和生物环境；心理安全和安全感，主要体现在地理和社会两方面，即对时间和空间的适应程度和熟悉程度，并且确信在那里可以保持自己的地位。一旦安全需求得到充分满足，人类的需求就趋向集中于归属需求。人类需要感到被关怀，并且要成为一个集体中的一员。这一等级的上一层次就是获得自己和他人尊重的需求。自我实现代表了实现个人价值的需求。马斯洛关于这一需求的定义一直被误解为是个人自私的需求，其实，马斯洛认为它既是自主实现个人潜能的需求，同时又是帮助他人的需求（马斯洛，1968年）。

与上述基本需求同样重要的是认知需求和审美需求，即学习的需求和审美的需求。这些需求服务于一些有意义的目的——学习是生存的基础，但在许多方面认知需求和审美需求被认为是奢侈品。因为这些需求指的是他们自己学习和欣赏世界的兴趣需求，而不求任何有意义的回报。审美需求也是可以欣赏美和（或者）作为交流的观赏艺术作品的需求，而这种交流是由艺术家对世间万物进行阐释说明的，不论这个艺术家是超自然的人还是一个普通人。

满足需求会产生幸福感，疏远、孤立可引起挫败感和失控感等感情现象。每一种需求被满足的程度因人而异。一些人为了专注于满足认知需求和审美需求，在维持生活需求方面只有最低的要求。更有其他人为了别人而愿意牺牲自己的生活。这些情况的出现就取决于人们认为什么是最重要的。无论我们的动机是什么，它们都将引导我们对世界的认知以及我们在其中的活动。

感　知

感知是从周围环境获得信息的一种积极的和目的性的过程。它由人类的动机和需求所引导，是一个多媒介的过程（见表1-2）。人类可以运用不同的

被认为属于感觉系统的感官　　表1-2

名称	注意方式	接收单元	器官结构	器官活动	可能的刺激物	获得的外部信息
基本适应过程	一般的适应性	机械神经末梢	前房器官	躯体平衡	重力和加速度	重力和推力的方向
听力系统	听	机械神经末梢	耳蜗、中耳和外耳	面向声源	空气振动	振动物体的性质和位置
触觉系统	触摸	机械神经末梢，可能热神经末梢	表皮、关节（韧带）、肌肉（筋）	多种探查	组织结构的变形，关节的形状，肌肉纤维的拉紧	和地球接触，机械的碰撞，物体形状，材料状况——坚固性和黏性
嗅觉和味觉系统	闻	化学神经末梢	鼻腔（鼻子）	嗅	媒介物的组合	挥发源的特性
	尝	化学和机械神经末梢	口腔（嘴）	尝	摄取物的组合	营养和生物化学价值
视觉系统	看	图像神经末梢	视觉器官	适应，瞳孔调节，固定，集中，探究	外界光线里的各种结构	能被视觉结构详细指明的所有东西（物体、动物、动作、事件和地方的信息）

（资料来源：吉布森，1966年）

感知系统认识周围环境。我们学会注意环境越来越小的细节，并且学会把环境现象分类为更加宽广或者更为准确的种类（吉布森夫妇，1955年；吉布森，1966年，1979年）。在环境的感知过程中最为重要的是感知活动所起的作用。

从环境中获得更多信息的肢体活动即整个身体在空间里快速穿过的过程，不同于仅仅是为了确认声音的方向而转动头部的行为活动。活动减少了从环境获得信息（特别是视觉信息）的模糊性，除非它的速度快得以至于使环境变得模糊或者超出了我们的感知系统。活动并不能从根本消除模糊性，因为刺激就像声音在物体表面之间的反射、气味在空气中的飘散一样是渐渐消散的。

环境活动最重要的结果之一就是我们可以把环境看作是一系列的街景、听到的不同声音、接触到的不同表面（除非我们正精神恍惚）和闻到的不同气味（吉布森，1950年，1966年，1979年）。正如许多设计师（如西谛，1889年；卡伦，1961年；狄亚勒，1961年；唐纳德·艾普亚德，1965年；艾普亚德、凯文·林奇、梅尔，1964年；哈珀瑞，1965年）已经认识到的一样，不论一个人是步行还是乘车穿行，连续的体验，都不仅仅是为了生存创造机会，而且还是欣赏世界的基础。然而，许多设计仍然是一个处于静态的观察者如何看待世界那样的位置上，因为目前最为广泛应用的具有代表性的技术仍是那些僵硬的平面造型。

认知与影响

认知是思考的过程。它包括了学习和记忆(或遗忘)，总的来说，就是感情和态度，喜好与厌恶的形成过程。人类的行为具有极高的适应性。通过正规的教育和学习的过程，我们的行为产物就更为合理，并在学习的过程中获得自我满足感（马斯洛，1987年）。我们使用生物和社会环境的方法不但被我们社会性地使用，而且我们也被方法本身的特质深深地影响着。我们的很多行为受到文化限制，但物质环境和建筑环境的构造方式能够使我们基本需求和认知需求的满足变得更加简单，或者是变得更加困难。这恰恰可以提供人接受教育的机会。我们可以简单地通过展现于其他的人和事物之间的理论中学到很多知识。我们学到掌握环境模型和它所包含的客观意义。

环境模型包括很多层的含义，也有很多进行归类的方法。心理学家吉布森(1950年)提出了一个简单而有力的方法。例如，一支铅笔，最简单的层级含义是它的固有意义，它的物理特性——[刚度(图1-5 (1)]。第二个层级含义是应用意义——可以展现一个人达到的层次。很多动物也可以认识到物体的这一应用级别。第三个层级含义是第二层意义的细化——作为机械和工具物品——铅笔作为工具可以在纸上画出记号，它尾部的橡皮可以消除所作的记号。第四个层级含义是物体的情绪或感情意义——人是否喜欢用铅笔写字。第五个层级含义是可用作标记；蒙古牌铅笔，黄色的铅笔标志着以前最好的来自蒙古的石墨。第六个层级含义是铅笔可以作为一种象征——代表其他事物。

象征的含义较难理解。它们往往与一个物体和一种现象或一个物体和现象的层次性相互关联。所得“关联性”就意味着人们可以有不同的理解。精神分析专家的设想是一种大脑记忆中的潜意识沉积的成分被象征的形式所蕴含的灵性所唤醒。卡尔·容格设想在被称为能够唤起意向理念、行为的原型永恒的“能量节点”中有一种潜意识的集合体（容格，1968)。这里所提的象征就是指某件事物代表的不论是高尚的还是懒散的含义都是无形的或抽象的。一支可以代表学问的铅笔，一面代表国家的旗帜，一座代表永恒的教堂。环境要素的象征性意义是能够被了解的，并且大体上都与文化关系密切。有些象征性意义源于普遍性的人类经验基础之上，因而被广泛地理解。有些人认为象征就是它所代表的内容含义。在这本书里“象征”的用法仅仅是一种标志(沃基，1991年)。我们有充分的理由说，有些城市的形态就是基于宇宙论体系的模式，并且对那些理解这种体系的人来说是普遍性的象征意义。许多宗教建筑设计就很相似（莱瑟，1957年)。其他的方式也被赋予了一定含义，或者是经过多次反复的使用而获得意义。环境的象征性美学是设计师考虑的重点，因为他们要通过象征达到许多目的。

我们给环境要素或意义所加的标志有助于记忆或歪曲记忆，并且它们也影响将来我们关注环境的方式。我们不仅给单个的现象命名，并且也给各类现象命名。我们对事物进行分类，分类是基于对现象的总结概括。有两种基本的概括类型：一是反应概括，这一类型中对不同刺激产生相同的反应；二是刺激概括，这一类型中对不同时间相同的刺激产生不同的反应。人们对许多现象的反应相似——不同的人、自然景色、建筑物、内景等等。基于不同的观察角度、期望或

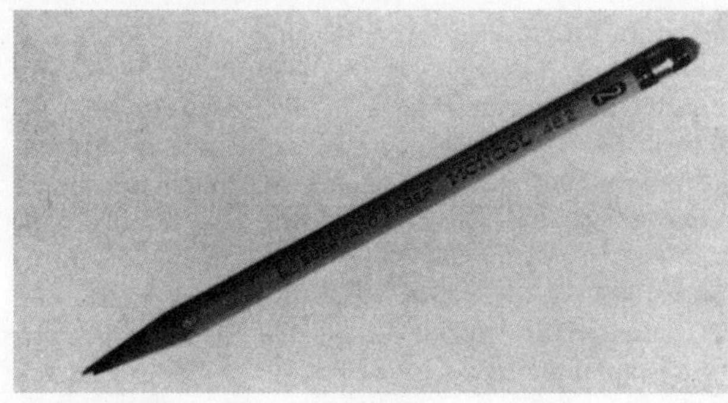

1. 蒙古牌铅笔

2. 印度旁遮普邦的昌迪加尔

3. 丹佛的第十六林荫道

图1-5 含义的层级

即使像铅笔（1）这样简单的东西也包含很多含义，有一些含义（如，刚性——它的具体意义）即使是鸟儿或大猩猩也能感知到。其他的含义（如，名称和颜色）就比较复杂，必须通过学习才能感知。含义随情况的变化而变化。“万字饰”（2）在很多文化中都是良好祝愿和繁荣的象征，如，在昌迪加尔。但是，在今天的欧洲，却因为它原来和纳粹联系在一起，这个意义就已经不适用了。城市景观（3）复杂而且意义丰富，其中的一些含义就是由设计师通过有意识的设计自觉形成的。

倾向、目的和情绪，人们对于相同的环境也能产生不同的反应。人类的行为，不论是在外部公开的还是蕴含于内心感情的，都不能用与此有关的刺激物进行简单地解释。人们对环境如何反应将依赖于人们自身及其态度。

我们的态度由两个方面组成：一是我们在现象中察觉到的和相互联系（而非定义）的特征有关的信念；二是对于这些信念的一种价值。价值与动机有关，因为它们明确了对环境有吸引力的或使人反感的元素，并且影响到我们获得特殊目的、取得特殊目标或进入特殊社会关系的渴望。由于反应一般的过程，我们对一些事情譬如一件艺术品的反应，将其归于为我们不喜欢的那一种类型，结果发现这种分类是错误的。在这种情况下，我们必须重新审视这件物品。建筑师关于建筑的很多评价就是基于建筑师的自我感觉而非建筑作品本身。

人们总是力争在对他们自己、生物与社会环境要素的态度上取得认识上的一致性。我们试图通过改变我们的信念和（或者）价值观来消除不和谐的事物。我们所持有的与他人态度不一致的力量将指示事物可能的变化方向。有时并不改变我们对这种态度的孤立状况，但是这将使我们处于一种必须坚持不一致态度的境地。一个最简单但是也是最有力的力争取得认识一致性的方法就是前一段时间由平衡理论提出的（黑德，1954年）理论与方法。

平衡理论认为，如果一个人对另一个人或一系列的思想（被提到的事物的）持有肯定的态度，那么，这个人对第三方（人、物品、一系列思想）的态度也是肯定的，被提到的对象和第三方的态度也是一致的。图1-6表明了一个人和他对一个参考物及一种环境模式态度之间的关系。图1-6（a、b、c）表明了一致的关系。图1-6（d）表明了一种不一致的关系。虽然不和谐的理论不能解释所有的不一致性是如何被解决的。平衡理论模式从被引入社会心理学起，它关于人性的基本解释就一直经受着挑战（艾贝尔森，1968年；纽科姆，1968年）。因此它提供了一个能更多理解人类对建造环境感性反应的基础（朗，1987年；耐撒，1988年）。

不仅个人有自己的态度，而且群体（如亚文化）对其他的人、其他的场所空间和其他的物体也能够产生并且持有共同的态度。如此这般，就产生了群体的可识别性。这些态度能够非常大地影响我们认识世界、思考世界以及实施行为活动的方式（详细讨论参见，朗，1987年）。很显然，建筑师和门外汉对建筑环境的模式以及在哪些方面对人类是重要的持有不同态度也是很清楚的。平衡理论认为要将他们以组来进行分类，建筑师将努力维持这种不同的状况。建筑师不得不与门外汉们有着不同的爱好，除非你是作为专家，作为建筑师才可以改变对设计的认知和设计所提供的服务。设计师需要认识这种文化品味中的“高格调”和大众品位之间的差别。大众品位是人们日常生活经验形成的，这导致在他们的头脑中形成了一个“美好世界”固有的图像。许多建筑师都认识到了这些问题的存在，但是同时又发现自己在解决这一矛盾时又显得无能为力（格欧特，1982年）。

行　为

在我们生存的生物环境和社会环境里，我们必须进行多种方式的行为活动。基于我们对需求的认知，我们通过行为活动可以维持自己和（或者）别人的生活，也可以改变自己和（或者）别人的生活。我们进行范围广泛的活动来达到对人类社会有帮助的或者无帮助的（如为了行为本身的回报）目的。我们从一个地方迁移到另一个地方的原因就是为了维持并且丰富我们的生活。我们已经发明了很多机械和设备来帮助实现这些过程。我们也构思出许多变迁的仪式来庆祝我们生活的转变。我们用许多方式来接受教育和进行相互娱乐。我们还发明了进行战争的工具。为了自身生存的目的，我们改变了周围的环境。

不论是自然还是人工的物质世界，其结构都是由特殊的材料自由排列或按特定的方式排列的，都满足了特定的人类需求。一方面它提供了生物环境的庇护物，另一方面，它也提供了正式的和（或者）公共的领土控制权，而这恰恰满足了正式组织或公共组织中人们交流的需求。建筑环境的创造形成了部分人类活动的聚居地（贝克，1968年；普瑞，1970年；朗，1987年）。聚居地和人类活动都是环境单元的一个组成部分——即一种行为环境，在其中，人们可以选择是否参与环境活动。有时，特别是当行为环境的存在受到其他威胁时，他们也会被迫地参与某些行为活动。这些构成单元通过真实的或象征性的界域来进行分界，并且一个接一个地筑窝形成栖息地（贝克，1968年；贝克特尔，1977年；威克，1979年；卡曼斯基，1989年）。

建筑世界的外围环境不仅为其中的人提供了庇

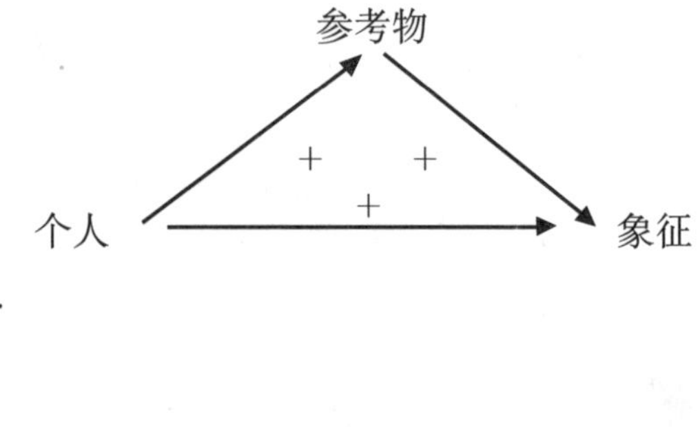

a.

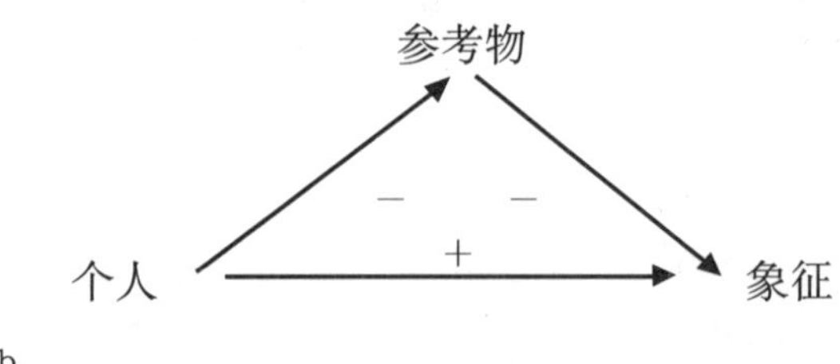

b.

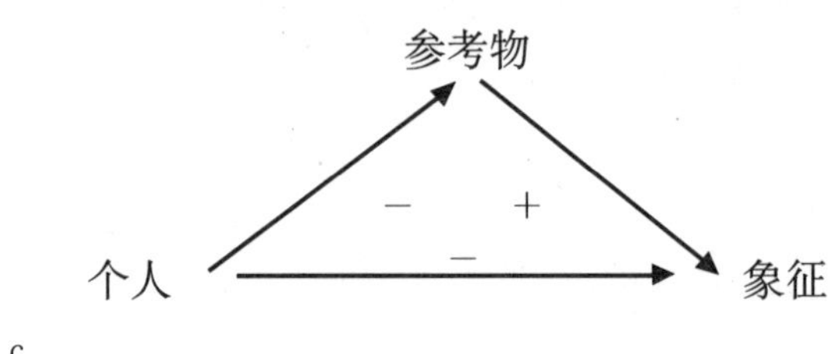

c.

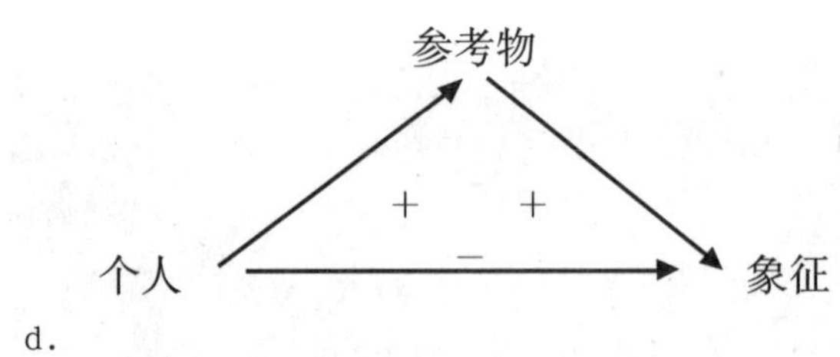

d.

图1－6　平衡理论和美学价值

护物和行为活动的控制空间，而且为理念思想的非语言交流提供了机会（拉普卜特，1982年）。如果建筑的建造能形成一种特别的风格，那么，这些建筑物就有了象征性的美学目的。人类总是自觉地相互创造展示品，尽管建造时在思想上根本就没有这样的意图。其他人将会从建筑和景观的风格中读出蕴含其中的象征性意义（兰格，1953年）。

今天，城市设计和建筑设计的行为大多是由专业设计师和建筑承包商指导的一种自觉意识的过程。这种自觉意识的过程包括调查需求和（或者）开发机会、建造资源、了解材料的结构特性，用专业术语来说，就是材料的几何可能性能、材料的强度，以及为了满足最初设想的综合设计需求。我们学习材料的特性是为了创造好的结构物，而结构的巧妙性本身就是一件艺术品。我们通过这种方式交流了我们的技术巧妙性。

很显然，建筑环境服务于多重目的，具有多重功能，因为当合理地构造建筑环境时，它能帮助人类满足许多需求。即使当需求发生变化时，我们也可以通过努力改变建筑环境使它能够服务得更好。

建筑环境在人类生活中的作用

正如许多建筑师所发现的，采纳一个人类行为简单的刺激——反应（S-R）模型作为设计指导思想的基础是很诱人的，但是如果真的这样做了就是愚蠢的举动。尽管它可以支撑设计师的自我意象，使设计师认为建筑环境结构的变化可以在很大程度上影响人类行为，但是这只能在有限的变化中达到有限的效果。建筑环境依靠它的模式，承担了那些能够理解这个模式所能提供机遇的人的一系列行为活动（物质活动和精神活动）。如果人类有能力这样去做，不管是出于忧患目的去做的或是被强迫去做的，人们都将利用这些机遇。建筑环境本身就是处于行为强制的边缘，社会文化环境经常更是比这样还有力。强制的程度取决于人们对需求的满足程度。

建筑环境通过改变地表特征的同时也改变了生物环境。水平表面铺砌的方式改变了地表的渗透性和水流经地面的方式。其他的表面种类形式改变了风向和热吸收的能力。我们使用的机械和制造过程不但在我们呼吸的空气中而且在江河海水中制造了污染物，改变了水生动植物的生活环境。结果已经变得很严重，但是我们还只是刚刚开始全面地了解这种情形。

承受能力的概念

任何事物无论是材料还是非材料的承受能力是指，由它的特性所能提供的一种行为和内涵（吉布森，1979年）。建筑环境这种特殊模式的承受能力是指，设计的外观、建造的材料和某种材料采用的照明方式。承受能力必须要从整体和个体构件的角度进行考虑，并依靠于人类个体和整体感知、认知和行为的能力。建筑环境的承受能力包括了上述关于建筑环境的所有含义。它们在一些很基本的事物上存在差别，比如，一张桌子的表面刚度只能允许一个人靠在上面，在桌子原料的象征意义和桌子大小的意义上就是有区别的。最基本的承载能力对人类来说都是一样的。例如，坚硬的水平表面为所有的人提供了支持；一堵墙为物体提供了支撑。

某些承受能力因为人们所拥有的固有计划而被认识，而另外一些承受能力，比如，认识某一种特定酒起源的葡萄园还需要具有相当的知识。对所有的人来说，辨别这种酒本身可用性信息的感知系统并没有被削弱，但是很少有人有能力去这样做。他们还不了解酒的特性和来源之间的恒定联系。象征意义取决于一个人对环境模式的理解程度，但是在一个文化体系中，这种理解经常在很大程度上保持着一致性。如上所述，一些象征看起来相似的原因，很大程度上是仰赖于人类的生存过程和生活方式也是相似的。

列举关于建筑环境承受能力的事例几乎是永无止境的，但是在很大程度上，可以将环境所提供的主要功能归纳为两面性。要能正确地认识建筑环境是为人类活动承担支撑和遮蔽的作用，同时也为人类的交流提供了机会。对于任何一个场所空间，诸多的承受能力就是指为人类活动和美学欣赏构成的潜在环境。并不是所有的承受能力都能被人们所认识，因为人们所注意的事情取决于他们的动机，还取决于他们拥有的环境知识和他们对行为结果的感知能力。有效的环境是人们所希望的，因为对他们来讲这是有意义的东西（盖斯，1968年）。

建筑环境可以适应（如果它的承受能力改变）行为活动的改变，人们可以改变行为活动来应对环境的变化。新的居住环境模式可以通过设计展现出来，同样也可以建构新的社会结构。这些改变伴随着人们生理和心理压力的出现而出现。就像不和谐定理所解释的那样，当人们处在不是他们自己选择的环境形势下，这些压力的出现就有很大的可能性。然而，任何违背人们习惯的东西都有可能变得让人们觉得有压力，除非他们从高压力的环境中逃离出来（费斯特格，1962年）。在这种情况下，整个压力的水平可能会有所降低，但是任何关于结果的不确定因素也都会成为压力。

习惯的概念

我们已经开始适应特殊的环境模式。我们考虑和注意了环境的特定要素来使之适应社会生活，它们给了我们特定的含义。我们开始习惯于用特定的方式利用环境、刺激环境。我们发现在不同的设计环境下很难想象生活，尽管这一点对设计师来说是必须要做到的。从我们习惯的生活中分离出来的物质提高我们承受压力的水平。这种改变使我们对生活有兴趣和有精神，但是太高的压力会使我们拼尽全力去应付它们（赫森，1964年）。正由于这个原因，我们喜欢一些小的习惯变化，但我们不喜欢去应付太大的变化。

这些观察不仅应用于新行为模式下的环境承受能力，而且应用于它的美学效果。一些人努力在学习中寻找新奇，并且其中的一部分人还很欣赏这种新奇。然后我们开始习惯于曾经的新奇，并继续在一个无休止的循环中努力寻找新的新奇。人们努力寻找新奇的程度是他们对付变换能力这种文化的一部分。

世界上充斥着很多这样的建筑物和其他构筑物实例，它们因受到时尚敌对而被人察觉，因为它们在设计时是如此的不合常理，因此，在开始建造时就由于受到拆除的威胁而得到爱护和保护。仍然有很多这样的例子，在那些追求新颖的场所空间里最终导致了建筑物一直没有被积极地融入到文化中。就像平衡理论预测的那样，某些建筑物仅仅被融入专业文化内，这就是许多过时的现代建筑学的真面目（格欧特、坎特，1979年；格欧特，1982年）。

在很大的程度上人们不能注意到习惯强加在他们身上所造成的限制。他们可以预测环境设计应该是什么样，并且应该怎样处理环境设计。当我们处于不同的文化环境、不同的场所空间的时候，我们已经开始尖锐地意识到处理方式应该有所不同，但是这些形式仅仅是我们找到的暂时变通。而某些人具有比其他人更强的适应变化的能力。他们在这方面有很强的能力，而我们中的另外一些人却缺少这种适应现实的能力。

能力的概念

在生物进化和社会进化环境中人们形成了塑造社会的能力，因为我们知道的和我们学到的知识都是环境提供给我们的。每个人在处理生物领域、社会领域和建筑环境时都有一定水平的能力、理论或经验。能力是一连串从感知能力到生理健康、思维敏捷的代名词（劳顿，1977年）。个体的感知过程、认知和活动过程受个体所能拥有能力的限制。一个人的能力水平越低，所受到建筑环境的限制就越多（换句话说，那个人所承受的东西越多）。一个人的感知和行为技巧水平相对容易理解，他的思维能力水平就很难理解。那么，我们去理解不同文化的人

1.巴黎的埃菲尔铁塔
（照片来源：鲁丝·德瑞克摄影）

2.蒙特利尔的居住区
（照片来源：作者收集）

3.芝加哥

图1－7　习惯程度和环境态度

在刚开始进行设计时，巴黎的埃菲尔铁塔受到了相当大的争议，但是现在它已经成为一个非常受欢迎的巴黎象征（1）。蒙特利尔花了很长时间才成为吃香的居住地（2）。宾夕法尼亚州的切斯特布瑞克，在它邻居的眼里也有过相似的经历。美国的很多公众建筑计划与人类关于优秀房屋的标准有很大的偏离，因而很少能被吸收进居民文化中（3）。

在对待他们周围环境时的能力会更难理解，而且更具有争议性，甚至可以上升到政治敏感性这一问题上来。

一些人很有可能意识到其他人对环境承受能力的影响，但是，因为他们自己的能力水平，而不能充分利用承受能力。如果一个人意识到这种不平衡情况的存在，就会对那些控制环境的人产生相当大的敌意。这种情况同样可以应用到对社会进化环境承受能力的判断，与生物环境包括建筑领域所提供的承受能力差不多。

个人的能力越强，处理建筑环境行为的自由度就越大。许多有多方面能力的设计师在理解和感受比他们能力小的人的需求时会有困难，特别是在这种有理解偏差的具体实施中，要求设计师背离于他们所习惯的设计方式——他们的设计习惯或者是设计风格。许多设计师和他们的顾客面对设计无栅栏的环境时就持有这种观点。

贯穿于这本书的一个容易引起疑问的重要论点就是，设计师应该把人类的能力水平作为城市设计的基础。是人类应该受到环境的挑战，还是让设计师努力创造出一种在心理上和生理上都让人类感受舒适的环境呢？如果环境太舒适了，人类就会失去挑战性。我们往往假定一个人的竞争力是低于环境要求的。这一结论在麻木的人群中是完全正确的（戈夫曼，1961 年；劳顿，1977 年）。与之相比，有一些人则是连续不断地通过寻求新的刺激和冒险来挑战自己，以此来检验他们的竞争力。交通事故统计

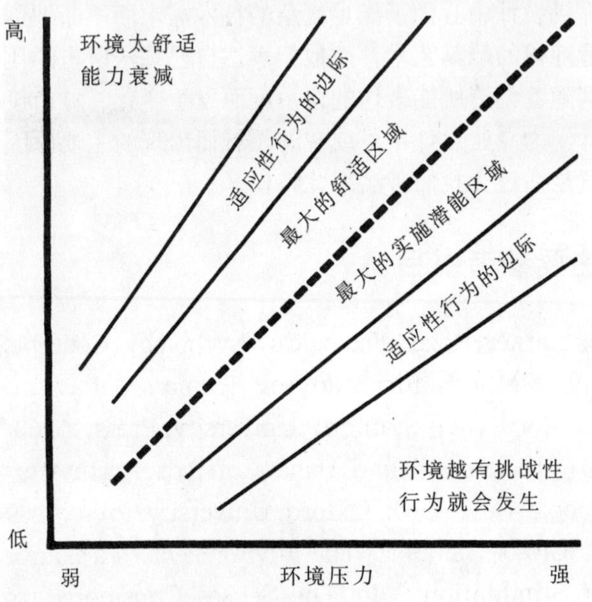

图 1－8　能力—环境压力模型

（资料来源：劳顿，纳华姆）

显示，许多年轻的小伙子和年纪大一些的司机就可能是挑战他们自己太频繁了的缘故！

倾向的概念

即使环境在竞争力上赋予了人们特殊行为和审美鉴赏力，但这并不意味着这种行为就一定会发生，或者我们就一定要感激这个环境。另一方面，如果没有环境承载力，那么，这种特殊行为则肯定不会发生。人类实际产生的生理和精神行为主要取决于意图和习惯，以及生物环境和社会环境的承载力。意图是由人类支配的一个复杂功能，主要包括动机、特殊行为方式的愿望和行为的可洞察结果。

基于动机、习惯和竞争力，我们形成了针对具体行为方式和审美表现的偏好或倾向。我们已经意识到其中的一些诱因，并且可以把它们联系起来。如果没有环境提供特殊的行为，而此行为可能就是我们从未尝试做过的，那么，我们就不会意识到其他的诱因。设计师的难处之一就是要确定人们的潜在倾向。作为设计师，我们总是会过高估计这种能力，但是，当人们从事这些先前认为是不可能的行为活动时，却总是收获开心，因此考虑这种可能性已经应该是在设计师职责范围内的。

成本和效益的概念

我们对建筑环境基本构成元素质量的理解取决于我们对环境成本和效益的理解。事实上，人类所有的行为活动都有成本和效益。参与一个正式的公共组织有成本和效益，以一种特定的方式改造环境也是如此。设计所包括的环境、行为和审美表现，相互布局的协调性也有成本和效益。有时这种成本和效益还表现在金钱上，但是大多数是表现在社会和心理上。即使在逻辑上会有很高的回报，但是从传统中分离出来的回报与成本有关。设计师和设计人员的难处之一就在于要寻找并发现建筑环境中潜在变化的成本和效益关系。有时仅仅可以找到成本，却找不到回报。我们更擅长于检验现存环境而不是想象新的环境，因此我们根本无法看到新环境的潜在性。我们总是在寻找新环境的潜在性时被弄得伤痕累累。

有一些设计带来的经济和心理上的回报率很丰厚，因此，即使设计时压力很大，我们也能忍受。而另有一些设计我们做得不开心，而且回报率也低。如果我们可以选择的话，那么，这种设计就将会被拒绝。如

果由于经济或是政治原因没得选择，也只能忍受。当然，还有一种情况，即成本很低，回报却很高。这就是最为理想的状况（赫莫瑞克，1974年）。

结　论：
作为环境适应性的环境设计

如果一个人能以一种提纲的形式考虑人类及其生存环境，那么，他的设计思路就会自觉或不自觉地考虑环境布局以适应人类的需求。不断变化的需求或者说正在不断变化的需求理念是促使我们不断对建筑环境进行改造的推动因素。因此，除非在短时期内，否则考虑任何一种终极形态的设计都会是愚蠢的行为。从很早以前，建筑环境或者是它的某个部分就总是处于不断变化之中。我们通过适当的方式不断地改变着环境。我们进行设计并且有目的地改善我们的文化环境和建筑环境。我们通过设计新的行为活动方式、新的技术、新的社会标准和新的建筑物不断地使自己适应新的环境（有意识的或无意识的）。毕竟生活总是在不断地变化着。

马斯洛的需求分类为考虑建筑环境在人类生活中的作用及产生的变化提供了一个工作框架。这个框架在本书的第二部分将要进行更加详细的介绍，即功能主义的重新定义。我们足以说明建筑环境给我们提供的生理需求，如避难所可以提供安全需求，安全的环境和时间以及空间定位。通过提供交流渠道空间和环境象征意义为人类提供归属需求，通过对环境和审美情趣的控制为人类提供尊重需求，通过选择的自由性为人类提供自我实现需求，通过正式的和非正式的学习机会为人类提供认知需求，通过提供个人审美观或是个人对艺术形式的理性审美为人类提供审美需求。

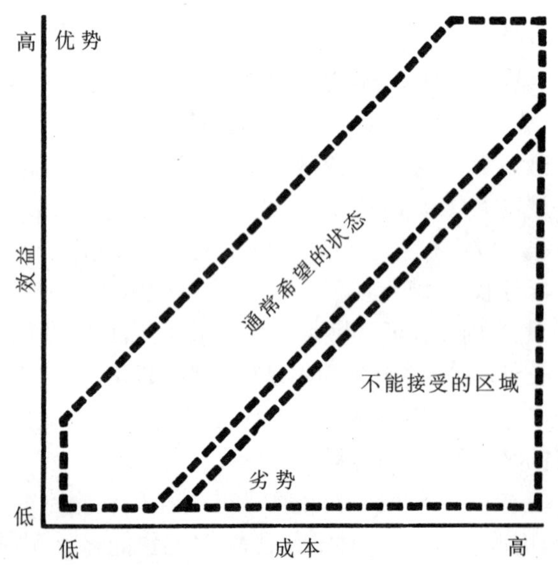

图1－9　习惯水平和环境价值
（资料来源：赫莫瑞克，1974年）

人类并不是惟一的建筑师。一些动物、鸟类、爬行类和鱼类建造的结构异常精细，他们适应环境的目的也并不总是那么容易地辨别；那些结构物不像人类的结构物一样可以用逻辑来解释。举个例子，我们仍然无法解释为什么hamerkops部落的建筑就像动物筑造的复杂鸟巢。数以千万计的动物使建造结构适应变化着的环境速度很慢，但是这决不是一个自觉的过程。人类学习知识将更快，并且我们是有意识地去进行设计的。

我们生活在一个多变的地球上，从南极到赤道，从沙漠到热带雨林。为了生存，我们不断改造环境使之适合于人类居住生活。我们不仅建造了避难所，而且还要做环境的主人，让一些琐碎之事得到升华，并使之为我们进行服务。毫无疑问，动物的住所空间有一个象征性的含义和社会性目的，即生物性目的和作为一个交流场所的目的。与之相反，人类具有商人的象征意义（兰格，1953年）。我们不仅在进行新的活动时努力适应环境的布局以便使自己活得更加舒适，而且主动发明机器使自己的生活更加方便，我们经常根据自己的生活目的，有意识地改变环境就是为了展示自己的艺术成果。

在人类社会中，设计是一个自觉的过程，设计师被人雇佣，代表他人的利益而去建设环境，但是，他们也通过一些方式表达了自己的思想。他们在计算机设计中心为了满足复杂的技术需求而不断地创造纯粹的雕刻艺术，而他们表达自己想法所占的比例随着创造所能表达的自由度而发生变化。城市设计作为专业设计不可或缺的领域而出现的主要原因就是在过去我们曾滥用此特权。

主要参考书目

① Barker, Roger. Ecological Psychology: Concepts and Methods for Studying Human Behavior. Stanford, CA: Stanford University Press, 1968

② Alix, Russell, and Dana Cuff, eds. Architects' People. New York: Oxford University Press, 1989

③ Gibson, James J. "The Environment as a Source of Stimulation." In The Senses Considered as Perceptual Systems. Boston: Houghton Mifflin,

1966.7～30

④ Hough, Michael. City Form and Natural Process: Towards a New Urban Vernacular. New York: Rutledge, 1984

⑤ Kaminski, Gerhard: "The Relevance of Ecologically Oriented Theory Building in Environment and Behavior Research." In Ervin H. Zube and Gary T. Moore, eds. Advances in Environment, Behavior, and Design 2. New York: Plenum, 1989.3～36

⑥ Lang Jon. "The Nature of the Environment," "Fundamental Processes of Human Behavior," And "The Built Environment and Human Behavior." In Creating Architectural Theory: The Role of the Behavioral Sciences in Environmental design. New York: Van Nustrand Reinhold, 1987.77～108

⑦ Thiel, Philip (forthcoming). Notations for an Experiential Envirotecture. Seattle: University of Washington Press

2

20世纪城市的形成

绝大多数的美国人居住在各种不同形式的居住环境中。这些居住地在尺度上从小村庄到大城市各不相同。一些评论家认为，没有任何人类居住地是经过设计出来的(例如克斯托夫，1991年)，但我们这里所持的立场却是不相同，即所有的居住地确实是被设计出来的。诚然，尽管一些居住地的确是独立的设计队伍作为一个城市单元有目的地设计出来，但所有的居住地都存在一个设计，或是至少是三维空间的布局，它们的开发建设尤其是公共领域的开发一直被一系列的规范或行为准则所支配。这些规则构成了一个看不见的网络，而这个网络则形成了人们的文化信仰(莱，1988年；舒尔兹，1989年)。这些准则反映了一个社会的真实文化，而不是理想中想象的标准模式。在许多情况下，规则是通过习惯建立起来并被破解的，这些被转译的规则能够追溯到几千年之前，就像在美国关于居住区的组成部分该如何相互依存的问题上所达成的共识一样。例如，雕塑艺术（Shilpa Shastras）的起源，就是建立在的印度教作品基础之上的关于城镇和建筑设计的古老规则[瑞克斯，1832年；阿卡芮亚，1927年；凯文·林奇，1984年；玛赫西建筑学会（Maharishi Sthapatya Ved Institute)，1991年]，但这些古老规则的大部分都在古代遗失了；然而，在今天的印度，它们所包含的设计原则部分是通过泥瓦匠学徒体系一代代地传承下来的，并作为蕴含于那些建立在精神基础上的优秀设计中还未转译的设计规则。实际上未转译的规则在今天比转译过来的规则被更加严格地执行着，它们掌握在创造者手中，而没有掌握在官僚主义者手中。城市设计师当前的工作，即他们的灵感和雄心以及他们对社会潜在的贡献，必须要在各种力量综合的背景条件的作用下才会被理解，这些力量形成或决定着城市公共领域开发建设的进程。这些言论对任何关于他们将来所发挥作用的陈述也是正确的。

在过去的200年里，自从工业革命对城市产生巨大的影响开始，就产生了越来越多转译的设计准则用以明确说明应该如何设计城市和建设城市。自1800年一直以来，美国的城市曾经过多地受到不断发展的法律条文影响(舒尔兹，1989年)。设计规则的最初目标是建立一个健康而高效的城市，而且，它们也是建立在有机的、生物的人类模型基础之上。这些规则在过去的100年里已经被公共卫生工程师、社会改革者、模范房地产商、慈善家、政治家和城市设计师以一致的行动和个人行为转译成分区法令和建筑规范(贝纳沃罗，1967年；J·彼得森，1976年；莱，1988年；舒尔兹，1989年)。只有在刚刚过去的30年中，才有自称为城市规划师的人真正地参与其中。

美国的城市或许是杂乱无章的，仿佛是所有不理性法则所导致的结果，然而，事实并非如此。那些城市是由许多关注自身利益的人在市场和法律体系下，而且经常还会是在政治和行政的框架下所作出的众多决策的综合产物。许多城市的结构都是值得肯定的，但是有些城市由于自身结构的缘故丧失了很多发展机会。伴随着人类技能的增长，形成城市的各种可能性及构成要素——街区、建筑，以及基础结构设施也不断得到增长。看上去，美国现在的城市和郊区开发建设比以前更加随意，但是为绝大多数居住者所提供的个人自由度和生活质量却一直在提高。

所有城市的形态布局都是个人或群体为寻求实现其目标而适应生物和社会环境发展进程的功能体现，或者是为改变其目标以适应生物和社会环境承载力程度的功能体现。到目前为止，形成城市要素的构成清单没有完整的，而且这些要素必须要与当地的自然环境和其蕴含的文化内涵相关联。

创造建筑环境

克里斯托弗·亚历山大(克里斯托弗·亚历山大，1964年) 将设计过程划分为两种形式：自觉的设计和非自觉的设计。其实一直以来并且至今仍然是这样，人类通过绝大多数人的非自觉行为过程来实现对人类居住环境的适应，但今天的美国城市则是两种过程的混合产物。在个人决策的层面也许会有很多自觉性的设计行为，但整个的设计过程却主要是非自觉设计的产物。这些个人决策中的某些决策对城市整体产生的影响要比其他的一些非自觉行为的决策影响要大。例如，美国在第二次世界大战后建设州际公路网的决策就比单个家庭在花盆中种花的决策影响要大得多。

从纯粹意义上讲，非自觉的或无意识的设计就是社会固有的特征，表现为社会分工的低水平、建设类型的稀少和建筑材料、建筑技术的匮乏。人类为自身进行设计，设计的过程大都是预先设定好的。几乎没有，就是有也是极少数的专业设计师是在为与自己无关的人进行设计。在这样的一个社会里，几乎每个人都是一个设计师，并且会有令今天建筑师崇拜的作品层出不穷(鲁道夫斯基，1964年)。实际上，某些设计规则就是针对选址和建设而言的，可是尽管人们在头脑中和传统实践中领悟了，但绝大多数的规则并未真正反映在设计作品中。布罗德本特把这种设计过程称作实用主义设计，它被人们用来解决遇到的问题而得到发展已经有很长的历史了。由于人们所要解决的问题变化很慢，所以导致了解决问题的方案及方法发生变化的速度也很慢。此外，运用传统方法进行设计并不被认为是有问题的，因为创新存在于今天许多文化创作的自觉性设计行为中，因此，创新也并不被认为是设计中的积极因素。这里所谓的非自觉性设计是与布罗德本特的非正式设计概念属同类问题，仍然是与自觉性设计相对而存在的，但是和亚历山大所表述的略有不同。城市作为一个整体包括了职业设计师在内的众多设计师的作品。

自觉的或有意识的设计过程包括行动前制定设计决策，具有高度社会分工和专业设计的社会特征。社会分工的产生是由于现代社会科技和社会的复杂性造成的。在美国，涉及居住环境规划设计的工作人员中有更加细致的分工，他们有市政工程师、交通工程师、城市规划师、景观设计师、建筑师、创作人员等等，名单几乎是列举不完的。每个职业都有各自的专长，他们都从自己对问题的认识和解决能力的角度来看待所有问题，经常还会相互的竞争(盖特曼，1977年；拉森，1979年；布拉瓦，1984年；卡夫，1991年)。实际上，除了美国的城市之外，世界上还有许多城市整体上都是有意识设计或规划的。除非这些城市和市民强大得足以控制政府机构，否则他们都将趋向于进行无意识的或非自觉的设计，将会把规划好的城市引向由于众多的个人决策而造成杂乱无章的格局(戈特沙尔克，1975年)，但是对于城市基础结构设施的基本形式并没有产生多大变化。

美国的城市和周围其他大多数国家的城市一样似乎都存在一种自相矛盾的状况。作为物质性与精神性相结合的实体，城市都是作为非自觉设计的结果而存在，尽管组成部分——道路、建筑和广场都是经过认真自觉规划的。这种现象就像今天我们的生活一样如此的真实。与罗马时代主要教堂设计相关的设计实施基本上是在教皇塞克特斯的指导下进行的，是一种通过大量无意识设计的而在中世纪城市中形成的一种有意识的设计行为(培根，1974年；贝纳沃罗，1980年)。作为一种设计行为，拿破仑三世对奥斯曼所做的巴黎规划的影响与教皇塞克特斯在罗马的主导地位很相似(库普瑞，1968年；伊温森，1979年；贝纳沃罗，1980年；奥尔森，1986年)。尽管他们的行为是决定城市的主要力量，并且赋予了这两座城市我们今天看到的许多特征，但是许多微小的自觉而并非自主性的设计仍然为巴黎和罗马城市全貌的特色起了不小的作用。独裁者的力量直到今天仍然对城市公共领域的设计产生着影响。齐奥塞斯库总统不仅通过政治革命获得了罗马尼亚的政权，而且引发了对建筑设计和城市设计的革命（斯坦普，1988年）。而像开发了纽约奥尔班尼地区后来又以他的名字命名了帝国广场的纳尔逊·洛克菲勒州长这类人的力量却很少被考虑。

今天，许多国家的公共机构都与有意识的设计相联系。在美国，这些机构和部门的性质完全不同。在20世纪30年代到50年代期间，罗伯特·摩西通过个人和政治的联系网络，在以他个人观点促成的城市中就有很大的力量(卡罗，1974年)。他能够将公路、桥梁和公共海滩的规划结合在一起，但许多公共领域的空间建设却四分五裂，直到现在都还是那样。斯堪的纳维亚的公共机构比美国的相关部门在协调和制定公共领域设计的政策上有更大的影响力，因为市民赋予了他们这样的权力。在美国，这种权力被司法权之间的相互争斗分解得支离破碎。

城市设计中包含着各式各样的人：律师、土地开发商、私人业主和各种类型的专业设计师。虽然城市的许多构成单元都是由自认为不是设计师的人设计的，但是他们的行为却不能改变整个城市。虽然专业设计师被包含到对城市未来的决策制定中，但是许多城市设计行为却都是城市市民从自身利益出发来完成的。相互联系而形成的一系列社会系统和物质系统就是今天城市设计师们所看到、所参与、所努力发展得到的。

没有自我意识的城市设计

美国的城市是在一系列文化标准的控制下进行的设计，尽管这些标准中的一部分会被公认为不合法律。这些标准不仅与市场的运作及市场法规相关，而且与广泛的文化价值相关。这种经营的结果，也就是可以用许多种方式描述的城市三维物质空间布局形态：根据土地使用的分布和活动空间的布局，根据城市的建筑或人的行为进行布局，即物质环境中（参见第9章）人的行为布局。一个人看待城市的方式依赖于他是谁以及他的动机是什么。但不论是谁的倾向性，终究是城市的自然环境和社会环境造就了城市并赋予了其特性。

生物因素

就像前面已经讲过的一样，与今天的美国城市相比，自然环境的特性对于前工业时期城市特性的建立是一个重要的因素。尽管一个地区的气候和当地植被对城市特性的预示作用不再重要，但地形地貌仍然是所有城市美学效果中的主要因素，无论是自觉性设计还是非自觉性设计都是如此。旧金山、西雅图、华盛顿高地、纽约城都是在所位于的破碎崎岖的台地丘陵地势上而获得了个性特征，就像芝加哥、费城和新奥尔良从平坦的景观中获得的另一种个性特征一样（参见图1-2）。

建设城市的台地丘陵地势特性和可获得的建筑材料特性影响着建筑物的建造方式和特征。这种受影响的例子在过去有很多。马里兰州的巴尔的摩则由于它砖瓦质地的联排式住房的个性特点而与那些木质房的城市特征截然不同。尽管建筑材料在全球范围内都是可以利用的(例如，意大利的大理石在世界各地的建筑中都应用)，但本地的材料仍然造就了城市的特征，其中有一定数量的村落都是位于资源贫乏的地区，在某种程度上讲，也包括美国主要的大城市。许多评论家都认为应该不断地使用当地材料，并作为形成地方识别性个性特征的方法(诺伯格·舒尔兹，1980年；参见第13章)。

由于气候控制机制的有效性，尽管建好的环境像过去一样不能如实地反映城市的气候差异，但是气候在形成城市形态和城市居民生活方式上仍然是一个主导因素。气候——季节的本质，昼夜的循环、温度、降雨和湿度——影响着人类全部活动的范围和周期。经济学家约翰·肯尼斯·加尔布雷斯（1985年)曾经认为，佛蒙特州冬夏季气候的差异要比里约热内卢、悉尼和开普敦气候的差异大。既然承认这种差异，就需要有许多强烈的呼吁，要求在头脑中要产生更多的自觉地去关注有关自然因素设计的理念，以便减少能耗。至于美学上的原因，就是要赋予设计一种人世间住所空间场所美的感受(奥格，1962年；斯本，1984年；霍夫，1984年，1986年；戈登，1990年；克劳斯，1992年；参见第11章)。

前工业化时期设计的非自然特性的城市、建筑物在空间的布局上仅仅是为了满足居民的舒适需求。在那些干热、湿热和湿冷的地区有意识设计的城市之间存在着许多主要的差别。我们对空气条件、集中供热住宅和开放空间围合能力的认知已经降低到必须在设计时考虑气候条件，而不只是忽略它，即使这样还是会增加建设的成本。

一座城市的特征也还源于植被的特性——在那里生长的树木和草木的类型——以及生活在其中的动物特性。在极端的气候条件下，在形成城市形象和特质上这一点上仍然是主导因素，但是人们已经把他们的文化景观理念带到这些气候环境中来，通过在沙漠中植树改变气候，砍伐森林中的树木和在家里种花，以及把动物和鸟类还有寄生虫都带到这些环境中来。尽管这些行为或许看上去在一个地区的发展中是微不足道的行为因素，但并非只靠本地区的动物就能够将城市彼此分开。麻雀和鸽子或许无处不在，但是鸣禽的类型，以及松鼠、浣熊和鹿的出现就像蚊子和蝴蝶一样将城市区分开来(斯本，1984年)。

文化景观不可避免地与自然环境的承载能力有关，海洋和山脉的出现就能担负起众多生物的活动需求，这些行为活动是景观无法产生任何变化的平

1. 印度拉贾斯坦邦的斋沙默尔

2. 明尼阿波利斯的立体快速交通系统

3. 北美洲的北部
（照片来源：作者收集）

图 2-1　气候和设计

纵观历史，以气候条件为基础创建的城市存在着许多差别。印度拉贾斯坦邦的斋沙默尔（1）就是以其平屋顶和狭窄的街道有效地改善了塔尔沙漠的恶劣条件。在城市设计中，考虑气候条件的影响仍然是一个主要因素，例如，像明尼阿波利斯的立体快速交通系统（2）所反映的那样，技术的发展和为其他目的而进行的天桥设计经常会模糊城市物理特征的气候效果。自然的气候效应和室外空间的利用仍然是一个地区提供的能反映生活质量的重要因素（3）。

原地区所不具备的，但是这其中也含有许多其他的因素：例如，风、雨、阳光等等。作为社会组织的我们正在改造着我们生活的城市，以便能为人类全方位多元化的生活提供保障。我们所进行的行为活动是由文化因素、经济和法律系统的运行机制，以及人类居住环境发展的整体价值观所决定的。

社会因素

就像柏拉图所说的“城市即人民”。城市是一系列包括人和他们在物质框架下活动的行为设施(贝克特尔，1977年；威克，1979年)。如果一个城市要被理解，那就必须在文化的框架下进行活动(拉普卜特，1977年；阿诺，默瑟、索菲尔，1984年)。例如在日本，许多的政治实体就是由高度的同质同类人群所组成，这些人有着相似的行为和价值观，如果不是完全的一致，那么，至少在人生经历的各个方面也较为相似。这样的一种社会将拥有一种普遍的宗教、生活方式、价值观和关于自己的神话传说。在这种社会里，建成环境趋向于具有更多相同的特征(即使它是由多种形式构成的)，因为它的成员拥有共同的文化是同质的。然而个人会因归属于不同的社会群体而具有不同的个性特征，这些个性特征表现在社会组织中，除非存在强硬的社会禁令反对个性特征的表现。

例如，在印度、尼日利亚、南非、前苏联和美国等许多国家都是由具有众多非主导文化的不同人群构成。甚至在这些地方，如果政治团体想要进行暴动的话，也都会得到一些赞同和支持。在这种国家，非主导文化会被按照地区、城市和邻里的观点进行分开，或者在空间上整合在一起。特定人群居住的地区会由于行为环境的特征和环境分布及其人们参与其中的程度不同而表现出当地所独有的居民价值痕迹，从而赋予了一个场所空间和城市空间的特征。随着时间的推移，在环境开发过程中，个性化的城市特征将会一片一片地得到展开。

文化在影响城市形态上存在着许多差异(拉普卜特，1977 年，1984 年)，尤其是在对待性别角色、儿童天性、学校特征及领域的态度上更是有所差别。更广泛地讲，不同的文化在认为什么是合理的以及什么是不合理的认识上，对不合理的甚至是反社会行为的容忍度上都存在着分歧，而且在处理这些行为的方法上也存在差异。防御外部力量的入侵曾是城市用地选择和设计的一个主导因素；现在美国和其他地区一样更注意对内部犯罪力量的防范，以至于

1.芝加哥的中国城

2.费城的西南部中心城

3.费城的贝拉街景

图 2－2　民族和邻里街区的个性化

无论设计的初衷是什么，都会由于居民通过改变周围环境来满足他们的需求，从而使得一个城市所在的地区经过一段时间后就开始显示出居住者的价值观。美国的中国城就是这种现象显而易见的例子（1）。其他的人群在城市景观上留下的痕迹虽然不明显但却很清晰。例如，费城十分相似的联排式住房的邻里组织结构就是以色列和意大利移民以一种截然不同的方式转变而来的（2、3）。设计的本质制约着这种不同人群以不同方式进行个性化发展的过程。

形成了较小规模街区和房屋的城市特征（参见第 12 章）。所有的这些因素都会反映在现存环境场所的物质空间布局及其中活动的人群上。

美国的社会不是静止不变的，它的行为标准随着时间的变化而变化，这是由于创造精神、技术革命、内心改变而变化的，尤其是个人与社团权利和公平概念的改变而引发的变化。市场被认为是具有可以公平分配的物品，并给予社会中个人和家庭公平的能力。特征设计的成果说明，市场并不能做得足够好，它不可能处理像空气质量、公共设施，甚至像社区美观这类公共产物的分配。自觉的有意识的设计干涉了市场分配资源的方式。由于对规划设计和城市设计方式，以及对市场歪曲认识的失败已经导致许多规划决策所不希望的和事与愿违的负面效应(P · 霍尔，1988 年)。如果城市设计仅仅只是一个新的关于对那些从过去（通常是指从商业中）没有学到任何东西的专业行为的一个称谓的话，那么，它将不会有所收获(麦凯，1990 年)。

居住形态的经济基础

城市设计是一项有目的的行为活动。所有的人类居住环境都是为了一种目的或功能，或者是为了一系列的功能而进行创建的。居住区存在的最基本缘由就是因为经济因素(参见第 8 章“城市和城镇场所空间的功能”)。经济因素影响着一个居住区位置的选择、内在特征和环境气氛。像纽约伊萨卡岛的大学城、密歇根州的东兰辛和安妮堡地区就不同于一般的商业和旅游城市中心。建设城市往往需要充满勇气，并且要让居住者所钟爱(普洛克特、玛图泽斯克，1978 年)。尽管这些城市具有还不够鲜明的特征，但是却不是规划师和建筑师所喜欢的那种类型，这些规划师和建筑师中的许多人把“光辉城市”(勒·柯布西耶，1934年)或者把“田园城市”(霍华德，1902年；C·斯坦，1957年)看作是理想中的城市类型(怀特，1964年；P·罗尔，1991年)。经济因素一直以来都影响着对公共领域质量的态度，以及对建筑师的态度(基尔南，1987年)。

无法全面列举城市存在的目的，但是其目的和选址、选址和特征却是密切关联的。世界上很少有城市选址不考虑水的因素。几乎所有的大城市都有港口或是位于水边，或是位于河流上可以建桥的地点，或者有水位于城市中并发挥着主要作用的地区。即使像位于内陆中心的城市印第安纳州的首府印第安纳波利斯，由于其充足但并非丰富的水量供应与它处于内陆的区位位置相配，所以印第安纳波利斯就能发展成为主要的工商业城市。

城市的经济基础和技术基础是相互关联的。可以利用技术发展的水平影响能源和交通成本，进而影响物品分配和生产性工业布局的经济性。现在是一个城市建立后其主要交通方式对它的用地分配和特性起关键性影响的时代。交通方式决定着城市特性，像作为交通系统一部分的道路等级和道路宽度一样，邻里和郊区的区位关系等(斯特恩、玛斯内格，1981年)都是城市个性特征的构成要素。美国城市道路网系统的差别就是每个城市经济实力和主要发展建设时期所赋予城市的特性，不但有视觉上的标志作用，还具有起到主要识别性的个性特征标志作用。另一个形成城市特征的因素则是道路，道路规划是否在居住环境形成之前就已经被有意识地设计出来。纽约的华尔街与曼哈顿商业区的很大差别就是因为道路模式的不同，这种差别也是因为建筑物类型、服务功能和居住人群不同而产生的。

在一个城市里，人们由于收入和行为活动形成的布局不仅依赖于个人的行为，而且也依赖于在他们期望范围内所涉及到活动的所有人的集体行为。这种过程经常被看作是一种社会阶层之间的斗争(卡斯泰尔，1977 年)。在美国和其他资本主义国家里，城市是由于个人之间、房主之间、商业和各种机构之间为了在合法的范围内最大范围内实现其利益的竞争中发展而来的。这些限制与政府在城市和地区规划中参与的程度，以及设计政策的形成产生差别，也会由于现存的政府体制和价值观不同而产生很大的差别（凡 · 威雷特、凡 · 威士普，1990 年)。

人群、用地和行为活动的分布由于建筑环境的特征而得到完善。由于交通成本比较低和人们除交通费以外可自由支配的收入也较高，那么，人的活动频率和其他行为一样在居住区中心就都是最高的。于是绝大多数而不是全部的城市都会在城市商业活动中心形成城市核心，由公共决策力量所决定的城市在某处进行的建筑选址将对所有活动行为都是极其方便的。由于城市外围的土地价格相对低廉，所以，那些住户就能购买到更多的空间来交换对他们来说并不重要的城市生活物品和生活质量，但是却不能牺牲他们进入公共活动中心的方便性。在城市边缘，当经济补偿大于或等于将农业用地转为城市用地的费用时，那些土地就会城市化。有些城市由于自然条件的限制而呈辐射状布局，但有些城市则是由于设计师为了刻意用绿化带来限定居住地也发展成辐射状的布局(萨尔，1987 年)。这些措施其实都受到政治的约束。

开放的和封闭的城市是两种截然不同设计理念的城市形态，是由城市政策促成的。开放式城市是一个地区政治体系的组成部分。在一个封闭式的城市里，城市规模和城市政策的控制是密切联系的。只有在一个形态结构封闭的城市中才能体现土地使用能力的差异，一般在内城中的穷人居住区往往被富人区所包围。在美国这是一种普遍的现象。在一个形态结构开放的城市里，收入和福利的差异相当大，富人则住在城市中心区，而穷人住在郊区，就如同许多拉丁美洲国家一样。更普遍的现象是，穷人居住在郊区的城市交通系统对于中产阶级却不利，并且建筑的外观形式不统一，而且还被严格限制。这种情况通常发生在外来人口很多的国家。如果收入差别大而福利差别小，穷人和富人就会趋向于混合居住在一起，这样居住阶层就不会形成(伊克斯莱、彼得斯、拉金，1982 年；萨尔，1987 年)。

20 世纪的城市是由于众多因素的综合影响而形成的，例如：由于交通技术和生产技术的改进以及社会和法制的变革导致财富增长。最大的可能就是，在一个地区或城市中人们居住分布的形式和活动依赖于已经建成的交通系统(阿托，1988 年；卡达黑，1988 年；瑟沃，1989 年)。19 世纪，郊区铁路系统和随后地铁系统的发展，给城市中产阶级移居到郊区提供了机会。第二次世界大战后紧接着的 20 年见证了汽车和卡车工业对世界上许多城市产生的全面影响，但其中影响最为突出的当属美国的城市，尤其是旧金山(博特尔斯，1987 年)。第二次世界大战后的美国州际公路将各个城市联接在一起，随后又建设的环形公路则完全改变了进入某个地区的交通模式，并影响着其土地的价值。这导致通过汽车交通在城市与郊区间的往来穿梭和城市郊区工业的发展。第二次世界大战之后的公路发展也使得郊区开发成为新的居住环境模式，而不像先前在只通行火车时形成的初级集体宿舍式的城镇。美国城市郊区由于具有自身的商业区和职能基础已经变得更像城市(马苏迪、哈登，1973 年；穆勒，1981 年；威阿，1987 年；乔恩 · 朗，1987 年；瑟沃，1989 年)。可以断言，如果这种旧商业中心的发展仅仅是依靠人口增长才得到促进的话，那么，公路和巨大的交通系统的通达性就是必不可少的(伦伯格、洛克伍德，1986 年；盖里，1991 年)。如今美国的城市建成区往往是包括多个多层级的公共活动中心系统。内城的中心商务区仍旧在心理上具有优越性，但是它的经济优势则已受到某个郊区的挑战，并且有些已经被这些郊区超过。

许多城市都拥有快速交通系统。在伦敦和纽约这些城市，交通系统历史更为悠久，但是像在佛罗里达州的迈阿密和华盛顿特区则刚刚形成。相反，旧金山从20世纪40年代以来已经放弃建设2500km的铁路工程，尽管其中的一部分已经建设或正在被重新建设。这些交通系统创建了一个个低成本的交通枢纽点和高密度的人流集中点。除非受到立法的限制，否则，每个交通枢纽点都会发展成次一级的商业活动中心。马里兰州的波斯达和加利福尼亚州的核桃溪市则是位于新的交通站点附近，并且具有成熟的郊区商业活动中心传统的小规模居住生活中心。于是美国的城市地区就形成了一系列高度发达的商业网点。这种城市结构模式在中心地区具有较高的峰值，在其他地区则由于交通的成系统连线布局的缘故，而使得进出城市地区变得较为便利，就会呈现较低的峰值[参见图2–3（3）]。

如果低成本的交通网络被引进到一个形态结构封闭的城市里，那么，商业中心的租金和人口数量就会下降（违反直觉的），每一个地区的人口密度也会有所下降，交通枢纽点附近的租金则会增加，并且沿着交通线路会产生一连串的商业性枢纽点。当收入增加时，交通枢纽点附近的人口密度则会降低。美国试图通过政策来加强城市中心的吸引力，但却没有成功。如果低成本的交通系统被引进到一个形态结构开放的城市里，内城中心区并不会因为由交通枢纽点发展成的新公共活动中心而受到影响，租金和人口密度会沿着交通线增长而增长，城市的市区规模半径会增大，并且城市地区的总人口将会以牺牲其他地区人口数量的方式而得到增加，其他一些相关的事情也会发生同样的变化。

任何城市规划或城市设计的努力都必须要牢记市场对城市的形成起着很大的决定性作用(迪尔、斯科特,1981年)。如果没有当地政府以促进人们生活质量的形式而给市民进行大量的福利津贴补助,那么,市场运行的标准就不能发生改变。实际上,这种津贴只是轻微小幅度地改变了市场性质。新建筑综合体的质量改变着市场的机遇和一个地区与其他地区的竞争能力,但是这种质量的提高必须是以人的福利提高为基础的,而并非仅仅以设计师的美学观点为基础。在某些城市或地区中,设计师总是期望能以促成人和行为活动分布的较大改变来迎合某些公众利益的客观需求,并希望能够改变整个针对社会物质环境的政策,而且这些改变必须制度化。

1.加利福尼亚州的葛伦德耳

2.马里兰州的波斯达

3.加利福尼亚州金三角地区的核桃溪市

图2–3 "新"郊区商业区

葛伦德耳（1）以其位于洛杉矶城镇公路网的位置及其最初的政治作用已经成为洛杉矶地区主要的中心。马里兰州的波斯达（2）也借助于它在华盛顿地区地铁系统的交通中心地位而发展起来，已经由一个较低人口密度的地区变成了高密度人口地区的核心。加利福尼亚州金三角地区的核桃溪市（3）就是因为作为旧金山湾地区快速交通系统的一个枢纽点而发展起来的。

居住环境形式的制度基础

圣雄甘地最有名的一句格言是:"一个人内心的部分改变比社会结构或政治计划的改变要重要得多。"改变人们的内心世界和价值观是件不容易的事。有两种制度化的机制可以做到这一点:社会和法律(萨尔,1987年)。这两点都关注改变人类的福利,包括品味和偏好;前者是通过改变人类价值观的手段,后者则通过严明的法律手段。

社会工具

人是在能够获得的信息和自己的价值观基础上作出决定的。在一定程度上讲，他们作出的决定并且包括将来作出的决定往往是不全面的，存在于带有一定偏见的信息基础之上的。这是由他们自己的经验和其他人对信息直接或间接地加工造成的偏见。所有的机构都在做着他们将把怎样的信息带给公众的决定，如果这些机构是特殊的教育机构，那么就会就将信息传递给学生。

商业机构和职业机构会采用与产品制造商十分相似的手段，即通过那些能对他们所提供服务而做的直接或间接的广告来获得市场效益。他们试图说服人们，大众化的行为应该采用大众化的方式。零售商店通过广告试图改变人们的兴趣。安全设备的销售商是想让人们把世界看作是一个可怕的地方，并提供给人们此类必需的信息来说服他们，即使这些销售商已经知道这些人的亲身经历并不与他们说的相同。建筑师通过作品的可识别性和质量来冒险获得在职业领域中被认可和在市场上提供服务。城市设计师相信,特殊的设计目标存在于公众利益中,并且他们试图说服人们认识到这一特点（盖特曼，1977年)。

这本书和其他任何一本书一样都是一本社会工具书。目的是将人们特别是将建筑师的注意力带到环境的某个方面，而且能够很好地利用其技能的机会以及对社会的责任。任何一本理论书的目标都是力图通过提高对结果的预知能力来帮助社会更好地作出决策。这本书的主要内容就是与城市设计师及其正在进行的城市行为活动相关。目的是通过将城市设计师的注意力集中到已经研究得知的人们所向往的生活方式和对周围领域的态度上来，从而帮助专业设计人员以更加丰富的经验来设计城镇。另一个目的就是让人们注意到可以获得的机制，帮助为大众服务的城市设计师在认识到一个城市运行的文化背景的同时，追求富有而高效的城市。

法律性工具

美国的市场是由一系列法律条文和并不明确的行为准则负责管理的。建立法律机制是一种自觉行为，引导城市向特殊的方向发展。虽然最终的结果主要依赖于相互独立的个人决策，但是这些决策仍都在法律控制的范围内。今天，这些法律条文是"通过数十年的艰难斗争和某些利益集团之间短暂的和谋而形成的"(萨尔，1987年)。它们通过改变人们之间经济实力的平衡来改变由市场建立的福利模式。通过各种方案建立起来，包括专横的和与其针锋相对的民主方法。

在美国几乎没有，有也是极少数的地区没有运用正式的法律基础来对某些个人和组织如何在当地作出的决策进行管理，并控制着他们设计的建筑物特征。在这里使用的"正式"这个词，意味着是指那些明确的可以被接受的法律规章。它不可能产生正式的优美设计(也就是说，设计的形体本身才是人们关注的焦点)。更确切地讲，形式设计来源于人们对其他问题的关注：健康、威望等。

那些影响20世纪美国城市形态和特征的法律类型包括地税法、收入分配法、重建法、分区规划法(除了得克萨斯州的休斯敦，它有自身特殊的情况和问题，并且表现出对其他地区在使用分区规划上的限制；吉拉度，1987年)、建筑法规等等。在那些只以土地价值作为财产税评估惟一基础的国家里，在空地上进行建筑的冲动未免有些轻率。在那些以土地价值和建筑物价值的总和作为财产税基础的国家，进行建设的激情就不会太高，并且直到对土地的需求使得这些功能在经济上不可行时，人们才会寻求更多的表面停车场和小规模的城市开发，就像现在的曼哈顿和即将出现的洛杉矶中心地区一样。土地失去其可行性时的程度要比那些对要升值的场所空间的土地进行征税的程度高。

为了促成城市和地区的规划设计，已经颁布实施了许多种土地利用法规，但涉及到的法则只是有一些目标，并不意味着会形成清晰的城市外在形象。像科罗拉多州的波尔德，更具普遍意义的还有许多欧洲的城市，已经实施了绿化法规，目的是阻止由于缺乏市场力量而对城市整体形态造成负面效果的考虑而导致城市一味放射性发展增长的发生。目标是为了提供城市居民到达郊外围的便捷性以及通过保护和建立清晰的边界给场所空间增加可识别性。在加拿大的安大略省，这样的政策已经开始不自觉地导致了城市郊区公寓的快速增长。在加拿大的许多城市，这种开发模式对那些在城郊拥有土地的开发商来说是最有利可图。这种开发模式并非是立法者的本意。相似的状况，美国建设的公路网和第二次世界大战后提供的低息贷款给先前的士兵用来帮助他们重新建立起城市生活的政策(也包括对建筑业的优惠)，已经间接地促进了对郊区建设增长的鼓励。为了使贷款补助更加合理，建筑必须要相互独立，而且由于少数战前的房屋仍然能使用，因此，这个方案也鼓励在可获得的开阔地上进行新建筑的建设。这些开阔地几乎都是在郊区，有新开辟的道路可以进入，但是必须要有汽车作为主要的交通出行工具。通过吸引城市中大多数中产阶级和潜在的中产阶级，对美国许多老城市造成了负面影响。这也不是立法的本意。法律对市场全面的作用并未被真正发挥(参见，萨尔，1987年；伯特尔斯，1987年；蒙柯尼，1988年)。

在美国，分区规划已经被中央政府，通常是被城市政府广泛地运用，并且用来限制城市特征地段的特殊使用功能，限制建筑密度的分布，来限制例如像停车场等这类用地容量的使用。如果要论好坏的话，分区规划法规很容易被废弃或改变已经得到证明。当一个特殊地块的使用需求发生改变时，分区规划不可避免地也会随之发生改变。

分区规划法规是以保持公众利益的文化态度为基础的。当初，分区规划法规的颁布是为了保护公共健康而发展起来的(包姆斯特，1895年；贝纳沃罗，1967年；J·彼得森，1979年；莱，1988年；舒尔兹，1989年)，目的是为人类生活创造一个健康环境。已经实施的分区规划趋向于把城市的土地面积分割成同类的土地性质和建筑用途。以人类的有机模型为基础，但经常与行为方式发生冲突，尤其是当一个地方的分区法规被完全拷贝到另一种文化不同的地区时；这种行为方式被人们认为与恰当的文化相关。

分区规划通过阻止有害的设施布置在某人财产的附近而经常被当作维护财产价值的工具。在20世纪后叶，城市设计准则作为限制某些建筑布局和使用面积而被推广，而提倡另一些能形成公众利益所关注的公共空间质量的政策措施被越来越多地加以使用(巴尼特，1974年、1982年，1987年；狄瑞克森，1986年；C·埃利斯，1987年；J·埃利斯，1987年；菲舍尔，1988年；盖特兹，1988年；莱，1988年；德金，1989年；舒尔兹，1989年)。今天看来，城市设计的这个方面作用经常被看作是城市设计的核心部分（参见第3章)。无论好坏，它已经确实对纽约的城市广场布局产生了影响(巴尼特，1974年；怀特，1980年)。

公共机构的设计以其他更直接的方式干预了城市设计中的自觉行为。立法经常给予政府建设基础结构设施的权利，例如：车行道、人行道、广场、公园、给排水系统，给予建设那些市政厅、警察局、展览馆等单体建筑的权利，也给予那些像公园、游乐场这样公共建筑的建设权利，也就是行使城市资金网络的权利(克兰，1960年)。公共建筑部分已经为低收入家庭提供了许多住房。这些行为中的每一个行为都在通过间接地改变城市租金结构而改变着周边土地的潜在使用价值。建造公共设施或改造已有的基础结构设施产生了很多效果。这些行为部分会造成直接或间接的改变(阿托、洛根，1989年)。例如，通过建造一个具有吸引力的设施就可以吸引高收入人群到某个地区居住，但是低收入人群就会被迫离开那里。人口结构的改变是最初的结果，第二个结果来自于新居民建造的服务设施和被迫离开家园的人对其他地区的影响。这些行为通过改变土地价值和各种土地使用的吸引力来引起城市的变化。公共空间部分的建设一直以来都是作为提高城市形象的手段，并且也是通过公共计划改善城市内部环境的一种努力。通常这部分计划被认为是努力的最终成果，但是人们却对每个计划都感到失望，因为它并未解决所有的问题。这些计划应该被认为是不断适应改变而不断发展的一个过程。

20世纪无意识的非自觉设计的城市以及它们的某些部分都是不完整的。其中有许多部分都忽视了人们强烈渴求的内容，并且许多问题都与商业之间及业主之间的竞争有关。提供需要维持城市居民生活质量的服务与最近有意识地发展起来的具有新基础结构设施系统的地区之间的竞争被证明要想取胜是很困难的。与此同时，自觉设计的城市及其管辖区并未真正拥有一种充满活力的生活。这种结果并不是因为这些地方是自觉设计的缘故，而是在于它们是被如何设计的。城市设计能够也应该能够增加城市的活力！不幸的是，这种希望的效果一直以来都并没有成功的例子(J·雅各布斯，1961年；沃尔夫，1980年；戈德伯格，1989年)。

有意识的城市设计

有意识设计的场所三维几何空间的布局往往是通过专业或准专业人士(例如:人们在实践中工作却未受到正规训练)特殊的安排可以达到特殊效果。这些结果具有很强的建筑学意义上的满足感,并且那些经过自觉设计的城市在其发展的背后都带有一定政府的决策思想。所有的美国城市在超大规模的建设中都存在着这种自觉性设计的局部地段。他们至少都有作为单元设计的基本道路设施,尽管这些道路设施在不断地延伸。许多城市都拥有自觉设计的自治地区。

有意识的设计的城市与没有意识设计的城市在许多方面都是不一样的。在自觉有意识设计的城市中,道路模式是预先设定好的并且与土地利用规划和基础设施规划相协调。建筑物都是按照几何观点进行组织,并且与用地趋向于分开。城市整体布局在外观形式和土地利用上遵循着等级制度的几何秩序。自觉性城市设计和非自觉性城市设计的基本差异在于前者是一个连续性(统一性)的设计,这是由于有意识的设施布置对市场作用的干扰,以及为满足社会机构而进行的善于思考的设计美学影响。由中央权力机构决定城市的地租是不可避免的。这是社会主义和马克思主义的国家中实行的高度计划经济的基本组成内容。成本代替了将个人的或从中受益的人产生的费用分摊到了整个社区。在美国,私人企业主已经开发建设的地区,例如,马里兰州的哥伦比亚市等这些已经完成的新城镇和得克萨斯州拉斯·科里纳斯这些已经建设了十几年的城镇。并不全都是有自我意识的城市设计,因为城市建设过程中的许多部分都是留给建造商和房主作决定的,私人参与在美国是很重要的(参见第14章)。

政府到处买地,经常通过特殊的权力手段来控制大片的土地,这种方式在自由的市场经济条件下是不允许的,因为它被赋予了一定的利益法则和约束。雷恩·克里斯托弗为1666年伦敦大火后所做的规划方案没有实施的原因就是因为政府不准备用这样一种公共领域重新设计的方式干预市场去积累土地。一旦积累到足够土地,政府就会改变土地的使用模式,即将在市场经济条件下很盛行的模式改变成为服务于公众利益的模式。在整个美国,有很多的建筑都是政府资助建造的,巨型规模的高层建筑规模已经大于市场所允许的容量。但是这些工程却改变了城市景观。

20世纪规划的城市和局部地段几乎都不能满足支持者的期望。尽管在美国和其他一些地方有些很快变得不适于人类的居住,但不至于是彻底的失败(蒙哥马利,1966年;玛瑞特,1982年;斯哥, 1984年)。太多的建筑都是这样的。它们的建造并没有和它们关注的居民行为预期的描述相一致,而且规划的限制也从来就未

1.华盛顿特区的月牙街区 Foxhall 路

2.纽约的炮台公园城

3.得克萨斯州的拉斯·科里纳斯

图 2－4　有意识的城市设计

许多美国的城市由于以一种分区分片的方法进行设计而导致其变成了今天的条条块块样子。这些单元由于设计的统一性,或者是由于同一个人进行的设计(1)或是在同一人设计指导下进行的设计而显得特别容易进行识别(2)。在美国,这种设计的尺度很少能超得过一幢房屋的工程范围,大概世界上仍有许多新城的整体设计(3)是由这些相似的部分所组成的,尽管其中的部分是出自不同设计师之手。这种设计在本书的后面将被称作城市的局部设计。

被理解过。规划师头脑中完美的几何空间形态组织并没有在真实的城市生活中发挥必要的作用(戈特沙尔克,1975年)。设计师面对问题的态度就不同的程度体现为这个世纪里对城市空间布局形态产生特殊影响的规划的三个主要运动(贝纳沃罗,1980年;巴尼特,1986年)。他们的代表作品与我们今天相联系在一起,对于这些思想体系的正确理解,可以通过它们对20世纪城市建设的影响进行一些清晰的分析。

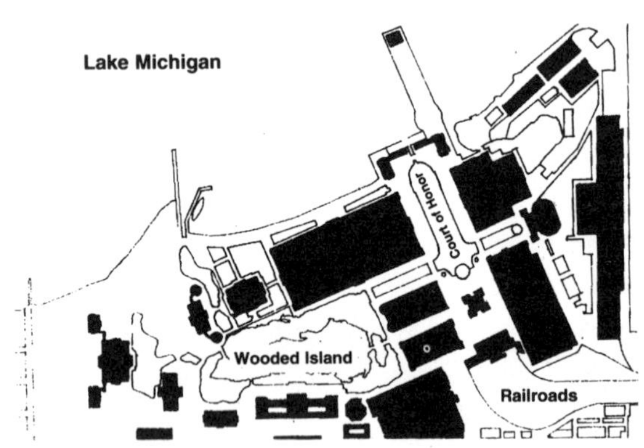

1.规划
(资料来源:根据纽曼进行的改编,1971年)

2.荣誉法院
(照片来源:承蒙芝加哥的历史团体惠赠)

3.从柱廊看到的西侧景色
(照片来源:承蒙芝加哥的历史团体惠赠)

图2-5 芝加哥1893年哥伦比亚世界博览会

城市基本的轴线规划(1)和哥伦比亚世界博览会的古典建筑设计会使人产生这样的疑问,谁会来这里参观呢?文艺复兴的建筑综合体的目的就是赋予使用者一种庄重、美化和方便的感觉。荣誉法院(2)作为当代建筑环境不具备简洁、大胆、统一构成以及功能中的任何一项。博览会决定着什么样的特征成为城市美化运动的特征:宽阔的街道,街景,视线终点,纪念性的,新古典主义的建筑(3)。

20世纪城市设计的思想体系和基本类型

20世纪三个主要的城市实践运动是:城市美化运动和现代运动的两个分支,一般称作“田园城市”运动和“国际化”运动。但更合适的叫法应该是经验主义者或倒退的乌托邦主义,以及理性主义者或进步的乌托邦主义。每个标题都联系着一系列不同的设计意象、类型或者有机的解决方法。经验主义者的设计思想包含的不仅仅是田园城市,理性主义者的思想也不仅仅是国际化形式。这三个运动在20世纪的前25年中都取得了成果。城市美化运动在20世纪的前30年间抓住了规划师、政治家和建筑师的注意力,但现代主义的思想仅仅是在1945年到1980年期间才得到了广泛的实施。尽管很少有人会对今天城市设计工作基本的判断结果提出疑问,但或许是由于最近的新传统主义运动使得有些东西已经消失的缘故(杜安伊,1989年;布罗德本特,1990年)。当代建筑的思想体系(例如,后现代主义、新传统主义、反建设主义和分离派建筑学)已经开始影响着城市设计。它们最终造成的影响将依赖于是否真正地吸引了城市规划师和公众官员的想象力。

城市美化运动

城市美化运动发展于20世纪初的美国(牛顿,1971年;J·彼得森,1976年;W·威尔逊,1989年;舒尔兹,1989年;吉伯特,1990年),或许更合适被称作巴洛克规划的最后范例,因为它的不是特别明显的先例就是城市艺术运动和1893年在芝加哥举办的哥伦比亚世界博览会(迈耶、韦德,1969年;J·彼得森,1970年),还包括巴洛克城市:教皇希克斯图氏五世时期的罗马(培根,1974年;贝纳沃罗,1980年;舒尔兹,1989年),法国建筑师皮埃尔·朗法设计的华盛顿特区(皮特斯,1927年;格林、爱森尔,1986年;瑞普斯,1991年),以及奥斯曼在巴黎的后期作品(库普瑞,1965年;伊温森,1979年;奥尔森,1986年)。实际上,哥伦比亚世界博览会应该被看作是一系列城市规划思想的结果和新思想的开始(舒尔兹,1989年)。

哥伦比亚世界博览会是取得城市规划和城市、建筑设计巨大成功的例子,因为它吸引了美国人尤其是城市领导人的想象力,城市领导人会将它看作是美国城市应该获得的景象。它作为城市商业的标志和文化财富的希望得到了芝加哥商人的支持。世界博览会展馆的规划师是弗雷德里克·劳·奥姆斯特，建筑师是丹尼尔·伯汉姆。世界博览会展馆的设计都是对两位设计师主导设计思想的背离。奥姆斯特因为他在英国景观建筑学会中进行的郊区设计作品而著名(例如，伊利诺伊的河滨)，然而伯汉姆的建筑作品(例如，芝加哥的Rand McNally公司大厦和与J·W·鲁特合作设计的费城的约翰·华纳梅克公司大厦)则是现代主义的先驱作品。

城市美化运动是对城市设计和建筑设计的一种展示，但是同时它也追求更加高效的、有生机的城市。“城市设计”这个词对它来说是很适用的，目的就是通过宏大的建筑环境带给城市自豪感。一般的城市美化方案都具有它的先驱巴洛克设计的基本要素——中轴大街终结于交汇点：大广场、宽街道和大规模的古典建筑围合的空间。灵感来源于巴黎的法国艺术学院，它是20世纪初建筑学和城市设计的领军性学院，其设计灵感遍布于西方世界。城市规划必须在布局和建筑上呈现大规模、粗犷和经典的风格和特质(伯汉姆、贝内特，1909年；里格利，1960年；布朗利，1989年；舒尔兹，1989年；W·威尔逊，1989年)。

城市美化运动的主要宣传者就是丹尼尔·伯汉姆本人。他准备了大量的规划设计，包括一个为马尼拉的规划设计和为旧金山在1906年大火后的规划设计，但他最著名的规划设计是为芝加哥所做的城市规划(里格利，1960年；伯汉姆、贝内特，1909年)。这个规划是个区域性的规划，它的注意力却过多地放在了围绕市政大厅的对称式布局的发展上了。方案是伟大的，体现了伯汉姆著名的格言中所囊括的设计信念“不做小的规划；因为它们无法抓住人们的思想”。从各个方面来讲，伯汉姆为芝加哥所做的城市规划就是应用了普遍的城市美化理念。尽管也有许多类似的规划（例如，洛杉矶、俄亥俄州的哥伦布、以及费城；参见图2–19)，但却很少有城市规划方案能够被实施的。他们的灵感来源于两个主要的首都城市：芝加哥人沃尔特·伯利·格里芬设计的澳大利亚首都堪培拉（国际化首都发展委员会，1965年；培根，1974年），还有其后规划的印度首都新德里及许多小的规划计划方案（参见图2–16、图2–19、图2–20)。

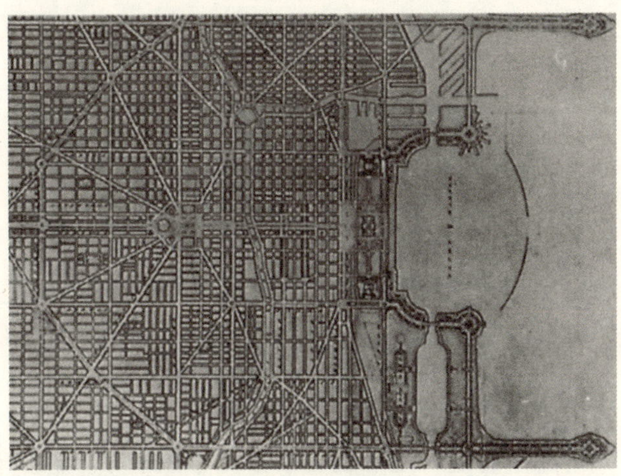

1.伯汉姆和贝尼特为芝加哥所做的规划（1909年）
（资料来源：承蒙芝加哥艺术协会惠赠）

2.芝加哥市民中心广场（1908年）
（资料来源：承蒙芝加哥艺术协会惠赠）

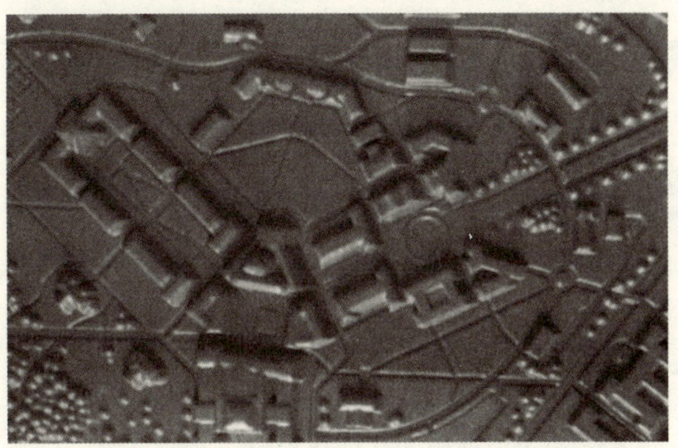

3.西雅图的华盛顿大学（1915年）

图2–6　城市美化

城市美化运动的思想反映在芝加哥的城市规划中。轴线加以放射性道路，以纪念物和高大建筑为视线焦点的规划在新城建设和其他地方以较小的规模加以运用（参见图2–17、图2–20、图2–21)。伯汉姆倡导的建筑具有纪念性和古典性的特征，表现了与先前1893年世界博览会和更早的巴洛克规划之间的关系。城市美化运动最主要的运用就是在大学校园的方案设计，例如，由建筑师查尔斯·H·彼伯和卡尔·F·古德规划的华盛顿大学（3）。

现代运动

在这本书中，现代运动将被看作仿佛是一个独立的基础理论，因为各种思想所依赖的理论假设都分享着它的理念。至少在欧洲和北美，这些假设都是建立在对基督教仁慈观念和启蒙传统思想的特殊解释上，教化传统是一种人们和环境能够相互促进，并且可以通过努力使世界远离战争和饥饿的目标能实现的理想。这种结果通过改革或革命就能够得到，即依照勒·柯布西耶的说法是进行“建筑或革命”。

在组成现代运动的各个学派思想中存有许多共同的价值观念，当然也存在着巨大的分歧。根据已经形成的城市设计思想把现代主义者分成两大主导思想，即可以“田园城市”为一派或一种模式，以“光辉城市”为另一派或另一种模式，但是这种分类方法是未得到完全认同的分类方法。两种类型对各自的观点都有大量的论述，但同时也发现，它们的方法在城市设计上受到的限制(勒斯尼克威斯克，1982年；菲舍曼，1987年；布罗德本特，1990年)。代表两种完全不同城市设计的思想体系基于完全不同的文化观点基础上。第二次世界大战后已经建设成的许多城市就是应用这两种思想的混合产物，它们之间的分界线已经变得很模糊，但是由于这种纯粹思想类型的大量存在，现在它们仍然被作为独立的思想体系对待。

现代运动的经验主义者分支最初是具有文化遗韵的英裔美国人，这种说法无论如何也取得不了共识。他们的设计提议是建立在这样的假设基础之上的，即行为活动应该以对世界观察结果的学习为基础。理性主义者的分支主要是欧洲大陆上的人以及他们在前苏联、德国、法国和荷兰的先驱，但是他们也与大英帝国、美国和亚洲有着紧密联系。在城市设计中，他们所关注的是如何设计理想的未来社会系统来承载理想的几何化世界。在拉丁美洲，尤其在巴西和委内瑞拉有许多不同的理性主义思想版本，但都与欧洲思想有着清晰的联系(格式塔，1982年)。这两类人群的思想应用在大西洋地区，并穿梭不停地进行交流，也被穿梭的流放建筑师带到了殖民地国家，并随着他们在欧洲和美国完成了学业又返回到他们自己祖国的本土之中。

尽管美国人拥有自己预言家，例如休·弗瑞斯(弗瑞斯，1929年；莱斯切，1980年)，但是理性主义者的设计思想主要还是靠欧洲人带到美国的。第一个理性主义在建筑层面上的应用就是在威廉·利斯卡泽刚回到美国后不久，由他和乔治·豪在费城设计了费城储备基金会(PSFS)大厦。理想主义思想对美国城市设计的主要影响也来源于从纳粹德国流放来的建筑师和艺术家。沃尔特·格罗皮乌斯通过北卡罗来纳州的黑山来到哈佛大学，阿尔伯特斯来到耶鲁大学，汉斯·彼得豪斯来到芝加哥艺术研究所，密斯·凡·德·罗来到装甲研究所，路德维希·希尔伯塞默来到芝加哥进行实践(威格勒，1969年)。实际上在他们返回到使他们产生智慧的祖国之前，美国就已经出现了许多具有积极意义上的理性主义解决方法。

经验主义者

经验主义以其纯粹的形式坚持知识来源于实证。在推进未来城市和城市辖区开发的进程中，经验主义者把生活看作是有生命的，却对经验的选择极其挑剔。经验主义者偶尔才运用经验主义。当把观察结果转变为设计时，他们则更喜欢美丽如画的场景。“进步的乌托邦”这个称谓有时用到经验主义身上是不幸的，因为他们的目标是创造一个新世界。然而，对他们来说，这又是一个准确的称谓，因为他们会在这样假设的标题下去寻找过去工业革命对想象中的理想产生的各种问题的解决途径，而不是对生活、人的需求和人的价值进行系统的观察。

经验主义者可以被分成两个主要的群体——关心城市观念的城市居民和关心新城设计的田园运动的提倡者。前者被卡密罗·西谛的观察结果和设计方案所证实，并且有像保罗·朱克（1959年），J·雅各布斯（1961年），戈登·卡伦（1961年），劳伦斯·哈珀（1963年，1965年，1969年，1974年），菲利普·狄亚勒(1961年)，克里斯托弗·亚历山大(亚历山大、伊斯卡瓦、西尔弗斯坦，1977年)，查尔斯·穆尔（约翰逊，1986年)这些人以及里昂·克里尔（布罗德本特，1990年)最近的作品实例的支持，后者则有埃比泽尼·霍华德（1902年），刘易斯·芒福德（1938年，1961年)和克拉伦斯·斯坦(1952年)等人的作品和思想的实例。

城市居民的注意力已经放在城市开放空间和城市空间场所的结构与细部上，以及空间建构的框架与人在活动中产生的一系列感受上。街道和广场是城市设计的要素(R·克里尔，1979年)。他们理想中的城市在美学尺度上讲就是中世纪欧洲的威尼斯。这种思想也反映在当代对“可居住城市”倡议的建议上(伦纳德，1987年，1988年，1990年)。

这些人认识到，许多人喜欢的城市及城市空间场所和这些可以令人喜欢的特征应该在新的设计中给予保留。

美国经验主义设计思想的第二次主导潮流也产生了较大的影响，表现出对城市生活和文雅举止的反感。这种偏见在很长时期内对英美的城市设计思想都产生了影响，从托马斯·杰弗逊到弗兰克·劳埃德·赖特，并且也影响了19世纪后期的郊区设计(达利，1978年；斯特恩、玛斯内格，1981年；克斯托夫，1985年；史迪格，1988年；P·罗尔，1991年)。这种偏见也是理性主义者对19世纪城市认识上的特性。相似的，没有真正的共产主义者可以成为一名城市主义者(马克斯、恩格尔，1848年)。

在经验主义善于思考的传统中进行设计的积极的乌托邦者拥有理想中的人类居住地模式，例如，小的绿色城镇、佛蒙特小村、英格兰的索尔斯伯利。对他们来说，解决世界上主要工业性城市问题的方法就是要进行分散布局，减少人口密度，创建公园用地和给予每个家庭更多的空间。达到这种目的的手段就是为人类创造更有吸引力的城市，能为大家提供很好的乡村和城市生活(霍华德，1902年)。最终，他们提倡了一种区域性的居住点分布方式。在太平洋彼岸的美国与刘易斯·芒福德在一起的凯撒琳·保尔·渥斯特是这个运动的主要代表人物，这些人甚至被称作分散主义者。

他们的态度和目标在埃比泽尼·霍华德的作品中可以清晰地看到，他的思想第一次是发表在《明天——一条通往真正改革的和平道路》上(1898年)，而使他出名的则是再次发行的《明日的田园城市》这本书(1902年)。其他主要的思想——“邻里单位”来源于一位芝加哥大学的社会学家克拉伦斯·佩里，以及克拉伦斯·斯特恩和亨利·赖特的规划及建筑作品(克拉伦斯·斯坦，1957年；布奇，1980年；巴森斯，1990年；P·罗尔，1991年)。他们所代表的思想最终被弗兰克·劳埃德·赖特在“广亩城”的开发上进行了实践(赖特，1958年)。

田园城市

与田园城市运动有关的建筑师和城镇规划师宣传的理想城市大约由40000人组成。田园城市的核心是具有影响力的公共建筑，周围是居住区，边缘则是由绿带分离的工业区[参见图2–7(1)]。由英国有限公司发展的早期新城镇列契沃斯(1903年之前的)

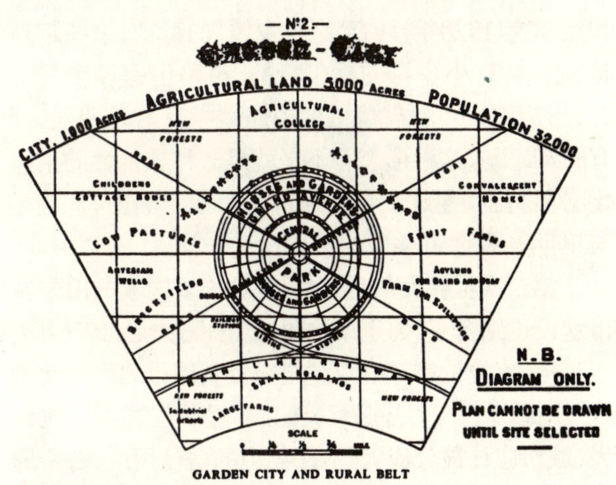

1.田园城市的基本模式（1896年）
（资料来源：霍华德，1902年）

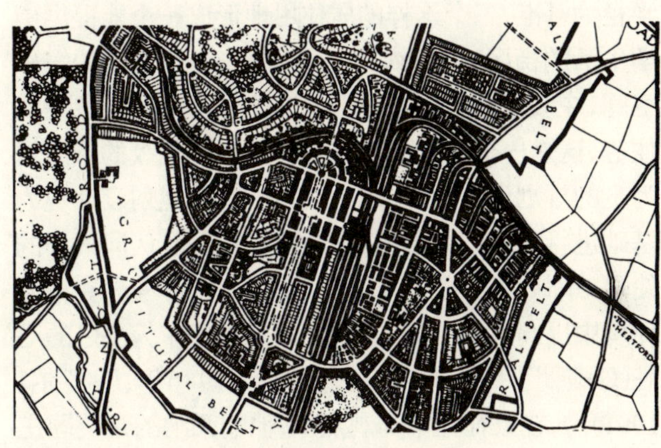

2.威尔文田园城市的规划局部（1902年）

3.意大利的威洛纳

图2–7　经验主义的城市

由埃比泽尼·霍华德发展的田园城市理论以普遍性规划阐述了经验主义中分散主义的态度和某些基本设计原则。乡村的意象伴随着倒退的建筑意象被清晰地阐述。威尔文田园城市的规划（建筑师路易·德·苏瓦松）表现了由一般模式向特殊场地模式的转化（2）。相反地，经验主义者中的都市主义者趋向于回顾密集的中世纪城市肌理，以便能寻求而找到灵感。

和威尔文(1920年)具有“绿色乡镇”的特征,这些建筑趋向于具有小乡村的标志特征。道路也遵循乡村形态,形成围绕乡村轮廓线的道路线型有时是曲线,而有时却不是。这种形态差不多就是一种象征性的生态化必需特征,建成于奥姆斯特的早期作品中,甚至是与早期景观建筑学中的美化运动一样。

第二次世界大战后,世界各地许多国家的田园城市建设也结合了“邻里单位”的概念(葛兰尼,1976年)。1929年,克拉伦斯·佩里在“纽约及其周边的区域性调查”中提出了一个普遍意义的“邻里单位”模型。他认为,城市应该被分成大约160英亩的居住用地,每个居住区把一个小学布置在中央,其空间规模以小孩子上学不超过1英里(1英里约等于1.609km)的步行时空半径为基准。三个这样的居住用地形成一个能提供中学生活的街区。将大约10%的用地作为开放性的娱乐空间,主要道路布局在边缘,并有小路连接至各户的住宅。这是一个建立在以许多英美中产阶级的价值观为主的规划设计观:即以个人和公共的规划设计观为基础进行环境组织的较好的概念性模型,认同汽车的使用,承认步行的价值以及儿童的安全;考虑在精神环境中提高感情交流的效率,并将学校作为小区的心脏(C·斯坦,1957年;格林,爱森尔,1986年;P·罗尔;1991年)。在象征性审美观点中,他们采纳的是英国庄园中的景观花园。所有这些特征都能在新泽西州雷德朋居住区规划设计中看到对这种思想的最初运用(布奇,1980年)。

弗兰克·劳埃德·赖特的普遍性城市规划理念——“广亩城”,与比较紧凑的“田园城市”形成强烈的对比,甚至和勒·柯布西耶的“光辉城市”也大相径庭。其概念性规划清晰地反映了他的政治见解,反映了他对杰菲逊式民主制度的信赖和土地、汽车在美国人生活中所起的重要作用。他曾写道:“与城市主义不同的‘田园城市’是美国真正民主的反映。”他又写道:“当每个男人、女人和出生的孩子能把双脚放在自己的土地上的时候,民主就将会实现”(赖特,1958年;怀特,1964年)。与赖特作品不同的是,赖特希望发生一场交通技术的革命,但却一直都没有实现(从这一点可以看出他是个激进主义者)。

“广亩城”是一种沿着铁路和公路干线在广阔的场地中布置工业、商业、住房和社会设施及农业的城市形式。它包括了由弗兰克·劳埃德·赖特设计的每一种建筑类型。每个家庭至少拥有1英亩的土地,以便开展农业生产活动。尽管有邻里间的公共设施,但却不努力去创造一种邻里生活单元。这个

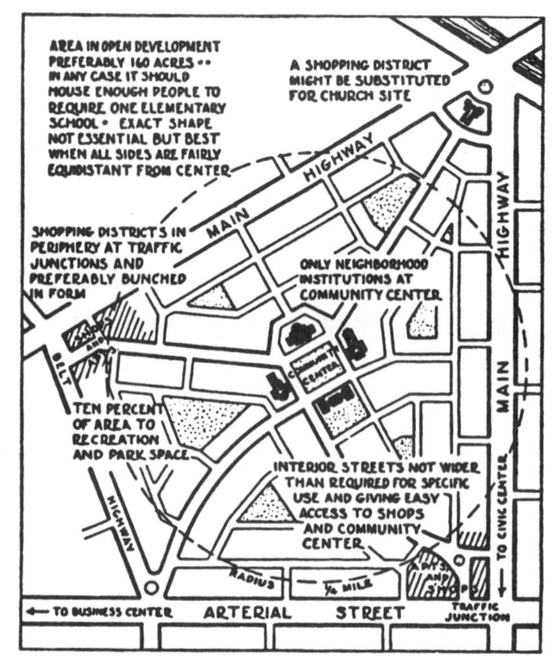

1.邻里单位的概念
(资料来源:纽约,区域性调查,1927年)

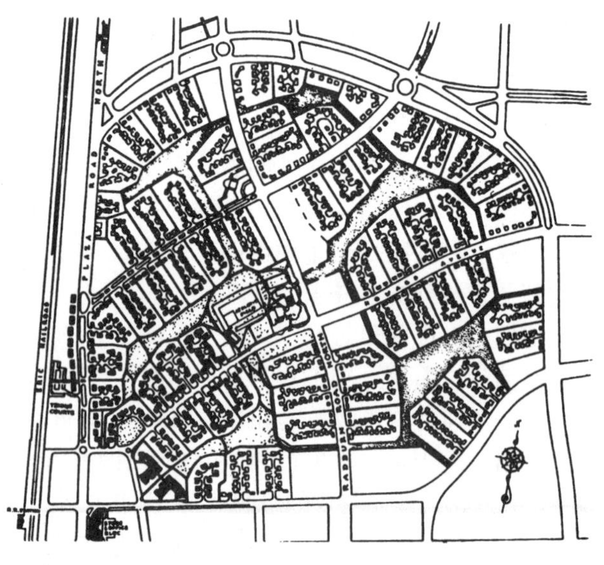
2.新泽西州雷德朋的规划(1929年)
(资料来源:斯坦,1950年)

3.一条尽端式道路的景色

4.学校

5.中心公园

6.一条主要道路的地下通道

图2-8　新泽西州的雷德朋

由一位芝加哥大学的社会学家克拉伦斯 · 佩里发展的基本性规划理论“邻里单位”被看作是汽车时代居住区规划设计的解决方案（1、2）。在特定的条件下，这个理论最好的实例就是它的第一个作品——新泽西州的雷德朋。由克拉伦斯 · 斯坦规划，亨利 · 赖特进行建筑设计，清晰地展示了一个有边界的、安全的、绿色居住区的基本规划设计原则。一条尽端式道路的景色（3）展现了创造出的令人愉悦、风景如画的环境。小学是它的公共中心（4），对于上学的小孩来讲得穿过必要的中心绿地（5），以及与机动交通隔离的步行道上的地下通道（6）。在20世纪30年代发展起来的雷德朋居住区保留着当地居民十分喜爱的一个空间场所。然而，它却不能成为房地产商和建设者发展的一个模式。

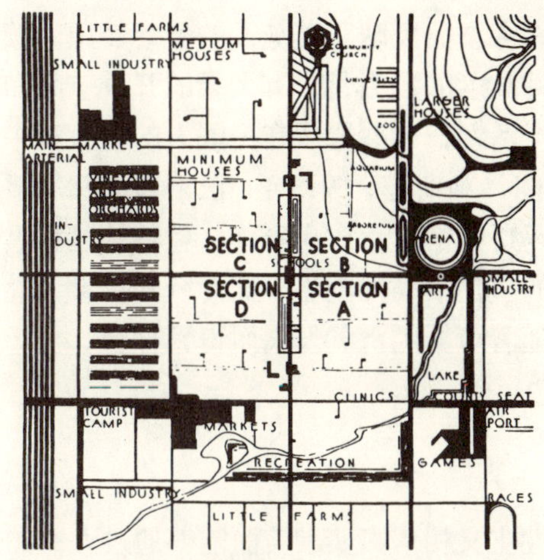

1.中心商业区的规划
（资料来源：赖特，1958年）

2.广亩城景象
（资料来源：赖特，1958年）

3.广亩城景象
（资料来源：赖特，1958年）

图2-9　广亩城

“广亩城”是“田园城市”理想的逻辑扩展。弗兰克 · 劳埃德 · 赖特的此项运动与英国、澳大利亚分支学者们的主要分歧是他坚信个人活动行为而不是合作性的活动行为。这个规划比他同时代的作品更多地考虑了空间本身（1），并且关注设计中每个元素作为空间实体所发挥作用的程度。在居住区的例子中（2），开放空间主要是为小规模的农业生产活动而进行的规划设计。对于主要的建筑（3）而言，开放空间则作为视觉环境。道路被看作是运动的一种流通渠道空间和一种边界，而不是余留下来的缝隙。

方案的许多方面反映了英美人的最终梦想。赖特提供了一种高度的自由化，有大量的开放空间和高度的机动灵活性，这些愿望在美国人的价值观中都是很重要的(泽利斯基，1973年；法洛斯，1989年)。斯特恩和玛斯内格(1981年)宣称，赖特的这种具有美国特征的宣传活动伴随着英美传统的色彩天性，并且将伴随着市场经济的发展而得到存在。

理性主义

理性主义相信真实和美丽能够通过人们的努力从现实中获得。最早的理想主义者是瑞德·笛卡儿(1596年～1650年)，他支持“一种全面性的思考和对存在事物的坚定信念，但又没有必要去证实…”(夏普，1978年)。“理性”和“理性主义”在建筑学中是没有必要一定要联系在一起的两个词。并且从功能的定义看上去“理性主义”是功能主义的同义词（布罗德本特，1978年)。理性主义者的城市设计首先代表了笛卡儿几何学的重要行为，是对其极其简单和慎重控制的认可与推崇。理性主义者将田园城市和中世纪城市看作是过去可能的理想主义，但是不代表未来的城市。理性主义的设计依赖于程序化的推进性过程来建立物质社会和精神社会。这并不意味着他们的思想没有先例，而是他们更加希望与目前的状况完全脱离，理性主义对多元论、历史性形态，甚至对他们自己作品的历史性起源都不能容忍(莱，1988年)。

如果将城市社会组织的政治思想与他们所利用的柏拉图式的几何外形联系起来的话，理想主义的城市设计思想就包含一定进步的意义(L·克历尔，1978年；夏普，1978年；勒斯尼克威斯克，1982年；博耶尔，1983年)。勒·柯布西耶在评论卡密罗·西谛喜爱的中世纪城市时说道：“这是一种愚蠢的方法。”(罗尔，克特，1979年)。在优化阿尔伯特·迈耶做的昌迪加尔规划时，他把曲线道路改成了直线道路，却没有改动城市布局的基本格局(例如，它的“邻里单位”的基本原则)。通过这样做，他获得了一个醒目的、直角相交的功能分区方案。城镇更新的理念经过严厉的批评后再重新开始进行规划。就像桑伊利亚(1973年；卡拉梅尔、朗盖特，1988年)所说的：“毫不留情地摧毁崇拜的城市。”把这点发挥到非常极致状态的是由本托·墨索里尼在20世纪20年代发表的理性主义者对城市规划的宣言：

> 纪念物是一回事，遗迹是另外一回事，而还有一类则是古典的或所谓的有地方特色。所有这些肮脏的古迹诅咒将要消亡……注定会由雅观、卫生所取代，如果愿意的话，还有首都的美化这些名词等　（引自彼得·弗兰姆普顿，1983年)。

墨索里尼自己的设计思路体现在罗马东42区的规划设计及前期的建设上，那是为1941年的世界博览会而兴建的场馆(玛莲安娜，1990年)。后来，他的思想被发展运用到一个集办公和会议于一体的综合体EUR（罗马世界博览会的简称）中。方案是对一种宽敞的街道、高大建筑的建设尺度，以及所有团体都喜欢的城市美化运动的怀念。

除了经验主义者外，理性主义者还包括许多持相反见解的人和思想，因为理性主义还涉及到许多看不到却可以想象的城市模型，对未来理想世界更多的是虚幻，而不是对现存的小城市生活和中世纪城市的想象。理性主义把下面的人群归为一类：意大利的未来主义者(参见卡拉梅尔、朗盖特，1988年在桑伊利亚；赛维，1978年)，在盖斯普·特拉尼领导下的像格瑞普7这样的意大利理想主义者，荷兰的德·斯迪吉小组，德国与包豪斯联盟的建筑师，法国的立体主义画派，以及1917年到1932年间前苏联建筑学院派中的理性主义者和构成主义者。理性主义者也可能把某些国际运动归到神鬼之事、神智学、占卜和秘密幻想这类事情中，并作为城市设计中的一种精神化的继承，但也有经验主义者这样做过(可能是那些20世纪初受到1893年日本帝国凤凰堂展览会影响的芝加哥草原学派的建筑师)。这些思想被看作是19世纪晚期和20世纪早期作为思想观念的创始对经验主义的一种选择(普劳富特，1991年)。由于它们遍布全世界，所以对美国的影响也很大。

城市设计中理想主义方法的最主要倡导者是国际现代建筑学会（塞特，C.I.A.M，1944年；勒·柯布西耶，1973年；贝克玛，1982年)和它下属的10人小组（史密森，1968年；史密森夫妇，1970年，1972年)。他们在美国有极大的影响力。而且，在美国路易斯·康为费城所做的规划(罗纳、杰海威瑞，1987年)，包豪斯的大师沃尔特·格罗皮乌斯的作品(例如宾西法尼亚的新肯辛顿)，密斯·凡·德·罗的作品[例如伊利诺伊工学院（IIT)]和路德维希·希尔伯塞默的作品(1940年；帕米、斯贝斯、哈灵顿，1988年)都落入了理性主义这一学派之中。

尽管所有这些理论思想都存在着分歧，但也存有许多共同的哲学见解。他们不怕大城市，不怕将各个小地块变成大片用地，不怕激进的政治理论，不怕掌握现代技术，也不怕发展某一种新的美学思想。他们的设计包括在开阔的绿地上建设高大建筑，并且尽管这些建筑与垂直相交的道路相联接。他们不仅不怕简单地与过去相背离，而且提倡为新时代创造新技术。他们说服某些大赞助商，让他们相信这个方向就是未来城市的正确发展方向(例如巴西的朱赛里诺总统，即是巴西利亚的赞助商；昌迪加尔的赞助商是杰沃哈拉·尼赫鲁总理)。在这些激进的建筑师中，勒·柯布西耶或许是一位比其他的建筑师更加关注改变世界和城市的建筑师，而且他对未来城市的模式已经产生了最主要的影响（勒·柯布西耶，1934年,1960年,1973年；伊温森，1970年；柯蒂斯，1986年；H·布鲁克斯，1987年）。

1.西堤岛工业城的规划
(资料来源：维本森，1969 年)

2.西堤岛工业城的火车站
(资料来源：维本森，1969 年)

3.急进改造的城市洛杉矶（1923～1928 年）
(资料来源：理查德·诺依特拉)

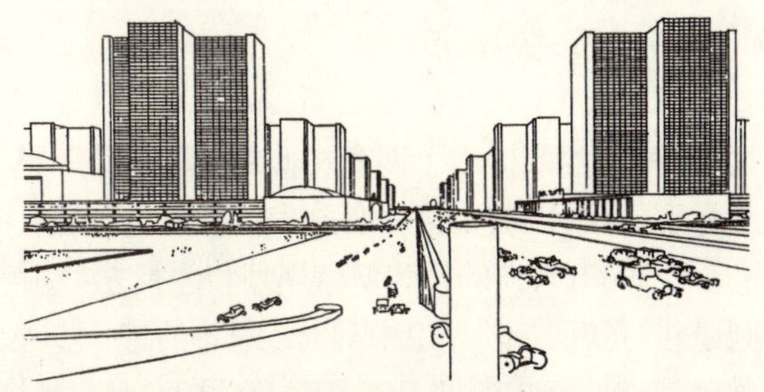

4.(资料来源：勒·柯布西耶，1960 年)

5.巴西利亚
(照片来源：承蒙文森特的惠赠)

6.纽约城
(照片来源：埃利克斯·沃基摄影)

图 2－10　理性主义者的城市

现代建筑师中的理性主义者从他们对当今城市问题推理分析的应用而统一在一起。他们的思想由于生活的现实而被大大地释放。但并不是由感官获得的不真实信息所引导。他们注意力的焦点集中在以他们自身想象力为基础的对未来城市及建筑的社会和物质结构的可能发展上。这些方案包括20 世纪前10 年间赋予前瞻性的建筑和对包豪斯的偏离而发展的托尼·戈涅设计的西堤岛工业城规划(1、2)。包豪斯的思路与其大胆的理性几何学理论对城市设计产生了特殊的影响，由理查德·诺依特拉设计的洛杉矶的急进改造规划就是一个例子（3）。相同的思路，但却有更丰富设计方案的则是勒·柯布西耶在1922 年设计的郊区中等阶级的住宅集合体（4）和1933 年“光辉城市”的设计作品。受他们的影响，最好的例子就是巴西利亚（5）和美国校园及公共建筑的设计。尽管在美国有许多城市都存在理性化的网格状规划，但是它们都很少是理性主义者所承认的城市（6）。

勒·柯布西耶式的城市

勒·柯布西耶提出了两套相似的关于城市应该是什么样子的设计构想。第一套是为1922年的展览而提出的一个300万人口的现代城市规划和建筑方案，第二套则是在“光辉城市”理论中对上述思想的进一步充分发展延续(勒·柯布西耶，1934年)。在这两套设计构想中，他注重城市的几何秩序。他选择的秩序系统是大规模的直线和垂直角——即笛卡儿几何学的规律(伊斯拉姆，1985年，1988年)。他非常注重汽车在城市中的移动。他把道路简单地看作是运动的车辆活动的场所。

城市构架是大规模整齐的道路网叠加对角线型的道路，交汇在城市中心。要进入建筑物要从道路网系统中的入口进入，而步行道路则是被隔开的。城市公共中心是火车站和飞机站台，以及公路系统入口的立交。公共中心附近是大型的停车场，在停车场中，60层十字架形的摩天办公大楼将位于250 m的空隙中。这些高楼中点缀着二三层的建筑物，呈阶梯状的形式，包含有餐厅、咖啡馆和豪华商店。居民生活的中心布置在城市中心的一侧。它包含城市广场、博物馆和其他公共设施。这个城市其实是在公园之中。

居住区在公共中心区附近有两种类型：带状的6排独立式住宅穿过公园用地，娱乐设施布局其中；另一种就是别墅性住宅。独立式住宅是两层带有阳台的住房，以便使人们可以吸收阳光和空气，阳台很大，足够使一个人进行每日的健美操运动。他对居住单元的设计也是这一思想的必然延续。这些公寓式的厚板和庭院将形成一种连续的“U”字形笛卡儿式的几何构造。有关居住单元的计划就是这这种思想的必然延伸。

居住单元

勒·柯布西耶把“居住单元”发展成邻里单位的一个概念，它与佩里的“邻里单位”理论思想形成很强对比。两个模式都被认为是用来对比经验主义和理性主义态度的范例。“居住单元”是另一个关于建筑的有强大影响的概念性计划，它影响了建筑师对城市形式的思考，尤其是因为它在很多地方被实施了，众所周知的就是在马赛(勒·柯布西耶，1954年)。

这种单元是垂直的邻里——在同一个建筑中的邻居。这一建筑在中间层设计了公用设施和商店，在顶层设计了托儿所和其他公共设施。大部分户型采用了跃层式的布局，并带有一个阳台可获得新鲜空气和阳光——这才是勒·柯布西耶主要关注的。公

1. 马赛公寓大楼

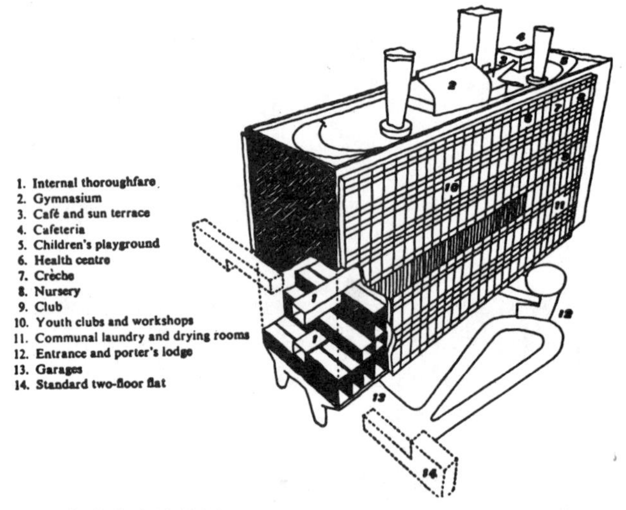

2. 马赛公寓大楼的剖面图
(资料来源：理查德，1940年)

图2-11　居住单元

在第二次世界大战之后，由勒·柯布西耶发展的“居住单元”理论(1)与佩里的“邻里单位”理论形成了强烈的对比(参见图2-8)。居住单元是一种垂直的邻里单位。剖面图(2)展示了马赛公寓大楼各个部分的组成，屋顶的公共设施，位于中心的商店，公寓单元的布局，隔层停留的电梯系统。它所产生的影响十分重大。

寓采用每三层停留的电梯系统。地下层供交通和活动所用。很多这样的建筑就可以组成一个城市的居住区。

巨型结构

如果“广亩城”是经验主义思想的必然延伸，那么在现代主义者中，对理性主义者必然延伸的思考就是对巨型结构的考虑（伯汉姆，1976年；巴尼特，1986年）。它的先驱就是休·弗瑞斯的未来城市设计（莱斯切，1986年），桑伊利亚的未来派设计（卡拉梅尔、朗盖特，1988年），居住单元及勒·柯布西耶设计的阿尔及尔和里约热内卢（勒·柯布西耶，1960年）。例如，在保罗·索列里的“紧凑城市”观念基础上的思想仍然是把一个“建筑中的城市”作为城市设想（索列里，1969年，1981年；沃尔，1971年），即建筑中的邻里单位和一个建筑中的大学。虽然产生了很多巨型结构的计划（达希登，1972年；伯汉姆，1976年；斯基、斯东，1976年），但是没有一个真的是以这样的规模建造的。许多的计划因为大胆的设想和很好地表达传递思想而变得众所周知。一个典型的例子就是，丹下健三为东京湾所作的设计——建在海湾上的城市。另外一个例子是“建筑电信”集团（Archigram Group）提倡的“插入式城市”的概念（巴尼特，1986年；库克等人，1991年），它的基本概念源自于很快发展的城市速度，以至于可以将预先建造好的基础结构插入到可以任意使用的构件之中。

后现代主义

尽管在20世纪前25年里现代主义思想发展较少，但是近来的很多作品展现了很多现代主义的设计原则（波特菲斯，1979年，1982年）。大部分的项目，例如，在巴黎的拉·德方斯，丹下健三在那不勒斯设计的新中心商业区都跟随着现代主义的城市设计原则，单体建筑更加十分明确地反映了后现代主义的审美原则，具有高度的装饰与历史性痕迹。这种类型的后现代主义特征主要是存在于欧洲和美洲。没有渗透到新加坡、香港或雅加达，但可以勉强地在日本留下足迹。像在蒙皮里的安提歌尼有李嘉图·勃菲尔和泰勒设计的纪念性新古典主义作品，以及塞尔齐—蓬多瓦兹大学城和巴黎马恩河谷大学城已经从厌倦了的勒·柯布西耶式的城市设计中走出来，

1.艾柯森地（1969～1970年）。建筑师：保罗·索列里。（资料来源：索列里，1969年）

2.巨型道路城（1970年）。建筑师：保罗·鲁道夫。（资料来源：曼斯菲尔德，1991年）

3.步行化城市（1964年）。建筑师：罗纳德·亨瑞。（资料来源：达希登，1972年）

图2－12 巨型结构

有很多设想把一个城市当作一座建筑物来对待。但是却没有一个这样类型的城市建造起来，保罗·索列里在亚利桑那州斯科茨代尔附近的艾柯森地上有一个缓慢循序渐进的开发。它是他的一般规划设计中规模最小的一个设计（人口规模是1500～3000人，平均每英亩有215～400人）。他的建筑很多设计高度都超过纽约帝国大厦的2倍。勒·柯布西耶的“居住单元”是一个在建筑中的“邻里单位”（参见图2－11）。保罗·鲁道夫为纽约曼哈顿所作的设计和“建筑电信”集团的设计促进了对未来城市的设想。

因为他们关注的是创造的建筑空间质量（汤普金斯，1989年）。有时，提到采用过去的表现手法风格，通过拙劣地和嘲弄地模仿原型创造一种模仿物；另外也有提到精神分裂的方式被用于作品的模仿。他们对现代主义设计批判的反应做了努力，因而发展设计的新方法，或宁愿使用改进的传统方法。然而，很多设计没有遭到批评。尽管他们做出了努力使其更加雄伟壮观，但没有使居住者感到满意。

对现代主义思想运用的批评，包括对理性主义和经验主义的批评已经扩展开（J·雅各布斯，1961年；盖斯，1962年，1968年，1975年；布瑞林，1974年；布莱克，1977年；纽曼，1980年；威德哈弗特，1981年；沃尔夫，1981年；赫蒂吉，1983年；参见戈斯林、梅特兰，1984年）。设计团体对现代主义思想批评的反应很多是直接的，有时是同步进行的，有时是任意的。其中有一种态度就是简单地让市场进行控制——设计那些能够出售出去的东西。这种态度使建筑设计和城市设计变成让中产阶级用来表现时尚印象的共同修饰物。

“后现代主义”这个标题像现代主义一样，一般也包含很多思想流派。在一般的后现代主义分类影响下，很多新的运动也进行了分类（波特菲斯，1979年；伯格曼，1981年；詹克斯，1986年；戴维，1987年；科瑞茨，1989年）。这些运动包括新理性主义和新经验主义以及小的新宇宙哲学论、宇宙哲学复兴运动、离散的或缺乏活力的建筑运动、新古典复兴运动。从广义上讲，后现代主义也包括日本的新陈代谢派，它的新城市形态包括由高速公路连接组成的一系列塔楼以及在英国与它们极相似的有20世纪60年代的“建筑电讯”集团，严格的古典主义有约翰·布拉特和艾伦·格瑞贝尔(斯特恩、盖提斯，1988年)，以及英国的表现主义者特里·法雷尔(戈斯林，梅特兰，1984年；法雷尔，1985年；布罗德本特，1990年)。

两个重要的现代哲学思想正吸引着建筑师和圈外人的注意力：(1) 新传统主义，正如安德鲁·杜安伊和伊丽莎白·伯雷特·泽伯克设计的佛罗里达海滨区的作品（杜安伊，1989年），以及彼得·凯斯瑞珀联合设计公司设计的咸水湖西部的总体战略规划，还包括位于英格兰列治文市的昆兰·特里设计的不同形式的作品，甚至还包括那些令人吃惊的正在进行的通过重新布局公共设施来复兴城市公共活动中心区的规划设计（例如，位于巴尔的摩坎登围场的黄鹂公园——本身是一个新的传统主义的结

1.底特律的复兴中心

2.伦敦佩特诺斯特广场的重新开发
（资料来源：建筑设计，62，5/6:53）

3.丹佛的哈勒昆广场
（资料来源：美国ＳＷＡ 景观与城市设计集团）

图2－13　后现代主义的城市设计

随着对现代主义运动一般类型的抛弃，一系列新的城市设计方法产生了。在20 世纪的70 年代、80 年代产生了从经济实用主义（1）到各种古老适用形式的探索，例如，在伦敦圣保罗大教堂附近的佩特诺斯特广场上有哈蒙德、碧碧、巴布卡和其他人的作品（2）。有一些方案是单纯古典形式的，而其他的一些方案则是探求新的几何形状，例如，美国ＳＷＡ 景观与城市设计集团的乔治·哈格里夫斯在丹佛（3）设计的哈勒昆大厦。然而其他的一些方案则落入了新理性主义和新经验主义的主流思潮之中（参见图2－14）。

构）；（2）解构主义，就像伯纳德·屈米设计的拉维莱特公园和为伦敦的弗来勋地区设计的日冕公园计划所表现的一样。许多建成的城市设计是依照前者的理念，依照后者理念进行建设的则很少。然而这些绝大部分的后现代主义运动都代表了两种主导的城市设计哲学思潮：经验主义和理性主义。

新理性主义者就像他们的反对者一样对几何学和他们认为的积极政策报有持久浓厚的兴趣(布罗德本特,1990年)。基本的设计原则包括环境规划和建筑的系统规划。近来的很多工作主要是进行城市建筑设计而不是进行城市设计(例如,在欧洲由迈塔斯·昂格尔斯设计的卡尔斯鲁厄图书馆、德里克·沃克和他们伙伴设计的星期五清真寺方案以及彼得·埃森曼设计的俄亥俄州国立大学视觉艺术中心),但包括一些复合型建筑的设计,例如,由罗伯特·克里尔指导的柏林Rauchstrasse街区住房的方案规划设计、由阿尔多·罗西设计的位于西班牙马德里的公墓以及由卡罗·安妮莫尼默设计的住房方案。在日本,由安藤忠雄设计的20世纪公园,即Nakonshima Point工程的一些计划是新理性主义和解构主义思想的混合物。解构主义本身代表了针对以往所使用的几何规则彻底不同的态度(约翰逊、本杰明,1988年;诺里斯,1988年;参见图4–6)。

新经验主义者中包括那些在他们工作中对生活细节表示关注的各种各样的人(布罗德本特,1990年),被称作新人类主义者(菲特兹哈丁斯,1990年)。出现在对现代主义运动失败反思的这种新经验主义思潮中意义重大的设计或许是:比利时新鲁汶的大学城、纽约的炮台公园城与旧金山的米申海湾这类大规模的城市设计工程。这些设计位于新传统主义运动的外围。建筑师正在回过头来寻找令人愉悦和有意义的环境模式(R·克历尔,1979年)。城市设计思想的一个重大变化则是来倾听卡密罗·西谛的作品。这是城市集合运动。有一种声音是要求返回到高密度、通过相对低的生活水准来提高公共运输系统的使用和保护耕地。这种环境十分适于居住,除了在像澳大利亚、加拿大和美国这样的国家,人们也习惯把郊外环境认为是理想的环境,这些经验主义的例证就是上面那种声音的基础(P·罗尔,1991年)。

新经验主义者也包括像克里斯托弗·亚历山大和他的同事（1977年）美国的查尔斯·穆尔(利特尔约翰，1984年；约翰逊，1986年)、欧洲的拉尔夫·厄斯金(艾格里斯，1980年，1980年)、赫曼·赫茨贝格(1980年)、鲁悉尼·克罗尔（1972年，1980年）以及新传统主义者。他们那些已经实施的城市设计

1.得克萨斯州西湖，南湖，索拉纳
（照片来源：丹尼斯·威尔逊摄影）

2.加利福尼亚州的尔湾镇中心

3.加利福尼亚大学圣克鲁斯分校的克瑞斯吉学院

图2－14　新理性主义和新经验主义

后现代主义建筑学中理性主义的精神被由米歇尔／朱尔戈拉建筑师事务所在得克萨斯州达拉斯附近的索拉纳商务园区规划设计中被很好地予以例证（1）。它关注的是把环境作为几何艺术形式来进行规划设计。许多具有不同的几何形态的相同思路是近来解构主义者作品的特征。新经验主义不但趋向于一种不同的几何形态，而且依赖于将对环境经验的观察作为设计的基础（2、3）。最近，它表现出一种从对个人观察结果的依赖转向对设计中经验性研究的自觉或不自觉的应用上来。

作品体现在复合性建筑和小规模的城镇建设中。

在20世纪80年代后期到20世纪90年代初期，有一种对每一个城市设计项目都进行设计以获得高度注意力的反对意见。许多建筑师都相信，如果每个新设计的建筑都试图想成为新的中心或重要建筑的话，那么，城市将失去很多的东西。有一种叫做分离派建筑的运动，就是因为其作品不引人注目而倍受关注。这种以一种离散的方式将注意力集中在自身习惯十分相似的伊斯兰建筑，例如哈桑·法赛的作品。设计师的注意力一直以来都是在增强城市的整体结构——包括所有建筑、开放空间和一个地区的街道。或许令人吃惊的是，这种现象首先出现在西班牙，以杰米·巴哈和加布里埃尔·摩拉、斯蒂温·科斯塔·波奈尔，以及安东尼奥·克鲁兹、安东尼奥·奥迪兹的城市设计和建筑设计作品中，反映了一种对已经进步的城市设计方向的广泛关注。巴塞罗那许多重建的地区就受到这种影响。在美国，地方主义者和建筑师要关注并适应周边环境的观点体现在纽约炮台公园城与旧金山米申海湾的城市设计中。这些作品是现代主义的延续，即新现代主义的延续，但它们却反映了历史的重要性、整体的重要性以及建筑师在创造未来环境中个人表现力的重要性(德·索达·莫瑞雷斯，1989年；布坎南，1990年)。

尽管弗兰克·劳埃德·赖特、沃尔特·伯利·格里芬和大草原学派的其他建筑师表现出对宇宙论的关注，但他们试图取得天堂与城市、建筑几何形态之间一致的努力，除了在印度和中国的部分地区外，在一段时间他们的设计步伐及声音都是沉寂的。今天仍然有一小部分建筑师受到印度古老传说的影响。玛赫西建筑学是吠陀宗教（Vedic）建筑的科学依据。吠陀宗教建筑的原则已经被经验主义的科学所证实。它是一种与自然法则相一致的建筑学（玛赫西建筑学学会，1991年）。有极少量的建筑是在严格的吠陀宗教建筑原则下建造的，但现在有一座新城正在艾奥瓦州的南康州附近建造，还有在欧洲、印度和非洲的其他三、四个建设项目。许多亚洲的建筑建设正在按传统宇宙观进行设计，但好像还没有延伸到城市设计中来。实际上，这些人中的许多建筑师都很注重风水而把自己从全面提高人类居住环境的大观念中相分离。仍然有许多提议认为，设计应该在某种形式的宇宙观和电磁法则下进行（马丁，1991年；斯旺，1991年）。

在那些被认为是今天最实用的设计思想中，或许要算社区设计运动。包括许多不同在20世纪60年

1.旧金山的米申海湾

2.纽约的炮台公园城

3.法国圣昆廷的Les Arcades du Lac
（资料来源：由理查德·菲特兹哈丁格收集）

图2－15 “软弱的”和“离散的”城市设计

在许多建筑师中，开始出现新的城市设计态度，尤其是在后法国时期的西班牙。像旧金山米申海湾（1）与纽约炮台公园城的设计方案（2）也流入到这种设计思潮中。它们包括那些能融入到其环境中并形成容纳生活背景的被很好实施的建筑。它们不仅仅被当作是一项工程来完成。这样的态度与欧洲新理性主义者的作品，就像是李嘉图·勃菲尔与泰勒的作品一样（3）形成了强烈的对比。

代出现的以建筑为先导的团体。集中体现了以下两种观念：(1) 使用正在建设的环境的人知道什么样的环境对他们来说是最好的；(2) 希望为那些既没有经济条件也没有政治能力的，但又想获得住房的人进行规划或设计（J·斯特恩，1989年）。在这种概念下形成的工程类型从公共中心区的改造到自己建房或农场改造都有。许多设计最终最多的都是为民众而进行设计的类型——居住环境。尽管工作很有成效，但总的设计量与美国所需要住房的穷人数量相比还是不够的。

这个运动也包括那些为恢复邻里关系而进行斗争的教会组织。他们的设计计划趋向于在尺度上的节俭和缺乏建筑师的人为可识别性，但他们已经成为促进社区经济发展的骄傲。在费城有两个这样开发的例子：由新解放基督教堂开发的购物中心希望广场，以及费城北部的华人锡安浸信会教堂与一个公司联合开发的进步广场，那是一个在今天的欧洲无法想象的但是在美国的一些地方又很典型的肮脏地区。

20 世纪城市设计理念下的城市成果

20世纪过剩的设计思想对城市产生了什么影响呢？快速扫描一眼今天美国的城市，几乎没有什么证据能够说明有哪一种特殊的设计思想产生了较大影响。这种观察结果既是准确的又是容易产生误解的。如果你看到的是所有大都市中的绝大部分，那么，这个观察结果就是准确的。20世纪有很多建筑、开放性综合场所、新的城镇和郊区开发都是以一种超大规模被有意识地进行了设计。很多在前面已经提到了。

这些开发有两种主要类型。第一种是管理型社区，第二种是设计型社区(戈特沙尔克，1975年)。公司城及公众居住区项目明显是第一种类型。这些房屋建成后不能体现使用者自己的生活。这里的居住者和使用者没有机会改变他们所想得到的环境；管理者控制着哪些人可以进住这个社区，通过一系列的规章制度决定什么可以做什么不可以做，并控制了居住者的行为活动和建筑艺术风格。设计型社区则是具有自我意识的设计，这些设计好的社区都是有意识的设计，当它们完成后就会被转交给居住者或是使用者，就像在马里兰州的哥伦比亚和一些大规模的郊区都有这样建成的社区。这种社区将随着时间改变其形式类型，这是非自觉的物质规划所导致的结果。从这个意义上说，像巴西利亚这样的城市就是管理型社区，而不是设计型社区。设计型社区会很清楚地保留一些形态，特别是街道的形态和原本的规划，但功能的布局和建筑的类型将随着时间不断地反映着个人的需求和市场的力量。例如，在宾夕法尼亚的利未城，人们很难分辨现在的四层建筑与40年前建设的建筑。

新城市和新城镇

新城镇是许可建设的聚居环境设计，具有现存城镇的全部组成成分。20世纪美国在其他地方建设了很多城镇，而很少有新城镇是被自觉设计的。自从第二次世界大战以来，英国和其他欧洲国家都有重要的新城建造计划；从1926年到1980年，前苏联估计建设了1200个规模在30,000～500,000人的新城镇（格林、爱森尔，1986年）。自从1947年独立以来，印度也有很多新的公司城，大概建设了400个新的公司城。以色列把建造新城作为占领领土的一种方法。同时对照美国出现了郊区和郊区设计增长的现象，与此同时，在这些郊区中有时也有新城镇的产生(斯特恩、玛斯内格，1981年；P·罗尔，1991年)。因为有这些开发的经验主义研究做向导，所以关于城市设计的知识也在不断增长。

一些新城为了行政管理的需求通过自觉的设计创造出来；虽然它们倾向于这样做，但却不是所需要的管理型社区。首都的设计往往是因为维护皇权，新国家的独立，也是因为要重构一个国家的内部政治司法权模式而设计的。因为在首都城市的规划设计中，一个主要的目的就是要展示人民的价值，这些城市倾向于具有坚固的专政。

堪培拉(国家首都发展委员会，1965年)和新德里(尼尔森，1975年；欧文，1981年)是按照城市美化运动的原则进行设计的，虽然前者可能根据某一接近沃尔特·伯利·格里芬的核心几何学原则进行的设计(彼得·普劳德福特)。巴布内斯瓦尔是印度奥里萨邦的新首府，是首都中惟一的一个根据“田园城市”设计原则而不是根据理性主义设计原则进行建设的城市(拉普卜特，1977年；乔恩·朗)。旁遮普邦的首府昌迪加尔和古吉拉特邦的首府甘地纳加尔是印度的两个城市，都是根据运用理性主义几何学和占优势的国际主义建筑美学的激进主义者的设计原则而进行设计的城市(伊温森，1966年；尼尔森；1975年；参见图1-2)。巴西利亚就是这一理念学的主要例子(伊温森，1973年)；巴基

1.华盛顿特区的林荫大道（1909年）
（照片来源：作者收集）

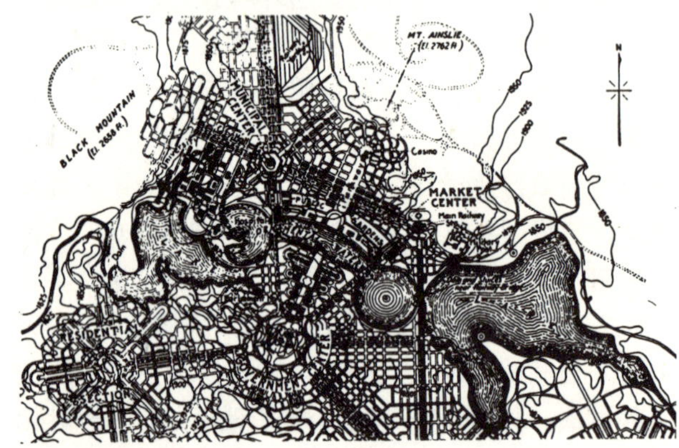

2.堪培拉的规划（1911年）
（资料来源：承蒙堪培拉国家首都发展委员会的惠赠）

3.沃尔特·伯利·格里芬对堪培拉国会大厦的设想
（资料来源：承蒙堪培拉国家首都发展委员会的惠赠）

4.新德里的拉加帕特街

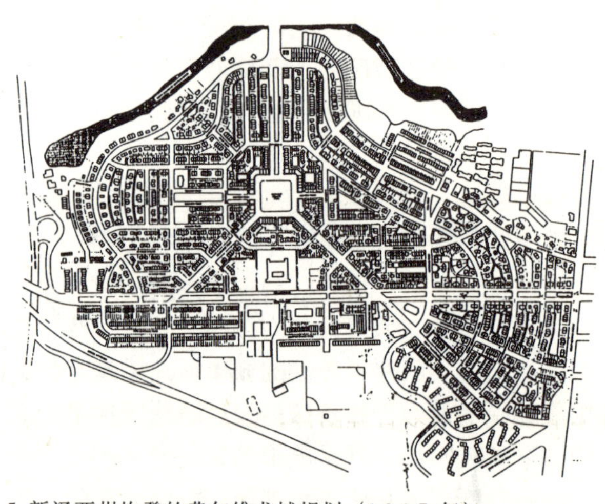

5.新泽西州坎登的费尔维尤城规划（1917年）
（照片来源：作者收集）

图2-16　实施城市美化运动的城市

总体来讲，城市美化运动的设计原则从来没有真的全部实施在一个城市上。华盛顿特区的林荫大道是麦克斯韦尔委员会早期的设计作品（1）。芝加哥建筑师沃尔特·伯利·格里芬设计的澳大利亚首都堪培拉是非常田园城市化的美化城市规划（2、3）。皇家新德里也很相似。它是由埃德温·鲁顿和赫伯特·贝克设计的，是一个美化城市规划，国会大厦就体现了美化城市运动的思想；然而新德里剩下的大部分是田园城市。从小规模上来讲，城市美化方案已经实施在郊区设计中。1917年由伊莱克斯·D·雷切菲尔德为紧急舰队公司设计的新泽西州坎登的费尔维尤城(以前的Yorkship)是一个邻里单位尺度的城市美化观念的例子（5）。然而它的建筑不是很宏伟壮观，但其规划和空间围合紧密跟随着这一运动的指导原则。

斯坦的伊斯兰堡也是相同的，只是规模小一些(尼尔森，1975年)。尼日利亚的新首都阿布贾是综合了多个设计理论的产物。

在美国，也有一些例外的城市(例如，20世纪30年代的绿带城市；德莱尔，1936年)，由于出于快速卖地的财政需求而直接触动了郊区开发。这些开发(例如，宾夕法尼亚州的利未城)就是根据充分利用土地投机所需的土地细化原则，言外之意就是建设田园城市。道路系统和建筑用地及一些保留的开放空间是景观规划的要素。这些单个要素可以进行自觉的设计，但整体的居住环境是不能进行自觉设计的。在这个国家有很多针对这个规律的例外。包括很多新城镇，大多数是大规模的郊区开发。包括认真而全面考虑过的设计，但为了自身的发展，他们不得不考虑市场本身的特性，或通过类似于纽约州开发公司这样的准政府机构来促进其自身的发展。

这些新的城镇和郊区是设计型社区。它们的开发商（例如，马里兰州哥伦比亚的Rouse组织、得克萨斯州拉斯·克里纳斯的卡彭特家族、佛罗里达州海滨的罗伯特·戴维斯）和城市设计师／顾问要通过运用已知的指导方针对城市的整体基础结构、提供的基本公共设施、以及对个别组成部分设计的质量负责。他们雇请著名设计师给予原则上的指导。很少有人知道自第二次世界大战以来美国为工业和防御军事成立了很多管理团体，但这些城镇却很少能证明这个事实。

“田园城市”的概念对新城镇和郊区开发设计的影响在第二次世界大战以后的30年里很迅猛，而且至今仍然对城市开发有所影响（P·罗尔，1991年）。这些不仅影响到英国通过“英国新城法”，而且影响美国由私人开发的新城，例如，马里兰州的哥伦比亚市（R·布鲁克斯，1974年）、明尼苏达州的乔纳森市（布奇，1980年）、得克萨斯州的伍德兰德斯和Flowermound，还有近期(1984年)发展的得克萨斯州的拉斯·克里纳斯。田园城市的模式是很多其他工业城市的设计基础（例如，印度的Jameshedpur和Rorkela、澳大利亚南部的伊丽莎白和南非的沙森堡、欧洲大陆很多新开发的郊区就像从哥本哈根到维也纳，以及像比利时的新鲁汶一样的欧洲新城)。成功的呼声来自于许多在小城镇及郊区环境中的生活，可以方便地使用汽车并且清楚地了解全部组织机构的人。

受勒·柯布西耶影响的住宅设计是美国一个主流。城镇设计的理性主义影响要少于其他那些占主流

1.宾夕法尼亚州的利未城（1940 年）

2.宾夕法尼亚州的柴斯特布鲁克（1980 年）

3.伊利诺斯州的Reverside（1870年）

图2－17　田园城市的新城与郊区

自从第二次世界大战结束以来，世界各地建设了非常多新城和郊区（1）。包括部分政府建造的城镇，例如，在英国，通过私人企业建造的一些城镇；在美国（2、3），一定程度上附和着田园城市的设计指导原则。马里兰州的哥伦比亚是美国“田园城市”理论的一个主要例子（参见图13－6）。规划反映了早期郊区的设计思想，独立的单个家庭是核心建筑的类型。

的地方。但是实施设计的城市仅有昌迪加尔，可能更多的是在巴西的首都巴西利亚中。在昌迪加尔，勒·柯布西耶仅进行了总体规划和国会综合体的设计，更多的住宅设计是由马克斯韦尔·弗赖、珍·德鲁，以及勒·柯布西耶的远亲皮埃尔·让内亥来进行设计的。尽管勒·柯布西耶没有具体地涉及巴西利亚的规划设计，但他的基本思想被忠实地采纳(陶比尔，1966年；伊温森，1973年；培根，1974年；戈斯林、梅特兰，1984年)。巴西利亚的总体设计是1957年举行的设计竞赛获胜者鲁塞·科斯塔的设计方案构想。奥斯卡·尼迈耶在其中设计了很多建筑。

巴西利亚的大胆设计是建立在建筑思想之上的。这个规划有两个十字标志的主要交通轴线。一条主要干道是圆弧型，而另一条短一些，这条轴线的一端有市政广场，而一端是政府大厦——三权广场和政府行政大道。居住区沿着另一条轴布局。这些地区有一排排的钢筋混凝土公寓建筑。在这个布局的一侧有一条主要的河流作为空间组织结构构架，这一地区更像是标准化的北美郊区，而不是巴西利亚的什么地方，作为高级办公区的地方更像是居住的场所。巴西利亚规划设计中的主要理念是把城市作为标志—— 一个独立的和现代化城市的标志，或给住在里约热内卢的人以一种提高生活的形式。巴西利亚不仅是有意识设计的城市，而且是一件艺术品。城市被当作一件雕塑作品。

新城和新郊区具有很多功能，这些功能将一直延续到未来。不可避免地，当资源减少和土地不能简单地按照市场做出决定时，如果要获得健康的生物环境和社会环境，那么，美国的民众就不得不决定如何解决人口增长（或下降）的问题。美国建筑学会（AIA）正在考虑城市边缘区附近增加的邻里

2.国会大厦综合体
（照片来源：承蒙文森特惠赠）

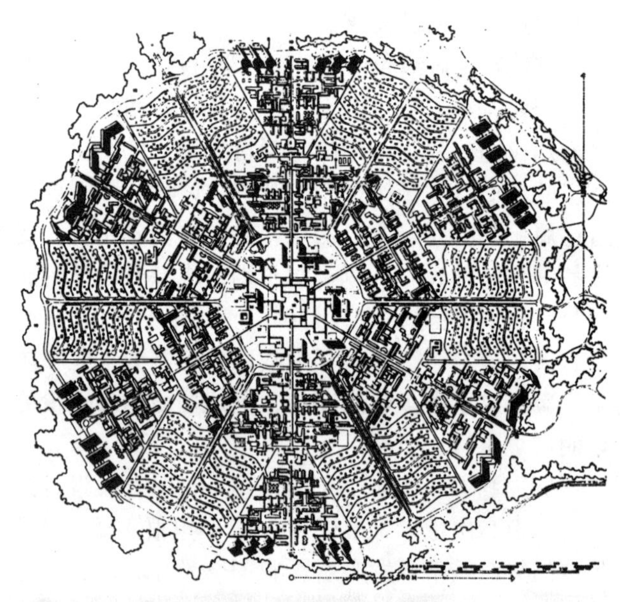

3.毛里西奥·罗伯托建筑师的设想
（资料来源：曼斯菲尔德，1990 年）

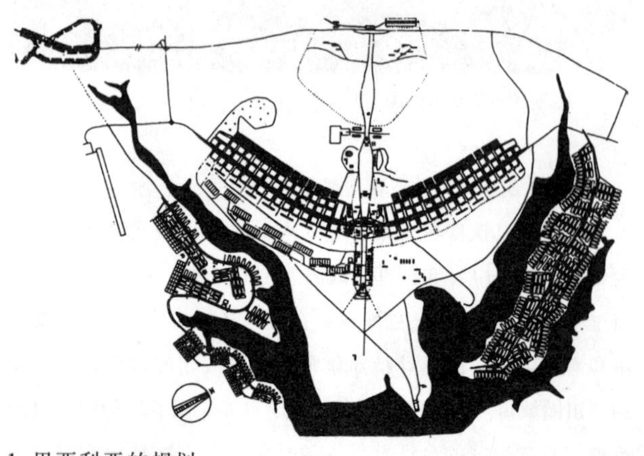

1.巴西利亚的规划
（资料来源：霍莫利·纳克，1968 年）

图2-18 巴西利亚

巴西利亚是作为50 万人的首都城市而进行设计的。第一批居民1960 年进入，是一个把高速公路作为设计脊柱的线性城市。鲁塞·科斯塔的设计 (1)[参见图1－7 (2)]展示了两个主要斧子十字形平面。以政治中心作为城市轴线，政府机构(2)、商业和娱乐建筑布局在东、西两侧。居住区位于两翼。“建筑是高速公路结构的延伸，从高速公路上可以看见这些建筑，每一部分都与整个设计有关”（培根，1974 年）。其他的设计方案（例如3 ）展示了更多相似的理性主义精神。

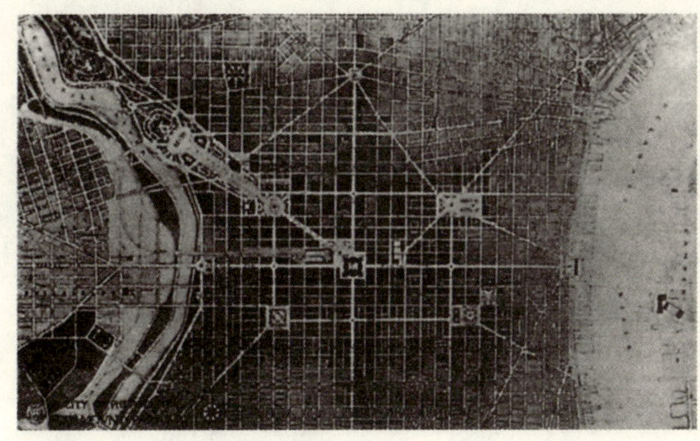

1.格雷贝尔所做的规划（1917年）
（资料来源：罗纳沃罗，1977年）

2.费城博物馆的全景

3.结构性作品的景象
（照片来源：沃尔夫，1975年）

图2－19　费城本杰明·富兰克林景观林荫大道

从19世纪80年代开始，费城有一系列的设计计划：费城的林荫大道与城市市政厅（威廉姆·佩恩为这个城市设计的中心广场），摇石广场（佩恩早期设计的另一个广场），及在街景末端山上的一个公共建筑。由奥葛斯特·亨瑞·格雷贝尔设计的方案（1）部分得到实施；费城博物馆和林荫大道已经建成［2；参见图14－9（5，6）］。这些重要的计划需要政府相当多的支持（例如底特律的拉菲特公园、奥尔班尼的州立帝国广场、芝加哥的南部），因为它们涉及到相当多的土地使用。

单位地区（格林、爱森尔，1986年）。大城市用地的蔓延好像是不可避免的，这本书在第二部分将讨论的问题是在城市开发中需要考虑什么问题？

建筑复杂性

美国的城市中都有很多经过自我意识设计的展示了20世纪很多建筑思想的大规模项目和区域，很多城市也都进行了美化设计。有很多设计的新郊区或多或少地体现了“田园城市”的思想或是像一座迷你型的“广亩城”(P·罗尔，1991年)。现代主义对城市更新的影响或许已经更加强烈。

费城的本杰明·富兰克林景观林荫大道是城市美化运动观念的一个例子。轴线一端是城市市政大厅，另一端是费城美术博物馆，两侧有很多公共机构的建筑（布朗利，1989年）。20世纪按照城市美化的原则，很多其他的美国城市和小规模的城市也建设了放射性道路。

伯汉姆为芝加哥进行的规划设计方案从来都没有实施(例如，加的夫，1897～1906年；柏林，1938～1943年；旧金山，1941年；朴次茅斯，1973年；20世纪60年代的平壤，20世纪80年代的布加勒斯特)。对于这样的一个目标，城市美化理论运用在郊区设计中适合小规模的地区，例如，新泽西州（斯特恩、玛斯内格，1981年）坎登的Yorkship（现在的费尔维尤城），俄亥俄州辛辛那提的一个郊区Mariemont（Mariemont 公司，1925年)，以及近来的佛罗里达州的海滨地区的设计（杜安伊、伊丽莎白·伯雷特·泽伯克，1984年；霍莫伊、伊斯特林，1991年）。

无论什么时候追求庄严雄伟，城市美化设计的属性就会被复兴。艾伯特·斯皮尔为柏林做的20世纪30～40年代的规划就是一个重要的例子（赫莫，1980年；L·克里尔，1985年）。这个运动的意象可能对这个城市形成一个持续而强大的推力，在最近的后现代主义方案中也能体现（例如，1986年L·克里尔为华盛顿林荫大道做的设计、1987年琼斯及科克兰德在密西沙加城市政厅设计竞标中的获胜方案——参见1990年布罗德本特为佛吉尼亚大学的卡尔山地区做的设计）。

城市美化运动的理念已经十分广泛地应用在大学校园的规划设计中(P·特纳，1984年)。再重申一遍，如果这种强烈的设计思想不被施行也是很困难的，就像在所有城市设计中，它们也包括很多破坏性的行为

(布朗利1989年在费城的本杰明·福兰克林的景观林荫大道设计),但又因为成功的大学管理通过原有的规划努力表现出对校园的认同感。

甚至还有更多的城市根据理性主义概念进行部分有意识的重新设计。勒·柯布西耶和他的前辈(弗瑞斯,1929年;戈涅,1932年;桑伊利亚,1973年),以及他同代人的设计创造了潜在世界的这种印象具有重大的意义。在世界上很多地方都有新柯布西耶式的设计,通常是用在缩减规模的地区(玛瑞特,1982年)。包括大学(例如,密斯·凡·德·罗设计的芝加哥伊利诺伊理工学院(IIT)与斯加摩尔·欧林斯、梅瑞设计的位于芝加哥的伊利诺伊大学校园具有完全不同的特征),大量的住宅工程(针对所有收入阶层,从芝加哥的湖滨大道到纽约城的基普斯湾广场、圣路易斯的普鲁伊戈、伦敦的罗汉普顿,以及为巴黎的拉·德方斯设计的房屋)和特殊的地区(例如,纽约的林肯中心和芝加哥的行政中心)。这些设计都遵循理性主义的设计原则,但由于政治和经济实体的原因被删减得只剩下主要部分。

住宅开发一直以来就是最受争议的事情。理性主义者开发住宅的基本思想是为高收入人群开发大量住宅。这些人一直被领导大都市生活方式的家庭追随。其他一些人则为低收入家庭进行设计。前者已经在居住形式上探索出理性的结果,后者则证明城市空间存在更多的问题。由密斯·凡·德·罗和路德维希·希尔伯塞默(斯贝斯,1985年)设计的位于底特律的拉菲特公园(1955~1963年)就是一个深受当地居民喜爱的住宅开发例子。从政策角度讲,它存在很多问题。它转移了2000名低收入者,主要是美国的黑人(西比尔·霍莫利·纳克,1968年)。

大体上讲,在那些资源有限的地方,人们的生活空间和邻里单位开发的地方,以及提供公共空间对提高人们生活质量十分重要的地方,理性主义的原则几乎没有取得重大的成功。英格兰的罗宾逊冠航道的设计(1963年)体现了聪明的建筑师在运用理性主义设计原则将对好环境观察结果转化为好环境设计时的困难(史密森夫妇,1970年)。

有许多新城、城市更新方案和公众住宅的项目都遵循勒·柯布西耶的原则,往往以一种牢固的形式来适应。巴黎的拉·德方斯新的中心商务区位于从卢浮宫到协和广场再到凯旋门,以及从Porte Mailot到库尔贝伏瓦的轴线上,遵循了勒·柯布西耶的设计原则,并且在许多方面与1912年为拉·德方斯做的规划相似。接下来,它成了许多方案模仿

1.丹佛(1910年)

2.洛杉矶(1942年的规划)

3.罗马尼亚的布加勒斯特(1970年)
(照片来源:鲁思·德瑞克摄影)

图2-20 城市美化和行政区

与很多其他城市的复兴一样,很多城市美化建设都维持在图纸上。在小尺度上,轴线设计仍然把庄严雄伟的感受加在很多国家的议会大厦(1)和城市行政区域中,比如,在旧金山和洛杉矶(2)。在宏伟的规模尺度上,城市美化设计方案呈现出力量的标志,就像是20世纪80年代在罗马尼亚总统齐奥塞斯库的领导下社会主义胜利的发展道路(3)。

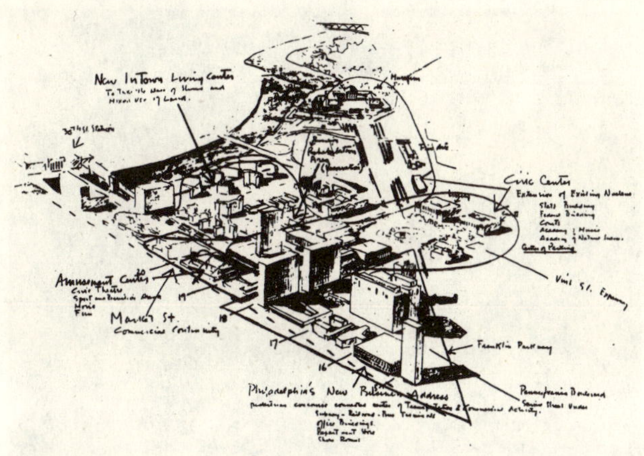

1.费城南部三角地区的规划设想（1945～1948 年）
（资料来源：罗纳，杰海威瑞，1987 年）

2.费城的独立林荫大道
（照片来源：作者收集）

3.巴尔的摩的查尔斯中心
（照片来源：作者收集）

4.洛杉矶的比肯山

5.西雅图的郊区

6.芝加哥南部地区

图 2－21　城市复兴和美国城市

对于美国部分城市的复兴有很多建议和设想。在众所周知的建议中，路易斯·康对费城中心地区（1）的建议体现了一座城市应该是怎样的但却又与城市生活缺少联系的现代建筑观点。自从第二次世界大战以来，很多实用主义的城市设计方案以不同的规模改变着美国的很多城市空间。独立林荫大道（2）已经将费城的独立广场从杂乱的城市景观改变成绿色的草地。在巴尔的摩有着振奋人心的人行道和新办公大楼的查尔斯中心是城市发生变化的重要一步（3）。洛杉矶市中心（4）新办公大楼的开发正在代替 20 年来能给城市提供众多形象的地面停车设施，以及代替能够实现 1949 年住房法令的房屋规划。延伸到城市边缘的居住区已大量建成，这样就把大都市地区很好地延伸到乡村，尽管它是让很多人享受到优厚生活环境的类型（5），但是它还是创造了被人们贬低地称为是乡村的不规则蔓延。这种开发对于成功地为富人提供高层住宅，而对穷人却不利形成强烈的对比。

的对象，例如，丹下健三设计的那不勒斯博洛尼亚的新商务区。城市中的新城包括如下方案：荷兰建筑师J·贝克玛的作品鹿特丹市中心商业街Lynbaan（贝克玛，1982年），伦敦的巴比肯，纽约城的罗斯福岛和洛杉矶米申海湾地区的各种设计，在这些设计中勒·柯布西耶的徒弟琼斯·路易斯·塞特发挥了主要的作用。

吸引许多建筑师兴趣并且产生了很多设想的巨型结构很少以设想者所想象的巨型规模实施。购物中心、机场、大学和新城中心是为所有的设想和目的而存在的巨型建筑物。在英国坎伯诺尔德的城市中心和罗恩新城中心地区都是单一结构（戈斯林，1984年；梅特兰，1984年）。大学也提供了很多规划设计思路。它们包括新泽西州的斯多克顿州立大学、柏林的自由大学、多伦多的斯卡伯拉大学（泰勒、安德鲁斯，1982年），在更广泛的意义上还有德国的贝尔菲尔德大学。

许多近期后现代主义作品都很讲究实用功能。过去20年规划设计思想的全面影响将在第3章“今天的城市设计”中描述。在这里可以肯定地说，城市规划与设计的产品是各式各样的，但却都遵循了主要的理性主义和经验主义传统。例如，在20世纪80年代的后半叶，大批的住房以一种强烈的新经验主义倾向得到了发展。它们主要都是新传统主义的城市设计和建筑设计的实例，就像在弗吉尼亚州由匹兹堡UDA建筑事务所设计的在列治文市的伦道夫邻里单位，以及在诺福克海边中产阶级理想都市中的拱门和Pinewell的设计一样。这些设计包括那些沿着街道形成的有韵律的单栋住宅；在伦道夫每栋房子都有一个门廊，中产阶级理想都市的设计原则建立在威廉斯堡设计的基础上。

我们能从早期的城市设计作品中，更多的是从最近的城市设计作品中学到很多东西。最近的城市设计作品似乎要比现代主义者的作品更接近于设计师想要达到的目的，但是，设想和实施之间的差距也是经常存在的，这也代表失去很多机会。自从30年前，城市设计作为一门专业行为出现后，其目的就是致力于解决这种差距。虽然仅仅是部分的成功，但是却对城市的形态和城市的形成有着很大的影响。

结论——20世纪的城市

20世纪80年代后期城市建设的迅速发展改变了许多美国城市中心的面貌。这种迅速发展得益于

1.马里兰州的哥伦比亚

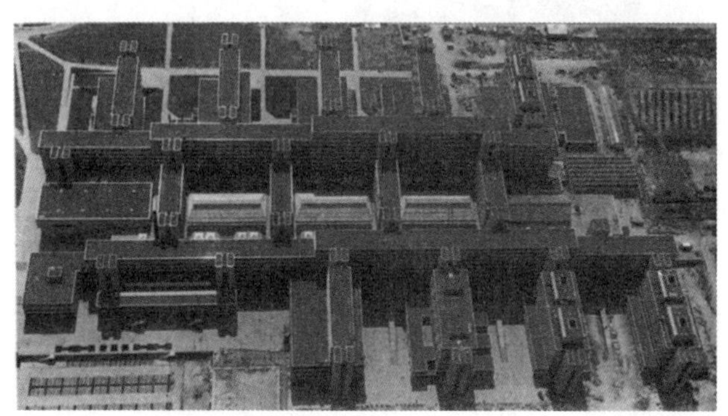

2.德国的比勒费尔德大学
（照片来源：曼菲尔德·凯特纳摄影）

3.新泽西州斯托克顿州立大学
（照片来源：承蒙格迪斯、布赖切、考勒斯、康宁安惠赠）

图2-22　巨型结构

美国很多商业中心（1）都有巨型结构的空间尺度，德国的比勒费尔德大学（2）更清晰地代表这种设计观念。学校所有的功能适应于居住和娱乐生活而围绕开放空间布置在一座建筑里。比勒费尔德的气候条件形成这样的内部空间环境是必然的，设计代表了广泛的理性主义观点。来上学的学生都持有月票，斯托克顿州立大学是一所走读大学，由一系列沿着鱼骨式步行道布局的建筑组成（3）。

新的投资政策，包括银行程序的简化和新商业技术的支持，以及社会和人口的变化。然而， 在发达国家，许多城市地区都是被忽视的，并且发展中国家的许多城市如果不是社会意义上的贫民窟，就是物质意义上的贫民窟。从韦伯里安的层面上讲，20 世纪是否存在一种理想城市典型的模式？或许没有单个的一个城市能等同于这样的城市。

20 世纪的美国城市是由许多碎片组成的整体，是由公路、道路和过度枢纽系统连接成的摩西式的社区（蒂姆斯，1977 年；罗尔，克特；1979 年；雷尔夫，1987 年；R · 马丁，1990 年）。这些碎片的生物特性与社会特性有很大的差别，依赖于公众机构和私人机构对它们进行资源投资和对待自然环境的方式。

城市仍然拥有办公大楼、零售商店、剧院和饭馆的强大中心商务区。不像以前那么喧闹，但是到夜晚仍然十分冷清。许多城市的中心商务区有大量的由当今带头建筑师设计的闪闪发光的新办公大楼。然而大都市里人们的工作和娱乐方面却和30年前一样，没有多大的提高改变。许多城市害怕出现这种情况，已经被大面积地开发成另外一种社会文化空间。但这一点却从来不会在其他的城市发生，因为郊区提供了许多城市中心所能提供的令人愉悦的生活。其他的一些人仍旧热爱城市中心的活力、各种各样的人和众多的商店。一些人试图住在城市中心，但只是大都市人群中的少数。许多人住在单元住宅中，但一些核心家庭和大家庭却愿意寻找高密度、多功能、局部的小环境，因为那样的尺度适合于他们和他们的孩子。另一些人却被在这种环境中养育后代的想法所吓倒。有一些人则深深地陷于城市生活之中。

在许多小城镇中，中心区已经变得臭名昭著，以至于许多人会问它们是否值得保留。在失去中心区的地方，重要的标示性也消失了。对那些涉及中心区的过去的和现在的范例和服务目的需要进行重新思考。

城市拥有大量排外的居民区，布局都由著名的景观设计师设计，但保留着工业化时期的邻里关系，其中有一些是高档次的，另一些则是废弃的，依赖于原来的住房积累和与城市中心区的相对位置。城市中心将被低收入的地区所包围，其中的一些将被同质人包围的。城市有更新了的城市办公区，以及按照现代运动大陆学派的设计理念并由有声望的建筑师设计的居住区。这些设计是理性主义设计的实例，并且和郊区的开发形成鲜明对比，看上去郊区更像微型的开阔的“广亩城”。城市规划委员会考虑将怎样处理住房工程。城市建筑师并不总是包括在完成的工程项目名单中。

有许多规划都影响着城市结构，尤其在那些城市各部分之间的连接处，或者是城市与其腹地之间的建设。这些连接最直接的手段是建设公路，但是有的是为城市的主要公共中心和次要公共中心的行人提供更加适宜的环境。在许多小城镇和社区，商业中心街道被封闭起来，为的是或多或少地形成步行绿荫带（休斯敦，1990 年）。休斯敦和蒙特利尔城市中心的主要步行通常是在地下；区域性城市休斯敦也有天桥系统。欧洲比美国有更多的城市建设了公共广场和步行街道。

公共中心区或许可以通过拥有周边的高速公路系统与郊区环境相联系。最主要的交通方式是汽车，道路上的汽车大部分只是载着一个人。一系列围绕购物中心的分散性公共中心区通常位于城市周边和放射性公路的交汇处。华盛顿特区有 15 个这样的地方，休斯敦有 11 个这样的地方（盖瑞，1991 年）。某些对中心城市的整体商业地区构成了威胁，甚至超过了它们（例如，密歇根的南田已经超过了底特律）。华盛顿特区外围的泰森角是美国 20 个最大的商业中心区之一，拥有主要以发展私人购物的中心城市和郊区购物中心与地区，（例如，芝加哥的水塔广场，费城的美术馆地区，纽约的特朗普世界大厦地区，休斯敦的格雷利亚购物中心）现在已经有了大量的公共开放空间，以一种“合理”的方式，在一天中的大部分时间供人们使用，但却都是在私人机构的控制下（参见，吉拉度 1987 年在休斯敦的作品）。公共空间已经被私有化。

有一种分散的仍然很受欢迎的游园系统，但已不如老人们记忆中保留得那么好，也不如 40 年前照片上反映得那么好。许多树木被污染严重地影响着，并且有许多垃圾散布于公园的周围，但是伴随着情人们徐徐走过、跑步者的擦身而过、放风筝的孩子们和嬉戏的狗，游园的整体效果还是好的。在周末和公共节假日还会有许多野营者。相反，城市的许多地方缺少游园。除了一两个游乐场例外，儿童游乐场将包括两三个传统的游乐设施，例如，秋千和可以创造新世界的沙滩，这些游园尽管缺乏维修保护但仍然被使用着。

城市有很丰富的公共设施：剧院、艺术博物馆、医院、纪念馆和大量设备陈旧的医院设施。这些公共设施是城市的骄傲和自豪，但却经受着经济压力。对私人生活的关注越来越多，但对公共环境的关注

1.加利福尼亚州的奥兰治县（橘子郡）

2.凤凰城
（照片来源：约翰·贝利格摄影）

3.洛杉矶县
（照片来源：詹姆斯·布兰克摄影）

4.波士顿
（照片来源：迪珀·尼加哈瓦摄影）

5.佛罗里达州的波卡瑞顿
（照片来源：作者收集）

图2–23　20世纪末期的美国城市

美国的每座城市都是独一无二的。然而像洛杉矶、休斯敦和菲尼克斯这样的城市则被看作是受到许多单一决策的综合影响，并且是以汽车作为基本交通方式而出现的城市实例（1、2）。假如最初就运用广泛的轻轨运输系统，那么，今天的洛杉矶就完全是一个以汽车为重要运输源的城市。洛杉矶的城市形态反映了这种依赖性。在20世纪末期，就像大多数美国主要城市一样，洛杉矶是一个由多核心拼贴在一起的(3)城市，其中有一些地方与其他地方能够协调发展，而另一些则不能协调发展；有一些是有意识设计的成果，而另一些则不是有意识设计的成果。美国城市的每一个部分都反映了建设的年代、设计的思想、时代的限制，以及试图进行的功能完善的努力（4）。为了很好地保证城市正常运转，城市在形成的过程中就必须与汽车交通相融洽（5）。许多城市（例如，洛杉矶、巴尔的摩、圣路易斯）现在正在建设轻轨系统，但是如果能尽可能准确预测的话，那么，就会发现在设计中不考虑汽车使用者的需求好像是一个鲁莽的尝试。

却越来越少，社区责任感相比以前被轻视了很多。

美国的许多城市和发展中国家的许多城市一样都符合这种模式，但每个城市又都有独特的特征，因为独特的地理位置、年代和住在那里的人的本质特征，以及对待社区生活的公共环境的态度和彼此之间的态度。几乎任何一个能被看作是20世纪发展缩影的城市都将是发散性的，除非有政治因素和地理因素同时迫使它变得密集起来（例如，香港、摩纳哥、新加坡）。

在20世纪有巨大发展的城市——洛杉矶、休斯敦、圣保罗、约翰内斯堡——或许就是大量规模土地所能体现出的模式，但不可避免地，将来几乎所有的城市都将是密集型的，这是由于土地的短缺和人们对环境意识增强的结果。反作用力是作为分散力的通信技术的改变。在这种情形下，将来的城市设计师必将尽他的所能使城市和城市的一些地区变得更加适宜居住。

主要参考文献

① Boyer, M. Christine. *Dreaming the Rationalist City*. Cambridge, MA; MIT Press, 1983

② Broadbent, Geoffrey. *Emerging Concepts in Urban Space Design*. New York: Van Nostrand Reinhold, 1990

③ Dear, Michael, and Alien J. Scott, eds. *Urbanization and Urban Planning in Capitalist Society*. London: Methuen, 1981

④ Exiine, Christopher H., Gary L. Peters, and Robert P. Larkin. *The City: Patterns and Processes in the Urban Ecosystem*. Boulder, CO: Westview Press, 1982

⑤ Frieden, Bernard J., and Lynne B. Sagalyn. *Downtown, Inc: How America Rebuilds Cities*. Cambridge, MA: MIT Press, 1989

⑥ Garreau, Joel. *Edge City: Life on the New Frontier*. New York: Doubleday, 1991

⑦ Jukes, Peter, ed. *A Shout in the Street: An Excursion into the Modern City*. New York: Farrar Straus Giroux, 1990

⑧ Lesnikowski, Wejciech G. *Rationalism and Romanticism in Architecture*. New York: McGraw Hill, 1982

⑨ Luchinger, Arnulf. *Structuralism in Architecture and Urban Planning*. Stuttgart Karl Kramer, 1981

⑩ Manieri-Elia, M., and M. Tafuri. *The American City from the Civil War to the New Deal*. London: Granada, 1980

⑪ Relph, Edward. *The Modern Urban Landscape*. Baltimore: Johns Hopkins University Press, 1987

⑫ Rowe, Peter. *Making a Middle Landscape*. Cambridge, MA: MIT Press, 1991

⑬ Schultz, Stanley K. *Constructing Urban Culture: American Cities and City Planning*, 1800-1920. Philadelphia: Temple University Press, 1989

⑭ Sharp. Dennis, ed. *The Rationalists: Theory and Design in the Modem Movement*. London: Architectural Press, 1978

⑮ Thrall, Grant Ian. *Land Use and Urban Form: The Consumption Theory of Land Rent*. New York: Methuen, 1987

3

今天城市设计的特征

如果一个人具有很强的创造力，那么他就有可能去想象人类聚居地从成长、繁荣、衰退、重建演变为一种停顿状态的发展历程。在某些情形下境遇也许会发生，但是实际上难以想象。我们想当然地认为我们对生存环境进行的持续改造理所当然。在世界各地和各种社会中，变化聚集在更广泛的变革里，这些变化的聚集使我们周围的世界发生着实质性的变化。公众对居住领域的要求也相应地发生着变化，因此，城市设计师工作的特定本质特征就发生了变化。不可避免地，公众领域的变化创造了新机遇和挑战，导致未来的需求发生变化。这种循环永无止境，因此，必须在个人为改善其自身生活而进行的努力与为提高聚居地所有人生活质量而进行的共同努力这两者既相互斗争又相互关联的关系中去认识城市设计。

问题，城市问题和城市设计

今天发生在美国的主要变化可能比发生在世界其他地区的变化更为引人注目。它们将无可厚非地对人类聚居形式产生影响。要准确地预测这些变化是怎样影响一个特定的场所是不可能的，但是在许多方面却是很鲜明的。我们的确知道在可预见的未来里作为人口增长和经济动力的一种结果，世界人口规模将增加，乡村会一个接一个地变为城市（蒙柯尼，1988年；奈特，盖普特，1989年）。除非激进的新社会和新经济政策产生，否则，世界上许多国家整体的人口密度还将会大量地增大。在美国这种增长将要相对较低一些，但是相对低密度的环境和可能全新的居住方式而言，需要更加慎思城市规划和城市设计以及建筑设计。我们知道在许多地方家庭结构正在经历着根本性的变化，新的住宅形式呼之欲出（弗朗克、阿伦茨，1989年）。我们知道在本世纪前半叶发生在诸如西欧国家里的技术变革将为世界上越来越多的贫穷国家中的人们所运用——几乎所有的地方都有消费繁荣（尼纳，斯哥，1984年）。这是一种十分易变的状况，将会导致全球性的主要种族、宗教和文化以及政治结构的变化。我们希望一个比现在更加能包容个人和群体差异的世界出现。也许将不得不如此。

人类正以快速增长的速度消耗着全球资源并污染着环境，很显然，正在毁坏的大部分资源和环境是不可替代的。如果全世界的国家都以西欧的经济生活水平作为追求目标，虽然这当然也是我们所追求的一个合理目标，但是这将导致无法忍受的污染水平。破坏大部分的生态环境，改变气候（从这些看起来，我们正经历着无论如何都不能完全理解的周期变化），同时具有讽刺意味的，其实这样做正在降低我们的整体生活水平。公平的概念，在以前的殖民地国家为谋求独立的斗争中运用得如此有效，现在却将要在解决资源分配的问题上被再次提起。城市设计师与政治家和开发商们一样将不得不面对与其他需要处理的问题相比更具重要性的问题。

美国的技术变革已经导致主要生活方式的变化。将来的变化更是难以预料。然而通过通讯媒体的发展和空中旅行舒适灵活性的全球化进程推进为人们开辟了许多机遇，也改变了许多看法。很明显，与20世纪前半叶相比较，在20世纪后半叶已经很少有能对生活方式和价值观产生影响的技术变革产生。没有什么能比得上全球的电气化和汽车的发展所给人类生活带来的变革如此巨大。近年来的主要变化就是世界各国军事力量的武器部署的变化。现在可以说，我们正处于通信革命的中期，这场革命将改变人类的生活方式，加剧对个人隐私权与对逃离我

1.纽约最主要的景象
(资料来源：曼斯菲尔德，1990年)

2.10,000年以后，选自《科学与发明》
(资料来源：曼斯菲尔德，1990年)

图3－1 古时候预言的将来城市的本质特征

如果一个人看着过去关于今天的城市将会是什么样的预言，他就不能指望现在去作出将来的城市会是什么样的预言。1911年关于纽约在20世纪中期会怎样的预言 (1)是极具想象力的，但是必须要把当时的技术和技术乐观主义放在脑海中去认识(参见图10－1)。当前关于在太空中生活的推断可追溯到这个世纪的早些年[2，参见图3－6(1)]。城市设计思想的主导思想已经是更具实用主义的了，也保持住了它的立足点。

们今天所了解的公众生活的斗争(森尼特，1977年；布瑞尔，1989年；赫特，1990年)。这种变化本应该对公众领域的需求产生主要影响，然而在过去的50年里，世界上主要工业化国家的中产阶级生活方式的本质特征却不同寻常的没有丝毫技术性的改变。虽然如此，自从第二次世界大战以来，许多人已经不得不应付主要存在于他们文化方式和生活方式中的社会变化，公众领域的本质特征既是变化的贡献也是变化的一种结果。

伴随着推动这种全球性问题的是贫穷的程度和对多数贫穷人口的忽视，对种族的歧视和民族态度的忽视，以及普遍缺乏的关心他人或者对他们自身的同情多于对少数民族的同情。甚至人们关注的焦点通常很少关注个人行为如何塑造这个世界，也很少关注对如何通过改变一个人的行为而获得特别目的的理解。许多问题看起来是不能超越的。

1979年，一个美国的城市观察家K·斯尼德，列出了美国城市面临的，也许是今天该好好记录下来的问题：

人类物质的、功能的、社会的和美学的环境普遍退化。

一种商品的陶醉和一种不自然的消费都是基于一种要求购买的社会和环境的结构基础。

一种技术的大量错误运用，包括能源、消费产品、住房、建筑物、运输和食品加工。

呈几何级速度耗尽的不可再生资源，特别是能源和金属。

大都市区域当地民主政府的市政管理衰退，包括参政、控制和服务的本质特征的衰退。

增加的健康危机和疾病——范围从交通事故到神经错乱、心脏病和癌症——与健康服务的故障系统紧密相关。

误导性的教育，强调专门化、高产的、消费性的市民身份，然而却排斥广泛的人性化目的。

一种防卫性隐私的传播和对建立创造性的亲密行为无能为力，导致了一种交往、经历和成长的自我剥削。

一种职责、价值和家庭生活全部有效性的贬值。

一种艺术作品、游戏和社会交往意义的下降，以及社会连续性、个体周围内容以及个人心理健全意义的下降。

因城市生活分裂的特性加剧了人们行为的固化，加速了社会的分裂。

具有讽刺意味的是犯罪数量的增加与富裕人口的增加相平行。吸毒者、精神病和自杀者大量出现 (斯尼德，1979年：11~12)。

一个人甚至可能不接受这种详细的观察结果，因为这些很容易表达出来的列表反映了现代城市生活的问题与美好的生活形成了对比，这也清楚地表明，城市设计的作用被限制在要去处理这些摆在这个世界面前的主要问题和争端。城市设计与解决主要的社会和政治问题并没有什么直接关联，尽管它自己的目标也许会作为世界社会政治文化变化的一个结果而得到改变。然而，城市设计需要被看作是人们面对的社会问题和政治问题的社会文化构造。它需要看到自己是什么——是一种政治工具。然而建筑设计和城市设计却不能在任何更大的范围内去塑造社会，它们仅仅反映着社会领域的现象。环境的地域区划的确影响着环境的供给能力，就像它摆脱不掉与社会变化相关联一样。如果准备取得社会进步的话，这些联系性就需要被理解。这一章的目的就是要把城市设计和城市设计师放在他们的上下联系背景之中。

城市设计

上文中已经指出，人类的聚居场所正在持续地变化着。当建筑和城市地下基础结构设施衰退或人们所感知的需求发生变化时，人类的聚居场所就会变得荒废。有许多典型的情况。实际上城市设计工作的焦点是随着经济状况变化而变化。在20世纪60年代和70年代，城市设计工作的中心是关注已经衰败的城市公共活动中心区，到了20世纪80年代和90年代，城市设计工作的中心是关注横穿美国的城市开发，从新奥尔良到达文波特，到艾奥瓦州，到苏族农场及南达科他族，以及到纽约和新泽西州的哈得孙河沿岸废弃码头的开发建设。近年来，我们已经看到或将看到美国国防部对位于十分吸引人的地区土地的放弃（例如，波士顿的查尔斯城海军码头，旧金山湾的珍珠港）。这些用地中的一部分在它们变得可用之前需要排除大量的有毒废弃物后才能使用。随着时间的推移，现在看起来不是很明显的机会将可能变得清晰。未开发的土地将开发使用，而某些已经使用的土地将变为休耕地。

在第2章已经讨论过20世纪的城市，主要是针对个人与群体之间存在的非自我意识论点的讨论，当他们意识到利益存在时，就会努力最大化自己的利益竞争，但是他们也有很多合作性的行为去争取公众领域内的利益。建筑师为特别的客户设计了特殊建筑（以及个体景观建筑师设计的开放空间）与需要展示他们自己的技巧以便为他们的服务获得一个市场（盖特曼，1977年）之间也存在一种竞争。今天对于在除了多重服务之外又在非自我意识设计的城市中丧失全部设计意图而获得许多机会成本是很难让人感到惊讶的。通常建筑之间的空间设计是最后被关注的。在美国这样的国家，这尤为真实，它强调了私人权益高于公众的利益。社会能做得更好吗？为了开始这样去做，需要指出一些对城市设计本质的误解。

从某种意义上讲，在城市里任何新的建筑或景观建筑设计就是城市设计。“城市设计”这个词经常会有这个含义。例如，1990年所有的“进步建筑”城市设计奖，很少授予单体建筑（见《进步建筑》，1991年，1972年，no.1）。在这里它不是这个意思。

城市设计包括有计划的对市场进行干预，也存在于合理配置和设计土地与综合建筑的使用，以及构成人类聚居地三维空间物质特性的建筑布局和外部造型的过程中，这样一种计划性的干预是以一个人类模型、一个理想世界的影像、一个环境模型和一系列价值观为基础的。这些模型和价值观很少是清晰的，它几乎从来没有被清楚地表述过。

城市设计关注城市的建筑环境（和其他人类聚居场所）和公众福利事业。这两种关注需要基于同那些私人建筑师设计的建筑要去迎合某个客户／赞助商完全不同的思想倾向和知识体系的设计态度基础上。某些建筑师能够从关注于单独的客户和独一无二的项目转移到对公众利益和环境质量的关注。然而，大多数的建筑师，发扬了一种设计作风——一种应付所有问题的办法——已经无法从中摆脱的作风。许多其他建筑师不情愿去做出这样的改变，因为公众利益是一种高度政治化的过程，而且如此外在的工作可以使他们暴露在公众的责难之下。某些建筑师仅仅是在缺乏理论的情况下去进行设计的，其中的一些建筑师因为政治上的原因反对这么做——他们认为无论控制的意图是什么，公众对建筑师成就进行的任何控制，都是一种对个人和艺术的冒犯。无论怎样，所有的设计都是政治性的；城市设计一直就既是公众化的，又是政治化的活动。

城市设计关注的范围

从事城市设计的建筑师和其他专业设计的专家正在尝试着去做三个方面的工作，这对于理解思考城市设计师怎样做才是最好最重要的。第一，理论领域，关注城市设计师面对的问题和考虑的事务范围；第二，权力和控制的程度，是指城市设计师在描述设计结果时具有的力度；第三，地理领域，关注被感知的尺度和已经考虑的区域重要性。前两项是必要的因素，第三项只是规模程度的因素。

城市设计的理论领域

城市设计既关注建筑结构与建筑空间的设计，也关注创造建筑空间和场所之间的使用关系。城市设计的注意力集中在公众领域的组织上。它关注建筑形成开放空间的方式，这些建筑通常具有不同的所有权，被不同的建筑师设计，以及在不同的时期开发（特兰西克，1986年；盖尔，1987年）。因此，这些关注使那些城市规划师、景观建筑师和建筑师的工作发生了重叠交叉。

其实建筑师在设计建筑综合体时也不可避免地参与到城市设计中来，城市规划师在制订设计政策，以及景观建筑师在开放空间的具体设计时都是如此。他们都是在营造公众领域的空间场所。然而，整个的公众领域空间不可能会是这些设计师们耿耿于怀的事情，除非是涉及到开发商的主要利益。

在这些事项中，城市设计师应采取的态度和应关注的焦点各不相同。每一个观点都来自于支持者所在的特殊社会和职业背景，如同第2章中体现的对意识形态陈述范围一样。这些观点既不相互排斥也不相互独立。一个基本的区别是注意力焦点和关注范围的不同。全部接受和有指向的反对态度是城市设计作为解决问题与作为纯粹艺术之间的差别（斯科特·布朗，1976年）。这种差别的内涵也是这个争论的范围问题，特别是对社会和经济的关注，应该是城市设计师的活动范围。这种关注的范围使城市设计师的注意力依赖于工作环境和为自己所制订的任务，或者可以说是社会允许他们为自己制订的任务。

作为艺术和作为解决问题方法的城市设计

把城市设计既作为艺术又作为问题解决方法的一分为二的做法是一种自相矛盾的错误方法，但却是有用的方法。它是错误的是因为城市设计作为问题的解决方法并没有排除将城市设计作为艺术的问题，然而城市设计作为艺术的观点却说城市设计师要处理的问题是城市作为一种艺术形式的问题。尽管如此，

1. 丹佛的铁路站场

2. 旧金山米申海湾
（资料来源：旧金山，1990年）

3. 底特律一个旧城区的居住邻里单位

图3－2　荒废的城市地区

物质环境正在持续地遭到改变。当人口增长时，原先城市边缘地区未开发的土地被开发。随着运输模式和制造模式以及建立的生活方式变化，城市地区变得逐渐荒废。铁路站场（1）和现存的港口以及工业区[2，也可见图3－7（5）]因为再度开发而变得有用。当投资优先权变化时居住区就被废弃了（3）。然而，还是有一些人选择留在那里或者因为贫穷而身陷其中。其他地区因为他们的住房供给股份和位置的牢固而变得高贵。

弄清楚这两种城市设计方法之间的区别是有用的，因为在考虑城市设计作为艺术的方法或作为解决问题的方法两者之间主要存在一个不同的态度。

通过定义"艺术"和"解决问题"，使每个人在术语上达成可能的一致是不可能的。对于"艺术"，这里意味着，是在各种媒体中在来自于她或者他自身的个人社会观点的外在客观表达。关注的是较为全面的观点，这个观念源自一般可见的设计品质和审美观。"解决问题"便意味着城市设计师的注意力主要集中在对客观世界问题的理解和试图去解决这两个方面。然而，"艺术"可以解决问题，"解决问题"同样也包含艺术，但是艺术家却关注城市作为一个审美对象的形成，问题解决者把城市视为是由于有许多人的关注而形成的产物。

城市设计作为艺术被视为是对其他人的一种服务，服务的模式不同于那些把城市设计视为问题解决方法的人们所理解的形式。艺术形式的意图是为了激起普通大众的美学渴望，甚至去震撼他们——使他们以一种新的方式看待世界。这个目标可以增加生活机遇，但不能促进人类社会状况的改变。在采取的这种立场中，建筑师已经变成以建筑的先例或文学暗示的方式关注城市设计思想的内在有效性，而不是通过外部的现实去关注。外部的有效性，即城市设计政策对建筑环境和人类生活产生的效果，不仅仅是许多近来设计的中心议题。通常看起来，设计过程的最终结果是发布一张图纸，而不是一栋建筑或者建筑综合体的结构组建过程。

在这个世纪的演进过程中，领军建筑师的主要设计关注已经从把建筑设计和城市设计作为艺术转移到把建筑设计和城市设计作为问题的解决方法，而后又一次转移到艺术上来。虽然这个总结是正确的，但这种总结模糊了既作为艺术又作为问题解决者的现代运动的大师们自我形象的塑造（塞特、C.I.A.M.，1944年；勒·柯布西耶，1960年，1973年；史密森，1968年）。如果接受了反映同时期建筑观念的建筑批判思想，那么实际上，在1930年到1970年期间建筑关注范围已经扩张。那个时期，建筑和建筑师所关注的范围内已经有一种减少或者紧缩的趋势（贝尔盖斯，1987年）。这种变化在图3-3中表明。

现在的建筑批评主要关注的是单体建筑，理想化的倾向存在于开放空间中，以及存在于建筑中被描述的美学理论和设计师的哲学思想中。这种关注反映了许多年来建筑批评焦点的一种转变，从20世纪40年代起，对建筑师设计意图的研究就转移到20世纪60年代和70年代使用者的处事经验上来了，接着又转回到对建筑师设计意图的关注上。尽管在20世纪80年代和90年代发展了很多主要的城市设计方案，但是在美国，对主流建筑师关于城市设计议题的关注毕竟有所下降，而且等同于公众的关注。具有讽刺意义的是，在同一时期特别是在美国把城市设计领域的学术发展视为一种经验主义者导向的实体（菲瑞碧，1982年）。然而今天，许多建筑师标榜

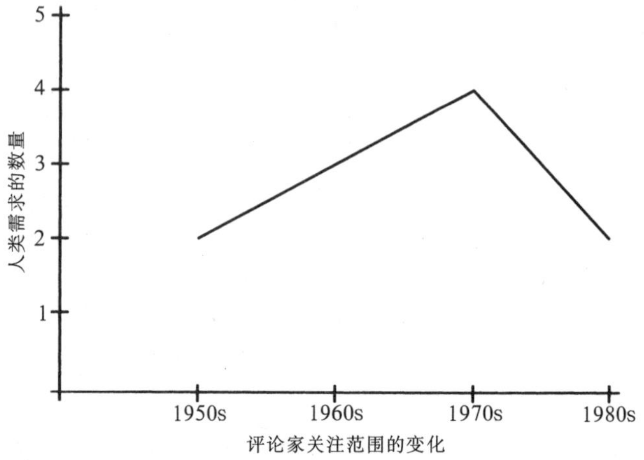

1. 随时间变化评论家关注的变化
（资料来源：采用自贝尔盖斯，1987年）

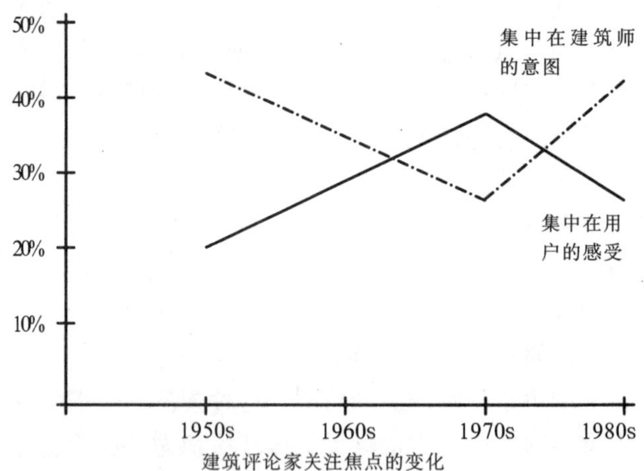

2. 评论家在建筑师和用户上注意力焦点的变化

图3-3　建筑师关注的变化，1930年～1985年

瑞蒙德·贝尔盖斯（1987年）展现了评论家在对勒·柯布西耶设计的两个主要项目的评价，一种超越时间的评论家注意力焦点的有意义的转换——比锡住宅和昌迪加尔。并从研究中概括得出两个结论。20世纪40年代和60年代之间，有一种根据建筑服务于功能的原则通过缩小关注范围而形成的普遍扩大的追随意识（1，见第7章）。在评论中，也有一种从建筑的美学原则到使用者的经验，然后又回到建筑师的思想观念上来的转移（2）。

他们的城市设计时，关注的焦点仍停留在把城市设计视为一种美术品，仅仅把城市设计视为只关注几何秩序和视觉表现的大体量建筑（戈斯林、梅特兰，1984年，1984年；布罗德本特，1990年）。据说城市设计作为艺术成果是“更有力的”。实际上，它们也的确经常能捕获想象力。

城市设计作为问题解决方法的观点是一种比城市设计作为艺术更广泛的观点。这种关注与每天生活和经历的物质环境规划设计密切相关。这种关注是为了增加社会机遇，与从使用者的角度出发来讲是为了增加公众领域的美学品质是一样的。这种观点不可避免地包含了对建筑美学表现的关注，但很少是最重要的关注。对生活议题的质量关注是必需的。许多建筑师反对这种城市设计的观点是因为没有把自身与美术领域的雕塑世界联系得足够紧密。

问题解决方法的态度导致许多建筑师要去处理面对社会内更大范围的社会与经济争端的能力问题（盖斯，1968年，1975年；斯科特·布朗，1976年，1982年）。当这些争端变得越来越广泛和越发纠缠时，或者宁可是这样，当社会要求这些争端相比更具广泛性时，那么，可以十分理解的是建筑师的主流已经从对城市设计的关注中离开了。如果不是建筑师，谁应该被关注呢？在过去的30年里已涌现出来新的愿意去处理这些更广泛争端的群体。他们中占主导地位的是建筑师，但是他们却从不同的设计理论和其他职业中获取了经验知识。他们和他们的行为活动是今天城市设计作为一个领域和一门学科的核心。

控制程度

城市设计师从来没有真正完全控制一个项目从发起到把它付之实践的决策制订过程。有许多针对大项目设计的新城镇方案，一个独立的设计师或设计小组看起来似乎会控制整个计划所在的城市管辖区域，甚至还包括谁决定支持什么方案的问题。这在城市设计的早期阶段明确设计主导方向时尤为真实。

然而，城市设计师不能清楚地表述在所有的设计中，社会目的暗示影响程度，也会有一些例外（戈德曼夫妇，1947年），现代主义者很少能描绘出这样一幅关于社会目标完整的画面：他们的一般设计能被假定满足，社会组织和社会系统要求获得和／或实践他们的设计。虽然如此，现代主义者仍然将主要的社会目的牢牢地记在心间。实际上，他们这一方面的想法已招致很多批评。按照柯林·罗尔和弗雷德·克特（1978年）的说法，拼贴的城市就是一种对现代主义者的“社会工程学和整体设计的灾难性城市主义”的变通方法。柯林·罗尔和弗雷德·克特讲述的内容就是一种社会规划，应当脱离于其他人的决定，或者应该从一个设计所提供的内容中浮现出来。换句话说，建筑师应该结合现状。他们是加强权力精英意愿的“温和警官”（戈德曼，1971年）。原因是权力精英毕竟是付钱的客户（米歇尔，1974年；西斯尔，1974年；拉森，1979年）。

所有的设计与美学表达一样都是对社会的描述。从业者所理解的对计划控制的程度部分是一种努力程度的职责，部分是设计师希望控制的不同变量范围的职责。然而，主要还是设计师被允许控制什么的职责，即涉及的范围。在城市设计直接与建筑相融合的地方，建筑师愿意控制计划（或摘要）转换成物质形式，并接受环境的约束。然而，设计程序的设计才是真正具有创造性的活动，尽管最终的物质形式是人们看到的和记忆的。城市设计师的能力来自于他们的专业技术能力以及所拥有的公众声望，以及独特的个性——他们的说服能力。

当城市设计师作为开发商，也可以说，就像一个为了改变城市的局部环境而设计整个方案的设计师一样，他们便有了实现自己成果的相当能力。在中央集权制国家中，这种公共作品的设计是更为典型的模式，例如，在法国的公众部门。在这种情况下，城市设计师、建筑师和开发商结成了一个具有相当政治权力独一无二的合作团体。在美国，城市设计师很少是这样设计团体中的一分子。城市设计师仅仅是一个参与方，开发商和他或者她的建筑师经常是另外一方。当一个方案的定位是在一个经济萧条的地区，或者当地的政治领导人想不惜以一切代价看到城市发展时，那么，在各自能采取的立场方面，开发商的能力就是强大的，而城市设计师的能力则是弱小的。作为建筑师／开发商约翰·C·波特曼设计的底特律文艺复兴中心主要就是这种情况下的产物，在这种情况下，他们还是打着建筑师的旗号。然而，引人注目的大胆举动，对城市税收基础是一种帮助性的，这个目标已经在它所宣称的达到的底特律复兴中心进行的综合目标上已经大部分地失败了。然而，它却已经对在临近地区的地产开发产生了一种催化效应。

如果城市设计师作为一个开发商就会代表开发商的利益，形成概念性的设计图表和进行说明性的场地规划。作为一个团队的组成部分，城市设计师也许既可以制定计划又可以设计建筑形式。如果开发被分配到下一级的开发商，比如，在得克萨斯的拉斯·克里纳斯，主要的开发商表现出一种类似政府的角色，也许就需要城市设计师先去制定设计指标，这样可以确保设计方案的整体质量。

当城市规划人员为政府进行服务时，他们的工作就是制定一般的规划政策和塑造城市未来的指导原则方针，然而，许多的规划决策却往往不在可能建立起来的规划控制范围之内。

在美国，城市规划人员的角色一般是作为公共机构或开发商的顾问，他们对规划的控制程度是赞助商所赋予的。对城市规划具有相当大影响的城市规划师确实也存在，比如，巴黎的巴伦·奥斯曼（贝纳沃罗，1967年）和纽约的罗伯特·摩西，他们确实得到了政府的大力支持。但是无论规划的规模大小，规划师在开发和实施为公共领域的空间特性所提出的倡议时应该扮演协作的角色（参见第23章和第24章；朗，1990年；史密斯，1991年）。在私人开发过程中，应该充分认识到土地市场和土地租赁的特性，因而，制定的规划决策应该在市场经济的容许范围之内。规划的赞助商以及提供贷款的银行都极大地影响着决策的制定。贷款机构为确保生存在经济上比较保守，其赞助的建筑师亦是如此。

地理区域

我们经常听到的有关城市设计的问题是：建筑师在一大片城市区域进行城市设计之前到底可以涉及到多大的部分？大多数的城市设计都包含建筑综合体，实际规模尺度相当于郊区城市。偶尔，也有大城市的规模尺度（如巴西利亚和英格兰的一些新城镇）。大多数情况下，城市是由街道围成的不同街区所组成。城市设计对整个城市而言是好的，在规划政策的标准上，城市按要求被划分为各个区域。然而，并非是我们关心的一般土地规模尺度，而是一个不断协调变化的问题，即协调不同的委托人和不同的规划师，主要集中在公共领域问题上，如建筑物内部及建筑物的公共空间部分、建筑立面，以及限定公共领域提供活动的空间的其他表面上。

城市设计空想家和实践家

古往今来，在城市规划领域存在着相互交错的两个群体，或者，也许可以称为两种思维模式，即：空想家和实践家（参见瑞斯曼，1964年）。空想家就像艺术家一样关心的是设计一个新世界，关心的是创造新的几何图案，这些图案既看起来有趣，又有内在的逻辑或规则；实践家关心的是创造一个新的社会、空间和建筑秩序。从某种意义上讲，所有的城市规划方案都是一种幻想，但这里所提到的“空想家”则是在一个更加有限范围内被使用的。

空想家曾发表过宣言，他们在图纸上规划了新城市。正因为这样，他们非常有权利去创造自己的世界。这样的规划提供了一个表现他们想法的机会，然而，他们的想法在现实社会和经济条件下却显得无能为力，因为他们的提议需要进行的是一种外科手术式的改变，这在政治上是行不通的。他们是柏拉图式的空想主义者。相反，实践家们不得不处理存在于社会政治体系中的日常规划问题。他们更倾向于渐进主义者，是亚里士多德学派的人（琼斯、斯帕罗，1980 年；皮蒂，1981 年）。

这两种角色是互补的，尽管业内人士趋向于不考虑空想家的观点，仅仅是把他们看作是象牙塔中有着明亮眼睛的追梦人。空想家却挑剔实践家琐碎的工作方法和缺乏幻想的头脑（伯德，1990 年）。这两种角色之所以是相互补充的是因为空想家留心某个领域偶尔提出的可能性，然而，实践家却对空想家在社会现实和政治经济的可行性方面经常戏剧性的想法和深入研究提出了质疑。同时，他们还尝试着将空想家的一般想法转化为具体的设计。

空想家和实践家之间的界限其实是模糊不清的。弗兰克·劳埃德·赖特和勒·柯布西耶都是多产设计师，但像许多现代设计师一样，即使是心智有限，他们的城市设计计划，城市规划拥有极丰富的想象力。赖特的方案在城市规划范围内真正实施的并不多，而柯布西耶却承担了昌迪加尔的规划设计，他极具影响力的规划理念在许多地方都被实施，比如，巴西利亚、委内瑞拉的密集型住宅建筑群，还有英格兰洛汉普敦的一些地方，在圣路易斯的普鲁伊沟居住区，甚至在东欧国家他的作品就更多了。与刘易斯·芒福德（米勒，1989 年；刘易斯·福瑞德，1990 年）和戈德曼（1974 年）一样某些人的理念仅仅停留在概念性领域。而那些寻求实施规划理念的计划（如里昂·克里尔所做的华盛顿规划）现已表明也仅仅停留在图纸上。与过去相比，现在的空想家很少了，他们可以对当前的政治形式加以分析，因此，尽管他们的建筑思想夸大了事实，但是在设计规模上却趋向更小化。今天，我们所谓的空想家也可能是实践家，这些人超越日常的琐事，因为那些事情面临更全面的解决方法。

空想家

空想家的社会目标和建筑目标、思想模式以及他们对自己所扮演角色的感知因人而异。柯布西耶的城市理念是建立在整个世界大范围内。与之相反，一位达拉斯的建筑师詹姆斯·普拉特，对得克萨斯州达拉斯的规划前景进行了一系列的“幻想”，他称自己是“经过长期思维的想象”，就像是通过日常事务的处理而摸索前进的实践家。幻想家所使用的幻觉或想象，如果要能从整体上把握这个领域的思维和内涵的话，那么，这些就可以作为样本在更广范围内得到实施。

针对城市规划，空想家往往拥有广泛的职业背景，但他们主要还是这样的一些建筑师，他们的有形设计往往建立在对新的社会秩序、新的正式公共组织的认知上，即通常意义上的艺术哲学。空想家的批判者之一勒·柯布西耶就指出，社会秩序只不过是所要达到的理想美学秩序的终结。然而，这些仅仅限于个人的评论，有时或许是正确的。

许多空想主义建筑师像城市设计师一样，都想擦干净石板（摧毁现存的城市）而重新开始。他们往往是并不愿意涉及现有世界政治化过程的理性主义者。即使他们知道在世界政治进程里有许多可以获得的经验知识，也不情愿去承认（伊顿，1969年；P·特纳，1977年）。进行设计的时候，他们采纳的也仅仅是他们想要的一些东西。空想家更容易生活在一个由他们意象出来的由抽象的人所组成的抽象世界里。这种大胆的精神很值得我们敬佩和学习。他们的工作成果具有鲜明的视觉形象，如一幅能够引人想象的概念性图表和画，很难让人遗忘。

埃比尼泽·霍华德(1902年)，托尼·戈涅(韦伯森，1969年)，勒·柯布西耶，1934年的C.I.A.M.国际现代建筑协会(塞特、C.I.A.M.，1944年)，伦敦的MARS集团(格林，爱森尔，1986年)，保罗，P·戈德曼，(1947年)，弗兰克·劳埃德·赖特(1958年)和保罗·索列里(1969年，1981年；沃尔，1971年)，这些人都主张进行大范围的社会变革，而这些变革建立在意象中的人或良好行为活动基础之上。C.I.A.M.，柯布西耶和塞特还有另外的一些人，提倡对空间和建筑类型的态度进行重大变革(伯汉姆，1960年；吉迪恩，1963年)。20世纪60年代，许多建筑师都非常关注随之浮现出来的和技术问题的潜在可能性(参见达希登，1972年)。英国

1.建筑师勒·柯布西耶设计的当时郊区中等阶级的住宅集合体
(资料来源：勒·柯布西耶，1960 年)

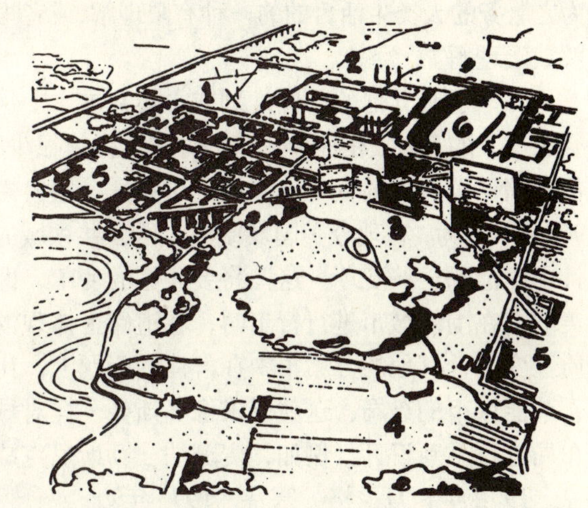

一个50,000工人的生产中心：
1.航空站；2.重工业；3.轻工业；4.机械化农业；5.住宅；6.公共活动中心
2.保罗和戈德曼的三个设计程式之一的部分显示
(资料来源：戈德曼夫妇，1947 年)

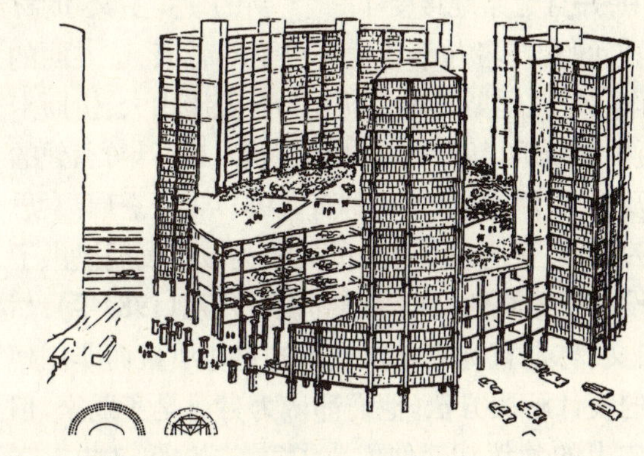

3.路易斯·康设计的城市船坞
(资料来源：罗纳、杰海威瑞，1987 年)

图3-4 空想家和城市结构

空想家可以超前地看到激进的将来可能的前景，那么，人们现在应该做些什么呢？勒·柯布西耶当时设计的郊区中等阶级的住宅集合体[参见图2-10 (4)]不仅详细地说明了许多外在的变化，而且暗示了许多社会变革的出现（1）。保罗和戈德曼的社区理念更加强调建设一个新的社会和物质结构系统，强调能够提供居住场所（2）。路易斯·康提出汽车在人们生活中的重要性，但在与之协调方面确有难度（3）。这些规划尽管在具体的方案中并未得到实施，但却引导了实践者和公众的思维。

的“建筑电信”团体和后来日本的新陈代谢理论者，都开发出以插入式步行城市和任意使用的城市可能性理论(库克等人，1991年；伯汉姆，1976年)。他们提出像胶囊一样的城市形式，人们可以在其中居住和工作。塔楼和天际线，这是一种对前景未加分析的和不确定的城市概念，而且城市很容易进行改变。他们的想法表明对技术强烈的迷恋，同时，也是对这些技术或为之服务的人类生活目的的一种有限理解，或者根本就缺乏理解。

另外，还有其他的一些计划或方案在本质上也是空想主义的产物，在社会变革的方法上提议很少，但仍然暗示了行为的变革。例如，维克托·格鲁恩(1964年)认为，在现今美国城镇商业区公共领域的设计中应清除一些变革。这些将要实施的变革，即是美国人在围绕城市进行行走时，在道路上体现的本质性变化。其他的方案集中在群体的问题上，比如，节能城市的布局，这就要求像奥斯曼一样对城市布局进行重新设计（例如，麦珊洁、勒斯尼克威斯克，1972年；旦兹格、塞特，1973年）。

追随现代主义思潮之后城市规划方面出现了许多最新的评论，这些评论是关于更丰富的人类模型以及对城市规划限制的理解。它们都落入经验主义的传统之中，并且无奈地接受了一个“新的现实主义”的称号。他们的支持者并不认为自己是幻想家。这方面的代表作品是克里斯托弗·亚历山大(亚历山大、伊斯卡瓦、西尔弗斯坦，1977年；亚历山大等，1987年)和他的同事及凯文·林奇的设计(林奇，1981年；班杰瑞、索思沃，1990年)。亚历山大和他的同事为城市发展提供了一套设计指导原则(1977年)和设计规范(1987年)，然而，凯文·林奇宣称应寻求城市的整体质量而非任何具体的设计解决方法。他们都认为自己是实践家，但在方向上的建议却使他们成了空想家。跟这些人在一起的，比如，罗伯特·文丘里和他的同事丹尼斯·斯科特·布朗、史帝芬·艾泽纽沃(1977年)、凯文·林奇和亚历山大的建议不同于我们所看到和设计的城市形态和场所，尽管他们并不去分享在未来应该做什么的同等价值。然而，他们都建议城市应建立在对人的理解之上——是一种比过去更深层次的理解。

那些今天被认为是空想家的人往往是新理性主义者(布罗德本特，1990年)。他们中许多人虽然是欧洲人，但他们的思想在美国却颇具影响力，尤其在学术界。他们提出的看法往往很有限，大多集中在创新型知识分子的美学观点上，而不是从整体上关注社会的发展需求，但他们正在获得这些想象的建筑，并给

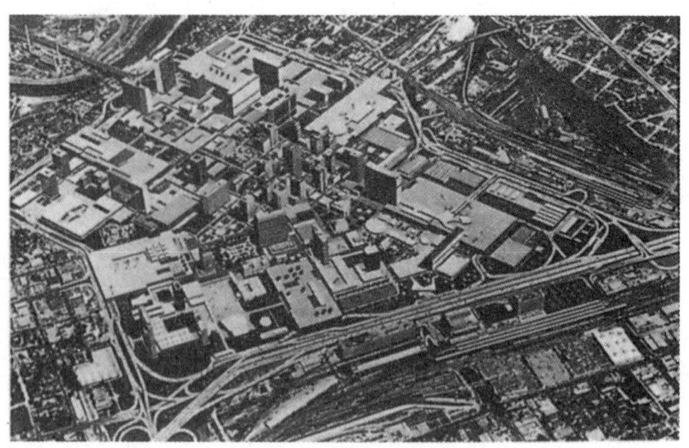

1.得克萨斯州福特沃斯市中心商业区的规划
(资料来源：格鲁恩，1964年)

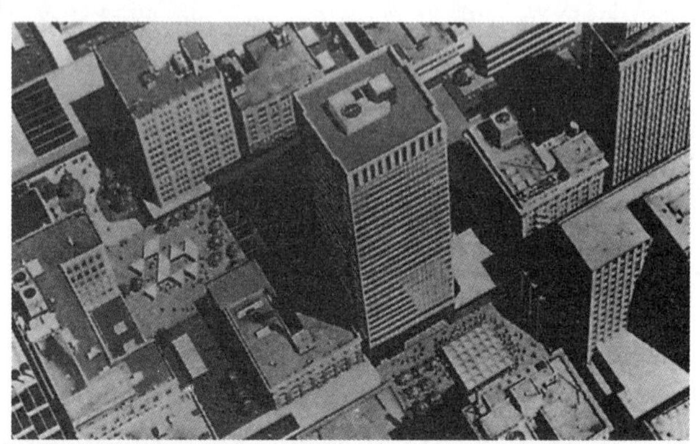

2.城市构造的景象
(资料来源：格鲁恩，1964年)

3.街景
(资料来源：格鲁恩，1964年)

图3－5　维克托·格鲁恩和我们城市的核心

维克托·格鲁恩在20世纪60年代早期为福特沃斯市公共中心区所作的规划，在今日看来并不显得特别的革命。他的事务所提出围城市公共中心区修建一条主要的环形路，道路外侧为停车场（1）。于是，大多数车辆不能从该道路上通行，街道两边有生气勃勃的景观，各种各样的铺地形式和广场（2、3），街道的某些路段比较狭窄，新建的建筑物展现了不同的风貌。这些规划永远也不可能实施，但其中所包含的基本原则却被零散地应用到许多地区。由此可见这些规划为什么看起来不是那么的充满革命性。

跟随者指明了方向。这个团体由许多具有不同美学品味的广泛人群所组成。在第2章中已介绍过，这些人一般被称为后现代主义者。包括这样一些人：设计作品，更严格地说，应该是建筑物的建筑风格(例如汉斯·霍莱因)具有古典式纪念性的(例如李嘉图·勃菲尔、L·克里尔)，关注几何网格的理性主义者和表现主义者。团体的工作例如，库帕·西梅布芬为巴黎的卫星城墨伦——塞纳尔地区所作的规划，以及伯纳德·屈米为纽约弗来勋草场地区做的未来城市规划，这些都是解构主义和"田园城市"思想的混合体，这个团体中的作品都处于可实施规划的边缘，但是又被认为是理想的规划。

另外还有一类设计团体，很多人都是美国人，其中有一些是新现代主义者，如，查尔斯·摩尔(布鲁姆，摩尔，1977年)和劳伦斯·哈珀(1963年，1965年，1969年，1974年)，还有里昂·克里尔后期的作品，他们都关注于人类所处的环境以及环境的富足程度。

一群与众不同的空想家提出了更高密度的居住理念，即用增加居住单元的方法来丰富居住生活区，这是过去城市公共中心街坊人口密度特性的一种回归。萎缩的家庭规模和膨胀的财富使这种计划很难得以实现，但是在许多国家这却是一种必需。

实践家

实践家倾向于关注与空想家不同的地方，不管他们是在当地政府机构工作或是在私人机构作顾问都是很普遍的。实践家必须经常在严格的时间范围内，在经济和政治的约束下，面对诸多日常事务性活动。尽管有些实践家名声显赫，但是其中也还会有人做不了宏大规模的规划，他们不是柏拉图主义者（琼斯、斯帕罗，1980年）。

实践家往往会因为许多事情而情绪激动，如社会道德、美学思想，以及通过职业认可的自尊需求和立足公司的需求。他们为了实现设计目标不得不卷入讨价还价的日常事务中，而且还处在高度政治的并且常常是感情化的氛围之中。在美国及其他资本主义国家里，实践家必须要应付诸如房地产开发商、银行家、政治家和不同利益群体，他们中的每一个人也都有自己的日常事务。在同他们打交道的过程中，实践家凭借自己的经验，往往不会标新立异，也不会兴风作浪。但是对这个原则也许会有许多例外值得我们注意，比如，某些人的作品很引人注目，有的时候是因为它们在对待城市的问题上成功地提供了一种新的思路，有的时候是因为它们的构成及工作方法，但是有的时候却是因为同样的原因同样的思想却可能被否决了。像这种情况的开发商和推动这种特定目标发展的设计师同样多(例如，佛罗里达州海滨区的一个开发商罗伯特·戴维斯；邓洛普，1989年；霍莫伊、伊斯特林，1991年；帕顿，1991年)。

从很大程度上讲，实践家的工作受其委托人——工作赞助商的影响极大，大多数人并不是为以代表公众利益作为工作使命的政府而进行服务的。某一些工作为大规模的开发商服务。有时委托人也可能是艺术的赞助商，但是，更多情况下，城市规划主要是作为一种达到某种经济或政治目的的手段。偶尔委托人也可能是社会慈善家，尽管这种角色在19世纪看起来比20世纪更为普遍。

委托人雇佣实践家为他们服务并且支持他们的观点，因此，那些能使经济学家或政治家梦想成真的建筑师想法才可能得以实现。有时这些设计师也被认为是空想家。在20世纪50年代狄渥的市长对埃德蒙德·培根在费城的工作就给予了的极大支持(培根，1967年，1969年，1974年)。更富戏剧性的是，用国际知名的例子来说，J·尼赫鲁就曾高度支持哈比·拉曼(在新德里的拉宾德拉纳特——比哈温)和勒·柯布西耶(在旁遮普邦的昌迪加尔)，同时，正部长Mahatab信任地雇请奥托和朱利斯·威兹(在奥里萨邦的布邦奈瓦)。结果显示在图1－2中。德斯坦先生自从被选为法国总统后就一直致力于提升法国的城市建筑的艺术品味，从而对李嘉图·勃菲尔的事业产生了重大影响。但是李嘉图·勃菲尔并没有杰克库斯·杰瑞克那么幸运。1977年杰克库斯·杰瑞克被选为巴黎市长，他任命他自己作为雷阿尔商业中心区的主要建筑师，拆除了由李嘉图·勃菲尔设计的正在建造的建筑物，而由自己着手进行下去(布罗德本特，1990年)。

在美国，很少有政府领导要插手城市设计这样的抱负，但是较为明显的也有例外的，有些政府对城市设计品质表示了持续不断的关注，比如，在南卡罗来纳州的查尔斯顿市、俄勒冈的波特兰市、宾夕法尼亚州的匹兹堡市（该州同样也有相当多的公司领导参与其中）、以及马里兰州的巴尔的摩市（史密斯，1991年)。无论城市规划师在社会政治体系中处于一个什么样的位置，政府领导也可能过问与他们工作相似的工作。

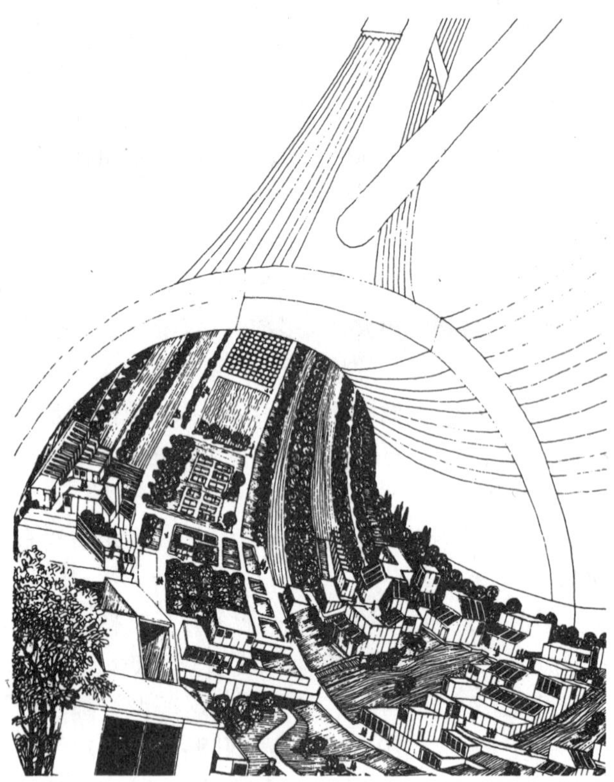

1. 城市空间
(资料来源：沃克，1981 年)

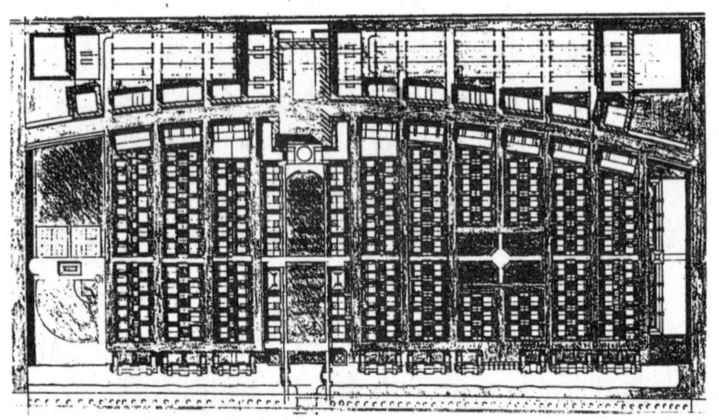

2. 一种步行街的计划
(资料来源：吉拜福，1989 年)

图 3－6　我们当代的空想家

当代空想家正在变化，不仅体现在实质上，而且也体现在规划设计的程序方面。图 1 是对建立外部空间的一种持续不断的思索，图 2 给我们的建议不仅是城市和建筑的外在表现形式，而且也有着手从事这些设计的新方法。然而，更具有代表性的则是对城市和郊区成果形式的设想，也即一般的解决方法和解决类型的发展，就像哈里斯 · 福兰克和丹尼尔 · 所罗门进行的新理性主义的郊区设计。

四种类型的城市设计工作

在美国也可能是在其他地方，城市设计师给自己的定位往往有四种类型。体现在参与公共政策的制定、设计综合的不同程度，以及对规划师在实施设计成果过程中控制的程度。这四种类型分别是：(1)城市规划师或者规划设计小组可以完成整个规划工作，从最初的方案选择到最后的实施管理；(2)每个阶段所要做的必要工作由相应的设计主管负责确定全面的设计指导原则，同时还包括相关设计人员和开发商的参与；(3)规划设计人员往往只是简单地进行公共基础设施规划，提出主要的选址或所要达到的指导原则；(4)规划人员负责基础设施的设计(或所要达到的准则)，同时也为随后规划的建筑物确定设计指导方针，分阶段逐项实施规划方案。第一阶段是总体规划阶段，往往只被认为是在城市范围内的建筑设计，第二阶段与罗尔和弗雷德克特(1978年)提出的所谓局部城市设计相类似，最后两个阶段与建立在整体设计原则上的“划零为整”相类似。在总体规划中拥有绝对的规划控制是许多规划师的梦想。然而，尽管出现了大胆的统一规划，但是在大多数适于居住生活的环境中，这种做法的效果并不很明显。剩下的三种类型更接近于真正的城市设计工作的核心。城市设计类型的可识别性，就像任何其他类型的可识别性一样应当慎重地看待。

这些分类往往并不很清晰，设计方案在第二种和第三种类型的划分中往往是模糊的，有些方案最初是从第一种类型（如总体规划）着手开始，往往到第二种类型（如规划）就结束了，有时甚至可以到第三种类型（如作为一套多年来半独立的规划项目，许多阶段都建立在遵循设计指导原则的基础之上）。更为常见的是那些看起来属于第二种类型的规划设计却到第四种类型才结束，其实只不过是第三种类型的延续而已。

（1）作为总体设计师的城市设计师

当设计师想完全控制一个设计——总体设计时，他们认为单个规划师或设计师团体就可以决定从最大的到最小的范围的环境布局，大到城市规划设计，小到烟灰缸的设计（格罗皮乌斯，1962 年；拉普卜特，1967年）。例如，某个设计团队最近发表的宣言：

> 我们相信：一个设计师可以设计任何事物，从一个汤匙到一个城市。因为设计的基本原则是：一个惟一可以发

生变化的就是特色……我们坚信设计师的社会责任（维格纳利协会，1990年）。

更为常见的是，当城市规划师（和类似的顾问）描述一个开发的主要规划项目时，他们将只能控制项目外在形式的转化。然而，尽管最终的外在形式就是人们所看到和记住的，但项目的设计却是真正富有创造性的活动。在很大程度上依赖于城市规划师和设计师所从事规划设计的类型。

从场地规划到建筑设计，设计师或设计团体往往有很多机会对需要整体解决的规划进行近似的整体控制。新泽西州的雷德朋居住区，以及20世纪30年代的绿带城镇等都是规划师团体所作的整体规划例子，许多新城镇的总体规划仅仅出现在管理型社区中，最典型的例子是公司城规划。

由独立公司所作的具有代表性的大型项目是现有新城镇的公共中心及政治、文化商业中心和居住区的混合综合体。纽约阿尔伯纳的纳尔逊·洛克菲勒帝国州立广场被认为是类似于美国行政中心的城市总体设计的一个例子。而纽约的林肯中心则为文化中心的例子。在所有美国的城镇和郊区里还有许多住宅综合体的例子，他们总体上都是由某一个建筑学团体所设计的。如今，这样的项目往往是有目的地进行分区设计创作，或者为了避免大范围千篇一律的规划而将其分解为基础结构设施的设计和设计指导原则的制定。然而，在世界范围内，总体设计的项目仍然要继续进行，就像仍然要设计和建构大型建筑工程一样。

（2）局部城市设计

在城市局部设计中，一个公司可以针对局部城市设计进行一个全面的说明性设计，开发商和随后进行建筑设计的建筑师制定设计指导原则方针[也可参见后面的（4），“作为规划指导方针制定者的城市设计师”]。介于两种城市设计之间，即所谓局部城市设计以及作为基础结构设施设计和设计指导方针制定的城市设计之间的区别是细微的，但是却是重要的。基本观点在前者，例如，在分区设计的案例中，城市规划团体复核的每一个后续提议，毫无疑问，就是复核整个设计的每一个部分，如果不能同时进行，也要在短期内完成。许多最初被认为是分区设计的城市设计常常变成基础结构设施的附加设计的指导方针的制定，原因很简单，在既定的时间内项目未能完成，或者项目的管理人员发生了变化。

在美国，局部城市设计的例子比总体城市设计的例子多很多。从新城镇设计到大型项目设计，它们超越了所有范围的开发。例如由瑞兹公司开发的马里兰州的哥伦比亚新城镇，以及最近位于达拉斯外围的拉斯·克里纳斯，这是由卡彭特家族组织开发的。从20世纪60年代开始，哥伦比亚的规划就被认为是惟一接近完美的例子，但仍被看作是由一个公司管理的分区规划。随着时间的推移，我们从已有的设计中学到了更多的知识——一个真正的经验主义设计使原有的工作目标得以改变。一个更小型的建设项目，如马萨诸塞州科德角的海滨区规划设计（参见图3-10）和Mashpee镇的规划设计，因为是在短期内完成的，从而更接近真正的局部城市设计。

在城市更新设计建设中，包含着局部城市设计项目中的许多建筑物的协调发展。美国许多大城市公共中心的开发规划都是在废弃的地方重建起来的：如纽约的洛克菲勒中心，费城的佩恩中心，巴尔的摩的查尔斯中心地区等。其中第一个建立起来的就是典型的分区规划。建立于20世纪30年代的洛克菲勒中心（巴尔弗，1978年；凯瑞尼斯基，1978年）是第一个由摩天大楼组成的建设开发项目，该项目由有意识设计的城市空间进而构成的一个单元，尽管在此之前有许多类似的计划[例如位于芝加哥的特梅纳公园规划，参阅图14-2（1）]。洛克菲勒中心的主要设计师是莱因哈特和霍夫迈斯特，该中心是由若干建筑师设计的13栋建筑所组成。尽管总的规划修改了多次，但整个综合体几乎是同时建成的（巴尔弗，1978年；凯瑞尼斯基，1978年）。

也许一个分区城市更新计划中最新最好的解构主义的例子是拉维莱特公园，该公园由伯纳德·屈米规划设计（伯纳德·屈米，1987年，1988年，1988年；帕帕达基斯、库克、本杰明，1989年；布罗德本特，1990年）。拉维莱特公园的规划设计是建立在单一建筑设计理念的基础上：即在一个多元文化且看似混沌的世界里，建筑应该是多层次的和不协调的解构主义哲学。公园由三个叠加的网格（正方形、三角形和圆形）组成；相互交叉的每个点就是一个疯狂物。在疯狂物之间和周围是道路系统，这些道路连接不同的网格。疯狂物由10.8m（36英尺）（1英尺约等于0.3048m）的立方体组成，分隔为12m的立方体形成骨架，它们自身被分解为次一级的组成部分，或者有一些加入的特征——台阶、坡道、人行小路。结构框架上覆盖着亮红色的覆盖物。其实该项目并非是由一位设计师完成的，因其构成的零碎，因故被划分给不同的设计师，例如约翰·海杜克、彼得·埃森曼等。

（3）作为基础结构设施设计师的城市设计师

多半数的人类居住环境都由公共空间组成：道路、公园、广场，以及诸如大礼堂、博物馆等的公共设施，还包括城市的主要网络组织——学校（克兰，1960年）。每个场所的诸多特征主要来源于诸多元素的布局、彼此之间的关系，以及形成于它们之中的空间关系。它们的影响产生于两个方面：一是依据它本身的模式，二是依据这些基础结构设施之间彼此所创造的起促进作用的良机，比如，在土地利用、建筑和开放空间的布局等方面。从这个意义上来说，所有的居住场所都是城市设计的组成部分。而城市设计人员就是这样的一个人或一群人，他们提前对未建设建筑的主要投资策略和设计以及公共领域的协调布局等进行了详细的说明（布坎南，1988年）。像得克萨斯州的休斯敦城，虽然没有分区制这样的规划设计条令，但是在城市设计中却已经达到了这种水平。

在当今美国大多数基础结构设施的设计中，关注的焦点集中在高速公路和道路网的建设上，有时也集中在交通方式的整合（例如马里兰州的波斯达）与主要公共设施的选址调查上。有时，仅仅需要设计道路和服务网络系统。这种情况在郊区开发中时有发生，那里的场地依靠服务以及单块场地的廉价出售来提升其价值。如在一些低收入的国家印度和玻利维亚，这种情况也出现在居民组建家园时“场地与服务”的项目中。这些房子可能小而简陋，但是其使用者享受着所有权以及给排水系统等基础服务。居民也有机会利用现有资源的增值改变周围环境来满足自己的需求。

在当今任何一座城市里，都有在不同模式下被分离或整合的交通网络系统，如公路、铁路、人行道，地下的地上的以及地面以上的设施（参阅奥卡马图、威廉斯，1969年）。这些交通模式与垂直交通相连。这些模式的整合和土地的利用是城市及其他部分设计时基本条件。在城市设计中，关注的焦点是把建筑和基础结构设施系统整合成一个有机的整体，而不仅仅停留在一个个的结合点上，更要体现在发展演化过程中。以下是一些基本关注点：（1）出行的舒适性——使交通流量最大化（我们已经知道，这不一定是件好事）；（2）缩短徒步行走路线（许多城市都有街区中部的人行系统及拱形走廊）；（3）对气候的防护（例如，明尼阿波利斯的高架公路系统[参阅图2–1(2)和意大利城市，鲁道夫斯基的拱形廊，1969年；巴尼特，1974年；盖斯特，1983年；梅特兰，1991年]；（4）重新改造城市，提高基础结构设施的质量，尤其是更新高速公路网系统使其更有益于城市生活[例如波士顿中心干道空中权的发展，参阅图3–9(2)]。基础结构设施的规划设计总是伴随着建筑设计的指导原则方针进行。

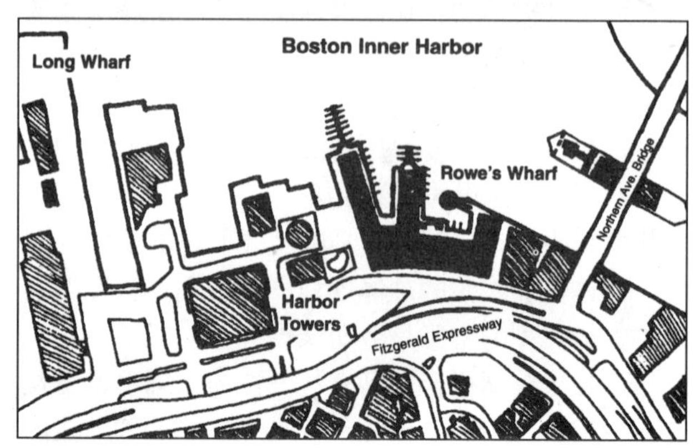

1.波士顿罗尔码头
（资料来源：很多人提供；埃里克斯·沃基绘制）

2.罗尔码头：从相邻海港塔楼上看到的景象
（照片来源：迪珀·尼加哈瓦摄影）

3.纽约奥尔班尼的纳尔逊·洛克菲勒帝国州立广场

4.旧金山利瓦伊广场

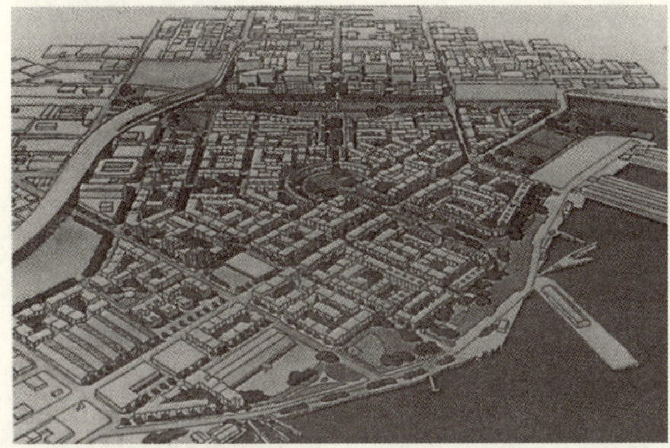
5.旧金山的米申海湾
(资料来源:旧金山,1990年)

6.佛罗里达的海滨区
(照片来源:鲁西·德瑞克摄影)

图3-7 总体城市设计和局部城市设计

波士顿罗尔码头是由斯加摩尔·路德维西和梅里尔规划设计的,可以称得上是所谓城市设计中大型建筑综合体的典型例子(1、2)。位于奥尔班尼的帝国州立广场可相似地认为是一个城市设计的建设项目(3)。在他们的设计中必定都包含公共领域的设计组分。尽管利瓦伊广场及其建筑是由不同公司设计的,但归属于同一个建设项目(4)。这样的综合体显示了当今美国总体城市设计涉及到的范围。局部城市设计更接近于城市设计工作的核心,位于旧金山的米申海湾(5)以及佛罗里达洲的海滨区(6)(参阅图3-11)都是在限定了其有形的基础结构设施的总体设计指导下进行的,但其建筑却是依据严格的设计指导原则由许多建筑师共同参与设计。

随着城市公共空间的出现,城市规划按其现有的品味将关注点集中在公共空间美好的一面上。通过地面的详细规划设计得到细化,利用树木及其他植物组合形成各种空间,从而提高景观效果,营造舒适宜人的城市环境(参阅哈珀,1963年;阿诺德,1980年),同时提供具有发展性相互协调的标志性设计指导准则。公共艺术往往同这种关注相结合。

(4)作为设计指导方针制定者的城市设计师

设计指导方针可以使公共政策与某一地区的物质设计相互衔接。包括详细可操作的界定及将要实施的物质形式原则性说明。不论其他问题如何在设计中设定了可以接受的参数。正如第2章中所提到的一样,非正式的设计指导方针可追溯到原始人类的定居方式上。从某种意义上讲,设计指导方针对人类并非是独一无二的。动物创造的建筑也充满着设计指导方针,每一个设计虽有所不同,但都遵从相同的形式创造原则(卡尔·万·弗莱斯,1974年)。相对于哺乳动物、爬行动物、鸟类来说,人类在偏离标准的能力方面受到的限制较少。

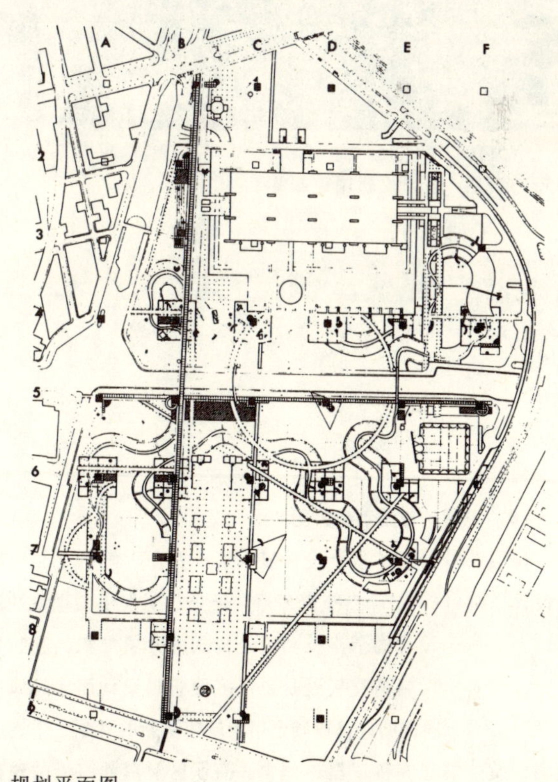

1.规划平面图
(资料来源:巴兹勒等,1984年;布罗德本特,1990年)

2.一个疯狂物
（照片来源：鲁西·德瑞克摄影）

3.一个疯狂物
（照片来源：鲁西·德瑞克摄影）

1.得克萨斯州拉斯·克里纳斯的公共中心地区的规划模型

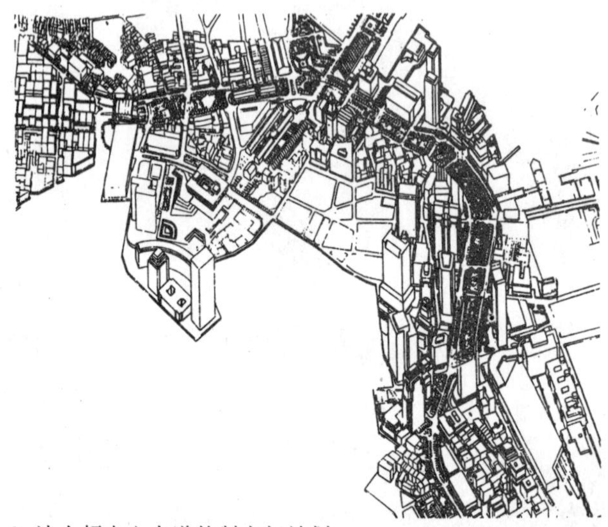

2.波士顿中心大道的制空权计划
（资料来源：波士顿城市更新管理局）

3.旧金山码头高速公路的遗留物

图3－8　巴黎的拉维莱特公园

拉维莱特公园的规划设计显示了一些源于解构主义思维的设计原则（1）。除去杰克库斯·德里达工作中的理论性因素，完成一个设计的基本技巧就是模式的分层堆积，在拉维莱特公园各个网格的交接处是由许多建筑师设计而成的疯狂物（2、3），同样的设计原则已用于城市更新的计划之中。在美国，莫非瑟思在佛罗里达州中心商业区赫莫沙海滩的建设项目设计中已经探索了设计思考的思路。

图3－9　基础结构设施的设计与再设计

一个城市的基础结构设施的设计赋予了城市许多特征。得克萨斯州的拉斯·克里纳斯清楚地为机动车的出行进行了设计（1）。波士顿更新行政管理机构的中心大道的空中权开发是一个在高速公路开发后重新统一城市相邻地段而进行的努力[对比图10－4（3）]。尽管这个解决办法看起来是激进的，但是旧金山城市被切断的许多滨水区域的码头高速公路构造物已经被移开了（3）。

规范性的可实施的设计指导方针

设计指导方针可详细说明物质空间形态，或者说明无论设计什么样的物质空间形态，都必须在特殊的方式下进行，它必须提供特殊的行为准则或者允许特殊的情况存在或不存在。可实施的设计指导原则建立了建筑必须在其下进行建造的限制框架(例如边界)。可实施的设计指导方针为设计师提供了一种评价其计划影响所依据的标准。最简单的规范性设计指导方针的例子就是："一个特定场地的建筑密度(即建筑的占地面积与场地面积的关系)必须控制在12%以下"。另一方面，一个可执行的设计指导方针需要说明任何设计都是可以接受的，即在某一特定场地上在某天（通常是冬至日）提供一定日照时数；或者，城市的基础结构设施具有处理交通问题的能力或创造能源负荷的能力等等(席瓦尼，1985年)。

可实施执行的设计指导方针的优点在于，它的结果并不要求形成一个标准形式。缺点是其行政性较强——我们更容易判断一个建筑是否满足标准规范，而不是仅仅了解它在某一特定方式下是否可行。在一个好打官司的社会里，比如，美国，个性是必需的。可实施执行的设计指导方针确实为设计师的创造性工作留有更大的空间。结果是城市设计师可以使设计指导方针更向可实施靠近。在设计表面上不得不作过分细化的方法往往不被采纳。在巴西首都巴西利亚，甚至巴黎的卢浮宫（1801年）这些地区的设计因美学原因而不得不将其细化，其设计指导准则不得不高度地规范化。卢浮宫的立面详细说明从最初的设计就被查尔斯·贝西耶和皮埃尔·伦纳德所采用。而随后的设计又不得不完全遵循最初的设计（巴尼特，1987年)。

较好地应用设计指导方针的例子还有很多。纽约最近的一个例子是建立在由库珀·恩科斯塔协会所做的大型规划和设计指导准则之上的炮台公园城(位于美国纽约市曼哈顿岛南端，译者注)(费舍尔，1988年)。芝加哥最近的区域规划（1992年）也遵从了同样的方法，城市规划部门同芝加哥河流保护者的结合点就是为这条河的临河滨地段制定了设计指导方针。这些设计指导方针重新重视处理河两岸城市景色美化的问题。亚利桑那州的菲尼克斯现在甚至更有雄心制定全市范围内的设计指导准则和设计审查程序。在欧洲，巴塞罗那正在进行的更新计划就是包含在一个大型规划之内，但也涉及到许多建筑师的工作，而这些工作又都处在一套为其提供整体统一设计理念的设计指导方针范围之内。

1.从新泽西看到的炮台公园城

2.从布鲁克林高地看到的曼哈顿景象

3.教区的空间场所
(照片来源：承蒙《进步建筑》惠赠)

图3-10　纽约的炮台公园城

将要实施的炮台公园城（1）总体开发规划是由库珀·恩克斯塔协会设计的，规划详细说明了用地功能、道路的布局、每块地的开发，公共空间的一般的但有特殊性的特征，以及承包商和进行单体设计的建筑师要遵循的设计指导方针。居住区开发的典范包括哥兰摩西公园Beekman　Place和西端大街的一部分，目标是为了在纽约城市中建造比曼哈顿更多的经典建筑[图2、图3，也可参见图2-15（3)]。

设计指导方针同样也可以应用在郊区和小城镇设计中，如佛罗里达州的海滨区规划设计。规划本身是一个小规模的城市美化规划，道路从中心广场辐射而出，广场为社区公共设施所在地，建筑按其用途分成八种类型，制定了更高级的指令性设计指导方针使规划设计具有统一的景象（杜安伊·伊莉沙白·普拉特、克罗曼，1987年；邓洛普，1989年；帕顿，1991；霍莫利、伊斯特林，1991年）。对房子和车库在场地中的位置、高度，篱笆的特征，前廊的需求都进行了详细的说明。做单体建筑设计的建筑师要从有资质的机构中进行选择。在复核过程中，如果遵守了设计指导方针的规定，那么就可以避免形成一定程度的偏差。

为了让设计指导方针更有指导意义，必须建立在对建筑环境是如何工作的理解之上，因为要对设计师所作的任何一个模式在实施时如何进行做出预测。好的已经发展的积极的设计理论能为将要制定的设计指导方针具有说服力的观点提供依据（参见第6章）。没有这些，就不可能达到其想要达到的目的。

指导方针的用途

设计指导方针往往具有不同的目的，作为一种机制它们往往被用于：

(a)界定和设计公共领域

(b)详细说明和／或限定明确的用途和建筑形式

(c)激发新理念的开发形式

(d)保护现存的城市环境

(e)详细说明公众艺术的特征和定位

(a)界定和设计公共领域

公共领域包括对建筑之间的开放空间和其表面（水平的、垂直的、倾斜的）以及界定它们的物体已经得到广泛关注。很多公众有权进入的空间多半是半公共性质的，但是人们的行为却是在私人的控制之下。当城市发生变化时，公共领域也会随之变化以便更好地满足新的需求。每种变化需要适合现存环境或在环境中激发一种变化。在任何一种情况下，为了得到特殊的结果，需要设计指导方针以至于在每个个性上都可能是独一无二的并适合于整体设计发展。

在近年来许多城市基础结构设施的规划设计中，特别是提供步行的基础结构设施，每一部分都是由一个不同的权威人士或私人开发商设计的。如果没有设计指导方针确保这些部分能溶为一体的话，那么，就将可能导致混乱的环境。设计指导方针也许能说明建筑材料、树木的品种和间隔距离、植物种类、街道小品的特性，以及更基本的必要性以确保整体布局的每一个部分可以整合到一起！我们已经知道需要特别清楚地说明这些特性是比较困难的。

设计指导方针提出的目的是确保每一个计划的每一部分都有同样的区域层级组织（见第13章），确保满足易受其影响的规范以及保证可进入的半公共空间的权利。增加关注残疾人的权利同公众有权进入半公共空间一样。1990年颁布的“美国残疾人法”在1992年初才开始生效，因此，现在必须在公共领域设计的指标制定时加以考虑。

设计指导方针经常不得不因为一个公共场所的行政管理需要而进行起草用来补充原有的设计指导方针。城市内部的半公共空间，例如炮台公园城的冬季花园或英国密尔顿·凯恩斯的城市中心，公众只能在一天内某具体时间段有权进入。在炮台公园城进入的时间是非常充裕的，但是在密尔顿·凯恩斯新城的公共中心却像是一个购物商业街一样执行着作息时间，即当零售商店关门时它也会关闭。必须要明确这类场所运行和行政管理的指导方针，以确保公共空间的对公众开放。

(b)详细说明和／或限定明确的用途和建筑形式

(i) **分区控制**　分区控制限制了一个建筑开发商和／或建筑师工作的范围。区划可能是国际上在控制土地使用方面运用最为广泛的工具。它的用意是在具体的地理区域内预先指定开发项目的用途和特性。这种管理也许会很典型地描述建筑的外观——一种想象的体积——在其中不得不形成一种开发。在详细阐述外观过程中，控制也许会严格限制区域内的使用许可、具体对象的总建筑面积、最大高度、建筑的体量，以及退后红线的距离等等。

地理区域规模的大小与指标运用的功能是有偏离的。尽管所有的州或许会受到一部分分区法规的支配，个别的结构单元规模也许会和街区的一部分一样小，或者甚至像一个具体的建筑基地一样。

(ii)**开发权的转移**　尽管一块基地开发权的转移或许被视为新鲜事物，其实，这种开发权的转移50年前伊利尔·沙里宁在他《城市》一书中就已经开始提倡了（莱，1988年）。所有者有权以最有优势的方式开发他们的地块，但是通过许多特别的潜在的开发方式

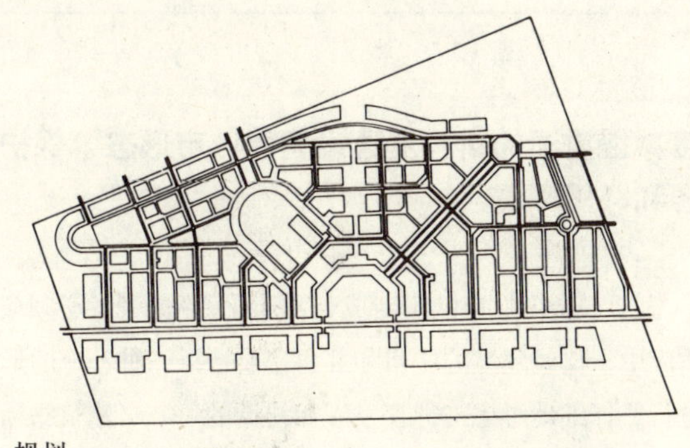

1.规划
(资料来源：很多人提供；绘图：埃里克斯·沃基)

2.全景
(照片来源：鲁西·德瑞克摄影)

3.街道景观
(照片来源：鲁西·德瑞克摄影)

图3－11　佛罗里达州的海滨区

佛罗里达州海滨区的规划设计（1）是对城市美化运动的追忆，但是事实上结果却相距甚远（2、3）。全部的规划占地共80英亩，是1979年在开发商罗伯特·S·戴维斯的控制下提出的，单体建筑开发指导方针是由安德烈斯·杜安伊和伊丽莎白·佩雷特·泽贝克制定的。目的是为了体现30年前美国东南部小城镇的精髓——一种面对设计的新传统态度。

对地块进行开发，公众的利益通常得不到服务(例如历史上的重要建筑或风景)。为了保护这种宜人的环境，所有者被允许把开发权从一个地块转移到另一个先前没有这种权力的地块，或者选择一块地，把它们卖给另一个地块的所有者。例如，华丽的纽约中央火车站上空75,000平方英寸制空权的出售使车站得以保留。不论是或好或坏，这种开发权的转移也能够使全部美洲建筑可以得到建设。

（iii）**空间形式和形态的指导方针**　形成城市结构特殊形式的设计指导方针以最终产品（一种设计）的意象为基础。城市空间发展的指导方针也许会围绕街道和广场区划的设计进行控制，包括控制建筑高度、体量、容积率(FAR)、场地覆盖率、街道红线后退（特别是当现有的分区制法令没有包括这些时），以及相关审美问题的控制。审美指导方针也许可以应付诸如建筑外表和立面设计、尺度、材料、纹理和色彩这些指标的。目标是确保建筑之间，通常是在新建筑和其周围环境之间保持一种“协调的”关系（赫德曼、Jaszewski，1984年）。它们或许能详细地说明诸如立面设计这样的指标以及从实体部分与窗户面积比例的关系、基础的特征、檐口，线脚层，以及建筑材料和色彩的关系（巴尼特，1987年；J·埃利斯，1987年）。

应该确定建造什么样的城市形态并明确其合理性精度是必要的步骤过程。这种想法最清晰明了的例子之一体现在旧金山的“指导城市中心的开发”中(旧金山市,1982年)。这一文献包括“建筑体量”、“设计和外观”、“零售服务”、“娱乐和开放空间”、“运输和交通”、“住宅”以及“保存重要建筑以及工业建筑”这样一些内容(参见图3－12；席瓦尼，1985年)。

旧金山城市设计指导方针是其主体规划的一部分，以许多目标为基础（如图3－12中的目标3），这些目标被转化为解释具体方面的政策和原则（如图3－12中的A、B、C）。设计指导方针的应用范围和特殊性使旧金山市在美国处于那些试图以开创自己的未来作为公共政策的一项内容，而不是仅仅只是听从市场命令的城市的最前沿。

被设计指导方针所控制的设计变量正是依靠那些进入设计师关注的范围而变化。许多设计指导是把城市作为一件主要艺术品进行关注。在巴西利亚的创造中，设计指导方针主要关注的是控制开放空间的分配和确保一个“美学整体”的实现。其他的设计指导方针也许关注于人们所拥有的经历体验类型或环境的象征意义。

除了控制之外，某些设计指导方针还有一个清楚的教育性目标。例如，纽约“市民广场，街景和居住广场”的报告(1976年)，就意在既教育建筑师又规定设计。它也许被视为一种间接的设计指导方针。

(iv)**美学调控**　所有的分区调控和设计指导方针本质上都具有美学特征（莱，1988年）。这里要谈的基本问题是：“美学的调控能否利用一个现存环境塑造将来的发展吗？”例如“大广告牌是一个丑陋的东西吗？”很明显，在某些场所空间这也许是一个问题，但是在其他的场所空间它们增加了一种经历的愉悦以及非常清晰地增加了对场所空间的感知（如纽约的时代广场）。

环境的整体外观来自许多组成部分的自我表现行为。一种负面的表现的确在所在的环境里影响着人们的生活质量——对我们感受自我价值产生一种不利的心理影响（参见第13章、第14章和第17章）。介绍之处美学法则用于维持属性价值以及创造一种相同的感受。它的确达成了这些结果，但是也否认人们对做它所希望表达的事情。在佛罗里达州的珊瑚角，“所有的建筑应该是西班牙式的、意大利式的，或者其他地中海民族式的，或者是相似的协调的建筑”(莱，1988年)。加利福尼亚州的圣·巴巴拉不得不采用“蒙特瑞(Monterey)风格”[参见图17–7(3)]。

在寻求外观的同质性中，特别是在理性主义者的设计中，出现了厌烦无聊的问题。在相反的寻求中，经常导致粗俗设计的产生。在那些设计指导方针规定的公众环境中，在获得个体表现活动的设计中，多样性至少导致了一个个生动有趣环境的产生。

无论什么情况下，宗旨都有美学法则蕴含其中，一个设计评审委员会是最终的品位仲裁者。这样的委员会与分区调整委员会相反，通常是由设计专业人员组成。清晰的设计指导方针和一个公正的管理过程对于评审委员会没有偏见地履行职责是必要的。设计指导方针必须表现出一个社区委员会对可实现的具体美学结果的回应。

(v)**约束的契约**　契约能通过对行为加以约束控制一个房地产开发的方向。这种保证契约用来限制场地中将来建筑的用途和形式，考虑到附属建筑物将来潜在的用途(例如大运量交通线路)，以保持这样作为景观的愉悦(阿托，1988年)，或者限制一个地区内将会使用的建筑材料，以便保持一个地区的经济或历史外貌(如，只考虑石材建筑)。它们已被用来保持流线在场地穿越的部分权力，以保证地区的可达性，并保证没有直接的道路穿越活动场地。

目标3

适度减缓重要的新开发建设完善城市形态，保护资源和邻里环境

由于旧金山城市的不断成长和变化，新的开发必须应在适应中于已经建立的城市和邻里形态中以一种补充的形式进行。仔细地考虑与现存发展相协调的每一个建筑物场地周围的特征。每一个新建筑的尺度必须和区域里一般性建筑高度和体积相互关联，与天际线的广泛影响相互关联。在大规模场地里进行的建筑设计有更广泛的影响，要求给予最大的注意。

基本方针

这些基本方针和说明反映了与规划有关的需要和特点，并且在主要的新开发中描述有意义和不可缺少的城市设计关系。

对城市景观中建筑可见度以及对重要的自然特征和现状的开发，建筑规模和外观的关系决定着这个建筑在城市景象和特点上是否将产生一个愉悦的或者破坏性的影响。

A.高而细长的建筑群建在一个山上，接近山的拱顶，强调山的形式也保护景观。

B.非常大规模的建筑群建在山上或者接近山能压倒自然地貌，阻碍景观，通常会扰乱城市的个性。

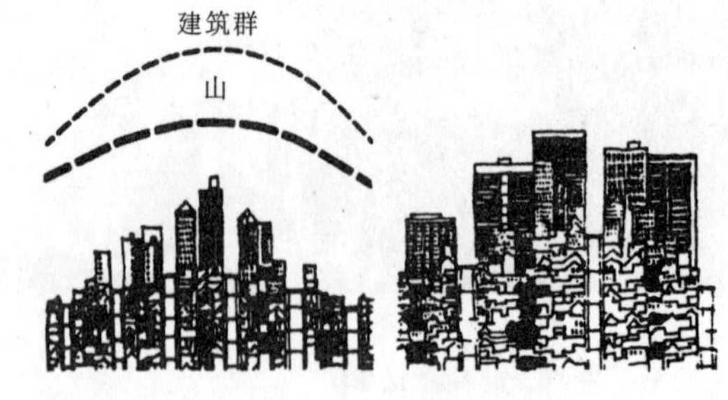

C.低的、小规模的建筑群建在山的斜坡上，在山底和山谷之间，补充地貌，提供连续的景观。

D.等等。

图3–12　旧金山的城市设计指导方针
(资料来源：旧金山，1989年)

(c)激发新理念的开发形式

与占主导市场力量相反方向形成开发的控制设计指导方针的目标是满足一些在市场中没有金融可行性的公众利益(巴尼特,1974年,1982年;席瓦尼,1985年)。取得公众利益的技巧是将这样一个方向与财政可行性相结合(洛德维格,1981年;洛德维格、伊格哈姆,1987年;盖特兹,1988年)。政策制订者意识到,在市场中一些土地的使用权能够拍卖出高于其他土地的价钱,在生活质量方面也存在一种要求和一种必需,是为了提供其他的活动和场所空间。一种为了达到这些意图的激励机制在资本主义经济中是必要的,在那里,市场将以另一种方式规定怎样进行活动分配(迪尔、斯科特,1981年)。

有两种基本激发新理论的开发方法。第一种集中在激发开发促进作用的影响上,第二种是进行立法。前者包括一个建筑或者建筑综合体的建造,或者是对公众领域的改善,以至于充分地改变一个地区的特性以吸引所期待的开发(阿托、洛根,1989年),后者将建立奖赏开发商的立法,因为在建筑物中,功能和公共设施是它们希望建造的。

约翰·D·洛克菲勒在纽约开发洛克菲勒中心的目标之一是使包围它的街区成为城市主要的购物地区(凯瑞尼斯基,1978年)。洛克菲勒中心事实上已是周围地区开发的一种主要催化剂。相似的,费城佩恩中心的开发已经是相连场地上一种多功能商务建筑开发的催化剂(培根,1974年)。许多国家孕育开发在例如博物馆和其他文化设施的机构中的公众投资政策。新泽西州的坎登滨水区水族馆选址的决定是一种处于极度经济和心理苦恼的城市复兴所进行的努力。在写本书的时候它正十分成功地运行着,但是它的催化作用仍需要拭目以待。

激发新理念开发形式的重要立法工具是区划激励;另一种是税收信贷。使用其中任何一种形式,开发商都可以直接或间接地通过公众部门给予财政回报,因为他们提供了不用另外再进行建设的公共设施。激励性分区制在政府实体和开发商之间提供了一种有条件的交换。为了满足一些公众利益,它允许开发商反对现有的一部分区制法令,包括放弃某种利益,因为另外一些利益被认为是更重要的(巴尼特,1974年;盖特兹,1988年)。在本质上打折扣的地产税做了同样的事情。减少或免除税费是为了在短时期内获得或保持一种公众价值的资本投资。

在美国,旧金山和纽约最先使用了激励性分区制。纽约1961年的激励性分区制法令是改善城市环境质量的一种努力。在曼哈顿的不同地区创造了具有具体设计目标的特殊区划区域。下曼哈顿特殊区划区域关注于设计令人愉悦的步行环境和建立沿街的视线通廊。第五大道特殊区划区域集中于保持街道形式的零售商店和具有一个连续的不被建筑退后而打断的街道建筑立面(巴尼特,1982年)。城市在这些区域要比现行分区制法令对修建大体量建筑给予更多的许可,以换来诸如广场、较宽的人行道,或者地下零售空间等公共生活设施。

纽约其他的城市设计目标已使得百老汇剧院区的剧院得以保留下来,并实现了形成南北走向的中部街区的步行路线,这是对早期拱廊式街道的追忆——在纽约东西向的街区较长(参见图3-13)。作为交换,开发商得到了必然的奖赏——例如,总建筑面积可以超出分区控制中所限制的规模,这通常将意味着他们的建筑会得到附加可允许的高度。在这种法令中暗示的是,因为更多的开放空间存在或其他供人们享受的设施对地面日照质量的放弃是值得的。这样一种交换效用已被更多地质疑。近来有更多这样的激发新理念(有时根本是为了修建)被应用于在城市其他场所提供低成本的住宅、办公建筑中的托儿所等等。例如旧金山市中心的建筑开发商必须支付"每平方米5美元为改进与市中心区相连的住宅,每平方米5美元为公共交通,每平方米2美元为市公共中心区的停车,以及1美元为照看儿童的措施"的要求在旧金山城市公共中心区规划中已经得到体现,这是1984年城市总体规划的一个组成部分(巴尼特,1987年)。这个例子表明,在美国城市设计中必要的协商特征(福瑞登、塞格尼,1989年)。

另一种分区制激励机制正运用在新的郊区住宅区规划开发之中(巴尼特,1982年)。目标是为了提供公共生活空间,或者是通过允许保留开放空间本身,或者说是鼓励开发商在一个开发区的一个地段内开发聚集式住宅。这样可以使区域内一个明显的部分处在一种自然的状态中,而不是使整个区域都以一种统一的低密度方式被开发。无论这个区域是以集中式住宅或以分散式住宅的方式进行开发总密度要是一样的。另一个目标是得到一种与环境特征更加相关的街景。在祖籍英国的美国人的意识中广泛地持有这样一种文化价值观,但是它并没有被普遍地共享。

成功激励的关键既在于认识到土地和建筑市场的本质,又在于以清晰的已说明的设计特征作为目标，对他们而言，要有一个清晰的公众需求。必须以一种对关于城市和人类聚居地如何运转才不会出错的理解为基础。这种理解必须与清楚明了地阐述有待开发的产品是什么的能力相伴。对建筑师、开发商和评论委员会而言，指导性的材料和设计指导需要易于理解，不能含糊，要精确。

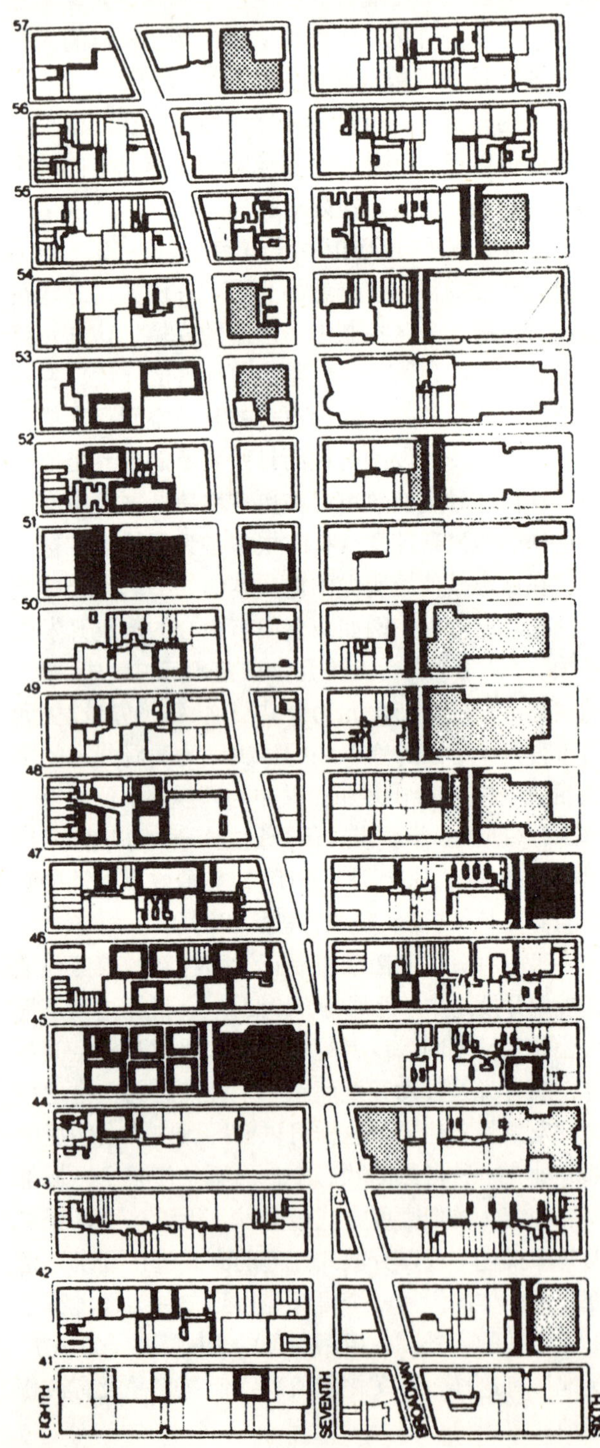

1. 纽约市的剧院区
(资料来源：巴尼特，1974 年)

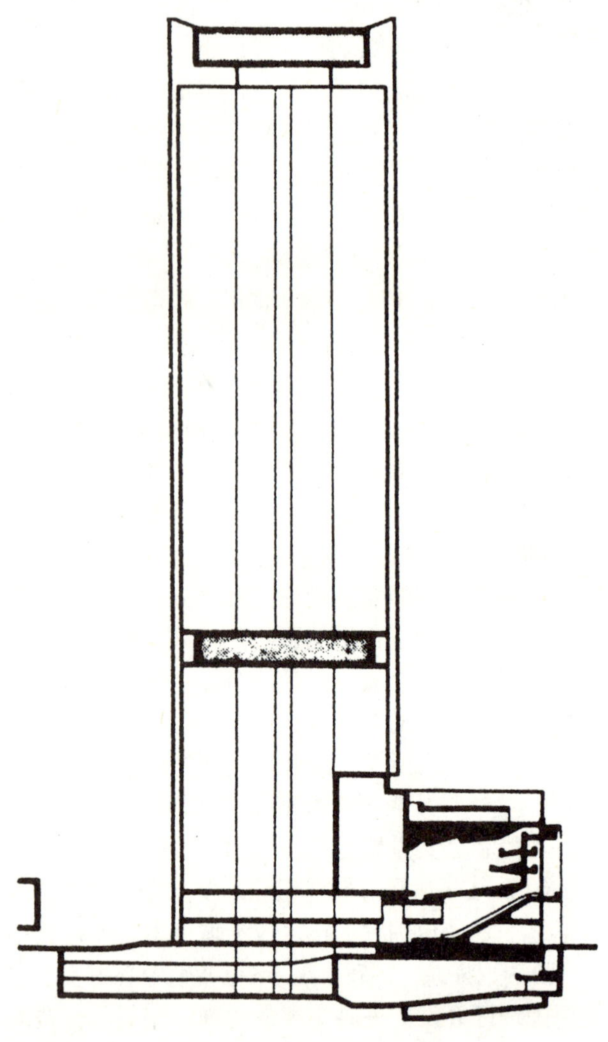

2. 通过阿斯特广场的横剖面图
(资料来源：巴尼特，1974 年)

图 3–13　激励性区划

已经制订的激励性区划法规是用以鼓励特别的开发形式，不同于其他使发起人经济上受益的形式。一个例子是曼哈顿中心城区的百老汇剧院区新剧院的开发。这个以黑色表现的建筑是在其后 60 年在纽约提倡的激励性区划立法监控下修建的 (1)。开发商允许在办公塔楼中修建 20% 额外的建筑空间，作为回报在他们的建筑中包括了一个剧院。通过阿斯特广场的横剖面图表明这是怎样做到的 (2)。

(d)保护现存的城市环境

尽管传统性与历史性保护相互关联，保护的设计指导方针蕴含的不仅仅是对努力保持现存历史上重要性结构的关注。它们关注维持一个地域特征的广泛愿望（洛德维格，1981年；阿托，1988年）。通过有助于这种品质要素的选择性保留，这些地域特征可以保留下来。这些要素也许是历史性建筑，也许是珍贵的物品和建筑街区，尽管它们并不是历史上最为显著的，只是仅仅通过物质特征增加了一个地区的特征（雅各布斯、琼斯，1962年）。在纽约，保护指导方针已通过特殊区域立法的应用保护了例如小意大利区、剧院区、零售区与格林威治村这些不同地区的个性（席瓦尼，1981年）。

保护指导方针的目标是为了控制现存环境的破坏过程以获得生活关联感，通常是一种美学特征的感受。建筑经济学和成本，以及今天许多行业技艺无用性的综合特征意味着开发商和建筑师们普遍不能复制建筑和邻里现存的环境质量品质。

(e)详细说明公众艺术的特征和定位

在过去的20年里，有很多公众艺术计划。有两种基本的公众艺术形式：纪念碑纪念人物和／或事件，以及艺术作品。这个目标既为艺术家展示他们的作品提供了一个论坛，又使城市增加了生趣和美化了城市。艺术的选择和定位以及艺术家没有保留性地表达他们观点的权力已经是有争议的议题。在许多地方（如马里兰州的波斯达）选择作品是许多争论的主题（肖伊格尔，1986年；拉森，1987年）。问题是艺术家是在没有任何指导和没有任何对作品背景理解的情况下进行工作的。所有的艺术作品往往都是这样被利用来拯救缺乏设计的空间。但它们很少能达到目的。有时候它们还使得空间变得更加糟糕。理查德·赛拉的“倾斜弧”雕塑从纽约城市广场移走的原因就是因为它被公众、城市工人，甚至是城市当局认为它贬低了已经是十分贫乏无味的城市开放空间。艺术家们武装起来反对这一行动，他们感到这是侵犯他们自我表现的权力（威格弗·赛拉、巴斯克科，1990年）。然而，以艺术的名义损坏一个广场的权力是一种值得怀疑的主张。正如米切尔·索瑞金（1991年）风趣地指出的：“如果‘雕塑’行为像建筑的话，那么，它会以建筑的方式被评价。如果‘雕塑’在一个城市中创造了空间，它作为城市设计是因它的一团糟所带来的无价值。那么，称它为艺术就是不应该的。”与此相一致的，加利福尼亚州的一个雕塑“精神之柱”，尽管当地有强烈的反对意见，但是它不能被移走，因为该州的法律禁止在没有作者许可的前提条件下移动他所创造的公众艺术作品。然而“精神之柱”像“倾斜弧”一样，没有起到作为一种界定空间元素的作用。

城市设计项目的类型

从前面的讨论中可以推断出有两种主要的城市设计项目类型。第一种是在新城镇的设计中，第二种是在大项目的设计中。它们的范围从总体设计到为基础结构设施开发和建筑设计而做的指导性文本，涵盖了城市设计工作的每一种类型。

基础结构设施设计

正如这一章前面所提到的，人类聚居地的基本网络给予人类很多并不都是他们自身特征的东西（也可参见第9章和第10章）。高速公路、道路、步行道的设计和关键建筑的布局以及土地使用是物质形态城市规划的基本内容，它们处在城市规划和城市设计相重叠的地方。此外，供水网络和排水系统能够给予一个城市基本形态。公园和广场提供人们进行交往的机会，对物质城市和城市生活的不同组成而言扮演了一个背景和前景的角色。

理性主义城市设计关注于把这种基本网络放入一种线性几何学中；经验主义致力于把它放入更加复杂的模式中。许多今天的城市设计工作使现有城市的地下基础结构设施重新发挥效率，用来提高城市的易接近性和城市的生活质量。有时它包括修订早期贫乏的城市设计和规划决定。旧金山的码头高速公路已被毁坏。波士顿的中央干道制空权项目包括沿着干道隧道长度的一系列公园和公众空间的创造。这些公园和公共空间中历史性的城市网格布局将使相连的邻近地区能够整合为一个片区。在李嘉图·勃菲尔设计的西班牙巴伦西亚的特瑞河花园规划设计的概念上是相似的。这些设计相当大程度地改变了他们所在城市的特征。当然基础结构设施系统的设计是几乎所有城市设计的基础，因为它涉及到地区之间的连接问题。

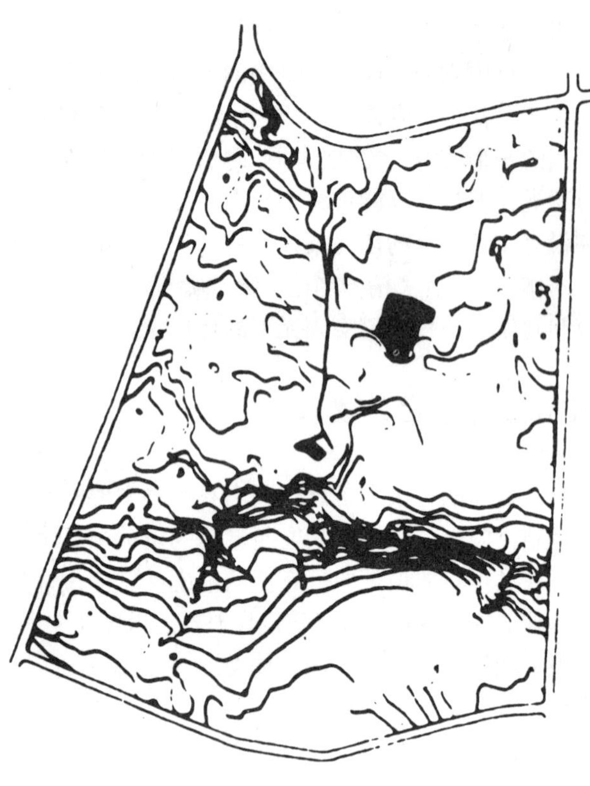

1.乡村地形
（资料来源：巴尼特，1974年）

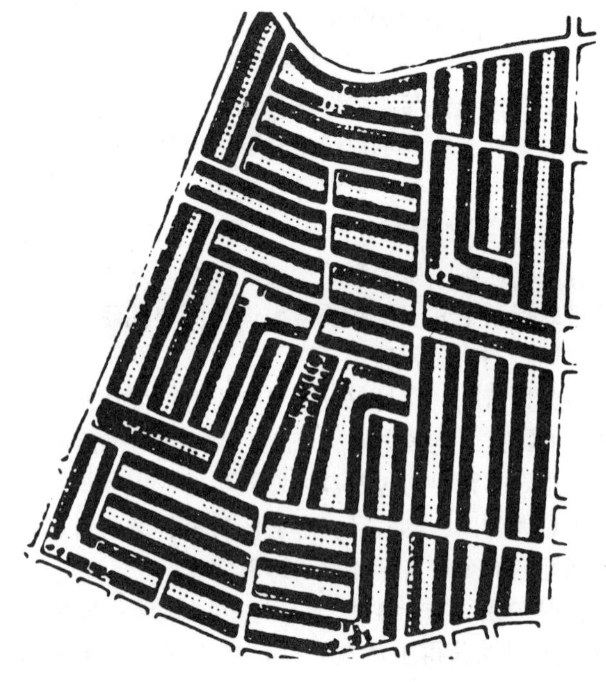

3.标准的细分

图3-14 规划单元的开发

规划的单元开发区划是一种在乡村和郊区创造较高密度的居住环境，但是却没有丧失人们在这里寻求适意水平的一种努力。目的是得到一种类似乡村景观的街道布局（1），一种大公共开放空间，房屋被紧密地聚在一起（2）。在一个标准的细化中，相同的总密度达到了一种公共生活设施更低的水平。这种思想与雷德朋居住区的概念相似，但是它没有非居住的成份（参见图2-8）。

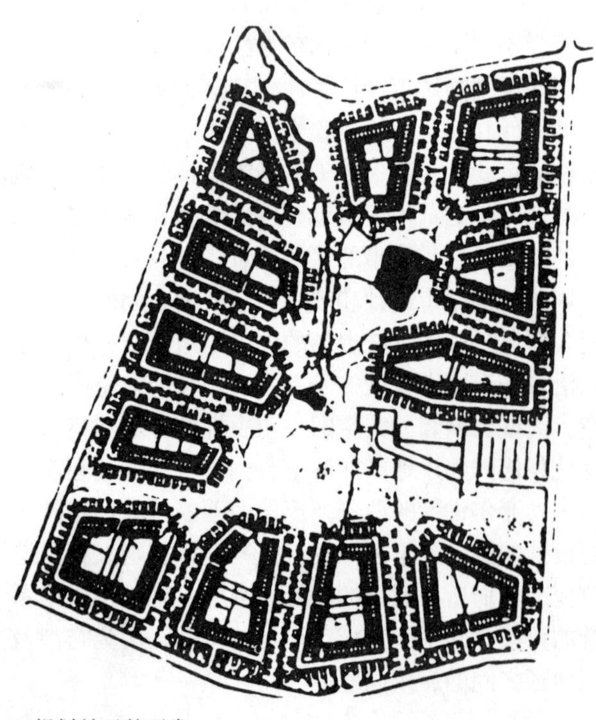

2.规划单元的开发

新城镇设计

正如已经指出的，大多数新城镇由一个总体规划、场地和建筑开发设计指导方针构成。当建筑师或一个建筑小组对一个城市的设计可以进行大概的总体控制时，还是有一些机会的。这的确只发生在管理型社区里。这种社区的典型例子就是公司城。从公司城的开发初始阶段，一个从未共同达到的目标便是公司对居民生活的控制。设计是公司和设计师们合作观念的结果。例如约克郡的绍特瑞尔镇是德国由克鲁伯开发的新城镇，这样的地方便是具有历史性真实的设计，以及在伊利诺伊的普尔曼则更加特殊（伊利，1885年；贝纳沃罗，1967年；吉尔伯特，1990年）。这样的开发有许多。吉琳·达利(吉琳·达利，1978年)列出了超过400个英国“景观居住村”的例子。自从第二次世界大战以来，许多公司城具有更多的相同目的被开发，它们关注的也是通过提供愉悦的工作条件来吸引工人。

正如前文所指出的，一种众所周知的管理型社区的例子可能便是巴西利亚，在那里设计组由科斯塔和尼迈耶所领导，委托人是巴西政府或者更强调讲就是朱赛里诺·库比契克总统，他们的思想是准备去实现长期持续开发巴西内陆的概念（陶比尔，1966年；伊温森，1973年）。在这样的情况下，建筑师通过复审所有提议的权力和否决在他们可接受范围之外提议的权力而发挥着控制。尼迈耶几乎拥有制订设计决定的全部独断权力以及设计权力，正如他自己所说的这是必要的。然而，他和科斯塔的确不得不使朱赛里诺·库比契克总统和他的顾问们相信这个设计是一个优秀设计，如同巴西的一个象征一样，以及暗示这个设计其实也就是朱赛里诺·库比契克自身的一种纪念物。甚至在像巴西利亚这样一个管理型社区里一些主要的设计决定已经被更改，因为原来的设计忽视了像零售业这样的活动如何开展的问题。巴西利亚主要商业购物中心的整体布局仅仅是因为它具有的功能性已经被颠倒（布瑞林，1976年）。

1.巴黎的凯旋门（1806年）

新城镇不同的管理者或当局（例如纽约州开发公司）制定了开发特殊城镇形成新城镇的大部分政策，在管辖范围里他们有权决定设计。例如英国和斯堪的纳维亚的新城镇，尽管也许是许多设计师设计的结果。作为实体进行的设计，再例如私人开发的马里兰州的哥伦比亚市、得克萨斯州的拉斯·克里纳斯市、明尼苏达州的乔纳森市；土地市场的本质和市场赢利的本质不得不要全面认识，因此不能单单追求某些公众利益。

2.马里兰州的波斯达

3.艺术家理查德·瑟拉设计的纽约联邦广场上的倾斜弧雕塑（资料来源：威格弗·塞拉、巴斯克科，1990年）

图3－15　公众艺术和城市设计

公众艺术服务于许多目的（参见图3－13、图17－11）。巴黎凯旋门是纪念一场胜利（1）。美化胜利拱门的场地，如宾夕法尼亚的弗吉谷、布鲁克林的辉煌陆军广场以及纽约的华盛顿广场等地。公众艺术受到了政府多方面的支持。通常结果是广为争议的（2、3）。然而，在一段时期后，人们有时会对作品产生一种倾向，只是因为它变成了他们习惯环境的一部分。这种结果并不是一直出现的。倾斜弧雕塑（3）现在已经被移走了！

许多新城镇都是建立在一个较小规模的基础上。由缪卢兹的卡宾内特·斯皮瑞设计的法国的葛伊摩港是人们熟知的欧洲滨水区的城市局部设计[史密森夫妇，1972年；布罗德本特，1990年)]。它始建于1966年，并且持续地进行开发。它的景象与威尼斯很相似，但允许汽车进入，占地189英亩，有提供多于2,000套住宅单位的潜力，它的设计由位于一个环礁湖上的一系列村庄组成。建筑被统一起来，全部由四层桶状砖瓦屋顶的毛坯灰泥墙组成。村庄般的景象通过具有不同的房屋到场地边界间的关系而被加强。一些房屋因前面的树木而后退，一些房屋修建至场地边界。如果把它视为一个大建设项目也许要比把它视为一个新城镇会好一些。关于海滨区的开发建设（见图3-11）和在马萨诸塞州科德角上的麦舍村一样，它在规模上只有275英亩，有相似的评价。设计关注的三个部分不仅是提供亲切的个人住宅，也包括营造一种社区和场所感。这三项也是新传统主义城市设计实例的体现。

大规模项目的设计

20世纪建设的大规模的项目有三种基本形式：(1) 在新城镇管辖区域中的设计；(2) 作为战时破坏和／或遍布世界各国的大城市衰败的结果而产生的城市更新计划；(3) 郊区开发。还有其他的也许包含或也许不包含在前三种范畴内的形式——大学校区、工业区和商贸园、新的郊区中心、主题公园、奥林匹克综合运动场，以及度假胜地。它们将归在(4) 园区中进行讨论。这种划分把一种形式与其他经常被模糊的形式相区别开来。

(1) 新城镇的管辖区

一个新城镇的中心和／或附近地区作为一种城市局部设计也许会被很好地进行设计。弗吉尼亚的中心地区瑞斯顿现在正沿用巴尔的摩的RTKL建筑师事务所的概念性规划设计而得到重新开发。在美国，由所有开发商修建了基础结构设施和按照设计指导方针而不是总体设计而设计的单体建筑的中心都很有可能被重复建设。在其他国家有许多将城镇辖区作为整体单元进行设计的例子。英国的新城，如，哈罗和坎伯诺尔德，以及密尔顿·凯恩斯的中心便是其中的一些实例（也可参见图13-7）。它们都清晰地反映了设计时期的背景。哈罗城的公共中心区是一个步行区，坎伯诺尔德的公共中心区是一个巨型综合体建筑，密尔顿·凯恩斯的公共空间是真正的私人空间，是那么多以至于现在当零售店关门时因为安全原因它也关闭（1991年）。

自从第二次世界大战以来，大规模的建设项目设计有三个明确的指导时期。每一个时期都依靠于同时期关于一个美好城市是什么样的设计概念。第一个时期以理性主义关于美好城市的想象为基础。第二个时期基于城市作为组成部分被嵌入一种整体结构的框架——一种与“建筑电讯”团体相关的线性思维。第三个时期则并不以建筑师的梦想为基础，而是更多地以一种关于城市设计的经验主义方法为基础——它的设计指导基于人们怎样生活和城市怎样良好地运转。“良好运转”的概念现在仍然暗示着一种价值判断。

总体设计的后现代时期在艾瑞塔·伊兹扎克和同伴在日本筑波新城设计的学术中心中体现（崔比，1985年）。筑波新城中心是一个商业设施的综合体建筑，包括一个旅馆、市民中心、音乐会厅、信息中心和零售店。委托人是日本政府。这个方案包括许多现代主义的设计原则，例如汽车和步行交通的垂直隔离，但是本质上是一个后现代主义方案，在其中“符号被颠倒了。”特殊的是，罗马米开朗基罗为卡彼托山的设计被用来作为中央广场设计的基础，但是筑波中心的空间表面是凹陷的而不是凸出的，人行道图案的颜色也是被颠倒的。

(2) 城市更新

自从第二次世界大战以来，城市更新计划就存在三种主要方式，也有许多包含所有三种形式的情形。第一种情形包括重建那些被轰炸和／或火炮攻击所摧毁的城市（参见戴芬道夫，1990年）。第二种情形包括建筑和土地的购买，土地和居民的迁移，土地和场地建筑的拆除和清理。它经常是在“清理贫民窟”的名义下进行的。第三种情形只是包括被居民遗弃的大量场地，以及这些场地由于重新开发被它们的拥有者又变得有用途。

在第二次世界大战后（以及在内乱之后）城市的重新建设仍然是许多城市在任一时期都尽力寻找的那种自身本来应该存在的主要状态。许多这样的城市重建发生在一种偶然的变化趋势中，在管辖区域里已经进行了许多协调努力。第二次世界大战后，在鹿特丹以现代主义的方式马上修建了林班街，然

1.巴西的首都巴西利亚
（照片来源：承蒙文森特惠赠）

2.芝加哥的伊利诺伊大学
（资料来源：特纳，1984年）

3.新泽西的夫尔西斯镇

图3－16　第二次世界大战后三个时期的设计理念和／或设计指导方针

第二次世界大战后，在概念性规划、分区制法令和／或设计指导方针的变化中，反映了城市设计态度的三个阶段。20世纪60年代现代主义追随着理性主义者的思想，像纽约的林肯中心一样[参见图3－19（6）]，或者更加引人注目的是巴西利亚（1）。追随一种正交的几何学，乘汽车的人和车辆被水平地进行了隔离，建筑被远离街道布置。在第二个阶段时期，一种步行者和车辆垂直隔离，以及建筑物插入其中的地下基础结构设施被开发（2）。最近的开发沿用了街道可以是缝隙的认识（3）。

而，从一种对比的方式来看，中部华沙的重建是为了向外界显示它和第二次世界大战前是一样的。1957年柏林举办了一个建筑展览会，这期间一些住宅方案追随了在Hansaviertal设计的包豪斯理念。更多的实例是近期的作品，自从20世纪80年代后期以来，柏林已经探究了整合过去、现在和将来的方式。结果IBA（International Bauausstellung）在一个规划协会的赞助之下进行运作，已经把许多国际上知名建筑师的住宅区设计视为设计竞赛的结果。这些方案表现出不同的后现代主义形式，从纯理性主义者的设计到那些对作为结果设计的可居住性环境的强调（布罗德本特，1990年）。

为了能够居住新建筑而有目的地对城市部分地区的拆除已经在既以私人行为又以政府行为的名义下发生了，尽管它通常与后者相关。前一种情形中问题是在没有政府征用权的情况下获得财产。场地重建也能由一个开发商、政府性质的中介，或者介于两者的合作组织来完成。第一种情况的设计主要由市场来驱动，或者至少是对市场高度敏感的，然而在第二种情况里，设计师有很大的自由度可以忽视市场的力量，特别是在住宅领域里。当一个政府涉入其中时，过程遵循一系列的步骤：一个中介人买下全部废弃的建筑和／或被视为贫民窟的建筑（工业的或居住的建筑）并拆除，把小块土地聚集为大街区，依照公众目标，既开发自己的用地又把这些场地转给私人开发商。前一种开发方式是较为典型的欧洲经验，然而后者是普遍的美国程序，经常因为公众缘故而被给予高额补助金。这个过程对于勒·柯布西耶完成他关于巴黎提议的倡导是必要的（勒·柯布西耶，1960年），正如奥斯曼在他之前所做的一样。看起来作为一个过程它总是要被争论的（贝纳沃罗，1980年）。

第三种情形已经发生。为了开发更多可利用的土地，第二次世界大战后几年期间制造和运输技术发生了很大变化。在密集的城市地区里已经出现蔓生的工厂，搬迁至其他位置会带来财政优势，从而可以留下城市中的土地进行重新开发开放。此外，城市中以前是铁路堆场或港口的大面积地段已经或者正在被遗弃。这归因于卡车运输业的增长和港口重新选址到既有现在构成商业海运业的较大货船所需的深水区，又易于卡车进入的地区。它也因土地价值的逐步升高而产生，经常使得甚至是近期的开发在财政上被荒废（如伦敦圣保罗教堂附近的佩特诺斯特区域）。因此出现了许多典型的城市更新：废弃的工业区和铁路

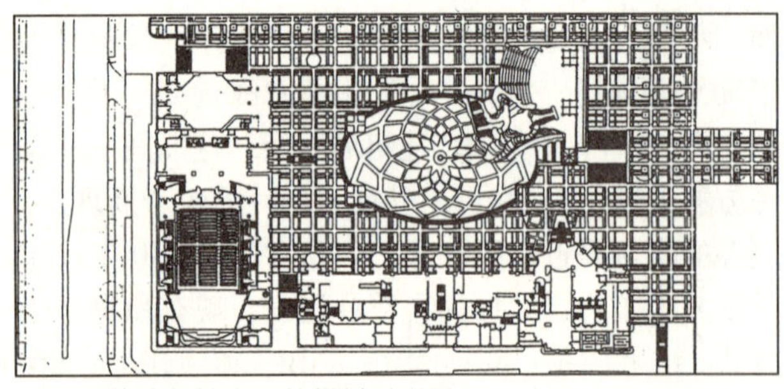

1. 日本筑波新城中心的规划平面图
(资料来源：日本建筑师，59，NO.1)

2. 罗马的卡比托里欧广场，(1537年)

图3-17 后现代主义城市设计概念

日本筑波新城的市民公共活动中心表现了许多后现代设计和景观建筑学主流的设计特征（1）。筑波新城的市民公共活动中心本身是一个空间，周围的建筑来自于许多人的设计作品，占主导地位的作品是理性主义者的作品。无论怎样，空间的外观形象衍生于米开朗基罗设计的在罗马卡彼托山上的广场。这个广场是对那个广场一种隐喻性的表达。一种人工理论美学构成物的运用是许多近来城市设计作品的典型特征。

堆场的重新开发、滨水区开发、住宅设计和中心城市的(城市中心区)更新。

许多滨水区的开发被理解为总体设计，因为其建筑具有统一性，但是事实上却很少是这样。实际上，在美国最近两个10年里已经建设的所有滨水区开发方案中，尽管它们位于不同的场所，基本的设计和零售业设计原则有着非同寻常的相似（费舍尔、卓姆沃，1987年；戴维，1989年；陶瑞，1989年）。大多数都是局部的城市设计。

滨水区城市的更新开发普遍有三种形式：(1)零售—娱乐中心(作为“节日市场”而为人们所知)；(2)混合使用的商业—住宅项目；(3)住宅开发。滨水地区开发有两种基本形式：那些仍在水面上的——河或港口，运输设施已变得荒废(如纽约的炮台公园城以及新泽西州的哈得孙河西岸对面)和那些在海上的已变得荒废的昔日的度假胜地(如新泽西州的大西洋城)。第一种提及的形式有许多代表实例。巴尔的摩内港是其后许多项目沿用的原型。伦敦邻近码头的住宅区由很多住宅组成，但是也是由混合使用的商业和高密度的商业设施复合体组成。在本书写作期间它仍然处在建造过程之中，它和一系列城镇中的新城镇和商业或住宅的开发相似（威夫德，1984年；布朗希尔，1990年）。

许多住房项目在20世纪50年代、60年代和70年代是沿用理性主义者的设计思想进行设计。其他的则基于“田园城市”理论的模型。许多总体设计有时却是以一种巨大的尺度进行设计。这便是理性主义者的思想，当它应用于住宅设计时，已经导致了绝大多数引人注目的成功和失败。特别是许多欧洲的实例为建筑师所熟知：Thamesmead，罗汉普顿大街，拜克墙居住区(Byker Wall)(艾格里斯，1980年，1980年)，以及更近期的Les Arcades de Lac和巴洛克式的Las Echelles。普鲁伊戈居住区的设计是美国一个声名狼籍的实例(蒙哥马利，1966年)。许多近期的住宅开发就是房屋在街道上形成面对街区邻里的新传统主义的开发。

通过后见之明的理论，我们已经学到什么是通常一般的感觉：住宅设计必须与住宅居住者的生活方式相一致，要重新认识它们所面对的问题。在费城的索思沃、密尔克里克和社会高地住宅区的开发都沿用了相同的设计原理。所有的三个项目都是由国际上知名的建筑师设计：斯东沃和霍斯、路易斯·I·康和贝聿铭。从人们生活的角度来看，第一个实例因失败而臭名昭著，很少有人会选择住在那里。它主要是为那些社会

1.建筑师斯东沃和霍斯设计的索思沃广场

2.建筑师路易斯·康设计的密尔克里克住宅

3.建筑师贝聿铭设计的社会高地

图3-18　三个费城的住宅项目

在索思沃广场（1）密尔克里克（2）和社会高地的塔楼（3）开发设计中运用的设计原理本质上是一样的。设计中主要的不同是社会高地塔楼有一个地下停车场。既然它是私人开发和住在那里的人按他们自己所需选择了它，那么，它也就被有差别地管理着。通过与其他两个项目相比，社会高地进行了较成功的开发，使人们的比较、需要和营造环境的重要性和环境所提供的内容而被强调。

中经济困难的低收入家庭而设计的。还有许多儿童和以女性为主导的家庭住在那里。尽管在联排式住宅里，家庭足够富裕可以使用这些城市资源，但是在高高升起的社会高地的塔楼里很少有住户。它仅仅是居住场所的追求而已。密尔克里克位于两者之间的某处。大多数美国大城市都有许多这样的开发，但是它们中的许多是毫无意义的。

近来的住宅开发仍被分为基于理性主义和基于经验主义传统两种，即使它们通常在后现代主义的规则下被归为一类。李嘉图·勃菲尔和他领导的Taller设计小组在勒·拉克（汤普金斯，1988年；斯坦、盖浓提尔，1988年）的作品，马利奥·博塔以及阿尔托·罗西的大多数作品归入了第一种范畴，然而查尔斯·穆尔（利特尔约翰，1984年；约翰逊，1986年）和许多不被人们所知的建筑师被归入了第二种范畴。他们之所以不为人知是因为他们的作品不够壮丽雄伟，也不关注提供一种生活背景的建筑，也不是前沿性建筑。与现代主义相比，这两种方法都相当多地关注用户需求，如同他们确实如此一样。仍然很少有在结果的基础上做出完全根据经验的研究——使用中的综合——于是得出结论便是困难的。理性主义者仍然利用他们自己设想的人物和美好生活作为设计基础，而经验主义者则试图在关于人类行为和营造环境所知的基础上得到信息。例如，李嘉图·勃菲尔指出的，"对我而言，一个城镇必须是一个会客厅……"（汤普金斯1988年），无论它的居民是否这么认为。

直到1990年，IBA的工作被由一系列住宅开发和管辖区域核心开发组成的西柏林所围绕。尽管许多项目已经被设计师单独进行设计，但是那些全部都意味着零零碎碎的设计。尽管项目由一些着重强调街区拐角的街道和建筑以便使项目的外在表现是相互关联的设计指导控制着，然而这种情况还是出现了。目前伦敦邻近码头的住宅开发大部分是同样真实的。结果是一系列的住宅开发沿用了不同的后现代主义方法，伴随的是过多的关注于私人领域而很少关注公众领域的设计（威尔福德，1984年；布坎南，1988年）。

第二次世界大战以来，许多城市公共中心都进行了重建。大多数的开发都是在一种零碎的基地上形成——一个建筑取代一个或其他的几个建筑，建筑规模增加。已经有很多由许多建筑组成的相协调的开发。在美国，所有的主要城市都有中心城市开发的方案，原来废弃的区域已经被重建。其中许多

1.纽约的阿尔弗雷德·E·史密斯住宅区
(资料来源:纽约城市住房管理局提供)

2.伦敦的佩特诺斯特广场的开发(1956年)
(资料来源:建筑设计,62,5/6:12)

3.鹿特丹的林班杰

4.巴黎的拉·德方斯
(资料来源:培根,1974年)

5.纽约奥尔班尼的帝国州立广场

6.纽约的林肯中心

图3-19 城市更新

城市更新是无法回避的事实。有时这种重建是以一种立即就能被注意到的尺度出现,如同这里所列举的例子一样,但是有时它却是如此一点一滴地进行扩展,城市随着时间而改变,以至于很难察觉出来。在第二次世界大战前邻近布鲁克林桥的阿尔弗雷德·E·史密斯住宅更多的是作为图画般的计划而被修建(1)。欧洲大多数城市的重建是因为第一次世界大战和第二次世界大战期间城市所承受的破坏而显得非常迫切。伦敦的圣保罗教堂周围地区在第二次世界大战期间被毁坏需要重建,因为财政原因,直到目前,才即将被拆除和重建(2)。目前反应非常不同[参见图2-13(2)]。许多欧洲城市也遭受到同样的命运。其中最早和最有影响的就是20世纪60年代(3)。鹿特丹林班杰的重建,在城市历史性核心区外围开发的巴黎的拉·德方斯区,就是为了避免从本质上改变在拿破仑三世资助下由奥斯曼建立起来的核心区特征。它是一种局部城市设计。相比之下,帝国广场是由一个建筑公司所做的设计[5;也可参见图3-7(3)]。大多数这样的总体城市设计仅仅是大尺度的建筑而已,如纽约林肯中心。

是被公众指导开发的，并得到公众资金的支持（参见第20章）。费城的佩恩中心，巴尔的摩的查尔斯中心，奥尔班尼的帝国广场和纽约州的国会大厦综合体都是这种开发的实例。最后提及的那个例子相当于一种总体设计，然而前两个例子尽管被单独的组织指导，仍然也包含了许多设计师的作品。在严格的审查下，近期进行的中心城市方案很少是总体设计的规划方案。

世界各国的许多城市更新方案都在广泛而坚定地进行着。在美国，许多大城市中都存在持续的开发建设：圣路易斯的门户商业街，俄勒冈州波特兰的CBD（那里快速执行的方案已经获了一个规划奖项），新奥尔良滨水区的设计也是典型的例子。在20世纪90年代早期，美国经济减慢已经给政策制订者和城市设计师一个重新考虑的机会。

(3) 郊区开发

前面已经指出，今天大多数的郊区开发都在零散进行中，总结起来也不过是为了场地可以买卖而形成的土地细化和提供基础结构设施。分区控制的存在也许是为了管理需要，诸如，住宅建筑形式、后退红线、边角场地的利用等这些内容，但是大体上来看没有设计思想，或者是远离销售的灵活性标准，或者仅仅是设计的功能性基础。这种情况决不是普遍存在的。

各个设计专业通过合作进行郊区的总体设计或局部设计已经有一段较长的历史了（昂温，1909年；斯坦、玛斯内格，1981年；埃里，1987年；史迪格，1988年；彼德·罗尔，1991年）。包括纽约的一个郊区福雷斯特·希尔斯花园这样的地方，是由罗素·塞奇基金会和景观建筑师奥姆斯蒂德兄弟以及建筑师格罗夫纳·阿特伯里在1912年开发建设的。有两种清晰的建筑思想作为设计基础：(1) 从火车站开始贯穿郊区的行程将被视为从城市到乡村的一种流线；(2) 环境是舒适的、家庭式的。更为近期项目的在华盛顿特区郊区进行的Foxhall月牙街区的设计，是在一个独立建筑师亚瑟·科顿·摩尔和同伴的控制之下完成的[参见图2-4 (1)]。由120个单元组成，有集中的住宅形式和古典复兴平面形态。整体设计布局凭借一种基于英格兰巴斯式的模型而出名。还有许多其他的实例已经在制图板上留下了概念性的设计。其中一个就是包括街道和房屋布局在内的设计，由罗伯特·斯坦1976年为在维也纳举行的“双年展”（斯坦、玛斯内格，1981年）展览而设计的地铁郊区。基本的规划是许多新月形状的椭圆形网格状布局。住宅形式是一种简单的基于20世纪早期小城镇中美国独院式住宅布置式样。这种形象是近来新传统主义设计的基础，这种设计又是诸如马里兰州的肯特兰和佛罗里达州的温泽这些城市设计的基础（杜安伊，1989年；汉迪，1991年）。

最近有许多解构主义者对于郊区开发提出了设想与计划。库帕·西姆莱伯洛关于巴黎南部边缘墨伦·塞纳特区域的提议，包括基础结构设施系统在内，包括配建设施的规划布置：一个高技术含量的商务性公园、高尔夫球场和其他娱乐设施，以及住宅。结果形成的是一个交流、流通和合作的复杂网络，在宣称可以全面反映每天生活复合性的设计中与人们的需求相一致（参见帕帕达克斯、库克、本杰明，1989年）。目前它仍是一个想象中的方案。

新涌现的城市设计方式之一是进行新的郊区中心区设计（穆勒，1981年；克瑞肯、恩奎斯特，1986年；朗，1986；盖里1991年）。至少出现了四种形式：(1)将传统街道导向的零售区域升级至高层的复合功能中心（例如马里兰的波斯达、加利福尼亚的核桃溪市和葛伦德耳、华盛顿的贝尔维尤）；(2)郊区购物商业街转变为小型的城市（如宾夕法尼亚州的普鲁士金、加利福尼亚的纽波特中心、休斯敦的橡树走廊）；(3)新郊区的中心区域（例如弗吉尼亚的瑞斯顿）；(4)适应汽车购物的带状地段（如阿拉斯加州的Spennard商业区、密苏里州克里福·寇尔的橄榄树林荫大道）。前三种在欧洲都有它们的对应形式，但是第四种，虽然不是北美独有的，却是许多美国和加拿大城市郊区的特征。第三种是一种上面讨论的新城镇管辖区域的特殊表现情形。

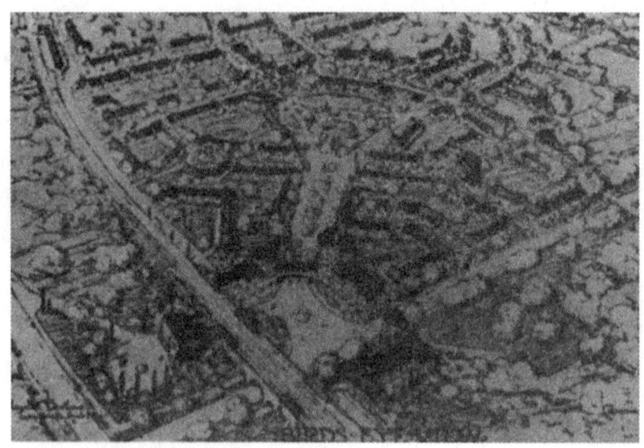

1.纽约福雷斯特·希尔斯花园
（资料来源：曼斯菲尔德，1990年）

2.加利福尼亚州圣胡安的林荫道

3.纽约福雷斯特·希尔斯花园

4.马里兰州的肯特兰

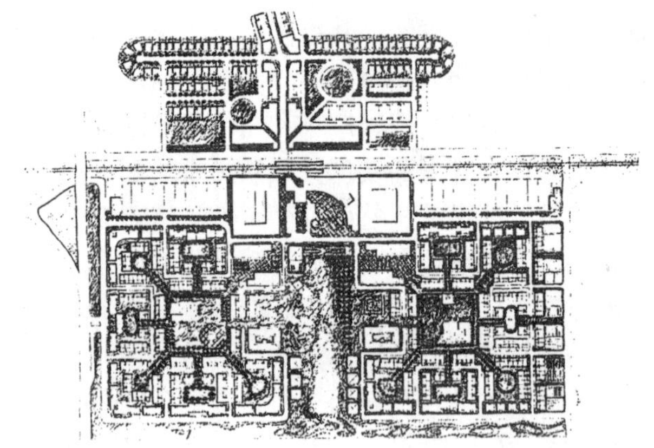

5.建筑师彼得·凯斯瑞珀和吉拜福对步行场所空间地段进行的设想
（资料来源：吉拜福，1989年）

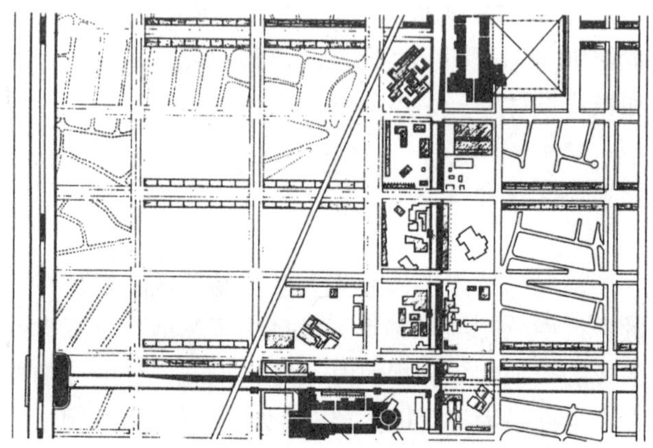

6.哈佛大学研究院Sahel Ai-Hiyare的城郊化设想(1988年)
（资料来源：罗尔，1991年）

图3-20 郊区设计

美国郊区开发与“田园城市”运动的发展同步进行。纽约的福雷斯特·希尔斯花园是由格罗夫纳·阿特伯里和奥姆斯特德兄弟进行的设计，并从1912年起进行了开发，清楚地表现了源于过去可推测的令人愉快的经历而建造新场所的经验主义方法。这个规划用曲线的街道表现了一种村庄形式排列的重新创造（1）。它的中心集中于火车站，表明了它的建造时代。建筑再现了过去（2）。20世纪90年代，任何一个更为近期的郊区开发中都呈现一种相似的景象和一系列经验主义的体现以及明显地依附于汽车的时代精神（如3）。新传统主义的设计，如，由安德鲁·杜安伊和普拉特设计的肯特兰（4），展现许多美国小城镇人生活的一种持久景象的重要性与Foxhall月牙街区这样的设计形成对比[图2-4（1）]。步行区的概念是一个更为近期的有着许多雷德朋居住区理念的开发（吉拜福，1989年），以及一种持续的对其他可能性进行的探索（6）。在美国郊区开发很少有由建筑师或甚至是由职业设计师们相协调的想法直接指导。往往都以经济实用为主要出发点，出售的灵活性是进行考虑的主要因素。

(4) 园　区

虽然“园区”这个名词最初被应用于一系列的大学建筑中 (P·特纳，1984年)，但现在指一种多元化用途：办公综合体、医疗综合体、研究公园、夏令营、奥林匹克村、动物学花园和工业园区。在这个名词的这些用法中所暗示的是营造一种环境景象。一个园区由一系列独立分开的建筑物所组成，并围绕有大量种植着草坪和树木的开放空间，建筑周围也有停车场和一个富于协调性的道路通行系统。许多位于现在的市郊。

许多办公园区和工业园区都具有这些特征，通常它们由一个人设计的大约半打建筑组成，但是更多地由几家公司依据园区规划设计的建筑组成。工业园区和商业园区或公园的设计在美国有很长的历史，能够追溯到19世纪的城市卫生革命运动时期。诸如从本世纪早些年开始的芝加哥珀欣公路开发这样的工业园区所表现出来的一种要从当时“焦碳城”中逃离出来的强烈渴望。它们有总体规划、控制性开发、设计指导方针、地下设施管线和景观美化等内容 (彼亚德，1989年)。今天它们的派生物非常多 (如由唐纳德·根纳斯设计的俄勒冈州的尤金河岸轻工业园区)。

近期商业园区的设计(如休斯敦附近的Orchards、达拉斯附近的索拉纳、弗吉尼亚的费尔湖环区或是丹佛的技术中心)包含许多建筑形式和诸如湖泊和用于慢跑的路径这样的有益设施场所的设计。直到最近，步行者的需求仍然没有得到关注，但是一些新的设计正在回归传统的街道建筑模式。所有这些方案都有总体规划、建筑设计指导方针、标志和景观美化设计，以及设计评论委员会的管理指导。对建筑物质量的关注着重在经济实用这样的字眼上，也涉及许多有名建筑师的设计作品(ULI，1988年)。

一种不同的园区形式是保罗·纽曼发起的，在康涅狄格州Ashford/Eastford建设的防御性营地住所，是为患有威胁生命疾病的儿童而设计。由哈蒙德、碧碧和巴布卡设计，由统一的联排式建筑物组成，毫无疑问它将不断地发展为许多公司设计的一个计划。如果把像凯文·罗切的方案作品，约翰·丁克鲁和同伴设计的中央动物园视为城市更新会更好一些。这个规划明确地反映了人和动物之间关系的价值观转变和对待动物态度转变带来的影响。

传统的大学园区也许被视为城市设计师关注的典型。它们经常基于一个总体规划和一系列设计指

1. 宾夕法尼亚州伊斯顿的拉法埃脱大学

2. 加利福尼亚橙县的豪顿中心

3. 比利时的新鲁汶大学

图3-21　园区设计

“园区”一词被传统地用在功能完备的并与周围环境相分离的大学校园中，理想化的是用在乡村环境中 (1)。当今“园区”已被用于其他诸如办公园区 (2) 这样的建筑复合体中，就像作为单体建筑规划的工业园区。新鲁汶大学城采取了一种关于一所大学就是一个场所的非常不同的态度。城镇和大学师生已融合为一个系统。主要街道作为统一的要素[也可参见图3-11 (2)]。模型中较暗的部分是大学的建筑 (3)。

导方针的基础之上，大学通常是递增式不断地改变着。然而，有许多作为总体设计建造的大学园区，至少大学园区包括一个曾经作为主要实体修建的组成部分。一些为知名建筑师所设计[如弗兰克·劳埃德·赖特设计的南佛罗里达学院，（1938～1950年）]。第二次世界大战以后时期的例子包括，芝加哥的伊利诺伊大学[斯基德摩尔、奥因斯、梅里尔，即SOM，建筑师；参见图3–16（2）]，奥尔班尼的纽约州立大学[爱德华·D·斯东，建筑师；参见图4–1（2）]，新泽西的斯托克顿州立大学（格迪斯、布雷切、奎尔斯；参见图2–22），加利福尼亚的克瑞斯吉学院[查尔斯·摩尔，建筑师；参见图2–14（3）、图13–8（5）和图13–8（6）]。通常无论怎样，尽管整体空间结构的设计是由一个单独的公司来进行，但是单体建筑也许会由不同建筑师在普通的设计指导方针下来设计（如纽约州立大学帕切斯学院）。它们是局部的城市设计。伴随着过去的30年间许多国家大学教育的增长，已经修建了许多新大学，其他的大学则需要扩大规模。

这些计划一般都伴随着以往惯例的综合（P·特纳，1984年）。在这个世纪的最初10年间，许多大学的设计都是源于城市美化准则而进行的。大多数近期的设计已经是源于校园使用的现代主义准则的思想。它们追随着不同的形式："田园城市"、"光辉城市"和巨型结构。从这种模式中脱离出来的一个主要的例子就是比利时的新鲁汶天主教大学，如果不得不给它进行分类的话，它就可以归纳为构成新传统经验主义者的城市设计观点。这所大学的设计清晰地源于：（1）把一所大学作为一个界定空间构成的准则是一种不充分的想法：它拒绝校园模式；（2）公园中大学的现代主义思想，并不容易提供社区的感觉和古老欧洲大学中的对于校园生活的参与。新鲁汶大学既是一座城镇又是一所大学。然而它有一个清晰的城市设计规划，在公众领域的设计中已经被着重地强调——其中的大多数建筑在几年内被重新修建——它并不是一个总体设计。实际上它也拒绝那种总体设计哲学。

国际展览会和博览会、娱乐公园和主题公园

国际展览会和主题公园倾向于同步修建，但是又各具特征。国际展览会因为一个特殊时期而进行的运作。迪斯尼乐园这样的主题公园和赫尔希公园这样的露天游乐场在使用过程中具有着不确定性。当新的娱乐项目发明或开发时，它们会随时发生改变。世界性的展览会作为实体倾向于只在场址上保留因展览会而开始的持续——一年或两年。在那之后要么被拆除，要么被用于新的用途。在展览会结束后，对潜在用途的考虑也许是最初规划的一部分，因此会偏移展览会建筑和场地的基本设计准则。这种对适应性的关注为在奥林匹克、亚洲或欧洲运动会的参赛者提供的露天体育场和住所这样的场所中是尤为真实的。有时这些规划设计方案（如瑞吉·拉瓦设计的在新特尔斐城的亚洲村）是由一个设计师做的，但是通常城市设计工作要由总体规划和在设计指导方针下进行设计的一系列单体建筑组成（如1992年在巴塞罗那的夏季奥运会场馆）。实际上，它们的规划和设计如同在新特尔斐城和在巴塞罗那一样，通常源于最终用途是把它们作为居住区，而对中间时期的使用予以基本的关注。

世界性展览会和运动会综合体不得不按严格的截止期限进行修建，需要许多建筑师、基础结构设施设计师和承包商相互协调的努力。它们倾向于仓促地、突然地进行修建。从这种意义上讲，它们是局部的城市设计。城市设计的任务分配贯穿于从项目的全部设计理念到监督设计过程。

展览会、娱乐公园和主题公园因为付费公众的体验而被设计成多功能场所。它们被用户高度地引导。它们的设计目标是娱乐性的，有时也是教育性的，但是不得不要满足许多相关功能。通常不按城市设计的形式进行考虑，但是却有着城市设计问题的所有特征。某些设计还有着一段悠久的历史。纽约的科尼岛由弗雷德里克·汤普森设计，他是一个接受美术教育的建筑师。在哥本哈根的特渥力花园就是一个娱乐公园的经典例子（也可参见，格瑞兹，1982年）。赫尔希公园是美国许多这种公园中的一个，然而加利福尼亚州的迪斯尼乐园已经在世界范围内派生了许多相似的主题公园。在英格兰库拜近期已经制订出来一个关于童话奇境的方案——一个基于童谣的主题公园。这些公园中特别是小型的公园也许是很好的局部城市设计，较大型的公园包括总体规划、基础结构设施的设计和内涵物的设计（把单个建筑与基础设施相连接）。

世界性展览会经常成为新城市设计思想的试验场。1851年，伦敦展出的帕克斯顿设计的水晶宫的影响力至今仍然能让人感受到（吉迪恩，1963年）；已经提到的1893年芝加哥博览会是城市美化运动的一个主要先例；近来的展览会已经探索了使人们舒适而快速地往返的问题。迪斯尼乐园和迪斯尼世界

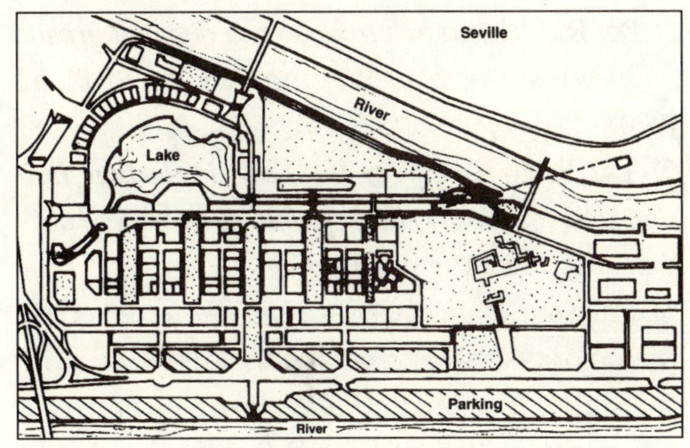

1.1992 年西班牙塞维利亚展览会的场地规划
(绘制：埃里克斯·沃基；改编：狄克逊，1992 年)

2.未来的佛罗里达州（EPCOT）中心(明日社区的实验原型）计划，1972～1982 年
(资料来源：戈斯林、梅特兰，1984 年)

3.佛罗里达州迪斯尼世界的海豚旅馆地区
(照片来源：理查德·菲特兹哈丁格摄影)

图 3-22　展览会和主题公园

转型的世界性展览会设计及其管理（1)和诸如EPCOT 中心和迪斯尼世界（2、3）这样的场所空间有着作为城市设计更加传统理念的所有特征。意象、模式和流线的清晰、序列、展览连续性的体验设计，以及关于发展的设计和展览构成部分的变更对于参观这些地方的人的体验好坏都是最基本的问题。维护设计成为一个关注要点，进行了通常非常好的处理。它不得不维持它们在公众心目中的形象。

展现了潜在新世界的景象。它们都体现一种回归的思想（通过它们的村庄环境）和进步的科技以及意象的综合体。加利福尼亚州一个 350 英亩长海滩的开发，即迪斯尼港口，包括一个主题公园、迪斯尼海，目前已摆在了制图板上。

总　结

城市设计的基本目标是确保在建造和重建城市及其他人类聚居地的过程中对公众利益的关注。城市设计既包括城市的建筑设计、邻里关系和下一层级地段的设计，也包括许多设计师制定的城市设计指导方针。城市设计关注的焦点已经放在公众领域。

今天城市建筑的设计例证很少，但是偶尔也有。在街区尺度和在邻里尺度上，也有许多大体量建筑设计项目的例子。更多的是，需要把代表很多委托人——发起人和用户利益的许多设计师的作品整合为一个连贯的整体。现在已经建设了足够多的项目，我们可以从中进行学习，可以从方案完成的过程中进行学习。短期的影响正开始被理解，但是许多长期的代价和受益仍然受到广泛地质问。

城市设计有意识开发建设了许多新城镇，甚至是更多的城市分区。自从第二次世界大战以来，遍布世界各国建设的新镇数量是巨大的。包括一些主要的首都城市、城镇，建设是由于国家政策影响的结果，某些是为了私人开发商的利润而进行的建造。分区规划包括城市组成部分的重建和转换以及郊区开发。在那个时期内就已经涉及到，构成环境质量的意见反映在设计指导方针关注点的转移中。现在主要的变化是，从一种对建筑师自身传统智慧的信任到一种对经验性研究的更大程度的信任。许多建筑师发现这种转移贬低身份，但是从产生的设计看来，达到了建筑师宣称的城市设计目标，满足了城市设计师对市场运转介入的要求。这种自我形象结果的不明确性已经在许多建筑师脑海中产生了一种冲突，因为他们把他们自己看作是最终产品固定的有能力的总设计师，而不是作为关注于城市变化进程的人。

这些设计成果中的某些是一个建筑小组的部分设计工作，但是更多成果是从公众管理指导的实施中产生的。必须要在政治和经济的关联性中去认识。每一个成果因为被认为是重要的需要解决的问题已经产生了与最初设计想法的偏移，每一个观点都源于一系列的观点基础。我们经常努力去描述设计师的作品，但是很少去理解每一个设计所表现的观点。

主要参考文献

① Attoe, Wayne. "Historic Preservation." In Anthony J. Catenese and James C. Snyder, eds., *Urban Planning*. NewYork:
McGraw Hill, 1988. 344～365

② Barnett, Jonathan. *An Introduction to Urban Design*. NewYork: Harper & Row, 1982

③ Broadbent, Geoffrey. *Emerging Concepts of Urban Space Design*. New York: Van Nostrand Reinhold (International), 1990

④ Del Rio, Vincente. *Introducao ao desneho urbano no processo de planejamento*. São Paulo: Pina, 1990

⑤ Lai, Richard Tseng-yu. *Law in Urban Design and Planning: The Invisible Web*. New York: Van Nostrand Reinhold, 1988

⑥ Shirvani, Hamid. *The Urban Design Process*. New York: VanNostrand Reinhold, 1985

⑦ Smith, Herbert H. *Planning America's Communities: Paradise Found? Paradise Lost?* Chicago and Washington, DC: Planners Press

圣地亚哥的霍顿中心

评价与对策

无论是设计一个汤匙还是设计一座城市，每一个设计都应该是建立在自然界的信赖和价值观基础上的一系列看法。符合当今城市设计工作的一些看法被广泛得到接纳，另外的一些态度虽是罕见的观点，但是还有一些则是独特的个人见解。在美国，现在很多的职业工作好像都向经济实用主义的态度看齐。然而，它也含蓄地包含两种基本态度，即以理性主义和经验主义传统为特征的知识和设计构架。

当越来越看重经济实用主义时，很多城市设计在专业设计中也处在失去活力的危险中，更有甚者就如同法规一样僵硬。或许城市设计非常有必要关注放在首位的公众利益。城市设计已经变成了保护消费者利益的运动而不仅是对市民的爱护(布坎南·詹姆斯,1988年)。的确,这种特别的精神——给市民创造良好的居住、工作、休闲和理智的使人振奋的环境——在20世纪60年代的城市设计中已经产生和发展，好像是由于经常提及，现今仍然处于思考之中。隐含在当今城市设计中的发展态度和由此引发的问题将在第4章进行讨论，即“城市设计中的基本态度”。

建筑运动的价值不仅没有丧失，而且它赋予城市设计以生命，成为城市设计领域的先行者。然而，有一些特别的态度好像已经激励了过去对城市设计问题的关注。在很多关于城市应该如何设计的建议中，的确有一些激进的改革主义者，可能也有些持保守态度的人。改革主义的态度深深地根植于19世纪的社会和慈善运动中，他们的目标是为欧洲和北美工业城市的人们创造更多健康的和道德精神向上的环境。这种改革被大量地反映在对待城市设计的态度之中，在本世纪初这种态度体现在城市美化运动中。它所关注的是把城市作为艺术品和让市民引以为荣的表现，以此来回应19世纪工业城市的残酷性。在历史上，经常有独裁主义者强制性使用这种城市设计，作为一种显示力量的机器来控制个人和组织的意念。

如果说19世纪的社会和慈善活动对城市美化运动具有影响的话，那么，它们对建筑中的现代主义运动就具有更深远的影响，甚至对西方民主社会的改革也有更大的影响。西欧、澳大利亚、新西兰的福利国家概念和美国的美好社会概念，都是不切实际想象的直接结果。从社会学角度来看，这种空想就是19世纪改革家的理想，正如现代主义运动是物质化设计的术语一样。

现在的城市设计工作仍然强调改革城市的两重性，这种两重性指出了现代运动的两大思想。经验主义者回顾了早期的世界，好像比他们所处的时代运作得更好，而理性主义梦想建立一个以社会和人类抽象模式为基础的新世界。这两种思想不仅关注为更好的生活提供更多的机会，而且关注这样的生活应有的城市环境类型。他们代表的很多设计实践和态度一直以来并且还将继续影响着城市设计实践。

现代主义者在实践中发展设计观念及行为的相关事物时，很好地利用了自己所提供的知识。可以不言而喻地讲，对设计师很有好处而且起到指引设计的前提是关注公众利益。现代主义的所有工作，实际上就是建立在正确的知识和信仰以及一整套思想体系上的，或是建立在关于什么才是美好世界的认识标准之上的。现代主义者的信念是建立在自己所提供和想象的信息基础之上的正确理论，这种信念仍然存在于我们中间，作为城市设计态度和知识的主要来源。个人的经验很重要，但是我们需要建立在职业经验积累之上的理论基础。

我们在第1章已经强调过，在一个完整的系统中，认识到社会环境和物质环境是共存的很重要。现代主义运动设计师的社会责任目标应该与今天的城市设计师相符合，尽管需要十分谨慎的对待他们的社会目标。在承认所有传统的和现代主义运动思想不足的同时，大多数建筑师和学院派的建筑思想已经从关注未来的理想政治领域中撤出来。在近来寻求实施的实用性和方便性中，许多作为法规和专业行为的设计已经在城市设计中消失。需要重新发现一种新的方向。

正在进行对城市设计目标和意义的再考虑，而且必须要坚持下去。由于社会在改变，所以需要重新认定城市设计师的作用和对待那些变化的机制。那些需要调整的新东西不断地涌现出来。在第5章“重新设计城市设计”中，城市设计当前态度中的局限性和具有成效的作品都是在一个广泛的社会决策过程的环境中进行分析的，这些环境包括：市场、法规体系和政治制度。社会的最高秩序目标被认为是自由平等的机会和对所有人的公平。城市设计不得不对某些道德秩序进行考虑。

寻求未来的方向并不仅限于简单的建造大型工程，在一个社会所有的社会、经济、审美形成过程中，城市设计师很容易过高地估计城市形态在其中的重要性。当然一个场所的物质特性是对特殊时期场所文化和态度本质的陈述，但是它仅仅能在社会的边缘塑造社会。从这个角度来看，也很容易低估物质环境在满足人类需求方面的作用。例如，很多人文科学和社会科学就倾向在真空的地理环境中考虑人类的行为活动和某些事物。作为一个工具在创造新的社会、经济、审美的规划中，城市规划师需要了解城市设计的范围和局限性，以及它在变化的世界中所发挥的作用。城市设计不能或坚决不能被简单地理解为是一个大规模的建筑。

将在第6章中进行陈述的第一部分讨论的结果是“功能主义和经验主义的城市设计”。这一章的目的是表达对城市设计的态度，即放宽和限制这个领域的范围及基础知识。自我提供的信息对城市设计师来说是他们灵感的重要来源。无需谨慎对待，我们从来不可能具有完整的知识系统，也不可能拥有任何的论据证明。我们是彻底有理性的人。幸运的是我们现在有比现代主义者，甚至比30年前的城市设计师所能得到的多得多的城市设计经验和很多有经验根据的知识，这些是城市系统分析的结果，可以供给设计师任意使用。但是知识的主体仍然是不完整的，并没有我们所希望的那样得到充分的发展。详述状况比去执行更加容易。对于很多设计师来说，除了用虚拟的方式，他们不愿去测试新知识基础的运用或者去设计它们（弗朗西斯科，1989年）。除此之外，尽管研究能告诉我们研究结果，但是却不能告诉我们将要形成的和设计的目标是什么样的。像任何设计工作一样，创造的设计目标是一个充满功利的政治行为。理性主义者的思考过程需要设想未来，但是这种设想必须根源于经验主义的基础。

如果说，城市设计对社会有一定的意义，那么，它就必须服务于一系列基本的目的——必须和建成环境一样能提供一整套的服务功能。表面上看这是很清楚的叙述，但是在建筑中，对功能的理解仍然是有局限性的。建筑师把从现代运动继承的功能概念作为对今天城市设计分析和规定未来居住生活方式的一个出发点需要进行修订。

如果设计过程是透明的，那么，为做决定的知识基础和引导基础知识发展的态度以及设计活动也需要明确和清楚。基础知识和设计态度哲学都需要在一个清晰的理论构架内进行陈述。不幸的是，在设计领域关于理论本质、设计理论基础应该怎样建立和怎样与时俱进方面，一直以来都存在着完全没有必要的混淆。此处的讨论是用经验主义的方法来证实这个环境是如何进行工作和哲学设计的方法是如何发挥作用的。经验主义在它纯粹的形式中正在支持着从现象学的方法向知识发展的挑战。现象学被认为是经验主义的一种形式，然而，它在发展假设中比在测试假设中更有用。就像诗歌也能服务于很多相同的目的一样。经验主义也有它的局限性，很多人都这样说过，例如，布里顿·哈里斯(1976年)。理论必须通过各种可行的方式来建立，由于这些方式的进步，使得理论也得与之相适应，城市设计作为一个领域，一定愿意不但是进行实践而且进行学习。

这里讨论的是新现代主义和新经验主义的方法在城市设计理论的建立和实践中的结论。作为出发点，它认为现代主义者的意图基本上是健全的、完好的。同样的，它也表述了对建立在经验主义基础之上的理论框架的渴望是正确的。从现代主义立场出发关于城市设计有两个基本的出发点：(1)经验主义者需要有比现代主义者更高的准确性；(2)设计过程是设计的基本点重点。这种观点暗含的是：(1)设计形式必须与历史文脉相联系；(2)认识到所有产品都是通过创作过程产生的，但是设计产品也通过一些创作过程产生了偏见。现代主义者有一个高度紧缩的观点。这种观点部分是由于建筑师运用继承了像勒·柯布西耶这样的建筑师使用的笛卡儿哲学模式，但是主要是由于建筑师缺乏知识。

然而，尽管很多建筑师了解世界、了解设计过程和设计态度，但是他们在设计时一直都不能进行肯定的处理。他们的知识基础一直都很贫乏。在创建未来时，他们总是被许多人困扰，包括专业人士和各阶层的人士。承认知识贫乏是很重要的，但是如果城市设计是为了更好地服务社会，崇拜知识，并且由于知识有助于创造性事物的产生而将它看作是设计领域值得向往的特征却是一个不变的观点。

4

城市设计的基本态度

对城市设计师过去的观念、工作以及他们对社会所做贡献的赞赏是一件容易的事情，对任何城市设计及其设计态度挑毛病也是一件容易的事情。不可避免地，规划师、景观设计师、建筑师必须在设计中对互相矛盾的目标进行权衡。原因是由于在设计工作中必须要考虑大量的可变因素，使得设计问题正如豪斯特·瑞特欧所说的一样成为棘手的问题(伯泽杰内克，1974年)。我们得承认设计工作是一件棘手的事情，最终的设计结果并不能帮助我们真正地理解设计师所费的周折，以及隐藏在他们所做决定背后的态度。然而第二次世界大战后的许多设计工作并不能为仅仅所做折中选择的理由做出解释(彼得·霍尔，1988年)。

传统建筑学的明智选择以及关于城市设计的城市规划专业在20、30年前就逐渐变得漏洞百出了(蒙哥马利，1966年；迈耶，1967年)。他们的想法是建立在一套关于人类荒谬的假设基础之上的(伍德·爱德华，1966年；斯特林格，1980年；埃利斯，1989年；卡夫，1989年)，以及由此导致的一套关于什么将构成良好环境的荒谬假设之上(布莱克，1977年)。既使是最激进的现代主义倡导者也得承认，在他们的设计或是思想意识领域中存在着不足。路德维希·希尔伯塞默1924年在他的大都市设计中所反映的就是这样的一个说明："那不是大都市而是个大墓地，它的水泥和沥青街道将是最没有人性的环境。"

对这样观察的回应是部分城市设计专业人士的一种态度转变。但是这只是对现代主义思潮中问题的一种知识性浅层次的回应。问题的关键在于努力去减少那些通过将历史元素运用到建筑物外观上所产生的视觉上乏味的环境，以及其他能够界定开放空间的元素，而不顾对城市设计本质的重新考虑[参见图4－2(3)]。结果是，那些许多至今仍然对设计工作大有裨益的现代主义者的基本态度在没有经过慎重考虑之前就被抛弃掉了，然而现代主义设计思潮所涉及到的潜在问题却仍然困扰着许多城市设计思想（斯贝斯，1981年）。

在将建筑作为物体的设计层面上，这种草率或许只是认识上的问题，虽然处在环境层面却事关社会问题。城市设计的发展，由于大量建筑学和建筑学教育对现代主义思潮缺点本质上不情愿的认识便被大大地阻碍了。以至于他们在30年前第一次认识到这个问题时，就已经将现代主义思想上的缺点看作是一个新的惊人发现（如戈德伯格，1989年）。

在城市设计陈述的基本目标中有许多种方法已经被建筑师自己进行了改变，并且用来回应对他们工作的批评，尽管他们已经认识到整个设计具有很严重的局限性。建筑在很大程度上不能改变人类社会生活，也很难在经济关系面前真正发挥作用；在一个民主社会里，城市设计师为了能在各种强势群体关注的政治场所中争取他们的倡导也是一件难事。这种认可无论是在空想家那里，还是在实业家那里，都改变了城市设计的本质。在许多情况下，最终的改变听起来很明智，但是也会给社会带来机会成本。本章概述了当前影响城市设计工作的态度，建议根本没必要抛弃许多过去的城市设计工作及其形成的态度。

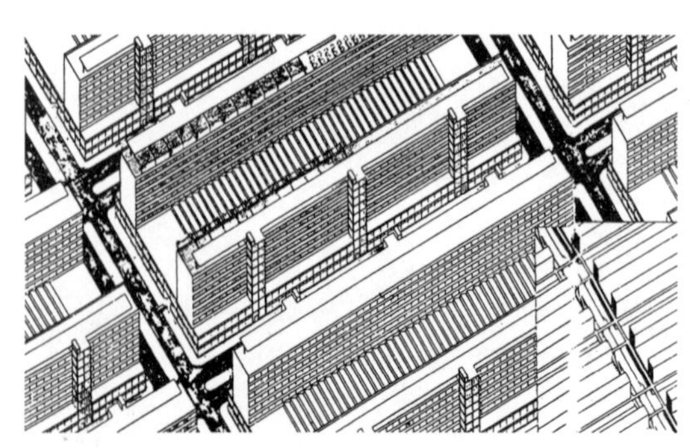

1.路德维希·希尔伯塞默所做大都市中心计划（1924年）（资料来源：路德维希·希尔伯塞默，1940年）

2.奥尔班尼的纽约州立大学(1961 年)
(资料来源：特纳，1984 年)

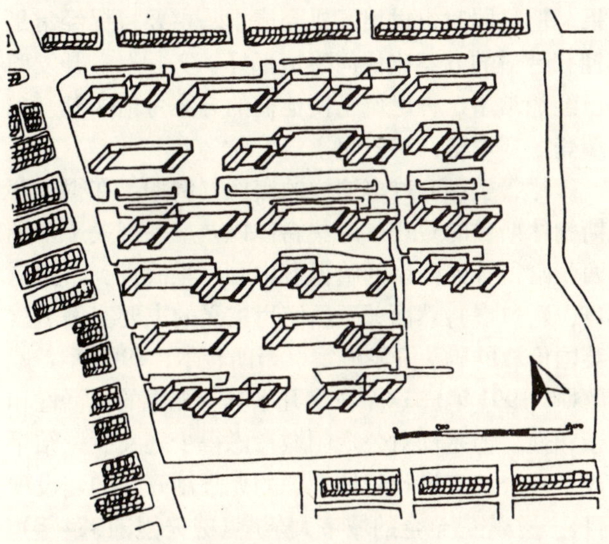

3.密苏里州圣路易斯的普鲁伊戈居住区
(资料来源：纽曼，1972 年)

图 4－1 美国城市设计中的理性主义态度

路德维希·希尔伯塞默的大都市规划设计主要是基于构成健康环境的要素——开放空间的参与程度，对光线和空气理解的概念性方案[图 1；参见图 2－10 (4)的激进城市]。许多实施的方案都遵循同一设计思路（例如，爱德华·D·斯东的作品），许多共性的问题（例如，图 3，圣路易斯的普鲁伊戈居住区）都只是单单地把他们的注意力放在提供居住空间场所、严格的几何形状、高效的交通和建筑物的建设上，而很少关注对潜在使用群体的广泛考虑（参见图 5－3）。

当前城市设计的态度

现在关于城市设计的四种态度并不和谐地共存着。

(1)实用性财政主义的城市设计。这种类型的城市设计工作源于这样一种观念，由于在城市设计规划中，市场的强大需求使得为满足开发商利益的设计工作必须以此作为其产生的基础。环境的使用者被简单地当作潜在的购买者或租赁者。设计也就被简单地认为是消费产品。

(2)作为艺术的城市设计。这种观点认为，如果城市设计与任何社会工程无关的话，那么，它的首要目标就是把它当作一件艺术性的工作来对待，应该是对建筑师思想的庆祝。尽管所有的城市设计都有一种艺术元素表现于其中，但是新理性主义者和解构主义者却趋向于将某种几何美学作为其基本的出发点。在这种极端的设计形式中，几乎没有考虑使用者。最好的情形也只是将使用者看作是接受教育服务和有可能娱乐的一些人。

(3)作为解决问题方法的城市设计。尽管这种类型在设计中包含有对经验知识的应用，但是其中大部分却继续建立在对过去天真怀旧的基础之上。使用者及其需求也是被用一种怀旧的眼光来看待。

(4)社区设计式的城市设计。这种类型注重的是由使用者自己做决定而引发的一种设计过程，这种设计过程决定由使用者做出，但是最终却往往变成了实用主义。从某种意义上讲，它给与人们所说所想的东西而并非他们想要的那种真正存在的东西。

以上四种态度并没有哪一种是完全对与错的，但是每一种态度都能在某种环境中发挥一定作用。

许多城市设计方案往往是两个或更多的设计方法的混合物。例如，佛罗里达州海滨区的规划设计就是一个集艺术、经验主义、经济实用主义和建筑学及对其设计在当地社会行为中所产生影响的慎重考虑的混合物。这个计划本身就是一个小规模的城市美化工程，需要卖掉房屋，它并非是一个经济性的隔离社区。它的设计指导方针表明通过对经验主义的研究可以直接或间接地学到很多东西。同时也代表了一种创建新生活的努力，以及建立在此基础上的假设——通过特殊方式建造建筑物，人们将会以特殊的方式进行生活（邓洛普，1989年；帕顿，1991年）。尽管在理解人们倾向方面取得巨大的成功（而且也应该记得，极少数搬到海滨区建筑里的人之所以这么做是因为他们意识到这样做将会带来什么），但是他们对某种传统活动方式出现的期待并未发生。例如，门廊使得人们能够在半封闭的空间内与路人进行聊天。这种形式仅在某种程度上会发生，但是并未达到预想的程度。部分是因为海滨区缺乏常住的居民（帕顿，1991年），部分是由于这种曾经作为传统标志的行为活动已不再盛行。门廊则更多的是作为一种生活方式的美学标志。海滨区已经被看作是为那些住得起并选择这样做的公众提供的地方。

尽管今天有很多针对城市设计的各种态度相融合的例子，但是仍然值得去研究纯理论的类型来解释这个领域发生的事情和它发展的方式。这一章的目的是，通过对20世纪初期建筑家所持有的价值观念进行比较性的思考，来梳理当前城市设计的态度。必须承认许多关于目前城市设计方法的批评是有根据的。我们能从中学到这一点，但是，批评应该是引导对城市设计目标的重新检验，而不是对其复杂性的妥协(麦凯，1990)。现在是去承认过去方式的缺点和它们许多潜在哲学见解实用性的时候。

(1)新实用主义——“资本主义权宜之计的设计”(莱，1989年)

要做到对设计中各个方面的问题都进行充分考虑并且顾及到所有股东的利益这一点是不可能的。然而在20世纪70、80年代的美国，出现了一种关于城市设计的实践浪潮，这种对实施能力的渴望表明，对城市设计领域的思考和对设计任务的关注焦点已经从现代主义者所考虑的问题和对他们的批评上转移开。看上去城市设计经常是关心商品本身而不是利益，也经常把象征和现实相混淆。近来许多想法的态度反映了对低收入群体的一种蔑视，对目前长期存在的金融界和建筑界精英的一种信任，以及对理论教育中某种玩世不恭的悲观主义。城市设计被简单地看作是消费品(舒尔切，1991年)。

过去许多设计的思想、建议和方案没有付诸实施是由许多原因造成的。许多是针对假想问题的假想建议，而且也从未试图加以实施，有一些是高度简单化的对策，有一些则在经济上不可行。有些仅仅是因为赞助商和设计师缺乏实现目标的坚韧性，有些设计理念没有实现是因为政治上不可行或者是被认为就会是这样的。这种情形已经使得设计师经常去过分考虑建筑的实施，而不是关心除经济回报问题之外如何获得一个好的设计。

一直以来，可利用的经济资源都是对所做工作的一种限制，但是现在可喜的是，对城市设计已经出现新水平的财政支持。从哲学意义上讲，对该建设什么及对建造设计质量的仲裁已经在很大程度上依赖于市场。由这个立场出发，许多建筑师和城市设计师已经失去了对公众领域的关注，从而更加注重设计的外在性——公众商品(威夫德，1984年；吉拉度，1987年；布坎南，1988年，1990年；伯德，1990年)。这就使得设计师获得了财政实用主义的效果，但是同时也付出了机会成本。主要目标经常是拥有合适的方案比任何事情都好。实际上，开发商已经经常用这种论调来使他们的方案付诸实施（福瑞登、塞尼格，1991年)。

尽管美国有许多这样的实例（例如：在得克萨斯州休斯敦的Galleria集合体以及一系列关于新泽西州哈得孙河西岸的哈得逊中心、霍波肯、帝国港口、新口岸)，然而关于新实用主义的主要实例当数英国伦敦的码头开发方案（布朗希尔，1990年；威廉斯，1991年)。这个方案几乎具有无限的灵活性和亲和性，但是却对公众领域考虑得少之又少，结果成了一个没有进行整体考虑的无限制开发的建设项目，一个完完全全的城市大杂烩(威夫德，1984年)。“穿过这个地区，将经历广阔的后现代区域，在这个区域里，所有邻里的观念和城市设计被牺牲在一种疯狂的无规律排列的建筑之中”(伯德，1991年)。尽管这种评价很大程度上代表了个人的见解，但是参加设计的人员也存在对城市设计问题考虑的不足，实际上也就是对实用性问题考虑的不足(奥林，1991年)。例如，交通和高密度工作人群的相互联系。码头地区遇到的财政问题，尤其是金丝雀码头，在方案设计阶段就已经显示出对房地产市场不安全的焦虑。美国的例子中至少存在大量设计类型的混合使用的状况，这使得他们能够在市场重新好转的时候成为未来城市开发的一部分。

在美国，休斯敦或许是这方面的典范，财政实用主义和市场成了能对公众利益做出解释的城市设计师（吉拉度，1987年)。城市里到处是美国主要建筑师最新设计建成的摩天大楼，存在像Galleria这样的新购物中心，而人们却居住在丢弃的汽车里。没有分区规划控制规则（写这本书的时候）和极少的行为限制（类似于分区规划那一类的行为），新兴的社区更在庆幸自己在追求利润方面做出的努力，尽管其他的美国社区或类似于休斯敦社区的例子已经遭受了巨大的艰难险阻。许多城市在贫穷中濒临消亡，而另外一些城市则面临着萧条的尴尬局面。除此之外，很少有设计能对城市沼泽的位置及其气候加以重视（更不用说抵御飓风的无能为力）。在一定程度上很少有建筑师情愿在公众面前讲出城市的弊病。因为他们担心这样做会危及他们的职业，或者改变他们的政治意愿。然而在设计阶段，针对20世纪80年代极其夸张现象（例如，信贷联盟的失败）的回应和对自然环境的掠夺行为所做出必要应对已经导致了新社区法规的引入，这些法规是由杰拉尔德·海因斯和川梅尔·柯罗这样的主要土地开发商倡导的。

就像在休斯敦一样，财政实用主义的运用已经加强了普通公众的意识，他们认为，在设计中有必要充分考虑公共领域的问题。例如，在卡的夫码头规划设计方案中，对社会目标的考虑以及在设计中公众领域所占的份额都要比伦敦的码头区方案多得多。

过去20年，新实用主义一个值得肯定的成果就是引发了一整套公开的评审工作。即使像旧金山米申海湾这样的设计方案，由于高涨的经济实用主义立场也不能将城市设计作为消费品来对待。我们能从这些实例中学到甚至是更多在图板上的设计中看到，设计中的绝大多数作品不但考虑到人们的支付

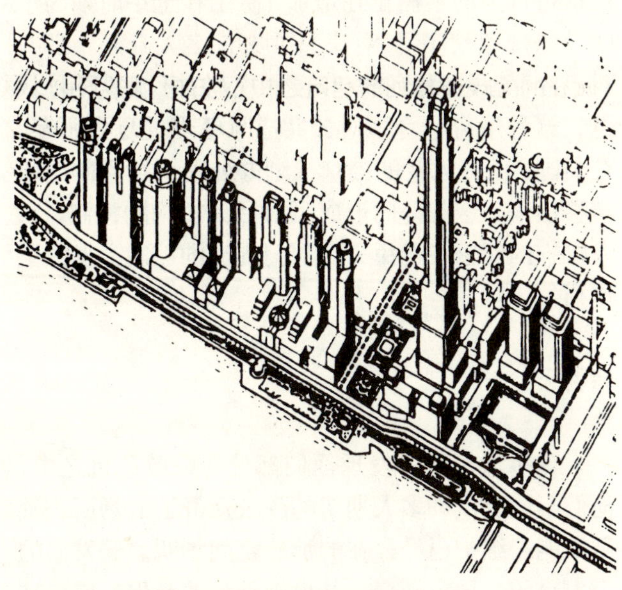

1.开发商唐纳德·图姆珀计划的纽约曼哈顿的T．V．城
（资料来源：美国建筑协会，1990年）

2.伦敦的多克兰区
（照片来源：伦道夫·葛利费兹摄影）

3.伦敦多克兰区的Ganary 码头的开发
（资料来源：费城汉纳／奥林有限公司）

图4－2　经济实用主义的城市设计

纽约的T．V．城（1）是一个看似主要建立在最大程度实现开发商短期利润基础上的城市设计方案实例。同样的，伦敦多克兰区的Canary码头（2）的开发设计方案，尽管1992年还处于极度的财政危机之中，但是它仍然坚持实现经济回报最大化的设计思路，现在正在建设的部分工程就和早期模型（3）所展示的十分相似。尽管看上去比现代主义的城市设计要有趣一些，但是所需的基础设施，尤其是交通系统将会非常缺乏。

能力，也顾及到方案的更大利润。他们为人们提供了一种能实现其想象中他们是谁，他们想做什么的值得称赞的、精神上的、与环境和谐的例子，或许他们的设计会引起争议。这种论述并不完全错误，但是许多论述却缺少计划性。把这种情形单单归咎于私人土地开发商是目光短浅的体现。

在20世纪80年代的美国，许多城市设计项目的购买者和赞助商都是私人。自然的，策划带来的基本目标不仅是为开发商带来好处，同时也要让当地政府(这个意思，也许就是指市民)的税收获益匪浅。税收的增长不仅是因为税收基础的增加，也是由于有了不再花费或极少消耗税收的新区策略。于是在他们的脑海中就有将公众与私人联合起来以避免社会关注的这种想法。除了创造性工程，任何销售很好的公共项目都在他们所认为的责任范围之外。

检验工程和审视工程态度的时候，必须要了解工程所处的文化环境背景。在美国，对私有房地产的拥有权是最基本的自由。美国的文化环境基础源于土地很廉价时发展起来的前革新主义哲学家约翰·洛克、亚当·史密斯、杰诺米·本瑟姆和威廉·布莱克斯顿。当这种认识被运用到城市设计时却遭遇到了挑战，它代表了一种简单的观点，“通过有机多元的规划经验，起决定作用的是秩序和收益，而不是集权制的设计，”并且不应该为公众利益而侵犯私人权益。如果这样推理下去，那么，我们可以看到这种态度对社会造成的损失将是巨大的。

在资本主义社会，重要的决策者是依据市场做出判断，很少能与政治司法合作。对开发管辖权的竞争必将导致对市场的让步妥协。只有在对新区的强烈需求和强有力的城市设计领导下，以及开发商准备在其项目中为非市场的公众利益做出让步的情形下，才会产生这种妥协。在美国，有许多这样做出妥协的例子（例如，加利福尼亚州的葛伦德耳和核桃溪市、华盛顿州的贝尔维尤、马里兰州的波斯达；朗，1987年；凯，1991年）。在所有的例子中，都对城市设计的指导方针进行了详细的叙述，自始至终都推崇对开发的需求。1986年葛伦德耳的城市设计被授予“进步建筑”一等奖。

对城市设计强烈的实用主义态度引发了许多后果。许多政治裁决乐意在他们的控制地区开展获利性的建设项目，从而取代附加的费用。例如，由于不担心教育设施需求的增加而成为好工程，因此考虑了它们周围新的交通设施建设，而不考虑能够让儿童使用的项目建设。这种决定导致了美国已经存在的按年龄分群的社会类型（布朗芬·布伦纳，1970年）。同样，不考虑低收入人群的项目也是很受欢迎的，实际上非民用建设项目也是好项目。由于能产生巨额的租赁收入，修缮性建设项目也很受青睐。

其中一种确保修缮项目完成的方式，就是通过运用背靠背的设计。但是使用相互隔离的设计原则造成许多现代设计的单调乏味，这一点已经引起对混合使用的改良类型的重视。市场支持这种政治上的保守主义。畅销程度就是以购买居住用房为主要标准。这使得保守型建筑类型不同于已经意识到的家庭行为规范对需求做出那样的敏感反应。从长远的发展观点来看，市场经常或许会对人口经济和社会产生变化，也对美国人口中的文化差异做出反应，但是至今为止，这一点却是失败的。这种回应就是应该向那个方向推进（海登）。

由市场力量决定城市设计师的选择权并不是多么令人惊叹的，因为设计领域一直以来都反映着当时时代的政治进程。这种情况不单是在美国才有。在过去的20年间，已经转移了社会目标，不再追求公众利益。尽管也有许多反面的论据，但是人们意识到，在政府的领导下，通力合作去满足公众需求的努力只会为提高少数人的生活带来成功。在建筑领域里，这种观念反映了许多设计理念利己本质的高涨。这种变化反映了社会本质问题上更大的变化——公众利益的私有化和对公共空间的控制（森尼特，1977年；布坎南，1988年；赫特，1991年）。

已经出现或许即将出现的现象是对执政政府批准认可行为的不满正在增加（除了在选举时期为了顾及法规和秩序）。看来只要有许多人介入，那些对已经存在的新区法令和设计规范的不满就要被认可。这种形势孕育了对公共成果管理的玩世不恭。在美国，就有大量的公众规划办公室从行政部门中转移出来，这些部门形成了对私人机构的控制，私人机构的专家在避免公众部门提出的控制上发挥了作用。

销售天空

许多城市政府发现他们都处在财政危机之中。他们不能提供许多人期望的令公众舒适的场所，甚至不能去维护已经存在的那些空间场所。开发商的个人目的会导致现存公共设施部分的受损，使得在将来他们不能在市场上进行经济性竞争。城市设计师和城市领导者已经制定应付这种情况的办法并不是一件怪事，这样做的目的就是，公众部门正面临着要解决是拥有一个好的城市还是其他什么样的城市这样一个冲突的问题的两难境地。

许多激励性区划正在习惯于鼓励发展特殊的建筑类型和由私人部门建设的公共基础设施。这种激励允许开发商建立比新区规范要求更多的楼层空间。在一座建筑上用少量的费用建设额外的楼层要比整

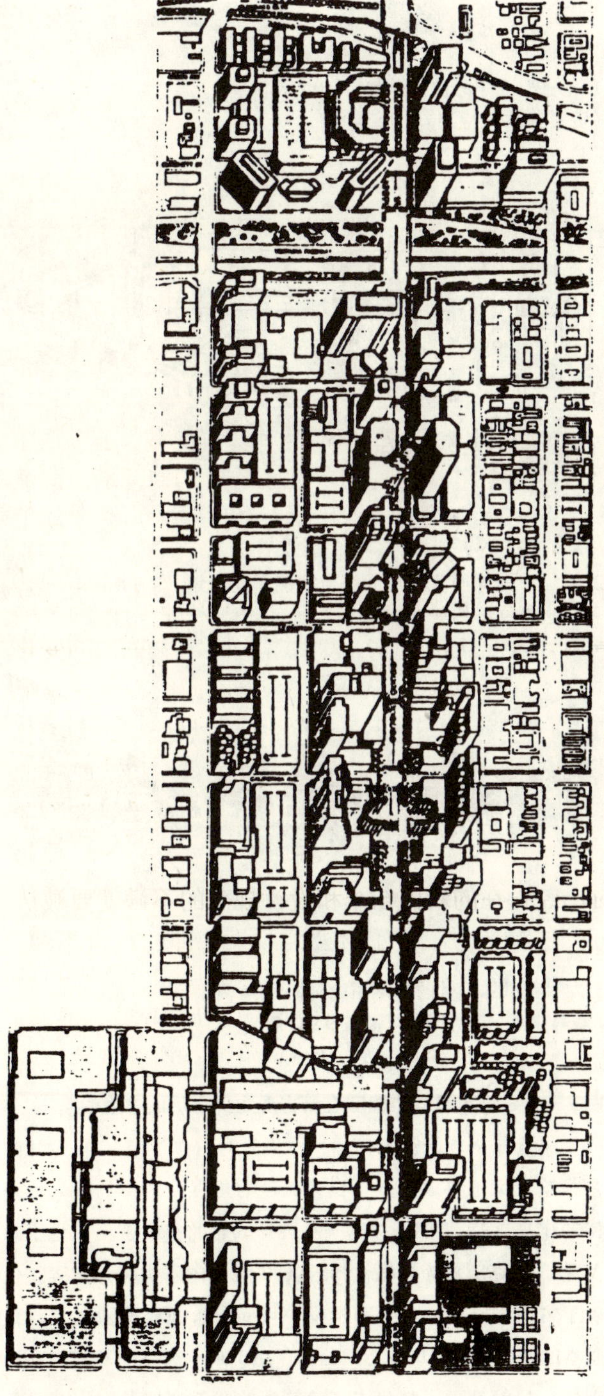

1. 格陵兰城市更新计划方案的平面图
(资料来源：加利福尼亚州格陵兰城市更新机构)

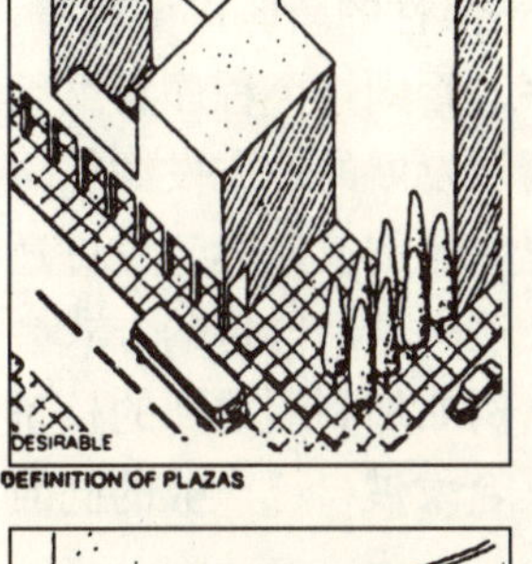

2. 设计指导方针的例子
(资料来源：加利福尼亚州格陵兰城市更新机构)

3. 布兰特林荫道
(照片来源：加利福尼亚州格陵兰城市更新机构)

图4－3　加利福尼亚州的格陵兰

格陵兰商业区的改造工程包括三个主要地区：北端的办公区，中间的综合区和南端的零售区（1）。尽管停车场的车库就位于邻街的地方，但是布兰特林荫道仍旧是该地区的主轴线。一个主要的设计思路是，整合主要建筑和加利福尼亚州的平房型居住区，由加利福尼亚州伯克利ＥＬＳ建筑事务所提供的城市设计纲要，是计划形成基础设施和建筑开发的政府及私人共同投资以确保环境质量的标准（2），这些认识支持了更加细化的设计指导方针的实施（3）。

个建设的费用低。这样做的回报率是极高的。这就不奇怪开发商用某种功能作为允许他们建筑高度增加的回报准备。结果是造成底层缺少阳光。激励性区划是对美国主要城市新区开发压力下采取的极度实用主义的反映。很少有政府用鼓励政策来抵抗来自新区游说者的政治压力，以便使新区开发的进程顺利些，或者是有财政能力使得权限归属明确的房地产得以顺利发展。毕竟，开发商能把他们的资金运用到任何地方，除非制定一般性的新区协调政策，或是重新编制了财政性程序，否则这个程序将继续不能在那些准备延期偿付新区发展的地方发挥作用——这种偿付的方法在马里兰州的波斯达，或许还在旧金山都被成功地运用，这种延期偿付的方式会经常受到来自法庭的威胁（例如加利福尼亚的核桃溪市），因为他们看来，在适合发展自己产业的同时却被认为侵犯了私人权利。

(2)作为艺术的城市设计：理性的构成主义和解构主义

伴随着新实用主义的发展，建筑师的注意力又经常集中在将城市设计作为艺术来对待上。艺术就像能感受到的一样是城市设计师对城市的一个独特贡献。于是城市设计注重每一瞬间形式的本质及其代表的美学思想。这种态度在欧洲比在美国要盛行得多，尤其是在与20世纪早期的立体派思想有联系的传统建筑师中的理性主义者之中更为广泛而深入(奥弗里，1969年；森科威切，1974年)。顺着这个思路，涉及大量的问题和人类的各类要求就能提供很好的结果。但这种结果没有和建筑师希望产生的结果相吻合。持有这种态度，城市设计中产生的与其具有密切关系的对问题解决方案进行的分析就会很少。设计是在一个完全不同的和在一个不确定的议事日程上进行的。“不要让设计工作走到解决问题的路上”，年轻的建筑师经常被这样告诫。这句话就是让你关注你自身的问题，而不是关注那些需要解决的问题。“你这样做是为了艺术”；“对艺术的责任是针对艺术，而不是针对目前某一个地方的人”（参见威格弗·塞拉、巴斯克科，1990年）。

城市设计作为一项艺术但不是一个社会运动，它被那些想将建筑职业与纯艺术紧密联系在一起的建筑师不断向前推进。更有可能的是，这种趋势与新理性主义和将城市设计看作抽象的纯粹几何学的思想更加贴近（布罗德本特，1990年）。在资本主义社会如果城市设计既不能实现社会目标也不能代表一种政治理念的话，那么，从逻辑上讲，它就应该将注意力放在形体几何学上。然而，所有的建筑和

1.弗吉尼亚州的蔷薇学院(1901年)
(资料来源：特纳，1984年)

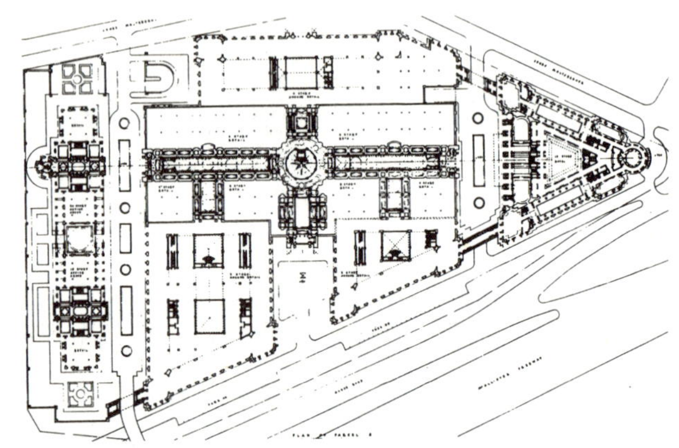

2.得克萨斯州圣安东尼的综合功能开发计划,(1987年)
(资料来源：约翰·伯莱特)

3.L·克里尔设计的华盛顿广场(1986年)
(资料来源：布罗德本特，1990年)

图4－4　城市设计中隐藏在新古典主义之后的态度

尽管像格瑞姆、古德林、弗格森为蔷薇学院（1）设计的艺术馆方案不再成为城市设计关注的焦点，但是约翰·伯莱特的作品（2）仍旧继续着一种纯形式化的古典主义，也不顾及像L·克历尔为华盛顿特区（3）设计的那类设计方案。代表了古典城市美丽的城市模型中可能蕴含的权威性意象。最基本的态度就是，这些形式已经存在3000年了，也被广泛地理解，尽管遭到了现代主义建筑师的贬低，但是它们却显示了良好的质量。

城市空间都必须具有某种目的，这种由于其本身或者其创造者的缘故所体现的建筑形式，在面对经验主义反思社会需求或是功利主义目的的时候都有其关注的内容。

其实基本的理念很简单，就是如果城市设计不能解决社会问题，那么，就让它给城市带来部分能够激发人们灵感的和谐的建筑思想。这种观点在最近举行的回顾城市美化运动和理性主义思想的工作中，以巴黎和维也纳作为具有灵感的城市例子被表现。这项工作中的大部分是对20世纪30年代艾伯特·斯皮尔在柏林的设计作品的一种缅怀，尽管这个设计既没有统一的政治寓意也不具备宏伟的尺度。

斯皮尔(艾伯特·斯皮尔)的设计得到了L·克历尔(1985年)的极力保护。就像将维也纳的经典音乐用粗笨的斧子来演奏一样，古典建筑学已经变得像人们头脑中的法西斯与权力那样紧密相连。克历尔反击道：现代主义者反而与希特勒的罪行更加贴近。并不是古典纯理性主义的设计才表现着同样的专横态度。是否具备古典主义建筑学的特征，在这儿只需说，古典主义设计仍旧是城市空间强有力的想象性工作就足够了(参见第14章"满足尊重需求")。这种意象在约翰斯和克兰德的后现代主义设计作品成功地参加加拿大安大略省市政大厅设计方案的竞争后表现得淋漓尽致(布罗德本特，1990年)。在美国，古典主义建筑学本身就拥有其强有力的建设者，如约翰·布拉特、艾伦·格瑞贝尔。在某种程度上讲，还有罗伯特·斯特恩(斯特恩，1989年；格式塔，1989年)，因此古典主义建筑学在社会上具有一定地位。

相比之下，理性主义方案继续以其柏拉图式的几何学，经常还有其在象征性和建筑形式中使用高技术而易于辨别，建成作品反映了早期例如密斯·凡·德·罗（如芝加哥的伊利诺伊理工学院的校园）这样的现代主义城市设计师以及路德维希·希尔伯塞默的概念性规划设计方案（帕米、斯贝斯、哈灵顿，1988年）。他们寻求一种将艺术的纯粹性与现代科学技术紧密结合在一起的表现形式。今天理性主义的方案蕴含在简单的几何体中，包括集中的街区、院落以及在城市剩余部分中夸张的不连贯的线性元素（经常是对成的）（卡胡恩，1973年；布罗德本特，1990年）。尽管在美国很少有近期的实例，但是在欧洲却有不少这样的实例。这种不连贯性是通过把新建筑的几何形状与已经存在的城市街道的几何形状放置成某种角度而形成的。这种观点在哈佛大学的土木中心得以表现，更有甚者是在许多新近的设计方案中，如，卡萝·艾莫妮默在米兰盖勒特斯住宅的设计中，L·克历尔的一些作品中将像设计卢森堡那样设计欧洲新首都和巴黎拉维莱特公园，还有李嘉图·勃菲尔在圣昆廷[图2-15(3)]的Les Arcardes du Lac设计，Le Palaisd Abraxas在巴黎东郊Marne Le Vallee的设计（布罗德本特，1990年）。尤其是阿尔多·罗西在摩迪纳的圣·卡特杜墓地的设计更是典范。问题不在于几何学形式本身，它们本身是中性的。但是当过于注重几何美学时，就会在它造成的影响方面阻碍人们对问题本质的探索。

这也是一种解构主义的工作，这些设计理念至少在其表面上是不顾及其他形式而建造的（本杰明，1988年；诺里斯，1988年）。这项工作呼吁要能够欣赏隐藏于建筑背后典雅精美理念的建筑鉴赏家，例如伯纳德·屈米设计的拉维莱特公园作品所体现出对公众的取悦（伯纳德·屈米，1988年）。这个实例很少体现建筑展览会的设计理念，反而更像在许多城市举办的农业博览会和美国商品交易会。解构主义的设计方法已经为美国带来了许多伯纳德·屈米式的新设计——纽约王后大街设计，处处泛滥的草地，冠状的公园，以及为荷莫萨海滩提供的形态学设计建议。

在20世纪80年代的后半叶，扎哈·哈迪德、丹尼尔·利伯斯金（里希特，1988年；福斯特，1988年）和伯纳德·屈米变得与解构主义更加联系紧密。就连一直以来从事设计并付诸实施的福兰克·格瑞的作品也加入到这个行列里。存在于这些方案背后的态度就是让社会被文化分割成碎片，建筑师和城市设计师作为艺术形态工作者应该反映这种现实。

正如乔治·桑塔亚那（桑塔亚那，1896年）明确的，一个醒目的整体是通过多样性体现出来，许多设计都是这样形成的。他们也将其固有的传统表现在理性主义者和俄国十月革命后苏联建筑界的建设主义运动中（西尔狄斯基，1971年；森科威切，1974年；凯哈·玛格米德沃，1987年）。问题是要去理解这种形式除了是一种艺术表现外，还能承担怎样的目的。或许就是为了创造一个更加有趣的环境和一种对人类认知需求能够满足的必然回应。另一种解释是，通过解决不同系统的城市邻里空间及其使用需求，或是通过独立的建造，将它们简单地拼凑在一起，为现存城市重新创造一种多样性。在建筑学的批判领域中，对设计师及其思想关注的焦点仍然是：从注重背离使用者对环境需求而转向设计师在设计中的表现行为。

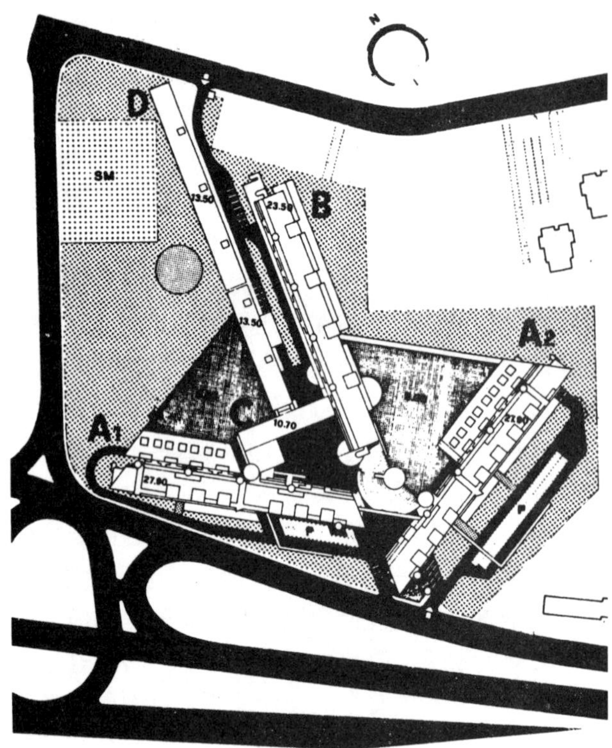

1.意大利米兰的华侨社区住房规划（1967～1969 年）
（资料来源：尼克林，1977 年；布罗德本特，1990 年）

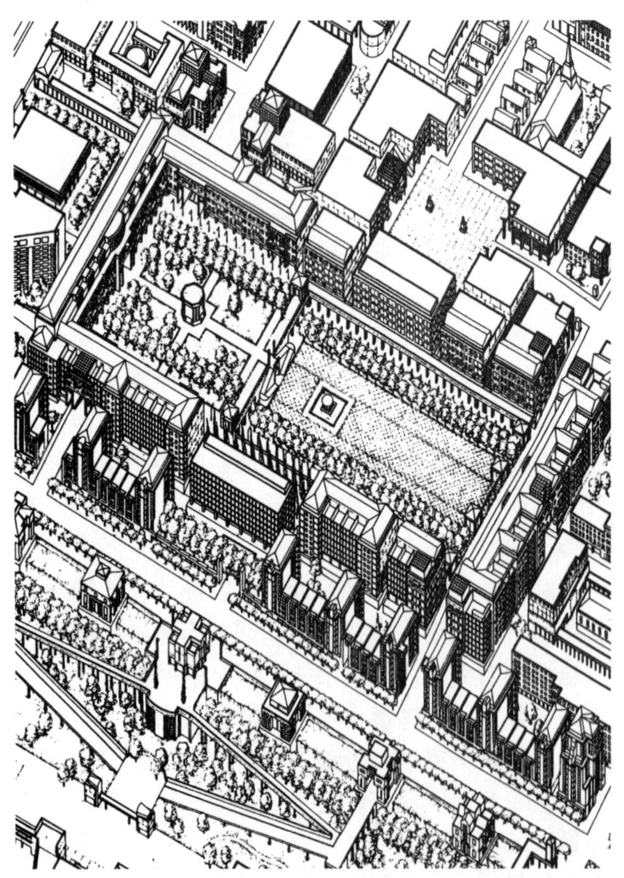

2.佛蒙特州伯林顿一个学生为城市发展战略所作的设想
（资料来源：尼勒，1983 年）

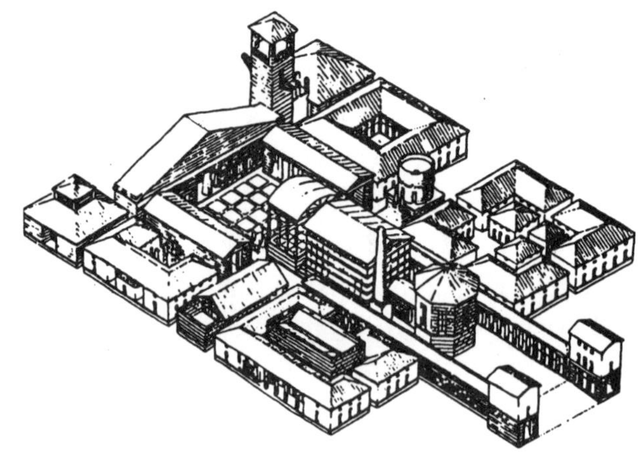

3.法国圣昆廷（1977～1979 年）
（资料来源：克历尔，1980 年；布罗德本特，1990 年）

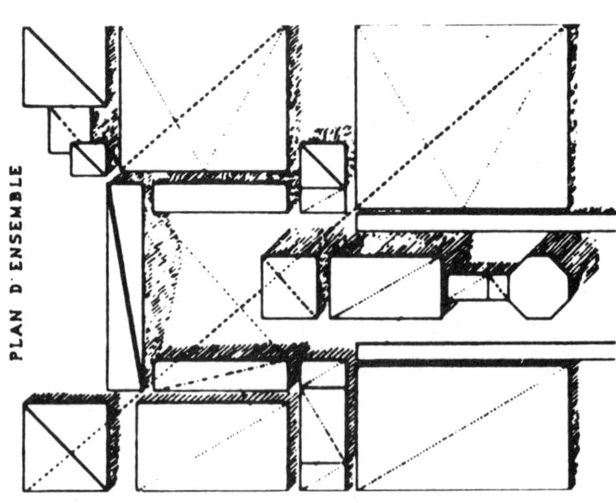

4.圣昆廷的几何分析
（资料来源：克历尔，1980 年；布罗德本特，1990 年）

图 4－5　新理性主义态度和城市设计

像阿尔多·罗西、李嘉图·勃菲尔、泰勒、卡萝·艾莫妮默设计的这些欧洲作品都是新理性主义的典型（1），对几何构成的关注反映了早期理性主义作品的特点，但是它们却更关心城市空间。就像由克雷格·尼勒设计的康奈尔大学的学生生活区项目（2）一样，他将大量的精力都放在对街道本质和其所包含元素的关注上。对几何秩序的关注更明显地表现在大尺度的建筑作品中，由L·克历尔在20 世纪70 年代后期为圣昆廷设计的学校（3 、4 ）就是如此。

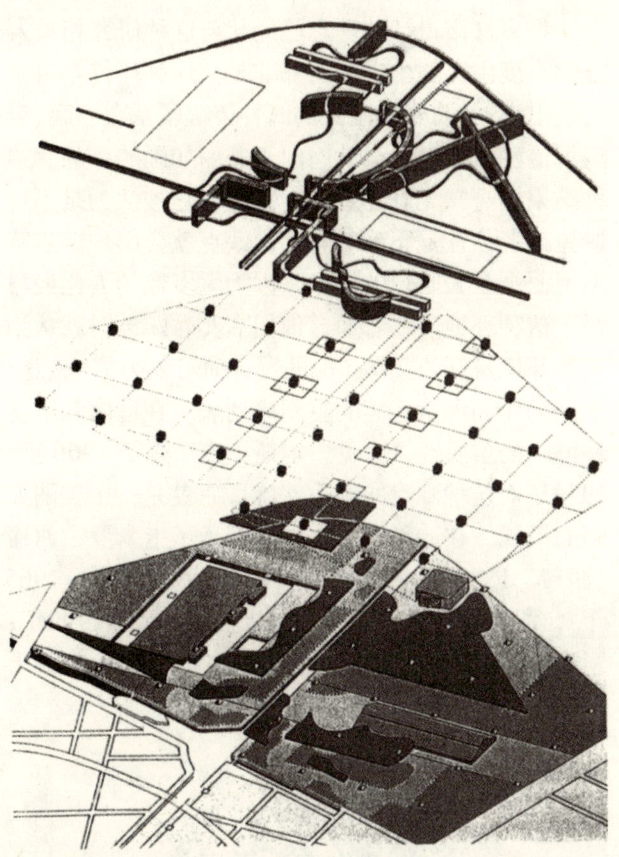

（资料来源：本杰明，1988 年）

图 4－6　解构主义城市设计的态度

伯纳德·屈米设计的莱维莱特公园（参见图3－8）被认为是解构主义城市设计的典型例子。这种概念性设计与解决个人环境问题上的多层次方案相比，在思想上与福瑞·佐伊基在20世纪40年代提出的形态学分析方法十分相近，然而伯纳德·屈米却将它与杰克库斯·德里达的环境哲学联系在一起。设计的目标是通过使用现代主义所代表的模式激发建筑设计和城市设计，以便形成敏锐的思想和观察者的体验。建筑变成一种纯粹的艺术形式，通过审视建筑内涵的内在矛盾性，就能隐约感受到解构主义的用意。然而这种环境使用者的快乐却是建立在对环境喜好默默的学习上，而肯定不是建立在对人工结构的欣赏上。这种环境对于游览者而言，或许很有趣，但是对于整天生活在这里的人来讲却会加重他们的陌生感。

（3）作为解决问题的城市设计——新经验主义

新经验主义的两种主要形式都和第 3 章有关。第一种形式包括那些将其个人对环境的经历，在某种程度上甚至是对其他人经历的推断作为设计基本出发点的建筑师作品。这种形式反对理性主义者设计新人类新社会体系，最后再为他们自身进行设计的观点。第二种主要由非常注重对环境进行系统学习再运用其知识作为设计方法基础的建筑师组成。

第一种人群的设计态度趋向于将其设计的基础建立在能满足人类需求目的的环境模式已经存在的假设之上。设计包括对目前各种形态的评价。第二种人群中从事研究的人要比参加实际设计的人多。他们趋向于批判性的观点，他们的研究已经对设计的某些方面产生了极其深远的重要影响，尤其是对整体设计过程中的程序化部分。

尽管对类型学进行了重新认识，即对建设类型的研究已经在过去的20年间在建筑师的思想中得到了重要的发展（班狄尼，1984 年；克历尔，1979，1990 年；拉普卜特，1991 年），但是人们仍然在应当使用哪种范例的态度上存在着分歧。新传统主义运动热衷于对过去许多城市形态的追忆，因为那些城市形态被证明在人类生活的许多方面都是非常有效的，这样的结果导致了人们继续那种美丽如画的传统（汉迪，1991 年）。

1970 年以来经验主义的第二种形式对环境设计问题研究取得重大成果（例如：每年在美国举行的环境设计研究协会以及世界各地的类似组织）。这个研究中的许多成果可以直接运用于设计，但是更多的则是阐述设计师关注研究的问题，例如，美学理论和理论修养。尽管许多研究者，尤其是历史学家都抱怨设计师缺乏相关的知识（莱科威特，1974年），但是这些研究者所研究的问题或者环境却对那些致力于为明天设计更美好环境的新手们产生不了多大的作用。

某些经验主义的研究成果已经渗透到几乎所有建筑师的实践中，这些发现在建筑学圈子以外是众所周知的（纽曼，1972 年；怀特，1980 年）。然而对建筑学家图书馆进行的内容分析却表明，他们中绝大多数人所惟一关心的问题研究就是对设计中技术方面的处理（尼尔森，1984 年）。专业人员，如学生已经对研究形成了一种实用主义的鲜明特点，如果他们对此一无所知就离开的话，他们将……（豪斯特·瑞特欧，1971 年）。然而，在许多城市设计所关注的领域内，要避免的是正在不断蔓延的与当前研究同步进行的愚蠢风气。问题的难点不同于一般的医学问题，而是针对设计专业形成的不注重研究的传统，设计方法赖以生存的思想理念对他们已经很陌生了。

现代经验主义的第二个分支与城市设计师的新实用主义相关。对任何一个准备出售的工程项目基本的要求就是安全或看上去安全。这个目的可以通过提供大门保安电力和电子监视系统等设施得到不断的完善，对周边邻居安全感的创建可以通过对奥斯卡·纽曼在可防御空间上的研究成果的充分应用而得以满足（1972年；斯东兰德，1991年）。相似的，许多建筑学家当然包括城市设计师都意识到了凯文·林奇在城市富于想象能力和易于识别性上的研究，即使他们对许多近期这一主题的作品并不熟悉（波科克，1978年；哈德逊，1978年；帕森尼，1984年；亚瑟，1990年；帕森尼，1990年；参见第13章）。纽曼和林奇的研究都能够既清晰又容易地把它转成城市设计原理。

许多城市设计的理念已经从与这种研究相关人群的态度中突显出来，而并非是从这种研究本身中显现出来。它将经验主义的两种传统联系在一起。当运用这种研究时，设计趋向于美丽如画的作品。这种结果本身并无好坏之分，但是当它被认为是不可避免或者往往是正确的时候，缺点就会出现。这算不上一个令人吃惊的结果，因为大多数的人已经习惯于这种环境，或者通过他们在儿时阅读时就认为这种环境是好的文学作品的浸染而习以为常。戈登·卡伦的作品承认连续的空间序列表现在理解和审视环境中的重要性（参见詹姆斯·吉布森于1966年、1979年对这种观点的经验支持），它就是一个美丽如画的模式。在这种意义上，他继承了卡米罗·西谛（西谛，1889年；柯林斯，1965年；柯林斯，1965年），凯文·林奇对波士顿的忠爱(班瑞杰，1990年；索思沃，1990年），以及克里斯托弗·亚历山大关于

1.1960年戈登·卡伦设计的英格兰
（资料来源：戈登·卡伦，1961年）

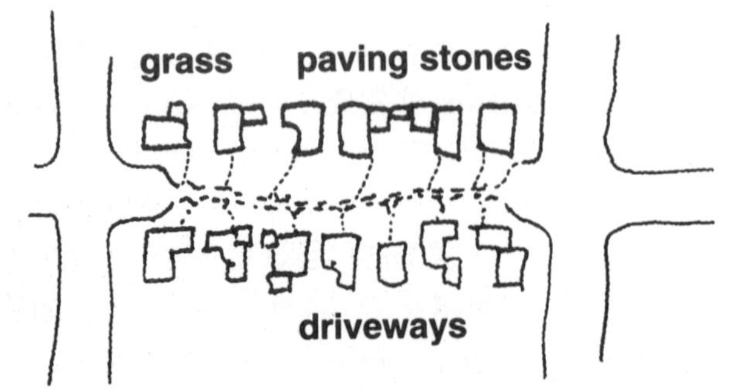

2.亚历山大，伊斯卡瓦，西尔弗斯坦设计的绿色街道模式（1977年）

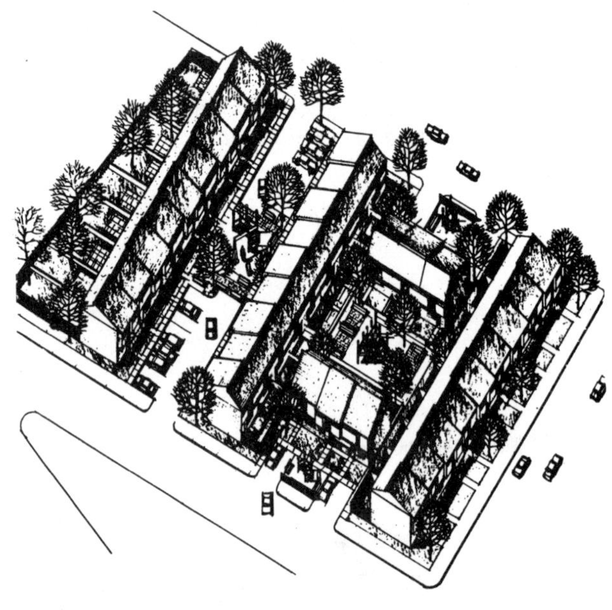

3.建筑师奥斯卡·纽曼设计的防御式联排房
（资料来源：纽曼，1975年）

图4－7　新经验主义态度和城市设计

在设计思想上新经验主义正表现出一种从依赖个人经验到依赖系统研究观察结果的转变，戈登·卡伦对连续空间（1）经历的关注主要依据于他个人的感受，这已经被詹姆斯·吉布森的理论所证实。克里斯托弗·亚历山大和他同伴发展的形式语言（2），则更多地依赖于对经验的研究。同样的，可防御空间（3）的概念也是建立在系统研究之上的（参见第12章）。这些例子的前提是假设有许多东西是从人们对环境感受中学到的。

小规模空间和建筑单体对环境贡献的喜好(亚历山大,1964年,1969年,1972年;亚历山大,1977年,1987年),在过去的50年,得到了来自众多心理学文学作品的强化。然而,最近的许多方案,例如里昂·克历尔为道彻斯特所作的设计,却是以过去城市类型的重复为基础,而并非建立在当今对人与环境研究成果的放弃上(克历尔,1987年;布罗德本特,1990年)。因为设计思想被过去的东西所困扰,城市设计师不能很好地利用那些已经增加的有关人与人居环境研究的知识。

分离派建筑运动的出现

在美国分离派建筑学与设计类型学的方法紧密相连,但是它并不能带来美丽如画的环境效果。至关重要的是要使城市设计构造合理。建筑学和城市设计必不可少的态度可以追溯到第三代现代建筑师的设计思想体系,现在对场所空间细部和与设计区域位置相关的城市设计问题规定的关注暗示了对背景文化的重视。这种正在出现的态度表明了一种转变,即从纯理想主义思想对设计中某个方面更加关注经验主义的变迁(参见第13章)。

尽管像纽约的炮台公园城、旧金山的米申海湾这样的设计方案的确是财政意义上的实用主义,但是它们也展现了空间要与城市融合的观点,而不是仅仅建造一些耸立在那里的独立实体。炮台公园城在城市财政上的成功,使得开发其他社会必需设施成为可能。尽管它是建立在过去经验的基础之上,但是也有可能成为曼哈顿区一个完整的部分。

(4)社区设计运动

社区设计运动,正如它的名字所揭示的那样,它关注在做出影响居民生活的决定时需要整个社区的参与。它首先注重的是已经存在的居住社区,那是对人最重要的部分。这种运动源自于20世纪60年代的实践家,他们意识到在美国(哈灵顿,1963年)和欧洲一些地方继续存在着贫穷和对人权的轻视。在大不列颠及北爱尔兰联合王国和欧洲大陆得到了强有力的坚持(霍尔登,1988年),但是在美国却以一种低调的方式获得了成功(哈奇,1984年;斯特恩,1989年)。英国建筑师已经在社区建设中做了大量的工作,像芮佛·艾斯普和弗农·格雷西在纽卡斯特的伯格地区,麦克斯菲尔德的罗德·海克尼设计;美国纽约布鲁克林的社区及环境发展研究所中的伦道夫·赫丝特、罗宾·摩尔和罗纳德·斯夫曼这些建筑师也同样设计了许多这样的作品。除了个别例外(如,建筑师约翰·莎瑞特设计的罗克斯伯里居住区伯克墙社区和米申公园,以及波士顿地区哈佛大学联合区),由社区设计师完成的城市设计趋向于被分散成一座座单体建筑,而没有理性主义者和解构主义者所忠爱的城市几何美学。于是就不能引起业内主流人士和美学先锋者的注意。

与社区设计运动相关联的人所倡导的设计过程过分地依赖于目标分析和与社区居民有关的问题(也就是当地的住宅)。这种设计师和居住者之间产生的合作,通过在设计过程中社区人员的参与,或者通过与他们的领导或代表的结合,来传达他们需要表达的和想要完成的思想和意见。这些专业设计人员会通过将社区声明的需求转化成以他们自己的目标见解和经验知识为基础的设计。那些在美国工作的设计师好像非常依赖过去20年环境行为学的研究成果,并且在这方面做出了比欧洲同行更大的贡献。

由美国建筑学会发起的地域及城市设计协助队(R/UDAT)计划,从1907年就开始代表了主流专业人员在处理社区问题上态度的一种变化(巴特勒,1985年;刘易斯,1985年)。目的就是去倾听社区的声音,而不是对他们发号施令,是和他们一道去解决自身的问题而不是设计师的问题。这个城市设计协助队(R/UDAT)充其量也就是为美国的城镇设计提供了专业的设计理念,然而城市设计协助队(R/UDAT)工作的加快(三四天就能了解设计方案)经常会导致对由专家努力形成的极度还原主义设计成果的促进,这已经毫无置疑地提高了人们对社区的希望。在美国,在缺乏预先设计和洽谈性探讨财

1.波士顿的米申公园
(照片来源:哈奇,1984年)

2.纽约布鲁克林传统住宅的项目
(照片来源:尤利西斯·乔治)

3.费城华莱士35街的华莱士公园

图4-8 社区建筑运动

社区建筑运动提倡特殊人群应该被授权参与到决策的制定过程当中去。这种结果促成的环境建筑很少能令人骄傲,但是却能满足人们的需求,并给予他们一种成就感(1)。有时也要通过他们亲自参加建设才能领会(2)。这个例子是通过纽约曼哈顿的共有住房联合会的努力而实现的。然而,一种“给他们想要的设计”的态度却往往导致了过低的空间利用率(3)。

力状况的情况之下,城市设计协助队(R/UDAT)依然是将注意力放在需要解决的问题上。

设计过程的本质特征都含有许多主要的哲学含义,因此彼此相互合作成为设计的必需。(如哈珀,1969年,1974年;金、库尼林、拉蒂默、菲瑞奥特,1989年)。社区以及它们代理人的加入是非常重要的(参见第24章“城市设计的标准程序模型——新兴经验主义者的共识”)。经验性知识可以帮助设计师将注意力集中在重要问题的讨论上,这样能达到对城市设计是什么和能是什么的清晰论述。

对以前城市设计思想价值的重新审视

毫无疑问,目前的城市设计方法是建立在能够深思熟虑和充满善意的专业人士经验之上的。他们正在开始放弃20世纪前20年形成的方法。然而一些当代的城市设计(和那些经常受到关注的)或许被认为是异想天开的自我旅行,至少个别人是这样认为的。当前存在的论点,正如这本书中谈到的对各种思想整体需求的评论会在第5章里进行描述。在试图对整个方向做出建议之前,很有必要弄清楚,我们为什么及在什么情况下将要放弃什么;在城市设计的诸多思想中,如果我们完全拒绝我们前辈的那些把城市设计变为现实运动的工作,是对还是错呢?

目前城市设计师的前辈们是具有鲜明实用主义特征的改革者。这种判断在探讨什么是城市设计的整个历史中都是正确的。尽管城市设计努力的成果能追溯到古代印度和中国的文明时期,在那里,一种城市布局的宇宙观得到了发展,还能追溯到希腊和意大利的城市,但是政治和技术充分发展的工业化时代却才是这儿所关注的,因为它们把我们带到了现在的境地。

我们能从过去学到些什么呢?设计师的态度是怎样的呢?设计成果导致怎样的问题产生呢?今天城市设计的本质已经在过去200年间形成的态度上发生了演变。我们似乎已经经历了作为寻求人们活动灵感主要方法的理性主义和经验主义思想的重重考验。除了涉及的先锋们的美学观点,我们看上去已经丢失的态度是改革主义者所具有的。如果环视今天的世界,我们会发现这样做有点为时过早。

改革派的态度

改革派的态度尽管有较强的反城市偏见,但是在20世纪70年代以前,却一直是城市设计思想和作品的重要基础。这样的一种态度不值得惊奇，因为现代主义者的思想观念对本世纪前10年在欧洲极为盛行的情形做出了一种回应，继承了上世纪技术和社会的变革。19世纪经历了工业革命的巨大影响和工业化城市的全面发展，如西欧的焦炭城。1845年弗瑞德·恩格尔对曼彻斯特的描述，查尔斯·狄更斯的小说以及由雅各布·瑞斯在本世纪末拍摄到的纽约城的照片对这一点都进行了形象的表达。威廉·莫里斯和约翰·拉斯金梦想回到过去，欧雅·希尔和珍尼·达姆斯想去处理住房和社会问题，更概括地讲就是城市贫民缺乏机遇。

19世纪，有许多蕴含革命思想的政治不安因素，早期的改革建议和城市设计理念混合在一起。有趣的是，在政治和建筑学理念间产生的合作却反映在后法国主义的西班牙城市设计态度中。19世纪的改革者是乌托邦主义者，他们不顾及直接经验性可观察到的发展趋势而去畅想可能的未来（雷涅，1963年；贝纳沃罗，1967年；海登，1976年；达利，1978年）。他们的思想有一种强烈的理想主义者倾向。不可避免的是，他们也去研究着世界的社会和物质本质。他们反复考虑社会目的，然后是为实现目标所需的物质条件以及可能性。这是罗伯特·欧文在设计苏格兰的新拉纳克时所遵循的程序，但是他大量迷失在决定理论中的想法却导致了他在美国的新哈莫尼的设计（巴特，1971年）的失败。在新拉纳克的设计中，他运用了亚里士多德的设计方法，在新哈莫尼他则运用柏拉图的方式，前者起到了应有的作用，但是缺乏足够的能引起注意的景象，这就导致它不能作为一个社会物质模式而被很好了解。

直到第二次世界大战时期，亚里士多德的思想方针在欧洲大陆被简·巴普蒂斯特·高丁（1917～1889年）在像环境如公园般的工厂和住宅区里进行的Familistère设计中得到了实例性的证实。查尔斯·傅立叶（1772～1837年）在他的法朗基设计中遵循了（贝纳沃罗，1967年；格林，1986年；爱森尔，1986年）柏拉图式的和继勒·柯布西耶之后的理性主义思想的路线，但是却从来没有得到实施。柏拉图式的路线之所以能吸引人的关注，是因为其大胆的设想，但是亚里士多德的路线却在改革生活质量方面具有较好的成果。高登的计划以傅立叶早期作品为基础，但是却与经验现实主义保持着联系。

这些思想刺激了大量公司城的发展，所有这些被妥善管理的社区都是建立在一系列社会哲学和物质设计哲学基础上的。欧文和高登是众多工业主义者中

1.苏格兰新拉纳克的规划
（资料来源：巴特，1971年）

2.美国工业园区的一般性规划（1817年）
（资料来源：格林、爱森尔，1986年）

图4－9　新拉纳克和新哈莫尼

19世纪的特征就是有许多旨在改善人们生活的变革运动。他们是热衷于现代运动改革的先行者。罗伯特·欧文是最早的改革家之一，他在苏格兰新拉纳那克（1）的工厂里实施了许多职业性和社会性的改革，Buoyed步其后尘，他在1817年为新社区（2）制定了一个规划。印第安那州的新哈莫尼是建立起来了，但是却没能生存下去。尽管如此，这些方案集中关注的却是人们面临的对众多社会环境和物质环境问题的考虑。

的两位，在他们的作品中有见识的关注生活质量。从比利时的格兰豪奴设计的曼彻斯特的罗维尔到20世纪的英格兰的新艾尔斯维克，许多建成的城镇都反映着改革派的思想。

在今天仍能对这些城镇保持兴趣有许多原因：设计领域中所代表的价值观，不论或好的或坏的，都成为它们对工人提供适当的生活环境所持有的概念，它们所寻找的社会分离和整合的本质说明的城市设计原则、社会组织和所代表的物质设计关系。许多作品都聘请了当时主要的建筑师：通过朗特里委任了贝瑞·帕克和雷蒙德·昂温策划和设计新艾斯维克的住房，高尔家族雇请了西班牙的安东尼奥·高迪，F·劳·奥姆斯特则是宾夕法尼亚Vandergrift的设计师，在那里，英国乡村弯曲的小路是奥姆斯特后来郊区设计的基础，麦基姆、米德和瓦特以美国乡村特有的方式为尼亚加拉电力公司设计了纽约的依科塔镇。于是，许多工业村庄的大量聚集和布局结构引起了足够的重视。许多以联排式房屋为特征的焦炭城的单调无聊就这样被避免了。除此之外，更多的注意力放在社区设施的完整性以及城镇居住区空间的开放性和商业区、生产区与其他区域的隔离上。

社会规划和物质规划都是在强硬的家长式统治下进行的，并且经常与工人的价值观相冲突。在新艾斯维克，帕克和昂温认为，工人对其房屋中前客厅的钟爱是对空间的一种浪费，因为很少使用它。伊利诺伊州（1881年）的普尔曼或许是因为劳工事务而臭名昭著的，并非是作为设计模式而为人所知。尽管在郊区不常见，但是公司城提供了最终以“田园城市”运动而告终的乡村景象和进取的社会精神（斯特恩、玛斯内格，1981年），这种设计在19世纪后半叶的郊区开发中一直与观念学缠绕在一起。

与这些城市设计成果相似的是，将对公众健康需求的关注作为城市设计原则创新发展的基础。这种关注可以追溯到城市的创建时代以及对城市设计的协定条约，例如歇帕·塞特斯、维鲁威维和阿尔伯蒂的著作，还有我们所知道的19世纪前半叶的英国法规及本世纪后半叶德国分区规划的发展（贝纳沃罗，1967年；彼得森，1979年）。19世纪和今天一样，都非常关注确保开放空间的立法工作和对街道、场地划分、清晰的建筑物排列，以及为生活提供足够的阳光和空间。这种关注尽管有限，但却十分必要，它体现了我们设计前辈的改革热忱。

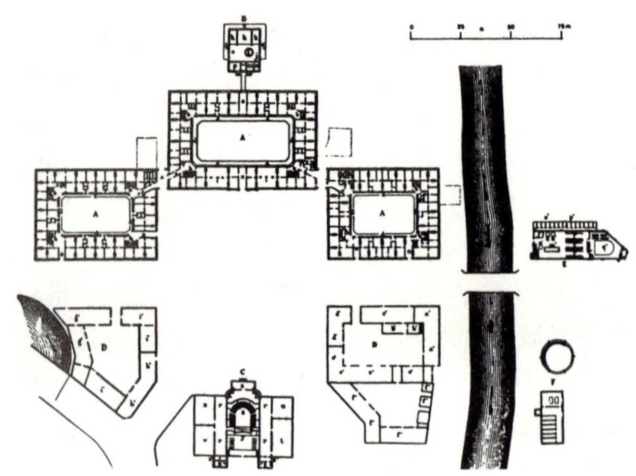

1.法国吉斯 Familistère 的规划
（资料来源：贝纳沃罗，1980年）

2.鸟瞰图
（资料来源：贝纳沃罗，1980年）

3.托儿所
（资料来源：贝纳沃罗，1980年）

图4－10 想象中的乡镇：

19世纪，许多工业家建设了新的工业城镇，简·巴普蒂斯特·高丁的Familistère就是其中之一，它保持了一个企业城镇的行政区社区，甚至在1880年通过一个联合会来进行管理。这种城镇有严格的尺度、功能分区，生活主要围绕中心的工作区而展开，对20世纪关于人们习惯的认识产生了巨大的影响，现在仍然是值得我们学习的城镇。最主要的经验就是人类模式的划分必须依据行为主体而进行。

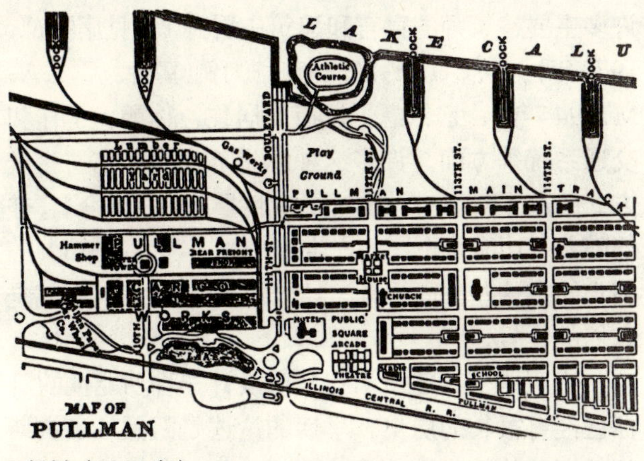

1.规划（1811年）
（资料来源：伊利，1885年）

2.今天的房屋
（资料来源：伊利，1885年）

3.今天的市场广场区
（资料来源：伊利，1885年）

图4－11　伊利诺伊州的普尔曼

伊利诺伊州的普尔曼（1）是公司城的设计实例。它的设计和建筑计划来源可以追溯到例如索尔泰尔这样一个在英格兰农村建造的工业城的思路，目的就是为了获得可靠的劳动力。为家庭和单身职工提供住房（2）和购物休闲的场所（3）。在普尔曼，工人的大部分生活由公司通过提供的设施类型和工人的需求所控制。

设计原则

每一次城市设计的运动都因其普遍使用的形态而与众不同。尽管每一运动都有其弊端，我们对待它们的态度也在变化，但是我们必须承认它们取得的成就。本书描述的每一次运动都提供了城市形态的各种模式，这些模式有许多可以借鉴之处，并且仍旧为我们提供了实用价值，同时也丧失了众多机会。对设计理念的简单回顾，就会发现其毁誉参半，但是不是针对他们在未来潜力的。

城市美化运动和宏伟轴的观念

到目前为止，城市美化运动几乎为众人所不齿。然而它却产生了两个值得纪念的首都城市（堪培拉和新德里），如果包括那些整体性不强的城市在内，还有许多不计其数的为政府大楼、大学校园设计的公共建筑方案(P·特纳，1984年)。城市美化计划仍然在不断地产生，它们都有其鲜明的设计理念。

我们仍旧能从城市美化运动中学到很多东西。最主要的经验就是勒·柯布西耶从奥斯曼那里学到的。提出大规模的建设工程是因为有政治上的支持。还有的经验就是人们确实要关心城市的形象，这是简单而强有力的建筑学思想，例如毕克斯艺术方案中的轴线构造等，都容易被理解，而且也能引起人们的注意(培根，1974年)。我们也发现，当城市美化运动被运用到与个人生活完全分离的城市改造中时，无论在财政上，还是在政治上都是非常昂贵的(贝纳沃罗，1980年；布朗利，1989年)。

宏伟的方案仍然是市民引以为豪的技术表现。在巴黎如此，从对不同建筑的理解角度来看昌迪加尔同样也是这样。城市美化运动的先行运动巴洛克艺术和许多当代的理性主义告诉我们，作为艺术，城市设计仍然是一种能常给一个场所某种特征的潜在机制。最近由费城城市计划委员会开展的一项调查表明，本杰明·富兰克林公园的道路是城市中很受欢迎的部分，尽管它只是体现了极其广泛的城市美化运动中的极少部分。它所关注的宏伟建筑理念的功效是第14章“满足尊重需求”中探究的一系列设计原则中的一部分。

经验主义和理性主义：回顾和展望

尽管城市美化运动为我们提供了许多与今天有

关的设计理念，但是真正指引设计道路的却是现代主义运动。“现代主义者对建筑学能做些什么有其道德和社会的考虑……”（马克斯·阿布拉莫维茨引用戈德伯格的话，1989年）。现代主义试图解决所能预见的当时的各类问题。作为专业活动和设计原则，它们对人类社会的整体发展、建筑和城市建设文明进程的贡献都是十分巨大的。现代主义者的任何誓言都十分明确地说明他们正在适应一种解决问题式的设计方法，而不是模仿的方法。注重关心社会性方针和物质性建筑计划的发展。设计目标以人类需求模型为基础。他们关心人类的生活方式及其未来。他们正在寻找极少数的空间模型，这种模型能以可利用的技术力量处理城市问题。这些都确实是有根据的关注。

现代主义者已经为我们提供了一整套普遍解决方案的一种口号、三种对待规划和设计的基本态度，以及一种对设计问题进行公开讨论的方法。这一整套常规解决方案包括两种基本的城市模式：“田园城市”和“光辉城市”，还有两种基本的邻里模式：“邻里单位”和居住联合体。解决的方法就是“形式服从功能”。态度是：社会计划和物质设计应该相结合，人类的需求应该是设计思想的基础，并且应该改变原来的那种设计方法。

一整套常规解决问题的方法——新类型设计

现代主义者为我们指明了两条完全不同的城市设计方法，这两种方法产生于两种截然不同的文化背景。它们都承认交通系统在构建城市中的重要性，是营造健康环境的需求，以及人们对接近阳光、空气、空间的需求。经验主义的普遍设计方法就是“田园城市”方法，而理性主义者的普遍设计方法是“光辉城市”方法。不幸的是，两种方法都不承认各自存在的文化偏见，并且都把自己的方法看作是万能的解决方案。在今天看来，每一种基本设计原理仍然在使用。假若它们被当成人类的文化和模型看待时，被用来解决这类以此为基础而产生的特殊问题时就非常有效。建筑学扔掉一个理念而去追寻另一个理念的行为已经有很长时间了，但是却不对前一个理念的功效进行充分的评价。

功能主义

现代运动最主要的一个贡献就是关注建筑环境的功能，并将其作为设计基础。这种关注能在当时许多主要建筑师的宣言和建筑中看到（参见康拉德，1970年）。以C.I.A.M.的宣言为例(塞特、C.I.A.M.1944年)，它考虑了城市的居住、休憩、工作和交通系统等方面。许多这种思想都是建立在“生产方式的进步对城市结构起决定性影响”的理论上，并伴随着“功能城市”的产生而产生。“人和城市”的需求能在这些方面看到。“形式服从功能”其实就是它们的口号。

表明能带给建筑学和城市设计一种功能性的目标已经有很长的历史。早期的论述是凯撒·奥古斯都时期的建筑师维特鲁威写的。他对其设计目标进行了明确的阐述，或许就是广为人知的亨利·沃顿（1624年）的言论：“好的建筑有三个前提条件：适用、坚固、美观。”现代运动的建筑师考虑城市设计趋向于在功能和美学目标间选择特殊性。适用性被认为是与建筑展开的效率以及建筑构造的理性思维相关联。形式的诗化，或是与形式的相关意义被看作是一种独立的关注点，或者是作为满足功能目标时的副产品而出现。今天，这种设计的美学考虑仍然被我们认为是设计的“非功能性”目标，但是美学特性却带来了许多功能，一些甚至经常比功利主义还要重要许多。

维特鲁威对建筑功能和美学目标关注的分离，就像在他的书中勉强定义的那样，是先于现代主义发展的。尽管艾蒂安·路易斯·布勒（1728～1799年）是以其在建筑领域中倡导纯几何形式而著名的，这条思路至少可以追溯到维特鲁威。然而，它与19世纪后期和20世纪的现代主义联系更为紧密。

以人类需求作为功能设计的基础

正如将要在本书后边描述的那样，尽管现代功能主义的概念是一个狭窄的定义，但是它却是以人类需求概念为基础的。在约瑟·塞特的“面向功能的城市”这一章中（塞特、C.I.A.M.1944年），他阐述了国际建筑师协会的观点。他的章程下的一个子目录是“人是新城市的轴心：他们的需求是设计的依据。”但是不幸的是，他既没有对人类需求模型进行明确的说明，也没有对人类行为与环境相互作用的本质模型进行具体的讲解。

这条结论与汉内斯·迈耶和国际建筑师协会历来的作品检验是截然不同的（迈尔，1928年；威格勒，1969年）。他们对这些需求观点的明晰说明使得我们能理解建筑师在计划和设计中关注的焦点。他们的论述清楚地展现了一个比我们今天所拥有的模型更加受限制的模型（参见第6章、第7章）。

社会关注

仍然值得争论的是，现代主义的功能性社会关注的既是工业革命的产物，也是今天正在解决的问题。虽然城市软骨病和其他的疾病看上去与许多过去的技术型社会具有某种关联，但是也是当然的。许多规划和城市设计方案因此都明显地夹杂了许多社会分歧。需要重新考虑设计的社会基础，以便至少不会因为我们的设计而使创造的环境变得更糟糕。

所有的物质环境设计设想中为即将入住和使用建成项目的居民们服务的社会组织有的是明确的，有的还是待定的。诚然，建筑师用一种容易产生的心理来谴责某些行为和空间结果是不好的或是不必要的，也是对空间的一种浪费，但是可以认为其他行为是可取的和必要的。对什么是好、什么是坏的认识是随着时间而改变的（布莱克，1974年）。例如：直到现在许多建筑师才认为将街道作为娱乐空间场所进行使用是不恰当的。现在的一些设计师鼓励我们在周围环境中审视这种行为。我们已经看到，行人和车辆正处在不断的冲突中，我们将这种冲突看作是解决许多问题的一种方法，而不是亟待解决的问题（赫丝特，1975年）。由于参照大多数人的文化和行为规范，而使设计师的观察结论和对待行为、环境、设计的态度，显得与大众相同。设计专业要具有判断力。也必须如此。问题是："该用谁的价值作为比较和判断的基准呢？"

所有的设计都会使某些行为比其他行为更容易发生，也都会为迎合某些行为而阻碍了其他的一些行为展开。设计目标当然应该是能够增强设计最终使用者行为的可能性。于是建筑师必须在设计中考虑行为展开的可能性。现代主义者就是这样做的，尽管他们所做的许多假设甚至得到了今天热情的现代主义者的承认，但是仍旧缺乏远见极其不幸。即使我们现在对行为环境学相互作用的理解远未完成，也还是要比20世纪20年代的建筑作品要好。我们应当利用这种理解。

我们今天讨论的许多问题，在本质上是与20世纪初期建筑师所关注的内容有实质性区别，但是是相似的——对已经存在的城市布局设计模式的探索或者对起促进作用的能够单独由市场力量决定的城市未来模式的探索都具有促进作用。我们一定能在什么将起作用和不起作用的断言中学得更加谨慎。除非伴随着即将实施的社会规划和经营规划，否则任何设计中的社会工程都将可能注定要失败。

在康涅狄格州的桥头港地区进行的荒凉住宅设计就是需要把社会规划和物质规划结合在一起的很好实例。在20世纪30年代后期刚刚建立时是极其成功和极受喜爱的居住区工程。它不仅包含了物质规划，也包含了社会规划和经营规划，社会规划为低收入家庭提供了服务，而经营规划则提供了一个明确的管理方式。当财政问题出现时（社会不愿意提供这些服务），社会规划和经营规划的程序就被取消和大大消减了。社会的基础结构倒塌，相应的基础结构设施也就大大地减少。今天的父辈恐慌工程比得上圣·路易斯的普鲁伊戈居住区。在英格兰（玛瑞特，1982年）利物浦艾文特地区的住区开发被当地人称作"猪圈"，维勒祖兰的超大街区（格式塔，1982年）也是臭名昭著的。

任何城市设计固有的就是对潜在业主生活方式的一种想象，即使假定认为业主将完全抛弃或实施满足他们自身需求的设计(如，哈布拉肯，1971年)。无论这是一种公司文化还是居住文化，它都是以一种文化的模式为基础的。现代主义者明确地承认这种关系，并为之承担了责任。现代主义者在遇到这种要负责的事情时的难处是，要么建筑师从城市设计中退出，要么从社会环境思考中形成一个概念。他们在设计中对新实用主义的拥抱和将建筑学简单地看作如同单体建筑创造是空间艺术设计一样。

设计方法

建筑师使用能解决问题的方法进行设计时感觉很舒服，无论那是设计的一种典型方法还是模仿的方法。实质上，解决问题的设计方法就是计算机科学家所谓的一种爬山式的方法。设计师开始用一种标准的或是普遍的解决方案，即一种针对那些正在讨论的问题，并且不断地改变方案以满足当前状况的模式。如果能有一个正确前进的方向固然就是很好的。运用这种模式的种类能被正确划分也是很好的。实际上，根本没有必要总是阻绊前进的车轮。需要做的就是去承认在特定情况下存在某种功效的类型。有许多类型的实例不但被不切实际地应用，而且在初期也产生了消极后果(布瑞林，1976年；沃尔夫，1981年；赫蒂吉，1983年)。不管是对是错，伦敦多克兰的新区建设和财政激励机制已经变成了一种世界上许多其他地区新实用主义的典型，尽管它们本身在可实施性方面并无把握(威廉斯，1990年)。需要重新考虑规划师和城市设计师可能采用的设计思考方法。

现代主义者正看着周围的世界。他们正在努力理解问题，并想出解决的方法。由于他们的后见之明，使得其观点看上去在一定范围内是很有限的。理性主义者看到更多的是社会疾苦而不是欢乐，而经验主义者则是看到喜欢看到的内容。然而，他们都是在观看当代的世界。就像现在觉察到快速变化时，很容易就审视过去，并试图去抓住它能给我们个性感觉的特征。后现代主义者尤其试图想做到这一点。现代主义者中的经验主义者也是这样的。作为他们建议的一个基础，经验主义者实际在寻找建设形式或城市空间的类型，在这里，工业社会的问题仿佛不会再发生。理性主义者正在努力创造新类型。这样做的过程中，另一个并非类型本身而是其应用的问题出现了。就像艾利克斯·玛瑞特(1982年)所表明的一样，当这些类型通常被以一种缩水的形式(如缩小尺度和缩减设备)运用在不恰当的环境时就产生了问题(参见图6-6)。这样的设计过程，尤其是设计程序，或其大构架就不能被很好地理解。

理性主义者实际上正在试图从他们前辈的类型学或模仿的设计方法中摆脱出来。Manoucher Elslami (1985年，1988年) 在对勒·柯布西耶设计方法的研究中，十分明确地谈到了笛卡儿方法对问题分散所引起的问题，并且认为，勒·柯布西耶设计方法的基础是综合设计方法。我们现在比现代主义者对整个过程有更充分的认识。我们需要使用这些知识，实际上，我们已经这样做了，这样做的目的就是要重新创建设计过程。

重新寻找方向

总之，如果城市设计师想为部分科学领域作出实质性贡献的话，那么，为市场服务和将城市设计看作一门艺术都是城市设计师所必须具有的但可能是不够恰当的态度。尽管社区参与并非在所有情形下都有效，但是在大多数情况下都是十分重要的。当代的批评家建议，城市设计必须以一种比20世纪80年代具有的更加历史性的眼光来看待社会规划和物质规划之间的关系。尽管目标仍然是创建一种功能性的环境，但是需要进行重新定义功能主义。过去的经历告诉我们，不能依赖自己的传统观念和知觉感受去了解周围的人群和环境。当我们抛弃这些时，需要运用潜在的知识基础。

在过去的30年间我们已经学习了很多关于设计过程的内容。其实，在这30年间建筑理论和实践取得的进步中，绝大多数是体现在对设计程序的安排上。取得的成果源于综合的态度，也源于对建筑师和其他设计专业人士在解决今天城市设计中对所遇到问题的承诺。城市的社会和物质变化一直是一个十分明显的演进过程。城市设计是一个过程，需要我们以发展的眼光来对待它。

主要参考书目：

① Benevolvo, Leonardo. The Origins of Modern Town Panning. Cambridge, MA: MIT Press, 1967

② Collins, George, and Christiana Craseman Collins. Camillo Sitte and the Birth of Modern City Planning. New York: Random House, 1965

③ Gallion, Arthur B., and Simon Eisner. The Urban Pattern: City Planning and Design. 5th ed. New York: Van Nostrand Reinhold, 1986

④ Ghirardo, Diane(1987). "A Taste of Money: Architecture and Criticism in Houston." Harvard Architecture Review 6:88~97, 1987

⑤ Goldberger, Paul. "Why Design Can't Transform Cities." New York Times (25 June): Section H, 1, 30, 1989

⑥ Harrington, Michael. The Other America. New York Macmillan, 1963

⑦ Lang, Jon. "The Legacy of the Modern Movement." In Creating Architectural Theory: The Role of the Behavioral Sciences in Environmental Design. New York: Van Nostrand Reinhold, 1987. 3~12

⑧ Sert, Jose Luis, and C.I.A.M. Can Our Cities Survive? An ABC of Urban Problems, Their Analysis, Their Solution. Cambridge, MA: Harvard University Press, 1944

⑨ Sharp, Dennis. "Introduction." In Dennis Sharp, ed., The Rationalists: Theory and Design in the Modern Movement. London: Architectural Press, 1978. 1~5

⑩ Wolfe, Tom. From Bauhaus to Our House. New York: Farrar Straus Giroux, 1981

5

重新设计城市设计

这些年，有许多关于重新设计城市设计方法以及希望城市设计真正具有公共特征的设想(如马丘比丘宪章，1979年；林奇，1982年；休伊特，1984年；亚历山大，1987年；亚历山大、阿普尔亚德，1987年；奥斯勒，1987；麦凯，1990年；普瑞斯、威斯、怀特，1991年；亚历山大，1991年)。这些设想是对以下现象的响应：过去20年间对城市问题认识的改变，城市设计过程中感觉到自身的长处和短处促进了对这些理论实例的认识以及我们赖以作出决定的知识发展。它们表明仍然需要专业的行动让城市设计具有鲜明的特性和方向感。在考虑城市设计应该怎么做之前，有必要对提供的城市设计范例所希望达到的特征有一定了解。如果想要在将来很好地为人类服务，研究就应该建立在对过去努力成果优缺点的领悟之上。

对城市设计方案成功与否的认识是十分主观的。甚至居住者对住宅开发的放弃也会被看作是积极的行为。然而，这不能当成是一个好的社会规划和物质规划的标志。本书对成功与否的认识首先是从环境使用者的角度来看的，而不是从生产者的角度来看的，是设计的一种主位研究方法而不是客位研究方法(穆德，1990年)。这里没有任何建筑学和城市设计提供的新东西，但是却建议，拒绝将标准的建筑学观点作为城市设计质量的惟一仲裁。

美国城市设计需要范例的转变

对每一个存在的城市设计范例进行辩论是在所难免的。很容易就能读到一篇论文，比如，关于理性主义的论文，并且你会被说服这才是城市设计最好的方法，然而你却发现这样做是为了从经验主义那里学到一些东西，并且认为经验主义才是最有意义的方法。任何范例的问题就在于它趋向于持有一种对世界的盲目观察，直到有相反的证据可以变得压倒一切的时候，对这种情况无法忍受的时候才停止使用。如果不涉及主要问题，就会有大量的论据表明我们现在的范例都是有缺陷的。

过去20年城市设计的发展显示了不同建筑和城市设计范例带来的一些固有形象。像许多固定模式一样。这些形象部分是准确的。例如，随着实用主义的发展，已经形成了以下观点：城市设计只与场地设计有关，并且只是为了提高和加强私人空间领域的质量；除了听从市场经济的号令之外，城市设计没有什么社会作用；惟一重要的事情就是拥有完全自我和原则性的设计理念；并且没有成熟的设计理论知识，而且也是根本没有必要存在的。新实用主义已经达成共识，就是把一种大胆的几何秩序运用到城市设计中去才是重要的。经验主义试图继续重温新传统主义对应该做的工作持有一种美丽如画的态度。每一组观念的工作都在特定环境下来自主位研究方法的观点，但是却渴望能够广泛地应用它们。

1. 俄勒冈州塞勒姆市议会广场

2.俄勒冈州波特兰市重建的滨水地区

5.明尼阿波利斯

3.纽约的下曼哈顿，前景是炮台公园城

6.丹佛的第16街林荫道

4.密歇根州安阿伯郊区房屋

图5-1　城市设计方案的成败

所有上面提及的方案都有褒贬各异的评论。像巴西利亚这样世界著名的规划设计方案也不例外。这个城市在将巴西部分用地开放成居留地是十分成功的，它有宏伟壮观的城市规划效果。尽管被认为没有能够为孩子们提供一个丰富的社会环境，但是考虑到了人的重要性。在美国过去的20年间，许多经济实用主义的城市设计为它的开发商谋得了利益，也增加了城市税收，但是并没有提高居民的生活质量。所有的城市改变都会给某些人带来不良影响。什么才是个人的和社会的权利呢？应该用谁的标准和怎样的尺度来衡量其品质呢？

1.洛杉矶

2.坐落于巴黎边界地带的新办公大厦
（照片来源：鲁西·德瑞克）

3.香港的住宅
（照片来源：斯蒂温·金）

图5-2　文化与设计

今天的城市开发由区划法进行指导。这些法规掌握着市场的发展方向和文化品味（1），自觉的城市设计在文化的指引下已经屡见不鲜，文化产生了设计，包括它们的支持者和设计师的价值观，以及社会给设计师表现自我的自由（2），我们崇拜的很多设计都是在极权主义的领导下产生的，在我们今天看来，这些领导是无法接受的，如拿破仑三世！大量的人口，政治上的需要，资源的短缺和不同的态度使得美国的环境无法忍受（3），而在其他地方却能被接受。

很少有评论针对当前城市设计的方法来论证是他们自己愿意去处理现实世界的。他们批评正在进行的工作——建筑师的思考，或许更频繁的是针对城市设计师的思考，就是因为他们是建筑师。批评家经常被认为是另外一种对社会负责任的职业。批评也经常是针对过去发生的事情，尤其是对于古罗马（如罗尔、克特，1976年；莱科威特，1988年），尽管有时是针对现代罗马的古代方面而言的（阿伯克龙比，1982年）。他们将其标准的类型起源于他们不愿批评的文化(如伦纳德，1987年，1988年，1990年；莱科威特，1988年)，工作中关注的是他们不愿批评的建筑类型。对过去和对不同文化环境的研究很有功效（El·威克，1991年），尽可能地增强了人们在可能的设计领域中的知识，更广泛的是，增强了形式与功能的联系。然而，这种研究不应当排除对当今设计问题的理解，即人们在特殊的生物遗传和社会遗传学环境中的问题，以及这些环境发生作用的方式。像其他地方的城市设计一样，美国的城市设计也只能在它的文化框架中被理解。

在很长的一段时间里，建筑师对城市中发生事情的想象和勤奋的观察者所看到的一致现象，已经被认为是设计理论的基本问题。建筑师一直以来都热衷于用过去的东西把自己与现代生活的问题相隔离。亨利·拉布鲁斯特（1801～1875年），在巴黎美学艺术学院获得了巨大的建设性成功后，将自己在罗马维拉米迪西的5年看作是一种对生活的远离。尽管他是用一个工程建筑师的眼光，而不是用为了达到美丽如画的建筑的态度来学习古代纪念碑式的意大利建筑(吉迪恩，1963年)。当代有许多建筑师对这种与生活分离现象的持续发展感到失望。罗伯特·文丘里，1966年直言不讳地说出了这点：

> 一个建筑师不对重要问题加以考虑，只是在冒着将建筑脱离生活和社会需要的风险。如果有些问题不能解决，那么他可以用一种包容的而不是一种排斥的态度提出来，建筑学有为这些问题产生的只字片语、矛盾冲突、即兴而作和紧张态度准备的包容空间。

困难的是用一种开放的而非封闭的系统来处理城市和城市设计，把意图的口头阐述变成能够实现的设计行动。

就像前面章节中谈过的一样，当前的每种城市设计方法都产生了极其令人关注的方案。完全的批评或支持它们都是很容易的事。然而，在仔细分析

1. 被炸毁前的圣路易斯普鲁伊戈居住区的住房
(照片来源：作者收集)

2. 普鲁伊戈居住区方案预测的长廊空间利用
(资料来源：蒙哥马利，1966年)

3. 普鲁伊戈长廊空间的实际效果(1965年)
(照片来源：蒙哥马利；摄影：麦克·Mizuki；1966年)

图5－3　预言与现实的矛盾

不言而喻，任何设计的可信措词就是关于当它被实施后。具有大量假设的设计可以被看作是设计师关于未来的部分预测。这些假设不但是依靠设计师知识而产生的，也来源于他们的希望——这似乎像赌徒的谬论。为城市设计争取一个更加严密的积极理论基础，也是众多论点中的一个，目的就是提高我们预测设计结果的能力。在过去，预测（2）总是和现实结果（3）相差甚远。

后，必须承认没有任何一种结论所造就的城市设计工程能满足所有人的所有需求，所有的设计都将是在某些问题的解决上略胜一筹，而另一些问题的解决则不尽人意。每种设计都包含了对某些理念的推崇，这也影响了一些人对另外一些人理念的反对。建筑评论主义是对主张和实施这些主张的方法进行评判的。

问题出现了："一种更加具有包容性的城市设计方法会发展起来吗？""如果在概念上是成立的，那么能完全被付诸于实践吗？""它能抓住那些现在看上去是对纪念碑感兴趣，而不是对城市设计更感兴趣的建筑师的注意力吗？""当博物馆、市政大厅、宗教建筑是为建筑师探索美学兴趣而提供的工具时，它们愿意去处理城市中的日常生活和城市空间吗？"(参见维辛斯基，1990年)。在一定程度上讲，建筑师所关注的问题反映了社会关注的问题，但是作为城市设计师和建筑师却能引导并形成大众对城市公众领域的思考。过去的一些例子就是这样(如培根·埃德蒙在费城的设计、芦苇明在达拉斯的设计)。

许多建筑师、景观设计师和城市设计师的基本假设及努力尝试是值得去做的事情。城市设计作为一种公众行为。在重新设计中，城市设计需要注意以下几个方面：(1)在道德秩序中看待城市设计；(2)理解它对正在改变的世界的潜在贡献；(3)处理的应是最新的生活现实而不是过去的问题；(4)承认它的政治本质；(5)将它看作一种合作性的行为；(6)有一种对将来的远见卓识；(7)必须建立在经验知识基础之上；(8)遵循一种以知识为基础的设计方法。为了满足以上的要求，城市设计则必将更加建立在一种相互影响的哲学基础之上。将必须共同汲取理性主义者和经验主义者的理念，同时更要紧密地根植于后者的方法之内。

(1)以一种道德秩序看待城市设计的需要

城市设计必须在一种广泛的文化范畴中进行研究。本书中描述的论点都是在这样一种精神实质中呈现的。一个社会最终的目标都被假设成一个好的社会。也就是说，在一个好的社会中人类之间多种积极关系都能得到加强和提倡。它是一个存在争取自由、展现自由的社会，也是一个不但是对自己而且也是对其他人都负责任的社会。这个观点与把社会的总体目标认为是财政上成功的这种观点或许就不能相提并论。

亚伯拉罕·马斯洛(1987年)规定了许多人类基本自由和为满足这些需求内在的前提条件：

> 讲话的自由，做那些对他人无害的事情的自由，表达自己的自由，调查的自由，保护自己的自由。人群中的公正、公平、诚实和有序，这些都是满足基本需求前提条件的例子。

这种自由也必须要在发展解释目的性城市设计中，即在功能性城市设计的基本工作中加以考虑。对政治家、规划师和城市设计师来说，重新认识启发性思维，即社会向前发展，为取得更好的社会环境和物质环境的能力是如此的重要。

(2)在一个变化着的世界里理解城市设计潜在贡献的需要

城市设计作为一种专业行为，为所有建成建筑不自觉发生变化的方式做出了许多贡献，这种方式是由于社会的经济、社会和技术的改变而引发。而真正引起这些变化的则是人类需求的变化。城市设计的目标是改变传统市场和法规体系所形成的物质世界的方式。目的就是建立影响城市和其他领域内布局的基本参数。市场的介入有两个方面的基本原因：(1)确保部分土地的开发至少不会降低环境的整体质量；(2)鼓励特殊的发展形式——代表公众利益的活动和建成环境特征的分配。第一种行为是保护性的，即保护现存的社会环境和生物环境不受变化带来的损害。第二种在创建为倡导代表某些特殊群体利益的特定环境类型中十分重要。这些团体各不相同，有的是政府本身，有的是为自己或其他人服务的大建筑公司，有的是房地产商，更为普遍的是为了使用方便而改变环境的使用者。

具有历史意义的是，这种历史推进已经取得了一个更加健康或更加富有艺术性的环境，但是我们现在的目标是应该加强人们的生活质量和对他们极其重要的生物环境。于是城市设计师在环境改变进程中担负着双重责任：(1)为城市的公共空间及其涉及的领域和特殊的建设场地设计制定布局方案和使用方案；(2)协调在城市物质形式发展中各种团体的需求、愿望和希望之间的冲突；这种物质形式反过来由城市社会提供。

对这些作用的明确说明告诫那些与城市设计有关的人必须要考虑关于城市、城市形式以及它们是如何被使用和被欣赏的实质性知识，也必须要考虑在城市和地区范围内所能够提供的功能，它也提醒设计师需要掌握两种关于未来的知识：(1)关于人工环境和自然环境变化过程的知识；(2)能改变城市的决策既定过程的动态知识，尤其是关于自觉设计过程特质的知识。

(3)处理不同和不断变化的现实需要

城市设计思想的每个流派都相信它们都正在处理现实社会的重要问题。然而，针对现实也都持有不同的观点（参见维特基，1997年）。城市设计中最近出现的财政实用主义就是将市场看作是对环境设计决策主要场所的认识而做出的回应；而新理性主义者则认为，依赖自身对世界的了解，他们能比其他任何方法更加接近客观现实，经验主义者相信尽管对现实的认识是个体行为，但是它们不是随意的。因此，应该被相同的人群共同分享。

1.华盛顿州的贝尔维尤

2.亚特兰大郊区
（照片来源：里昂·里兰德摄影）

3.洛杉矶

4.加利福尼亚州的艾森诺湖城

5.芝加哥的麦克阿瑟公园地区

6.洛杉矶的曼彻斯特大道，1992 年

图5-4 新的现实

世界的许多方面正在发生着变化，所以城市设计师必将审视所持有的众多价值观念。新的通信技术导致日常生活发生巨大变化。郊区正在城市化（1）。汽车的方便使用意味着，它将是大多数美国人首先选用的和最重要的交通方式，郊区的线状设计模式（2）就是为了迎接汽车时代的到来。目前，浪费能源引发了潜在的能源短缺，污染和烟尘（3）将不可避免地成为我们目前许多关于美好的生活方式和设计应包括些内容的假设中必须要考虑的问题。单身家庭脱离大家庭仍然是许多人希望的居住方式[4；也可参见图1-1（1）]。但是家庭的类型也正在发生变化。城市中心许多恶化的邻里仍有人居住，它们代表了对生活的冷漠态度和居民可怜的自我形象（5），从社会获得的挫折失败也经常使他们把反对建设环境作为发泄情感的方式（6）。处理这些问题不只是城市设计的任务，也反映了城市设计面临的主要问题。

我们必须要用一种新的方法来看待世界上各种各样的事情；我们趋向于将精力集中在过去不曾关注的特殊事件上。一种认识引发了另一种认识。人口的增长迫使我们更加仔细地去研究高密度的环境，尤其是那些只有少量土地可以供使用的地方。世界上的城市，像墨西哥城、圣浦路斯、曼谷和雅加达的发展使人们注意到，缺乏资源又庞大的大都会地区在逼着我们考虑资源短缺地区的城市设计。美国的这种政治态度已经在许多城市中引发了相同的情况，即形成由于私人环境恶化而使公共领域环境恶化，并最终导致对公共环境缺乏关注的反复过程——恶性循环过程。

1973年的石油危机使得人们转而关注对未来维持、经营方面的设计需要和提出的城市设计方案管理过程。在美国尽管许多经验教训得不到重视，但是它已经被认为是在进行评价质量方面一个基本的但又是十分重要的可变因素，注意力集中在资源保护上。20世纪80年代后期的经济危机使人们注意到，利率将决定建设的内容，以及将来在大规模方案项目资金投资的效果。建筑经济的严肃性不同于建筑的丰富性（基尔南，1987 年）。

这本书关于城市设计标准的描述依据对大量现在和将来的假设和判断，即对新现实生活的大量认识。这些见解将包括这些观察资料：（1）城市或大城市地区正在改变的特点，尤其是为了适应人们生活方式的需要而在布局和设施类型方面的变化；（2）城市必须被作为一个实体和一系列的组成部分来对待；（3）一些城市将会成长壮大，而另一些城市则将趋于消亡，城市设计需要能从其成长的本质上处理衰退的问题；（4）城市设计负担着为公众寻求利益的政府代理部门的基本责任；（5）由于对个体和社区重要性认识的不同，对公共财产和公众利益本质的认识不同而形成文化上的不同必然会导致城市设计的不同；（6）城市设计的指导方针不应该仅仅被看作是应该建立或不应该建立的静止陈述，而必须是按照关注人群的生活方式和价值观念的变化而变化；（7）最重要的一点是，尽管所有综合性的计划或许是一个理性的目标，但实际上却是不可能实现的。

（4）认识城市设计政治本质的需要

所有的城市设计都包含对某些目标的提倡。这些目标中的一部分具有普遍意义，而另一部分则是为了满足社会上特殊群体的需求，就像任何一本历史书将要证明的意义一样，城市设计几乎总是在关心有钱人和有权人的需求和生活（如E·莫里斯，1974年）。城市设计师也被他们的职业眼光和在专业领域内获得奖励的方式所左右。许多人或许所有的人都在关心建成环境的本质和他们对环境控制的程度（蒙哥马利，1966年）。因为环境为他们提供了赖以生存的物质基础。这一点给一些人带来比其他人更大的冲击，也是对某些设计领域而非其他领域的关注。

将来最终建成的环境将是由政治家以及他们进行资金投资的方式和他们所表达法律条文的方式决定的。这些条文规范着市场的运作，法律规定和设计指导能控制可以建造什么；在制订方案的过程中，政治家会咨询设计专业人士和其他可以建立社会目标的利益集团。无论是城市设计师个人，还是专业团体都是迫于政治集团的压力而进行的，因此，城市设计师提供给合作者、公众购买者、城市劳动者和政治家的建议并非都是他们自己真正需要的。这样一来，城市设计的过程就是一个很有争议的过程。在公众的眼中，一些发生的过程就会被认为是理所当然应该发生的。

如果城市设计师接受了这样的方案判断结果，他们也就必须从任何社会制定决策性重要工作的地位来看待城市设计。这本书主要就是关注美国制定设计决策的过程，但是其中有许多是在世界范围里主要的民主社会国家中城市设计师才能拿到桌面上讨论的内容。尽管在这些国家存在着个人和社区谁更为重要的分歧，但是有些问题仍然是比较普遍的问题。例如，世界上所有的民主国家都坚持着这样的观点，只要你不侵犯到他人的权利，你就有做任何事的自由。很显然，“侵犯”这个词有着许多种不同解释。但是，如果城市设计师将这条普遍观点看作是城市设计指导原则，那么，他们就会成为动态持续的设计师而非将设计作为最终艺术成果的倡导者，设计艺术保护派对公众领域使用者的生活造成了消极侵犯，使它难以被大家接受。

民主社会提倡的平等机会、平等权利和个人自由是针对全体公民的。如果城市设计师将这些措词作为正在起作用的原则，作为城市设计的道德基础，作为公众利益的观点，那么，他们将要面临处理比现在更多的可变因素。他们也将必须有能力去倡导更复杂的设计，因为许多公众领域都是多功能综合性的。城市设计师尤其是以咨询的身份在私人部门工作的，尽管也是生意人，但是必须在商业企业准则下工作。经济实用主义在某种程度上可以说是在经商。然而，一条指导性的原则是，城市设计师应该试图增加人类的福利，同时为各种不同人群增加行为机会。

调整将城市设计的需要放在社会目标范畴内来看待的观点操作上的困难之一就是确定专业目标。在自我形象和社会运转方式上存在的较大分歧，这种分歧也存在于美国宪法条文和美国公民之间相互作用的行为方式中。理想社会或现实社会应该是设计的基础吗？所有的社会都会涉及这个问题。例如，印度的宪法倡导无特权阶级、无等级区别的社会主义社会，那么，在社会本身并没有按照这种条款去运转时，印度的城市设计师是否仍将此宪法作为其基本的社会原则呢？无论采取何种态度，它都是一个政治性的工作，并反映在社会为达到其目的而采取的运行机制中。

任何城市设计的结果都是在市场、法律、政治利益和设计思想的争论中产生的。城市设计作为一种政府公共政策的公众行为，其本质必然具有明显的政治性意义。作为设计指导原则的推动者，城市设计师正在建立能指导城市发展的法律工具。开发商裁决的分区规划设计或公或私很明显都会进入到市场的竞争框架中。于是，城市设计的本质在已经实施环境中发生变化，其结果也必须要在那种环境中进行审视。这并不是说，环境不能受到指责。实际上，对城市设计的批评是一个社会文化批评中的主要部分。然而，城市设计赖以参考的指导框架必须是社会主体的利益，而不能是集体或个人利益。

城市设计各个学派的思想已经在第2章、第3章中进行了描写，第4章则清晰地描述了其行动计划。行为计划在倡导某些目的时本身就带有明显政治性。在市场中为了获得服务试图向委托人请求时，也明显地表现出来。他们必须这样看待行为计划。现在作为设计过程一部分的城市现状和潜在作用明确了城市设计的可能性和局限性。

（5）将城市设计看作是合作行为的需要

现在已经有众多不同的专业加入到变化的城市物质结构设计中来。他们在进行城市设计工作，或者说在进行最终将导致城市设计的工作，或更准确地讲是加入到城市设计的进程中。在通常引起的变化中，每个变化之间都存在着目标的相互交叉，因为他们处理的只是单个问题，例如，植树是为可提供阴凉，但将阻碍增加交通运动的计划。每个专业都有其特殊的理解领域，并且都是趋向于从自己的角度来看待环境——每一位成员都希望用知道的方式来处理问题，而不是按照这个问题所必须遵循的方式来处理问题。很明显，需要有各种广泛的专业来处理城市设计问题，就像任何事情大致都是以一种历史的方式来对待一样。如何组织公共领域构成元素的技术知识是很难以吸收消化的，更不用说来理解技术知识是怎样影响目标的设定。难怪有这么多的从单一思想萌发的城市设计都是以还原主义者的方式来处理周围环境的，也难怪有这么多的由委员会完成的城市设计也缺乏协调性。所有伟大的城市设计都呈现完整和统一的特点。当专业人士以一种互相支持而非竞争的方式一起进行工作时就会取得协调性成功。

城市设计必须是各专业之间协同合作的结果。那么什么才是城市设计师呢？尽管审视城市生物环境（和社会环境）的所有职权掌握在当权者手中，但是城市设计师也能成为城市物质变化的某些特殊行动的设计者和管理者。在这样的概念中，城市设计师还有一种广泛多样化的次要角色：分析家、解决方案的设计师或建议者、评价者、协调者。要管理好这些行为，设计师必须要充分理解并需要考虑到问题的各个方面。商学院已经将这条真理作为重要方法进行学习。基本的管理程序也许是比较普遍的程序，但是管理一个过程的能力却需要很了解被管理的知识分子的实质性特征。城市设计师一定是能够理解所有问题的人，这种人才可以从任何领域产生。

(6)面向未来的需要

城市设计必须能适应未来发展需要。自觉地或非自觉地理解历史和历史形式以及它们产生的缘由就会发现其实设计过程是重要，但是绝不是陷阱。杰沃哈拉·尼赫鲁对印度独立的忠告：“当我们想起的时候，理想中的过去是令人满意和美好的，但是现在招呼我们的却是未来”，这个劝告是很有价值的政治口号，同时也是城市设计的口号，尽管在许多人身上仍然存在着顺应变化的阻力。

包括设计师在内的人们已经习惯于他们某种模式的生活环境和工作环境。第1章讲述的变化就是其中面临的压力，并且我们经常都准备着去忍受目前产生的不良功能，仅仅是为了避免在向好方向转变过程中可能产生痛苦。有许多方案就是被人们惨痛地抛弃但是又被重新重视的例子。不幸的是，有许多建筑师会说，很好的方案到后来却被证明是完全失败的。然而其中也呈现出许多好的经验财富，第一种是以人类经验为基础的，第二种是针对远远偏离现实的人类各种模式，设计师作为对人们在已经建成的和习惯的空间场所中实际行为的有效预言家身份存在。

(7)城市设计经验主义方法的需要

对美学思想体系、理论和建筑思想的关注提高了进行设计的兴趣，并且为建筑师所讨论的分析和神话传说增添了许多智慧性的论述，而这些分析和神化传说就是建筑师用来帮助产生新形式的方法（鲁宾逊，1990年）。然而，这是一种回避性的行为。它力图避免介入到提高环境中居民生活质量的复杂问题中去。如果建筑结构组织得恰当，实际上能给当地环境带来和谐，并增加其想象力（林奇，1960年；亚瑟、帕森尼，1990年）。获得建筑的和谐需要被看作只是城市设计师的一项任务。城市设计师应当关注更为广泛的生活质量和环境质量方面的问题。

城市设计必须要考虑当地的历史和人们在不同文化背景下对它赋予的价值。城市设计必须考虑城市设计对人类生活，以及反过来对影响人类生活的社会环境和生物环境的影响。城市设计必须考虑社会和物质空间的关系，必须基于人类看待、理解和使用环境的方式，必须考虑到这些环境的特殊模式及各自所能承担的职能。第1章预言了这种假设。城市设计必须是功能性的，基于这种主张的意义特性，功能主义需要重新进行定义。

“功能”这个词的意义在关于循环系统和建筑建造程序中的效率问题时已经变得很狭隘了。当一个人认识到人们生活中美学功能的重要性，如果再将城市设计的目标认为是在实现功能的同时加上的美学考虑的话，那将是有勇无谋的。这本书的观点是，必须在广泛的意义上定义功能。学者们将美学简单地看作是一种功能，认为建成环境中的美学特征能实现多种目的。所以，美学应该被看成是一个设计的潜在功能，仅仅是由于像心理安慰或其他目的建成的环境能提供的安全感一样（菲奇，1965年，1980年）。这本书对部分功能主义的重新定义就是源自于这种假设。任何环境功能模式需要建立在人类需求的良好方式上。

（8）以知识为基础的城市设计需要

为了创建一种客观现实的理性主义方法，我们已经通过描述和想象世界的及世界上人类、人类的需要与行为来反映世界的本质。理性主义方法在城市设计中就像在协作的创作领域中一样有其局限性。诺贝尔文学奖获得者即使是犯罪文学作家都会受到很高的尊重，因为他们非常了解周围人群，以至于像斯迪芬·霍尔这样的建筑师都说，他们为小说寻找了比社会学还更了解人类的知识源泉(参见1980年特约记者关于哈代·托马斯作品的评论)。现代主义的失败主要是败给了区分需要了解人类环境和需要想象人类环境上。今天的城市设计两者都需要。

运用想要去描述和解释人类行为和环境是创建设计理念的一种有限的方法，很受设计师的喜爱。不过，运用人类的想象产生对未来经历的假设却是很有必要。作为设计的基础，想象不能代替系统的观察结果而得出人类经历的最终结论。另一方面，观察结果也不能产生未来。想象在考虑创造一个假定问题的未来方法中是十分必要的组成部分。它是推测未来可能性的一个十分重要设计过程的一个部分。这些想象可能需要通过与能推断未来的经验现实相对照进行检验。相比较而言，没有知识背景的想象在设计未来时是极其有限的。城市设计师需要对人、地点、事件和城市设计的过程（如设计方法学）、观念的联系过程及其运用我们对已经丢弃的知识讨论的目的和方法能力的关系，有一个多功能的理解和考虑（林奇，1982年）。

相互作用的设计程序需要

就像豪斯特·瑞特欧承认的建筑学普遍意义一样，城市设计是在综合环境、地点和时间特定的状况下而产生的(伯泽杰内克，1974年)。一个相互作用的哲学意义就是一种认知，一种经验主义者理解世界的态度和一种反映理性主义者理解世界的态度，需要相互手拉手地前进，而不是以相互独立的方式去理解世界。在第6章中将会说明，设计的基础知识已经通过经验而获得，但是我们取得最终成果的能力仍然存在着局限性。那么，当前在我们对城市、空间场所和人的理解上必然也存在缺陷。我们必须去处理不确定的内容。创造性人才的一大特征就是其处理不确定性和模糊性方面能力的突出。

由这些观察结果产生的新实用主义没有发生实质性的变化。然而，在城市设计师考虑城市设计质量的方式上，需要一种从绝对主义向相对主义的转变。任何一个城市设计都会给某些人带来比其他人更好的需求满足。任何一个城市设计都会受到可用资源的限制。

共同行动的哲学意义必须要规定城市设计应该遵循的过程基础。它表明：(1) 成果和方法必须在信息的互相沟通和思想的互相交流中进行。这些思想的交流者，包括设计师和倡导者、经营者和潜在使用者；(2) 专业人士间的合作工作。这个结论表明，城市设计不应在各专业不知情的情况下在暗箱里进行操作。这个过程应该是在一个玻璃盒子中进行，对审查和争论应该是开放的。

相互作用者的基本观点就是，过程和结果应该是手拉手前进的。城市设计的成果来自有意识的设计以及人们付诸于行动的法律和市场工作过程的相互作用。城市设计的过程，包括对未来可能性的创建行动及其实施和管理工作。设计行动和实施行为需要完善地相结合。

重新设计城市设计的内涵

如果一个人接受了城市设计必须要处理时代生活及其演变特征这样的观点，那么，就需要对城市设计是什么及建筑环境在未来生活中的潜在作用有一个了解，那就意味着，我们必须抓住生活的复杂性，即行动和兴趣的文化差异性，并掌握着眼于未来的设计。我们也必须在一种广泛的决策制定过程中看待城市设计。这种方法在民主社会用来试图形成尚未决定他们未来时使用。

全世界城市设计的演变史表明，在一个地方适用的建筑或环境类型并不一定在其他地方同样有效(尼尔森，1973年；布瑞林，1974年；拉普卜特，1977年；劳，1989年；钱伯斯，1989年；霍斯顿，1989年)。一些设计思想已经成功地由一种文化转移到看上去完全是不同的另一种文化中。例如，意大利公共开放空间的模式和广场的使用，是一些很能抓住游客兴趣的东西，甚至包括建筑师在内，已经在哥本哈根公共中心区的许多场所空间作为反思城市布局的基础来使用。大多数公众对这种可能性抱怀疑态度，其观点是在丹麦不是在意大利，是丹麦人而不是意大利人(盖尔，1987年)。然而，也有许多对设计思想进行跨文化的转移而失败的例子(尼尔森，1974年；布瑞林，1976年)，多得使它们成了挖苦关于欧洲模式对美国重要性的此类作品的源泉(如沃尔夫，1981年)。结论就是，必须在文化环境中去认识设计所能提供的环境模型和那些促成人类有效环境的部分。虽然设计思想的形成过程是普遍一致的(尽管特殊的设计方法因文化不同而不同)，但是关于世界如何运转和环境本质的实质性知识必须要在文化环境中形成。设计必须是有理论基础的。

建立实质性和程序性知识框架可以通过很多方式展开。城市设计的规范性理论和研究方法的规范性理论也可以通过多种渠道形成。然而，存在大量关于各种研究方法功效的协定(朗，1992年)。建筑师大量使用的信息是对世界偶然性观察获得的，偶然观察的结果是一个强有力的工具，但是却被普遍慎重地对待。由于被太过于限定在特定的情形和人群之间，不通过重复的观察做出的归纳已经得出了许多关于城市运转的错误结论。这些观念中的许多部分都大受建筑师和城市设计师的喜爱，因为这些建筑师和城市设计师不愿意放弃自己的设计理念。当过去30年进行的谨慎研究发现通过设计对社区的不断追求只能是在特定文化下才能获得的结果(参见威尔莫特，1960年； 杨格，1960年；克历尔，1968年；戈特沙尔克，1975年)。需要有一种连续严密的研究结果与设计理论相结合。现象学和经验主义作为建立理论的主要方法应该被看作是互补的而不应该是对立的关系。如果历史研究是以一种生态学方式进行的话，那么，历史研究法将会十分重要，并能为人和环境间的关系提供深刻见解(拉普卜特，1990年)。历史知识在关于我们正在做什么的事情上提出了很多问题，但是城市设计理论也需要考虑现在要以一种严肃的态度来研究世界。

城市设计像其他关于未来的创造性陈述一样认定未来是未知的。社会试图促成未来。在关于应该进行公共设计中，在个人、公司和公共机构提供的无数决议中该保留些怎样的问题上，社会上存在着各种意见。从大多数人的观点来讲，社会试图用以下观点来促成未来。按照他们编写的法律规定的特定方向，按照习惯于抚养孩子和教育专业人士的社会化过程，按照发展的经济政策，按照可接受的产权体系，按照建立的贸易规则，按照所能掌握的资源情况，以及许多其他的方式来促成未来。城市设计只是其中的一个部分过程，但是与其他社会过程相比较而言，城市设计在促成未来上还是有一些力量的。城市设计只是一个相互依赖的变量，而不是起独立作用的力量，它作为结果而发生，但并不是发起者，但是世界的物质化形态却是惊人持久存在的。

这条推理线索的所有含义就是，必须要用一种比现实更加多角度的方式来看待城市设计。结果或许除了形成一些显著的前瞻性建筑和空间场所外，城市的未来将会拥有比现在众多城市设计方案更多的精品设计。好的城市设计最好不是那种被称赞的作品，而是一个自觉设计的过程。获得这种好的设计需要一种对自身更多的超越，而不是扮演过去建筑专业所具有的角色。这种职业一般会庆幸其设计的大胆，但是城市设计师的政治权力应该是出自其专业考虑的。我们需要有一种以知识为基础的城市设计方法(琼斯，1962年)。

主要参考文献

① Gotkqchalk，Simon S.Communities and Alterrnatives:An Exploration of the Limits of Planning.Cambridge，MA:Schenkman，1975

② Huet，Bernard.“The City as Dwelling Space:Alternatives to the Charter of Athens”.Lotus International 41:6～16，1984

③ Lynch, Kevin.“City Design:What It Is and How It Might Be Taught.” In Ann Ferebee, ed.，Education for Urban Design.Purchase，NY:Institute for Urban Design，1982.105～111.

④ Mackey，David.“Redesigning Urban Design.” Architect’ s Journal 192，1990.no.2:42～45

⑤ Scott Brown，Denise.“Between Three Stools:A Personal View of Urban Design and Pedagogy.” In Ann Ferebee，ed.，Education for Urban Design.Purchase，NY:Institute for Urban Design，1982.132～172.Also in Scott Brown 1990.9～20

6

功能主义和经验主义的城市设计

这里描述的倍受推崇的城市设计方法没有发生明显示范性的转变，没有展示新的艺术作品，没有提出新的物质布局原则。更准确地讲，是描述了我们应该如何进行思考城市设计的立场。这种立场是建立在我们继承前辈对城市设计的理性主义和经验主义的利用及其局限性之上的。如果城市设计想对社会作出巨大的贡献，并为一系列的努力取得进步的话，那么，理想主义者思想的运用，必定要被经验主义对世界及其人类的强烈感受所吸引。这样的一个观点也可能存在内部的矛盾，但是可以得到解决。这里应该谈及的是，面向未来的城市设计思想方向代表了一大批人想要向过去思潮的成功与失败学习经验的努力，其中包括幻想者和实践者，而今天的建筑学和城市设计就是由过去的思想所促成。尽管它承认"现代主义者总是一贯正确的"，但是没有表示出对过去的留恋。

观察使城市设计师认识到城市设计需要形成一定的工作方法（斯科特·布朗，1982年；奥斯勒，1987年；麦凯，1990年）。我们需要加强我们的工作能力，从而提出更多的关于应该做什么，而不是现在去做什么的尖锐问题。尤其是对城市设计师需要：(1)以比现在更多样化的方式来看待世界；(2)了解他们工作地区的文化框架；(3)产生多样化的与文化相一致的设计成果。由于我们能从过去20年的工作中进行学习，那么，所有现在考虑的如何进行重新定位城市设计或许会很有收获。我们也能从过去不到10年的时间关于环境发展和设计过程中大量增加的有经验性研究根据的调查中学习。

从研究中得到的一个重要教训就是，建筑师和外行人在看一个城市时总是将注意力集中在不同的变量上，这样经常会产生对什么是一个好城市根本不同的观点。设计师关注存在的城市和区域的未来。由于他们自己对好人和好生活的想象，使得这些观点产生了偏差。而外行人则依据自身的生活来看待特殊的问题。任何城市设计的方法都需要能够认识这些差异和他们所显现出的模棱两可。相同的，作为观察者的建筑师和作为设计师的建筑师也会注意完全不同的变量。这样路易斯·康就能够说"一条街道应该是一个房间"，但是在设计上，则要把街道简单地作为快速交通路线进行考虑。由于设计师开始追求自身的利益，尤其是对几何理性的关注，使得设计行为改变了将要表达问题的本来含义。在思考已经设计过的环境和设计的本质时，需要对概念有一个澄清。只有我们对工作的理论框架有一个清晰的概念时，这种澄清才能获得。

城市设计理论方法的含义

所有的建筑和城市设计策划都是建立在理论描述之上的，无论设计师是否能对它们进行系统的认识。从这种意义上讲，一个设计就是设计师持有的行为因果关系。这种观点在类型学上会认为，更加宽广的社会将允许将他们的实际想法表达出来。然而从社会特征上看，对设计师的价值取向与设计师工作的知识基础之间相互关系的讨论是没有用的，尽管这些建筑师已经认识到并把它作为一种理论。这里呈现的观点是一种正在出现的看法。

近几年，在受到同行高度尊敬的从业者中，在每天都在说的建筑语言中，建筑设计已经变得更加理论化（拉文，1990年）。通过这种调查说明，现在的设计工作比过去更加频繁地描绘了清晰的建筑思想。这些理论组成理性设计的审美成分（后面的第16章、第17章分别论述了关于满足认知和审美的需求）。然而，很少有人关注建筑师的想法。他们感兴趣的是最终的建筑

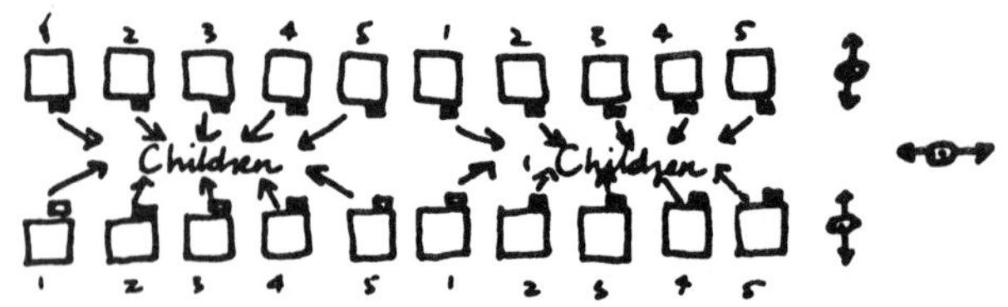

1.彼得·史密森绘制的作为一种生活媒介的街道
(资料来源:史密森夫妇,1967年)

2.彼得·史密森绘制的甲板式房屋街道(1953年)
(资料来源:史密森,1969年)

3.费城城市公共中心的规划图(1956~1957年)
(资料来源:罗纳、杰海威瑞,1987年)

图6-1 观察和设计

建筑师经常面对把人类生活和建成环境的观察结果转化为面对将来设计方案的难点。史密森夫妇(1)和路易斯·康承认街道在人类生活中所起的重要意义,史密森夫妇设计的相当于街区的甲板房(2),路易斯·康为费城公共中心区的设计(3)却很少将观察的结果如实地反映在设计中。城市设计中的新传统主义运动已经将存在的模式成功地运用到设计中,但是城市设计应该模仿多少已经存在的东西呢?(参见图24-5)

模式及其带给他们的体验。关注的另外一个问题是世界被人们如何感受。设计的目标就是获得能够与人们的经历相一致的并能提升和加强的环境(拉斯穆森,1959年)。在这里一个城市设计的理论方法意味着设计师的态度和建立在其基础之上的并且必须接受公共审视和讨论的知识。

如果城市设计能有一个清楚的理论框架,那么其在实践上的效用会有三倍的收益(博尔丁,1956年;亚伯拉罕·卡普兰,1964年;瑞特欧,1971年;朗,1980年,1987年;伊格雷顿,1990年)。好的理论应该是:(1)可以帮助我们了解除了混乱之外的世界应该是什么样的;(2)可以加强我们处理设计中多样化问题的能力;(3)可以提高我们准确预见设计结果的能力。没有好的理论,我们只会倾向于把世界简化成简单的形式,以致使我们只能提供一个概念性的操作方案。

对“理论”这个词的一个特别理解体现在上面的讨论中。当然,可以很多方式来运用,理论并且意味着对不同的人可以表示不同的事情。建筑理论和城市设计理论到底意味着什么,人们确实存在着相当程度的迷惑。设计师一般不使用学术原则性的术语。一般意义上讲,设计师所得到的理论是指运用个人和学术思想而形成建筑和城市模型的一系列设计原则(盖特曼,1972年)。这些原则在过去已被描述得很好,但是存在的原因却很不明确。然而,最近经一系列十分清晰的雄辩而产生的设计原则被学者和从业者所继续发展。明确的解释和论据支持了这些原则外在的明确性。这些原则的大部分是建立在经验主义知识基础之上的(例如,亚历山大,1977年;雷涅、帕那兹,1989年;普瑞斯、费歇尔、怀特,1991年)。同时,有一系列设计原则宣布站在理性主义立场上。布罗德本特(1990年)进行了广泛的努力而把一系列城市设计的理论原则进行了分类。他称它们为“城市空间设计”的概念而不是理论。

在科学领域里,尤其在设计领域里,理论包括一个用来叙述和解释现象和过程的系统(弗朗克,1987年)。从某种意义上说,传统建筑理论做到了这一点——它描述的原则和设计方法是从实践应用中得出来的结果——但是在设计领域里理论的概念是可以丰富的。基于许多研究者的思想之上,我已经在别处(朗,1980年,1987年,1990年)讨论了建筑学领域或许也可以在其他设计应用领域里分清对设计现象和过程是怎样进行工作的和为什么进行工作的陈述以及对品质或美德的陈述是很有用的。正如其他人已经做过的一样,借用标准的初级英语语法,我称前者为实证性理论,因为它由理性的判断和事实性的解释组成;后者被称为规定性理论,因为它是由关于什么是应该做的价值观组成。

实证性理论不是一个好的措辞是因为很多人坚持应把实证性理论和标准理论联系在一起。然而,我把这个词汇提出来是因为它好像是在发展对现象和过程的描述与解释中最简单和最直接的表述。目标是为了拥有一个建立在生活经验上的建筑和城市化的实证性理论，可以回避至少从19世纪初在扎克雷斯－尼古拉斯－路易斯·杜兰德的任期上在生态工业技术中就开始存在于建筑学中的唯理性主义理论的本能特征(佩雷斯·哥摩兹，1983年)。目标是了解世界的潜在结构和人们使用它的方式，并且远离某个精英人物认同的好的过分简单化的标准。

可以区别关于环境的表述和设计过程的表述。用一个更好的称呼，前者一般被称为存在性理论，而后者被称为程序性理论。这样对建筑和城市设计理论的说明就是一个2×2的矩阵结构。矩阵如表6-1所示。在这个矩阵中填写的是一个折衷的过程，这样做并不是这本书的目的。相反，暗含在经验主义收集在表中信息方法的态度才是要描述的。

建筑理论存在的模型 表6-1

理论名称	理论哲学定位	
	实证性	规定性
程序性	实证性程序性的理论	公开性
		实践性
存在性	实证性存在性的理论	公开性
		实践性

建立城市设计实证性理论基础

如果一个人接受现有建筑和城市设计理论的结构模型，那么就需要明白如何补充这种模型。建筑师都有一系列的思想、规则、经验和科学的知识，但把它们明确地分成这四个基本类别的知识是相当不容易的。建筑师都具有关于世界运行方面以及在世界范围内建设一个好城市和好广场的价值方面的知识；建筑师头脑里都存在既是实证性的又是标准式的设计过程模式。他们一直都在运用这些信息，经验也经常会改变它们。如果这些知识是明确的，而且以一种明确划分的理论和方法的形式存在，那么，根据它们相对的成功和失败，就能测试和评价它们。很多信息都是建立在对世界偶然性观察及设计师主观经验基础之上的，但是却有很多信息是错误的。高密度的环境比起其他密度的环境不好也不坏，公共交通也并不一定比私人交通形势好，诸如此类的问题（迈克里达兹，1980年）。

“怎样才能最好地建立这些知识构架呢？”“如何建立呢？”这些是既不规范又不科学的问题。很多建筑师提倡对这个世界进行理性主义方式的思考，其他的建筑师则提倡纯直觉的过程。后者持续具有高度吸引力，因为他们以一个好艺术家的身份支持自己建筑的印象。毕竟“最好的建筑师和城市设计师首先是好的艺术家！”及“你感觉什么是好艺术家！”这些都是设计领域中很多权威表达的意见。建筑师不得不有此感。所有的人都要那样！然而，在依赖这种构建建筑理论的方法中也产生了许多问题，就像产生在其他任何领域中的问题一样。小说家米兰·昆德拉（1990年）说过：

> 一旦这些感受在考虑自身价值对真理进行批判，并且对某些行为的尺度进行判断时，这些感受就会变得十分可怕。当感受取代了理性思考，就变成缺乏理解的和狭隘的根源……现在全世界的人们都宁愿去判断而不愿去理解，宁愿去回答而不愿被提问。

建筑师的很多知识都是借鉴自我的，存在一定的文化偏见，极度的自我，并且经常自以为是地加以判断和普遍地应用。主要问题是大部分知识是通过偶然性获得的。可供选择的是经验主义方法。在许多关于城市设计的宣言中，暗含地或明确地都做了关于这种设计方法的讨论（参见第23章），有趣的是，从20世纪70年代末以来，在一个重要的宣言中，把对经验主义的倡导仅仅应用在城市建设技术方面就可见一斑了。人类是直观感受和理性主义的（“马丘比丘宪章”，1979年）。它展现了我们不愿直接处理的那些我们又面临的问题。

如何操纵世界的知识是我们与生俱来的。有一些理论和心理上的过程随着年龄的增长而进步。而另一些是通过学习得来的(E·吉布森，1969年)。然而，培养对这个世界运转的洞察力的两种基本方法是观察和询问。有些人提出还要有特别感观洞察力的方法。观察和询问是通过人的眼睛和耳朵被直接或间接接受的。例如，社会科学家、小说家、诗人、电影制片人。直接观察的手法就是将我们对日常生活部分的偶然观察变化作为科学的实验。我们的信仰和对世界的认知都来自于这些源泉。问题是如何更好地形成我们关于公共领域感受和使用方式的知识。

教育家、小说家和社会科学家运用自己的研究方法，把我们的注意力带到城市要素上。小说家和诗人提供给我们很多强烈的地方语言模式。查尔斯·狄更斯的焦炭城和狄奥多拉·德莱塞的芝加哥使很多读者容易混淆在一起。这些是城市所提供的消极想象。相比较而言，沃尔特·惠特曼和肯尼斯·斯莱赛却是那些通过庆祝城市生活的快乐提供一个更多积极想象的少数诗人。电影制片人和漫画家不仅提供给我们现代城市好的方面和极坏方面的想象，而且也给我们提供了对未来的想象。但是这些既没有涉及准确描述的现在，也没有直接涉及与未来创造领域之间的比较。专业设计领域需要把设计理论建立在我们如何去体验以及如何学习体验我们周围世界的理论上。

感性学习的过程包括对感受机能所关注的世界构成元素进行越来越细致的区分和对观察到的想象进行越来越宽泛的分类（J·吉布森，1966年；E·吉布森，1969年；克伯，1984年）。许多观察建成环境的通用方法可以作为建筑理论建立的基础。这些方法中有三种方法即解释学、现象学、经验论是尤其要提倡的。对建筑历史的解释可以帮助我们系统地表述今天所发生的事情，并可以提供有关历史事例问题的一些假说；然而，如果把后面两个方法结合起来，很多的建筑理论家愿意做那些工作。就可以更加直接地处理当今世界的很多问题，这三种方法有很多优点，但是也存有较多缺点；了解理论提供的是什么很重要，因为这本书中很多主要的理论都是从建立在这三种方法之上的研究结果中提取的。

解释学

解释学是有关理解和解释的实证性理论（利科尔，1975年；盖德姆，1976年；斯坦尼尔，1989年）。对于阐述解释文中的观点是一种系统的、原始的、经典的并且是合乎道德与法律的方法。解释有很多意义：(1)解释文本的意义；(2)把一种语言翻译成另一种语言；(3)"表达"事实。最近的意义是，任何新著作都是对以前所出版著作的分析和评论，因为它不同于以前著作所做的那些工作。虽然那些意图，没有真正用心设计过，但是解释学已经被应用到建筑评论中。

解释学是论据的直观形式，吸引了很多建筑学者，因为它很接近建筑师喜欢的那种对艺术的理解概念。有一种假设认为建成环境能被当作一篇文章来对待，意思是，建立在周围环境上的解释都能接受。这个观点和许多文化人类学家所持有的观点相似（如莫里斯）。

解释学运用修辞和比喻来表达理解。比方说，建成环境就像是一本书——它可以公开解释。在20世纪70年代，构造主义语言学家和有更多实践性倾向（帕克，1968年）的某些人认为把建筑作为一种语言是很容易的事情(马尔多纳多，1989年)。使用比喻是产生假说特别是关于环境的意义的主要方法，在运用解释学的方法中，建筑理论的目标是了解传统和处理未来，通过了解不同的方法对我们现在的状态寻找续篇——对未来的情节梗概说明。它是一种回避来自世界本身论证倾向的方法。的确在很大的程度上是一种对验证断言的抵抗——即肯定性陈述——使用的方法与逻辑分析方法不同。由于经验主义还没有发表很多观点，所以解释学认为经验主义做不到这一点。这样的话，解释学就是对理性主义的一种发展，是推断未来经验性知识的机制。

现象学

现象学是一种建立在仔细观察和对所观察事物解释之上的研究性描述方法。它试图从人类思想中了解世界。这样，它就是对实证论的反映，在20世纪早期，实证主义就有了根源。它是一种在观察不同事物的认识中能集中注意力的方式，这种方式导致新的经验公式(伊登，1986年)。它是很多当今建筑师和建筑理论家所钟爱的一种研究方法，因为它建立在直观洞察的基础上。"现象学家希望通过真诚、毅力和谨慎，就将会看到更多更深入的现象"(西蒙，1987年)。描述的正确性是通过一个现象学家的洞察力与其他现象学家的洞察力相比较而建立的。尽管很多方法都认同可以开展现象学的研究，但是很大程度上主要的基本方法还是思索的反映。

现象学方法的基本力量是，它试图不受任何限制客观地看待各种历史现象(威瑟利，1989年)。过去的30年，在社会科学和行为科学中，在建筑学领域有很多违反知觉的发现，所以很多研究把现象学看作是建立理论的方法是不合适的(参见，迈克里达兹，1980年)。进行观察时，需要产生比现象学范围更大的信心。但是现象学的方法却丰富了很多设计思路。

毫无疑问，偶然的观察和现象学都给环境建筑和城市布局的体验特征提供了很多洞察力。例如在克利斯汀·N·舒尔兹(1965年，1980年)和段义孚先生(1977年)的著作《场所感》(*Sense of Place*)中对这些贡献进行了很多描述。现象学家不愿对他们

1.纽约东部地区

2.密歇根州的南菲尔德

3.瑞典泰毕中枢
(照片来源：安·斯特朗)

图6－3 显而易见的设计成果

在人性化的建筑中，迈克里达兹（1980年）提出了十条直观明显但是又不正确的关于设计师必须了解的人与环境的信条。大多数生活在综合高密度高层建筑里的人普遍地认为(1)，尽管拥有大量开敞空间是好的，但是这种环境仍旧不是好环境（2）。这些观察结果是严谨的，但是世界上又不缺乏反面的例子。设计师经常感到他们参观和崇拜的（3）许多场所空间有完善的功能又能不受限制地进行文化交流。

的思想进行系统测试，他们认为，任何测试都可能逐个地减少他们调查研究结果的完整性。很多建筑师接受现代主义运动在处理泥土占卜术和其他象征主义现象的失败，现象学的研究仍然是人类建造世界经验特质的主要假设来源。虽然，这本书主要依靠正在增加的现象学研究的主体，并且越来越少地依靠多数建筑师的直觉观察。但是必须要认识到信息来源和文化偏见的限制仍旧存在。

经验主义

通过比较，经验主义者一般被认为是更倾向于以定量的方法作为总结和建立理论的基础。这个立场已经和对发展世界普遍化研究感兴趣的理论家立场进行了比较(瑞斯曼，1964年)。这些经验主义的观点比这里预测的受到更多限制。研究是建立在明确的实践、有目的的观察、重复的观测及现象研究概括能力的科学方法原则上的。毫无疑问，这个方法论就是为建立理论的建筑研究目标，必须经常科学使用。于是，科学的理念变成了一个标准或尺度，用来支撑研究使用的方法和评论结论的自信程度。

经验主义者建立的城市设计理论有两种基本方法：(1)城市和／或城市设计类型学创造方法；(2)生态学方法。前者集中在对城市和郊区形式及几何学模式的分类中，第二种集中在对强有力的城市塑造系统的分析和关注最终的模式如何被不同的人体验和评价上。

类型学

在有意识的设计深入发展之前，所有的设计深入都是传统、习俗和模仿的产物。尽管存在一些侥幸的发现，新的设计在一步一步地进行着演化发展，但是相比较而言，现代主义建筑运动大师们主张关注身边存在的问题。这与工业化前的社会里建筑师们所追求的完全不同。那时的他们是不切实际的。他们的大部分追随者在早期理性主义的创作方法中由于既没有活动的余地也没有机会继续设计而转向进行模仿，用特别标准的解决方法随意适应眼前情形(玛瑞特，1982年)。今天很多建筑师仍然运用这种方法进行设计，而没有倾向性地去尝试其他的方法(卡胡恩，1967年；弗兰西斯科，1982年)。无疑在所有的建筑师头脑中都有一套形式化的模式和设计

1.印第安纳州哥伦布市中心商务区（CBD）

CBO DISTRICT	MAX. FAR	MAX. HEIGHT	REMARKS
O-1+	10	450ft	figures are approximate
O-1	8	300ft	
O-2	6	250ft	
OB&R	5	200ft	maximums are attainable only with residential areas
MU	3	100ft	can be encoded if residential use

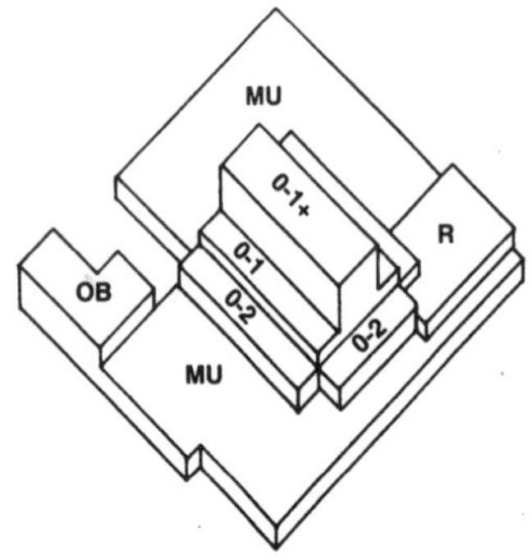

2.华盛顿州贝尔威市中心商务区高度与体量的控制规定（资料来源：亨肖，1989年）

3.西雅图的先锋广场区

图6-4 类型学

类型学依据一些普遍的特征：规划结构、用途、形式、材料、风格、位置、意义、观念等对建筑和城市空间进行研究和分类。我们给特殊的类型，小城市商务中心区（CBD）(1)，“婚礼蛋糕”式的高度与体量的控制规定（2），步行购物中心（3），还有其他的名称。这些名称能联系到一种想象力，并且能使我们与它们进行相对容易的讨论，但是也可能歪曲了我们对空间场所的印象。以类型学的方式看待和设计建筑环境虽然有效用，但是也容易产生误导。

原则。这些模式通过正式教育、专业工作和对世界的体验而得到发展。他们也需要依靠形式。如果是这样的话，对形式的研究就是有必要的，虽然建立城市设计理论的基础并不完整。

在设计领域里，类型学包括对城市形态、场所形式(例如R·克历尔，1979年,1990年),和建造形式的研究(例如舍伍德1978年关于住宅的论述)，以及根据几何学、使用或象征性进行相似性分类的研究。第2章讨论的关于现在美国城市的超速发展对无数制造商起了巨大的作用，尽管他们的一些主要决定是由相对少数的设计师发展的。类型学家发现有相对少的城市形式类型，而所有的城市都有各自不同的形式。与此相似的，甚至城市的组成也不同于一些基本形态或使用类型的模式。

城市和城市元素的分类源于形态(例如几何学的)特征，也是对城市进行描述和进行分析的有效手段。分类被当作未来城市设计和组成部分的基础。这种观点已经被所谓的“20世纪60年代意大利建筑学院派”极力推崇。例如：皮埃尔·吉奥吉欧·盖撒瑞(1979年)、阿尔多·罗西(1982年)和维多利欧·葛雷高帝(1990年)在30年以后的今天已变得极为有影响力了。在世界上很多地方，已经引导了关于建筑环境本质和设计过程特征研究的建筑师和城市设计师的思潮。类型学的研究东山再起结果已经作为建筑和城市设计的基础(布罗德本特，1990年)。

在建筑中，对于类型学的讨论建立在这种感受之上，即现代主义者发展的“新”形式并没有功效，我们需要回到被所有人喜爱的传统模式中。表面上，这种讨论是建立在明显荒谬的假设基础之上，但是却不应该轻易地抛弃，也不能过于热情地接受。创建未来城市所需要的是对城市形态模型的假设，大部分已经存在于现在的城市中，但是并不是全部都存在。今天和未来城市的问题不需要进行虚构，但是对于已经存在的模式，则需要被再次加以运用(戈斯林、梅特兰，1984年)。然而，由类型学的发展而导致的对城市形态重现存在方式的理解产生了对每一种类型所能满足不同人群的有限理解。如果不想让特别的类型在未来泛滥的话，那么，对区域、城市、建筑类型和对它们所起作用的生态学理解就是必不可少的(参见拉普卜特，1990年)。

与此同时，人口的增长，科技的冷却，通讯媒介、运输的变化和现代社会政治系统的改变的确创造了新的城市模式，特别是在美国，建筑师正在探索如购物中心商业街、工业园区、迷你城市(或者边缘城市)、航空港等这些新的城市设计类型；尽管步行区空间场所的使用已经得到证明，而且在新泽西州的雷德朋居住区已经有先例存在，但是它仍旧是停留在一种概念性的设计层面(凯尔博,1989年;凯斯瑞珀,1991年)。在那些设计中,使用严谨类型学方法的人所面临的一个问题是,有一种诱惑使得在探究当前问题时,人们经常以一种现在模式对已知形式的偏离观点来看待,如克里斯托弗·亚历山大和他的同事(1968年)在对模式语言的发展所承认的一样。城市设计中连续使用某些类型的众多原因中的一个原因是,在定义那些需要用除了类型学方式解释外的问题是什么时,充满了概念和思想上的困难。然而,问题是要去面对而不是去逃避。

生态学方法

建立经验主义理论生态学方法的目的是综合理论见解和进行系统性的研究。目的是去理解人类组织和群体在物质环境中形成的不同行为模式，以及人类是怎样利用物质环境的要素去为自己和其他人创造美学展示。这种思路发源于20世纪30年代的芝加哥社会学派和罗伯特·E·帕克等城市社会学家的著作。不幸的是，尽管他们的研究在这个领域的议事日程里，但是却很少关注物质环境的布局，几乎可以肯定地讲，就没有人关注建筑环境(瑞斯曼，1964年；密歇尔森，1976年)。

正如这里所认为的，生态学理论关注于日常生活里建筑与物质世界中人类的行为活动。它的基本概念已经在第1章中介绍，但是它的根源就像杰哈德·卡曼斯基(1989年)概括的观念一样，存在于布朗芬·布伦纳(1970年,1979年)、E·J·吉布森(1969年)和詹姆斯·J·吉布森(1969年,1979年)各自不同的著作中，并且被罗伯特·贝克特尔(1997年)、阿伦·威克(1969年,1979年)和其他的贝克学生所发展。这本书描述的生态学方法是这些方法的统一化。它有可能帮助建筑专业人士在关于未来的形成方面做出更好的决策。

必须要认识城市设计理论的生态学方法中的两种态度：(1)研究成果必须和多维世界现实相关联(例如人类的经历和动物的关系，人类自身世界)，而不能简单地与来自控制性实验室的结果等同；(2)研究必须关注理论建设，注重解释，而并非简单描述。要重视理解能力的发展。

1.丹佛第16街和法院街广场

2.丹佛第16街和法院街广场

3.堪萨斯州的威奇托市
(照片来源：承蒙马文·S·克鲁特惠赠)

图6-5 生态环境

生态环境就是我们日常生活的世界，所有的行为都发生在这些物质环境中，它包括以下不同方面：(1)构造、着色、照明的表面。(2)这些物体的表面有一些是物质性的，而另一些则围绕着我们。这些要素的每种模式都具有其可能承担的功能，使得不同习俗的人都能使用或看到其意义。大热天坚硬的广场根本就没有吸引力；(3)环境体现为这四个人提供阴凉、观赏，以及界域控制感，于是也就提供了安全感。

建筑所关心的世界可以用许多方式进行描绘(参见第9章“城市设计的要素”)，这里只需讲明，它只要是在生态学框架中被考虑就够了，就像在第1章中所涉及的一样，它是一个表面由不同的质地、色彩和照明的物质所组成的世界。在某种程度上这个表面包含着或多或少的天空，这些表面和天空能负担不同的行为活动，并连同这些行为活动组成了行为活动的环境(贝克，1968年；贝克特尔，1977年；威克，1979年；卡曼斯基，1989年)。认识一个物质环境或周围环境承载力的能力依靠其生理和智力方面的能力(劳顿，1977年)。一个人是否可以利用这种承载能力，决定于他的癖好和他对这个过程里成本与效益的认识。这些环境通过边界特性相互关联，并包含在整个社会和文化系统之中。我们给这些特殊的环境起了名字，称其为“场所”。我们并将它们分成不同类型。

建立设计理论生态学方法的研究议程关注对世界上不同行为环境的使用和功效的理解，对构成环境要素的人类表现本质的认识。目的就是理解在不同文化背景下的这些形式以及不同类型人群的关系。我们关于这些不同点和相似点知识的发展认识是很片面的。这个知识框架永远不会完成，但是我们现在对所关注的变量了解要比现代主义者好得多，建立在科学方法之上的对未来的研究会广泛地使用我们所希望的各类方法(例如密歇尔森，1975年；玛瑞斯，阿伦茨，1987年；洛，1987年)。

一种合乎规范的方法

将在这本书中描述的城市设计方法适应并发展了已存在的方法。城市设计在一定程度上想倡导对经验主义知识利用的依赖。通过一个好的说明性短语就可以简单地解释经验主义的方法。就城市设计本身而论，它遵循了经验主义的原则，例如凯文·林奇和克里斯托弗·亚历山大这些人的思路。将功能主义者加入到这种称呼中，表现了经验主义方法从现代主义那里获得了善于思考的传统，以及其创造功能性建筑环境的目的。

一种新现代主义的城市设计方法

尽管新现代主义者没有任何语源学的意义，但是却通过城市设计传递一种态度。除了对已经建成工程进行更多实用主义的考虑外，城市设计更应该关注现代主义者处理问题的范畴。建立在先前章节的讨论之上，这种态度意味着，城市设计首先应该是功能性的。这种认识依次地表明，城市设计应该关心社会功能和物质功能及其问题，而不是假设城市设计工作的社会后果是别人的什么事。除此之外，城市设计师应该明确关注未来的功能问题，而不是抱有一些含糊的看法，即那些明天会和今天一样或者明天就会解决好自己的问题。尽管空想家和从业者都以这种方式称呼城市设计，但是这里关心的却是今天和不久的将来城市设计的实践。

如果基本主张是追求一种功能主义的城市设计，那么，功能的概念就需要从现代主义者所持有的状态而进行扩展。所有的设计都应该服务一定的目的，这就是功能。所有的城市设计方案都是建立在依据所限制的行为和将要创作的美学表现等社会指导方针的基础上。以一种完全市场化的方法来看待城市设计时，这种态度通常意味着要支持这样的状况，虽然每一种方法都有其强烈的呼声，但是所涉及的观点是，这种态度为社会带来了很多长期经营的机会成本。城市设计师需要了解他们工作的社会后果，而不是简单地认为社会问题不在他们所关注的范围之内。而这种仅仅认为是服务市场的专业管理者的观点将会给城市设计师明确一个不完全的职责。尽管让工程项目更容易地完成是明智可取的，但是考虑到环境和个人所面临的问题则是无法接受的。所有这些观点和这本书中描述的任何一个观点一样都有其政治性。

然而，希望城市设计师也是社会系统的设计师是不合理的，那其实是许许多多社会科学家和社会规划者所支持的政治家的职责。这里提出的态度是，城市设计师必须了解物质环境和社会系统本质之间的内在关系，他们必须能够明确地表达设计中是哪一种方式造成的社会影响，而不是另一种方式造成的（例如关于哪种设计能实行，而哪种不能)。他们必须了解不同环境模式所能为不同的人提供的行为活动内容，设计必须“以人为本”(普瑞，1970年)，“关乎人的大事”(库珀，1986年；萨克斯西，1986年)。因为普鲁伊戈居住区的失败而责备米诺·雅马萨奇是不合情理的，他是在当时传统理性主义思想指导下进行工作的。如果不能从他那里学到些什么那才是极其愚蠢的，尤其是关于导致其设计成果的思维过程。如果建筑师设计的大型居住集合体没能很好地理解奥斯卡·纽曼（1972年，1980a年)，库珀(1986年)和萨克森的工作，而导致其设计成果无论在何种人口密度的情况下，都不能提供一种令人愉悦的和可以居住的环境的话，那么，现在就可以谴责建筑师了，至少在美国是这样。

一种经验主义城市设计的方法

从字面意义上来看，经验主义的城市设计方法仿佛有矛盾。城市设计师可以直接或者按照他们为其他设计师制定的原则和政策来设计建筑环境或其中的某些方面。他们是在为未来而进行工作，必须向前看，必须为未来做出预测。经验主义者依据事实证明建立了实证而肯定的理论，也不断寻找证据来证明关于理论的假设。从这种意义上看，建筑师很像经验主义者，因为每一个设计都是一个假设，只不过是对未来的假设。建筑是在建好后通过使用者进行检验的，正如这里讨论的一样，城市设计师应该利用知识作为制定决策的基础。由经验获得的知识就是关于现在的知识，或者更准确地讲是关于过去的知识，因为这些知识是通过观察得出的结论。设计总是在对未来特性的某种不确定的程度上开展的，因此设计结果也有某种程度的不确定性。以知识为基础的城市设计方法能减少这种不确定性，但是却不能消除这种不确定性。

经验主义的城市设计认为：(1)城市设计过程包括论点的建立，特别是关于一个城市、一个邻里或它们一部分的未来三维空间形态的论点建立；(2)这种论点建立在证据基础之上；(3)这些证据应该尽可能的是经验性研究，而不是建立在凭借个人的直觉或解释学和现象学的方法上。这种观点并没有否认直觉在设计过程中的作用，尤其是没有否认它在产生设计理念方面所起的作用；然而认为仅仅依赖于个人经历的设计有其局限性，会限制开展讨论的方法，这样就会妨碍为将来而设计的建筑、区域和城市的发展，但是这种个人的经历也并非没有任何意义。我们过去非直觉性工作成果的数量就已经可以明显地证实，甚至很伟大的建筑在直觉判断力上也有过失败。

至今为止，我们掌握的知识仍然存在巨大的局限性，所以我们必须要经常依赖我们的信念，就像一代接一代的城市设计师所表现的一样。如果我们能依靠设计内在的知识，那么这种设计艺术就一定会容易些。这种看法是对具有坚实理论框架的建筑师而言的，这种理论框架能够被内在化，也能被应用和明确表达，以便作为设计的基础进行错误修正，或与其他人进行交流。最终，我们还必须得承认城市设计是为未来而进行工作的，未来不能只靠经验来研究，因为未来是被创造出来的。现代运动的失败就是因为建立在对一件件证据和大量思想理论模型的依赖上，在这里用术语来讲，就是因为现代运动始终回避对生活的研究。

类型学和生态学方法

任何一种城市设计的思想体系都必须在两方面阐明其观点：过程和结果。许多关于城市设计的表述都包括对结果的思考——建立在一系列评判标准之上的城市理想布局模型[参见图2-10 (6)]，例如：“光辉城市”就是面向未来城市的一种物质形态，健康、社会平等、流通高效和合理对称被认为是这种设计的基本标准（勒·柯布西耶，1934年）；同样的，“广亩城”（参见图2-9）被看作是基于杰斐逊派民主理念之上的物质代表（赖特，1958年）；“紧凑城市”则是出于比过去更加节约使用能源需求考虑而建立的对未来城市进步的推断结果（旦兹格，1973年；塞特，1973年）。在关于这些优秀设计的评论中，很少有能比较关注创造设计的决策过程，即设计过程，也很少在意正在选择未来的人的权利。尽管有一些提倡建立制度机制，例如，像开发商一样的有限股份公司，仍然很少关注经济可行性（例如，霍华德，1902年；斯特恩，1950年）。

关于城市设计即环境形态以及许多在缺乏实施性考虑的情况下就探究出来的模式的观念有很多。然而，这里谈及的观点是一个多变的论题，如果我们不能追踪已经存在的模型，并且减少对设计可行性的研究，那么，问题的解决过程就十分重要了。这种过程的整体性特征在第21章中会有更详尽的描述；城市设计的过程、方法论和道德问题在第22章中会涉及；城市设计的程序化问题，同时还有规范性的结论会在这本书的第三部分谈到。但是明确作为设计实证主义理论的基础更是十分重要的。

设计的类型学和生态学方法经常被拿来做比较（瑞斯曼，1964年）。真正的设计类型学方法是一种本质上沿坡爬升的方法，它包括运用现存模型对现实情况的适用性进行评价，这种情况是在将这种模型运用到新环境中时所面临的状况。这种方法的危险性在于你正在攀登的山不但不是最高的，而且你爬的山是错的。

实证性理论发展的生态学方法暗示了一种设计

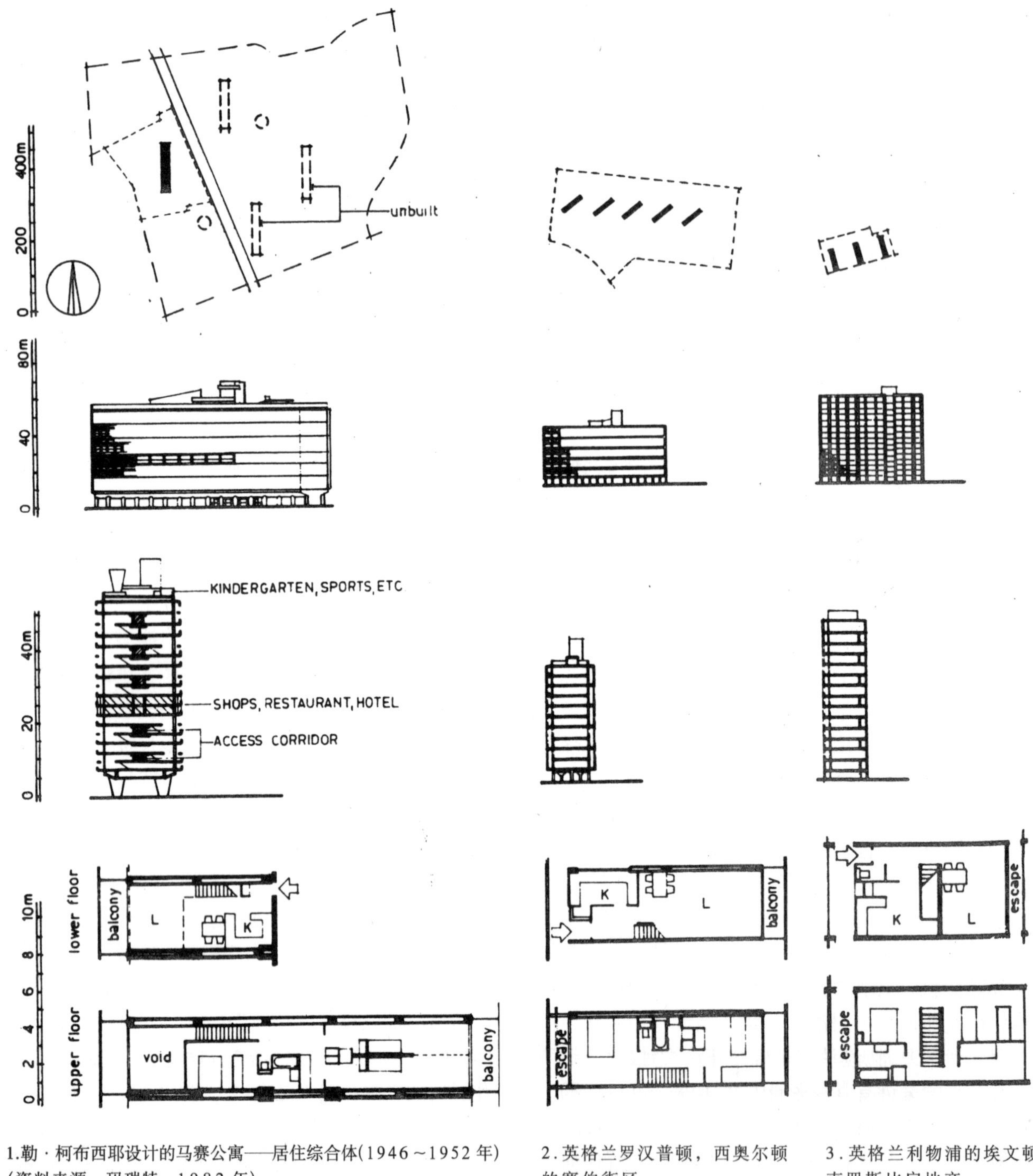

1.勒·柯布西耶设计的马赛公寓——居住综合体(1946~1952年)(资料来源：玛瑞特，1982年)

2.英格兰罗汉普顿，西奥尔顿的塞伯街区

3.英格兰利物浦的埃文顿克罗斯比房地产(资料来源：玛瑞特，1982年)

图6－6　勒·柯布西耶的遗产

居住综合体（1；参见图2－11）已经成为一种或许多后来设计的模式，它侵蚀了勒·柯布西耶的思想（法莫特，1982年）。米诺·雅马萨奇[参见图4－1(3)和5(3)]设计的普鲁伊戈居住区，没有原创性模式的社会愉悦感，然而由伦敦乡村建筑师协会在西奥尔顿设计的公寓及建筑的尺度则比居住综合体的思想更加紧凑而被予以考虑（2）。由利物浦城市建筑学会设计的方案，在当地被称作“猪窝”，则是更加紧凑（3）。我们现在正在看到的相似的适应性设计就是伯纳德·屈米设计的拉维莱特公园。

的系统方法（查德威克，1971年）。它假设变化是系统的一部分。城市设计的努力不仅改变着城市的各个部分，而且成为城市变化的催化剂（阿托，1989年；洛根，1989年）。城市设计的生态学方法是与设计问题的解决方法有关，不是一种类型学方法。然而，不经过大脑就通过对解决方案的想象就形成设计过程好像是不可能的；当一种想象在设计过程中走过来的时候就会发生改变。设计过程还是需要一种想象才能开始。对模型的研究是形成想象很有用的基础工作，一定要避免被最初的模型所束缚，并能为先前不存在的模型提出解决方案。如果一个人对世界有一种坚实的实证性理论知识以至于能提出问题的话，那么，他就能敏感地做到这一点。这样一整套理论必须以对设计中功能主义整体本质有一个理解而开始，必须理解能被各种各样不同的环境设计模式所满足的人类意图，这种解释是以一种最初建立在法国人类学家克劳德·列维·斯特劳斯的思想基础之上的以结构主义方法的方式进行描述和阐明的（劳伦斯，1989年）。然而它又必须要从设计师的角度来看待。

结　论

在本书呼吁描述的功能主义和经验主义城市设计方法中，纯正主义者将会带来错误的信息。主要存在以下三方面的忧虑：观念学不能是经验主义的，对理论的关注经常被拿来与经验主义方法作比较，包括各种各样创建理论的研究方法都不是严谨的经验主义观点。观点的合法性应依靠经验主义理论的主张，这种经验主义理论是潜在设计方案的使用和影响的项目设计的基础。设计的基础被普遍性地认可，这对于设计科学来讲具有许多局限性，但是不包括经验主义和其他研究已取得的知识性成果，仅仅因为它不是靠直觉获得的；如果将这些知识也拒绝接受的话，那么看上去就是有勇无谋的。

主要参考文献

① Franck, Karen A. "Phenomenology, Positivism, and Empiricism as Research Strategies in Environment-Behavior Research." In Ervin H. Zube and Gary T. Moore, eds., Advances in Environment, Behavior and Design 1, New York: Plenum, 1987. 59～67

② Kaminski, Gerhard. "The Relevance of Ecologically Oriented Conceptualizations to Theory Building in Environment and Behavior Research." In Ervin H. Zube and Gary T. Moore, eds., Advances in Environment, Behavior and Design 2. New York: Plenum, 1989. 3～36

③ Kolb, D. A. Experiential Learning. Englewood Cliffs, NJ: Prentice-Hall, 1984

④ Lang, Jon(1987a) "The Nature and Utility of Theory." In Creating Architectural Theory: The Role of the Behavioral Sciences in Environmental Design. New York: Van Nostmnd Reinhold, 1987. 13～20

⑤ Lawrence, Roderick(1989). "Structuralist Theories in Environment-Behavior-Design Research: Applications for Analyses of People and the Built Environment." In Ervin H. Zube and Gary T. Moore, eds., Advances in Environment, Behavior and Design 2. New York: Plenum, 1989. 37～70

⑥ Maslow, Abraham. "Experiential Knowledge and spectator Knowledge." In The Psychology of Science. Harper & Row, 1966

⑦ Rasmussen, Steen Eiler. Experiencing Architecture. Cambridge, MA: MIT Press, 1959

⑧ Robinson, Julia(1990). "Architectural Research: Incorporating Myth and Science." Journal of Architectural Education 44, 1990. 1: 20～32

⑨ Seamon, David(1987). "Phenomenology and Environment-Behavior Research." In Ervin H. Zube and Gary T. Moore, eds., Advances in Environment, Behavior and Design 1. New York: Plenum, 1987. 3～27

⑩ Steiner, George. Real Presence. Chicago: University of Chicago Press, 1989

第二部分

功能主义的重新定义

俄勒冈州波特兰市艾拉凯勒喷泉

建筑和城市设计与现代主义运动紧密相连的一句名言就是："形式跟随功能。"这是许多人都持有的一个口号。其他名言有：弗兰克·劳埃德·赖特的"形式即是功能"，密斯·凡·德·罗的"少就是多"，还有勒·柯布西耶对于房屋设计的观点"居住是机器"。实际上，所有这些名言中最持久的就是"形式跟随功能"，因为许多设计师都声称赞成。事实上，建筑的功能主义观点由来已久。

通常功能与艺术被认为是既相互区别又相互联系的两个方面，但是也经常是设计中有争议的目标。它们之间的区别可以追溯到2000多年前的维特鲁威，但是更为人所知的是由亨利·温顿先生(1624年)意译的：

> 建筑像所有其他实践艺术一样，
> 结果必须能指导实践；
> 建筑的结果是要建设得好。
> 好的建筑要满足三个条件，
> 实用、坚固、美观。

当进行这段意译时，"实用"作为功能和功能主义的倾向是非常有限的。不能充分理解建筑环境提供的功能和人类需要提供的功能，导致了"现代主义运动的失败"。在这本书的审美观点中，"美观"将被看作一种功能。

约翰·罗斯金在描述建筑时认为："建筑首先需要做的事情就是，应该以最少的花费完全地、永远地服务于目的，"(库克、韦德伯恩，1903年)。相当多的争论是关于建筑和城市层面上的建筑目的——即对功能的争论持续不断。建筑的功能应该达到何种程度仍然是建筑师所关注的。这种争论大部分是没有根据的，因为他们没能抓住建筑环境的特质，即人类需求模型，以及满足需求和建筑环境之间的关系。这是本书第二个主要组成部分——即第二部分"功能主义的重新定义"，有双重含义：(1)重新定义功能；(2)给出这个定义，展示我们目前对功能主义在城市设计特征方面的理解，以及这种理解对城市设计的结果。整个讨论建立在观察的基础上，对于建筑和城市设计来讲，"形式跟随功能"仍是一句很好的口号。它是关系到社会利益的富有远见的目标，而不仅仅只是在职业中赢得争论，或者是通过自己的职业生涯赢得尊重等这些鼠目寸光的目标。假如城市设计作为一种职业行为是为了取得进步，那么我们就必须要比过去更好地理解形式的特质和功能的特质。

第二部分被分成三个主要组成部分。首先是回顾功能主义，探索了功能主义的整体特性；其次是关于获得功能性环境的实质问题；第三是关于获得功能性环境的程序问题。整个测试建立在由人类心理学家亚伯拉罕·马斯洛发展起来的人类需求模型基础之上(1954年，1968年，1987年)。马斯洛从来没有探索过他的模型对于建筑或城市设计的结果，因为这些课题不在他关注的范围内。可是他的模型却对城市设计提供了大量论点。其中的一些是关系到设计产品性质的实质性论点，一些是关系到设计师产生设计的程序性问题。

本书这部分内容的三个组成部分其中的任何一个部分又被细分为若干子部分和子章节。作为结果在材料的覆盖面上又有许多交叉。某些内容可能很容易地出现在不同的章节里。从属于标题"获得功能性环境"下的第11章有助于明确城市设计师的关注点，这在第9章也提到，包括在第7章中提到过的人类需求模型和在第8章中提到城市功能的讨论，也是关于这一论题的详细说明。同样地，获得功能性环境的程序性问题也包括了设计问题和达到目标的方法论问题，甚至包括选中一种设计过程而淘汰另一种过程时出现的伦理学问题。

第二部分的基本论题是，在马斯洛人类需求的各个层面上都有人类维持和控制社区进程所需要进行的活动，以及人类行为活动本身和环境形成的艺术象征问题。虽然讨论可能延续到另一章，但是每一章的标题都表明了这一章节的焦点问题。问题的复杂性和相互关联的程序性可能会令许多建筑师感到沮丧。对于我们设计行业来说，越来越需要在社会上认清我们所做的事情，并且能准确表达出来。在理论和政治上，我们"艺术捍卫"的行为对于未来的讨论几乎都没什么分量。

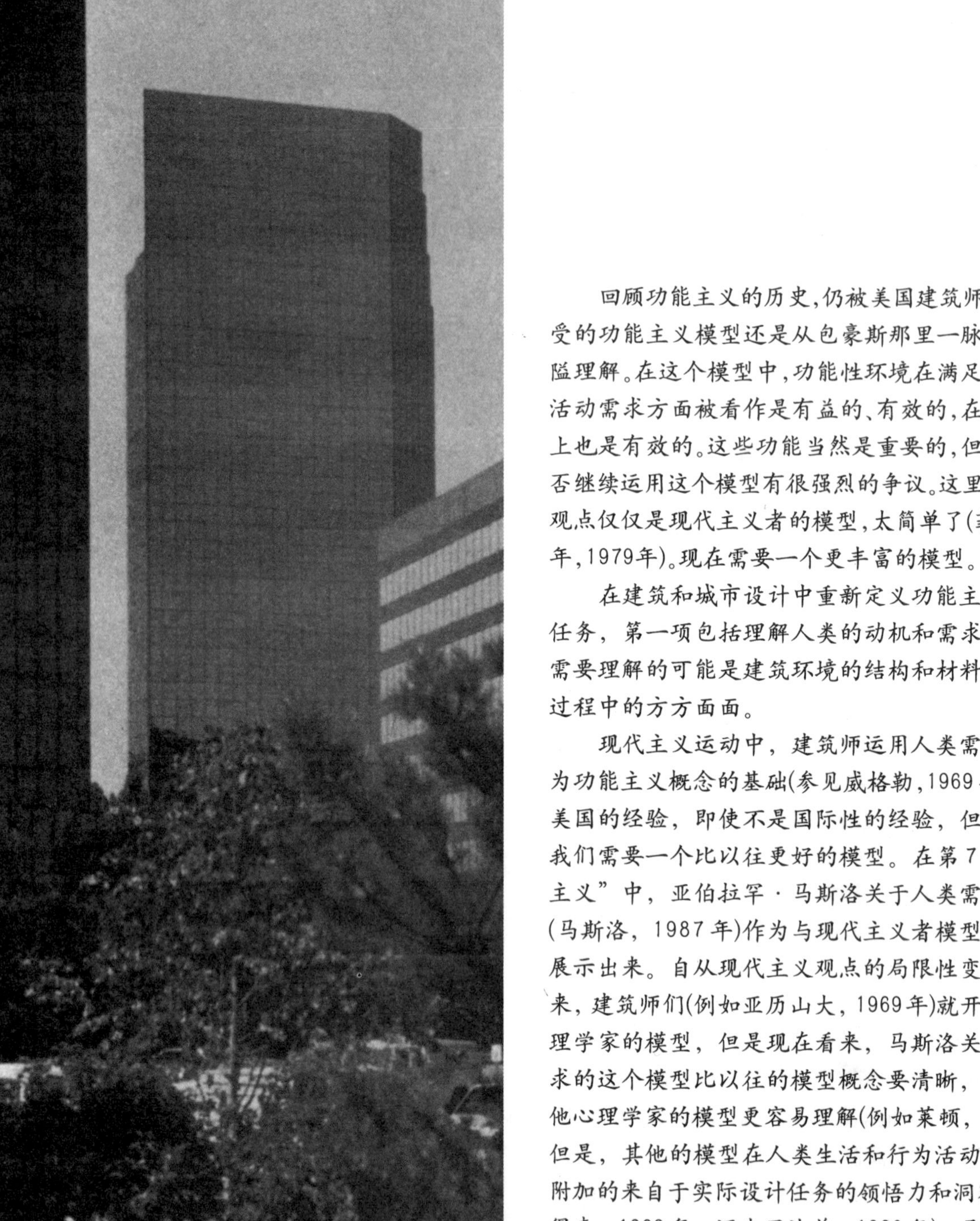
华盛顿州的贝尔维尤市

功能主义溯源

回顾功能主义的历史,仍被美国建筑师最广泛接受的功能主义模型还是从包豪斯那里一脉相承的狭隘理解。在这个模型中,功能性环境在满足人类基本活动需求方面被看作是有益的、有效的,在建造方式上也是有效的。这些功能当然是重要的,但是对于能否继续运用这个模型有很强烈的争议。这里所描述的观点仅仅是现代主义者的模型,太简单了(菲奇,1969年,1979年)。现在需要一个更丰富的模型。

在建筑和城市设计中重新定义功能主义有两项任务,第一项包括理解人类的动机和需求;第二项需要理解的可能是建筑环境的结构和材料满足需求过程中的方方面面。

现代主义运动中,建筑师运用人类需求模型作为功能主义概念的基础(参见威格勒,1969年),但是美国的经验,即使不是国际性的经验,但是却建议我们需要一个比以往更好的模型。在第7章“功能主义”中,亚伯拉罕·马斯洛关于人类需求的模型(马斯洛,1987年)作为与现代主义者模型的对比而展示出来。自从现代主义观点的局限性变得清晰以来,建筑师们(例如亚历山大,1969年)就开始转向心理学家的模型,但是现在看来,马斯洛关于人类需求的这个模型比以往的模型概念要清晰,并且比其他心理学家的模型更容易理解(例如莱顿,1959年)。但是,其他的模型在人类生活和行为活动中提供了附加的来自于实际设计任务的领悟力和洞察力(P·彼得森,1969年;迈克里达兹,1980年)。马斯洛模型的好处在于其他模型可以从中映射出来。在接受马斯洛的方法时,任何与现代主义相似的简化哲学观都必须要避免。理解在不同文化背景下和不同个体之间满足需求的可变性是重要的。

在对功能性城市设计基础的概括中,仅理解人类行为和需求的基本概念是不够综合的。另一方面,还必须理解由人类聚居地,特别是由人类建筑环境的结构和细部所提供的需求目的。第8章“城市和城镇地区的功能”,运用人类需求模型并且质问:

"人类聚居地提供何种目的?"城市是为了满足生活在其中的大部分人需求的合作性行为活动而存在，因而提供了许多重要功能：人类之间直接的和通过媒介的交流，经济活动，各种各样的认知需求和审美需求。

人类聚居地存在的基本原因可能是经济的，也可能是商业的，或者甚至是为了娱乐消遣的。在许多方面，它的主要目的——功能的存在是无形的，可以通过空间场所的形式和特征来体现。另外，任何场所在满足首要功能以外，还要满足其他第二个、第三个目的的重要功能，场所还有很多是潜在性功能的副产品——场所的显性功能。有时它们很重要，以至于要有助于紧密联结城市和社区生活。

城市和空间场所随功能的改变而改变，并且随社会和物质的变化而改变自身的功能。技术变革提供了建筑和交流的新方式。现今形成的许多发展态势意味着在将来人居形态可能会发生根本性的改变。同时，也有许多抵制变化的力量，例如，已经存在的对基础设施进行的投资。城市设计师的任务是帮助完成城市空间场所转变的进程，使之更好地满足当前人类的需求，同时也要注意未来的人以及其潜在需求。

7

功能主义

尽管现代主义已经遭遇多年的批评,但是假如功能可以被重新定义,对于建筑和城市设计来讲,“形式跟随功能”仍然不失为一句好口号。从根本上说,设计师所认同的城市设计的功能范围是一个政治性问题,而不是经验主义问题,但是我们对人类以及基于目前状况下的人类对环境的一些态度有了越来越积极的理解。近来的研究已经在相当大程度上增强了我们对于建筑环境所能提供功能的理解。考虑这些可能性的一个强有力方式就是理解人类需求。这是现代主义者所持有的一种态度。我们的有利之处在于,如今人类需求的范围可以从经验主义的分析和心理学家的分析经验以及反省分析中获得。任何关于由建筑环境所能提供的人类需求的陈述都是不完整的,因为我们对此的理解是不全面的。这种情况一直就是这样,但是我们现在可以对功能主义作出比现代主义者更全面的定义。为了理解这种主张,我们有必要先对现代主义者对功能主义的概念作一了解,这一了解将会使被修正的概念有较好的前景。

建筑界传统的功能概念

20世纪城市设计的思想观念已经开始与包豪斯的功能主义概念、荷兰的风格派运动以及勒·柯布西耶的理性主义紧密地联系在一起(特兰西克,1986年)。功能主义的经历可以追溯到一个相当长的时期,但是我们所知道的概念是从19世纪发展的设计理念中出现的。

19世纪见证了工业生产和技术提高最重要的发展。建筑师和艺术家对许多技术作品的简洁印象深刻。欧洲观察者们对1851年的伦敦博览会惊叹不已,不仅有约瑟芬·帕克斯顿设计的水晶宫,还有“展现在美国产品中的简洁、技术的精确性和形状的确定性”与欧洲对手的繁杂既无用又不必要装饰的产品形成对比(吉迪恩,1963年)。“所有我们看到的美国国产设备都蕴含着舒适,合理达到目的的精神”(劳切·布切;引自,吉迪恩,1963年)。1852年一个美国的雕塑家和“功能主义的预言者”霍雷肖·格林夫写道:

> 我不可能假装不知道我们机械师的风格有时被误称为一种经济便宜的风格。不!它是最好的风格!它需要人类运用很多观念,非常多的理念,付出不倦的调查、不停的实验。它的简洁是公正的;我已说过,是公正的。
>
> ……
>
> 在美学上,我意指功能的满足。
>
> 在行动上,我意指功能的存在。
>
> 在特征上,我意指功能的记录。
>
> (维莱恩、纽豪尔,1939年,也可参见,吉迪恩,1963年,214页)。

其他的批评家熟知当代准则的好品味是什么,却对美国产品缺乏装饰和单调而感到沮丧。这种品味文化上的意见分歧已经持续了整个现代主义时期(伊顿,1969年),并且将继续存在。

戈特弗里德·森佩尔是一个德国设计师,也是1851年在英国建立设计学校的第一个创始人,同时也是现代运动中功能主义概念的阐述者,他认为工业和物理科学应该为艺术提供一个模型(伯汉姆,1960年;吉迪恩,1963年)。欧洲人所羡慕的美国家具设计就是用最少的材料满足了人体基本工程学的需求。

美国功能主义的概念被路易斯·沙利文和弗兰克·劳埃德·赖特在大约1893年芝加哥举行的世界博览会哥伦比亚博览会这一时期进一步地发展完善。

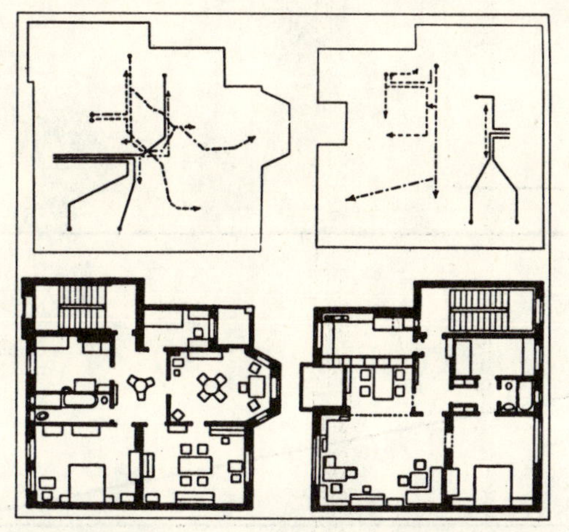

1. 功能主义的室内设计　　（资料来源：贝纳沃罗，1980年）

2. 底特律的拉菲特公园(1953年)

3. 功能主义的斯堪的纳维亚人　　（资料来源：《国际建筑》）

图7－1 城市设计的功能主义

“功能主义”的传统概念关注人类的生物性生活方面。如同由亚历山大·克莱因(1928年)设计的这些图解所显示的那样，流线是一个首要关注点，不仅体现在室内设计(1)中，也体现在理性主义城市设计中。狭隘的定义导致了与建筑界国际主义风格相联系的环境类型，因而也影响了城市设计(2)。通常这已经足够好了，矛盾之处在于经验主义者在设计中考虑了很多功能，但是结果被认为是不具有“功能性”的。功能主义仅仅太频繁地意味着一种艺术风格(3)。

在美国，这一时期是宗教探索时期，神学诡辩家史维东堡和红十字友爱会派为了引起同行的注意并产生一定影响而进行了相互竞争。这一时期，建筑界的芝加哥学派虽然认同形式不仅跟随功能，但是却指出这只是一种狭隘的定义，他们跟随了自然及各种各样与印度人和迦勒底人宇宙论相关联的象征性几何原则(凡·德·普雷特，1929年)。这些符号仅仅是对那些接受这种知识灌输的人是可识别的，因为他们沿袭了过去理性艺术的原则，但是当他们不被那些不入门者察觉时，就会被看成现代主义的。这种思路似乎在美国的思潮中已经被由欧洲传入的更狭隘的功能主义概念所取代。

在20世纪30年代，格罗皮乌斯和勒·柯布西耶为建筑和飞机、轮船和微型电梯中功能纯粹的比较而进行了争论(勒·柯布西耶，1923年，威格勒，1969年)。功能主义在建筑中逐渐地意味着建筑结构的技术功效，它把人类运动中的安全有效(例如最少量的运动和最少的行为活动)作为室内设计的基础，功能性的城市设计因而被看作是成本高的卫生健康，而且在人与交通的循环中，当可以便利地提供基本生活所需时，也是高效的(也可参见勒·柯布西耶，1948年)。有时气候方式但更频繁的是空气调节与能耗也作为一个整体处理的方式，要求必须是高效的。环境艺术质量，尤其是象征方面的质量，就变成了获得其他需求的副产品。

这种对于功能性建筑和城市设计的定义很具局限性，人类如同格罗皮乌斯一样，在19世纪60年代开始就已经认识到了这一点(格罗皮乌斯，1962年)。但它仍是许多城市设计的基础，尤其是那些建立在交通工具和人行交通基础上的城市设计。纯粹建立在现代主义功能性需求上的城市设计结果产生了令人郁闷的空间场所，更有甚者，形成了在许多方面都无效率的空间场所，包括它们对于变化的适应性(简·雅各布斯，1969年)。这种结果不是因为牵涉到交通工程师和效率专家的设计思路问题，而是因为他们的需求要成为设计首要考虑的部分，也因为他们的研究是可以为人类所理解的，而且是可以用确切数字表示的，是有效的。如同爱多·范·艾克所记录的：

> 取代污浊和混乱造成的不便，我们现在已经对卫生学厌倦了。贫民窟不再有了——但是什么将用来取代它呢？仅仅是一处处无组织的不确定的没有人能感觉出他身在何方的场所吗？(史密森，1969年)。

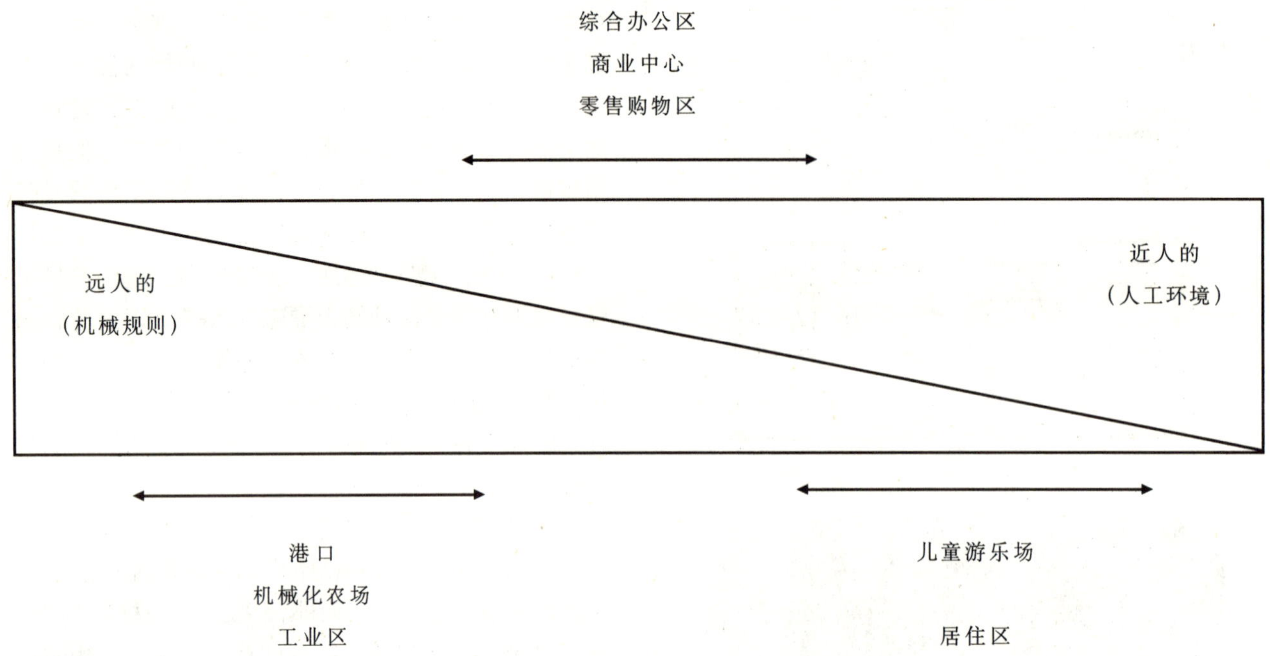

图 7－2　远人的和近人的环境
（资料来源：根据川吉白水进行的改编，1968 年）

早期有许多团体批评包豪斯的功能主义概念，其中很有影响力的团体就是10人小组，它的成员试图把设计基于一个比他们前辈更广泛的人类需求范围上(史密森，1968年；史密森夫妇，1970年)。另一个是巴克明斯特·富勒，对他而言，包豪斯引入的新事物仅仅是一种没有科学知识作后盾的风尚。富勒认为，包豪斯仅仅是：

> 剥掉昨日的外部装饰，取而代之穿上那些已经被允许摒弃的美学艺术外衣和以现代合金隐蔽性结构元素所允许的准简洁化形式的新奇事物(引自麦克赫尔，1961 年)。

今天许多同样的争议都针对于诺曼·福斯特和理查德·罗杰斯等建筑师的作品。认为他们的作品在结构和技术技巧上的奋斗已经达到了尽头，因为这些作品没有理解太阳能的获得，或是建筑环境的损耗及其受气候的影响。那些在视觉上表现先进技术的地方，例如，巴黎波堡中心的篷皮杜中心等空间场所就证实了这一点(布罗特本德，1990年)。关注点是实用性功能的象征意义，而不是实用性功能本身。尽管存在许多批评，但是并没有新的功能主义概念可成为10人设计小组、巴克明斯特·富勒或最近出现的新理性主义设计师等进行城市设计的工作基础。

一些评论家曾经说过，现代设计太具功利性。这个观点承认了一个非常狭隘的功能定义。其他的评论家(例如菲奇，1980年；纽曼，1980年)认为现代派设计的功能性还不够充分。这种态度是本书接受的一种观点。它假定现代主义者对功能的定义太过狭隘。基于对人类的狭隘定义，也基于太过简单的人及其生活模型和强烈的反城市倾向基础(伍德·布罗尔、拉蒂默，1966年；斯特林格，1980年；艾利斯、卡夫，1989年)。

如果城市设计要很好地服务于人类，就必须要关注人类的需求，以及关注满足这些需求的机制。术语“机制”需要有广泛的含义。它不仅仅意味着建筑环境的模式，其概念的外延也包括世界上其他的人和其他的动物、植物，以及人类为了满足需求和愿望而开发的用来帮助自己的那些机器。一个实用的环境不仅仅满足人类的运动和接近阳光的需求，而且还要满足形形色色的人更广泛的需求和对支撑机构的需求。所有的设计都包含在不同人的需求之间，并且在人类的心理需求和生理需求之间进行协调(川吉白水，1968年)。在某些情况下与人类自身相比，用来满足人类舒适生活的机器，对人类提出的各种不同条件容忍度很低。自相矛盾的是，在这种情形下，为了满足人类的需求，机械需要比人类本身的直接需求得到人类更透彻的考虑，服务于机械并不等于直接服务于人类。

从这种思路中酝酿的功能主义概念比现代主义概念要复杂得多。这一点是很清楚的，明确一个综合的城市设计或制定一系列城市设计政策并不是一件简单的事，而是一个令人困扰的问题。假定人类对知识的推理能力和理解能力是有限的，那么，无论这个问题是否完全被界定，它都是一个不可能被完全了解的令人困扰的问题(瑞特欧，1971年；1984年；伯泽杰内克，1974年；瑞特欧、韦伯，1984年)。几乎可以肯定地说，城市设计还没被完全界定。

假定人类的知识和推理能力是有限的，那么，城市设计的问题提供的功能就仅仅部分可以被明确(参见卡特赖特，1973年)，这个界定比过去要丰富多了，功能只在几个方面——在一系列有限的被完全明确的多样性方面进行详细地考虑。通过拥有一个简单的人类模型或把我们自身当作城市设计中人的模型是自欺欺人的，在我们设计的被广泛的人所喜欢使用的令人满意的场所中没有帮助。

作为功能主义概念基础的人类需求

通过活动类型列出所有即将开发项目的功能是一种为城市设计组织思考的方式(参见查平、凯撒，1979年)。它其实是考虑城市设计问题的一种非常实用的方法，通过提出设计标准而进行判断处理的过程作为规划和设计指导书的基础。这些书中的信息(例如德卡瑞，1975年，库珀利姆；1978年)可以使人明确许多活动的空间需求，并且使其成为可能需要的建筑环境结构外形。这些设计指导可以帮助城市设计师对他们并不熟知的一些事情做决定，不需花时间也不需要做一些基础性的研究，因为研究已经做好了。这些书有效地处理了这样的基本功能需求，例如，各种各样交通工具的转变幅度。但是它对于我们应该确立什么目标这样的哲学问题就无效了。他们并没有建立在一个理性框架里，也不会询问一些生活问题，实际上，人类还希望涉及这些严肃的问题。克里斯托弗·亚历山大和他的同事们认识到，在他们的模式语言设计中，关于这些方面的局限性(1977年)，这其中不仅概括了解决方式，也概括了他们所解决的问题，以及问题与解决方法之间联系的经验主义证据或其他的证据。可是，这种语言过早地预测了大好情形。

如果建筑环境服务于人类目的，那么必须有一个好的人类需求模型作为咨询的基础，诸如在一个特殊的环境中应该做什么，应该提供什么样的功能，诸如此类的问题(参见库瑞珀特，1985年)。当然，现代主义者中的理性主义者已经认识到人类需求模型对于指导设计思考是必须的。例如，为了把他的思维聚焦到建筑的功能上，汉内斯·迈耶就采用了这样一个模型(迈尔，1928年；威格勒，1969年)。20世纪30年代，迈耶领导了包豪斯一个较短的时期，直到他激进的政治态度导致他被更为保守的密斯·凡·德·罗所取代，他特别关注提升人类聚居地的地位与作用，迈耶确定了如下应作为设计基础的人类需求：

· 性生活
· 睡眠习惯
· 园艺活动
· 个人卫生
· 针对天气的自我保护
· 家庭卫生
· 车的维护
· 厨艺
· 加热
· 隔离，孤立
· 服务

在这个模式中，住宅设计减少到可以提供隐蔽性场所空间和一些隐私性的活动。

勒·柯布西耶的“光辉城市”规划是建立在人类对光、阳光、接近室外清新空气的需求上，也包括可以提供一些服务，如，逛商店，看护儿童和娱乐活动(勒·柯布西耶，1934年)。这些功能是重要的功能，他的设想大体上是一个关于人类生物体的有机模型(参见第1章)。他提出的论题，例如，领域感、私密性、安全感、社会行为活动和象征性审美等都在这一模型范围之外。勒·柯布西耶的马赛公寓设计(勒·柯布西耶，1953年)，是后来在他的理性主义发展中出现的，是建立在一个比他早期作品复杂得多的人类模型基础上的(也可参见柯蒂斯，1986年)。可能是因为设计是按照生活在其中居民的生活规律而进行的，所以它的成功为人类生活增加了丰富多彩的内容(埃文，1973年；斯加弗，1974年)。

人类需求模型一定要比现代主义者所用的模型要丰富。它也需要是一个用来满足询问人类需求是怎样以不同文化表现出来的模型。如今现代建筑(后现代及结构主义建筑，也是因为这个原因)在处理文化问题和设计问题上的失败，就是很好的实例证明(例如拉普卜特，1969年；普瑞，1970年；布瑞林，1976年)，并且它还引导了一些关于讨论设计中文化因素的论文发表(例如拉普卜特，1977年；劳，钱伯斯，1989年)，这里就不需要再进行回顾了。相反地，勒·柯布西耶(1923年)却注意到：

> 所有的人都有同样的器官、同样的功能。所有的人也有同样的需求。由长时期进化而来的社会约定形成了规范式的人类阶层，功能和需求产生了标准化的产品……我为所有的国家、所有的气候条件设想了一种建筑。

在非常一般的水准上，"所有的人"确实"有同样的需求"。但是，勒·柯布西耶的错就错在假定这些需求的表述和满足的方式是全世界通用的。他既没有理解人类需求有很宽广的范围，也没有理解存在于同一种文化和不同文化的人类之间的个体差异，或者换一种说法：他几乎没把这些差异考虑到设计中。设计师需要感觉敏锐地证实环境不仅要满足"一般通常的人类需求"，也要满足特殊文化背景下特殊人群的特殊需求。

现在已经很清楚了，城市设计方案必须有文化针对性。问题的复杂处在于不可能专门地确定一种文化的重要变量作为设计基础，因为文化总是在不停地进化发展的。人类需求的常规模型必须是一个能用来回应文化中实际问题的模型。

人类需求模型

心理学家回避调查人类需求有许多方面的原因。说明最详细的要数库尔特·卢因。他认为，就像许多特定的和可以区别的渴望一样，人类也有许多需求。可是，我们可以概括一个分类需求——需求分类，这样就可以用作明确功能性城市设计的基础。

某些人类需求模型已经被设计师所检验(例如，亚历山大，1969年；P·彼得森，1969年；迈克里达兹，1980年)。在这些模型中有很多重叠交叉之处，但是每一种模型都重点强调了人类生活的一个不同方面。亚伯拉罕·马斯洛的需求体系模型可能是其中最主要最全面的模型，被称为"人类动机理论"(马斯洛，1987年)。莱顿·亚历山大(1959年)是按照"必要的进取心"进行描述需求的。爱瑞克·爱瑞克森(1950年)是通过人类生命周期的每一阶段来分析个体的一致性需求的。海德里·坎特里尔(1965年)也关注于生命周期，并且以此作为人类需求的基本决定因素。虽然这些心理学家的研究成果也为分析人类行为活动提供了重要的见解，但是最终马斯洛的需求模型被树为最全面的观点。事实上，大多数城市规划师和建筑师在思考设计问题时，就开始使设计更加接近于用户的需求，已经开始借用马斯洛的人类需求划分体系，并且加以稍微的改变以适应自己的设计。

1954年，亚伯拉罕·马斯洛在他的《动机与个性》这本书里提出了一个关于人类行为活动的假设模型，这个模型最近已经被他的同事们进行了更新(马斯洛，1987年)。他阶层分明的"动态整体论"借用了约翰·戴维和格式塔等一批早期心理学家的理论著作，也借用了有关精神分析家的文学作品。马斯洛确定了五组人类的基本需求，它们都是从最基本的需求到优势阶层中最深奥难解的需求。"最优势的目标将垄断意识……一旦一种需求得到相当好的满足，下一个优势（即更高层次的）需求即将出现。"他关于人类基本需求的层次划分开始于生理需求——生存的需求，然后往下依次是人身安全保障需求、归属需求、受尊重的需求和自我价值实现的需求。马斯洛也确定了一组第二位需求，即认知需求和艺术审美需求，可以引导和改变获得其他需求的过程，也具有自己独特的特征。

一个关于个人生活的调查表明：不论有意识的还是潜意识的，并不是每个人都是以这种方式的需求划分层次的。有时候人类的行为仍然可以用这种模型观点来解释，但是有的时候人类行为的意义用这种模式是解释不清的。一些人坚持在需求层次划分中把其他方面的需求放在生存需求之上。而且许多人已经献身于这种信仰。然而也有人得到外界的认可，的确在谴责声中过得很好。但是当他们觉察到自己仍是人群中的一分子并且想融入社会时，这种生活几乎就不可能实现。

把城市设计师的任务看作是满足人类需求这一看法所得到的结论可以凭借两者间相互关系的图解来进行解释说明。这种相互关系形成一个复杂网络，任何城市设计要点的模型无论其多么复杂，也会显得过分简单，不能全面地表现这个复杂的网络（参照图7–3）。在第11～17章中会进一步说明基于马斯洛模型的功能性城市设计的整体性结论，但是为了理解城市的功能，需要在此处先提到一点。

人类需求模型 表 7－1

马斯洛	莱顿	坎特里尔	格瑞斯	斯蒂尔
(1987 年)	(1959 年)	(1965 年)	(路易斯，1977 年)	(1973 年)
人类的动机	必要的进取心	人类关心的形态		
基本需求				
生存	生理安全 性满足	生存		庇护和安全
安全	社会定位	安全，秩序		社会联系
归属感	爱的安全	身份	归属感、参与	身份象征
尊重	可识别性		感情 地位 尊敬 权力	成长 愉悦
自我实现		自由与选择的权力	自我满足	
认知需求				
认知	爱的表述 忠诚的表述 自发的表述		创造力	成长
审美			美	愉悦

资料来源：根据 P·彼得森（1969 年），路易斯（1977 年），迈克里达兹（1980 年）进行的改编

人类的基本需求

人类的需求既不相互独立又不互相排斥。实际上，在很大程度上都是互相依赖的关系。有一些需求基于生物性基础，而另一些需求则是社会环境的产物，并且其中的许多都是基于很深文化底蕴的生物基础。虽然人本性和教养的论战已经不再是心理学研究的核心内容，但是其中有一些过程很少被人了解。社会生物学研究的崛起表明了许多我们以前猜测为纯粹文化方面的因素，毕竟它们也可能是基于一些生物成分基础上的（威尔逊，1978 年）。这里只要谈到满足所有需求的先决条件是在道德准则下的行动自由就足够了。

生理需求

人类最基本的需求就是为了求生存。为了生存人就需要摄入氧气、食物和水等维持生命必需物质。人也需要睡眠，能够在一个领域内活动以获得基本的生命必需物质。如果说食物都得不到满足，那么，一个人所有的精力就会全部放到解除饥饿这方面了。建筑的需求是为了遮挡寒暑两个极端。几乎没有一个城市设计的成果仅仅是为了达到满足最基本需求的水平，而是考虑到包括生存需求之外更高的需求。

生存需求的外延不仅仅是生命的基础，但是却被人类狂热地追求。人类需要健康，需要舒适。舒适和健康既是生理状态，又是心理状态。人类总是热衷于用舒适和健康去交换许多其他方面的事情，例如，名望。但是拥有一个舒适的环境和保持健康的同时也与自尊有联系。因而，在明确如何使设计的建筑环境能满足人类生理需求时，大部分还都依赖于个人的期望，反过来，这些期望是建立在他们习惯水准的基础之上的（参照第 1 章）。

有一些其他方面的需求可能被认为是准生理性的，有一定的生物基础，但是很大程度上有文化上的调和性（P·彼得森，1969年）。性方面的需求就属于这一类。亨利·默里（1938年）把性看作是一种基本的肉体需求，但是许多人并不能满足性生活的需求。马斯洛需求等级体系中上一级的需求——保障人身安全的需求——也可被看作是准生理需求。

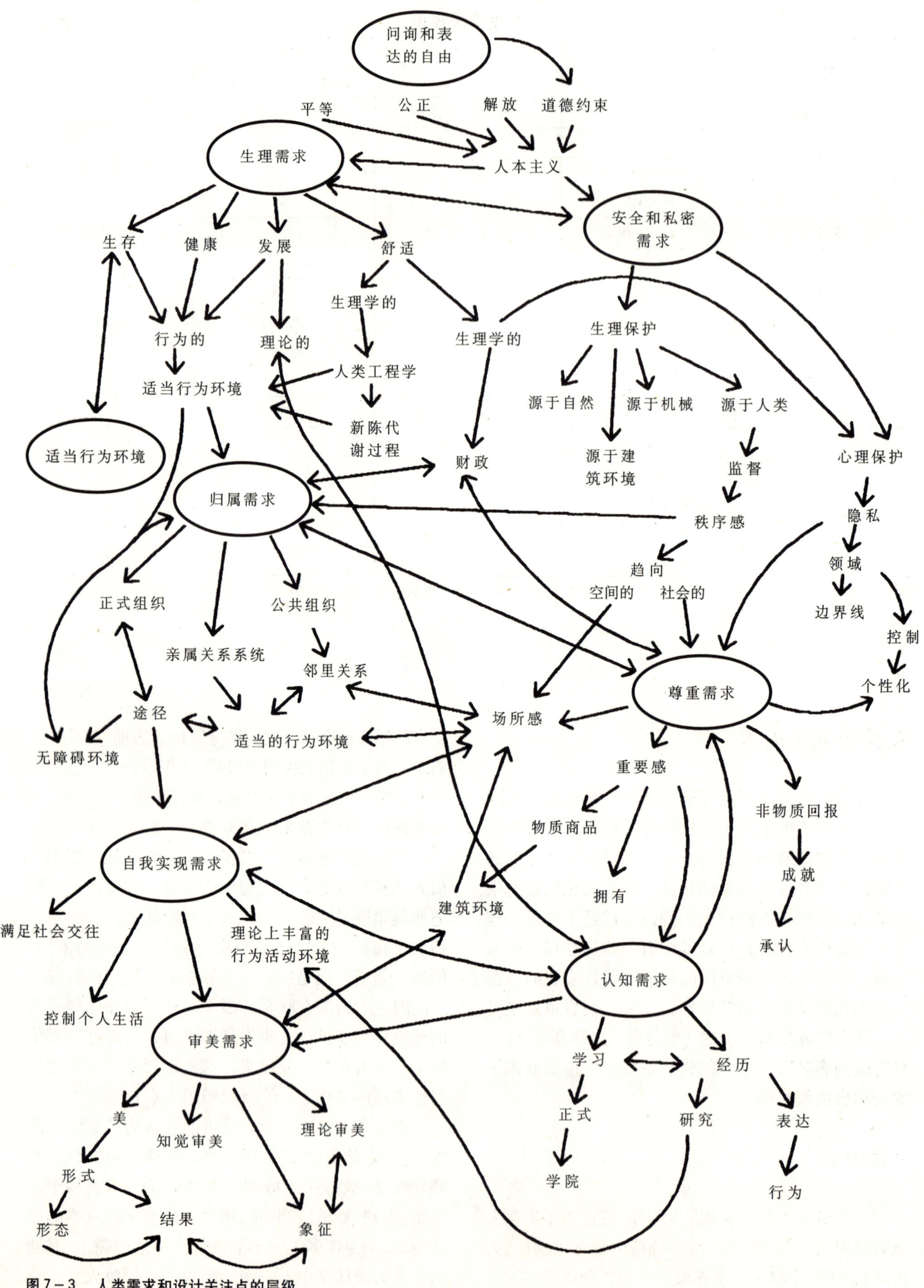

图 7－3　人类需求和设计关注点的层级

（资料来源：路易斯进行的改编；1977 年）

安全需求

所有高级动物都有避免受到伤害的需求。实际上是一套自我保护的策略。西格蒙德·弗洛伊德在为自我维护的本能下定义时以一种极端的角度来考虑人类的避害能力（弗洛伊德，1949年）。他相信所有的人类行为都取决于避害趋利原则。从这层意义上来看，城市设计应关注环境的规划设计，环境应该为人类提供可追求生活的安全背景。

安全需求同时也兼具多样化的其他方面的需求。最广泛的分类就是把安全需求分为生理性的物质性安全需求与心理安全需求两个方面。前者涉及到在知晓一个人远离物质伤害的情况下获得安全感，这些物质性伤害包括来自于自然因素、人为因素，来自于人工创造的环境因素，例如，奔驰的小汽车和结构不合理的建筑等。人类也有心理安全的需求，这样人类才能够自由支配环境，知道他们所处的时间和空间，不会迷失于社会或物质世界。另外，人类需要自己的私生活不受干扰，可以自由自在地开展各种活动，培养自信，这些需求很明显地已经渗入到马斯洛需求等级体系的上一层级，即归属需求。

人身安全保障需求实现的方式与社会组织的性质密切相关，但是环境规划布局提供或否定了许多种必要行为的可能性，有许多例子可以证实。为了防御而进行城市规划是设计中的一个主要因素，直到19世纪，城市规划最关注的还是防御外来侵略（A·莫里斯，1979年）。现在的关注点已经不仅仅是防御周围的市民（纽曼，1972年；斯东兰德，1991年）。一个城市的布局与其辖区的规划也是认清周围通道、辨明方向的一个主要因素（林奇，1960年；帕森尼，1984年）。满足这些需求会带给人一种安全感，这种安全感源自于人类能控制周边的形势。

安全感也来自于身为某一组织的成员，即可实现的归属感需求。通过成为稳定社会秩序中的一个部分可以获得归属感。当这种稳定的社会秩序开始发生改变时——通常是为了得到其他的社会需求，比如，自我决心，否则如果变化中的技术性比率是如此高，以至于人类开始担忧自己的能力是否能处理这种情形——有时趋向于继续继承过去的标志系统。因此在社会秩序发生的巨变与对维持现有环境物质的和制度的关心程度之间有或者至少有已经表现出来的一种相互关系。

1.印度艾哈迈达巴德的自助式房屋

2.明尼阿波利斯

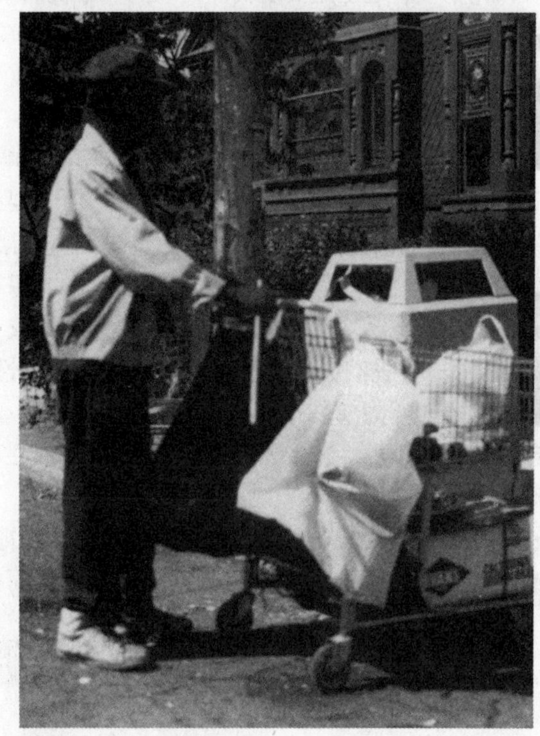

3.圣地亚哥无家可归的人

图7-4　对庇护所的需求

对庇护所的需求一直是建筑的主要功能。某些人类群体仅仅找到只能维持生存必需的庇护性住所（1），另外一些群体已经找到更舒适的庇护所。现代美国城市不断地进行改造以便提供更高程度的个人舒适性生活空间，通过围合先前开放的公众空间，并且使用冷气机和暖气机取代以前的被动系统（2）。对大多数美国市民来说，庇护所的需求很难得到满足。

归属需求

所有的人都需要知道他们自己是谁，并且明确自己是人，要有一个明确的身份。身份的形成是一个连续过程，与一个人所在团体以及自身的独特性有很大关系。我们的归属感需求通过知道我们属于一个团体、一个社会及一种道德秩序而得到满足。这些团体各不相同，但是都基于一种共同的特征，比如，血缘关系、地缘关系或相同的兴趣爱好。人类需要有归属感、社区感和关联性，也需要接受来自别人的爱和认可。这一类需求包括和其他人在一起——渴望愉悦和赢得别人的爱。如果这些需求得不到满足的话，就很可能在精神上付出很高的代价，比如，会感到焦虑，通常不愿意融入社会。如此的与世隔绝会造成缺乏心理安全感。

与归属需求相联系的是私密性需求。它服务于对自己正在做什么和别人正在做什么等信息流的控制需求。如前所述，这也是实现安全需求的一个机制。拥有私密性也有助于实现其他方面的需求，如，抵抗的需求(默里，1938年)。抵抗包括积极的斗争，通过重组团体而消除耻辱，然后继续斗争下去的意义。

归属需求是复杂的，并且与其他需求相互影响。因此，对我们来说，有可参加的团体不仅是很重要的一件事，而且我们是成员的标志也很重要。一些标志是高度敏感的，很大程度上是不自觉地形成的，另一些标志是特意地设计的。当我们为成为团体中的成员而进行斗争时，我们会很敏感于全体成员的标志性，但是一旦真的成为成员并且被明确地接受时，成员的标志就会变得不那么重要了。我们聚居地的象征性审美对于我们个人和团体来说就是基本的标识。

城市设计师趋向于认为人类是通过聚集于某地，观察正在发生的事，身临其境于其他人的生活而拥

1.底特律

2.芝加哥

3.俄勒冈州的波特兰市

图 7–5　城市设计中的安全保障因素

安全保障问题几乎渗透到城市设计的每一个方面，这对现代主义者而言是首要问题，特别是在避免行人遭受汽车交通干扰这个问题上，这也仍然是一个中心议题，因为无论是行人还是汽车都是公共领域的使用者（1）。因为想要在各种意外情况下，比如火灾（2）和工业区的各种危险中（3）也能保证人身安全，所以设计师的担忧得很广泛。过去为了防御其他人，通常用城墙把城市围起来的手段，但是如今需要防御的是城市内部一些有损公益的行为。

1.旧金山的米申海湾

2.底特律的阿尔巴尼亚穆斯林中心

3.费城的大自由钟

图7-6 归属需求与城市设计

当设计师考虑归属需求时，他们易于想到人类聚在一起的时候，比如在意大利的广场或咖啡馆里相聚（1），这些场所确实丰富了人类生活。但是在设计现代生活和工作环境时，在意趣相投的人聚集机构中（2），在社团的象征物中（3）对隐私性和公共性的考虑就更为重要。

有这种基本的归属需求。它容易被想象成罗曼蒂克式的空间，比如，在英国的酒馆、法国的咖啡店和意大利的广场等（兰纳德夫妇，1989年）。在美国类似的场所对一些人也是重要的，但是各种各样增加的共同性活动或是通过人群交往或是通过各种媒体可以使人类聚集在一起，比如，电视通讯技术的改革已经在很大程度上改变了与归属感相关的人类行为模式（布瑞尔，1989年；施曼特，1990年）。汽车作为人类为各种目的聚在一起的手段，意味着志趣相投的人聚在一起不再像以前那么重要了，电话也有类似的影响。城市设计师应当了解这些变化和一些潜在的变化，并且在设计中牢记在心，而不是坚持对生活抱有浪漫的态度，这种态度经常导致形成一些人并不去使用而且也不喜欢的场所（雅各布斯，1961年；怀特，1980年；赫特，1990年）。

尊重需求

所有的人常常都需要获得一个对自己较高的、稳定的、坚实的评价。人类为称职、自信、独立和自我表现的自由而积极地生活。有两种时常相关的尊重需求类型，一种是拥有自尊，另一种是受到其他人尊重。一个人通过取得成绩并且通过得到其他人的承认而获得自尊。为了赢得成就感，一个人需要能够干好本职工作，能够操纵、组织或者拥有时间、物质或观念，甚至可能仅仅是因为拥有好的容貌，而被人认为是美丽的。约翰·阿特金森和大卫·麦克斯·莱兰德（麦克斯·莱兰德，1953年）把成就分为三类：无与伦比的功绩、长期努力的必然结果、以优秀水准获得竞赛的成功。一些人比另一些人拥有更高的成就需求。他们比其他人更积极奋斗以赢得尊重。很大程度上取决于一个人的社会化程度，大多是依附于现代文明。

可以通过很多方式表明如何可以实现尊重需求。例如，通过自由支配自己的生活，常常也表现为支配其他人的生活，或通过显示一些象征性支配来体现。建筑机制是不同的，虽然与象征性美学有很大关系，但是他们也关系到对领域的控制，通过现实的或象征性的界域来实现对空间的支配。同样，建筑和城市的地面区划类型以及它们的艺术表现方式时常与特定团体的人群相关联。假如我们希望能被那个团体所接受，我们就应该积极地使用相适宜的建筑符号。假如不愿意，我们就应避开这些符号。

1.波士顿的比肯山
（照片来源：迪珀·尼加哈瓦摄影）

2.宾夕法尼亚州的利未城

3.华盛顿特区的杰弗逊纪念堂

图7-7　尊重需求与城市设计

人类可以通过许多方式赢得尊重：行为举止、财富、权力，通过它们为自己所选择的环境（1）和/或表现出他们个人品位（2）的环境而闻名于世。汽车是这幅图画的重要部分，城市遍布的纪念碑是为了引起对丰功伟绩的注意。空间的占有通常与高层次地位相互关联，并且成为地位高的象征，华盛顿州由于它的大型商场、古典的纪念物和巴洛克式的宅邸已经成为权力的象征（3）。

自我实现需求

马斯洛（1987年）对把自我价值实现的需求解释为可以不在意其他人感受的需求。虽然有自由行动的需求，有摆脱约束的需求，有独立自主的需求，但是也有为其他人提供援助的需求。

一旦受尊重的需求得到满足，人类时常会感到新的不满和不安，除非能在最适合他们的方面有所创造。“音乐家必须创作音乐，画家必须画画，诗人必须写诗。假如心平气和的话，一个人可以做什么，他就必须要做什么”（马斯洛，1987年）。卡尔·容格（1968年）把这种需求称为“赋予个性”——一种积极追求个性和自我认识的过程，可以通过积极地创造适宜的建筑象征意义而得到实现（泰尼，1969年），但是为行动的自由支配权和自主权而进行的积极奋斗更可能实现个性。很多人的生活都是在为受尊重而奋斗的过程中受到了阻碍，因而也就从未达到自我实现的阶段（马斯洛，1987年）。为城市设计所作的这些观察的内涵还没完全搞清楚（参见第16章）。

认知与审美需求

力求满足认知和审美需求与力求满足基本需求是相似的。能够获取知识的需求与对审美的需求，对于满足人类现存的和基本需求都是基本的需求，正如图7-3所显示那样。

认知需求

对于生存来说，获取知识和把知识进行分类是必要的。一个人必须对世界有所了解才能生存，而能处于一种完全被外界所左右的状态。人必须学习使自己的举止优雅，增强理解事物意义的能力。无论在何种社会，人都需要继续学习。教育机构提供了很多正规形式，但是学习的机会并不一定要拘泥于正规形式，因为日常生活充满奇迹。整个环境提供了一个尚待探究的大学来检验人类的知识和技能，而且它是一个便于使用的信息储备库，人类可以从中获取领悟与智慧。人类力争在达到基本必要需求后去接近认知需求，认知需求对生活而言也是基本需求。基本需求满足的水平越高，包含在其中的学问就越多。从最高水平上来看，这种进展必然是因为美学的原因——为了学习而学习。要成为一个完全实现自我价值的人，就有必要理解、组织、分析、寻找这些关系与意义，为自身建构一个价值体系，而不是为外部的报酬或自我表现。

审美需求

人类有两类审美需求：美丽和自我表现。这一点是很明了的：建筑和自然环境的审美质量在于满

1.费城

2.波士顿的昆西市场（照片来源：迪珀·尼加哈瓦摄影）

图7－8 充满困惑的世界

世界充满了满足人类好奇心的机会——观察各类发生的事件、检查各种要素、测试人能力的各种空间场所（1）。所有城市都提供进行探险和进行各种行为活动参与的设施。所拥有的各类行为活动设施比其他设施丰富得多（2）。世界上最有个性的、最受人类所喜爱的场所空间就是可以提供一生都能进行探险的机会。一种对许多新城市设计的一种批评是，它们不能为人类丰富的生活提供更多的机会。

1.宾夕法尼亚州宾夕法尼亚大学校园
（照片来源：作者收集）

2.建筑师理查德·莱格瑞特设计的得克萨斯州索拉那研究中心
（照片来源：J·丹尼斯·威尔逊摄影）

3.建筑师弗兰克·盖里设计的圣莫尼卡艺术中心
（照片来源：理查德·菲特兹哈丁格摄影）

图7－9 审美需求与城市设计

美的概念是很难进行具体限定的，因此审美欣赏多与各种愉悦的现象联系在一起提供给我们，更确切地说，应该是我们与从中获得的愉悦相联系。这种愉悦可能是感官的愉悦，例如，脚踏实地（即使不总是穿高跟鞋）（1），或者欣赏世界的几何形式美（2），或者与单个环境模式相关联的象征美学（3），对一种建筑形式审美体验的真正理解产生于对创造者目的的理解。只有理解了建筑形式创造者的目的，才能真正理解对这种形式的审美体验。

足各种结果——当然也包括满足归属感和自尊感的过程中是一种重要心理机制。审美需求也是这样。但是比起其他需求来，审美需求被表现得更为微妙。在实现基本需求的每一个层级中也有审美需求，因为它们都被限定在文化领域中。在最高层级中也有认知需求，出于对艺术家的兴趣要了解他们的审美理论。事实上，在这个层次上，人类有时认为认知需求与审美需求是同一种需求。

对许多人来说，是为了自己的兴趣而不是为了可能有助于任何目的来欣赏文化意义上的美学水准，才有必要了解创造者在设计建筑、构思音乐时的目标。乔治·桑塔亚那（1896年）把这种行为称为审美欣赏的理论阶段。这既不是基本的需求，也不是仅仅是通过经验就能获得的需求，但是确实可以追求到，是“把道德和审美的判断论述为意识现象”（桑塔亚那，1896年）。

需求满足的易变性

虽然马斯洛的需求或行为动机体系广泛地被人类所接受，并且被认为是对人类需求的全面描述，但是我们一定要认清在这些需求的表现和实现需求的过程中还会有相当大的变化。主要的差异取决于个人的天性，即体格和个性；另一些差异则取决于他们在团体中担任的角色以及这个团体拥有的某种共同特征，如，生命周期的阶段或者社会地位。文化差异也较宽广，从对整个世界的态度到对于人与人之间和人与物之间关系的态度。在一定程度上，这些文化差异可以说是地球环境本身造成的。但是人是富于流动性的，他们的文化可能至少也是暂时的会与所处的生物环境有所冲突（万得，1969年）。这种个体差异的分类方法基于塔尔科特·巴森斯（1966年）的“功能”社会学。一些设计师和建筑评论家已经发现，在考虑建筑环境如何符合人类需求，及在此基础上理解满足不同的人在特定建筑环境模式产生的效用过程中这是一个很有价值的出发点（克瑞兹，1974年；麦克逊，1976年；也可参见朗，1987年）。

我们看待世界的方式被需求所驱使，需求又依次受到我们个人能力的影响。能力是生理学范畴中最容易理解的术语（参见第1章，劳顿，1977年）。我们能够察觉到的、记得起的和可以处理的事物取决于我们生理方面和理论方面的潜力。盲人只是不能觉察到视觉信息，色盲不能区分特定的颜色。理论更难以被解释和理解。在设计公共政策或确立设计目标和指导方针时，我们所下的结论往往会暗藏很多问题。

个性的类型

个人在生理潜能和个性方面都是独一无二的。许多个性特征都是稳定而持久的，但是也会随时间发生变化。一个人的个性影响他的行为和环境选择的程度，可以说是由外向或内向性格的程度决定。在这方面个性是很复杂的，至少包括两方面的程度：一个人对外界信息的接纳程度和他愿意或渴望作用于环境——社会因素的和生物因素的、自然的或人为的程度。一个人通过他的所有和本能向外界表现自己的程度取决于其行为活动方面的外向性程度（参见库珀·玛库斯，1974年）。并不是每个人都能以这种方式寻求自尊。虽然这种表现受文化制约的程度很大，但是在同一种文化中，不同的人也展现出或多或少的自我表现需求。

我们通常认为个性是形容个体人的语言，而并非是人群或国家的词语，然而一个国家的成熟程度（生命周期的阶段）和国家需求的外在显示之间似乎也存在着某些关联。被殖民统治过的国家对自尊的需求似乎是至高无上的，在建筑上也表现为独立自主的象征性符号（朗，正在进行的研究）。在这种意义上讲，个性与文化紧密地联系在一起。

生命周期的阶段

人在生命周期中所处的不同阶段使他在确定需求以及实现需求的能力方面都存在很大的不同。婴儿比成年人更需要援助和安全的保障，青少年时期对自由的需求似乎比成年期更强烈（至少在西方世界是如此）。在生命周期的不同阶段我们的权利和义务也不同，我们的能力富于变化（赫丝特，1975年）。随着年龄的增大，我们的许多生理机能都有所下降，对于一些老人来说，智力也会下降，但是并没有下降到许多民俗所说的程度（劳顿，1977年）。智力下降与疾病的关系似乎比与年龄的老化关系更大。

一些生理学家对人类需求持有一种很强烈的发展观点（爱瑞克森，1950年；坎特里尔，1965年）。根据爱瑞克·爱瑞克森的观点（1950年）每个人要经历八个主要的生命阶段，这些阶段与特定需求紧密相联。他提出把这些阶段作为一组相反的生理阶段——一方面是健康的，另一方面是不健康的。除非是每一阶段的冲突都以健康的方式得以解决，否则一个人的智力发展就会受到阻碍，解决这些冲突是一个持续的需求过程。八个阶段如下：

基本的信任——不信任	幼年
自由、自主——害羞、迟疑	幼年
进取心——堕落	孩童时期
勤勉、努力——自卑感	孩童时期
认清身份——角色混淆	青春期
亲近、亲密——与众隔离	年轻人
积极向上——萎靡不振	成人
自我完善——绝望、沮丧	老年

在《正如你喜欢它》这本书里，莎士比亚提出人类要经历的七个阶段（无双关意义），这种分类比爱瑞克森的分类更贴近于城市设计的可操作性：幼儿阶段、学生阶段、恋爱阶段、参军阶段、能力发挥阶段、老年阶段、最后是身心衰弱阶段。在生命周期的每一阶段，为满足马斯洛体系中的每一个基本需求而需要作出的努力都各不相同，因为每一阶段关注的焦点也各不相同。

在推进总体设计、区域设计或设计指导方针等城市设计目标时，许多公众关注的问题出现了。它们通常很复杂，以至于迫切需要一种模型能比爱瑞克或莎士比亚的模型更直接地联系到并且服务于今天的每一个需求。威廉·麦克逊(1976年)认为，生命周期中的下列阶段在提出有关生活方式，更广泛地说是有关人类需求的问题方面是重要的：幼年时期、孩童时期、青春期、单身贵族阶段(和室友或家庭生活在一起，但是逐渐成长为单身的人)、哺养孩子阶段、孩子已经离家的阶段(养育孩子之后的成年期)和老年阶段。以前引领生活得到满足的行为机会、服务及艺术需求都或多或少地存在于每个阶段的地域性水平上，但是如今人口的流动性加强，以至于对活动地域性的需求也有所下降。这种行为活动的背景应该呈分散状态的程度在本世纪就已经成为城市设计的核心问题。“邻里单位”理论就是由此而产生的，勒·柯布西耶的许多城市设计要点也由此而来(玛瑞特，1982年)。

文化背景与人类需求

人类所期望和接受的行为活动与态度会因文化而不同。根据定义，文化是在不同环境下适宜举止的一整套理念，它包括价值和符号系统。每一种文化都是独一无二的，因为文化是对应于自身的成长特点和现实情况而取得的进展，并且将继续自发演进（韦达，1969年）。政治行为是一种有意识的自觉改变文化的方式，但是大部分文化的改变仍然起因于对变化的世界格局、科技能力和对其他文化进展方式的觉察等作出的自发回应。

对基本需求和认知需求的态度以及它们得以实现的程度随文化而不同。的确，某些需求应得到满足将有助于明确一种文化。在某些文化中，人类似乎对归属感有宽泛的需求。不同的组织会利用许多标志来代表成员的身份，这并非是社会所有成员的属性，但是可能是大部分成员的强烈需求。同样地，一群人可能有强烈的成就感需求，一旦成就得以实现，他们就会强烈地需要为显示他们的成就而大肆铺张浪费（瑞斯曼，1964年）。虽然这种行为通常是一个人的个性特征，但是它也能成为一个民族文化的个性特征。

一种文化中的社会角色

每一个人都在一种文化中担任一个角色，发挥一个作用。这个角色确立了一个人的生活模式。从这种角色的发展远景可以看到他的一些需求。因为角色重叠所以很难被识别。在人类生命周期的每一个阶段中，个人作为生产者的角色理所当然与被需要的角色重叠在一起，例如，作为父母的身份与赚钱养家的身份是同时发生在一个人身上的。同样的，身为家庭中的孩子或老人不仅是生命周期的阶段角色，同时也充当着社会角色。这是在确立社会地位的一种方式。在某些社会中，角色传统地被性别所严格限定，比如说为人父母的角色。虽然最初的印度并没有世袭阶级系统，但是后来进化为印度教和佛教的一部分，并且在严格地安排某种职业的人的社会地位等级体系中有专门的作用。虽然当今世袭等级制度在印度和日本都是违法的，但是在这两个国家，不可企及的角色仍被严格地限定。跨越社会障碍极其困难。

一个人的日常生活方式可能是确立其基本生活得到满足和如何进行闲暇时间安排的主要因素。一天大部分时间在家与孩子待在一起的人与在装配线上工作的工人或者是行政部门的工作人员的需求截然不同。满足生活的一个通用经验法则是：发生在常规休息期间的活动一定会满足那些常规服务所满足不了的需求。

环境背景

文化与所有的人工物质环境都存在于特定的地域背景环境中。每一个背景都有一组特别供给系统。这些供给系统形成了一个人对世界的认知和对需求的感知。因此地理环境也是文化的一个组成部分，它可以塑造文化并且被文化塑造而成为当地居民的神话和记忆的载体。

人类需求与建筑环境

城市设计想继续试图采取一种全凭经验和人类需求的方式进行工作。这一点在很多作品中体现得非常明显，比如，克里斯托弗·亚历山大的著作，尤其是他的早期作品（1969年）以及他与同事的合作作品（1977年，1978年），凯文·林奇的著作（1982年，1984年）和一大批建筑师的建筑作品，例如，拉尔夫·厄斯金（格罗皮乌斯，1980年），赫曼·赫茨贝格（1980年）和查尔斯·摩尔（小约翰，1984年；约翰逊，1986年）。与现代主义建筑师的决定论模型相比，这很可能是被提出的一个清晰的并且介于建筑环境与实现人类需求两者之间关系的描述。

在第1章中引入的借用心理学家詹姆斯·吉布森（1979年）著作中的"供给"概念在设计师中的应用日趋广泛，因为它概念清晰，有助于理解建筑环境、人类行为以及价值与需求的实现三者之间的关联。任何一种建筑世界的形态都要能提供某种活动或美学说明。这些形态通过对建筑环境区划的整体构图和比例来扩大或约束我们对生理行为或精神行为的幻想。

人类必须作出一些行为选择以满足他们的需求。这样的选择可以通用多种方式达到。可以在心理上和生理上改变自己以适应形势，前者通常是困难的并且充满压力，而后者几乎是不可能的。人类也可以通过改进社会或制度操纵某种形式的特质。这些变化必然会给当地的物理环境或建筑环境结构带来变化。城市设计师往往把主要的关注焦点放在最后的选择上——即迁徙，但是这些变化必须在最初的两种行动类型选择时就能预料到。

迁　徙

对于个人来说，第一种环境变化包括对他们的迁徙。迁徙的类型因规模不同而不同。较小规模迁徙，包括通过转换身体姿势或环境场所的微变来保持一种所能接受的舒适水平；较大规模的迁徙，包括完全选择另一个环境的大变动。第一种迁徙类型不在城市设计师所关心的范围内，第二种则是城市设计中最重要的变化类型。问题是："如果列出人类需求与潜在需求，应该如何安排可能的选择，以使人类有适宜的选择呢？"

环境的变化

改变环境——也就是说，重新布置环境，应该包括以下方面：(1)通过改变环境中的温度、空气质量、照明和听觉水准以及气味特征来调节微气候；(2)籍由改变三度空间的划分或划分的性质，改变环境空间结构；(3) 改变环境硬件——家具、植物，限定和控制个体区域以及它们之间循环的其他物体；(4) 改变环境属性，如构成环境的材料、照明和元素的颜色等，并且赋予环境个性及心情；(5) 改变空间构成、材料、物体及／或这些元素在环境中的位置等符号象征性质。

城市设计的基本关注点是：(1) 识别／创造和辩别可能的未来建筑环境；(2) 评价一个社会或组织拥有的对建筑有用的资源；(3) 考虑／设计投入成果的方式；(4) 监督落实。

使用者的需求，设计师的需求以及建筑学的需求

在任何设计的发展中，都需要调解不同的人与作为一门自我服务的学科——建筑学之间相互竞争的需求。设计师对被承认的自尊需求与根据使用者的生活创造一个愉快环境的需求之间经常相互竞争（除非设计师的自尊来自于创造这样一个环境）。在现代主义运动设计作品处于高峰时，简·雅各布斯（1961年）对"许多建筑师把自己在社会中的角色看作是服务于人类的需求"的这一看法提出了质疑。关于这种影响已经有太多的描述：建筑师更关心他们的同行——潜在的委托人——怎样考虑他们的工作，而不是关心为居住于这个环境中的人的活动或艺术欣赏等而设计的环境效用／功能。这些表达涵盖了在社会和建筑学方面政治的极端化（蒙哥马利，1966年；霍尔登，1988年）。

许多年前马丁·波利写了一本《建筑与房屋》(*Architecture versus Housing*) 的著作 (1971年)。

更近时期（1986年）克莱尔·库珀·莫里斯和温妮·萨克斯西合著了《人们想要的居住》（*Housing as if People Mattered*）。批评家保罗·戈德伯格（1989年）以相同的脉络写了《建筑对城市：制造空间场所的斗争》，这个标题表明建筑师面临的进退维谷处境："你是着手于关切即将居住于你正设计的环境的人类呢，还是关切把自己看作是前卫艺术家的同行呢？"

在为专门的委托人（尤其是富人）设计住宅时，仅仅因为是用户委托人选择了建筑师，建筑师和委托人就趋向于拥有共同的价值观。勒·柯布西耶的早期住宅设计委托人就是前卫派艺术家的成员们，弗兰克·劳埃德·赖特的委托人大部分是具有创新精神白手起家的人，霍华德·凡·多尔恩·肖的委托人则来自于社会的精英阶层（伊顿，1969年）。每一套住宅都反映出委托人与建筑师的价值观。在城市设计中，因为有很多委托人和很多建筑师，所以，更难达到价值观的巧合。城市设计师需要能够进行弹性思考，以便能够涉及到群体的价值观，而不是他们自己的价值观。虽然许多建筑师抱着一种"为他们提供他们所想要的"态度，但是实施起来并不总是那么容易（米歇尔，1974年）。

建筑学作为一门根据历史与过去力求连续的学科，它的需求与社会和未来的需求经常发生冲突。建筑师常说："一个建筑或城市设计必须要放在建筑学科的范畴来看待，而不是其他范畴"，并且以此来回应批评。这种观点有一些功效。许多人——艺术家——确定以这种方式来看待环境。他们的需求是审美方面的需求并不是因为自己的经验，而是因为需要理解一种建筑理论。建筑学以这种方式迎合了他们对自尊的需求，但是大部分人并不以这种方式来感受建筑环境，他们的需求必须要考虑到。城市设计必须有多种意义和用途，从这种意义来说，城市设计一定是混沌不清的。

1.弗兰克·W·托马斯的住宅

2.露丝·西德勒的住宅

3.温娜·文丘里的住宅

图7-10　建筑师与特殊的住宅设计

我们可以从建筑师设计的特殊住宅所取得的成功中学到很多东西。经验来自于理解住宅产生的过程以及委托人与专业人士的关系。几乎所有特定的住宅都是由建筑师与委托人之间的亲密关系发展而来。由弗兰克·劳埃德·赖特（1）、哈里·西德勒（2）和罗伯特·文丘里（3）设计的住宅都毫无偏差地贯彻了设计师的意象，而且都来自于委托人与设计师之间的合作关系。这种关系能否扩大到城市设计的公共领域里呢？

城市设计的结论

这里所描述的功能主义概念来自于对人类需求的理解。如果一个人接受了功能主义城市设计，那么，就会在功能主义的指引下回应比传统认为的更宽广范围的人类需求。与过去相比，最重要的转变是要认识到艺术审美展示的是建筑环境的基本功能，而且应该这样进行考虑。因为设计师的关注与建筑环境所服务的其他功能相比较，并不是当其他功能需求得到满足时而被附加到所关注的事物清单中的内容。我们一定要认识到，审美需求和其他需求几乎总是必须要在一个设计中达到能够接受的程度。在追求环境质量的过程中，几乎总是要在满足每一个人的需求中有所取舍，因为从来不会存在为了满足这些需求而进行无穷尽的金钱供给。没有一个设计能同时完全满足所有人的不同需求。

以一种等级体系的方式把人类需求看作设计的基本要素，设计师的思考需要有很大的弹性，因为这里提出了很多的问题。依照习惯设计是比较容易达到的。设计过程需要创造性思维，而不仅仅是通过改变一系列的解决方式或设计原则来达成。这些都不需要很多想法就可以进行广泛应用。在财政限制的情况下对设计师的理论要求就会高一些。

在这里，我建议把人类需求看作是城市设计的需要和起决定作用的根本，这种思考方式提出了关于环境模式应该如何紧密地迎合一些特殊行为的问题（参见第20章和第23章）。一个有意识设计的环境应该如何很好地符合一种活动模式，或者一个人与一群人的审美价值观呢？它至少必须立足于满足那种活动或审美需求。一个环境应该怎样专门地或紧密地满足另一个环境的需求呢？环境模式与行为模式之间的关系应该怎样保持一致呢？一个人应该怎样处理潜在的未来行为变化呢？当一名建筑师从专门利用一个人的价值观为他（她）设计一个只考虑未来短期的建筑方面，转到更普遍的但是却是更根本的城市设计问题方面的过程中，这些都是经常辩论的问题。

正如所有的其他设计师一样，城市设计师也总是为未来进行设计。虽然我们可以根据目前暂时的精确信息预测到明天的很多东西，未来总是不可知的。处理未知的事物，最简单的方法是假定明天就像今天一样。对于未来一个短期的预测这可能相当准确。在一个较长的过程中，我们知道如果过去200年的历史对今天是一种指导的话，那么未来很有可能将发生相当大的变化。历史表明，人类通过改造环境以适应自己的需求变化。这是令人庆幸的，正因为如此历史才得以进化演变。城市设计师的角色就是帮助促成这些进化过程，这样做也是为了避免产生一些问题，并且避免丧失某些机遇。

主要参考文献

① Banham, Reyner. Theory and Design in the First Machine Age. New York: Praeger, 1960

② Broadbent, Geoffrey. "The Rational and the Functional." In Dennis Sharp, ed., The Rationalists: Theory and Design in the Modern Movement. London: Architectural Press, 1978. 142～159

③ Granze Galen. "Using Parsonian Structural-Functionalism for Environmental Design." In William R. Spillers, ed., Basic Questions in Design Theory. New York: American Elsevier, 1974. 475～484

④ Lang, Jon. "Fundamental Processes of Human Behavior." In Creating Architectural Theory. New York: Van Nostrand Reinhold, 1987. 84～100

⑤ Maslow, Abraham H. "Theory of Human Nature." Psychological Review 50: 370～396, 1943

⑥ Motivation and Personality. 3d ed. Rev. by Robert Frager, James Fadiman, Cynthia Reynolds, and Ruth Cox. New York: Harper & Row, 1987

8

城市和城镇场所空间的功能

任何人类聚居地，无论是大都市或小村庄，它的特征都取决于其行为活动的背景，以及为生活于其中的人类所提供的服务功能质量（贝克、斯库根，1973年）。任何这样的聚居地其质量也取决于环境(例如物质空间布局)提供特殊行为的效率和舒适度，并且取决于为人类之间有意无意传递信息所需展示提供机会的环境效用。

任何聚居地的行为环境都需要为不同的经纪人和使用者提供不同的功能。经纪人包括公司、学会或者个人(查平、凯撒，1979年)。不同的人和组织有参加特定环境的不同动机。因此行为活动环境可以为不同的人或者同一类人在不同时期提供不同的功能。城市设计中应该考虑环境的多功能有效性。追求效率这一点很重要，但是完成这一任务并不容易，因为由环境满足的众多意图并不像赫伯特·盖斯(1962年) 30多年前在他的分析中警告我们的那样体现得那么明显，那是对波士顿贫民窟在清除过程中出现的有害影响进行的分析。

行为环境的显性和隐性功能

城市所有构成要素的功能都可分为两类：显性功能和隐性功能(盖特曼，1966年)。显性功能是一个场所表面的功能，通常发生于场所空间的经济、社会或娱乐活动中。隐性功能是这些活动的副产品，可以是心理特征，也可以但不一定是一个场所存在的“真实”缘由（芒福德，1961年）。例如，一个酒馆可以是一个饮酒的地方，但是饮酒仅仅是人类互动所需要的一种催化剂。历史上，一个村庄广场可以建成一个市场，但是市场不仅仅是用作买卖货物的地方，它也提供了散布多种言论信息的场所。依次地，隐性功能可以提供更隐性的功能，例如，社区感的提升。假如市场消失，这种互动可能就会或者不会被可以满足相同隐性意图的一组不同的行为所取代。事实上，这种新环境的出现可能就是市场功能缩减的原因。

人类聚居地遍布于这种场所空间，服务的功能经常无法进行清晰的辨明，因此在规划和设计中无法估量它的全部作用，虽然在失去它时会感到悲伤(盖斯，1962年；M·福瑞德，1963年)。一个儿童游戏场地可能是小孩子玩耍的地方，但也可以是孩子的父母，或者在低收入区是哥哥姐姐聚集在一起指导并且参与游戏的地方。显性功能是为孩子进行游戏，隐性功能则是通过在提供的设施上进行自我测试和拓展能力，从而使他们认识到自我，认识世界。孩子们的游戏和看管的需要形成了看护者聚集在一起这一隐性功能的催化剂。这种催化功能如同一个新的城市开发项目可以是其他开发的催化剂一样(阿托、洛根，1989年)。

首要功能和次要功能

一个环境的物质结构可以提供许多显性功能，这些功能取决于它的结构所提供给人类的内容。一个物质环境的显性功能可能具有首要功能、次要功能、第三功能，依此类推。一个空间的首要目的，即它的基本功能容易成为设计的焦点，但是满足这个意图的效率可能在它所服务的另一个意图上产生了消极影响。城市空间质量很容易通过它所服务的首要的、次要的等功能的程度进行估测，它所服务的隐性功能易于被忘记。举例说明，一条街道的首要显性功能是它应当为交通工具的通行而设计，通常，假如没有特殊的情况发生，这是惟一的设计关注点。一条街道的次要显性功能可能是一个清洁汽车的地方、一个游戏的空间或是面对面两个街区的交界处(阿普尔亚德和其他人，1981年；R·摩尔，1987年；穆德，1987年)。隐性功能可以是社区感或场所感的

1. 纽约的大都市博物馆

1. 荷兰代尔夫特的生活性街道
(照片来源：马克·弗朗西斯摄影)

2. 洛杉矶的现代艺术博物馆

2. 西雅图 Mithun 空间场所

3. 底特律的拉法埃脱公园

3. 新泽西州雷德朋居住区的一条尽端路

图 8－1　城市和场所的显性功能和隐性功能

行为环境提供了两类功能：显性功能和隐性功能。一组踏步可以被设计成通往一幢建筑物的通道空间，但是也有标志性功能，也可以成为午餐或观察其他人的场所空间（1）。一个艺术画廊可以被设计用来展示艺术，也可以用来加强城市的自尊感（2）；反过来也是成立的！在城市设计中，我们容易关注到显性功能，其实隐性功能也很重要（3）。

图 8－2　生活性街道

生活性街道是专门为提高欧洲城市的高密度内城地区居民生活质量而设计的。它不仅同时满足了行人的需要，同时也为孩子们提供游戏场所，提供了回家的汽车进入住区的权利。西雅图 M i t h u n 空间场所提供了许多显而易见的活动形式：停车、洗车、孩子们的游戏等等，也提供了居民对这一区域较强控制感（2）。新泽西州雷德朋居住区的尽端路提供了较少但却是相似的意图（3；也可参见图 2－8）。

发展（J·雅各布斯，1961年）。在荷兰的Woonerf（译者注：可译成“生活性街道”，即人车共存以人为优先的道路系统或设有减缓交通设备的道路）的设计中（参见图8-2），次要功能与首要功能等量齐观（阿普尔亚德和其他人，1981年；M·弗朗西斯，1987年）。不论是不是有意地这样进行考虑，生活性街道都满足了许多潜在功能，如领域控制的可能性。首要功能和隐性功能的辨明如同首要功能一样重要。城市的环境、构成要素是多功能的，理所应当就这样进行设计，但是首要功能必须首先得到充分满足，否则作为后果整个环境都会瓦解。

城市的首要功能

对城市的功能进行分类不容易，因为它们已经相互重叠交织在一起。虽然对分类已经做了一些努力（查平、凯撒，1979年），但是每一个行为都服务于许多目的，也就会产生许多副作用。目前对还没有达成一致看法，不必分类的一些基本功能，即聚居地存在的本质可以明确。

人类聚居地存在有其经济和社会的必要性，这意味着，首先，它们应该服务于加强人类的生产、消费和表现自我的集体性行为等这些基本目的。它们为人类的功能需求提供物质环境，这些功能需要人类之间共同协作和相互影响：

> 自从有了城市，它就一直是相互交流的中心，无论是人，还是商品……城市以最鲜明的方式关乎着社区、调和、对话、保护；城市孕育了城市制度和教化礼仪。公共领域内的市民生活和市民活动直接关系到高素质的意识、美德和美感的培养，也关乎一些实用的方面（罗伯逊，1985年）。

城市最基本的功能可能是在交流方面，这种活动与经济方面的活动相互交织。这两个方面可能被看作是人类聚居地存在的首要目的，也为学习提供了环境，不仅包括正式专门为学习目的而设计的学院环境，也包括把礼拜地点作为日常生活的一部分环境。人类可以通过他们所进行的表现行为和把城市当作整体和细部建构城市肌理的方式来相互展示，假如新的方式被发现或创造并且服务于所有这些目的，人类聚居地的模式也就可能经历根本性的变化。

交流功能

交流包括人类之间进行的意见、消息或信息的

1.明尼阿波利斯的尼克雷特步行商业街

2.费城南部
（照片来源：作者收集）

3.曼哈顿

图8-3　城市的交流功能

人类聚居的一个目的就是要克服人类之间“距离的限制”，使共同协作成为可能——使人类进行物与物的交换，一起进行产品加工，为共同的兴趣而参加活动，为商业（1）和社会（2）目的而相互交流。现代城市的高密度表明，人类为方便地相互接近将要付出额外的费用（3）。交流传统地包括通过运输直接地相互接近。新技术将会减少见面的必要性，并且使人类的聚居比小汽车已经提供给我们的更分散吗？

传递或交换。许多交流的形式或渠道作为日常生活的基本渠道而使用。在某些形式中，交流是直接的，但是另一些交流则是通过媒介进行的。直接的交流，包括人与人之间知觉的相互影响（吉布森，1966年；霍尔，1966年），媒介交流则是通过一些传媒机制进行。媒介交流有许多形式：口头的、通过记述形式的、数学符号、几何图形、电影和艺术作品的视觉冲击和歌曲，也包括建筑环境模式（凯普斯，1966年；拉普卜特，1982年）。直接的交流使人类的聚集成为必要，而媒介交流则不然。电话、收音机、电视和各种各样电子媒介的使用，使得信息可以在两个相距很远的人之间产生交流，而这两个人不用面对面相互作用，在进行这样交流时，交流的内容被缩减。

所有的传统人类聚居地都为缩短人类之间的距离而提供功能，这样可以使人容易聚集在一起为了共同的行动而交换信息和意见，并且相互活动。聚居模式可以通过交流方式形成，并且聚居形式的持续改变大部分是由于交流技术方式的改变（迈耶，1962年）和货物交换方式的改变。城市设计的一个关注点是支持和帮助区分人类与适当的交流媒介之间进行必要交流，目的是加强城市的交流功能。城市设计主要关注发生于公众领域的交流，当然城市设计的一部分目标也是要为人类创建有助于交流网络形成的环境，这种网络形成了社区基础。环境布局的差异会造成人类之间交流进程的差异，但是新技术在减少必要的面对面交流方面已经取得很大进展，这其中有利也有弊。

有一点很清楚：日常生活中，人居环境的交流功能高度复杂，包括多种服务目的相互影响的方式。这些方式很少被当作一个整体系统来考虑，因为每一种方式的规划和设计都趋向于某一个独立代理的责任。城市设计师习惯把目光聚焦于交通运输上，他们把交通运输作为塑造公众领域的首要交流设施。实际上，现代主义者关注交通效率，并且以此作为城市空间的首要塑造者。一个对他们设计作品的批评是这样的：他们对于交流的划分太狭隘（菲奇，1965年，1980年），导致的后果是，作为日常生活一部分的许多方式被忽视了（J·雅各布斯，1961年；布瑞林，1976年）。

运输成本

运输可以被认为包括中继信息和运送信息，但

1.印度斋沙默尔的斋普尔

2.科罗拉多的波尔德

3.亚特兰大

图8-4 运输方式

运输系统塑造了城市。新的运输系统改变了城市空间的租金曲线，因此也导致了活动分布的变化。如这幅街景所示的(1)，城市有许多道路运输方式。其中一个设计论点是关注安全程度和效率，这实际上由分离不同的运输方式而获得(2)。许多城市由铁路运输系统结构而促成，但是现在结构城市的是小汽车功能，通常是城市设计的基础。近来一些城市已经引进了舒适、优雅的地铁系统以减轻街道拥挤和空气污染的程度(3)。

是通常我们认为运输是把人、材料和货物从一地转移到另一地。运输把原材料和成品货物运往很远的距离。可以使人类以经济的方式居住在比较喜欢的地方，而工作在异地。事实上，在许多大城市地区，如纽约和洛杉矶，人们每天准备花4个小时的通勤时间，这就是运输带给人类的便利（富尔顿，1990年）。地区的结构和居住方式大部分取决于运输系统的分布和性质。

为了能面对面地进行相互交流和一起从事共同的活动，人类必须聚集在一起。为了在一起，他们就必须把自己从一地转移到另一地。对大多数人来讲，基本的运输方式是他们的腿，但是有许多人行动不便，另一些人则被迫坐轮椅。步行是短距离内运用最广泛的一种方式。短距离的划分当然因人而异，取决于旅途的必要目的、路线、兴趣多少以及目的地是否在视线所及范围内。

除了步行之外，还有多种运输方式，较富裕的国家与许多贫穷国家相比类型较少，因为各国的公路都必须负载各种以不同速度行驶的交通工具。最吸引城市设计师的方式是小汽车，消耗某种社会成本，提供了可观的个人运动，也提供了大量不同类型的运输系统。许多建筑之间的空间被用于交通路线，这些路线必须不仅仅满足于首要的目的，即允许尽可能自由地使用交通工具的移动，而且能担负起交通工具的功能需求（因而，也担负起交通工具之内的人的需求），这也是基本的设计要求（阿普尔亚德、林奇、迈尔，1964年）。

城市形成的历史大体上是因为变换的运输方式对土地价值产生影响的历史（参见第2章“20世纪城市的形成”）。随着运输方式的变化，租金曲线也发生了变化。水平运动和垂直运动的方便舒适影响土地价值，安全电梯的发展使得高层建筑的建造成为可能的现实（吉迪恩，1963年）。铁路、公交车和小汽车在北美确实引导出现各种形式的郊区开发（斯特恩、玛斯内格，1981年）。卡车工业使工业能比铁路允许的程度进行更分散的布局，并且已经通过土地使用模式的变化而改变大都市地区性质。

城市的经济功能

城市的交流、运输和经济功能紧密联系。所有的城市都为经济活动提供了行为环境和基础结构设施。这一功能是必需的，除非城市聚集体的存在有充分的理由。一个城市的质量取决于它促进财富创造和分配的效率。可能更重要的是，一个城市的基础结构和建筑适应变化的效率，这一变化因城市经济基础的需求变化而成为必需（J·雅各布斯，1969年）。这不仅是一个城市的物质结构所能担负新的经济活动所需效率和适应性的问题，而且也是居于其中的人类生活效率和适应性的问题。假如说“城市属于人民”，那么，城市的能力就会是展望过程中的一个重要关注点，决定处理这些问题的方式是一个社会和教育计划的关注点。

某种程度上，一个城市对变化的适应能力取决于它的多功能性。所有城市都有经济活动的综合功能。但是在某些城市中，有一个首要的来源，其他彼此脱离的次要来源以巨大的效率来引导它的活动。因而举例来说，一个钢铁制造中心需要许多支撑性的活动。但是假如一个城市仅依赖于这样一个单一的产业作为它的经济命脉的话，那么，这一产业的失败将要贯穿社会的各主要部分（J·雅各布斯，1969年）。世界上已经存在和发展的主要城市都提供了经济活动的综合功能，但仍然受世界经济市场力量起伏的支配。这些波动在城市物质肌理中经受着影响，因而一个城市的视觉特征反映了它的经济成败。

一座城市及其组成成分也是以各种途径获得财富的手段，土地市场的操作为某些人通过投机土地价值获得财富提供了功能，公众政策——城市资金网中的投资和城市设计行为改变了土地的相对价值。他们的形式化因此正成为美国和其他资本主义国家的一个富有政治压力的难题。对鼓励适当发展和社会公平问题的关注已经成为城市设计中最重要的论点。在一个纯粹消费性的城市设计中它们都会迷失。

城市的认知功能

城市的丰富多彩如同任何其他人所能想出的判断方式一样，归因于城市行为环境所提供功能的数量和多样性。生活质量取决于方便满足人类从安全需求到自我价值实现等基本需求的环境，也应当方便满足认知需求和审美需求的人数不要过多，也就是说，每个环境如果有太多的人参与，一些人会被取代，而不能成为生活的参与者（威克，1969年，1979年；贝克特尔，1977年）。

城市为学习提供了正式的和非正式的机会。正式的机会通过各种教育机构产生，非正式的学习机会产生于日常生活中——从环境的体验中进行学习（卡尔、林奇，1968年）。有一些城市提供丰富的学

1.丹佛大都市圈的新郊区开发

2.洛杉矶

3.科罗拉多的波尔德

图8-5 城市的认知功能

在美国，许多人会选择在郊区环境中抚养孩子（1），因为人们明白，在郊区接受教育和感受开放空间的正式机会比城市里要好。但是，许多构成这种行为的环境并不像更拥挤、更混杂的城市环境以及居于其中的各种人物一样能提供许多了解世界的非正式机会。日常环境中正式和非正式的认知功能（2）对人类了解世界起着重大的作用，我们倾向于使这种学习机会变得规范化（3）。

习机会，人类能接受到许多身临其境的学习机会，而另一些城市则较为缺乏。基于理性主义模式所建造的大型居住区，其中的一个主要问题就是，没有考虑环境所提供的认知功能。有许多非正式的学习机会，甚至旧的贫民窟也能提供这种学习机会（参见1971年罗伯茨关于贫民窟生活的一段生动描述）。当经济活动的范围发生变化，并且一个人为获得历史上当地水平允许的阅历多样性必须要远途旅行的话，那么，一个社会在自主到达那里较为困难情形下的流动人口（如儿童）就越少（帕尔，1967年，1969年）。

城市的展示功能

“展示”一词经常会隐含有轻微的贬义意义。展示通常容易被认为是炫耀。这里所讲的“展示”并无此意义，展示意味着使之显示、展览。城市既是一种展品，又是一组展览舞台。城市有多种服务于展示的方式：为个人行为的展示、为团体行为的展示，如游行和节日庆典，为借由建筑和街道空间特征的地位展示提供了背景。在某些实例中，通常会下意识地把城市作为一件艺术作品来关注(奥尔森，1986年)。

许多城市都经历过这个阶段，即私人住宅、街道和整个城市部分都被塑造成展示城市价值和民族荣耀的阶段。华盛顿、巴黎、新德里、堪培拉和巴西利亚都是民族骄傲和权力的展示。除了著名的华盛顿以外的美国城市和一些州府，如佛罗里达州的丹佛和威斯康星州的麦迪逊等，已经被一系列私人的展示而不是公共的展示所塑造——是“私人价值而不是公众激励”(奥尔森，1986年)。这种评论并不是惟一针对美国，因为在世界上许多其他城市中也出现许多同样的现象。基本的观点是，城市充满了展示。有一些是打扰人的，而另一些是必须追求的。

有意识的展示

可以进行有意识地设计事件和建筑环境。城市作为场所和环境服务于人类能想像出的几乎所有类型的事件，而且其中的许多事件不会马上浮现在设计师的思考中。通过建筑形式创造的展示类型不计其数。城市丰富的视觉感受归因于展示的多样性。还存在另一个观点，许多人认为城市丰富多彩就会显得杂乱无章。现代建筑运动更喜欢形式简洁，而不是环境的丰富多彩。

1.纽约的第52街第五大道

2.纽约百老汇大街的第五大道
(照片来源：埃里克斯·沃基)

3.纽约的时代广场

图8-6　作为展示的城市

建筑环境提供许多最重要的功能。其中的一个便是，城市建筑环境是个人或城市财富、成功或骄傲的展示。有时候这些作为许多个人决定结果无意识的出现，组合起来的城市整体比部分的简单叠加更伟大，如纽约的第五大道（1）；有时这是建筑设计的基本目标（2）；但是有时却比许多中产阶级认为适合的城市更加俗丽（3），我们不断地进行规划清除不整洁的地方。

事　件

事件包括游行、节日庆典、艺术竞赛等。城市设计关注的是那些有规律发生的事件——那些构成永久性行为活动模式的事件（贝克，1968年；萨拉逊，1972年；威克，1979年）。这些事件是从村庄到大都市所有类型人类聚居地的一个特征表现。实际上，一些观察家把它们看作是聚居地存在的基本原因（芒福德，1961年）。事件可以提供各种城市功能：标识季节，表明一个场所和一个民族的历史，并且服务于许多精神目的和商业目的；团结市民、娱乐市民，并且给市民归属感。它们在性质上可能归属一个场所、城市、宗教或国家。许多城市在这方面提供得很充分，事实是，历史上它们一直都是许多城市设计作品的基础。例如，在罗马司克斯的设计中，假如不是首要的，至少也占1／5的部分，在城市设计过程中关注了现存与此关联的教堂的宗教发展过程（培根，1974年；贝纳沃罗，1980年）。

事件和建筑环境——专门的行为环境设计有三种基本方法。第一种包括先设计事件，再设计适合的环境，或者两者同时进行设计；第二种是先设计事件，然后寻找可承载事件的环境；第三种是对于特定环境进行追问“什么事件将会在此地发生？”

第一种事件可以具有城市局部规划、城市主要的更新项目，当然也有私人住宅设计等这些项目的特征。但是另外两种设计类型包括没有结构性变化的建筑环境。第一种类型主要局限在首都城市的设计上，因为在这里游行经常是礼仪生活中不可或缺的一部分。新德里的瑞帕斯过去为英国军事游行提供了环境，现在改为印度共和国举行游行之用的场所[尼尔森，1975年；欧文，1981年；参见图2-16（5）]。在设计中要把游行和激动人心的场景牢记在心，并且可以很好地服务于两者。大多数城市必须要考虑将现存城市街道设计成交通运输空间或者作为看街景之用。无论华盛顿的宾夕法尼亚大街，还是纽约的第五大道，为游行设计得都不好，但是它们却很好地满足了街道功能要求。独立的费城林荫道是为许多公共庆祝活动设计的，同时也通过突出的展示把独立大厅转变为一个民族圣地[参见图2-21（2）]。

在现有的城市中，新游行路线的选择要方便人群进入，对交通影响要最少，并且使观众能够聚集，也可以与庆祝地点联系起来——许多爱国事件、民族检阅、在费城自由钟楼对面的运动会等。固定地点的事件，如展览会的地点可能是市场一开始就定

1.旧金山的同性恋大游行（1992 年）

4．教堂区主管神父在费城的洛根环形广场做弥撒
（照片来源：作者收集）

图 8–7　事件

城市可以通过事件生动起来：船展、花展、力量绝技比赛等。市内广场平地专门为这类事件而设计。许多事件，如游行发生在可能发生的场所（1）。很少有专为游行设计的街道，甚至把这作为它其中一个主要功能的也很少（2），虽然有一些是明显地为游行设计的[例如新德里的瑞帕斯；参见图 2–16（5）]。通常街道在聚集民众时要关闭交通（3、4）。这样的事件丰富了生活。

2.华盛顿特区的宾夕法尼亚大街

位好的，但是许多场所通常服务于不同目的——广场、校园、教堂内院、只在白天使用的街道等。许多有市场的场所是持久的，这也正是城市与众不同的一个特征。

作为象征的建筑环境

建筑环境的一个首要功能就是作为一个象征。象征有很多的功能，但是有两个是首要的：标志意义、加强自尊（参见第 14 章，第 15 章）。在城市设计中，城市美化运动的目标大体上就是为城市市民提供这些功能（J · 彼得森，1976 年；W · 威尔逊，1990 年）。许多城市总体设计都是力争达到这个目的，但是这样做的私人住宅例子更是不胜枚举。

城市中包含很多从形成城市肌理的支撑物中脱颖而出的重要建筑，它们可能是市政厅、图书馆、博物馆、大教堂等。它们的存在丰富了城市，纽约的林肯中心[参见图 3–19（6）]、华盛顿的肯尼迪中心

3.堪萨斯州维奇塔的道格拉斯艺术街廊
（照片来源：承蒙马文 · S · 克鲁特惠赠）

1.波士顿的比肯山
（照片来源：迪珀·尼加哈瓦摄影）

2.纽约罗斯福岛的曼哈顿景观

3.罗斯福岛的国际大道

图8－8　内涵和建筑环境

不论人在周围所看到的事物是否作为交流特殊信息而被专门进行设计，它们都是基于自身经历而把自己的理解融入环境之中。城市设计师在为偏离标准的未来环境提供建议时所面临的一个问题是：象征意义大部分溯源于过去联系性（1）。叛逆自身表达出一种象征性信息。纽约的罗斯福岛（以前的奥尔菲尔岛）是一个最显著的现代主义城市局部设计（2、3），这个设计对于不同的人具有不同意义，因为在发展的各阶段中不断地改变人口结构。

和较小规模的明尼阿波利斯的格瑟剧院在自我展示的同时也被设计成容纳其他有意识设计的表演展示功能。但是相对来说，它们作为自我有意识的展示场所功能被削弱了。观众是表演的一部分。无论是表演，还是建筑物本身在表述城市作为文化中心这一点上都具有象征价值。每一个建筑也都是一个年代和一个建筑师才能的表现。许多商业建筑也有同样的功能——例如纽约的帝国大厦。每幢建筑的拥有者和设计师都力争使建筑成为杰出建筑时就会出现困难，虽然是作为仅仅达到了多样性的某一部分，结果也缺乏清晰感和形式连贯性[参见图2–10（6）]。其中城市设计的一个论点就是关于什么样的建筑应当成为最突出的建筑（参见图17–14），历史上一直是主要的市政建筑，但是现在它们已经被办公大楼挤兑到背景层面。

私人住宅和城市局部地段都为特定的人群提供了象征物。虽然在过去的城市中比在今天的城市中更容易看到这种功能的满足，它也是任何大规模项目中一个含蓄的（如果不是明确的）目标。在华盛顿（瑞普斯，1991年）、伦敦、维也纳和巴黎[参见图5–2(2)]不时有很明显的例子出现（奥尔森，1986年），并且在政府性综合体建筑设计中仍旧很明显，如纽约奥尔班尼的帝国广场[图2–4（7）]。大规模的局部城市设计，如纽约炮台公园城，再小一点规模的纽约罗斯福岛开发，都是这方面的体现，但是都不如前面所说的那么明显。

有意识设计的展示

一个展示能被有意识地进行设计这个说法似乎是一种矛盾。这样的展示可以作为其他行为的副产品而产生或者仅仅作为无动机表现的结果而发生（马斯洛，1987年）。每一个设计、每一个建筑环境都是信息的潜在来源，有时信息可能是重大的，但是通常是更平凡的，但却给人类以积极的或消极的场所感。当我们沿着城市进行旅行时，我们仔细地观察环境会认识到场所、人物、事件和时间之间的关联性。任何模式的建筑环境都包括一些潜在信息，这些信息作为人类与建筑环境特有的模式与素材以及空间围合方式之间相互关联的结果而被察觉到。人类从自身经历中总结出意义，虽然我们不能清晰或精确地表达这些关联性，但是我们却可以依然表现这些关联性。除非受到制度的限制，人类会逐渐改变栖息地，直到表现出自身特征的光彩。例如在美国，中国城很少被设计成中国特色的城镇，但是被居民删减或增加了某些环境要素，以便使场所清晰地表达这种民族识别性。

作为聚居功能反映的聚居地成分

人类聚居地以许多形式构成。我们可以用日常语言将其区分为城市、郊区、城镇、村庄和小村庄。每一个名称都会使人脑海中浮现表象和容纳经济活动的范畴，然而如果进行精确的区分却是困难的。城市地区不断流动涌入世界各地的城市地区。今天我们所说的大都市区，波士华(波士顿和华盛顿的合称)是指从波士顿到华盛顿的城市聚集区。可是，人类认同的是在波士华大都市区内的地区，不认同整个城市化地区。

即使有也是很少的城市或村庄被看作是成分混杂的组合。它们被看作是有明确组合成分的街道和建筑、邻区和专用区域。每一部分都发展为一组功能服务。它们也可以根据视觉特征来进行划分（林奇，1960年）。我们也给出称呼：行政区、特区和邻里。

与芝加哥社会学派相联系的人类生态学运动试图把城市自然分区——有一些自然地理界域，包含可与毗连区域区分开来的一组活动并且/或者人物(帕克、伯吉斯、马肯伊，1925年；霍利，1950年)。很显然这种分类法用于有明显地理边界要素的区域，如用于崎岖的行政区划比用于平坦区域的要多。所有的城市都有明确土地使用区域。

特区可以是分配特殊商品或提供特殊服务的地区，或者是表面上相似的临界区域。商品或服务市场容易有同一界限，它们不会很轻易地就符合专业城市规划师的规划（赫丝特，1975年）。然而对于一个将要开始应付挑战的设计师来说，城市（无论是新城还是旧城）通常被分成有专门功能分区的几个区域，目的是使它们能够在为整体聚居地所建立的宽广政治框架中可以自主地对某些内容进行描述。通常区域可以根据拥有土地的模式进行阐明，因为它可有利于进行共同协作的开发。有时正是这些视觉特征构成了为设计目的区分城市的基础。凯文·林奇（1960年）认为这样的区域称之为分区，即人类关于城市心理想象形式的局部组成。然而，这种分区应该建立在根据那里所发生活动更广阔的地理和特征观念上，而不是仅仅建立在视觉表象基础上。

1.达拉斯
（照片来源：J ·丹尼斯·威尔逊）

2.科罗拉多的波尔德

3.旧金山
（资料来源：旧金山城市规划委员会）

图8－9　城市、特区和邻里

我们给出的人类聚居地的类型名称中暗示了承担的活动和能提供服务的含义。几乎不可避免的，环境特有模式所服务的经济功能已经导致聚居环境部分的不同。从达拉斯（1）、波尔德（2）和旧金山（3）的鸟瞰图片中，我们可以清晰地辨明中心商务区在哪里。能够很合理地满足这些功能的建筑类型和空间整体结构导致了各部分不同的视觉差异。一个聚居环境的特征取决于这种结构以及不同活动融合和分离的程度。

“邻里”这个名称对于城市设计师有特别的吸引力，因为设计创造社区感已经成为城市设计师一个主要的社会关注点（克里尔，1968年；R·布鲁克斯，1974年）。事实上，在美国寻求社区感和归属感已经成为许多人普遍关注的问题（巴泽尔，1968年）。当邻里是空间区域时，经常但不必要是一个居民区，它有相对应的社会含义。有一点要指明（参见第14章）：社区设计充满了困难，但是在特定地区或相邻区域层面上的规划和设计中也可以到达一个城市设计师在总体设计中有效操作的程度。

在功能方面区分的城市公共区域包括，街道、公园、广场（参见第9章）。城市也包含半公共空间，既不是开放于公众的私人空间，也不是进入权被控制的公共空间。“场所”一词指人类聚居环境中的开放空间，也暗示更多的意义——那是一个“就在当地的当地”。场所有识别性，既不是因为它们的可被感知性（经常是视觉的），也不是因为社会特征，也不是因为两者的组合。我们用来描述城市和服务功能组成成分的词汇塑造着我们看待城市的方式。在城市设计师所做的一切事务中，这一点一定要认清：城市所服务的功能和组成成分将在不是一般的也是特殊的类型上有所改变。

城市的进化功能

20世纪下半叶通信技术的发展提出了改变现存人类聚居模式必要性的问题（赫普沃斯，1990年；施曼特，1990年）。现存城市形态对生物环境的影响也提出了相似问题。毫无疑问，空间活动和人口分布方式正在发生变化，城市对自然环境影响的方式正在变化，但是城市像我们所知道的一样将继续存在直到可预知的未来来临。原因很简单：城市及其空间场所服务于人类追寻的许多功能，然而，城市的内部组织结构将如同变换着的经济条件、生产方式、价值观和技术可能性对居民生活方式产生的影响一样继续发生变化。

在世界许多国家，城市作为不断增长的人口和有限的土地供应的结果而存在。在那些国家，特别是发展中国家，有限的土地、增长的人口和提高了的农业生产率一起作用推动人口从边远地区涌入城市，同时城市里的机遇吸引人类离开边远地区进入城市。大都市的存在是因为政治压力和人类为有效利用积极或消极原因需要的可建设用地（例如，两者择一则更糟糕）。它们因为经济的需要而存在，因为人类是群居的。

城市规划师处理城市的整体空间结构所面临的一个首要问题是：人类的移动行为将会被通信技术的变化转变到何种程度呢？（斯尼德、弗朗西斯，1989年；赫普沃斯，1990年；施曼特等，1990年）。更宽泛的问题是制定一个标准的问题：移动将会被取代到何种程度？这样的论点一般都会避免谈到政治规划，而是由市场来做决定。未来的人会像今天一样必须要聚在一起从事各种活动吗？假使技术上不必要，经济上也没有效率，这样的行为将会因为它们所提供的潜在功能而继续保留吗？这些问题在商务交往和娱乐特性上提出了潜在的变化。虽说现今的发展趋势并没有暗示人类一定要聚在一起观看体育比赛、参加游戏或者吃业务餐等的渴望发生主要的变化，但是未来会发生根本的改变。

然而城市设计决策不能被当作与今天有很大差别的未来的设想基础。变化可能以渐进的方式出现。城市设计的目的是为适应将来的发展而进行的各种基础结构的设计。“城市必须提供任何模式，然而这些模式一旦被实施，就必须强壮到足以支撑所有必然的混乱和它们的兴败”（莱科威特，1988年）。

问题是：“这些聚居地未来将呈现怎样的形态，全面变化的创新力量会塑造出城市设计师的作品和思维吗？”“经济功能和人类群居行为需求的满足在未来会以其他方式出现吗？”“政治和经济压力会导致城市的分崩离析吗？”“交流进程中的技术变化会导致人类生活方式以及城市服务目的的变化吗？”这些问题长期以来一直吸引着建筑师和规划师的关注，而过去我们对这些问题的思索还不够成功（曼斯菲尔德，1990年）。

毫无疑问，未来会出现新城市模式，现存城市的大部分建筑有可能会成为过时的建筑。新的信息系统产生的时空距离将对活动的分布形成影响，允许活动更为分散布局。这些模式是否会导致重大的新型城市形式取决于市场的反应以及政治家和设计师制定的关于塑造未来城市的政策方式。设计师将不得不提出由现存城市提供的多维体验问题，以及相同的和／或更令人满意的安排是否能存在于更分散或更集中的不同建筑类型的聚居形式中。现存城市都有一个基础结构，它包括为货物、人和社会事业机构的移动；也包括各种各样的交流方式：电话、收音机、电视以及集成电脑和远距离电信系统等正在出现的技术；另外，还包括广场、公园、公共花

1.费城

2.圣地亚哥

3.印度斋沙默尔邦的乌代浦尔
（照片来源：作者收集）

图8—10 对于变化的适应性

城市不断地经受着变化（1）。美国城市的结构模式经得起变化的程度较高，因为它已经被证明对人类历史上衍生出来的多样化的有车轮运输工具具有很大的适应性（2）。相反的，在世界上闷热、干旱地区的前工业城市中进行适应运输方式变化的设计是十分困难的（3）。在设计城市的未来基础结构时，处理不可预知变化的必要性就是一个关注点。

园等为公共事件的进行作为展示的场所，也包括为公共目的和市级活动提供场所的建筑。所有这些场所都提供了显性功能和隐性功能。

城市设计和城市功能

一个对专业设计界的主要评论就是关于设计态度及政策和设计最后在很大的程度上缩减，趋向于减少多样性的程序。这一态度在两个方面受到质疑——被那些希望看到城市因为有更多自然环境而更绿的人质疑（例如戈登，1990年），以及被那些欣赏高密度生活特征，甚至可以给那些多风沙城市的人提供丰富的生活（普洛克特，玛图泽斯克，1978年）的人质疑（J·雅各布斯，1961年）。

城市设计的一个关注点当然是要提高人类可获得机会的频率。有两种方法可以达到这个目的：增加局部化设施以及设施的易接近性。在现代主义运动中，与经验主义相联系的许多城市设计观念通常都与局部设施化的目标联系在一起，但是在过去50年的交通运输规划中，尤其是高速公路网络的设计中，都关注于提高易接近性（或者对于分散得更宽泛的人口至少保持易接近性的水平）。这些解决办法都针对于人口的高流动性，但是，并不是所有的人口都具有高流动性。更为全面的关注是增加方便人类使用的环境数量。然而，提供不能使用的环境会对城市造成相当大的心理创伤（J·雅各布斯，1961年；怀特，1980年）。

“整个世界就是一个舞台，所有的男女都只不过是演员，有各自的出入口”。舞台是环境，演出是行为。一些城市设计师认为他们的工作是在创造剧院（参见戈斯林，1984年；梅特兰，1984年）。这种类推不应该推得太远，但是任何人类聚居地的创造与进化都包含逐步地增加行为环境、改变和/或放弃——变化着的舞台和演员——与许多剧作家的工作同时进行。城市设计也包含要保持现在和将来对人类有重要意义的事物（雅各布斯、琼斯，1962年）。

城市设计的目标是通过总体设计直接或通过制定条例间接地提供创建一个功能完备的适宜的人类聚居地，或者是一组这样的聚居地所需要的一切必要条件。在某一个时期，它是一个可以引领社会的过程，而在另一个时期，它可能就不仅仅是一个跟得上社会需求的过程。

结　论

城市规划和城市设计的目标是：扣合文化在积极的人类动机中使城市具有功能多样性，但是对于消极的行为，城市应少些甚至没有这种功能性。城市设计的兴衰从涉及的行为活动环境同时提供功能多样性的努力中进化而来。将会出现不同关于特定场所应满足不同功能的想法。人类在忍受现存行为和渴望行为之间，以及忍受现存环境与很好地满足渴望功能的必要性环境之间不相符合的差异。城市设计师在为新的行为模式或新的审美体验创造机会的过程中并不是中立的旁观者，但是他们对变化所作的任何支持都需要建立在对人类居住环境模式基本功能的理解上。

结论是：人类聚居环境设计的总体目标是必须要创建能经受起变化的有活力的空间场所——城市、特区、开放空间等。目标是构建城市经历——体验建筑环境及所容纳的活动，以及展示内在结构。目标是使城市具有可读性，并且以多维的方式满足人类需求。城市设计师在有助于这些成果的实现中要扮演一个专门的角色。

主要参考文献

① Chapin,F.Stuart Jr.,and Edward J.Kaiser. Urban Land Use Planning.Urbana and Chicago：University of Illinois Press,1979

② Hepworth,Mark E.“Planning for the Information City:The Challenge and Response.” Urban Studies 27,1990.4:537～558

③ Jacobs,Jane.The Death and Life of Great American Cities.New York:Random House,1961

④ Meier,Richard L.A Communications Theory of Urban Growth.Cambridge,MA:MIT Press,1962

⑤ Mumford,Lewis.The City in History:Its Transformations and Its Prospects.New York：Harcourt,Brace and World,1961

⑥ Olsen,Donald.The City as a Work of Art. New Haven,CT:Yale University Press,1986

⑦ Proctor,Mary,and Bill Matuszeski.Gritty Cities：A Second Look at Bethlehem,Bridgeport, Hoboken,Lancaster;Norwich,Paterson,Reading, Trenton,Troy,Waterbury,Wilmington. Philadelphia:Temple University Press,1978

促成功能性环境的实质性问题

纽约市的克莱斯勒大厦

城市设计的主要理论涉及描述和解释建筑环境及其所提供给人类的内容。个人提供的所有可能的建筑构造形式的清单超乎想象。城市设计师的主要关注包括：建筑形式要素和土地要素，以及能被他们和／或他们自己创造的城市政策所控制的建筑用途。主要被限定在某些方面：首先，由政治家和专业规划师发展的社会规划和经济规划指导方针为一个城市设计计划必须具备的函数关系确立了参数。这些社会规划和经济规划将会促成城市设计的结果，反过来，将以重复的过程影响这些城市规划性质。因而对于城市设计师来说，不是作为社会观点的专家，而是作为将社会指导方针反映在物质设计细节上的专家。投身于为人居模式制定社会政策是重要的，另外，除了总体设计之外，城市设计师不用考虑建筑环境的所有方面，而只是考虑设计指导方针，指导方针将为从事于建筑设计的个体建筑师，也为从事于开放空间设计的景观建筑师和从事于不同的基础结构设计方面的其他专业人员指明方向。但是它也对城市设计师的详细设计有物质局限性。并不是每一个在城市设计范围内似乎能吸引人的建筑形式构造都能转变成一个可行的基础结构成分，或转变成一个可行的建筑。理解这些局限性具有很重要的意义。

第9章“城市设计要素”描述了一个城市设计师需要处理的建筑环境品质。行为环境的组成成分——它的模式和建造它所使用的材料特性很重要。行为环境和支撑模式是紧密地联系在一起的。作为结果，城市设计师要关心人类聚居环境和区域范围中人类行为环境的分布状态。可是，他们最终关心的是增强居于其行为活动背景下的人类生活质量，需要用长远的眼光关注他所拥有的为发展所提供的生产和艺术审美质量。可是，这些都是城市设计师详细列出的多种环境要素和环境用途。这些详细说明通过重复的设计步骤制定出来。每一步骤都是设计的一个程序要素，每一步骤成果的要求形成了设计师思考城市和进行城市设计的方式。城市设计师推进了城市设计的过程。

建筑环境要素能以多种方式结合在一起，因为我们可以认为所有意图和目的的可能性是无穷的。可是，城市设计师关心的是详细说明一个可建设的环境。推测未来可能的技术和城市结构是有趣的，但是今天一个城市设计师提议的模式可能会受到建筑环境要素可能的几何置换排列方式限制，也会受到用来支持人类生存以及生活方式的机器般功能需求的限制。第10章“技术和几何学的可行性”，展示了城市设计师必须完成的技术参数。

一旦城市设计师关心的设计要素和针对可行性所设的几何和技术限制被确定，那么，就可以表明追寻设计一个功能性环境的涵义。在这本书这部分的“一个功能性社会环境”章节中，已经描述了如何塑造满足人类基本需求和认知需求的建筑环境布局的论点。要想达成这些目标，就必须联系到获得一个功能性生物环境（参照这部分中关于“一个功能性生物环境”的章节）和民主社会里决定权分配限制的目标。

9

城市设计要素

城市设计要素是指在建筑环境中易于操作或者是易于成形方面的内容，由城市设计师在协助立法者创造未来的过程中完成。按照同样的方式，也就是可以独立存在的并且程序化的城市设计理论有两套备受关注的城市设计要素：独立存在的要素和程序化的要素。前者是涉及源自生物和社会领域的要素，而后者涉及在计划制定或是设计过程实施过程中产生的成果。本章主要介绍独立存在的这一类要素，但是由于不能脱离设计过程中的每一阶段成果而进行讨论，所以程序化的因素和城市设计工作人员的工作成果在这里也要进行介绍。在第21章里将对它们进行详尽的论述。

独立存在的要素

建筑师和城市设计师用大量方法观察建筑环境和建筑环境设计要素。勒·柯布西耶（1934年）写到：

> 城市规划的基本物质构成材料是：
> 阳光，
> 天空，
> 树木，
> 钢筋，
> 水泥，
> 这是按照重要性进行排列的顺序。

在详细的叙述中，勒·柯布西耶注意了环境中他所认为的对所有人都重要的方面。然而，还有其他观察城市和城市设计要素的方法。每一种方法都会强调一个不寻常的观点。

建筑师通常将城市看作是几何形态的。许多设计师往往喜欢从视觉质量方面来观察城市形态本身。相对于美国人来讲，这种方法在欧洲人（例如R·克里尔，1979年）中较为典型。但是许多美国城市设计师却把城市和城市设计作为两种空间尺度的形式，即把建筑环境的场地结构当成图形，或者把开放空间当成场地，或者反过来也是一样的(库珀，1983年；特兰西克，1986年)。如果用这些方法来观察环境，设计问题会容易地被视为具有满意形状的、组合几何形态的但是却狭窄的设计，通常表现在平面形式上。这些要素本质上也就变成了空间结构。用这种方法思考设计会造成一个危险：没有制定方案计划就完成了一个设计——一个内部什么也没发生变化的物质环境（参见柯林·罗尔，1983年）。设计方案计划（例：对渴望的行为环境的陈述）也就成为用建筑容纳的东西来填充建筑形式的过程。如果行为活动和空间不结合在一起，过程就应该是相反的，应该逐渐地同时进行考虑。

观察环境的另一种方法（相对美国人来讲，欧洲人更具有这个性格）是收集建筑和开放空间的类型，不论是在行为活动方面的还是在空间结构方面的（R·克里尔，1979年；L·克里尔，1990年）。当这些类型被认为是可使用的类型时，它们就真切地整合了形式和功能，但是功能也可能是在一般水平上掩盖了空间内部实际上发生的事情。购物中心可以唤起集中市民这样的意象，但是这种即将被藏匿起来的行为活动可能（通常也是）比意象中的更为复杂（如普瑞，1970年）。

迟早，城市设计师会关注城市物质环境的几何形态、组织安排以及组成它的建筑类型。然而，以这种思考方式作为出发点会缩短城市设计过程，这样做既有优点也有弊端。对建筑师来说，这无疑是一种舒适的设计手法。但更是一个过程：通过把一个“解决方法”强加到正在考虑的情况中而限制了创造性思维。这个过程不合时宜，因为它导致了缩

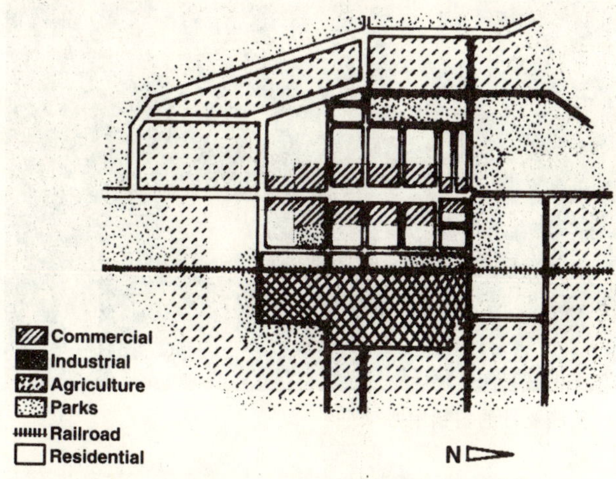

1.田园城市土地利用图
（资料来源：根据杰菲瑞·E·奥桑格绘制的图进行的改编）（卡坦斯、斯耐德，1988年）

2.纽约第五大街的街边

3.罗德岛普洛维登斯的图底关系分析（1980年）
（资料来源：康奈尔大学建筑学报，2：188）

图9－1　城市形态要素的分类方法

观察城市有很多方法。一种是与城市规划和分区规划紧密相关，涉及土地的利用[1；与图2－7（1）相比较]。一个丰富并且比较详尽的方法包含行为活动方面（2）。这项工作很难，因为结构有某种纹理。第三种观察方法涉及实体和空间、积极空间和消极空间、图形和背景（3）。每种方法源自于我们所偏爱的认识城市的方式（我们注意的）和我们所设计的方法。

减城市设计的观念。如果我们能从现代主义者的错误中进行学习，或者从许多建筑师和具有城市生活经历的城市设计师受限制的因素而产生的冲击中，以及随后的仅仅满足设计师需求的毫无生气的设计中进行学习，那么，我们就需要以一种完美的方式来看待周围环境。当城市设计师的角色仅仅被视为城市形态的雕刻家时，这个例外就发生在一些非常特殊的环境里。这个雕刻家的角色几乎是不会给予城市设计师的，虽然许多建筑师喜欢把这个称呼作为他们自己的角色，并且在高等院校里进行宣传。人类早已在寻找把环境要素视为环境分析和环境设计单元的一个较好方法。

凯文·林奇基于他对正在居住的或者正在使用的建筑环境中人类认知意象的经验研究基础，于1960年提出一个城市视觉结构的分析方法。他把人类对于城市理论意象和（或者）城市组成成分的要素分为五种：道路、边界、区域、节点和标志物。道路是移动的通道空间。边界是中断的和平行城市肌理的界线，包括单体建筑物的肌理和开放空间的肌理。特殊类型的边界是港口（狄亚勒，1961年）和大门（诺伯格·舒尔茨，1971年）。边界是从一个区域到另一个区域的过渡，也是一道新风景线形成的地方。区域是在城市肌理上看起来相似，土地利用也相似的分区。节点是具有集中活动的地点，通常位于道路的交叉口，位于区域焦点上的节点会成为核心（波蒂厄斯，1977年）。标志物是人类从视觉上区分周围环境的参照点。标志物和节点经常结合在一起。

凯文·林奇对于城市意象要素的划分，在设计城市（参见第12章"满足安全需求"）和建筑物的意象性和易识别性时被证明是有效的（帕森尼，1984年；亚瑟、帕森尼，1990年）。当进行城市的视觉意象组织时，组织清晰的要素是很重要的，所以，从这个意义上讲，可以把它们视为城市形态要素，但是它们本不是也不可能是处理城市设计问题的基本要素。

有很多方法可以观察人类，这些方法与此书中论述的形式关系密切。雷·斯塔德（1960年）提出：设计师认为他们关注的环境将是偶然环境的物质系统。从这个观点来看，城市设计师的工作就是帮助决策者提高环境的物质构成，以回应变化的和设想的行为模式——已知的行为模式既包括活动模式，又包括审美模式或者审美标准。那么，城市设计的出发点就变成设想的行为活动系统。在这种情况下，城市设计分析和设计最合适的对象就是行为活动的环境（勒·康姆佩特，1974年）。

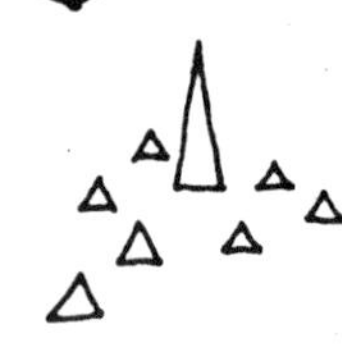

1.城市的认知意象要素
(资料来源：摘录自林奇，1960 年)

2.旧金山
(资料来源：旧金山城市规划委员会)

3.明尼阿波利斯／圣保罗的明尼苏达大学
(资料来源：P·特纳，1984 年)

4.圣地亚哥的霍顿中心

图 9－2 城市认知意象要素

增强城市意象力（1）和易识别性的要素可以从旧金山城市（2）航拍照片中清晰地辨认。米申海湾自身就可以根据这些要素来进行分析。C·吉伯特设计的城市美丽意象就归功于对这些要素的熟悉。可能的话，“门”（穿越边界的点）的概念应当加入到林奇的列表中[4；参见图 17－9（2）]。原本很少有像门这个例子这样的。

行为环境和建筑形态

行为环境是一个描述城市设计中功能核心问题的分析单元——担当满足人类需求的城市公共领域的角色。于是，在本书（第1章、第8章）会多次提到它。根据记录，行为环境包括固定的（或是重现的）行为模式和行为环境（物质模式），在一定时间阶段里充当一个单元。同样的物质模式可以是在多个时间段里多个行为环境的一部分，或者是一次就重叠交叉的几个环境。

行为环境为人类生活目的而服务——服务于功能。组成任何行为环境的行为活动和固定模式都是有目的性的。它们满足人类的需求——基本需求和认知需求，既作为手段（例如完成一项工作）又作为情感表达（如出于自身缘故的表示）。周围环境包括环境的物质安排模式，这些模式支持行为模式，很少受到限制。虽然大多数类型的环境支持了许多活动，但是其中的一些环境要比另一些环境更容易、更舒适地适应人类活动。当它们较好地发挥作用时，行为模式和建筑模式就会高度地统一——彼此适应（亚历山大，1964 年；米歇尔森，1976 年）。据说它们有相互麻醉的关系（贝克，1968 年），建筑师理查德·诺伊特拉(1954年)说过：据说它们“相当有刺激的自由”。

由于人类的活动、审美品位、价值观会发生改变，人类对一致性的理解标准也会改变；城市布局

122 个建筑的正面

1．……这个模式有助于同时塑造通道和建筑物；可以完成建筑综合体（95），翼形光线(107)，积极的室外空间（106)，拱廊（骑楼）(119)，道路形状（121），还有步行活动(124)。

.
.
.

2．建筑后退建筑红线最初是通过给予阳光和空气来保障人类的公共福利，确实在很大程度上是作为社会空间而毁坏了街道。

.
.
.

3．因此：

由于街道或者小路、公共开放空间和朝向它们的建筑物之间不准许有后退。所以后退红线没有任何价值，并且还几乎经常地毁坏建筑物之间开放空地的价值。建筑的修建应该包括道路；在完全依靠法律是不可能成功的社区里来改变法律。并且让建筑外形稍微调整成不均匀的角度以适应街道的形状。

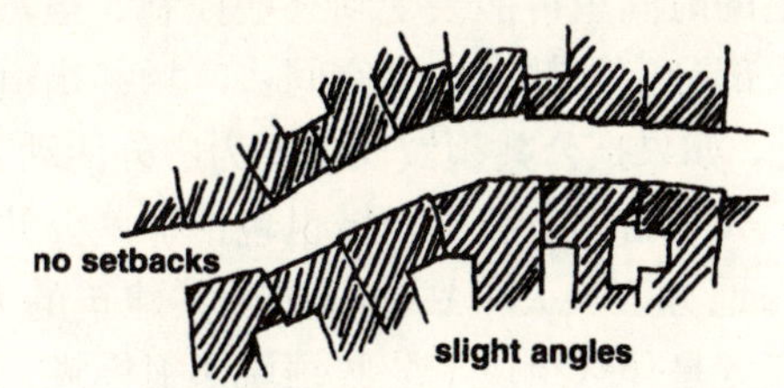

4．根据建筑边界的模式，详细说明建筑形态，甚至整个建筑的周边（160），如果建筑物前面需要户外空间，可以把这个空间做成街道里的私人平台（140）或者是走廊围绕空间（166），使之成为街道生活的一部分，并且在朝向街道的建筑物中多开口——成为楼梯式的座位，开放的楼梯（158），橱窗（164），街道的出入口（165），前门的长凳……

.
.
.

图 9－3　模式说明和模式语言

克里斯托弗·亚历山大和他的同伴把城市看作一整套模式，每一种模式都担负着大量的活动或者生活体验。例如对于“建筑物形态”（1）的观察组成了用一种模式语言表达的 122 种模式的某些部分。观察构成了其他观察（2）的一部分，并且导致了设计指导（3），组成一系列设计指导（4），每一种论述都伴着例证来完成说明它的用途[参见图 4－7（2），说明另一个例子]。

也会由于耐久性和脆性或者化学性退化和老化而改变。应用严格的措施来确定统一的标准也可能会升高。事实上，我们对于行为和环境之间质量吻合的期望提高了。我们变得更加苛刻。当差异大到一个特定的水平时，环境和行为之间就会存在感觉上的不适应。改变最初的事情就有了压力。由于人与人的判断标准、消费观念以及同一情形下的回报不同，水平也就不同。然而，在判断上，尤其在稳定的文化中以及在具有相似的社会经济背景的人之间却常有惊人的相似（参见第 1 章）。

当行为（活动或者审美品位方面）和环境的一致降到一个可接受的水平之下时（例如超出愤怒点），某些事情就不得不改变或者将紧张气氛上升。行为不得不变成是建筑物支持的产物，建筑不得不变成支持行为的活动，或者两者都不得不变成可以接受的水平。选择其一的话，行为就会被抛弃。当不再需要环境服务目的的时候，环境则被抛弃，或者当环境的给予被组织起来为另一个目的服务时，它就又会被重新利用起来。环境结构可能需要一些改变来为新目的服务，并且要寻找资源改变它。如果资源没有被有效利用，环境的结构将可能退化，甚至可能被毁坏。

用这种方法进行环境描述时，必须记住环境传递着超出任何功利使用或者审美品位的意义。它传递的记忆是过去的事情、过去的想法和过去的工艺（罗西，1982 年）。建筑物和城市的模式都值得保留以便提醒我们生活和我们生活的场所在时间和空间上的延续。但是市场和（或）政策性决定通常导致其他的结论产生。

城市设计师可能被认为是城市模式的制造者，即使这个说法在设计专业人员中并不真正被接受，但是事实的确如此。如果设计所关注的问题都是行为环境在区域中存在或者应该存在的数量和特征的最优化问题，那么，城市设计要素有两种模式：行为模式和环境布局模式。如果城市设计师真的要为后面的设计负责，那么谁将为前面的设计负责呢？当城市设计师思考城市空间的使用类型时，行为设计的方案就暗含在这种类型之中。许多设计师都会尝试着使之更加清晰。

在一系列的报告、论文和著作中，克里斯托弗·亚历山大和他的同伴们曾为设计整个城市、开放空间、建筑和房间提出了一套“模式语言”（亚历山大等，1977 年）。这一模式语言包括模式的描述，这些模式的描述把问题和问题的三维解决方法相联结。这个模式语言与行为环境的模型相类似。从亚历山大和他的同伴角度来说，解决问题（或者活动、审美）的模式就是设计要素。设计的过程就是综合这些模式提供问题解决方法，而不是进行合并。行为环境的概念延伸了这一想法。它结合行为活动和物质结构成为分析和设计这个世界的一个独立要素。这样它就可以把提高环境质量这一责任放在城市设计师和城市设计小组的身上。

可以把人类的居住环境看作是彼此嵌入在复杂交织阶层里的行为环境系统。这些行为环境中的许多部分都是持久的。而其他的行为环境则是经常变化的或者是很快就消失的，或者被新的行为环境所代替。费城四个城市中心广场的布局和使用作为行为活动的环境就相当持久。1991年的时候，即使使用它们的个体偶尔变动一下，就基本上与1998年简·雅各布斯所看到的一样了（1961年）。其他的设施去了、又来了，新的设施一直在不断地被设计着。

行为环境系统

行为环境有两种基本类型：场所和联结。场所是行为固定模式发生在某个确定区域中的位置，在这一点上，联结位于场所之间固定模式的衔接处。联接与凯文·林奇所提的路径要素相似。节点是大量联结结合在一起的场所（凯文·林奇，1960年）。联结可以包含暂时没有由场所之间的移动组成行为活动的地方。例如，在建筑的走廊里，或者在人行道上，许多行为环境就发生在某一点上，是一种微小而短暂的行为环境。实际上来说，对这样一个联结设计的批评是它们没有为这样的行为活动提供场所。通常是因为人类没有充分的空间来躲避主要的人流和车流（普瑞，1970年）。在设计时，设计师关注的是其首要的用途——移动，而不是关注像闲聊、玩耍等次要用途。在这种形势下，次要用途的潜在功能就不能得到实现，或者是得依靠刺激别人的方法来实现。

限定行为

每一种行为活动的环境都是一个被主人或者被那些参与行为活动模式的人宣称并且保护的那个区域（E·霍尔，1966年；波蒂厄斯，1977年；EI·萨克斯威，1979年）。这种宣称可能是暂时的，也可能是持久的。在人行道上人们可以进行谈话，在法庭走廊里可以解决案例，这些都形成了特殊领域，而对这些特殊领域的命名就是短暂的。如果短暂的命名经常发生，那么，它们则变成物质环境的全部行为固定模式的一部分。

行为活动的环境经常注定是要创造一个领域。这种界限类型依靠对行为固定模式的舒适而私密的需求才能形成。不管所有的活动发生在所谓的公共空间还是在私人空间，它们都能达到舒适而私密的程度。这种期望随着个人文化和身份的变化而变化（奥特曼，1975年），例如，在公共购物中心中，男人和女人对私密性需求的标准就不同（莫桑格，1988年）。其中的任何一个设计目标就是，用适当的围合要素或空间限制要素为私人提供需求。这些要素可能会是地板和构成整个围合空间的要素，那就是墙和天棚。这个限制空间的表面也可能会在类型上随着铺筑模式从荧屏到不透明墙的不同而变化。在公共领域和私人领域里，这才是空间存在的事实。

公共领域

公共领域未必就是公众拥有的财产。它包括那些人人都可以进入的场所和联结空间。虽然这种进入在特定的时间里可能会受到某些控制，虽然公共领域的大部分空间都是户外空间：广场、街道、公园，但是，如果把公共领域仅仅视为户外活动空间，那就犯了一个错误。公共领域也包括那些公共领域中的室内地方——火车站和一些公共建筑的大厅。然而，究竟是什么组成了公共领域还很模糊，我们可以把它作为一个简要的框架要素进行展示性分析。

公共领域由场地和围绕建筑物或植被表面的环境构成。这些表面是区分公共空间和私密性空间的外部墙体，而其他的是构成内部空间的墙和顶棚。产生模糊的领域感有两个原因：（1）明确的公共领域要素（尤其是建筑物的墙体）经常是私人拥有的，这就产生公共权和隐私权之间的矛盾；(2)许多空间既有建筑内部空间也有外部空间，是半公共性的，是私有但是又属于公共性质的空间。从司法权来看，虽然每天的大部分时间人都可以进入这种地方，但它还是半公共空间属于私人空间，不是公众性的，例如冬季的纽约炮台公园城。至于是谁来控制商业办公建筑的大厅几乎不存在迷惑，但是至于谁控制户外的开放空间，如拱廊、步行商业街、建筑物天际轮廓线联结的部分；如明尼阿波利斯、休斯敦、达拉斯城市里联结私有但是属于公众性质空间的地下通道，人类却存在着大量的迷惑。但是不管是一个人可以徘徊闲荡，还是在一天时间里依靠大量出现

1.科罗拉多州的波尔德

2.曼哈顿

3.华盛顿特区的联邦火车站

4.宾夕法尼亚州费城南部的街道

5.得克萨斯州圣安东尼奥的河边步行道
(照片来源：詹妮弗·泰勒摄影)

6.加利福尼亚州的圣巴巴拉

图9-4 场所和联结

城市设计师观察人类居住环境的一个重要方法是根据场所和联结——公共领域的主要网络系统来进行的。场所不仅仅是像公园和购物中心这样的户外空间（1、2），而且也是组成地方化行为环境的公共领域任一部分的主要要素。许多大的室内空间，如火车站大厅（3），公共建筑的休息厅，如城市大厅、购物大厅的内部和部分主要的宗教设施，都是城市公共或半公共领域的一部分。一些场所是附加的（4）。许多场所都具有半公共的特征：因为它们在私人的控制之下，它们之间的连接物包括街道、步行道，以及不同类型的交通线路（5、6）。它们之中的许多场所和联结部分（例如1和5）需要像进行这样设计。

1.西雅图

2.纽约炮台公园城的世界贸易中心的室内

3.洛杉矶落日林荫大道的人行道标志

图9－5　公共领域的公共性和私密性要素

许多场所空间都明确属于公共领域（1）。但是这并不意味着一个人在那里就有完全的行动活动自由，就是说在特定环境的行为也必须限制在公众能接受的范围之内。今天，在城市和郊区存在许多比较模糊的空间，因为虽然公众可以进入，但它们又是在私人的控制之下（2）。在模糊性较高的空间里，经常布置（3）一些标志物是必要的，以便提醒我们这个合法的事实，但是许多人却看不见那些标志物。

的人来表现的场所，公众都有权进入。

城市设计的一个基本目标就是要详细说明公共领域的范围，怎样明确和限定其范围，它的围合要素应该是什么，以及应该怎样与私密性领域空间相互作用。逐渐地，一些重要的问题不仅在美国而且也在其他民主社会里提出，主要就是关于谁有权进入公共空间，以及谁来控制公共空间，尤其是在那些反社会行为经常发生的地方（A·弗朗西斯，1991年；OC,1991年）。

作为展示的环境

正如早期现代主义者所预想的那样，展示可能是艺术家的表述，或者是满足其他需求／功能的副产品。作为展示，环境至少应该服务于三个可能纠缠不清的目的：(1) 可能是交流信息的手段；(2) 为了一种表现的陈述，可能是一种手段、一种媒体；(3) 是一种视觉体验，或更可能是某人穿越空间的一种视觉体验的秩序（P·柯林斯，1942年；马丁内斯，1956年；狄亚勒，1961年；阿普尔亚德，1965年；哈珀瑞，1965年）。在第一种情况下展示采取符号形式：布告板、街道牌。在第二种情况下，它传达符号信息。在大多数情况下，它们之间的区别是模糊的，因为符号也可能是信息化的，并且符号具有较高的象征性。第三种情况是一个人把环境视为从一个单独站点看到的静止几何形态，或者是当某人穿过时看到的结果。如果复杂性还没有变得很杂乱的话，人类就会对模式的复杂性产生兴趣。

环境经常传递其内部的一些活动，传递其中的人"与谁有牵连"的信息。在它的建设过程中谁拥有它？通过他们的权利或者过程来建成环境（拉斯韦尔，1979年），同时这些信息为许多功能服务。除了作为艺术表现外，最主要的机制是：(1) 显示人类在一个团体里的会员资格（参见第13章"满足归属需求"）；(2) 增强个人或集体的自尊心（参见第14章"满足尊重需求"）；(3) 作为目击者和／或者使用者的审美体验（参见第16章"满足认知需求"、第17章"满足审美需求"）。

作为环境服务的展示目的可能会产生这样一些模式，这些模式无法满足行为固定模式的私密性需求。产生部分的差异是因为在艺术／建筑历史的特定阶段，对于一个空间是如何被围合的这一问题艺术（建筑）态度存在异议。例如，古典主义风格的态度是用外观来定义空间，而巴洛克的风格则是使用确定边界线的点要素来定义空间（戈德菲格，1942年）。有时能较好地支持行为活动的展开要比一个场所空间看起来的样子更为重要；在其他的时代反过来也是正确的。

环境的创造

所有人类聚居地都包括大量的行为活动环境——聚居地越大，各种可能存在的行为环境就越大，虽然这种增长通常少于聚居地同比例的人口数量增长（参见巴克、盖姆珀，1964年；巴克、斯库根，1973年；威克，1979年）。创造一个未来的社会包括保持、删除和创造行为环境（萨拉逊，1972年）。在民主社会，许多不同的个人和组织进入到环境设计中，有一些是彼此合作的，而有一些则相互竞争；有的是自发发展起来的，有的则是有目的地设计形成的。他们的发展和设计是为了满足亚伯拉罕·马斯洛划分的所有基本需求（参见第11～15章）以及认知和审美需求（参见第16章和第17章）。

应该注意不要把行为环境理解为物质环境，物质环境的提供会自动导致行为的发生。应该避免“功能服从形式”的想法（参见弗朗克，1984年）。绝不仅仅是建筑师具有“复杂组织”——见到这些组织问题的倾向，作为建筑环境问题的解决方法，是建设一个新建筑、建设一个新市民广场或者是一个新街道（萨拉逊，1972年）正式的或者公共的解决方法。对于具有物质环境概念的设计师用这种方法进行思考是不足为奇的，因为他们的专业期望就是设计环境，并且建成可以看得见和可以使用的场所。其他的人，从政治家到内科医生，也经常按照设备的概念来看待这个世界。正如政治家所知道的，根据满足声望地位的需求和（或者）一个人对其他人关心的确凿证明，建筑设备有自我服务的目的。

公共领域的环境和与之相连的个人空间环境设计包括对现存已经了解的和已经识别的，以及被藏匿的渴望的行为系统设计。这个设计可能比物质环境设计较早进行或者同时进行。在公共领域和开发设计指导方针的设计中，产生了一系列问题：哪种物质系统用来支持行为活动系统？这种系统已经存在吗？如果它存在，它将怎样教导人类识别出所提供的物质呢？如果不存在，需要哪些变化呢？我们有策略实现这一变化吗？

展示的创造

建筑师习惯地注重将城市视为一种展示，特别是作为几何形式构成的展示。环境布局可能会改变，

1.费城的利顿豪斯广场
（照片来源：作者收集）

2.利顿豪斯广场的中心广场
（照片来源：作者收集）

3.利顿豪斯广场上的狗与人
（照片来源：作者收集）

图9－6　行为环境要素

不容易对行为环境要素进行分类，因为城市环境包含嵌入其中的其他行为（1）。在最小尺度规模的城市设计中，一个关注就是人的个体行为，尤其是提到的参与物质环境的综合特征（2）。超出这个水平，随着表现行为以及包含满足并未在重现模式里产生的好奇心行为，城市设计师更关注形成的各种固定行为模式（3）。

不是因为它不能满足个人或者是多数人作为行为固定模式整合的要求，而是因为它失败在审美环境上。这种失败可能存在于两种类型之中：(1) 布局的失败，在空间时间上，在个人或者集体中，把功能作为归属需求或者自尊需求的交换；(2) 把布局当成一种可能是令人厌烦的体验。然而，一个艺术家或者一个扮演艺术家角色的人，经常会见到一个改造环境的外表或作为他们自我表达性格方式的机会。许多比较珍爱或比较厌烦城市设计的人通常就采用这种方法。

结论：城市设计的实质性要素

什么是城市设计要素?它们是整个环境的结构单元,建筑师或者城市规划师应该尽可能在环境中对公众利益进行一定控制。关注主要是针对公共领域和私人领域以及具有好效果的公共开发决策,为了获得一个好的社会环境和物质环境,城市设计政策和方案必须要做到:(1)在特定的场所鼓励特定类型的开发,从而阻止其他类型的开发;(2)保存现存环境(自然的和人工的)中好的特性;(3)把新环境与现存环境相联系;(4)管理好变化的过程,以便将正在进行的行为固定模式产生的破坏降到最小。

行为环境要素

由于不直接关注社会政策信息,城市设计工作就不可避免地要关注到:

1.城市里活动／用途的分类。这个关注通常停留在两维空间上，即停留在土地使用的水平上，但是人类聚居地的生活要比这更加复杂；这样，关注就得放在使用的时空层次上。
2.活动的副产品——活动产生的视觉、声音、气味。
3.公共展示外在的或内在的审美态度。
4.对超越时间的空间与副产品使用的管理。

思考组成这些关注要素的方法各种各样。

在设计活动系统中，关注的最小要素是影响行为环境布局的行为。这些行动被拴在一起，并且成为行为的固定模式，或者成为行为的一种过程，并且给予命名（参见普瑞，1970年）。行为模式的副产品是所有的信息要素，信息可以由一个有感觉的人从周围环境中获得，或者通过它迫使他或者她从周围的环境中获得（参见第1章）。审美价值包括对环境模式的信赖及信赖的重要性。管理政策包括一系列活动和行动结果。在所有问题上所采纳的立场很大程度上是关于影响环境以及我们如何组织环境要素的决定。

环境要素

早就在这一章前面的内容中提到，看待城市模式有许多方式。其中最基本的就是把建筑环境看作是包含场所和联结在内的三维物质环境。包括构成它们的要素记载的清单可能很冗长和不完善，因为数目巨大，并且随着从街道结构到适合建筑物正立面的街道设施而不断地变化。从概念上讲，关注的要素较少：环境的外表及其构成物质，建设所用的材料、照明方式和颜料（盖瑞撒，1979年）。整个城市设计过程中关注的是，在活动或者作为信息和审美展示中那些要素的不同构造。

物质环境的基本要素是具有纹理的表面。它们包括具有特殊颜色的特殊材料和其他特征,例如:不透明度、硬度和耐久性。它们的排列可以取得特殊效果。城市设计关注的是环境表面的方式可能被用来为特殊环境固定模式和审美作用创造支撑。这样的关注就是以这种方式创造 (1) 一种空间特征，与之相联系的是 (2) 围合特征、(3) 设备以及 (4) 照明水平。

1.空间特征。表面上限定公共领域特征的方法很大程度上决定了建筑环境的空间特征，通常是限制建筑物内外容积的特征，以及在人类穿越建筑时空里空间连接的特征。大部分是依靠空间尺度和围合特性来体现。

2.围合特性。(a) 构成公共领域表面的水平面；(b) 构成场所的垂直和倾斜面；以及 (c) 穿过门户或者港口的方法很大程度上决定于特殊的场所和联结的整体审美潜力。

3.设施。构成行为环境以及像雕塑品,甚至是基地的建筑物内部有区别的固定特征、半固定特征和变化的特征（霍尔，1966年；贝克特尔，1974年；威克，1979年；朗，1987年），详细说明了它承担的活动，一定程度的审美特征。

4.照明。照亮（或投影）环境表面和设施的方法，以及照亮（或投影）更改白天和夜晚过程的空间方法影响着活动的舒适性和审美效果。最含蓄的关注就是关注表面的颜料（例如颜色）。

组成环境表面的要素可能是人工材料也可能是自然材料。两者的界限经常是模糊的。人工要素包含建筑物、广场、街道以及加工生产的设备和光照物；自然要素就是那些没有被人改变的环境组成部分，这样的自然要素是土、石、植被以及自然力——风和阳光。自然和人工之间的界限模糊是因为许多材料（如石头）可以被修整，不用改变其化学结构就可以改变其外形。同样，自然光可以偏离树叶或者通过墙体反射来照亮其他场所。

自然要素可以像人工要素一样用来限定行为边界，树木、树篱、空气流动可以像墙体一样成为围合性要素（阿诺德，1980年；斯本，1984年）。然而在技术和象征的意义上，它们确实具有不同的表现特征。

程序性要素

当赞助商（经常是使用者，或者是潜在的使用者）重新回顾对城市设计师（更可能是一个设计组）的评论时，整个制定决策的过程中许多特殊阶段历历在目。对于这些评论，城市设计师都期望以特殊的形态促成特殊的结果，以便指导决策者进行潜在的设计。通过这个程序可以使结论完成，使设计完成。基于这些评论可以制定决策。这样的需求塑造了一个设计过程，设计成果要求城市设计师在制定决定程序中的每一步都要偏爱城市设计师的所为以及他们看待世界的方式，并且要明确物质环境和社会环境要素的形式。例如，它会迫使程序进入一个一般的线性框架内，但是也经常迫使程序反馈重复进行以前完成的步骤。在这些评论阶段产生的成果就是城市设计的程序化要素（席瓦，1985年）。如果把城市设计视为政策性信息，或者是作为城市总体或局部的设计，那么，不管是公共的还是私人的赞助商，可能就具有不同的特殊行为，但是不是内在本质的行为。

城市设计规划的要素

除了城市总体设计之外（一个特殊的建筑环境就是最终成果），通常城市设计师工作的最终成果包括一个总体方案（或者一个案例性的场地方案）和保证其完成的机制（如设计指导书）。逐渐地，没有为了建筑环境所需的特殊的最终形式已经决定了；确切地讲，在建筑环境中处理物质变化的方式应该具体化——战略性方案就形成了。总体规划和战略规划是城市设计的两种类型，两者之间有相当多的

1.表面的材质与照明

2.伊利诺伊州的洛克福德

3.明尼阿波利斯

图 9-7　环境要素

除去许多特殊环境（如洞穴和盒子的深度，这些是为盲人考虑的因素），人类生活环境的基本要素是向人展示的表面（1）。表面是环境基本要素。它们本身可能以多种方式构成，并且由庞杂多样的材料组合成物体，因此，环境就是一种固定的、半固定的、可移动的形式，或者是平面围合形式（2）。每一种模式所带来的行为和所提供的产品与色彩都以特殊的方式进行构筑。这种模式对于任何人类聚居地都是复杂的（3）。

交叉重叠部分。

主要的规划程序性结果通常以说明式的方式存在。设想的成果通过一套非常普通的建筑设计方案（或者类型的阐述）和设计指导获得，并且为以后可能实现的开发进行政策性论述。在政策性规划中，人们在头脑中并没有确切的目标图形。相反，预想的特征存在于一系列模式中，并且要详细的说明实施政策。最近的一些方案就采取了这种形式（如费城的公共中心城市规划方案）。在这些方案里，并没有最终的整体性成果。而只是有一些方案成果的部分意象。如果这些组成要素落实到设计指导方针上，就可能以任何一种方式被组织起来。这样的设计就是把各部分组成一个整体，而不是把一个整体分成若干部分。这个过程的缺点是经常无法给整体发展一个固定形式。弱势在于，现在的实践以及过程本身不是固有的，因为整个成果的表现标准可能是特殊的。

城市设计的主要规划程序有四个基本要素（参见第20章“开发程序”）：纲要、总体规划、资产改善规划、战略规划。纲要是把设计目标和设计目的以及原则具体化；总体规划阐明预想不论大小规模建筑物的三维特征、设施和用途。它可能包括概念上的场地规划或设计，这种规划或设计说明至少会有一种可行的方式来保证设计目标能够得以实现。资金改善规划方案说明在公众领域里公众利益部分将在何时何地以何种方式进行投资。战略性规划将说明在不久的将来城市的总体发展，描述城市发展、指导方针以及实现的时间表的要点和程序，还有确保总体规划目标实现的每个阶段的评价过程。当新问题产生的时候，总体规划程序和一个城市设计政策规划程序之间经常有较多的重叠。

从城市设计政策的规划中可以认识到：(1) 城市发展要素需要大量不同的时间阶段来充实，并且，发展的确切顺序也可能与开始幻想的不同，因为在经济形势下可能会出现反复无常；(2) 公众品位与好的设计标准随时间的改变而改变。一般设计指导方针的提出是为了取得特殊的设计效果（而不是具体的设计），并且不论新建筑或者其他的设计目标何时制定，审查设计程序的设计都是为了确保设计指导方针的遵循情况。例如，应当详细叙述在所有街道上划定建筑物红线，以确保街道的特别质量，而不管建筑方案是什么样子。这样的指导方针和伴随的评价过程形成了城市设计政策规划程序的目标成果（参见沙里宁，1985年）。

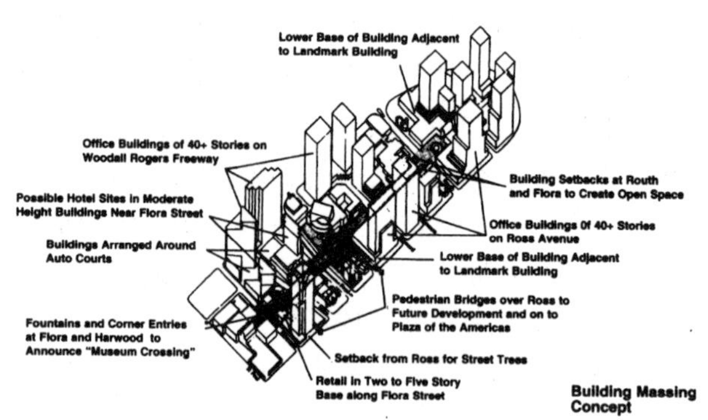

1. 达拉斯艺术区建筑群体的设计的概念
（资料来源：沙里宁，1985年）

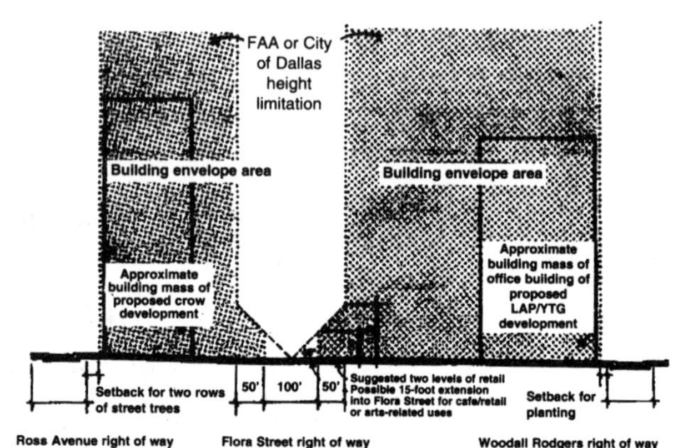

2. 建筑配套指导方针
（资料来源：沙里宁，1985年）

3. 达拉斯艺术区特密尔克罗中心
（照片来源：J·丹尼斯·威尔逊摄影）

图9－8　城市设计规划的要素

设计师构建设计程序和每个阶段性成果的方法反映了设计努力的方向。这里所举的例子就是由马萨诸塞州水城联合设计公司佐佐木设计的达拉斯艺术区。整个工程被设计成由许多投资商（既有公共的投资商也有私人的投资商）分许多阶段完成的项目。建筑群体的设计概念（1）充当了开发建设指导方针的构成要素，包括对一些可行的建筑外观的具体描述（2）。目标是为了获得满足特殊条件的目标成果（3）。

城市总体的设计程序要素

虽然一个城市总体设计与一个总体规划的程序要素相似，但是它们可能分别采取了不同的形式，并且以不同形式进行控制，因为一个设计组始终要为主办者完成这个设计过程。相似性的产生是因为总体设计经常服务于公众的评论，尤其是当它与现存分区管理条例不相符时。程序化要素是一个计划，一个概念性的场地规划、规划图纸、说明，最终的成果是一个场所设计工程。

如果城市总体设计变成局部设计，而且每一部分都由一个独立开发商来完成，那么，就将不得不把每一个独立开发商所遵循的指导方针具体化。在这种情况下，整体计划将指导整个过程。它包括对每个组成部分的目的和目标、遵循的设计原则以及要实施的开发程序进行描述。

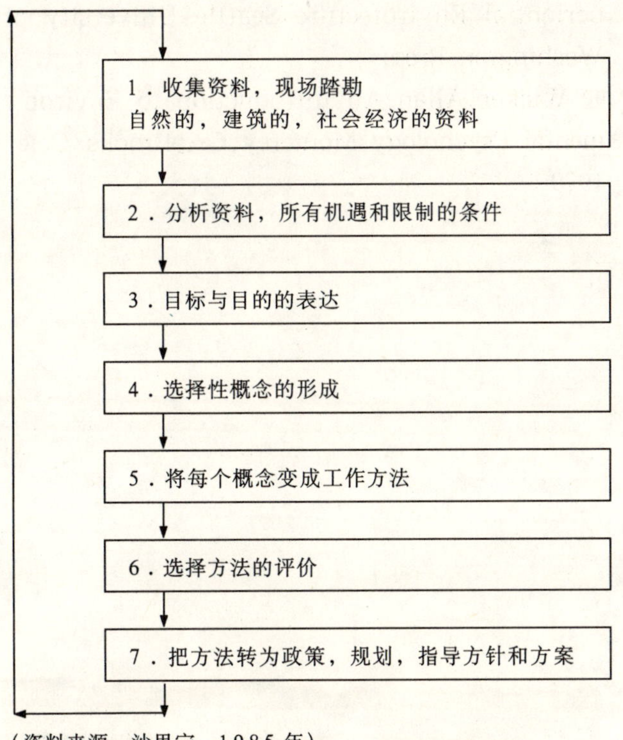

（资料来源：沙里宁，1985年）

图9－9 概要性设计方法的步骤：

观察城市设计要素的另一种方法是根据问题解决的步骤而进行。虽然存在许多组织设计程序的方法，但是在这里介绍的都是很类似的方法（详细参见第20、21、24章）。这些阶段安排可以用各种方法放在一起，第一阶段包括满足明确一套目标和目的。这个行动是一个操作性的工作，包括设计方案的发展。这个阶段伴随着一个概念性的场地设计——一个可使用的方法。目的在于获得设计指导方针。这个被完成的设计在表现上可能与概念性场地规划不同，但是目标是按照整个设计的执行情况获得了同样的质量。这个阶段伴随着一个实施的策略、一个资金投资规划和一个战略性规划。

城市设计的程序要素在细节上针对不同的形势会发生变化，但是它们也塑造了每一个形势下城市实际想像和完成的方法。在美国，每个阶段的成果将依靠私人机构、公共机构，以及用以代表公众利益机制的程序发起人。

公共机构控制的机制

公共机构控制开发的发生有两种广义的类型。一种是为公共基础结构开发分配的基金机制和数量，以及为鼓励各种类型的开发而分配的补贴。另一种是针对私人建设部分，通过分区管理法律、设计指导和设计评价程序进行的控制。

我们已经介绍了设计师拥有的基本正式控制机制。公共机构提供基础结构是为了减弱／鼓励私人部门开发具体的建筑形式，为了能够发展私人机构资助的公共机构。分区管理的各种类型（说明性的性能和／或动机）和第2章描写的设计指导方针都是用来塑造城市的物质基础结构设施，基本点仅仅是产品的类型，这些类型要求设计师形成关注环境的方式。

关注的问题

很明显，用这种方法观察城市设计要素产生了很多问题。某些问题涉及社会问题，而其他问题涉及到物质问题。对于物质问题关注的是如何最好地仿造环境以满足人类需求，在变化的世界中物质满足行为目的的效率（或功能），以及具体到前后联系的程度。社会问题主要涉及到个人权利和团体权利、公众利益的本质、公共投资的公平问题。在本书的相关章节中将详细阐述环境是如何与人类需求互动的——即功能性环境的本质。这些问题集中于物质环境是如何构建的——依靠存在于城市形态中的科学技术和几何可行性。

主要参考文献

① Gerosa, Piergiovgio."Architectonic Elements for the Urban Typology." Lotus International, 1979.24:121～128

② Klier,Leon."Urban Components." In Andreas Papadakis and Harriet Watson,eds.,New Classicism: Omnibus Volume.New York:Rizzoli,1990.197～203

③ Krier,Rob."Typological Elements of the Concept of Urban Space." In Andreas Papadakis and Harriet Watson,eds.,New Classicism:Omnibus Volume.New York:Rizzoli,1990.213～219

④ Lang,Jon."The Behavior Setting:A Unit for Environmental Analysis and Design" and "Cognitive Maps and Spatial Behavior" in Creating Architectural Theory:Tim Role of the Behavioral Sciences in Environmental Design. New York:Van Nostrand Reinhold,19887.113～125 and 135～144

⑤ Lynch,Kevin.The Image of the City. Cambridge:MA:MIT Press,1960

⑥ Perin,Constance.With Man in Mind. Cambridge,MA:MIT Press,1970

⑦ Sarason,Seymour.The Creation of Settings and the Future Societies.San Francisco:Jossey-Bass,1972

⑧ Shirvani,Hamid.The Urban Design Process. New York:Van Nostrand Reinhold,1985

⑨ Studer,Ray."The Dynamics of Behavior Contingent Physical Systems."In Anthony Ward and Geoffrey Broadbent,eds.,Design Methods in Architecture.London:Lund Humphries,1969.59～70

⑩ Thiel,Philip (forthcoming).Notes for an Experiential Envirotecture.Seattle:University of Washington Press

⑪ Wicker,Allan.An Introduction to Environmental Psychology.Monterey,CA:Brooks/Cole, 1979

10

技术和几何学的可行性

进行建筑设计就不可避免地要进行涵盖各种不同目标的协调。与某一个观点不符的设计不可能与其他的观点也不相符。形成这种关联的主要原因之一是用来满足个人需求的系统需要一个技术和几何构造的相互作用以满足其他人的需求。用来提高人类生活质量系统的许多功能为了更好地进行工作而具有严格的技术要求。为了支持已经产生的特殊固定模式，满足许多行为环境的技术需求就会形成人性化的环境，而其他的则会形成非人性化的环境（川吉白水，1968 年；参见图 7-2）。

对一个设计师建议的解决基本问题的方法受到许多技术限制，也存在许多问题：财政可行性、政治现实、需要的建设技术可行性等。如果列表就是无穷无尽永无完结的。一个主要的关注就是在城市中支持人类生命基础结构框架的科学技术和几何学需要。这样的某些限制因素在正在进行思考的体制中是存在的，但是其他的限制因素却与思维的限制有关——当它们不是限制性因素时，我们却假设它们是（纳德，1970 年）。我们缺乏对环境设计中几何和技术可行性设计约束的乐观理解；我们没有意识到存在的可行性并不能创造新的设计，因为我们不理解几何学。我们的质朴可能导致我们提出了技术和几何上的荒谬，两者选其一，去做相反的事，把不存在的限制强加到我们推荐的城市设计上。

当进行场地规划和设计时，忽略一些用于建设的限制因素肯定很容易。例如，在集中建设一个被建筑物限制但是运转良好的公共领域时，建筑设计的空间，即建筑场地就可能与设想的房屋使用类型在功能上或者技术上存在不协调。所以，为了避免发生这样的错误，对建筑类型的理解就是必要的。同样的，设计师根据系统运行的效率可以建议中止一个快速变化的系统，以便在技术上不合理的连接中创建活动网络。正是基于这个原因，对城市设计师来说，如果要创造出多功能的设计，就有必要理解建筑物类型和结构系统的技术和几何构造。这个理解对于创造性思维也是必要的——因为它展示了可行性。为了解决更难的设计，新的科学技术产生和开发了，新城市类型的几何可行性也得到更好的理解。这是不断进行经验研究和观察的结果。然而，城市设计新的基本方法和技术上功能性的激进类型可能不会像表面那样富有功能性。反之亦然，隐含功能性的设计也可能不会有明显的技术性。

技术的可行性

有远见的城市设计师都倾向于把自己的注意力集中在富于创造性的方案上，可以强化对技术可行性的限制。通常这意味着要探索新的建筑几何模式或者方法，但是，最近也包括一个激进的倡导，即为了回到城市和建筑物形态的传统模式和建筑技术上，为了能耗、财政和象征的原因（EI · 威克，1991 年）。不仅是在美国（斯基、斯东，1972 年；曼斯菲尔德，1990 年），而且也是在其他的地方，尤其是在日本展示科学技术的技巧将一直保持下去（纳德勒，1972 年）。许多对于潜在城市形态的研究大都集中在新的高速自动化的交通系统或者新的几何形道路系统的发展上。许多人都把城市看作是众多建筑物的组成（参见图 2-12）。相反，巴克明斯特 · 富勒的一些探索涉及新的建筑技术和控制系统（迈克赫尔，1961 年）。他对曼哈顿穹形天空的设想[可取的或者不可取的，参见图 18-1 (1)]，曲解了技术可行性的限制。从业者不得不处理日常的和后继将来的事务，在技术上却很少创新（柯斯曼，1964 年）。美国的大多城市（可能除了达拉斯和明尼阿波利斯外）宁可

1.21 世纪城市的预测（1928 年）
绘图：保罗 · E · 弗兰克。*每个季节都有令人惊奇的故事*
[（1928 年冬天）；资料来源：曼斯菲尔德，1990 年]

2.蒙特利尔的居住区(1966 年)
（照片来源：作者收集）

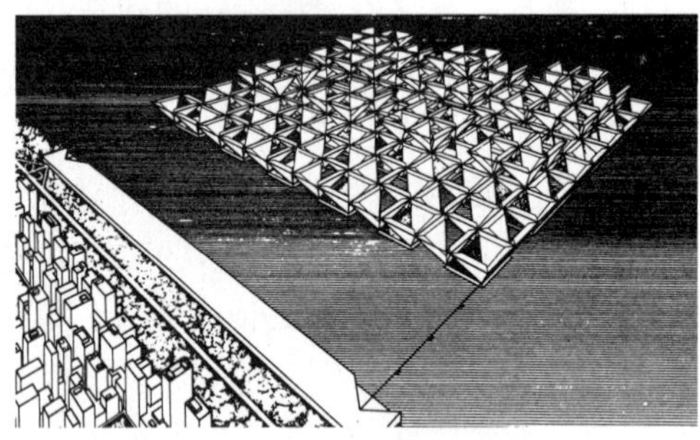

3.包含四角形居住单元的漂浮城（1963 年）
（资料来源：达希登，1972 年）

图10－1　探索技术的可行性

在整个这个世纪，许多建筑师、工程师和其他空想主义家都在设想如何采用新技术来塑造未来的城市。有一些想法要比其他的想法现实一点。未来城市的许多意象仅仅是猜测的（1；参见图3－1），但是其他的都是经过了认真设想。摩斯 · 塞弗德的模块建筑结构研究在蒙特利尔已经初见结果，然而斯坦利 · 泰格曼（3）为研究海滩城市的扩张而作的方案要比20 世纪60 年代的研究更为典型（达希登，1972 年）。

允许结构系统恶化，也不愿意采用新的方法来更新过时的结构系统。

合理而又有效地建设几何模式的技术可行性可能会把一些约束强加到设计师对城市设计的建议上。在沃顿方面，为了建筑环境潜在要素的功能而提供的必要性意味着不能使用其他的理想模式。许多醒目的城市设计主动性被束之高阁。由于它们是技术作品，如果不是政治上的作品那就是行不通的。然而有时候，这些约束趋向于被设计师或者评论机构自我加强——这种可行性不被理解——并且一个潜在合理的新设计的林荫道从来就没有被记录过。

今天，新的通信技术对城市形式的影响有许多猜测。这个猜测是对那些将大大地支持新的工作、居住和娱乐形式的突破，而且那些变化反过来将从根本上改变城市形态（斯尼德、弗朗西斯，1989 年）。不断地猜测新的交通系统特征和科学技术对城市形态的影响。我们目前的系统虽然在技术上效率更高了，但是基本上还是沿用前80年的系统。在可预见的将来，几乎没有正在完成的本质上新的系统理论证据。必须思考其可行性，或许更可能的是，为了更有效地运行已有的系统要进行方法研究，将为城市和郊区开发进行新的几何可行性研究。

几何学的可行性

不同的几何形状能够有效地或无效地、整齐地或零乱地摆放在一起。20 世纪理性主义城市设计与经验主义城市设计在很大程度上都对两种不同的几何类型进行了研究，前者追求垂直相交的几何关系，而后者追求有机的几何关系。城市设计师经常学习建筑方法、良好的工作模式，并且坚持这些方法，而不是去研究更好地解决涉及问题的几何可行性。他们的作品因为它们使用的模式——它们的风格而得到认可（西蒙，1970年）。具有一个可识别性的风格就有一个功效，但是也经常导致机会成本——一个好的设计将通过使用其他模式来完成。用一套众所周知的模式进行工作是一个失败——避免相互接近的设计。

每个城市的模式——邻里、街道、街区、建筑物都有几何性征，形状和轮廓——它的量和量度。城市设计师对于几何的关注是双重的：（1）开放的和封闭的城市空间形态的可行性，在构成上尽可能地满足城市清晰性和结构性需求；（2）在它所提供的行为活动和活动本身象征方面的内涵。第一个关注

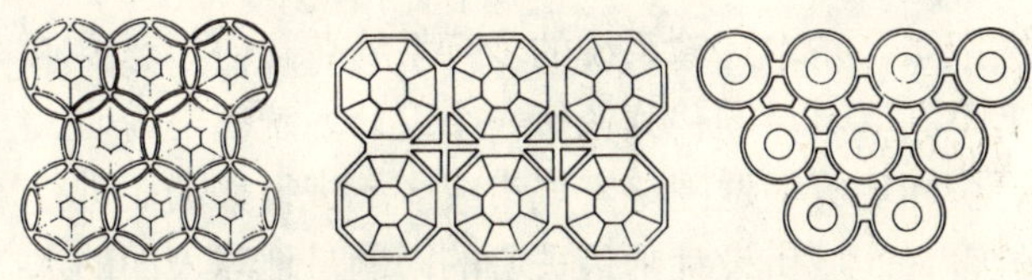

1.有潜力的三种城市形态
(资料来源：达希登，1972年)

2.Intrapolis，漏斗形城市
(资料来源：达希登，1972年)

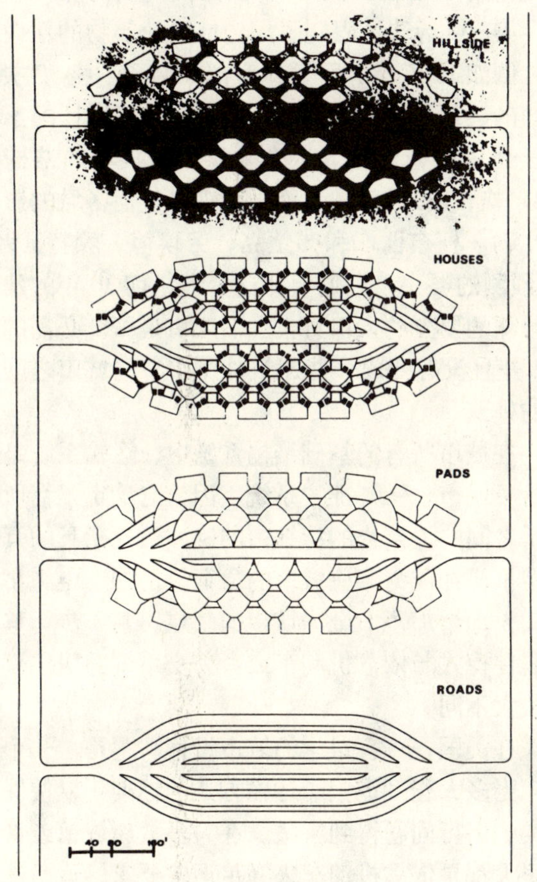

3."支撑人类联系"的城市结构探索
(资料来源：亚历山大，1972年)

图10－2　城市形态几何学的探索

城市潜在的几何学探索继续进行着。有两种类型：一种是观察不同形态的潜在效用，其他的是在检验几何需求，以解决特殊的问题。有时候它们相互交织。为解决高速公路拥塞问题的各种潜在模式早已经被许多人检验过，包括沃尔特·乔纳斯（1、2）。从发现问题到解决问题的工作方法对克里斯托弗·亚历山大早期的研究“城市作为一个支撑人类联系的机制”(3)是一个确切的基础。

是技术的和理论性的，而第二个关注主要是审美方面的（参见第13、14、17章）。

几何可行性是一个整体可以分解成一个数学系统的几个部分，反过来，又把几部分组成一个数学整体。一个简单的例子，“A格式”的试卷是设计给印刷工人如何将一大张纸分成较小的纸，又不造成浪费。成比例的系统基于$\sqrt{2}$这个数字（沃基，1990年）。文艺复兴的建筑师就把比较复杂的比例系统用于教会和非宗教的建筑，还用于城市设计（劳勒，1982年）。最近，勒·柯布西耶把他的模块理论建立在与其比例一致的理性人体上。他把模块理论运用于从设施到城市不同规模变化的设计顺序中。贯穿在联合住宅（勒·柯布西耶）设计和昌迪加尔各结构单元的布局中最基本的关系就是比例。

在各种各样的三维空间形态和安妮·泰尼(1969年)说明的意义之间早就有许多复杂关系的研究，安妮·泰尼还有罗伯特·勒·瑞考雷斯是路易斯·康几何学的追随者[参见图6-1（3）的形状]，仅有5个规则的多面体——5个空想的立体——但是却有形态转变无限的数量。毕达哥拉斯宣称这可能全部都是数字的安排，但是建筑的难题是把抽象的几何模式变成能支撑良好人居生活基本质量的建筑环境。在美国尽管有了这些研究，但是实践者对几何的关注趋向于塑造城市形态结构系统的功能需求，而不是倾向于可能导致激进的新城市模式的理论性建设。

基础结构系统的设计

基础结构系统工程是一项富于创造性的活动。在这个世纪里，基于对基础结构系统如何发展和可行性的城市几何模式设想的基础，人类对城市将来的样子有许多奇异的想法。大多数的设想都认识到城市结构作为城市基本的形式赋予者的重要性，但是技术上没有找到（提出）似乎合理的现有系统替代物。他们趋向关注系统的单一方面，而不是把系统作为整体进行考虑。

一个城市的总体结构，甚至包括任何规模的人类聚居地的总体结构，都高度地依赖建设系统和运输系统的特征。相似的是，废水／污水处理系统是城市形态的一个重要决定因素，因为如果城市形态能够有效地工作，污水处理系统对不间断斜坡的要求就制约了城市设计师所提出的方案。随着许多泵站的使用，这个限制已经不像过去那样严重。但是随着为了解决一些简单的问题而使用许多耗能设备，这些技术的运用也就逐步面临着挑战。

由于每个系统的技术都发生了变化，所以城市形态也发生了变化。每个这样的系统和它的子系统都需要很好地运行。结果，一个城市公共领域的质量就取决于基础结构设施系统如何设计从而产生的最大效益。其他的系统，如生活中非常重要的网状给水系统、电报电视和电话线系统对城市形态的影响也很大，因为它们能够按照任何街道或者开放空间的模式进行布局。然而，它们的维修要求经常使开放空间处于一个不断建设的状态中。为了避免这种情况发生，需要开发和实施许多对它们有挑战的新方式来提供附加的需求。可是，实际上直线布线在功能上更加有效。那样，就更容易用那种模式进行布局和维持这种布局。

有许多研究都试图以理性的（如单纯的几何）形式来设计基础结构系统。基于方形或者矩形橄榄球场的规划就是最常见的具有自我意识的城市基础结构规划形式。但是圆形（例如俄亥俄州的塞克维尔，在它转变成栅格形规划之前是圆形的）、放射型线和各种其他的几何形状[参见Foxhall月牙街区，图2–4（1）]早已经被使用和提出。这些模式包括六角形的栅格，它是最广范的填充空间形状，近似于圆形，中心与圆周上所有的点等距（例如麦珊洁、勒·瑞考雷斯，1972年）。然而，由于布局的效率问题，现代城市主要继续依靠学院派的几何学理论，许多建筑把这种依靠看作是居住生活空间的创造性设计。但是世界上最值得喜爱的场所三维布局就是基于栅格形式。但是美国许多郊区的设计却遵循多种有机的形式，有时是为了解决源于生物的问题，但是经常仅仅是为了象征性原因。

新城市设计的结构主义规划（例如伯纳德·屈米和其他人设计的日冕公园的弗来逊绿地）倾向于设想城市或郊区总体结构系统上有一个独立的几何模式。当规划方案交叉时，会为一个城市创造一个新的整体几何形城市形式。这样的系统可以在低密度的环境中良好运行，进入这些环境并不重要，但是却会在高密度区遇到困难，高密度区内车辆运输、个人家庭的和社会的私密性需要是基础结构布局决定因素的主要形式。

运输系统

大城市有各式各样的运输方式，每一种运输方式都有自己的工程、经济、服务质量观的功能需求。据记录，基本运输系统的步行系统在几何形态要求上是高度灵活的。其他每一个设计系统都是为使人更快和更舒适地围绕着城市或区域进行移动而进行的设计。城市设计师最关心的问题是地球表面的水平运动和电梯或者自动扶梯里的人或货物的垂直移动。在整个20世纪，随着人类寻求安逸和舒适程度的提高，一整套城市设计和建筑类型产生了。包括那些过去提到的购物大厅和特大型教堂。它们中的一些建了又拆除了（剧院）。机场是一个主要的新城市设计类型。

机场设计的布局和对毗邻地区的影响都是城市设计主要考虑的问题。它们对周围地区的发展起着催化作用（或阻碍作用），制造出高度的噪声和空气污染。机场选址限制了周边地区建筑物的建设高度。例如1987年，联邦航空部限制了一座52层建筑物的建设，美利坚港塔，由于靠着华盛顿国家机场，最后重新设计为一个复杂但是矮小的结构物（德尔格，1991年）。然而，飞机对其他区域的影响要比勒·柯布西耶和弗兰克·劳埃德·赖特(1985年)预测的要小。它们要比这个世纪前30年的建筑师预测的要少的人口日常生活来讲是一个必需的部分，并且没有变成一些建筑师所想象的城市之间运输的模式。

在城市所有的基础结构系统中，运输系统是一个给予城市总体特征的系统，因为它确定了场所与场所之间的连接物的特征。的确，运输工具的具体类型早已经成为某些城市的象征。例如，电缆小汽车大大地增加了旧金山城市的气氛。基于步行移动的居住模式与依靠机动车或者公交系统的居住模式有很大不同。

在美国，一直讨论的城市设计问题是，一个城市应当多大程度地依靠运输方式的标准化以便保障人类的出行问题得到解决。在大多数新城镇或者郊区里大都是依靠机动车来满足运输要求。运用这种方法的例子都是不同的，除了最近欧洲两个明显的设计例子外[例如英国的密尔顿·凯恩斯，参见图13–7（2)]。高速公路和停车场（尤其是地面停车场）的构造，可以分辨出20世纪美国城市空间的构造与20世纪以前的空间构造的不同。虽然机动车逐渐用于旅行，公交系统对中心商务区或城市核心的当地交通仍然非常重要。

城市中有许多公交类型。每种公交类型都有自己的技术要求，如行驶路线、承载力以及起讫点之间的理想间距等（涉及工程技术）。多次停车和多频

1.费城的兰开斯特街

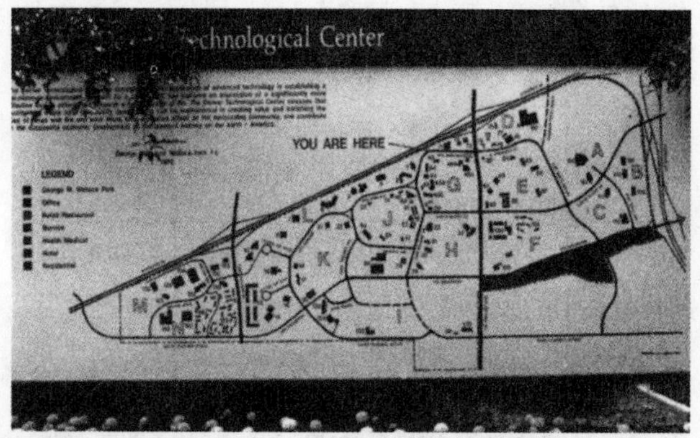

2.丹佛科技中心

3.西雅图的单轨铁路

图10–3 运输系统和城市特征

当代城市的特征是过去运输系统（还有现存的运输系统）的遗留物[参见图2–23（1）]。片段式的购物街是路面电车系统使用的结果。在许多这样的街道上，商店因为街道是为机动车的进入而设计的因而失去竞争力（1）。为进入车辆而设计的场所空间具有非常不同的特征（2）。人类不断地对新的城市间交通模式进行考察研究。也早有一种对单轨铁路系统的特殊迷恋（3），并且，最近出现了重新采用火车系统的倾向（如洛杉矶、巴尔的摩、休斯敦）。

率往返的特性如果与其他活动路线结合，就会产生一些活动节点。停车稀少的地方，开发的节点就有可能形成，就像华盛顿特区停靠点的周围一样，地铁系统，如在马里兰州的波斯达[参见图2–3（2）]。如果站点频繁，那么运动的连环图画就产生了。电车时代的片段式购物街就是一个例子，机动车时代城镇郊区许多路上连环图画式的购物特征也是如此。

道路和停车网络

人类聚居地的道路网络相互联系在一起。道路系统的构成要素充当了城市各部分之间的联结，并且充当毗邻各部分的衔接空间。在后面谈到的那种情况里，它们充当了区域的边界线或者边界因素（林奇，1960年）。网络要素层次的特质和要素本身是可以给予城市设计个性特征的。在美国，道路等级主要基于人类在机动车使用的道路路线。按照尺寸和交通量层次，道路可以分为：高速路，快速路、主干道、次干道、收费性道路、地方性街道和尽端路。每一种道路都是某种行为活动的环境。每一种道路都有自己的功能（工具性的和象征性的）和设计需要，容量需要决定了道路宽度。空间需要依赖于服务的人口密度以及交叉点的次数（德卡瑞、库珀利姆，1975年）。步行街（与车辆交通相隔离的水平的或者垂直的）为了个人自己控制的日常活动模式布置了一套设施，增加了停车点（表面和建筑式的）。新泽西州雷德朋居住区的设计（参见图2–8），还有佛罗里达州的海滨区设计（参见图2–1），以及步行化的概念[参见图3–6（2）]都是为了创造功能性的环境，都是根据道路、停车场和步行网络而进行的意识的设计。

道路网络几何系统的要素，在水平方向上和竖直方向上相互关联的方式以及各要素相连在一起的方式都是城市设计的主题。创造性的城市设计来源于框架性网络设计的创造性解决方法，这就是为什么许多新奇的网络被提出来的原因。许多特别新的建议在技术上没有合理的。因此，它们仍保持着图纸性的规划（达希登，1972年；斯基、斯东，1976年）。另外，现在的模式倾向于破坏新系统的可行性，正如人类过去所用的方式一样。

自行车作为娱乐用途而逐渐流行起来。对于年轻人，自行车还是他们基本的交通方式，但是这却导致在路上许多汽车、人与机动车驾驶员的矛盾。许多城市（如科罗拉多的波尔德和加利福尼亚的戴维

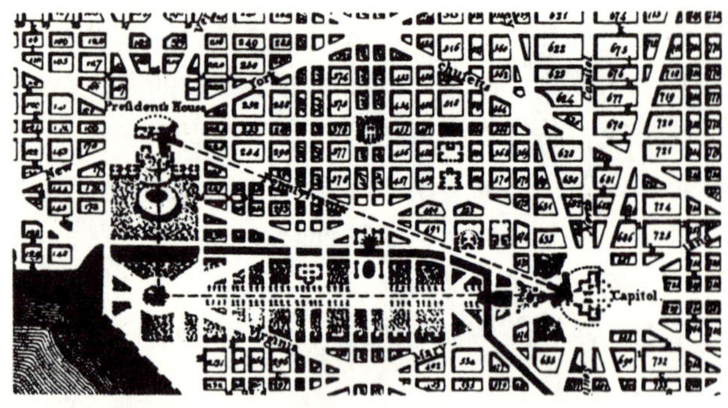

1.埃尔·朗法规划的华盛顿特区局部，艾里科特绘制
（资料来源：A·莫里斯，1979年）

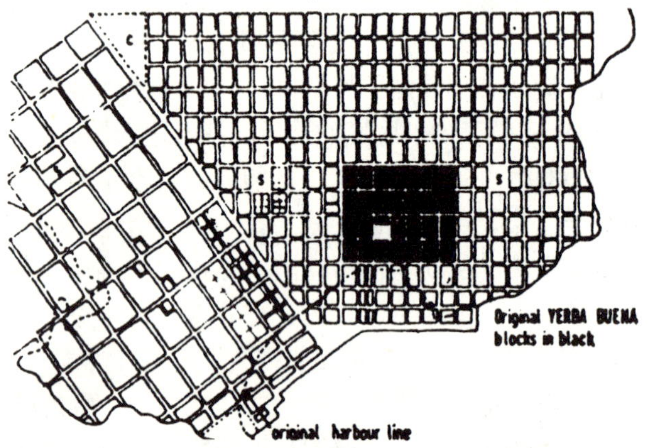

2.旧金山（1849年）
（资料来源：A·莫里斯，1979年）

3.巴尔的摩

图10－4 道路等级与城市景致

从史前街道就一直是居住形式的基本组织。华盛顿特区（1）和旧金山（2）的特征都是它们自身的基本规划促成的。国会和白宫之间由皮埃尔·朗法建议的联结性空间后来被财政部大楼阻挡了。城市设计中的街道组织方式形成了新泽西州的雷德朋居住区（参见图2－8）与理性城市（参见图2－10）最基本的区别。重新设计美国城市为随后改变它的肌理提供了一个容易的机动车运动流。

斯都是大学城）和郊区都为骑车者的需要而设计单独网络进行了不懈的努力。但是在美国，考察了自行车交通的设计概念后你会发现自行车还远远不如在欧洲城市里那样发达[参见图8–4（2）]。

步行网络

步行网络包含人活动的起点与终点间的联结空间，或者是人长距离行走的交通模式。有许多类型的步行联结空间，主要是：道路、人行道、台阶以及斜坡。在这些基本类型中有大量的附加技术，例如有许多步行的“辅助器材”，如比行走速度稍快的移动人行步道、比其他移动更快的自动扶梯。此外，如果与建筑物联系在一起的话，我们还可看到一系列类型的人行专用区域：楼梯（鲍多恩、梅契尔，1989年）、拱廊（盖斯特，1983年）、供游人散步的道路、专门进行散步的场地、隧道、天桥和零售步行商业街等（梅特兰，1991年）。每一种类型都是行为活动环境的特殊类型。每一种类型都承担着特定活动、私密程度以及审美体验。

步行网络的几何性一直是城市设计的主要问题。步行的人有较高的随机性，所以除了根据坡度、表面材料和交通线路的直线度等因素外，道路设计中几何约束就很少。对于一个经过多个场所的人，步行移动联结空间的设计因此可能就是更基于对整个环境体验的需求，而不是技术的需求（卡伦，1961年；狄亚勒，1961年）。在大多数城市里，步行移动系统周旋在三维空间里。水平道路与垂直道路的结合在那些具有多层次步行道路的城市里格外重要。楼梯、扶梯和电梯对于人类来说很方便也很舒服并且易于建造，它们也有自身的技术要求。

大运量公交系统

城市内部的公共交通系统有各种类型：公共汽车、单轨电车或双轨电车（地面上的以及地下的）。在这些交通方式中大运量公交系统在解决城市人类出行方面是最优秀的，并且被建筑师一直推崇。每个系统的经济安全运行都有其自身的技术和几何性要求。每一个系统在服务区有潜在的活动、人口密度和活动模式的差异。今天，在美国的许多城市设计里，如在华盛顿特区、现代的洛杉矶，包括了适合现存城市设计使用和建筑模式的运输系统。机动车的使用作为首要的交通模式支持了运动的自由。

1.意大利庞贝城

2.底特律核桃溪市的市民言论宣传站

3.底特律文艺复兴中心的内部

图10-5 步行系统的几何学

分离和/或合成车辆交通与步行交通是过去的2000年城市设计最关注的问题。标准的方法就是正如庞贝城的街道所表现的（1）创造人行道。从这个世纪一开始，人类就一直关注通过垂直的或水平移动通道的“人车分流”问题（2）。公共空间的分隔以及私有化导致了复杂的内部步行网络系统（3）。

作为结果，城市形态的变化有一些模式化问题，将来公共交通与城市发展应当相互关联。如果它们不是同时一起进行设计的话，那么，将来的公共交通系统就将造成经济上大量的浪费。

随着大都市地区的空间膨胀，人类从城市边缘到城市中心的转移早已经让位于城市周围更加复杂的起点与终点之间的流动。为城市周围的外围移动设计经济的公交系统是很难的，除非由主要的可连接的交通枢纽节点进行联接。在美国，土地使用政策的政治推动力来推动发展这样的节点很少。压力继续发展其实是为了建设更好的高速公路。这个要求在美国不是惟一的，但是在具有大量开放空间和强调个人自由的国家里确实是常见的。可是随着高速公路的建设，城市变得越来越拥挤。不过很少有人被诱惑着去使用公交系统。他们既不能为大多数人，也不能为自己寻求的行为模式提供私密空间和控制感。然而，从长远的角度来看，在公众利益里土地利用与交通系统注定要更切合实际地结合起来。

在可预见的美国未来城市里，忘记了汽车城市的结构里还有相当比例的污染没有驱逐，并且对人类产生着严重伤害。孩子们，还有许多弱智的孩子、老人强烈地依赖着自行车、轮椅，或者依赖公共交通系统在城区或郊区里进行独立的活动。许多人由于使用了小汽车而被迫变得更加的孤独。

垃圾处理系统

人类活动产生大量垃圾产品，这些产品包括污水、较大体积的固体废料和垃圾。许多垃圾是可以循环利用的，而其他的垃圾鉴于当前的技术水平而达不到循环利用。污水可以在污水系统里处理掉，但是固体垃圾需要用卡车或者垃圾车拉到较远的地方进行堆积或者焚烧。一些地方，如宾馆或者饭店产生了大量的垃圾；尽管计算机技术发展很快，但是商业办公仍然在产生大量的废纸。城市也关注于服务街道本身，甚至于建筑物身后的街巷，它们经常是阴暗肮脏的。我们容忍它们是因为它们将不健康的活动从公众眼睛里抹去了。城市设计师与政治家都不情愿谈及垃圾问题，尤其是垃圾与废料的消除问题，在他们的设计里，更喜爱关注城市生活的清洁方面。结果是，垃圾车上装满的垃圾经常散落在美国城市的街道和步行道上。污水系统的问题也不可避免。

美国的乡村和郊区污水处理通常以腐烂池的形

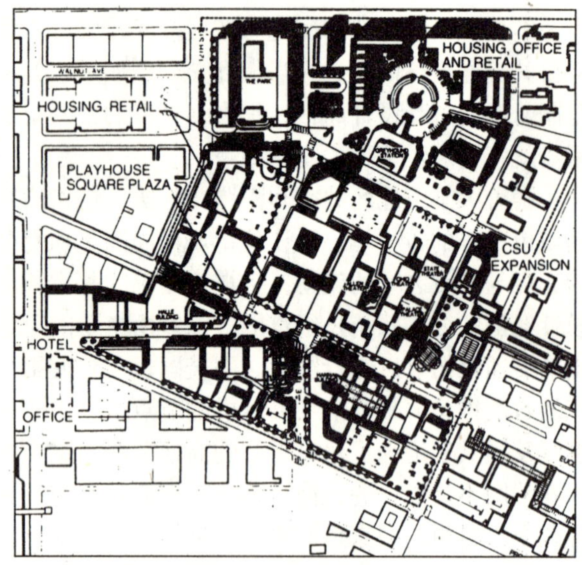

1.克利夫兰剧院广场的场地概念性规划
(资料来源：*规划*，58.no.1：9)

2.芝加哥

3.费城

图10-6 城市服务性街道

在视觉城市设计师的设计理念中很少有固定的主题。其中要处理的是废物和垃圾的堆积问题。在场地概念性规划设计中，很少强调开发的计划（1）。其实这却是很重要的设计要素。现存的美国城市设计中充满了服务性街道，包括装得过量的垃圾车（2、3）。新的城市设计不应当如此。在未来，每天生活废弃产品的处理可能伴随着不同道德标准的新技术而得到发展。

式进行。如果要保持建设水平的话，这种系统就不能用于高密度的建成区，即使在乡村社会也一样，因为它们经常污染水源，所以需要发明一个新的系统。不富裕国家的农村地区往往就有公共厕所，在大城市里，街道上也经常有公共厕所。在美国的城市里由于缺乏公共厕所，于是就做了许多壁橱式公共厕所。

污水系统，有时候称作废水系统，在城市区域呈网络化布局。理论上雨水和卫生排水系统应当是分离的，但是在美国一些老城市里它们是一个系统。雨水管道通常早于污水管道修建。原来家庭的清洁排水管仅仅与现存的雨水系统相连。结果是大雨过后，就会由于污水处理厂的处理能力太小而直接排入河流。在许多地方需要进行不断的努力来调整这种情况。

城市设计功能性的关注是创造良好的城市布局，为的是尽可能让污水管成为重力流从而可以在地下布线。管径可以从支管的8英寸到雨水管的好几米。通常铺在街道的中心，但是有时候也铺设在人行道下面。历史上，在许多城市（如费城）这些管线一直铺设到沿河较大的管线中。河床被围合起来组成下水道。只是到第二次世界大战时，这种方法才被停止使用。地形变化的地方污水管需要垂直变化，要安装进水隔栅或者提升泵站。下水道井盖经常是城市文化的组成要素。

郊区关注的问题在于要有充足多的空间进行垃圾处理，并且确保阻止腐烂物渗透到河流和其他水体之中。随着密度的增加和污染水体的因素越来越多，郊区逐渐地也被污染了。

居住区规划设计中雨水经过排水沟流入自然水体。在较大的区域里形成独立的地下排水管是必需的。一个要处理的问题是，随着城市或郊区的铺地越来越多，水体表面变低了，流走之物的速度导致河床受到侵蚀，污染的水平超出了河流的自净能力（参见第18章“满足生物环境的需求”）。

为了推进废物处理技术的发展现在出现了相当多的观念。建构基础结构系统可供选择的方法仅仅是降低废物的产生量。从长远角度来看，这种方法似乎最明智，但是需要对一部分人的行为进行较大调整，不仅在美国，而且在世界上其他富裕的国家也要这样做。如果垃圾产生得少了就将使愉快的城市环境设计变得更为容易。

能源供应系统

在美国，电力、石油和天然气是商业建筑和居住建筑主要的能源。太阳能的使用只是处在萌芽时期，风能除了在一些农村使用，很少用于个体家庭。目前天然气、水和供电系统在城市布局中的需求比较相似。作为最急需的煤气就是一个例子。

在密度较大的城市里，燃料最主要的来源是天然气。以前较大的综合性燃料生产由煤产生，现在的主要来源则是天然气。在城市设计中，输配气网络包括收集设备、传输管网，以及主次要的传输管网。这些输配气网络与那些网状给水系统很相似。在煤气作为基本燃料的地方，输配气网络的有效需求趋向于直来直去的街道并且导致了网状街道形态，但是系统的技术性和几何性要求没有像排水系统那样严格。

在能耗方面也要求提高效率，这一要求对城市设计有很大影响。在美国的许多城市里，没有人特别关注太阳的方位，更没有人特意去理解，因为我们缺乏对风的认识。或许如果当能源价格逐渐上升的时候，毫无疑问地就一定要进行建筑的重新设计。目前，无论是在规划设计上，还是在政策制定上，很少有远见的考虑。

公共设施系统

公共设施——城市资金网络的一部分，包含一套广泛的城市形态和城市生活要素，包括服务性设施，如城市会堂、博物馆、学校、消防站、图书馆等，有时还包括墓地。公共设施的分配被设想为人的分配和可获得性需求的分配。结果公共设施的定位与特征通常以象征意义的形式来处理。一些说明书详细地说明了公共设施的分配应该怎样进行，以及在特定的人口尺度和密度下所需要的土地量（德卡瑞、库珀利姆，1975年；查平、凯撒，1979年）。每一个问题都应该根据人口的具体要求来进行处理。把它们与其他公共设施和服务区里的零售区域组成在一起的一个优点就是它们组成了一个节点，并且作为一个区域进行服务。这样的节点应该容易接近，应该布置在区域出入口的地方(波蒂厄斯，1977年)。原因简单，因为那里是多数人通行的地方。

然而，公交系统也被认为是一个独立变量，发展的催化剂。固定设施，例如，博物馆和文化设施可能是一个地区的意象，可能导致一个变化，导致进一步的商业开发。实际上，这是一种策略。在法国不仅是在巴黎，公交系统比在美国更被系统的使用，而且在其他较多的地方城镇更是如此。

建筑技术

不仅是城市基础结构系统的技术性与几何性赋予了城市设计的性格，而且那些组成公共领域的建筑物特性也同样如此。近些年来，在房屋建设中，大量的技术得到了发展，尤其是钢铁在建筑表面的使用以及框架结构的组成中。然而，在影响城市设计的诸多建筑技术中最主要的突破是，20世纪初，伴随着钢框架结构的发展，安全电梯的发明，在结构的联合作用下，第一座摩天大厦在芝加哥建成了（吉迪恩，1963年）。新的建筑技术曾经在伦敦的罗意德银行和中国香港的上海银行等建筑物中发挥着作用，但是这些技术却对城市形态几乎没有产生什么巨大影响，虽然它们可以通过表现形象来改变城市设计环境。

建筑高度对城市环境有相当大影响，在旧金山和费城等城市的市民、城市设计师和政治家中，建筑高度一直是他们讨论的热点。高层建筑通过形成风道和大片阴影改变了城市局域小气候。它们将市民蔽护在许多小区域，并且形成一个个节点。Miglin—Beitler塔，125层，高1950英尺，是为芝加哥设计的时代作品（德尔格，1991年），在东京甚至打算建更高的建筑。像这样设想的建筑必须要面对的特定问题是巨大的能耗和租金的回报。因此，为了给生活在地面上的人创造舒适良好的内部或外部环境，必须要细心而认真地对待每一个设计（科纳，1977年；朗，1979年；参见第11章）。

对建筑几何可行性的研究主要集中在适合不同几何形状的技术可行性和结构的各种技术方面。这些研究没有经过思考结构服务的目的就已经在理念中执行了。这样的研究打开了设计师对未来可行性研究的窗口，并且鼓励他们去寻找更方便实现现有功能的新方法。它充满了诱惑，为了城市自身的利益或设计师的名誉，城市设计师总是试着实现新的几何形式，而不考虑它们服务人类的其他功能。

地域和文化的要素

城市设计的生物环境和社会环境必须存在于对历史有很大影响的基础结构系统和几何图解的设计

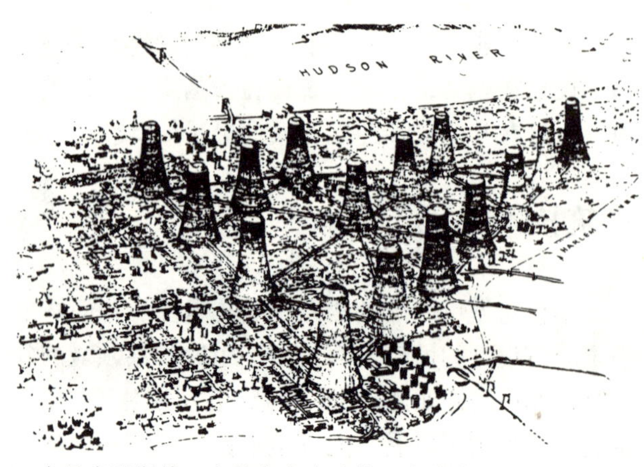

1.由巴克明斯特·富勒和肖洛霍基·塞道进行的西哈林规划(1965年)
(资料来源：达希登，1972年；曼斯菲尔德，1990年)

2.莫瑞特·马特瑞设想的柏林的瑞丁纳地区
(资料来源：达希登，1972年)

3.芝加哥

图10-7 高层建筑和城市环境

有远见的设计师一直着手于高层建筑的潜能研究。巴克明斯特·富勒和肖洛霍基·塞道在1965年西哈林规划中显示的设计类型会导致有潜力的技术被强加于场地中(1)。这种设计的关注点不仅仅是美国特有的。20世纪50年代后期，莫瑞特·马特瑞给柏林(2)的计划更多的是回忆最近出现的复合结构设计。这样的设计确实显示了将来的潜质。高层建筑显示了出租的价值，而且也是声望的需求(3)。当它们成为令人兴奋的城市景观要素时，对城市也产生了许多的消极作用。

中。这些系统的环境适应性问题随着生物环境系统的边缘作用而日益显著也逐渐变得重要，心理环境系统也是如此，但是当新环境与一般文化分离时，人类就被迫要去适应它们。

地域系统

不同的地域有不同的气候和地质条件。为了发展一个功能结构系统，人类对这些条件不得不要了如指掌。许多地方不得不处理持续的降雨，其他地方要处理炽热的太阳和湿气，还有其他寒冷地区要处理寒冷等问题(参见第11章)。这些条件类型也逐渐地被理解——研究和经验也为设计所使用。其他的情况都是手段。然而我们经常说，需要是发明之母。

许多城市有一些争论性的特殊条件。例如，威尼斯正在下沉。阻碍这种状况继续发展的新系统已经发明了或者正在发明。其他的地方也不得不要去处理地球外壳的地震运动。早已经产生针对地震和潮汐易发地区的建筑技术，并且在旧金山、伦敦和沿海的孟加拉共和国，但是处理主要预发的自然事件的惟一方法不是确定它们发生的地点(兰葛瑞奥，1990年)。在许多地方，研究由自然事件引发灾害的可利用技术的花费要比保持损失和重新开始建设的花费(减少财政的心理上)还要大。实际上，美国的许多城市在经历一次较大的灾害以后，都是重新按原来的形式去建设被毁坏的区域，人类都非常希望这样的灾难不要再发生。

文化系统

许多人可以高度地适应环境变化，甚至去积极地寻求文化变化；而其他的人则是更加保守。相似的是特殊文化本质的事实。我们周围环境主要变化的趋向是被强迫的，甚至当它们是向更好的趋势发展时。当把新的技术和几何模式引进到城市时，这些观察似乎特别准确。城市设计师也仅仅是依靠熟悉的方法解决问题，而不是去寻求新的解决方法。

自从1973年世界范围内的石油禁运以来，在美国，人类期望的一个主要城市设计探索的问题是研究有效利用能源的新形态，并且长期需要降低对不可代替能源的依靠程度。学术界对目前存在的一系列问题的确倾注了大量的心血，但是远远没有达到所希望的程度。对工业与学术的研究导致对一个建筑正立面设计的深入理解，为的是降低供热、制冷

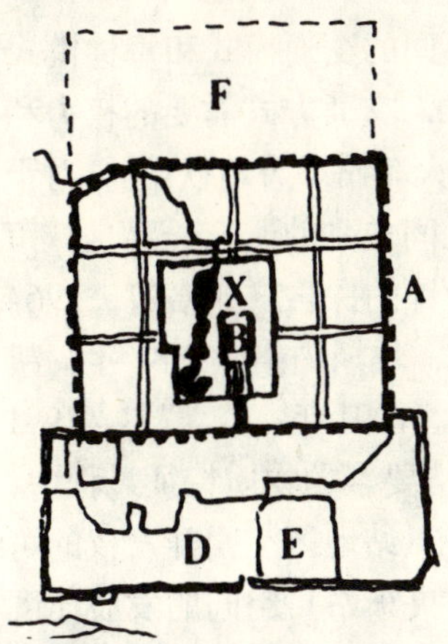

A．被削弱的蒙古族元大都（AD 1409 年）
B．皇城
C．AD 1409 年
D．南部扩展区
E．祭坛
F．废弃的地区
X．景山

1．明北京城
（资料来源：杰里克夫妇，1987 年）

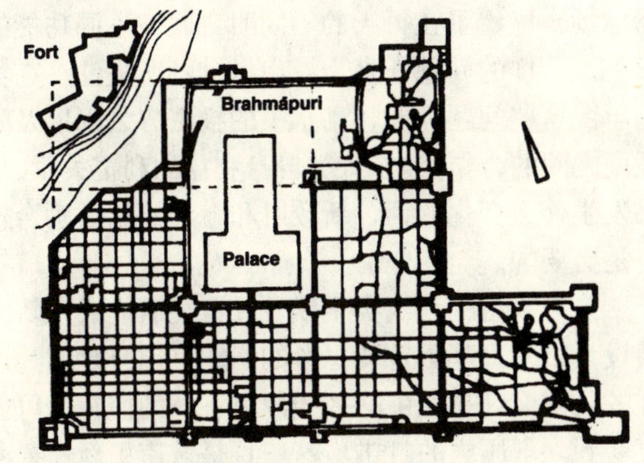

2．印度拉贾斯坦邦的斋浦尔（1727 年）
（资料来源：根据莫里斯1972 年，库珀1982 年，谢尔瑞1983 年进行的改编）

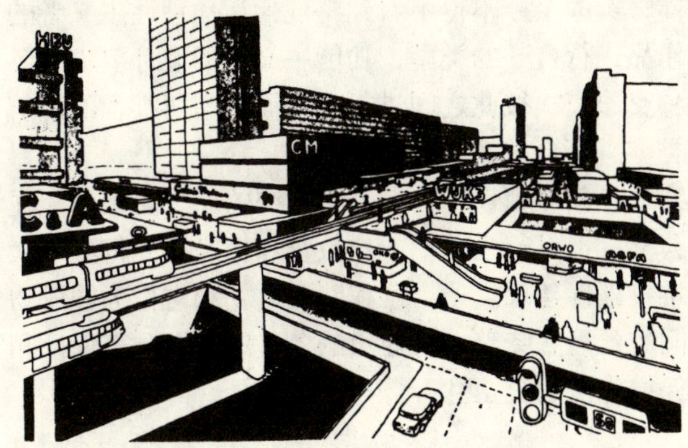

3．城市基础结构系统的几何性探索
（资料来源：贝纳沃罗，1980 年）

图10－8　崇奉的几何学和城市形态

宇宙论问题很重要，例如在北京（1）及印度斋浦尔（2）的规划里。斋浦尔基于具有九个广场的曼荼罗基础，其中的一个广场被取代是因为地形条件的困难。几何学在中国的城市设计里一直占据重要的地位。犹它州的盐湖城布局隐含许多宗教意义，并且在20世纪，芝加哥建筑师格里芬为堪培拉所作的设计［参见图2－16（2）］，更是隐含可能的占卜术意义。今天理解城市和世俗建筑的几何学的可行性似乎更加重要（3）。

的能耗负担，对结构系统的研究导致重新思考建筑物理和城市设计自然通风的可行性，对城市的用能效用更要进行考虑（旦兹格、赛特，1973 年；高登，1979 年；艾伦斯，1984 年）。在美国，现存土地模式和财产权的神圣不可侵犯，表明城市设计新的几何性降低了对建筑物、街道以及其他开放空间气候控制的人工设备的依靠。这样的几何性与将来仍有许多差距。

特殊的几何模式在世界上不同的国家有特殊的意义（参见第2、3 章）。特殊的建筑技术和材料也可能有特殊的意义，或者也是与特殊区域的建筑物相联系的。它们都赋予了一种区域特性。对适用于特殊环境的适当技术讨论将一直持续下去（布瑞林，1976 年；舒曼克，1973 年；EI·威克，1991 年）。目前财政和材料资源的问题，当地艺人的艺术以及建筑设计的政治性变得纠缠不清了。

在美国，环境的几何模式对一些印度部落和许多宗教少数民族具有一种精神意义（E·马丁，1991 年）。在其他的国家，例如中国，它们并没有体现为能被广泛接受的精神意义。然而，关于这些模式应该是什么人们存在许多奢望。虽然关于宗教建筑的几何性（莱瑟，1957 年；汤姆皮基斯，1973 年；劳勒，1982 年；萨姆，1991 年）以及基本的形式美学设计（德·绍舍瑞马，1964 年；伊特，1965 年；阿海姆，1965 年，1977 年；朗，1984 年，1987 年）在我们日常生活或者文化交叉点上几乎没有什么特殊几何模式的意义（如格状物与曲线的比较）。虽然存在许多交叉文化的研究，但是研究效用几乎没有让步于设计师。

理解几何性最主要的作用是为了提高设计师对形式可行性的理解。伍重对几何的研究帮助他实现了悉尼歌剧院屋顶的建设，尽管形成的线条已经不是原来所设想的形态。它们不得不适应当时的贝壳状结构知识所能给予的技术可行性。相当多的适应性将需要对城市形式的研究（技术上可行或者社会上所需的）进行调查。

城市设计结果

任何城市地区的三维空间几何布局都是视觉和审美特征的基础，也是城市所提供的功能性活动的基础。城市设计的主要问题是设计的几何系统是否该被认为是塑造行为可能性的独立变量，还是作为根据它们所提供的内容产生的独立变量。几何学可以指导设计吗?还是作为其他决定而产生的副产品呢?除了几何性本身的联想含义和因此成为满足人的一系列需求的重要系统以外,城市设计师还应根据日常生活中较平凡的问题来思考城市公共领域的几何可行性。在美国,几何可行性研究不得不集中在城市发展模式上,这些模式以某种方法从事于更基本的流线和环境问题的研究,许多以强有力的中央集权制政府为背景的欧洲城市发展计划还没有实施。

基础结构系统——公共领域

城市基础结构对未来城市设计影响涉及四类基本设计问题:(1)不得不满足人类需求的本质;(2)在相关活动模式和审美需求所期待的整个基础结构系统效率的程度和特征;(3)系统的技术需求;(4)象征意义。对于这个清单必须要追加成本,不仅仅是系统本身,而且也包括不花钱的机会成本。交通系统可能会被视为这些问题的主要典型问题,因为它好像对任何一个城市或者城市生活质量系统都有最大的影响,但是这些问题适用于所有的基础结构系统。

总体网络

美国的城市设计师就像其他地方相关人士一样一直推崇在城市中使用公交系统和步行网络系统,而不是高速路和道路,尽管公众只要有可能就会使用汽车。当然,从一定范围来看,步行网络在赋予建筑工程项目性格上是非常重要的基础特征。规划师反对依赖机动车,反对把机动车作为首选交通工具,即使在一些合理场所中:在需要的地方,包括行驶时也包括停车时,高速公路持续的交通堵塞,基本农田的消耗,城市空间增长的鼓励,并且,或者明显减少了机动车的使用会破坏当地的社区感。其实非常明显,许多人仅仅是喜欢开车和驾车时的控制感。不过,通过设计淘汰掉不必要的和不想要的行车出行是值得努力的做法。

最近,一直争论的降低机动车依赖性的主要因素不是技术问题而是新的城市形态要求(P·纽曼、肯沃斯,1989年)。这个争论使城市需要重新城市化。在美国,做这件事没有政治方面的期望。至少部分是因为主要的社会问题发生在大都市区适宜的核心。在许多人的脑海里,一提起高密度就自然联想到恶劣的生活条件和低下的社会地位。

交通工具的本质是不同的交通模式和每种模式实体特征之间的联系需求,交通方式需要的权力和终点站的设施(停车库、火车站或者地铁站),对于这些基本步行网络模式之间关系的研究一直是城市核心区或郊区进行城市设计的探索(如格鲁,1964年;参见图3–5;斯特恩、玛斯内格,1981年;凯尔博,1989年;凯斯瑞泼,1991年;P·罗尔,1991年)。在处理整个交通网络要素的物质特征过程中,城市设计问题产生了:终点站地区空间开发权的可行性研究(如纽约城大中央车站),空间的发展速度低于铁轨线的发展并且高于地铁的发展,为了机动车的停放(如停车场),也为其他的活动(如市场和篮球场)修建了在每天的不同时刻服务不同功能的设施。这样的问题一直为城市设计师所关注。在美国解决这些问题需要较高水平的投资方之间以及发展商之间的合作,涉及人类自身利益的利害关系。如果发生什么变化的话,新政府和合法机制鼓励合作将是必要的。

土地利用、建筑类型以及综合交通模式在新城镇设计中一直都是首要思考的问题,部分是因为这样的局部设计是在中心区控制之下,即使它们可能要受到外部压力的打击。这一直是城市更新需要考虑的重点,虽然现存的开发和开发机会模式把主要的约束放在交通模式达到的效率中。像其他国家一样,美国至今不得不看到将现代运动理性主义者的作品进行合并的类型,功能主义者的设计要求将各种交通模式彼此之间进行合并而且与所推荐的建筑类型进行合并。

在新城镇设计有效公交系统的一个问题是,在公交变得可行之前,人口数量和密度必须得到一大堆批评性建议。一个工程建设之初和它作为建成物间的延迟意味着,在建设的各个阶段要一直保证和保持方法的公正性。

环境的影响

各种各样的基础结构系统以及组成要素,尤其是交通模式作用于生物环境的影响可能是积极的也可能是消极的,是经常的但是不是必然的。积极的一面,交通设施是城市发展明显的催化剂。据记载,第二次世界大战时修建州际间的高速公路系统,从根本上改变了美国大都市区的本质特征。模式间的交叉,如高速公路的出口各交通模式之间的交叉,道路与铁路、航空与道路,目前有极度发展的机会,因为人很容易接近它们。它们也可以有目的地在外围进行特殊设计，或者进行满足其他公共政策目标的设计。

修建交通设施也产生了许多消极的影响，噪声和空气污染，有时降低了孩子和老人的独立活动能力，破坏了邻里组团关系，产生消极审美（然而由于真实的存在，它们有时也被设计得很好）。通过设计可以减轻一些消极影响，但是其他方面却很难考虑到。修正技术在许多事例中是可能的，而在其他事例中则不可能。通过使用小搁板和立体声音屏障可以降低噪声；树林可以帮助降低空气污染；停车场没必要一定是刺眼的东西；可以通过认真设计使楼房避免以空白的立面沿街，材料对街道生活的影响也将会减小。所有这些措施将有助于满足人类对宜人舒适生活环境的需要。

过去城市规划中一个重要的问题就是诸如地区性的医院、购物中心等设施超出了各自的服务规模，尤其是在居住区产生过量的汽车交通，相邻地域的交通控制也异常困难。经常的违规交通现象导致城市恶化，交通的负面作用影响到居民对周围环境的关心。从极端的角度来说，这种情况将增加人类对社会的逆反机会（纽曼，1979年）。因此，交通对地区建设有生理和心理影响，它改变了人的生理环境和社会环境。其他的设施，比如污水处理厂和火葬场，对生活在周围的居民心理有纯粹的负面影响。即使它们不产生什么可看出来的副作用，也没有人愿意住在它们周围。

将来的可行性

我们梦想着城市和城市场所空间设计的新技术。新技术将会带来城市的变革，但是也存在一些具体的问题。1850～1950年，新技术改变美国城市、郊区或者小城镇形态方面的作用并不明显。这可能是因为缺少新思维的缘故。这个时期见证了基于主要电、冷冻、交通变化、娱乐休闲和通讯原因的地区性居住模式、城市形式以及生活的变革。建筑技术重构了城市形象，帝国大厦现在存在已经超过60年了，喷气式飞机已经改变了国际贸易和旅游，计算机技术使得信息处理变得更加容易，使我们能够与信息需求保持同步。这些表明，技术的发展重构了人居环境。生活的革命性变化就在不远的将来出现。这个25年前的预言过高地估计了20世纪90年代将会发生的变革。

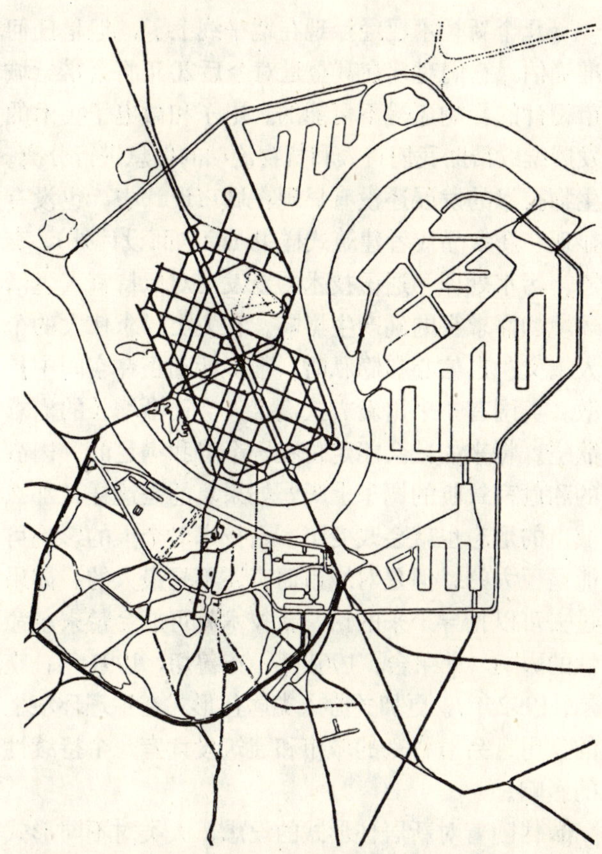

1.勒·柯布西耶为安特卫普提议的交通运输系统规划（1933年）
（资料来源：勒·柯布西耶，1960年）

2.设想更新开发的景象
（资料来源：勒·柯布西耶，1960年）

图10-9 理性城市

正如勒·柯布西耶和其他现代主义者所认识到的：建立在其特征基础之上的交通模式的统一在城市设计上是一个重要的几何形态来源。勒·柯布西耶20世纪30年代为比利时安特卫普所作的规划就体现了这一点，尽管人类生活的许多方面被忽视了。整个交通的几何关系见图（1）。它建立在地铁、巴士、公路网络和步行系统的联结上。如果被采纳的话，那么安特卫普在拆除和更新开发之后的情况将会是图（2）中的样子。

几个新技术已经浮现在地平线上了，但是任何准确估计它们对现在甚至是对今后20年将会带给城市设计的影响还是不可能的。电子和微电子技术的发展继续帮助我们将人和货物流动的信息进行分离。生物技术的发展还没有显现在城市设计中，也没有显现在新食品或者建筑式样中（除立面设计外）。交通、污水处理、通讯技术的新发展对保持宜人生活环境的需求将的确产生影响。在人类寻求伟大的个人主义、自信心和隐私时，很多活动正在空间中扩散。美国有一个用新方式满足人类逐渐增长的需求欲望。将来的社会能定位在一个自我满足的、肉欲的和危言耸听的调子上吗？如果真的是这样，那么城市的形态也就会改变了。新技术对个人的影响可能是巨大的，但是对城市而言还不是最大的。如果过去可以指导未来的话，新技术就可能会带来革命性的影响（弗莱舍，1961年；布鲁切，1991年；霍尔，1992年）。更加关心人类居住形式在生理环境上的作用，会对将来的城市和建筑设计有一个持续性的影响。

伴随着对新居住形式的设想，人类对不同形式的交通革新进行了持续性探索。没有人能达到这个发展阶段，因为他们还未能达到现存模式的弹性和隐私性。这些系统包括人行传送设备（用在机场，但是还没有用在街道上），许多嵌入式汽车交通系统和单轨交通广泛应用的设想。这些系统只是从边缘上影响我们进行城市设计。新的能源将会对城市形态产生特有的影响，但是在现有经验主义证据的基础上这些还不能被预见。

需要的是有效利用、理解几何和技术系统两者选择其一的可能性，并且抓住城市和郊区在居住生活方面更加功能性的开发。我们需要运用我们已经掌握的知识，我们需要了解哪些是我们已经掌握的知识（雷纳，1991年）。能源限制的影响，诸如，新生人口对水的需求会比技术对城市形式的影响更大。

诸如洛杉矶和巴尔的摩等城市正在重新利用轻轨解决大规模的交通问题，像华盛顿的地铁和旧金山的通勤用快捷运输铁路系统比旧的系统更加舒适更加快捷，逻辑上它们并没有在主要的技术上突破性地提供什么，以便影响城市形态或城市设计工程。然而，它们却为许多人提供了较好的服务和接近某些运输设施的途径。新的通信技术减少了个人交通的需要，但是产生了比影响的结果更多的推测（施曼特，1990年）。如果它们确实有影响将导致活动的分散，因此它们抵消了集中力较大程度保持了现状。未来可能发展新的基础结构系统以确保那些结构主义者拟想的多层次城市建设（参见图4-6）。当然几何可行性发展的知识对于完成他们的设想是必要的。现在，科技对于这样做也是必要的。真实的问题是：“我们想建设它们吗？”以及“这样做的社会效益是什么？”

主要参考文献

① Brotchie, John, Michael Batty, Peter Hall, and Peter Newton, eds. Cities of the 21st Century: New Technologies and Spatial Systems. New York: Halsted, 1991

② De Chiara, Joseph, and Lee Koppelman. Urban Planning and Design Criteria. New York: Van Nostrand Reinhold, 1975

③ Fleischer, Aaron. "The Influence of Technology on Urban Form." In Lloyd Rodwin, ed., The Future Metropolis. New York: George Braziller, 1961. 64～79

④ Hall, Peter. "Cities in the Informational Economy." Urban Futures—Special Issue 5, 1992. February: 1～12

⑤ Kapproff, Jay. Connections: The Geometric Bridge between Art and Science. New York: McGraw Hill, 1990

⑥ Lagorio, Henry J. Earthquakes: An Architect's Guide to Nonstructural Seismic Hazards. New York: John Wiley, 1990

⑦ Rainer, George. Understanding Infrastructure: A Guide for Architects and Planners. New York: John Wiley, 1991

⑧ Schmandt, Jurgen, Frederick Williams, Robert H. Wilson, and Sharon Stover, eds. The New Urban Infrastructures: Cities and Telecommunications. New York: Praeger, 1990

波士顿
（照片来源：迪珀·尼加哈瓦摄影）

功能性社会环境

新功能主义者与经验主义者城市设计的目标是创造出能够充分满足人类需求的聚居场所公共领域。经验主义的理论实质上就是建立在人类行为环境与建筑环境能够满足人类需求这样几个问题的基础之上。本书的这个部分就此展开论述。马斯洛关于人的基本需求层次以及对需求层次与认知需求的区别就是今天我们研究功能主义城市设计必须掌握的方法。毋庸置疑，未来会发展出更好的模式。但是，“人类需求”是个抽象概念，必须转换成符合城市设计的行为系统与美学需求。在这里，本书的目的就是描述一种实证性理论框架，即美国现在是怎么做的及未来将会怎么做。这里的目标是通过我们现有的理解建立一种框架结构，在这个结构里，我们的知识特别是基于不同文化知识的发展与提高都建立于此。研究工作正在进行并且将会持续下去，所以我们的知识体系就像人居环境的变化一样处在一种动态之中，但是基本的主张相对是静态的。

基本需求

人类最基本的需求就是生存需求。城市设计师要关心的最基本问题就是创造出有益健康的环境。高于此标准的就是要建立一个提供人类基本活动的环境——人类走出纯居住空间而进行其他活动的场所空间。设计师的任务就是要确保建筑环境不仅仅要满足符合人类工程学和人类生理的需求，更要让人感到舒适。什么样的城市布局能让人生活舒适呢？令人心理和生理均感到不适的感觉存在，就是行动活动的动机。第11章中“满足生理需求”涉及人类聚居场所的基本功能就是首先要满足人的许多行为活动。

满足聚居场所的需求是通过建筑环境的提供赋予的，这与第12章中所要讨论的“满足安全需求”紧密相连。这两种需求均包括生理与心理因素。安全需求是城市存在的基本依据，也是最早期人类聚居地的内在组织及其与外部世界联系的原因。当然我们也不能言过其实，城市公共领域里也有许多危险源需要人类去防范。有些危险是自然造成的，有些是人类造成的——比如，建筑环境本身或者粗心驾车之类的危险。不幸的是，在美国，人自身造成的危害是主要危险源。

世界上许多地方，无论是城市还是乡村，大多数设计本身就是要保护当地人不被外来人伤害。也许，近来多数美国的建筑与城市设计对于安全的需求太多了，以至令我们都变得多疑了，特别是大量的工厂生产出的保护装置告诉我们这个世界有多危险。这些装置告诉我们要保护我们自己不受那些反社会行为的伤害。更进一步地讲，它们还为我们指出，不仅在美国而且在世界上的大多数地方都是需要满足这种基本需求。

获得安全与安全感的实质就是增强对生物与社会环境的控制。在设计中，它基本包括在个人与团体这两个层次上的对一系列地区的控制——地域界限通过实物与象征性的边界以及机械装置得到体现。

满足安全需求的机制也包括其他心理因素。这包括在社会上和地理上拥有一席之地。这种需求与归属需求部分相重叠。归属需求是人类要求成为社会和场所的成员和一分子的需求。反过来，这种需求产生了相对容易的人与人之间的交流需求，同时展示了环境作用下成员之间的关系。因此，设计师必须努力争取提供更多的聚居地，并且通过建筑环境的使用为特别的人群和场所空间建立一种归属感。满足这种需求的模式将会在第13章“满足归属需求”中进行论述。C.I.A.M.关于各种城市设计的宣言在本书的第11～13章中均有论述。但是C.I.A.M.的成员从未达到基于人类有机生活模式的需求。尊重、自我实现和审美认知的需求只是部分地在C.I.A.M.的设计项目及其城市设计成员中得到考虑与体现。

没有人感受不到的或者不表达情感需要的对某人或某场所的归属感。当我们不确定我们的个人、组织和社会时，我们会高度地进行自我反省想知道我们是谁，我们属于谁，属于什么地方。这种归属需求可以通过多种方式表达出来。其中的一些方式与我们参加的活动有关，另一些方式存在于我们的建筑形式和周围环境的艺术象征形式之中。城市设计师和建筑师的工作就是承载这种“与谁有关”的信息。有时候，美国城市设计师要做的最重要工作就是通过城市的建筑形式传达城市荣誉和自我价值。这个目标在城市美化运动中得到完美体现。尽管我们不关心承认过去的公开性，但是这项工作仍是今天城市设计师最主要的工作。

正如马斯洛于1968年提出的，自我实现的定义已经被简单地表述为某人希望做的事情。其实，要想获得自我实现这个过程要比这里定义的复杂得多，因为它还包括帮助他人的需求。在许多情况下，这种需求与聚居环境的布局没有多少关系，但是却与社会组织和人际关系有很大关系。扩展开来讲，布局对获得自我实现很重要，因为它有助于沟通和交流，但是如果它提供了所有人的需求，也就符合自我实现的需求。在第15章“满足自我实现需求”中对此进行进一步论述。

认知需求

很明显，想要达到上述需求取决于我们的学习能力。还有一个需求就是许多人认识这个世界都是为了自己而没有其他有帮助的目的。学习有两种方式——正式的方式是经过正规教育，另一种方式是通过日常处理人与建筑关系时的成功与失败的经验中得到。类似的，优美的环境给所有层次的人满足其基本需求的生活增添了乐趣，尽管当一个人在为生存而进行挣扎时优美的环境很难成为他注意的中心。包括审美需求在内的基本需求，对环境欣赏的要求也是分层级的。最基本的层次就是什么是令我们愉快的美。高一层次美的要求是把环境当作艺术工作来进行思考和评价。这样的思考包含分析方法的自我学习。这样就引入了可识别性和审美性的专题。

关于通过正式方式学习设计的专题论述将在第16章“满足认知需求”中进行讨论，本章讨论的关于环境的内容不仅仅认为环境只是一种学习经验的资源。主要分为两个层次：满足基本需求的方法获得；满足自身关于世界的求知欲这个目的的心得，愉悦来源于体验本身。

第17章“满足审美需求”中着重阐述美的本质的同时，引入了桑塔亚那(1896年)宣称的与感官的、正式的及象征性审美差不多的理论型审美体验。理论型审美与建立在经验基础上的审美有很大的不同，这是一种表达，一种通过形式获得的一系列归属感。理论型审美的高水平表现是能够通过对建筑师和规划师的理论理解得到对规划和建筑物的艺术享受。这类经验是一种知觉上的奢侈品。而且这种经验只有一些精英人士才能获得。但是，人类需求的最高层级——通过理解得到的愉快是比人类通过自身知识和地位获得的自信还要好的奖励。只有少部分人的生活达到了这个层级(马斯洛, 1987年)。很少有人能完全地获得自我实现。

这里要讲的关于城市设计的方法是一个抽象的概念，需要全方位地联系上下文才能获得。有许多文章都在讲许多城市设计师或者讲某位城市设计师。这类文章通常超出了职业活动的范围。本文讲的就是要创造和至少要保持一种生物环境。设计一个功能性生物环境的实质就是下面要讲的建立一个功能性环境的实证性理论。最终，城市规划师要做的就是要平衡满足一部分人环境的需求和满足所有人建立有益于精神健康的环境的需求之间的矛盾。

加利福尼亚州圣·克鲁兹大学的克瑞斯吉学院

满足人类基本需求

11

满足生理需求

我们理所当然地认为作为建筑师和城市设计师要关注的就是设计能满足人类使用城市公共场所的生理需求。然而，当前有些城市设计理念中关注的需求是不明确的。甚至认为如果给定要求就很容易能够达到。但是，有许多关于环境的例子，要么远远地没有满足人类的生理需求，要么是等产生了不良社会边际效应时才通过后来的建设弥补解决问题（泰尼·Oc，1991年）。与此同时，一种以经验为主体的知识得到发展，这种知识能运用于去设计有益健康的宜人环境。

建造建筑物的原因之一就是提供一种免受气候之苦的庇护所（鲁道夫斯基，1964年；格瑞，1988年）。世界上只有少数文明是没有构筑人工的庇护所，但是即使是在那些社会，人类也要寻找一些山洞和其他自然环境中的保护方式来充当庇护所。稍微复杂一些的就是他们自我意识到要设计满足健康舒适需要的房屋。最早可以追溯到地球早期文明，比如，哈拉巴文明时代（芒福德，1961年；A·莫里斯，1979年）。摩罕吉达罗的布局表明了人类对公共卫生设施的极大关注。维特鲁威基于一种公认的富于幻想的标准提出的区域设计原则是，建立一个健康的场所空间环境（贝纳沃罗，1980年）。继欧洲的先例，现代城镇规划和区域控制在美国得到极大发展，建立了更加健康的城市，从而超越了那些形成于工业城市中任其发展的形态（贝纳沃罗，1967年；达利，1978年；简·彼得森，1979年）。太多的计划和城市设计都停留在这个阶段。

在美国，设计健康场所的必要性有法律基础，城市设计师是在区域规划指导下进行的，城市设计政策也是依此制定的（莱，1988年）。这个基本原则形成了城市美化运动和现代运动两种思潮（简·彼得森，1976年，1979年）。这一成果基本的观点是关于人类生存健康舒适以及生理发展的，这个概念发展成对人类生活质量两种不同的关注。它们是：（1）世界上其他动植物的生长需求；（2）人类在一定范围内使用机器使生活变得简单快乐从而达到理想状态的生理需求。第一种关注将在第18章中展开论述。第二种关注在本章已经有部分提到，并会进一步进行论述。很明显的城市设计中的生理需求源自于人类需求的其他方面，如图11-1所示。

当我们考虑为满足人类需求和“生理”需求提供使用设施时，城市设计师关注设计方面的焦点就会融入现代理性主义者对于功能的狭隘定义中去。其实质是这样一种理论：人类是个有机整体，各种循环系统高效地运转，这样使人类能很容易地生活在城市中，例如勒·柯布西耶的“明日的城市”与“光辉城市”的规划理念。而且，他的安特卫普规划在图10-9中清晰地展示（勒·柯布西耶，1954年，1948年，1960年）。这些是对于田园城市设计师一般性实施规划的基本革新（贝纳沃罗，1967年）。

有太多的研究和一系列指导性书籍告诉建筑师和工业设计师如何在建筑环境中满足人类的生理需求（如坎托威兹、索瑞金，1983年；格瑞特，1988年；蒂尔曼，1990年）。多数此类研究的焦点是室内环境，特别是工作环境——机器使用方便人机界面安全高效又可以减少疲劳（兰德，1987年）。只有少部分的研究关注城市形态、邻里、公共空间以及影响人类舒适使用的室外环境。而且，研究成果也为城市设计决策提供了依据。近来开展了一些工作（如艾伦斯等人，1984年；艾伦斯、伯斯雷曼尼，1989年），但是困难的是如何获得结果并将之转化为城市设计的指导方针。因为这就不可避免地涉及了私人权利（埃恩斯雷，1989年；艾伦斯、伯斯雷曼尼等人，1989年），结果几乎美国城市中的所有地方都存在着令人失望的现象：阴暗的街道，或者与此相反的烈日下的场所、风中的广场，或者因为新建筑中没有设计通风装置而充满污浊空气的开放空间，有些地方下降气流产生的风让步行者感到不愉快，原因之一就是当地的建筑和城市太相信高科技和能源机器设备能够应对微气候条件（鲁道夫，1964年）。然而，这些很少能够满足我们今天的期望。

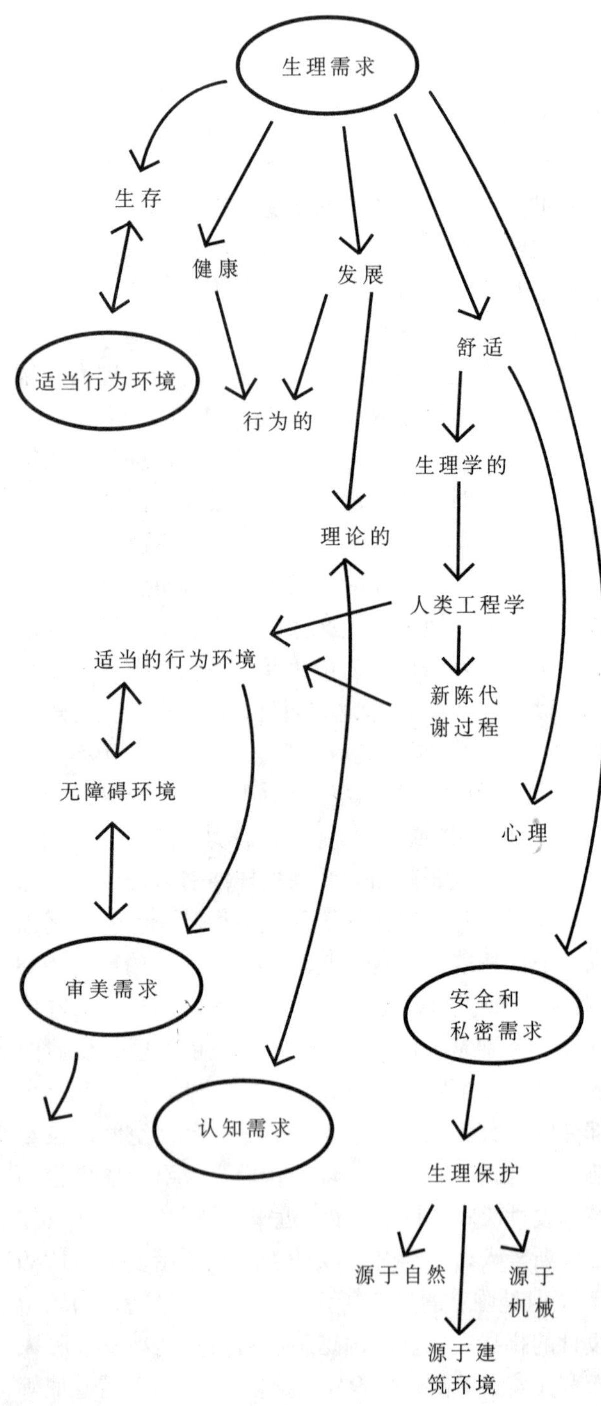

图11-1 生理需求

人类生理需求的层级特征

人类基本需求有等级，所以人类生理需求也分级，可以分为生存需求、健康发展需求和环境舒适需求。基本生存需求是指生活必需的空气、食物、居住场所。超过这个水平的是拥有健康的生命和很好的发展机遇。世界上多数发达国家的城市设计师们关注的问题就是创造一个健康的环境，其舒适程度要比仅仅提供生存要好得多。而且他们也关注管理过程的设计，并提高处理的效率。舒适是个复杂的变量，因为，正如基本生理需求所要求的那样它具有很强的生理特征。

每个人的具体生理需求是不同的。建筑环境的特定模式是由用户的收入水平与他们的居住水平而定的（参见第1章）。任何人群都有能力的高低差别。那些生理能力最低的人对环境设计的布局要求是最高的。因为要想让他们充分使用就必须符合他们的要求。例如，坐轮椅的人和行走不便的人，楼梯就成了障碍，但是对四肢健全的人来讲并无任何障碍。另外，我们的能力，对于环境的期望值也取决于我们的接受习惯。这些层级不仅仅是由于个人生理的不同而不同，而且也由于个人的社会地位和文化背景的不同而不同。

生存需求

生存需求是人类最基本的需求。世界上有成千上万的人为了生存而挣扎。美国城市街道上无家可归的人数就说明了这一点。他们要做的就是寻找生存的场所。作为一种专业行为，城市设计很少为他们的需求提供场所空间。在多数地方，生存的基本需求仅仅是获得水，而城市设计师关注的却是公共环境场所。城市设计的重要分支涉及社会政策、物质环境的设计，也涉及要提供庇护场所。历史上，生存需求是相关的人不自觉地运用到城市设计之中的。在高密度的城市环境中，这种方法运用起来会有一定的困难。资源缺乏地区或者某种生命持续发展模式可以实施的地区，如南极洲、外太空、海底等，这些地区的物质环境设计是城市设计潜在关注的。资源缺乏地区城市设计的目标就是设计出最基本的基础结构设施系统。其他地区的居住设施则需要使用最精致的材料和支撑机械，这就需要工程师们的参与。而且这些居住设施也不是真正意义上的居住区，因为人类只能在里面居住很短的一段时间。

1.威尔文田园城市的广告
(资料来源：曼斯菲尔德，1990年)

3.费城的栗树大街

图11－2　生理需求和现代主义城市设计

现代主义建筑师的一个基本目标就是不仅提供阳光充沛、通风良好、不拥挤的生活单元，而且提供没有污染充满阳光的公共环境。他们设计的优秀城市模式与他们所了解的城市恰好相反。图（1）中的广告表明了田园城市运动寻求的环境。理性主义者创造了非常不同的设计，如（2）格罗皮乌斯和布罗伊尔设计的方案。现在我们想当然容易地认同同一个目标，但是许多城市的街道都很难成为令人愉快的地方，尤其是在冬天（3）。

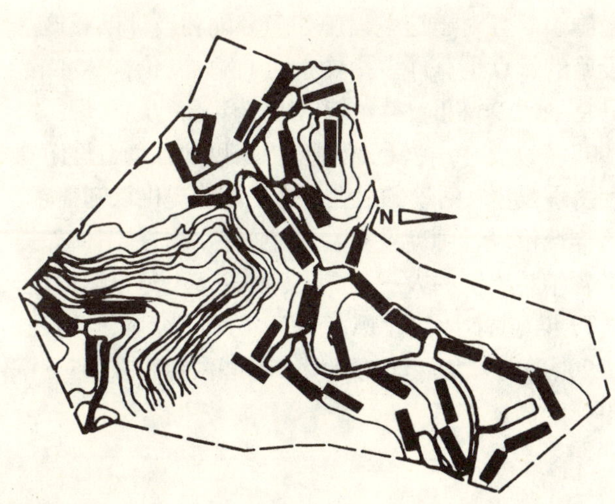

2.宾夕法尼亚州新肯辛顿（1940年）
(资料来源：根据贝纳沃罗进行的改编，1970年)

在资源缺乏而又人口稠密的国家，规划师的目标就是提供基础结构设施完善的居住场所和保证财产的安全。这样，设计的焦点就集中到了提供足够的清洁水、排水设备（实际上有时会被遗忘）和小型的下水处理设施，这样才可以使人类的生活远离疾病。基地场所和服务计划能够很好地体现城市设计师专业的关注水平。美国的城市设计师作为一个设计师却很少在这种水平上设计基础结构设施系统。尽管达到这个水平的方法可能是用于像印第安人保留区这些国家最穷的乡村地区。

当那些需要高科技术的场所空间，如极地站点、海底定居点或者潜在的外层空间殖民地，这些地方的生活不再仅仅是用于科学实验短期的居住，而是适合于日常生活居住的时候，城市规划师就会参与进来。举例而言，根据经验环境生理研究对这种地方的定位会导致我们对下面两个问题有较深刻的理解：在压力条件下生存意味着什么，能够使我们的生活习惯趋同的设计原则是什么。在这种地方的生活质量期望值是比较低的，但是暂时的居住却能够通过高额回报得到补偿（赫莫瑞次，1974年）。

生存与安全需求联系密切。建筑物应该能够抵御地震和飓风。建筑物的建造应保证其表面的装饰足够牢固而不会掉下来砸到行人。车辆通行的道路也需要提供安全措施，这样可以对司机也可以对骑车人负责。几乎所有的城市设计都关心上述问题（参见第12章）。对安全需求的关注总是高于对其他需求的关注。

健　康

城市设计历史上关注的健康规划问题是清洁低洼地，设置排水系统，提供清洁的饮用水，降低拥挤，提供服务。建立健康环境的城市设计所关注的问题是设计一种指导原则以确保场所空间设计出来后能获得阳光，建筑物有通风设备，居民和使用者能够很容易地获得公共空间。这类问题经常能够得到简单的处理，而且也不会变为设计主流，仅仅是通过高层建筑退后外墙和场所覆盖原则提供开放空间，其实对这个问题的处理有更综合的办法。

20世纪初，美国的工人运动基本上是针对减少城市污染水平，提供绿色空间作为城市之“肺”的（格瑞兹，1982年）。同时期的模式房屋运动也是为寻求减小居住区建筑覆盖面积，从而令房屋获得更多日照和良好通风（盖雷瑞、爱森尔，1986年）。勒·柯布西耶把“光辉城市”看作是建立在花园中从而让每个居住单元能够获得充足的阳光、新鲜的空气和丰富的绿地的城市环境（勒·柯布西耶，1934年，1948年）。其中的一个结果就是，城市设计师和他们的业主都不自觉地在设计中寻找足够的开放空间，因为他们认为开放空间可以代表公众利益。我们现在对此理解更深。如果开放空间真的是服务于公众的话，开放空间就要进行认真地定位规划和设计（简·雅各布斯，1961年；赫丝特，1975年；斯本，1984年）。

今天，建立健康环境的设计与那些现代主义者所关注的有很多相似之处，现代主义者期望设计能扩展到更大的范围，而且更加关注生物环境本身。现在无论是在技术发达的国家还是在第三世界国家，空气污染仍旧是个问题，机动车和制造工业一样是造成污染的源头。洛杉矶因其自然环境地形的原因，而形成独具特色的具体空气污染状况。世界上其他大城市的情况或许是更糟糕的：东京人经常要戴上口罩以防止空气污染，其他一些城市，如加尔各答和曼谷因为轿车和公共汽车的尾气排放而造成了严重的空气污染。虽然现在经常把审美认知和太阳能利用的问题看作是健康问题，但是特别在高密度的建筑地区如何获得充足的日照仍旧是一个大问题。

在复杂而高度发达的社会里，城市规划关注的是健康服务和健康设施——医院、急救、诊所的提供与分配。第二次世界大战以来，医疗科学和技术有了极大的发展进步，同时我们对健康服务的期望也由于成本的增加而得到显著的提高。尽管应对疾病的医疗模式占主要地位，但是越来越多的健康保障和精神不安的治疗得到同样多的关注。城市设计师特别关注公共设施的定位布局与分配，这样人类就能够很好地利用这些设施，他们也关心建筑物的空间布局和怎样通过建立一种公共开放空间来促进环境健康。

发展的需求

特别在一些工业发达国家，因为那里的医疗服务很好（尤其是对有钱人），所以人们越来越关注提高和保持身体健康。城市设计关注的就是能够提供人们锻炼身体和通过自我测试增强生理能力的机会。在那种要求长时间坐着工作的社会里，人类关注最多的是能拥有一个健康的身体。提供发展机会总是与年轻人的需求联系在一起，而保护机会的提供总是与年长者的需求联系在一起，实际上发展机会的需求适用于所有人。

生理发展能力的提供与有教育意义环境的提供相似（参见第16章“满足认知需求”）。城市设计已经非常关注这种活动机会的提供。我们可以在“光辉城市”规划中（勒·柯布西耶，1934年）看到在其中规划了运动场地、游乐场地和其他的一些运动设施。而且对于这些设施如何分配和设计以及这些设施的特点也有许多指导原则（例如艾伦，1968年；丹特纳，1969年；赫丝特，1975年；卢奥德，西蒙，1977年）。其中一些已经固定下来以加强创造性游戏和生理发展、活动的机会。这些都能提供认知需求。这样城市设计师就要关注一个更广阔的范围，如提供各年龄层次的人——男人、女人、小孩儿(帕罗里，1977年)、青少年(拉德，1978年)和老年人(卡斯顿，1990年)的日常活动的环境，这些内容将在第16章中详细描述。

舒　适

狭义地讲，舒适暗含着全方位的环境中人类不会受到任何伤害的经历。生理舒适是根据人类身体受到的刺激程度进行评价的。皮肤受到的压力、物质环境、风、温度、湿度的综合作用是形成人类舒适度的主要因素。因为每个人身体和精神状况的不同，对于舒适的评价存有巨大差异，更多的是依赖居住的习惯水平。同时心理舒适度与生命财产安全感有关，将在下一章进行讨论。

满足舒适的需求，人类发明了各种机器，如吊扇、机动车和电脑等。但是作为职业人士城市设计师更关注的是提供获得服务，提供心理舒适的公共环境——多数是室外环境。在这个水平上，城市设计师就要对建筑环境的元素结构进行处理，即具体的气候区获得的日照、遮蔽和微风（奥格，1963年；钱德勒，1976年；莫尔、埃比泽克，1989年），还要对公共环境的设施进行处理以满足人类环境改造的需要，从而令这些设施安全舒适地得到使用。

生理需求与行为环境设计

城市设计师设计能满足人类生理需求的行为环境时须注意以下三个方面的问题：(1) 行为环境系统的活动要持续、健康和可发展；(2) 环境质量要能够提供那些行为活动模式；(3) 周边环境要保证能够舒适地进行这些活动。因为人类需求是有层次的，一旦获得基本的舒适权后，人类的需求就会上升到一个更高的层次，而且对于环境质量舒适度的要求也会相应地得到提高。所有这些需求将体现在文化背景中。

行为环境系统

在生存、健康和发展规划中，政治家和规划师关心的就是人类通过活动满足自身需求和社会可获得的资源。城市设计关注的是制定出适宜的政策和创造出一种设计为居住区提供一个好的布局从而能够提供基本活动。我们的目标就是提供生存必需的行为环境和创造出一个适当的社会经济氛围，这样人类就能够通过选择达到目的。

美国的行为环境系统对于满足生存需求与其他国家相比具有很大的不同。在一些农村地区规划要关心的是：什么仍旧是基础的农民文化？人类在什么地方直接参与生产自己的食品？居住区设计在哪里能够保证财产安全和为人类和牲口提供遮蔽的场所？哪里能获得清洁水源和医疗服务以满足健康需要？行为活动模式与农业关系密切并且涉及许多仪式要素，变化很快。美国和世界上多数技术发达国家，已经开始关注人与工作机会直接获得之间应并保持良好的联系，关注建立土地利用政策，否定交通运输能源消耗扩大的需求，关注制定社会政策，使那些没有财产经济来源的人获得能够生存的产品。

城市设计师很少直接参与国家和地方上社会经济政策的制定和城市住区服务需求的提供。在美国和其他民主国家，这一决策权掌握在法律的立法机关和市场手中。但是，城市设计师能够根据引起立法者和市民关注的空间和城市的模式获得完善的经验知识。这种空间和城市的模式要求更易于获得个人和公共健康服务，广泛一点说，是更易于获得个人自身发展的机会。过去城市设计师是重建公共设施和重建作为城市之“肺”开放空间的强有力提倡者。然而多数的倡导是建立在审美的和对于环境多样性与健康之间联系上但却是没有事实根据的基础之上的。现在，他们获得了更多的科学和科学性的信息，依据这些信息他们就可以讨论如何促成具体的设计。

在今天的城市里，满足生理需求的城市设计原则焦点如下所述：(1) 提供就业机会，如零售业、教育和其他基本服务；(2) 提供健康服务的行为环境的特征、分配和质量；(3) 促进重新创造健康的娱乐活动；(4) 存在于日常生活一部分中的发展机遇；(5) 开放空间周边环境和公共环境领域中其他要素的质量和舒适水平。要处理好这些问题城市设计师就必须和许多其他专业的人士协同工作。

设计环境

城市设计师关心的基本问题是：健康环境由什么组成，传统上被称为功能性的具有拟人化和人体工程学特征的城市形态城市设计目标又是什么（蒂尔曼夫妇，1990年）。提高城市环境质量要达到的目标是：(1) 全方位的住区形态；(2) 场所空间环境；(3) 场所空间环境之间的联系。环境要成为活动的提供场所、遮蔽场所，还要具备生理刺激和舒适感。

初始设计

城市设计的主要目标之一就是提出各种服务获得的渠道，尤为关注的是人类之间联系的程度和目标地场所空间环境的质量。人类之间产生的联系多数是发生在户外、公路、高速路、人行道、公园广场等地方，但是也有些产生于封闭的地方。水平面和封闭要素就成了城市设计师的工作单位。因此，城市就被想像成一系列的圈层，一些有屋顶，而另一些则没有，一些属于私人领域，而另一些则属于公众领域。

交通运输系统

城市中除了步行街道外，许多场所空间之间的联系就发生在交通运输模式之中。正如本书中先前所提到的，如排水系统，人与机器的运输构成了形成城市形态的主要因素。城市建筑环境由与运输相关的空间和构成城市公共设施的主要建筑物——公路、铁路、机场所组成。城市“街道”宽度和其表面材料有着自身的特点：传统的北非伊斯兰教城市道路是为主要交通工具骆驼和行人设计的；威尼斯以水路交通为主；19世纪晚期的非洲殖民地（如津巴布韦的布拉瓦约）城市道路宽度只够一头公牛转弯之用。犹他州盐湖城的道路宽度也是出于上述目的。直到20世纪末期，北美洲城市的道路设计才开始以机动车的交通为主要考虑因素。

特殊交通网的设计非常复杂，往往由职业工程师来设计，并且还将继续由他们设计。有许多团体提倡要有特殊的交通形式。在塑造美国城市特征方面，汽车工业扮演了城市设计的主要角色，为此也出现了公共交通、自行车交通和步行交通的拥护者。城市设计师就必须充当这些利益集团之间矛盾的调和人。

美国的城市设计越来越关注对于活动场所（和更进一步土地利用）与行人、机动车及其他多种交通形式统一模式之间的内在联系。在美国，每种交通模式的设计都要面对各种监控与管辖，但是这些部门之间的配合协调是比较困难的。那些配合得好的城市在环境质量、可运动性和吸引人类使用公共交通方面已经获得了巨大回报。

现在主要建筑工程和城市设计面临的问题之一是存在于城市建筑环境的新系统统一问题。城市里修建新的高速道路和其他交通设施造成巨大的割裂性影响，因为需要拆毁大量的道路和铁路才能建成[参见图10–4（3）]。这种做法类似于20世纪初期的城市美化运动[参见图2–19（3）]。

在新建城市里问题就不同了。交通系统甚至整个基础结构设施系统都能提前进行设计。近来美国

1.芝加哥的奥黑尔机场

2.芝加哥环路

3.俄勒冈州波特兰市的亚姆希尔历史街区

图11–3　交通运输模式“生理学”

城市设计中经常出现要满足人类舒适与令机器良好运转之间的取舍。我们使用的各种交通方式都有各自的路基需要。有时必须提供特别的轨道（1、2、3）。满足交通设施的技术需要是城市设计的一个主要形式（参见第10章）。当统一于总体规划时，交通方式能增强人们场所的体验，但是总的还是有必要进行调查以使实践成为可能。

出现了许多新的城市设计（如得克萨斯州的拉斯·克里纳斯）像英国的密尔顿·凯恩斯一样，把机动车作为基本交通工具，这样就形成了城市形态的组成要素。这种情况反映了道路与建筑的整体关系[参见图2-4（3）、图2-19（3）]。公共交通设计的困难在于受到那些有足够经济能力人的大量批评。如何达成此目标就成了一个特别的难题，因为多数的美国设计师和其业主都寻求设计出相对低密度的环境。在这类设计里，设计师的规划应该在思索之后，至少提供出正确方法应对潜在的未来交通联系和避免随城市发展带来的建筑物拆除。更不必说，这种便利将会有利于减缓发展和资金投入后及时回收的压力。高密度的环境中，公共交通是基本的交通出行方式。

通过削减或禁止机动车穿越城市中心区，加宽人行道，修建步行广场，减少停车空间从而改善公共交通选择自由的一系列做法使得中心区会更为舒适，这种做法具有相当大的压力。我们的目标是使高密度的环境对行人而言是更加舒适的。同欧洲那些作出努力的城市如哥本哈根相比较，虽然美国有许多步行广场，但是很少有城市采取激进的政策措施大范围地限制机动交通（盖尔，1987年）。华盛顿州的贝尔维尤市（亨肖，1983年；贝尔维尤，1984年）就发展了一种综合规划，但是由威克特·格鲁（参见图3-5）所倡导的设计选择并没有得到实施。

无障碍城市设计提示

生理上受到损伤的人要求他们不被建筑环境的布局看作残障人士，他们也要求能够有人格地使用环境。他们中的许多人要求被当作普通主流人群来对待，并且能够很轻易地获得日常生活环境的使用，而不是为他们单独设计建筑物的特别出入口和交通系统。我们的目标是能够让那些残障人士参与日常生活而不仅仅是旁观。现在人类已经积累了许多关于成功建造无障碍环境的知识（贝德纳，1977年；鲁宾逊，1985年；温妮，1990年）。

直到最近，既没有政党也没有建筑师支持建立美国的无障碍城市。前者发现成本太高，后者认为不利于他们的艺术自由发挥。然而，年轻的建筑师似乎对于无障碍设计的问题考虑得比年轻的医生多一些。随着“美国残疾人法案”于1990年的颁布，对于无障碍环境的关注得到极大地提高。对于人类整体而言，这样的环境有利于每个人（奥格特菲，1978年）。把无障碍设计看作是所有新设计工作尤其是公共环境设计的一部分成本是不高的。经常改变的环境成本才是高的。

城市设计的行为规划要求之一是具体在什么水平上和为什么样的人设计无障碍环境。具体是指“不能行走的残疾人是指坐轮椅的残疾人；行走能力部分丧失的残疾人是指用拐杖行走的残疾人；视觉障碍的人是指盲人；听力残疾的人是指聋哑人；不能与别人相处的残疾人”。目前所有的规章制度都肯定了无论一个人是走路、坐轮椅或使用拐杖来行走他都可以想到哪儿就到哪儿，随意造访他想要去的地方。我们关注的是那些半身麻痹的人、盲人和聋哑人。

1961年美国政府为这类人群能使用公共设施制定了一系列设计规范，随后的10年又进行了修订（美国国家标准协会，1971年）。最初关注的是为坐轮椅的人使用方便的路面。具体说就是为这些人上厕所、打电话、乘坐电梯设置坡道。就盲人而言，寻找道路是特别重要的，目前通用的做法是用盲文书写记号或者用凸起的文字做记号，使用有声的警告，取消有可能对他们会带来危害的低悬挂的招牌，设置盲人专用道（即城市设计师考虑路面材料时在其中加上纹理）。

活动设计

一些活动的固定行为模式受限制于一系列正式规则，而且这也是环境的基本需求。棒球和橄榄球等运动场所就是这些活动场所的例子。其他多数活动场所受制于期望的文明行为的规定，其目的是获得行为活动与环境之间的融合，从而行为活动能够至少有明文标准和资源使用。许多场所空间服务于多种行为模式，这时城市设计师所要解决的问题就是哪些场所空间只服务于固定运动，哪些场所空间可用于多种活动用途。我们已经经过了一个多功能场所空间的时代，但是有迹象表明现在出现一种回归的趋势，即要设计具体行为活动使用的具体场所空间。例如，巴尔的摩市新建的棒球场就只能打棒球而不能打橄榄球。事实上在20世纪60年代的美国就已经出现了许多具有两种使用功能的场馆。

除了外层空间外，所有人类行为活动都发生在地球表面。因此地表的质量对于方便使用它们作为行为活动的环境就非常重要。不同的行为活动需要不同的地表状况，而不同的地表状况又需要得到不

1.芝加哥环路上

2.费城第十六街和摩拉维亚大街

3.明尼阿波利斯的尼克雷特广场

1.费城的宾夕法尼亚大学校园广场

2.马里兰州哥伦比亚市的购物广场

3.公园的长椅
(照片来源：作者收集)

图11－4　无障碍环境

许多正常人能在任何情况下做的事情(1)另一些人则不能做到。本书的观点是，公共环境应该对所有的人都没有障碍。应该由社会承担无障碍环境的成本。设计中就出现了两难的局面：对一种人群无障碍，但是却造成其他人群的困难。路缘石对盲人讲是好的行走线索，但是对于坐轮椅的人就不能上路了(2)。环境设计应至少应该能使坐轮椅的人体面地到达所有的公共场所(3)。

图11－5　场所的舒适要求与设计

任何公共场所——室内的(1)和室外的(2)如何才能提供具有人们所期望活动的生理支持和美学特点的质量是一个复杂的问题。需要关注的基本就是地平面特点、围合元素、家具和照明特点。人类对室内和室外空间质量的期望有很大不同，不论空间适应功能还是人类有选择性的资源都要求布局以具体的方式进行设计。

同程度的维护。一种特殊的表面状况可能特别适合于某一种生理需求，但是却不适合另一种生理需求。例如，假设有人穿了一双合适的鞋子跑在人造草坪上感到很舒服的话，但是在炎热的天气里他可就没有那么舒服了。

许多行为活动要求有不同类型的封闭墙体。封闭的墙体可能是出于生理原因的需求——保持舒适和满足私密性要求（参见第12章、第13章）。除此以外，不管是不是需要这种围合，许多公共开放空间都被建筑物的墙壁围合起来。一个城市的特点部分需要依靠城市空间的模式、材料和布局以及发生活动的空间场所与它们之间的联系。

正如前面已经提到的，城市设计关注的基本问题是场所空间环境的地面状况和提供方式，以及一些固定的或半固定的设施（E·霍尔，1966年）。一些表面走起来很舒服，另一些则不然。一些固定设施（如长椅、踏步、栏杆）坐上去很舒服，另一些则不然。设施和照明的布置方式不仅影响行为活动进行的方便性舒适性，而且影响到周围环境场所空间的结构布局。

庇护所和舒适性设计

城市环境中复杂的地形、建筑物、道路和其他铺砌表面的热力学和水文学特征、机器运转产生的热量，这些都改变着场所空间的健康程度和舒适程度。城市设计关注的两个结果是：（1）可能有毒害的场所空间生物特征的改变（参见第19章）；（2）对人类和其他有机体使用环境微气候的影响（见下文）。城市生态环境处于两者的共同作用之下。

每一幢新建筑都改变着室内和室外的气候。当建筑物在乡村、城镇和城市聚集时，它们会创造出一种明显的常常是令人不快的气候（钱德勒，1976年；霍夫，1984年；斯本，1984年）。这种情况是不可避免的。我们本来能提出一些指导方针用于减轻城市发展带来的影响，但是到目前为止，我们所做的就是让市场和其他城市设计的关注者成为城市模式的惟一执政者。于是问题产生了："造成现在的城市气候特征是谁的责任？"

建筑师关心的是建筑室内环境，很大程度上并没注意到建筑对室外环境的影响。许多的诉讼开始要求新建筑设计师必须考虑对相邻地区的影响。例如，20世纪80年代中期，位于下曼哈顿卡特兰街22号的屋主们就向纽约州最高法院提出诉讼，控告中心的地面由于双塔而产生的风使他们的房屋以"非正常的旋转姿态"移动，要求世界贸易中心支付1,000,000美元对他们的房屋进行了结构上的修理。然而对于临近建筑物公共空间的质量问题却很少有人提起诉讼。但是，当地政府部门对于建筑物应如何形成城市公共领域空间，如街道广场和其他场所空间的生活质量问题已经变得越来越让人关注。

由于建筑物之间的空间环境质量日益恶化，公共环境的遮蔽性与舒适性尤其是高层建筑周围的高密度环境越来越受到设计的关注。许多美国城市已经制定或正在制定紧急设计指导方针，近来许多法规由于追求多样性而导致有些部分很难确定下来，但是其目的仍是要促进建设宜人的生理环境。这些法案不仅涉及公共场所空间的阳光问题，而且涉及风的影响问题（如旧金山；参见艾伦斯、伯斯雷曼尼，1989年；波士顿的德金，1989年）。

什么是适宜的舒适水平不仅由生理决定而且由文化决定。不同宗教信仰的人对待舒适的态度是不一样的。舒适设计与开发设计之间经常会发生冲突（参见第20章）。美国人对于生理舒适有很高的要求。现在人类希望室内空间要非常舒适。

清楚的是传统行为活动方式为我们很容易地达到更舒适提供了道路。一旦新的标准建立起来就很难让人回到不舒适的标准上。决定什么是文化适合的行为活动是一个连续的过程（参见第21～24章）。

视觉质量与舒适

在建成城市中，我们遮蔽公共环境，照亮夜景。场所空间的灯光与照明模式通过灯具的模式标准及照明模式本身极大地赋予了其美学特征。然而照明有许多基本的目标：使行为活动成为可能，视觉舒适（令反社会行为更易被发现），指明道路，成为正式的标志性美学功能。

视觉舒适即易见性与个人的变化和行为活动有关。为使人类能够看到，主要进行两种设计上的考虑：不同的照明条件下能够看到不同距离的现象，而且要避免闪光。基本的要求是要有足够的照明使人类进行活动，读标志和看细节时能清楚地看到环境（参见卡瑞、梅尔／史密森有限公司，1973年）。盲人则视具体问题而定。

人类能够在照明水平很充分布置的情况下看清楚东西（吉布森，1966年，1979年）。我们从事的工作越好对照明水平的要求越高，年纪越大越要求

1.内华达州的拉斯维加斯
（照片来源：斯科特·布朗·文丘里及其助手）

2.费城的肯尼迪大道

3.购物中心
（照片来源：由安妮·斯特朗提供）

图11－6　城市设计的视觉要素

总的说来，城市设计师是站在美学角度来考虑视觉质量的，但是更基本的工作应该是轻易地能看到环境要素。比如字母的密度和大小，移动的速度就和能看到标志的合适距离有关系（1）。另外，必须避免建筑物“不良的反射”干扰驾驶员的视线。这一问题大多出现在装有玻璃幕墙和反射玻璃的建筑上（2）。人工照明使我们扩大了城市使用的范围（3）参见图14－12。

更多的照明。在不同的场所空间、在不同的时间、在不同的物体表面与其他部位相比，照明水平不一定要非常高得像绝对的照明一样眩目耀眼(坎托威兹、索瑞金，1983年；蒂尔曼夫妇，1990年)。

新材料对视觉舒适产生了许多不可预期的影响。例如，随着玻璃幕墙和反射玻璃在建筑物上使用的发展，如何避免反射光的刺眼，尤其是对汽车司机眼睛的刺激成为城市设计关心的问题，但是这确实是很少被提及的。

声环境与声舒适

声音的舒适不仅取决于声音的分贝，而且取决于音调、声源的特征和人对声源控制的感觉程度。令人不快的声音（如噪声）能侵入人的私密空间并打断正在进行的行为活动。过去人类习惯于忍受极吵闹的环境，但是现在人类对于城市生活环境无污染的关注正在提高，尤其在美国一些大城市中心，如纽约（可能更受到关注的城市是欧洲的城市，如罗马、伦敦以及亚洲的城市，如雅加达）。来自交通的噪声和空调这类机器的噪声回荡在建筑物之间，达到了令人难以接受的分贝。类似的情况是飞机通过的声音，尤其是飞机临近机场穿越居民区的声音。当飞机起飞降落时持续产生的噪声是规划师和设计师需要解决的问题。

建筑物自身的各种排风扇也能产生噪音。最近纽约有一个案例，建筑物形态本身成为噪音的产生者。720英尺高的C ITYSPIRE大厦业主被开了罚单，因为大厦顶的天窗造成的高音调哨声使它的邻居们感到很恼火。

城市设计师很少关注日常生活的声学环境质量，部分原因是我们的认知模式仅仅是注重视觉环境，而不是其他的知觉环境质量。通过选择环境表面所使用的材料和其内在的物质特性，场所的声音能够与视觉质量一样得到妥善安排。我们要关注的不仅是除去消极的声音，更要在具体的场所空间增加积极的声音。如鸟鸣声、孩子的哭声、秋季时脚踩在落叶上发出的沙沙声（参见第17章）。许多积极的声音可以使城市和具体场所空间成为吸引人的地方(索思沃，1969年)。有时候为了创造舒适的声音环境，可以用积极的声音掩盖消极的声音。

只有很少的技术设计师能做到降低噪声源以减少对周围环境的影响。一种方法是通过改进设计减少声源分贝，另一种方法是经过仔细考虑在声源与

1.丹佛

2.得克萨斯州圣安东尼奥市水路
（照片来源：詹妮弗·泰勒摄影）

3.芝加哥的州政府大街

图11-7 城市声环境

噪声是一种不被期望的声音。使用固体障碍，如建筑、墙壁和窄道可以阻隔常规的噪声源，或者像纽约的皮雷广场一样使用瀑布声来掩盖噪声[参见图17-3（3）]。噪声隔断逐渐成为繁忙的高速路的标准组成，但是也破坏了驾驶员的环境视觉体验（1）。在繁华地区具有愉悦声音的场所空间给人以极大的快乐（2），但是如果完全消除车来车往也会降低了场所空间的生活感（3）。

环境之间使用固体材料。采用建筑物、墙壁、窄道空间、泥土是我们用来吸声的主要技术手段。这样做的重要性是因为高分贝的噪声对生命体非常有害。为适应噪音，人类倾向于调声音交流的其他重要方式。但是这类适应对于家庭生活和儿童智力的发展有消极影响。

嗅觉舒适

城市中散发自生物环境和行为活动中的气味是令人心情愉快和不愉快的主要源头（吉布森，1967年）。我们努力寻找前者，尽量避免后者的产生。人类聚居点充满了来自机器和制造过程散发的气味。人类很难适应难闻的气味。如人类就很难生活在生产强硫磺的工厂附近。

区域法规至少部分导出日常生活使用有害物隔离的规定，这仍将是避免难闻气味的主要手段。常规的城市设计中，我们很少考虑嗅觉污染引起的精神后果和对人私密性产生的侵犯。

一个场所空间通过设计引入树木、灌木和鲜花或者产生香味的企业（如商场的面包房）能够获得怡人的气味。必须记住判断好的和坏的气味不仅在于生理因素，也是一种文化界限，它依赖于居住区的等级和气味联系的意义。当你参观机动车服务站时，汽油的味道也许会是令人愉快的，但是在家里就不是。总的来说，美国人有寻找大范围无气味环境的美名。

新陈代谢舒适

在户外，人体新陈代谢的舒适性依赖于个人活动的程度与气温、湿度、辐射热、空气流动以及穿着的衣服。人对气候环境的适应程度因人而异，是一种主观对舒适的看法。这些因素受到环境布局的影响。

过去30年对建筑环境特别是近来建成的建筑环境造成户外活动的不良影响导致了大量对城市场所空间的研究（奥格，1963年；吉沃尼，1973年）。历史上多数时期的城市发展都是由文化引起的。这类城市适应于其气候特征。炎热干燥地区的城市由拥挤的房屋组成，这些房子带有中庭以利于形成穿堂风，狭窄的巷子增加了荫凉的面积。相反，炎热潮湿地区的城市房屋分散布置可以令微风穿越。尽管美国各地的城市气候很不相同，但是只有少量存在

1.明尼阿波利斯的联邦第一银行广场

2.西雅图的先锋广场地区

3.纽约的洛克菲勒中心

图11-8　城市设计与新陈代谢舒适

现在美国城市的许多场所是令人不快的，于是在潜在的高峰使用时间变得荒芜（1）——“一个从未上演戏剧的舞台”（库珀·玛库斯、弗朗西斯，1990年）。必须注意城市日常生活的户外环境质量，可以种植合适的树木，如在温暖地区种植落叶树种（2），寒冷天气里在室外获得阳光。我们越来越依赖人工控温环境（3）。我们必须经常这么做！

于建筑上的相关线索表明这些不同。近来，许多城市设计缺乏重视太阳的朝向和流行风向。结果气候使街道成为令人不快的地方，广场经常位于建筑的旁边，其气候也不舒适（如W·R·荣誉广场，纽约；怀特，1980年）。

温　度

美国人对在城市中行走的舒适性要求正在提高。以前的20年以至最近，开发商一直持续地关注城市所展示的购物中心和天际轮廓线。设计人体户外热环境舒适经验主义有效性是有必要的。

北美的那些中心城市非常依赖步行交通取得了零售业的成功。下雨天、下雪天或温度在零度以下及华氏80度以上时，街道上的人流量会有显著变化。在这类城市里，设计师非常注意寻求提高行人舒适度的方法。结果，购物广场有了发展。密歇根的好兰德中心道路下装有融雪系统（那里年降雪量75~100英寸），有些城市，如明尼阿波利斯或明尼苏达州的得鲁斯市，都建有天桥系统。达拉斯则出于不同原因有广阔的地下交通隧道。所有这些设计的目的都是为提高零售量。那些地方便捷、安全又舒适。这种设计是成功的。

随着技术的提高，制冷与制热系统得到了改善。这种改善同时提高了人对环境舒适水平的要求。特别是随着中央空调的发展，室内舒适水平提高了。室内环境质量的提高导致了城市公共空间、半公共空间和半私密空间的改变。夏季房屋中曾经作为纳凉的走廊和阳台现在由于室内空调的使用而不再利用。佛罗里达州的海滨区域，设计指导方针规定每幢房屋都要有面向大街的具有特别标识的走廊。但是制定这种规定的社会原因似乎多于气候原因（兰登，1988年；帕顿，1991年）。

户外环境的舒适不仅取决于适宜的温度，而且取决于场所空间地面和墙体热辐射的程度、湿度和空气的流动，还取决于太阳和荫凉的方式。季节和行为活动的不同，期望的条件也不同。多数美国城市的问题是公共空间被高楼大厦严重遮蔽，因此美国温带地区的城市设计更关注确保夏季空间接受适度的荫凉后还能得到更多的阳光。

日照多的地区人类使用公共空间需要荫凉与微风。通过树木、雨篷和建筑物能获得荫凉。树木的优点是树下能产生空气对流，有助于制冷，如果是落叶树，冬季还能让阳光透过（阿诺德，1980年）。

1. 纽约的第五林荫道

2. 费城的社会山绿色林荫道系统

3. 宾夕法尼亚州的艾伦镇
(照片来源：作者收集)

图11—9　城市步行过渡空间与心理需求

在公共领域中无论是宽阔的人行道（1）还是人车分离的步行空间（2），地表的特点及其材质和坡度都是设计街区过渡空间时要最基本关注的因素。长久以来人类都使用不同的材料区分各种活动场所。使用雨篷和天篷以防雨雪（3），使用内部过渡空间防止天气变化逐渐成为城市设计考虑的部分[参见图7—4（2）、图11—3（2）、图11—4（1）、图11—5（3）、图11—8（3）]。这类连接经常也给人以安全感（参见、第12章）。

树木能在很大的范围内帮助城市和人类保持凉爽的空气（莫尔、埃比泽克，1989年）。

美国北部的寒冷地区、加拿大和北欧，人类在室内生活的时间大约占全年的70%左右。两种对立的观点告诉城市设计师应该怎么做：不使人类免于最低生存水平的特性；或者保持气温在70℉(21℃)。爱动的年轻人受冬季气候的影响较少，但是体质较弱的老年人就需要保护。符合逻辑的解决方式是给人类提供选择的机会（普雷斯曼，1987年；曼特、普雷斯曼，1989年；卡篷，1991年）。

许多环境主义者和一些建筑师都反对严重依赖空调制冷。已经使用减少这种依赖性的设计机制，这种机制包括使用突出的表面、矮墙、植物和其他的技术方法保持炎热地区和一年中某些时候的气候舒适。与此相类似的，设计师对于建筑朝向、凉爽地区公共空间获得阳光和炎热地区荫凉设计有更多的思考。

湿　度

只要相对湿度达到40%～50%，无论是凉爽的天气还是温暖的环境都会令人感到舒适。炎热天气里稍微高一些的湿度水平也是可以接受的。几乎所有的人对于高湿度都感到不舒适。人类对什么是高气温持有不同观点，但是40%的湿度，超过80华氏度(20℃)的气温很少有人会感到舒适。

长久以来喷泉、树木和其他植物在城市设计中都是用来改变城市广场、庭院、林荫道，特别是炎热干燥地区的湿度水平会使这些地方的温度宜人，更令人舒适，实践证明这种设计是成功的。如果缺乏仔细考虑水和植物的使用也会造成负面的效应。在像亚利桑那州幽静的地方和度假区等一些场所中，湖水、树木、草坪（特别是高尔夫球场）、鲜花的引入需要浇水从而造成空气湿度水平的提高，到了夏季人会感到不适，那么，人类就有非常的理由放弃这个本来是作为首选的场所空间。而且，这些地区的布局模式是这些北部城市地区人类常选择的模式。

空气流动

大气压力梯度引起空气流动。影响城市的风有四种基本类型：流行风、暴风雨、飓风、地方性风。地方性风有下述几种形式：海陆微风、Foehm 风（由于气流越过山脉引起气温改变），山谷中太阳热能改变产生了下降和上升的风。

容易受到气旋和洪水影响的地区，针对暴风雨的天气条件而进行的设计是生存所必需的（参见第12章）。主导风向和地方风对于舒适水平更有影响。空气流动穿越城市有许多目的：保持场所空间的凉爽，带走污染物，令城市进行简单地通风。由于城市中建筑物和公共空间的布局引起越来越严重的风影响由下面两个原因造成：（1）吹打在建筑物表面的风有3/4沿建筑物垂直下沉到地面形成旋转气流（因此建筑越高风力越大）；（2）当空气流从高压流向低压使建筑物迎风面和背风面之间风压不同造成高速风。只有把建筑物的高度降低到六层以下时，城市中不良风的影响才能得到实质性的降低。但是这么做会引起其他问题。通过对建筑物之间过渡空间的设计能够调节城市风的影响（墨尔本的埃恩斯雷和维克里，1977年）。

当风速达到50 mph(23m/s)的时候能够吹倒一个人。建筑物的布局对穿越街道和开放空间的风有很大影响(德金,1989年)。如果风速以11 mph(5.06m/s)穿过步行区或者以7mph(3.22m/s)穿越休息区时，人就会抱怨风太大了。大多数美国城市所在地区在特定的日子里都会明显地受到风的影响。其他国家的一些城市这个问题就更加严重。例如在东京的大风天里,有些街道上和沿街路边会绑上一些绳子供行人走路时手去拉着。有些人也许觉得这很滑稽,但是那些亲身经历的人会感到尴尬。城市设计的基本目标是争取舒适和避免危险(如人被进入街口的车辆撞倒、建筑物被毁坏、广告牌和树木被吹倒)。

城市设计师制定处理这些麻烦的总体方针政策时要面对的问题之一就是，根据流行风并不能真正很准确很好地预测城市特定地区风的运动。经常也是惟一的做法是在建筑物建造之前做风洞模型，预计风对建筑物的影响。不过全部过程都是建立在我们对于城市和风的理解之上的，设计原则也是基于这种理解才被发展的。

设计原则如下:(1)避免环绕城市边缘修建高大的建筑物——高度的突然改变加强了建筑物迎风面开敞空间的风速,却阻碍了污染空气的流出;(2)提供高度区域转移以减轻问题的原则(如不要沿有人行道的街道变换高度,而要在城市中心区进行这种变化);(3)在地区建筑物高度设计说明书中规定建筑物间的空隙,这样可以保持合适的建筑物间距,并使之得到阳光和避免受到下降气流的影响。

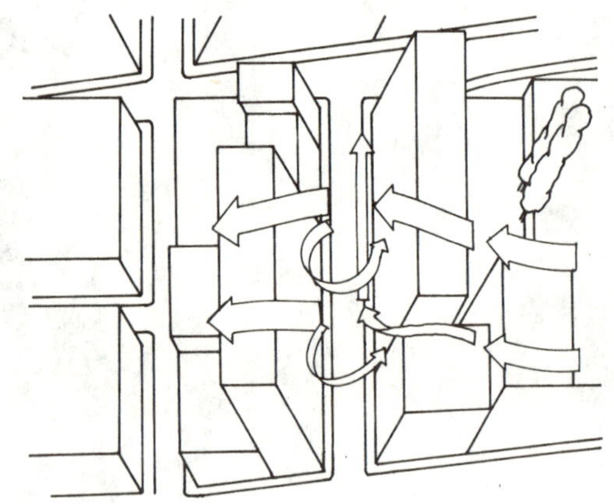

1.压力关系
（资料来源：作者收集）

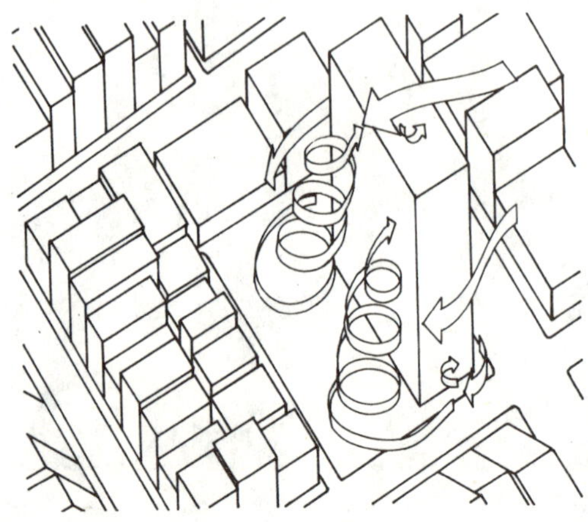

2.旋风效应
（资料来源：作者收集）

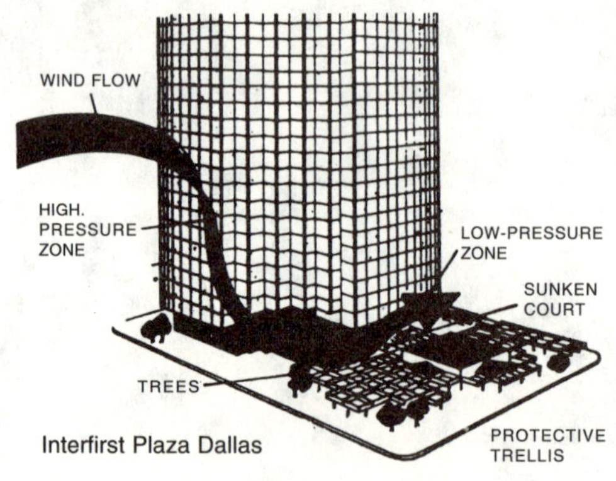

3.减缓风力元素，达拉斯的Interfirst广场
（资料来源：作者收集）

图11－10　城市肌理的风效应

建筑特别是高层建筑的风效应已经是城市设计考虑的一个主要因素，但是建筑布局对风流的影响和由此产生的开放空间的质量却很少被城市设计考虑。近来的研究让我们更加理解了城市道路（1）和高层建筑前的广场（2）以及这些建筑的形态对风流的影响（艾伦斯、伯斯雷曼尼，1989年）。城市设计指导方针已经开始系统地进行陈述并告知房屋开发商和建筑师他们应该承担的公共职责。

城市设计的结论

因为忽视有害影响和设计决策的边缘影响变得显而易见，城市设计师开始意识到关注城市公共环境使用的基本生存与舒适要求。然而自古以来，人类住区设计都有意识和无意识地主要考虑了城市居民较低程度上的健康及舒适。早期人类寻找适合的山洞作为庇护所，创造地面和空中住所以获得生存和安全。

源于对设计健康城市的关注，分区规划、网状给排水系统工程得到发展（简·彼得森，1979年）。现在形成了一系列的城市设计问题：“不同行为活动适当的舒适水平是什么？”“一个设计师如何与其他舒适设计思考进行交替换位？”本书反复提到的问题之一是：“怎样使环境舒适？”与之相关的问题是：“怎样才能有效？”与“怎样解除压力？”

城市总体规划中，建筑师会关注上述问题。但是在分区规划中，设计师越来越多地处理有关城市发展范围和多样化的复杂问题。因此，在生理需求、资源获得和充分满足其他设计目标的要求之间达成一种交易。比较而言现在有一种与现代主义者所知道的对建筑环境的健康和舒适设计更全面深刻的理解。知识的发展使得设计指导方针指导的设计更加复杂和更加易于操作。说它复杂是因为我们现在以快速多变的方式在思考环境；说它太简单是因为我们现在是利用经验知识指导自己的实践。气候设计正变得日益职业化，尤其是当我们也考虑能源利用效率时。

城市设计师需要特别注意室内外空间的联系，使用柱廊和雨篷保护行人免受雨、雪浇淋和日晒（盖斯特，1983年；贝德纳，1989年；梅特兰，1991年），也需要特别注意户外空间的季节性使用。如果不把冬季当成敌人而是当成朋友的话，那么，冬季城市的生活就会有进行统一活动和庆祝的需要，如魁北克狂欢节。同样的像滑冰、滑雪这样的户外活动会使人很开心。

城市人类生理需求指导方针的设计

许多分区规划和设计指导方针要求必须要满足人类的健康和舒适要求。分区规划涉及有害设施的布局，不同土地利用的分配和规模，建筑物的体量，从而也间接涉及人口密度。建筑物之间全方位空间的质量问题是直到最近才受到重视的。本章列举了大量事例表明正在发生的变化。

1.费城的德龙大学校园

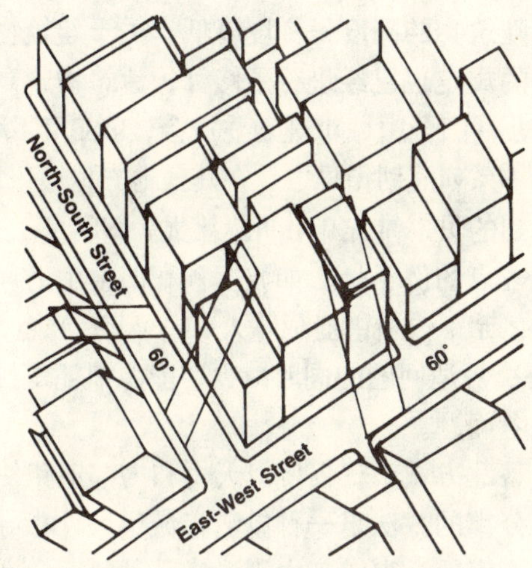

2.密集环境中太阳遮蔽的角度
（资料来源：作者收集）

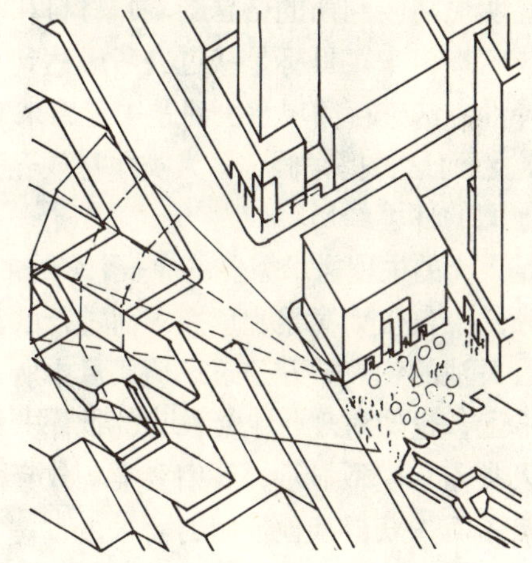

3.太阳风
（资料来源：由旧金山城市规划委员会提供）

图11－11　开放空间的设计指导方针

任何城市开放空间的舒适度取决于得到的光的特性（1）。长久以来，区域规划通过确定东西和南北向的太阳角度来控制街道的阳光（2）。旧金山总体规划文本三中的“娱乐与开放空间要素”规定“保护公共开放空间的阳光”。特别是小的开放空间，必须要根据具体位置确保冬季午间的阳光。然后要注意明确“阳光风”（3）。

几乎所有国家城市分区规划的主要要求之一塑造城市公共环境。这种要求规定冬季太阳达到最高点时，建筑物底层至少要获得1小时的日照。其他分区规划规定了通风和需要保留的一定数量的开放空间。最近还规定了公共开放空间的日照量。这个领域的先锋城市之一就是旧金山。

旧金山的城市法规对新建筑的高度和体量进行了控制以确保直接获得阳光的标准。可以接受的高度限制降低了，而且可以多样化多角度地模仿旧金山城市的自然山峦，区域规划中还规定高大的大厦建筑应该集中在金融核心区，从金融中心区一直到海湾，建筑物的高度呈梯度降低。关于建筑物的体量控制的规定也已经进行了修订，建筑物越高体量应当越小（旧金山城市规划委员会，1983年）。与之相同的一系列规划指导方针在其他地方也被采用（如华盛顿州的贝尔维尤市；贝尔维尤，1984年）。甚至更近来一点的例子是，如波士顿和旧金山对风的控制（艾伦斯、伯斯雷曼尼等人，1984年；德金，1989年）。解决舒适问题的同时减少了能源消耗是目前流行的思考问题。

代替北方城市仅仅使用天桥和内部道路使人与雪简单分离的方法是一种做法，城市设计指导原则早已经指出要令街道与太阳形成某种角度，在刮风的天气里为人类提供庇护所。同样的，使用暖色调的（如在明尼阿波利斯的格瑟剧院）材料和暖光也被作为规定提出来。目标是从过去考虑达到相同目的的选择性方法进行简单解决问题中走出来（卡篷，1991年）。然而这种提案假定了人类愿意放弃舒适度来加强他们的环境经历！

满足人类的生理需求需要进行一个多维的关注。同样清晰的，仅仅为满足生理需求而进行的设计就像把惟一关注的焦点放在建筑环境质量中所造成的消极影响上，也像对现代主义作品的批评一样。马斯洛的人类需求模型显示，我们要准备放弃多方面的舒适需求而去获得其他方面的需求。

主要参考文献

① Arens,E.,P.et al."Sun,Wind and Comfort." University of California at Berkeley,College of Environmental Design,Institute of Urban and Regional Development,Environmental Simulation Laboratory,1984

② Chandler,TJ.Urban Climatology and Its Relevance to Urban Design.Geneva:World Meteorological Organization (Technical Note 149),1976

③ Cooper Marcus,Clare,and Carolyn Francis,eds.People Places:Design Guidelines for Urban Open Space.New York:Van Nostrand Reinhold,1990

④ Greer,Norma Richter.The Creation of Shelter.Washington,DC:American Institute of Architects,1988

⑤ Lang,Jon."Anthropometrics and Ergonomics." In Creating Architectural Theory:The Role of the Behavioural Sciences in Environmental Design.New York:Van Nostrand Reinhold,1987.126～134

⑥ Mönty,Jorma,and Norman Pressman,eds.Cities Designed for Winter.Helsinki:Building Book,1989

⑦ Moll,Gary,and Sara Ebenzeck,eds.Shading Our Cities:A Resource Guide for Urban and Community Forests.Covelo,CA:Island Press,1989

⑧ Robinson,Gary O.,ed.Barrier-Free Exterior Design:Anyone Can Go Anywhere.New York:Van Nostand Reinhold,1985

⑨ Sprin,Ann Whiston."Dirt and Discomfort" and "Improving Air Quality." In The Granite Garden:Urban Nature and Human Design.New York:Basic Books,1984.41～87

⑩ Tillman,Peggy,and Barry Tilhnan.Human Factors Essentials:An Ergonomic Guide for Designers,Scientists,and Managers.New York:McGraw Hill,1990

⑪ Welner,Alan H."Environmental Accessibility for Physically Disabled People." In F.J.Kottke and J.F.Lehman,eds.,Krusen' s Handbook of Physical Medicine and Rehabilitation.New York:W.B.Saunders,1990.1273～1290

12

满足安全需求

一旦人类的生存需求和基本舒适需求得到了满足，就会需要满足更高层次的需求，特别是安全需求。一些美国人的生活被某些需求支配时，多数身心健康的人的安全就可以得到很好的满足。令人遗憾的是，这个国家许多地方的很多人处于脆弱之中。由于害怕反社会行为，城市设计中对安全的关注多于其他方面。确实，现实生活中的许多情况导致人类对生存需求的关注先于舒适需求。

20世纪前半叶，北美洲和欧洲满目疮痍，尽管如此，多数美国人日常生活中还是不必担心受到野生动物的威胁（虽然老鼠仍威胁许多低收入邻里地区），社会运转顺利，许多社会组织为人类提供相对较高的安全措施。美国许多内陆城市中，寄宿家庭、空置的停车场和禁止卖酒的商店都表明了一种心理恐惧。尽管安全需求不是美国人的主要需求，但是仍是许多人关注的焦点。这些需求的部分满足是激励人类寻求更高层次需求的前提条件。

影响城市设计师的两个基本安全需求是：(1)生理上的，即身体免受伤害；(2)心理上的，即所处的地理位置和社会地位。要获得第一点，人需要感到安全，远离野生动物、刑事犯罪袭击和各种家庭和交通事故。要达到第二点，人就希望避免意外伤害，掌握一切，知道自己身处的社会和物质环境，不害怕他人和社会局势。

清楚的是，面对同样的情况，因为性格不同，不同的人对安全的需求也不一样。一些人倾向于把世界看成是充满敌意的和无组织的，另一些人进行理智的明辨认为确实存在着的危险。极端的人着迷于强迫性的力量试图“通过疯狂的安排和使世界稳定从而令任何可能的意外事故都有所准备……使任何意外都不能发生”（马斯洛，1987年）。也有些人群特别容易受到危害，如虚弱的老人，尤其是城市中的老人。但是，即使在美国的乡村地区，社会网络仍很发达。这些危险包括：生物环境中的自然因素和事件、各种事故、反社会的人类行为。处于危险中的这样的人群是特殊的，因为他们的身体适应性水平低。

不安全因素

人类不安全感来源有很大的不同。许多人头脑中仍旧对核灾难和地球污染带来的影响害怕，尤其是年轻人，他们中的许多人对未来都抱有极度悲观态度。许多美国城市人仍害怕反社会的行为，甚至当他们走在自己社区的路上时也感到害怕。某些人还有其他的害怕，比如丢掉工作或被逮捕指控犯罪。对这些问题的处理超出了职业设计师关注的范围，这些是社会问题。城市设计只能处理症状而不是问题。也许环境布局设计提供了各种安全措施和个人保护政策，但是环境布局设计不会去探求反社会行为的社会和经济根源。但是，它对于生理和心理安全的关注和公共环境的设计的确有很大关系。

生理不安全因素

环境中对生理产生危害的四个基本来源是：(1) 有害病菌和污染物质；(2) 生态世界的自然事件；(3) 人工环境要素即建筑环境和人类使用的机器；(4) 部分人的反社会行为。如果对于这四个因素中的任何一个感到害怕的话，都可能会引起心理不安全的感受。个人解决这些危险靠的是他们自己的能力水平。城市设计包括对这些问题来源的探求。

有害细菌和污染物

城市设计这里关注的与区域和城市规划师以及环卫工程师关注的相同。有害细菌有许多来源：不

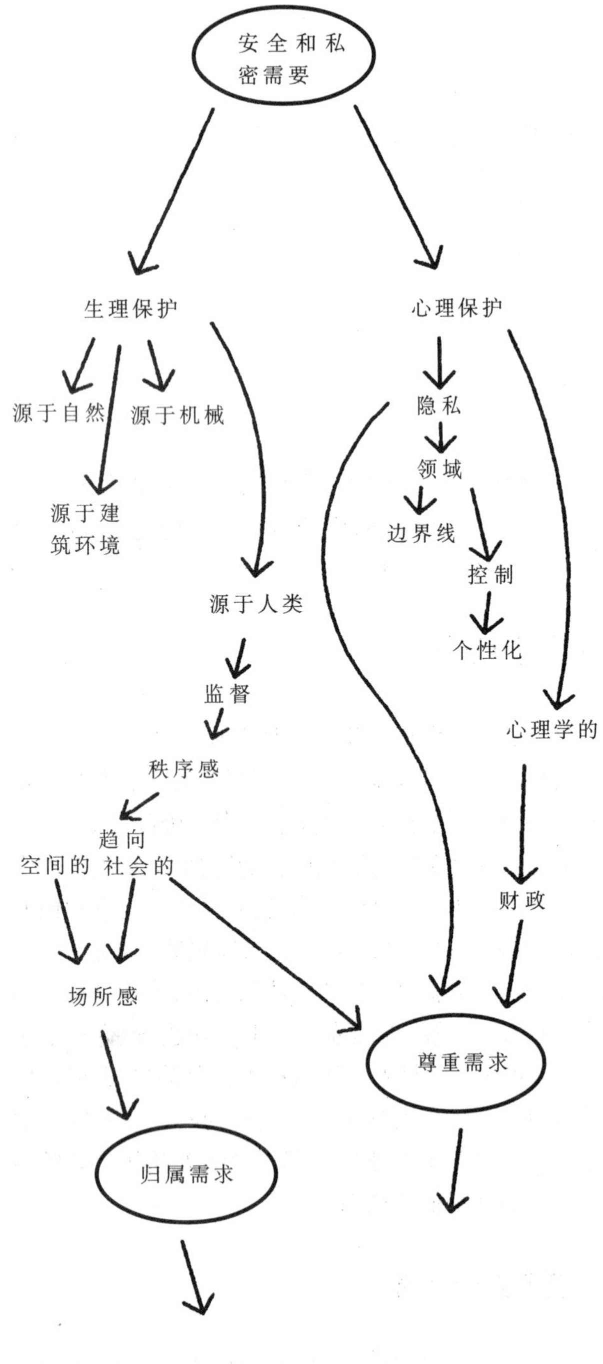

图12-1 安全需求

完善的废物处理、死水、小昆虫等。污染物也有许多来源：采矿业与工业、汽车的使用、甚至来源于各种植物。许多具体的城市设计问题也已经提到，其他的问题将在第19章中提出。城市设计要关心的是提供好的环卫设施，并为有害设施进行合理选址，而这些设施是保持目前我们生活水准所需要的。

自然灾害

很多情况下自然环境元素都是潜在的危险源。人类出于经济、防御或气候的原因在许多地方建造了居住区。他们有时知道那些地方的潜在危险，有时则全然不知。有些台风多发区的城市坐落在地震断裂带上，易受到暴雨袭击；有些城市坐落在沙丘上，易受到沙尘侵扰（麦克哈格，1969年）。为达到某些满意的结果，人类愿意忍受潜在的威胁，但是许多损失产生的原因是因为没有利用已掌握的知识采取措施把危险降低到最小的程度。1989年加利福尼亚州旧金山湾地区发生的地震表明措施的利用和我们在地震多发区的设计能力(兰格瑞奥,1990年)。震后，依据地震对策和BART隧道系统采取防震措施修建的大厦没受到多大影响。建筑规范、区划法规和工程设计原则已经得到很好的发展，并把这种灾害的影响减到了最小，同时也减少了火灾等常见危害的发生。随着更多的经验数据经过经验和系统研究后加以利用，无庸质疑地这些措施将会进一步得到发展。但是，上述的努力仍不可能完全避免严重灾难的发生。

建筑环境的形态和材料

众所周知，环境中具体形态和材料的使用可以令人对环境感到安全。需要注意的问题有两层：(1)地表面和其他表面令行为活动方式安全；(2)结构合理的建筑环境元素不会引起火灾、坍塌或部分断裂而伤害到人(如建筑装饰物)。由于害怕招致法律控诉，建筑师非常注意这些问题。法院把满足安全需求看作是最基本的需求。有一件控告巴尔的摩市和内湾设计师的案件正在进行。被害人是一个坐轮椅的男子，酒醉后行到没有防备边界的码头区后掉入水中而溺死，控诉人是其家属。出于美观的需要那里没有安装护栏以避免令人不快。也许未来的诉讼(或害怕受到起诉)会使城市设计师们提高安全标准吧。社会和我们的设计师必须考虑的一个问题是："设计师究竟采取什么办法，使环境安全保护那些非正常的行为发生？"而且我们最终要对设计和建设领域中的某些方面负责。

建筑材料变质，建筑物表面窗格夹由于与其他材料发生化学变化受到腐蚀，风吹落窗，表面潮湿变滑，这些问题逐渐得到了了解。面临的主要问题是某项新技术超出了执业者获得信息的范围。在我们弄清楚新材料的影响作用之前，它就已经在市场上出售了，而且似乎还卖得很不错。经过很长时间我们才搞清楚石棉纤维对身体健康的影响。只知道密封材料和机器散发出气味，空调装置让人感到恶心，这种建筑综合征是最近才知道的，但是还没有被充分了解。这些是生物学的问题，可以进行科学研究。它们与建筑设计有关，但是与不关心表面设计控制的城市设计则没有多大关系。

在美国引起伤亡的主要原因之一是经常发生的火灾，因为人为的错误，某些建筑系统的机器运转失误，照明系统发生故障，或者有些人为了经济利益故意放火，或者有些人干脆是为了娱乐。今天我们已经很清楚地知道如何防火、如何降低发生火灾的可能性了。降低人类对于建筑火灾恐惧的最早使用的方法之一是设计逃生通道，使用建筑技术和耐火材料。消防装置不断升级。然而，在具体环境下如高层火灾的消防装置仍旧很难使用。

机 器

各类机械，从四脚梯到建筑基础，不但是人类努力的潜在帮助者，而且也是潜在的危险。城市设计中城市规划与工程关注对高速公路和公共运输系统安全的设计，即关注交叉路口的布置、道路宽度、不同速度的变线设计等。美国的城市设计有一种发展趋势，就是已经关注到行人、骑车人、乘车人和司机的关系，如此就能创造出各种效能形式之间从前不必要的分隔标准。同时，也正如已经提到的，与欧洲相比美国人注意到了忽视对行人和骑车人需求的利益(C · 布坎南，1963年；贝纳沃罗，1980年；唐纳德 · 阿普尔亚德，1981年；穆德，1987年)。

由于建筑师以他的客观价值判断认为机动车使用更为重要，城市设计中对于安全的关注就偏离了。设计是根据设计师的直觉而不是经验知识展开的。有许多例子表明，似乎合理的人车分隔方式具有很不好的经济效应，虽然通过取消“街道上的眼睛”(eyes on the street)加强了安全感，但同时降低了城市和邻里商业区的活力，(参见第20章)。人类生活中机动车的作用与设计师建立的观点标准之间的区别是最根本的。而且，汽车及人的安全总是城市公共环境设计中最基本关心的问题，它们组成了供人类运动的街道和小路。

社会环境

在美国的许多城市中，反社会行为似乎达到了一个顶点，那里的人类心理倒退到更关注远离犯罪行为，为的仅仅是生命财产的安全，而不是更高层次的需求。无论何时产生了混乱的局面或者受到这种局面或无政府主义态度的威胁，人类对生命财产安全的需求都会变得很本质，我们制订社会计划、物质环境计划来处理这些情况使其能成为更加引人注意的焦点。对于犯罪忧虑的内部安全设计而非外部福利设计已经成为考虑的重点。它经常用来代替设计中的其他居住标准，其范围不仅包括单体建筑和局部城市设计，尤其是住房开发，还包括城市设计所关注的公共环境领域。确实，它是人类特别是妇女儿童和老人使用公共空间的先决条件（M · 弗朗西斯，1987年)。举个例子，公众不愿意使用纽约市布莱恩特公园的原因，仅仅就是因为人在公园中感到不安全。那些使用这个公园的人大多数被当作流浪汉和“扎堆儿”的瘾君子(耐葛、温特沃斯，1976年；施罗德、安德森，1984年)。最近经过重新设计和整修的布莱恩特公园改变了面貌和空间使用功能[参见图13-15 (6)]。这样的观察引发了关于社会本质和我们对不同人的态度等许多问题。

设计师必须与之战斗的最棘手和令人情绪激动的总是在某些地方经常发生的犯罪行为和人类对罪犯的恐惧。犯罪是社会问题，但是我们看到城市中与日俱增的防卫手段，并通过物质环境设计手段对其作出反应，业主在商店窗户上安装防暴窗(幕，板)，家庭主妇在门和窗上钉上板子。防暴窗可能是为了防止商店被损害，但是同时也破坏了街道的视觉效果，行人不会走令人厌烦的街面，防暴窗是即将要发生危险的标志。尽管美国许多城市暴力犯罪是事实，但是不该将之看成是不可避免的城市问题。世界上许多城市没有这类犯罪，在那些城市里，成年人和儿童们有很大的自由造访他们愿意去的活动场所。

心理安全

心理安全是通过控制个人生活即心态的平静而获得的。一方面心理安全与生存需求和身体安全关系密切；另一方面它又与归属感、自我尊重和自我实现的需求相关（参见图12-1)。心态平和具有非物质性特点。有人认为这个需求是宇宙客观规律的

1.圣地亚哥

4.密歇根的安妮阿波郊区别墅

2.费城的拱街

5.亚特兰大

3.费城的市场街

6.纽约的皮雷广场

图12-2 安全需求的表达

今天许多的美国城市和世界上许多城市里的人一样都需要一个保护物以防受到反社会行为的侵害（1）。这些保护物有时是看不到的，也可能是一种心理需求。北美城市的商店店主们越来越学会了保护自己不受到洗劫。使用某些方法仍可以展示商品（2），但是另一些方式则是不能在停业时看到商品（3）。恐惧经常随之而起。街上没有保护性的目光。同样的情况出现在城郊别墅区（4），特别是在一些富人区里，必须要雇佣私人保镖（5）。即使是在活跃的公共空间里，在夜间仍然必须要有护卫（6）。

一部分。这一需求不仅通过多数的宗教建筑体现出来，而且有些遵循宇宙规律秩序的城市（如印度的斋浦尔和马杜赖，中国的北京）也表明了这种需求的满足。如果有人不懂宇宙客观秩序，那么，城市的几何形状对其作为标志来说是毫无意义的。正如第2章中提到的，现在美国惟一关心这类城市设计问题的团体似乎只有玛赫西建筑学会（1991年），虽然它很清楚多数美国本土设计具有宇宙天地观的基础，而且现在乡村设计的有些情况仍保留有城市设计对这一需求的关注（R·马丁，1991年）。

获得安全感的方法取决于人类寻求安全的类型。静态的安全能够通过封闭自身脱离环境而达到，但是改善人类生活质量的目标让人类获得的却是动态的安全，作为个人，可以安全地拥有技能和最终自我实现(参见马斯洛,1987年)。提供获得这类需求的机制超出了城市设计师的权限,但是源于控制自身行为和让别人接近的安全类型是建筑学和城市设计的中心问题。

达到控制的策略之一是获得私密性。功能完善的建筑环境提供了适宜水平的私密性活动。人类需要可以进行活动,特别是特殊的活动以免受责难,也可以有机会从人类和世界的活动中退出。

功能完善的环境也提供了人类一种可以知道自身所处空间和时间的能力,即"能够把宇宙与人类看成是有意义的整体"(马斯洛,1987年)。他们需要的是能为自己指明方向,找到环绕城市的道路或到达其他场所的地方。于是,与环境有关的是成为静态的、可预知的可使用的场所空间。如果环境场所空间没有形成人类习惯的可以想象的环境的一部分,这样的环境就不能达到丰富人类生活特别是新来者生活的目的。如果场所空间不是人类可想像意象的一个部分,这些场所空间就是无用的。

人类还有许多其他的安全需求。财产的安全需求就是其中之一。本书主要讨论的是环境使用者的需求,但是家庭主妇和城市设计的赞助商几乎也必然地希望更能够拥有金融资金安全。结果是城市设计工作倾向于高度保守,即不会寻求新方法而是过分地依赖于过去成功的金融模式(参见第20章)。

行为活动规划

满足生理与心理安全需求引起城市设计对两大领域的关注。生理安全设计包括对不同情况下发生在不同场所空间的行为认知或设计(如天气干燥和冰冷时走在道路上),并制订满足人类需求的舒适度标准(参见第11章),心理需求则更加微妙。

开发为人类提供安全的行为活动规划有5个相关点:(1)不相容使用功能的隔离程度;(2)对日常生活进行自然的与人工的管制程度;(3)我们从事行为活动获得适宜的私密性策略;(4)获得场所空间方向感与时间感;(5)社会的与地理的场所感。这些对增强安全感的关注有利于减少环境中的不确定性和不可预测性。人类文化水平差异的暴露、无序、摩擦,包括个别场所空间创造性的显示,所有这些都引起了确定性。有些人可以接受它,但是大多数人却避开它。

不相容使用功能的隔离

同一环境可能容纳不同的行为活动方式。有时这些行为活动可以和谐共存，有时则相互矛盾（贝克特尔，1977年）。这类现象在城市、邻里、建筑物或房间里都能看到，现代主义城市设计师的评论之一是，这样容易造成不必要的使用分隔，结果是许多新城镇及其周边地区和工程项目变得很单调(简·雅各布斯，1961年；布莱克，1977年)。许多城市设计师对此作出的反应是致力于创造一种综合使用的场所环境。这样的环境被认为是过去城市设计无意识的令人满意的标志。当不相容的使用功能发生冲突时，局面就紧张了；反过来，当相容的使用功能被隔离开时，局面也同样紧张。综合使用的区域为人类提供了可能的安全感（简·雅各布斯，1961年）。街上有很多双眼睛能观察到发生了什么，并且起到了保护性的作用。这样的街区给人的体验也是很丰富的，但是，不是所有的使用功能都能相容。

有些使用功能被认为是危险的，因为对即将到来的自然灾害的了解，还有一些比如制造业等都是令人讨厌的。这些认知部分是对历史的继承（如工厂产生灰尘），但是在今天另一些确实还继续存在。从生物学的角度来讲，许多现代工厂并不需要被隔离。这些工厂之所以被隔离是因为忽视了对人类自我尊重的负面影响，工厂可能对住在附近的居民产生精神压力。

监督的特点

美国城市里有许多地方的人包括当地居民害怕没有第三方，即警察或保镖的保护而出门。有许多城市公共活动中心被认为是不安全的。要避免到警察服务差而且不整洁的地区去。在这样的情形下，对行为活动的反应是应该支撑起人的安全。例如，在俄勒冈州的波特兰市，波特兰城市中心发展委员会80%的财政预算用于保持城市清洁和安全，公众这类行为的回应受到提倡（简·雅各布斯，1961年；纽曼，1972年）。

监督的特点包括，每日的照顾行为和照顾那些把此类行为当成生活中一部分的人类。逐渐地，实际也不得不包括了注意别的人。形象地说，这意味着为他人提供援助。人工监督包括使用摄影机观察街道上正在发生的事情。观察者通常是执法者。自然的监督包括能像看待自己一样看待他们和他们从事的日常活动。

从这个方面上讲，寻找邻里好的或坏的自然监督已经成为乡村民间文化的一个组成部分。有许多移民来自于这类村庄。容易进行自然监督也是邻里单元设计原则倡导者的目标。它的基本主题是把环境设计成为街道上提供的眼睛。从某种程度上讲，这一目标降低了对私密性的需求，尽管它还有别的优点，但是并非所有的人都喜欢这种降低水平的隐私权（库珀，1953年）。某些场所空间（如地铁站）人工监督机制的使用为那些使用它们的人类提供了安全感，但是一个更广泛的问题是："这类监督在多大程度上侵犯了隐私权。"

获得安全过程中个人和群体扮演的角色

我们从事的每种行为活动都是有某种水平期望的私密性（威斯汀，1967年；奥特曼，1975年）。获得私密性包括两个过程：(1)处于外部环境的人给予或获得行为信息的控制；(2)不希望信息对环境的侵入（拉普卜特，1977年）。信息流是多模式的，因此，对私密的侵犯是视觉的、听觉的和嗅觉多角度的。不是很频繁发生的一些事情也能被感知。比如，重型卡车经过建筑物时建筑物的震动和某种程度上地球的周期性震动。地震这类被认为是人力所不可控制的事件比那些能够控制的事件更容易让人容忍。它们也许被认为是对安全的威胁，但是不是私隐问题。基于行为活动规划的城市设计决策需要建立一种与设计有关的行为环境适宜的私密性水平。如果人类在环境中没有适宜的私密性，他们就会通过改变行为活动或改变环境结构来寻求私密性。如果他们不能获得所需要的东西，就会变换到另外一个环境。但是如果真的陷于环境中，则又会感到拥挤和紧张。

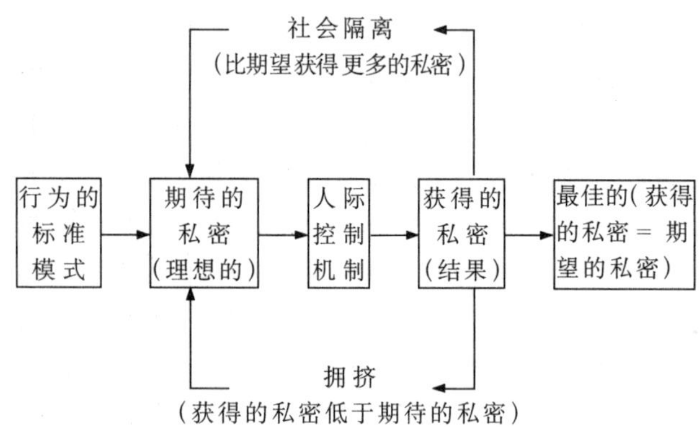

图12—3　私密性的动态模型
（资料来源：奥特曼，1975年）

行为模式期望的隐私水平因文化的不同而有所不同，也因文化中人的不同而不同，即他们的社会地位、社会角色、年龄不同对隐私的期望也不同。具有不同个性的人对隐私水平的要求不同，在许多文明社会中，妇女要求和期望的私密性很高，于是她们对其自身和行为信息流的控制力要大于男性。年轻人对隐私的控制低于年长者，社会经济地位高的人高于社会经济地位低的人，也有一些人群具有他们自己所期望的更多隐私，例如，健康的人经常躲避残疾人，这在许多城市规划与建筑设计中得到体现。残疾人使用的设施处在体格健全人的视线范围之外。

对行为隐私水平的期望因行为水平的不同而不同，即行为发生在室内和户外，发生在城市广场或沙滩，其各自的期望值是不同的。设计中意识到这些习惯性思维是很重要的，这样关注就能获得适宜水平的私密性。当一个设计超出自身文化背景时对习俗就很少了解了。即使处于自己的文化背景中，还是会产生问题，因为设计师试图明确地自理自身无意识的行为。于是，私密性要求总是与建筑师的直觉相反。未来设计中意识到有些习俗将会改变是很重要的。因此，实际的环境布局设计中有些固定的、一成不变的模式是在开发规划与设计中值得商榷的。

获得私密性的技巧机制

获得私密性可以有多种办法。导致具体行为活动机制退却的方法有，要么通过继续留在公司里，要么当你在公司工作时与别人保持一定的距离和独处这两种办法。另一个策略则是通过环境要素的使用，从视觉上和听觉上遮蔽持续行为活动的方式，把没有参与的人排除在外（威斯汀，1967年）。通常获得的是通过代表地域行为活动要素的联合。

领域有三个特征：界限、标志性或个性化、受到保护(E·霍尔,1966年；纽曼,1972年；EI·萨克斯威,1979年；朗,1987年)。界限可能是实体的,如墙或篱笆,用来阻止他人进入,也可能是标志性的,如表面材料的改变,表明有界限,行为良好的人会注意标志性的障碍,但是其并非是真正的障碍物,所以不能有效防止具有反社会行为倾向的人的行为活动(勃朗温、多凯特、泰勒,1983年)。空间个性化可以采取许多形式,包括：移动某人的所有物到该空间,用多种方式(包括涂鸦)装饰环境表面,邻里设置民族名称、标记和标志。同样防御性行为也可采取多种形式,邻里公共空间中的某些对立行为和陌生人很容易就能在街上看到。

整个物质环境被分成区域或控制范围,从一个国家的领域范围到个人的空间领域范围均是如此。区域控制通过定界线很明显，但是管辖范围模糊的话就会产生问题。划定城市里区域范围的标准不同：城市作为整体是一个区域，邻里和具体的行为活动环境都是一个特定区域（斯加伯斯基，1974年）。历史上，界域主要起到防御的功能，而且现在它在许多方面仍具有这一功能，但是界域不仅仅是提供控制，还能使人类依靠界线的设置产生场所空间感和国家、区域、地方感不同层级的归属感。

人类通过区域发挥作用是有等级的，这取决于区域所能提供的视觉和行为上的私密性程度，有各种等级水平分类方法（波蒂厄斯，1977年；EI·萨克斯威，1979年）。适合美国公共领域设计与分析的方法最简单，但是也是最广泛的分类：公共、半公共、半私密、私密（纽曼，1972年，1980年）。公共领域的各式行为都是允许的，只有很少控制在空间中发挥作用，半公共空间由到达公共空间的过渡场所空间组成，当地人能控制那些场所空间里发生的行为。半私密性区域由个人或团体控制，但是没有视觉私隐。私密性区域具有完全的隐私权，由所有者完全控制，这种分类并不广泛，世界上许多场所有很好的不同程度的私隐性。

时空定位的意义

为了获得安全感许多人需要知道自己身处何地，能够找到周围的道路，能够对环境布局有一个印象。如果我们知道身处的区位就能更感到安全，感到能控制生活。类似的，如果一个人不仅仅是利用手表或日历，而是通过周围的环境就能够得知年、月、日的话，那么，他会有很强的安全感或控制生活的能

1.防御性个人空间

2.纽约炮台公园城的世界贸易中心

3.纽约的东哈林的公共住屋
(照片来源：作者收集)

图12—4　城市空间的控制层级

北美文化的主流中，领土的空间范围可以从公共授权控制的公共空间[但是其也能由个体暂时控制，这种控制时强(1)时弱] 到私人空间。在大多数的公共领域控制权是不明确的，但是人类会因为空间有具体的管理控制而感到安全（2）。然而有些空间是模糊的，因为没有人控制它们。公共空间那里分得很清楚，而且有良好的管理（3）。

力。很明显这些需求通常是高度个性化的，而且与具体的文化背景环境有关。

有些时候我们想获得迷失，特别是当如果我们完全知道我们没有真的脱离控制时（帕森尼，1984年；亚瑟、帕森尼，1990年）。我们进入迷宫或陌生的环境是想探寻秘密（参见第16章“满足认知需要”）。相反，在紧迫的情况下（如紧急情况时我们要匆忙到达目的地），寻找道路就变得非常重要。在建筑环境里寻找道路，因为不同的人具有不同的能力，环境本身就成为人类可意象的和易识别的，而且是可以做贡献的主要因素（波科克、哈德逊，1978年）。

我们对可获知的或不可获知的作为人的生活整体和历史整体一部分的心理内涵还不清楚。不过，已获知的对人的理解，不仅要增强安全感，而且还要帮助那些找寻生活内涵的人满足其精神目标。就满足许多人的可认知需求而言，宏观世界也能对此有所帮助，即为满足人类对宇宙的求知欲提供机会。

通过场所感获得安全感

满足安全需求的一个方面就是要拥有一个固定领域，即个人是这个领域的一部分，在这里个人有控制周围环境的能力。拥有场所空间感，即处于某地理区域或某个社会角色是满足归属感的主要因素，同时也加强了区域控制感（参见第13章）。

设计计划

获得安全需求的很多方面与人类居住区的关系都不大，但是，也有许多方法使建筑环境直接有助于社会和认知过程，使公共环境的模式更好地满足人类努力寻求的安全感。

物质形态和生理安全需求

前文已经提到，城市设计主要关心的是设计（建筑）环境表面材料阻止事故发生，设计建筑的技术与结构安全供日常和紧急情况时（如在飓风或火灾发生时）使用，设计防止机动车之间和机动车与行人之间事故发生的具体措施（参见第11章）。我们依据这些设计得到的生存环境已经很好地证实了。

有大量的研究致力于设计建筑物抵抗地震、风暴、洪水等自然灾害的能力。城市设计在这方面的研究却很少。充其量主要考虑的是抵御洪水的水流疏导和建筑堤坝等大型工程及抵抗飓风和地震的建筑结构设计（兰格瑞奥，1990年）。分区规划也已经禁止将建筑物建造在漫滩地区或将建筑物进行底层架空处理，如设计100年一遇的防洪标准，在建筑规范中指定能够用于建筑建设的材料，但是即使有这样的充足准备方式也只够保证发生火灾时的安全。

获得道路安全的主要方法是对驾驶员进行教育，提高公路和高速公路的质量，如标明道路路线，适宜的道路宽度，转弯处设路堤，增加机动车、自行车和行人之间的分隔，前两种是道路安全组织和交通工程师主要关心的问题，后一种是城市设计师要关心的问题。

有两种交通分隔模式——水平的和垂直的。水平分隔就是将路上的车、自行车和行人道路在水平面上进行分离。但是这样也仍存在一些问题，会产生矛盾，即在道路交叉的地方产生矛盾。解决的方法是减少交叉路口的数量。另一种方式是通过使用交叉道路垂直分离来消除交叉点。垂直水平分隔是以多数合理的概念性的或实践性的设计为特征。但是在获得整体环境安全方面它并没有成功地提高交通流，只是车流量达到了路的容量时道路才会被堵塞。

在交叉口使用梯度分离系统引起的问题是行人并不情愿上下斜坡和突起的街道。除非梯度分离的交叉性道路很容易行走，人类才会使用。克拉伦斯·斯坦和亨利·赖特在新泽西州进行的雷德朋居住区设计就实现了这种便利（C·斯坦，1950年），而且19世纪30年代的绿带城镇和第二次世界大战后欧洲城镇重建都有上述的特点（C·斯坦，1950年；C·布坎南，1963年；巴森斯，1990年）。梯级分离道路的负效应仅仅是少了一些有趣的场所。水平的人车分离经常产生同样的效果，一旦来往车辆从空间场所中移走，那么空间场所就会变得令人乏味，除非有行为活动来进行弥补补充，许多有能力的人乐于面对繁忙道路上的喧闹、拥挤的活力，甚至是来自机动车的威胁，也不愿通过分离获得额外的安全。街道上取消汽车的活动和汽车的停留也就转移了街上的目光，这样就降低了人对街道的自然监督（A·弗朗西斯，1991年；泰尼·Oc，1991年）。

许多人觉得面对汽车比面对危险分子有更高的把握。除此之外，危险情况掌握在某人手中有助于满足其认知自身检验自身的需求（参见第16章）。面试中人类可能会与他们说的自相矛盾，即设计一座建筑时，人类实际做的和想的之间会有不同。对设计师而言，这种潜在的差别会让他们很难是选择与

1.洛杉矶

2.加利福尼亚州的佛瑞斯诺

3.西雅图的高速公路停车场

图12－5　梯度分离的交通线

如果交通量允许的话，有些交通线路可以呈梯度分离（1）。我们做了很多的努力加强提供梯度分离的人车分流系统的安全（2；参见图2－8）。如果比梯度分离可以更容易使用的话，这种系统就能发挥更有效的作用。有些人车分离的努力往往是出于经济和美学的原因（3）。

其头脑适合的环境，还是选择与其行为适合的环境（参见第21、22章）。

有很多关于创造街道交通安全和区域视点的安全建议，基本目标是创造密度等级和交通流速度使居住街区达到最低标准。近几年来，已经实施了其他的设计方式，即在主要街道上设步行购物广场（参见第20章）和欧洲式的人车共存的街道。城市设计的必要性是识别适宜的道路等级、人行道等级和其他交通线路的等级，以及它们除了作为移动通道的服务范围之外，然后再进行其他的设计（唐纳德·阿普尔亚德，1984年）。街道经常连接两个地区使它们成为一个整体。在这种形式区域的街道上就应该减少车流量。除非这种街道有重要的行人流或者有吸引或产生此类行为的设施，或者能够满足如儿童等较低能力人群的需求，否则其就不应该禁止车辆通行。如果这种街道不太宽而只是作为把两个地区连接成一个整体性地区的道路，那么也不应该只单单让行人使用。

公共领域的空间形态、私密性和地域行为

空间形态各要素的具体要求是创造各种生活尺度的私密感，以便形成全方位的城市设计规划——城市、城市周边地区、城市场所空间（如广场）。

在许多公共环境设计的方面提供创造地区环境的策略经常受到忽视。区域要有界限。历史上，城市经常筑墙用来防御。然而，墙不仅有区域的界限——封闭的城墙这个作用，更提供了心理安全感和一种归属感。城市里的城墙已经被清除了（如维也纳、巴黎、布鲁塞尔），取而代之的是建筑物、高速公路或公园，这些新的要素仍然起着地区界限的作用。类似的，我们已经进行了很多的尝试去设立绿带来确定城市边界——即阻止绿地与城市、城市与乡村之间界限变得模糊而没有区别（也使人类很容易进入适于辟建公园的土地）。这种绿带还会使居住在其中的居民产生强烈的归属感，这点类似于居住在岛中居民的感觉。

同样的设计原则已经用于小范围的空间设计。城市被分为街区，人类可以通过被凯文·林奇（1960年）界定为空间与构造属性一致性区域要素在建筑中的使用来分辨街区的边界。这些城市和区域具有丰富的自然地形，已经或可以被有意识或无意识地用来形成区域边界。对于没有此类优势的城市设计师必须寻求人工策略。

组成公共环境的行为活动场所根据市民在其中

活动的独立性而具有不同的私密水平。每一个场所都是一个相对独立的地区。公共环境不单有公共地区这一个层次，而且还有另一层次，依赖于开拓它们的个人或组织经营时间的长短。大的城市空间，如公园和广场能被设计成无法分割的空间或者被设计成由内部各分区组成的空间，这样人类就可以按结构单元进行使用。在一个小的城市空间范围里，有些要素，如个人座椅，一旦其被占用就是个人区域。在没有分区的公共空间里，人类因要参加会议而可能从不同的地域聚到一处，从而产生互动关系（E·霍尔，1966年）。只要有会议进行就会持续这样的地域场所空间。

开放空间设计的目标就是能够辨别期望或希望的行为活动，该行为可能或希望在那里发生，然后设计它们的固有特征，即踏步、长椅、树木、墙和地表，因此要加强潜在的不同人群之间和独处的个人之间交流的质量。在达到这个目标过程中安全感与控制感是基本必需的。漫步在纽约炮台公园城就清晰显示了这种具有特别目的的空间任务，这种特别目的就是要有明确的散步、坐、观察路人的行为活动[参见图12–6（1)]。

有些空间的设计主要是供个人和组织参加公众活动之用的，空间结构必须扮演与听众保持公共距离的角色；有些空间可以提供两个人或小群体聚会，还有一些空间可以用来庆祝节日。关于人际距离（即有联系的人在同一空间上是怎样的关系）的研究表明，城市设计中必须要考虑各种变化以满足来自不同文化的人在公共空间的安全感要求（参见：E·霍尔，1966年；萨默，1974年；朗，1987年）。或许威廉·H·怀特的研究（1980年）也为城市设计师提供了设计空间场所的具体指导方针。空间场所有可能维持社会生活，这样就间接地为使用者提供了安全感。近来更多的工作表明，在空间使用中存在巨大的性别差异，男人和女人使用公共空间场所极大程度上取决于场所具有的私密性和控制性，即安全性（R·彼得森，1987年；莫桑格，1989年）。

设计目标提供了多样性，于是也提供了人类或个人与视线相关的选择自由性，明确的区域界线给予人安全感。有些国家妇女不能使用广场。在美国她们可以使用安全舒适的空间，妇女们喜欢坐在公园舒适的长椅上（如正常的座位高度好于标准的台阶），在那儿她们不处于公众的视线中。对男人而言，观察别人尽管不是惟一的但是却是主要的活动——因为他们对于个人的安全没有那么担心。

1.纽约炮台公园城的散步场所
（照片来源：菲雷斯·弗瑞克摄影）

2.费城的菲特勒广场

3.费城社会山的佩恩平台广场的住宅

图12–6 公共环境和个人安全

在街道和广场公共环境中，人能够根据使用空间类别了解别人。对许多人而言许多北美的城市这类环境正在充满了敌意。有高清晰度领域感空间的具体活动能够获得高度的安全（1），邻里能够鸟瞰的场所也具有相同效果（2）。充满砖块墙或建筑的街道最终证明不但令人厌烦而且降低了路人的安全感（3）。

防御性空间

奥斯卡·纽曼（1972年、1975年、1980年）在纽约做的一项引起争议的研究经验表明，大量设计原则的使用增加了人类的控制感，人类通过使用地区标志改变了“自己”这个词的概念，从而使他们在自己的环境中发挥了作用，然后获得了控制感。随后的研究总体上都支持了纽曼的发现（斯东兰德，1991年），他的城市设计指导方针已经应用于工程设计和邻里设计之中（加德纳，1978年）。纽曼的研究结果支持了早期的观察，如：简·雅各布斯（1961年）对邻里街区的设计以及其他大量的早期研究（如安琪儿，1968年）。在区域界线清晰之处，人有很好的控制感。

纽曼发现具有下述品质的地区犯罪率较低：(1)清晰的地标，即实体的或标志性的障碍将区域分成公共空间、半公共空间、半私密空间和私密空间；(2)处于清晰管辖权下的开放空间；(3)有自然监督机会的空间，即为人提供使他们在日常生活中可以通过大厅窗户以及坐在那里观察别人，也可以观察整个地区的那样一种机会；(4)通过利用建筑和景观的形式与材料，住在那里的居民向外来者可以传达积极的印象，而不是让外来者说那里的人容易受伤，多么难以防范；(5)为易受伤害的群体提供安全地区——即让那里的反社会行为较少发生(参见：纽曼，1972年，1975年；德卡瑞、库珀利姆，1978年；斯东兰德，1991年)。

许多美国城市运用防御性空间的设计原则取得了一定成功，如位于佛罗里达州的Fort Landerdale市、迈阿密海滨、迈阿密沙滩和好莱坞种植园。每个例子都创造了心理安全与行为安全感。近来有些城市，如俄亥俄州的代顿和康涅狄格州的布里奇波特也采取了上述设计原则，但是要得到可度量的结果还为时尚早。也许最成功的例子要算圣·路易斯那里的围墙和个别街道的私有化导致了通信与地产价值的稳定（纽曼，1980年）。

与通过使用防御性空间获得安全感相关的想法是减少某些关于什么应该在理论前沿等一些不确定想法。尽管这种想法可以当作系统研究应用于生活，但是其更实用的是运用于创造安全的环境。良好的照明减少了坏人藏匿的机会，也使人观察环境。无疑的，更好照明系统的发展已经减少了牛鬼蛇神的数量，也可视为减少了地方小偷的数量。

得自此项研究和实践的主要设计问题已经提出：“谁来决定什么是公共行为活动的空间？”(M·弗朗西斯，1987年；P·布坎南，1988年)。这些空间可以是室内的空间也可以是户外的空间，随着向城市开放的私人公司所掌握的开放空间数目越来越多，又形成了很多的设计指导方针（旧金山市城市规划委员会，1985年）。纽约炮台公园的世界贸易中心冬季花园为了发展目标的需要，规定每天向公众开放18小时。但是，人们没有理由在那里呆那么久，于是一天中大部分时间该花园是空荡荡的。这种情况在密尔顿·凯恩斯更为严重。因为安全的原因，密尔顿·凯恩斯中心的商店一关门，城市中心区也就关闭了（A·弗朗西斯，1991年）。

公共环境的物质空间形态和定位

建筑环境的三个或四个特征在三个方面影响着城市的定位：(1)在那里人类把自身看成是宇宙系统的一部分；(2)人处于某个地理方位上；(3)人处于某个时间段中。第一方面通过建筑环境的几何形态和自然界景观元素可以获得，如树木和花草，都是对人有意义的具体标志性参照物；第二方面通过可意象的、明确的物质环境获得(如明晰的道路标志提高了环境可识别地图的清晰度)；第三方面通过给予时间连续感可以获得。也许以上三个方面都已经有所体现了，尽管第一方面已经提到几次了，但是似乎对多数美国人来说并不那么重要。或许就该那样！

宇宙哲学系统中的定位

历史上帮助人类获得安全感，尤其是不朽感的重要方法是通过环境的象征意义手法（劳乐，1982年）。在西方这种方法非常重要。直到19世纪早期，城市和建筑布局设计才开始使用几何学与数学。然而，宗教信仰对于人类想像力的影响减少到了一定程度。在此基础上马丁·海德格尔（1971年）才能宣布玄学的灭亡，这表明关于我们自身和存在的许多永久虚构事实的消除。

在世界上某些地方使用宇宙法则的建筑物仍然很多，例如在印度南部（泰米尔纳都、喀拉拉邦），许多建筑师仍就遵守着歇帕·塞特斯的规则。包括美国在内的某些地方，对那些继承中国文明的人来讲，相地占卜的方法依旧很重要。但是，在美国至少现在更多的是反映在建筑上而非在城市设计上，反映更多的是在近来的移民中，而不是美国本土的公民中。正如先前提到的建于美国（依阿华州的费

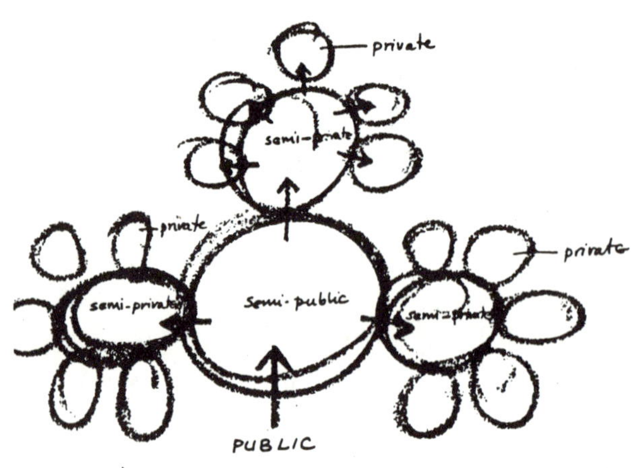

1.水平面领域空间的分级要求
(资料来源：奥斯卡·纽曼，1972 年)

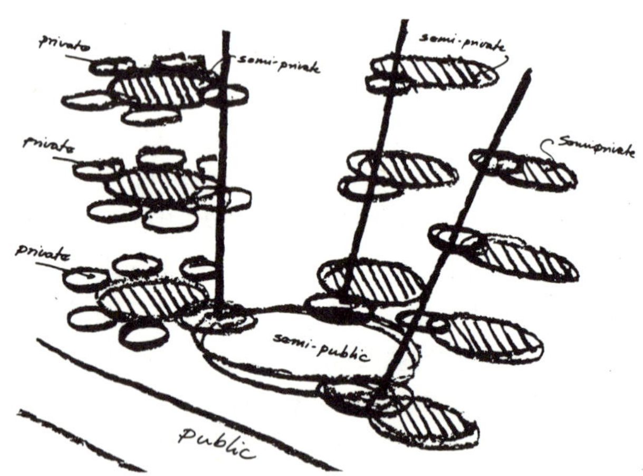

2.高层建筑领域空间的分级要求
(资料来源：奥斯卡·纽曼，1972 年)

3.自然监督的要求
(资料来源：奥斯卡·纽曼，1972 年)

4.郊区的领域分级
(照片来源：安妮·斯特朗提供)

5.高层房屋的领域分级
(资料来源：奥斯卡·纽曼，1975 年)

6.多样化的高层住宅
(资料来源：奥斯卡·纽曼，1975 年)

图12—7　防御性空间

奥斯卡·纽曼使用三幅图（1，2，3）表明了他的防御性空间理论，即清晰的空间由当地人控制，而且可以通过物质性空间的设计方法得到加强。设计对象创造的空间与文化适应的等级自然监督清楚界定了领域。这类环境容易由单一家庭联排式邻里获得（4），但是在左边转角的地方高层建筑的环境则较难获得防御性空间（5）。然而有许多设计方法可以用来在这些场所提供合适的等级组织秩序（6）。

1.纽约中央公园
（照片来源：作者收集）

2.费城的 Cox 公园

3.西雅图

图12-8　儿童游乐场和防御性空间

尽管空间提供的活动内容不同，但是（1）和（2）中的游乐场都具有同一个特征，即当孩子们在那儿玩耍时会感到安全。每个游乐场本身就是一个领地，能够很容易让路人看到，具有舒适的座椅供父母、老人或其他人使用时能很容易看到和监督儿童。同一样一些行为也发生在（3）中，但是在最初提供设计时并没有考虑到舒适性。

尔费尔德）和荷兰的玛赫西建筑学会（1991年），就建议根据许多古代国家应用的建筑科学理论去建造村庄。目的是表明如何创造一个远离压力和疾病的社会，城市设计有必要提供支持性的环境。他们达到目标的成功也许会用来进行对经验主义的检验。

地理空间位的定位

对于绘制可识别性地图的研究得到了很好的发展（凯文·林奇，1960年；唐斯、斯特，1973年；G·摩尔，1979年；帕森尼，1984年；亚瑟、帕森尼，1990年）。凯文·林奇提供给设计师一系列的设计指导方针以加强人类在头脑中就要把城市组成一个整体的能力，因此要能很容易地找到道路。许多现代研究对于凯文·林奇的这一发现并未进行多大改变（波科克、哈德逊，1978年）。此原则源于格式塔的视觉组织定律（维特梅，1938年）。可运用于城市、邻里、建筑内部设计（帕森尼，1984年；亚瑟、帕森尼，1990年）。凯文·林奇的研究集中在视觉领域，但是同样的原则似乎还适于盲人，不过暗示会有所不同。

正如第1章和第10章中所列出的，凯文·林奇发现了城市五种分类要素给予城市可意象性和易识别性，两种连续性要素（道路和边界），两种点要素（地标和节点），第五种是具有完整边界的空间要素，它具有不同于周围环境的独特的视觉特征（街区）。该特征即道路宽度、建筑物高度和容量、建筑面向街道的方式等方面所具有的相似性。

帮助识别方向的最重要因素是道路，因为无论我们是游客还是居民，步行还是乘车，道路是我们认识城市的关键。确实，一个外来人通常是只以道路组织识别场所空间（阿普尔亚德，1970年；G·摩尔，1979年）。道路是穿越一个地方实际存在的线路。边界可以是很宽难以穿越或者不能清楚看过去的道路（另外，如果边界上没有交通量的话，更可以将之视为两部分的结合处），有些自然因素如小山、河流，设计因素如公园等，都可以是边界。第二次世界大战后，英国第一代新城设计中使用了开放空间作为分隔要素，马里兰州的哥伦比亚市以及更近的得克萨斯州的拉斯·克里纳斯等许多其他地方也都使用这一设计手法。无论是按传统理性主义设计的昌迪加尔，还是以经验主义设计的英格兰的密尔顿·凯恩斯，都使用高速公路网作为道路和边界整体结构的方式来分隔街区。

1.费城中心区（1973年）
（照片来源：作者收集）

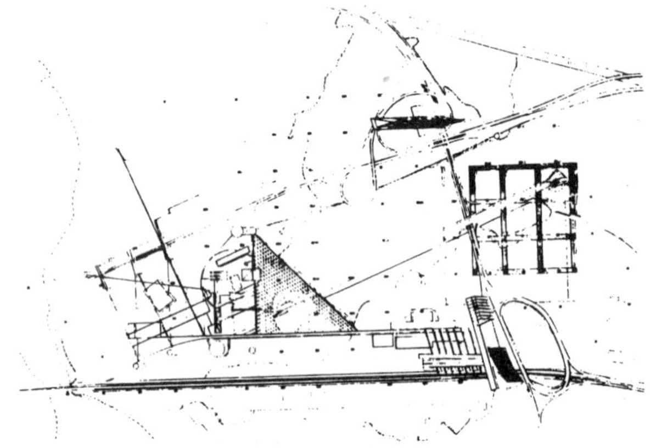

2.学生设计的Framingham-Natick 商业区重建的方案（1986年）
（资料来源：彼得·罗尔，1991 年）

3.费城的利顿豪斯广场
（照片来源：作者收集）

图12-9　意象性与可识别性设计

大多数的美国城市具有网格式街道很好地指明了方向（1）。解构主义者的方案多数仍停留在图纸阶段[如（2）由哈佛大学盖伊·佩里设计]，但就凯文·林奇的原则（参见图9-2）而言，这类复杂的形状仍能很好地提供秩序感。通过方向感的创造获得安全感是设计的目标和归宿，无论是城市还是特别的空间场所（3），应该具有清晰的边界、道路、街区、地标和节点。边缘似乎没有凯文·林奇想的那样重要。

地标可以是多种类型的，他们鲜明的特征不同于周围环境，可以从特别的站点识别出来，就格式塔的视觉认知理论而言，地标不同于背景。地标可以是不同于周围环境的建筑，也可以是城市场景，如建筑密集区中的公园，还可以是奇特的东西，如古老的钟塔，甚至可以是一个发生过的特别事件，即不同于普通事件的发生场所空间（参见阿普尔亚德，1969 年）。

良好的方向性不能自动成为设计目标，尽管许多地方由于简单的几何形态而具有这种特征，但是有些地方，如威尼斯被有意设计成难以识别方向是出于防御外来侵略的目的。威尼斯是凯文·林奇设计原则的反例！经过一段时间，只要是头脑没有障碍的人都能学会识别方向哪怕是最弯曲的布局，但是陌生人却不能马上建立这种地区的识别性地图。即使城市街道布局再复杂，空间图解再难于记忆，不久他们也就能认清道路了。

大胆的建筑设想（参见：培根，1974 年）能够给予计划的一致性，但是也要遵循凯文·林奇的原则，城市美化运动和理性主义设计经常高度地简化几何形体以加强可识别性地图的形成和城市邻里的意象性和可识别性，城市设计方案定位于经线和平行线的目的就是要与物质性空间世界的设计建立联系（科纳，1990 年）。这种方法给予人类一种用于认识参照物的宇宙方位观。解构主义设计似乎总有着与其相反的倾向。

时间定位

时间有不同范围：年代、年份、日。获得一天的时间对人类来说相对容易，因为越来越多的内部空间成了公共空间，人类只要看一下时钟就能知道确切的时间了。有些场所，如赌场，没有自然光线，故意不放置时钟，因为要让人忘记时间与金钱。据报道，没有自然光的工作场所空间尽管人有手表，但是却感受不到时间方位，他们的工作环境是人工照明的，没有强度与方向的变化。他们对于外部世界的印象是灰色的。

地球上除了赤道地区以外的自然地区都有季节的循环——湿润、干旱、夏季、冬季、雨季和温暖的气候，都有四季。甚至在具有昂贵室内空间空气循环系统和活动场所空间的密集型城市，人类也不能完全摆脱天气与季节变化所带来的影响，只能感到这种影响微弱而已。在减轻这种令人极不舒适

1.内华达州的拉斯维加斯
(照片来源：斯科特·布朗·文丘里和其助手)

2.1 月的华盛顿特区广场

3.洛杉矶中心区

图12-10 时间定位

具有清晰的定位意味着很多。天空光的角度和强度像钟表一样告诉我们一天的时间（1）。自然气候的改变（2）或者温暖天气里的降雨告诉我们季节的变化。通过认识周围的人造物（包括建筑），从它们反映的年代以及正在变化的用途中我们能得到历史时间（3）。在一个高度人工化的环境里对正在变化环境的关注正严重降低。

影响的同时也加强了人类对于季节变化的感受。这个目标可以通过种树和其他一年中变化的植被、以不同方式反射光的墙壁、庆祝一年某个时间或特殊季节的活动（参见第11章中对冬季城市的论述）来达到对较强时间变化的感受。把某些要素结合起来也能达到这一目标，但是也许会与舒适的期望值相抵触。

建筑环境是连续变化的（凯文·林奇，1972年）。古老建筑给人以历史感和永恒感；新建筑让我们领略生活的周而复始。有一点很明显，即主要的社会变化往往伴随着古老内容保留的运动，因为古建筑总是能产生一种生活的永恒感。对许多人而言，变化是难以接受的，他们想拥有持久感。但是，有些情况下也希望抹去过去，忘却过去的居住区（如纽约的布朗克斯居住区，近来的移民显示了那里是过去犹太人居住区的历史标志）或者曾被控制的记忆。新独立的殖民社会就要加大力度删除从前社会制度的记忆和标记。

变化会对所有人都产生压力，一些人能够处理这种压力，另一些人甚至寻找压力，因为他们有很强的能力来处理压力。压力不一定就是不好的，如果压力不是很大，即没有超出人类处理能力的范围，它也会给人以激励。但是有些人想要坚持保持着压力，他们希望社会和建筑能使他们习惯。旅馆类建筑就是关系链上的一环，依据这种目标来进行设计使之向顾客做宣传时，表明人类不必面对他们不期望的情况。民主社会里，建筑环境反映了持续与变化之间的交汇，城市里处理物质空间变化的压力可能更有助于获得社会归属感，但是这种感觉更多来源于其他生活事件。

物质空间形态和空间场所感

近来城市设计受到许多批评，就是因为城市设计与城市建筑和地域文脉缺乏联系（布瑞林，1974年，1980年）。有一种情况是真实的，即许多与滨水地区相联的节日市场无论是在巴尔的摩、迈阿密或是在欧洲的、澳洲的设计，看上去都很相似。但现实情况是，每一个城市设计都具有空间场所感。这种感觉也许不是建筑师认为好的那种，也不明显地与当地环境相联系。掠夺性的开发，衰退的市区，大片的农场，这些为人类所哀叹的地方与新英格兰村Currier和Ives像极了。设计职业所理解的“空间场所感”是指这个场所空间不同于其他地方，它有自

1.费城的威尔斯公园
（照片来源：费城的华莱士、罗伯特和托德）

2.复原前的纽约Clason Point住宅区
（照片来源：奥斯卡·纽曼提供）

3.复原后的Clason Point住宅区
（照片来源：奥斯卡·纽曼提供）

图12-11 复原房屋加强居住安全

安全感的设计相对容易，但是问题的根本却难于应对。然而应用奥斯卡·纽曼的居住环境设计原则累积的影响却很高。费城威尔斯公园（1）和纽约的Clason Point住宅区（2、3）的景观和外表的变化都增强了地域感，提供了方向感，并建立了自豪感（3）。伴随出现新的管理观点，这个结果至少反映了人类在关注住宅区的外表。

身的特色，不是一种简单的类型。每个物质环境都具有不同于周围环境的特点，实现这一目标似乎更多的是为取悦于游客和建筑师，而并非是对居住在那里的人。尽管当地居民感到他们具有统一性的自我尊重受到“外来设计”或设计外来形式的威胁。如上边提到的，他们也会感到代表性的新建筑出现在他们中间这种变化的威胁。文脉设计于是更重要了。第13章中将阐述获得文脉的方式。

劝告性的结论

我们可能感到，美国现有城市的设计都是出自私人企业的行为和逐步发展的需求，要满足不同利益、各色人等的安全需求只能通过某些偶然的方式。基于当地或都市地区的城市设计项目和设计发展指导方针中那些关于结构性安全（如兰格瑞奥，1990年）、可识别性容易获得的心理安全（如凯文·林奇，1960年）和防御性环境（如奥斯卡·纽曼，1972年，1975年，1980年）的研究工作能够即刻得到应用。有些设计方针却很难运用到日新月异的城市中，也许在一项新工作中可以运用，于是满足其他需求的代价不会很值得去做。

例如在现有城市很难运用某些原则获得具有清晰边界的分区或者区域，这些地区的建筑形式类似，但是已经不存在了，很难重组环境以满足形成空间区域标准，尽管纽约Clason Point住宅区工程改变的例子说明了在小范围的城市设计能够运用一些设计观点（参见图12-11）。很难从政治的角度来讨论这样的环境重组，不这么做那里的社会成本就会很高，重建的政治回报本身比某些新建的项目似乎低一些。然而，如果设计指导方针能持续运用的话就可以塑造城市，长期实行则能更好地满足居民的安全需求。

这一点是很清楚的，甚至也很明显，但是一定要记住人类的生活质量取决于社会组织——社会法律框架、健康配送系统、教育机会等。在一个没有犯罪的社会里，纽曼的防御性空间原则是不重要的，尽管它们仍然在满足审美需求方面起的作用很大很好。比如防御性空间或空间定位设计原则的应用，可以帮助人类在头脑中组织环境，可以帮助人类理解文化框架内的行为期望，可以帮助人类没有含糊地解决空间控制问题。但是它们的运用并不能解决社会问题。

主要参考文献

① Appleyard,Donald,with M.Sue Gerson and Mark Lintell.Livable Streets.Berkeley and Los Angeles:University of California Press, 1981

② Arthur,Paul,and Romedi Passini.Wayfinding: People,Signs and Architecture.New York: McGraw Hill,1990

③ Cooper Marcus,Clare,and Carolyn Francis, eds.People Places:Design Guidelines for Urban Open Space.New York:Van Nostrand Reinhold, 1990

④ Francis,Alan."Private Nights in the City Centre." Town and Country Planning 60,1991. 10:302～303

⑤ Francis,Mark."Urban Open Spaces."In Ervin H.Zube and Gary T.Moore,eds.,Advances in Environment,Behaviour,and Design 1.New York: Plenum,1987.71～106

⑥ Gardiner,Richard A.Design for Safe Neighbourhoods.Washington,DC:U.S.Government Printing Office,1978

⑦ Lang,Jon(1987)."Cognitive Maps and Orientation" and "Privacy, Territoriality and Personal Space-Proxemic Theory." In Creating Architectural Theory:The Role of the Behavioural Sciences in Environmental Design.New York: Van Nostrand Reinhold,1987.135～165

⑧ Lynch,Kevin.The Image of the City. Cambridge. A:MIT Press,1960

⑨ Newman,Oscar.Community of Interest.New York:Anchor,1980

⑩ Oc,Tanner."Planning Natural Surveillance Back into City Centres." Town and Country Planning 60,1991.8:237～239

⑪ Skaburskis,Jacqueline."Territoriality and Its Relevance to Neighbourhood Design:A Review." Architectural Research and Teaching 3,1974.1: 39～44

⑫ Stollard,P.,ed.Crime Prevention through Housing Design.London:Chapman and Hall,1991

13

满足归属需求

在世上生存个人为了获得一点心灵舒适有必要加入支持性的社会系统中。这种情况在城市里尤其如此。人的生存需求一旦得到充分满足，就感到有必要加入一个组织，现代社会有一系列不同的团体。这些团体由个人和环境组成，提供个人和其他团体的追求、支持和个性需求。一个人“挨饿时也许会忘记曾嘲笑过爱情”，但是一旦他的基本健康、安全需求得到满足后，归属感就会成为首属需求（马斯洛，1987年）。然而，归属感的部分实现至少常常是个人获得生存与安全的前提！

无论是个人还是团体成员，他们对于彼此归属需求的要求不同，对于场所空间的要求也有很大的差异。尽管如此，还需要尽可能避免“建立必要的基础[疏远]，以防止发生心理失调和更多严峻的心理问题”（马斯洛，1943年，1987年）。如果有人认为这种评论是正确的符合逻辑的，那么城市设计的功能之一便是增强人类尽可能实现归属需求的能力。同时，设计师不必假定公共环境布局能引导特定的社会形态、社会组织的形成，或者成为象征着统一的惟一决定因素。正如前面已经提到的，建筑环境仅仅能够按照此方面扮演生活中的支持性角色。

过去30年的系统性研究已经极大地丰富了我们关于社会组织形式中的内部关系、个人与组织和环境形态一致性的知识。它也引起我们注意到组织的性质和象征意义在建立统一感中所起的作用。人类信息基础的增加并不意味着我们已经拥有了完整的又是源于美国社会本质的理论，即它的亚文化和亚文化倾向，或者运用该知识进行设计。但是，与过去相比，现在的整个规划和设计过程更能够精确细致地开展。本章的目的就是阐述此类观点。首先描述的是人类用以找寻归属感的组织层次和类型，建立成员关系的活动模式和标志的性质。基于这些观察，将可能谈及行为活动的规划；基于这样的政府官员、社会和城市规划，城市设计师们就能用来提高人类实现归属感的能力。

所有这些讨论都是直接或间接以好的社会典型为指导的。在美国，致力于个人能动性和市场机制的研究为的是满足人类的需求，要认识到设计决策能够影响社区形成的可能性是很重要的。因此，本章结尾罗列了物质环境设计如何能够培育社会目标的知识。

归 属

人类归属需求是通过具有支持性的关系和加入某组织成为其中的成员而获得一致性来实现的。每个人在成员体中的独特性赋予了每个人的个性和自我价值（参见第14章“满足尊重需求”）。经常有许多具有相互高度关联的组织中的人是为了满足他们自身的需求而加入的。有些群体或组织比其他的单个人重要得多，因为其存在于文化之中。

为了获得归属感，一个人要成为亲属关系中的一员，组织中的一员，人民中的一员和国家中的一员。美国多数人都能从某类团体里获得归属感，但是近来研究该课题的观察家质疑于这种关系是否足够紧密。有许多美国人从社会与生物环境里获得了归属感，因此个人能够通过人群获得持续性的社区支持（巴泽尔，1968年；戈特沙尔克，1975年；海登，1984年；弗朗克，1989年）。

成为一名团体成员是通过生物性（亲属关系）或社会性实现的。发展人们之间的联系与城市设计只有间接关系，然而这种关系却有助于理解城市设计是否扮演了潜在的社会角色。与城市设计关系更直接的是许多人也感到需要属于一个场所，即根植

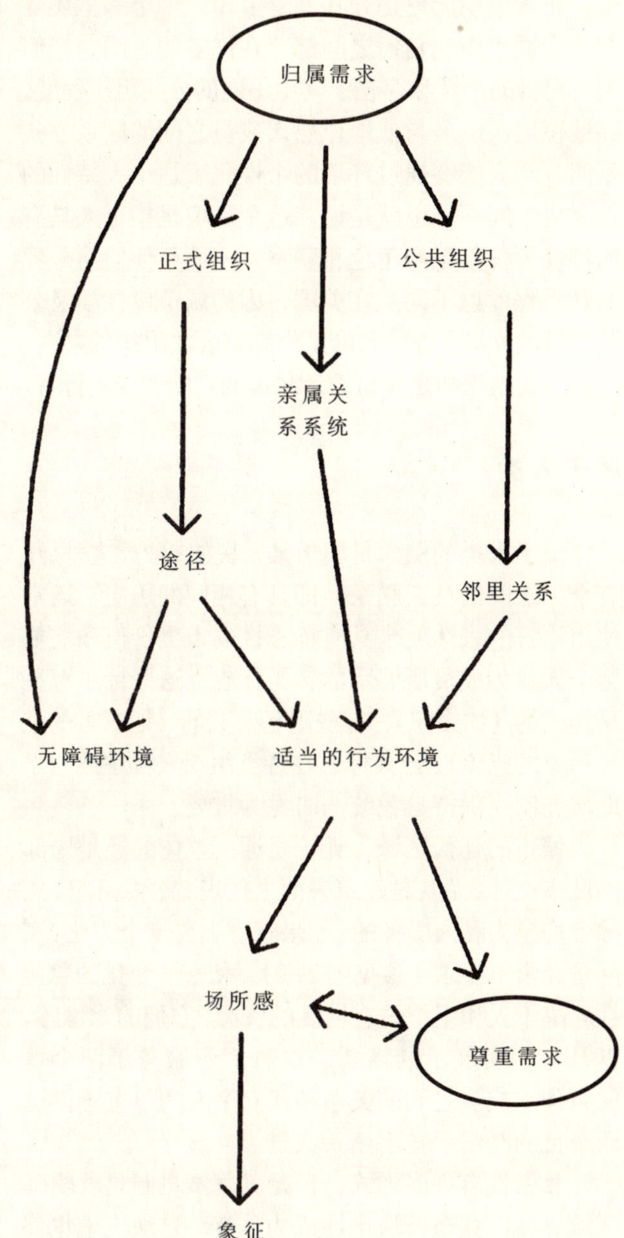

图13-1 归属需求

那里。甚至在这里，可以通过城市设计改进目前许多物质环境中建筑环境没有场所感的象征性状况。美国个人流动的代价便是更丧失了“家”的感觉。

属于一个家庭和一种亲属关系

一个人生于一个家庭，因此也就隶属于这样一种亲属关系。这种关系包括核心家庭和家族式的大家庭。某个时期，特别是前工业社会时期，这种关系清晰地反映出了人类定居点的布局形式。在这里亲属关系与物质环境形态的界域一致，例如：在印度的老城阿美达巴德，亲属、职业与有明确边界的居民区都有紧密的联系（道斯，1974年；朗，1989年；参见图13-2）。现在美国城市里没有这样的统一体，扩大的亲属系统对美国郊区人口很重要，尽管多数美国人高度社会化具有较大的空间流动性，但是对于核心家庭来说亲属关系更重要。总之，大范围的亲属关系不是以当地为基础的。这种情况在城市设计中表现为全国单一家庭与郊区乡村房屋的分离，与东海岸老城市的联立式房屋分离。

亲属成员就像其他组织成员一样，也要对别人尽一系列的义务和满足他们对自身的期望。这些提供支持的行为存在于日常活动、追求和一致感中，不仅通过血缘关系，而且通过庆祝活动和其他交流机会，如通过感恩节来传达。美国同欧洲一样，家庭构成如同传统关系一样发生了改变。家属之间的联系由其他组织联系取代或者根本就没有了联系。有些新的联系通过正式组织和习俗，如合租房屋为代表的运动得以形成（弗朗克、阿伦茨，1989年）。

所有的城市设计思想都假设了一些家庭模式。无论是现代主义者中的理性主义者还是经验主义者均采取将核心家庭作为研究的单元。城市里除了商场之外都是以男性占主导地位而女性处于从属地位。近来，这种模式已经受到挑战，有大量的研究表明，美国很少人选择或者居住在核心家庭（如海登，1984年；弗朗克、阿伦茨，1989年）。性别角色的转换，个人兴趣的多样化导致了潜在的城市和郊区设计新模式的调查研究。

属于非亲属关系的组织

在美国前工业社会和工业社会中人都会属于多种类型的组织，如商业组织和有共同利益的组织。几乎整个地球就是一个社会。个人对于组织评论的程度取决于个人的需求，也是个人属于大文化范围的功能。无论是什么类型的组织，总有一些东西是他们所共同拥有的。这些特点在第1章“环境的本质”中已经介绍过，这里述及的目的是精心设计那些包含有城市设计的方面。

所有的组织均是由人群组成的，他们有共同的契约和目标。一些组织提供了人类生存机制，另一些组织则直接实现归属需求。所有社会团体的成员——宗教的或世俗的——在某种程度上都获得了这种需求。参与到行为环境中的规则和组织要求的行为规则也许是合约上的(如工作场所的)或仅是组织成员均能理解的。这种区别反映了两种基本的组织形式:正式的组织形式和公共的组织形式(戈特沙尔克,1975年)。

正式的和公共的组织

正式的与公共的组织的区别见表1-1。正式组织即组织中有具体目标限定的组织,其功能也许是为了提供服务,如非营利机构,或者营利性组织投资回报的获得,如商业机构,有些机构,如医院,则二者兼顾。受雇于美国即意味着成为正式组织中的一员。

正式组织的功能定位于达到其酝酿的目标和组织成员为达到目标而联系组织起来。为了能有效地运作,每个成员都有各自的任务,合同明确了个人的角色和职责,并把个人组织起来,以某种层级关系赋予他们之间的关系。反过来,组织为个人达到各种目标提供了各种方式,包括归属需求。从设计的角度来看,重要的是个人和人群自觉地设计组织,于是新的邻里关系建立起来并被保护的程序就能由一个新的正式组织设计出来并加以实施,所有的家庭都属于这个组织。这种邻里关系中,同样地域范围的空间组织和空间结构立即令家庭主妇们对当地各种组织产生了归属感。这种成员是否获得了共同的目标,就要按参与其中的个人气质而定了。

公共组织不具有正式组织的那种定位,它们通过理解合作规则和成员扮演各式角色的自由结构得以联系。对城市设计师理解而言,也许最重要的就是公共组织不能从外部进行设计,它们是自发产生的。一项城市设计所能做的是,为公共组织的发展提供机会和物质空间结构。压制并不能发展公共组织,也就是说,城市设计师能够意识到地方行为模式提升了社区感,创造了一种容易产生社区感的环境,但是那并不能保证会产生和睦(盖斯,1968年;克里尔,1968年;朗,1987年)。但是,这样的设计仍能增加和睦产生的机率。其产生取决于居民的同质程度(就价值理解而言——参见李,1970年)和他们彼此支持的需要。

有些正式组织与公共组织很相像,这些组织的重要性在于他们取消了办公等级结构,使运作更有效率。正式组织相对容易辨别,公共组织则不容易了,尤其是它的运作类似于私下的行为。如果制订城市设计规范时仅仅是基于一个正式组织的宪章,也许就会导致来自组织内部人大量的困难(莫里斯基、朗,1982年)。比如纽约市的哈林区,为了使邻里活动场地不被故意破坏,公共组织必须在制订规划时相互合作。

正式组织无论是处在一个公司、一个邻里还是在一个城市中,它们之间都存在许多的不同。它们拥有自身的个性和存在于其中不同的公共组织程度。高地位层次成员与低地位层次成员之间的联系方式不同,个人能够通过环境的个性化表达个人特性的程度也不同——也就是说,这个环境是指个人具有的特性不仅仅是与角色相联系——而且他们与外界的联系程度也不同。在美国,因为城市设计涉及公共领域的问题,所以大量工作都有公共组织的参与,但是正式组织则是城市设计政策的赞助者或实行者。

属于人类

属于人类的概念是属于某一民族,除此之外,还有个人之间的社会联系,即具有相同的历史,通常使用语言的表达就是具有标志性的审美价值和需要为个人成为成员所展示的各类标志。这些标志有些是正式的(如旗帜),有些则是公共的(如衣着的型号和家的意象)。公共标志在各类组织人群中致力于地域控制、保持自我统一时尤为重要。

城市的任何区域,无论是通过整体的还是局部的城市设计,尤其是建筑表面上代表着公共环境,实际上均是为私人服务的(如果管理上要求个人化,实际是经常不要求,参见图2-2)。私密性变化的急速性取决于人和组织占有地区的资源,它们的永恒感,以及它们所展示的需要。这种展示服务于两个目的:建立成员之间的关系和建立个人的尊重感。这两个目的经常手拉手携手共进。

私密性有许多形式,但是其基本机制是要明确区域界域,宣布一块土地成为私有。这块土地也许会用于特别人群的行为活动方式,或者展示与之有关联的标志或记号。文明社会埋藏已经故去的人时会举行一个葬礼的仪式。某种程度上仪式的城市设计——城市布局——即是对属于该文化的一种陈述[杰克逊、维加拉,1989年;参见图16-7(4)]。

属于地区和国家管辖

国家由属于地理空间上的正式组织中互相联系的人所组成。正如近来巴尔干半岛的经验表明,这种组合本身并不会创造出国家感。确实,以种族划分或社会地位为基础的大范围空间认知和标志性地区可能在提供归属资源和人类自我尊重方面的资源会比在国家的界域内更优越。同样,对个人来说,国家地理分区可能比国家统一更重要。这种感觉能够通过地区管辖权的形式而得到加强，管辖范围由同等的基础设施系统和一系列区域标志相联系。已经有意图通过建立国家网络和标志来创造一种国家感，但是这些设计努力不必创造同一性。许多新成立的国家发现，他们正处于这种情况之中，他们的边界明确正是各殖民势力争斗的结果，而非处于社区中的人拥有的社区感。

国家标志有许多形式。有些很明显，因为其带有标志性的姿态，这些标志包括旗帜、国家首都、语言和共有的历史。华盛顿特区、新德里、堪培拉、巴西利亚、昌迪加尔都是多民族人民统一的标志，是其国家法律和行政的中心。在美国，国旗是作为其他国家也许是除了多米尼加共和国之外没有的东西而崇拜的。另一些标志——景观和人类倾向的或其代表的艺术形式方式则不是那么明显。

属于场所

我们知道实现安全与归属需求的一个方面，即熟悉或者说与某一特定地理区域——城市或乡村有很强的联系。将完全被毁坏的欧洲城市（如华沙）重新建设成与第二次世界大战前极其相似的样子，就是这种场所需求的一个表现（狄芬道夫，1990年）。与此情况相反的是，新到一个地方的人会彻底消除前面居民留下的痕迹，以此来表明此地归他们所有（如纽约的布朗克斯）。

许多作者已经成功地唤起了场所感。可能他们做的比建筑师更为出色，因为读者可以想象出物质空间形态。伊莎丹尼森在《走出非洲》的开篇就写道："我在非洲有个农场，位于昂山脚下"。令人产生想像的一个画面。

找寻建筑环境的特点，即通过建筑物令人类辨别出某地或某国，写作指导也能起到这一点作用，但是现在已经很难了，尤其是当想要建筑环境既标志过去又表现未来时，经常会有冲突。20世纪美国对于区域统一（如新墨西哥，参见，马尔科维奇、普瑞斯、斯特伦姆，1990年）和国家统一的关注已经成为一个建筑界讨论的话题。此项争论由于理性主义者中的国际主义思潮而极大地逊色了，但是随着过去20年的现代城市设计没能给住在那里的居民一个清晰的统一标志（除了成为国际运动的一部分外），此争论再次出现，后现代主义的出现已成为主要的回应。

城市设计主要关注的问题之一早已经是保持正在变化的城市地区的特点。尽管在变化，但是新奥尔良的老区（The Vieux Carre）已经在过去的那一个世纪中保持了其拥有的特征，但是现在它正成为一个主题公园而不再处于城市居住和有活力的地区的危险中。许多城市都有这种几乎是作为城市标志的地区[如波士顿的比肯山，参见图7－7（1）、17－13（5）]。更为普遍的关注是保持变化中城市独有的特色。

公共生活，公共环境与归属感

为了理解城市设计在给不同的人提供机会实现其归属需求的环境时充当的角色，我们必须理解把人类聚集起来及给予人类归属感的标志的活动性质，这里要关注的不是亲属关系的发展，尽管在某些文化里它很重要，这里是要关注对日常活动的理解，以及就潜在的城市设计行为而言这种活动的意义。于是关注的目光聚集于城市公共系统。

社会网络、活动和事件

所有没有孤立于社会之外的人均是社区中的一个成员。正如许多评论家指出的，城市设计师（如勒·柯布西埃耶、克拉伦斯·斯坦、克里斯托弗·亚历山大）长久以来寻求通过物质空间设计和为社会发展机遇提供地方基础结构设施的方法来增强社区感（C·斯坦，1957年；盖特曼，1966年；盖斯，1968年；M·卡普兰，1973年；赫丝特，1975年；米歇尔森，1976年；沙里宁，1976年；纽曼，1980年；朗，1980年；1987年；布瑞林，1989年）。在这样做的过程中，城市设计师倾向于依赖创造社会事业机构和公共场所——即通过加强公共环境质量的意图使人类聚集在一起。其实质就是相信通过提供特定的建筑和开放空间达到聚集人群。直觉探求的同时，对这种理念还必须进行大量的调查。但是，社区组织构造设计既不能像某些社会批评家一样习惯于轻松带过，又不能把其当作是厌烦于提高公共环境的惟一理由。在作出任何设计结论或提高设计方案质量之前，必须对社会组织设计和空间安排之间的相互关系和特点，社区和邻里的特点，家庭组织和社区布局关系有一个清晰的理解。这些结论更具有文化特征。这里的研究报告既源于美国人的经验，又应用于美国的经验。

社会组织的设计与参与

所有城市设计项目和政策至少意味着一种已经作为基本设计使用的社会组织模式。不管愿不愿意城市设计师都得参与环境的创造。以纯经济实用主义的城市设计角度来看(参见第2、4章)，决定设计行为活动的基本准则是容易出售的才是应该建造的。本书提倡的城市设计师的观念就是，必须要充分注意到他的工作带来的潜在社会效果。如果设计师接受这种观点，那么社会环境和物质空间环境的社会和物质空间组织的范围，以及环境的特征和分配就非常重要了。问题是："如果这样的环境真的可以建成的话，那么它怎么才能最好地(承担)提供人类聚居场所组织的参与以便满足使用者的归属需求呢？"

人的尺度是建成环境的一个属性，也是社会环境和联系社会领域与自然领域之间的一个属性。让人更感困惑的是，是否有特定的社会环境或自然环境存在于或出自于人的尺度，因为人类经常将归属于社会的情感转给自然。之所以有此类情况发生是因为物质空间元素比社会元素更容易立刻触知。

轶事趣闻的发生表明了那时与环境尺度质量密切相关的是个体的情绪；物质环境质量的演进也与此相关（戈特曼、威斯特盖德，1974年）。在建筑中，人的尺度很难确定，所以它经常成为建筑师追求的同义词。在下曼哈顿符合人尺度的场所人们就会喜欢，不符合人尺度的场所人们就不会喜欢它。同样的情况也可参见洛杉矶或者休斯敦的高速公路系统的设计。过去30年的经验研究阐明了这种混乱状态，尤其是在社会机构和参与方面的尺度。当然在美国已经开展了大量的这种研究，如果不必要很详细的话，它们也可用于跨文化的基础研究。

罗伯特·贝克特尔（1977年）在自己和其他生态心理学家（如威克，1969年；贝克、斯库根，1973年；瑟瑞斯特瓦，1975年）研究的基础上提出了人的尺度理论，阐明了个人能够参与的行为环境的量与人口规模的关系。基本主题是，当环境中的人口比例很高时，人类会感到"压抑"，或者感到被强制性地参与到一个保持完善的系统中。结果是他们属于许多组织，举个例子，一个小学校里，学生被强迫参加许多环境行为活动——如：学校表演队、球队、化学俱乐部——这样的环境需要学校真正能行使作为一个学校的功能(贝克、盖姆珀，1964年)。同种的情况也出现于邻里单位或小城镇里(贝克、斯库根，1973年)。小城镇中给予个人的行为环境要比在大城市里更成比例。大城市或大的社会事业机构的优点与小城市或小的社会事业机构的相反。他们为专门化提供了更多的机会，他们也提供撤出组织或者不成为其中成员的机会，他们也提供某种程度的匿名性，这是小组织所不能给予的。大城市里有些人更乐于呆在一边，什么都不参与。这种情况是由于这些人积极的或消极的原因造成的。大卫·帕夫尼对郊区居民生活的研究证实，那些不愿意生活在宾夕法尼亚州莱维敦的青少年是些基本上不参加学校任何行为活动的人(大卫·帕夫尼，1977年)。他们感到与社会隔离了。但是，许多人过着令人满意的而非孤独的生活。

大的社会事业机构或大城市具有与其不相称的比小的社会事业机构或小城市提供的还要少的行为活动的状况，并非不可避免。它们只是没有自我意识到。市场的力量和明显的个人不参与的对比促使它们走到了这个方向上。20世纪的市场和生产范围导致了越来越大的的社会事业机构和人类之间交流的人格破裂，这不仅发生在美国，也发生在世界上其他几个主要的工业化国家（参见帕尔，1967年，1969年）。面对面的交流似乎越发不可能进行了。城市设计师认为这种趋势总体上是件坏事，但是米切尔·布瑞林（1989年）提出，人类只是使用了替代的新的交流手段，特别是电子媒体，老人和城市设计师及其他公共政策的制订者们应该认识到这种变化。

社区和邻里单位的特征

城市设计师和（发展）开发商在日常用语里同样经常会通用"社区"和"邻里单位"这两个词。这种使用方法很不好，因为这两个词的意义很不同。邻里单位是指一个物质性空间整体，社区是指社会性空间整体。城市设计师能够设计邻里单位，能够在其中安排机构的位置，设计公共环境，但是邻里单位是否是社区还要依靠于那里出现的社会组织了。正如本章先前提到的，设计师有可能设计出正式的组织与邻里边界范围，但是只能提供潜在的环境给公共团体，社会网络能否产生取决于住在那里的居民倾向，取决于工作在那里的非邻里单位中居民的个人状况和他们对于这种发展机会的理解。

大量的设计思考是基于玛西亚·佩雷·艾菲瑞特(1974年)称为整体性区域社区和杰拉尔德·休特斯(1972年)称为防御性社区的邻里意象。这种社区里的许多活动，即生活、购物、娱乐、工作均发生在有边界范围的地域。艾菲瑞特将此与有限责任的社区(参见休特斯，1972年）做了对比，其又被戴维·索恩斯（1976年）称为不完全社区，指的是邻里单位中人类对他人有义务，因为他们生活在相似的地区，但是这些义务和当地范围共享生活的数量是较少的。

典型的邻里单位规划一般是由设计师们设计，设计师们倾向于假设，如果当地的基础结构设施能够提供到足以使其服务范围与邻里空间界域一致的话，人类还是愿意创造一个主动性的区域社区。此假设有两点困难：不同的服务有不同的交易面积（赫丝特，1975年）；在一个高速流动的社会里很少有团体依赖于当地服务——即人类更愿意走得远些，获得与自身价值相应的服务（兰辛、玛瑞斯、兹赫尼，1970年；李，1970年；R·布鲁克斯，1974年；库珀·玛库斯，1975年；赫丝特，1975年；库珀·玛库斯、萨克斯西，1986年）。

许多情况下，规划师的邻里单位并非是当地的社区。即使是高度成功的邻里单位设计中（如当地居民非常喜爱）其社区也是仅限于有限的义务（如新泽西州的雷德朋居住区；参见兰辛、玛瑞斯、兹赫尼，1970年）。然而，通过正式组织加强了的归属感却存在与邻里单位范围一致的空间界域内。当地的基础结构设施被那些人口中较少流动的人群使用着——儿童、年轻家庭、软弱者和贫穷的老人——这些适于他们的生活方式，但是这种派生的强烈的公共同质性发展水平是较低的。然而，邻里的布局和设计却与它有关联。

整体性区域社区和邻里单位不该被当作城市设计师的可能设计模式而不予考虑，虽然它们不能从外部产生，但是其确实存在。而且，许多贫穷国家里也有此类情况，那里由邻居之间提供的互助系统是有生命力的，不但可以形成归属感，而且也可以提供生存条件。当有同类人口或下述情况时整体性区域社区或一个近似的社区是经常存在的，即某一地区由一个家族或民族团体占据，与周围地区明显不同，收入与活动水平较低，人类只能选择狭隘的生活方式。1960年前的美国工业城市中这种情况并不普遍，但是随着工业带动着邻里单位的发展后它们就迅速从社会环境和物质空间环境中分离出来。

历史上新来美国的人就是聚居在一起的：波士顿地区的爱尔兰人区，纽约犹太人区和意大利人区，密尔沃基的德国人区都是这样的例子。由于机遇、选择、必要性和外来的偏见等，少数民族邻里单位仍旧充斥于美国城市中，与过去相比黑人更集中于城市和市郊。许多城市有唐人街，近来美国的亚洲移民继续住在少数民族区。越南难民许多有过受伤害经历的人疏离于美国主流生活之外，他们更需要互

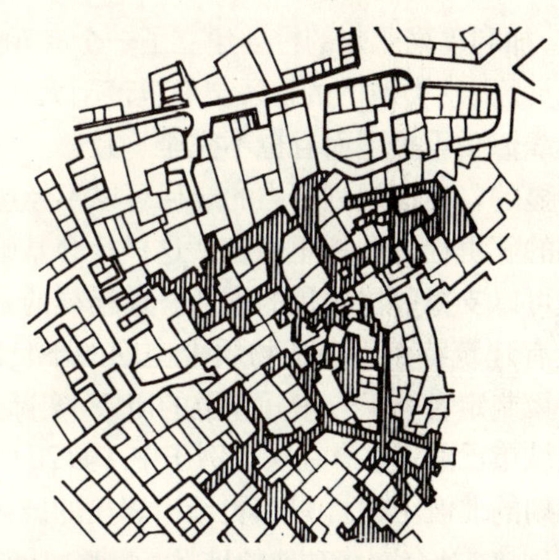

1. 印度北部渥德城一个传统的“邻里”
（资料来源：作者收集）

2. 印度古吉拉特邦艾哈迈达巴德的内部景象
（资料来源：作者收集）

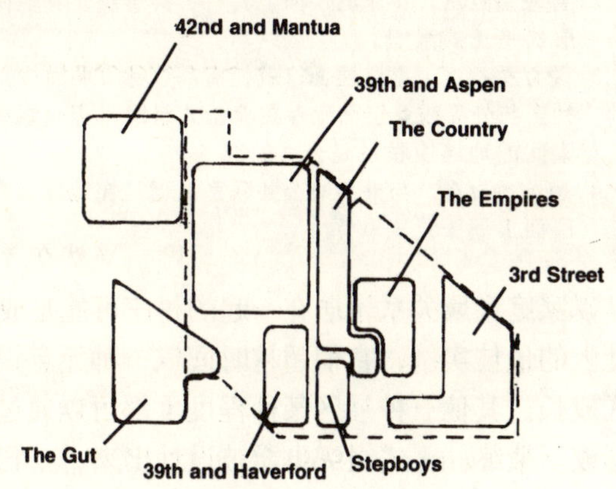

3.费城Gang Turfs，曼图亚（1970年）
（资料来源：作者收集）

图13-2 “整体性”区域社区

世界上有许多“整体性”的区域社区的例子，但是在美国除了有少数自治的宗教社区之外是没有这类社区的。印度北部的mohallas和pols城市曾经就是这类社区，而且现在在许多方面仍保留有这些痕迹。它们由宗族或世袭阶级组成，在一个地域内以正式的和公共的行为标准相联系（1、2）。美国城市中的青少年以成群结伙为特征（3）。他们确实提供了社区感和认同性，但是其社会后果非常严重。

相帮助。加利福尼亚州的橙县建立了一个有70000人的小西贡区。这类地区的社区与邻里范围大致相同，虽然界线似乎重叠了而且也不完全一致。

明显的，良性规划努力的成果可以不经意地催毁现存的邻里社会和邻里建筑，这样社会基础结构设施就可以支撑邻里居民的生活。最糟糕的是因为邻里没有建筑特点而造成物质上空间的不良影响，符合决策制定者关于一个好邻里的印象。实际上，这种邻里城市已经存在。在这些例子中（如20世纪50年代后期的北波士顿），城市更新对邻里的破坏造成人类的分离、社会网络功能的破坏（盖斯，1962年）。这种对传统和当地归属网络的毁坏同时也伴随着巨大的失落感和失败感的出现（福瑞德，1963年）。

无论是新城或是邻里单位，在考虑社会组织和公共环境设计时，对于邻里单位内部的社会和物质空间环境之间联系的设计是很重要的。新城和邻里单位的规划要立足于以下三个层次：(a) 与外界联系的需要；(b) 附属组织之间的联系；(c) 居民关系的特点。戈特沙尔克（1975年）基于这些联系的特点划分了4种类型的社区。

1. *成长型社区*——当地的社区随时间成长——基本上与艾菲瑞特的完全性地域社区相同。所有的三个层次的关系都是公共的。
2. *管理型社区*，在家庭层面上具有公共组织，其他两个层次是正式组织。
3. *设计型社区*，家庭层面（就拥有高目标方向而言）和社区与外界联系层面上存在着正式组织，但是组织元素间的地域性联系是公共的。
4. *意向型社区*，与外界有公共联系，但是在地域和家庭层面上属于正式联系。

以家庭亲属关系聚居在一起的村庄可能是成长型社区的最佳实例，它们超越时间以一种无意识的方式成长。其他三种社区某种程度上都可以通过设计形成。最终，正式组织也能被设计出来，公司城就是管理型社区的例子。现在的城市设计师易于把公司城当作19世纪的美国现象来考虑，比如劳威尔、普尔曼，但是第二次世界大战后的美国和世界上其他国家仍有许多这样的例子。它们是总体设计的基本例证（参见第4章“今天的城市设计”），因为它们的设计要反映赞助商的观念，所以这些城镇被设计成为一个封闭体系，在城市设计师与组织赞助商之间的是公司。

设计型社区是真正的邻里，正如其名称所表明的一样，是众多城市设计工作的交汇处（如旧金山的米申海湾）。其范围包括房屋项目（它实际上经常

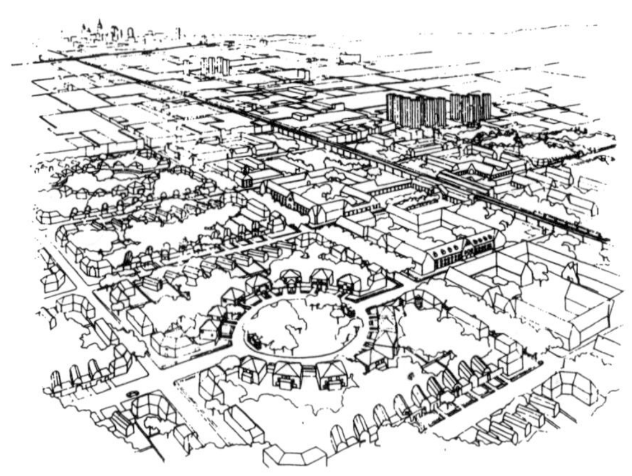

1.罗伯特·A·M·斯特恩设计的郊区地铁（1976年）
（资料来源：斯特恩，玛斯内格，1981年）

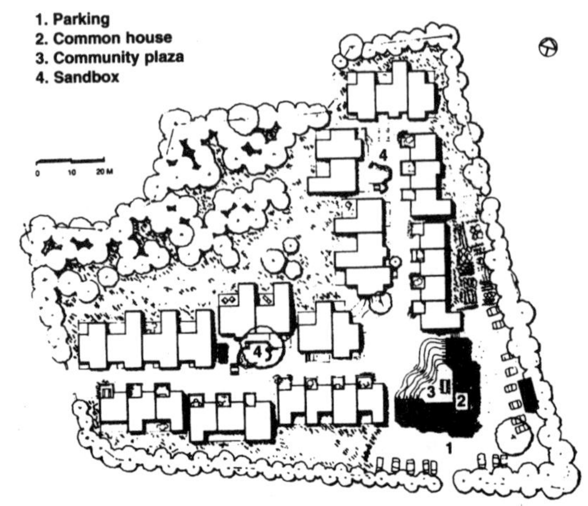

2.丹麦Birkerod的Trudeslund社区
（资料来源：根据弗朗克·阿伦茨进行的改编，1989年）

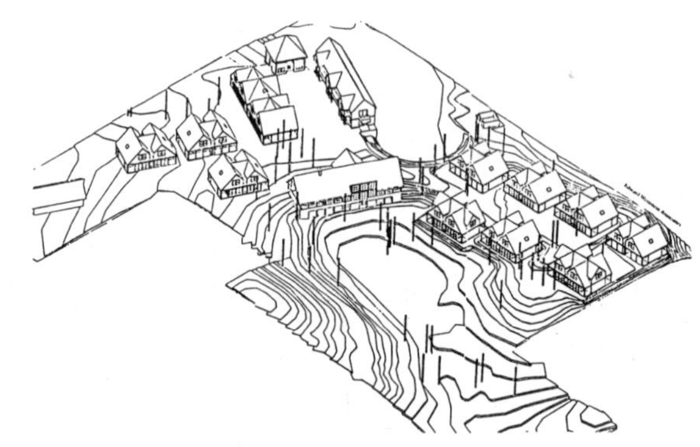

3.科罗拉多的拉菲特
（资料来源：莱文森，1991年）

图13－3 性别角色、同质和城市设计

传统的邻里单位概念[参见图2－8（1）]和郊区布局形态表明男性和女性特征不同，男性拥有房屋而女性在其中工作（海登，1984年）。它能够提供一个更成熟的有支持力的环境（1）。20世纪70年代，斯堪的纳维亚半岛出现的联合住房运动（2）和近来美国许多地方出现的这样的运动（3）表明角色的改变和更为成熟的有支持力的社会和物质空间环境的出现，特别是在儿童成长期的改变表明了这种变化。设计的目标是提供私密性和社区感。

社区与反社区分类 **表 13–1**

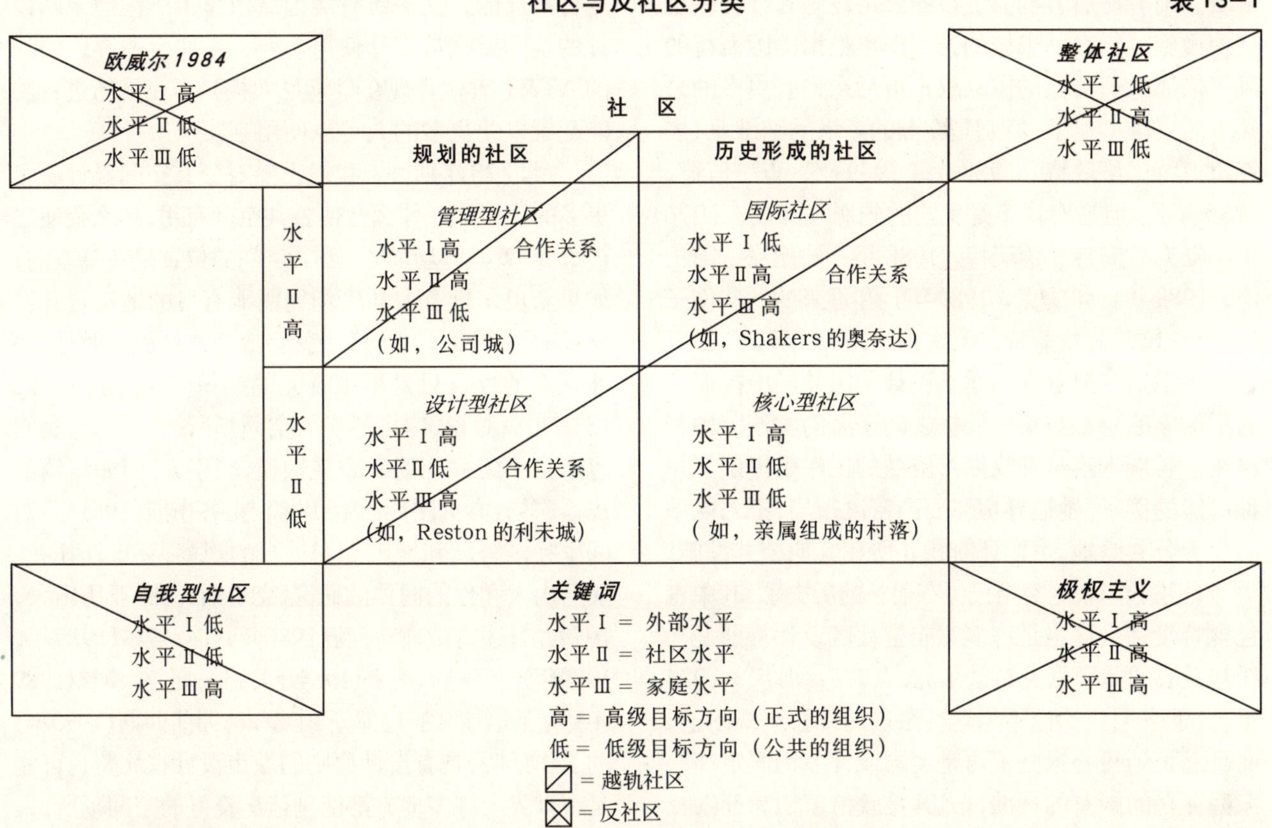

（资料来源：戈特沙尔克，1975 年）

是管理型社区）、某些场地，如纽约的罗斯福岛（从前叫威尔沃夫）[参见表3–8（2、3）]，新城郊的开发，如新城的邻里，像马里兰州的哥伦比亚，得克萨斯州的拉斯 · 克里纳斯。它们规模很大，但是社区的能力却有限，尽管它们可以渐渐地发展成这样的一个社区和一个增长型社区之间的水平，但是在现代的情形下它们不可能变化得太多，甚至如果电子智能别墅真的开发了，那么，潜在的更多的人将在家里工作。

住在设计好的邻里单位中的人至少有一样是相同的——即至少他们选择居住的房屋尺寸是相似的。他们似乎也具有相同的社会经济地位，这是因为市场过程的作用——即城市设计实用主义的作用。邻里单位中的居民也倾向于认为他们有更多的一致性（参见李，1970年），这就成为他们之间非正式交流的出发点。

Brnderhof和像Shakers村和奥奈达人社区这样的场所是有关历史的意向型社区的例子（戈特沙尔克，1975年；海登，1976年）。家庭和当地水平的联系是高度正式化的，受到规范的监督。也许近期最相近的例子就是以色列的kibbutzes，美国的集合式综合住宅，还有一些其他的地方，但是当地的组织水平与意向型社区相比是所有这类组织中最公共和外向的。

家庭组织和邻里设计

邻里单位的设计概念和单一家庭的传统郊区布局都是以家庭成员具有的特别角色为前提假设的。丈夫被看作是挣钱养家的角色，妻子被看作是维持家庭日常生活的角色（西格特，1981年；海登，1984年）。现在家庭类型正在演化，新的社会组织正变得必需（弗朗克、阿伦茨，1989年）。尤其是核心家庭不再是美国的标准家庭。

近来，城市设计大量考虑的焦点是针对妇女以及男子在家庭社会角色的转换。对于城市郊区妇女的研究证明了这种关注（如西格特，1981年），她们使用城市公共开放空间（库珀 · 玛库斯、弗朗西斯，1990年）对于潜在的将来提出设想（海登，1984年；弗朗克、阿伦茨，1989年）。大卫 · 帕夫尼（1977年）指出，对妇女而言，她们想离家工作拥有职业的原因也是出于经济的原因。第二次世界大战后，瑞典首都斯德哥尔摩外Valingby郊区的一系列设施与布局优于同时期的美国宾夕法尼亚州及费城的郊区利未城。前者比后者拥有更多的公用设施和社会基础结构设施，住在利未城的人不得不根据美国流行的风气依靠他们自己的主动权。再后来，有更多的公共生活安排出现了，特别是欧洲的斯堪的纳维亚（麦克凯梅特、德瑞特，1988年，1989年；W·伍德，1989年），但是有许多是美国的先例（海登，1976年；麦克凯梅特、德瑞特，1988年；弗朗克、阿伦茨，1989年；弗朗克，1989年）和近来的一些例子（如科罗拉多的拉菲特；莱文森，1991年）。

多雷斯·海登在《重新设计美国梦》中提倡新的平衡家庭隐私与集中安排之间矛盾的方法。她指出在一名瑞士建筑师汉斯·威兹的工作里提供了一种可能的例子。她倡导房屋要高密度布局，把郊区中心变为公共绿地，可能还有托儿所和其他公共设施。

论述选择家庭类型已经有很长的历史了，其中也包含着设计。这也是许多意向型社区设计特别是乌托邦关心的问题（戈特沙尔克，1975；海沃，1984年）。近来关注的已不是这种激进的社会组织问题，而是意识到核心家庭不再是美国或许多仍假定核心家庭存在的国家的标准，尤其是政治家们和开发社区仍旧认定要以这种家庭作为家庭的标准（弗朗克、阿伦茨，1989年）。

活动和公共环境

许多欧洲城市布满了广场，那里是举行列队典礼、聚会、定期闲逛的场所，形成了与其周边土地利用关系重要的行为环境。例如，围绕费城的利顿豪斯广场周边多样化的土地利用都服务于同一目的（简·雅各布斯，1961年）。我们的设计师以怀旧的目光看待这种场所，想要把其建设发展成新的场所，或者是把现存的城市重塑成他们假设的空间场所，在那里有公共生活，人类会对场所产生归属感。应谨慎对待这种期望。如果该场所适合社会和物质空间生态，那么就可以获得这种归属感，正如简·盖尔（1987年，1989年）在对哥本哈根的分析中所探讨的，但是这种方法证明，在美国的许多地方行不通，集市、广场和人行道必须布置在有人的地方或者布置在人想要在那儿的地方，否则这些场所就会被遗弃。它们具有多种功能，但是其最根本的功能是那里产生的相互交流要比社区场所产生的交流更多。它们可能比社区的标志性更重要。

在美国，公共空间设计的经验已经非常五彩纷呈。那种直觉以为任何开放空间都好的想法被证明是行不通的。几乎所有美国城市里由一流建筑师设计的空间要么被充分使用，要么被完全遗弃。纽约的AT&T大楼（现在是索尼大楼）正在重新进行功能配置以使更多的人可以使用它。

最近20年期间，我们已经对公共空间设计有了更多的认识——什么会使公共空间有用，什么会使之被遗弃。就其环境而言，公共空间的位置是最基本的，如果新奥尔良意大利广场周围能有目的地进行开发建设的话，那么，这个广场就会成为一处旅游胜地，而非现在的仅仅只是用来观光的建筑[参见图13－13(3)]。也就是说，广场不是大空间场所的一部分。我们也学会了怎样让场所令人愉悦，吸引人[例如纽约的皮雷广场；参见图12－2(6)]。简·雅各布斯(1961年)对邻里社区公园和城市广场进行的观察，克里斯托弗·亚历山大和他的同伴的研究(克里斯托弗·亚历山大，1977年)，还有威廉·怀特(1980年)、简·盖尔(1987年，1989年)、多雷斯·海登(1984年)、路易斯·莫桑格(1989年)、克莱尔·库珀·玛库斯、卡罗琳·弗朗西斯(1990年)的工作证明，具有设计原则的城市设计在北美也可能是在世界上许多地方都能创造出良好的空间场所。人类会利用区位优势、场所的安全感，提供适合于他们对隐私性和利益需求的场所，但是期望城市的公共生活成为我们记忆中的一部分就是有些过分和奢望了。城市广场、邻里单位的公园、好的列队游行空间和优秀的“城市客厅”都赋予了场所特征。如果位置选得好，场所就会被人们所喜爱和使用。

事　件

有许多事件和局势会和陌生人联系在一起，从而建立一种组织一致性。有时这些事件是重复发生的，有时不是惟一的就是少见的。经常存在按规律发生的事件，如体育运动。确实，当美国城市里有大的游行队伍时，运动迷们出于荣耀心就会穿上他们喜爱团体的队服，美国大城市作为城市的成员标志即拥有大型的游行队伍，如棒球、篮球、美式足球，至少也有冰球。

不是频繁重复发生的事件也很重要。纽约时代广场庆祝新年的来到，新奥尔良四旬斋前狂欢的最后一天，都具有不同氛围，如元旦这天费城南Broad街的化妆游行，都给予人一种城市的归属感。复活节西班牙教皇接见公众和其他教派的仪式在圣彼得广场举行（贝纳沃罗，1980年），以及西班牙潘普洛纳的奔牛节都已经具有了国际性的意义，另外澳大利亚的新澳军团的阅兵日也是国家统一节日的一种体现。

几乎所有的美国城市都有将人们聚起来进行娱乐活动的经历，但是他们对于城市独特的潜在功能是那些作为市民的人肯定的，也是对他们参与了场所生活的再肯定。这类事件在本质上会有很大不同。它们都是发生在城市范围内的事件，如加利福尼亚州帕色的纳玫瑰球场的游行、圣帕特里克节或Steuben节在当地市场或少数民族举行的游行。如果没有它们城市的生活会变得乏味。有些城市比其他城市的这种生活会更丰富，进行活动的一些场所也很好地达到了其目标和适合提供其他活动的物质空间环境的需要。F·L·赖特通过在"广亩城市"的设计中提供了一块进行活动的区域才认识到美国这类活动的重要性。

归属性的标志

人类有意或无意地使用标志以用来区分自己与其他人群。发型、衣着、财产和居住地均包含了人类传达给他人的标记性信息。他们的家庭环境和房屋单元本身就是标志（库珀，1974年）。同样，他们居住的邻里单位和他们工作的大厦也是标志。任何城市环境的设计如果不是明确的标志，就是象征性的行为创造。

历史上，共享的世界观创造了标志性的环境，在那儿"文化可以自治和领悟其历史，通过认识建筑环境会知道你身处何方"（科纳，1990年）。不仅是建筑，而且市镇和景观环境规划也都是标志。景观环境特别重要，可能是因为城市被当作藏污纳垢的地方（杰里克夫妇，1982年）。数学上合理的几何系统被自觉地运用到市镇与建筑设计布局上，但是这种系统自19世纪被用来描述现存世界的应用数学所代替，不再作为一种理念。唉，传统极大地丢失了[参见图10-8（1、2）]。

如果设计的功能之一是支撑组织的认同性，那么设计师就必须要认识组织的统一标志，知道如何利用标志并传达这种信息，从而继续提供这种支持。为了在设计中达到这些目标，设计师似乎希望表达他们自身的观点与要支持的人类观点相互支持。建筑师获得环境方法的观点与居住或使用环境的人的观点一致。

建筑环境也充当了人类品味的标志——即他们的审美价值。环境的选择与个人所属文化是一致的。某种程度上，品味文化表明了成员属于某个特殊的社会经济或文化群体，是某些知识分子团体的成员。摆脱规范的束缚经常是设计师自觉的选择。例如，通过建筑表明他们属于先锋阶层。

行为计划

除非一个人支持纯粹放任自由的未来社会发展的过程，否则，很明显大多数关注提供满足人类归属感环境的公共政策必须首先要解决社会规划问题。美国和其他民主国家，社会政策的决策由政治家基于个人需要和经验而制订，或者他们从社会规划师和城市规划师那里寻求建议来制订决策，决策的实施更大程度上取决于人类投票或纳税者的意愿支持率。许多社会规划决策不可避免地涉及城市设计，因为其包含有需求分配或重新分配基础结构设施或开发公共环境布局的问题。

需要保持人类之间联系的制度和行为模式

什么才是一个好的社会呢？很明显，好的社会能够提供机会让人类之间的联系通过正式的和公共的组织得以发展，能够提供各种有益的社会目标。尽管通过其他媒介保持联系在生活中越来越重要，即使面对面交往经常受到批评家的反对，但是面对面交往仍然是人与人之间交往的基本联系模式（布瑞林，1989年）。社会设计目标应当培植所有有利于人类联系的方式类型。

人类的联系发生在正式组织和公共组织里，也偶尔发生在人类日常生活的相遇里。为了感受到自己是广阔社会的一部分，一个人必须要了解社会里发生了什么。这一评论导致了争论。争论使人有许多机会去相互满足和能够满足，至少是替代性地参与到他人的生活中，因而可以从他们那里获得归属感（参见第16章"满足认知需求"）。于是，争论的焦点就是要有丰富多彩的行为活动环境。

对组织规模和参加机率的研究表明，不但应有许多环境，而且还应该有相对小规模尺度的环境。社会团体应小到可以提供参与的机会，但是不至于使人被晾到一边；也要大，大到可以提供各种机会，能让有专长的人更加专门化。任何社会团体甚至邻里最佳规模的确定都是充满政治矛盾的，即整个社会系统运作的有效性与各式环境的参与程度之间的矛盾。有助于人类满足其归属需求的功能目标，强调参与机会的重要

1.西雅图的西湖广场
（照片来源：由费城汉纳／奥林有限公司提供）

2.威尼斯的圣马可广场
（照片来源：作者收集）

3.旧金山的科罗克广场
（照片来源：米切尔·麦克密里摄影；来源：库珀·玛库斯、弗朗西斯，1990年）

4.加利福尼亚州立大学伯克利分校的Sproule广场

5.纽约的第六林荫道

图13－4　归属需求，公共生活和广场

广场有许多功能：令光线进入城市密集区，形成邻里空间的节点，提供聚集的场所或只是个人享受阳光的地方（1）。欧洲城市广场是城市活动的公共中心，也是提供城市市民认同性的源泉（2）。欧洲广场作为交流中心的功能没有那么容易地传到美国。只是在人们互相认识时，广场才发挥这一功能，对于小城镇或者邻里单位只有那里过着开放、性别分离的教区生活时才会发挥这一功能。多数美国人（如儿童）需要媒介才能加强同陌生人的交流（参见图12－8）。小的城市空间（3）能充当人类与认识的人和朋友见面的场所[参见：怀特，1980年，1988年；参见图12-1（6)所示的皮雷公园]。尤其当有共识的标志时，它们能让人敞开心扉进行交流（4）。城市设计师应当尽量避免怀旧情绪，未来设计开放空间时不要认为那仅仅是聚集的场所。美国的城市里充满了被遗弃的广场（5）。它们很少真正进入城市生活。

1.费城的栗树山

2.加利福尼亚州的戴维斯乡村之家

3.纽约的第五林荫道

图13—5　文化品位和城市设计归属感

人类选择环境时反映了人的许多决策。有些决策涉及面很窄，但是有些则反映了人类的价值观或者属于特殊人群的文化品味。人类的社会和物质变化越快，展示认同性的机会就越多。这里展示的三个地方包括了人类选择居住的范围，但是却分属于不同的文化(1、2、3)。上述房屋与图1－1(6)或图2－4(1)所显示的环境有很大不同。通常作出的选择是无意识的，有时人们是匿名的，但是这种想法却左右他们的决定。

性及提供的复合环境。这样一种供给倾向于强迫人们参与行为活动。这也表明，人们必须忍受整个无效率的经济系统运行。在美国这样一个高竞争性和高度私有化的社会很难提倡这种理念。在许多方面，美国是一个高度共享的社会，但是实际上也有许多人，包括穷人和少数民族的人都会感到疏离感。他们不参与也不想成为其中的一个成员，很明显社会机构需要设计成吸引所有那些关注生活主流的人的参与。

同质人口或异质人口

年龄、种族和社会经济地位相似同质的团体更具有连贯性，其成员更能互相帮助互相支持。一般来讲，城市设计师已经成为人类生活中许多方面需要融合的倡导者，如生活中的各阶段、经济地位、新城镇里的居民种类，最近的则是土地利用类别。许多权威人士（盖斯，1972年；克里斯托弗·亚历山大，1977年，模式8）已经提出了如何去进行融合的理念，但是这种融合的获得仅仅是通过设计物质性空间和综合性建筑内容而去试图创造一种亚文化的拼凑但是却受到极大的限制。现在美国城市大量的居住邻里，其多样化的人群都是基于一个客观的邻里层面现象（如联排式房屋）。但是这里的社会公共机构只是具有相似背景同质的人才会使用，于是邻里中真正的社会交流程度比较低，这种融合更是一种社会期望的目标。

赞成的理由是，文化相同区域的有机增长能增强儿童的自信心，理解他们（他或她）归属于有价值的社区，发展自我意识。反对的理由是，其减少了经历的多样性，那是能提高自信和家庭温暖的方式。引述约瑟夫·T·克拉珀和克里斯托弗·亚历山大和他同伴的话“没有特征的价值综合导致没有个性特征的人”。赫伯特·盖斯（1972年）和克里斯托弗·亚历山大及其同伴的设计原则都基于下述评论的——即个人应努力争取微观上同质，宏观上异质。在美国人会自觉地运用这一原则（他们有选择的自由）的机会仅仅可能是因为某种特别的建筑形态的综合表明公众是如何进行自我组织，然而，人类（个人和组织）观察住在那些地区的人选择位置时是基于上述认识的。当缺乏选择时就会引发社会问题，许多美国人就是这样。

生活圈层的异质相对容易做到，可以通过提供公共设施吸引不同年龄段的人来做到。并不是每个人都选择这种生活方式。美国居住区居民，除青年人尤其是儿童之外的数量增长表明，同质能消除许多人希望避免的某种压力。美国本土城市中产阶级的迁移就是出于这种避免压力而去寻求安全的需求。通过城市设计只能从边缘上解决保持人口的困境。本质上这是个社会问题。

一个平等的或社会分层的社会

美国是一个高度按社会经济分层的社会。人的收入数量及对收入的支配有巨大的不同。一些人选择过低调的生活，另一些人则陷于贫穷与缺乏机会之中。一个国家的社会习惯反映在税收系统上，表明了对此情况的一般接受程度，而并非财富的重新分配。处于贫困线的人投票方式（当他们确实投票时）表明了他们对社会非常不同的看法。美国许多社会规划的目标就是要提供平等的机会，让人在符合法律和社会允许的范围内达到他们的目标。许多国家的社会目标和公共政策之间的差别经常会很大。许多国家的目标是达到一个无阶级社会，但是他们的经济和社会规划实际似乎并没有朝向这个目标发展。

在美国，许多20世纪建设的社区建立在平等主义哲理观念的基础上（海登，1976年），这种哲理出现在20世纪60年代和70年代的社区发展运动之后，某种程度上巩固支持了今天的联合住房运动。这些例子里并没有广泛地努力创造出了平等主义的国家。然而，却从那时起，他们都在努力创造平等机会，尽管过去的十年间没有明显的证据可以证明。需要持续长期的努力才能获得。如果成功，人类将有比现在更易获得归属感和其他需求的机会。

与这些问题相关的问题是，通过设计可以塑造社会形象。很清楚，现代理性主义城市设计的目标之一就是清除房屋对社会形象的指引作用。巴西利亚和许多法国新城政府的政策和设计目标就是要达到这一社会目标。可能是另一种方式吧。在美国，一些人不选择通过财产显示财富，这种行为似乎不合标准，社会地位（就资产和收入而言）很大程度上反映在他们所在的邻里和组织以及选择建造的建筑上。

这种观点在美国是传统自由的（朗，1987年）。平等主义的社会是机会均等的社会，是让每个人平均都拥有能力和抓住机会的动力。机会均等需要努力争取，尽管城市设计不是获得这一目标的首要因素，但是它是其中的一个层面，在这一层面上社会决策为分配制度服务，使人类成为正式机构的成员。

设计计划：创造环境

如果一个人在设计规划之前已经明确行为活动，那么城市设计师的职责就是让决策实施工作注意到城市设计的机遇与问题也许可能会与行为计划产生矛盾。四种设计问题会影响社会环境：(1)行为环境形成的方法一定会与人类能确认的和隶属的方法一致；(2)地方公共机构和基础结构设施的建设与选址；(3)过渡空间和场所的设计；(4)也包含提供归属标志的物体和环境设计方式。日常生活中发展社区感的前提是通过提供安全的环境和足够的私密性赋予人以安全感。然而，对安全的需求常常使人们聚到一起。这种聚合除了在较少流动的社会里，可以不必有空间内涵。

节点、边界和场所感的营造

城市设计师传统的考虑满足归属感需求的建筑环境设计方法是把城市进行区划，进而再细分成邻里。其目的是提供一个有良好结构层次划分的区域，每个区域核心位置和有大量人口聚集的地方都布置合适的公共设施，每个使用人和家庭都视为相同。令人拥有良好的认同界域感的理念能从格式塔的虚拟组织论中得到理论支持。两维认知模式中，有良好轮廓的结构单元区域比没有的更容易识别，这个论据在凯文·林奇1960年对城市形态元素的研究中加入了第三维，在随后的研究中得到证实（参见第12章；波科克、哈德逊，1978年）。边界元素可以是自然景观特征，如小山、河流，也可是人工元素，如公园、道路和铁路线或线形元素的混合物。

芝加哥城市圈层形态结构[参见图11-4（2）]是由抬起的铁路界定的；这不是一个非常清晰的界限，但是它划定了城市区域的范围，在其中布置了许多商业和店铺。威克特·格鲁的The Fort Worth提案通过建设环绕中心区的环城路赋予城市中心清晰的特征(参见图3-5)。科罗拉多的波尔德具有一个大绿带，这是个很常见的想法，但是很少有城市能够顶住开发商要求开发土地的压力，在马里兰州的哥伦比亚通过道路和开放空间进行综合来界定层级松散的区域。

由Rouse公司设计和开发建设的哥伦比亚新城现在已经接近完成，它被分成若干村庄，村庄又分成邻里，每个邻里都可以提供一系列服务（R·布鲁克斯，1974年；泰纳伯姆，1990年）。在许多方面

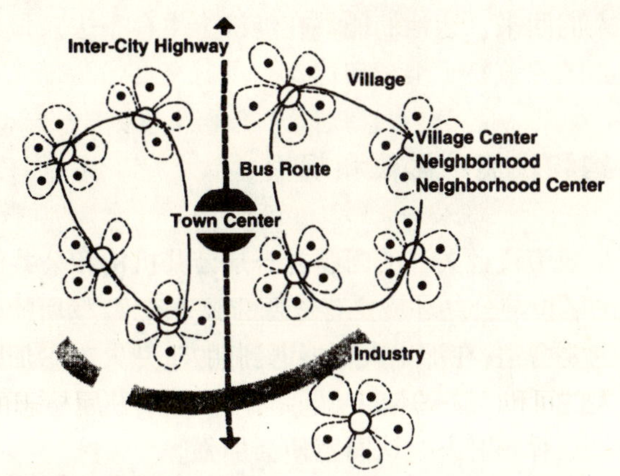

1.概念性规划
(资料来源：赫丝特，1975 年)

2.城市中心

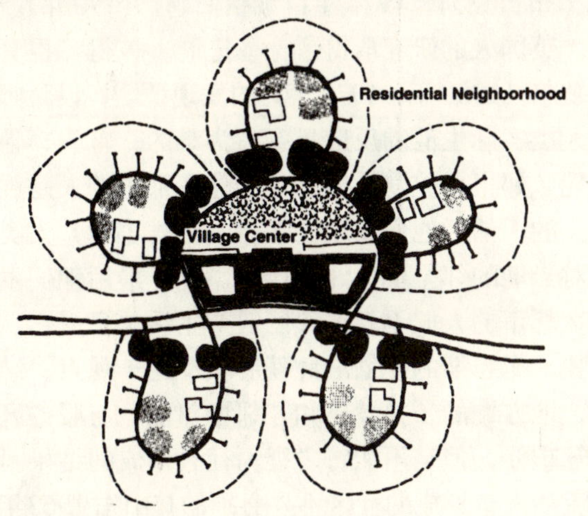

3.小区的概念性规划
(资料来源：赫丝特，1975 年)

4.小区中心

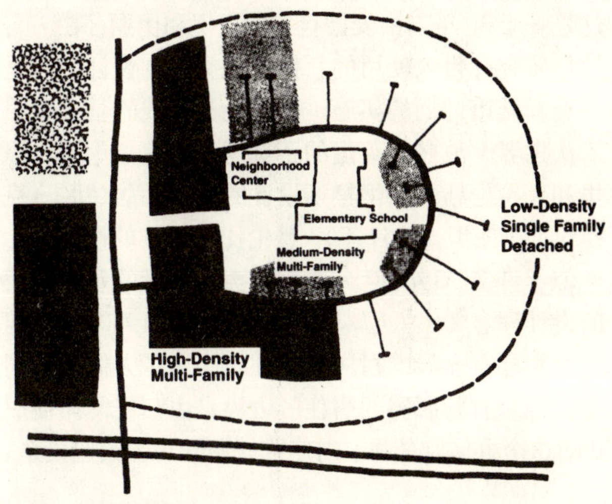

5.邻里组团的概念性规划
(资料来源：赫丝特，1975 年)

6.邻里组团的中心

图13–6　马里兰州的哥伦比亚新城

设计于20 世纪60 年代的马里兰州哥伦比亚新城的总体规划类似于英国第一代新城规划。整个城市只有一个主要公共中心，也是地区的公共中心（1、2），有一系列的小区公共中心（3、4），每个中心都有许多邻里组团的公共中心（5、6）。当人们确定他们属于哪个邻里时，小区公共中心就可以满足这一需要。它们提供了很大的选择范围。因此创造哥伦比亚的可识别性对应关系比创造邻里的对应关系容易。

这是一个30年前由安德鲁·杜安伊和伊丽莎白·普拉特研究并投入使用的新传统主义计划设计。这是一类新城市计划的实施，其理论和实践的基础是第二次世界大战之后英国的新城运动和克拉伦斯·佩里和克拉伦斯·斯坦早期设计的雷德朋居住区（克拉伦斯·斯坦，1957年）。哥伦比亚新城的设计理念类似于许多20纪60、70年代美国大量的新城开发的设计理念（葛兰尼，1976年；布奇，1980年）。与公共中心有差异的村庄规划理念引导了人们的认同感，但是有归属感的居住区边界是由归属群体促成的，这个群体与邻里、村庄或城镇的边界没有关系。

城市中心区

传统大都市区的中心商务区既是各种行为的中心，也是一个标志性的心脏地带。随着城市公共中心区在区域经济中扮演角色的减弱，其重要性也相对下降，于是是否有必要在未来的城市中有这样一个地区，尤其是许多郊区没有核心依然良好地运行的现在，就成为一个值得质疑的问题。另外，许多美国人从心里不喜欢甚至害怕这种商业味、无序感和高密度的人口环境，他们居住在现有的城市公共中心区却只是把它当作工作、购物和重新改造的地方。但是，对另一些人来说，人与行为活动的混合仍旧是基本的生活。有趣的是，许多郊区争相建成公共中心区。确实城市中心步行街的发展和美国新传统郊区的发展都是在努力创造一种场所感。

底特律都市区密歇根的南田是办公和零售商集中布置的区域。但是没有一个场所把公众利益和商业利益能视为同一个焦点。与其他新郊区中心城镇相比它已经发展了一圈购物中心，南田的目标是扩展目前的城市中心，再加上许多新商业设施、人行道网络和公共空间。它可能发展成为一种新模式——既不是城郊购物广场，也不是现有的城市中心。类似同样的思考模式见于纽约的布朗克斯。一个新城市中心基本上是通过致力于区域服务的建设和生理场所感的营造带动布朗克斯的全面发展。

对许多美国人而言，这种场所感仍旧很重要。最近一项在得克萨斯州的阿马里洛对陷于大量经济困境中的城市中心区的调查表明，其市民仍趋于将该区域视为重要的标志。目前的考虑是这样的，城市中心区应被看作是特别的邻里单位，而不能简单地认为那是摩天大楼和大厦聚集的中心。城市中心区应综合利用，包括居民区，也必须要获得活力，吸引人们回来，让他们能够在经济上生存下去。城市中心区应该易于乘车到达。

机构和设施：区位和规模

城市设计关注的问题之一是公共机构和公共设施的区位与公共环境要有适合的服务规模，场所的区位也要合适，在那里人可能遇到朋友、熟人或参加陌生人的活动。最基本的问题是，当人类有机会遇到或仅仅是看着对方时认同感便会加强。

“邻里单位”的概念至少是基于这种理念基础上，它的中心是小学和娱乐设施。在哥伦比亚，邻里组团的中心是小学校、地方性的商店和娱乐设施。邻里层级的下一层是小区，边界处布置有公共设施。论点是如果人类使用当地设施则他们会建立关系网，居民们会结识店主和教师，孩子们会认识住地附近的同班同学，他们的父母会通过孩子认识彼此。研究结果表明，通过此类设计的成功就达到了设计师目标的结论是靠不住的。哥伦比亚新城出现了许多邻里组团，这是个充满关爱的地方，詹姆斯·瑞兹期望通过物质空间环境的规划设计能增强社会环境（R·布鲁克斯，1974年；泰纳伯姆，1990年）。

英国人的研究取得了一些进展。彼得·畏莫和密歇尔（1980年，1973年）的发现证明，设计师面对人类实际生活的反应是左右为难的。首先，他们发现“邻里单位”的概念对居住在那里的人是没有意义的，然后他们发现（在科本诺德小镇）人类易于对当地的邻里单位建设产生影响。最后他们发现住在都市的人们不会过教区般的生活并享受它。密尔顿·凯恩斯的规划设计就反映了这一观点。结论是，地方性的公共设施和“邻里单位”与服务区域同等重要，但是不能将之视为社会促成的结果。相似流动人口形成的社区不是必须的（韦伯，1963年）。然而，不是所有人都那样。

哥伦比亚新城和雷德朋居住区娱乐设施的使用和接触是解释谁在使用它们的主要因素。它们使具有共同利益的人聚集到一处，而且提供了一种归属的源泉（兰辛、玛瑞斯、兹赫尼，1970年；R·布鲁克斯，1974年；泰纳伯姆，1990年）。如果当地购物区商店主和工作在那里的人群是稳定的，他们的数量就不会扩展，就会赋予人类注意的焦点和行为的一致性（ERG，1990年）。他们很清楚这类设施会起到媒介的作用，会让那些同质的人产生区域归属感。当人口高度同质时，亚人群就会加入社会

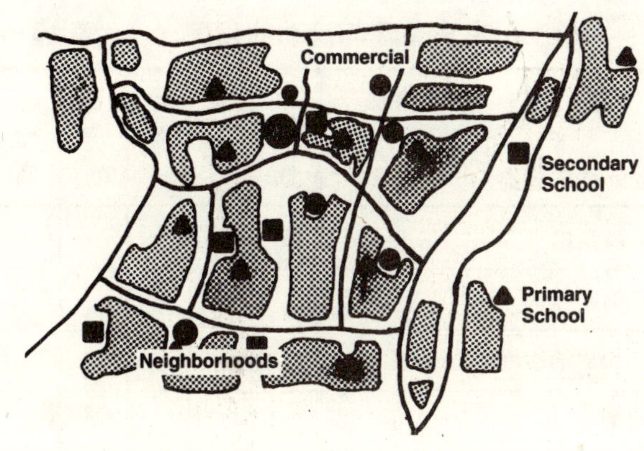

1.英国的哈罗城
(资料来源:朗,1987年)

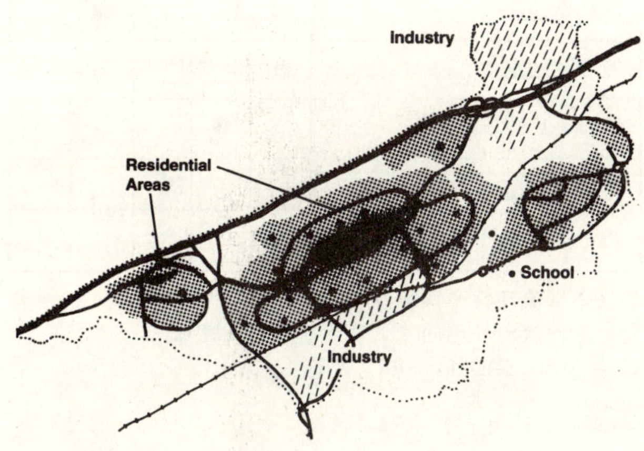

2.苏格兰的科本诺德小镇
(资料来源:朗,1987年)

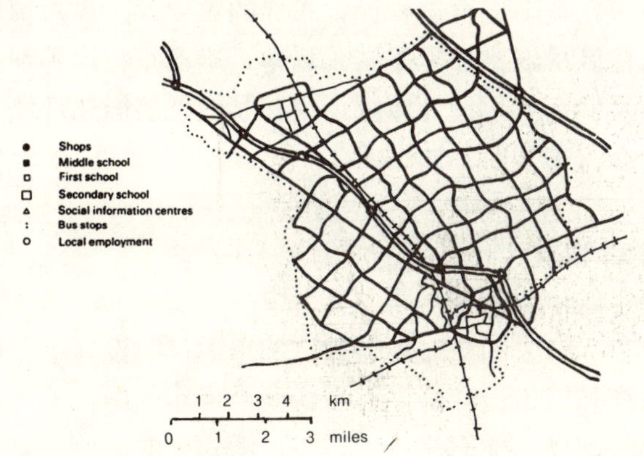

3.英国的密尔顿·凯恩斯
(资料来源:作者收集)

图13–7 英国新城设计的邻里单位

战后英国的新城设计表明了原来接受的设计原则改变了。第二次世界大战后的第一代新城[如(1)哈罗]由“邻里单位”作为空间结构单元(如马里兰州的哥伦比亚),第二代则舍弃这一原则,因为人类的生活和归属感是不以“邻里单位”的边界来划分的。苏格兰科本诺德小镇的设计以单一的中心为城镇中心(2)。现在的观点是,人类具有很高的流动性,所以密尔顿·凯恩斯的设计着重于设施的布局与设计(3),就如同美国的拉斯·克里纳斯一样。

机构,使用购物区,会把他们的子女送入学校,这一切是基于共同的价值观而非亲属关系。城市设计的任务是确保这类设施的存在,并且人类使用起来很方便,从而避免产生孤独感。于是在地方层次上城市设计关注的是人类低流动性的需求。

设计地方性基础结构设施时,必须意识到谁是真正的“当地人”(赫丝特,1975年)。他们是儿童(和他们的父母,当这些儿童还小的时候)和老年人。儿童们生活在“邻里单位”里,在街上和其他“邻里单位”的开放空间里玩耍,上当地的小学,比他们的父母之间更加熟悉。事实上他们成了成年人交往的媒介。公共机构与设施必须能吸引成人的父母,因为他们是决定他们的孩子将在哪儿上学的人。这类公共设施和与之有关的活动更能把人类聚在一起,那里的共同价值观要多于不同的价值观。在多民族的国家或美国不同质的地区(除了穷人区),当地的小学校作为聚集人流的机制很少有不成功的(布鲁林,1976年)。在不同质的穷人区,尽管他们的父母也许因为相互支持的需要也会认识,但是只有上普通学校的小孩才能互相认识。

儿童使用的公共设施,即操场、游泳池、街道(要意识到孩子们还会在那里玩耍;参见赫丝特,1975年;伍德,1990年),假如他们的父母允许的话,所有这些设施都能使年龄相仿的孩子们玩到一起。父母,特别是现在的母亲,他们非常依赖儿童公共设施和与娱乐设施。这些设施可能起到媒介的作用,会让有孩子的成人产生交流。低收入水平的家庭里,年龄大的孩子会成为小孩子们的看护人。所以大孩子玩耍的空间要紧邻小孩子们玩耍的场所空间。当有成年人看护时,孩子们玩耍的场所空间要有座椅。要组织好座椅的布局让大人与小孩之间容易保持目光的联系(参见库珀、弗朗西斯,1990年)。

孩子们也会在有危险的地方玩耍,如门前台阶上,开放式的地段,正在建设的建筑里,田野里,总之是偏僻的角落都可能成为他们玩耍的地方。在今天这样一个绿化被高度修剪,经济实用的设计里,这些地方很容易被忽视,仅仅是因为它们不在开发商和设计师的关注范围之内。这些空间形态仍旧是设计的元素,但是需要大量自觉地注意环境细节(伍德,1990年)。

老人不是同质人群,但是随着年纪的增加和流动性的减弱,他们会更易变成当地人。如果不被雇佣工作,他们也会有闲暇时间和相互交流的需要。服务于他们的公共设施为他们结成友谊和团结的认同性提供了机会。虽然美国退休家庭的社区已经有所增长，但是仅仅是服务了很少比例的老年人（大约4%），那些把第三代视为家庭居住成员的国家里没有这种社区。设计退休社区同设计其他社区一样产生了大量的问题。无论这种人群的隔离是否基于大众利益需求，其实是一个重要的社会问题。当然总是少数富有的老年人有完全的自由选择生活在退休社区。同质的关注和相互支持的需要使得这些村落接近于“整体性”区域社区，现在美国的“邻里单位”设计能够做到这样。

意识到这些计划的局限性后概念性规划基于现在城市里需要保持人类联系的机制而出现。有些和我们现在进行的城市规划非常不同（如亚历山大，1972年），但是另外一些，诸如，尽端式步行街道的模式，实际是邻里单位采用的道路模式（凯尔博，1989年；凯斯瑞珀，1991年）。概念上这不是个易于设计的方式，其更多的是提供了一种社区感而不是郊区分划标准。原因是这种努力是基于面对面交往的需要，而且当他们的经济能力可以给他们提供一个较高水平的物质活动时，可以引导人类在为争取更大程度地保持私密性而不是社区感而进行努力。

对于城市设计师来讲有些理念可能是倡导提高敏锐的洞察力，但是他们是基于一种过时的人类关系模型（见：布瑞林，1989年）。克里斯托弗·亚历山大（1972年）在他的社区总体规划中为人类提供了交流空间，他抓住这个问题，但是最后他建议改变一些基本行为，那将有助于他的社区工作。他假定朋友之间需要高度面对面的交流，建议建立类似规范的设计标准。

亚历山大意识到建立社区感时儿童的重要性，他的总体规划是基于人口规模及由此决定的建筑密度，那会让孩子们找到年纪相仿的朋友。他也意识到，美国家庭喜欢生活在独立式房屋的单一家庭住宅中，于是建议每个家里要有两个起居室，其中一个是路边可见到的，他们在家时接待来客使用的，另一个是他们想要隐私时使用的，驱车来的朋友们就会知道他们是否受欢迎。

现在的居住区设计最重要的部分是街道设计，即是街道将房屋联系起来的。这个布局关系尤其在高密度房屋地区更重要，而且街道还有许多用途，如儿童玩耍的场地，人类相遇和聊天的场所（赫丝特，1975年）。街道必须有清晰的界域范围和低容量的交通，这样才能让街道两边的人更易产生联系（唐纳德·阿普尔亚德、格森、林提，1981年）。许多年前爱丽斯·史密斯和彼得·史密斯（1967年）就注意到了在英国进行这种设计布局的重要性。在雷德朋居住区尽端路经常是游乐场地。难点是将这种观察结果转变成了设计原则运用在其他低层居住环境设计中（史密斯，1969年）。

生命循环与流动的程度　　表13-2

生命循环分类 \ 流动性	非常低	低	中等	高	非常高
学龄前的儿童	●				
基础学校的儿童		●[1]			
十几岁的少年			●[1]		
大学生					●
未婚成年人					●[2]
刚结婚的人				●[2]	
带小孩的家庭	●[1]				
带大一点孩子的家庭		●[2]			
中年人			●[2]		
老年人	●				

性别不同流动性不同，女性低一些
阶层不同流动性不同，低收入阶层流动性低
（资料来源：赫丝特，1975年）

应对变化

在过去的新城规划和“邻里单位”设计中，开发商和城市设计师没有考虑一个现实问题，即人的年龄问题。他们进行了彼得·潘郊区的设计。新的郊区已经吸引而且仍在吸引那些孩子，还有处在哺乳期的父母，因为郊区设计中强调了安置单身家庭和核心家庭。其假定当那些孩子长大离家后，他们的父母也会搬走，取而代之的是又一些年轻的家庭。实际上，这些地方的父母亲们上了年纪，总人口数会有所下降。结果经常是为年幼者设计的设施，尤其是学校，经常是空的，而且美国家庭结构的改变也给这些郊区带来了压力。开发商的反应是迟缓的。因此，有必要把人口结构和人口年龄结构当作一个整体来进行设计，有必要设计出具有弹性的高适应性的基础结构设施以应对变化的情况。

1.费城栗树山的德国城林荫大道

2.费城的费蒙
(照片来源：Sei Kwan Sohn 摄影)

3.纽约的布鲁克林高地
(照片来源：作者收集)

4.加利福尼亚州科罗拉多的小棒球社团

5.加利福尼亚州立大学圣·克鲁兹分校的克瑞斯吉学院
(资料来源：根据布罗德本特进行的改编，1990 年)

6.克瑞斯吉学院内院的景色

图13-8 让人易于交流的设计

通过物质空间设计很难形成地方社区感。环境能创造机会让人认识并聚集到一起[参见图10-2 (3)]。有些人过着狭隘的生活。比如，商业区设施的定位在重复的基础上帮助处理人类的需求 (1)。儿童使用的当地设施 (2) 也是父母间认识的媒介。老人和没有多少财富的人们也使用当地设施 (3)。更重要的是，必须创造活动场所并提供机会，让相似的人群聚集到一起 (4)。总体城市设计和局部设计中，公共设施和其他机构能够设计成容易让人们相遇的场所，从而创造出社区感(5、6)。

公共场所和过渡空间的设计

城市和居住区的公共核心区域常常是市场、广场、俱乐部、酒吧、文化设施等，提供了兴趣相同的人在一起的条件。汇聚人口的地方，酒吧、俱乐部和餐馆是综合的媒介，但是也是私密性环境的一部分。在这些场所也充满着温暖和友情。城市设计、税收制度和土地利用政策能够刺激其发展。室内或室外公共空间的开发也能够通过公众投资或刺激性区域规划得以发展（巴尼特，1982年）。

长久以来，城市设计师主要关心的是城市开放空间的设计（西谛，1889年；朱克，1959年；R·克里尔，1980年；伦纳德夫妇，1987年；盖尔，1987年，1989年；库珀·玛库斯、弗朗西斯，1990年）。对建筑师来讲，城市设计的集中体现就如同意大利城市中心广场一样的城市空间创造（布瑞林，1989年；里德，1990年。）对城市设计师而言，意大利广场就像邻里单位规划一样是一幅催眠的场景。一部分建筑师和景观设计师认为市场、广场和公园形式的开放空间能够建立一种社区感。但是这种想法应谨慎对待，公共空间确实能够作为地标和标志赋予区域特征，也能够为人类和朋友或不认识的人相聚享受的机会提供场所。这些人也许是吃午饭的办公室人员，也许是等人的人，或者是独自一人来享受空旷场地阳光的人。间接地，这类场所赋予人类一种归属感，或至少让人类成为大团体中的一部分，不幸的是，也有许多广场人们并不愿意去。

有些城市仍有“大城市客厅”的美称，它们是整个城市或大范围区域的特征。费城的利顿豪斯广场和纽约的大中央火车站所起的作用就如同威尼斯的圣马可广场、伦敦的拉法加广场、新德里的康诺特广场和悉尼海湾的环形码头一样。这些例子表明，公共环境可以布局成多种形式。其共同点在于这些地方周围有形形色色的活力地区，它们的作用是这些区域的节点或地标（凯文·林奇，1960年；简·雅各布斯，1961年），也是城市的标志。有些大的城市广场，如洛杉矶的珀欣广场虽然没有起到这个作用，但是如果进行重新改造的话也还是可以的。本文正在写作的时候，该广场正被重建为一个适当的场所。

城市开放空间的质量，即街道、人行道、拱廊、广场极大地影响着熙攘环境中异地人的快乐。一个人能从这种状况下的其他人那里得到同感的快乐，这些场所设计质量的获得并非偶然。奥斯卡·纽曼（1972年，1980年）、威廉·H·怀特在《小城市广场的社

1.费城南部

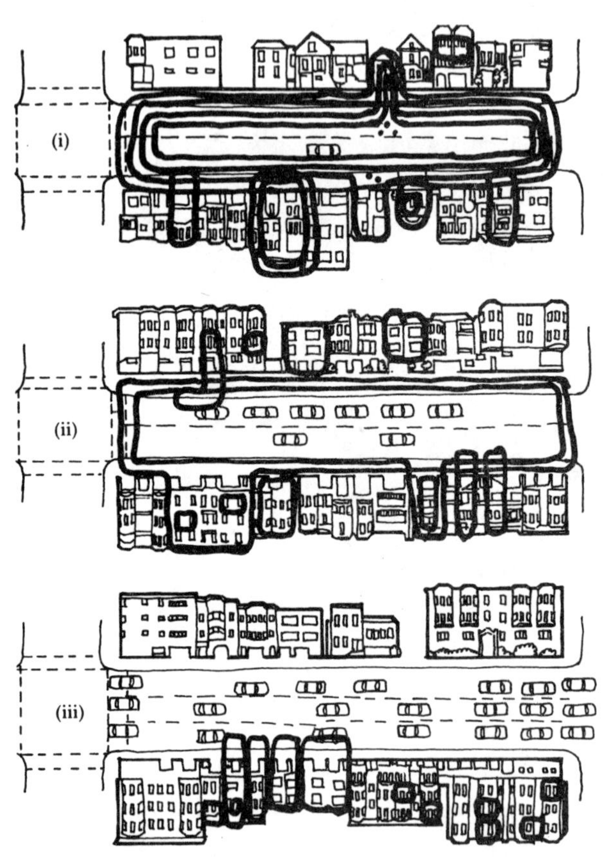

2.地段和交通量
（资料来源：根据唐纳德·阿普尔亚德等进行的改编，1981年）

图13－9 “面对面”式邻里单位

街道两边的房屋组成了“面对面”式的邻里单位（1）。它可能是一条通过式的街道、尽端式道路或一个生活庭院式的人车共存的街道。这样的设计由半私有的领域过渡到街道上就变成半公共的领域构成。这是这样一种美国城市里的人们似乎都相互认识的区域。史密斯夫妇（1970年）使用图6－1（1）的图解表明场所空间对儿童的重要性。因为这类功能领域必须只有很少的交通量（2i），否则道路两边的场所空间就被隔离了（2ii和2iii）。

会生活》中（1980年），和克莱尔·库珀·玛库斯、卡罗琳·弗朗西斯（1990年）都提出只有充满活力的广场才能受到使用者的喜爱。我们对于过去设计成败的研究增长了我们进行设计的经验。一些研究关注于人口规模，另一些研究则关注于特殊人群的需求（如：老人；参见盖里兹，1987年；雷涅、帕那兹，1987年）。知识经常可以直接转化为设计指导方针。受人欢迎的聚集场所是那些提供了舒适的座位、良好的照明，并且是便于观察和有媒介的地方，食物就是一种主要的媒介（参见：亚历山大，1977年；怀特，1980年，1988年），它们也很好地联系着街道。

设计仅仅能让妇女们使用的场所增强整体环境质量。有些社会，如传统的伊斯兰教会地区，妇女是根本不能使用广场的，开放空间是男人的领地。路易斯·莫桑格（1989年）指出，怀特的研究也是主要针对男人使用的公共空间的研究。她指出妇女更易受到城市困扰，如灰尘和噪声的影响，更不愿被当作展品，需要心理与生理的安全，需要高标准的座位。她们不会像男人那样常把台阶当座位。妇女们比男人们倾向于寻找城市中心的较阴暗一些的场所。

城市里有许多其他的场所可以汇集人群使每一个人成为团体成员，有些是专用来聚集人的场所，有些则不是。意大利城市的美术馆，不仅是步行者的近路，而且是进行约会的场所（盖斯特，1983年）。美国现代城市公共中心步行街是城郊或市中心的购物广场，那里是少年人聚集的地方，经常也是老年人聚集的场所（贝德纳，1989年；梅特兰，1991年）。

公共场所空间设计的主要问题之一是怎样处理季节变化。城市里许多传统的户外运动都搬进了室内，那样夏季有空调，冬季有暖气会感觉更舒适。但是它们也更私人化，同时为使用者提供了安全感。这一些也是基本需求。结果是有些人即不受欢迎的人会被拒之门外。随着美国和世界上许多地方犯罪率的增加，当前公共空间私有化成为比舒适更重要的原因。这种私有化也伴随着同时引起了对保护城市公共环境和总体质量下降的回应。这种下降可以被制止，但是需要一个社会总体规划和长期的实施行为来阻止社会秩序的下降和在看到改变之前所提供平等的机会。

在城市内部私人拥有纽约城市广场是私有化公共空间服务大众发展趋势的一部分。麦迪逊大道的IBM广场面向公众开放，但是处于IBM公司的监督之下。纽约炮台公园城市广场的冬季花园也是这样。

1.费城的利德豪斯广场

2.纽约的大中央火车站

3.纽约第五大道的皇家广场

图13–10 “巨大的城市起居室”

多数城市都有给予人类认同感的“巨大的城市起居室”。这类空间必须要让市民能够看得到。费城利德豪斯广场（1），由不同的密集使用者所包围，而且随时间的变化，现在依然在改变。纽约的大中央火车站虽然在室内，但是与上一个例子有许多共同点（2）。这里还是许多无家可归的人过夜的地方。新建的空间多由私人管控（3）。这三个例子给予人类参与生活的机会和整体的归属感。

人类使用这样的空间场所，午饭时间这里会很拥挤。它们为人们与朋友相聚或观察其他人的活动提供了场所，但是这种空间已不是传统意义上的“真正”的公共环境（彻迪斯特，1989年；戈德伯格，1989年）。

像空间场所一样，我们也倡导公园和娱乐设施为人类提供聚会机会，美国的公园设计经历了四个发展阶段：愉快的游乐场地，改变的公园，娱乐设施，现在是开放空间系统（盖里兹，1982年）。如雷德朋居住区中心区的游戏场地，开放空间可以供人们一起进行娱乐休憩，特别是针对年轻人。像游泳池之类的娱乐设施证明是亚人群高度期望的设施（R·布鲁克斯，1974年）。它们有许多服务目标，能够提供联欢的机会仅仅只是其中之一的目标。

散　步

散步是一种能让人互相看到，与熟人点头，与朋友相遇的行为。随着生活私密性的增加，人类也许会怀疑这种行为已经在美国城市中消失了，但是它确实还存在，尽管中年人和中产阶级或许其他人很少进行这种活动。它仍旧在某些特别的地方存在着，比如亚特兰大的宽街[参见图13–11（2）]，也会出现在一年或一天之中的某个特定时间段。直到20世纪60年代末，布朗士区的布鲁仑格兰广场仍旧是呼吸空气、约会朋友的主要场所。尽管布鲁仑格兰广场仍能很好地提供这种机会，但是随着人口的变化这种行为消失了。在小规模一点的城市里，主要的街道还可以是散步的场所；现在步行经常产生于郊区的广场里，少年在那儿能享受到其他期望的行为（参见：佐助，1976年）。现在在美国的城市中，没有街道是为美国少年乘车“巡游”而进行特别设计的，可以进行行人漫步的街道类型不总是被认为是“好”的。

城市更多的特征来自于城市提供的漫步机会。重申一次，人类选择场所进行漫步时媒介是必要的。这种媒介或许是好的场景，或是一系列商店橱窗，或者是场所的中心。漫步也需要好的人行道，它要足够宽，能够让人悠闲散步与朋友交谈，同时又不会挡住别人的路。许多滨水城市都有良好的散步广场和公共散步道路。他们漫步的时候似乎依赖与城市核心区的联系。巴尔的摩内港和曼哈顿边界就提供了这么一种场所，亚特兰大的宽街则一边是宾馆、赌场、商店，另一边是沙滩和大海。人类必须在进行这种行为活动时保证有安全感。

自然监督

关于自然监督已经作为一种帮助人类获得地区安全感的机制讨论过了。它也是让人们交流的一种手段。过去人们常站在篱笆后和路人交谈。尽端路能提供一种围合的领域，在那儿人们能看到其他人来了或走了（库珀，1950年）。很容易让人在这种环境里产生怀旧感。然而，它们在今天依旧实用。

简·雅各布斯（1961年）提倡缩小街区规模，综合利用土地，将街上的目光作为一种手段不仅可以产生安全感而且可以产生细致的交流，从而形成当地熟人与朋友之间连锁网络发展的基础。如果交往能持续一段时间，那么这种网络就会成为进一步加深社区责任感的基础。按照她的设计原则就可以产生新传统设计。

佛罗里达州海滨区的设计原则规定所有房屋门廊必须朝向街道和步行道路。这项规定取得了极大的成功，赋予了小镇表面上的一致。它给予了清晰的场所感。但是其仅仅是为保持人们之间交流的策略，只是部分的成功了。海边是个范围不定的社区。实际上，它也不是居住区。那里的房屋很少有永久性的居民。门廊是个坐着很舒服的地方，你可以很容易和路人进行交流，但是人们是否进行交流就取决于实际做这种事的人的倾向。有时偶然也会有交流产生，但是并没有人类预期的那样多（朗登，1988年）。

归属标志

公共环境的结构和围绕公共环境的构成要素在本书中已经讨论过了。就像它们所传递的含义一样。环境审美象征的主要功能是提供一种认同感。这些象征是形式化的，就像手臂上的衣服；也许是非形式化的，就像一个场所空间的建筑或标明属于某一类特定人群的一个特别场所（参见图2–2）。具体的形态有具体的价值观。城市设计里需要考虑两个层面：通过为使用或居住在那里的人提供联系的标志，赋予整个地区标志性，为人提供个性化环境的机会，从而让他们产生主人翁意识感。

要达到第一层面的效果可以直接通过总体城市设计或者通过设计指导方针达到，目标是不可避免地在建筑结构、材料、颜色方面进行统一设计，装饰系统方面也都要有具体的规定。要达到第二层面，办法是创造软质建筑令人容易适应。在居住区，如果每个人都居住在同样的环境里就会获得认同感，达成共识。

1.费城宾夕法尼亚大学校园莲花步行道

2.比利时的新鲁汶

3.新泽西州亚特兰大市的宽街

图13-11　过渡、场所感和城市设计

许多城市空间场所之间的过渡性之间(或者作为连接场所)甚至比场所本身更能提供社区感。有时象征性意义是重要的因素(1);有时过渡是活动的特征(2)。这是一种非正式的聚集和提供人类相遇的机会。许多步行人沿着滨水路行走(3),在那儿人们可以浏览景色,也有可能遇到熟人正在呼吸新鲜的空气。

如果每个人以不同的方式个性化环境,同样,通过多样性也会获得共识。两者之间,有一个肯定是以简单而杂乱无章的环境作为结局的,即其本身是归属的标志,但是可能不会在社区水平上显示自我尊重。

公共艺术

第3章讲述了公共艺术(参见图3-15)已经广泛用作标记性的象征性意义布局在城市区域:公园、广场、邻里。而且已经通过赞美人类心目中的英雄以及使用标记指出不同于外来者的群体,或者仅仅是通过当地人的表示方式达到了这一目的。如此,表明区域范围的艺术是具有特征的,它变成了一个人们使用的统一的重要标志。对于公共艺术特征争论的激烈程度表明了其所具有的情感价值(参见第2章)。

环境场所的归属感:文脉

许多新的城市设计之所以受到批评是因为它们不属于那个地方,是外来品,即它们超出了它应有的文脉环境。亚利桑那州凤凰城的设计评价手册在其设计指导方针中讨论了这一问题:

> 每个项目都应反映出凤凰城广阔的环境特征,这是一个沙漠城市,请尊重短缺资源的价值。这里有充足的阳光。我们有丰富的自然资源和宜人的环境。

纽约市城市规划委员会致力于发展一种新的区域法规保护低收入阶层邻里单位的特征。

最近30年对于文脉主义的研究特别是从现象学方向上的研究进行得非常广泛(段义孚先生,1977年;凯文·林奇,1972年,1976年;布鲁林,1980年;诺伯格·舒尔茨,1980年),也有从经验主义基础上进行研究的人,如琳达·格欧特(1988年)。设计难题是:"怎样才能让一个全新的总体设计或局部设计看上去似乎属于(或部分属于)其环境文脉呢?"这个问题因城市在同时取得经济成就和保持其自身特征时变得更重要。

在达到这一目标时,有三种基本的建筑形式具有根本的重要意义。所有这三种形式都是与格式塔理论的视觉组织定律和其类似定律有关联的,为了能符合环境文脉,必须要让新开发的建筑物、街道和环境是同一风格,至少基本上是同一体量的;如果建筑形式不是相同风格的,则至少要在颜色和材料上相一致。格式塔视觉定律的另一条原则是新建筑要与老建筑在同一水

1.华盛顿特区越战纪念碑

2.美国战争阵亡名单

3.华盛顿特区越战纪念物

图13-12 纪念物和归属需求

纪念物通过特定的历史事件能够让人类产生归属感（1）。越战不是一个令人愉快的事件，纪念物的设计会引起争论，因为它可能与多数人想象的纪念物形象不同，也不会加强人类的自尊感，这是纪念物的主要功能。但是名单是移动的景色（2）。最后，更典型的是纪念物已经被创造出来立在附近（3）。按前种方式思考不能引起人们的注意。

1.旧金山

2.费城

3.新奥尔良的意大利广场（1975～1978年）
（照片来源：鲁西·德瑞克摄影）

图13-13 公共艺术和归属需求

公共艺术能够个性化，能够宣称其归某个地区所有。（1）和（2）所显示的图画不会让人弄错民族的特征，是自豪感和自尊心的体现（参见第14章）。新奥尔良的意大利广场（3）由查尔斯·摩尔和其他人共同设计，加强了这一地区的认同感，而且被期望是加快周边发展的一个媒介，但是它没能实现这一目标（参见第20章）。它比（1）和（2）中的图案更抽象，（1）和（2）清晰地表明了各自的出处。

平线上(琳达·格欧特,1988年),另一条假定是新建筑即使风格不同也要与环境有相同的标志性内容。

通过使用当地传统建筑语汇能够满足历史文脉需求,如果没有这种传统语汇那就创造一种新的语汇(卡夫勒,1992年)。这些语汇元素可能是建筑形式、使用材料、结构系统或者建筑材料、细部和装饰风格等。后现代主义者指出,这些元素的抽象性导致建筑在历史文脉中成型。近期研究表明,这种联系可以在理论上做到。同时如果标记完全暴露,即是真正的标志,则其相似性可以潜意识认识到。

整个20世纪,美国人做了大量的努力令建设项目符合文脉或创造一种未来的文脉。如在新墨西哥,长时间采用泥砖和表面的形式修建了大量的建筑,其中并没有混凝土和石块(马尔科维奇、普瑞斯、斯特伦姆,1990年)。加利福尼亚州的圣·巴巴拉[参见图17-7(3)]的设计控制原则促进了西班牙殖民建筑风格的形成(莱,1988年)。

来自评论家的报道指出纽约的炮台公园的居住建筑似乎符合纽约的文脉,基于纽约现存的建筑类型特征制订了详细的设计指导方针。纽约现存的公寓建筑属于20世纪早期纽约的上部东边和上部西边部分的建筑类型。"这些建筑有墙洞窗,石基础的砖石覆盖结构,中等高度,后退屋顶"(菲舍尔,1988年)。可能另一种有明显特征的类型已经选择出来了,但是这是一种居住建筑类型,也包含有上流经济社会地位的内涵。

解构主义者的选择

过去城市设计努力的方向是把公共设施、边界和标志整合成一个整体。这种观念运用于场所设计,如邻里、工业区和中央商务区,这种选择不关注整合,因为其对于现实生活没有多大意义,而是按照形态的学分析和设计方法(佐伊基,1948年)包含在最近的解构主义思考中(科纳,1990年)。使用这种方法可以分别解决每个问题,然后整个问题就通过每个问题的解决而得到解决。不可避免地这样的一种方法会导致部分之间的矛盾,但是它在概念上是可行的。结果是随着建立在清晰边界上的整体感的产生而出现一个高度多样化的环境。

结　论

许多关于建筑环境的研究发现和猜测都声称可

建筑物的外表和15项措施
建筑物的形式既要在视觉上生动又要与周围的建筑环境协调

措施1

确保新建筑的表面图案与临近建筑的表面和谐一致。

设计新建筑的表面图案师要考虑临近现有建筑的表面避免令人不快的并列。应该避免使用不相称的材料、比例和体量。
总的原则是垂直和水平的表面元素能融合新老建筑。

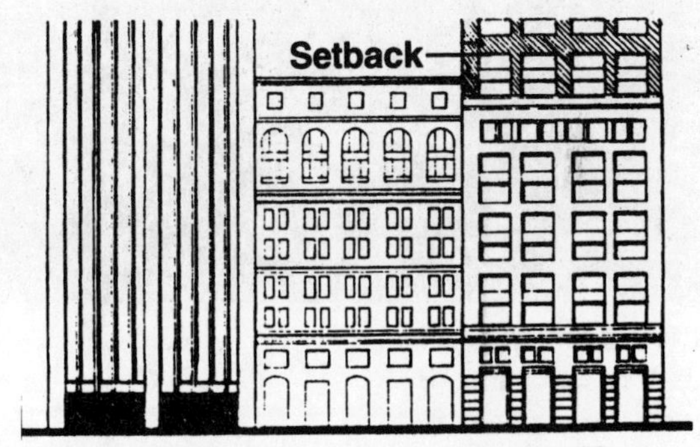

这座建筑的竖直图案和中间的建筑很不同

强烈的垂直和水平基础以及相似的临街高度赋予建筑很强的关系

措施2

确保新建筑有助于城市的视觉统一性。

•
•
•

(资料来源:旧金山,1985年)

图13-14　新建筑和现存城市文脉

确定属于建筑的城市文脉不是一件容易的事情。然而,这却是当今美国甚至世界城市设计的目标。这个例子是旧金山市中心形态的一部分。总的来说,建筑师与上述原则要求相反,因为他们想要表达的自由。

1.洛杉矶的中央商务区

2.西弗吉尼亚乡村

3.亚利桑那州坦普美术馆
（照片来源：约翰摄影）

4.波士顿的昆西市场
（照片来源：迪珀·尼加哈瓦摄影）

5.旧金山

6.纽约的布莱恩公园
（照片来源：费城汉纳／奥林有限公司提供）

图13-15　创造场所感

每一个场所都有场所感，但是当批评家说城市设计没有创造场所感时，他们的意思是说建筑没有当地的特征。总的来说，很少有建筑师注意到当地的气候条件或者在发明空调前注意到当地建筑的历史。洛杉矶市中心新建的建筑几乎能在各处见到，尽管那是地区的一部分（1）。土壤、气候、自然植被和光线质量是一个地方的特征（2）。人工构筑物，如街道特征、建筑形式和材料特性都是场所空间特征的组成部分（3）。但是不仅仅是环境赋予了场所特征，人及其活动甚至他们的交通模式也都可以赋予场所特征（4、5）。场所的特征能极大地改变创造的一种新场所感。最近纽约的布莱恩公园（6）就极大改变了其设施。结果一群新的人群使用起来就感到很舒适。

以提高社区感和社区特征，其实都是靠不住的。似乎很少有城市设计师能真的帮助或提供机会让人类满足他们的需求。而且也很少有特别重要的机会。但是，累积的设计行为确实产生了影响并导致了许多不同的环境形成，如果设计师不注意留心近来的研究成果就不会有这些变化。意识到社会上发生的变化很重要，无论如何我们中的人有很多遗憾，但是已经获得了归属感。意识到美国有些新的空间场所里熟人与陌生人相遇也很重要，头脑里设计出可供社区和私人使用的场所同样重要。这些新空间场所包括机场（特别是运输机场或运输中心）和封闭的城市半公共空间。

关于如何满足人类归属需求的手段，这种经验主义知识引发了城市设计师要从各个层次上关注许多问题——总体城市设计、局部城市设计和文本层面上的设计政策和设计指导原则。原因是有些方法可能会帮助人类实现归属需求，但是也可能减少了他们其他需求的实现。这些问题中有些是物质性空间的问题（参见第19章），有些是程序性的问题（参见第22章）。程序性的问题关注的是选择什么方法实施设计，物质性空间的问题则与一系列设计原则陈述的设计目标有关。这些问题既包括政策上的又包括经验上的，基本观点是对于可能实施的设计方案形式的研究必须要与空间质量和表面质量有关，这些组成了一个大范围的研究，即它们怎样和什么时候才能被实施。依靠现有形式，特别是源于其他文化的形式，似乎会误导建筑师设计城市的未来。因为美国的城市设计师现在有一套帮助人类实现归属感的经验知识体系。

未　来

尽管拉斯·克里纳斯市中心已经规划了终点是连接达拉斯的达拉斯－福特国际机场的单轨交通，但这座经过规划的得克萨斯州的拉斯·克里纳斯市就像美国的其它城市和英国的密尔顿·凯恩斯市一样[见图13-7(3)]都是基于私人小汽车的交通模式建设的城市。这样的城镇是新一类型的社区。对于美国的中产阶级而言私密性是最重要的，社区感不再建立在面对面交往的地区性水平上。当这样的社区感真的存在时，人们会温馨地回首当年在军队里和在学校时的日子，但是当他们的生活变得再好一些或变得更坏一些的时候，这种社区感的需求对他们也就不会产生任何反应了。通过汽车容易使我们接近方便服务的设施已经变得很重要。

未来的交通方式仍会是汽车，交流方式是电话、电视、收音机和传真机。社区感来源于财富和经历的相似性。在这样的环境里，儿童和没有移动能力的人则会丧失独立性，几乎没有可以参与当地的活动空间场所。

现在的美国年轻人，包括郊区中产阶级的年轻人中间沮丧感、疏离感和暴力行为正逐渐增长。这有各种社会原因：家庭的破裂，很容易获得毒品和枪支，社会竞争压力太大等。在美国，未来城市规划中青少年的行为可能已经被考虑到了，各年龄段的人群之间的分离越来越大。新城设计中应该考虑将交通系统设计成既“遍布世界”又可以立足地方。要考虑全人类和他们的行为活动场所的需求，那些需求有可能满足吗？

主要参考文献

① Alexander, Christopher. “The City as a Mechanism for Sustaining Human Contact” In Rorbert Gutman, ed., People and Buildings. New York: Basic Books, 1972.406～434

② Brilin, Michael. “An Ontology for Exploring Urban Public Life Today.” Places 6, 1989.1: 24～29

③ Claflen, George. “Simulated Stimulation/Stimulated Simulation: Regionalism and Urban Design.” Paper presented at the Association of Collegiate Schools of Architecture Conference. Photocopied, 1992

④ Cooper Marcus, Clare, and Carolyn Francis, eds. People Places: Design Guidelines for Urban Open Space. New York: Van Nostrand Reinhold, 1990

⑤ Effrat, Marcia Pelly, ed. The Community: Approaches and Applications. New York: Free Press, 1974

⑥ Gottschalk, Shimon S. Communities and Alternatives: An Exploration into the Limits of Planning. Cambridge, MA: Schenkman, 1975

⑦ Hayden, Dolores. Redesigning the American Drea: The Future of Housing, Work, and Family Life. New York: Norton, 1984

⑧ Keller, Suzanne. The Urban Neighborhood: A Sociological Perspective. New York: Random

House,1968

⑨ Lang,Jon."Social Organization and the Built Environment."In Creating Architectural Theory. New York:Van Nostrand Reinhold,1987.166～177

⑩ McCamant,Kathryn,and Charles Durrett. Cohousing:A Contemporary Approach to Housing Ourselves.Berkeley,CA:Habitat Press/Ten Speed Press,1988

⑪ Steele,Fred I.Physical Settings and Organizational Development.Reading,MA:Addison-Wesley,1973

⑫ Huet,Gerald D.The Social Construction of Communities.Chicago:University of Chicago Press,1972

⑬ Whyte,William H.The Social Life of Small Urban Spaces.New York and Washington,DC:Conservation Foundation,1980

14

满足尊重需求

几乎所有的人都有自我尊重的需求。马斯洛(1987年)把那些不需要这种尊重的人称为“病理学上的例外”。获得高度尊重的需求不但是个人的特性而且是团体人群的特性，即商业组织、宗教组织、社会机构、民族团体、国家等。在理想的社会每个人都能容易获得自我尊重。美国是个竞争力很强的社会，这一需求很难达到。

尊重有两种：自我尊重和受他人尊重——即拥有名望或荣誉，得到他人的承认。这两种尊重的满足必须要拥有自我价值和自信。它们也是自我实现的前提。没有高度的归属感将导致挫败感和软弱感。

拥有自我尊重可以有许多方式：通过掌握和自如运用知识；通过管理个人的生活；通过拥有财富等。获得他人尊重的方式是获得外部奖励——个人接受的支持和表扬——和别人对你的信任。也有可能获得他人尊重的同时并没有实现个人的自我尊重，但是这种情况通常不会发生，因为很少有人会对只拥有一种尊重感到满意。

有些人通过别人的承认获得自尊，而不是通过自我能力的展示而获得自尊。他们经常这么做，即接纳那些他们不喜欢的他们不愿意采用的地位标志。一个人对地位和自我尊重的感知越少，越容易那么做（曼佐，1957年)。相反，有些人却满足于仅仅知道他们自身的能力不符合外界授予任何荣誉而不去努力提高自己的能力。

不是每个人都想努力得到相同程度的荣誉，有些人对成功有更高的要求，另一些人则不然（麦克里兰德等人，1953年；马斯洛，1987年)。从某种程度上讲，个人对成功需求的程度是基于个人归属需求实现的程度，但是其更取决于个人的社会化过程和发生此过程的文化背景。某些社会以取得成功为导向，另一些则不是，同一社会也会因不同时期而改变特点。人也是不同的，有的对于某些荣誉的需求似乎超过了对归属的需求，尽管很难想像这些人连最起码的获得一个团体的自我归属感都没有——宁可拥有可以进行集体分享的简单团体，也不要拥有一个复杂的社会网络系统。

人们通过各种方式获得（荣誉）声望，在战场或赛场上取得胜利，抓住市场写出受到评论家高度赞扬的作品，取得高等教育水平，拥有和展示物质财富，送他们的孩子上高级学校，住在高尚社区等。甚至为大厦起名或为城市设计发展起名也具有标志性的价值（密歇尔森，1976年；朗，1987年)。一个“完美”的社会里，人类努力通过社会的承认来满足自身受到尊重的需求，但是他们经常也会使用一种不符合社会道德标准的欺骗或犯罪手段。

以这种方式看待尊重需求的实现是很明确的，其方法与认知需求（参见第16章)、审美需求（参见第17章）和归属需求（参见第13章）的实现关系密切。原因很清楚，为了实现获得能力和掌握技能的需要，必须有进行学习、测试和自我测试的机会。拥有技术是一种对自我的奖励，几乎每个人都需要自我展示的机会以便从他人那里获得声望。考虑到实现尊重需求是城市设计的功能目标之一，城市设计要关心提供机会和各式活动以满足人的认知需求。另外，城市设计师要关注建筑环境的标志性——其传递了人类的成就。于是，公众利益和平等的本质问题就不可避免地产生了。

联想含义和感情价值

每个环境都是观察者观看潜在含义之源。这些含义也许可以通过个人的正规教育来获知，也许是日常经验对两种建筑模式和含义联想的结果。美钞上的金字塔和眼睛的含义是基于理论的构思。人们可能不知道这两个元素意味着什么，除非有人告诉他们。另一方面很少有美国人会把贫困住区当作是富人区，尽管有时他们到另一个环境情况不同的国家时也许会弄错。

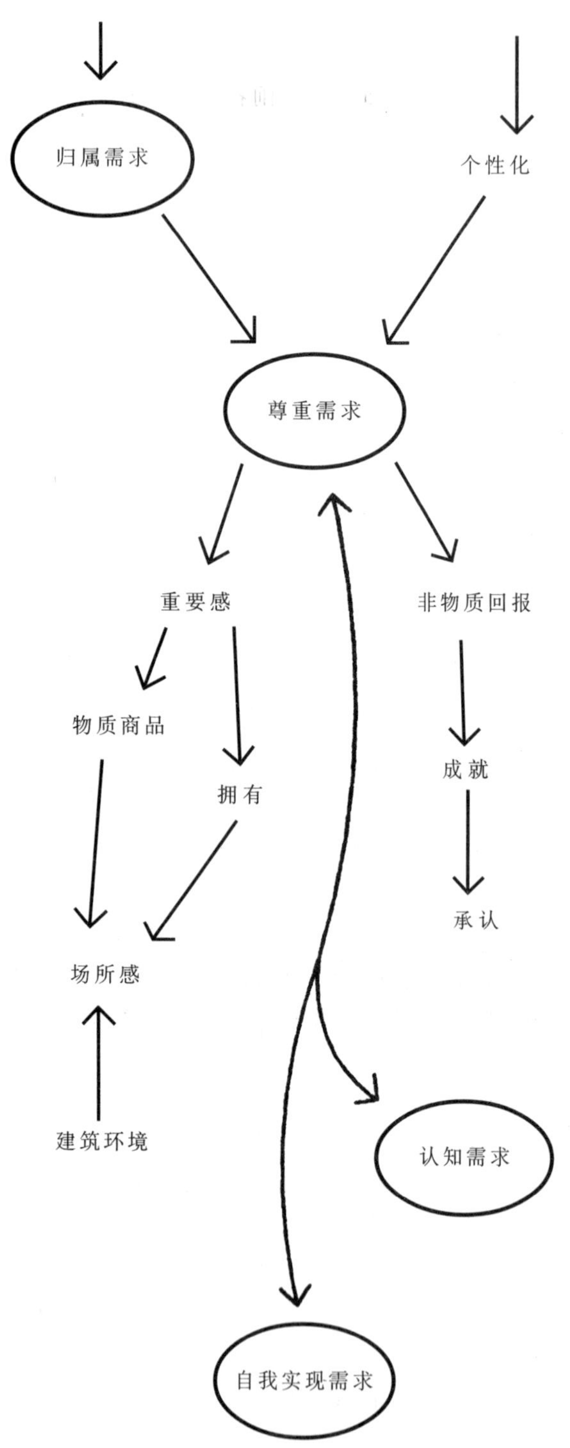

图14-1 尊重需求

很明显，有些建筑环境的联想含义与具体建筑布局形态的意义及与其相关的价值观有关系。平衡理论（参见第1章）解释了观念的形成和感情范畴的内容。这是一种得到不断分析的模式。我们的认识是建立在我们对于建筑环境形态、使用场所的人群和人类行为之间关系的理解上。当我们在城市的各个角落游逛时，当别人告诉我们和我们接受正规教育时均能获得这类知识。与我们相联系的相关道德价值也是社会化过程的一个成果。这种判断可以运用于建筑环境和生活中的许多其他方面（劳克绍克、凯文·林奇，1956年）。

所有的建筑师都通过社会化过程学会了使用非常强大的工具，即画板，通过断断续续的巩固，他们知道了什么是好的和坏的城市模式，但是他们没有意识到学到的文化也会存在有一定的偏见。如奥斯卡·纽曼（1976年）指出，对于建筑学的学生说，如果他们先进入建筑学校学习，那么，他们就不会注意到他们父母差劲儿的审美力。建筑师罗伯特·文丘里注意到城市设计师要有能力表达他们的设计倾向来应对环境（文丘里、斯科特·布朗、艾泽纽沃，1977年）。他和他的同伴们指出，许多建筑师确实意识到环境的象征意义是由美国中产阶级主流提出的（如内华达州的拉斯维加斯和利未城）。同时指出，这些建筑师发现那些审美文化是乏味的，因为它超出了建筑师所能表达的范畴，也不再是在学校里教的关于什么是好的审美力（维辛斯基，1990年）。城市设计师必须能够意识到什么样的环境类型能够为居民和使用者提供全面的人性化经验，这样的场所是如何加强那些人自我尊重的主观意识的。房地产开发商和建筑业者比建筑师更善于做到这一点。

行为计划

满足尊重需求的行为活动计划必须覆盖三个方面：（1）提供能力发展的学习机会；（2）提供展示技能的机会；（3）向自己和其他人展示成功的标志。第一方面指出了社会环境和物质空间环境教育的重要性，更概括地说，是指明了满足人类生活认识需求的重要性。第二方面强调行为活动得到完成的重要性，人要成为生活的参与者，而不仅仅是生活的观察者。第三方面引发了许多问题，即设计师致力于社区和个人发展的水平，以及他们设计的环境美学质量需要纳入谁的意图和价值标准（拉普卜特，1967年）。许多涉及尊重需求的意图超出了城市设计

1.芝加哥公共汽车总站的项目（1929年）
（资料来源：芝加哥的海恩斯·伦德伯格·维赫勒）

2.旧金山的米申海湾（建设中）
（照片来源：旧金山城市规划委员会）

图14—2　地位、建筑和城市设计

人的归属需求和尊重需求紧密相关。环境的美学标志是尊重的主要贡献因素。20世纪的城市设计与城市设计师寻求声望有很大关系。芝加哥的规划设计方案（1）和小一点儿规模的旧金山规划设计方案（2）显示了美国人寻求声望方式的变化：开发的规模、范围、材料、空间和建筑集合。受到建筑师称赞的环境类型并不能得到他人的认可。

师关注的范围，因为要面对各种社会和经济组织。但是，对于这些问题的一个测试表明，它们与物质空间环境的设计有关系，因为需要满足尊重需求的行为机制具有城市设计的效果，反之亦然。

能力的开发

体力与脑力能力的开发有许多方法，可以分为两类：正式学习与非正式学习。前者是在正式组织里进行的，包括接受教育、拥有实践技能的指导机会，并能展示所学。后者关注通过日常生活经验对世界的认知，同他人交谈的结果，并通过看电视或者是其他活动附带而来的对世界的探索和与之带来的欢愉。

很明显，提供正式教育的行为规划和非正式学习的机会涉及许多城市设计应用的问题。涉及对活动场地性质的认识，儿童对世界本质认识的学习经验，对开放空间本质的认识，以及给高密度环境应提供的经验构造。

我们大多数知识的获得来源于人与人之间的交流，观察他们怎么做，听他们怎么说；源于读书，源于娱乐活动的附加产品。人类聚居环境和行为活动空间环境的布局、内涵、可达性——即人在建筑物和开放空间中的活动和位置——即使不是作为主要的角色也扮演了人类发展的重要角色。这类空间场所并不直接发挥作用，因为个人都是根据自身的爱好发现和使用它们，这些观点将会在第16章“满足认知需求”中进行详细论述。认知需求的满足与尊重的获得关系密切——此观点强化了探索环境机会和生活情趣的重要性（参见图14-1）。许多已经实施的城市设计只有很少一部分提供了这类机遇。但是却很乏味，尤其是对儿童来说相当乏味。

技能展示

技能展示是获得尊重需求的重要途径。对有些人而言，在公众中展示技能是其获得尊重的基本途径，但是对另一些人而言，为自己展示技能就足够了。尽管文化存在不同，但是上述观点似乎适用于人生各个阶段和各类文明。

所有的社会环境与物质空间环境都会提供展示技能的机会。只不过丰富的环境能提供更多正式或非正式供人类展示技能的机会。其中的一个方法就是人类能够通过驾驶汽车考试。这是体现汽车在人类生活中占据重要地位的一面。有时人类会在有可能产生危

1.教室
（照片来源：作者收集）

2.费城美术馆
（照片来源：作者收集）

3.建筑师华纳·莫里斯基

图14－3 展示技能

获得自尊不仅要拥有技能，而且还能展示技能。技能的展示有许多方式，从教室展示（1）到空间环境展示（2）和利用灵活的头脑（3）进行技能展示。老城市总是充满展示技能的非正式机会，虽然老城市因为设计师很少考虑提供非正式机会，因而也充斥着正式的机会。城市设计政策和原则应该能广泛提供技能展示的正式和非正式环境。

害性后果的情况下提高他们的驾驶技术。这种情况集中于美国青少年和老年人群体中，他们强烈地想得到尊重，但是社会中的其他群体不会采取这种办法。

与提供这类活动环境有关的设计，如知识和技能的发展一样可能分为两种子类型：正式和非正式。其区别是非常模糊的。因为非正式的展示可以发生在正式的环境里，反之亦然。但是正式环境是被特别设计出来进行展示的。在日常生活里提供多种展示机会是非常重要的，因为这样个人就能够有机会展示他们自己的能力。

正式的环境包括：教室、办公室、剧院、田径场和其他娱乐场所。这类场合不但为表演者提供展示技能的机会，而且为那些观看的人提供潜在的审美认识和学习机会。非正式环境不是特别设计的，但是会包括下述地方——厨房、公园、操场、洗衣房等。几乎任何场合都能为人类提供展示技能的机会，也许有时人类并不想或者以社会所不能接受的方式展示技能。

即使通过展示实现了个人的尊重需求，但有时有些技能是反社会的。在这种情况下，社会最好对此展示机会要加以限制。尽管建筑环境可以“来自机遇”，但是将这种展示机会除去还是有可能的（怀斯，1982年）。逻辑上似乎容易通过提供选择的可能性来处理这个问题，但是在美国似乎没那么容易，因为这些选择太广泛了。也有就合法展示的内容构成不同意见的。对于这类展示，如街头涂鸦的意见分歧就太大了，部分原因是因为文化背景的不同。如果通过正式途径涂鸦可以被社会接受的话，那么通常就不是作为个人失败行为或区域控制行为。

缺乏技能展示的机会似乎成为青少年的一个特殊问题。美国的男孩儿似乎更倾向于反社会的行为，包括对社会弱势群体施暴，通过崇拜他们的先锋人物获得自我尊重。凯文·林奇（1977年）指出，许多国家的青年人很少有机会以无组织的方式测试他们的能力。佛罗伦斯·拉德（1978年）和科林·沃德（1990年）指出，许多美国和英国的儿童很难找到合法的非正式的冒险、自我测试及技能展示的机会。美国郊区儿童的情况常常会更糟（参见凯文·林奇，1977年；帕夫尼，1977年）。周围环境里没有合适的行为活动环境，结果会产生非法的行为。有两种可能的解决办法：通过社会规划将行为引导到其他活动中，改变社会环境和物质空间环境。但是没有哪个办法是可以轻松获得的。

1.街头表演者
（照片来源：鲁西·德瑞克摄影）

2.洛杉矶

图14－4　合法与非法的展示

不同文化甚至同一文化背景对于公共场所里什么是合法的展示、什么是非法的展示人们都持有非常不同的看法。公共场所的表演丰富了人类生活（1）。我们自己创造的展示能满足自身的自尊需求。有些人认为是合法行为，另一些人则会觉得那是非法的（2）。犯罪也可能提高自尊，但是社会利益会遭到破坏（拉德，1978年）。提供展示机会很大程度上是一个社会规划问题，也是城市设计问题。

地位的展示

地位的展示可以有许多方式：通过个人社会经济地位的获得，通过个人获得的大量私密性，通过个人的说话方式，通过获得某个机构的会员资格，通过个人从事的活动，通过个人拥有的物质财富，通过个人占据的环境。建筑环境的特点很重要，其创造的特征也很重要，设计师是谁，设计过程的本质是什么。结果是，城市设计关注的是怎样使建筑环境准确地表达各种地位，不同的地位通过什么标准来展示，什么人掌管着环境的美学质量，是通过实际设计呢，还是通过可以用来塑造的设计指导原则呢。

私密性、公共性与人的尊重需求

增强个人自尊的方法之一是，通过提供给他们要寻找的私密性。降低他们自尊确切的方法是取消他们进行私密性生活的机会。成为具有高尊重感社区的一员也有助于增强个人的受尊重感。拥有足够的私密性也许是进入公共组织最基本的必要条件（奥特曼，1975年；密歇尔森，1976年；拉普卜特，1977年）。

个人期望的私密性具有许多文化意义（参见第12章和第13章），在美国人中存在很大的不同。另外，个人或社团的私密性与其相应的社会地位密切相关。地位越高要求的私密性越高。通过建筑手段获得私密性的方法已经众所周知了（参见第12章）。主要的问题是个人拥有越多的控制权就越要受尊重。这种控制权也有助于获得更多的基本需求，如安全需求。

行为环境、土地利用和自我尊重

一个特定空间场所的价值不仅在于其环境质量，也在于其中发生的活动和从事活动的人。我们的反应是各式各样的（拉普卜特，1977年）。因此，持这个观点的人认为城市的区域涉及了土地利用、行为环境和各式各样的人（普瑞，1977年）。新城镇的次级地区分布趋向于在工业区附近，就获得工作机会而言，这些区域有其优势，但是在许多人的头脑中认为这类地方的居住条件不好。在没有制造业的新城，如马里兰州的哥伦比亚或得克萨斯州的拉斯·克里纳斯，其人口中多数是中产阶层，尽管其邻里可能由不同的住区建筑类型组成，但是居住区的社会层级差别不大。

居住区的层级取决于房屋类型、商店和其他公共设施类型、处理植物的方法和地方现存的和冥想的面貌性质、风景等（柏林特，1988年）。城市中心区周边地区或整个城市中心区的地位取决于建筑物的类型和其中公司的社会地位、土地的综合利用、人行道的宽度和天际线的特征。的确，城市之间的竞争是通过壮观的天际线来展示它们的地位和提高其自我归属感和自身形象的。

在纽约下曼哈顿地区拥有华尔街和诸多跨国公司,所以它比土地综合利用的中曼哈顿区具有更高的声誉。第五大道由于有沿街零售商店的声誉而声名远播(沿洛克菲勒中心、圣帕特里克教堂和中央公园)。其宽阔的人行道和各种肤色的行人更增加了其独特性,所有主要的城市均会有这类独特的地区,它们赋予城市本身多样性和刺激性,那是新城市所缺乏的。城市设计的任务是要有利于创造出这类多样性,同时不侵犯人们在其他地区、城市的自我尊重感。

作为对现代主义者无聊工作的回应,现在许多美国城市设计师强力地提倡综合利用开发，尤其是在开发或保持城市中有特别品质的特殊区域时有必要进行谨慎的考虑。综合利用的区域能够为许多人提供多种服务，但是综合的本质很重要。过去的城市设计没有综合利用,但是在今天和以后将会出现。过去城市规划和设计活动是致力于将人类生活中有害健康的部分阶段隔离出去，但是现在则是将隔离作为保护地区声誉的手段。人类准备和期待综合多功能利用带来的效益，尤其是那有助于满足儿童的认知需求，满足人类自我尊重需求的环境。

对于建筑使用者的本质认识经常会引发争斗，既不是建筑类型的原因也不是利用的原因。在美国郊区的居住区里建一座教堂是个好的提议，但是要建清真寺或印度庙宇则不好。在印度情况则相反,这类建筑也许会引发交通问题。的确，这类超大的设施和交通能轻易地导致邻里单位的崩溃（加纳德，1978年),但是与其他人不同的担心是,人们害怕他们的安全会受到影响。

地位、文化和环境展示

建筑环境是地位重要的展示，因为它具有居住形态和居民与居住环境之间丰富的标志性意义。人类通过房屋文化（耐撒，1988年）和邻里单位（彻瑞尼克，1982年）解读那里居民的地位和特点。

人类选择居住环境不仅有基础结构设施的原因(靠近工作地、亲属等)，而且也有地位的原因。有些人选择低于他们购买能力的环境，另外一些人则

1.费城

2.费城

3.费城

图14—5　居住区的声誉

城市不同地域的声誉不同，其原因不仅仅在于建筑质量，虽然它有助于提高声誉，但是由于环境无所不在，因此建筑质量不能完全决定声誉。最终是取决于那里的活动性质和参与活动人的声誉、建筑环境的质量。费城的这三处地区都有相同的建筑类型（1、2和3），但是街道、铺路和树木种类、使用者却都不同。职业设计师和普通老百姓认为这三个地区具有不同声誉。

相反。两种人群都传达了这样一个信息，即他们希望自身的地位得到承认，不容置疑地，建筑环境也成为他们是什么人的一个标志。

在美国这样一个多元文化的国家里，对待文化的态度不同，通过建筑环境展示各自状态的方式也不同，而且各人的性格不同，展示的方式也会不同，有人内向有人外向，他们对于展示的态度也是不相同的（库珀，1974年）。的确，文化就是两种性格存在差异的部分原因（容格，1968年）。必须要记住的一点是，不但个人的性格不同，甚至一个团体和民族的性格也存在显著不同。

通过设计展现地位差异

总的来说，现代运动的分支理性主义设计的行为规划模糊了人群之间的差别。如果去看托尼·戈涅的“工业城市”[图2–10（1、2）]，里查德·诺伊特拉的旧金山规划设想[图2–10（3）]，或者勒·柯布西耶的“明日的城市”，即300万人口的城市计划[图2–19（4）]或“光辉城市”，就会发现很少用环境美学作为标志划分居住区居民不同的社会经济地位。虽然地位分化由来已久，同样的情况仍出现在巴西利亚的初始规划中。其原因是建筑维护的质量不同，高级官员居住的郊区开发和联邦首都边缘违章住户住区的增多。相反，昌迪加尔的规划形成了清晰的地位差异。一个人知道另一个人住在昌迪加尔的某个区域中就能分辨出该人的社会地位，更不用说建筑组群、房屋大小及个人空间分配等线索。美国理性主义设计原则的演变产生了高级办公建筑与低档居住区——弗洛伊德学派一个主要的环境失误（沃基，1992年；沃尔夫，1981年）。

美国大量的后现代主义设计关注的不再是社会平等，他们更关心的是通过有高名望的建筑师设计高水准的建筑为特别的人和特别的公司提供尊重需求。实际上，建筑师的名字常成为新大厦出租广告的一个部分。甚至建筑物被称为“签名大厦”。历史上常有通过建筑物、景观和城市设计获得声誉的建筑师。有许多通过设计展示权力的例子，如罗马教皇希克斯图氏五世、巴黎麦第奇王后、巴黎拿破仑三世和奥斯曼（参见培根，1974年；莫里斯，1979年；贝纳沃罗，1980年）。虽然，在纽约奥尔班尼的纳尔逊洛克菲勒帝国广场产生了类似的影响，但是第二次世界大战后许多社会主义国家也出现了众多这样的例子，如第3章“今天城市设计的本质”中

1.建筑师：斯东沃和霍伊斯设计的费城的霍普金森住宅（20世纪50年代）

2.建筑师弗兰克·劳埃德·赖特设计的伊利诺伊州橡树园的Heurtley别墅（1902年）

3.建筑师摩尔，卢布，尤德设计的柏林提格湖港（1980年）

图14–6　居住环境的个人展示

现代理性主义的目标是消除城市社会地位的个人展示[图2–10（5）、图3–4（1）和图10–9（2）]。世界上有些人和美国的某些团体期望这种匿名（1），虽然他们选择建筑是为了显现身份。另一些人群则寻找展现的机会。当设计师是著名的建筑师时，个人家庭很容易做到这一点（2）。后现代主义者寻求设计的不同之处（3），但是新理性主义者仍旧对个人主义的展示不屑一顾。

1.圣保罗国会大厦

2.纽约炮台公园的世界贸易中心

3.西雅图华盛顿大学的“红场”

图14-7 纪念碑式的城市设计

总的来说，纪念物是指建筑环境中的巨大实体。城市美化运动就寻求这类纪念物（1）。近年来，大尺度的城市设计中，欧洲新理性主义建筑就以上述纪念物为特征[如图2-15（3）]。美国这类纪念碑的代表就是奥尔班尼的纳尔逊洛克菲勒帝国广场[图3-7（4）]和纽约炮台公园城的世界贸易中心（2）。虽然这类场所令人印象深刻，但是也相当乏味，除非充满人时才不会那样。

提到的20世纪80年代罗马尼亚共和国总统尼古拉·齐奥塞斯库命令建设的社会主义胜利大道，这是继朝鲜人民共和国首府平壤市规划之后的又一个大胆地对布加勒斯特施进行的巴洛克式的规划(斯坦普，1988年)。出于荣誉的原因，计划将大道修建得比巴黎香榭丽舍大道还要长。为了开路有5万多间房屋被拆除了。这其实是20世纪从城市美化运动到现代主义再到后现代主义共有的目标（布罗德本特，1990年）。

城市设计师必须能够通过未来居住者的眼光而非建筑师的评论认识到设计潜在的声誉。1963年西哈林住宅区建设项目经过仔细设计以满足使用者需要时却遭到潜在用户的反对，因为其声望还不够到位（参见图2-1）。巴黎中心区Montparnesse的一项住居建设项目巴洛克式的Les Echelles和圣昆廷的Les Arcades du Lac[参见图2-15（3)]由李嘉图·勃菲尔和泰勒设计，使用了古典秩序作为直接的参照，运用大范围的建筑形态元素建立了声誉感，上述项目成为家喻户晓的建筑偶像。住在这里的人像住在家里一样。这一系列的建筑物之所以有声誉是因为他们成为了纪念物，还因为它们是著名建筑师的作品。场所荣誉感的程度取决于社会多样性和人们日常的关注程度。

同样的，在非居住区设计中心进行设计会引发这种关注，比如办公建筑的设计或者在现存的高密度区域里放人一个新建筑。公司为了荣誉的原因乐于花钱拥有权力的标志（拉斯威尔，1979年）。城市也有同样的展示自身形象的倾向。城市设计中有声誉的大厦和杰出艺术品通常是提高形象的媒介物，其作用甚至超过那里进行的活动本身或创造出的令心灵舒适的环境（斯特劳斯，1961年）。

保持城市地区的水准和声誉

确定环境质量的主要因素之一是保持空间场所的质量。相对贫穷但是能对场所进行妥善维护的地方展示出一种自我尊重感，而且居住在那里的人和公司也能得到很好的照顾。维护水平不但是区域的标记，也是场所秩序的有益因素。美国许多具有实体区域的城市显示出对空间场所的极大漠视。那里有宽大的房屋，充满沙砾狼藉的街道，废弃的交通工具。这不仅没能提供给人一个实证性的教育环境，甚至给那些除了最有自信的人之外的人一种自我怀疑感。这就是令我们惊讶的，为什么在这样的区域里人们会以反社会的行为获得荣誉(自我尊重)呢?

但是，不仅是在这类区域存在上述问题，许多著名的空间场所也被破坏变得俗气了。这种破坏在城市里是引人注目的，但是许多郊区和小城镇却普遍存在这种状况。虽然缺乏行动，但是问题不仅是美国所独有的，最近有规划宣布要翻新巴黎的香榭丽舍大道，这也许是世界上最著名的林荫大道，计划要关闭两条交通大道，使人们站在人行道上时更感愉悦，还要植树以恢复街道的秩序感。这条林荫大道的衰落是缓慢的，与土地出租占用的影响关系很大。新奥尔良的意大利广场的衰落更快些。广场材料需要高水平的维护，但是实际上并没有得到这种维护。结果是广场遭到严重破坏。但是建筑师们仍将该广场视为一个有声望的空间场所，最近(1991年)新奥尔良城市规划委员会取消了其作为公共空间场所的功能。这个例子也不是惟一的。美国的许多公共广场有许多不再喷水的喷泉。随着公共服务的衰落，私人团体已经创立了自己的组织维护公共环境（如俄勒冈州的波特兰开发联合会)。

控制设计和设计过程

影响城市设计提供人类自我尊重发展机会的原因有两个方面：第一个与创造设计前设计过程中的参与有关，第二个与之有关的是一旦操作或设计完成后个人和组织对其的掌控程度。上述两点的重点在于强调了个人的控制能力对实现自我尊重的重要性。这类控制力表现了个人能力的状态。

设计过程

所有的城市设计产品都反映了决策制定和与之相关的权力分配方式，也是设计过程的标志。如勒·柯布西耶设计的世界著名设计昌迪加尔，无论其建设时的工作是好或坏，其本身就是一件举世瞩目的设计活动。但是，许多心理复杂因素对设计质量的认知有一定的影响，如决策是怎么制订的，设计过程是怎样实施的，人类对于设计参与的期望扮演什么样的角色等。美国人对于公共环境的设计是特别渴望参与制定设计决策的。

人类为了要保持自我尊重，经常会意识不到他们制订的决策并不符合他们自身的利益，结果是，如果人类参与了制订自由选择的工作或居住环境的决策，即使这个环境对他们自身而言并没有什么实质性的好处，他们也会高度评价这个环境。个人（和团体）要倾向于避免处于设计过程中的不协调境地以影响到自我尊重（菲斯廷格，1962年)。类似的，如果他们参与了设计过程，他们将因为自身观点得到注意而产生自我尊重感。结果是，环境将会比他们不参与时更接近他们的需要，无论结果是什么，他们都会高度赞扬他们制订的决策。相反，如果人类被迫居住在没有经过选择的环境里，他们将只具有相对较低的自我尊重（即尊敬)，无论可能客观上已经获得了益处，他们也不会高度评价该环境。因此，角色的参与、选择和与之相关的尊重在考虑过去住户评价研究时是相当重要的，同样在个人参加规划制订和设计过程中也很重要，类似的，如果开发商参与编写城市设计大纲，那么，就会影响他们的工作，他们更易于遵守大纲，部分原因是开发商将理解他们自己的逻辑，部分原因是开发商参与了创造。

许多评论家（如R·戈德曼，1971年）都认为，20世纪50、60年代美国的城市更新是美国社会中产阶级努力的结果，是建筑工业发展的结果，是建筑职业人士让贫穷的人待在原地的结果。这一观点令城市设计师感到困惑。一方面，设计师有义务尽最大努力创造一个美好的未来；另一方面，如果设计师追求他们认为是最好的设计与社区发生矛盾时，社区会认为这个设计只是设计师想要的，他们会因为冒犯了社区的尊重使问题不可能得到解决。即使社区说该设计逻辑上不符合他们的利益，问题也仍将继续存在。然而，这一观点可能更多地被运用到了低档社区，因为那里的人承认自身的错误而不觉得会丢面子。上述的情况只是未来设计过程中将出现的众多问题之一（参见第22章“城市设计过程中的问题”)。为防止使情况更加复杂，城市设计从一开始就要求后来的城市设计通过历史把较低的尊重上升为拥有高的尊重。反之亦然。

个性化设计

有些建筑师已经认识到，人类能够塑造自己的环境满足自身活动的需求和审美需求，从而建立了自我尊重。的确，勒·柯布西耶在他的贝萨克房屋设计中与其他建筑师相比，他的设计给居住者留下了更多的自己动手的余地（伯登，1972年)。许多艺术家和建筑师太在意他们的自尊，不能容忍其他人改动和检验他们的设计。最近一次大骚乱就是艺术家因纽约联邦广场移走“斜拱”雕塑而勃然大怒，这就是这种情感的证明[参见图3–15（3）；威格弗·塞拉、巴斯克科，1990年]。

美国人较多地关注低收入人群和残疾人群的生活，为他们提供力所能及的良好居住条件，可获得除了在“困难建筑”建筑用地（即由于个性化导致了损害的建设用地）之外的建设(萨默，1974年)。结果产生了无数的禁止行为的规章制度。这些规定减少了居住在那些环境里人的尊重感。高收入人群能够选择他们居住的环境或聘请建筑师设计环境。他们有大量的选择机会——这本身就是尊重。

城市设计中，环境个性化的问题对建筑外部使用者的影响要超过内部使用者。当一个城市的一部分具有独特的个性时，还会允许人类随意地更改家庭或公司的外部环境吗？赞同者认为，城市是处于变化之中的，改变反映了居民的渴望；反对者认为，允许这类改动会破坏其他人满足尊重与审美的需求。

设计计划：创造环境

开发一项设计议程或行为规划设计开发会带来一系列问题：设计如何有助于个人的发展，如何展现能力？“如何处理地位的标志性？”

能力的开发和展示

谈及有关能提供能力的开发与展示的环境设计时，有必要再次区分正式的与非正式的环境。19～20世纪初许多乌托邦式的总体规划方案中正式化教育占据了中心的地位。本书先前提出学校与家庭的关系是邻里单位规划的主要组织观念。有关居住区学校的布局已经是全世界新城建设中考虑的基本问题。同样，许多文章(查平、凯撒，1979年)就提出了城市范围内学校布局及其空间环境设计的指导原则和方法。然而，对于正式教育机会的分配与特点的争论是高度政治化的，很少有人关注综合性的教育。

把整体环境当作教育建筑设计考虑的范围将在第16章中探讨。在这里我们讲的环境结构，不但要提供认知机会，而且可以被当作人类开展各种活动的能力检验所。那些能够展示所学的人会拥有自尊；反之，则丧失自尊。这一观点可运用于下列行为，如任务的完成，寻找道路，能够毫无阻碍地使用环境，从社会上与心理上不被社会孤立，因为个人不能合法加入到他想参与的行为环境中。为了帮助人类获得自尊，必须有足够的不交叉重叠的行为环境，即不会有太多的人同时进行活动(瑟瑞斯特瓦，1975年；贝克特尔，1977年)，而且空间布局要能让居民使用。

地位的美学象征

假如一项行为活动开发计划详细阐述了人类必须要通过努力才能获得自尊的话，那么城市设计师就有大量的工作要做了。城市设计的目标之一就是创造一种供思想信息交流的环境，让人类通过和其他地方、其他人群思想的交流建立一种自尊感。城市设计领域关于这方面的经验知识已经得到了极大增长（布罗德本特、邦特、詹克斯，1980年；拉普卜特，1982年；朗，1987年）。但是设计师必须首先明白如果被问到明感的问题时环境应进行相应变化。

建筑的整体布置，空间布局，开放空间的特点，建设环境使用的人工和自然构件材料，日夜的照明和色彩，非视觉环境（气味、感觉、温度、声音）等所有这些均有标志意义。虽然设计师可以运用大量的分析方法预测用户使用环境后的反应（赫茨伯格、卡斯，1988年），但是他们并没有进行关于特定环境与社会地位交流之间关系的分类，也没有确定明确的办法。设计师大量运用的仍旧是主观判断，但是他们能够理解不同的关注点，被问到的明感的问题是关于环境模式与环境目标方面的问题，也涉及个别群体的人。

城市及其边缘区的空间结构

一个城市的某些空间特征能够让使用者产生极大的自尊，平衡原理的基本假设是，当人类处于（使用）他们喜爱的环境与有名望的人有联系或能够进行自我控制时会增强自尊感（黑德，1958年；参见第1章）。

建筑环境的几何形态

设计师迟早要对空间环境的几何形态做一个决定。环境布局能够被设计成符合多功能需要的形态，但是就其本身来说平面图形的功能并不满足其他需要，人类会对它的一些正常特征，即秩序性、连贯性和复杂性作出回应（卡普兰夫妇，1982年；希思，1988年），也会对几何平面图形的意义有所反应。

虽然有序与无序、简单与复杂的问题引起了建筑师，如罗伯特·文丘里（1966年）和行为科学家

1.纽约第五林荫道

2.华盛顿特区

3.新泽西的大公园

图14－8　城市设计中的开阔感与荣誉感

开阔感与许多奢华的消费方式相联系。宽阔的街道和人行道（1）与广阔的远景（2）长久以来与权力和财富相联系在一起。这些特点容易让人想到首都的规划设计——如华盛顿特区（2）、新德里和堪培拉——但是现有一部分城市也具有上述特征。今天，也可以在办公园区或公园见到上述特征（3）。如果没有充足的活动场所，那么这些地方也会变得令人乏味。

（如阿恩海姆，1977年）的注意，但是并没有以任何系统的方式运用到城市环境中，一座城市说它有序是指城市的结构布局运用了基本的原则。这点类似于凯文·林奇（1960年）在城市中寻找道路时讨论提出的“易识别性”的概念。史蒂芬和卡普兰（1982年）这样解释易识别性，“环境的特征在于其能够广泛地进行探索而不必担心会迷路”——至少在那一刻不会丧失自尊。

多数对于认知模式的经验性研究集中于纸面二维的图解方式层面上。城市设计是一个四维的世界。城市的几何形态实质上是一个三维布局，是人类已经认识到的城市秩序性和复杂性的反映（吉布森，1950年，1966年，1979年；卡伦，1961年；狄亚勒，1961年，即将出现的；哈珀，1965年；参见第17章“满足审美需求”）。

开放空间的特征

有声望的城市区域通常与良好的开放空间有关。郊区一位房主拥有声誉是他拥有的大房子，尽管有些著名区域的设计建立在某些人以对房屋尺寸的要求而丧失位置的便利为代价之上。单身家庭联排式房屋受到许多人的欢迎，这是一种美国和其他许多社会国家所接受的房屋类型（兰辛、玛瑞斯、兹赫尼，1970年；密歇尔森，1976年；埃德瑞克、斯波梅耶、史密斯，1990年）。人类在经济上并不总是能达到要求。人类总是有一个目标是要在某天拥有这样的一幢房子。他们的自尊有一部分取决于对目标的努力，尽管有时会是一种幻想（特瑞、霍尔、门罗克拉克，1982年）。

道路的性质，交通量，人行道的性质，建筑围合环境的特点，植物生长的特点和公共空间中水的使用方式都有助于场所的声望的实现。结构拘泥形式的程度、服从景观建筑生态设计观念的程度、控制自然的程度都是一个设计展示的全部社会的内涵（诺哈，1988年）。开放空间为自然全貌远景的展示或封闭环境的展示提供了场所。控制或拥有了著名的景观就可以在房地产市场进行交易。

建筑的特征

建筑环境中的建筑特征能够通过某些变量加以评价，即建筑的体量、街道的联系方式，以及小尺度的细部特征。另外还有处理建筑物细部结合的方

1.下曼哈顿

2.旧金山
（照片来源：尼尔·哈特摄影）

3.匹兹堡

4.达拉斯
（照片来源：J·丹尼斯·威尔逊摄影）

5.费城（1985年）

6.费城（1992年）

图14－9 城市天际轮廓线

纽约因天际轮廓线而著名。华尔街由于是主要商业公司的大本营而著称于世（1）。旧金山是美国为数不多的几个在城市公共政策里规定建筑高度的城市之一（2）。其他城市都通过高大的建筑物而获得自尊（3、4）。芝加哥的汉考克大厦和西尔斯大厦是最高的[参见图10－7（1)]，正在规划的一座大厦如果建成的话将是世界最高的。因此街道舒适水平的代价就很高。华盛顿特区决定限制高度，它有不同于纽约、芝加哥的环境特点[参见图8－7（2)]。直到1984年，费城还有君子般的协议规定建筑的高度不能超过城市市政厅威廉姆佩恩中心的天际轮廓线[491英尺（5)]。后来的建筑都超过了这个最高的建筑（6），虽然它获得了自我形象，也建立了中央商务区——但是这样做却失去了其神奇的魅力。

式和围合空间的方式。某种程度上，建筑物的体积或公共空间的尺度具有社会意义，一座城市，一个组织或者一名建筑师都想通过修建世界上最高的大厦来寻求自尊（希思，1988年）。

与空间几乎直接相联系的就是城市天际线的高度（尽管并不必要），高楼是权力的象征（拉斯威尔，1979年）。芝加哥与纽约一直竞争拥有高楼大厦。1012英尺高的云霄塔在拉斯维加斯修建，其所有者是拉斯威加斯的世界旅馆和游乐场的开发商。费城也加入了这一行列规定建筑物高度不得高于城市市政厅威廉姆佩恩中心的天际轮廓线。成群的新建高楼大厦增加了市民的自豪感，尽管高楼大厦与整体经济并无多大关系[参见图14-9（5、6）]。目前在建的香港中心广场，1993年开始修建，将成为亚洲最高的大厦，这一纪录至少可以保持一年。几乎不可避免地是，一座有许多高楼大厦的城市不会注意到道路的质量，完全是为了取得令人印象深刻的天际轮廓线，或者如约翰·凯利斯基描述的波士顿“从远处看很壮观，但是离真正的伟大还很遥远”（吉拉度，1987年）。正如诗中所写：

摩天大楼是个奇迹
毫无疑问应当受到推荐
但是，啊！
下面，那里行人的涌入增加了它的拥挤。
（来源：未知）

华盛顿特区和旧金山是美国两座为数不多的限制建筑高度的城市。华盛顿所有的建筑物都不得高于国会大厦，所有建筑类型都不再按照标准美国模式和尺度修建。旧金山则将注意力集中在中央商务区的建筑数量和建筑高度对街道公共空间光线照射质量的影响上。一些城市制订区域规划帮助促成天际轮廓线，但是他们意识到，通过修建高楼获得声誉的做法已经被其他方面超过了。例如华盛顿的贝尔维尤，期望在中心商务区拥有最高的大厦，然后依次减低周围地区的大楼高度，像婚礼蛋糕那样[参见图6-4（3）]。

无论一个地方的建筑空间形式是什么风格的，它总是与声誉、价值紧密联系，有些人（如先驱建筑师的顾客）会以成为艺术世界的一部分为荣，另一些人则会因为身处主流社会受到大众的承认而深感荣幸。大量的观察与证实性研究基于单体建筑（伦纳德·伊顿，1969年；耐撒，1988年）基础之上，但是基本原则同样适用于城市设计这个大的空间范围。伦纳德·伊顿（1969年）展示了霍华德·凡·朵瑞·萧伯纳的房屋设计，与他同期设计的弗兰克·劳埃德·赖特的客户是两组非常不同的客户群，他们都拥有高度的自尊。萧伯纳客户的尊重感源自继承芝加哥社会生活的角色，赖特客户的尊重感则源于他们在制造业取得的成就——他们是白手起家的人。尊重感与特定的风格与特定的文化有关，当然也就与特定的人群和世界观有关。

建筑环境的材料

人们心里对于要求得到有效使用的一些材料和有品质的产品富有积极的联想，而对另一些则有消极的观念。这些价值观与其他功能范围内的物质利用情况无关联——例如他们对场所的感受性。这就是鲁道夫·阿瑞汉姆（1966年）所提到的“高界定性”的特征，这不仅仅是指材料质量的视觉感受，也包括触觉、听觉、嗅觉等能够激起人们联想的基本感受。总的来讲，天然材料比人工材料受到更高的评价。使用人工材料是为了降低造价，大面积的使用可以获得引人注目的赞赏。是否使用人工材料确实被认为是有高价值，但是同时也受到文化品位因素的影响，因为有些人坚持材料应源于天然。

某种程度上，使用优质材料围合城市开放空间是该场所受到瞩目的重要因素。汤姆·希思于1988年指出：

> 就像伊瑞克提翁庙或密斯·凡·德·罗设计巴塞罗那博览会德国馆一样，铺地的材质（视觉、触觉、听觉），街道的家具（如栏杆、电灯、喷泉）和建筑环境经常是公共场所重要性的标志。

公众很难理解使用便宜材料也能创造出优良的美学效果（如弗兰克·盖里在自家使用链状围篱和皱纹铁）。

照明特征

城市设计师和其他设计师关注的照明有两种类型：自然照明与人工照明。他们关注的是夜晚与白天城市及其周围地段各种元素表现出的面貌。白天，明亮的阳光和多彩的环境可以激发人的精神面貌。不幸的是许多城市场所被高楼大厦占据并不能产生上述效果，因为这是地平面的光质量与其他感觉利益之间的交易。除了执行任务或安全的原因外，美

1.费城

1.华盛顿特区

2.得克萨斯州拉斯·克里纳的施乐大厦
(照片来源：J ·丹尼斯·威尔逊摄影)

2.丹佛第十六街的步行商业街

3.费城独立大厅和广场

3.加利福尼亚州橙县的豪顿中心

图14—10 有声望的建筑特征

"签名建筑"通常是指由著名建筑师设计的建筑。建筑出名是因为建筑师的缘故。费城现在的城市公共活动中心由贝聿铭、海莫特·扬、康尼·彼得森和福克斯设计的。玻璃塔（例2）的出名可能不在于它是城市设计的一部分。有些建筑著名而且能给人以自尊也并不是因为它本身或建筑师，而是与著名的人物或事件有关联（3）。

图14—11 公共环境的细部和声誉

华盛顿特区因为是美国首都和总体设计的宏大而著称，但是它的细部设计却粗枝大叶（1）。一旦场所形成，人们就会做大量的维护工作去保持公共环境的整洁，使之处于良好状态（参见第17章）。尽管（2）中的丹佛第十六街的步行商业街和（3）中的南加州豪顿中心是不同的地方，但是也有上述特点。前者是公共场所，后者是半公共的场所。

1.芝加哥
（照片来源：鲁西·德瑞克摄影）

2.旧金山
（照片来源：斯蒂温·金摄影）

3.纽约市
（照片来源：作者收集）

图14-12　灯光和城市环境

城市公共环境的灯光服务于许多目标。它提供充足的活动照明，有娱乐的功能，赋予城市一种视觉秩序，赋予场所统一感，引起我们对其特别之处的注意，有广告作用。如果实施得当，灯光标志不仅美观能增强我们的自豪感。

国城市场所空间夜间的人工照明是很少的。

我们已经提到，20世纪70年代以来，美国城市设计中出售自然光特别是阳光，即允许大厦向街道和广场在一天中大部分时间投射阴影以换取其他公众利益已经成为主要措施（参见巴尼特，1974年，1982年，1987年）。

开发商出于名利修建高楼大厦的需求导致城市国库危机，政府命令私人机构为公共服务买单，最直接的方式是他们参与项目，间接的方式是增加赋税。政策上虽然已经允许开发商建设高楼了，但是黑暗的城市街道并未增加行人的舒适感、安全感或自尊感；结果是大厦的阴影影响成为城市设计政策的主要问题。

为了在夜晚也能看到城市的空间场所，因此，城市区域照明的方式、图案、程度、灯光类型、光源都成为城市或城市某一部分美学效果的影响因素（沃森，1990年）。布局好的空间场所不但有助于人类获得安全感，而且还令人感觉良好。灯光的美学效果很少能引起建筑师或城市设计师的注意。我们要关注的不仅是街道与广场的灯光照明，也要关注广告灯光。像纽约时代广场和伦敦皮卡迪利广场的广告灯光就是一大特点。城市设计师的任务是建立一套设计指导方针和纲要令这些场所在白天少些俗气。

威斯康辛州的密尔沃基是少数几个能自觉设计照明计划的美国城市之一（戴维森，1991年），对于街道的设计描述是基于凯文·林奇的城市意象识别性原则（凯文·林奇，1960年），目标是令街区与周围环境产生连贯性。例如，低水平的街道照明系统与高压纳灯照明系统进行对比，突出了新建建筑和有纪念意义的林荫大道。这类问题基本属于美学范畴，但是同时也有出于荣誉声望的目的。

着　色

心理色彩是建筑师长久以来关注的问题，据说色彩的运用对行为活动有暗示的作用（波瑞，1965年；1982年；鲍特、迈克里达兹，1976年）。至少在西方社会颜色被分为暖色与冷色，从黄色到红色的这些暖色被认为是令人兴奋的色彩；绿、蓝、紫等冷色是令人镇静的色彩。对于色彩的研究也非常的矛盾；大多数的研究没有经验基础，仅仅是作者提供的多彩环境的参考。

建筑环境的颜色具有标志性意义，一些意义是社会习俗的平白直述，另一些则与社会的文化品位有联系。这两种意义都是团体成员或社会地位的标志。现在的美国，好的色彩品位倾向于喜欢青色。明亮的颜色与较低的社会地位相联系。但是美国人口中的亚文化人群则持有相反的观点。现在美国人使用的颜色充满着流行的怪异和寻求新颖的设计。相反，有些社会在建筑上则使用习惯性的色彩。如：今天印度有些地方（如久德浦），只有婆罗门才把房子涂上蓝色。古代中国明亮的色彩意味着高地位，亮色常用于宫殿、庙宇及其他重要建筑，地位低的建筑则使用很少的色彩，色彩的使用通常是人为规范的。

大多数西方国家确实存在着色彩品味差异。在美国则是平等平行的，而且色彩的使用也不一定与社会经济地位相联系。每个团体都期望能拥有他们所认知的色彩使用，不管是对的或是错的，都是团体的财力和标志。基于对高收入群体包括颜色在内的资料分析，奥斯卡·纽曼在纽约 Clason Point 进行的一项低收入组群房屋改建的设计计划获得了极大的成功，增强了居民们的自尊心（纽曼，1976年）。对于房屋外观的改变要比装置新灯光、长椅或公共空间重组建立清晰区域的差别更受到高度评价（康尼、佛朗克、福克斯，1975 年）。

使用超出社会传统接受范围的颜色也能传达信息，但是这种越轨行为本身比颜色的使用似乎更重要。后现代主义的影响之一是，通过使用脱离社会标准的颜色，期望引起社会注意和展现其地位。目标就是从现代主义喜爱使用的混凝土的灰色调中脱离出来，但是却未能得到美国大众的接受，只有先锋艺术家才欣赏它。即使那些暴发户也从未有足够的自信心接受它。假如所提供的可选择颜色不是太偏离居住水平的话，那么，颜色的使用就是为了让一个场所有朝气，令人们提高自尊。

土地利用、活动模式与地位

几乎所有的社会都存在分层结构，个人可以在任何水平的层级上获得自尊。一个人居住的人工环境或自然空间环境特征说明了个人的社会地位和生活方式。城市是由不同的区域特征的建筑环境、供给房屋的方式和居住在其中的人组成。

现代社会中的许多人具有高度流动性。他们会选择城市中那些能增加他们自尊的行为活动环境。另一些人则因为贫困或种族或社会歧视待在原地，他们居住的地方得不到很好的设计，没有树木、没有医疗保护，被不愉快地综合使用。就居住者的观点而言，一个好的社会要尽力提高这类空间场所的质量。

旧城与贫困地区要实行一定的财政补贴。房租要低，这样才能出现商业活动，艺术家也能找到合适的工作室。目前城市设计要做的是，制定出能够让这类空间场所存在但是又不降低整体环境质量的政策。至少不能令这些地方再衰败下去。

设计出优秀的维护措施

如果提供一个相互比较的标准，那么，与保护得较好的私人环境相比，当人们走过保护得比较糟糕的环境时是不会有助于人类自尊的实现。人类不会乐于待在糟糕的环境里，如果有选择，他们会找寻别的场所。那些不得不忍受糟糕的环境和服务地区的人自尊心将受到伤害。但是，许多美国人只要他们自己的领域是著名的有声望的，就不会把公共环境的维护看得很重要。

近来，许多城市设计工作包括通过私人机构来制订部分公共环境政策与设计指导原则。当这部分工作完成后，则会由公共部门去进行运作和维护。许多这类计划产生了大量难于维护的公共场所。随着都市政府面对的财政困难，产生的结果已是灾难性的。要考虑到维护的不仅仅是公共空间的质量，也要考虑到私人的发展。空间场所的维护成本大幅度的提高了，部分原因是能源危机，部分是由于工人为获得自尊要求适宜的工资，从而导致工作成本的提高。

现在管理计划成了城市设计议案的一部分。考虑或设计如何能让空间、建筑物或城市周围得到维护和管理这个问题现在主要交给了城市设计师。为了便于维护，必须让建筑物之间的空间布局相互联系，必须考虑公共空间的分配数量，考虑材料的选择，而且越来越多地也要考虑向公众开放的时间。设计一个城市或设计指导原则可以为经营建筑环境成果创造一个共同的设计，至少可以是在公共的和私有但是属于公共性质的环境部分进行创造。

城市设计的结论

为了帮助人类实现尊重需求，城市设计师要关注以下三方面问题的解决：(1) 设计过程中要注意人将要使用场所的需求；(2) 确保未来设计中提供探索与学习的机会；(3) 未来环境提供的美学标志要让人产生自尊感。城市总体设计或分区设计的设计过程和设计指导方针的形成都必须以上述需求的实现为目标。设计政策必须创造出令人自负的环境——即该环境能为不同的人提供不同的机会（拉普卜特、坎特，1967年）。由城市发展议案制订的设计规划或代表公共部门的城市发展议案必须详细指明包括议案在内的综合性体验的特征。然后，城市设计指导方针就能指明使用什么样的物质空间特征手法令空间场所达到上述的要求。

许多职业团体和普通百姓关注用特别的奖励方式去激励城市设计师的工作。教育家与社会政策制订者需要关心的问题是提供接受正式教育的机会，城市设计师关心的是教育设施作为居住区基本构成部分是如何在新城镇或住区有组织地布局的。标志性的美学赞誉是开发商关心的问题，因为其具有经济价值，关系到环境的出租或出售。提倡环境中儿童利益的人关心非正式学习环境的创造问题，但是如果没有城市设计师的参与则不会那么容易实现。基于上述需要的城市设计可能会与成人寻求的良好环境的自尊心实现相反。富有细致的与创造性的设计会产生这样一种环境，在那里，设计与环境的矛盾会互补，资源限制将一直都会制约可能涉及的设计范围。

主要参考文献

① Cooper Marcus, Clare."The House as Image of the Self." In Jon Lang et al.,eds.,Desisting for Human Behaviour:Architecture and the Behavioural Sciences.Stroudsburg,PA:Dowden, Hutchinson,and Ross,1974.130～146

② Duncan,James,ed.Housing and Identity:Cross Cultural Perspective.New York:Holmes and Meier,1982

③ Lang, Jon."Symbolic Aesthetics." In Creating Architecture Theory:The Role of the Behavioural Sciences in Environmental Design. New York:Vail Nostrand Reinhold,1987.203～215.See also"Symbolic Aesthetics in Architecture," in Jack Nasar,Environmental Aesthetics,1987. 11～26

④ Lasswell,Harold D.The Signature of Power: Buildings,Communication,and Policy.New Brunswick,NJ:Transaction Books,1979

⑤ Nasar,Jack,ed.Environmental Aesthetics: Theory, Research, and Application.New York: Cambridge University Press,1988

⑥ Perin,Constance.Everything in Its Place:Social Order and Land Use in America.Princeton, NJ:Princeton University Press,1977

15

满足自我实现需求

自我实现的心理学概念已经在美国得到大幅度发展，所以这里的任何评论似乎都是受文化限定的，尽管成为一个自我实现的人的要素可以运用于任何方面，但是对于自我实现的追求却是很少靠自觉实现的。充分自我实现的人能够实现他们想实现的愿望，他们有一种满足感，对于自己的生活哲学与观念感到满意，他们是得到全面发展的人群（罗杰斯，1980年）。根据马斯洛（马斯洛，1971年）的观点，只有很少的人可以达到自我实现，几乎没有几个人能够完全达到这一心理成熟阶段。他们主要还是处在寻求更高自尊感的水平上。

自我实现的人是那些关心身边问题多于提高自我的人，这些问题不是以自我为中心的问题。他们既自主又独立，与其他人相比有很强的个性特征，它们对于人类、民主价值和态度有很浓的兴趣。他们有能力超越社会环境和物质空间环境的挑战，而不仅仅是克服这些困难。他们有很强的自我接受能力，对于别人和世界也能接受他们本来的样子。也许他们的需求更多的是个人生活的私密性。他们会与少数人保持密切的关系，而不是与大多数人保持表面的关系。

自我实现的追求具有高度的自治性与社会性结果。具有高度自尊心的人才会倾向于爱护他人。他们会参与到生活中去。就所有这些因素的表面矛盾而言，自我实现的人也展示出更加特色的行为活动。在遵循内心渴望的同时，他们也会考虑他人的感受。在某些行为方面他们是有创造性的，自我实现不是年轻人的特点，至少在北美文化框架里，儿童、少年与青年努力获得的自治感，需要表露出他们的自我价值体系。他们更易高度地以自我为中心。

我们有可能会误以为自我实现的人对于生活中的任何事物都会满意，但是“人类似乎总是不会对什么都能保持永久的满意……，即使是最令人愉悦的事物也能变得陈旧，从而失去新鲜感。有必要让人类经历失而复得的喜悦”（马斯洛，1987年）。

行为计划

人类怎么看待自我实现的人的生活方式和审美价值呢？这些人应居住在什么样的行为活动空间环境中呢？这类环境能否被设计出来呢？

自我实现的人会寻求富有学习机会和审美景观的居住区，而不仅仅是以基础结构设施是否完善为目标。自我实现的人会寻求那种提供这种机会的环

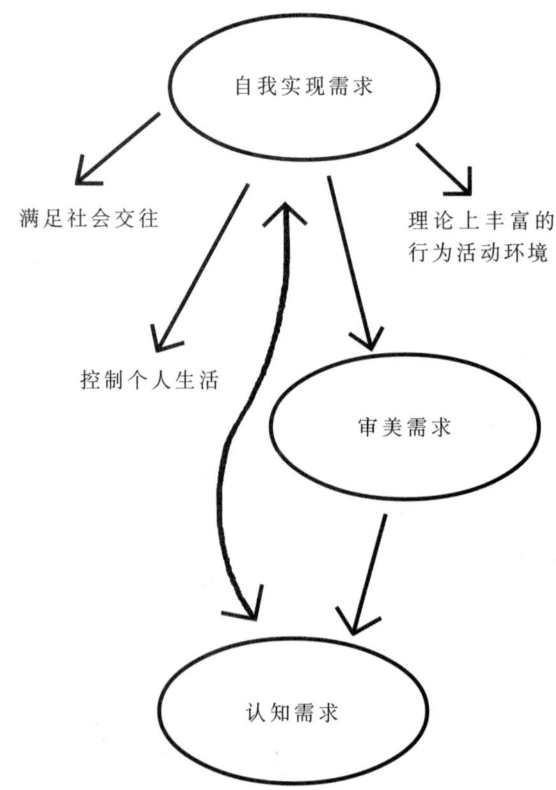

图15－1　自我实现需求

境，这种环境能让他们待在家中，他们会以自己的审美标准找寻这种场所，并不是为了提高自我尊重，而那些场所能够令他们得到极大的愉悦。同样，能提供认知需求的环境也将更加丰富自我实现的人的生活（参见第16章“满足认知需求”、第17章“满足审美需求”）。

他们会关心那些有益于满足自身其他需求的城市布局，他们认为必要时会促进这种改变，他们要寻求的是追求这些需求的机会和出路，有助于环境改善的因素。他们会加入公共组织来完成这些目标，如果这类组织不存在，那么他们就会创造出这种组织的。

设计计划

正如自我实现的人是明白自己行为的人，并不需要进行特别的环境布局来满足他们的需求。如果一个现存的环境或一项新的城市设计（无论是总体城市设计、分区设计，或者还是设计指导方针）能满足人类认知与审美的需求，也能满足其他低层次需求的话，那么自我实现的人就会发现他们的自己回报。

富含审美体验与认知需求的环境——两者就意象的经验与机会而言——将会满足自我实现的人和正在实现自我的人的需求。城市设计师要面对的困难仅仅是自觉地创造这类要素。一个新的建筑环境之所以会有意义，是由于一个空间场所成为居住区之后经历了时间与事件及其他环节，然后环境变得陈旧（参见第16、17章）。一项可以提供人类从基本的心理需求到自我尊重需求实现的城市设计仍会缺乏历史感，那是会使居住在其中的人享受过去时光的环境，然而，即使住在这样的环境里，自我实现的人仍会寻找自我回报。

城市设计的结论

正在实现自我实现与已经实现自我实现的人会努力推进城市文明的改革以获得其他人生活条件的改善。他们会更加意识到城市设计师工作的价值，从而支持或批评设计师的努力。结果是针对城市设计师的程序而不是实际的工作；如果不是为自己，这两种人也会需要代表其他人的利益参与决策制订的过程。

主要参考文献

① Maslow Abraham. The Farther Reaches of Human Nature. New York: Viking, 1971. “Self-Actualization.” In Motivation and Personality. 3d ed. Rev. by Robert Frager, James Fadiman, Cynthia McReynolds, and Ruth Cox. New York: Harper & Row, 1987. 53～57

费城

满足认知与审美需求

16

满足认知需求

人类从满足生存到尊重的基本需求，需要一个持续的面对生态环境与社会环境的学习过程。学习是认知需求的一个基础，但是只学习是不够的。人类也需要满足想知道世界本身是怎么运行的好奇心。这些多取决于人们的年龄和他们基本需求满足的程度。当然这是一些人尤其是自我实现的人的特性，而不是那些仍挣扎在生存线上的人所具有的。上述特点也是全人类的特性。

第5章“重新设计城市设计”中，讨论了咨询与表达的自由是人类有意识或下意识努力满足自身需求的前提。它们是美好生活的基本需求（参见，马斯洛，1987年）。为了也加入上述两种自由需要创造性地学习与行动。美国在这方面取得了骄人的成绩，但是许多人发现，受到经济拮据的制约而很难实现美国梦。城市设计关注的是建筑环境要具备一定条件才能帮助人类满足认知需求与其他基本需求。

从上述介绍性的陈述可导出，人类有三种相互关联的认知需求：(1) 获得基本奖励，有工作等必需的需求；(2) 人类是出于自身原因而进行学习的，而不是什么要有帮助性的回报；(3) 包括以上那些表达活动的需求。第一种需求是与发展和保持竞争力有关，即与获取知识和提高技能有关，并学会如何与世界相处；第二种是满足人类对于场所、人和思想的好奇心；第三种是与人类通过享受性的行为得到经验从而获得奖励回报有关，即经验本身就是一种回报。

获取知识和发展技能是认识世界危机的方法，它提供了人类参与现有活动和发展新活动的可能，如寻找道路或发现确定社会地位的标志。学习是这样的一种过程，它让人理解了世界的差异，理解现象分类的广泛（吉布森夫妇，1955年；E·吉布森，1969；桑塔瑞克，1989年）。它提高了我们处理问题的能力，从而丰富了我们的经验。

人类要发展两种技能：体力与智力。前者涉及强壮与技能的提高，后者是获得知识、记忆和思想并进行综合与提高，以及进行知识的传播，以便在人类遇到困难时可以利用。体能的提高是在生命早期阶段，然后达到顶峰，年纪增大后慢慢衰退。智力的提高在某种程度上也遵循同一规律，但是另一方面（如词汇量）也会随生活阅历的增多而持续增加(只要人类的身体健康)(劳顿，1977年；桑塔瑞克，1989年)。

许多理论解释了我们对世界充满好奇、探索世界、从事印象深刻的活动。其中，达尔文进化论的解释是由于物种生存的需要。另一类人则解释说是好奇心的满足，是高一层次的行为，它驱使人类实现自身的基本需求（克森特米哈伊，1975年）。然而从某种程度上说，我们开展的许多活动是活动自身产生的，而且我们也在活动中寻找到乐趣（马斯洛，1987年）。

好奇心似乎是很普遍存在的，不仅限于人类拥有，其他动物也有对世界的好奇，但是只有人类是受到自身发现的影响。这一观点类似于希腊文*paidea*的概念[译者注：派迪亚(Paidea)计划是透过古典的课程，讲授式教学法和苏格拉底式的询问法，加强学生的心智发展]，认为人是他们自己生活经验形成的艺术品。出于自身的目的学习了很多关于音乐、花卉和轻便钻（机械）的知识，也是许多人共有的特点，不论这个人的年龄与社会经济地位如何。对有些人而言，投身于某种知识的学习是为了证明自身的存在。

几乎所有的自然环境与社会环境都能提供人类持续学习的机会，但是在有些地方这种机会可能更多一些，人类因此获得更多进行探索的场所。近来，城市设计受到的主要批评之一就是，所提供的进行

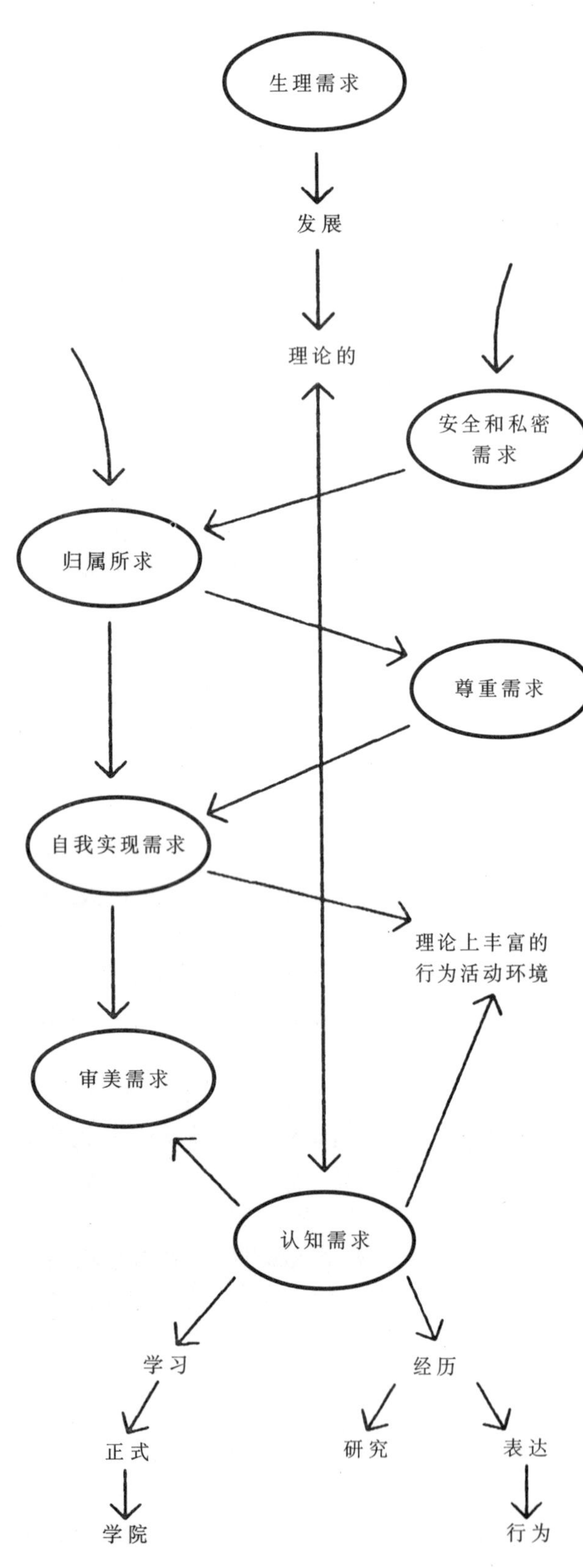

图16–1 认知需求

探索与表演的机会太少。他们创造出的场面一览无遗，对人类没有一点神秘感（卡普兰夫妇，1982年）。

这些观点适用于所有年龄段的人，但是也许对5～12岁的儿童来说更为重要。这些孩子需要“他们能够征服与塑造自我”这样的场所。有必要建立一些没有结构的时间与空间让儿童们发展他们今后一生要学习的对抽象概念的直觉理解。经常是我们头脑中想着为儿童进行的环境设计阻碍了这些机会（或者是卖给他们的父母）的发展，这是一种限于儿童生活的模式。欧洲人注意到这一情况已经许多年了，对美国人来讲则是最近的事。

行为计划

教育环境有充足的提供个人成长和进行表现的教育机会。我们大量关注一般设计的行为计划提供给人类去实现认知需求。这种关注潜在地包含了设计。支持或设计行为模式与四种联系紧密的行为有关系。这四种行为包括：学习和探索生活、出于个人目的的探险、自我检测和表达自我。经常是同一种行为模式同时可以提供四种生活经历。第一种和第三种行为是能力方面的进步；第二种和第四种则有些不同。探索与表现性的行为也许是发展的结果，或只是为了自我表现——即纯粹的表现行为是一种自我检测（马斯洛，1987年）。本书前面部分已经讨论过，所有这些行为不仅与基本需求的实现有关（参见第11～15章），而且和审美需求密切相关（参见第17章）。

能力的开发

通过正式教育，人的生理和心理能力均能够得到提高，但是这种提高大量的是在日常生活中通过非正式的活动和参与他人生活——即在学习和观察别人所做的过程中提高的。正式教育就是学校教育，但是即使是正式的教育也有大量的学习是非正式的。非正式教育有多种方式，可以在玩耍时发生（包括智力游戏），与人类交谈时发生，观看电视节目时发生，读小说时发生，参与各种活动时发生，看别人工作与玩耍时发生。

大量的学习也产生在观察、行动和检测自我实现时。儿童爬树、猜字谜或者跑步都是对自我的检测，有一些是检测自己，一些则是检测他人。他们从活动的结果中学到知识。活动与检验同时也帮助我们保持技能（劳顿，1977年）

正式学习

正式学习和正式测验基本上是通过教师在教室内直接指导的测试，也有些个别情况不是发生在教室里的，如攀岩或操作航模是现场指导的。交流可以通过收音机、电视机、电脑和自助手册进行。一个人也能够经过直接的技能实践成为某方面的专家。教室教育也许是最正规的方式，自学是最容易的方式，但是它们的共同点都是有目的的学习。

正式学习是有组织的学习，正式学习的经历也是可以被设计的。虽然指导方法的设计超出了本书的范围，但是的确有几个问题需要由城市设计师来考虑，因为他们关心各类服务设施的特点与分配，关心人类是否可以很熟练容易地获得它们。例如，小学校位于邻里单位的中心已成为城市居住区设计的原则（C·斯坦，1957年；格林、爱森尔，1986年）。这一原则大量考虑了教育自身的特点。

教育的目的之一是让公民获得知识和能力。设计教育政策的这一目标必须转换成一系列就机构的特点而言可操作的目标，即孩子们年龄分组的程度，提供的课程和班级的大小。社会规划与物质空间规划的联系与操作的范围有关，这一点已经在第13章讨论过，并会在第14章中再次进行讨论。

基本的观点是，大的社会事业机构比小的社会事业机构拥有的人均活动场所少，尽管大的社会事业机构提供学生更广泛的选择，而且也不强制学生参加各种活动（贝克、盖姆珀，1964年；威克，1969年，1979年；贝克特尔，1977年）。然而小的社会事业机构让人感到更亲切。满足这些观点的基本方法是小学校布局于城市基层地段，城市高层次公共中心布置大的社会事业机构甚至地区级社会事业机构。大的社会事业机构有更高的经济效率，但却较少地支持行为活动空间环境的形成，因此每个学生也就拥有较少一些的社会与物质空间。

大的社会事业机构并不是没有人性的场所。它们也可以被设计成能提供亲密感的地方，但是要求达到这一目标的组织结构既不能简单，也不能像经济理性主义者喜欢的那样用经济尺度来衡量一切。某种程度上，美国的这类专家仍旧持狭隘的现代功能主义的理念。线性思维导致的机会成本太高，却并没有取得更大的效益。

未来交流技术的发展可以塑造正规教育的组织方式。已经有人怀疑传统教育方式的崩溃将会导致中小学校与大学特征发生激烈的变化。这种变化目

1.教室
（照片来源：作者收集）

2.纽约中央公园
（照片来源：斯蒂温·金摄影）

3.波士顿的昆西市场
（照片来源：迪珀·尼加哈瓦摄影）

图16－2　正式、半正式和非正式的学习机会

环境包含许多情境，在其中，一个人可以学会如何在出于特别目的设计的空间场所中开展活动（1）。这种情况的学习也发生在观察他人的过程中，比如为了说明而在教室里的照相者。技巧的学习也可能是娱乐的副产品（2）和／或只是观察人类的日常生活也能获得（3）。

前还没有发生，所有这些建议都还只停留在思考阶段。城市设计包括的半正式教育与其内涵的特点目前来说是一致的，但是非正式教育则不然。

半正式的学习与探索

学校与教育机构是专门设计来教育人类的专门机构，并且提供人们以组织的方式进行宇宙探索，但是有些场所，如图书馆和博物馆则有着更多的教育任务，它们并不直接指导人的行为。总的来说，图书馆可以提供资源供人类娱乐、教育和进行思索。科技、自然历史、艺术博物馆服务于相似的目的，它们的基本目的是，展示我们对自身的了解和我们的智慧遗产。通过展示我们自身累积的渊博知识给我们一种认同感，提高我们的自尊心。确实，博物馆经常用来提高文化自尊（参见第14章）。不过，设计它们的基本目标仍然是作为教育机构。过去，教育方式是进行观察与思考，但是现在越来越多的教育方式是进行活动，更间接的方式则是进行娱乐。虽然（许多不是全部）博物馆以正规方式提供某专题的具体课程教育，但是它们的基本角色是向各年龄段的人们展示现存的各种现象和功能方式，目标是加强和满足人们对自然世界、对其他的人、对文化艺术材料的好奇心。

其他的文化机构，如剧院，不但具有娱乐性，而且还能够让人学到知识。戏剧与电影则提供给观众并未参与过的生活场景，也让人们能够探索语言使用、新的价值观、新的生活方式和新的空间场所。有些人也可能参与演出，看电影可以学到基本的生活常识，但是至少部分人能做到这点，多数人则去享受（而且，如果环境著名的话，也许还可以展示一次提高自尊感的机会），学到的东西不过是社会参与的副产品。

教育环境的特点

教育环境也可以提供非正式的学习机会。拥有大量图书馆、博物馆、剧院、趣味集市和教育机构的城市理论资源是丰富的。日常环境提供了让人们满足认知需求的认识机会。日常生活中人与人之间，人与场所之间的互动都会产生非正式的学习机会。人们对周围物质空间环境与社会环境的观察都是非正式的学习过程，大量的关于世界的知识和技能都来源于做这些事情的过程。例如驾车、购物，

1.俄勒冈州的波特兰市

2.旧金山的中国城

3.俄勒冈州波特兰市的艾拉凯勒喷泉

图16－3　全景式和参与式的景观

全貌给人的审美愉悦不仅仅是通过景观的壮观获得的（1）。全景的创造经常是城市设计的一个重要方面[参见图3－4(1)和图10－9（2)]。从生理或社会角度参与式环境提供了人类从事活动和自我检验的机会，这是全景式景观不具备的。它们有多种形式：繁华的市区（2）和宁静的市区（3）。前者是市场的副产品，后者由劳伦斯·哈珀设计。

甚至简单的游戏都可能增长知识与技能。很明显，被动的消遣，如读书、看电视也能增加个人认识世界的机会。这些机会很多，但是能够最好地实现认知需求的环境形态是供人分享的景观（或都市风景）。新设计的环境很少具有这类品质，因为它们没有被有计划地进行考虑。共享的环境能将我们大家“聚”到一起参与探索与行动。这可能和全景相片相反，那是一种全面的景象，只需观看浏览（柏林特，1988年）。

教育环境是能提供学习机会的环境（参见克伯，1984年）。这类环境有着各种充足的可获得的活动场所，能够让各年龄阶段的人们拥有各种潜在的经历，而且可以提供观看与从事新事情的机会。对儿童来讲，这种活动也许是观察建设工地上的工人工作、在溪水中玩耍、造小屋或者玩火而不影响到他人。被允许有机会独自散步、玩耍、探索的儿童向我们展示了他们比其他同辈人拥有较高的理论和社会技能（维恩斯坦、戴维，1987年）。有些城市与郊区的环境设计没有提供这种机会。还有的环境则对儿童充满了敌意，不安全。孩子们能获得的上述机会就大大减少了。确实，即使是美国最穷的城市也拥有最丰富的城市生活，但是为儿童提供的活动模式却受到严格限制，电视里多数的这些模式都是穷人选择的事物。

任何环境都能让有好奇心的人去探访。甚至最乏味的景观也是闲逛的资源。然而，有些环境却有着易于让人获得丰富的正式和半正式自然环境与各种机会。某种程度上，教育环境提供的机会让我们满足了好奇的需求。

虽然多数情况是下意识的，但是教育环境不仅提供我们了解世界的机会，而且提供我们了解我们自身的机会。教育环境让我们学会理解我们与他人之间的关系，建立了我们自己作为个体与社会部分所具有的特征。如果我们能通过使用徽章与标志提醒我们在某地曾发生过的事情，通过与人、事件和标志过去年代的建筑环境要素看到自己与过去的关系，那么认知理解的过程就得到了加强（阿托，1988年；海登，1989年）。

不是所有有教育意义的活动场所必须成为永久性的场所。移动式的集市和马戏团如果固定下来的话就是不经济的，它们开阔了人类的视野。农业展示是季节性的。各种展示所需要的场地也许在一年中的其他时间里可以服务于其他目的，但是却可服务于这类偶尔的展示。

1.马里兰州的巴尔的摩内港
（照片来源：作者收集）

2.乔治亚州的萨凡纳市
（照片来源：作者收集）

3.底特律

图16－4　作为学习源泉的物质文化

社会物质文化包含有对过去的事件与价值的记忆。作为人工作品的建筑如船只，以及开放空间都给人过去事情的连续感，告诉我们过去发生的事情（1、2）。有时某个地方会很重要是因为它与著名的人物或事件有关；这可能从表面看不出来需要我们注意才能发觉。有时某地重要是世俗的原因（3）。纪念物可以产生同样的效果。

以这种方式考虑物质空间世界的供给以及认知环境中机会与学习过程之间的联系，个人必须再次注意不要假定一种简单的环境与行为的关系，其更取决于我们所处的社会环境。社会环境是人类接受非正式教育的主要场所。卡罗·文森特和托马斯·大卫（1987年）指出，在能提供更多探索的环境中，儿童智力的发展要优于同辈，可能其原因仅仅在于这些儿童的家庭处于丰富的社会环境中。然而，广义的环境活动场所的特点与理论发展之间的关联不该轻易地忽略，多数学习源于做事情时的快乐，源于对世界的探索，因为探索过程本身就是一种内在的奖励与回报。

儿童与城市

乡村与小城镇的孩子们更容易找到进行探索的机会，因为现代大城市的土地使用分离，人们往往根据年龄和经济社会地位聚集在一起。许多古老的城市有着丰富的城市肌理，为孩子们能独立冒险与探索提供了大量的机会。这类环境也有更多的学习机会供人类了解人类自身的特点、成年人的行为特点和场所的特点。

20世纪初期，艾伯特·E·帕尔(1967年,1969年)描述了当他还是小孩时，在挪威小城镇的集市上跟随父母参观的以及那时他亲身参与的或身历其境的各种活动场所，告诉了我们很多教育环境的特点。那时他经历了各种各样的环境：可参观的潜艇、火车、鱼市场、山水、市政厅和忙活的人们。这一切都密集地分布在相对狭小的空间里，即使是小孩子也能感到安全。帕尔说他的父母很特别，他们让他自己在集市里逛，那时他才4岁。从这里可以看出，那样的物质空间环境允许一个孩子这样做。直到现在许多国家仍有这样的环境。可是过去40年的美国城市里上述的机会已经大大减少了，这不仅是因为人类活动范围的改变，住屋发展趋势导致物质空间环境发生变化，而且也由于社会环境越来越不友好的缘故。

罗伯特（1971年）叙述了20世纪头10年英国北部城市索福特贫民窟逐渐地增多，向我们展示了一个活泼聪明的少年处理富有与贫穷关系的经历。女孩子是不允许出现在这种地方的，至少不能独自一人出现在那种地方（沃德，1990年）。今天的郊区，汽车的产生让成年人有了移动的自由，儿童跟随成人生活在独立的环境中。与此相似的是，家庭搬迁使童年环境渐渐变得陌生。

对成年人和儿童来说，现在主要的信息和娱乐来源是电视节目。虽然交互式节目的发展有可能导致变化的产生，但是目前电视节目的参与性很少。电视对人类生活和认知开发计划的全部影响仍停留在设计文件阶段。这里足可以说轶事趣闻证明了外面的世界与儿童的家庭环境很不一样，与过去相比，孩子们待在家里的时间少了许多。一种全新的身历其境的教育方式可能产生，如果设计得当，当地的环境能成为教育环境重要的组成部分。

许多可以提供孩子们丰富经历的场所已经被无意识地创造出来（就整体规划而言），这些场所充满了他们想像力的每一个角落。应该未经修饰就让景色不断变化。这些场所要有商店和商业，在那儿成人可以看到儿童的活动。随经济活动范围的扩大，成人要求环境能令他们有自尊感，于是那种供儿童独立到达的综合使用的区域似乎正在消失。仍然有这种场所的地方也处在陌生人的管辖之下。结果是作为玩耍副产品的学习体验和当地建筑环境的使用必须以正式的方式来提供，如冒险乐园，这样就像乡村环境曾经做的那样成为一种手段（库珀·马库斯，1978年）。在冒险乐园里孩子们可以使用废弃材料建造构筑物，可以玩火、做游戏，但是要在成年人的监督下进行（艾伦，1968年）。类似的，也可以将游戏场设计成对儿童挑战的活动场所，但是需要很结实，只需很少的维护费用（丹特纳，1969年；洛伍德、西蒙尼，1977年；库珀·马库斯、弗朗西斯，1990年）。

一个改善为儿童设计合适玩耍环境的问题要素是孩子们能在任何角落玩任何东西，为儿童进行设计时要特别关注的是人类居住生活的城市过渡空间。这些空间包括“可到达的院子、庭院，家附近的街道”（乔拉，1991年；沃德，1990年）。城市里的人行道是儿童主要的游戏场所，特别是女孩子们传统游戏的主要空间之一，而且无论儿童还是成人都会观察人行道上发生的事情。高密度居住区里，人行道和街道是主要考虑的问题（参见阿普尔亚德，1981年；R·摩尔，1987年；穆德，1987年），但是总的说来，无论是城郊的单个家庭，还是城内高密度的居住环境，家庭总是儿童成长中的最重要的场所。

在新建成的郊区很难提供这类儿童身历其境参与的生活环境，但是这类地区更多的是提供儿童基本的安全需求。与住在城市老式混合邻里区的父母和子女相比，住在郊区的父母和子女之间隔离得更远。父母照顾孩子的角色是主要的问题。但是，任何室外环境空间的使用是“看护人、儿童和环境（特点）之间的协调（乔拉，1991年）。比如，高层建筑环境中对儿童的监督比生活在高层建筑里更复杂。解决的办法是在场地里提供公共设施，但是同时却减小了儿童的活动范围。

在考虑提供儿童和环境的设计时，鸡和鸡蛋关系的问题就产生了。除非人居环境在社会、生理和心理上都安全，否则儿童就没有利用潜在高水平教育环境的活动自由。首先要满足低层次的需求，但是反过来说，非正式的环境大大有助于发展，从而低层次要求也被满足了。城市设计的任务就是要调整环境模式为儿童提供进行探险和玩耍的机会，让环境“既没有危险，但是又能提供不可预见的（如任务）冒险基础”（哈特，1978年，1979年；乔拉，1991年）。美国住在犯罪高发区的带钥匙的儿童也有具体问题，他们回到家里时会被告知要将自己反锁在家。解决这一问题的办法是通过正规的方法和渠道（除非社会环境急剧变化）。在儿童放学后与父母（或经常是单亲）下班回家中间这段时间应由社会机构来照顾。但是目前，美国的纳税人很不乐意为这种公共服务设施和他们代表的社会计划付费。

青少年的特殊需要

青少年时期是许多人生命阶段中的一个比较困难时期。郊外（帕夫尼，1977年）和城市公共中心区（拉德，1978年）的社会环境与物质空间环境很少关注那些低收入家庭青少年的需求。那些以学校为生活中心的青少年不会感到这种环境的缺乏，但是由于主要的大学校人均活动场所很少，许多青少年们之间的关系疏远了，活动场所也被遗忘了。如果他们不能在所居住的郊区获得宽敞的独立场所的话，那么，那些典型的美国青少年的行为，比如喜欢扎堆儿，就成了他们选择空间场所（如购物广场、街角、停车场、公园、ERG，1990年）的一个主要问题。

家庭环境仍旧是青少年儿童生活的重要场所，孩子们之间的交往是形成儿童行为的主要力量。具有能让儿童生活参与其中丰富活动的高密度环境场所对儿童极为有利。人类确实需要生活在令人愉悦的空间场所中，但是许多街道的车辆流动降低了生活的质量。对欧洲人车共存街道的研究表明，它们都是同时令儿童和少年愉快的空间场所（犹班克·阿瑞斯，1987年）。在美国就如何能够让欧洲人车共存

1.费城的利顿豪斯广场
（照片来源：作者收集）

2.滑车、沙地和地板门
（照片来源：卡尔·库珀·玛库斯摄影）

图16－5 儿童与设计的环境

这里展示的是每个小孩儿都喜欢的行为环境类型（1、2），经常又是不被设计的环境或者法令禁止规划的环境。经济活动范围的改变，道路和高速路，以及害怕反社会行为都减少了孩子们独立使用场地或探索世界的机会。如果设计具有参与性的话，游乐场就是重要的替代品，能够提供大量的学习机会（2）。同样，观看正在发生变化的环境和工作着的人类都能提供学习的机会。

的街道模式适合于美国文化提出了大量的方案。"步行者的天堂"的概念就是其中的一种（凯尔博，1989年）。所有这些地方的建筑环境都是完整的。没有开发的土地对少年儿童来讲非常重要，可以作为开展活动的空间场所和庇护所，他们对那里的破坏可以自然修复（帕夫尼，1977年；哈特，1979年；R·摩尔，1987年，1991年）。这类环境很难形成，但是不是不可能被刻意地创造出来。

美国十几岁的少年中反社会的行为已经有了实质性的增加。这一增加反映了在许多社会方面发生的变化，包括受教育时间的增长，对成年人的依赖性提高，同时还有各年龄层的分化以及各代人之间相互交流的减少。最后一个提到的趋势现在正朝相反的方面发展。物质空间规划与设计可以做一些事情来丰富青少年的生活，但是多数要做的事情属于社会范畴的。正规的努力，如马里兰州哥伦比亚市的10岁以下儿童活动中心的建设，没有取得巨大的成功（泰纳伯姆，1990年）。在不伤害他人的前提下有必要为青少年提供更多参与生活探险与自我检测的机会（拉德，1978）。30年前简·雅各布斯（1961年）描述的优秀环境特点如果得到实践的话将会有助于满足孩子们的认知需求。好学校也能做到这一点。

成年人的环境

许多成年人教育环境的特点是与儿童教育环境的特点相同的地方。一方面成年人具有更高的流动性，能够通过城市结构寻找正规的学习与娱乐机会。确实，已经有人注意到许多成年人是大都市人（畏莫、杨格，1973年）。但是，许多成年人选择有规律性的生活，与在生活的许多方面和他们不相似的人相隔离。他们在自己的生活圈子里会感到安全，所以他们不愿去迎接有违常规的挑战。他们乐于更关心保持自己的安全——社会地位。他们不是自我实现的人，但不时地会努力实现自我。他们就是一群选择这样生活方式的人。当然，另一些人选择多样性的空间场所生活。无论怎样，安全是人类对环境最关心的基本问题。20世纪90年代郊区回流中，许多中产阶级选择住在城市内，如华盛顿特区就反映了这一需求，虽然这些地方密度很高，但是可以提供各种机会。

许多老年人也希望有丰富的空间场所。研究表明，他们希望能看到邻居们的活动（格瑞兹，1987年）。同时也希望住在远离儿童的环境里，尽管他们也很想能看到孩子们。随着寿命和健康水平的提高，许多老人都寻找新的体验。"体验产业"的增长超过了旅游业的增长。这反映了老人们希望有新经历的同时也要求能感到安全。

正如马斯洛阐明的人类需求层级，对所有人特别是对老年人来讲，安全是最基本的需求。在进行教育环境社会物质空间设计时，要考虑环境安全设计。如果没有安全感，老人们会选择远离有敌意的环境。美国要有精心策划的社会计划为所有人创造安全的环境（参见第12章）。

能力的保持

能力的保持是指要经常对个人能力进行测试。对能力保持的期望因人而异，取决于他们达到目标的必要性，取决于该能力对个人自尊的贡献大小，或者是已经自我实现的人出于自身目的希望保持能力的程度。

如果生态环境与社会环境对个人的要求低于他们的能力，那么，他们的能力就会退化（劳顿，1977年）。通过自觉的脑力和体力训练，能力是能够维持的，通过日复一日地锻炼我们的能力也能够以一种不太正规的方式得到检验（参见图1–8）。有些环境让人的身心感到很舒适，因为这种环境对个人的要求很少。但是这种环境引起争议的地方却正因为是其毫无压力。而这又是个难于从政治角度提出争议的目标。与多数人的日常生活环境相比，这种环境更易于被制度化的人（戈夫曼，1961年）所接受。但是概念性的问题依旧存在。环境设计的舒适和愉快到底是一个什么样程度呢？在日常环境里许多人存在许多潜在的压力，那是他们想避免但是又无法避免的压力，几乎没有必要考虑通过自觉的设计来保持这种环境。我们选择参与一些有压力的活动以测试我们自身的能力，但是我们也被迫参加其他的社会活动。

表现的机会

人类有许多种表达方式：语言、绘画和实际行为，如身体语言等。这里要讲的不是反映个人思想状况的图示表达，而是表达情感所使用的活动。有些行动，如在墙上涂鸦也是出于地区的和自尊的功能与表达的需要。正如已经提到的，在一个大范围的社会里做些

1.费城的克拉克公园

2.达拉斯的达拉斯艺术区
(照片来源：戴维·埃里森摄影)

图16-6 表现性行为和城市环境

有一些表现性行为非常简单，也是无意识的（1）。另一些表现性行为则需要有人工媒介，如跳舞时需要音乐（2）。城市设计面临的困难之一是把表现性行为机会的提供自觉地纳入到设计考虑的范围。然而，如果我们没有进行明确的考虑，我们也会过分考虑设计，经过整治的环境里是禁止这类行为的。

出格的事情能够受到同辈人的赞扬，但是其总的来讲产生了负面的社会影响。在沙地和沙滩上做画很快会被冲刷掉，这是一种纯粹的表达行为，不会给他人造成伤害，也许还能让某些人感到快乐。

大量的艺术作品、舞蹈或者跑步只是让人类为了享受其中的乐趣，是一种表现行为。我们很难设计表现，表现行为能够在任何地方实施。秋天踢落下的叶子，然后看叶片飘行或者听脚下叶片的摩擦声是一种需要落叶的行为。经过精心打理的环境会尽量减少表达的机会，因为上述活动与喜欢生硬表面和庸俗东西的管理政策有冲突（萨默，1974年；诺哈，1988年）。

设计计划：创造环境

城市设计的计划着眼的是正式、半正式、非正式教育、自我测验和表达行为的物质空间环境。城市设计要求环境特征与空间场所设计特征具有教育意义，能够提供进行探索的机会。与正常的设计相比，这类环境稍显无序（西尼特，1970年）。而且这类环境由于其神秘的特征而更加显得复杂化(卡普兰夫妇，1982年)。

教育环境将包括正式、半正式和非正式的学习机会。城市有丰富的文化中心、教育和运动设施供人们使用，还有供人观看各种表演的场所。20世纪初期的理性主义城市设计师早已明确关注人类的心理发展——即把人与生态环境当成一个整体。理性主义者创造出的整体设计就充分提供了人类易于参与户外活动的机会。勒·柯布西耶的“光辉城市”就提供了让人类散步、慢跑、游泳和踢足球的机会。同样的关注反映在第二次世界大战之后欧洲新城建设的浪潮中，他们遵循的也是理性主义和经验主义的原则，但是美国则很少关注这些方面（葛兰尼，1976年；帕夫尼，1977年）。美国人关注的是如何提高房屋、公寓、商业建筑的出售率，他们通过在景观上提供娱乐机会增加出售的可能。但是其实这与欧洲人的目的是相同的。

在第13章和第14章中已经指出，新城设计中要运用“邻里单位”的概念，要注意教育设施，尤其是中小学校与技术学校的布局。这些讲的都是很具体的内容，许多规划指导书也都具体阐述了这些机构的选址原则、需要的设施种类以及数量（德卡瑞、库珀利姆，1975年，1978年；查平、凯撒，1979年）。这些原则是约定俗成的方法。但是，大量的教育原则对政策的特点和设施的分配产生了主要的影响。

非正式的教育环境应遵循下述特点，以便给人们提供各种行为活动的机会，提供参与他人生活的机会，提供表现的机会：

1. 各种房屋类型要满足不同年龄层次人的需求（瑞特道夫，1987年），满足聚集小团体的需求（盖斯，1972年；亚历山大，1977年）。
2. 提供活动场所的街区生活模式（简·雅各布斯，1961年）。
3. 与其他功能并列混合使用（简·雅各布斯，1961年；帕尔，1969年；亚历山大，1977年）。
4. 易于让青少年独立到达丰富的正式教育机构——学校、图书馆、博物馆等。
5. 不同年代的建筑（存在与建筑环境中）。
6. 能接近的未经修饰的开放空间（哈特，1979年；奥威格，1986年；诺哈，1988；R·摩尔,1991年),包括建筑环境与附近的自然环境。
7. 有宽阔的人行道(简·雅各布斯,1961年;沃德,1990年)和可以在上面进行游戏的优良品质的街道(R·摩尔,1987年)。
8. 可以玩耍与游戏的正式场所,即可供测试的环境(丹特纳，1969年；卢奥德、西蒙尼，1977年；库肯等人，1979年；威克尼逊，1980年；爱瑞克森，1985年；库珀、弗朗西斯，1990年)。
9. 可以冒险的游乐场（艾伦，1968年）。
10. 具有广泛的的体验感——教育环境应具有可感知的经历，这既可以是景观的自然要素，又能够是人工资源要素（欧德斯1987年）。
11. 种植季节性落叶树。
12. 用海报与牌匾标识重要建筑、重要事件和经历（如海登，1989年）。
13. 能够在安全区域看到邻居的活动（格瑞兹，1987年）。
14. 有些场地能进行偶发活动，如集市和马戏表演。

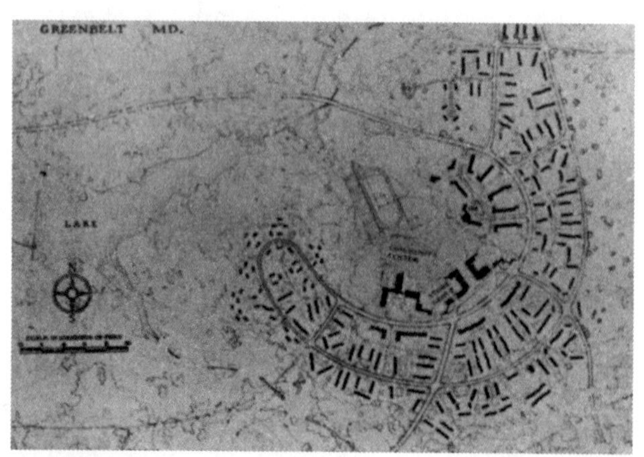

1.马里兰州的绿带
（资料来源：德莱尔，1936年）

2.马里兰州的波斯达(1992年)

3.常见的步行道设计
（资料来源：凯尔博，1989年）

4.芝加哥的格雷斯兰

图16—7　新城与提供认知的设计

现代主义时期，欧洲和美国新城的设计师们都有目的地寻求提供开放空间（如，1）。新城设计的难点是，在现存稠密的城市环境中创造有意识的随时间发展的城市环境[2；参见图4—7（1）]。最近一些设计试图达到这一目的（3）。但是，创造即时的历史是不可能的，设计师经常在设计新城时寻求视觉秩序的结果却导致场所很糟糕。有些场所给人的感觉很模糊（4），我们在设计新城时要考虑避免。

文脉与气候环境必须体现上述一般的设计目标。个人获得上述目标（如城市设计师致力于实际实施的模式）的方式取决于个人所处的生物环境与社会环境。一些地方的人很幸运，因为那里的地形特点丰富，能够提供人们多种经历；而另一些地方则毫无特点，这就需要设计师发挥创造性，仔细考虑上述软质环境列举的特点。没有普遍使用的设计形式，但是有相同的基本设计目标。

城市设计的结论

传统城市设计的目标已经造就了秩序良好、形体简洁和精心修整的环境。许多城市对取得这一目标非常重视，因为这可以满足展示城市与文化底蕴的需要。然而，这种认识城市设计目标的观念是狭隘的。

> 问题不是静止的而是动态的。一定的变化和新奇事物的出现对我们每年每日生活的快乐都是必不可少的。环境设计的任务不是为人类文明提供一个终结式的家园，而是要以一种可以发现乐趣同时可以确信让人类快乐地度过生命中的每一个过程和每一个阶段的方法指导我们周围环境的演进。

我们必须考虑更广泛的设计目标，而不仅仅是创造修饰良好的一成不变的世界。博物馆、广场以及秩序井然的街道是城市的基本构成，也是未经修饰的空间。成年人中（设计师中也是）有种风尚，即要将边角空间也要加以利用（R·摩尔，1991年）。我们必须以不同的方式考虑开放空间的特点和这些空间能进行的行为活动范围。未经修饰的空间为“孩子们与成年人提供了随意标记的机会”（诺哈，1988年）。这类公共空间的使用不仅受到政府规划师的关注，也是出于纯生态原因的绿色环境的努力结果（参见第18章“满足生物环境需求”）。上述观点并不反对使用精心设计的活动空间场所，但是我们更需要关心的是“弃权的规划”(洛萨诺，1988年)，或者可以叫做无需规划的空间（奥威格，1986年）！

城市设计决策的结果对儿童来讲尤为重要。城市是未来多数人成长的地方。犹太格言“赐给我一个孩子，等到他10岁时，让你看到一个男子汉”可以应用在小男孩儿与小女孩儿身上。虽然一个人的特征与能力大部分是基因遗传决定的，但是个人生存的生物环境与社会环境也对其未来的塑造发挥着主要作用。帕尔（1967年）指出，美国儿童与成年

1.马萨诸塞州剑桥的剑桥侧广场
（照片来源：迪珀·尼加哈瓦摄影）

2.旅游式展览
（照片来源：作者收集）

3.“广亩城市”里举行展览和盛典庆祝的环境
（照片来源：赖特，1958年）

图16-8 开放空间与认知机会

城市和郊区开放空间提供了建筑背景（1）。但是，在日常生活中，丰富生活的方面却会被设计遗忘。幸运的是这类活动可以在任何建成空间里开展。旅游式的展示（2）能够位于任何可以合理到达的开放空间。但是，许多事情需要深谋远虑。弗兰克·劳埃德·赖特意识到年度纪念事件场所的重要性。比如政府集会标志着季节和丰富了生活（3）。

人的活动范围曾经是相同的，但是到20世纪初的时候范围就极大不同了。成年人逐渐地独立拥有巨大的空间活动能力。而儿童独自出行的机会则严重地减少，他们在日常生活中的参与机会被较少考虑，更多的是被动接受。尽管可以通过电子媒体和与他人的交流了解新世界，但是充其量这还是被动式的体验。

游戏场是儿童生活环境中的重要场所，在那儿孩子们可以尽情玩耍，提高骑车技术，但是孩子们更乐于在街道上和人行道上玩耍。没有城市设计师和政府官员把这一观点作为规划的基本观点。他们的目标是从街道上驱除孩子，让他们到游戏场去玩儿。虽然经验研究表明，这些设计好的游戏场所尽管是好的，但却不是孩子们选择的空间（赫丝特，1975年；R·摩尔，1987年；乔拉，1991年）。

以理性主义思想为指导的建筑师更多关注的是几何秩序。与此相反，对于“环境反应”的关注则来自于新经验主义的设计师，他们多数是景观建筑师，而不是职业建筑师。他们提倡建设精致小巧的环境（本特雷等人，1985年）。这些特点也见于克里斯托弗·亚历山大为俄勒冈大学所做的规划（亚历山大，1975年）。他和他的同伴们发展的模式语言对其进行了总结（亚历山大，1975年）。虽然这两项规划都是针对精心修饰的环境，相同的思路也能够在L·克里尔对雷德朋居住区的规划中见到[克里尔，1987年；参见图23-3（2）]，甚至在大西洋地区（布罗德本特，1990年）也可以见到（参见图3-11）。相似的，其他新传统主义的设计如佛罗里达州的海滨小镇设计，体现了针对精心修饰千篇一律的环境而进行的不同点的探索。

同时，城市设计师注意教育环境的设计避免落入怀旧和经验主义的老套路中。帕尔描绘的以家庭为基础的环境已经很难重建了。汽车改变了世界。它将生活环境分为商业与文化两部分，而且许多人接受了这一现实却没有考虑后果。现在需要的设计是要考虑环境继续教育的方式。特别要考虑提供人类参与社会环境的机会，提供他们丰富的活动场所。如果人类向实现自我发展的话，就需要让他们主动接触世界而不是被动接受信息。然而，仅仅是靠提供机会并不能做到这一点。

结构主义者最近的一些设计计划设想，如柏林竞赛中丹尼尔·雷伯斯基德关于城市边缘区的设想，以及彼得·埃森曼关于巴赛尔大学的计划都能潜在地提供探索与身临其境学习的机会，如伯纳德·屈米所做的拉维莱特公园方案设想（参见图3-8）。但是这种经验形式意味着要符合这些建筑师主要的几何探索和物质性空间的想法。如果他们讲他们的工作是基于自然理念的话，那么他们提供的机会就是偶然发生的。

在美国目前这个讲求经济的时代，确实在任何开发商支持的有或没有公众参与的城市总体规划或分区规划中，教育环境都很难形成。教育环境将会在大范围的公共政策中以设计指导方针的形式出现，或者城市设计师在为私人开发商进行设计时劝他们作出的。另外，对环境教育的关注是城市设计师想象的美好蓝图。很少能真正实施。

生活在教育环境中能使人有更大的压力。需要我们忍受他人的分歧。许多美国人乐于居住在有相同的人群特征和建筑类型的低密度环境里。与多元化环境相比，同质环境更安全、挑战小、压力也小。随着许多地方人口压力的增大，人类寻求宜人环境的需求增加，未来美国高密度环境的设计已成为必要。郊区环境也需要密集。本章论述的环境类型特点适用于任何密度，但是在设计集簇单元时更容易做到，否则距离太长，儿童就不易独自穿越了。

主要参考文献

① Bronfenbrenner, Urie. The Ecology of Human Development. Cambridge, MA: Harvard University Press, 1979

② Chawla, Louise. "Homes for Children in a Changing Society." In Ervin Zube and Gary T. Moore, eds., Advances in Environment, Behavior and Design 3. New York: Plenum, 1991. 187～228

③ Csikszentmihalyi, Mihaly. Beyond Boredom and Anxiety. San Francisco: Jossey-Bass, 1975

④ de Monchaux, Suzanne. "Planning with Children in Mind: A Notebook for Local Planners and Policy Makers on Children in the City Environment." Sydney: New South Wales Department of Environment and Planning, 1981

⑤ Hart, Roger. Children's Experience of Places. New York: Irvington, 1979

⑥ Jacobs, Jane. The Death and Life of Great American Cities. New York: Random House, 1961

⑦ Kolb, David A. Experiential Learning: Experience as the Source of Learning and Development. Englewood Cliffs, NJ: Prentice–Hall, 1984

⑧ Lynch, Kevin, ed. Growing Up in Cities: Studies of the Spatial Environments of Adolescents in Cracow, Melbourne, Mexico City, Salta, Toluca, and Warszawa. Cambridge, MA: MIT Press, 1977

⑨ Moore, Robin C. Childhood's Domain: Play and Place in Child Development. Berkeley, CA: MIG Communications, 1991

⑩ Nohl, Werner. "Open Spaces in Cities: In Search of a New Aesthetic." In Jack Nasar, ed., Environmental Aesthetics: Theory, Research, and Applications. New York: Cambridge University Press, 1988. 74～97

⑪ Santrock, John W. Life Span Development. 3d ed. Dubuque, IA: Wm. C. Brown, 1989

⑫ Ward, Colin. The Child in the City. Rev. ed, London: Bedford Square, 1990

⑬ Weinstein, Carol Simon, and Thomas G. David, eds. Spaces for Children: The Built Environment and Child Development. New York: Plenum, 1987

17

满足审美需求

为了满足审美需求，人类就需要有机会审视美。这一行为包括他们对世界特征的欣赏——出于自身的原因、美的需求——而不图有什么回报。因为所谓回报是内在的（马斯洛，1987年）。从某种意义上讲，审美需求平行于认知需求，并且与归属需求和尊重需求联系紧密。这里涉及的是对环境的审美欣赏，没有其他目的，很难分解我们的审美经历。我们是整体体验环境的。

一些人渴望优美的场所。“这种渴望出现于任何文化阶层和年龄阶层”(马斯洛，1987年)，但是对于美的界定，则因文化与个人的差异而有极大不同。美国有些城市被认为很美，有些则不然，这并不是因为它是或不是人工建造的，或者是因为它们具有的自然环境特征，或者是因为城市中的树木和被理解的生活节奏使然。建筑环境整体的有序性是人类认为它是美的一个主要原因，因此合理布局的公共环境和公共元素确实将有助于达成人居环境的美学效果(洛萨诺，1988年)。美国设计师关注的焦点扩大到了私人领域。城市设计已经关注到视觉元素，如关注一个地方的视线通廊的形成，环境中自然要素的保留，建筑物的整体性与有序性等。

虽然所有文化都需要有清晰的审美经历，但是有些文化比起其他文化更加强调这种需要。有些文化与其他文化和尊重需求规则更唯物实际。即使在同一文化背景中，也有某些人比另一些人更强调审美经历和环境美学质量。表明这种审美需求的方式可能会因年龄不同而有差异——老人比年轻人对于美的理解更复杂——但是无论怎样，任何年纪的人都需要美。人类对于美的理解会因生活经历的不同而不同，因此对美的偏爱也会不同(包括职业设计师也是如此)。

在自觉设计的环境中对审美需求的满足会产生大量问题。问题是建筑师喜欢的东西普通人会感到乏味。于是就有必要对这种现象产生的原因进行理解和调和，尤其是对职业人员与普通人文化品位之间的差异进行调和。设计师也发现很难认识到普通人对活动场所的态度，建筑师只从职业角度关心实体环境的建筑形态，结果对整体审美经历的关注就很少了。

美的概念

“美存在于有爱心的人眼中”这句话也许是真的，但是这不能用于指导设计师，我们很少再谈到设计美的城市了。我们谈论的是让城市具有视觉秩序性或整洁的内容，但是这不会将我们带得太远。纯理论学家（如桑塔亚那，1896年；杜威，1934年）和心理学家（如埃森曼，1966年；佩克福特，1972年；柏林尼，1974年）都发现考虑快乐的美对城市很有用，因为一件东西、一个人或一件事情的本质品质能够让我们快乐或感兴趣（朗，1987年）。审美的愉悦不是来自于建立地位与特征时经历的价值，而是来自于使用的东西或环境本身或考试的经历。“神秘的经历、畏惧、高兴、惊异、神秘和赞美都是主观的经历……它们是终极的体验”（马斯洛，1987年），它们与满足基本需求无关。

我们用“美”这个词描述人、场所和事情，城市设计基本关注的是空间场所——活动空间场所——但是，必须记住的是空间场所是由人、活动和环境组成。我们能够停止审视环境而不必注意其中发生的活动行为，也能从经验中获得乐趣，这种包括观察模式在内的生活行为不同于日常生活行为。建筑摄影就完全以这种方式来进行建筑形态的拍照，照片中完全没有人及人的生活。但是，我们在日常生活中也能在没有任何功利性目的的情况下，参与活动并从中得到乐趣，这样说来，我们也能有目的地停止审视活动场所，

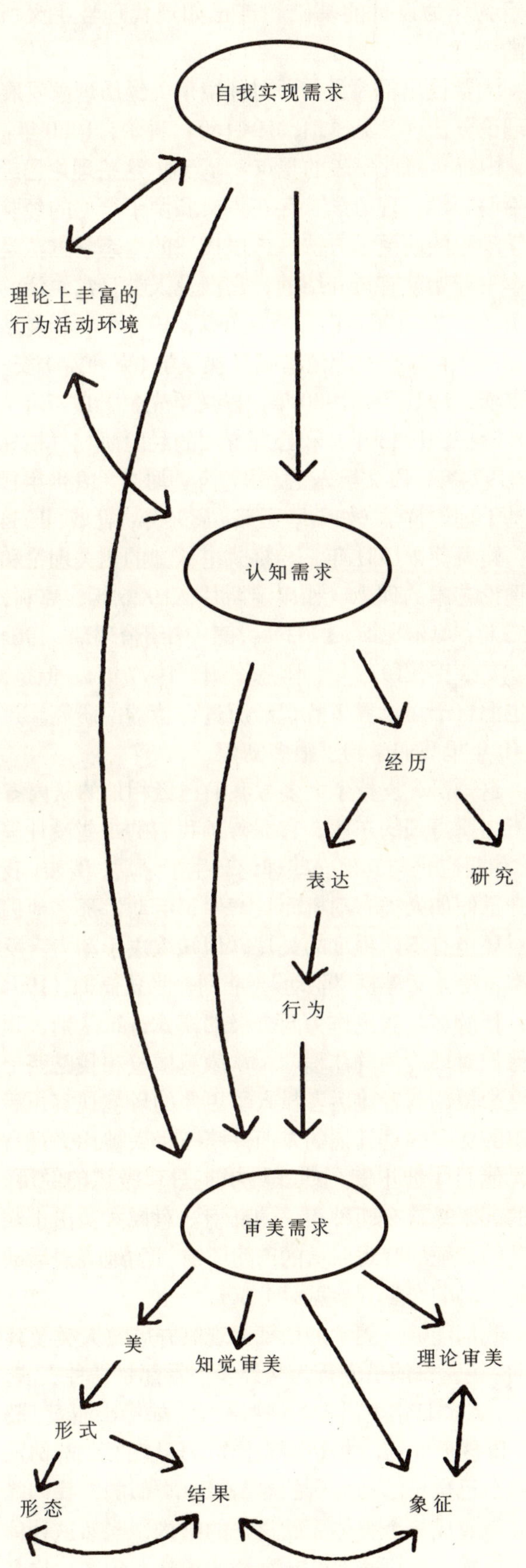

图17-1 审美需求

就把它当成像勃鲁盖尔的油画一样的艺术品。我们能把活动行为和空间环境当成一个统一体进行观察，也能享受到其美的特质。

由上述可知，观察活动场所有两种模式。我们既能够作为外来者从外部观察，也能参与其中成为其中的一部分并反映它们。两种情况里我们的反应都是很主观的。除非我们自觉地运用了有条理的理论分析模式。然而，城市设计是一种自觉的行为，需要理论来指导设计师的工作。环境美学的经验知识正在逐步丰富，这将有助于城市设计师提出实现设计的目标问题和特定社会文化环境目标的方法问题。

环境美学的特点

如果要写出人类认为的美丽或令人愉快的场所、物体及其特性，恐怕写都写不完。本文客观地回顾了目前我们对于环境美学的认知，及其对通过城市设计实现人类美学需求的意义。

大量的书籍让我们注意到那些作者认为的令人愉悦的城市环境（场景）应该是什么样的（如拉斯穆森，1959年；阿诺德，1980年；阿什哈拉，1983年），使人愉快的环境细节是什么样的（如哈珀，1963年）。他们的观点有很多相似的地方。清楚的是，几乎所有书籍都涉及的对功能性城市设计组成的讨论所提及的内容都有助于城市的审美影响效果。有这么一种功能美学（菲奇，1965年，1972年）：如果城市的地域形态特征适合文化品位的话就能令具有那种文化的人感到快乐，因为他们看到地形或住在那种环境中会令人感到精神愉悦、心灵舒适（阿什哈拉，1983年）。但是这种经历又不同于那种拥有可供观看令人愉快的环境。我们认为有些让人愉快的场所也会有其他人不认同，但是这些观点都是由我们积极与消极的生活经验积累形成，我们会适应特定的环境，如果环境发生显著的变化我们也会觉得不舒适，变化本身支配着我们的兴趣。

社会化过程是复杂的，我们每个人都伴随着孩提时代童话故事所描述的、父母教导的或从电影和绘画中看到的美好世界图景而逐渐长大。例如，欧洲绘画方式是沉着的，有前景和远景，影响到我们这些后来者以社会思潮的方式得到了审美愉悦。吸引我们的注意能让我们感到享受的景观类型经常会受到批评，因为它们不符合历史与文化模式。所以我们必须要对审美历程的基础有深入的理解。否则我们就会用那些对人毫无意义的

1.宾夕法尼亚州的乡村
（照片来源：安妮·斯特朗收集）

2.旧金山

图17-2 美的场所

对许多美国人而言，美的概念是与自然环境联系在一起的（1），茂密的植物，宁静的小镇让人觉得生活是慢节奏的，爱琴海岛屿上的村落都给人这种感觉[参见图17-7（2）]。复杂的活动场所从来就不令人感到美。我们可能在其中活动，并谈论这个地方多有趣，但是从来不会说它美。近来，关于美的讨论认为，"美"这个词已经被"有趣"或"令人愉快"所替代。旧金山（2）和南加州的查理斯敦是美国为数不多的几个仍使用"美"这个词汇的地区之一。

构筑物作为设计的基础，这正如现代理性主义所做的一样。

人类提出了大量关于对环境审美经历理解发展的理论方法（参见佩珀，1949年；科尔，1960年；朗，1987年对此发表的观点）。最近，这些理论已经包括解释学、现象学、存在主义和源于严格的经验美学理论的政治学方法。这里描述的生态学方法是在本书开始就有过介绍的，它涉及人类日常生活的经历（贝克，1968年；J·吉布森，1979年；卡曼斯基，1989年）。它的理论基础是现象学（克利斯蒂安·舒尔茨，1971年；1980年；段义孚先生，1977年；阿什哈拉，1983年）和心理方面的经验研究（柏林尼，1974年；段义孚先生，1977年；耐撒，1988年），也基于理论哲学（如桑塔亚那，1896年；杜威，1934年；鲍桑葵，1931年）与格式塔认知的相关理论和纯理论艺术的理念（如康定斯基，1926年；克利，1953年；奥尔比斯，1963年；德·德绍舍玛瑞，1964年；艾萨克，1971年；阿恩海姆，1977年）。但是，它也源自于对世界下意识经历过程持续的研究。过去40年里我们学到了很多知识。

这一研究支持了大多数我们已经相信的从内省分析中所得到的东西。它完善了我们的一些设计理念，但是它也与其他一些理论产生了矛盾。例如，我们知道假如人类有动机而且产生了活动，那么他们会对环境有不同程度的关注。认知取决于动力，反过来，动力又需要"驱动"。菲利普·狄亚勒（1964年）把游客与居民作为两个极端模式进行区别，观察他们对环境的关注程度。从激起体验和找路两个角度来说，前者比后者投入了更多的环境观察。后者想的更多的是其他的东西。第三种人被称为观赏家，他们探索环境，想知道为什么环境会是那个样子的。于是就有两种相关的环境注意模式：出于获得美的特征的客观欣赏的产生，有目的地表现活动的副产品的产生（参见第1章）。

我们能够从美学的角度来观察并欣赏人类及其活动。芭蕾舞演员的行为从外表上看都是一种表演，但是，人类日常生活中的一些行为，如沿街叫卖、骑车、逗孩子玩儿，的确也都能作为环境的组成部分。我们自己也是活动场所的参与者。类似的，我们能将城市看成一个整体而欣赏它的结构，当然这种体验来自乘坐飞机或者站在高楼的顶部，确实，许多城市设计方案图都是从空中看到的轴线形态。但是，日常生活环境是一系列行为活动的空间场所，它们是欣赏周围世界的基础，不过，几乎所有的人，至

1.意大利维琴查郊外的Rotunda 别墅

1.西雅图先锋广场地区

2.旧金山市中心和米申海湾
(照片来源：旧金山规划委员会)

2.芝加哥西尔斯大厦

3.圣路易斯的入口步行广场
(照片来源：圣路易斯的赖里市场和第四小组提供)

3.芝加哥艾森豪威尔高速公路，远处是西尔斯大厦

图17－3　作为项目和环境的城市设计

许多合乎规范的建筑理论认为，建筑像珠宝一样是空间的主体（1）。我们不能使用这一观点看待城市的构成，当然我们也可以从空中的角度这么去看城市（2、3）。但是，我们感受世界是从环境角度出发的——一系列的活动环境——而且从这个角度出发获得了城市和城市生活（或乡村生活）带给我们美的愉悦[参见图12－3（6）和图13－5（4）]。

图17－4　公共环境的地面

人类通常是站在地面上观察公共环境。全景式的观察很重要，好的景观赋予了城市的丰富多彩。富有景色的地表面和空间围合要素令环境优美（1）。砖墙不会丰富行人（2）和驾车人的体验。幸运的是（3）中的建筑以壁画的形式增加了“生活迹象”。现在很多城市设计的指导方针中都禁止在地面或建筑物上使用砖。

少是现在，大家都只是为了看而去看，观察时没有功利性只是享受，必须要注意这种环境的特征目的，从这方面来说观察是奢侈的（J·吉布森，1966年）。公共环境的设计质量是这种经验的基础，这就要求城市设计师必须要同时注意环境审美的观察方法。

清楚的是，除了行家还有一些人能以这种方式观察环境。对有些人而言，这是他们生活的一部分，但是对多数人而言，这种活动只是偶尔发生的。有些人是美学专家，有些则不是。当与饥饿斗争时，人类关注的就不会是审美需求。永远不会有这样的例子，如人类一边挣扎在饥饿的边缘，一边还有心思欣赏美。比如，当一个人口渴喝水时，才会欣赏到水是如此之美。这里的标准改变了，有时行为是高度思维化的产物，但是更多的时候被认为是愚蠢的。

为了能够理解我们对于环境的审美反应，有必要搞清楚这一过程是如何发生的。有三种能让我们对环境产生愉快的经历：感觉、形式和标记（科尔，1960年；参见朗，1987年）。感觉经历源自于纯粹的感觉享受，形式的愉悦是一种对环境几何地貌三维或四维的感受，标记是对周围那些（模式）图案进行联想产生的。我们也能够欣赏具体建筑的环境布局，品味其好坏的质量——这就是感觉、形式和标记。这种欣赏属于环境体验的理论审美。

审美感受

环境经历是多角度的认知过程（J·吉布森，1966年），因而也是对环境美的欣赏（拉斯穆森，1959年）。除非我们的认知系统出了问题，否则我们就能看清楚周围环境的结构（假定很明亮）。我们能观察空间场所的表面，它的肌理、温度和颜色，听到声音（或感到震动），闻到气味。我们能感到风吹过额前的头发和给皮肤的压力。有时我们会忽视这种愉快；这类经历总是经常存在但是我们却没有注意到。

在许多情况下感觉的经历是令人相当愉快的：感受冬日砖墙的辐射热，享受水流过皮肤的湿气，半睁着眼看阳光下的色彩，听孩子们的嬉笑声或感觉道路的起伏，感受秋日脚下的落叶。同时并不是所有这些经历都令人愉悦。这种历程在一定刺激范围内才会让人感到很愉快，低于这种刺激范围我们就不会感受到，远离刺激范围，那种经历反倒成了消极的压力。虽然在林荫道悠闲地散步可能是令人愉快的，但是当我们在林荫道上驱车而行，忽明忽暗的光线却会令许多人想呕吐。

1.新泽西州的亚特兰大市

2.俄勒冈的海边

3.费城宾夕法尼亚大学的校园
（照片来源：作者收集）

图17-5　感受审美经历

对环境的感受经历也许是最基本的审美愉悦或憎恶（1）。许多时候，我们都注意到周围的热、光、风和气味[2；也参见图16-3（3）]。有时，这种经历是主要的，特别是我们看到陌生人或事时，会让我们感到厌倦。有时会有宁静感，即使这不是我们期望的场所（3）。

多数感觉经历都是下意识的，但是我们也可以有意识地获得。我们对客观事物经常是有感觉的（如这是个硬质椅，好美的阳光），有时候这些经历受到注意会对意识产生冲击；它们太强烈了，我们不得不注意。我们对于最终结果的态度取决于我们正在做的事情。听到轻便钻像老鼠一样轻轻敲打的声音对那些建筑与变化可能是令人兴奋的经历，对于那些轻便钻行家的人来说，把这种声音与其他的一些事物联系在一起，即使是最在行的人也不愿在睡觉时听到这种声音。那时，这种声音就变成了对听力正常人隐私权利的侵犯。即使是对于聋人呕吐也是不舒服的。

对世界感觉经历的观点会因人而异。只有很少人的努力用在了理解上面，大多数人是与童年经历和整个社会化的过程有关。童年的环境经历塑造了我们好的或坏的审美偏爱（劳克绍克、凯文·林奇，1956年）。多数设计师认为，好的感觉经历是花、树木等这些场景，但是许多人认为砂砾城市是令人高兴的——他们努力做到的（普洛克特、玛图泽斯克，1978年）。同样有些人喜欢季节的剧烈变化和感觉历程，他们能有机会开展随之而来的活动（加尔布雷斯，1985年）。他们享受全景式的变化和场所的声音与气味变化带来的感官上愉悦。他们喜欢落叶的沙沙声，覆雪大地上的白色光茫伴着融雪的寒雨。另一些人则不喜欢上述的经历，他们以不同的方式看待环境，希望舒适没有激发。

许多令人愉快的经历取决于我们的知识——即我们学会或发现的形态和经历之间不变的关系。它变成了一种理论实践。把鲜花与风景联系起来就是我们学习得到的。理解为什么各种花有不同的气味是一个很好的有关细节的工作，也许园艺师会很重视这一细节，但是其他人仅仅是一种包含认知与审美需求的快乐经历。

形式审美

每个环境都有由图案组成的几何形态。许多几何图案都能实现同一目标——即实现环境要求的同时满足了迫切的需求。最终设计师都会就环境布局提出一个导入秩序或个人的意图表达的几何方案。的确，许多城市设计师认为，如果这不是城市设计惟一的目标也是个主要的目标（西谛，1889年；舒伯特，1965年；培根，1974年；R·克里尔，1979年）。

对于环境几何图案的构成，可以就如下几方面

1.得克萨斯的拉斯·克里纳斯
（照片来源：J·丹尼斯·威尔逊摄影）

2.加利福尼亚大学圣·克鲁兹分校的克瑞斯吉学院

图17－6 建筑环境的形式审美

形式审美的愉悦来源于环境的几何形态。最近大量的美国建筑和城市设计仍旧遵循这一理性主义传统[1；也参见图2－14（1）和图7－9（2）的德克萨斯州的索拉纳]。克瑞斯吉学院按照连续的秩序进行布局[2；也参见图2－14（3）]。后现代主义以新的方式设计形式。关键是几何形式本身非逻辑的审美要让人类感到了愉悦。

1.纽约

2.希腊的米科诺斯岛

3.加利福尼亚州的圣巴巴拉

4.旧金山米申海湾
(照片来源：旧金山，1990 年)

5.俄勒冈州的赛勒姆

6.加利福尼亚州的帕萨迪纳

图17-7 有序和无序的建筑环境

建筑师中有一种基本观点认为，现代城市景观是无序的。如果粗略地看似乎是那样的（1）。许多欧洲的有序环境让人称道（例2）。城市设计师在相似的基础之上发展了环境的有序性，特别是理性主义设计师会使用比例系统去进行设计。在圣巴巴拉（3）使用了统一的历史参照设计要素，在米申海湾[4；也参见图2-15（1)]则有一系列复杂的城市设计指导方针。许多街道的行列树给人视觉秩序（5），如帕萨迪纳的拉斯·富恩特斯广场空间序列和水流组织秩序。更为复杂的秩序，如解构主义者的方案是基于理论构筑的基础，那只能让看得懂的人理解。这不是基于视觉认知的理论。

进行分析：比例、节奏、平衡点及表现（外观）（凯普斯，1944年；普艾克，1968年；赫斯雷格瑞，1975年；阿恩海姆，1977年；朗，1984年，1987年）。这种实证性的分析理论基础是完全形态的认知理论，尽管该理论有不足之处（J·吉布森，1950年；朗，1984年）。

假定视觉组织的格式塔心理学定律是正确的，那么，形式审美的快乐就源自我们下意识的对秩序的好坏程度及建筑几何形态获得秩序方法所作出的反应（卡普兰夫妇，1982年；朗，1987年），有些秩序原则相对简单（如两边对称），有的则较复杂（如不对称的螺旋形态）。对形态复杂性的忍受程度因人而异。安妮·泰尼的假说是，如果心理水平提高的话，我们就会对不同形态发生移情作用。我们的反应不是基于理论实践，而是对环境的即时主观反应。

安妮·泰尼（1969年，1975年）提出了个体化过程的概念，即个人（成人）能将越来越多的无意识进入他或她的有意识的生活中。心理成长和变化伴随着对特别几何形态的心领神会。心领神会的结果以对称的形式开始，两层或四层对称的形式，接着是稍微复杂的旋转、螺旋，然后又回到简单的对称形态。不甚严格地讲，她的结论与20世纪城市设计的运动是一致的：城市美化运动、现代主义运动、后现代主义运动、解构主义运动。现在有充分的迹象表明又回到了明显的有秩序系统的阶段，出现了不稳定的抽象建筑的设计理念（伊各纳斯·德·索达；1989年；布坎南，1990年）。

有序的环境是这样的一种环境，即各部分形态由一系列设计原则指导组成，这些原则可能不在我们的注意范围之内。这些原则通常基于某些比例系统。以简单的秩序构成，比例系统可能是一个ababa式的关联系统，重叠交叉比例系统稍微复杂一些，或者还有其他的一些系统技巧。“黄金分割”就是一种比例系统，即因为其与大脑思维过程同步而令人愉悦。“黄金分割”比即“1∶x=x∶(1−x)”，x=0.618（德绍舍玛瑞，1964年）。建筑环境里，平面的布局如果根据这一比例系统进行设计的话，那么，所有的人视觉都会感到较为舒适，但是这也就产生了一个疑问，即这样做会导致太千篇一律而无地方文化特色了。

更复杂的图案既能引人注意，又能同时让人感到很舒服。人脑接受的环境图案似乎有一个度，太复杂或太简单的图案都不会让人感到享受（佩克福特，1972年；柏林尼，1974年；拉普卜特，1977年）。困处是，在可度量的范围内如何明确图案的复杂性。另外还有对观察者静态的研究。站在单一坐标角度上，我们也许能看到远景，但是通常我们会通过穿越环境对其进行持续的观察来认识它。

大量非常复杂的秩序性环境也会被主观认为是有序的。将建立在这样一种原则上的环境与无序的环境进行对比，解构主义设计的结果能被理解这一原则的人认为是理论有序，不能理解它的人则认为是杂乱无章，这种主观与理论上认为有序的设计与普通的设计原则不一致，也不与过去的文化相抵触。我们目前知道的很少，因为很少有人会研究它们。

凯文·林奇对城市意象的研究（参见第12章）也提出了建立有序物质环境的原则，若用到相反面的话，就会是无序的（林奇，1960年；亚瑟、帕森尼，1991年）。他最后提出，波士顿这个城市的吸引人之处就在于这个城市有丰富的视觉秩序元素——大量清晰的道路、节点、标志、区域和边缘。这是对以方格网状为基础的美国城市规划的另一种选择，也是对“邻里单位”理论的另一种选择，还是近年来的城市形态，如沿着高速公路带状发展的城市形态的另一种选择（班瑞杰、索思沃，1990年）。

环境的连续体验

大多数的建筑照片拍的是单体建筑或是从理想的角度在理想的光线下得到的理想建筑环境表面阴影合成的城市设计。为了在照片中得到好的建筑物，反映的前景经常是像橡皮软管一样牵拉下来。这种表现手法是摄影的常见手法，但是它减少了建筑和城市设计仅仅成为图片的水平。对于几何环境的体验却不是那样的。很可能最重要的形式审美就是运动穿越环境时的连续体验（马丁内斯，1956年；狄亚勒，1961年；卡伦，1961年；唐纳德·艾普亚德、凯文·林奇、约翰·迈耶，1964年；劳伦斯·哈珀，1965年）。

当在环境中运动时，我们看到的是一系列远景。这些远景有的是共享的景观，供移动的人（步行或乘车）有机会参与的一些活动，有的是从某一角度观察的远景（帕森尼，1984年；柏林特，1988年）。人类从这两种体验中获得快乐。从风景优美的景观建筑物和城市设计的理念而言，就前者是不是城市设计的目标争论的比较多（如西谛，1889年；卡伦，

1.纽约的森林山花园

2.加利福尼亚州圣胡安的卡皮斯特拉

3.芝加哥的伊利诺伊理工学院

图17－8　连续体验的审美

我们通过行走了解世界。当我们通过门户空间或水港时，连续的远景体验给予我们场所的魅力[1；参见图2－1（2），例如尼科尔特广场和图9－4（5）的河滨步行道]。弯曲的街道不仅具有标志性意义，也在我们通过时变换景色[2；参见图2－17(1)例]，步移景异。当人类经过网格规划的城市或者理性主义设计提供景色改变的城市(3)时，会有相同感受。

1961年；亚历山大，1977年。）日本景观庭院与一系列共享的景观不同，虽然每一景点连续观看也能看作是小范围的全景——能够看和认识但是不许触摸。理性主义建筑学和城市设计关心的是简单、纯粹、柏拉图式理想几何式全貌的景象（如勒·柯布西耶，1934年）。

当环境布局风格怪异或复杂时，它会抓住我们无意识的注意力。环境布局风格是否被人类喜欢取决于其秩序的特点或组成形式，但是起最终决定作用的是空间和转折的特点，尤其是当我们从一地到另一地，会经过这两类地方。港口（狄亚勒，1961年）或大门（克利斯蒂安·舒尔茨，1971年），人类会很喜欢具有许多这种转折空间的城市，因为这些城市的结构不容易立即就被了解，得需要一定的时间来探索这些地方，这样才能弄清楚其结构，才能知道城市可以提供的内容。这种探索通过在城市结构中定方位满足了人类心理精神安全审视的需求，也满足了认知的需求。像威尼斯等中世纪欧洲城市就充满了进行探索的机会，因为其布局提供了许多“港口”，它控制着远景和空间的连续开启与关闭。当一个人翻越山顶时，旧金山地形的平面就提供了许多这样的机会。新的远景也能造出探险的意境来，它们的物质空间结构会令初次看到它的人感到神秘（卡普兰夫妇，1982年）。尤其是我们观看并享受波士顿的比肯山或纽约的格林威治村和迪斯尼乐园时，当以步行的速度移动时更感到愉悦。但是那些环境变化的速度却是相对的高速（如果外观上可能的话），观看的效果将是杂乱的。

大量的设计环境连续体验的概念性工作已得到发展（狄亚勒，1961年；艾伦，1961年；哈珀，1965年）。设计师面对的难题之一是，要设计人类以不同速度通过同一环境的连续体验，尤其需要关注的是因步行者和乘车者体验的不同而进行设计（韦斯特曼，1990年）。当运动系统在空间中分离的时候，那么，设计不同速度的环境认知就比较容易了。当要针对一个对象同时处理汽车和步行速度感知时，对设计师提出了较高的要求。其实大量的研究更多关注的是步行，但是唐纳德·艾普亚德、凯文·林奇和约翰·迈耶（1964年）发展了设计连续体验的概念。同样地，劳伦斯·哈珀（1963年，1965年）关注采用步行和乘坐公共交通到道明尼阿波利斯尼科尔特广场的连续经历和体验。

边界与形式的表达意义

格式塔心理学假设，边界和形式能够直接传达意义无须理论过程的介入。这种交流包含了一种简单的人类行为刺激——反射模式。形式（如建筑环境几何形态）是刺激，人的情绪是反射。借用立体派艺术家的艺术理论，这一信念成为现代建筑运动理性主义中表现主义的信条（格雷，1953年；奥弗里，1969年）。

确实有些经验支持了这一观点。但是多数研究针对的是对平面线条画的认知，其结果被许多理论家推广到三维的建筑世界（艾萨克，1971年；李维，1974年；阿恩海姆，1977年）。这一结果已经运用到对单体建筑的分析中，而不是对建筑复杂性或者城市环境的分析研究中。

格式塔心理学理论的结论是基于认为视觉模式与脑神经中枢机制同形的假设基础之上。虽然这个过程并未被事前进行考虑，但是它现在似乎更像一种已经学过的模式和联系方法而并非是天生固有的和普遍存在的。城市形态起到了标志的作用。因此，从在大量的欧洲文化形态中得出的结论都是源自格式塔心理学的理论，如鲁道夫·阿恩海姆（1977年），看起来似乎是真的。

象征审美

建筑环境的象征美学价值是人类对世界体验的基本组成。人类因居住地不同选择或乐于选择的形态很大程度上是源于那些环境对他们的暗示意义。有时候是下意识作出的选择，但是更多的时候是进行高度自觉的选择。那样，象征的标志意义就与归属需求和尊重需求的满足密切相关了。

我们对于象征含义的理解是很迅速的，而且同时可以作出审美反应，于是有些美学家就认为，至少我们的某些反应是源于大脑的直觉机制（柏林特，1988年；伯瑞撒，1990年）。我们的确能从意识到的环境意义中得到乐趣，就像我们看它们时的愉快而不是经过任何心理暗示一样。这是清楚的，我们能观察环境自身的象征含义，就如同我们能观察环境的几何形态一样。但是，这种观察是一种理论性行为。

理论审美

人类欣赏环境的方法之一是理解为什么环境会

1.纽约市的林肯中心

2.芝加哥的一个小村镇入口

3.俄勒冈州的波特兰市

图17－9　象征审美和城市设计

不同的环境向我们传递不同意义。象征性审美能够给予我们认同感和自尊感（参见第13章和第14章）。个人也能完全了解象征性标志。林肯中心（1）清晰的古典主义风格让人想到高水准的建筑。小村镇的门（2）是一种标志性的门，材料和贴面告诉我们，它属于西班牙风格（参见图17－7（3）加利福尼亚州的圣巴巴拉）。它不但与环境相联系传达了象征意义，而且也与人物和建筑相关（3）。

是这样的，同时理解环境的方法。这是个高度自觉的过程。这种理解似乎有两种：环境符合目标的方式（菲奇，1965年,），形态创造者的理论标准——即认为环境是人类艺术的作品（桑塔亚那，1896年；奥尔森，1986年）。

建筑环境与功能性质之间的适应

很少有人注意环境是如何起作用的，除了它不起作用的时候。人类更容易注意到它不适宜的时候。人们经常以挑剔的眼光看待环境、评价环境是否符合功能需求——即环境怎么满足目的的，也就是说是怎样实现任务要求的（斯蒂尔，1973年）。这种分析着重研究的是形式与功能的统一（密歇尔森，1976年），换句话说，好的行为模式与环境之间是和谐的（贝克，1968年；威克，1979年）。尽管有个别建筑师，如赫曼·赫茨贝格持续记录了环境图案和所能提供使用的功能，但是建筑师却很少会进行这方面整体的研究。赫曼·赫茨贝格把这称为环境机制的记录——即提供建筑形态的各种方案（瑞特菲德，1983年）。

同类型的经历也出现在对历史古城和空间场所的观察与分析中（阿托，1988年），与现在的城市和空间场所比起来，它们的确更容易被理解。这种理解可能只满足了基本的认知目标——知道的需求。行为模式的这种关联性是个过程，过程本身就是一种奖励，它包括建筑美学理论。

桑塔亚那（1896年）认为，有效的形态满足目标时能获得最高级别的美学效果，然而，这一观点似乎只适用于维多利亚女王末期流行的先锋文化品味，这也是现代主义者的观点。

理论审美评价中，功能的另一方面也非常重要，即消防员式的建筑目标和景观建筑设计。它关注的是建筑环境的合理性和利用材料的选择。美学专家关注的是大尺度的和细部结构的整体灵巧和新颖。“最好的设计表现在细部设计上”（God is in the detail）是密斯·凡·德·罗的格言。

作为一件艺术品的环境

可以从两个理论审美方面把环境当作艺术品：一是建筑物本身表现的媒介，另一个是建筑师传达信息的媒介。第一种不是经过深思熟虑的交流行为，虽然观看者会对其有联想；第二种是经过深思熟虑

1.印第安纳州哥伦布的市政厅

2.圣地亚哥的霍顿中心

图17-10 理论审美

大多数人只能从表面上而不是从设计师的角度认识建筑。然而，一座建筑（1）、一项城市设计（2），甚至一座城市都可以当作艺术品（奥尔森，1986年）。任何艺术品和环境都能这样去认知。这一观点是建立在理解设计师的理念和把作品当作表达行为的基础之上。但是只有行家才能以这种方式进行观察。

的交流行为。从某种程度上讲，所有的城市设计作品都应是艺术品。它们承载着城市或社区文化，也承载着城市设计师或设计团体对于美的认知。一件艺术品包含着他或她通过使用要素，比如使用调色板来传达对社会的看法，城市设计也是如此。哈利斯和艾布拉姆维斯尝试着设计的纽约奥尔班尼的帝国州立广场是纳尔逊洛克菲勒广场的表现（后该广场以他的名字命名），巴伦·奥斯曼设计实施的19世纪巴黎的拿破仑三世广场，安卡·帕特瑞斯设计的罗马尼亚新布加勒斯特市齐奥塞斯库总统的国会大厦都可以这么解释。

艺术品是人工的展示品，它们丰富了我们的生活经历，是积极而愉快的。理查德·赛拉穿过纽约联邦广场的斜拱的经历是他个人对世界观点的表达[参见图3-15（3）]。这种斜拱空间给人的体验和经历很少被人理解，并且也使原本已经压抑的广场变得更糟糕了。虽然艺术家团体强烈抗议说他们表达的权利受到了侵犯（威格弗·塞拉、巴斯克科，1990年），但是现在它却已经被拆除了。纽约很少有人认为它是美的东西（如令人愉快）。这种理论美学的陈述表达方式让一部分人感到愤怒，甚至最终导致门廊的拆除。

作为艺术品载体的环境

在许多地方，艺术家被要求用壁画、浮雕和广告板来装饰墙面，有时铺地也被当作艺术品进行设计。这时把环境作为艺术品或是作为艺术载体之间的界线就模糊了。更具体的讲是雕塑和喷泉广场、大街、公园、公共空间和其他城市空间，在这些地方，艺术品被认为是空间物体。

公共艺术的目的至少有四重：(1) 美化环境（令环境有活力）；(2) 通过展示英雄行为提高人类的共识性和自尊感，纪念重要事件；(3) 能够让艺术家展览艺术品——即给他们表达自我的空间；(4) 教育大众（参见格林、爱森尔，1986年）。

过去的30年，美国和其他一些地方公共艺术计划的发展导致人类对艺术环境中艺术品共识性的关注。许多已经安放的抽象艺术品被认为是不合时宜的，因为它们与流行文化品味没有关系。这就引发了一些批评，因为它传递了错误的标志性信息。不过，公共艺术成功地提高了人类对艺术形式的兴趣。

城市设计观念

如果把环境当成艺术品欣赏的话，那么，理论美学关注的就是设计师的标准理论，对环境的欣赏就来自于对理论的理解。许多规范性理论很晦涩难懂。其他的一些涉及常变的多样性，其中的许多没有进行明确的陈述，但却只是艺术品的暗示（朗，1987年，1988年）。可能只是陈述了单一的焦点问题，因此能够很容易被理解（参见戈斯林，1984年，梅特兰，1984年）。例如，即使这种观点很有限，但是将城市设计当成剧院至少就是可以被理解的事。

从形式逻辑基础的理论美学角度观察环境，需要注意的是设计师的设计意图，以及使用的图案和意图与设计之间的联系。要关注的是设计师的规范性理论。一个行家要关心对规范性理论与设计图案关系的理解以及他们对环境的评价。但是，对环境的反应是否热烈取决于个人对具体的设计师及其意图的理解，取决于个人对环境的感受。有些特别粗糙的作品受到职业人士的尊重是因为这是大建筑师的作品，反之则亦然。有些优秀的作品获得较低的尊重是因为设计它们的人无名气。平衡理论很好地解释了这些关系（参见第1章）。

除了建筑师和行家很少会有人特别注意设计师的理念和他们的美学意图。如果如下观点被接受，即许多不同的形式可以满足同一需求，同一形式可以满足不同需求（如刺激反应过程运用于使用建筑环境的人），那么，城市设计师就有一定的自由度将自己的观点运用在几何形态中，同时也在获得满足使用者基本需求和认知需求的功能环境上有了一定自由度。通过这种自我表达，设计师能得到“快乐”。问题是：“如何让城市设计既能成为设计师价值观表达的载体又能服务于他人？”经常重复的现象是，受到职业设计师赞赏的设计却不被大众接受，这是由于其设计表现没有考虑使用者的价值观（克利斯蒂安·舒尔茨，1965年）。

现在是许多城市设计理念共存的时代（参见第3章）：新理性主义、新经验主义、新传统主义、不稳定的解构建筑主义等。对这些理念的理解以及对运用这些理念所进行设计的理解，需要运用高度的知识来关注设计理念。几乎没有几个建筑师有这个能力，也没有普通的人去关心城市设计理念。我们经常是站在自己的角度对环境所给予的形态作出反应。大量的人更关心的是绘画与雕塑自身创作的理念。人类接受的对优秀艺术品理念的欣赏评价教育多于城市设计的理念。

一些建筑师尤其是出身于古典主义学院派的建筑师认为，现在许多设计理念没有太多的益处，因为它们与增强环境体验没有多少关系。克里斯托弗·亚历山大（1990年）写给《进步建筑》杂志的信中就是这样写着：

> 我认为现在是该放弃成见的时候了，就像英国一样，接受在美国出现的希伯来神秘哲学群体的建筑师，已经永久性地作为一个几乎是不容怀疑的巨大的谣传已有50年了。

亚历山大曾批评那些仅仅是站在自己的角度来评价环境的设计师们，他们持有的是与人类经历无关的自身动机与联想，即理性主义艺术理论。美国、西欧、拉美和澳大利亚这些国家及地区没有用来解释场所或城市布局就像古代罗马那样（莱科威特，1988年）统一理解的符号。人类不能将自己的建筑环境布局与这类符号提出的理想形态相比较。这种类型中没有理论审美，我们基于这种适合的符号来分析历史性的城市，并从中得到理解的乐趣。例如，从印度教中的曼荼罗角度去理解曼荼罗或斋浦尔（谢尔瑞，1983年），加强了我们对布局对象标志性的理解。

我们有时可能对环境持有自相矛盾的感受——因为环境提供的经历而喜欢它，而不是针对它所产生的理念。我们之所以会有这种矛盾感觉是因为感觉是不同的东西——设计产品和设计过程，我们能评价一种设计方式是否满足了固定的或包含了设计师和其客户的目标，但是却与最终目标不一致，一个矛盾的例子就出现在巴洛克式城市设计中。个人可能轻视展示自大意图，但是却会尊重结果，因为他们创造的场所是优秀的。同样一个人可能会讥笑伯纳德·屈米设计的拉维莱特公园的理念和逻辑，但是也会去尊重设计使用的结果，因为他们玩了和观察使用了形态学分析方法使其产生了新设计形态。相反，一个人可能会意识到拉斯维加斯的脱衣舞用到了无意识的设计逻辑并利用了它，就像许多设计师所做的一样但是却痛恨它的粗俗。一方面是崇拜拉斯维加斯的豪华，另一方面也是喜欢那里与多数先锋建筑师相比提供的美国中产阶级文化。

职业化建筑师和建筑行家习惯了现有的城市设计理论。有时候一种新理念的得出不是因为它提供了更适宜居住的环境，更多的原因是因为它是新的，是一种前卫的新理念。如果有影响力的批评家认为

1.芝加哥的Daley广场

2.1984年新奥尔良世界贸易博览会
（照片来源：埃里克斯·沃基摄影）

图17-11 公共艺术的审美

公共艺术可以教育民众去欣赏艺术文化，展示有纪念意义的历史，提高民族自尊，并让艺术家有机会传递他们的社会观。站在城市设计的角度来看，艺术品特别是雕塑是平淡场所的关注焦点（1），可以使周围环境整洁，也可让人愉快[2；参见图17－4（1）]。有时壁画和浮雕降低了砖表面的乏味感[参见图17－4（3）]。公共艺术品经常同时发挥着多方面的作用。

其正确，那么这种理念就可能被吸收，或者因为它不能夺得当权者的赞赏就会被束之高阁（帕克，1984年）。

审美表达

用来取悦他人的表达行为都是有目的的，但是这不是本书要讨论的内容。建筑环境领域出现了许多真正的审美表现，如个人植树、种花、油漆房子等。这类表达是无动机的艺术表达。其乐趣在于其个人，而不是人际间的享受。如果有人认为这类作品的艺术动机是为其指定一种交流价值，它们可能就具有边际效应。例如，对粗糙的石刻就有许多讨论，但是纯粹表达动机的行为不是要向他人传递意义，只是人类出于自身乐趣而做的。因此这种形式与公共艺术是相反的。

对于表达行为的辨别和禁止，不是反对他们约束于社会，而是建筑环境要提供机会。行为计划需要辨别建筑环境包含的表达性行为，这是一项艰巨的任务。

行为计划

如果要满足人类的审美需求，那么，作为城市设计基础使用的任何行为规划就必须认识到如下五点：(1) 环境美学特点主要是由于公共环境中的活动场所——即城市所有的场所而形成的；(2) 人类在这些场所中的美学经历有多种模式；(3) 表现行为是许多人美学经历的一部分；(4) 美学经历的基本特点具有普遍性，但是对于活动场所或简单环境的美学特点是会随个性、年龄、社会经济地位，最重要的是随文化的改变而发生变化；(5) 只有少数人对理论美学的构筑物感兴趣。小说和研究性文章里都有这些可以供参考的因素。

> 童年时；我们对世界是无知的吗？今天加油站什么都没有，我只是急于要离开……。但是当我13岁的时候，背倚着墙，那里是个令我快乐的地方。美妙的汽油味，车子的进进出出，混合的空气，能听到背景的声音——这些东西就像是空中的音乐，让我感觉很好（康罗伊，出处未知）。

人类对城市或城市周边地区的感觉取决于人类对所遇到的连续活动场所和参与场所的态度。因此，任何城市设计规划的美学目标都应如下定义：

1. 公共环境提供的主要活动场所的范围和特点是基于相关范围的人潜在的行为和态度。
2. 与这些主要环境相适应的活动场所是基于人类将要进行的活动。

制定准确的设计说明困难是，我们为未来设计的基础是我们现有的知识再加上对未来可能出现的需求预测。城市设计师的责任之一就是把预测的未来可能性引起现在人类的注意（参见第23章“城市设计的基本观点”）。

为了满足人类对公共环境多样化审美的需求，需要对上述两条进行详细说明：

1. 期望设计师创造愉快的感觉，让使用者得到丰富的多种模式和感觉经历：(a) 源自活动场所人的交流，人与环境的交流；(b) 源自公共环境的几何特征；(c) 源自行为与环境的标志意义和联想意义。
2. 人类从有意识的分析中得到的结果认为，环境就像一件艺术品一样是有意图的妥善安排和设计的环境。要以艺术的观点形式化地和象征性地来精心地安排这种关注的感觉。这种关注或许可以或不可以在开始时就被复制。这取决于设计师的观点和社会允许他们这么做的程度。

城市设计师最终要注意环境和设计或者别人为该设计所写的设计指导大纲。这么做的时候他们更容易涉及环境的历程和观察，而不仅仅是提供表达的行为。除非表达的行为是正式环境设计的组成部分，能够从外部进行设计，那么，所有的城市设计师能做到的就是创造潜在环境或写出设计指导大纲。前所述行为是否真的会发生完全取决于人的气质。

行为规划过程已经建立的主要设计目标之一是关注个人表达行为所拥有的自由度，这种行为确实改变了城市的公共环境。什么该被正式设计？什么该留给人类去做？解决这个问题是城市设计行为规划的核心（参见第19章和第22章）。

设计计划

将一个普通的美学目标转换成具体的具有普遍意义的设计行为和方案是可行的。然而，在宽泛的政策水平上它能够被陈述为城市设计师的任务是创造写出作品的设计指导大纲：(1) 一系列事件的环境和行为，如活动环境、提供感觉、形式和标志性的经历令居住在那里的人感到愉快；(2) 连续的令人愉快的经历或场所图案；(3) 有清晰理论理念的场所，这种理念是场所的几何形态和它们之间联系的基础。前两项任务是设计任务，正如詹姆斯·乔伊丝在《尤利西斯》(《Ulysses》) 中写的，设计同时发生在各种事件的场所。第三项则是我们能通过它直接进行控制的。

行为环境

城市设计的终极美学目标是创造宜人的行为活动环境场所——城市公共环境。城市设计的具体任务是（详述具体化）针对已经存在的环境。无论谁去进行设计，任何规划都是对期望或可能发生的行为及它们之间任务的具体描述（参见第10章）。

城市设计师主要关心的是制定其他决策，包括将公共环境活动场所的设计合并起来。这样的关注体现在将土地和建筑当作场所利用和它们之间关系的决策去看待的。城市设计师很少考虑连续的活动场所对满足人的审美需求有什么潜在的帮助。有些建筑师的工作，如查尔斯·穆尔和赫曼·赫茨贝格，特别是景观建筑师，如劳伦斯·哈伯的工作表明了他们对这些需求的关心。他们很容易就想到总体城市设计中场所整体性的美学影响高于现存城市的更新。在后一个例子中，城市设计师的焦点倾向于关注具体的场所，城市广场或街区。美国现存城市设计的整体关系在无意识情况下得到了极大的发展。经过一段时间它们能被精心地安排成一个系统，这个系统具有新的空间场所适合的相互关联，并且应用于城市设计持续性的设计指导方针。

社会环境

多功能社会环境的设计有一定难度。这一困难部分解释了为什么城市设计师只能选择很少的项目加以追求。公共环境布局必须是令人舒适的，通过屏蔽和地域标志来提供适宜的私密性，标志性能给人以尊重感，提供有机会继续学习的环境。本文可能就此打住，然后宣布如果要解决所有这些问题就需要发展新美学。但是，仍有美学因素需要考虑。很好提供给他人需求将会有助于环境整体的美学质量提高，但是无论环境是否令我们印象深刻，是否让我们感到美，或者我们评价其如何好地满足了我们自己的美学标准或认知需求，艺术家的美学理念均取决于附加的美学关注。由于这个原因，城市设计师就必须考虑他们在满足多功能方面所付出的美学影响，这种多功能平行于我们体验世界的方式。

感受美学

设计师能创造出单一空间场所的审美感受经历，但是我们却很少去感受。用空间场所的秩序处理感觉经历很少作为设计方面的追求。景观设计师可能特别注意植物产生的气味秩序或者是当人经过花园时连续的视觉经历，传统的日式花园极大地教会了我们这一特点。是在这些花园里，而不是在现代的日本城市里，能够学到审美符号，因此审美经历既是感官的体验又是理论性的体验。

与设计人类生活环境的其他要素相比，设计自然要素让人的感官审美愉悦可能会更容易一些，使用自然要素也有助于满足许多基本需求——例如，通过获得空间场所感和环境方向感获得归属需求（参见第11章和第12章)。开花的树种、一年生的植物、多年生的植物都能种植在公园和广场里，大海的气味与声音也可以通过瀑布设计得到，但是有些东西，如烤面包的香味则更难具体地被规划。的确，经常变化会刺激我们的感觉，也有助于城市的美学效果，它们会让我们感到惊奇。我们可能容易辨别消极的感觉经历——如噪声和气味污染——并且应该试图去消除它们。如何做，这样的理论审美评价已经超出了少数人的范围，但是这种下意识的感觉经历是几乎所有人都能从环境中得到快乐的一部分。

设计中注意利用建筑环境布局疏导微风，不仅使公共环境让人心理感到舒服（参见第11章)，也让人感受审美愉悦。大量同一观点可以通过环境表面的肌理来达到（特别是地表面)，就快乐来讲，它可能不如触摸的感觉，环境颜色也能做到这一点，声音的排列也可以（环境友好，鸟鸣引发了争论)。与目前工作相比我们的基本观点是城市设计师能使公共环境更让人愉悦。现在，公共环境审美质量感受在很大程度上是偶发的。

形式美学

城市的形态图案服务于众多的目的和功能。每一个功能都要求环境有具体的几何形状，虽然许多活动并不要求精确形态。每种几何形状都具有自身的美学价值。满足审美需求的设计目标是创造几何环境使之复杂化，从而引人注意，但是不是杂乱的，杂乱看上去就显得有些随意而且有些混乱。环境本身应该有趣而不是太复杂，满足基本的设计目标，如利用环境寻找道路的需求要取消。有必要弄清楚简单复合连续一个目标人群的品味并为现在和一些临时目标进行设计。如果这么做了，现在的环境将被认为是令人满意的，并会在一段时间内保持这种满意。之后，其好坏则作为一件时代的产物和那些明智理解变化的人的看法，他们会把环境认为是与心领神会没有多少联系的产物。设计目标定位在那些被认为是简单的或是复杂的设计取决于个人的观点，而且目标要用多种形式进行描述，能拥有许多空间场所供人们去选择（洛萨诺，1988年）。这些任务都是需要的。

1.南加利福尼亚州

2.科罗拉多州的波尔德

3.西雅图匹克商场的空间场所

图17-12 视野内物体的运动

物质世界的运动像海潮和人自身运动一样引人注意，它们组成了场所空间的环境（1）。人车的运动不但引发活动，而且也是城市审美的重要组成部分（2）。城市设计应该考虑人车的运动、树枝的摇动、旗帜的飘动、广告灯的闪动，因为这些构成了日常生活（3）。

在缺乏详细经验理论指导的情况下，很难确定出具体的城市设计指导大纲并取得具体的美学效果。复杂设计的构成必须要在很大程度上保持直观性。但是目前对有序无序、简单复杂的理解能明显地给予我们帮助（参见凯普斯，1944年；德·绍舍玛瑞，1964年；阿恩海姆，1965年，1977年；文丘里，1966年；艾萨克，1971年）。比例系统、图案和单元的重复、边界的连续已经用于赋予环境固有秩序很长时间了（拉斯穆森，1959年）。依据特定间隔而出现的元素数量也能赋予建筑有序或无序感（舒伯特，1965年）。

更引人注意的设计任务是将上述观点运用到第四维连续设计的体验中。这种次序应根据具体情况而定，取决于人类的活动和通过环境时的移动速度。就步行者而言，希望有密集的顺序来吸引人的注意力。密集程度因地方习惯不同而异（鲍林特，1955年）。那些习惯于空旷草原的人就比都市人需要低密度的变化，但是现在却都是用同样的设计原则来确定密度的。在那些需要立刻找到道路的地方，沿路线进行的环境布局在任何一处都应该清晰可辨。同样，从移动的车辆上看到的环境设计则由交通量的特点决定，设计限制使用的高速路与设计城市道路不同，但是两者的共同点是，两种设计中的环境美学质量很大程度上取决于人类从中获得的连续体验。

设计的任务是创造闭合表面朦胧的远景。当人经过时能够看到新的开放景色。我们的目标是提供各种各样的远景，长的，短的，繁忙的，安静的，还要保证这种多样化不会让人感到混乱（洛萨诺，1988年）。有些地方具有自然景色，如小山、狭谷，那里的景色是开放的。而另外一些地方，建筑环境的场所秩序则提供了运动路线的主要远景。我们不仅在运动中观看环境，环境中的许多要素也在移动并吸引着我们的注意力。它们也要作为城市设计要素。

城市美化运动的设计不仅提供了尊重需求，而且提供开阔的远景作为与之毗邻的密集环境的对比。巴黎或者费城本杰明·富兰克林公园道路的吸引人之处就源自于这种对比的体验，但是，最终环境标志的价值比形式美学价值要高得多，虽然二者经常会纠缠交错难以区分。

象征美学

环境设计的象征性主要是为了满足人的归属与尊重需求（参见第14章和第15章）。在人类高层次需求中，对许多人而言数学和几何学是深奥的。利用它们我们可以设计出好形式，如果失败了则会让人感觉很不舒服。

能够提供美学经历的有标志意义的建筑环境或设计指导方针的设计必需建立在人类对同一文化的理解基础之上。这种理解只能从对人的选择中分析得来。清楚的是，许多美国人喜欢的象征性标志性景观由自然元素树木和开阔的空间组成——英国景观传统，但是许多具有欧洲大陆血统的人却喜爱形式化的景观花园。如果儿童文学的主流是一种指示的话，那么，持续社会化的美国人就会认为城市环境经过修饰、种植和排序也会引起视觉上的快感。如果城市设计师能够设计满足人类期望的归属需求与尊重需求的话，那么，他们的审美需求也就同时获得了。

理论美学

如果美国不同的商业中心场所和不同的人都努力通过设计获得尊重，那么几乎不可避免地会产生不同的设计理念来指导城市的塑造。这些理念有时互补有时矛盾，由不同的建筑师设计不同的项目并用于设计不同的市场。它们的使用将丰富城市的经验而不是增加城市的混乱程度。城市设计的策略目标就是提供多样化利用的框架。

全世界城市居民习惯了的城市不是空间建筑物的堆砌而是由城市街道、人行道、建筑物和自然形态的密集交错而形成的结构。现代主义者企图清除这种城市形态的图案效果，他们这么做了，结果是受到持有同一理念的其他建筑师的赞赏，但是却无法博得广大民众的欢迎。建筑师现在要认识到的一点是，新城市形态的出现和汽车成为个人基本的交通工具与卡车成为基本运输工具有关。附加的人工美学构造物，如解构主义，对城市的帮助很小，除非最终的城市形态对多数人而不是少数艺术精英有意义。

如果开始设计时就了解到历史建筑使用了同一种标志手法的话，建筑师就可能创造出理论型构筑物。标志牌能引起人类对环境图案的注意，告诉他们有关的设计理念。例如，标志牌能告诉正参观炮台公园的人们规划是当时塑造炮台公园开发的设计指导方针和建立大纲的基础。这种设施不仅满足了认知功能与审美功能，也成了很好的路标。

表现美学

前面已经提到，表现行为活动可以发生在任何场所——路边、公园、私人或公共场所。艺术表现形式通常是使用不同媒介的绘画或者雕塑，总的来讲前文叙述的涂写作为一种表达行为不是作为补偿的手段，更可能是出于尊重需求而非表达需求。一个人设计墙壁不是为了涂写而是为减少问题，但是最终需要社会规划提供合法表达的机会。

城市设计的难题之一是获得建筑形态公共秩序的同时又能使形形色色的个人表达的美学得以展示。一方面，这个目标鼓励给建筑师个人表达的自由；另一方面又要确保这么做不会有损于整体形象。如伊利诺伊理工学院的总体设计[参见图1–1 (2) 和图17–8 (3)]，未来只有让建筑师自由地表达其观点才能促成目前主要审美质量的改变。

目前城市设计的目标是必须制订计划的整体结构，未来的建筑师要在他们自身美学表现的基础之上改变它时，使之成为控制的机制并得到强有力的支持。勒·柯布西耶就制订了这样的一个阿尔及尔的计划（勒·柯布西耶，1960年）。实际上，美国在实践中完成这一结果的方法是控制公共环境，但是允许设计师在设计私人环境时有完全的自由（假定这些需求是为了满足基本的生存需求）。但是这样的措施仍然被认为是既损害了人类的财产权又限制了他们表达的自由。

表现艺术作品的展示需求与活动场所的设计相一致，而不是仅仅根据愿望意念强加到环境中的。然而，人类经常会希望有一个场所空间能用于展示艺术或开展纪念活动。这样，问题就变成了要找到一个合适的“点”用于展示而不破坏环境的质量。

1.纽约城

2.洛杉矶的邦克山

3.加利福尼亚州葛伦德耳的布兰德林荫大道

4.丹佛的第十六街步行商业广场
(照片来源：费城汉纳／奥林有限公司提供相片)

5.波士顿比肯山
(照片来源：迪珀·尼加哈瓦摄影)

6.新泽西州特梭顿的特梭顿公共场所
(照片来源：作者收集)

图17–13 细部审美

环境的细部设计和维护水平有助于秩序感和标志的质量。美国的城市，除了俄勒冈州的波特兰市公共中心[参见图11–4(3)和图16–3(3)]的环境是纯粹以广告装饰的，只能引起少量的注意，其他的城市只要经济效益好就足够了(1)。但是还是有许多作出努力改善表面材料和街道设施的好例子[2、3、4、5；也参见图13–11(1)，图14–7(2)，图14–11(2)，图16–4(1)和图17–7(3)及其他例子]。不同情况下，如雨天(4)和雪天里不仅要有支持性的地表面，而且还要让行家和关心它的普通人看着舒服。这一目标不是那么容易达到的，因为不同细部标志的品质不同。特梭顿的公共场所(6)设施长久以来一直被清除，就是因为它与城市不协调。另外环境不该被太刻意地进行修整，因为漫不经心的使用会使之遭到破坏。

城市设计的结论

总体城市设计和局部设计似乎都有源于建筑师作品之中的标准立场和设计指导方针的审美特征。在美国，这些纲要似乎是非常针对商业中心区的。虽然公共中心区确实具有整体的建筑群特点，但是建筑师仍倾向于尽可能将它们建成空间中的实体。于是问题仍然存在，“部分要加入整体吗——城市要有特点吗——或者城市最终一定是以各式理念的混杂出现吗（城市自身的特征哪条才是城市的特点）”？

城市就像是毫无关联的各种项目拼贴，但是如果每个项目都考虑文脉，每个项目都被看作整体的、城市的或区域的一个组成部分，虽然它们不同，但是作为真正功能性的城市设计各部分应纳入到整体中。应该在城市层面上制订系统的设计指导方针，这样可以令不同的建筑与景观设计在统一的框架内得以实施。制订这些设计指导方针时应注意联接性的要素——街道、人行道和环境中其他纵向要素，如公园的设计。设计要注意提高感知能力，提高形式审美，提高象征审美体验，还要尽可能实现特定人群的表现需求；这样理论审美效果就会随之而来。

多数的城市已经发现必须处理比审美需求更迫切的需求，这样做就会对政府的许多决策起推动作用，有利于形成城市的美学特征。运用前瞻性的观点并能够坚持下来的美学总策略就能形成，在解决居民基本需求的同时也提高了城市审美质量。旧金山（1988年）一系列的城市设计规划和城市及周边地区的规划设计修正案作为1971～1990年城市总体规划的一部分，就形成了这么一条美学策略（如凌康山西北部滨水地带的范内斯地区）（参见A·雅各布斯，1980年）。城市设计规划详细说明整个项目和政策要求达到上述的规定。结果是仍面临讨论，因为“美只存在于有爱心的人眼中！”然而，旧金山

1.加利福尼亚州的圣巴巴拉

2.纽约的下曼哈顿
（照片来源：斯蒂温·金摄影）

3.西雅图

图17－14 建筑的前景与背景

今天的传统城市经常是存在于美国的小城市里，宗教和民族建筑不同于其他建筑，是特殊的空间活动场所[1；参见图17－2（2）]。它们都有自身的建筑特点和意义。现代城市（2）所有的建筑似乎都在比高度。西雅图的建筑类型一反常态——“针”形的天际线成为城市的标志（3）。

之所以获得美国最美丽的城市之一的荣誉称号，部分原因是其地形的缘故，但是很大程度上取决于人类对城市持续发展利用的方法。

这里建议考虑的审美方法是复杂的。因此许多设计师喜欢使用现存明显成功的空间场所作为他们设计的基础，而不全面地进行分析在特定的环境下应该怎样做。他们使用经典的方法进行设计。如果他们理解了这些空间场所（如伊朗伊斯法罕省的大伊朗波斯清真寺）受到尊重的原因的话，那么，将有助于提高他们的创造力。为了这样做他们必须阅读这里所阐述的态度。

主要参考文献

① Ashiham, Yoshinobu. The Aesthetic Townscape. Translated from the Japanese by Lynne E. Riggs. Cambridge, MA: MIT Press, 1983

② Broadbent, Geoffrey. Emerging Concepts in Urban Space Design. New York: Van Nostrand Reinhold International, 1990

③ Gosling, David, and Barry Maitland. "Urbanism." Architectural Design Profile 51. London: Architectural Design Publications, 1984

④ Lang, Jon. "Aesthetic Values and the Built Environment," and "Normative Environmental Design Theory." In Creating Architectural Theory: The Role of the Behavioral Sciences in Environmental Design. New York: Van Nostrand Reinhold, 1987, 170～241

⑤ Lozano, Eduardo E. "Visual Needs in Urban Environments and in Physical Planning." In Jack Nasar, ed., Environmental Aesthetics: Theory, Research, and Applications. New York: Cambridge University Press, 1988, 395～421

⑥ Maslow, Abraham. The Farther Reaches of Human Nature. New York: Viking, 1971

⑦ Nasar, Jack, ed. Environmental Aesthetics: Theory, Research, and Applications. New York: Cambridge University Press, 1988

⑧ Rasmussen, Steen Eiler. Experiencing Architecture. Cambridge, MA: MIT Press, 1959

⑨ Relph, Edward. The Modern Urban Landscape. Baltimore: Johns Hopkins University Press, 1987

⑩ San Francisco, City of. Urban Design: An Element of the Master Plan of the City and County of San Francisco. San Francisco: City and County of San Francisco, 1988

⑪ Santayana, George. The Sense of Beauty. Reprint. New York: Dover, 1955. 1896

功能性生物环境

纽约的伊萨卡岛

陆地上的环境已经演进了无数年，现在仍然在继续进化着。甚至在最近的历史时期内，由于自然的作用和活动，地球上的气候已经发生了重大转变，地势也进行了结构性变形。这些改变导致各地动植物变更。由于开发程序的产生是无序、不易预知的，因此很难理解。那些由于人类活动产生的变革则可以精确地预言未来的生物环境状况，即使有困难，人类也会尽力去理解这些影响。30年前，就有人预言新的冰川纪即将到来；现今，真正让人恐惧的是，在可预见的将来，人类活动将导致全球变暖，以及由此伴生的海平面抬升。城市设计师和政府官员却对这一情况发生的可能性关注不够。现在对于我们来说这种变化仿佛很遥远，也看不出将有什么征兆。人的注意力都集中在更为紧迫的形势上。然而，城市设计师需要去做的不仅仅是遵循建筑法规和分区规划法规。他们也应该成为以下过程的一部分："把我们的星球转变成适宜居住的家园"，并且让我们可以持续地居住下去（保罗·盖普，1990年）。

历史上，聚居地的形成是经过居于其中的居民对自然生态环境的慎重考虑。很大程度上，随着设计的展开这仅仅是一个下意识的过程。因为人类的力量很难超越自然，所以人类不得不要进行思考。生物环境的变化几乎完全取决于它自身内在的过程。地球上只有相当少的人才能引发自然的变化。设计过程相对于主宰当今的经济实践过程来说是一个生态实践过程。其结果是产生了本土建筑和系列的城市形态，这和生物环境的发展进程是一致的。相对于美国城市和当今更多科技发达的封闭内向的环境对高科技、高能耗的需求来说，人类聚居地的发展需求是低科技、低能耗的。尽管很少有人会选择住进这种地方，但是现在的建筑师对传统的本国居住环境仍然很是推崇（参见鲁道夫斯基，1964年）。仅有足够的舒适是不能满足现代人生活标准需求的，人类逐渐习惯于更大程度的舒适，在追求的过程中，环境发生了根本的改变。随着世界人口的增加，城市聚集的增长，这种变化甚至会更大。

在现代城市发展中，人类对生物环境物理特性改变可能产生的结果投入的注意力不充分。气候通过人工生产的空调得到了调节；河流被开凿用作为地下水道；水流的模式发生了改变；建筑密度和形态促成“热岛”；城镇建造在湿地和漫滩中，候鸟飞进了高楼大厦。在美国，除了过于险峭或者需要通过下水管线连接跌落的地方，其余的地方很少考虑地形要素。在这些消耗的巨大资源中，有些是可替换的，有些则是不可替换的。人类聚居地的发展更多是按照人类的文化需求，并非是周围环境的生物需求进行的。从长远来看，生物环境的改变将影响为人类生活提供所需的自然界。

不同于工业化以前的社会，现在我们使用的技术使世界发生了很大的改变。科技效用已经在市民喜爱的城市中产生：在旧金山、纽约、威尼斯、伦敦、巴黎、悉尼，甚至在加尔各答，尽管对于这些城市居民中的某些人来说，生活条件仍然是可怕的。与流行的趋势相反，在美国受人喜爱的大城市还很多，城市化使许多人的生活受益。然而，城市化的间接作用也是巨大的。在建成城市中，人类及人工制品对生物领域冲击造成的严重问题日渐突出。这是人类自身的利益驱动使然的。随着人口规模的增长，垃圾和污染物的数量增加，当用户至上主义达到空前时，就需要重新对人类居住模式进行考虑。这种重新进行的考虑需要的不单单是让城市变成更有益于人类健康的居住场所，而是要创造一个健康的生物环境。在城市开发过程中，消费资源的耗竭，城市的功效及人类行为对于大气、沼泽、河流、海洋质量的影响，所有的这一切都需要人类有一个全面了解。

人类对城市和城市设计表现出的关注已经呈非线性的上升态势。我们需要对人和城市作用的有害特性和自然本身的运行进行了解并采取措施，反之亦然。我们已经开始理解社会学家和自然学家所进行实践调查的重要变量之间相互作用关系的结果，通常这些调查有的关注生物环境（例如霍夫，1984年；斯本，1984年），有些关注特定的城市（如戈德斯坦、伊兹曼1990 年在纽约；克瑞纳1991年在芝加哥及西部地区）。目的是在设计领域的特征上创造典型的观念转换，即在区域规划、景观建筑学及城市设计这些设计领域中，一定要从把人当作自然的控制者转变为与自然和谐的主体。

其中主要的典型角色转换之一是从19世纪、20世纪人主宰自然的视角转换到20世纪末关注人类和环境系统之间关系的生态体系形态上（詹姆斯·科纳，1991年）。通过对景观建筑的认知，人类对自然的追求不断增长。随之带来的变化是，设计师们强烈地拥护学习工业化以前的聚居地是如何在城市形态、建筑模式和调节房屋冷、暖设备这三个设计抉择层面上减少能源损耗的。在工业化以前的环境中，这些模式作为对人类需求的典型响应已经发展了许多年，这种需求是在特定的技术条件限制下，利用自然力量获取自身利益的。人类对于生物环境质量的关注日益增加，并且引起了很多争论，然而，这些争论好象是部分生态学家和设计师所倡导的景观美学——美丽如画，这与倡导的生态健康环境差不多。

这种倡导好象在设计师中特别真实，它们已经证明英美传统经验具有衰退的空想主义思想和反城市主义偏见。它们的目标是创造绿色城市和相对于经过人工雕饰的公园存有大片空地的特别城市（参见第16章“满足认知需求”）。生态学上把稳定的感知作为一道屏障，这道屏障不仅仅是用来宣告城市设计美学抉择的艺术屏障，而且也是用来宣告设计师美学追求的绿色屏障。我们发现这种美学态度是源于一种文化的经历（其本身是世袭的），而非源于想挫败基本设计目标的生态学稳定性。如果被破坏的环境危及到我们所有人，我们更应该把生物环境作为一个系统加以考虑。

现在，需要城市生态学家致力于生态学上的问题主要就是这些。它们对于人类的将来至关重要，更不用说其他有机体的将来。我们的目标是源于生物稳定的设计原则发展人类的聚居地，从而保护生物环境免遭破坏。这种状况并不意味着生物环境需要处于静止状态。生物环境可以按照它自身的功用被改造得更好。有时，我们也不得不允许某些自然环境破坏的出现。几乎不可避免地，我们也不得不为了其他公众利益而牺牲生物环境的质量。一系列的观察显示，设计的态度和行为纲要将于第18章“满足生物环境需求”中进行论述，细节部分可以与其他章节连成系统的整体（例如霍夫，1984年；斯本，1984年）。

18

满足生物环境需求

生物环境包括许多相互关联的要素（参见第1章），它们主要包括：土壤环境——地形学、地质学和地区气候；仿生环境——植物群落和动物群落。在一个进化的系统中，二者必定要联系在一起，如果其一产生变化，势必会影响到另外一者也要发生变化。虽然某些变化是微小的，但是连续的微小变化也会导致整个系统工作的改变；而且一些相对次要的改变也会产生重要的影响。人类居住模式是生态系统中相当重要的一部分，随着时间的流逝，它们在不断地适应和改变着生态系统。

我们开发生物系统模式的能力在于：在居住形式改变和生物系统改变之间进行必要的反馈循环，虽然它被近来的实验研究深入地发展了，但是仍然存在局限性（爱德华·戈德史密斯，1990年）。我们不得不接受许多现在仍然是不确定的研究。到目前为止，这种知识缺乏的原因之一是生态学研究仅仅集中于乡村。对现有城市中发挥作用的自然和自然系统的研究很少。在20世纪的美国，设计的主要目标在于：基于人类健康的考虑而提供更多的开放空间——更多的公园，而不是基于生态环境的健康考虑（J·彼得森，1979年）。这种偏见反映在20世纪初城市规划专业的态度里（劳里、密歇尔，1979年）。

在20世纪许多城市的发展中，环境问题仅仅被当作工程问题来对待，与对待交通问题曾经的境遇相同，交通问题目标曾经被认为主要是解决车辆流速的问题。事实上，像休斯敦和新奥尔良（95%在海平面以下）这样城市的出现和发展是战胜自然阻挠而取得发展的工程壮举。两个城市中的自然系统现在开始进行反击了。现在已经是迫切地需要设计顺应自然而不再是反自然的时代了（参见麦克哈格，1969年）。

城市和郊区设计的主要核心一直并将继续是为人类创造提供有益健康的环境（参见第11章）。虽然客观上要求环境本身是健康的，但是二者绝不是同义词。为了给人类提供健康的环境，巴克密斯特·富勒提出为整个城市加上穹顶（约翰·麦克赫尔，1961年；尤·达希登，1972年；斯基、斯东，1976年），建筑师们，如丹下健三、保罗·塞雷瑞(1969年,1981年)提议把数千人安置在同一个屋顶下（尤·达希登，1972年）。他们提倡建设密封的城市（参见图18−1）。而他们的设计缺乏的正是在这种与外部的季节、天气和大气气象相隔绝的封闭城市中对人类生活的认知和美学质量的考虑。这种方案对于社会环境和生态环境产生的副作用是巨大的，这样的城市需要大量的能源，几乎不可避免地要由污染性的电站供给。核电的确相对清洁，但是产生灾难的可能性也很高，太阳能和风力发电只是在相对很少的地方才有意义。

城市设计师在进行新城设计和城市复兴设计时想要获得政治和经济双赢的计划面临的主要困难在于：在设计迎合人类社会需求时将会带来严重的环境问题。这些问题通常只会在将来出现，所以他们现在可以在政治上回避这些问题，但是到那时，这些问题将会影响人类最基本的需求——作为生存基础生理需求的获得。在设计既有益于人类健康的环境，本身又是健康的生态环境中出现的许多问题远远超越了城市设计工作的地理范畴，它们出现在大城市、大地域，甚至是地球范围设计的水平。然而，对于城市设计而言应付这些问题又会衍生出许多问题，因为分片设计会产生整个地区的问题，特别是当经济实用主义一直是城市形态的决定力量时。

许多城市设计对于生态环境质量的影响本来是可以进行推测的，但是往往会被忽视。高速公路的修建促进了郊区的发展，但是由于忽略了城市巨大的交通系统而导致了严重的空气污染问题。这些问题受城市

1.纽约曼哈顿的穹顶设想
(资料来源：达希登，1972年)

2.芝加哥州立伊利诺伊大厦

3.费城第三十街车站

图18-1　密封的城市

许多城市设计师意识到技术发达国家的人们对于舒适、整洁环境的渴望。某些提议，如巴克密斯特·富勒的提议，建议给部分城市加上穹顶，这样便于控制天气（1）。依照这一观点，最近在苛刻的气候之下又开始实施一座综合大楼。明尼阿波利斯的建筑之间用封闭的空间相互连接起来，这种系统只是一个较小的实例。实际上，很多建筑都是封闭的、与外界隔离的（2），为的是创造主要的室内领域（3）。现今有远见的人建议窗户要可以打开。

地理位置的影响而加剧，例如在洛杉矶，由于温度变化，被污染的空气很容易地被压到山谷中。1973年的中东石油危机使全球许多人意识到，太多的城市开发以及其中修建建筑物和道路是一种浪费，然而产生这种城市模式的文化、经济和政治压力强大并且很顽固。

类似的，地球上许多地方的人口增长，以及由于制造业发展而产生的财富增长已经导致了过度消费。产生的副产品、生活废弃物，以及制造过程污染了地球上的水和空气，在人口稠密地区尤为显著。从传统意义上来说，在人口密集区域附近的土地、空气、河道和海洋便于倾倒人类生活废物和工业废物。问题是它们需要多长时间才能消化这些废物，并且得到恢复。伊利湖、北海、地中海等水体的污染已经很严重了，尽管伊利湖从没有像故事里所说的那样被污染过。在20世纪60年代，位于俄亥俄州克利夫兰郡的盖亚那河着火事件已经引起了人类对于地球上许多其他河流状况的关注，例如，被化学废弃物严重污染的莱茵河。修复的努力已经使得许多生物回到了伊利湖以及英国泰晤士河等河流中，但是地球上的主要海洋仍在被进一步地污染。一直以来，许多人类为之受益的努力持续存在，但是这些努力在无意中也会破坏生态环境的健康，进而威胁到人类的生命。

田纳西流域管理局以及地球上其他水盆地计划的负面影响，使得20世纪许多主要的规划发展计划开始被质疑。规模宏大的苏联引入咸海水灌溉农田的工程就是一个规划失败的实例。海水枯竭了，破坏了渔业，船只被搁浅在沙滩上，以前的渔村现在远离水边几公里。此外，滥用农药使得许多毗连的耕地成为了荒地（瑟勒犹恩，1990年）。有大量类似这样的“规划灾难”源于规划师和政策制定者对一个地区经济系统运转的错误理解（P·霍尔，1980年）。把过失从他们身上推卸到其他人身上并不难。这里的目的不是说要指责哪一个特定的专业人员，只是想简单地说明那些必须要改变的态度所滋生的后果。

制约生物环境不能很好发挥作用的因素大部分都是因为受到了人类在地球上居住的影响，特别是工业革命以来的影响。工业革命在提高很多人生活质量的同时，也增加了对环境的掠夺。它增加了人类有意识改变世界的能力，但是却很少考虑这些行为的副作用，侧面影响也随之而来。

对于环境掠夺的反应无疑会导致从区域设计到建筑环境设计的一些重要变化。作为一个整体性的设计专业，现在已经勉强地认识到改变的必要性，仅仅在过去的两个世纪就已经出现过有利害关系的言论（芒福德，1961年；博德曼，1978年）。在过去的30年中，景观建筑设计很自然地作出了示范（麦克哈格，1969年；霍夫，1984年；斯本，1984年）。

建筑和城市设计的现代运动在很多方面都非常专注于创建有益健康的环境。在设计中几乎所有的现代主义者都意识到了工业和开放空间布局的重要性。其中的很多观念源自开放空间和人类居住环境之间关系的简单分析，以及“开放空间无论其性质是什么、位于哪里都是好的”假设基础之上。他们的一些提议如果能够实现，将会产生违反直觉的效果，例如，大多数现代主义者所做的一般城市设计，如线性城市，就会把工业布局于城镇盛行风下风向的位置[加尼尔，1917年；为建筑革命的建设者而进行的集会(ASCORAL)，1945年；格林、爱森尔，1986年]。近来的实验研究表明，这种依靠直觉的解决方法需要谨慎对待。盛行风向通常与高狂暴气流有关，但是它却容易把污染带回到建成区。而且，更坏的污染条件是经常出现在微风的时候，而不是来自于盛行风向。布局的位置应该联系较弱的风向而进行更好的考虑（亚历山大，1976年）。

功能良好的生物环境

一个功能良好的生物环境可以进行自我调整、自我持续，未被污染过，而且现在也没有正被污染着，它能够经受得住外界压力。在城市和乡村，生物群落存在很大差异。这样的群落培育着健康的动植物物种，但是同时也生长着不受欢迎的物种，如老鼠与鸽子（霍夫，1990年）。有时这些差异是显而易见的——树林、河流和湿地可能存在于某一区域，但是在另外的地方却是沙漠和草原。这种差别并不是固定的，而是随着时间而不断变化又平衡的。

环境设计问题

设计人类居住环境同时也是在设计一个健康的生物环境，必须要考虑由人类活动产生的一些相互缠绕在一起的变化。这些变化包括：(1)地形的变化；(2)城市水文的变化；(3)由于生产垃圾和废物产生污染而导致的变化；(4)鸟类与动物栖居环境的变化；(5)不可替代资源的消费。设计的目标是，在地球给人类提供机会并满足其基本需求和认知需求时形成一个生物环境。其自然力量能够形成一个可循环的系统，但是还需要形成一个充满健康的环境。

地形的变化

在人类历史中，曾经出现过许多由于自然事件，如火山爆发、洪水和地震而产生的地球地形

1.南加州

2.洛杉矶

3.加利福尼亚州的伯勒耐河

图18－2　生物环境问题

污染的增长以及由此产生的对于住房和基础结构设施的需求（1），为人类提供高质量的生活对环境和人会造成直接或间接的负面效应（2）；其他一些负面的影响来源于我们制造的废物数量，产生于从大面积的铺地流入溪流的径流量；有时是从开凿的河床流入硬化的河床（3）。这些城市开发过程中出现的负面效应是不可避免的。

结构的变化，人类的双手也发生了很大的变化。人类修建了水坝，河流改变了方向，冲积平原被填充，在陆地上修筑了高速公路，这些都在局部范围内对地形产生了影响。为了进行建筑，人类挖出石头，移开大山，低地被填充，山脊和山顶被削平。由于大地被除去了表面的自然植被，使得水和风带走了表层土，并且淤泥阻塞了河道。出现这些变化时，由于风和雨的模式改变，从而使局部气候产生变化，紧接着的是：从本地到异域的自然和人造植被发生变化，本地的动物和鸟类的居所被破坏，对于新的物种或者根本没有什么物种可以开放。

建筑环境本身形成了地形，同时表现得也像地形一样。500m的摩天大楼耸入空中，改变了光的形态，在地上投下阴影，形成了新的风吹模式。大量的建筑产生了新的物理模式，并形成了城市中比周围乡村的温度高20　的“热岛”效应。侧面的影响改变了降雨模式，屋顶、街道和广场坚硬的表面改变了城市的水文地理。

存在问题的空间场所实例：有很多位于地质缺陷区域和飓风路径的城市，位于易受风暴破坏的岛屿上的城镇，位于河谷冲蚀区域的城市。可怜的位置使得美国和其他地区的部分区域遭受着毁坏。一些区域刚一被毁坏就进行重建了，例如在20世纪70年代初被“艾格尼丝”飓风卷袭后的宾夕法尼亚州怀俄明山谷里的城镇，以及10年前被风暴破坏的新泽西州哈威的细达河的房屋（麦克哈格，1969年）。

城市水文地理的变化

鲁纳·利奥波德（1968年）已经提出了城市区域对于水文地理的三个主要影响：径流物的改变，高峰水流特征的改变以及水质特征的改变（参见亚历山大，1976年；霍夫，1984年）。随着城市地域尺度的增大，越来越大的表面铺开。水道、径流物的影响以及地表渗透补充水平面的缺乏正在逐步引起关注。径流速度产生水路腐蚀的问题，停车场的油提高了水污染的等级，并影响了水生物。

城市地区大量的硬质表面对各个城市产生的实际影响是不尽相同的。但是总体来说，它使得城市的泄洪量相对于渗透性的城市表面增加了50%，在80%为非渗透性表面的城市中，这一数量之多增加至400%，而且其面积的80%都用于泄洪排水沟（亚历山大，1976年）。不仅仅是总排水量在增加，径流的流速也相应的增加，导致了河床的冲刷和腐蚀。植被以及水生动植物生活模式的改变破坏了河流天然的自清能力，并导致了水生物和河岸两侧当地野生动植物数量的减少。

污染及其效应

污染的加剧，工业社会的发展以及随之而形成的城市聚集产生了各种形式的废弃物。在美国，废弃物被排放到天空和水体中，或是掩埋在土地中，这些方式都会影响到生物环境的机能。在我们对个人交通方式灵活性的不断探求中，汽车被认为是天赐之福。汽车曾经被认为比马车的污染性要小，也的确使得街道更为清洁了一些，然而，相反的，汽车如今被看作是环境的主要污染源。同样的，那些给我们生活带来便利的工业现在也被公认为是另一种污染源。在许多地方，自然环境的循环清洁机能已经被大大地超越了，而污染物却在不断增加。

污染会产生很多后果。空气污染会减少太阳在地面高度的辐射程度，温度模式因此而改变，大气中颗粒物会因此而增多。与此同时，也会导致臭氧层的改变，进而增加了世界上部分地区的辐射程度。污染威胁到人类健康，破坏了城市街道、公园中的植物，并导致气候的改变。人类社会面临着如何遏制这些损害的难题。

如果气候分析家估计准确的话，那么，截止到2050年，大气中持续聚集的温室气体将导致全球加速变暖（也有可能是由于太阳光照的增强），会导致海平面增高2英尺。根据1990年的一份关于气候变化的政府间会谈日内瓦公告显示，若非大气中的二氧化碳含量有所减少，海平面将会在10年中增高2~10cm（也就是4英寸）。可以预见的是，如果不控制二氧化碳的水平，那么海平面的变化将在所有的沿海地区制造麻烦，尤其是在某些地区，温暖的海水将会导致龙卷风和飓风袭击地点的转移。降水模式几乎必然地会发生改变，致使原先的耕地和草场变成沙漠并侵袭到其他地区。人类要么迫使自己适应这样的变化，要么通过减少污染使之得以改善。也许存在另一种影响——例如，相当时期后的气候变化是由于那些尚未充分认识的人类活动引起的，并且有回到几千年前的迹象。

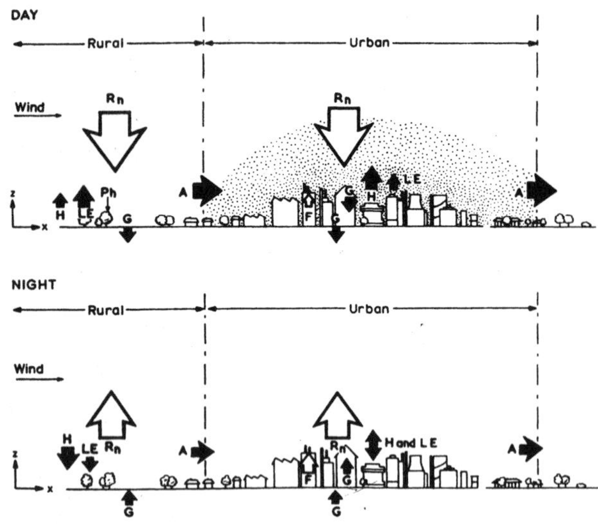

1.城市地区和乡村地区热交换的二维图表
(资料来源：亚历山大，1976 年)

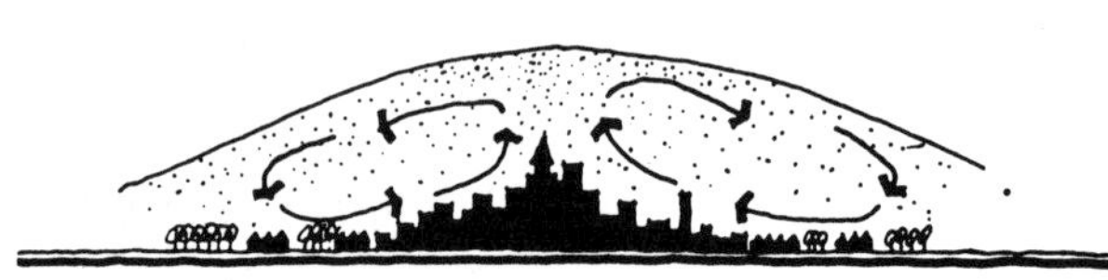

2.城市“热岛”
(资料来源：霍夫，1984 年)

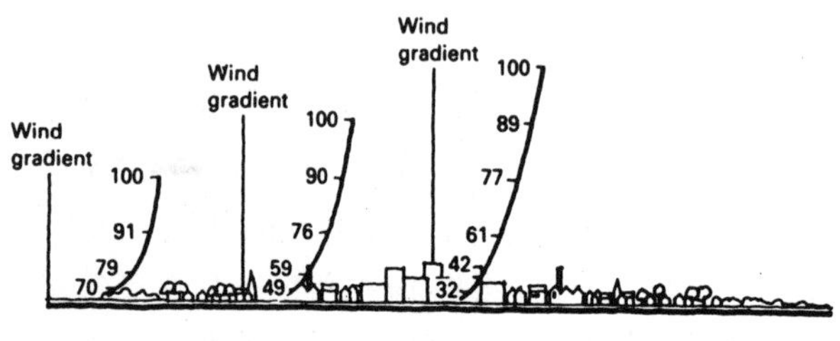

3.建筑物多的地区和城市边缘区典型风力剖面图
(资料来源：亚历山大，1976 年；霍夫，1984 年)

图18－3 城市形态和气候变化

城市环境的特定形态效应模型是没有经过加工的。我们知道通过改变乡村和城市之间的热平衡形态可以引起“热岛”湿度和风力模型的改变。(1)日夜热流示意(Rn ＝辐射，H ＝可感知的热量，LE ＝潜存热量，Ph ＝光合作用，G ＝建筑物和地面的热存储量，A ＝平流)；(2)城市上空“热岛”的形态和（3）风在城市区域经过建筑环境中，通过空气动力的粗糙构造过程风速是如何减慢的。

世界上的动植物群落

世界上的动物与植物群落在一些特定的小生物环境中已经共同发展了很多纪。随着人类居住地的不断扩张，自然植物群落数量骤然减少，动物栖息地也越来越少。这种现象不仅仅是由于土地的减少与使用过程所导致的，气候以及城市化地区大气质量的变化，湿地的占用，河流及其他水体的引流或是改道，堤坝的修建等都会对其产生影响。地球上很多动物群落的生存都因此受到威胁。事实上，在过去的500年间，许多物种都已经消失了。人类也有意对地球上动植物种群的分布进行重新组织和分配。

在迁徙活动中，人类总是携带着他们故土的物品和家乡的象征。谷物因此在全世界范围传播种植。家乡的象征不仅仅包括建筑形式，而且包括那里特有的动植物。此外，归乡的旅行者也会带回旅途中异域的物种。建筑师和景观设计师在他们的设计方案中也结合了特有的植物种类以追求特殊的效果。相反的，所有的这些变迁都导致了一系列的后果。例如，如前所述的，在亚利桑纳州的退休老人居住的小城镇中，大量引入外来的树种，以及对水的需求使得本州的湿度水平有所提高，改变了当地的气候。一个更普遍的经验是，外来的种群已经大大超过了当地原有的种群，因为鲜有天敌能控制它们的生长。这种现象在动物或植物种群中都可以看到。欧洲的麻雀在美国大陆无所不在；澳洲的桉树正在导致佛罗里达州的水资源流失，并且威胁到当地的种群；而澳洲遍地都是从欧洲引入的比赛用的兔子和狐狸。

人类的发展历史中，人类常常致力于避免动物与害虫对人类居住地的侵害。这样的关注存在于很多场合，例如，如何控制老鼠之类的城市害虫。然而，有更多的有积极意义的城市政策目标与设计有关。第一个目标是，利用当地的野生动物来提高城市生活质量。这些野生动物不仅丰富着人类的审美体验，而且充当着当地环境质量的风向标；第二个目标是，为宠物创造良好的生活环境，一方面在人与宠物之间建立良好的关系，同时创造一个不会危害到其他动物的环境；第三个目标是，在某些地方利用动物，尤其是利用猪和鸟类作为维持健康环境的清道夫。

1.美国印第安纳州的盖里

2.新泽西州

3.几乎在所有城市都可以见到的景象

图18–4　城市的动物与植物群落

毋庸置疑，城市中动物与植物群落的特性与健康可以提高许多人的生活质量。可是现在城市的局部地区（或郊区）却让动物的生存显得很困难（1）。当然，促进植物的类型发展丰富当地植物种类可以让我们感到愉悦（2）这也是城市设计中要，解决的重要问题。在某些背景环境下，一些可以让人感到愉快的种类，在另一背景环境下也有可能会被公众认为是让人讨厌的种类。鸽子就是一个典型例子（3）。

生物资源的消耗

越来越多的人认识到我们正在耗竭着地球上不可再生的资源。在城市设计领域要考虑到以下两个层面：在建筑中对不可再生原材料的消耗，以及在工程建设、供热及制冷系统中对燃料的消耗。如果这样的状况继续下去，那么，在未来人类将没有可利用的自然资源。如果我们不像现在这样贪婪地消耗自然资源的话，那么，有些资源就可以再进行补充：在建筑中使用的阔叶木材就是一个例子。阔叶林，尤其是热带雨林是非常难再生的，但是如果对这种木材的消耗有实质性的减少，再生也是有可能的。有些资源很明确是不可再生的：如用作动力能源的石油，以及用作建筑材料的石料。后者至少还可以被回收利用，而采石场也可以用作垃圾处理场。然而，这样的做法也会产生许多负面的影响，尤其是填埋的垃圾会通过渗流影响到地下水质。

结论——结果

可以明确的是，为了确保生物环境能恢复到健康的状态，从公众态度到城市整体行为需要大幅度的变化。其中有些行为应该贯彻到基本的日常生活中，有些则需要贯彻到全国性范围，甚至是国际性范围内，通过制定统一规划与纲要来进行合理的处理，以避免仅仅局限于当地的水平程度上。最后提及的将涉及对我们建设的城市自然模式的再认识。城市设计需要与生物环境的自然过程相结合。如在美国这样的竞争社会中，这样的结合只在如下情况下才会发生：如果疏漏这样的结合而导致的后果是非常明显的，如果制定了广泛的法规和深入具体的设计准则。第二种情况只有当公众支持度增强时才会被贯彻执行。

行为计划

为了创造一个性能良好的人类生物环境，至少需要在两个地理尺度上进行有意义的行为转变：第一个是地方级以上的尺度，另外一个是地方级的尺度。这两个级别的计划与政策对于改变态度以及个人和工业界具体的行动来说都是必要的。这些具体的行动也包括城市设计的行为，可以并且应当被用来解决生物环境的问题。

态度的改变

可以确信的是，为了广泛地达到生态健康，必须要改变那些遍及世界根深蒂固的态度。许多继承欧洲传统的美国人接受了犹太教和基督教对待环境的态度，他们认为应当开发环境为人类服务。这样的观点绝不是犹太教和基督教传统所特有的。事实上，不论是生活在哪里的人，一旦他们有了开发自然的权利就都会这样做。我们都必须意识到，自然资源需要被保护而非一味地进行消耗。

在美国，原本被认为理所当然的个人土地开发和建筑的权利现在已经被大量的公共健康法规和条例所限制。但是很显然，还有许多被广泛接受的态度尚未改变。然而，在美国有相当多的人不情愿他们对个人财产的支配权受到影响，也很难鼓励他们改变价值观。

在美国，行为活动的关键在于尽快地解决问题的能力，以及改变世界的能力和个人能动性的提高。根据威尔伯·泽利斯基的观点，美国城市的景观反映了四种源于上述关键的世界观和人生观："(1) 一种强烈的几乎是无政府的个人主义；(2) 对能动性和变革能力的高度评价；(3) 一种机械看待世界的观点；(4) 一种救世主式的完美主义"(泽利斯基，1973年；引自沙里宁，1976年；参见雷尔夫，1987年)。因此，为了公众利益而倡导的公共行为总是面临重重困难。尽管如此，很多现象表明，对环境问题的关注还是有可能的，相应的新政策法规也是可以实施的，但是它需要彻底地转变现有的心态，而不仅仅是一些边缘性少量的改变。在某些情况下这种必要性是令人吃惊的。

直到20世纪30年代中期为止，大量对人类健康的关注都与环境因素有关。随着医学和科学技术的进步许多健康问题已经解决了。现在很多城市设计的决策往往基于经济实用主义的考虑，以及对维护个人财产利益强烈欲望的考虑，所有的这些都打着发展进步的幌子。在美国，主要城市的规划师是实际意义上的估税员。导致的结果就是今天发生在我们身边的这一切（雷尔夫，1987年）。

现在，如果要改进生物环境的健康，就需要有区域性的土地利用、土地开发和税收政策作引导。也许对于美国来说，最必需的态度转变是接受政府改组。如今，对地方自治的推崇和对中央政府的不信任成为美国政治传统的一部分。然而我们需要的是，越过土地开发而将土地的管理权限委托给更大范围的，如州、地区，甚至常常是国际范围的管理部门。这样的权限移交只有当人生观发生普遍的转变，并且泽利斯基所指出的种种态度发生转变时才有可能得到实现。

最需要被广泛转变的是唯机械论的世界观。继而是对自然资源的消耗、工业产品以及垃圾处理态度的根本性转变。这样的转变首先是为更健康的国家所必需的，但同时也是全球的需要。社会应当产生更少的消耗和废弃物。而接受这样的改变意味着，平均的产品生产和垃圾处理量都必须要相应地发生变化。在美国的很多地区，越来越多的问题集中在如何找到安全并且无碍观瞻的途径来处理生活垃圾，且不说有毒垃圾，如核产品及毒气的处理。可是现在仅仅是要找到处理生活垃圾的新场地都成了发达国家大城市的主要难题。在美国主要城市中，现在已经很少有使用方便的垃圾处理场。

同样难以接受的是，那些既不符合大众口味也不符合专业人士审美情趣的新城市形式往往却更符合节能的要求，也许更多的是依赖太阳能。毋庸置疑的是，无论是城市结构、建筑形式和空间需求，还是供热和制冷设备的应用都需要改变。这种改变适应了成本——效益原则探讨的转变，从关心短期经济效益转变为更广泛地关注长期的环境效益。人类对环境外观的态度无疑也需要改变。例如，如今被精心修剪的（如高速公路上草地的边缘以及城市公园草坪的表面）部分最好保持天然的状态（霍夫，1984年；斯本，1984年）。

新的城市形式很大程度上与当前流行的简约生活方式有关，相应地，在其他的地区用以作为节约能源消耗的方法(斯特德曼，1975年；R·斯坦，1977年；鲁宾逊，1977年；高登，1979年)。这就要求美国的一些地区不再把单身家庭所使用的独立式住宅视为家的象征。然而城市设计的目的必须依然要保证满足广大市民最基本的内心深处的需求。城市设计中难免要面临相矛盾的设计目标之间的冲突。比如，减少能源消耗的需求与创造一个良好生态环境的需求之间就不一定是相适应的。在湿热地区，减少建筑制冷需求的方案会与节能的交通系统设计相矛盾。节能的密集交通模式要求高密度紧凑型的城市设计（旦兹格、塞特，1973年；斯特德曼，1975年)。这种模式也许是保持干热地区生态环境质量的最佳解决方案，甚至在美国的温和气候区也是如此，在那里紧凑的城市肌理保持了太阳的热量。然而，湿热地区的建筑需要分散布置以保证空气的流通（奥格，1963年；吉沃尼，1974年）。同时，那些适应文化需求的公共场合的设计也许会产生耗能大而效率低的建筑，因为这些建筑往往都不是朝阳的。有创造力的城市设计方案应当有能力解决这些冲突，其他方案则需要我们合理改变自己的行为。

与此同时，需要小心地审视改变态度的推动力量。生态城市运动就是这样一个不断发展的政治主张以改变文化来适应美好生活前景为目标（瑞吉斯特，1987年；霍夫，1990年；英格索尔，1991年）。不同于勒·柯布西耶的主张（勒·柯布西耶，1937年，1973年），生态城市运动有更多清教徒式的寓意，并且有早期经验主义设计师，如帕特里克·格迪斯（博德曼，1978年）和霍华德(1902年)强烈反城市化的偏见和回归田园的乌托邦理想。此外，提倡更多地方社区性的参与，包括公共造园活动，在自然环境而非人工公园中进行休闲，还有遵循F·舒曼克(1973年)所提倡的追求更小规模环境的原则。尽管很多人的确喜欢园艺活动以及其他有可能的活动，但是却很少有人愿意成为城市中的农夫。生态化运动致力于改革文化来追求适宜的生活方式，这种想法不应当淡化设计本身在减少环境危害和更新城市以减少对生态环境破坏中的作用。为了取得这些成果，事实上行为的改变是必不可少的。

许多人在谈及生态化运动时都持有一套根深蒂固的环境决定论，如同现代派建筑师所持有的建筑决定论一样。只有当城市拥有更多的绿地时，才称得上是“更自由的，平和的，幽静的……令人神清气爽的”。这些信念尤其值得谨慎对待。的确有些人原本就有这样的经历，但是其他人在并不柔和的建筑环境中也可以有类似的感受，而很多这样的环境正是世界上最受人喜爱的场合之一。设计关注的重要问题是，创造生态机能良好的环境，不仅仅是将少数人的评价标准强加给其他人。设计师的另一个任务是引起人类对特殊设计方法所产生后果及其成本的关注，包括机会成本和效益。当然了，设计师应当致力于倡导生物健康环境及其相应政策的发展和达到这一目标的设计。

政策规划

为了取得一个功能良好的生态环境，政策与法规必须在国际、全国、地区以及地方性不同层级范围得以发展。在国际范围内，合作将致力于解决环境危害的源头，包括对建筑的危害，如酸雨，促进经济的发展，加强教育以限制发展中国家人口的增长。这些政策已经得到了促进。

20世纪90年代，世界范围内的很多国家都满怀信心地制定了在2005年之前要将温室气体降低20%的目标。为了取得这一目标需要进行一系列工作，包括从涉及汽车技术的法规到更大范围内用地及交通方式的整体规划，在很多情况下减少对于作为首要交通方式汽车的依赖。更大范围内的用地及城市化政策是必需的。在世界上很多国家，以较小的城市聚结为目标的地方分权政策并不太成功。目前来看，这些政策依然被强有力地推荐使用。这就需要有相应的政策来保护生态敏感的开放空间，并使其他地区也成为良好的生态区域。

在城市中还需要进行为资源保护和重组所付出的补偿。政府部门需要获取由规划决议中获得意外收入的能力，那些利益受到损害的人也可以由此而得到补偿。这样的政策在相当多的国家得以实行，例如，工党领导下的英国(格林、爱森尔，1986年)。然而也有很多问题在本质上是全球性的问题，并且这样的赔偿系统应当通过国际间合作而得以发展。事实证明这些衡量标准的实施是非常困难的。

城市设计计划

在建筑设计中，对生物环境的处理是为了取得更舒适的建筑室内环境。在城市设计中，主要关注的是通过发展高架桥与连接建筑物的隧道建设以及室内广场和庭院的开发指导方针来改善气候造成的影响。近期也有更多的关注于营建令人愉快的室外公共环境的设计（参见第11章）。相当缺乏对运作良好生物环境的关注，这方面被认为是其他一些人应当关心的问题。

许多关于创造对生物环境危害较小的城市环境的讨论倾向于假设城市是可以被彻底再造的，总有无穷无尽的财政资源为之服务，没有什么人类最终目的是重要的。这也就是说，这样的讨论假设在满足人类需求和单纯有良好机能的生物环境之间不存在什么权衡意义。如同所有的设计决策一样，在追求一个目的与另一个目的之间总有权衡与折衷（参见第21章）。然而，城市设计的责任是逐渐地改善建筑环境来保证未来生物环境的健康。由于所有建筑环境都会改变生物环境，所以需要建立指导环境变化的方针，使得这些变化无生态危害，又使得未来的城市发展一片接一片地具有复原的能力。

人类需求和生物环境

除了个别例外（如沼泽），一个健康的生物环境通常也是一个健康的人居环境。自然环境的特征以及许多有目的的设计都有助于在很多方面满足人类的需求。考虑到气候因素和本土植物种类生长（或者在沙漠地区没有植物）的设计有助于满足地域意义上的需求。人类意识到满足天气变化的设计，但是却不能保证人类生理舒适。设计中需要进行权衡。至少在美国，舒适通常情况下是比地域性更基本的需求，虽然马斯洛(1987年)指出，我们并不是永无止境地追求舒适感。

有一种有力的论点认为，相比较过去而言城市设计师要更多地关心生物环境的未来。有许多原因。首先，地球未来的健康状况更令人关注。此外，许多环境主义者意识到一个不容忽视的"裂痕存在于人与自然之间"。他们认为这个裂痕是一件自身合理的坏事，并希望人类的生活可以与环境结合。这种结合所意味的生活事实上为很多人所追求，也许在将来美国就会出现这种环境主义者所倡导的文化变迁（如沃德、杜博斯，1972年；戈登，1990年；戈德史密斯，1990年），并且根据他们的设想会对可分享的自然资源有更大的需求。这样的自然环境可以满足人类认知需求及审美需求。

自从20世纪70年代以来，可以追溯到帕特里克·格迪斯和刘易斯·芒福德的城市设计，一种经验主义设计倾向已经在景观建筑师中出现了。很多地方，比如，得克萨斯州的森林地带，也许更引人注目的加利福尼亚州戴维斯的乡村之家(参见图18-8)都显现出这样的倾向。然而，随着我们对于人工环境与自然环境之间互动知识的增长，法规与管理人居环境的设计原则之间隐匿的网络将要改变。这种改变很可能如同见多识广的专业一般被见多识广的大众所引导。如今，大部分的努力都致力于探究对现有野生生物地区的保护和与不健全设施场所的冲突，而非将城市环境作为一个整体进行考虑。

城市设计的实用原则

许多天然资源的保护管理论者都认为，任何发展在本质上都是破坏性的，但是可以创造与现有健康状态确实不同的新景观（霍夫，1984年）。对于城市设计师而言，一个解决生态环境的实用方法是去探求什么是人类长期的自我利益。城市设计的目标在于避免创造那些也许最终会使人类生活质量恶化的建筑形式。基于这样的理解以及认识到人类对未来的需求在一定程度上的不可预见性，节约能源的设计理论在处理生态环境问题时是明智的。人类有可能会找不到摆脱现有约束技术解决之道。必要性也许就是发现之母，但是对于城市设计师来说，也许必要的发现就是节能设计理论。关于节能还有两个论点：应留给未来更多的可选择性，节能在心理学意义上是明智的。许多孩子根据他们身边的所见所闻而对地球的未来持有悲观的看法。

给未来留下更多可能性是一种认识到城市变化动力的做法。这种立场也和另一种认为今天城市设计的决策应当尽可能少的对未来产生负面影响的原则相一致。第二个论点需要慎重对待。有很多孩子都因为那些充斥着市场化的很容易吸引他们想象力的阴暗的预言而对未来充满了恐惧。如果儿童这样愤世嫉俗地成长，在今后将会很难获得解决困难的创造性。

在决定合理的生态解决方案时，城市设计师需要抛弃那些陈旧的，常常仅仅是直觉上似乎明智但不能很好地服务于人的看法，例如，保持环绕城市的绿化带不再是一个一般性的目标。使人类很容易地到达乡村的同时，给城市一个明确的边界来保证人类的领域感一直以来都是设计师持有的观点。鲜有现象表明这些设计决策在城市层级上达到了他们声称的设计目标，尽管在街坊尺度上可以做到（参见第13章）。此外，国家和城市的政府部门也发现，保持城市绿化带是非常困难的，并且对于资本主义社会的城市发展模式有违背直觉的影响（参见第2章）。科罗拉多的波尔德城是美国一个曾经成功发展绿化带的城市，但是结果却变成一个排外的中产阶级城市。今天根据指状绿化或城市设计师语汇中部分有关的城市形态看起来是很合情合理的。然而，我们的设计师并不情愿放弃绿化带的概念，因为绿化带总是这样自然而然地出现在脑海中。

设计行为和设计原则

现在美国的城市设计师会发现自己总是忙于那些被征用土地的开发意向研究——无论是农业用地或是城市用地。也许存在第三种环境背景——在一片处女地上进行方案设计。这种情况或许会在那些新近开发矿藏的山区或是贫瘠的沙漠地区出现，但是除此之外几乎所有城市开发可能发生的地方都已经遍及了人类的足迹。在处女地及耕地进行开发建设是环境主义者反对的。除非人口增长率降到零，城市设计的目标几乎必然是建立新城、新郊区和旧城改造等为人类服务的项目。大多数的设计行为要求设计生态上敏感的新城和郊区，同时也适用于城市发展建设项目中。在旧城改造中，现存的城市肌理将生态考虑因素限制为一个个分散的个体，而在新城开发中综合的考虑才可以得到实施。然而显而易见的是，一旦这些策略得到实施，环境的生物属性就会发生改变。目标将是使之变得更好！所谓“更好”的含义已经发生政策性改变。

新城及郊区开发

在新城镇设计健康生物环境的基本因素也许很普遍，但是每个场所都必须要个别对待。城市设计的一个强烈愿望是一定创造一个生态上可以自动修正的开放建筑空间系统。关注的问题现在变得显而易见，例如，如何处理当地的能源输入和垃圾输出，怎样最好地处理全部设施产生的大气污染问题，如何避免城市“热岛”和倒灌风现象，如何用自然水进行更新，利用蒸散床的回收方式组织和修建排水系统，如何避免水文的失衡。达到这些目标的设计原则已经在前20年就得到了发展。在很多方面又不得不重新利用前工业时代的老技术（鲁道夫斯基，1964年；斯特德曼，1975年；鲁宾逊，1977年；霍夫，1984年；斯本，1984年）。城市规划师、城市设计人员和景观设计师必须学习思考多元城市模式的各组成部分。例如，高尔夫球场不仅仅可以设计成休闲的场所，还可以是野生生物的保护地、自然的水源地等。许多以居住生活为主的城市街道可以被看作是交通的空间、娱乐空间、城市农贸市场等空间。

在新开发项目的建设中，为了达到生物健康环境的要求，也同时支持了人类其他目标：(1) 通过提供改良天气的设施和避免“热岛”的产生而达到需求；(2) 由创造场所意识而产生的相应需求；(3) 提供多样化学习机会的认知需求；(4) 使环境变成饶有兴味的审美需求。

确实能影响到城市设计未来的大部分政策将会在城市整体层面上得以发展。其中有些政策可以被准确预测。首先，在环境敏感的土地上不能进行开发。这些土地和动植物都是自然机制的提供者，如净化空气，以及在更普遍意义上支持健康的生物环

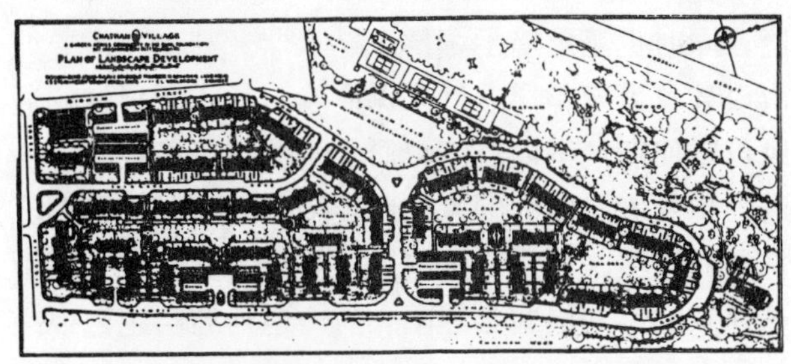

1.宾夕法尼亚州匹兹堡的占丹村（1930年）（资料来源：斯坦，1957年）

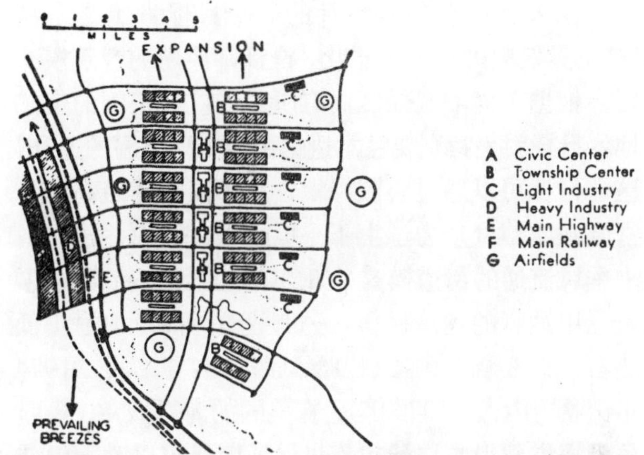

2.由约瑟·塞特设计的100万人口城市的规划方案（资料来源：格林、爱森尔，1986年）

3.加利福尼亚州的戴维斯

图18-5 新城和郊区设计

在城市设计中，像以往一样传统的经验主义者对城市自然环境特性投入了相当大精力，这样做的部分原因源于生态，然而大多数的原因则是为了追求图片上的美学效果（1）。功能主义建筑设计本能地除了对城市下风向工业地区的场地设计投入很多思考，对其他生态环境的投入却很少（2）。在城市设计中，随着对生态因素实践调查的发展，人类正在重新认识隐藏在城市设计政策和方案背后的原则。除了在当地居住区已经形成的多数设计，近来在郊区的设计中，也已经表明了这种考虑（3；参见图18－8）。

境，同时也是环境土壤健康显示器。其次，需要城市设计政策及指导方针来保证建筑形式所导致的通风可以使空气得以自清，而且避免“热岛效应”的进一步发展。欧洲国家在此类控制方面已经取得了长足的进步，可是在美国，显然更多的情况下是不这样做的，并因此必然陷入到一系列的问题之中。

通过城市设计避免“热岛”的产生

未来新城和郊区设计的一个目标肯定是避免“热岛”效应的进一步恶化。设计师应用的建筑模式将会根据不同的气候区而有所差异。在美国的炎热地区目标就是特别要注意避免街道水平气温的上升。这一目标可以通过公园绿地，用不同的建筑高度和密度建立空气动力学上不平坦的城市表面，建立适于季风流通的街道模式（如德国的斯图加特市），以及运用适宜的建筑材料——那些有着高反射率、低热容、低热导的材料（巴哈，1971年；吉沃尼，1974年；亚历山大，1976年）。在美国的海岸城市，要避免沿海岸建设高层建筑，以保证海风可以吹入内陆那些潜在的“热岛”中心。一些城市已经制定了这些城市设计指导方针来达到上述目的（如以色列的海法市）。街道上的树和公园中的树荫（而不是孤立的树）将有助于减少城市地区的热量。

将开放空间靠近高度发展的高密度区是必不可少的。这种模式建立起一个高温区域与低温区域相毗邻的网格系统，并使城市空气流通起来。一些城市幸运地拥有这种模式。例如，密执安湖，它使芝加哥市从水边向内部的2km内变得清凉，而冬季则会温暖起来（亚历山大，1976年）。中央公园的存在改善了纽约曼哈顿的夏季气温。

通过城市设计减少污染

从来都没有一个孤立的特定城市设计方案可以解决污染问题。制定政策可以减少污染物的排放，但是在城区内，想得到一个无污染的大气环境是不现实的目标。然而一些减少污染源的做法还是可取的。最重要的就是协调三方面之间的关系：用地开发，那些使得密集交通更为高效和方便使用的政策，以及公园的选址（作为污染零排放区域，如果种植了适宜的树种，也可以成为空气过滤器）。开放空间也可以被用作工业区与居住区之间的防疫封锁线。这种城市设计原则对于本世纪的城市设计观念来说是长

1.纽约的中央公园
（照片来源：埃里克斯·沃基摄影）

2.旧金山的菲尔穆特饭店的屋顶花园
（资料来源：哈伯，1963年）

3.巴西里约热内卢的柯拜科班纳

图18－6 避免“热岛”产生的设计

任何城市“热岛”效应的减少都将有助于环境目标的实现。如同娱乐性公园一样，开放的公园也是通过制造树冠绿荫达到降低温度的目的（1），改变屋顶间距（2），使建筑高度错落以利于主导风的传输，这些都可以有助于达到降温、减少“热岛”效应的目的。在财政紧缺、政策空缺的情况下，逐步完成这些目标的设计指导方针实施起来是困难的（3）。例如，海滨地区的高楼大厦阻挡了穿行城市的空气流动，而各处高楼的建造也是很难停止的。

期并且是普遍的原则。

在制定用地方针时，污染工业不应当安排在有微风并且易遭受热量侵袭的低洼地带。暴露的山顶地区是最好选择，尽管这样的选址会与美观的要求相冲突。供热和制冷系统的生产结合比独立工作系统产生的污染要小一些，并且可以通过烟囱的设计方案来驱散污染源。

水和城市设计

水在城市设计中有多种用途：作为装饰的要素，作为空间限定的要素，以及作为调节温度的要素。水要素将继续成为建筑师、景观建筑师和城市设计师在创造令人愉悦感兴趣的空间调色板的一部分。同时，沿水及沿海的城市都有一个特点，那就是这些城市没有为缺水而布置的很大的水体。如同其他地区一样，在美国这些水体通常被高度地污染了。污染有时也会起到保护作用，如阻挡木桥墩中氧气的进入（比如许多美国港口城市中的小飞轮）。在新城设计中关注的是从一开始就拥有清洁的水资源；在老城中，清洁的水资源影响也需要因为如何维持而担忧，旧桥墩的使用如何有更积极的效果。关于这一方面还有其他的政策。

在制定新城及郊区总体开发结构的城市设计方针中，有三要点值得关注：(1) 减少环境中日益增多的硬质铺面所导致的暴雨地表径流，例如马路及停车场；(2) 避免污染物传输至水路系统；(3)确保建立适当的排水处理系统。应当关注于地下水的补充和澄清池的建设。在很多地方，雨水和污水处理系统可以倚赖陆生和水生植物的自然过滤过程，以及土壤的自然蒸发。

1.旧金山的第三大街

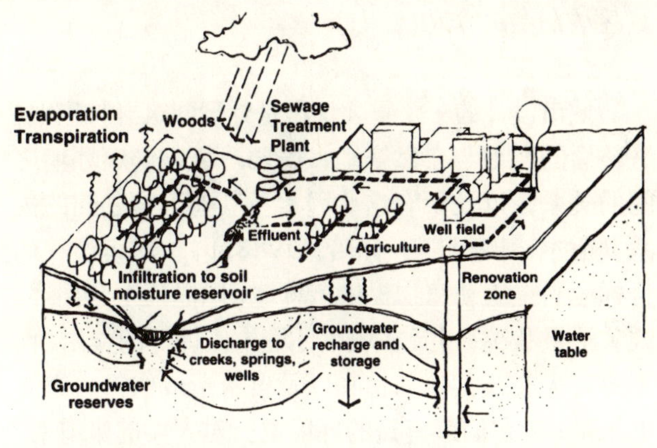

2.废水的再生与保护循环系统
(资料来源：霍夫，1984 年)

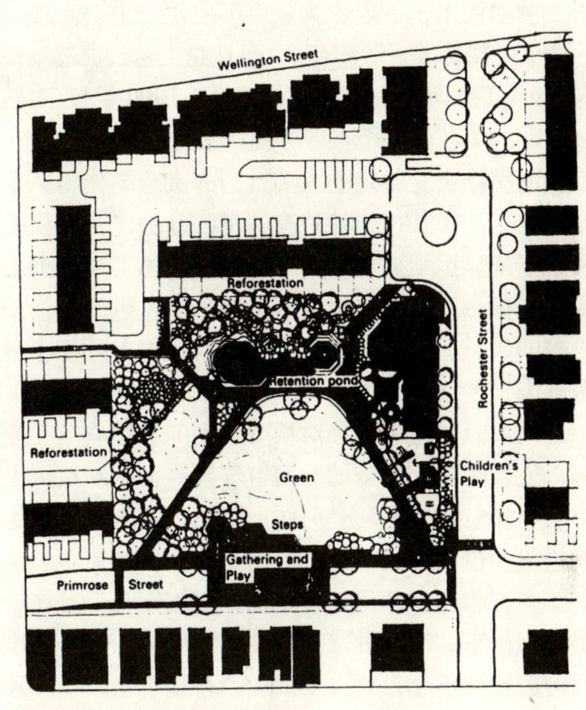

3.加拿大渥太华的勒伯瑞特公园
(资料来源：霍夫，1984 年)

图 18－7　地下水与城市设计

长期以来，在城市设计中水被用作装饰、分隔空间之用，以及作为声音、温度的调节要素[参见图 12－2 (6)、图 16－3 (3)、图 17－7 (6)、图 17－13 (2)]。今天还有许多其他问题需要解决。例如，需要处理大面积铺地中水的排放问题（例如 1）。对废水的保护与再生循环的开发也有一些建议 (2)。这些建议必然对城市形态产生相当大的影响。在新型郊区的开发建设中表现出不断增多的人工池塘来拦截雨水 (3)。

城区中植物的作用

城市设计的一个重要议题是处理建筑群与空地，平整后的空地与自然空地，脆弱环境与健康环境之间的关系，以及所有这些因素与其他因素之间的关系（斯本，1984年；诺哈，1988年）。城市设计的目标应当是为动植物提供栖息地，以提高生态循环，改善消极状况，以及在城市环境中发挥好的作用，而不会对人类或其他动植物以及自身造成伤害。大体上来说，对它们最有益的环境也会对人类健康有益，并且它们的存在也会成为生物健康的指示器。

在城市设计所关注的问题中，植物也是设计整体和功能的一部分，而不仅仅是为了美观考虑才加入。例如树木，不但作为城市环境建设中空间限定的要素（阿诺德，1980年），而且是生态过滤器（霍夫1984年；斯本，1984年；戈登，1990年）。对植物种类的关注是一个很好方面，在一定的微环境下，生长的植物会对一定的人类行为有支持的作用。很多地方关注于种植当地特有的植物品种，不仅仅是利用它来显示地方性，而且为当地的鸟类和昆虫也提供了栖息地。在其他地区，外来品种也许会带来更多的收益。总的来说，人类本身在很多环境中也是外来物种。

树木及其他植物会对城市湿度产生影响。在夏季，连接在公园上空的冷湿空气和高密度建筑群上空的干热空气的循环会时时产生微风，这使得建筑群边缘不仅具有较低程度的污染，而且有更湿润的气流。树木会在任何地方增加空气湿度，但是在干燥的气候下其增加的水平程度尤其明显。这种适度的湿度增加不总是对人类或生态环境有益，在沙漠环境下产生特定的设计问题。树木和其他植物需要慎重推广利用。其目的常常是设计充满了生活气息，但却可能是没有种植树木的环境，并且要明智地运用本土的植物，在不增加湿度和扰乱脆弱干旱生态系统的情况下实现地域性特征。因此，种植在城市设计中扮演着很多不同角色。

动物与城市设计

有益于城市空间的动物种类因地而异。在北美也许是浣熊、松鼠，甚至是熊，在亚洲部分地区和非洲是猴子，在澳洲是负鼠。还有一些物种对城市环境不友好，但是对生态环境却是重要的要素。蝴蝶和鸟类的存在丰富了人类的生活，同时也是城市生物健康的指示标。很多物种深受人类喜爱，还有一些物种被视为是害虫。城市设计所关注的是分辨和创造那些繁荣着喜闻乐见动物的栖息地，并建立维持它们生存的小生境设计计划（雷蒂、富兰克林，1978年；霍夫，1984年；斯本，1984年）。在过去，这些方面被认为无关紧要不值得城市设计师考虑，但是时代在发展，现在需要城市设计师进行考虑。

现存的城市和城市空间场所

很多观点致力于为人类创造更健康的城市空间场所（参见第11章），越来越多的观点提出，城市即使不是有益于生物的环境，至少也应该更小限度地危害环境（拉姆，1991年）。在很多地方，例如，曼哈顿、洛杉矶或是曼谷（污染最严重的城市之一），改善城市发展负面效应以及城市在生物环境中的作用成为一项艰巨任务。在这些城市与小城镇及其城郊的城市设计可以成为对环境进行的意义重大的补救工作：重建自然系统，改变风向和气流，种植当地树种来吸引鸟类（或者减少那些对生物环境机能无益的树种），以及控制有害的昆虫和动物。其目的是逐步长期地进行城市更新，这样新城设计的原则也就可以成为指导旧城改造的原则。

重构自然系统涉及通过将下水道转移至新的排水系统，转移到开放或封闭的溪水与河流中形成河道，使水体重新回到自然状态。解决铺地上雨水排放量过大问题的解决方案是多种多样的，从在混凝土屋面上种植草坪，吸收初期的雨水（也包括减少热量）到在地区性购物中心的停车场使用渗水材料。重建湿地可以形成鸟类及其他生物的栖息地。这些地方现在已经得到了充分发展。提费特农场湿地自然保护区就是一个例子，它原先是纽约州水牛城一个被荒废的有害垃圾堆存放场（高尔，1990年），另外一个例子是建立在大都会伦敦的凯莫里街自然公园（约翰斯顿，1990年）。

致力于建筑的抗震设计研究很多。这在历史上很多地区都是事实，如日本和中国。地震区建筑设计规范1989年在旧金山经受了严酷而成功的考验（兰格瑞奥，1990年）。然而，城市的选址和设计是否对地震本身有影响至今尚不清楚！

城市设计的结论

本章已经论述了城市设计专业人士对生物环境

立场的改变。这种立场与现在大多数城市设计师所提倡的不同（参见第3章），但是如本章前文所提到的，这种立场来源于那些对城市设计感兴趣的景观设计师的观念（麦克哈格，1969年；霍夫，1984年；斯本，1984年，1989年）。这种看法不仅仅意味着设计师本身文化的改变，而且涉及更广泛的社会层面。环境倡导者需要全世界的社会文化都有一个更大的改变以达到他们所倡导的目标。

现在大量改善城市中自然环境的工作都是有局限性而且是片面的。必要的是基于对生物系统性能和环境中现存的或可能继续存在的问题彻底理解的基础之上，并且对以上努力进行调整和延伸（斯本，1984年）。城市设计师们可以争辩他们是根据政策、条文和其他专业立法部门的规章制度进行工作的，而创造一个生物健康的世界则超出了他们关注的范围。这种看法目光短浅。很明显，城市环境的规划，街道和建筑的组织形式，存在或不存在的植物种类都不仅仅会对人类生理健康与心理舒适度，而且对清洁和保持生物环境健康的自然生态过程有很大的贡献。

很多关注自然的设计观点都必须满足人类对生理健康有益的环境需求，这样的环境有独特的地域性，并能满足人类认知需求和审美需求。环境是由许多小生物环境组成，在那里，地理地形和气候的组合为当地的动植物提供了特有的栖息地。推崇地域间的差异，而不是用外来的物种消灭这种差异以提高人类的生活质量。有些人倾向于在经历这些差异中直接受益，其他人会间接地受到其影响。

城市设计师和普通大众最需要改变的是，要认识到城市中自然要素的象征意义——与其地形、水文、动物与植物相关联的意义看法。这些要素与生态环境中自然生命过程之间的联系一定会成为专业人士和大众审美情趣的一部分。没有这样的态度，为人类及环境自身（其自身的审美逻辑）而创造一个更为健康的环境将会非常困难（霍夫，1984年；斯本，1989年）。

本书已经阐述了许多彼此不相和谐的论点——高密度环境减少了基础建设投资的需求，创造生物健康环境的必要性，以及满足多样化基本认知需求的必要性。协调这些目标导致的结果会使城市环境变得与原先习惯的形式大相径庭。很多观点认为应当保护更多的自然景观和植物，并且根据屋顶景观的特点布置街道和建筑物以疏通气流。也许必要的不仅仅是具备一种新的审美观点，还需要有新的环境理念意识。

1.航拍鸟瞰图景
（照片来源：马克·弗朗西斯摄影）

2.太阳能建筑
（照片来源：马克·弗朗西斯摄影）

3.典型的公共地区
（照片来源：马克·弗朗西斯摄影）

图18－8　加利福尼亚州戴维斯的乡村之家

表面上，乡村之家似乎可以称为典型的郊区邻里（1）。然而随着时间的推移，人类在相当程度上已经承认，乡村之家是生态敏感型住宅。能够利用太阳能的生成机制已经成为房屋发展的趋势（2），开辟小径以及在广阔的田野上种植蔬菜和水果（3）。然而，很少有人在所处的环境中消费这种能源。不过，将来人类的思想也许会发生根本性转变，其中包括进行郊区设计的设计师。

主要参考文献

① Arnold, Henry E. Trees in Urban Design. New York: Van Nostrand Reinhold, 1981

② Chandler, T.J. Urban Climatology and Its Relevance to Urban Design. Geneva: World Meoeorological Organization, 1976

③ Gayden, Ernst L. "Design Model for the Energy Efficient City." In Rocco A. Fazzolare and Craig B. simth, eds., Changing Energy Use Futures. New York: Pergamon Press, 1979

④ Givoni, Baruch. "Architectural and Urban Planning in Relation to Weather and Climate." In S.W. Tromp and J.J. Boama, eds., Progress in Bioclimatology. Amsterdam: Swats and Zeitlinger, 1974.183~193

⑤ Goldsmith, Edward, et al. Imperiled Planet: Restoring Our Endangered Ecosystems. Cambrigde, MA: MIT Press, 1990

⑥ Gordon, David, et al. Green Cities: Ecologically Sound Approaches to Urban Space. Montreal: Black Rose Books, 1990

⑦ Hough, Michael. City Form and Natural Processes: Towards a New Urban Vernacular. London: Routledge, 1984

⑧ Ingersoll, Richard. "Unpacking the Green Man' s Burden." Design Book Review, 1991 20:19~26

⑨ Lamb, Richard. "The Challenge of Ecology to the Design Professions: 1. Invention and Intervention." Exedra 3, 1991.1:16~24

⑩ McHarg, Ian L. Design with Nature. Garden City, NY: Natural History Press, 1969

⑪ Olgyay, Victor. Design with Climate: Bioclimatic Approach to Architectural Regionalism. Princeton, NJ: Princeton University Press, 1963

⑫ Rodger, Allan, and Roger Fay. "Sustanable Suburbia." Exedra 3, 1991.1:14~15

⑬ Spirn, Anne Whiston. The Granite Garden: Urban Nature and Human Design. New York: Basic Books, 1984

⑭ Stein, Richard. Architecture and Energy. Garden City, NY: Anchor, 1977

⑮ Ward, Barbara, and René Dubos. Only One Earth: The Care and Maintenance of a Small Planet. New York: Norton, 1972

洛杉矶的威尔塞尔林阴大道
（照片来源：詹姆斯·布兰克摄影）

结论

在过去的20年，涌现出大量作为环境设计基础主体的实证性理论而得到运用，使在特定情况下出现的特殊设计问题得以自动解决，所有需要做的就是按一下按钮，适合的设计就会凸现。通过创造一种正确的环境模式，可以满足人类渴求的行为活动（鲁塞斯，1969年）。经验主义者是不会持有这些观点的，因为生活比起其他的事情来说更为复杂。

建筑师和城市设计师更喜欢使用类型学的方法进行设计。这种方法包括：从一般的解决办法到特殊解答方法的修正。在19世纪，模式书流行于房屋设计中；克拉伦斯·佩里发展了“邻里单位”的解决方法，勒·柯布西耶不考虑地域文化的适应性，将此加以修改发展为通用于全世界的模式。两个解决办法的使用（这种“邻里单位”理论出现于雷德朋居住区和马赛公寓中）似乎比它们最初未经改动之前的使用要好些。上述的观察大概也能作为普通模式同样用于佛罗里达州的海滨区和拉维莱特公园的设计中。

经验主义者近来勉强地创造出这种通用的“解决办法”。对于这种形势有几种可能的解释，一是，这些方法以前曾被盲目地使用，再一个无疑就是因为对通用解决方法的可能性缺乏信心。很可能还有第三种情况。进行环境设计调查的人自身很少是设计师。不管怎样，接近城市设计的经验主义者——尤其是在生态结构框架之内工作的那些人，专注于日常生活的问题研究以及对建筑环境的特定模式作出推测，这种模式基于现有的证据来解决这些问题。

还有这样的担心，经验主义会不会导致设计衰退的趋势。反过来也是正确的。如果设计师总体上是理性的，并且具备了综合知识，那么，采用按钮式的方法明确问题和进行设计就是有可能的（参见

第21章“城市设计的设计程序”)。设计领域中的实践知识还没有简化设计问题，然而却给我们提供了一套开始处理问题复杂性的工具。同时，经验知识也给设计师提供了现有的新知识和对所面临的问题认识得更多、更清晰的机会。总体上来讲，在认识人类利用环境方式的多样性和存在于人类美学观点的多样性上，经验知识是特别真实的。这种知识可以让城市设计师在设计上完成从“黑盒子”到“玻璃盒子”的转移，从问题密布的谜团中走向公开讨论问题的境况。还可以使他们真正认识到知识的局限性。设计将一直在不确定的状态下进行。

城市设计的过程不会永远都是按钮式的，除了在有可能处理一些重复性环境技术的过程中，在这个过程中，没有功能性的提高。公共领域的特质及其设计方法都将会进行公开讨论。很明显，很多城市设计都是在处理高度争议的问题。本书对所提问题和建议性方向提供了一个框架，其中介绍了一些解决问题的方法，赋予书中所描述的功能性定义以理性的成分，以便展开对此问题的讨论。然而，我们还将面对一系列的问题。应该追求满足谁的需求，公众利益的特性与设计应该紧密地和问题结合。这些问题都保留了下来。它们都是有价值的问题。另外，前一章节已经构架了满足个人需求的设计进行考虑，然而如此运作的机制却常常充满着矛盾。第19章，“城市设计中存在的主要问题”的目的，就是要勾勒出未来方案制定中城市设计师将面临的困境。以此作为基础，现在已经得出的美国未来城市设计实践的结论将在本书第三部分体现。

19

城市设计的实质性问题

有人假设，环境设计研究的目标是形成一种技术的、机械的设计过程，这个过程能把建筑形式的要素整合到完全理性地解决一切问题的方法中（瑞斯，1969年）。没有一个经验主义者相信这种假设。设计是而且一直将是一个争论激烈的过程。因为我们应对的是一个具有不同呼吸的人类所组成的多元文化世界，所以在理解美国和其他许多国家出现的现象上存在局限性。

我们对于人类需求有关的行为活动模式和美学爱好的一般特征了解很多。我们在对于不同行为模式之下提供的不同形态建筑环境很了解；对于不同人持有的方式也很了解。我们对于不朽的几何图案、各种健康的城市空间场所的类型都很了解。虽然列举了很多，然而，我们对它们的了解还是很少的。类似经验主义的研究导致了我们知之甚少，例如，如何提供建筑环境的模式，不同的人及他们对这些细节的态度决定了他们对此的感知。我们对于如何选择进化所知道的就更少了。

我们所掌握的有关环境、人类及其相互作用，以及人类和建筑环境之间关系实证性的理论知识，比起我们使用现代主义者的知识要强大得多。我们更了解人类居住建筑环境多方面的功效。知识应用的过程，就是我们从实践观察者转变为规范陈述者的过程，即设计过程；知识应用的过程，还是一个充满价值观的政治过程，而且一直将是这样；它还是一个在不确定的情况下包含许多决策的过程。对于哪一项实证性理论是最精确的，将会有很大的空间可以进行讨论：关于美好世界的特征，关于哪个设计目标是重要的，关于应该采用哪种结构，关于行为活动、美学价值和建筑环境之间的适宜程度。很多令人痴迷和兴奋的城市设计就是在这样的争论中产生的。这种争论为经验主义的信息添加了一些理性，然而，仍存在需要解决的问题，这种问题用理性的争论很难解决。城市设计师将不得不处理竞争中的设计对象。这些目标的价值是很难衡量的。

实证性理论的局限性

所有的设计决定不完全都是空想的，而是基于一些明确的观点基础才作出的决定。这些观点或对或错。设计决定是基于关于世界如何运转的观测或推测的，也基于世界是如何运转的假设基础。无论我们关于这个世界实证性的知识发展得如何好（不管这些知识是通过科学的、现象的还是历史记载的方法得到的），实证性理论所提供的解释在竞争中都不可避免地存在矛盾，这些矛盾导致对设计成果不同的预测，以及导致在建筑设计和城市设计考虑的许多主题上缺乏调查研究。解决这些矛盾填充这些缺陷是自然科学家和社会科学家共同的目标。

争论中的实证性理论尤其存在于城市设计师要解决的许多现象的解释中。例如，有许多知觉理论，其中有两套理论（感观基础和信息基础，参见第1章；乔恩·朗，1984年，1987年）提出了关于建筑和城市形式表达特征基本不同的观点。在这本书中，生态学的理论已经被人们接受，但是对于它的基本理论所作的预言仍然在设计成果上表现出不确定性。这些成果本身难以估价，因此通过行为研究(本·威斯纳、斯特、库瑞斯，1991年)的理论建设反馈还没有完成。类似的，社会学中也存在关于社区特征的对抗性理论。泰尔科特牧师的功能主义理论从生态学的观点出发，涉及设计问题具有最显著的外部效应，在此被接受。在对待内涵方面，就如同与环境心理学联系在一起的经验主义方法一样，存在现象学、符号学、解释学的方法。在这本书中，已经采用对于内涵发展作出的最显著的解释方法。这是基于洞察力和认知基础之上的生态学模型（J·吉布森，1966年，1979年；奈瑟，1977年；卡曼斯基，1989年）。

城市设计师一直以来都可以面对未来。实证性理论告诉我们未来是什么样，及未来的发展趋势可能是什么样，但是未来是不可预知的。很多调查者（如泰尼，1969年；弗朗克、阿伦茨，1989年）都试图理解行为和艺术价值是如何变化的，而变化过程本身并不好理解。我们知道许多社会阶层、家族机构都发生了实质性的改变，我们从中不难预见其短期的前景，但是社会家庭机构的中、长期发展前景我们却没有把握预见。社会政策可以设计适合未来家庭的特征，但是在美国，社会政策更倾向于不自觉地发展。类似的，我们已经知道人类对于城市形态的共鸣发生了变化，即对特定的城市形态和城市模式的喜爱发生了变化。这些变化以周期性的形式进行。这种共鸣形式的循环还将沿着过去的同一方式继续吗？我们相信，基于当前我们的理解，很可能就会是这样，但是我们不能肯定地得出这样的结论，并运用这一结论预测季节的循环。即使在面对生物环境问题上，我们都不能确定当前的气候在下个世纪前半叶全球区域内在是否还将保持不变。设计师的任务是要解决当前的问题，然而解决方法不得不涉及未来。我们不断地对未来作出假设。对我们不确定的事物做了很多假设，我们猜想这些结果有时会成功，有时也会失败。

创造能很好地满足需求的新方法将一直是一件困难的事情，然而在城市设计中，很多令人兴奋的事物就来自于这类问题的解决。后现代主义的设计经验解释了城市设计师面临的问题，后现代主义的设计常常通过技巧给非专业人士以尊重和归属感，同时也达到了他们对审美的需求。由建筑师创造、设计的旨在达到这些目的的建筑环境图形和符号向人类传递着特定的含义，不过，这样做根本没有取得一点儿成功（格欧特、坎特·戴维，1979年；格欧特，1982年）。建筑师认为，他们所表达的含义没有被更多的普通人认识到。尽管设计的意图也许是真诚的，但是这种方式常常遭到失败。建筑师原意为直觉上证明吸引人的做法却是以错误的实证性理论为基础的。将含义附和到环境中是一种高度化的个人行为，如果建筑师希望更有效地传达意义，那么，他们背离基本规范的程度就要受到限制。虽然将来的调查会帮助我们作出更好的预测，但是不能排除潜在问题。

规范性理论与美好世界概念的竞争

马斯洛的人类动机模型是以我们是谁为基础的。尽管这个模型高度示意了“好”、“美好”世界的特征，但是它只是一个实证性的模型，而不是一个规范性的模型。我们认识到拥有一个良好的生活就得拥有一整套自己生活的必需品。问题是：“为了获得满意幸福的生活，我们要实现其中一些‘需求’，是一种怎样的必要呢？”“我们应该自以为是，还是接受某种理想的模式呢？”“我们是接受作为其中一部分的文化，还是接受我们声称的模型，并以此作为设计的基础呢？”

明确人类不同需求的相对重要性和确定城市设计要素考虑的适合方法最终要依赖世界性的观点。所有的设计，甚至所有的调查都由规范性的态度来引导，这种态度来自于对现实世界、未来世界和确实应该发生在自然结构之内的状况特征的理解。例如为孩子所做的设计，就得依据这样的意象：孩子应该是什么样子的，一个孩子意味着什么。历史上这种设计意象存在着相当大的区别（亚力士，1962年）。孩子是可以看见而听不见的吗？是应该鼓励孩子自立，还是遵从大人的意见呢？城市设计师应该采纳儿童对外界的看法吗？不同社会及其不同的倡导者对这些问题持有不同观点（布朗芬布伦纳，1970年；托比、大卫·吴、戴维森，1989年）。他们经常下意识地判断什么是好的、什么是坏的，以及将来会怎样采取不同的态度。

城市的概念

不可避免地城市设计受设计师和决策制定者观念的引导。这种观念是关于美好城市或其他任意聚居地的概念。相同的实证性理论会引发关于什么是良好环境竞争的观念，这是因为不同的设计师依据他们的价值观在相同的理论中作出了不同推断。在所有规范性城市设计理论中，关于人类需求和这些需求如何在人类的意愿和建筑环境中表现出来的特定观念是含蓄而不明确的。

19世纪末的西欧，商业城市被视为记录人类历史和表达市民意愿的宝贵财富和博物馆。建筑师都怀着体面感进行建筑设计。在那里，统治者认为，每种建筑类型应该按等级制度进行严格划分，每个阶层应该有与其相对应的建筑待遇。美学秩序为人类普遍接受。“焦炭城”是一个与19世纪城市形成鲜明对照的工业城市。今天，我们经历了经济理性主义时期，可以从租金理论中了解城市特性。城市是为利益而竞争的场所。追随这条思路，“城镇的思想”已经丧失（莱科威特，1988年）。城镇成为经济过程的副产品。与此同时，许多建筑师被欧洲中世纪的城镇意象所引导。

所有城市设计师的行为都是由他们个人对美好世界看起来像什么的印象、一种可看得见的特征印象所引导。基于不同的价值体系创造了他们各自的设计思想模式。弗兰克·劳埃德·赖特的“广亩城市”从本质上不同于勒·柯布西耶的“光辉城市”和保罗·塞雷瑞设计的阿克桑尼特和里昂·克里尔设计的雷德朋居住区（参见第2章、第3章）。凯文·林奇（凯文·林奇，1984年）并没有提供一个良好城市可看得见的意象，而是描述了城市的性能特征。凯文·林奇列举了良好城市形态的五条基本性能特征：（1）生命力。城市应该能够支撑人类的生物功能，提供人类的生存所需。（2）感觉。城市的形态必须为人们清晰觉察，帮助人们提供清晰认识城市的意象。（3）适宜性。城市应该提供人类正在从事和想要从事的行为空间，行为背景应该是丰富的。（4）可达性。城市应提供人类进入场所和接触信息的通道。（5）控制。城市应该提供给人类控制场所和控制城市变化过程的适宜性水平。（6）效率。表现在资金和时间上。（7）公平。表现在权力和资源的配置上。这种模式已经很明显地影响了这本书的观点。

目前出现的物质性城市空间模型是由一整套相关的行为环境构成，这些环境为市民及社会目标服务。在这个模式中出现了种种环境，这些环境应该用清晰、全面的思想加以理想化地进行组织。与这个理想模式存在的可能矛盾在于：个人的权利及表现是以竞争的方式作为设计决策的基础。个人享有权利，而且社会同样享有权利。那么如何来明确这些权利呢？

作为一个社会整体如果没有遭遇重大的机会损失，同样需要把城市看作一个开放的、相互联系的独立存在系统。每一个独立存在的实体都具有自身属性。不论是总体城市设计、还是局部城市设计方案和实施性政策都会改变这个系统，于是它改变了包含其在内的各个实体，改变了实体间的连接，改变了与实体及实体之间的连接有关的金融经济价值（阿托、洛根，1989年）。当今美国趋向于在更广阔的城市系统内把城市设计计划作为封闭体系提出。这些封闭体系被视为独立的单位，但是只要会产生任何结果的所有方案都要对外在世界产生影响，并且也处于外在世界的影响之下。当它有了经济观念，考虑到外界对计划产生影响时，对方案主办人或城市设计师个人来说，考虑到计划对外界的影响，他们得到的经济回报将会很少，除非这些影响是否定性的。有时，法律上要求他们这样做。暗含在这些全部评论中的是一种文化偏见。

设计的文化基础概念

在不同的文化背景之下评价设计的质量会出现不同问题，而这些问题均源于人类对自我意象的认识及他们的文化基础，并源于他们对于良好生活的构成及良好生活的概念。处于不同文化背景之下的人具有自我意识、良好修养、正确行为模式之类的道德观念。普遍的社会思潮和专业文化引导着设计的抉择。这些规范性的观点也许大大背离了人类实际作出的选择和从事的行为。美国人自身的形象好象更多地来自19世纪30年代电影中的描述，而非来自他们自己的生活历史和现实行为。问题在于设计是遵照规范模式的道德观念，还是按实际存在的人的行为活动方式而进行呢。按道德观念设计会引发道德观的一致，而并非行为一致的环境（密歇尔森，1976年）。这样，城市设计师就不得不面临着抉择：哪种现实行为是他们可以接受的，是规范性的模式，还是作为设计基础表现出来的其他渴望行为呢。

明确形成的文化模式作为设计的基础将充满困难。依赖于人类关于自己和他们的希望、报负的说法往往不可能对他们的将来带来最好的环境。我们经常以文化上可接受的方式来应答什么是渴望的、什么是我们不想要的。即使人类好象偏离了既定轨道，我们也没有必要一定要按我们所说的方式行事，否则，就不会说忙碌的人行道和综合区是糟糕的。我们已经适应了社会需要的良好世界的形象，对我们来说，非专业人士和专业设计师一样，但是在考虑其他一些有可能实现的问题时却变得困难了（威尔斯·克波汉纳）。

尽管大多数未来城市的模式好象是由空想家们创造和提出来以供讨论的，但是未来的种种模式还是促成了从事实践活动的城市设计师的工作。实践者较之理论家，他们的名声就很少联系和思考好的世界是如何运行的。不过，实践家的行为完全是以某种“更好”的感觉为基础，除了那些有悖于常理的行为（凯文·林奇，1984年）。实践家关注的是个人作品的产生，但是就像这本书的观点，也有很多城市设计师认为环境应该是更全面的。创造作为设计基础的未来文化模式过程中的主要问题超过了社会权利限度和个人权利范围。

不同的社会对社会特权和个人特权持不同的意见。美国、澳大利亚、英国、荷兰强调个性和个人表现。在这些国家建筑师在决定城市设计质量的普遍性研究中很难达成一致。

建筑师、规划师和城市设计师广泛具有美好世界的概念和每天生活现实之间的主要冲突之一在于不得不要去理解社会和公共空间生活的概念。在许多建筑师的印象中，良好的城市布满了聚集人群的广场，这是中世纪的做法（参见第13章）。然而在许多社会，这样的广场并没有被利用。有些时候，如果这些广场是经过审慎地布局（如在城市人流联系顺畅的繁忙地区）则就可以充分利用。哥本哈根就是这样做的（盖尔，1988年），但是开放空间往往一直被人遗弃，这些地方是人类行为模式没有涉及的部分。随着新通信技术的使用和不断强调个性隐私生活（即使建筑师自己的生活作风趋向于遵从标准规范，但是他们仍普遍强烈地反对其中的某些规定），这样的场所将不再被使用。

在美国，维持、整顿的花费相对于公共部门支付能力的下降作出的响应是不断增加公共空间私有化。我们中的许多人强烈反对这种行为。我们是随波逐流呢，还是要努力提高设计能力使公共空间仍然保持是公共空间呢？城市设计师们经常要面对这样的抉择。城市设计师应该尽力地引导社会发展到什么程度，跟随社会到什么程度呢？除非用户自己预先产生有倾向性的改变，通过有形的设计改变社会模式受到了限制，这一点早已经被指出来（盖斯，1968年；参见第1章）。

人类模型

城市设计师设计的城市场所空间被许多不同的人所使用。就像汽车设计师一样，城市设计师必须得在头脑中有一个人类模型作为决策的基础。即使在文化相似的社会中，人类在生理上、心理上和诸如此类的感受上都不同。设计是为特定的人而进行，还是为了满足有可能使用这个场所的所有人的需求而进行的呢？后者的选择通常意味着设计只为最低限度的实用性而进行，但是事实并非就是如此。例如，设计一个广场，可以设计出为不同的人使用的不同区域。问题是：“应该是这样吗？”如果答案是“是”，那么这个问题就转变成：“要相隔多远设计不同的设施给不同的人呢？”男人和女人在使用公共广场时是不同的，他们感到舒适的环境类型也是不同的（莫桑格，1989年）。所有广场的设计是要使处于其中的所有男人和所有女人都要从生理和心理上感到舒适呢，还是专门为某些人设计一些场所，同样为另外一些人设计另外一些场所呢？城市设计师如果不是明确地而是绝对地根据所有这些问题设计公共领域或制定发展方针的话，那么，其结果只会导致重大的程序性问题产生（参见第22章“城市设计的程序性问题”）。

以下这类问题中的一些问题的答案相对比较明确些。儿童游乐场的使用群体是清楚的。然而，应该把残疾者安排到正常的场所中里，还是给他们提供单独的交通设施呢？这些问题引发了社会设计问题：给城市、建筑和工业设计各流派带来明感的直接的问题。很明显，为轮椅上的人专门设置的盥洗设施对于使用者来说是非常必要的，也会使他们感到舒适，但是这些设施如何单独设置呢？每一个盥洗室在设计上都要考虑到残疾人吗？谁来为此支付费用呢？公众的利益是什么呢？

公众利益的概念

城市设计师、城市规划师、景观建筑师及较小范围的建筑师们一个重要的主张就是：进行设计时要尽自己所能满足委托人和用户提出的改进要求（康拉德，1970年；维特基，1977年；雅各布斯、阿普尔亚德，1987年）。然而城市设计师面临的一个主要矛盾就是，确定短期设计和长期设计的成果与甲方财政需求的态度。可能是因为城市设计是一项有价值的活动，所以设计师为了公众当前和将来的利益而进行设计。抱着这种态度，设计师对许多实际问题表明了自己的看法。

这些见解集中于一点就是满足城市现有需求，但是不排除满足未来发展的可能。设计师们本着这一立场对后人发出倡议，即便他们并不知道这些后人是谁，他们的价值取向是什么。这一立场表明，城市设计师们准备主张公众不要消费掉所有的潜在价值和资源。放弃眼前利益，以避免排除将来的选择权。这些设计意义在于我们应该为无尽的设计而进行努力，而不是力求现在的就是最好的。实证性和程序性问题都在于如何最好地确定这些选择权。城市设计师和所有对待未来问题的专业人员一样都是在采取最好的行为过程的不确定性下进行工作，这就是为什么设计师们自己经常也会有不一致的意见的原因。他们的知识基础、态度和意图不同，他们也都试图垄断所在的专业市场。

城市设计中竞争目标和对象

这本书中讲述的城市设计观点之一是以创造建筑领域模式为总体目标，而且，这些模式对委托人、用户和设计本身都具有很高的效用。城市设计依靠一系列的判断，这些判断依次建立在对将来使用什么样的特定模式预言的基础之上，建立在对过去理解的基础之上，即建立在关于世界是如何运转和进化的实证性理论上。这些判断还包含这些成果价值的应用。设计师持有的这种观点代表了某种人或某些人而非其他人的观点。即使城市设计的目标是为了其自身目的而提高生物环境的品质，但是也是建立在与人类有关的一系列价值之上。在任何城市设计中，对将要做的事都存在不同的观点，因为每一个利益共享者都是根据他们自己的需求来看待形势。

利益共享者的竞争

几乎不可避免地设计师要面对各种类型的个人和团体。他们有不同的需求，在需求获得满足的过程中，发挥政治权力的程度也不等。因为不同的人对建设持有不同的态度，所以城市设计目标的竞争也在升温。这种竞争有很多实例。

开发商、用户和设计师

开发商、用户和设计师以不同的方式看待环境。因为他们有不同的需求，所以他们改造环境的目标也不同。开发商的目的是获取足够的利润以满足更多需求。用户的目标之一可能也是盈利，即安全投资，即使他们对这方面可能不是特别清楚，但是也要求满足他们基本的认知需求和审美需求。设计师在建筑环境中也有利害关系，改造建筑环境是他们的生计来源，如同他们对于认知审美需求一样，设计也是他们满足自尊的途径。不论何种结果的任何设计，不同目标之间的调和是不可缺少的。

任何大型的城市设计计划都会有不同的开发商、设计师和用户。这些群体的总体目标也许会一致，但是设计的目标、达到目标的方式会各异。他们的目标经常是竞争性的。城市设计的任务之一就是要调和竞争中用户的目标。达到实现这些目标不存在绝对的方法。

用户竞争

任何城市设计都有不同的用户。这一点很明显，例如，在许多实例中，成年人喜欢经过高度整修过的环境，但是小孩则不，因为他们任何时候的所作所为大人都会认为他们的行为与行为背景不符，是对环境的破坏。罗宾·摩尔（1986年）采用比较法研究了英国伦敦特伦特河畔斯托克区的邻里单位和斯特文内几新城的拜德韦尔地区，他发现，父母们认为特伦特河畔斯托克区的邻里单位中最糟糕地方的小土堆对孩子来说却是最好的。他们在这儿玩得很开心，因为这里为孩子的行为提供了多样性，同样在一个修整过的环境中，孩子造成的破坏也是大人们不可接受的。

城市设计应该达到一种怎样的修整程度？过分整齐是设计的目标吗？小孩把冰淇淋滴到人行道上就会损毁人行道吗？设计能为店家提供手写招牌的空间而不使整个招牌设计方案视觉混乱吗？如果产生脏乱的局面，要紧吗？人坐在壁架上就是破坏壁架吗？有没有一个让孩子和环境比试力量而又不破坏环境的地方呢？我们的设计提供了除大路之外来自环境的自我检验的机会吗？设计师在设计时头脑中会想到谁呢？公众利益在哪里呢？这些问题始终都会缠绕着设计师。

为了克服理解不同文化和亚文化人群的一系列鲜明需求方式的困难，设计师可能会向特定的群体承诺去维护他们的利益。即使这样，城市设计师们彼此之间很可能还会存在竞争。例如，很多设计师投入到与艺术精粹相关的理性审美理论之中，受到很高的赞誉（布罗德本特，1990年）。许多设计师（如哈特，1978年，1979年；罗宾·摩尔，1987年，1991年；罗宾·摩尔，1987年；沃德，1990年）把他们的注意力集中在特定文化中孩子们的基本需求、认知需求的实现上。还有的设计师关注老年人的需求（如劳顿，1975年；雷涅、帕那兹，1987年）。这两类群体现在和将来的需求在某些方面是相同的，但是在其他方面，他们与更广泛的社会需求相矛盾、相竞争。这些认识要求设计师创造新的方法以便去解决各种需求之间的矛盾。

建筑环境中用户和运营者的竞争需求

满足使用空间的人需要的设计与为运转、维持这个空间的人的设计之间也经常出现矛盾。在设计健康的公共设施时，设计师心中考虑的是病人还是医生呢？设计广场是为了让人使用舒适呢，还是为了活动或达到美观的效果，亦或是为了维护方便呢？简单的回答就是“心中要装着所有这些目的进行设计”，但是设计师几乎总是需要在满足不同阶层需求的设计之间进行协调。

许多建筑物甚至更多的是那些建筑物之间的空间，在市长剪彩和开张讲话时看起来不错，但是在不长的时间内就会变得冷清起来。这些建筑物和空间没有得到它们所需要的维护使其保持开张时的场景。维护建筑物的方法和花费常常不在运行者和设计师的考虑之列。还有很多关于这种场所的例子，尤其是在公共空间，设计师头脑中是为了维护方便而进行设计，而不是为了人类的使用方便而进行设计。这些场所往往从一开始就令人生厌。

目标竞争

不同的人有不同的需求，不同专业的人有不同的主张，结果，城市设计师将会一直带着竞争的目标而进行工作。简单的事例就表明了这一点。城市需要一个高效的公共交通系统，城市设计不允许提供给个人太大的流动性道路。设计布局紧凑的城市，可以减少运输系统和排水系统等基础结构设施的花费，但是这种需要不会必然地导致湿热气候地区的建筑对于能源需求的缩减，如在新奥尔良这种地方。容易实现的设计也许会和人类住进带有大型私家后花园的独立式住宅的愿望相矛盾。私人控制决定说了算，也许不会产生激发市民自豪感的邻里单位。用旧仓库改造的出租住房往往看起来像贫民窟。种着行道树的街道为人类提供遮阳的荫凉达到了美观的目标，但是阻碍了地上、地下基础结构设施的布置。

尽管许多这类矛盾经常出现在设计师为市民的考虑之内，但是也出现在上述城市设计范围和城市设计师的专业考虑领域之外，在过去的20多年已经引起了公众的关注。例如，大规模稀有资源开发所得到的经济利益，也许不得不与区域水资源、空气污染的花费、资源的耗费及诸如不同种类动物居住地的潜在破坏之类的结果，以及对热带地区生物环境中阔叶森林贬值的结果进行优劣权衡。高速公路的发展需求也许与私有财产权进行了良性的竞争。第一个例子是在世界性的范围内进行，第二个至少是在区域性的范围内进行。一连串表面上无穷尽的相似矛盾出现在城市设计中。例如，在公众审美情趣和艺术家看到的公众艺术特点和作用之间，或是在维持历史价值和新开发之间如何处理城区的河流，以及在公园里决定种植什么品种的植物时都会出现类似的矛盾。这些都是城市设计师面临的典型问题，能够回答这些问题的很多方法中的任何一种方法都存在激烈的争议。

人类需求挑战环境需求

设计目标的不同不仅仅是因为通过设计来满足的人类需求不同，还因为设计目标与生物环境需求的认知是相互竞争的。人类已经改变了很多生物环境特性以便能更好地满足个人需求。全人类都在消耗资源，这些资源中的一些是可持续的，而其中的一些一直在减少。人类应该消费任何不可更新的资源吗？人类常常会在短期内获得很大程度的提高，但是却是以远期内生物环境的负面效应为代价的。许多国家好的居住环境意味着更多的土地将从非建设用地转变为城市用地。这些活动将不可避免地改变世界上动植物的生活环境。我们可以最大限度地处理幸存下来的人类和动植物种类的竞争。这两者之间的界限又在哪儿呢？

下面用种植在公园里的植物品种和种植在城市其他开放空间里的植物品种来举例说明专业人士和许多非专业人士所持的不同态度。某些地区进口的植物品种超过了国内的品种，正逐渐成为一些场所空间关注的问题，例如佛罗里达州（参见第18章）。引进植物可以解决这一问题，但是在此后，这些植物又会因为生长得相当旺盛自身又成了问题。另外，当时人类迁居到美国大陆，随身带来的动物和植物经常会给它们新居生活的自然环境带来了相当大的危害。这些植物中的一些和人有特定的联系。这种联系对人个性需求的满足至关重要（参见第13章）。然而这些植物的引进可能对现存植物品种、国内鸟类存在不利，也可能会削弱地方识别性。是与人类自身为核心的相关意义更重要呢，还是在特定状态下自然生长的维护更重要呢？这些问题，只有依据世界性的观点及全球模式才能解答。这是一个政策性的答案。

这些矛盾中的许多可以通过创造性的设计友好地得到解决，许多却不能得到解决。城市设计师和那些对公共决策最终负责的人不得不反复依靠没有太多经验的证据来支撑这些设计。更多时候，这些决策不幸被带着个人职责而不考虑侧面效果的人单独作出。尽管这些依据是以量化的形式表达观点的，但是我们却识别不出来，这样我们就不能详细地叙述并讲解。马斯洛的人类需求模型为适宜的功能问题提供了基础。利用这一模型可以完成提出的任何城市设计，但是在具体的应用过程中，有一些基本问题仍然存在。

人类需求的等级秩序

人类需求以等级秩序模式存在，然而在决定设计什么内容时，却没有什么规则告诉设计师，对于那些特殊需求要达到何种程度才能保证在转向考虑其他需求之前这种需求得到了充分满足。比如，为安全所进行的设计需要多少花费？人车水平方向的分离（利用步行街）或垂直方向的分离（利用地下通道或高架公路）也许会给人们的出行带来了很强安全感，但是这也会影响到其他需求的满足。还有，这些分离的花费也是很昂贵的。

利用马斯洛的人类需求模型，我们能够预测到，如果设计师全身心的设计可以满足人类一系列根本需求的话，那么，他们的心思就将转到不太迫切的需求上，但是这些需求要形成明确的需求却是困难的。一些人不得不忍受高犯罪率的环境，因为他们如果想要继续生活下去，几乎没有选择权。然而有一点也很明确，这就是人类为了实现崇高的需求必须准备忍受这种环境。在纽约，人也许会感到很安全，但是在首都华盛顿却未必现实。比如，住在华盛顿、底特律、纽约一些地区的人，他们因为没有可望而及的选择权，或因为已经习惯于社会变化的环境，而不能设想出他们自己能够获得其他不同的生活状况。城市设计师应该对罪犯的需求示以什么态度呢？

设计师必须处理不同人的需求，然而却没有规则告诉他们该把重点放在哪里，除了一些迫切的需求之外，其他的都是不迫切的需求。在任何情况下，确定设计注意的重点是设计师在设计时不得不时时要面对的问题。相对于社会环境和经济环境来说，我们对于人类居住建筑环境的重要性知之甚少。于是，提升城市设计有力证据的匮乏相对于创造富民机会的社会规划和经济规划的竞争是困难的。

决定把这个居住建筑环境目标作为重点，而不是把那个目标作为重点，一直是设计师争论的中心议题。任何决定都会成为争论和辩论的主题。还有一个问题就是不同的人对同一问题持有不同的立场。越是基本需求变化就越少，对设计职业来说这是富有理论性的思考。城市设计对于人类的欲望所能够做的很少，除了努力减少一些易于实现的问题，以及为城市中的出租行业提供机遇，而这些也根本不是主要的解决方法。城市中庇护性的公共领域设计需要进行相当深入的思考。需求表达尤其是在美学表达的考虑上的减少已经因袭而成为城市设计观念的中心。我们现在对特征复杂性的理解要比我们前辈的理解深入。

审视城市

人类需求的重要性存在着层级，而人类居住环境的构成和构成要素也存在着层级。由于建筑环境要素存在不同但清晰的观念，所以对城市设计的目标也会产生争议。把城市分解到组成要素中的方法很多（参见第9章）。这些方法既没有必然的冲突，也没有相互的排斥。一个人分解城市组成的方法可以折射出这个人是如何关注环境的，反过来，也折射出这个人是如何着手于设计城市的。因为在特定的环境中，解析建筑环境的最佳方法并不明显，所以问题就此产生。

为了设计便捷，凯文·林奇（1960年）把思考建筑环境要素的方式解析为：路径、边界、节点、区域和标志，也许是最突出的做法。当然，对建筑环境要素的思考也存在值得考虑的以经验主义为依据的论据（波科克、赫德森，1978年；帕森尼，1984年；亚瑟、帕森尼，1990年）。如果一个项目能与崇高的城市设计作用考虑在一起，那么，它就能更好地把建筑环境认为是由有光明的前景和没有光明的背景要素所构成的（韦斯特曼，1990年）。近来（如科纳，1990年），人类对多层面理解城市作出了努力，这些层面包括：历史肌理、开放空间、地表面、建筑类型、植物栽种、循环系统和行为背景。这种方法也许对创造有活力的城市有帮助。对城市设计师来说，最重要的事情就是发展有秩序的系统，在这个系统中，被选择的既定要素要依据各要素对于活动及美学欣赏的建筑环境模式所承担的整个特性帮助的程度而定，并且可以依据各要素所决定的方法整体形式的水平而定。这种解决方法必须要切合具体情形。也必须在现行法律无形的网之下体现，抑或必须在宪法之下作出改变。法律无疑会改变并以更好的形式适应未来社会的特性，这样，法律将影响到未来存在的潜在设计。

城市整体行为和视觉框架是通过流通模式和公共开放空间构建起来的。通过各要素组织在一起而构成第三维——建筑立面，建筑立面赋予了城市丰富的视觉特征。这种方法也用于环境的细部设计。立面视觉特征还来自产生的活动和人类自身具有的特点。但是不同的人对于这种特征的认识是不同的。孩子们对环境细部的查看及感官特征的察觉要比成年人强（劳克绍克、林奇，1956年）。

许多美国人最喜爱的城市为人们所熟知，不是因为它们具有视觉上的秩序性，而是因为它们能提供富足的生活。这样，每个城市的性格也来自于现存的行为背景及它们对于居民在自然和社会上的影响程度。尽管这一点已经为大多数建筑师所认可，但是在作出设计决定时，他们往往还会忘掉这一点。他们依据建筑的现行经验法则规范，把注意力仅仅停滞在视觉品质上。

摆在设计师们面前的问题是要把重点放在哪儿呢？什么是设计中真正重要的?是按凯文·林奇的说法（1960年）是指整个道路网，还是指人行道和建筑入口细部呢？或者，还是节点的特征呢？抑或是市民建筑与广场连接的组织方式呢？不同的设计师对重要因素持有不同看法。他们的立场是建立在良好社会的印象上和在设计中他们自身能胜任什么任务——这一点可以提升他们自身的职业目标。设计的任务就是要应对所有复杂多变的环境，但是不可避免地也会存在一些问题，较之其他问题，这些问题应该要着重进行考虑。

环境的可行性

许多建筑师都持有这样的看法，即每项设计都要体现新精神——明显的背离规范。复制现成的设计被认为是一种相当失败的举动，即便这项设计复制得很成功。另一些设计师持有这样的观点，过去做设计是为改变而改变的吗？（参见“彼得·埃森曼相对里昂·克里尔”，1989年）。城市总在变化，但是其许多生活方式和价值观念却永恒不变。现代建筑和城市设计运动中的功能主义者分支经过深思熟虑打破了过去那种被认为是反人类的、不适用的世界，但是他们建立起来的新世界并没有像想像中那样进行运行。这本书中提及的接近城市设计的经验主义者倾向于不必要的浪漫和别致。城市设计师不得不面对这样的问题：创新及保留传统到什么程度？为创新追求的新几何图形和新技术到什么程度？

城市设计师感到一种失意，亦对亦或是错，出现在当他们感觉关于环境的新想法和新模式方法是一种较好的方式可是人类却不习惯时。城市设计师主要的任务之一就是推销思想——把人的注意力带到新的处世方法之中。同时，他们自身也有追求新奇事物的欲望。建筑师赢得声望的主要方式之一就是创造新方法。新颖的设计不仅可以吸引建筑师的目光，而且也可吸引专业和非专业人群的目光。

满足人类需求的城市设计机制

城市设计也是建筑和工业设计中最基本的一个问题就是“环境布局应该如何贴切得体地适应特殊的行为活动模式或一系列美学品位要求呢”？这一问题引发了其他的问题：“设计是为舒适而进行的活动，还是为发展而进行的活动”？“设计要应对不断变化的行为、不断变化的技术及不断变化的品味文化，还是单纯地只根据现在所掌握的知识而进行设计并允许将来进行设计的自我照顾呢”？

满足设计对象

尽管我们已经获知在一般形式上实现人类需求的方法，然而，所有个体的表现甚至所有人群的表现却远远地超乎于单个城市设计师的理解容量。需求不是静态的，它们会随文化进行调整，对于同一需求方式，比如对于尊重的满足会因文化而异，甚至因同一文化中的不同个体而异。另外，问题在我们同步处理不同人群需求的知识和能力全面化的过程中而产生。

在同种文化中，相同的需求也许是以不同的方式来满足。一个群体中全体成员的需求得以满足也许是通过参加一项群体活动，而且同时要通过集体精神的象征来体现。某种方法也许会充实其他方法。经常会有矛盾需要解决。在某些社会中，身份的体现也许是让人向往的，但是也不会有人反对。现代建筑和规划运动趋向于不赞成体现不同社会中人的身份经济地位。但是不管怎样，在美国这一点已经很明确了。对许多人来说，体现身份的确很重要，而且许多城市设计项目对身份的体现已经找到了存在的理由。摆在城市设计师面前的一个问题就是，采用哪一种方法而不是别的什么方法满足需求到什么程度。从有关自我崇拜的调查中，可以得知，当今美国的一些人把自我崇拜视为至高无上的目标（帕夫，1991 年）。怎样才能使这个目标得以最佳实现呢？应该实现这个目标吗？借助设计师的帮助，采用不同的方法能够满足需求到什么程度呢？设计师实施起来的可行性有多大呢？讨论从头到尾都围绕着这些问题而展开。行为计划需要设计明确到什么地步呢？实际上，行为计划应该达到怎样明确的程度呢？（参见第 21、22、24 章）。

只有少量的设计目标通过一种方法就能实现，更多的设计目标能够有幸地通过不同的设计方式和方法实现。有些方法优于另外一些方法，但是没有一种方式会被认为是对的或是错的。比如说实现一个目标，设计一定要高密度。相同密度的房屋设计有多种方法，每种方法好坏程度上都会满足其他目标。设计模式使设计简单化，即便如此，用绝对好的或差的词语来认定设计模式也是困难的。

这样的问题几乎出现在城市设计涉及的每个方面。例子有很多，例如，一直以来，公共政策的问题就摆在美国城市规划师面前，他们对于公共政策问题已经考虑到这种程度：在美国，汽车是主要的出行交通方式，现在已经认识到未来燃料缺乏的可能性，美国设计并建立了一整套不断适应的交通系统，并创立了新的交通和土地使用管理法规。如果将汽车作为主要交通方式，现在行为分布和环境之间的连接可能会继续需要消费相当多的不可代替燃料。那么，是不是应该单纯地让市场强制性地规定空间行为的分布呢？

假如可以明确地定义行为活动模式——通过设计实现行为程序的范围和审美情趣，那么，如何为了密切地设计这些环境模式和方法来达到那些需求呢？我们又该怎么做呢？我们知道，行为模式会随时间改变，审美情趣也会改变。过于明确地设计现有行为模式似乎也显然很愚蠢。然而，一些行为模式似乎是持久的，有的建筑类型好像几乎适应了一切环境（如联立式房屋），有的环境模式承载着很多活动（城市的商业广场可以作为汽车的停车场地）。

设计完成时持续性怎么样？这个问题引发了其他的问题。现有的设计要完成到什么程度呢？留给以后去进行的设计又到什么程度呢？当前的设计只是进行简单地拆毁，这样建筑环境可以很容易地改变以实现人类需求变化的表象吗？城市设计的持续时间有多长？从较高的道德水准来看，目前出现的观点认为，一切耗费都是不可取的，城市设计仅仅是为了不断改变的需求和其必要耗费的表现而进行的吗？

大多数的城市设计活动都力图假定它们的建造永远都是新的。也有一些建设例外，如奥运村的设计，奥运村的建筑会一直保持，但是它的使用功能也许会发生改变；世贸会场的行为要素和建筑环境要素都会发生改变；娱乐公园的建筑环境要素就是对不断改变的思想和可能实现的事物作出应答。插入式的城市观念设想城市的变化很快，当然，对任何一个经济繁荣的城市的一瞥中都可以发现，这个城市在经历着不断的更新。设计的持久性和变化性是对城市设计一个最根本的思考。

设计的舒适和发展需求

我们的生理和心理舒适在某种程度上依赖于与家人在一起，呆在一个熟悉的场所空间里做做家务。然而，有一定程度的压力未尝不是件好事。它的诱因是积极的。新的处境和新的经历可以激发促进人的生理和智力的发展（至少可以保持住能力）。不可避免地会伴随着某种压力。因此，这样的境况没有应有的那样舒适。关键问题在于，设计师要设计使人舒适，还是要让人接受挑战，并且探索他们自己的能力和其所处的环境。

尽管环境和经历的变化对人是有利的，一些人追求变化，一些人追求心理安逸。例如，许多上了年纪的人不愿意对待新鲜事物，甚至是他们最感兴趣的事物。在一个地方住了很长时间，即使从理性上说，他所住的房子显然已经是危房了，但是他们还是认为破旧的房子是好的，或说还是好的，“金家银家不如自己的土家”。为了避免由于盖房子和搬迁到别处所带来的可以想象的压力，他们认为将旧房子做改动的代价和机遇是最值得的。

追求设计多样性

理想的城市设计可以同时满足每个人的需求。

所有城市设计师实现这一理想的惟一方法就是，即城市设计的两重意义，即使不同的人可以按不同的方式理解面对人群的不同使用方式也有所不同。这种说法写出来很容易，实施起来就难了。

当同一种环境模式可以提供不止一种生活方式时并可以顾及到不同行为和审美倾向时，就可以有多种解释。从某种意义上讲，这个目标是易于达到的，因为所有的模式都是多义的。在单一模式中，为实现对不同人群都很“重要”的那类承载，就要细化难点（拉普卜特、坎特，1967年）。上述评论对不同的审美倾向来说特别真实。在同一模式内努力容纳进大范围的行为和行为方式的危险就在于这个模式也许承载这些活动和行为方式会很吃力，结果不能满足任何人的需求。试图从根本层面上满足每一个人的需求已经是充斥“全球”的问题，因为没有一个人不在呼吁要满足每个人的需求。可以选择的做法就是，为不同的人寻求不同的空间场所。然而一个人对这个目标的追求能走多远呢?

一种建筑环境模式可以同时服务于多个目的（参见第1章）。一条街道可以用作活动空间场所、停车区、雨水沟等。城市设计考虑的主要问题之一就是，要同时满足不同人的多种需求，而且要合理地满足需求，不存在一种承载能力的负面会影响到另一种承载能力。这一陈述很显然是一种观念体系，既适用于美学思考，又适用于行为活动模式。被建筑师赞赏的大胆设计在这方面往往不会具有高层次的多义性。多维的设计往往不是简单地吸引设计师想象力的形式和思想。

城市设计师的作用

当一个设计被人评价为贫乏或是“无效”时，这通常就意味着问题没有得到切实的解决。有的设计任何人都不会看到它的功用，有的设计是为特定的人而进行的，或是遵从了特别的美学团体意愿，但是却不切合流行的建筑思潮。

如果认可如下的讨论：从第11章到第17章的功能主义和人类需求，第18章的生物环境问题，以及城市设计的目的就是要满足当代人的需求同时又不对满足后代人可能的需求能力构成危害，即可持续发展，那么，在一般设计实施前我们就会很清楚，应该了解它的服务目标及为谁服务的问题。有一点是清晰的，对于问题和解决方法的设计同样是重要的，并且两者是并行的（伯泽杰内科，1974年；瑞特欧、韦伯，1984年）。因此，城市设计理论考虑的是要和了解实际问题一样去了解程序性的问题。

城市设计师的角色就像是分析家、协调人、设计师一样。只有对问题没有进行贴切思考时，才有可能对设计的争论过程毫不感兴趣。许多问题都是这样，设计师必须要认识到他们是未来城市形成的热衷参与者。同时，在分析针对性问题以及提出建议时，城市设计师必须在不同团体不同的利益之间进行协调。如果这一任务不明确，设计师也要在下面去做工作。为了能够明确地做到完成这一任务，城市设计师需要对“程序性设计理论”有一个透彻的了解。只有基于这种理解，才能从感性上采取规范性的立场。如果对此缺乏理解，就不会进行专业性的城市设计。

促成功能性环境的程序性问题

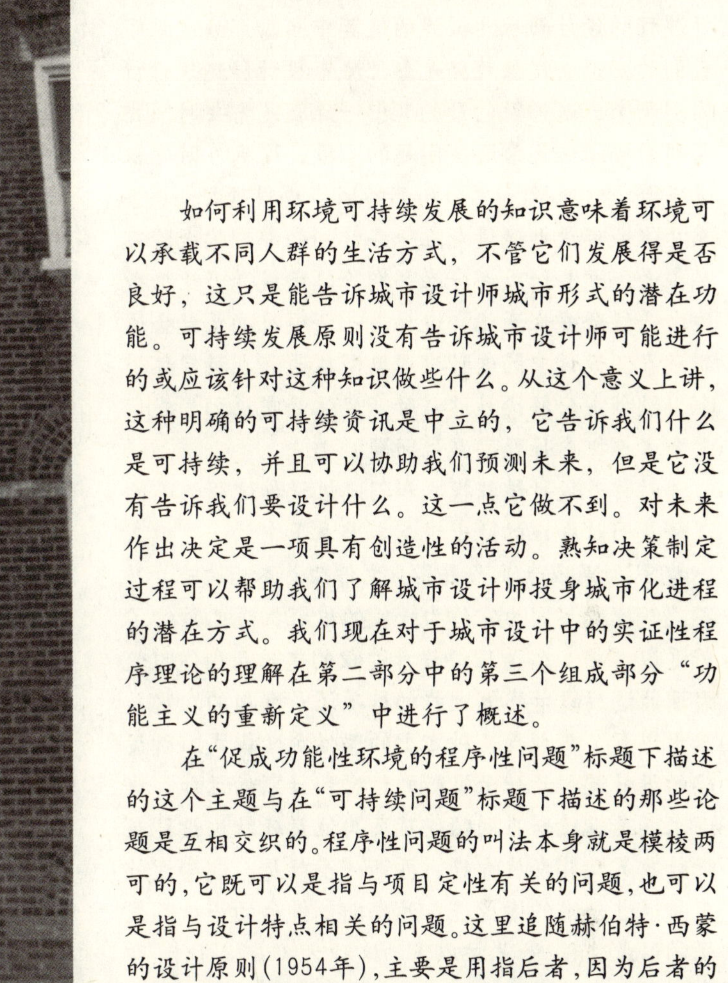

纽约布鲁克林农场内的家庭住宅
（照片来源：乔伊丝·乔治摄影）

如何利用环境可持续发展的知识意味着环境可以承载不同人群的生活方式，不管它们发展得是否良好，这只是能告诉城市设计师城市形式的潜在功能。可持续发展原则没有告诉城市设计师可能进行的或应该针对这种知识做些什么。从这个意义上讲，这种明确的可持续资讯是中立的，它告诉我们什么是可持续，并且可以协助我们预测未来，但是它没有告诉我们要设计什么。这一点它做不到。对未来作出决定是一项具有创造性的活动。熟知决策制定过程可以帮助我们了解城市设计师投身城市化进程的潜在方式。我们现在对于城市设计中的实证性程序理论的理解在第二部分中的第三个组成部分“功能主义的重新定义”中进行了概述。

在“促成功能性环境的程序性问题”标题下描述的这个主题与在“可持续问题”标题下描述的那些论题是互相交织的。程序性问题的叫法本身就是模棱两可的，它既可以是指与项目定性有关的问题，也可以是指与设计特点相关的问题。这里追随赫伯特·西蒙的设计原则（1954年），主要是用指后者，因为后者的使用包含了前者。这里关注的是整个决策过程，即从问题的设计直到施工完成后的解决方法及评价。

城市设计是人类聚居环境自觉开发程序中的一部分。建设领域方法的发展靠的是公众利益和私人利益的带动，这一方法在第20章的“开发程序”中将述及。城市设计师在公共土地和私人土地房屋开发团体合作中的潜在角色是特别值得关注的问题。在集中式规划设计和分离式规划设计之间存在很多基本不同点。经济发展可以导致不同的城市设计结果，在经济开发的各种方法间也存在城市设计的不同之处。城市设计师在城市开发的基本经济法律进程中的介入，比起把城市的建设和重建只留给政治家、开发商和律师可以获得一个更好的建设环境。当然，城市设计控制实施的类型对不同规模的城市模式产生了相当大的影响。对城市开发程序和城市设计的理解对于组织和实施整个设计过程是最基本的问题。

经验主义的调查是在设计过程初期阶段进行的，但是，我们确实需要了解比我们通常所认识的内容要多得多的知识。关于处理复杂问题的现有知识将出现在第21章的“城市设计的设计程序”中。在这本书里，城市设计是围绕复杂的城市问题和解决问题过程的设计而展开描述的，其中第三部分谈到了我们的主张。发展趋势是要把城市设计和建筑设计区别开来，这样做的目的其中一点就是需要时间把问题的概念转化为解决问题的手段，这点在时空权限下会历时很长。单个局部的城市设计项目——甚至总体城市设计建设是在一些计划的部分构成阶段实施的，这些组成部分在早期阶段完成并产生功效后，必然会发生变化。这样，一些项目甚至就会遭到放弃。设计中的这种变通类型认为，在特定环境中，设计、分解设计过程时，变化的需求引发我们需要考虑概念性及实践性问题。

对许多设计过程模式和创造性设计过程组成的理解是同时存在的。出现在本书章节中的一对模式(如，认为是以专业人士和业主作为基本出发点）并不是新模式，因为它作为一般的过程描述已持续了将近20多年。作为理解设计过程的起始点和作为最大可能适应设计内容过程的基础还是有用的。它是基于现有实践调查基础之上的理性主义模式。所设想的设计过程开始于目标的设定和计划的设计。接下来就是设计一系列的建筑及其他基础结构设施或设计政策及其发展方针。再下一步就是，这些设计产品通过一定的途径进入开发期。最后的一步是成果的形成过程。如果按以下的这种方式看待设计，即每一步都需要创造性思维，而且每一步都涉及到分析、综合及评价方法和技术的选择，那么，设计过程就会变得很清晰。整个设计过程充满了价值观和高度的个人想象力。然而设计过程本身不需要变化莫测。

关于城市和城市地区是如何形成开发的同时也存在着众多观点。不管使用什么特别的方法，设计过程的整体结构也许是相同的，是按照开发程序的特性和政策内容而定的，因此个人的使用方法也会不同。不过，摆在设计师面前的主要问题仍然存在。如果一个被认为是好设计过程的设计产生后，而设计师却认为是脆弱的解决出路又会怎么样呢？或者，两者选择其一，或一个好的设计只源于设计或实施的过程，而设计却被认为是矛盾的又该怎么样呢？问题的解决依赖于人类对于社会、业主、建筑及自然领域的态度。设计过程中会出现许多这样的问题。这些问题经常是很情绪化的。对第22章“城市设计中的程序性问题”的讨论，引起对城市设计师常常面临困境的关注。

本书第二部分提及的对城市设计中功能主义的、实证性的、程序性问题的全面讨论与给出的解答相比产生了更多的问题，也许会让人留下很深的印象。城市设计师面临的未解决问题，用纯粹主观的、直觉的、不合逻辑的方法去看待就不是一件小事。如果城市设计要有益于社会，那么，在不确定的情况下城市设计师必须要表明立场和态度，必须要作出决定。公众的需要在增加，决定是要依照公众的看法作出。实际上，许多建筑师都因为这种原因而避免涉及到城市设计。在美国，基于美国经验的城市设计应该采取怎样的态度将在本书中的第三部分“综合——城市设计的新功能性方法”中提及，它将直接反馈引导回本书的第一部分。

20

开发程序

从个人房屋的扩建计划到城市更新计划，再到区域规划不同规模形式，它们的开发程序是非常不同的。城市设计关注的是私人和公众的决定，而这些决定界定了城市和郊区公共领域。为了获取公众利益，所有的城市设计都需要某种经济投入和自然增加经济成本。另外，无论地处何方，投资和赋税过程的特征对城市设计工作的影响都很大，因为就像区域法令那样，决定着什么能建造什么不能建造。政府对于市场的干预是为了使市场满足公众的特定目标。结果，美国的城市和各处的市场都很好地体现了政府的政策和计划。

由现存的城市基础结构和建筑投资，以及当地经济状况和整套法律（看不见的网）提供的一系列机会来看，未来的建筑环境由公众机构和私人机构的决定形成，这些决定构成了开发的过程。因为开发程序的特征经常被设计师误解，所以在可能的计划和这些计划如何实现上存在相当多的混乱。大多数城市设计观念已经独立地发展成为一种个人对于资本主义社会城市如何形成的看法。关注的焦点是理想化的设计，而不是理想化的设计过程。城市设计改革来自于意志坚强的人，他们中的很多人属于城市开发机构的人，不是进行建筑设计的人。近来多数城市设计师对于开发程序特征的思考是源自于对理解什么是可以实现的和什么仍是一个梦想的需求。

许多由公众机构发起的城市设计计划未能实现的缘故是因为资产开发商不能减少他们参与建设计划的部分。许多投资商的计划源自于当地，因为这些计划对于银行太宏伟了，以致于难以提供资金，或者是他们的设计是以追求利润为基础的，而且这些计划因为伤害了公众利益被政府觉察。这些公众机构也投入了大量的时间、精力和金钱用来建造拟定的计划系统，这样将要导致通过降低开发商关于建设项目（但是计划还没有定下来）的经济风险来鼓励个人投资。

在城市基础结构设施系统和其他附属项目上的公众投资已经对许多重要的开发产生了良好的促进作用。比如：密苏里州堪萨斯城的优良林地的复苏，圣路易斯的盖特维步行街的开发，波士顿的昆西市场／菲纽大厅、圣地亚哥的霍顿中心和密尔沃基的宏伟大街的兴盛；如果没有这些项目发展情形将不会产生。而这样的开发已经在20世纪70年代、80年代之间复苏了许多美国城市商业街。在某种程度上来看，一些批评家们曾认为，用10年的时间来恢复街区生活似乎早了点，不太可能。然而，也有许多计划是孤立的系统，还有一些计划虽然也完全竣工了，但是却未被充分地利用或根本没有使用；这些情况的产生是因为它们都没有依据市场的现状而进行设计以及付诸实施（比如消费者偏爱什么）。

理解现状的市场很重要，因为任何城市设计计划和重点经济投资的总额都是相当可观的。圣路易斯商业街的更新就很难实现，虽然在1966年至1986年大约有32亿美元（按1988年的美国汇率计算）投资在这一区域，但是却因为设计没有顾及区域人口从1950年的85.7万人降到1989年的40.6万人这一情况（这种情况是因为人类搬到郊区和别的地方去了）而导致了失败。在这些投资中，8.5%是公共资金。经济利益固然很重要，但是人的行为心理可能更重要。尽管很难用具体的量来表示说明问题。盖特维步行街已经建立起来了，而且许多别的市政改善措施也都已经实现；但是仍有许多计划未能实现，并且改造的体系趋于停步不前。制定不切实际的经营目标对未来的影响还值得商榷，但是经济上贫乏的投资对于社会来说却毫无帮助。

由于建筑业的繁荣和20世纪80年代随之发生在美国城市对于商业办公空间的过度支持所导致的结果，以及在工业方面贷款存款的失败；国家可用于发展的经济资金已经减少。更进一步的是随之而来的至少在20世纪90年代，所有的城市设计计划都将受到明确并且严格的详细审查，这对于城市设计将意味着要进行经济、市场和态度的调查，并将成为城市设计计划中所包含的各种要素综合体的基础。结果可能会是，在可预知的未来，城市设计会趋向于一种保守的设计策略。城市设计师们将不得不进行高度的改革，以确保本书中谈到的设计质量问题，并在经济紧缺和怀疑面前得以处理。

所有开发以及城市设计都包含经济上和政治上的冒险活动；但是要跃过经济现状而不顾却是鲁莽的行为，特别是像美国这样的资本主义经济社会。在过去就发生过很多这样的冒险活动。昆西市场／菲纽大厅的开发就是基于人类的想法而没有任何经验而言的。但是它却成为很难想象的成功例子（福瑞登、塞格尼）。相反的例子也很容易看到，比如：现在正在美国进行的"步行商业街化"的过程（霍斯顿，1989年）。这种好高骛远却没有经济基础的情况已经带给我们好多惨痛的教训。

在美国，许多城市、郊区和一些小的商业街区，大约已经有三百多个，都是一条条由能够阻止交通移动的主要大街而产生的步行街。这些例子包括著名的城市设计，比如：明尼阿波利斯州的尼克莱特和丹佛的第十六大街，还有一些不太知名的郊区地带（伊利诺伊州的橡树公园和拉格兰吉）以及一些小城市(密歇根州的喀拉马索、加利福尼亚州的弗瑞斯诺、纽约的伊萨卡岛、科罗拉多州的波尔德、伊利诺伊州的罗克福德)这些步行商业街经常都是20世纪80年代国际商业购物中心成功模仿的"前辈"（比如：费城的艺术陈列馆、休斯敦的画廊、圣地亚哥的霍顿中心都是最新被公开谈论的话题）。

城市设计的目标是恢复传统商业街区，并使它们能够成功地与郊区商业购物中心(大型封闭的)进行竞争，而这些郊区商业购物中心在1974年就已经占据了美国零售业44%的份额，其中包括车辆的生产和房屋的供给。城市设计目标就是通过提供适合的、安全的中产阶级购物环境来改善现有的零售地区，达到一种适合的设计目标，即完成一种相对直接的任务。有时，这些商业购物中心在经济运作方面是非常成功的。在美国，密歇根州的喀拉马索是

1.波士顿菲纽大厅／昆西市场的发展
（照片来源：迪珀·尼加哈瓦摄影）

2.圣地亚哥的霍顿中心

图20－1　经济上成功的公共—私人开发

几乎所有美国的城市景观都是由公共投资和私人投资促成的。近年来，大量城市设计的财政问题复杂化，这些问题是同政府直接减少用地费用、增大建设费用、制造低息贷款、还有私人一意孤行建造公共建筑有关。如知名的菲纽大厅／昆西市场，还有圣地亚哥的霍顿中心，如果没有这些合作它们也不会建成。

第一个商业购物中心，其规模曾经扩大了两倍；另一个早期的商业购物中心加利福尼亚州的弗瑞斯诺也不断地成功运作，但是有一些其他的例子，有些商业购物中心空空如也。甚至还有一些商业购物中心被迫迁移（比如：伊利诺伊州的罗克福德、橡树公园、拉格兰吉），街道还原到最初设计的样子。市场和城市地理的特征都被误解了。

这样的结果就是，当一种具有代表性的设计接近规划时，设计就会被采用。一个场所空间的好想法会被视为是与这个场所空间在很多特性上相似的另一个场所空间解决问题的救助办法。如果是这样的话，这种情况就是因为没有理解当地全部情况的特性以及特定的经济特点而采取的一种设计类型。

有许多城市仍然还存在很多杂草丛生的场所，空荡的街道垃圾四散，到处空荡荡，还要等20～30年时间后才能进行开发。一些个别的基地是由公众机构动用公众基金来建设的，并动用了知名产业的力量，逐个地把这些基地统一成一个大地区，为的是再重新变成大规模的用地而卖给私人机构。许多这样的城市复苏计划都成功地进行了经济运作，即使它们没有达到既定的社会目标。然而，在许多其他地方，市场复苏不是可以简单建立的，或在政策上计划是不可实行的。

当前的状况是，许多城市规划师采用理解土地开发程序特征的办法进行设计，而这种方法是他们专业不感兴趣的。然而，这种对理解的缺乏降低了他们在创造城市未来方面潜在的作用，并且导致他们随意地开发社区。在美国这样完全资本主义经济的国家，或是那些像瑞典这样的混合经济国家，对于决策者和城市规划师来说，理解开发程序的特点和依据人类习惯特点进行建设的开发商角色方面都是必须的。想获得这种理解不是一种容易的事，因为每一种文化甚至每一个管理司法权内含的文化都可能有它自己的发展氛围——自己的企业精神。在这方面纽约就大大不同于费城，也不同于新奥尔良或者是迈阿密。

如果没有鲜明的关于城市的经济状况、开发程序和对于开发商而言可以利用的经济机制，那么，公众机构也许就乐意主张计划不再进行建设（因为它们不能上市）；或者是把公共基金投资在那些当建成后才会发现经济上是失败的计划上。公众机构也许会简单地顺从开发商所说的，当开发商们为了取得更多利益以借口经济困难为托词。也有一种情况，他

1.加利福尼亚州的弗瑞斯诺

2.伊利诺伊州的罗克福德

3.伊利诺伊州的罗克福德

图20-2　城市中心商业步行街

城市公共中心商业步行街区禁止机动车辆进入，不但进行了地面铺装，并且还提供植物、街道家具，以此作为与郊区商业中心竞争的方法，并且作为一种解决由机动车辆的污染和拥挤的人行道让人产生不悦的方法。在一些实例中（1）“步行商业街”曾经作为成功的实例盛行过许多年，而其他形式则盛行不起来。在伊利诺伊州的罗克福德其结果是令人失望的。在传统的商业街转变成一个购物中心之后（2），现在已经部分地转变回商业街（3）。市场被错误理解。

1.芝加哥

2.圣地亚哥

3.圣地亚哥

图20－3　市场开发和城市设计

只要一块场地从30年前至今仍然是被闲置的话（1），那么，大部分的这些场地就是私人机构和公众机构为了城市更新所需要的。其他不断开发的城市基础结构设施已经建设起来，但是私人市场还不能作出反应。许多计划已经产生了积极影响，对于周围的发展产生了催化剂作用，导致周边商业的衰败（2）。其他的开发已经在中途停下来，并招致了经济损失，通过邻里、城市和区域的作用，有时是国家的作用产生了扩散波纹般的影响（3）。

们可以不牵扯开发商的公众利益以及这些如何被定义为潜在开发的设计。在圣地亚哥这样的城市，商业社会的每一位成员就是城市计划师，因为政府官员关于他们所说的话比这些计划师们所说的显得软弱得多（史密斯，1991年）。概念上可以体现改进人居环境的主导权，责任在公众机构而不是开发商身上。如果开发商显示了领导权——这是好的，就像是合作的或个人利益观念那样去提供他们的公众利益。然而，开发商没有明确他们在资本社会的角色。其实他们就是城市计划师和城市设计师。

本世纪美国城市开发的动力和城市设计运动在城市结构上充当的角色在第2章——“20世纪城市的形成”进行了论述。这里的目的是关注开发商在城市设计和城市设计开发程序中的角色。连同律师、政府官员和对公众利益施加压力的群体，他们对于物质空间形态和当今城市的成长大多是可信赖的、有责任的。

城市建设的过程

一个区域的物质空间形态总体布局包含了一整套尺度变化的分区布局，每一个城市地段都可以提供财政支持某些类型的城市开发。对于是否可以经济有效地提供场地的开发取决于它的自然属性、可达性、现存的基础结构设施、可能建的基础结构设施、税收法（和它们也许是如何变化的）、地区限制性（和它们也许是如何变化的）以及居住工作在当地或附近的居民。不同的人审视环境并辨别环境将如何服务于自己的利益，并根据他们理解的公众和公众利益的需求而进行开发。他们所关注的取决于他们是谁和他们的动机是什么。

拥有所有权的开发商根据特殊开发的潜在收益性作为审视环境的良机。接近主要资本市场的开发商将会通过从那些能够一次仅开发几个单元的地方着手用不同的方法考虑环境。早期的开发商寻找的地方是那些新的郊区，或是可实现建设大型建筑的大面积区域或场地；然而，后期的开发商寻找的则是比较小的场地。专门研究特定建筑类型的开发商会根据带有能获得大规模经济效益或相似建造类型的特定场地的开发能力来考虑环境，因为他们知道如何去进行工作。举个例子：那些建设停车库的开发商和建商业中心的开发商会考虑相似的环境，但是他们都根据各自的经验分头各自开发了停车场或商业中心。他们怎么做，所关注的不是是否特意使用最好的场地，而仅仅是在于他们想要施工的场地里是否能通过建筑受益。他们关注其他的潜在使用功能，仅仅是他们是否能比别的开发商的土地投入更高价钱。他们主要关注的是自己的私利。

私利是复杂可变的。发生在20世纪80年代郊区商业中心的主要变化是越来越多的大型商业机构在那里寻求办公空间，以至于劳动力市场产生了巨大竞争。他们的利益就同那些希望工作在家附近和想拥有近在咫尺的传统大城市中心商务区（CBD）那样特性及其服务人群的利益紧密联系在一起。这种自私自利经常与那些逃避小城市主义者一致——因为他们变得由少数人支配。在这个过程中，他们经常得到拥有某种权限的公众机构帮助——已经把私利的一部分看成是获得了传统大城市中心商务区（CBD）的办公市场，尽管他们不总是为由交通和相关的花费（伦伯格、洛克伍德，1986年）引起的负效应而进行准备。像加利福尼亚州的葛伦德耳和密歇根州的南田，政府公众机构觉察到当洛杉矶和底特律的其他郊区分别出现发展停滞或是倒退时，本地区却因办公和零售业而发展了市场。根据规划和所提供的基础结构设施实现私人开发的可能性，南田的办公区比底特律的商业区还多，葛伦德耳获得了相当大的市场——也许已经跑到别的临近地区去了。无论如何，整个洛杉矶因为这样的开发而处在公众关注之下，而不是被葛伦德耳的权威或其他什么人所质疑（克鲁克斯，1985年；葛伦德耳城市更新开发机构，1986年，1986年）。洛杉矶现在已经进行了开发，别的地区将会不得不对现实状况进行调整。

公共机构也许是在寻找机会满足市民的需求，这仿佛就像是在选举中意识到的一样。在不同的国家，一个国家不同的区域或地区，政府机构准备做和能够做的事情是不相同的。在社会主义国家和混合经济的国家，像斯堪的纳维亚的那些国家的政府比那些资本主义经济国家的政府作为开发商的强制力要大得多。在20世纪的50年代、60年代和70年代早期，美国联邦政府在发展优先权上比后来更加进步、更加自信，为基础结构设施、住宅、特殊类型社区发展提供资金(格林、爱森尔，1986年；福瑞登、塞格尼，1989年)。地方政府试图依据可获得基金的种类和数量对待城市问题，那些进取的领导人（如康乃狄克州的新海温）会保护一定不成比例的联邦城市的复兴和其他的发展基金，直到相关团体开始严重质疑计划进行的顺利性为止。城市和郊区政府仍然会依据可以获得的基金来重视问题，甚至他们可以认识到许多现存的其他问题。在美国，为资助开发而获得资金的类型和数量，特别是在城市里，20世纪90年代初期与20世纪50年代、60年代的城市复兴全盛时期是不同的。然而，这种情况在未来也许会有很好的转变，因为政治倾向的摇摆不定，因而美国政府和移民乐意去处理基础结构设施和社会问题——这些是私人机构能力所不及的。

公众机构的作用之一是保护那些正在被开发成住宅、商业购物中心、工业或是其他需要建设的区域，并且具有一种自然的吸引力或是能够满足公众利益的某种重要目的——即在市场上不能同私人机构展开经济上竞争的部分。这样的区域经常因为它们所吸引的旅游业而对社区整体是有经济利益的。在20世纪80年代关于保存开放空间和现存城市开发，在面对世界范围内区域大城市人口增加的现状阐述保护立场所面对的团体压力呼声已经增加（阿托，1988年）。

城市规划人员和城市设计人员所关注的公共部分是引导这种已经被他们觉察到的城市形成力量，这种力量会改善他们现在的生活和私人机构性质。因为市长、城市议员、公仆都把城市看作是在自己权限控制之下的领域，主要问题经常不是应当建什么，而是可以负担什么，现在能建什么。政治上最迫切的需要是更为迫切地作出决定。在美国和其他纯粹的资本主义经济国家，远期全面的规划往往被搁置（史密斯，1991年）。紧要问题是关注的焦点。这种态度在设计专业内部是普遍存在的。他们最基本的需求就是求生存。

就像我们所知道的那样，开发商和政府官员在建设城市的一系列法律里（或是法律外合作），像是竞争者或是合作伙伴。城市设计师表现出感兴趣的事物大大影响了他们在社会中的潜在作用，反之亦然。他们试图吹捧任何付钱的人，即他们的赞助商。如果他们代表着某些私人机构的利益，那么，他们看待整体环境的商机和设计计划与他们代表着公众机构的利益就有不同方式。他们应当扮演何种角色的详细说明请参见后面的第23、24、25章。至少理解了市场原动力和政治环境特性的城市设计师有一项专业技术，即他们在别人眼里是值得信任的。在实践中，城市设计师很快就学会了足够多的关于生存发展过程的知识，但是许多经济上不相称的设计仍在建设。这样的设计源于希望，而不是知识。

城市设计开发程序的特征

从某种意义上讲包括每一个处在开发过程中的新郊区或是重新建设的建成区都处于城市设计之中。这里所关注的是城市设计师作为专业人员的行为。通过对城市开发形成步骤的理解，可以帮助我们在城市形成过程的结果中去看待城市设计师的作用和潜在作用，不论他们是以公众身份还是以私人身份介入城市设计的。

城市设计项目全都需要资助。它们的不同，取决于经济状况以及其是属于公众项目的还是私人项目，这将取决于决定和确定发展的优先权。在美国，对私人开发城市给予了优先权。因为城市的经济基础结构从制造业转向服务业，所以使得正在开发的项目资金变得更加复杂化（莫特杰，1984年）。这种转变产生多样化的设计计划，就像是在城市规划师针对许多迟钝的现代主义复合环境开发所作出反应倡导的一样。在20世纪80年代，很多类型的城市设计项目不得不需要提供资金才能得到保障，包括城市复兴、滨水地区的节假日市场、研究性和办公性园区、住宅发展、会议中心，以及有利于身心健康的公园等。大多数这种开发发生在郊区，但是大多数美国城市中心区办公建筑也得到了发展，特别是针对1980年到1982年间的需求反应，而且也是对20世纪80年代税法修订案产生变化所作出的反应。这些变化对于来自欧洲和日本的投资创造了机遇，在这些地方能够借到比美国所提供的更低利息贷款。主要的银行和投资机构开发全球市场的愿望对城市是一个额外的压力。所有的这些开发类型包括以下要素，即传统上被认为是公共领域的一部分，但是实际上它们的实施已经严重依赖于私人机构的发展。

任何一个城市设计项目的经济可能性不是写出来的指导方针（有主要的经济影响），而是非常简单地依赖于它的开发商提供足够资助经费的能力，依赖于它的政治盈利。经济上的可能性取决于项目花费的感觉、存在的市场和货币的价值（比如利息的高低），因为这些因素会决定投资回报率。就像政治上的盈利作为政客们在选举时获得选票的手段一样——成功的获得建设项目或是被击败也是城市设计开发商的目的。

每一个团体根据公平原则和资金保证能够提供经济开发的实现。政府和私人机构之间商议的过程是整个设计过程的一种讨论（参见22章）。经济问题比其他城市设计考虑的要素更加清晰，因为它涉及的是可以触摸的价值问题，即美元。争论的过程仍旧很少是理性的，因为一整套无形的变量包括权利、影响、个人的干涉。剩下的权力就由资产所有者控制，而不是由想建设的项目有多少组成部分所决定。如果私人机构想要获得一个建设项目，作为回报权力就落在公众机构的手里，政府可以得到他们认为对公众利益重要的内容。在美国，郊区中心区的开发已成为经验（参见伦伯格、洛克伍德，1986年；朗，1987年；盖里，1991年）。那些有开发要求的场所空间对以后的开发能提供严格的指导方针。在美国，当那里几乎没有开发的市场要求时，对于公众机构，对于因城市经济发展需要而提高税收产生的政治形势下，如何对建设强加限制就很困难了。在这样的环境下，无论是长期社会性的还是短期经济性的，任何开发都会被视为是理想化的。

20世纪80年代，在美国与许多欧洲国家一样，对于新的城市设计开发需要的基础结构设施可用的政府津贴明显地减少。这种低水平的公众花费在未来将没有必要持续下去，但是这就意味着，政府机构（至少在20世纪90年代）要不得不在开发和实行维持计划中高度创新地发展经济。基础结构设施的花费将不得不由国家和地方税收、使用税费和债券所负担。这暗示着，政府要寻找私人机构去筹集提供基础结构设施建设所需要的经费。这意味着，私人机构部门将控制着相当多的公众利益。这种情况将会随时间改变，但是城市设计的理念和建设项目的范围就像与流行的公众口味、设计观念和政治背景一样，将总是要与考虑的经济负担相搏斗。

市　场

市场需要人类需求的服务业和他们支付能力所组成的潜在市场支持。开发商一定会问的问题是："市场是否可以足够大到支撑这个开发？"公众机构问的问题是："通过这个开发，如何促进公众利益呢？"

私人机构和公众机构对市场特性的认识是不同的。但是两者对于组成的潜在买方和他们产品使用者的人都有一定印象。公众机构主要关心的是如何进行开发，那是可以产生税收，可以增加国家收入的，并且还可以产生别的投资机会而且／或是公共服务业。它也会受到那些在市场上需要得到服务而没有得到服务并且有需求的人的关注，也是因为它们对于服务很少提出大量的批评性要求（比如对一座古典音乐迷的管弦乐大厅）或是因为它们不能提供市场所提供的（比如福利房）。

在私人机构方面，特定开发类型的市场依靠于服务社区的消费能力、周边环境的物资秩序及用于开发的经费和经济有效性。市场不是静态的。公共行为和态度会改变市场。邻里复兴成功的影响以及过去10～20年间城市中产阶级向劳动阶级居住区移居的整个过程已经显示：态度能够决定并改变。在美国、西欧、澳大利亚，有少量经济上成功的人选择生活在历史悠久的小城市中，而这是被时尚所不推崇的（莫特杰，1984年）。然而，优先选择住在那的人显然依次是年轻人、未婚者，以及那些乐意让他们的孩子保持行为独立并且为他们创造不同生活经验的人、老年人、有与大众不一致生活方式的人。

变化主要取决于社会人口结构的变化，在几乎全部都是巨型人口的结构规模中还有变化的观念价值。社会的渴望可以超越时间限制，依靠社会的自我形象。政治家、政客、广告商和服务行业的人（包括设计领域的人员）都对塑造公共价值和这样的文化特性存在竞争。城市设计师特别是那些领域里有远见的领导者扮演了相似的角色。人类认识到未来的可能影响了他们关于需求的觉察。从这种意义上讲，技术革新将伴随着需求提供新的机会，但是这样的革新又将产生新的需求。城市的物质空间形态结构也在一定程度上或多或少地影响了所有这些因素。

市场驱动开发程序的城市设计结果

由市场驱动的开发程序形成一定数目的城市设计成果显示，包括城市开发在内的公众机构在未来其数目将更加庞大是必需的，甚至比美国过去20年所展示的还要多。因为经济和结构效率的缘故，市场驱动的城市设计程序的开发项目将变得庞大并且容易建设。城市设计项目的质量是可以公开质疑的，当然应该限于在本书所描述的人的经验范围之内。这些项目也许会销售得足够好，但是还会因为没有做得更好而失去机会。金融市场国际化的增长意味着设计的焦点将会是专业性的而不是地方性的，并且很少会专门分出一定前期的时间去研究和设计所涉及的地方特征。难点是国际化的城市设计和建筑类型将会被运用，公众要反复考虑这些程序从而避免这种运用广泛蔓延的可能性。

另一个担心是，除非城市设计师是警醒的，在场地再开发之前就将其完全研究清楚（不论它们是位于城市还是位于郊区），否则会使其遭到破坏，并影响到原来第一个场所空间的经济吸引力。类似在开发中解决交通拥挤的问题将会导致取代邻近区域权限的可能性。在现存的城市和郊区，这种过程能导致场所感的丧失和生活在当地的人丧失权力感。这种感觉的丧失和失控经常在故意地破坏艺术、极端形式、暴乱行为中表现出来。然而，它一定会被记起——建筑环境和开发程序是有征兆的，而不是疏远所导致的。其中参与社会机会的缺少是一个原因，是由环境导致的——这种环境来自于由生态心理学限定的人群的规模。这种疏远产生了被令人窒息的理性主义和关于设计结果与含义的逻辑讨论所导致的设计逻辑方法上的问题。

公众机构的开发程序

20 世纪大部分城市运动都是由公众机构发起的，特别是在国家财政比较健康时期。波士顿昆西市场的开发是由凯文·怀特市长发起的，但是是由一位建筑师本·汤普森和一个商业中心的开发商詹姆斯·瑞兹通过巨大的商业投资援助产生的（福瑞登、塞格尼，1989年）。20世纪70、80年代大多数城市滨水地带的开发计划，像巴尔的摩内港口区就是由改善城市环境和通过催化作用获得城市资助基金的机会形成的（阿托、洛根，1989年；陶瑞，1989年；凯勒、路易斯，1992年）。近来，像加利福尼亚州的葛伦德耳和弗吉尼亚州的阿灵顿国家公墓这些地方都已投入了大量的公共基金，用使税收增加的经济方式去发动经济成功的商业区复兴。

为了这样的城市开发，公众机构已雇请城市设计师设计一个总体计划，而且也为基础结构设施的改善提供基金。私人机构已经缩减结构性设施的实际建设项目。在这种公私相互作用中，公众机构已通过为私人机构进行经济补偿而为城市复兴提供了催化（阿托、洛根，1989年；迈尔斯，1991年）。私人机构在工作中公开表示，在与公众机构建立的合同限制中是有利可图的。这种由公众机构领导的城市设计开发程序在第二次世界大战以后的美国有大量城市复兴的特点。不论好坏，新的分支运动也正在展开。

尽管那第一感觉看上去好像很令人沮丧，在美国城市设计的开发程序中，公众机构现在扮演了四个主要角色：（1）建立社会形态和物质空间形态的开发政策——引导一种发展方向；(2)形成一种在城市目标整体框架下评价发展机遇的政治气候；(3) 集中汇聚资源；(4) 形成一种使开发充满吸引力的物质形态环境。在实现这些角色的过程中，任何一种政治性权限都在与其他政治权限进行相互竞争：城市与郊区的竞争，郊区与邻近郊区的竞争，大城市区域和其他大城市区域的竞争。每一个地区都在发展自己的计划。尽管州与州的等级不同，但是它们之间一般几乎没有进行过合作。

对于公众机构实现城市设计的开发作用所需要的规划类型有三种：(1) 所管辖区域的物质空间形态总体规划，对其中的每一个场地都要进行更详细的规划；(2) 一种通过资金进行的改善规划和经济规划；(3) 一种循序渐进开发的战略性规划。所有这三种规划都必须要认识到城市形态动力学特性和规划发展特性。它们在总体规划过程中彼此联系（参见图 20–4）。

公众机构的规划是更高一级政治性权限管理过程的一部分。在目前对机遇和挑战的感知导致社会经济政策大规模的形成。物质空间形态的规划来自于改变环境布局实行的经济政治政策。它不得不来自于应该是什么——规范性问题和能建什么——政治经济性问题。物质形态的规划描述了未来理想化的城市空间发展。经济推进规划显示了哪里是公众机构规划要发展和改进的城市公共环境领域。以这些规划为基础，私人机构就能够制定规划，将会实现规划。

对于一个能很好地服务于社会的规划，它必须要以实现现有资源为基础。除非规划的惟一目的是鼓舞人类去梦想未来的可能性。在美国，大多数政治权限是由资本市场所提供一个可信任的等级，这个市场能判断可以为特定的规划提供多少资金。有序的经济对一个城市成功运作是必须的。对每一个经济计划，资金的来源和对获得应支付资金的安排需要表达清楚。经济发展规划必须要理顺开发秩序——公共环境的发展将按顺序实现。一个社区持续发展基础结构设施的能力是对公众机构整体实现发展的体现。

战略性规划展示了在开发中公众机构和私人机构每一个组成部分的责任、完成特定目标的最终期限，以及过程的反复思考——为什么公众机构能够监督项目的过程，可以看到其是否可以依照最初的意图和已经存在的城市设计指导方针完成计划。规划必须包含特定的开发规范，包括动态寻求住房开发的类型、公共投资的返还率，以及预计的税收利润。城市及其区域内的城市设计规划应当是战略性规划的一部分或是源自于它。目标包括关于未来建筑环境发展质量的各个方面，包含行为环境要取得的美学目标，都应进行一个公开和清晰的讨论；以至于在公众机构和私人机构参与者中都能理解他们自己的和彼此之间的期望与责任。

存在于公众和私人开发机构方面的基本不同点是在寻求城市开发程序中对形式各有想法，对后者有利。然而，大量提高开发商自尊心或是满足他们的自我实现、认知、审美需求的慈善工作仍然在实施；就像是宾夕法尼亚州的匹兹堡和俄勒冈州的波特兰所展示的那样。然而，一般来说，私人开发商不得不从银行或是别的借贷机构获得资金。公众机构不得不应觉察并证明对全体选民和资本市场发展的切身利益，但是它也要对那些基于不切实际的开发和不重要推断来要求达成的目标进行讨论。然而，特别是当这样实施的实际结果不容易被公众看出来时，提高税收收入总是一个问题。

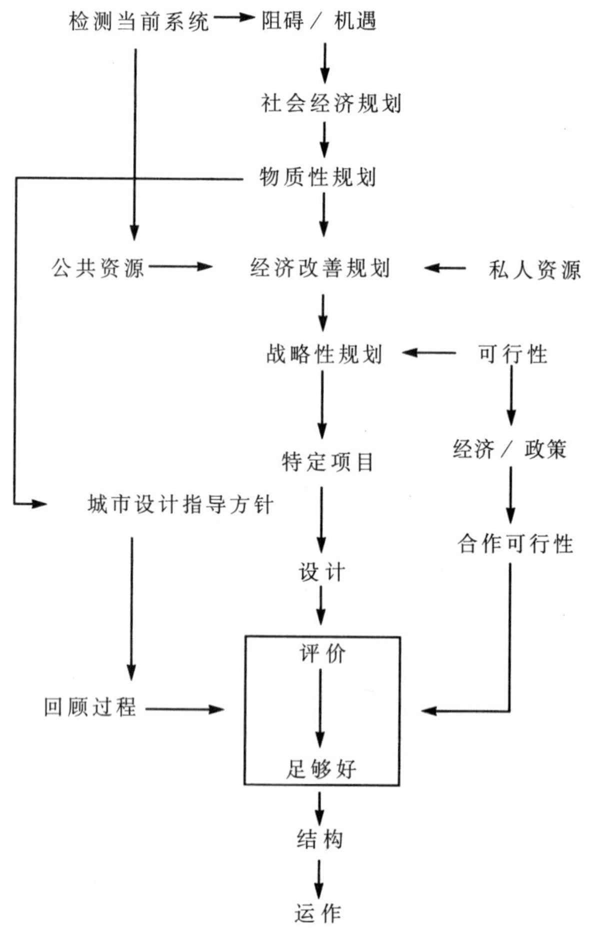

图 20–4　公众机构规划程序的步骤
（资料来源：根据德瑟威进行的改编，1986 年）

私人机构的开发程序

私人机构进行城市开发传统的方法是寻找具有很高经济成功性的投资机会。不同的开发商因个人特点和所持社会观念不同而不同。有一些人是冒险者，另一些是经济保守者，更注重的是避免失败而不是积极进行改革。最新的城市所体现的特征表明，为什么如此多的城市设计是非常保守的。一些开发商对地域概念很敏感，而另一些却不是。然而，美国的开发商（和土地所有者）普遍看待世界的方法是相同的。世界、国家、一个城市或邻里单位区域都被视为一系列开发机会，每一个机会都是与冒险联系在一起的。土地被视为一种日用品。

私人机构的开发程序较复杂，包括以下一系列程序：(1) 为现存的环境急速寻求发展机遇；(2) 预测房地市场的将来；(3) 准备可行性研究；(4) 计划开发费用；(5) 随时间计划依据开支和收入现金的流转情况；(6) 获得短期和长期的经济效益；(7) 财政规划；(8) 签订合同；以及 (9) 管理开发的实施。成功地实现开发程序需要经济前瞻性。

一个新城镇进行大规模开发需要在通过开发获得回收任何资金之前进行大量前期资金投入。贝尔纳·福瑞登与林尼·塞格尼通过对詹姆斯·瑞兹开发的纽约世界贸易中心(鲁切尔曼，1977年)、马里兰州哥伦比亚（R·布鲁克斯，1974年）的研究，以及对卡彭特家族开发的得克萨斯州拉斯·克里纳斯（拉斯·克里纳斯社团，1986年）的研究（1989年），清楚地说明了这个观点。前期的花费包括了土地的购买费用、开发计划费用、开发的道路、水、下水道和其他基础结构设施费用，绘制开发的场地，为场地开发制定城市发展指导方针，所有权大小的协商和个别开发规划的评论。开发的各个阶段变得至关紧要。如果被延期，开发商将遭遇不动产的消耗，社区遭遇税收收入的消耗——这也许也被视为一种开发结果，于是这样将使用别的计划／或是服务以前的计划。开发商对于本书里描述的最终建筑环境功能性观点明显地不同于依靠他们的观察所看到的市场迹象和他们的自我印象。

今天所有的开发商都非常关注他们开发的设施和建筑物的安全及外表质量，即标志性审美。这种观点采取的实际形式取决于全体居民市场般的目标。有了这种感觉，开发商对于使用者的需求将变得更加敏感，而不仅仅是许多建筑师和城市设计师那样只关心他们设计中的理论美学问题（布罗德本特，

1.郊区环境
（照片来源：安妮·斯特朗摄影）

2.得克萨斯州拉斯·克里纳斯的威廉姆斯广场上的建筑
（照片来源：J·丹尼斯·威尔逊摄影）

3.费城商业广场

图 20–5　审美和市场

在美国，那些投机的建筑环境需要不断提高环境质量以便与高质量的文化相适应。郊区住宅标准的发展非常敏锐地体现了人类习惯于看到的和他们认为能容易卖出的东西（1）。为了吸引一度在城市公共中心区独有的商务形式，现在郊区中心商业区的发展具有很多传统城市中心建筑的特征。这个开发的新纪元是通过得克萨斯州拉斯·克里纳斯（2）及其新办公建筑为代表的实例获得的。目标是取得作为城市中心区建筑美誉的审美效果（3）。

1990年）。开发商已经在寻求那些会出售或是租让所有权的人的“向上精神”。这样做在经济上可以有利可图。导致这样结果的例子有很多。

20世纪80年代期间，在美国郊外建造的办公建筑其舒适性程度和外观视觉质量都有了明显的提高；郊外有很多新设计的建筑，并且作为标志性建筑出售，往往都是由联邦内主流建筑师设计的[比如，伊利诺伊州奥卡布鲁克的设计师是埃洛马特·加罕和得克萨斯州拉斯·克里纳斯的设计师是斯基德摩尔、奥因斯、梅里尔（即SOM）]。这些建筑物与那些有声望的公共中心区办公建筑的整体形式和使用材料很相配，并让人们对丰富的入口空间给予特别的注意（葛伦德耳城市更新开发机构，1986年；伦伯格、洛克伍德，1986年；梅里尼柯，1987年；朗，1987年）。

在这个开发程序中也存在机会损失。特别是在单体建筑或是综合建筑开发中，反映在一个建筑自身的成功不是建立在对社会有贡献上，也不是考虑相互间的利益而进行合作上（甚至在有经济回报时）。开发商自然非常希望通过设计、构造和实施进行全面的把握。然而，在了解适当的设计指导方针背景下的开发后（比如经济可行的和清晰理解的、可接受的公众利益的明确）它们将会减少大家获得认同的时间，并在一个较长的时期内，通过维持一个地区的整体质量而获得巨大的经济回报（德赛伍，1986年）。这种自发去做和支持指导方针的行为显然是像加利福尼亚州的葛伦德耳和核桃溪市、华盛顿的贝尔维尤、洛杉矶、旧金山的和西雅图的郊区及个别地区的设计师和城市规划师的经验（朗，1987年）。这种评述并不意味着，当指导方针妨碍开发商进行设计时而不去挑战它们，只是那种挑战更富于逻辑性。这种情形增强了公众对设计目的和作用进行争论的整体质量。

作为开发商的设计师

设计师通常作为一个项目的建筑师、开发商或准开发商的例子很多。建筑师作为开发商的特征有好多种形式。在某些国家（比如法国）一个代表政府利益活动的新城镇主要建筑师就是利用公共基金的准开发商（詹姆斯·鲁本斯坦，1978年）。在伦敦，大多数住宅的开发和设计是由市镇议会承担的。相反，在美国的公众机构建筑师很少涉及实际的设计项目，尽管政府的城市规划人员也许是为了对土地使用分配设计负责任，雇佣城市设计师也许是为了对设计方针的产生负责任。当我们将建筑师作为开发商考虑时，我们经常会认为是在为私人机构工作。大多数这样的工作由相对较小的单体建筑所组成。建筑师也能够在一个平等奉献的场所同他们的搭档在共同承担事务风险中提供服务。

当建筑师作为开发商进行活动时，就是建筑师或是他们雇用的那些启动开发、获得资金、进行设计、监督指导结构、转让或是出售项目的人。运用这种方法进行城市大规模开发的例子很少。波士顿昆西市场的开发也许更为典型。它是一个建筑师启动的城市设计。事实是，建筑师本·汤普森有了最初的想法，并挑选了开发商詹姆斯·瑞兹，并利用他拥有的开发见解和市场知识作为计划进行活动（福瑞登、塞格尼，1989年）。概念上讲，建筑师作为开发商的方法是吸引建筑师的，因为他们觉察到他们本来就应该掌握整个最终计划。当建筑师作为开发商进行活动时，设计过程的讨论就是建筑机构内部的讨论。然而，几乎不可避免地，建筑师在这方面的工作变成了鼓吹他们自己。在这个过程中，城市设计中广泛关注的论点和社会观点的动态特征将消失。问题的考虑发生了从专业性质到商业性质的转变。

在美国，大概最有名的开发商／建筑师就是约翰·波特曼——底特律文艺复兴中心的设计师和亚特兰大桃树广场的开发商，一个可以从事规模大到可以视为总体城市设计工作的人（波特曼、巴尼特，1976年）。甚至当波特曼不是作为开发商也不是作为建筑师时，他的工作也具有强烈的城市开发指向。作为开发商和建筑师他非常关注自己设计的质量，但是即便如此，许多公众利益的观点在设计过程中也被舍弃了。底特律文艺复兴中心的社会目的之一就是使底特律中心获得新生。然而它也增加了城市税收的基数，并且许多新的办公建筑已跨越街道建立，发展成为分离城市视觉和心理的孤立计划[参见图2-13（1）]。它不是构成城市整体的一部分，也不是作为这样设计的。目标的执行显然不是波特曼去要监督和巡视的责任。他的责任是作为开发商确定他所设计的建筑物能否带来利润。近来波特曼在亚特兰大的设计经济问题显示了他兼任职务（角色）太多带来的困难。在辩论过程中困难产生涉及的方面太多，每当设计一样东西时，从经济性到建筑的复杂性都得要设计好。也许这些困难能被克服。

资助城市设计项目

大多数关于城市设计目标和方法的论点关注的都是对经济可行性和资源、消耗的预测。在提供城市设计项目资金方面有两个基本的财政观点：(1)建设一个项目的资金消耗；(2)一旦建成后的运转和维持项目实施的花费。然而前者一直总是被关注的，后者连同悲哀的结果经常被忽略。因为计划太昂贵以至于不能维持下去，因此计划项目就变成了纲要。在这些方面，不能向使用者转嫁运行的消耗。要能设计出在这些项目或是服务的市场中计划的运行经费不被考虑或是被低估，或者是所预计的经济资源物化所产生的失败。

资金消耗和开发程序

资金消耗包括土地的价格、适应开发需要进行的结构改善、建筑的花销，以及使计划直到完成相关的管理消费。对于一个计划主要消费之一就是提供开发所花费的资金。开发的成本费用和结构性价格依靠提供可利用的经费机制，包括利息率和借贷期限。

近10年发生在美国的主要变化之一是反映在资本市场特征上。变化是对开发特征造成的一场意义深远的冲击，这些也同样发生在城市设计师的工作上。它解释了为什么近来这么多的城市设计都是注重经济实效的。投资基金在国家和国际间是移动的。美国的大多数开发是靠加拿大和巴西的资源提供资金的。巴西和加拿大的大多数开发通过美国的资源提供资金。这三个国家有巨大的投资来自日本的机构。本地依靠本地资源的情况也仍然存在，但是大量的投资基金都来自“城镇之外”。这种趋势通过两种方法影响城市的开发和城市设计：基金方寻找国际化开发机遇和国际化工作的建筑师。然而也是明显地存在于各自专业文化背景内与在当地文化背景中工作的两个小组相互都是陌生的。没有一个记录证明建筑师的收入比那些仅仅是靠嘴唇谈文化的人得到的多（布瑞林，1976年；沃尔夫，1981年），但是那些传统经验主义工作正显示出，一个对工作适应的文化观念正在增长。然而，经常占优势的设计观念是同计划开发商的自我尊重连在一起的，并且其他考虑都是绕开的。因此，许多带有流行观念的例子就是精典设计。

无论在何种经济气候条件下，开发商关注的都是潜在开发的保证和安全。保证使计划可以建造的可能性；安全意味着计划在支持者宣称的资金上有回报，即使在最坏的情况下也不会损失金钱。在美国，这些城市设计师也许经常要关心这些问题，但是在他们设计项目时，肯定也会察觉这些问题。因为通过建议性建设项目几度的反复和建筑形式的解决、评价或是根据提供给开发商的安全性和保证性的评价进程他们会渐渐了解这些问题。

开发商不得不说服他们的资金后援，否则他们的计划将不会延期进行，并且转而寻求地方政府的支持以使他们的计划不会被延期。在任何有低要求开发的地方，开发商都能宣扬设想的计划和低于自身的经济包装，如果不给予优先对待，他们就将会转移到其他区域进行开发。当他们没得到自己的管理辖区——那里将几乎不会发展时，开发商将宣称在经济困难时期他们的开发也是很成功的。相反在政治易变的情形下，当一任政府被另一任政府取代时，计划也许被专横地搁置，只是简单的因为计划体现的是前一任政府的政绩。

政府常常发现自己比开发商更容易提高经济收益。他们的信用是以他们从未来税收中提高利润的能力为基础的。另一方面，开发商不得不提高一个计划接一个计划的基础利润，并且不得不在能得到贷款的计划上展示一些公正公平。他们寻求低水平的公平公正，也尽可能地寻求低利息率。政府的帮助和通过这样的程序——像是开发基础结构设施的建造，确保抵押，同意租借计划内的场地，或是形成一个集中商业信用背后支持的纸上计划——来资助开发商（德赛伍，1986年）。在本质上，公众机构经常需要私人机构进行资助。

私人机构可以通过吸收基础结构设施开发的花费和不仅根据公共开放场所而且根据服务提供公共设施来帮助政府。实际上是通过一些关联的计划增加需求。这些计划把一个区域或是一个建筑物开发的权力与提供某些公众必需的项目——比如低收入住宅、学校或是托儿所——捆绑在一起。在某些情况下，会提供这些便利设施的场地；在别的情况下，支付现金给公众机构以确保供应给其他地所。

基本的观点是采用鼓励而不是禁止诱导也不是坚持的手段对开发商进行帮助，帮助他们在一个场所满足能感受到公众利益的目的。这些例子包括：宽松对待改善城市历史性遗产保护的税收问题，放宽停车和建筑规范的要求（特别是在涉及历史街区的保护性建筑），一般可能通过允许建更高的建筑以便获得在公共设施上的回报。

设计实施和维护的程序

许多激进的论点是因为现代主义运动城市设计理念的失败而产生的，特别是在住宅领域，失败的不是太多的设计，而是曾经创立的开发管理模式（阿里亚斯，1988年）。当然还有一些城市设计理念随着时间的验证是非常成功的：设计伴随着维护的观念，管理的过程，在维护过程中持续投资并作为发展演进的需求而同时设计满足全方位的计划需求。

20世纪30年代，许多已开发的住宅计划（比如康乃狄克州桥港“Father Panic housing”），在项目使用的早期按照主要住户的评价来看基本是成功的。因为在维护费上花费较少，所以便利设施在数目上和整个社会计划上减少（根据人口、设施和运行），而开发以其为基础开始瓦解的正是这个计划。新一代居民的主要评价是住宅的生活环境差。在20世纪的80年代后期马里兰州的波斯达[参见图2–3（2）]，那里社区的开发以重点投资在与细化设计方针一致的建筑上，并且那里未来的开发机会微乎其微。开发商正在用更多的许诺来吸引公众利益以便获得一个全新的发展机会。展现了开发商实现保持计划诺言的能力和他们曾因为包括花费在内而建立提供的公共适宜性概念。可以领悟的是经费将会不加节制地转移到默认的公众机构上（富尔顿，1985年）。在当前的经济和政治情况下，这种花费很难忍受。

在许多不可接受或是不合法的管理过程中认为调整定额和／或限额可以保持计划的良性秩序（像居民和外界权威所感知的那样）。这种环境将公众、城市设计师和项目管理人置于困惑境地。一方面，物质形态和社会形态的设计是好的；但是另一方面，基础管理程序是无法接受的。这里采取的立场是管理程序必须要进行改革，但是这是很难的，特别是如果一个人能预测到作为一个社会经济规划项目的规划结局会失败（参见第23章）。

对一个在社会和经济角度要花费多少金钱来维持的计划应当有一个规划，这样它才会很好地使用下去。在纽约洛克菲勒中心的规划上是个彻底的示例（巴尔弗，1978年；凯瑞尼斯基，1978年）。这样一种理解依赖于详细设计一个项目基金的资源，精确预测它的期望值，以及除设计特征以外还有管理过程的选择。在公众利益方面公共领域的大小不必重要到非常清楚。这样的考虑是同理解开发资金耗费一样重要的。渐渐它们就变成城市设计规划的一部分（巴塞罗梅，1991年）。

未　来

在可预见的未来，美国最可能看到在城市和郊区开发方面公众机构和私人机构合作持续进行的技术开发。政府会寻求新的财政开发技术，并会寻求能在支付迄今为止都是由公众机构担负的财政开发，特别是基础结构设施的花费上给予支持的私人机构。私人机构也必须认识到公众机构的投资可以影响到它的利益并有职责去把这些利益用于公众利益的实现上，因为这将有助于私人机构在将来创造良好的投资机遇。城市开发是一个循环并且是一个没有止境的过程。埃德蒙·培根曾经是费城城市规划委员会的行政领导者，他在图20–6中对城市开发进行了描绘（培根，1969年）。

随着环境质量变得对人类越来越重要，政府的作用就在于准确定位，获得用地和构筑场地的改良，包括场地的复兴。在马上就到来的未来，地方政府可能通过把公共基金用于私人机构，而不是通过它本身来增加税收。政府也会通过执行区划法令和使用设计指导方针调整开发。他们会通过奖励体系、激励区划和相关计划促成独特的目的。城市设计师的角色会更多，以设计手段为基本经验的需求也会增加。设计指导方针不得不有一个清楚的目的和达到目标的原则——这些目标必须能被清楚地理解，而且以能取得目的性成果作为基础。政府可以保证抵押并提供税收鼓励，但是应该让他们了解社会和经济返还给公众的会是什么。

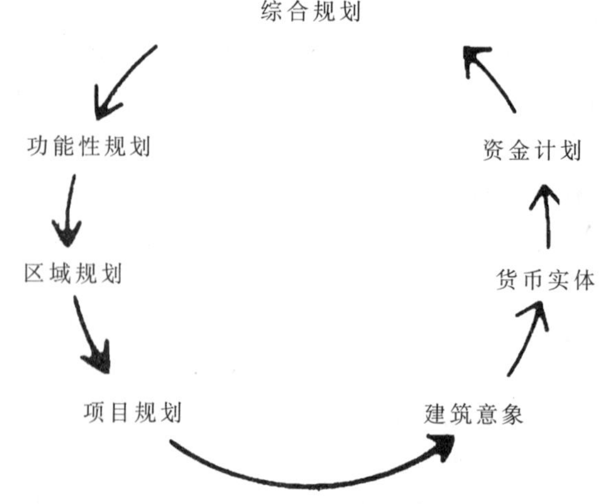

图20–6　作为城市开发程序一部分的城市设计
（根据培根进行的改编，1969年）

私人机构会成为许多开发计划的发动力量。它会推动城市区域和郊区开发计划，而不是简单地响应政府计划要求。这样的初步推动已产生巨大效果，就像美国许多城市政府在经济问题中发现自我一样。这样，城市开发和更新将会继续是一个公众——私人机构联合的冒险。对城市设计中公众机构和私人机构角色的更多考虑也是一个主要需求。现在采取的立场是公众机构应当（无论如何）夺回它在为未来制定的公共政策中的地位。最近的观察（比如兹赫尼，1990年）显示，现在在澳大利亚仅仅有很少的公众机构有长远的目光。这种具有轶事风格的迹象暗示这种情况在美国也很流行。

城市设计师的作用

在20世纪90年代的开发程序中城市设计师、城市规划师、景观建筑师和建筑师能够准确地扮演很多的角色，取决于他们对开发程序的理解程度。作为城市设计师本身的两个角色，一个是作为私人利益的代表，另一个是作为公众利益的促进者和捍卫者。早期，城市设计师是制定计划保持社会经济的现状；后期，城市设计师有了更多的选择。城市设计师可以是“温柔的警官”（戈德曼，1971年），加强现存的权力结构为了使工作展开更容易——实证性的观点。他们可以通过讨论正常预算之外的计划功能性观念的方式作为选择的为长期生存而设计（这是理想化），以及为社会底层和被忽视人群的需求代表更广泛的公众利益（参见第23、24章）。

很明显与美国的城市设计相比在别的国家城市设计工作有不同的社会政治背景，发挥不同的作用。在许多国家，在公众机构工作的建筑师从事大量的城市与建筑设计。他们为总体城市设计和局部城市设计负责。在纯粹的社会主义国家他们就得全做。在混合经济的国家，设计师潜在的作用是不同的。在所有的例子里，城市设计师通过理解城市开发的程序而获得了行政权力。这种为了合理权衡是重要的。一个城市建设计划的开发经常要减少在其他方面的投资。另外，所有新的计划都影响周边环境，并改变土地的价值和存在于那里的开发机遇（阿托、洛根，1989年）。它们会产生波纹般的影响，除非所处的环境正在衰败。如果那样的话，环境也许会击败计划。

未来，城市设计的支持者会不得不忙于一系列别的问题而不是单纯是在设计上：

* 任何基础结构设施的投资／公共经济的改善将如何改变土地的价值和经济的机遇？
* 哪种方法的公共／私人机构投资能带来最理想的开发？
* 任何一个计划将如何帮助维持理想的行为环境和吸引新的计划？
* 对于伴随着物质空间形态的设计经济与社会开发项目需要什么（反过来也是一样）？
* 人类的基本认知需求和审美需求如何满足设计的经济性、有效性要求？如何能最好地获得功能性环境？

一般说来，城市设计的重点将不得不放在设想的财政功能上。在这样的政治环境下，城市设计师在人类经验的各个方面注意取得理想结果的不同方法就十分重要了；否则，经济实用主义也许会从20世纪80年代的“贪婪”变成20世纪90年代“简单”的必需品。

主要参考文献

① Attoe, Wayne, and Don Logan. American Urban Architecture: Catalysts in the Design of Cities. Berkeley and Los Angeles: University of California Press, 1989

② DeSeve, G. Edward. “Financing Urban Development: The Joint Efforts of Government and the Private Sector.” The Annals, The American Academy of Political Science, 1986, 53: 58～76.

③ Frieden, Bernard J., and Lylme B. Sagalyn. Downtown, Inc: How America Rebuilds Cities. Cambridge, MA: MIT Press, 1989

④ Johnson, Robert E. The Economics of Building: A Practical Guide for the Design Professional. New York: John Wiley, 1989

⑤ Miles, Mike E., Emil E. Malizia, Marc A. Weiss, Gayle Berens, and Ginger Travis. Real Estate Development: Principles and Process. Washington, DC: Urban Land Institute, 1991

21

城市设计的设计程序

设计方法论中实证性程序理论关注的是对开发过程中城市外部形式的正确描述、设计程序、使用方法及使用不同方法获得的结果。它的精心安排已经因为缺少经验主义的研究而受到阻碍。结果，我们坚持的大量设计方法论的内容是从其他研究领域（比如心理学、工商管理）和从设计专业中得来的轶事信息中提取的。对建筑实践与（比如布拉瓦，1984年；盖特曼，1988年；卡夫，1991年）建筑设计特征的研究（比如P · 罗尔，1987年；劳斯，1990年）、说明（如勋伯，1983年）、个案研究（如鲁切尔曼，1977年；福瑞登、塞格尼，1989年；朗敦、希普利、韦尔奇，1990年），以及关于城市设计特征的影响及其可以做什么（比如卡特勒夫妇，1982年）可以得出关于开发程序的动力机制和它将如何提高我们对于城市设计复杂性理解的一些结论。

城市设计程序有许多综合性的形式（如贝里，1973年；卡特勒夫妇，1982年；沙里宁，1985年），并且许多一般设计程序的形式偏向于建筑学（如科布格、巴格诺尔，1977年）。城市设计师应该采用的许多形式在具体的研究类型和方法特征上是规范性的。尽管经过严密的审查，城市设计师对设计模式有了一个较高的思想认识，但是一般的形式仍然趋向于具有实证性的意义。目的是回顾城市设计程序的普遍特性，这样，就可以对城市设计师所作决策的特性进行确认。

设计程序整体的特点

描述城市设计特点的方法很多。有一种方法是由相关机构决定的。这里关注的是，在城市变化过程中，城市设计师面对其他参与者的作用——关于城市设计师处理专业业主关系的组合模式。

不可避免的，设计程序被划分成许多阶段，每一阶段都有自己的成果。城市设计程序的特点取决于这些划分如何形成，还取决于各阶段是以逐步的方式或系统的方式，是独立进行或是同步进行，要么是偶发的还是成系统地实施的，都取决于每个阶段目标所要达到的成果。

城市设计程序的阶段

城市设计程序的各个阶段如同其他设计程序一样，不同的学者对其进行了确认并给出不同的名称。然而，它们的特性明显相似，普遍特点高度一致（朗，1987年）。借用赫伯特 · 西蒙（1960年，1969年）的说法，在这里被称为理论阶段、设计阶段、选择阶段、实施阶段、操作阶段和后期处理发展阶段。每个阶段在自身的发展程序中都包含相同的基本理论活动：分析、观念构思（比如观点分歧的产生）、综合、预测、评价以及决策。通过以上这些连续的过程，设计程序可以被看作一个螺旋反复上升的过程（参见图21–2）。但是，因为在每一个阶段过程都会得出结论，产出成果，所以这一系列阶段构成的整个过程被认为是有实效的（参见第9章）。每一项基本理论活动的重点和实现的具体方法不同于设计师们在每个阶段关注的重点。在制定决策过程中，存在从观念到形式再到评价这样的循环（西斯尔，1980年）。

理论阶段的成果是计划和纲要。设计阶段的成果是设计草图甚或是一整套设计。选择阶段的成果特点是不同的，是一种决策。这个决策也许会被抛弃、会被修正或者连同项目继续进行下去。从这一点上来说，成果是体现在图纸上的计划象征体系。实施阶段的成果——总体设计、带有指导方针性质的

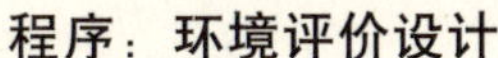

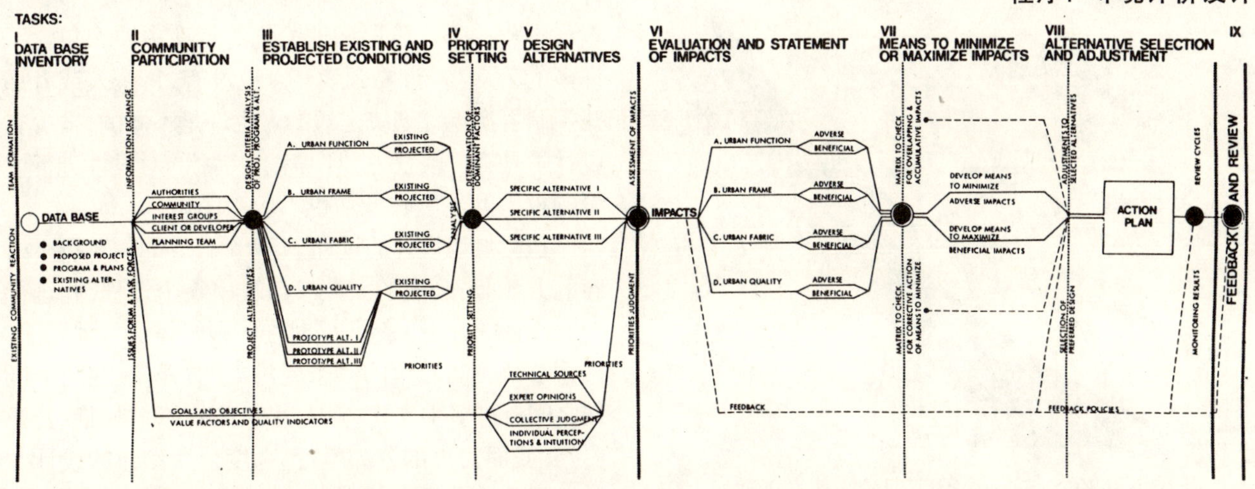

图21－1　劳伦斯和谢瑞尔·斯蒂芬斯·卡特理解的城市设计程序
（资料来源：卡特勒夫妇，1982年）

说明性规划、基础结构规划和发展（或衰败）管理规划——较之象征体系更为积极。后期处理发展阶段的成果是信息。它可以用来进一步发展设计和设计程序的实证性理论，或促进决策制定过程中整个新的循环。

设计过程总是充满着争论。设计师自身的互相争论，对问题的性质、解决方法和评价过程进行的争论。争论的存在是因为设计问题是复杂的（伯泽杰内科，1974年；瑞特欧，1984年；瑞特欧、韦伯，1984年）。一项设计能进行下去，通常是通过对于问题的提问和对设计不同解决方法的探究。研究到什么程度没有准则可言，在评价设计时，也没有整套具体的方法可供采用。设计程序是一个反复过程，在这个过程中，设计师逐渐接近适宜的解决方法（西斯尔，1980年）。它是解决方法在头脑中不断发展假设及其检验的过程。富有创造性的设计师是那些可以超越现实接受的解决方法，即"满意"方法的人（西蒙，1960年）。设计使用时间的量表明什么时候可以完成设计程序的特定阶段。不可避免地，几乎每一个设计师都渴望有更多的时间来进行设计。这种现象适用于整个设计过程和整个过程的每一个部分。

在主题更加明确而客观的讨论过程中，实证性经验知识给争论增添了更多的合理性。如果没有这些，就会像词语和描述的术语是一种主观判断而没有特定的内涵一样，存在相当大程度的混乱。一些批评家声称在艺术领域存在一种共谋，因为艺术家们从迷茫中获得了力量，因此他们试图维持这种迷茫的永恒（参见乔治·奥维尔的解说，1954年）。

设计的过程常常依据先理论评价后使用评价的阶段顺序，但是当思路走进了死胡同，或者要考虑某些新的可能因素时，这个过程中也常会有前后阶段跳跃。因此，设计程序体现了如表21-3所示的反复循环。事实上，在设计之初，因为没有潜在解决方法的构思意象，设计程序很可能就没有进展。单个设计师参与设计过程和设计方式的方法依靠他们惯例化的态度——设计的观念或是程序化体系。

程序和范例

常见的设计程序有两种基本方法，它们常常是彼此相互对立的。在具体的实践中它们又经常体现为某些程度的混合。第一种程序方法被大多数建筑师所使用——类型学的方法；第二种是一种解决问题的方法。事实上它们代表了对待设计程序两种不同的理性态度，但是在设计实践上不是一定要相互排斥的方法。

柯林·罗尔在他的论文"程序与范例"（1983年）中明确了两者之间不同的关键所在。那些提倡运用类型学方法进行设计的建筑师说，运用一定的设计类型或范例满足人类的需求，并且通过采用增加改进和变化的方法适应当前形势已经有很长一个发展阶段。那些提倡运用城市设计解决问题方法的建筑师认为，这个过程把设计师限制在观察城市和建筑物的方法里——要明确在一定形势下需要做什么，而不是通过形势分析来引导那些需要在物质形态上解决问题的计划设计。一些很出名的"设计失败"的例子就是脱离了

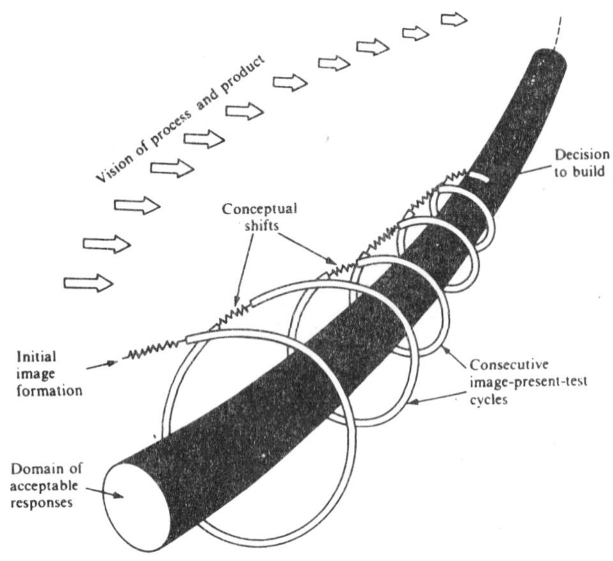

图 21－2 设计发展的螺旋线
（资料来源：西斯尔，1980 年）

主干类型学方法进行的设计，但是这些先例导致对自然和适当的使用方法（玛瑞特，1982年）错误理解，以及对其他建筑师要考虑设计的问题而不是仅仅关注处理身边事务的理解。解决问题的方法依赖于以那些决定应该以什么作为基础的实证性理论而得来的联想预测。它与设计师已经认知的实证性理论几乎相同。看一看设计程序的每一个阶段，其阶段特性显示了在纯粹的形式设计形态中类型学方法和解决问题方法的先进性和局限性。几乎不可避免地设计包括两种过程的综合；设计师彼此之间不同的是他们关注的重点所在（参见卡胡恩，1967年）。

城市设计的公众参与

一些城市设计师坚持认为城市设计的整个程序应该以一种“黑盒子”方式来直接获得完成。这种情形仍然发生在大多数建筑学教育中。其他人则认为，设计程序应该公开化，应该进行详细审查，并且应以“玻璃盒子”的方式去实现。在美国，后者的方法对从业城市设计师的要求不断地增加，因为除一些总体城市设计外，他们的工作都是针对公众活动场所的设计，主要涉及公众领域的问题，使用公共资金，并且这样不得不公开以便进行详细的观察。

在美国，许多城市设计计划是由公众机构发动的，但是它们是在私人专业设计事务所里发展的。许多计划，特别是郊区开发计划，也许都是在政府的许可下完全由私人机构发动并完成的。相反，在西欧的大多数国家和世界上其他的一些国家，全部的过程也许是通过政府部门的建筑师实现的。从本质上来看，设计过程的每一阶段和理论化的行动中要么包含了许多的公众参与，要么就一点也没有。每个人或者那些控制着实现计划决定权的人也许是不同的。很少有设计师具有行政权力，但是来自专家的对设计进行讨论的权力既不应被低估也不应被滥用。

执行城市设计的过程中，两个公开的相对极不相容的方法是：公众的完全参与贯串整个过程，并进行专业设计的分析、综合，同时在公共媒体认可计划前，进行公众参与政策的“未受污染的”评价。在两个极端之间有许多中立立场，认为有部分过程是可以公开参与的，而另一部分却不行。高度公众参与的设计方法显示出那些马上受计划影响的人知道的项目太多了；脱离公众参与的设计方法显示出有经验的设计师和技术专家不可能从社会学到什么（哈伯，1969年；瑞特欧，1984年；伯泽杰内科，1984年；巴特勒、路易斯，1985年；金等人，1989年）。

强调程序的公开性有着不同的叫法：社会设计程序，RSVP 循环（哈伯，1969 年），联合设计（金等人，1989 年）。在 20 世纪 70 年代程序有激进的倡导者（比如米歇尔，1974 年；瑞特欧，1984 年），并且经常连同那个时期的思想和已经陈旧的工作方法被感知。在许多方面，它已经被一般的城市设计实践所吸收。在公共领域几乎在所有的城市设计计划中都包含公众参与，许多私人机构的开发计划也是这样做的。很多计划仍然是连同高度的公众参与一起发展的（J·斯特恩，1989 年；斯克特·布朗，1990 年），并且许多美国的城市设计依据法律也要求通过这种方式来实现。“倡导性设计”是以社会投入和代表政府以及那些无经济能力人群为基础的（哈奇，1984 年；J·斯特恩，1989 年）。

近些年，美国大多数的城市设计关注私人开发的郊区住宅区。规划主要是基于开发商在实施规划前对市场进行的研究，或是基于研究别的开发商所作的工作。肯定会包括一些公众听政会，但是参与听政会的人不是那些潜在的未来居住者；而是住在附近的人和那些可能受新开发影响或是觉察到会受其影响的人。他们关心的是开发计划对他们自身造成的影响面，而不是开发计划本身。

理论阶段：设计程序

城市设计程序和其他任何决策制定程序一样始于挑战，同时也是对机遇的领悟。如果把人类聚居

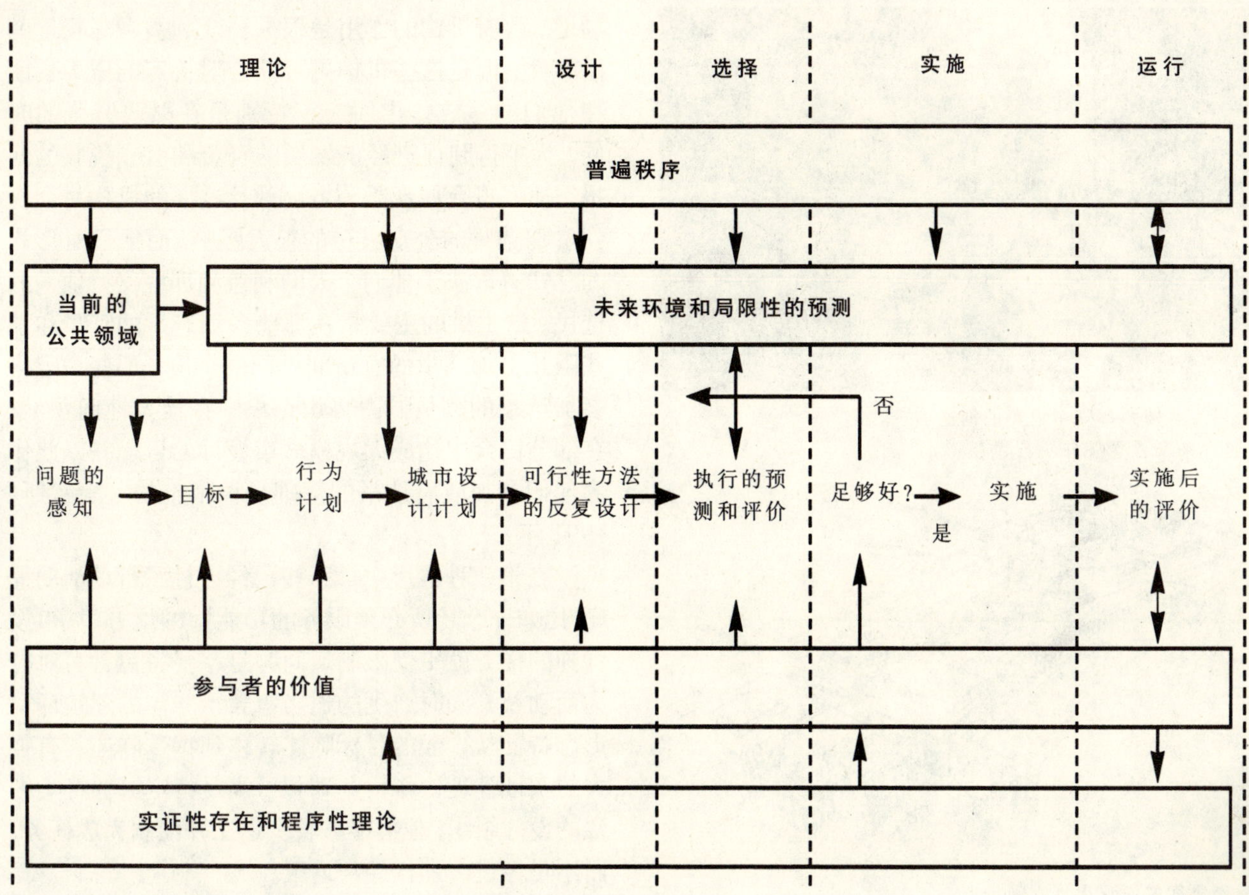

图21－3　设计程序的一般模式

环境看作一个整体，那么理论阶段始于对社会环境和建筑环境的监测，这项监测用以识别现行设计的方法、场所空间的外部表象和那些有潜力更好地满足人类需求的环境模式之间的差异。如果是这样，那么现有环境的"机能"就不能适应那些渴望改变的、已知的、假想的或被认为是存在的事物。虽然这种识别可能经常是对存在于一个场所空间、场地或行为系统的挑战和机遇的直觉洞察，但是它也包含系统分析。他们是有意识的或潜在意识的，这些理论活动都形成了总体城市设计公开化阶段的核心工作(康贝格、巴格诺尔，1977年；瑟威尼，1985年)。

各式各样的人根据他们自己或专业兴趣不断地对建筑环境进行广泛监测。开发商也为能否有机会有利益地投资而来审视它。高速公路工程师沿着城市街道检测车辆的交通流程。他们不恰当的识别方法将会以衡量交通流的速度或容量为基础。这些尺度对于乘客、毗连的行人或居民理想的交通是有些出乎意料的。住户可能通过检测环境来维护他们自己的利益和生活质量。个人看到了机会而且促进了观念的产生。城市设计师，特别是那些受雇于公众机构中或直接地作为设计师或者作为顾问的设计师，将会为了要解决的问题或可开发的机遇，为了使居民的生活场所空间更好，具有更好的功能场所而审视环境。有了这样的意识，城市设计师就成了偏袒目标的促进者，即使他们把目标看作是公众利益的一部分。

城市设计师经常面对两种情形：一块特定的地理区域，一组活动及其需要包含的美学表达。在两种情形中，根据特定人群和生物环境需求，问题的觉察是不可避免的。还有第三种情况，城市设计师是一个广泛要求改善人居环境的解决问题团队中的一部分。

在第一种情形中，场地正在为它的潜力(它可能服务的功能)进行调查研究，将来在那里有可能因其特别的用途而具有强烈的倡导性(或更有可能的反对特定的用途)。场地的潜在用途依赖于场地的生物特性、区位、存在的市场和特定群体的需求。城市设计师根据其他地方已知的开发情况来对待场地，开发商根据他们习惯的开发方式对待场地，当地居民根据开发将对他们生活产生的任何影响对待

1.得克萨斯州圣安东尼奥的河道
（照片来源：詹妮弗·泰勒摄影）

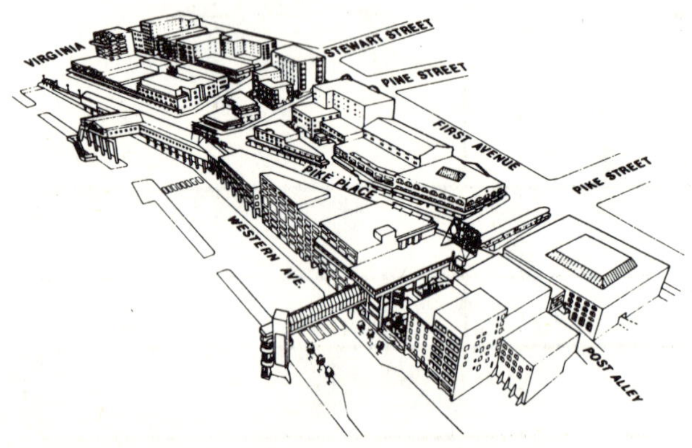

2.西雅图的派克市场空间场所
（资料来源：朗登、西比利、韦尔奇，1990年）

3.波士顿的昆西市场地区
（照片来源：迪珀·尼加哈瓦摄影）

图21-4 机遇的感知

个别的市民，有时是外行以及在某些时候是设计专业人士的人可以觉察到改善城市的机遇，而其他的人却察觉不到。对于圣安东尼奥[1；参见图11-7（2）]的城市设计，实质上是把开放的下水道变成了令人喜爱的河岸散步场所，通过保留派克市场空间场所[参见图17-12（3）]来保持西雅图的地方特点（2），这些都是具有高瞻远瞩和有活力的独立性工作。这种情况与波士顿的菲纽大厅／昆西市场的开发相似（3）。在后两个情形中，建筑师扮演了一个广为人知的角色。

场地。政府机构的作用是根据公众利益考虑场地的潜在性，但是这些机构更可能会对特定的压力集团和他们的组成作出回应，特别是在财政紧张的时候，为了得到促进经济发展的资金和潜在税收的回报，他们将会屈从于地方财政。这样的机构将会受到参加选举的公众官员的很大影响，而他们对形势的感知将取决于他们个人的利益和那些支持他们的选民。这里讲的主要是在那些参加选举的官员和那些阻止参加选举的官员间不同的态度。那些被阻止参加选举的官员试图将焦点集中在地方性问题上，在部分民众中达成大规模城市设计的目标并以此作为他们参加政府选举的基础是很困难的（史密斯，1991年）。

在第二种情形中，那些已经设计了行动活动程序(比如一个场所必须服务的功能）的地方，城市设计师的任务就更受限制。问题是，要将包含着对行为活动及其同时产生的适当审美于一体的建筑环境形态特征从一般的目标陈述转移到特殊陈述。有强大的实证性理论作为基础和可满足特定目标各类细致的设计组织，他们能够较少返工并绘制完成任务，而不是像过去那样经常返工。

第三种情形，当城市设计师作为提供决策者(通常政客)的一部分，用历史的方法看待一个城市或某一地区的发展状况时，城市设计变成一种真正的协同合作艺术(朗，1990年)。整个设计程序也变得更加复杂。程序被设计成分析人类需求、提供场所和分析可获得为人类提供服务的资源。同物质环境一样，对于计划目标的实现调整人类的行为活动也许是必须的，但是很少有计划目标是单纯通过改变物质环境来实现的。

在所有的这三种情况里，存在包含有他们自己一套目标在内的特殊类型的人群。要明确那些类型的人是谁，并阐明他们的目标对于城市设计的问题解决手法是相反的。难的是，一些人直到他们通过设计能作出反应时，他们都没有因在其中而进行参与；另一部分人则是不善于表达他们的目标。城市设计师的作用之一是使人类能清晰表达出自己的需求，并且对人类所关心的问题带来可能性有全面了解。在所有的这三种情况里，程序是自下而上进行设计的——从对程序性问题的理解开始。对身边问题情况进行了局部解决。它将不仅制定发展目标，而且制定更多特殊目标，发展是根据能提供的行为和将实现的美学价值两者的性能标准来实现的。

对问题情况的理解总是取决于一种情况同其他

情况的对比。在城市设计中，做这样的比较有两种基本方法：类型学方法和问题解决方法（或范例与程序）。在形式上，使用的尺度是其他感觉良好的场所——城市、区域、街道、广场。第二种方法是用一种实施指示或者作为比较指示。第一种方法趋向于把世界看作一套物质化模式，而后者趋向把世界看作是一种实施和环境——作为行为环境和几何系统。

确定问题的类型学（范例）方法

城市设计师识别问题状况的标准方法之一是对比当前形势，在之前他们的所见所闻连同其他的规范模式、一般的解决方法和/或现存先例。“类型学的手法（曾经）使那些寻求功能和重建先例作为城市设计出发点的传统方法得以复兴”（凯尔博，1990年）。有很多分析成果都是关于这些城市不同组成部分以及甚至作为城市整体先例的。举例来说，有许多关于住房类型（舍伍德，1978年）、城市空间（里昂·克里尔，1979年，1990年）和城镇（罗西，1982年）的书籍。另外，近来对设计的一般解决方法——城市设计师使用的关于解决城市和郊区循环反复的问题已取得一定成果。采用20世纪20年代的“邻里单位”设想，直到20世纪90年代，将促进步行生活空间（凯尔博，1989年；凯斯瑞泼，1991年）和城市乡村化（PAS，1991年）作为郊区设计的方法。在使用先例和一般的解决方法之后，城市设计师开始运用类型学的手法进行问题分析（和解决方法的发展）。

使用类型学手法的设计师将寻找场地和考虑现存别处的开发或是他们乐意效仿的一般具有特点的解决方法，因为那是难忘的或是运行良好的方法。处在最佳状态的程序首先包括根据当地和周围环境确定相似的另一个场所，而不是“工作更好”（比如，提供更多的或是不同的行为是更加审美愉悦的或是仅仅将会是更好的场所）。那么，设计过程考虑应用现存的在其他场地上以修正形式存在的现状（它不只是简单的复制），因为背景的几何学不一致。类型可能是一种可使用的或一个正式的也可能是一个区划法令或一系列设计指导方针。重要的是要应用范例。

关于一个城市或城镇的场所空间应该是什么的真正观点是一种指导多数城市设计的设计类型。使用类型作为基础设计，如同先前可接受的经验，然而却可以使想象失去活力，因为我们试图一直使用它们（布奇、莱宾诺维兹，1968年；莱茵，1971年）。对于许多美国的城市设计师来讲，他们固有的城镇印象是欧洲的城镇意象。他们的设计目标是使美国城市变成一个在汽车出现之前的欧洲城市。基于这样一个意象大多数城市设计的想法都停留在画板上。如果要得到实现，他们时常是要完全地置身在文化传承之外的。然而，20世纪美国有一些类型是惟一的。一些已经是非自我意识的发展（如市郊的购物长龙），其他则是已经被有意识地寻找的（如在西雅图的Denny Regrade邻里单位）。

许多理性主义的城市设计师已经在寻找开发20世纪城市及其周边环境使用的新类型。这里已经提到的，在20世纪早期有两种普遍使用的解决邻里设计开发的方法——横向的有克拉伦斯·佩里“邻里单位”理论（地方计划协会，1927年；斯特恩，1957年；格林、爱森尔，1986年）和勒·柯布西耶“居住综合体”（1953年，1960年）。在美国有大量自然发展的就像新型郊区中心区似的迷你城市（穆勒，1981年）或者都市村庄。在20世纪80年代，汽车长龙（文丘里、斯科特·布朗、艾泽纽沃，1977年；瑞梅瑟，1986年）和巨型教堂是两种汽车时代的已经被发展的类型——前者是自然的，后者是具有高度自我意识的设计成果。最近最常使用的城市设计类型是新的滨水地区（陶瑞，1989年）。市中心的步行商业街（霍斯顿，1990年）在第20章中提到。

许多美国城市滨水地区的设计追随了巴尔的摩的领先潮流，在美国，首先展开的就是使功能退化的滨水地区获得重生和重新进行使用（凯勒、路易斯，1992年）。解决办法已经知晓，即是“滨水地区节日市场化的设计”。同样，城市主要大街和邻里单位的行人专用步行道创造了很多愉悦购物环境的观念导致许多城市设计师感知他们的城市问题仅仅是对大街而不是对行人专用步行道。

当开发商为有机会去开发那些发展中的（他们所有的经验发展）建筑物或他们知道的类型审视环境的时候，都相继跟随着一个相似的程序：宽敞的住房，地区步行商业街，享有声望的A级办公大楼，中产收入阶级大面积的住房等（参见第20章）。某些开发商涉及许多建筑类型，某些还涉及总体城市设计。詹姆斯·瑞兹是马里兰州哥伦比亚市、波士顿的菲纽大厅/昆西市场、以及像许多郊区步行商业街一样的费城街道美术馆等的开发商；欧尼斯特·哈尼则开发了郊区购物中心似的霍顿中心（福瑞登、塞格尼，1989年）。政府机构和主管当局像开发商一样已经负责了很多城市设计工作。举例来说，纽约和新泽西州港口管理局是纽约（鲁切尔曼，1977年）世界贸易中心的开发商，纽约州城市开发公司负责纽约偏远地带 Radison 新城镇的开发(以前称为 Lysander)和纽约市罗斯福岛（以前称为“威尔菲尔”）“新城中城”的开发［参见图8-8(2,3)］，而且各种不同的市政住房代理已经负责在美国各处居住综合体的开发。大量的住宅包含许多被联排式住宅包围着的塔式高层——一个在20世纪50年代发展起来的，而且是在很多地方成功，也在很多地方失败的标准类型(参见图3-18)。

类型学的解决方法已经证明，城市设计师中有用来比较当前形势的规范化设计。计划暗含在使用类型中。的确城市设计师面对的许多情形自然是相似的，特别是在一种特定文化里。然而，在固有的类型中，在新场地里，也许不能是解决问题的最好方法。因为类型的使用是城市设计分析的一个必要机制，因此，类型是理解城市设计项目的前提（卡胡恩，1967年）。要记住的一点是，问题和解决方法都暗含在类型中，伴随着城市设计师时常根据类型领悟到的解决方法，也时常不根据问题领悟到的解决方法所产生的危险后果需要引起注意（亚历山大、伊斯卡瓦、西尔弗斯坦，1968年）。类型学方法设计的力度有待于对重复使用的成功解决。

识别解决问题或程序设计问题的方法

解决问题的方法或程序设计的方法将注意力集中在身边存在的问题以及将详细的程序设计作为是设计的起始点。特别是功能已经提供的计划——行为活动和审美主体也已经满足——反对任何量化的物质设计的规范。在这里要明确，通常的设计必须要在财政、政治和社会的约束下进行。有时但不是经常的，约束可能是由于自愿接受的，并且为需要满足的功能提供具有创造性方法的研究进行了不必要的缩减。实证性的设计、计划或指导方针在计划和明确之后将会被创造。

解决城市设计问题方法的第一步是确定值得去做的。在城市设计中有三种宽泛的问题类别：(1)在不希望的环境中，描述的被破坏、迁移或控制的功能；(2)获得希望的功能；(3)防止产生不受欢迎的功能形式。问题的所有三种类型可能在确切功能特征的详细叙述中是有效的，是一个开放程序。创造性问题的明确包含用新方法看待社会环境和生物环境，并跳出专业圈范围。

通常一种简化的方法已经运用到把问题减少到容易处理的程度(也就是减少要考虑的功能数量)，同时这样做也会失去它的精髓。然而问题可以在策略和影响找到解决办法的限制里看到。关于什么可以

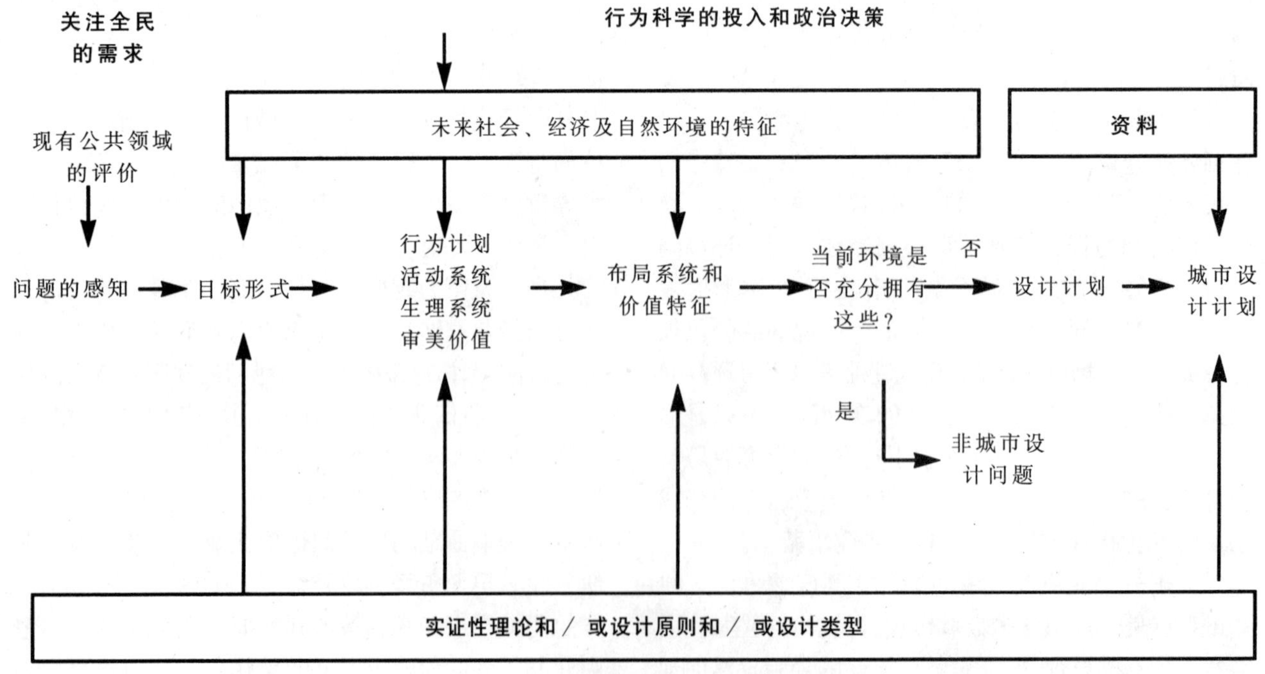

图21-5 理论设计阶段的模式

做，那些有限制性的不成熟的想法可以不成熟地排除可能的解决办法。如此的规划程序必须对许多选择开放，而且要有效。

设计的问题解决方法可以包括直接与那些关心在特定情形受影响的和在他们看来需要的人合作，或者可以由专业人士独立完成。如果根据某些人的需要，那么任何一种方法在操作方法以及应该操作的方法运用之间城市都被视为一个不适合的功能性实体。规划目标是为个人和人们的各自主张而详细说明设计实施中需要减少的矛盾。所有的设计都包括许多主张。这些主张被运用在一系列的设计计划中。

设计项目是对设计获得什么样的内容与结果的准确陈述。然而一个设计目标可以说是要让设计在视觉上能吸引人的，一个计划是尺度、质量或数量实施的明确，人可能认识到目标已经得到了满足。作为设计程序基础的设计计划是从包括不同人的意图陈述开始的。过程包括获得信息而且分析信息，然后把它综合进设计计划中。过程的困难(或有趣的)是，不同的人参与在设计程序中可能会对某些计划表示同意，对某些计划表示不同意。实证性计划的过程包括相当多的讨论和争论。参与的人依赖他们控制的所能完成的程度对决定权有不公平的分配。这就是来自政治上的或财政上的控制，或来自专业专家(或名誉)控制。

程序的最终设计隐含在项目的实施设计中。即使与理论阶段结束时候的产物是完全相似，这种情况也是很少的。产品可能被视为临时计划，它可以因设计潜在方法的作用而改变。严格的程序仍然是实证性物质空间形态设计的出发点，即使是设计一个综合性建筑或一套设计指导方针的行为，通过提出先前不确定的问题而改变了程序。

参与城市设计项目的人

在任何情形中，参与城市设计师工作的人可能有企业家、开发投资商、潜在使用者，以及其他的专业设计人士，他们一同参与并促成最后的决策。在一个大规模的城市设计里，每个角色都可能会有许多人参加。公众利益通过土地区划管理法律和现存建筑法规表现出来，但是更动态的，在整个讨论中也是受来自特殊压力和特别利益集团关于结果和方法的影响(惠顿夫妇，1972年)。由于公众机构的官员为了获得一个他们需要建造的项目土地区划管理法和其他官僚法规而具有相当的倾向性(福瑞登、塞格尼，1989年)。

开发商

自发开展的城市设计项目最初是由一些企业家活动发起的。正如在上文所描述的那样，在美国，虽然政府机构和地方性公共组织及市民最初发起了项目，但是企业家总是要开发这些项目。相反，在社会主义国家中，项目由政府或它的某一机构进行开发。有时城市设计师会按照他们自认为代表的公众利益来开展一个项目，但是他们通常是代表特定群体、公共团体或公众机构利益的人(参见图 21-4)。

投资商为开发提供了基金。他们可以从那些机构借贷，像是期待返还他们投资的银行或是通过建筑公共区域和／或通过税收部分返还利息的政府赋予补助项目。传统做法，民众通过税收资金已经为项目的公共基础部分付费了，虽然在多数市郊和新城镇开发中开发商已经把基础设施的费用转移到未来居民所要支付的土地和住房的价格上。除此之外，在第 20 章所描述的花费、维护、控制城市更新计划的公共基础设施费用，现在时常被转移到私人机构。有时，投资商会是艺术家的赞助人——赋予一位设计师或设计小组自由的权力去做他们认为将会美化城市的设计工作。过去很多令人景仰的城市设计工作就是由独断专权的赞助商也是城市设计的主要投资人支持的(举例来说，罗马教皇希克斯图氏五世和巴黎的拿破仑三世)。在美国特别有权力的政客也能起到同样的作用(举例来说，纽约州奥尔班尼的执政官纳尔逊·洛克菲勒)。

用　户

“用户”是一个模糊的概念。对未来的开发而言，用户是谁的定义的可操作性是很难辨析的。用户不同于最后居住在场地附近的人。某些人比其他人更重要，就是指有文件计划保护的那些人和那些必须保留的人。人来来往往，开发的开始居民将会搬迁，会被其他居民代替。然而，在所有潜设计中，对好的或坏的设计有一种界定，用户是谁，他们的需要和彼此联系的重要性，时常显现的使用者模型只是潜在性的消费者(福瑞登、塞格尼，1989 年)。这是被用来作为城市主要经济模式化基础的模型，特别是新的综合零售业建筑。

1.建筑师和规划师眼里的人
（资料来源：旧金山城市规划委员会）

2.观看费城新年化妆游行

3.日本艺术家广重绘制的美国妇女肖像，1860年
（资料来源：承蒙费城美术馆提供）

图21–6　公共领域使用者的印象

在任何一个设计中，我们态度坚定地与我们忍耐的和忽略的人同行。城市设计师曾经因为太限制用户的观点已经被人们所批评，也包含在他们的绘图里（1；参见伍德、布朗、赖特姆，1996年；埃利斯、卡夫，1989年）。这是显然的，用户思潮显示出一种不同的行为和从他们自己的观点觉察到环境的功能性（2；双关语不是关心）。如果我们不了解人类的特性就只能运用我们自己的直觉（3）。

专业人员

在任何城市设计项目中积极参与的专业人士包括整个顾问层范围：建筑师、交通工程师、造园设计师等。每种职业人士都从自身的专业角度看待问题。城市设计很少是一个人设计的。跨学科的努力增加不同角度考虑的问题。城市设计工作是双重的：制定方向和管理整个群体。传统上城市设计师的角色曾经由建筑师扮演，但是，在这里描述的情景中，他可能被任何的专业人士扮演。当操作有效的城市设计时，需要许多方面的专家相互支持(鲍多恩，1975年)。当犯错误的时候，时常有很多其他专业人士责备城市设计师。如此的态度对任何人都不会有帮助。

方　法

规划程序的每个部分都包括一些工作方法。许多方法用来理解需要和包括计划发展中的用户和投资商的表现。在解决问题方式的设计中关心的是要发现人类现在正在做什么，他们的行为趋向（参见亚历山大、波伊纳，1970年），美学偏爱和为了要叙述建造环境应该负担的功能而对未来需要进行的解释。使用的方法包括观察、面谈(以理解人类的希望和热望为基础)和对于改变环境客观理论的逻辑性应用(参见西斯尔；1980年；贝克特尔、玛瑞斯、米歇尔森，1987年；朗，1992年)。这些在20世纪70年代和80年代期间发展的方式已经从建筑学扩展到城市规划都给设计程序质量巨大的推进。

与法律和文脉的研究一样，对设计进行市场分析也有了一定的发展。市场研究确定可能出售的东西，但是容易把重心集中在过去的例子而不是未来的可能性和应该发展的标准问题上(参见弗朗克、阿伦茨，1989年；普瑞斯曼及其他人，1991年)。法律研究的重点是不同人的权力和确保文脉领域里的权力。文脉的研究趋势重心集中在识别城市各种不同已存在的基础结构设施系统(举例来说，运输网络)，建筑提供的场所感，以及越来越注意地方性生物环境的特征。

贯穿整个理论阶段，建筑环境的局部潜在意象将会通过提出问题和直接探索使设计成形。这些意象被直接处理。问题和解决的意象将会改变人与人之间的关系。一些意象将会很好地得到深入发展，而另一些意象将会非常含糊。关于设计社会和经济决策的含义某些人有较强的理解能力，另一些人将不会理解。对于实证性建筑理论的深刻理解会帮助建筑师领会各种不同的社会和美学场所设计的内涵。

理论阶段的产物是设计程序。一旦考虑到连同需要建造的确定尺寸的特定使用单位数量，城市设计程序在内容上会变得丰富并且涵盖了同本书先前描述的方式非常相同的全部服务功能部署。设计程序时常叙述一个计划的目标和目的、要服务的人、他们的需求和满足他们需求的预备方针——从生存需求到认知需求以及审美需求。基于逐渐有效的分析和设计，关于设计意图的思考越来越多(参见莫里斯基，1974年；桑奥夫，1977年，1989年；罗宾逊、威克斯，1983年；普瑞斯曼，1985年)。

设计阶段：设计设计

任何城市设计过程设计阶段的目的是要形成对于一个设计的城市设计师曾经并喜欢在未来从事寻找潜在的物质空间形态的四种基本解决办法。他们已经明确：指导方针的设计，带有或没带有指导方针的基础设施设计，多合一的设计和总体设计。设计阶段的特点不同，但不是依靠设计师是否正在从事一项或另一项任务的基础理论过程。指导方针的设计毕竟是获得物质空间形态造型的方法，或是相当于一套可接受的物质空间形态造型。

运用类型学从问题性质的概念方面转移到让类型决定城市区域、一个建筑物或开放空间、或一个序列的设计结构上(参见凯尔博，1990年)。问题解决的方式在实施上是相似的。观念已经是识别环境的模式，这些模式是适合特定目标和综合(不组合)这些总体城市设计模式的。城市设计类型学方法和问题解决方法之间的不同点体现在使用形态的规模上。类型学的方法依赖于整体并且希望整体和各部分之间应适应问题；解决问题的方法设计出局部并希望能在整体和局部都适合特定需要时将局部组织成整体。

如果设计工作能促成总体城市设计，过程包括在选择阶段对可行性解决方法的草图阶段进行发展。有时这件工作将由设计师完成，但是通常它是许多专业人士协同合作的努力。然而，基本的设计理念可能起源于某一思想并且被辨别是谁的主意或时常是产生它的设计群体的负责人是谁。

指导方针的设计包含一套可能接受的设计解决方法。为了能够设计指导方针要求设计师脑海里必须有一些可能建筑的环境。如此这些图的意象必须首先变成可能的设计。因此指导方针的设计包括三个基本步骤：(1)设计和采用一套整体的场地示意性统计数据；(2)从这些示意内容的必要成分中进行提炼；(3)确定这些会实现的设计方针特点的书面材料。第一个步骤包括设计和选择活动（也就是，可能的图式性设计，预测这些图式将会如何运行，它们的表现评价以及对于场地适当的设计或设计方向）。在总体设计中第一步骤本质上是相同的。不同点是注意的焦点不同。在总体设计中，设计的细节（建筑物和它们之间的空间）是在设计师或设计群体的控制之下，在通过指导方针使用的设计中，最终仅仅公共领域（受其立面限制的建筑物之间的空间）的必要特点受到限制。其余的留给稍后的私人设计师进行决定。

设计阶段解决问题方法的重心集中在对于不对先前状况下解决方法施加影响的程序给出物质空间形态构成。它是一种由下而上的设计方法。它包括解决潜在问题形式的设计(也就是一些功能)，然后将这些模式部分综合到一个整体的解决方案或一套可行的方案中。每一步都可能包含着反馈，因为对于问题构成最好的解决办法，当有其他解决办法时，也许不是一个最好的承上启下的方法。如果创造性的解决方案将实现，设计师不得不要避免太早地被他们起初做的设计决定打断了进行设计探索的思路。

设计中的基础理论过程

大多数的设计来自于习惯性和创造性思维。大多数有创造性的设计师没有解决问题的创新性方法（卡胡恩，1967年）。他们脑海中往往都是带有模式语言的设计行为方法——设计方针和设计引用的模式。设计师习惯于按特定的方式进行工作，而且他们的工作是开放的，因为就像他们在其他设计中一样使用了相同形式的空间和结构模式以及相同的材料。这是他们的风格(西蒙，1970年)。

有创造力的设计时常被认为包含那些违背我们期待看到的正常视觉形式。这样理性主义者的设计连同他们纯净形式过去是而且仍然是被多数如创造性地替代维多利亚女王时代的城市主流建筑师认可，即使他们对该在哪里居住的反应是迟钝的。在思考过程中他们建议处理开放空间和建筑物以及环境新形式的新方法是比较接近艺术化的。经验主义者的设计很少在这方面进行考虑，因为他们传统上依赖已经存在的式样。

有创造力的设计包括两个基本理论过程：发散式思维和聚合式思维。发散式思维包括可能性的观念或设计式样的产生及趋于汇聚考虑这些想法的综合——

把这些主意综合在一起。前者可能被认为是进行纯粹的有创造力的努力，但是后者包括预测模式将如何运作的过程和评价或是分析这些模式的功能。聚合式思维在设计上是真正具有创造性的行为，因为它不仅包括识别新的模式，而且也包括识别那些根据他们致力于解决的问题而有实效性的模式(韦德，1977年)。

城市设计师使用许多方法来提高发散式思维能力。他们可以有意识地使用或无意识地使用这个方法（劳斯，1990年）。这些方法包括形态学的分析、隐喻性的思考和灵机一动(个体和团体)。这些过程已经被很好地证明（参见布罗德本特，1973年；德·班纳，1973年；康贝格、巴格诺尔，1977年；西斯尔，1980年；朗，1987年），而且正在开始被更好地了解，通过经验的全面研究而得到提高。聚合式思维——综合的行为——是被试验和错误引导被推测和反驳引导的直觉方法。在综合中的暗示也是判断预知性能和权衡元素的可能组合和交换的方法。创造性思维被这样的判断推迟直到一个完成的设计可以让人进行回顾时才得到提高。

所有关于创造力方面的研究表明在生产力和创造性思考之间有很强的联系。设计阶段的目标是要产生与实际可能一样多的可行性解决方法。这件工作是一个心理学上都认为是困难的精神活动。许多城市设计师喜欢做一个设计并且维护它(培根，1969年)。依照这种观点，设计仅仅会在选择阶段因为决策者反对结果而改变。然而，为了帮助创造性的问题得到解决，不得不以不同的设计理念为基础。这种比较帮助每个参与的人更好地理解问题和解决方案。

秩序原则——整体和局部

对于总体城市设计计划最终几何形式的开发似乎有两个基本的程序性方法。它们包括综合计划方

1.纽约环球航空公司（ＴＷＡ）肯尼迪国际机场候机大楼

2.罗斯福·科斯塔
（照片来源：作者收集。资料来源不详）

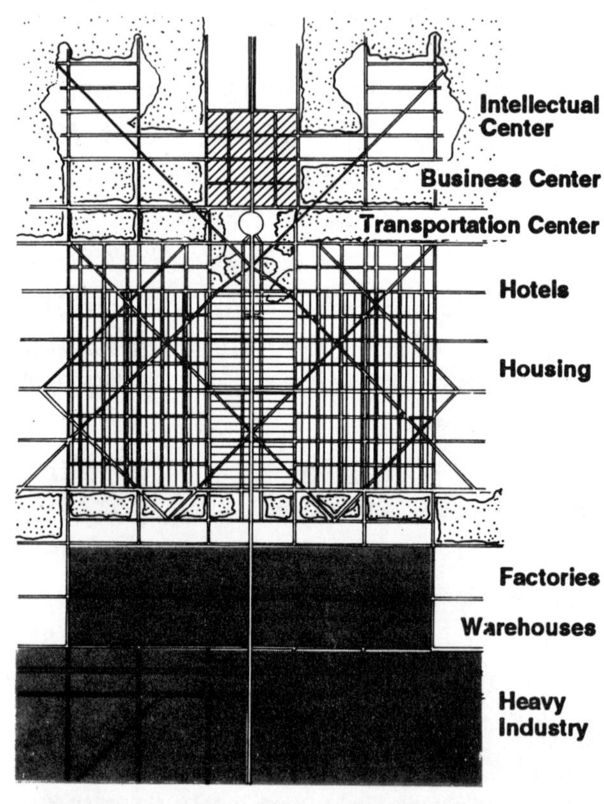

3.光辉城市
（资料来源：根据勒·柯布西耶进行的改编，１９３４年）

图21－7　城市设计里类比和隐喻方法的运用

设计历史中充满了作为产生新的更广泛观点为基础的运用隐喻和类比方法的例子。作为艺术作品这些方法运用在个别建筑上比（1）运用在城市设计上或许更成功。一些城市设计以有机的自然类比于人工形态为基础，像罗斯福·科斯塔(2)关于巴西新首都的规划（参见图２－１８）。勒·柯布西耶寻求造船学思想的精密性，而且使用机器类比法作为他的思维基础，但是他也在城市设计里运用了人的头部、心脏和身体的生态学类比法。

案:从里（也就是,从部分到整体，通过一定的秩序将基本建筑模块组建成较高层级的单元体）到外(也就是,给予整体或各个组成部分之间相互联系的一些空间填充法则——运用几何学的观念学，运动形态学或日照法则)。感觉是在接下来一步在设计中没有显现出整体的一致性。接下来的方法是几何学的排列方式——经过分层次组织的每一步转移到整体设计。在这种情况下，观念在找寻纯粹几何学建造的环境经验质量时会迷失的。然而，在这两方面，基本问题的本质上是相同的——该如何发展部分和整体的关系——分类系统的特性。

类比和隐喻的多义性已经被应用到城市设计整体秩序中。宇宙的秩序系统已经常常被提到。其中宇宙的一些图像时常以一个场的形式成为设计的基础。印度的斋浦尔是一个3 × 3正方形的格珊网[参见图10-8(1)]。一个改变适用主义的观点被建筑师B · V · 多西在20世纪80年代中期城市的扩展设计中运用。没有宇宙论的相似形式已经被建筑师特别是新理性主义者使用,对建筑和城市设计的设想都给出了一个有组织的观点。

理性主义者关注几何学的系统发展(参见第10章)，在几何学系统中整体被细分为部分，或是部分基于一些数学或比例系统建立，而且适应于整体。举例来说，勒 · 柯布西耶发展了把“模数”作为一个权衡系统使部分和整体产生关联，使用斐波纳契数列(Fibonacci)接近人类各部分之间的关系——一个生态学错误，但是在数学上是优雅的人体模型(勒 · 柯布西耶，1954年)。彼得 · 埃森曼在他的住宅Ⅲ设计里，在理性主义模式中通过细分一个基于3 × 3的格珊网系统的正方形棱柱进行工作。他按照建筑物的斜切对角线重叠了45° 3 × 3的格珊网棱柱（甘布尔，1989年)。里昂 · 克里尔在他为圣 · 昆廷进行的设计中[参见图4-5(3,4)]依靠对角线的线连续性给予一个复杂形体不同部分一定的秩序。

相反,经验主义者已经在寻找一种将部分组织形成整体的行为基础。已经形成许多系统:可以根据视觉组织形式的格式塔法则给予整体一致的认知性元素(如,林奇,1960年),狄亚勒(1961年)、劳伦斯和哈伯(1965年)的视觉系统的连续体验,以及根据人的行为表现特征和经验特征形成的运动系统。几何必要性不是理性主义者试图使用的纯粹外在的直角几何学。在这种感知中没有外在的强制美学观点,像城市美化几何学被用来当作组织原则一样,除非它内在的关注议题显现了。按照两条思路进行的城市规划常见特征是:作为组织系统的道路规划只不过因为它具有理性的几何学表现,也为土地细化体系进行了相当多的经验体验。

两种方式的目的都是为了建立有层级的部分组成的整体和后续更大的整体，或是分解一个整体为部分，其中的每一部分都有自己的个性特征。理性主义者在每个层级水平上都寻求形式的纯净（也就是纯粹的几何形态)。经验主义者使用建筑模块形成一种行为活动环境，并且他们关注的是在每一个层级水平上都形成高度秩序感的整体行为环境系统。结果通常是但不一定必然是，比起理性论主义者找寻的几何形态秩序是一个并非井井有条的环境。

选择阶段：评价画板上的设计

选择阶段的目的是要在潜在设计实现之前进行评价。按照字面上的或比喻的含义，就是当设计还在画板上时对任一种城市设计类型都需要进行考虑。选择阶段包括许多理论活动:可能解决方法的预测，执行情况的评价，应该实施的计划或表现得没那么好的决定——存在不令人满意的解决方法（西蒙，1960年)。在后一种情况中，整个计划可能会被抛弃，或是将设计过程反馈到理论阶段重新界定问题或在设计阶段寻求另外的解决方法。

在计划真正实现之前，评价设计的指导方针是很困难的。任何评价都是以实现一个指导方针将会如何进行工作的预测为基础的——比如，在这个指导方针指导下不同建筑师进行设计将产生哪种结果。最好的测试是一个有创造力的建筑师使用指导方针进行了哪类设计，当他们与最差意象的开发商或建筑师群体一起使用指导方针时他们进行了哪类设计，并且屈服于进行评价的评价委员会或专家小组。然而，在那里很少有充分的资源去引导这样的过程。在未来，以计算机为基础的设计运算法则可能用来测试由于指导方针的不同而导致的不同设计类型。在霍顿中心两个可能的方案之间进行选择的过程中，“陪审团”——一个选择委员会，市长和商业化社会同城市计划师一样以他们对最终竞争开发商的生存能力的理解为基础而不是以被提议的设计为基础作出他们决定的（福瑞登、塞格尼，1989年)。

实施预测

设计的功能性实施预测有两种类型,现在几乎经常需要城市设计师的每一个设想:整体设计或设计指导方针实现的时候将如何进行下一步衔接工作,完成时设计将会如何影响其环境——一个环境影响的预测。这样的设计包括项目如何开展的模拟,环境将如何体现特征并通过它将如何形成特征。

预测图板上的设计在实施时将会如何工作是很困难的。图画和模型仅仅给出了一些城市设计方案将会在适当的位置看起来像什么模样的概念。计算机图形能力的进步使一个人能够以各种不同的速度穿越一个建筑综合体获得持续体验的感受。城市设计某方面性能的模拟,像是人不得不完成某项活动的全部过程,或是维持已经很好挖掘的人生理学需求的总能源消耗,而且在风道布置建筑模型得出一些精确的关于结构将如何分割气流的体现。然而,很多地方继续保持根据过去的经验或掌握在设计领域中积累起来的实证性知识基础之上的只是让专家来决定预测。

建筑师面对处理自己城市设计提议的困难之一是他们正把这些提议设想卖给民众,如同售货员卖商品一样。因为他们想确保结果产生,也就是他们想让他们的方案在一定方面显现出来,并且他们所预测的进行一定的展示。超越这种方式有许多可以得到的方法。最普遍的方法就是通过这种情形研究的使用——类型学的方法——外行能更好地理解深奥的理论。

比较研究法的使用在本质上是类型学评价促成的方法。原因是因为他们现在和将要来这里之前相似的计划就已经在相似的环境中展开了。这是一个有力的论点。危险是,因为设计师想让方案实施,而其情形或环境作为相似被感知,但是实际上他们却不是相似的。这是设计的一个普遍性问题(参见亚历山大、伊斯卡瓦、莫雷·西尔弗斯坦,1968年)。

设计师所偏爱的另一种方式是使用一种类比的手法去解释他们的设计和一种类比系统预知他们设计的结果。最流行的类比方式之一曾经是自然地把城市视为一个有机的系统。对人造环境的变化以生物学的口吻来考虑。如此的相似可能是非常丰富多彩的(举例来说,巴克密斯特半圆形槌的“宇宙飞船地球”),但是它们只是在类比方法的质量上是好的。最有力的技术是相关联预测。在相关联预测中,基于经验主义研究的实证性理论和模型被当作一个方案将会如何展开工作的基础来使用。然而,实证性理论以过去经验为基础而且受到许多限制。一定要辨识出这些限制,相关联预测为潜在设计表现保持了最准确的技术方法。

然而所有的预言技术都有缺点,在城市设计中,如同在任何其他的设计中一样,设计师必须伸着他们的脖子说,他们如何相信他们的提议将会得到实施。在过去对复杂计划仅凭直觉进行的预言已经没有非常成功的了,并且很少有客户(投资商和使用者)现在乐意在没有强有力的证据支持情况下去做决定。何况在如此的证据下,今天大多数的预言还是在一个可能的结构框架里进行考虑但是却还不能确定。

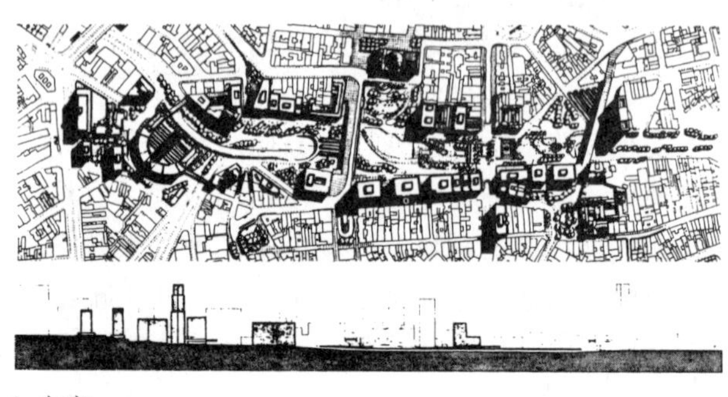

1.方案一

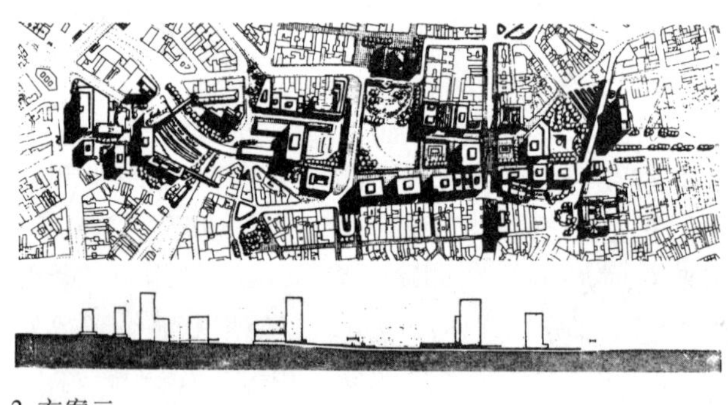

2.方案二

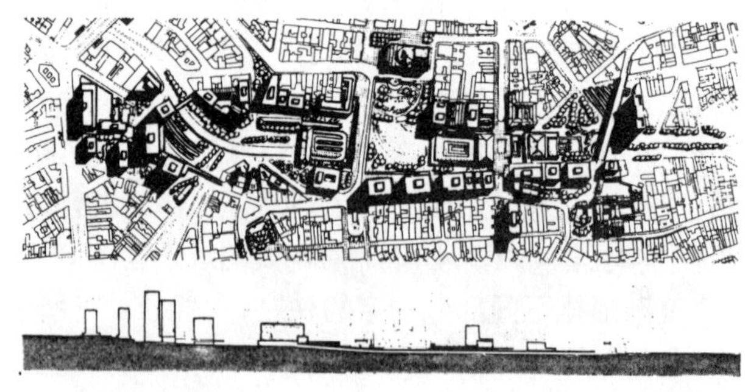

3.方案三

(宾夕法尼亚大学城市设计课程中学生做的Silvio Contart 设计方案)

图21-8 评价图板上的设计

这里的实例显示了三种针对设计问题的可能解决办法。在它们之间选择最好的(或一个足够好的)包括预测符合实际的或不切实际的变量在未来的表现,就像应用在这些预测的评价一样。

一份方案的某些方面可以通过定量的方法检测其是否具有相当的准确性。举例来说，一个项目资金的花费和在经济投资上的回报也可以进行预测，尽管这里有许多计划的资金消费超过了预算。也有一些计划在经济上比每个人想象的还要成功。其他方面是很难以精确量化的。比较少的不切实际的变量像是以城市居民骄傲成分的增加作为主要成就的居住场所实施起来很困难。更多的是体现在信心和希望上（参见福瑞登、塞弗林，1989 年；史密斯，1991 年）。

虽然在美国和其他许多国家都要求进行环境影响评价，但是一个项目对它周围环境冲击的量化预测已经证明很难准确地实施评价。这些研究趋向于明确地把重心集中在生物环境上：部分是因为交通产生的议题，环境污染是现在政治上所关心的，并且部分是因为这些影响可以量化。在人类的文化和态度方面比较少的切实影响却是很难评定的。

毫无疑问，希望获得一个建设项目导致了成本预测、项目产生的影响和对其他可能实施项目的影响评价等方面的扭曲。有许多人想要建设特定的计划——建筑工会、建筑师、以他们建造的建筑为荣的人、政客等。20 世纪 80 年代后期关于费城会议中心的建筑争论显示了预测的差异，这些预测是由不同的政党关于建筑在城市关系中的经济表现所做的。一些政党预测到未来城市主要的财政危机，然而其他政党预测到财政成功。对提议计划的评价很明显是进行公开讨论的。使用成本——效益分析和透明评价的方法使评价中涉及的或没有涉及的变量能够让大众看到并进行公开讨论。

评　价

预测城市设计表现的评价时常是由陪审团和多数人凭借直觉判断决定的，这种判断在成员之间的讨论和争论中得到发展。陪审团可能是专家意见的控制、参考或者可能由被提议影响的大范围人群所组成。这种评价过程是一个黑盒子式的，在其中所有陪审员作出他们自己的实施预测并依照他们自己的价值系统进行方案评价。

最近已经做的努力是公开评价程序——实现玻璃盒子式的评价方式。这个方式被蒙哥马利县(维吉尼亚)规划设计委员会的“设计竞赛”引证（富尔顿，1985年）。参与竞争的设计方案根据重要性和所提议的目标分量列出一张目录（图 21–9）。更多基于成本——效益分析的准确的计划评价方法已经提出，但是事实已经证明这些方法实现起来是很困难的。

序号	项目名称	A. 居住 住宅供应	B. 步行 1. 与周边地区联系	B. 步行 2. 私人用地上的路	B. 步行 3. 公共活动场地	B. 步行 4. 街景要素	B. 步行 5. 吸引力	B. 步行 6. 鼓励步行	B. 步行 7. 其它改善措施	C. 效果 1. 建筑群	C. 效果 2. 有效的内部空间	C. 效果 3. 定位	C. 效果 4. 环境品质	C. 效果 5. 其他改善措施	D. 管理 组织提供	合计	差距	
1	花园广场	8	7	1	1	2	6	2	4	1	2	2	1	2	3	42	12	
2	Artery 组织总部大厦	9	7	7	4	1	4	4	6	2	1	1	2	1	1	54	4	
3	7475 威斯康星林荫道	9	1	2	5	6	1	1	5	4	4	4	5	5	6	58	10	
4	入口大厦	9	8	7	3	3	2	3	8	3	3	3	4	8	4	68	11	
5	4600 东——西高速公路	9	2	7	7	7	3	6	9	9	5	8	7	3	1	79	4	
6	社区汽车库	6	5	5	7	4	6	7	9	6	7	5	3	6	7	83	3	
7	富兰克林C . 沙里斯布瑞大厦	9	4	3	2	5	8	5	9	7	6	6	6	9	7	86	14	
8	Air Right 酒店	5	3	6	6	8	5	7	9	8	9	9	9	9	7	100	4	
9	丛林空气	9	6	4	6	8	7	7	9	9	8	7	8	9	7	104		
	合　计	73	43	42	41	44	42	42	68	45	45	45	45	52	47	674		

图 21－9　马里兰州波斯达的方案评价方法

（资料来源：承蒙马里兰州蒙哥马利县规划委员会惠赠）

然而，对城市设计计划的公众责任心渐渐增加的要求是有可能导致在未来形成更加详细并且透明化的评价方式。

评价方案的一般程序是要检查在规划过程期间是否符合已经设立的规范标准。麻烦的是，不是所有的标准都同等重要，不是所有服务的人同等重要，而且也不是所有的目的将会同样适合。莫里斯·希尔（1972年）提议的矩阵模型的成功目标为所有考虑的因素提供了理论框架——处于不同重要位置的人和有形资产以及无形资产（参见图24-6）。然而，最后，评价过程像剩余的设计过程一样具有高度的易识别性和时常不稳定性。

决　定

发展或拒绝一份城市设计提议的决定可能都需要根据一项理性的评价分析，但是决定经常好像是一个非常反复无常的过程，因为它接近于把不同的合理性整合在一起——比如政治过程的合理性。因为城市设计发生在公众领域，支持权威赞成计划的官员（官员们）可能将理论阶段转变成选择阶段。在这种情况下，设计提议也许应该联系过去的政治背景和倾向而不在于提议的价值，而是要把设计提议作为过去政权的一种表现或者象征。换句话说，城市设计服务的设计功能问题从最初的设计过程就已经开始发生了变化。

也有一些人会对评价结果持不同态度，然而他们可能已经以各种不同人的口吻彻底地而且清楚地作出了决定。把每一次评价联系在一起就是将产生的预测结果的可能性。这些可能性不需要进行明确的规定，然而它却仍然不为过。人们所做的不同决定对这些可能性有不同的态度。合理的决定可能会选择那些进行了的很有可能实现未来最好结果的设计，但是这个判断标准时常不被采用。一些决策的制定者是非常保守的，他们害怕失败可能会改变他们的判断标准。这是个特别真实的经济失误。假如世界各地许多新近的开发都造成资金损失的话，那么，持有这种态度就是可以理解的。另一些人乐意冒险孤注一掷，并且相信运气。很多结果将取决于失败是如何直接地影响决策者的。

如果显现出来的合理计划失败了，也许就会导致灾难产生，这种情况是很可能出现的。可能最坏的结果也许就是如此糟糕，尽管这种情况几乎不可能出现，但是还是会拒绝方案的选择。建设核能电站的立场就是这样，美国对此仍进行着激烈争议。城市设计中，这样极端的例子很少存在。城市设计中财政问题很可能是潜在的双重问题。

实施阶段

许多城市设计方案从来都没有得以实施。这一失败有很多原因：也许是设计师对这些设计方案只作了纯粹探究式努力，或者是由于设计师异想天开的自我主张而造成失误；财政资金紧张短缺跟不上或者政府制定的相关政策不合时宜；或者这些计划如果得到实施将会促成改变所造成的心理感知上的后果远远超越了人类感情可以承载的能力。现在，具体的实施步骤常常在一个计划的理论阶段就作为其中的一部分来制定。实际上，第4章所在的理论阶段已经把计划实施的难易程度作为决定的主要标准，因此也作为明确问题的主要部分。在考虑怎样最好地实施计划的过程中，关注的是确定一个国家财政实施计划的可行性，以及确保资金的筹措，经常要确保这样的承诺：在场地因建设遭到破坏之前获得或者租赁部分将要完成的计划。

假定一项设计作为最后决定阶段的结果被采用，如果设计过程包括实施的设计指导方针或实施的总体设计，那么，设计的步骤就包含了在不同阶段获得的一个成果。然而，理论阶段过程在本质上是一样的。

局部城市设计

在理论阶段及设计阶段必须制定关于基础结构设施建设的决定。基础结构设施的费用是由公共资金提供的，或者由私人项目的开发商支付，基础结构设施由开发商作为个人计划的增值部分进行建设。一些管理权力部门，在他们的地区或功能管辖范围内有控制开发的能力，他们必须把设计指导方针作为官方政策接受。否则，设计指导方针的遵循将依赖于个体开发商及建筑师的良好意愿和管理机构推迟不相关地产的批准能力，以及由此产生的对这个开发商来说相当大的成本消费。这个过程可视为一个互动过程。有时，权力掌握在一般的场地开发商手中，他们为整个项目各个方面的开发商制定总的设计指导方针。这种情形出现在得克萨斯州拉斯·克里纳斯（拉斯·克里纳斯联合会，1986年）和佛罗里达州海滨区域的设计中（参见安德鲁，1987年；邓洛普，1989年；帕顿，1991年；霍莫伊、伊斯特林，

1991年)。然而，设计指导方针更经常地是由当地政府和州政府制定，例如，为剧院区和曼哈顿中心区(巴尼特，1974年)制定的设计指导方针，或者为纽约(纽约炮市)炮台公园而进行的设计(巴尼特,1978年；菲舍尔，1988年)。

在许多国家，政府行政单位被赋予制定城市设计政策的权力。即便这样，还是有机会将政策诉诸于政府机构或法庭。在美国，地方议会必须接受将城市设计指导方针作为一个城市物质空间布局的开发政策。城市区域开发管理机构或特许机构被赋予监督设计指导方针使用的权力。对他们管理的上诉一般要向城市分区规划部门上诉。两者选择其一批准设计指导方针实施和监督设计指导方针实施的权力也有可能由市政府转交专门的检查委员会。这个委员会可能是由市长在专业人士的建议之下选择的专家组成，或是直接就成为当地政府的规划和分区规划实施发展中管理的一部分。这些过程如何在当地政府部门中最好地得到实施已经成为规划理论者长期关注的事情(参见肯特，1964年)。

一旦与发展相关的事务和设计指导方针作为特定场地的政策被接受，那么，潜在的开发商就会在潜在的发展计划中进行探求。设计计划的评价经常至少分两步进行操作：首先，评价的检查陪审团要看设计是否遵从设计指导方针完成开发计划的要求;其次，在程序过程的理论阶段对相互竞争的计划进行的相对评价，即使有也以建立的准则为基础。一旦计划被接受，那么，他们正在建立的设计指导方针的遵守程度就会受到注意。城市设计师肩负责任，负有批准项目建设职责的公众机构陪审员委员会持有特权。

总体设计

总体设计计划一旦被采纳，就转化成建筑设计问题。工程制图规范的改进，受到监理人员和当地政府各级部门的进一步检查，承包商的参与，这样项目才能建起来。不像说明书描述的那样简单。在实施阶段会产生许多不可预测的因素——政府的改变，发现未曾预料到的场地条件，开发商的破产，竞争的方案占了上风，承包商拒绝按照特定的方法建造因为这不是按照他们过去通常做法进行。所有这些因素都改变了问题性质，导致方案至少其中一部分要进行修改。

城市设计方案的实施经常要经过很多步骤或阶段。我们发现很重要的一点就是：每一个阶段都可以独自运行，完全不会干扰到将要实施或建设的下一个阶段，也不会被下一个阶段所干扰。有时，只有计划的第一个阶段建立起来以后，才会提出整个计划的组成部分必须独立运行或后续的一些和当初设想得非常不同的阶段。有一些大学校园充满不良开发结果的实例(参见P·特纳，1984年)。实际上，当前许多大学校园设计只关注于对20世纪60年代扩张主义时期建立起的问题治疗。

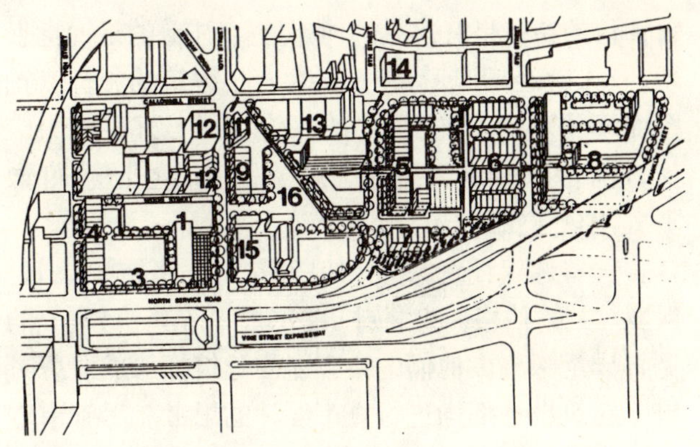

图21－10　重大的城市设计方案都会由许多独立的部分构成
[费城ERG (环境研究小组)提供]

这张图表明要完成设计方案需要一系列可能独立的行为。有一些行为纯粹是政府行为，其他的行为包括建筑设计的展开和实施。提前预言哪一部分首先实施是困难的，因为在资本主义经济中，很多事情要受到经济危机或者其他催化效应的影响。而且，每个步骤产生的任何后果都需要建立在以下假设基础之上，如果方案在发展阶段末期失去活力，那么每一个结果将作为一个独立存在体而起作用；后续步骤的发展不会对先前的步骤产生负面影响。许多城市设计总体规划在第一阶段完成后被搁置在书柜中，还有很多规划其后续阶段完全不同于当初设想的那样。

后期评价阶段

对任何城市设计成果的最终检验要看它促成的建筑环境质量。对总体设计的最终检验要看它的建筑布局及其真正为生活在此的人们提供了什么。一项设计一旦完成提供的居住功能，那么，当然就要接受使用者评价。用户对于设计的感受取决于居住在此间要付出的代价和将要得到的回报(赫莫瑞克，1974年)。一个方案也许会受到评论家的审查，当然至少总会接受设计师他们自己不经意的评价。建筑师和评论家各自评价的特征是有偏见的，他们更多注重的是视觉表现。有人曾经嘲讽道：建筑是为专拍建筑的旅行家拍照而不得不建造的。用户的评价实际上好像更为广泛，他们的评价是建立在使用经验基础之上的，好像不太注重建筑理念。

一些建筑评论家（比如格雷、A·路易斯· H、保罗·戈德伯格、威廉姆·摩尔根、马丁·波利）的见解异常深刻。他们的审查促使建筑师形成像思考单体建筑设计那样进行城市设计的思考。尽管审查能够在不同的观点之间检查设计，然而他们的评论自然充斥着因个人价值观而带来的偏好。经过很长一段时间之后，评论家们的关注对象也会发生改变（参见尔盖斯姆，1987年）。很少有例外的，建筑师现在审查方案首先是根据几何学原理——普遍公认的形式审美观——美学艺术观。未来的决定建立在更加实证性理论基础之上，依据此理论，对不同居住区项目远景期的更系统分析遭受的失败而获得了机会成本。从过去的经验中受到启发，运用更严格的方式来理解设计的强弱已经成为经验主义者和经验调查项目的重要组成部分，从更小的范围来说，方法分析也应用于设计中。

过去的20年设计后期研究在质和量上都取得了很大的进展。新的观察、审查方法发展运用到细小的事物上，审查的偶发性细小问题也得到了检测（参见普瑞斯曼、莱宾诺维兹、怀特，1988年）。参与设计方案的建筑师或建筑团体还没有进行更进一步的后期研究。他们不仅要为研究有所付出，而且研究的结果也许会使他们面对更不利的声讨。大多数已经进行的研究由一些分析家完成，这些分析家受雇于立志解决建筑中出现问题的建筑管理者或对发展设计理论有兴趣的调查者。

研究结果表明一项方案要得出惟一的结论是困难的，因为不同的人对同一个方案持有的观点是不同的，他们有各自的审美品位，对建筑环境利用的方式不同，思想状态也不尽一致（参见盖特曼、威斯特·盖德，1974年）。研究还表明，许多获得建筑奖项的方案除了其他的建筑师别的人并不喜欢（参见彼得·瑞福，1989年）。总之，研究表明“失败”不是源自于建筑师的形态设计能力，而是来自他们在确定和设计程序中的薄弱环节，即他们是按已经实现的人类最广泛需求去理解方案或设计方案。作为专业性行为，未来建筑设计或城市设计的一个问题是设计师希望在一定程度上开发技能并成为问题的确定者而不单单只是作为形态的赋予者。

结论：城市设计的设计程序

在许多人的参与下，城市设计的程序显然是一个复杂体，也是一个很清晰的争论焦点。过程本身的设计已经变成一个主要设计任务，并且设计“按照一个流线不是另一个流线”结论的理解是受限制的，因为在过程中存在着研究不足；我们目前掌握的实证性程序理论发展还不足。因此设计师必须在不确定的条件下进行工作，不仅仅是因为应用于城市中许多新类型的推论是不可预见的，而且因为我们掌握的在特定环境下从事设计最好的方法知识也有限。有太多东西需要我们去积累了解。

环境模式与所提供的理解对于良好的实施设计过程是必须的。通过发明新模式去面对新问题或是用新方法解决老问题对创新城市设计是必须的。现存类型学（一般的解决方法）的知识对城市设计过程的三个方面是有批评性的，在它们所提供的上下文已经知道，“工作”意味着什么已经知道，并且了解解决的问题。作为设计基础类型学的使用提供了一种局部的解决语汇，并且避免了重复使用。如果适当地使用，也会对避免重复过去的错误有帮助。类型需要在解决问题的框架里使用，这些框架按程序严格设计。它不是“程序挑战范例”的关系，而是像柯林·罗尔（1983年）和朗（1985年）所建议的“程序和范例”的关系，是创造特定文化传承里的城市设计必须的手法。然而，任何一个城市设计都将进行公开讨论。

理解和评价任何一个计划可以从许多观点方面进行：(1)根据自己的经验；(2)根据许多使用者的经验；(3)根据设计师的意图。在设计过程的每一步骤中，城市设计师都会面临不得不解决的问题。他们在布置不同的城市或一个城市区域的方法中所做的选择具有最新的影响。每一个选择都包括应用一系列价值观。很明显城市设计是高度的政治行为。

主要参考文献

① Ackoff, Russell L.The Art of Problem Solving. New York:John Wiley,1978

② Bechtel,Robert,Robert Marans,and William Michelson,eds.Methods in Environmental and Behavioral Research.New York:van nostrand Reinhold,1987

③ Cuff, Dana.Architecture:The Story of Practice.

Cambridge,MA:MIT Press,1991

④ Dalton,Linda C."Emerging Knowledge about Planning Practice." Journal of Planning Education and Research 9,1989,1:29~44

⑤ De Bono,Edward.Lateral Thinking:Creativity Step by Step. New York:Harper,1973

⑥ Koberg,Donald,and Jim Bagnall.The Universal Traveler.2d ed.Los Altos,CA:William Kaufman,1977

⑦ Lang,Joh,"Procedural Theory." In Creating Architectural Theory:The Role of the Behavioral Sciences in Architectural Design.New York:Van Nostrand Reinhold,1987.31~72

"Methodological Issues and Approaches:A Critical Appraisal" In Wrnesto G.Arias,ed.,International Studies on the Meaning and Use of Housing:Methodologies and Their Applications to Policy, Planning and Design.London:Gower,1992.51~69

⑧ Rittle,Horst."Second Generation Design Methods" In Nigel Cross,ed,Developments in Design Methodology.New York:John Wiley, 1984.317~329

⑨ Rowe, Colin."Program versus Paradigm," Cornell Journal of Architecture,1983,2:8~19.

⑩ Shirvani,Hamid.The Urban Design Process. New York:Van Norstrand Reinhold,1985

Beyond Public Architecture:Strategies for Design Evaluation.New York:Van Nostrand Reinhold,1990

⑪ Zeisel,John.Inquiry by Design:Tools for Environmental Behavior Research.New York:Cambridge University Press,1980

22

城市设计的程序性问题

某些程序性问题是城市设计人员在他们面临的绝大多数情况中难以回避的。在设计进程中首要的问题一般都与其自身的哲学立场有关。其次的一些问题则涉及设计人员对于具体使用的方法和技术所持的态度以及他们自身的重要地位。解决问题的方法会影响到设计的质量和各方面业主的满意程度。本章所论述的内容主要是有关城市设计中基本的程序性问题，但是对于那些对基本问题产生影响的次一级问题也会适当有所明确。如果设计师（以及他们的委托人）已经具备理性的思想和理解这些问题的知识，那么，大多数的问题将易于解决，但是实际情况并非如此。不论含蓄地讲或是直白地说，城市设计师都还没有完全掌握这些方法。

程序性范例

在决策过程构成要素的分类上存在着普遍共识的前提下，其中也包括基本的理论因素，即使是提高创造性思维的普遍方法也存在基本程序性问题，因而可以把城市设计师们分成不同的思想阵营。事实上，根据城市设计师使用的设计过程来认识比较设计师(水平的高低)，比起仅仅由他们的设计成果而进行评判，前者可能会更有启迪意义。具体做法过程的不同代表了所持基本社会态度的不同。这些态度体现在设计程序、设计本身和设计评价所运用的方法中，也体现在城市设计师愿意了解的相关方式中。

理性主义与经验主义

理性主义与经验主义作为一对相对的城市设计思想方法已被作为一条线索贯穿于本书之中。理性主义是研究和设计的方法，这种研究和设计是基于逻辑分析而不是来自通过观察所获得的信息。经验主义则强调观察在未来设计发展中所扮演的基本角色。很多城市设计都同时包含了这两种方法论，但是一个世纪以来，城市设计师的工作(或者发表的宣言)都显而易见地走向了极端(参见布罗德本特，1990年)。

虽然理性主义和经验主义它们各自在指导城市设计的方法上有很多共同之处，但是因为二者最初的价值取向有很大的不同，所以在设计程序、设计本身和设计评价方面它们的主张存在着根本性的差异。理性主义者通常提倡进行根本性的变革。他们已经在寻求一种精确的柏拉图式理想化模型。很多这样的设想都是由建筑师们提出的。经验主义者则鼓吹进行十分现实的改革；经验主义提倡一种亚里斯多德式的设计方法（参见皮蒂，1981年）。经验主义关注于那些需要解决的现实问题，但是即使在解决问题的思想模式上仍然有不同的方法存在。

在设计过程中几乎每一条注释都包含一种关注，诸如“收集对于设计批评性的反馈，价值的评判以及对于它们所在地段历史文化遗产和文脉的继承”（参见斯坦尼尔，1990年），人类如何决定什么样的理念、生活方式、建筑、地域景观等值得保存，哪些又是应当抛弃的？一位设计师怎样才能将经验主义者的观察运用到对未来的设计中去呢？他们又是如何才能把理性主义者的思考方式与人类生存所处的现实联系起来呢？市场是对于人类的需求和构筑环境功能优良与否最好的判断工具吗？市场也是方案成功或失败的判断标准吗？

设计的类型学和问题解决方法

贯穿于本书的另一个问题是：对于城市设计师，尤其是对于经验主义设计师来说什么才是最好的工作方法呢？依据范例的方法会比按部就班的分析对设计产生更大的益处吗?是否存在一种方法优于另一种方法这样的情况呢？后面两个问题难以回答。虽然曾经发生过以解决问题为宗旨的广泛运动，尤其是有那种观点，即城市设计更多的是解决社会问题而不是解决外观的或理论性的审美观点，这两种方法依然都得到很多人的支持。

城市设计师中有很多人依靠自己的观念进行设计，也有些人相信应该通过广泛的公众参与对设计作出决定。城市设计师是艺术家还是环境设计师呢？艺术家倾向于朝着理想化方向发展他们的设计；环境设计师则倾向于经验主义注重解决实际问题或是按部就班的设计手段。总之，城市设计师是在社会条件的制约下进行工作的，但是在如何组织城市设计的活跃因素上也享有一定程度自由选择的权力。

进退两难之境：城市设计的目的和手段

不论接下来的设计步骤如何进行展开，城市设计师都要经常面对一系列与道德相关的进退两难之境。这种抉择关系到设计师代表谁的利益以及一个项目方案实现的目的和手段。最简单的抉择办法就是忽略不计，但是在任何设计中，我们都会在不经意中要进行道德上的抉择。

城市设计师受雇于业主而在公众领域进行设计工作。这样的职业应该代表什么人的利益呢?理所应当的设计师应该站在业主的立场上。那么，城市设计师是否关心整个城市居民或是某一具体地段部分居民的切身利益呢?谁来为那些社会弱势群体着想呢?城市设计师对他们自己的职业以及同行之间的利益所承担的责任是什么呢?每一个设计都暗含着对这些问题的关注。在工程投资的不同业主团体之间城市设计师自然而然地扮演着中间人这样的角色。

超越这些困难的抉择，应该从高于那些真实的或虚拟的设计成果和过程品质方面的问题着手。有许多这样令人左右为难的抉择。首先，城市设计师可以运用他们认为不错的设计程序来进行设计，但是设计成果却被认为是失败的。其次，也会发生相反的情况：那些在道义上被设计师们认为应当受到谴责的设计进程，包括对法律要求的屈从，反而会产生好的设计。第三种情况发生在设计成果的质量只受到社会行政管理机构的审批而又不被认同的时候。相反的情形也会发生：被行政管理机构审批通过的方案却是失败的。

第一种情况，设计人员对于设计程序中那些不确定的利害关系赋予各自相对的侧重点，这种工作方式通常与各个侧重点的价值评价之间存在着抵触。价值评价的标准已经由设计师们认为应该做什么转变为他们喜欢或想要做什么。第二种情形通常意味着一名委托人或一个委托团体已经渗入到设计中来。第三种情形则引发城市设计师的责任方面问题。当一个项目完成之后，设计师是不是应该关心完成以后的工程管理呢？这一问题随着公众空间的私有化而变得越来越多。应该由谁来过问呢？谁来控制呢？作为由特定团体接管特定空间的结果，这些空间是否会失去特色，并且在经营上亏损以至没人可以享用，还有人可以说排除掉那些人是可以令人接受的行政行为吗？如果按照具体的人群类型进行公共设施配额的方式被认为是必要的，就像在一个社区中要有良好的人口结构和年龄结构一样，那么，我们是不是应该全盘地支持建立一套配额体系而不管基于人群和年龄上的考虑呢？在城市设计中产生了许多这样的问题。有些问题易于解决，特别是理论问题，但是另一些问题则很难解决。

在伦理／政治方面，很多人赞成将设计程序进行透明公开。而很多设计师则坚持认为，在得到少量设计支持依据的情况下，不公开的设计方式会带来较好结果。如果这个观点正确，那么，这种排除了坦率公众参与的设计方式所带来的结果是否公正呢？毕竟，长久以来，这样的设计成果有很多，是这样吗？如，一些政治家、地方官员和设计人员所言：“千里之行，始于足下。”

贯穿设计过程的重复性问题

有一些问题贯穿于设计过程始终。实际上，几乎设计进程中的任何一个环节都是开放的，当人们在检验工作进程、设计方案和评价方案，甚至是在方案的实施过程中，以及对那些性质发生转变的问题进行明确的时候，都可以对设计进程进行修订。然而，在这里我们所关注的是设计人员在设计过程中所要面对的问题。首要的一些问题是当人类展开设计进程以及当设计进程被时间限制而需要进行简化的时候，如何对待不断变化的周围环境。其他的一些问题则产生于在设计进程的每一阶段应该采用什么方法以及如何表达设计进程。

城市设计的时间因素

设计需要花费时间。委托人总是希望压缩设计所花费的时间(和经费)。实施设计方案也要花费时间。设计总是包含着对未来的展望。对不同程序性问题关注所带来的结果有两种。“一名设计师如何观察它所要处理的环境变化”以及“一名设计师在有限的时间限制下如何才能做得最好”,从一些细微的问题常常会引发出数不清值得研究的问题,以及对于设计问题潜在情况无止境的探究(瑞特欧,1984年)。

对变化的环境进行设计

创造一个总体规划、一套设计指导方针，或是一个总体城市设计都要花费一段较长的时间才能完成得较好。在设计阶段，正如在设计会发挥作用的将来，世界都在同时地发生着变化。参与初期设计的人不同于参与后期设计也是设计最终受益者的那些人。设计所处的大环境可能会发生变化：政治家可能在竞选中被击败，设计地段周边的建筑物可能被拆除，同行竞争对手可能会在近处进行同一类型的方案设计。某些事情可以精确地描述，我们相信我们这个世界不完全都是一个多变的场所；然而，其他的却落到城市设计师的知识和经验范围之外，不容易预测（除了事后聪明之外）。从程序上讲，一个人应该怎样处理这些城市设计的情形呢？

一个办法就是漠视文脉的变化。当作出这个选择的时候，设计师实际上就假设了他的设计是为了适应周围环境变化，而不是要去改变周围环境。如果每一个城市设计师都以这样的姿态而为之努力的话，城市或是其他的聚居点都将变成一种类似拼贴画的东西而失去生气，而不是进行相互关联的发展。对美国一些人来说，包含最少范围的公众参与而作出的决定是正确的。另外一些人则希望这样的情况发生。城市设计的一种手段就是这样使方案的计划适应周围环境变化。那么问题就在于：“一名设计师怎样才能成功地做到这一点”，实际上，“在理论上是不是可行的呢？”

在时间限制下进行设计

所有的设计都会受到时间和资金的制约。永远不可能完美地描述出现状问题的情况；也永远不可能对所有的结论都作出检验。在时间和金钱上的支出是巨大的，即使是很可能带来长期收益的项目也是如此。在公共工程的规划和城市设计工作中，降低成本一直都是很重要的一个方面（汉伯伦，1991年）。开发商都想要获得成本最小化。通常在设计过程中这种刻意降低成本的行为使得人类在将来可以承受支出的负担。

像其他行业的设计人员一样，城市设计师也想出了许多走捷径的办法。他们有一套简化设计步骤的办法。直到他们看到有足够利益的时候才开始进行工作。具备了实证性创造性的人会工作得更好，但是他们对于更好解决问题办法的探索也被简化了。最简单的办法就是把对问题和结论的设计都去除，然而，探索设计的可能性就是使用分类的或是例证的途径进行设计，这样就有赖于对一般性的或是过去的形式、已经存在的设计规律和设计标准的研究。最好的结果就是仅仅制订出一个有可能带来“满意”的计划。这样许多情况就得以避免，许多变数就可以被忽略，也有许多方法尚未经过检验。

在方案设计过程中，时间的限制表现在以下四个方面:(1)大量地根据直觉而进行判断；(2) 对可变因素考虑的减少；(3) 对解决问题的多种可能性不进行研究；(4) 对理念描述缺乏关心。当操作受到严格时间限制的时候，城市设计师的侧重点应该放在哪里呢？这种被高度压缩的设计方式能否避免呢？在这种环境下，设计中使用类型学的方法几乎不可避免。

职业设计师需要谋生。他们不得不依靠订单生存。他们根据市场的需求而获得设计工作。他们这样做的一个办法，就是坚持他们自己的风格——自己的设计程序和指定的合作伙伴。发展一种新的风格能够得到回报，也面临很多困难。城市设计师能够在多大程度上背离他们原有的设计宗旨而坚持一些现存的东西呢。时间的限制使得对解决问题的全盘考虑越来越少，尤其是当我们需要一种新颖结果的时候。当解决问题的标准结论十分充足时，这种时间上的限制就变得不那么重要了。

方法／技术

有很多可以为城市设计师所运用的分析问题和评价方案的综合方法和技术，每一种方法都存在着看待事物的侧重点。我们所用来描述事物的技术——模拟现实中的事物会影响到我们的所见。通过土地利用和行为活动环境的模拟可以看出，在程序上可能会有很多相似之处。毕竟这两种方法都充满了积极态度。对人类行为环境进行分析得出的观点要好于单纯对土地利用进行的分析研究。我们用来调查人类对未来期望的手段，以及模拟我们的设计去适应人类要求的方法也存在这样情况。我们永远也无法描述人类经历的全部领域。那么我们应该采用什么样的方法简化这一问题呢？这样做的结果又会引发什么样的情况呢？城市设计师在工作中会选择各种方法，即使有时候不做选择，仅仅采用约定俗成的方式。

城市设计师在设计进程的每一个阶段所采用的具体方法都是他们解决问题风格的一部分（西蒙，1970年）。通常，对过程的选择并不是基于什么应该被关注，而是基于设计师所知道的那种既没有太多束缚，又不受时间制约的方式。背离现实工作方式是当务之急。这样，为了选择一种合适的技术，或是为了检验大量的相关技术而设计一种新方法就不很妥当。我们习惯于急于结束我们的设计。这种不妥也就解释了为什么我们在设计中想表达的东西同设计自身之间存在着差异。了解与工作领域相关全部方法的城市设计师很少。我们用含糊晦涩的事物而绕开具体事物的工作方式会受到批评。创立一种解决诸如分析、综合、评价问题的新方式正在这个领域中进行着。然而，即使采用同样的方式，我们都永远不可能完全获得独立存在的认识，我们也永远不可能完全获得程序性的认识。

20世纪60 年代以来，许多关于环境设计的分析、综合、评价的方法已经被其他的设计行业采用或认同，比如发动机设计和商业领域。实际上，城市设计师实践活动的主要变化之一就是，这种实践活动已经变成了一种方法论。关于新技术效用的争议依然存在（兰德，1992年）。这些技术开阔了我们看待世界的视野，城市设计师总是采用那些他们认为最能达到目的的不确定工作方式。

模仿（模拟）

设计过程的每一个环节都会影响到我们所关注的对象和我们会做什么：这个环节就是“模拟”的过程，或者像建筑师们喜欢的叫做“演示”现实。我们在人工模拟的现实平台上进行工作（西蒙， 1969年）。设计过程的每一步都包含对现实的反映。在方案构思阶段我们模拟现实世界以及它的运动规律，看方案在真实的环境中是否合适，研究人类需要什么，想拥有什么，想成就什么，以及满足这些要求的结果是什么。在方案设计阶段我们则模拟新的行为和物质空间世界——我们头脑中想象的形象和接下来用图形模拟出来的形象（菲舍尔，1989年）。在方案的筛选阶段，我们使用一套价值模式评定一项设计的优劣。

我们模拟人类和其他生物、人类需求以及人类聚居活动的方式是一种直觉选择。通常这种选择是下意识的，这种模式已经显得很贫乏（埃利斯、卡夫，1989年）。我们所选择的模式受到我们认识世界角度的影响，存在着偏差，这种对世界的片面认识反过来又影响我们所选择的模式。我们的很多做法来自于直觉，设计透明性还不强，而这种透明度有助于避免对我们的设计进行激烈争议。我们运用这样的技术因为它们似乎能产生更好的结果，或至少接近我们心目中理想的结果。审视设计过程中的每个阶段，我们就会发现关于这个阶段是否明智的一些问题。

构思或编制程序、过程

关于构思过程的理论阶段在第21章中已经进行了描述。当环境发生变化时对它进行监控，找到正在发生的变化与某些人或某些社会团体心目中的意愿之间存在的分歧，确认那些需要改变的需求，提取环境中发挥良好功能的元素而加以保护，并且建立和设计一套手段解决这些问题，这是设计阶段的基础。这些分歧可能会通过环境保护方式进行处理，保护眼下的需求或预测未来的功能需要。关于方案设计存在的两个基本问题是：这种需求是什么？应该用什么样的方法？后者之中还隐含着：“一名设计师怎样确定工作的重点？”

方案设计师和工程设计师在日益成为不同的人群和团体。关于两者之间分歧争论的程度甚至更深。首先，方案设计师在解决问题时倾向于他们想做什么（他们自己的兴趣）更甚于什么事情需要做。其次，随着对环境品质要求的提高，方案设计的过程已经变得更加轻车熟路，也更加专业和程式化。随着建筑学职业从城市规划和景观建筑学中脱离出来，设计领域专门化的程度已经逐渐地增加，目前，结构设计也分离了出来。城市设计中的方案设计可能也会独立出来。

方案设计显然需要有关广义建筑学或景观建筑学等专门技术的各种手段（参见莫里斯基，1974年；桑奥夫，1977年，1989年，1991年；西斯尔，1980年；帕默，1981年；莫里斯基、朗，1982年；罗宾逊、威克斯，

1983年;普瑞斯曼,1985年;彭纳、帕塞尔、凯勒,1987年)。对于自然环境和社会环境,我们究竟能描述多准确呢?怎样才能最好地满足委托人的需求呢?设计师怎样才能发展一套能预测未来需求的模式呢?这种需求怎样才能在真实的设计中转化为设计目标呢?在总体设计中我们要考虑的侧重点在哪里呢?每次当我们选择一种特定方法的时候,对于问题的定义都会存在一定的关注倾向。这种倾向是不可避免的。问题是:"哪方面的关注倾向应当被考虑进来?"很多程序性的问题都是由于在构思阶段的这种倾向性问题所引起的。设计师如何满足委托人的需求呢?谁是最重要的委托人呢?设计师怎样满足公众需求呢?"倡导性设计"的概念已经明确地发展起来了,帮助人类获得各自的需要,而无须过多的行政干预(参见戴维奥福,1964年;R·戈德曼,1971年;J·斯特恩,1989年)。

明确业主

我们的设计究竟面对什么人,为谁而进行的设计,这样的实质性问题产生于与功能环境设计相关的人类需求。问题还会进一步提出:"什么人的需求应该被满足?""什么人的需求最重要?""应用什么样的方式能最好地解决这些问题?"

不同类型的人将会参与到城市设计的制定中。如前所述,这些人中至少包含设计使用者、投资人和设计人。每一个团体都有他们各自的利益。如果设计师从使用者的角度出发进行设计,那么,大量的问题将会暴露出来,因为在公众领域的设计中,存在着很多不同的潜在使用者。他们在行为能力上就有差别,有不同的社交圈子,有性别差异,并且不同的人对于周围环境的需求也不一样。根本的问题是:"哪些社会团体是主要的考虑对象,他们的需求应该在多大程度上给于考虑,同时也顾及其他的社会团体、设计师的需求?"使用者的需求模式可能也会随着方案和设计进程的演变而发生变化。举个例子,在克瑞斯吉学院的设计中,查尔斯·摩尔发现那些他一开始就考虑到的学生群体的需求不同于后考虑进来的那些学生的需求,并且对于发展一个更大众化的设计来说,反复推敲是很必要的。

一项工程的投资人通常都是确定的。在某些情况下,委托人兼使用人也相对比较容易确定。面对处理现存建筑及周边环境的改造时,这种情况尤其常见。然而,经常的,当设计一个新的综合性建筑、一套新的公共服务设施、一个新居住区的时候,情况就不太一样了。未来的使用者不会说出他们的愿望和要求。市场研究可能会得出结论:应该销售什么。但是大量的关于设计品质的问题都或明或暗地表明本书中所阐述的这个论题有可能被忽略。一个设计师不得不去做的事情就是要找到与可能的使用者相类似的人,并且调查他们的需求是什么,怎样表明他们的需求,以及这些需求怎样才能被满足。做到这一点,可以有两个基本调查手段:(1)去寻找这样一些人,他们的行为属性同规划开发地段的未来居民相类似。考察他们对相类似地段的使用情况,或者与他们当面交流,了解他们的积极性和审美价值观。(2)从那些用于研究人和环境的实证性理论中进行推断从而预测未来的需求。在某些时候这两种手段综合起来似乎更为可取。除此以外的方法就是简单地让市场去做决定,或者依赖某个人的直觉。这些都是最好的手段吗?至少当然都是比较简单的。

明确公众利益

城市设计的众多目标之一——它之所以出现的确定无疑的理由,是强调对个体建筑师或景观建筑师在过去所制造的社会问题和视觉混乱的批判。这些问题和混乱是个体建筑师在设计方案时只考虑业主的利益而忽视对公众环境品质关注的结果。与此相同的观点也在其他各种情况中得到印证,从交通阻塞问题到气候情况,再到儿童游戏空间。这已经成为并且经常被认为要以公众利益为出发点,制定一套计划解决问题的方式。建筑师在为业主服务时,会受到很多条件的制约,在这种制约下城市设计师的工作能够开展到什么样的深度,或者能在多大程度上引导建筑师向着满足公众利益的方向上努力?这是一个难以描述的变量。设计师在完成委托人交待的任务同时怎样获得良好的社会效益呢?

明确公众利益有两种基本手段:(1)既不直接也不间接地通过人类的政治反应,而接受"公共"这一概念,就可以说是公众利益;(2)依赖设计师和规划师关于公众利益的专业知识。第二种方法目前被广为应用。虽然第一种方法已经成为大量城市规划方案的出发点(惠顿夫妇,1972年)。在美国,以公众利益为目标的方案很少有成功的,因为个人利益处于社会首位。人类已经觉察到个人利益在公众利益领域的盛行。这种状况依然在持续。在一些潜在的可能重要或不重要的长远利益面前，为眼前利益进行的考虑是否可以被推后呢？城市设计师们应该提倡的是什么呢？这些都有赖于我们如何研究人类需求以及社会的、生物环境功能的广泛程度。

明确人类需求

看起来马斯洛的人类需求模型具有广泛适用性，但是更多关于这个模型的操作问题则依然不为人知。我们确实知道由于文化之间的不同，人类需求的表现也不尽相同。在一种文化中，一个人获得尊敬的方式可能是变得更年长并且阅历丰富；这可能不需要在物质上体现出来。在另一种文化中，获得尊敬可能有赖于一个人拥有的财产。这一文化财富的标志可能就是人类的房子；另一文化财富的象征就可能不是房子而是珠宝。这些情况都是真实存在的；那么接下来我们要研究的就是有关评价这些需求方法的问题。

以行为和心理意象作为设计基础？

任何设计过程中牵扯进来的所有人都有可能怀着对美好世界的向往，并会以他们自己的态度向着未来目标努力。于是产生两个主要问题：(1) 对待同一事物不同的人会有不同的意象（参见布瑞林，1981年）；(2) 人类的言行有可能并不一致（米歇尔森，1976年）。前一个问题可以在某些图画和照片意象反映中得到解决。后一个问题就比较复杂，因为它无法通过意象反映得到解决。

在任何可以参与完成的设计过程中，考察有关使用者的行为特征和审美价值观，以及使用者和潜在使用者所说的他们将来会喜欢和使用什么的这两者之间经常会有出入。城市设计方案是基于设计师对未来能够适合人类行为特征的环境理解之上的。与这种理解相对应的则是人类所说的他们的愿望(参见第19章)。如果一名设计师依赖人类所说的作出判断，那么，这对于做一个适合的方案来说十分危险。那些存在于人类头脑中的意象以及转化出来的真实事物并不是他们真正想要的。另一方面，他们对于自己意象的理解很可能比设计师们要准确得多。当处理这些细节问题的时候，尚没有一种确定的方法可以用来解决这些潜在的差别。对这些差别的争议依然存在。

衡量需求满意度

马斯洛在他的分级模型中指出，设计师在满足高层次需求之前，较低层次的需求必须首先得到满足。这是新功能主义者对于城市设计的态度。但是我们也知道，满足一种需求也就转移了人类关注的焦点。设计师在满足了人类一个层面的需求之后，准备转向满足高一级的需求之前，应该如何安排设计步骤而又不面对那么多的压力呢？

按照马斯洛的理论，低层次的需求必须百分之百满足之后高一层次需求才会出现，并且可以得到人类的关注。然而很少有人会完全满意。马斯洛相信一个更现实的有关需求差异的观点，那就是希望低层次的需求较之高层次需求得到更多的满足。他举了一个较普遍的例子，对于美国公民，能够满足85%的生理需求，70%的安全需求，50%的归属需求，40%的尊重需求，10%的自我实现的需求。需求并不是突然出现的，它的产生是随着时间积累的。“举个例子，在一段时间内，如果主要的需求A仅仅被满足了10%，那么需求B根本就不会出现。但是，如果在这段时间内这种主要的需求A得到了25%的满足，那么对B的需求就可能会达到5%；随着A的满意度上升到75%，对B的需求就可能也升至50%，依此类推。”（马斯洛，1987年）。

对于任何一个我们要面对的混合人群，虽然我们资源有限，但是在各个层面上都存在着各种不同需求，我们如何决定工作的侧重点呢？亚历山大和波伊纳（1970年）指出，回答这一问题的难点在于设计受到满足人类需求手段的限制。他们认为城市设计师应该转而关注人群的行为趋势。他们的建议是跳出左右为难窘境的一种办法，但是，即使城市设计师们提前成功地满足了人类的行为倾向需求，人类对于自己需求的理解还会发生变化！

获得人类需求的限制

我们所努力争取实现的目标也会在很大程度上受到我们自己对于目标理解以及我们自身所拥有的能力和条件的影响。因此，设计师就不得不接受有关设计的可行性审查。目前对于公众来说，可行性领域之外的替代物还没有什么用处，但是设计师怎样才能建立一套对方案可行性的调查体系呢？

一个关于方法论的问题是：“当某些东西确实不可能实现，而某些东西虽然看起来不会实现但是却有

1.纽约哈莱姆东河计划，方案一
(资料来源：伯内特、朗、瓦尚，1971 年)

2.纽约哈莱姆东河计划，方案二
(资料来源：伯内特、朗、瓦尚，1971 年)

图22-1　行为和心理和谐的环境

这两个方案都是由相同的建筑师（哈登／斯戴格伯格合作有限公司）对同一项目分别于19 世纪60 年代（1)和19 世纪70 年代初（2)制订的设计，很贴切地表明了用户在投人设计过程中产生的影响。最初一个方案是以对设想用户生活方式的观察为基础的。它们很想发展成为和纽约有名建筑同等的程度。第一个方案以行为模式为基础，第二个方案以人类的心理意象为基础；第一个方案强调提供行为，第二个方案通过恰当的美学象征满足人类迫切的需求。

这种实现的可能，我们如何判断可能性是否存在呢?”在一些极端情况下，这种判断很容易，但是在某些情况下，荒谬可笑的决议也可以得到实施，而且很多得到人类厚望的提议却被束之高阁。这些提议对于激发人类包括我们自己的意愿是有利的，但是在很多情况下，方案无法交付施工并付诸实施，这给城市规划师和城市设计师的声望带来负面影响，以至于潜在的委托人对我们的直觉和设计产生了不信任。最近，在很多工程上所体现的十分突出的财政问题，已经使我们不得不重新认识这一问题所带来的后果。

丰富的方案?

理论构思阶段的最终成果必然会影响到整个设计阶段。这个成果作为一个临时性的方案可能会得到更周密的考虑，因为在设计活动时，新问题总是会不断地出现。近几年，这样的方案获得了较高的满意度，不论是对空间的需求还是对审美的需求，展示的标准以及设计所受到的经济条件制约。这些方案甚至包含部分的解决方法。

方案涉及范围的加大导致人们在建立的设计目标和识别设计原则的水平上而不是在一般建筑形式的水平上就已经感知到建筑和城市设计的失败——就设计能力本身而言。人们认识到编制程序的过程是城市设计决定性的环节已经很长时间了，特别是被领先人物们认识到，但是仍然有问题提出：“程序应该有多细致?”答案是在特定的状态下得出的，毋庸置疑地来自于参与编制程序过程中人们的讨论。在没有政治权力斗争的背景下这些问题可以得到解决吗？是否有理性的方法用来解决这些问题呢?

设　计

在设计阶段，很多问题会不可避免地出现。其中有这样一个问题：“一个人怎样才能对环境布局进行最好的模拟，并获得最好的体验呢？”设计阶段的其他问题则集中于“在时间条件的限制下，什么设计方法才是最好的？”“过去已经形成的设计规则在今天和将来是否还要继续坚持下去？”“城市设计师怎样才能从习惯性的思维定势中跳出来，并且避免过去的经验对创造性思维产生负面影响？”

很多有助于创造性思维的技术手段已经被我们从其他领域引进城市设计领域。这些技术手段包括心理解析技术，诸如，无限制的自由式思维和联想式思维；数学技术，诸如，线性程序以及日益增长的计算机基础运算法则在排队理论中的应用。形态学分析，不论它的价值是否被人类重新认识到，其实，它很早就被人类注意到了，它都是最近兴起的解构主义工作的理论基石。这些技术中的每一种都有具体的应用，因为每一种都对应特定的设计问题。也存在着对这些技术应用的反对意见。设计领域的带头人会得到大量的资金援助。其中一些人愿意寻求新的、更好的工作方法；另外一些则不是这样，并且他们抵制新知识和新技术。于是，传统的流行技术依然广泛地被人类凭借直觉使用。然而，也正因为凭借直觉，我们会受到很多限制，尤其是对待新情况的时候。

在设计师的头脑中，存在着很多有价值的问题。一个人怎样决定他应该付出多大的努力去迎合当今被公认为是好的设计方案。当面对许多同等人群的不同要求而带来的压力时，就会十分困难。在标新立异方面，我们应该投入多少？大部分的设计师在有限的时间制约下进行设计，打破约定俗成而去寻求新的工作方式，这样做是否值得？在城市设计中，审美价值准则会对设计师产生多大的影响？

评价图板上的设计

目前，绝大多数的方案评价都是在图板上在办公室里进行的，然后再提交给业主反馈意见。一个设计方案对环境的影响以及对一项决定的接受与否都是不公开的，是凭借直觉进行判断的，除了少数一些可以定量的变量之外。对于公开评审设计的呼声越来越强，这给传统的评审过程以及日益普遍的设计工作带来了压力。更多的设计是通过正投影图、透视图、轴测图、真实比例的平面图以及按比例缩放的硬纸板或塑料模型给人们进行展示的，通常在色彩上是统一的或都是黑白的。只有那些专业人员能够理解这些模型和图纸，也正因为如此，他们常常把这些模型当作设计来进行评价，而不是当作未来建筑的示范性模型。目前也存在着一种这样的趋势，人类倾向于关注在设计模型中所体现出来的有关设计的各方面问题。

评价过程是如何展开的？在调查这一问题的过程中，许多程序上的问题就会暴露出来。第一个问题也是反复出现的一个问题就是，如何最好地进行表达或者模拟一项未经实施的方案。第二个问题则属于设计观念的范畴，是有关谁来评价方案以及对于不同的评价应给予多大程度的关注。第三个问题是有关评价方法的——评价的是什么和怎样进行评价。第四个问题则是有关测度设计方案对周边环境影响的——测度什么和怎样进行测度。

近几年来，对于如何最好地表达方案的研究越来越多。这些研究中包括了大量技术，它们旨在加深人类对于方案设计目标的理解。这些技术显示了向使用者喜好倾斜的设计态度，并认为设计师设计理念的重要程度并不高于工程实施后所产生的结果。这些新技术带来的效益很多，因为如果没有这些技术，非专业人员在解读图纸并把图纸及工作计划形象化的时候就会遇到困难。如果他们这方面的能力得到增强，对于未实施的方案品质有意义的探讨也会随着增多。问题的难点就在于表达一项设计的时候，如何将许多无法形象化的设计内容展现给人们。

设计中的许多问题可以用数学模式进行模拟，举个例子，比如，结构计算，对于维持生理需求所需的能源消耗的计算，设计方案中人流组织的效率，以及财政和维护费用的计算。风洞试验可以预测新建筑和建筑群会随气流的变化而受到的影响。然而设计中的许多其他问题只能通过感性的想象去推测。

在研究新的城市设计与周边环境的作用过程时，我们也会面临和上述同样的情况。实施一项城市设计方案就不得不伤害一部分人的利益，这在任何一项重要的或复杂的工程中都是很有可能的。举例说明，在城市更新过程中，现存的商业活动和人类的日常生活都会受到严重的干扰。一部分人可能会因此而破产，一部分居民可能会搬迁。这就会涉及经济补偿的问题。对这种难以量化的无形因素我们如何去测度呢？

那么，这种情形就值得讨论了。有关方案对环境影响的确认，城市设计师既没有时间也缺乏做工程的技术经验。问题在于：“应该在怎样的一个范围内考虑这些不确定的变量？”常见的各种变量，比如，工程所受到经济因素的影响，虽然不必计算得那么精确，但是却影响到任何一项城市设计或建筑设计，表现在建筑品质或人居环境质量方面。这种不确定因素是难以描述和把握的。因为城市设计师和建筑师要为他们在工作中的疏忽承担法律责任，所以对待这些问题的重要性就增加了。这会促成产生新的设计方法。纽约的Cityspire大厦的教训应该值得我们引以为戒。

Cityspire大厦由于“不必要的噪声”而招致罚款所以引起建筑师的惊奇，原因有两点：(1) 侵犯邻里的私生活受到罚款完全是可能的；(2) 大厦穹顶的设计势必会在有风时产生这样一种噪声。这种噪声在已知的科学领域内总可以预测吧。这种后果产生的可能性完全没有经过调查。我们也很少关注其他一些变化的因素，只是将其视为生活中有幸或不幸的方面。这些因素应不应该重视？如果是的话，应该怎么重视呢？例如，很难权衡是该为废弃的家园而悲伤呢，还是该为因重大的新建项目而拆毁的城市街区而悲伤呢。感情的外现经常是真实的，但是也会成为获取更高程度赔偿的手段。其中所包含的人的内在感情不会引起关注。

实　施

实施有两个基本点：(1) 设计切合场地，或者如果有设计指导方针就应该执行设计指导方针；(2) 保持设计功能的完好发挥，或保持设计作为城市组成部分处于合适的地位。坚决执行这两点不仅关系到财政的可行性，各参与方承担费用的职责，而且关系到超越财政利益的权利。

总体城市设计

任何大规模的城市设计项目，从建设开始到完工花费了相当多的时间。计划分阶段进行，根据阶段制定财政安排。阶段和安排的作出是设计过程的一部分。过程应该是可以修改的，也应该确保在利用个人资金谋求公共目标上的合法性，以及谁应该承担整个过程的责任和谁应该承担各部分的责任，当超越这些限度时，问题就会产生。

在大多数总体城市设计规划中，不管是私人机构的开发商还是公众机构的开发商都需要付费。如果是私人机构付费，那么成本就转移到直接使用的用户群体身上。如果是公众机构付费，结果可能是相似的，不过很可能是由广大的纳税人中的部分人来支付部分账单。公众机构为公众利益补贴私人投资的程度（即便大多数情况如此），或者反之仍持续是一个政策问题，它关系到不同的地理位置和政策权限范围内建造什么样的建筑。

局部设计和城市设计指导方针

评审委员会通过使用设计指导方针实施局部的城市设计，通过区域奖励和设计指导方针的综合来确定城市建筑，从而评价工作是否满足特定的标准。很多问题就此产生。评审委员会的成员应该由哪些人来担任以及他们应该具备哪些资格？应该如何对指导方针进行严密的阐述和执行？如何处理没能满足种种方针的方案？而此方案凭借其本身的资格承诺将是城市的主要扩建建筑，没有人能够很精确地考虑到这些。有没有人支持过程的完善或为后来的开发商和声称他们的方案陷入了同一类型的设计师建立一个先例？任何误差都有一个惯例。

很明显，当环境发生改变时，主要的规划和指导方针不得不进行复审。城市设计过程是一个不断前进的过程。毋庸置疑，确实存在不顾物质空间环境质量只因政策原因而改变主要规划和指导方针的趋势。于是指导方针就变成实现社会其他目标的工具。这是城市设计工作的合理运作吗？如果不是，又能怎样阻止这种现象的发生呢？

未来的管理

要使一项方案运作良好，不但必须要满足其目标，而且要进行优良的管理。如何着手估测将来的管理是否健全，承诺得以兑现呢？我们必须要相信一些事情。

未来的城市设计往往不需要很强的操作性，此时其程序必须要明确，而且在给定的可利用资源情况下程序应该是可操作的。在一项方案潜在功能的评价中，往往忽略了对操作成本设计的评价，而这一设计仍然停留在图板上。在考虑一个未来综合体的运转时，在方案必须面对的能源成本和文化环境之下，应该采用什么方法预测这些事物呢？是应该保守从讲求实际的解决思路出发，还是应该对未来有实效倾向的变化持乐观态度呢？解决出现问题的新方法将会得以发展，必要性是创造之源，这一点有人想到吗？例如，有人会想到美国的犯罪率会持续上升，或是社会环境将得以改善吗？保守的思想在发展维护程序的过程中也许会防止失败的产生，但是也会带来失去机遇的代价。

适当地评价方案——后期实施的评价

设计及设计政策后期实施的评价不是经常进行的，然而，它却越来越被视为设计过程中不可缺少的一部分。即使这样的话，除非这项评价得以进行，否则，作为设计基础的实证性理论的功效和程序性理论的效用都不会有效，城市设计师也不会从不同类型方针的效用、设计方法或满足特定功能目标的设计原则中获取得太多。

因为设计问题往往是一些顽固问题。社会作为一个整体，人类直接参与其中，而且设计师不得不接受在人类需求和实际获得之间将会出现不相符合的现象。对每个人来说，实现全面的和持续的需求满足是不可能的。满足的程度将随着时间反映在情绪的改变、地位的改变以及人类在这个世界上面对的其他日常形势的改变上都是不同的。罗伯特·盖特曼、巴巴拉·威斯特盖德（1974年）在他们对由路易斯·康设计的理查德纪念实验室评价的复审中谈道，在许多研究实验室质量的主要观点中，对建筑物本身谈论的甚少，而是强调人们当时的心理状况。程序上需要有一种方法把人们对于环境品质的情感从对自身的情感中解脱出来。

在评价方案的过程中，依照最初的目标矛盾总会出现。一个充满认知机遇的世界几乎总会包含着对于人类的压力。这是一个可以接受的设计目标吗？这种压力可以理解为是为了人类自身的利益吗？认知上富足的环境也许和人类珍重的需求相矛盾。建筑环境应该提供多大程度的舒适和需求？在评价过程中，如何理清环境的不同方面？“卖的好就是好的”这一实用主义原则是否是合理的后期实施评价方法？要根据特定人群发展的适合或是不适合来看待成功或失败。这种不适合是否真正足以引起设计的改变取决于形势政策——包含的利益团体、出现的危害及可获得的资源。

让我们把注意力转回过程开始之初出现的问题。谁应该管理这样的评价？谁应该为其支付？又是根据谁的主张来制定评价标准？必须要认识到，对于某些评论家来说，对其他人工作的负面评价满足了他们自己对于声望的追求。你评价了什么?什么时候评价的？最后一个问题从理论上来说可能是个比较有争议的问题。很明显，研究应贯穿于整个过程。发生在蒙特利尔的居住区事件就具有启发意义。在建造25年后依然运行完好，这一点被当地居民特别看重，被出租市场广泛看好。在它建成之后，不同结论的观点即刻产生。但是却很少有人希望居住在那里（维辛斯基，1990年）。

人类很少有动机去进行具体项目的后期评价，除非为了设计专业(或团体)的整体利益。设计的居住者及使用者了解做什么工作，没做什么工作。如果有充分的证据证明设计中的特定方面未能实现，那么，建筑师就会面临被控渎职的恐惧。指导方针的影响力更多的是让人难以琢磨。然而如果不具有对设计和指导方针的研究，那么专业的知识曲线就会迅速地下滑。我们从已经进行的这样研究中获取了不少经验(例如兰辛、玛瑞斯、兹赫尼，1970年；库珀·马库斯，1975年；西斯尔，1980年；温纳，1989年)。

城市设计的结论

设计问题实在是一些很令人厌烦的问题。设计过程是一个值得争议的过程。这里已经明确，许多问题没有绝对正确的解决方法，也没有绝对错误的解决方法，至少我们现有的知识还达不到，但是不排除其中的一些方法要比另一些方法要好一些。所有的设计师在整个工作过程中，采用的都是自身的价值观念(这些价值观念也许是把设计建立在别人的价值观念基础之上的价值观念)，或他们服务的市场允许他们采用的价值观念而进行工作。在整个设计过程中，每一个设计师即使没有一个明确的专业立场，那么也会站在实践的立场上。本书第三部分包含了设计师如此努力地用大众的术语阐明如何解决设计中存在的问题，给城市设计呈现了一个标准模式。

城市设计师面对这里所描述的问题，不得不对规范性立场的自我发展考虑了两种结果。第一种关注城市设计的立即执行，第二种关注管理需求和答案产生。第一种结果是城市设计师需要充分意识到他们选择执行设计过程每个部分的能力、局限性及倾向。他们需要从逻辑上防御对设计方案的偏见、文脉及其服务的目的。设计师需要意识到通过技术的使用谁是利益的受益者、谁是利益的损失者。他们需要认识到他们自己的主张。反之亦成立。城市设计师需要选择解决问题的方法和重要的主张。困难在于从长远来看可能是重要的问题，而从短期来看，也许在政策上并不重要。

在过去的20年中，设计方法的设计成为专业发展的主题。许多设计师正在努力设计更好的人类经验模式和更佳的分析、综合及评价的技术。方法的设计是一项具有高度创造性的行为，比起环境的设计可能需要更高的创造力和洞察力。进步是缓慢的，原因有三：(1) 解决传统认为易变不定的问题是困难的；(2) 不同问题的相互联系是复杂的；(3) 投身研究设计过程的设计师比起对于建筑历史的研究者是缺乏的。在设计方法学上，设计领域没有一个强大的调查传统。抑制技术进一步发展的因素之一或许是许多设计师和教育家持有的理论上和政策上的承诺是失败的，至少他们在艺术上的神秘性受到了威胁。这种承诺对于从根本上抑制已经进行的调查产生的同时具有提高调查质量的同步效用。

主要参考文献

① Gutman, Robert. "Cast of Characters: rchitecture, the Entreprencurial Profession". Progressive Architecture 58, 1977.5:55～58

② Gutman, Robert and Barbarn Westergaard. "Building Evaluation, User Satisfaction and Design." In Jon Lang et al., eds., Designing for Human Behavior: Architecture and the Behavioral Sciences. Stroudsburg, PA: Dowden, Hutchinson, and Ross, 1974.320～329

③ Lang, Jon. "Methodological Issues and Approaches: A Critical Appraisal." In Eronesto G. Arias, ed., International Studies on the Meaning and Use of Housing: Methodologies and Their Applications to Policy, Planning and Design. London: Gower, 1992.51～69

④ Peattie, Lisa. "First Stage: The Platonic City Aristotelian the Aristotelian City." In Planning: Rethinking Cuidad Cuayana. Ann Arbor: University of Michigan Press, 1981.41～72

第三部分

综合：城市设计的新功能性方法

加利福尼亚州的圣·乔安·凯比斯乔依

这本书的论点是专业设计人士获得设计准则的基础知识应当建立在经验的基础上。需要建立一个集中于人类动机的研究议程，即他们生活所处的社会环境和生物环境，以及形成他们生活的决策过程。从第二部分我们可以清楚地了解到，自从20世纪早期，当现代主义宣言更加书面化的时候，这个议程已经进入到人类所涉及的功能主义内涵和与人类需求相关的建筑环境方法的知识里。尽管这些知识使我们受到很大启发，但是城市设计师，包括那些参与人居环境发展的其他人群，仍然必须为将来作出决定，不得不考虑将来。将来人类聚居地的性质将仰赖于社会可利用资源和其中公众的态度，但是很大程度上也依靠于各种发展过程的特征，包括用来作出决策的城市设计。

潜在这本书里的知识都有一定价值，这些价值基于一些被现代主义赞同的范围中。最根本的一点就是我们这个世界应当被建设得更好。但是无论怎样，“更好的”的意图仍然需要仰赖于我们对社会和社会将怎么发展演进的理解。一个较好的建筑环境设计方法手段应该被自觉发展，它也依赖于我们对将来应该控制什么的决策的理解。其中的一种理解是一种放任主义的观点，认为每个人都应当有权利做自己想做的事情，并且是最大限度的，而且不受外界干扰。按照这种观点，除非开发商能够成功地为总体设计提供一定比例的资金，否则，城市不需要城市设计就能演进。即使人们相信在城市社会中这样一个发展过程带来的机会成本如此庞大，这样的立场仍然是站不住脚的。另一方面，形成人类环境如此多的主要控制过程使人类产生各种需求的进取精神大大地减弱，进而阻碍了人类需求的全面实现。

这篇综合的目的是提出城市设计应该是什么。在这个综合里介绍了许多当前流行的观点。我们观察的是房屋、人工环境的设计和将要从正在进行的过程中涌现出来的环境设计。任何一个有意识设计的模式都不得不基于一组价值和一套普通目标基础之上。如果这个价值没有被理解，那么过程的描述就没有什么意义。基于这个原因，第23章“城市设计的基本态度”介绍的是城市设计的基本原则而不是城市特殊的形态。在这里所提倡的也是被许多人所提倡的程序性理论都基于这些基本原理。这个基本原理将在第24章“城市设计的标准程序模式”中介绍，是这篇综合的核心。

把那些提倡城市设计作为艺术和提倡城市设计仅仅是问题解决方法之间的争论作为出发点是没有必要的。倘若所有争论都与真实的人类世界、人类社会和生态环境有关，那么，那些在设计研究和理论研究建设中提倡生态学或是类型学经验主义方法的人们，以及那些提倡现象学和解释学的人们之间存在的分歧就都是不必要的。每种方法都可以提供很多见解，但是每种方法也有其自身的局限性。这就需要一种综合的方法，就是将每种方法所提供的能做什么和不能做什么的局限性进行综合(鲁宾逊，1990年)。

建筑、邻里单位和城市布局与规划设计是人类生活的一个重要部分。许多其他因素时常在决定生活质量方面更为重要。对城市设计师而言，在庆祝他们已经取得和即将取得成绩的时候要认识到他们的局限性也是必需的。尤其重要的是要认识到城市设计是这样的一个过程：它们是在没有完全了解世界真实情况下进行的运作，当然也就不能完全控制世界的发展。城市设计师们其实一直是在不确定的情况下作出决定的。他们总是要处理太多的可变因素，以至于不能同时全方位地考虑方方面面的问题。他们一直把所面临的问题简化，简化到一个他们容易处理的范围内；并且排除一些可变因素，而去研究那些不变因素。

正如第22章所提到的一样，城市设计师们面临的基本困境之一，即决定他们信奉的方法应被伦理因素所允许而不是产生一个他们认为是好设计的时候做什么。城市设计师们相信诸如设计指导方针和设计控制原则等机制对获得一个好设计是必须的，但是被认为是不公平的或没有职业道德的时候，另外的困境就出现了，尽管机制将有可能或许获得一个意想中的好结果。在书中描述这些立场的部分(作为任何立场在城市设计中)是一个有争议的部分。这些程序的品质方法有优先的性质，如同一个社会，我们将不得不忍受机会成本在设计的结果方面去避免使用违反规范的程序。这个态度会影响城市设计师们有必要也要有能力进行有效公开的讨论，证明他们的设计、他们的主张是有道理的且是有依据的。

城市设计的任何一个过程都包含不同的立场和意见，是一个政治性过程。我们的立场是必须建立在有关委托人、业主的身上，建立在一系列的目标之上，建立在设计程序之上，建立在一个设计或一组设计之上。这些过程包括重复的分析，有分歧的设计理念、意图、综合、评价和决定。过程包括将平时经常说的怎样设计的预言出现在预测将来的文章里。我们知道将来的设计怎样开展；我们不知道将来社会政治状况的背景。好的理论将帮助我们更好地预测我们将如何把特别有创意的城市设计方案设想变成现实。这就是这本书的基本主题思想。

23

城市设计的基本态度

显而易见，城市设计是一项很复杂的任务，与之有关的部分设计师们很自然会有这样一种愿望，他们试图使城市设计更加简单和更加容易掌握，使城市设计融入自己的专业领域。这样做最简单的办法就是涉及相对少的问题，可以缩小问题的范围。纯粹的唯理性主义论者持有的观点是：城市设计仅仅与城市场所空间环境的视觉几何有关。另外的一种方法是简化设计过程。采用一种自然分类的方法使城市设计达到目的。这样一种方法会获得许多支持，特别是在美国的建筑领域里，这种方法是一般的但是绝不是普遍的方法，其处理复杂事物的方法是通过缩小涉及的范围而不是扩大它的知识视野，景观建筑则反之。城市设计不得不持有不同的实践和理论。就像在过去20年景观建筑理论体系的发展一样，城市设计必须吸收并利用在它的领域里许多先进理论和那些直接包括在城市设计里面的经验知识。这一章节的目的就是要提出一种对基本态度的综合认识，如果在这本书中描述的功能主义以人类需求为基本出发点的概念对社会有效用的话，建筑师、景观建筑师和其他设计专业人员就应当关心城市设计。这是一个扩展主义、整体主义的观点。

然而，在城市设计中需要认真地考虑大量的问题，在专业实践领域里进行城市设计，对一些相关范围的简化是必须的，我在这里描述的基本立场与态度是针对城市设计而言的，与他们现在运用的知识相比具有更多的可利用性。如果他们能吸收可利用的知识，至少在关于未来人类聚居地环境的分布状况与内在组织结构，特别是对公共与地方领域的特征进行富有理论性的争辩中，可以作为其他学科和专业的对手而参加。他们确实有，或许能有一个特殊的专长用四维度的方式思考城市社会环境和已建建筑物，以及城市空间场所，而其他的专家、开发商和政客并不会把这种方式带到讨论的桌面上或者绘图板上。问题是：“目前，当我们能够理解人类的需求、社会发展和城市设计方法的时候，我们将采取什么态度对待并将指导美国已经规划的城市开发。”一个基本的出发点就是去调查当前把城市设计和它的效能作为一个综合过程的观点。

当前关于城市设计综述

正像提到的一样，美国的城市设计是有关人类居住栖息地公众领域的设计，它也牵扯到将私人领域空间应用于公众活动领域的性质问题，以及应该给予我们生活所理解的东西是什么，需要的是什么，我们需要的是一个比较好的生态环境。我们关注的是城市基础结构组织部分和建筑环境各种因素之间的关系。这些关系是四维的，因为这些关系是由被使用、被欣赏的并随着时间流逝而进化发展的建筑长、宽、高三向维度的空间形式所组成。发生在城市空间场所物质结构的演进反映了个人需求和社会需求的改变以及他们之间的冲突。

城市设计的基本目标是帮助社会创建良好的有机的可以满足人类需求的环境。特殊的亟待解决的问题将是不同的，不论是从一个场所到另一个场所，从一种文化到另一种文化，以及从一个时代到另一个时代，城市设计的基本目标仍会保持一致。城市设计师在他们所从事的工作中应该采取什么样的态度？他们是应该简单地服务于社会经济状况还是努力去改变这种社会经济状况呢？观点是不一致的。什么是提高社会健康程度所需要的，对这个问题的回答就是答案的所在。

20世纪，有两个宣言是关于城市规划的。第一个宣言与城市的产物即城市和建筑物的形态特征有关。

这个宣言是对设计标准化实质性的陈述。第二个宣言由程序性的陈述组成，有一些内容是世界性范围的，有一些是特指美国社会的。这两个宣言有许多共同点。其基本观点是，在城市设计中，“人作为所有事情的衡量标准应当作为环境设计的指导方针原则。”(普瑞斯、威斯、怀特，1991年)

在这本书前面的章节里，城市设计中理性主义和经验主义方法的区别已经指出来，并共存于相当数量实质性的范例中，今天它们被描述为：新现代主义、新传统主义、解构主义，以及分离式城市设计（参见第2章和第3章）。它们中间蕴含着对人类和社会不同的态度。

城市设计的规定性程序模型有两部分：对城市设计师们在设计中应当具有的基本态度的陈述，以及并不明确的对什么可以形成一个好设计方法的陈述。本章节关注的是有关城市设计基本态度的部分。这些态度然后将被作为一个基本出发点去讨论第24章的第二部分。实证性和程序性问题的立场在相当数量的宣言上已经被清楚地描述，这些宣言写于20世纪的70、80年代，甚至有些作为先进于我们知识的经验主义研究而进入20世纪90年代。

对城市设计而言，“马丘比丘宪章”(1979年)是一种理性主义的思维方法，主要关注点集中在城市设计产物的本质上，伦敦建筑协会的NATO（今天的历史学派建筑学组织）小组，对他们想要获得的最终城市设计产物有清楚的意象。然而，在加利福尼亚大学（阿普尔亚德等，1982年）伯克利分校一份许多教育家的“人本主义宣言”中详细地说明了罗杰·蒙哥马利更早就提出的这种态度。克里斯托弗·亚历山大（克里斯托弗·亚历山大，1991年）和他的同事（克里斯托弗·亚历山大等，1977年，1987年）已经重新考虑了城市设计的全部内涵和特质，并且其追随者，例如，凯文·林奇(1984年)，伯纳德·休伊特（1984年）和沃尔弗格·普瑞斯，杰奎琳·威斯和爱德华·怀特（爱德华·怀特，1991年）也已经在重新思考有关好城市、好城市空间场所和好建筑物的本质问题。他们大量地利用经验进行研究。相反，阿伦·雅各布斯和唐纳德·阿普尔亚德描述了很多在特殊的社会环境和建筑环境中城市设计师应该解决的问题。我在这里关注的是城市设计师作为设计依据的基本态度——适合进行设计的态度。几乎不可避免的，对“雅典宪章”(都市规划大纲，C.I.A.M.的第四次大会，雅典，1933年；参见塞特，C.I.A.M.，1944年；勒·柯布西耶，1973年)的响应是创造今天城市规划理论的一个出发点。

马丘比丘宪章

1977年在秘鲁，一个由建筑师、城市规划师和城市设计专家组成的国际小组在Universidad Nacional Federico Villareal的赞助下召开会议。会上讨论了设计专业在提高城市生活质量中所能起的作用（“马丘比丘宪章”，1977年）。集会是对专业设计中人们对城市设计的关注越来越少和不知道前进方向在哪里所作出的反应。改进补充完善1933年的“雅典宪章”是集会的目的。

“马丘比丘宪章”主张资源的有效利用，而且主张人、城市和环境的统一。宪章批评了C.I.A.M.的土地功能分区的概念和过分地在城市设计中依赖技术。它提倡在城市生活中大量使用公共交通系统，保护具有文化价值和历史价值的遗产。它同时也反对把城市设计仅仅作为几何空间上的建筑排列固有的建筑观点。他们的共识是：“在我们的时代，近代建筑的主要问题已经不再是纯体积的视觉表演，而是创造人们能在其中生活的空间”。宪章指出“要强调的已经不再是外壳而是内容，不再是孤立的建筑，不管它有多美多讲究，而是城市组织结构的连续性。”虽然许多建筑师都认同这个观点，但是他们却很少去实践它，或在他们可以去实践这些理论观点的社会政治环境中去运用它。他们仅仅是一群鼓吹家，完全是为了他们自己的艺术或者是为了他们的赞助商，而这些赞助商们却很少关注公众利益。

虽然马丘比丘宪章主张城市设计应该满足人类需求，作者们还是不情愿地接受了这个不同于他们自身需求的理解，并把这些需求作为限定建筑环境应当帮助实现的功能基础，或者是作为社会发展计划的设计基础。这个文献显示了它的签署人已经强烈地意识到在20世纪70年代后期出现的城市问题。但是他们又好像远离了对城市、对城市生活的研究，也远离了对建筑环境如何与人类的发展联系起来的问题研究（参见“宪章注释4”，1979年）。

建筑协会中的NATO组织

在20世纪80年代中期，英国的NATO组织(今日叙述建筑团体)从本质上把理论的地位等同于现代主义者中理性主义者的地位。现代主义的观点认为，如果城市不运转，则每件事情都会改变；而NATO组织的观点则是，如果现代主义不存在，那么一切将会改变。这个组织认为现代主义所强调的秩序会导致一切僵硬，因此他们提倡城市应该是无秩序的。更进一步地说，他们认为设计师应当把城市作为一个由各种不同的功能交织在一起的多功能综合体。在某些方面，这种态度与解构主义的观点类似，并且这两个组织对于未来城市的设想也是相同的。

国际现代建筑学会的
目标宣言，1928 年

建筑学方面：……我们特别强调的事实是，建筑物是人类自身一种基本能动性的因素，它与人类生活的进化和发展有密切的联系……

正是仅仅由于现在的不合时宜，所以我们的建筑作品应当追根溯源……

我们在一起的意图是获得一个现存要素的和谐统一，也就是说，对现在环境的不可缺少的和谐，我们通过把建筑放在它自己真正位置上的办法去获得这个和谐；因此建筑应当脱离于贫瘠的学院派过时的俗套影响……

建筑的生命来自于这个信念，我们坚信我们的联盟和我们共同努力的结果可以使我们的愿望得以实现。

对我们而言，另一个观点是与一般的经济社会有关，由于经济是我们这个社会的物质基础……

现代建筑的概念是把建筑现象与一般的经济现象联系在一起……

最有效的产品来自合理化和标准化。合理化和标准化直接影响劳动方式，在现代建筑（它的概念）方面的影响就像在工业生产（它的产量）方面一样。

城镇规划：城镇规划是集体生活功能性体制的反映；它恰好被应用于乡村地域就像它较好地应用于城市乡村一样。

它不能被一个既定的唯美主义要求所限制；它的本质是自然有机化。

它包含的功能有四类：（1）居住；（2）工作；（3）游憩；（4）交通（它使前三个功能互相连接）。

作为房地产投机产生的混乱的土地细化的结果应当被制止。

今天不断进步的技术手段，正是城镇规划的关键。技术手段预示着现存法规的完全改变；这个改变应当与技术的进步相适应……

图 23－1　雅典宪章的基本要点
（资料来源：塞特、C.I.A.M.，1944 年）

尽管NATO组织有引人思考的推理方式，并且这种方式是对现存标准模式的一个挑战，但是NATO组织在思考方式上也存在较大的局限性。问题是在设计中一些实质性的城市设计范例存在很大程度的盲目性，并且没有进行公开讨论。这些范例常是基于一些思想保守的人过于简单的思想。他们也是基于一种非常肯定的建筑哲学观念，认为“功能跟随形式”，而不是“形式跟随功能”。

当前关于美好城市的经验主义观点

有许多关于经验主义的城市应该是什么样子的观点，这些观点都是基于建立在观察人类行为和人类需求基础之上的。这些观点中有一些很明显地表现在最终特别的成果中。里昂·克里尔为英国庞德布里居住区[参见图23–3(2)；布罗德本特，1990 年]所做的设计就是一个特征的代表。这些观念被应用于美国新传统主义设计师们的作品中（参见第2章、第3章）。相反的，尽管没有非常完善的想法，凯文·林奇（1984 年）还是提出了一系列好城市的参考标准，克里斯托弗·亚历山大和他的同事（1977 年）也提出了一系列好城市的模式。更近以来（1987 年），他们认为城市设计是一个动态过程，没有一个城市曾经达到终极状态，并且他们为城市的发展提出一系列原则。

凯文·林奇定义好城市形态的五个标准已经介绍过（参见第19 章）。它们是：好的城市形态应当在人的生理需求方面有生命力，在时空上有方位感，符合人们行为心理需求，人们可以获得不同的机遇，并且可以感受城市的控制感。这些要素的达成应伴随着公平和效率。

理想城市的物质空间特征我们可以从凯文·林奇的作品和克里斯托弗·亚历山大及他同事的作品中看到，在另一些人，例如，简·雅各布斯（1961 年）的设计作品中，也有许多关于里昂·克里尔为庞德布里居住区所作规划的设计观点，尽管这个设计并不是非常地引人注意。但是与现代城市中的设计观点相比，他们所提供的城市各组成要素占城市的比例则是更小的，城市的密度可以通过城市多种结构单元达到，这些结构单元都处在经过精心排列的相对低密度的建筑群中，有着小尺度的开放空间。这些城市意象包含着对城市未来的许多渴望，但是这些设计意象的建议者们却认为它们并不总是能够满足并适合于人类需求，也并不能处理好一些人类

克里斯托弗·亚历山大，哈吉奥·尼斯，阿尔蒂米斯·安妮欧和英格丽德·金的城市设计新理论

七个有关发展的详细规则：

1．逐渐地发展演进：要“保证小规模、中等规模和大规模项目的综合”，也就是说它们有相同的成本量

2．比较大的整体发展：“每一座建筑的增值至少必须有助于形成一个大的整体……”

3．视野：“每一个项目首先必须是有经历的，然后是明确的，就像一个用内在眼光可以看见的景象（逐字地）”

4．积极的城市空间：“每一个建筑物必须创造与它们自身相连续的、形态好的公共空间”

5．大型建筑物的布局：“入口……主要的流线，主要的分界……进入各部分……室内空间……白天，和……建筑物中的活动，都是与街道和邻里单位中建筑物位置相联系和一致的”

6．结构：“每个建筑的结构必须要在物质构造上产生更小的整体……在它的构造开间、柱网、窗户和建筑基础等上……在它的整个物质空间结构和外观上”

7．核心的形成：“每个整体必须是它自身的一个中心，也必须围绕着它产生一个核心系统”

图23－2　克里斯托弗·亚历山大和他的同事关于城市设计的理论
（资料来源：亚历山大，1987年；布罗德本特，1990年）

两面性需求上的冲突。它们最好是被当作一种关于人类需求能在特殊环境中得到满足的范例，而不是作为一般的想象。在加利福尼亚大学伯克利分校环境设计学院里产生的一系列宣言则是更为激进的，他们建议设计师应该吸收当今美国城市设计中处理设计方法的态度，把城市和郊区的开发过程作为城市设计的出发点。本书的许多讨论都是基于这些宣言基础之上的。

伯克利宣言

这个宣言是20世纪70和80年代在加利福尼亚大学伯克利分校发展形成的，它对城市设计人员应当采取态度的关注多于对城市设计产物的关注。1975年，罗杰·蒙哥马利提出“今天在城市设计中我们面临一个合理性的危机，它是削弱了我们大部分多层面社会危机的反映”，在他的“城市设计宣言”中，他用强有力的言辞指责经常存在的无生命城市设计，他认为这些设计基于天真的政治原因，是为权力精英服务做准备的。他赞成城市设计应该成为动态设计，反对终极化、强制性的设计。城市设计师应该关注城市建设，并不仅仅停留在关注城市建筑上。

在20世纪80年代，带着相似的情绪，加利福尼亚大学的许多专业人员召开了一个“人本主义宣言”的会议（艾普亚德等，1982年）。“人本主义宣言”含蓄地反映了C.I.A.M.的立场（塞特，C.I.A.M.，1944年），但是它能更直接地和当时的设计环境相联系。在会议中，与会人员（唐纳德·艾普亚德、彼得·伯斯曼、盖伦·格瑞兹、金·达维、罗素·埃利斯、苏珊·戈特斯曼、雅尼瑞德·赫丝特、Dan Iacofano、E·利伯曼、罗斯林·林德海姆、理查德·劳埃德、克莱尔·库珀、托马斯·普里斯特利、佛莱德·惠特曼）反对在建筑中把能看到的建筑物仅仅作为一个实体而不是动态可居住的环境。他们相信设计师们的一系列行为活动应该是也必须是为创造一个更为人性化的生活环境而进行的设计：为平等享用环境而进行的斗争，授权给他人，使用我们所掌握的知识，美化社区，停止盲目扩张，让行人自由，扩展设计过程，学会听取意见，废除艺术垄断。“设计师追求的荣誉是使用者的监狱”。

20世纪80年代后期，阿伦·雅各布斯和唐纳德·艾普亚德发展了这些观点，他们认为城市设计人员必须要处理一系列问题，这些问题包括：穷人的生活条件，居住生活区规模的巨型化，人们对自身环境失去控制感，大范围的公共空间私有化和公共生活的丧失，城市趋于四分五裂，有价值的空间场所被人为毁灭，空间场所具有不确定性或缺乏个性，环境品质的不合理分布，暴露出职业化设计的特性。这些问题在一些特殊场所也许是共性问题，也许不是。这里所提倡的观点是应该提出问题以便更好地解决。最终出现在这一章的主张是，设计过程的首要程序是要超越任何需要处理问题的预先设想或者需要的解决方法。与此相互矛盾的是，如果没有城市将发展成什么样的想象，那么设计就不能开展（Nangara in progress）。

阿伦·雅各布斯和唐纳德·艾普亚德也肯定了城市设计的目标：城市应是一个人们能舒适生活的场所，有认同感，有控制感，有许多机会，充满想象和欢乐，城市应当提供社区生活和公共生活，有自我维持的活力，提供所有的便利。他们坚持任何好

的城市都应该具有这些特征。这里描述的观点是相似的：城市应当在保持生态环境的同时提供人类需要的生活环境。亚伯拉罕·马斯洛在其作品的功能主义等级概念基础上，为人类相关活动的发展和表现形式超越时间的思考与提出问题方面提出了一个框架。举个例子："公共空间的消亡会真正代表公共生活的消亡吗？或者它仅仅呈现为另一种形式，是由于交流技术的改变吗？"（布瑞尔，1989年）。这里的观点是，雅各布斯和艾普亚德发表的有关城市设计的宣言是面对现实城市社会问题的报告；形式将超越时间而逐步演变发展，不应被看作是静止的就像美国城市设计人员关注的观点一样。

今天美国的城市设计问题

作为一个城市设计工作者的职责是什么？这将由设计师及其所处的环境而决定。城市设计应被看作是一种社会服务，城市设计师必须承担他们对所设计的社会产生影响的责任。城市设计师需要了解他们自身的价值取向，清楚他们的价值取向，并且了解其他人的价值取向，他们应该是未来城市讨论的积极参与者。他们需要把讨论建立在科学而专业的知识基础上，而不是仅仅建立在信念的基础上（B·琼斯，1962年）。同时城市设计工作者也将面对许多重复的实证性的或程序性的问题（如第19章、第22章所概述的），这些问题是非常情绪化感情化的，反映了个体或群体的权力意象，也体现了社会上资源和权力的分配状况，并且更可以从一般的角度上来说，是关于好生活究竟是什么的。

不管在何种情况下，一个城市设计师都应该对在本书中已经提到的问题有一个明确的态度。举个例子，设计应该将某些个人的立场反映在某些问题上，诸如活动、人口、土地的整合或隔离程度和建筑使用令人满意的程度，以及个体和群体在当前社会中起到的作用。社会应该是平等的还是按社会等级分划的？什么是社会公共事业机构的适当规模？所有的环境都应该是无障碍的吗？设计是为了舒适还是为了发展？一个城市设计师应该考虑当安全需求开始影响并撞击环境的生存能力时他们还应该走多远？被建造的环境要素应该坚持谁的意愿？这个意愿将去指导谁？以上这些议题在社会中已经开始广泛地进行讨论，但是对它们的每一次考虑都将会影响一个城市设计师的工作。

所有的人应该能够在他们不希望被社会或物质障碍所阻碍的范围里参与主流生活。当最为基本的需求被最优先考虑的时候，城市设计的目标将是增强行为活动的机会，并且通过在没有损害周围环境的条件下去维护个体或群体需求的手段丰富城市的生活。无论如何从哪个角度来说这个态度都是人文主义的态度。要因地制宜才能创造出特有的细部环境。特别的城市设计应当来自于一个运用专业知识引导使用者立场的设计过程。设计师必须有能力为这个过程进行环境设计，并且依据其他人的需求和价值取向，尽管这样的环境质量很有可能会落在设计师自己所体验的文化背景之外。让设计师去完全接受这个要求或许是非常困难的，但是他们认识到对于这个要求的争论是理性的。

城市设计师的态度

尽管有许多常用的解决办法和设计规定能用在特殊的设计问题上，但是没有简单实证性的范例为将来的城市参考或者被普遍地应用。我们现在必须要考虑重新修改塑造城市的方法。这些方法将被一系列不同的态度所支配。首要的一个态度是关于未来的，但是更多的态度不可避免的是来自于对人类和其社会性质的理解。

面对未来的态度

城市设计也是不断在变化的。这些变化反映在人类不断地去改变和创造人类的聚居场所，也涉及人类要去创造的未来。未来的景象应当建立在什么样的理论基础之上？城市设计中理性主义和经验主义的基本不同点（如果不在基本的哲学态度中那么城市设计就不断在实践）是对于未来而言设计师应当怎样进行考虑和考虑什么。城市生活的许多方面和生活方式应该是不断变化的。城市设计师不应该去说教人类有关的生活方式，除非这些生活方式对社会有害或者约束了其他人的生活。然而我们也应当避免假定经验主义观察和现在既定的模式，将坚持面向未来社会，尽管许多模式事实上是不朽的。考虑未来仍然需要基于现实情况。

接受这个观点意味着城市设计师应当站在以下的角度和立场上：

1. 城市设计师的基本作用就是让社会注意公众领域将来可能的特性及与私人领域的关联，

以及可能获得的一切可能。

2. 城市将来的景象需要把握作为个体和作为社会或者作为出发点的我们现在是谁。
3. 尽管美国社会的许多方面是根据自我意识设计的（如市民的权利），将来的社会系统会作为城市设计的一个基础将在一个进化的过程中在相当大的程度上进行无意识的发展。
4. 在城市设计师面临的许多情形中，社会系统的设计处在设计师专业关注的范围之外。
5. 城市设计师需要充分地理解和有能力去清楚地说明他们所建议的社会环境和心理环境可能促成的结果，说明他们是怎样支持或阻碍特定活动模式的取得和完成特定审美目标的。不是所有的结果都将被准确地预知，但是，犯错误不是城市设计师比其他设计师更多拥有的特权（伯泽杰内克，1974年；瑞特欧，1984年；瑞特欧，韦伯，1984年）。

城市设计师应当自相矛盾地为社会公正而进行斗争，尽管趋于独裁的集权力量向着增强城市设计师贯彻执行计划的能力移动（见下面的“对于社会文化的态度”）。这样的陈述或许意味着在美国激进的社会变化是必需的，进一步地激化城市设计师也是必需的，但是这样激进的社会变化对于城市设计而言并没有产生主要的影响。同一个城市形态服务于很多社会系统，但是并不是所有的社会系统。通信技术的变化在城市布局形态上已经产生了主要的影响，但是在下一个50年期间可能影响城市设计的技术现在或许已经出现了。需要了解这些技术。创造良好生物环境对城市设计或许有更激进的结果。但是无论怎样，经验知识仍是可以利用的，并可以获得一个结论。

作为空想家的城市设计师

空想家们关心未来是什么。他们预测可能会形成的社会环境和物质环境。乌托邦的思想确实在城市设计中起过一定的作用（雷涅，1963年；菲舍曼，1982年，1987年）。我们平常认为的许多城市设计观念现在已经被认为是具有革命性的意义。经验主义研究本身将不能引导将来主要的社会可能的新形象。城市设计师们将来会创造出这样的景象。

美国社会存在许多不公平现象，特别是对于贫穷，甚至更显著的是对于少数种族，并且因此形成许多社会隔离。新的社会组织可能会改变这种状态，举例来说，其他别的活动行为形式比现在更可能地提供给每个地方的孩子，并且孩子们是有机会主动地参加活动而非被动地参加活动，而不单单因为贫穷而受到限制。城市设计师将采纳一些新的美学观念。当这些新的美学观念被接受以前就已经真正地理解了人类需求。向前看，从计划未来的角度去看，铭记亚里斯多德的观点是明智的（琼斯、斯帕罗，1980年，皮蒂，1981年）。它被帕特里克·格迪斯很好地表达：“如同一个艺术品，公民不能想象到处可能都是完美的场所，但是可以使每一个地方的大多数场所空间都是最好的最完美的，特别是我们生活的城市”（引自博德曼，1978年）。那是执业者起到的作用。

作为一个执业者的城市设计师

执业者涉及参加选举的官员、市民公仆、权力组织，他们有专业的美学思想，也有局限性。自从第二次世界大战以来，城市设计的许多内涵已经得到实施完成。建造新城镇和郊区，世界上几乎每个国家都开展了城市复兴计划（参见第2章、第3章）。这不是刻意地去批评城市设计，因为与什么样的城市是建造设计好的相比不合适的东西是要更早就要明确的。

执业者从他们自身的经历体验中学到很多知识。最深思的想法是从专业领域积累的经验中学习得到的。他们是城市景观有活力的观察者，他们学会听取意见，并且在听取意见中学习。他们必须考虑公众利益，考虑并预测未来。这些意见是不容易遵循的。它们要求专业领域的领导者有高层次的行为动机、极大的奉献精神和旺盛的精力。那些领导需要通过他们自身的经历去为专业领域累积知识做贡献。他们必须广泛宣传工作成果（普罗夏斯基，1974年）。也有一些例外（例如巴尼特，1974年，1982年，1986年，1987年；杜安伊，1989年），与描述他们已经做的什么工作相比，执业者虽然有一个差的从业记录，但是他们已经为城市做了更多的事情。尽管他们中的许多人在学院机构中是好的教育家，但是他们对基本理论的传播没有超出他们学生的范围。他们在有严格时间约束的真实领域中运作。他们很少有时间或者精力去考虑他们的工作仅仅像一个个研究项目一样，但是他们又不得不这样去做。

对待人类的态度

城市设计首要关心的必须是人类的尊严。与过去相比在最近几年有关城市设计的许多讨论中，已经较大程度的体现对更广泛人群更宽广范围的关怀。由于对人类理解的改变，又由于对在社会中人类的斗争，以及对他们的斗争在未来能是或者将是什么的考虑，城市设计领域中对人类的关注已经慢慢地兴起。讨论正在有序地进行着，例如对少数民族文化群体大范围需求的更多关注。作为一个结果或许是巧合，许多环境心理学方面的研究都集中在这些群体和他们的需求上。例如，在社会和家庭组织需求上有研究，这些研究起源于现存的和正在变化的社会中男人和女人的关系与区别，以及他们的渴望（帕夫尼，1977年；威克利、彼得森、莫利，1980年；西格特，1981年；海登，1984年；威克利，1984年；R·彼得森，1987年；莫桑格，1989年；E·威尔逊，1991年）。相似的讨论关注孩子们的想法和作用（艾伦斯，1962年；布朗芬布伦纳，1970年；帕罗里，1977年；哈特，1978年，1979年；G·摩尔等人，1979年；乔拉，1991年），以及老年人的健康（劳顿，1975年）和疾病（劳顿，1977年；卡尔金斯，1988年），还有残疾人问题（贝德纳，1977年；韦尔奇，1990年）。那些被提到的不同人类群体需求的表现以及他们的需求必须在文化的氛围里去了解（莱顿，1959年；拉普卜特，1969年，1977年，1984年；布瑞林，1976年；劳、钱伯斯，1989年）。

这些设计关注的内容已经清楚地表现在住房水平（例如，库珀、萨克斯西，1986年；朗，1989年）、广场开放空间，还有邻里单位的设计中。在建筑专业方面主要的冲突已经可以被忽略了（例如，戈斯林，1984年；梅特兰，1984年；布罗德本特，1990年）。有些人认为要改变建筑师关于设计方法的固有想法是不可能的（蒙哥马利，1966年，1989年；弗朗西斯科，1989年）。只有当建筑师有了新方案的构思思路时设计才将会发生改变。事实上，这里讲的态度是让经验主义的研究集中在新常用模式上，为的是让建筑师去模仿。尽管通常模式是重要的，但是与过去相比，城市设计师必须对于人和他们需求的本质有更广泛的观点和视野（参见普瑞斯，1991年），必须了解通常模式的功能，并且知道它们要满足什么需求和哪些不需要满足的需求。

必须认识到很少有外行对于设计可能会发生的情形以及他们的需求是清晰的，并且城市设计师正在处理的不同人的竞争需求和目标也是不可避免的。在城市设计师的作用下，不断改进的城市日益遵循的态度是：

1. 解决有关设计的问题必须考虑人的多样性。（例如，规划方法）
2. 那些认为城市设计是为了改善自己生活的人必须引导城市设计的方法程序。

有两种不可避免的态度：

1. 城市设计的目标是为建筑形式的多义性而努力。
2. 设计必须是开放的无止境的。
3. 必须首先考虑更基本的人类需求。
   随着这种关注的客观化应当进行审慎的思索，因为最好的结果是通过间接活动取得的，这些活动通过考虑其他人的需求和允许在工作中进行更多的努力而不是直接地处理问题。
4. 新的环境必须被设计成没有社会隔离和自然隔离的环境；现存环境应当如此进行重组。

罗杰·蒙哥马利（1975年）概括性的描述了设计主张："城市设计师们必须一直问自己他们表现的是谁的利益，总是在小心寻找那些不仅依赖于事情表面显露的利益同时也包括隐藏在日常生活领域表面背后的利益。"

对待社会文化的态度

从某种意义而言，人类聚居地是产生聚居地文化的反射。对建筑环境的批评存在于这个环境里广泛的社会文化批评中，同时也是为塑造建筑环境整治和行政管理的方法而进行的批评。像这样的批评也是较为专业的批评。

许多国家在关于生活质量与控制它们自身贫富差距、政治有无力度的生活之间相当不一致。同在文化特质方面的论调一样，尽管理性主义者在对待社会变革上有争议，但是城市设计师几乎不可避免地拥护他们可能拥有的社会权利及自身需求。目前他们在社会上以不同群体角色起着不同作用。城市设计师们早已经是赞助他们的倡导者（R·戈德曼，1971年）。同时，在20世纪形成的城市大部分设计观念都有服务的双重目的。他们不仅支持那些赞助商发起人的努力，而且也努力促成文化的变化。和那些在20世纪初存在于美国和欧洲的文化相比，现代主义肯定是基于不同文化模式的。

今天的城市设计师应当赞同什么样的观点？杰奎琳·罗伯逊是一个建筑师和城市设计师，他给出如下观点：

1）一般的建筑应遵循文化和民族背景而不是反对，除非有一个意义深远的理由，否则不……
2）加强建筑的秩序
3）清楚地说明和强化社会礼节
4）使用含蓄的建筑惯例

需要强化这些观点。它们被大量用来处理一个人自身以外的社会和民族问题。它们以处理主要社会问题为借口将建筑师支开。一个基本问题出现了："人们怎样认识并考虑将当前的问题纳入当前的社会秩序这样一个意义深远的动机?"另一个问题是："当社会目标和个人目标相对立时，应该支持哪一个目标?"

在美国，宪法提倡每个人享有平等的机会，但是当前的文化系统在机会和资源的分配上却存在着非常的不平等。在进行城市社会未来的设计中，城市设计师作出的决定是基于美国目前现状呢，还是基于规定性模式呢？也可以提出，关于任何城市社会中人们充当的角色和愿望在城市中的性质是什么等这些相似的问题。今天，与其他许多国家相比，在美国对每个人而言那里会有更好的机会，但是在为富人阶层和穷人阶层争取机会上却存在一个主要的或许是正在增长的分歧。城市设计师应该简单袖手旁观地对待那些超越他们职责范围之外的领域吗？

在对待社会问题上也应给出一个观点，城市设计师必须认识到建筑环境在塑造人类行为上的有限作用（参见第1章）。人们必须认识到，当文化在很大程度上进行无意识发展时，如市民权利运动的展现和今天广告商的认识一样，它们就将被推向一个特殊的方向。希望这样的一个文化发展在社会上能带给每一个人更多的公平和更多的机会，这将导致人们在不伤害他人的前提下去追求他们自己的目标。这里给出的观点是城市设计师们应当做的：

1.认识城市设计最本质的政治性。
2.认识到他们的工作发生在现实社会里，他们应当有责任进行以下工作：
 a.不管性别、年龄和文化起源要求的不同，为人类的社会公平进行辩论。
 b.进行物质空间环境规划布局的设计，而不去抑制社会变化，除非这个变化是与社会发展是不相宜的。
3.一直要把自己作为一位公众利益的捍卫者。

城市设计师需要认识到当前公众利益的有限性，不同的权力群体以不同的方式定义公众利益。然而，当进行设计时，他们需要考虑子孙后代潜在的需求。他们必须要涉及这些不确定的因素。

对待自然的态度

在世界上，尤其是在美国，景观建筑环境和建筑环境都反映了基督教(和伊斯兰教)倡导的人主宰自然的态度。另一方面，一些东方哲学思想认为人是自然的一部分，尽管这个观点在最近的专业设计实践中，或者在亚洲城市的无意识发展中缺少表现。看来，或许他们经常考虑的哲学观点被颠倒了。

许多国家允许人们对自然世界有不同的看法，反映了一种亚文化的特征。一些人认为树木是环境的必要组成部分；另一些人却认为它们是讨厌的东西。那些具有英美传统的设计师在花园设计方法上，对英式景观花园有着传统固有的偏爱；而那些大陆传统以外的设计师则喜欢巴洛克风格。英美人对景观的外观显示出第一位的关注，而对他们活动的生活福利设施则显示出第二位的关注。美国人在景观设计方面是有历史的，但是，为了金融经济利益往往在景观的使用方面进行了更多更直接的开发。在最近几年这种态度有了相当程度的改观。

在《设计结合自然》中，伊恩·麦克哈格基于自然生态观点描绘了传统英国景观花园（1969年），并且在人类聚居地自然环境作用上进行了相当多的探索。这种探索包括伦道夫·赫丝特的环境论或美学守恒论（1975年，1989年），迈克尔·霍夫基于生物进化变化进行的设计理论调查（1990年，1990年），还有安妮·斯本基于城市区域的自然化过程进行的新城市美学调查（1984年，1989年）。

这里所描述观点的出发点是通过现代城市生活可以预测的将来，引导人类城市未来生活。城市对人类生活的影响起主要作用，因此大部分人都选择追求和享受城市和城郊生活。给出这些观察的目的是让城市设计师在将来应该持有如下观念：

1.城市地区的设计必须纳入自然环境影响的范围之中。这意味着富人们为其自己在城市内部或郊区生活提供的便利设施必须扩展到为其他人进行服务，这样对生物环境自然进化过程中产生的不可挽回的扭曲一定可以避免。

2.应当保护能源——城市设计应当将对气候和流通效率的考虑放在核心。

3.必须意识到城市的开放区域应作为城市环境污染处理系统的一个组织结构，同时也是提供城市、城镇和郊区生活的人所需要的娱乐和审美功能机制的一部分。

4.社会必须特别要注重城市现存建成区的改造，而不是关注单单为了扩展城市而去侵占没有建设的区域和未开发的区域环境。

5.在城市中体现环境的自然因素是重要的，因为它能给人们一种时空感受，因而这种展示应该得到加强。

6.人类本身的集聚生活质量必须首先得到提高，那么，生存在这个时期内全部动物的生活质量才能得到提高。

与看到的第一眼相比，带着关注自然的心态去进行设计会使问题变得更为综合化。迁徙的候鸟、常驻会唱歌的小鸟和像小松鼠这样的动物给许多人带来了快乐，引发了孩子们的好奇心。这些内容应该始终贯穿在城市设计过程中。有些其他的物种在提高自然环境质量方面也应该是重要的，只不过它们对人类的影响很少也不直接；但是，它们也应当考虑是生命自然循环系统的一部分。在城市里仍有一些其他的物种，像老鼠，在提高人类生活质量上它们是提供服务不明显的那部分。鸽子处在更为含糊不清的位置。在某些方面它们甚至是有害物，但是在另一方面它们又是构成城市景观的一个特色要素。我们应该采取措施消除有害物，除非这些措施的负面效应对人类生活有不良影响，或者这个物种确实能提高人类生活质量，否则我们都应该去消灭它们。只是在这最后的一种情况下，人们才不得不在确保他们利益的基础上容忍这些有害物。

对待建筑环境的态度

设计师对待建筑环境的态度和他们对待人和自然的态度紧密联系。亚伯拉罕·马斯洛提出的人类行为动机层级和对现存潜在的建筑环境模式的理解为思索建筑环境必须为人类服务的目标范围提供了一个理论性框架。

在对待建筑环境及其设计上这本书有相当多含蓄的观点：

1.城市设计必须关注环境变化的过程——设计必须是开放式的。

2.在某些情形下，大胆的非空间要素的设计是非常重要的，但是大规模的建筑环境必须同时满足于目的性要求的综合性和多样性。

3.城市设计的目标作为其它理由已经提到，是为形式的多义性而进行的努力。多义性意味着形式的选择或者处理是为了许多意图，并且形式以不同的方式被不同的人使用和解释。那并不是意味着形式没有意义或者在意义上是含混不清的。这个态度可能导致不大胆的建筑形式，但是通常不是不可避免的。它们将很少包含“建筑学的内容。”这个陈述导致两个结论：……

4.城市设计的一般美学目标应当是不连续的、分离的。从这个态度出发仅仅是为了特定的城市设计目的。城市应在很大程度上被看成是生活背景设施。尽管整体景象的观察是令人激动的，但是环境应当被设计成可供人分享的环境，而不是在空中观察可看到的简单全景图画。

5.公共（也就是，公共的和准公共的）建筑在城市中应当是最显著的建筑物。建筑物是无差别的，如果那里的每个建筑都是作为背景环境的建筑，那将是枯燥无味的。事实上，现在，美国最令人视觉激动的建筑都是私人办公大楼。当公共建筑被看成是维持个人活动需求必需的重要基础设施时，它们就会变成最显著的建筑物。这个现象十足地反映了美国的生活观和价值观——那里私人权益比公共权益更为重要。因为问题出现了，当环境中缺乏大方得体东西的时候，也就是每一个事情都必须努力引起人们注意的时候，也就意味着反映美国社会和生活特征的时候到来了。然而，城市设计的一般法则是去创造不连续的而且城市设计师在那里的工作痕迹很大程度上是不可觉察的城市环境。

对待技术的态度

在现代建筑和城市设计中，理性主义和经验主义之间基本态度的不同之一就是它们利用技术的态度。理性主义梦想着可能有的技术，经验主义倾向于接受当前的技术发展水平并且把其作为设计的基础。当代的建筑理论对发展技术也持有不同的态度。一些建筑师坚持他们习惯的设计方式而不去考虑新技术的发展及运用；一些建筑师使用能展示先进技术的物体，但是他们的建筑只是运用简单的先进技术符号而不是进行技术革新；还有一些人却非常努力地运用科技含量高的先进材料和结构体系进行设计。

近代在人和货物运输方面的进步也有清楚表现，而且这个进步的结果仅仅是在20世纪才被首先引入城市先进系统的一个边缘进行发展。然而城市生活和生活方式的改变要求人们必须进行相当多的思索，这种思索很大程度上是由新的通信方式带来的。我们生活在一个被技术支配的年代，但是城市设计师却应当仔细考虑这个观点，因为城市设计的一些行为活动具有科技性、切实可行性，进行这些研究是明智之举。在今天的社会里，倘若人们没有被科技新事物伤害，那么它的出现就可以看作是件好事，然而这种新事物的出现也正是与为人们提供所需要的文化相一致。

今天的城市设计师应持有的基本观点是：

1.技术是手段而不是目的。
2.倘若已经了解了新技术的负面影响，它们也就应当被欣然接受。
3.假如具体低效率事物的有效性和象征性意义不高，那么结构手段上的效率就是一个有价值的目标（例如，放弃一些在结构上为了使用技术手段而产生的效率而去为建筑工人的健康着想是有价值的）。

在潜在的城市设计中预测已经涌现的建筑或通信技术所造成的全部影响是不可能的。但是，在欣然接受它们是简单而肤浅地显示那是现代的象征之前，我们的的确确需要精确地弄清楚它们的优点好处和带来的反应是什么。然而，我们却经常不得不在不确定的情况下作出一个个决定。

对待设计程序的态度

少数的一些设计师很少否认凭借直觉或甚至纯感性思考产生的效力会是创造力的源泉。然而，许多人希望相信将直觉和潜意识过程运用在设计中就已经是足够的，而且事实上也没有产生变化。这本书中描述的态度坚决明确地反对这个观点，这就好像是与建筑师“天才绅士”的观点有关系（参见赛因特，1983年）。在专业设计与专家之间，城市设计师至少必须有能力去组织整个设计过程，以保证他们进行的工作对其他专业人员和外行来看是清楚的。为了掌握设计程序和设计要点，为了设计的建造形式，为了评价设计的选择，并且也是为了达到设计的目的，城市设计师正在使用的方法必须是开放的，便于检查的。这里的态度是，设计应当使用一个玻璃盒子式的透明方法。

因此设计师需要有能力去谋划、策划设计方法，并且需要公开地、清楚地对非专业人员说明他们正在运用的步骤和方法。如果城市设计师已经知道并且已经掌握了过去30年来已经被积极发展的设计程序理论实质部分的精髓，那么，这个态度就可能得到实施。在整个设计过程的组织上，在处理专业人员和客户关系上，在规划设计中，并且在城市设计应使用的评价方法上，都应当采取这个态度。

设计程序的整体构架

设计程序是一个具有争议性的过程，争议开始于对问题的理解，通过许多个步骤环节的重复（参见第12章），结束于最后出现的评价。人类社会整个聚居地的设计过程都由诸多设计子过程无止境地循环组成，这些过程中包括不同的人，可能同时发生，并且互相交织。这些主张都是具有积极意义的。这里描绘的标准态度是：

1.城市设计应当被看作是一个问题解决的过程。
2.象征主义的方法应当被看作用来说明问题和考虑潜在解决方案的技术，与这种方法相比，没有更多的方法。
3.问题的识别在整个过程中是最重要的一步。
4.潜在解决方案的设计应被看作是问题解释过程的一部分。
5.整个过程是对明确问题和潜在解决方法的猜测与测试。

隐喻在这些观点里的是一个论点，对设计而言，这些观点是一个纲要性的而不是范例性的方法。一个计划性的方法就是一个计划性的范例！

计划与范例

设计中计划和范例法的支持者之间的争论已经提到，计划是实际设计一个产品应当首先展开的说明，然而范例能被看作是一个类型、模式，或者是解决方法和设计范本。它们两个在城市设计中都各自存有偏见。

柯林·罗尔（1983年）指出，任何计划都是偏激的。计划被自身设计。它们是问题的片面解决方法。在任何范例或一般类型中固有的是它们能解决的一系列问题（或者是它们能开发的机会）。任何设计实际上都涉及这两种工作方式——有一些是以计划作为出发点的，并且设计师的脑子里充满潜在可利用的范例（卡胡恩，1967年；彼得·罗尔，1987年；参见盖特曼，1988年；卡夫，1991年）。在严肃考虑一个范例的运用之前，每一个范例都有一个隐含的计划需要认识（朗，1988年）。这里的观点是，好计划是好的设计基础。设计的流产往往是失败在理解当前的问题上。无论如何，所有设计过程都是有争论的，是在不确定的情形下进行的。

专业人员与业主的关系

在20世纪的城市设计中有付款业主和设计师是一个人的例子——开发商作为整个城市设计的设计师可能是最紧密结合的(参见第20章)。通常业主具有多样化的身份(参见第21章)。今天，城市设计很少会为某个艺术赞助商进行设计，而通常是为某一委员会进行设计，并且城市设计师和建设项目的最终使用者之间很少有接触(西斯尔，1974年)。许多建筑师一直声称并且越来越公然宣称的态度是：

1. 发起人（赞助商）、使用者和城市设计师之间的关系应是一种合作的关系。
2. 城市设计师应当是一个不仅仅代表利益群体也代表非利益群体的倡导者。
3. 在所有设计中，城市设计师应当争取公众利益，如果不清楚应当持有的态度，那么，就应该明确声明确保公众利益应被用来作为规划过程的基础。

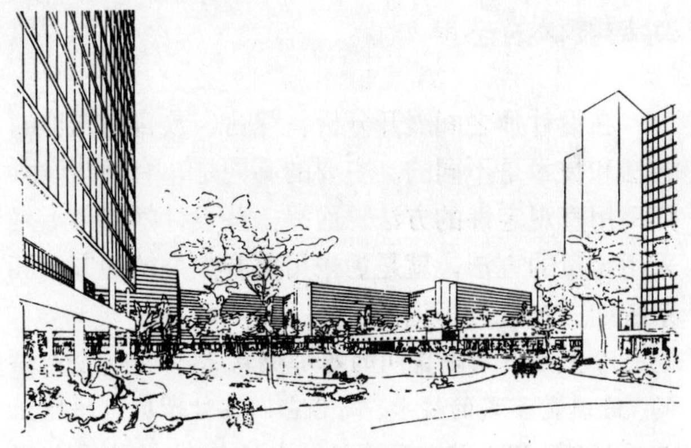

1. 现代主义城市：安特卫普的方案（1933年）
（资料来源： 勒·柯布西耶，1933年）

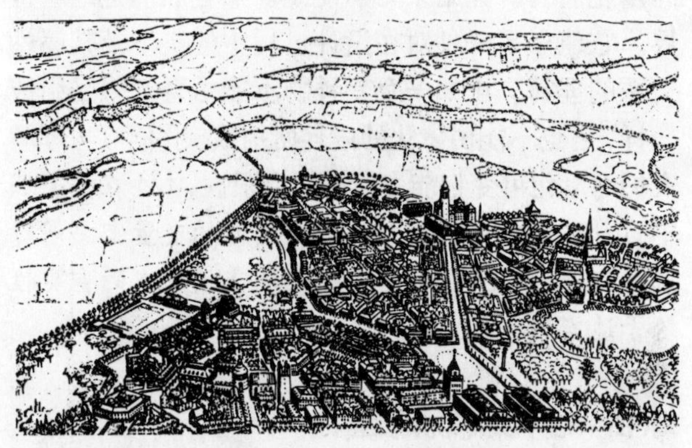

2. 新传统主义城市：英格兰多切斯特的庞德布里（1989年）
（资料来源：布罗德本特，1989年）

3. 无关联的城市：旧金山米申海湾（1989年）
（资料来源：旧金山城市规划委员会）

图23-3 城市设计范例

用来指导城市设计基本范例都是由个人活动行为空间而产生的公共活动空间领域自由发展而来的城市。尽管是理性主义城市，但是在设计中却保留了设计人员坚持的强有力的设计意象（1）。具有广泛的个体需求却很少进行面对面接触的非城市性说明至今没有产生清晰的景象。相反的，它却具有新传统主义城市的特征（2）。无关联的城市具有和谐共存的意象（3）。这本书中要讨论的是，设计需要依靠解决有待解决的问题而不是依靠以前规定的设计意象。

方法和技术

在设计师之间展开分析、综合、预言和评价的方法和技术是不同的。主要的不同是，有一些设计师采用直观定性的方法，而另一些设计师如果不是采用定量的方法，就是为采用更开放系统的方法和系统的方法进行争论。

今天可以清晰说明的基本观点是：(1) 一个严格的、玻璃盒子式的技术，倘若它们在处理城市问题上顺手的话，那么就将作为设计中的首选。(2) 量化既不是吓人也不是炫耀的。对城市社会可变物和它们之间量化值的研究结果可以使设计师更加清楚地看世界。它建立了一种对在设计过程中的实体及其属性关系的理解。正如一个崇拜物不能由直觉感受组成一样，它也不能由量化的内容所组成。我们应当理解人们对量化可变物能力掌握的有限性。(3) 在整个城市设计过程中，切实的有形和无形的变量需要同时进行处理，并且要求对它们在城市设计中的重要性给予适当的关注。

综合：理论传统的整合

城市设计有明确的功能，这个功能来自许多决策制定者们为他们自身利益而进行的工作。城市设计师是他们中间的一员。可是，没有这样的专业。那些称他们是城市设计师的人都是从建筑学、景观建筑学和城市规划等传统设计专业中产生的，也包括从非设计领域中产生的人员。他们中的一些人在城市设计上或许受过特殊的教育，但是大多数人没有接受过教育。每个人都是戴着专业关注的眼镜看城市，而他们的专业知识有些来自于正式教育或者来自于个人体验经历。在这本书第6章中描述的对策是城市设计必须发扬的整体设计方法(参见普瑞斯等人，1991年)。从对服务于人类需求方面的建筑环境要素多功能性的理解中可得出许多结论。

1.对目前的城市设计方法需要进行整合。需要将作为艺术和作为环境设计的两种城市设计主流思想融合在一起。我们将讨论城市设计理性主义方法的力量是如何被包含并体现在广泛的经验主义方法下面。将“新功能主义”和“新现代主义”的称号作为这个观点的称呼是合适的，因为它们提出的任何设计目标都是功能性的。这里的标准化观念或许应该叫做行为决定论理论，因为它在进行假设，从最完整的意义上讲，人类经验的特质是建立在服务于城市公众领域和其他人类聚居环境功能的基础上。

需要在设计中采用象征性方法来综合解决问题。计划和范例需要联合起来进行工作。范例把注意力放在问题的各个方面，它们也能有误导的一面，但是不需要每次设计师看见一个空白的纸就得去重新设计一个方向性转变的内容。但是无论怎样，对设计师来说现存解决问题的方法是要极端小心地进行考虑。

2.环境规划设计需要把环境的综合多功能性置于考虑的核心地位。建筑环境服务于多重目的——具有最明显的多功能性。尽管环境设计法号称是单一焦点的城市设计或许是更有力和更简单的几何学设计方法，但是它们应当被限制在去解决那些真正需要它们的范围中。建筑环境服务于许多目的和使用者。它的目标是创造能提供多种用途和意义的多义性城市模式。这样进行设计的场所将会保持生命力和活力，将幸存下来。许多空间设计中，方法也是随需要可变通的——它们能在基本原则上临时变化而用于其他用途。对城市整体而言，它必须是一个适于永久变化的功能性整体。

城市设计更为普遍的一个目标是提供一个能超越时间发展的环境。从某种意义上讲，这个特征也是所有城市空间具有的特征。任何场所都能被毁坏并可以建造一个新的场所空间。对一个城市环境部分组成要素的探讨是，有个别要素能被移走或者在局部改变，但是却没有毁坏整个环境(亚历山大等人，1975年，1977年；参见普瑞斯等人，1991年)。在人们心中整个环境仍然保持与原来相似的样子。与现在其他功能性空间场所一样，任何一个空间场所都可以供人们进行回忆，并服务于多个目的。

3.城市设计需要一个综合性理论基础。新的知识正在无时无刻地更新着。为了设计我们必须要有能力把它们纳入到我们的基础信息中。知识被所有设计领域的学者和环境心理学家发展，也被传统社会学和自然科学领域的学者发展。在图6-2中介绍的设计理论结构模型给出了一个完整的框架，确定了我们所关心的设计理论，但是它仅仅是一个尝试性模型。然而，如果连这样的一个模型都没有的话，那么，对城市设计的研究将是困难的，也是不可能的，我们应该把研究成果整合成一个有实际效用的形式。

城市设计师的作用

在这一章节中隐含在所有说明中的是一个为城

市设计师或者更可能是为一群城市设计师有作用的设计意象。在20世纪60年代后期，豪斯特·瑞特欧说（伯泽杰内克，1974年）有部分人声称在使用者和专业人员之间对城市设计的理解、知识的缺乏是对称的。这是一个从有实用价值的出发点考虑城市设计师在社会上作用的观点，但是这不是我们在这里要给出的观点。在豪斯特·瑞特欧他写这个观点的那个时代，作为描述设计专业地位的积极陈述，豪斯特·瑞特欧的观察或许还是非常精确的。现在，他肯定不再是那样认为的。

1982年的伯克利宣言(阿普尔亚德等)陈述的一个观点是“使用我们所知道的。”在过去30年里，我们掌握的实证性和程序性知识都有了充分的增长。在我们对于人类怎样使用和分享环境的理解上，在找出对人类来说思考重要的特殊设计方法上，在考虑具有功能主义性质的概念模型上，我们的设计师都有了长足的长进。许多这些方面的理论知识分散于研究报告、期刊文章和许多书籍中，但是建筑师和景观建筑师已经努力地把它们综合为一个可理解的形式(例如沙里宁，1976年；亚历山大，1977年；波蒂厄斯，1977年；拉普卜特，1977年；斯本，1984；库珀、萨克斯西，1986年；朗，1987年)。有许多知识我们已经掌握，现在需要的是我们去使用。

设计师在许多方面都能是专家，并不是因为他们出众的直觉感知力和丰富的经历，而是因为他们所掌握的知识。我们能在思考有关未来城市和空间场所规划上显示出领导才能。我们可以把我们的注意力放在未来是什么，以及如何获得未来上面。我们也需要意识到所掌握知识的有限性和揭露事实真相的有限性，如此这样做在城市设计中对设计专业人员有许多作用（参见第25章)。

城市设计的局限性

尽管环境规划布局的质量为城市做的主要贡献是能提供人类聚居环境的良好生活及其生活质量，并通过改变环境规划布局而让人们了解环境规划布局的局限性。40年以前城市规划师就发现了这个事实，社会科学家们不断地在加强这个观测资料的可信度（例如盖斯，1968年；米歇尔森，1976年)。通过城市设计需要的专业合作工作的类型能取得的成果也有局限性。

城市是为了许多目的而组织起来的。建筑环境服务许多目的，并且是许多其他事物发展的催化剂。在思考有关环境和生活质量的规划方面，前者的全部作用必须要从恰当的角度进行观察。环境规划塑造了人类最基本的功能需求，而不是高层次的需求。另外，几乎任何环境形态都可以提供全部种类的城市供给，正像随着流逝的时间相同模式被证实的用途改变一样。

正如书中提到的，发表任何一个促进城市设计言论的危险是，在现代主义相信的许多方面，城市设计工作变成了治愈城市或（乡村）聚居地“城市病”的万能药。这个观念深深植根于建筑学的思想和许多专业外行的思想中，但是它不能被证明是有道理的。需要很慎重地被提出或说出勒·柯布西耶“建筑或革命”的口号。然而它在人类生活的建筑环境中的作用却不容被低估。

我们理解许多设计观念，也有许多观念我们不理解。我们究竟对人类处理它本身有限性能力的理解有多少呢（哈里斯，1967年)。与此同时，经验主义的证据在提高城市设计的质量中被广泛地应用，但是我们需要去区别什么是以证据为基础推测出来的观念，什么是纯粹推测出来的。

城市设计师将一直也是必须对设计什么样的设计工作作出预测，并要会判断什么应当做，什么不应当做。城市设计师使用的知识基础不都是有价值的；决策不是自由的、万能的。“城市设计师必须把注意力转到价值构筑的方式和设计师自身在这个社会过程所起的特殊作用中”(蒙哥马利，1975年)。他们需要知道价值是怎样促进形成整个工作的。

结论：对程序和成果的态度

第22章中指出，城市设计师可以谋划设计的过程，并且可以完成仅仅是在他们眼中感觉不满意的成果。这使设计师进退维谷，特别是当面对一个广泛的评论和对问题考虑很少的评委会的时候。对建筑师和城市设计师而言，这是一个特殊的问题，他们被社会化了，他们相信环境的内在既定模式是好的，不是因为他们追随了一个既定的规则，而是因为对他们而言有一个可以遵循的先例，而这个先例通常是专家们给予了很高的尊重和认同的。

这里的态度既不是简单地由于过程好就是好的就立即改变对有关设计成果的感觉，也不是谴责设计过程。对设计而言，直觉是一个强有力的手段，它们被误导的可能性很高。要求是检查提议的成果，并明确它的存在有什么错误；并且要检查过程，看看为什么它能指导已经产生的设计。如果过程仍被认为是好的，那么就应该接受设计成果。

设计过程形成于对一个有关环境特征与客户群之间是否合理的理论知识的认识，也涉及到建筑形式和人之间的关系，以及使用合作的设计过程是否能作为将来城市设计的基础。有些过去的解决方法在当时运用时就已经被认为是适当的和好的，并且今天或许仍然可以良好运行。城市设计师必须信赖他们运用的设计程序，避免它也形成于设计程序性合理的理论知识。信息就包含在理论知识中（康贝格、巴哥诺尔，1977年；卡特勒，1982年；贝克特尔、玛瑞斯、米歇尔森，1987年；普瑞斯、莱宾诺维兹、怀特，1988年；金等人，1989年；桑奥夫，1989年，1991年；劳森，1990年）。它也许仍是支离破碎的。它仍然是可以使用的。

那或许仅仅是一种趋势，不管有无目的，城市设计师仍然会促成一个设计过程，这个结果是设计师喜欢的和基于这个过程的真实性而去保护的。所有领域所有专家的基本需求是，不仅要真实地面对其他人，而且也要真实地面对自己。

主要参考文献

① “Charter of Machu Picchu,The”.Journal of Architectural Research 7,1979.2:5~9

② Hayden,Dolores.Redesigning the American Dream:The Future of Housing,Work, and Family Life. New York:Norton,1984

③ Hued,Bernard.“The City is Dwelling Space: Alternatives to the Charter of Athens.” Lotus International, 1984.41:6~16

④ Jacobs,Allan,and Donald Appleyard. “Toward an Urban Design Manifesto.” American Planning Association Journal 53,1987.1:113~120

⑤ Lang,Jon.“Problems,Paradigms,Architecture, City Planning and Urban Design.” Journal of Planning Education and Research 3,1985. 2: 26~27

“Understanding Normative Theories of Architecture.” Environment and Behavior 20, 1988.5: 601~632

⑥ Le Corbusier.The Athens Charter.Translated from the French by Anthony Eardley.New York: Grossman,1973

⑦ Lynch,Kevin.Good City Form.Cambridge, MA:MIT Press,1984

⑧ Preiser,Wolfgang,Jacqueline,C.Vischer,and Edward T.White,eds. Design Intervention:Toward a More Humane Environment.New York: Van Nostrand Reinhold,1991

⑨ Rowe,Colin.“Program versus Paradigm.” Cornell Journal of Architecture, 1983. 2:8~19

⑩ Scott Brown,Denise.“Between Three Stools: A Personal View of Urban Design and Pedagog3” In Ann Ferebee,ed.,Education for Urban Design. Purchase,NY:Institute for Urban Design,1982. 132~172

⑪ Sert,José Luis, and C.I.A.M.Can Our Cities Survive? An ABC of Urban Problems,Their Analysis,Their Solutions.Cambridge,A: Harvard University Press,1944

⑫ Venturi,Robert.Complexity and Contradiction in Architecture.New York:Museum of Modern Art,1966

24

城市设计的规定性程序模式
——新兴经验主义者的共识

“城市设计的目标是创造行为与环境的一致性，生物本身的敏感性创造了环境，使得在环境要求他们变换时也能茁壮成长。这种结果将对所有生物产生非常均等的机会，使他们有公平的待遇。”这段话的意思和需要掌握的正是逐步形成的城市设计概念，我们只有在同意了第23章中所描述的一系列观念后才能理解。然而，这里所描述的观点绝不是全世界都能接受的，在城市设计程序性范例中，在个人努力和规划不断修正的条件下，这些观点才会变得越来越得到广泛的支持。

现代主义者态度的主要变化是对待使用群体的态度上，从一个宽厚的家长式统治到把他们当作是积极的合作参与者；其次的变化在于公开承认城市设计的政治特性；第三点的变化是承认城市设计的问题不是一般性问题，并且城市设计是一个贯穿始终的过程；第四点是城市设计应和功能良好的建筑环境相结合。这些都基于对人类利益和生物所需环境理解的基础之上，而不是猜测和简单的个人主义经验的总结。

在本质上城市设计的进程是与其他设计的经验尝试相似的，因为它是决策的一部分。它侧重内涵方面的内容。像城市规划一样，城市设计致力于追求公众领域和公众利益。像建筑学一样，城市设计也涉及单体建筑的品质特征。像景观学一样，它也涉及了开放空间的特征和关于生态环境发展的作用。在美国城市设计在市场体系中的属性着实创立了一种特殊的责任。

当城市设计师们为私人开发商（或公共代理人）进行设计时，他们对公众利益的想法却常常被什么样的设计可以卖得更好的利益而局限着，他们仍将被迫在更广泛的公众利益和工程使用者潜在利益范围之间忙碌着。这是一个很难按照本来的工作立场进行工作的情形，正由于此，他们尝试着去寻找相对容易的情形。

一个更容易并且可能合法的情形就是：城市设计师仅仅是为他们的工程项目投资商负责。有了这个理由之后，他们的建议就可为他们的投资商需要而倡导。如果这样的话，就可以单独为公共部分的利益而单独界定公众利益，并且如果这样失败的话，那么，失败就是存在于酝酿设计产生过程中的一部分内容。然而，它所处的这个地位是与城市设计的概念不适应的，如果在美国都不进行实践的话，那么，大部分城市设计的内涵就仅仅被泛泛地接受于理论层面上了。对于社会和城市设计的职业化职责来讲，如果采取这样的立场其成本代价是很高的，城市设计师的职责是运用可利用的最好经验知识为社会进行更广泛内涵意义的服务。

在本章中，我们会列举一些有关完全按城市设计师的意愿和职责进行设计的范例。有限的资金和时间缩短了设计进程。人类有限的想象和理性思考能力致使我们发明了各种捷径和能启发人的方法，这样可以在这些范例的建设过程中减少其过程明暗交错的复杂程度。然而，范例中大量的偏差和简化会导致朋友们失去许多了解真正城市设计过程的机会。

城市设计师是他们那个社会阶层对社会政治进程作了贡献的那部分人。在20世纪60年代和70年代，公众参与理论已经推动了环境的决策性进程，并远离了领导的口头设计而转向了直接的民主化。当然，有许多还仍是未改变的（蒙哥马利，1989年）。本章的目的是在我们目前理解的设计程序框架内描述一种理想化的程序，如同在第21章“城市设计的设计程序”中所列的提纲一样。这样做的过程中必须坚持某些立场。

城市设计和行政过程

当城市设计的过程被看作是什么，就像行政过程的开始之初，当目标被定义在一点时，即结果鉴定出来的时候，对一个清楚的社会目标进行陈述是必要的，并且社会目标是发展的，或提前或同时进行，随着对将来潜在外在形式的探索来塑造环境，城市设计就是一种政治化进程。“城市设计师在进行任何讨论中、或是在社会目标的设计中的作用是：(1)能在任何关于目标和方法的辩论中关注支持全部范围内的人类需求；(2)在不同社会政策的物质性设计暗示，还有物质形式建议的社会暗示下，对政客、其他决策者和公众的关注给予特别的关注(就是说，他们所做的和不做的均以行为模式和表现为依据)。这些有冲击力的预言是以经验主义观点为基础的，当没有经验主义的根基就形成预言时，城市设计师们需要清楚结论的依据基础是什么？在既正式又非正式的政治场合，这个过程必须是一个开放的过程。”争论的主题已经被雷·斯塔德(1988年)在图24－1中简要地进行了总结。很明显，争论的起源在于超越“应该是什么”，但是它们也起源于超越“是什么”。

正式的行政过程

在美国社会的一些世俗建筑中，主要变化的产生仅仅是通过一些机会的变化而促成的，包括由市场提供的由议员持有的政治立场而产生的心理反应变化，以及由某些特殊的个人和群体通过正式和非正式施加压力而产生的变化。如果城市设计师们准备为社会公平而努力进行斗争的话（范围包括城市布局的变化，以及它们的界域、城市场所空间的变化），那么，他们将需要处理两方面的内容（关于他们在社会上的政治作用）。必须处理的第一方面是城市设计师们作为有政治影响力的群体，当政府政策改变会影响到人类聚居地的结构时，可以使明确的问题能够得到考虑。必须做的第二方面是在政府机关内利用他们专业的工作特点为现存政治和行政组织机构提供参考意见。

当局领导和人民群众一样很少全面地重视制定政策的困难，也很少去计划如何使得城市居民和其他人类聚居地能进行良好的功能规划。到目前为止，城市设计师们并没有被作为一个统一有政治影响力的群体，因为政府领导没有一个人代表他们的利益，连他们自身也没有达成一致的协议。他们能产生的影响仅仅来自于他们能使人感觉兴奋的职业化本身和作为个体实践者的表现。在促进一个社会致力于塑造功能完好的环境时，城市设计师们的困难在于现存的设计职业和个体设计职业均有他们自己的想法，而这经常会不利于一项高品质城市设计的生成。当人们开始更多地意识到环境问题涉及为数越来越多的城市设计师时，尤其在景观建筑和公共建筑方面，城市规划师们已经开始鼓励社会各界的人们要批判地看待城市的物质环境，这样可以在一定的程度上使人们理解城市规划师可以提供什么样的环境，不能够提供什么样的环境，这些环境应当包括生物本身所需要的环境以及提供给它们的环境。然而，由城市设计师们提倡的某些偏执的观点在关系到其他人类福利事务的政治议程上也应当被看作为是一种可以理解的相对重要的城市设计观点。

城市设计人员的工作环境易受到政府城市规划主管部门作用的影响，也易受到与政府有关的专家作用影响。结果是把市政府机关在城市设计中的作用定位和城市设计的作用与城市规划的作用基本等同为一个整体。目前有关自然环境质量的问题管理

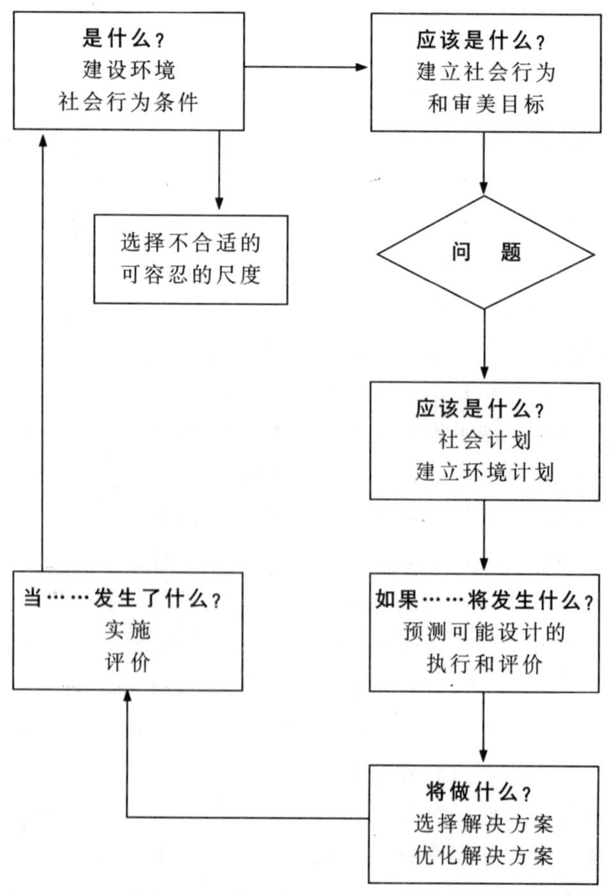

图24－1　建立环境的决策制定

（资料来源：根据斯塔德进行的改编，1988年）

仍支离破碎，并且散落于许多不同地域范围的政府权限内。在每个政府的管辖范围里，这个问题被分管在许多不同的部门和机构中。在类似于美国这样的资本主义国家，那里的城市设计行政长官既可能来自于私人机构又可能来自于公众机构，这种形式需要被转换是由于两个原因：一个原因是为了更好地配合，以便更好地理解需要考虑的问题并制定办法来解决相关地域及政治问题；另一个原因是将以前作为规划设计师提出的建议更加合理化并使其得到认可。现在的政府机关结构导致在界定问题时出现了权限的局限性，并且也过度地耽搁了正在复审中的应当立即作出决定的可以满足城市设计指导方针和其他规定性的计划。当然，拖延不满足要求或标准的计划也是一个很有成效的策略，这样可以促使开发商们遵守那些现有能达到的明确公众利益目标的条例和设计规范。

专家们不得不与许多行政机关人员在一起进行工作，并努力地调整他们自己的工作心态。在美国或别的其他地方，或在政府部门内部，或在专家中间都存在着激烈的竞争，看起来这种工作调整更容易达到外界的要求，而不只是达到有牢固地建立组织机构的政府要求，外界的行家至少能在被调整的设计团队中开展工作。在政府机关里，他们考虑其自身应得到相关控制资源的利益之争常常比为服务公众利益更为重要。“假如城市设计是在政府部门内实现公众利益，那么，政府机关的人就有必要有条理地处理问题而不是沿袭传统职业思路。”历史上存在着许多政治改良运动，但是要改良让个别政客和政府机关人员从当前组织结构中获得高额回报却是非常困难的。“我们中的一部分人关心城市设计的需要，作为个人和作为现今职业队伍中的成员，他们认识到地方政府在城市设计努力方面的政治立场上已经发生了潜在变化，他们为这些变化而战斗。这些变化存在于对待城市的公众利益方面，今后要全面处理各种问题和抓住各种机会。”

非正式的行政过程

任何城市设计工作都包含着合作的特点，虽然合作的程度和特点在各州之间不相同。任何合作的城市设计进程都包括非正式的行政过程。在已经受委托的持股人之中，权力的分布以谁掌握了财权多少而不同，谁是专业的，谁拥有政权谁就说了算。在美国大多数社会中，谁掌握了财政资金就会被认为是拥有了权力。城市设计师应当有相当丰富的知识并涉及广泛的社会领域，这些都是具有政治意义的。

未来的城市设计师将需要有渊博的关于多变的环境体系方面的知识，而不是仅仅把环境看作是同几何学一样，也不是为了纯粹的基于美学特征的自身文化修养。现在许多城市设计师都具有广博的知识基础，当设计上合作努力的目标本身是片面的政治性的，仅仅是具有参与性的基本目的，那么，他们在一些新设计上的作用就是为了确保能持有对问题的不同看法和潜在解决办法能够摊在桌上进行公开的讨论或争辩。

设计过程的每一个阶段都会要求人们在作决定时要运用不同的优势提供理论性领导意见。举例来说，在预测怎样使一个被提议的城市布局方案将来在不同可能性条件下均能起作用时，一些人将会掌握关于微气候影响的良好开发经验，而其他的人将会对社会效益和经济效益有一些了解。由此看上去设计程序的整体管理质量很像是要去建立或打破这一固有的程序。

领导的作用

城市设计作为一个相互合作的过程，要使其发挥良好作用就必须先认识它。因为必须涉及以下内容中的两种或更多形式的合作：(1) 公众机构和私人机构；(2) 设计行业；(3) 专业人员和雇主；(4)赞助商和使用者；(5)各种研究人员；(6) 研究者和设计师。好的成功合作关系（一个好的目标结果已经可见一斑了）是重要的，除非有一个共同理解的设计程序和设计决策的经验基础，但是这也需要很强的领导能力。

任何城市设计群体的领导必须具有专门的管理技能，一个人是不可能仅仅是靠接受过专门的训练而作为一个纯粹的领导，而不理解设计程序的特征和设计问题的，未来城市设计的领导者多半应来自设计领域和其他职业。在合作的过程中人们大声争论，试图说服别人赢得争议是太平常的事了。这时所需要的就是一个既能合理委派权威专家又能控制设计团体中那些经常以自我为中心的人的领导者(沃菲尔德、希尔，1973年)。

领导有两种角色：安排设计团体发展方向的理论型领导和维持团体生计的领导。把角色扮演好的能力不需要同时存在于同一个人身上，就像许多建筑公司名字的标志是他们宣扬自己作品的品质一样。

但是无论怎样，没有能力把一个团体组织在一起的理论型领导是不可能取得好效益的。有能力把团队组织在一起，并且在整个设计过程中可以合理利用发挥不同能力的人才的人，应当被选举为领导。这种类型的领导在组织整个设计过程及处理设计过程从设计初始开展发展到不同阶段而产生的变更方面是具有优越性的。在开放的、玻璃盒式的设计过程中，这种领导角色由一个人或者一群有坚强信念的人扮演是非常必要的，但是他们在公开的关于结果和方法的争辩中是不需要对其个人进行辩护的。

参与式的城市设计过程

设计过程必须是一个可以参与的过程。参与意味着许多意义。积极地参与涉及更专业地给广大的人们讲述和酝酿有关方案的事情。也包括他们正在进行有关结果和方法争论的作用。马斯洛的人类需求模型规定城市设计师应将注意力机械地集中在城市设计所关注的问题上。作为开放性的问题和将来可能进行的设计讨论的基础，这是特别重要的。设计程序本身是把困难放在一起的，综合分析困难的活动最好远离某些专业个体。它的再修订是全部参与过程的一部分。如果整个方案的结果被专业或非专业的人理解，这样的过程就能产生了。同时如果一个设计程序的解决方案(例如一个设计)和程序一样唾手可得，那么，对程序本身能被评价去反对理论模式和案例研究信息这样一个完整的理解就可以出现。在设计实践中，程序和设计阶段将经常混合在一起，但是我们仍需要认识它们各自的目的和理论基础。

在确定一个项目的设计目标方面，最重要的是城市设计师要去帮助与设计过程有关的人在他们所追求的自身利益和公众利益方面制定出他们想要的和（或者）他们应该去想要的东西(哈伯，1969年，1974年；金，1989年)。考虑那些直接参与或者与之势均力敌的代理群体的利益，必须使用那些能让人们了解并对未来产生并抱有希望的信息(参见桑奥夫，1977年，1978年，1989年)。运用本书第二部分中描述的人类需求框架可以使设计师的注意力焦点集中在设计结果和设计意图上。

人们需要被经验主义证明的人与自然关系的理论模式为专业设计人员提供他们希望能做的工作框架。然而，这些理论提供的一些归纳总结太依赖这些框架将会导致自上而下的设计方式。这样的危害是一些细部场所空间的设计将会在讨论中丢失。一种自下而上的设计方式涉及的一些地方特色设计在城市设计中应该广泛地运用。这些设计需要的信息仅仅来自于场所空间环境。一个共同参与的设计过程对产生设计也有相当大的帮助。

许多问题肯定能在共同参与的城市设计过程中相互抵消。举例来说，在人们中间，关于将来他们会有什么样的行为方式和当未来到来时他们实际上会做些什么，不同的人常会有不同的看法(米歇尔森，1976年)。解决这个问题可以有许多方法。一个留心行为趋势和倾向的人也许可以预言将会有什么发生（亚历山大、波伊纳，1970年）。人们收集整理的一些关于他们自己生存环境的资料也能对他们想努力获得的东西产生深刻了解(参见普瑞，1970年)。多种多样的模拟技术对目标系统化的进程也会产生有益的促进作用(桑奥夫，1977年)。最终，在城市设计涉及的人中间会进行一场公开的辩论，并由此产生适合目标达成的立场。

对于行为系统方面的陈述，城市将会提供地方的、个人的和公共的判断标准、控制和发展机遇，并且在一个城市设计中，由使用的行为系统范例而形成有关艺术的准则，最终都会变成是政治性的陈述。来自于现存文化准则（如人类居住水平）方面激进的变更会处于高度的风险中。

过去，在城市设计过程中，能真正名副其实地参与其中是很困难的，因为人们很难采纳城市设计所倡导的建议，也就是如何去理解规划师和设计师们的图纸和其他图示创造(参见以下关于理念描述的讨论)。

构建城市设计的程序

城市设计必须是一个系统有条理的过程，对公共监督是开放的。然而，应当承认，以我们的能力去完成这样的过程是要受到我们的理论和财力方面以及人们能量要求所及限制的。这样的程序是理想化的，如果目标是为了能用长久的民主方式处理社会问题，那么，在这种理想状态下仿效和设计这个程序就是必不可少的。

设计的程序不应简单地被迫归类到第21章所展示的各个阶段形成的结果中，虽然，所作决定的总体框架用模型很容易表现（参见图21–3)。很明显，在一个发展方案（无论是为了获得创造一个城市的总体设计、局部设计及其设计指导方针，或者是一个成长的管理规划）里需要引起关注的全部问题是很少的，即使在为它们设计一个解决方案进行努力之前。这个观察适应运用于设计过程的每一个阶段。计划的设计和可能的解决方法的设计总是密切相连的(鲁宾逊、威克斯,1983年)。今天所提倡的不过是一般的为详细设计的和广泛设计程序方面进行努力的一个起始点,对于任何的设计活动而言,这种倡导反映在书中所描绘的城市设计全过程比这里要完成的更详细(卡特勒夫妇,1982年;沙里宁,1985年)。这是一个纲领性的倡导,而不是一个设计的范例法。

城市设计过程的步骤可以用许多方法进行编制,并且设计师们依据经验发展的许多个人富有启发性的设计方法对它们进行修编。利用习惯程序和现存城市设计范例来界定和设计在设计过程中需要处理及需要避免的问题。需要重新考虑一下形势。设计一个总体设计程序系统模型用来处理创造性设计中特殊的情况是必不可少的。这迫使人们应重新考虑问题。尽管基本的设计过程构架在图21-3中已经表明,但是设计过程的细节和方法以及使用的技术在每一种特殊的情况不得不进行设计(或者选择)。

操作设计程序最好的方法是让编制和设计变成一种交互作用的过程,这是一个首次被深层次探讨的问题(帕默,1981年;T·摩尔,1988年)。在这个设计过程中使问题的局部和潜在的需要彻底研究的问题得以实现。这其中的第一个步骤就是进行一个综合编制,接下来的努力是迫使在设计阶段很快地产生一个可能的解决办法,于是编制和设计的过程就反复循环进行着,就像约翰·西斯尔(1980年)所描述的螺旋式设计一样(参见图21-1)。这种方法看起来比进行一次横向但是涉及较全面并有一定深度的分析和一次性广泛的设计更有成效,并且可以同时推进各种编制和解决办法的展开。更确切地讲,良好的工作方法是为了促使问题的解决更为有效,并在其随后返回到的目标构成和编制中去扩展和改变被用作设计基础的规范,紧接着去设计另一个潜在的问题。不管一个人用具有深度的一次性方法或具有广度的一次性方法进行设计,目标都是为了创造许多潜在的解决办法以便加强或减弱对一种理解的检验。这种形势暗含了除了设计程序设计技能之外,设计师们开发编制程序也超出了他们一般意愿的控制范围。处理这些事情的知识基础是可利用的。这并不意味着困难不存在。

这种工作方法的一个主要难点发生在当设计师(或者业主)陷入对第一个潜在解决办法产生无比喜爱和不愿放弃时,甚至在多如山的证据已经证明这样做已经不能满足解决当前的问题时,但是他们仍然不愿意放弃。潜在的城市设计解决办法应该被认为是分析阐明问题的工具,而不是仅仅作为解决问题的保护法。具有合作价值的潜在解决问题方法应该是可以解决新出现的需要解决的问题,在解决问题过程中使新的可能的方法得以检验。这样一种过程目标是在每一次精心设计问题的重复时达到这样一个阶段,即重复带来的提高既不在界定问题上,也不是在界定解决办法上。实际上,反复的数量受有效执行方法的次数约束。

我们当中的大多数人会发现这种工作方法是很难的。我们这些已经接受过教育的人已经形成了关于工作的个人观点和高度的防御性心理。结果,最简单的解决办法是不得不形成几种高效的解决办法,这样可以使许多小组同时平行进行工作,每一个人都产生一个单独的设计。于是赞同的和反面的设计方案都可以进行讨论。

处理不确定的因素

本书反复贯穿始终的一个观点是,城市设计师不得不在不确定的条件下作出一些决定,这里有一定的冒险成分(伯恩,1984年)。一个处理这些不确定因素的办法就是简单地加以忽略,并假定我们想要发生的事情总是会发生的——即赌徒的谬论。好的预测要求有非常准确的科学理论基础。城市设计师们不仅应该认识到他们知识的深度,而且也应认识到他们知识的短处,这样可以使他们不会因为知识的缺陷而变得寸步难行。他们像其他的设计师一样,必须对他们的知识和能力拥有自信,然而作为知识分子,他们仍旧很强烈地认识到他们本身在这两方面知识上的局限性(哈里斯,1967年)。

认识并承认自己确实有不知道的东西总是不容易的,更不用说其他人了。理论框架提供的一种方法不仅使我们要组织信息,并且要了解这些信息的突破点(瑞特欧,1971年;参见第6章)。保持环境形态布局设计优雅的方法之一是让许多布局获得类似的结果。运用简单的方法进行设计虽然会使我们避开许多错误,但是那样的话就不会赋予我们这样做的权利(伯泽杰内克,1874年)。

在处理不确定的问题时,人们应该提出一些能提出的最好的设计依据,设计过程要依赖一些富有经验的信息和理论。设计师应该自始至终努力地完成整个设计,尽管这个设计能够被简化并具有适应性以及发展潜力。如果设计后续的理念足够坚定并足够重要可以使设计师们在将来作出决定，那么，他们就应该坚持这个理念并继续去贯彻完成。许多非常重要的城市设计都是以很有力的理论为基础，就像设计师们认识到的一样，这些理念能被人们理解。因此，最近为衣阿华州的首府得梅因市的规划，由玛罗·甘达罗桑那斯和黛安娜·阿葛瑞斯特进行设计，是一个具有很强概念性的设计（盖勒，1991年）。

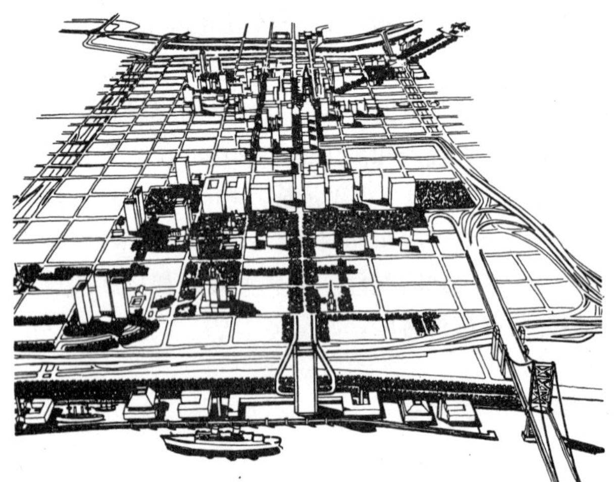

1.埃德蒙·培根为费城中心城市开发所作的设计（资料来源：培根，1974年）

2.马里兰州巴尔的摩的内港口

图24-2 城市设计理念的重要性

对一个城市设计方案而言，有一个形式化的中心设计理念会赋予一个强有力凝聚的意象。这样的一个理念例子就是埃德蒙·培根的费城规划方案，虽然细部改变了，但是这个规划在很大程度上都得到了实现了（1）。一个形式化的中心理念是城市美化运动、邻里单位、动态的系统城市、新传统主义城镇城市设计主要的特征。有时这个理念把形式变成一种类型［例如节日市场（2）］，有时变成一个建筑。几乎所有的城市设计都需要有一个综合性概念，即一个把规划组织在一起形成一个整体的组织原则。

然而，对一个清晰理念的研究不应该无视现状存在的真实性，也不应为达到目标而盲目地虚构设计。在许多情况下，适应性强的或者甚至可以“放纵的能力”也许会更重要。

设计计划——新的功能性方法

城市设计计划包含一系列对界定目标的陈述，设计主体体现在理想行为系统的描述中，也包括一些关于主张建筑环境提供满足所要求功能的陈述。因此设计也涉及制定一系列决策，由一个普通吸引人的行为系统开始到具有美学特征的结束，详细地说明了在什么样的空间里将会发生什么和将如何发生，并在设计中如何体现。我们所需要的是建立一个人类所共同拥有的未来。

因此，作为将来城市设计工作所需要的设计计划类型，与当前许多古板的设计方法截然不同。一个城市设计计划不应当简单地被认为是一些将要建设的开放空间的详细说明和起决定性作用的墙（如有的话）世界。相反，应该根据要满足的心理愉悦感、地方感、私密性、公众需求，是一种关于应该存在的行为环境以及为环境满足需要特性的陈述。它将具体地说明环境设计应该包括的特征和与其功能相关的设计必须要遵守的内容(例如帕默，1981年；彭纳、帕塞尔、凯利，1987年；索尔兹伯里，1990年)。计划的概念有时候在风格和内容上是不同的，一个城市设计过程的典型内涵有些像图24－3所展示的。

不同的职业将会关注确定不同的计划。城市规划师的工作将会涉及全面的土地利用规划的一些具体要求，而城市设计师和景观建筑师则是作为三维性质空间的环境设计。很明显，计划的设计是在利益共享者之间的一个相互作用、相互促进的过程。目标是在不同程度的设计上具体地指明应该怎样做。在制定清晰的说明过程中，不同目标间的冲突，不同人群的需求，都将会产生并会引起争议，有些冲突也会在特定群体之间进行二选一的抉择。关于此类问题，比较典型的例子就是每户希望要求有更加开放的空间和更有效的流动空间。在讨论中参与者可利用的资料越有效，他们的需求能给予的就越多，被实施的可能性就越大，这似乎是理解和妥协的结果。

被设计的城市设计计划是第21章的研究结果。特定的目标、对象和达到任何理想结果的方法都是一种创造性行为。在第21章第五节中已经展示一个较全面的结构性范例。可以用许多方法实现。设计将会是合作性的结果，它将以常用标准的方法为基础，并且城市设计将去满足人们的需求而不是人们必须去满足设计的需求。

规划的整体目标是要很专业地明确需要处理的问题特性。在形成一个设计计划时城市设计师所关心的是：(1) 明确新行为系统的机遇；(2) 确认现存行为系统中的问题；(3) 认清潜在问题所导致的行为系统的变化或建筑环境布局的变化而产生的变化；(4) 期望变化的标准，使建筑环境的结构如何更好地与人类行为活动系统相适应。所有这些条例是必须贯彻并实施在一些关于优先提高生物所需环境质量的目标里。事实上，这其中之一的目标，也就是城市设计师们追求的部分目标，是激起人们关于如何建设好环境以使之能够全面地在人类实践经验中起作用的期望。尽管如此，也还必须约束城市设计师们去专心于履行这些职能。

一个可能项目的整体计划
- 关注的周边环境
- 背景
  - 社会的
  - 物质的

利益共享者的介入
- 他们是
  - 赞助商
  - 用户
  - 公共利益
- 他们关系的重要性
- 他们的目标
- 现存的背景
  - 社会的
  - 生物的

社会议程：目的和主体
- 赞助商的需求
- 用户的需求
  - 利益共享者的基本需求
  - 利益共享者的实际需求

理想的行为系统模式
- 活动系统
- 审美价值

理想的物质系统模式

现存的物质环境和
理想的物质系统模式
- 两者之间适应与不适应
- 对不适应的有限容忍度

可获得的资源
- 财政的
  - 公共的
  - 私人的
- 文化的和人类的

变化要求的详细说明
- 行为的变化
- 公众领域的变化需要
  - 提供活动系统
  - 提供审美主体

图 24－3　城市设计计划的典型内容

相关事宜

在许多方面城市设计师们都在参与特定的尝试。有时他们通过识别一个问题开始设计进程，进而发现一个赞助商并解决问题。当这个过程成功地被某个单体设计提倡的时候(例如西雅图的匹克广场，兰登等，1990年)，实际情况似乎更容易发生在当设计师是在公众机构任职的雇主的时候。在个人的实践中，城市设计师们更喜欢被人雇佣去对付一个其他人说了算的问题而不是去应对刚开始的一个过程。当明显地牵涉到城市设计师们他们自身利益的时候，他们将会去寻找一些相关的能站在公众利益角度的事物去争取他们自身的利益。

对于城市设计师来说，第一步要做的就是决定是否从事一项设计工作（康贝格、巴哥诺尔，1977年)。在做这些工作时，设计师也许必须接受一些针对个人并令人失望的具体情况。对于一个城市设计师来说，在道德的领域里拒绝设计是很困难的，如果他们没有其他的工作他们知道即使他们不去做也会有其他人将做一个更坏的设计。除非一项设计是准备直接伤害人类利益的，同时没有人会去努力地取得人们的任何谅解，否则，城市设计师们将会加入讨论并尽他们所能作出的最好设计。

确定业主——利益共享者

由于城市设计是一项关注于公众领域的设计，所以反过来它直接被公众利益和公共利益所关注。公众目前的要求也许并不符合社会长期发展的利益需求。早期有关设计程序主要关注的是界定公众利益和理解在公众利益中环境布局设计的意义。公众利益是很难确定的，但是已经引起了人们广泛而深入的注意，因为存在许多不同的关于社会目标的观点和看法。然而，在每一个城市设计过程中其固有的说明就是关于公众利益是什么的说明。

像其他社会一样，在美国不管是公众机构还是私人机构倡导的设计目标都必须要得到满足。然而，这里倡导的是以使用者来定位的方法进行设计。在许多方面任何计划的使用者也许都存在着相似或者不同：基本的文化特征，阶段性的生命周期，审美价值等。城市设计应该能应对各种类型的业主。

一个行政决策必须要以道德标准和社会制度为基础来制定，同时也是用来界定设计主体应该是什么的基础。城市设计专业的职责是调和各种利益并通过不同成果和手段途径去思考不同范例的设计内涵。以资本主义经济方式解决目标冲突的最简单的方法就是让市场去做决定。采取这样的态度意味着掌握财权的人士将决定未来。城市设计师应当认识到，市场经济对一个工程项目所起的作用，然而，开发商们抱怨应当考虑在满足公众利益目标时他们自身利益可能受到损失的苦处，他们的抱怨和目标不应当自动地被设计师主动地接受。

城市设计师们很少能控制高度政治化的决定，例如，这些正在建立的社会最终形成的不仅仅是达到一个标准，但是，它却倡导直接通过一个工程项目和通过促进性的努力使广大业主的利益应该被满足。不可避免地，通常必须使不同业主之间利益的冲突达成协调一致，但是如果城市设计师们不关心这些社会目标，那么，就更不用说在其他专业设计领域里将会怎样对待社会发展目标。

确定业主的范围

付钱的和不付钱的业主是不相同的（西斯尔，1974年）。付钱的业主或者他们的委托人总会很容易地与城市设计师达成共识，因为他们有一个关于方案是否可以深入下去的否决权。在决定设计过程的开始，无论曾多么贫穷，社会广泛的内涵总被现存的规范和分区法令所代表。应该明确那些准备租借或购买场所空间环境的那些使用者的潜在特征。公众领域内的使用者们，像单个的人是很难确定的，但是行为环境的研究显示，对人在特定文化背景下的需求已经有了广泛的结论（贝克特尔，1977年；贝克特尔、玛瑞斯、米歇尔森，1987年）。这样的陈述就不可避免地要求进行一个预测，应是一个不仅简单基于它是什么的推断，而是一个基于它可以是什么的理性陈述。

投资人业主

在任何资本主义或社会主义的社会里，如果一个城市设计方案要想得到贯彻执行，那么，就必须要满足投资人要求的基本目标。在资本主义社会，如果掏钱的业主是私人开发商，设计师也许会处于两种境况的其中之一。他们也许会准备一个方案，这个方案可以使建设方能够判断方案是否真实可信并且合理，同时判断它们是否具有财力使这个方案可以继续实施完成。或者，设计师可以准备一个真正能够实施完成的设计方案，并且把它作为一个总体城市设计的基础，或者是作为一个整体框架性发展的基础（而无论这种发展有或者没有指导方针）进一步得到发展完善。这种情况有许多不确定性。城市设计师们的职责在所有的变化中基本相同。

一位设计师对于掏钱主顾的职责是告诉他们财政资金的花费和在某些方面变动的利益。设计师对社会的职责是合理安排一般的社会开支和利益关系。这样做对城市设计师们的不利之处在于他们也许会丢掉他们的投资商或者支持者。当业主因所有的设计可能不是他们过去曾考虑过的设计而产生不满时，困难就产生了。虽然，大多数的开发商对公众利益方面的讨论是公开的，但是因为没有为此牺牲而得到财政的报酬补贴，那么，就会造成他们能力的局限性。当一项计划真的成为履行城市规划师职责的工具时，设计师的职责就会更加广泛。在实施解决的过程中，需要在更大范围内关注使用者直接的或非直接的参与。与此同时，需要更仔细地关注公众利益的目标和方法。

如果公众机构是投资人，那么城市设计师所面临的情况就会不同。公众机构被认为涉及的是公众利益，但是他们也经常根据单一的问题进行界定公众利益（例如，提供一定数量特殊的住宅单元）。在这种情况下，广泛范围的环境质量问题会很容易忽略。政府官员基于他们自己的经验，也有关于怎样建设一个好环境和什么样的情况是不好环境的一系列基本看法。就像每个人一样，这些偏见中的许多看法是由于知识不足和不勤于思考而产生的。一位被大众推选出来的政治家的作用就是要充分地代表广大民众的利益。政治家们也经常会在困境中权衡怎样利用他们的经验来处理问题，处理支持他们选民的意愿，处理专业上不同的意见以及更广泛的公众利益关系。这种情况特别容易发生在被选的官员代表的是他具体政治管辖范围内的选区而不是一般的选区（史密斯，1991年）。城市设计师有义务促进满足更广泛范围内的人类需求，也有义务为了创造一个功能良好的环境空间而承担社会公众舆论。

使用者业主

一位城市设计师的职责可以扩大到按照市场需求并根据使用者的要求进行简单的较低标准的设计。设计师的作用是要引起使用者和潜在使用者注意那些由于环境的不同而提供的经验主义机会，包括使用者自己经验之外的领域。如果使用者可以看作是相同的，那么，他们就有相同的专业职责。介于使用者、资助商、专业人员之间的争论将变成一种为每一个群体培养其他群体关于需求、财富和资源争论的工具。参与设计过程也能促进使用者的尊重需求得以实现，对于城市设计来说，这是许多目标中的一个新功能性方法。

业主对他们自身有限的专业知识都有一个借口，他们不懂得环境到底应该怎样设计，不懂建筑环境将会有什么不同的可能模式，也不懂地质勘测和技术的合理性(参见第10章)是根据行为方式、象征意义和美学欣赏等观念提出的。尽管也的确有许多专业知识不容易被理解，但是我们却没有这么容易地去找借口。专家们经常被怀疑，因为他们有感觉上错误的记录。使用者需要进行论据和逻辑上的辩论，这样才能使他们能够理解并支持专家提出的立场和观点。目前在这本书中提及的范例都是实用性的，是有关城市设计问题的，是一个构建知识基础框架的方法，而且要求设计师要把基础知识引入到城市设计中。

使用者业主的范围

在任何城市设计状态下，一个主要解决的问题就是决定所需考虑的使用者范围。在某种程度上，这是一个鸡与鸡蛋的关系。如果认为所设计的住宅面积是不适合孩子居住的，那么，很少会有父母决定住在那里。这同样适用于任何群体。如果空间面积不能够提供并满足残疾人的要求，他们将会试着去找那些无障碍设计的房子（虽然在许多情况下这种寻找常会无功而返)。任何设计都暗含着一系列对使用者的假定，问题是人的阶层划分和城市地域和建造的复杂程度将城市按人和使用者的类型划分为若干居住小区。部分有吸引力的城市地段对人类来说具有独一无二的居住特征。城市设计师们应该为丰富多彩的环境感受和环境舒适性是否应作为城市设计基础而进行争论。这意味着人类将是与许多其他类型人群相比是开放的人群。通常的情况是应该由涉及其中的人自己去决定。关于公众利益究竟是什么也是经常被提到的问题，目前的这两种情况经常是冲突的。这个过程必须合法。

通常，只有这些使用者才是准备购买或租用已经实施完成的设计项目的一部分人，他们是设计和参与的关注焦点。这种情形是可以理解的。他们最终是通过他们购买或租用而购买设计掏腰包的人。而通常，他们主要的想法是他们购买的房子能否可以很容易地转售。不管怎样，公众范围领域将是被许多人使用的。在一个工程中这些拥有财政权的使用者必须是设计师和建筑师最为核心考虑的人群，而且也应该考虑更广大范围的使用者和他们的需求。这样的立场包含进行预言。

城市设计中，许多设计方法已经得到应用或正在用于处理这样的城市预言（布劳斯，1953年)。可以看到很多相似的情况。举例来说，在设计居住生活空间时，将会重点记录居住区特殊居民类型的范围。问题在于这样观察到的结果将告诉我们什么是可以建造的或应该建造的，以及什么是不可以建造的或不应该建造的（参见图24-1)。使用一个明确的非常强硬的理论（如推断——从已经知的进行推测）会使我们去思索关于什么会是合理的，而且当使用一些手段时结果会使城市功能更加完好的期望。最终，什么样的陈述应该是基于道德秩序的感性认识。我们需要远离道德秩序意味着我将仅仅去设计那些能够卖掉出售的设计。

作为城市设计目标的异质性和同质性

目前的城市设计政策是市场经济促成的，是民众选择的，这样经常会导致城市内在特征是比较相似的不良后果。这种观察致力于既是居住地又是工作地中心区的城市地段。它反映出一句俗语：“鸟是以毛儿的相似住在一起的。”在城市与郊区，许多这样的地方是非常可爱的，并能满足住户和其他使用者的个人要求。他们不必去满足作为一个整体的社会要求。面对这种环境的最终崩溃，对看不到这些景象的人们是允许他们可以不去关心的。这个结果也许是一个压力较少的社会才会出现的现象，但是也意味着这个社会将是一个不关心他人的社会。

不管建筑的使用者是同质的还是异质的，也不管城市设计里的人是好或坏，但是我在这里所说的贯用立场观点是：在公众范围领域内的多个机遇就是一个最后获得的价值。也许有一种“马赛克文化”(亚历山大等，1977年)就是一种解决方法。现在的许多美国城市都提倡它的理论和思路，但是公共政策的决定已经允许这些城市发生蜕变，并变成一种冷漠的社会化和表面化。据推测这种后果已经被许多政治家广泛地察觉意识到，并要求在公众利益中给予公共资源方面的配置。

确立作为业主的公众利益

当建筑师为私人机构的业主工作时，他们仅仅在满足规划要求的设计范围内关注公众利益问题。通常，甚至不在这个水平上——目的是为了避免涉及相关的法规问题和通常不能解决的城市问题（例如，戴维景观设计对停车场的要求）。城市设计师必须处理公众利益的三方面问题：(1) 设计的主要质量要求满足所有涉及的小群体成员的需求；(2) 一个设计项目公众领域的承载力建立在公众利益基础上；(3) 关于环境和社会方面，计划的冲突存在于其自身周围和公众利益之内。社会公正问题是任何社会都很难建立的，但是美国是资本主义社会，竞争是社会的标准，最适应的幸存者被认为就是公众利益——好像是为大家获得的所有最大的利益。

一项城市设计工程很可能会对周边环境直接产生影响，并且也许会对距离相当远的区域产生影响。举例来说，新的小城市开发，城市周边地区新郊区的开发对现存中心商务区（CBD）都有主要影响，因为它们改变了整个都市区域的日常出行概率。这些决定由于全面改善了为民众服务实施系统的工作效率而被证实，并且这种竞争是有益的。在一个完全竞争化的社会里，这些也正是人们所期望的。在城市中，当他们做得很成功的时候，就是应该以拥护中心商务区的建设去回应的时候。例如，在明尼苏达州的明尼阿波利斯，以及俄勒冈州的波特兰，正是由于通过它们提高了自身环境质量而获得了CBD的成功。

当公共资金中的税收被用于创造一个特殊的人们希望的场所空间时（例如，通过建造高速公路达到税收的目的），什么是公众利益的需要将受到质疑。所产生的问题就像建设一个工程时产生的关于整个社会和生态环境产生的片面影响，以及对此社会要承担的义务一样，谁会没有任何收获但是却要留下来承担开发商自身利益的费用。这些问题已经被部分地认识到，并且在主要的工程对环境产生的作用中提出。对于城市设计师们来说，在处理这种错综复杂事情的时候，举起双手表示丧失信心是很有吸引力的，但是有几种正在使用的方法至少部分地满足了对公众利益的关注（惠顿夫妇，1972年）。处理这些问题肯定是介于某一个设计师的专业知识之上的，但是它们并不太过于复杂，这样会导致他们和他们关于城市设计的意义不能被真正理解。这减少了在设计争辩过程中不具代表性的和具有代表性价值观的处理过程。

价值与身份的代表

这里有一些口头的对一些利益方面内容的建议，并没有其他的意思。许多组织机构由于自身的利益而去坚持他们在公众利益中的目的。举例来说，为了房地产利益，教育机构、医疗机构、老市民，有关贫穷的一些要素，艺术品般的建筑、公共艺术和生态环境等。环境运动在这些运动中尤其抢眼，虽然有128号提议，即一个在加利福尼亚州已经完成的保护措施，以势不可挡的势头最终仍在1990年取胜了。生物学家、气候学家和其他环境艺术家们假定的经验评论是对的（英格索尔，1991年），这些问题依然存在于长远的公众利益之中。

一种具有代表性的价值观受到了设计师们的赞成，许多城市设计师关心的一种有秩序的环境已经受到重视，但是从历史的角度看，他们的价值观是更为宽泛的（参见后面的“作为业主的专业修养”）。一般说来，当经验主义还没有在这方面进行研究时，整体上看规划运动的领导者们还是会更公平和公正的。这种情形是许多设计的基础，诸如房屋供给、健康、福利、娱乐以及在20世纪美国的教育改革等方面。城市设计师们需要为这些专业化的目标而不断进行战斗。公众利益的建立来自于这些外力相互作用达成的协议。这是一个政治化的过程。问题是许多重要的问题因为没有被人提起，而排除在许多核心的有影响力的群体范围之外。

不具有代表性的价值和身份

如果社会的弱势群体起来反抗，那么所有的人都将会被贬低。这种说法并不意味着不掌权人的观点是对的或他们的利益必须是要置于首要位置的，只是他们的观点和需求应该清楚地表达出来，是他们自己眼中的观点和需求而不是其他人眼中的观点和需求。尽管有些健全的法律已经是为老年人、穷人、孩子的利益着想，尽管他们对文化的感受不同于那些掌权人物，但是因为这些人并不直接掌权，所以当涉及一些具体的计划时，这些被关注的内容经常会在建筑设计目的的争论中丧失。经验主义进行了许多关于大多数人口具体需求的研究。城市设计师应该在寻求这些系列需求上有所追求，而不是简单地遵循某个人考虑的问题而进行设计。因为一般来讲，设计师的任务最好是这样的——应该同时考虑较少数人即资助者的利益，但是这种情况确实让建筑师产生了一种困窘。然而，更棘手的问题是，什么才是城市设计师应该坚持的。

有许多广泛的问题是城市设计师必须考虑的，如果将来人们的机会需要也要提前进行考虑的话，有一些是必须处理的有关生态环境的健康问题，也有一些其他的内容将会简要地概括在后面的说明“作为业主的将来”之后。

作为业主的生物环境，虽然有一些很活跃的有实力的环境研究小组非常关心潜在的发展对生态环境的影响，并且虽然越来越有力保护环境的法律已经出台，但是生物环境还是被认为是一个不受关注的部分。因为环境所包含的范围比一般意义上的环境保护论者所涉及的内容更为广泛。设计师最初坚持的立场是适当的，人类的利益是至高无上的。在环境为人类利益服务时，一部分的生物环境将遭到破坏。事实上我们知道需要花费很大的财力去重新维护生物环境，但是不可避免的，一些变化还是发生了。举例来说，开放的荒地将被处理，被改变或被建造成小环境。所有的人类也将在自然环境不可弥补的破坏中灭亡。“因借自然”对于设计师来说与“形式跟随功能”同样适用。将这个内容进行延伸的意义就是健康的环境是人们生活的愿望，有一个健康和可以自我供给的自然环境，这个理念也已经是过去规划和设计过程中最初要考虑的。

这种理念的陈述不仅是生态的，而且还有作为象征的美学含义，会与许多人类需求产生冲突，因为目前他们很明白地并且确实知道有关于土地的经济需求。处于这样的境况，城市发展的结果将会由于沙漠、气温和其他不同地带的气候而有不同的考虑。这在一些设计中几乎会很自发地滋生地方主义的意识，因此这里讨论的获得公众利益的目标和总体城市设计、城市设计的指导方针，以及发展管理战略意识都将会体现在这些目标的设计之中。

作为业主的将来，人类未来的生活方式和价值观将随着将来技术的发展及经济条件的改变而变化，

1.西雅图的华盛顿大学

2.布鲁塞尔新鲁汶大学医学院宿舍

3.纽约奥尔班尼的纳尔逊·洛克菲勒帝国州立广场

图24-4 公开目标的设计

许多建筑综合体为了达到变化的需求随时间而改变。西雅图的华盛顿大学或许有一个基本的城市美化计划，但是它的各个组成部分是在不同时期建设而成的（1）。一些建筑的设计系统被用来提供给易于变化的建筑组成部分。鲁悉尼·克罗尔设计的布鲁塞尔新鲁汶大学的医学院宿舍是一个非常有名的例子（2）。城市设计的目的经常是在设计中形成一个统一的结构单元体（3），但是需要考虑的过程是在随后而来的变化发生的时候怎样去维护这个统一体。

有很多的内容我们不能预测到。城市设计必须不得不自始至终针对个人化的因素，随时间推移而丢掉惯有特性。设计会自始至终的面对各种各样的选择情况，因为较晚发生的变化也许会由于短时间的花费而与之联系。举例来说，允许保留的马里兰州哥伦比亚的公共过境通道开放潜在的未来意味着即将到来的发展机遇将会丢失。这样，类似于公共用地的通道设计，如果它们在未来没有要求，就将保留这块土地或用于其他适当的用途（R·布鲁克斯，1974年）。

许多建筑师已经为处理将来的变化而发展了一些系统解决方法。约翰·哈布拉肯，1971年为设计建筑的基础而进行争辩，他想让人们站在自己的立场上去感受它们。鲁悉尼·克罗尔发展了这个观点，在郊外住宅区的设计中，这些住宅是为布鲁塞尔新鲁汶大学医学院而建设的。这些大多是标准的城市设计，但总是偶尔发生的。当我们经常建造要长期思考的大体量多功能的建设项目方案时，这些自始至终的更广泛的设计就是非常重要的（见后面的"实施城市设计"）。大学校园是这种设计最初的一种范例，但是像这样大规模的城市设计在延续，例如：巴尔的摩的查尔斯中心和更近期的洛杉矶邦克莫尔和亚特兰大的桃树中心。设计指导方针能在怎样实现将来的设计方案提供一些控制方法，设计并不是自始至终倾向于设计师们传统的追求。

在一些情况下，具体特殊的变化将会在未来设计中形成部分设计细则。那里的环境建造是临时的（例如在世界博览会上），那么，在设计意识上就应采用可拆毁的（可以整体或局部进行）和保存的材料。一些更好的方法将用在设计新生活上（例如一个奥林匹克村变为一个大学城或一个住宅区）。在更广泛的意识内，几乎所有的建筑都是临时的，建筑环境的变化要满足未来需要。一些建筑和景观环境应作为一种记忆和延续的标志而得到保持，但是变化是恒定的。城市设计的结果反映了变化发展的顺序和阶段，将是设计思考的一部分，并应该反映在建议要建造的环境设计上。这个准则在未来随着社会的发展和价值观的改变也要发生变化，但是他们的整体设计目标是保持不变的。

作为业主的专业修养，城市设计如果不是职业行为的话，就是一个专业化的行为。城市设计师们很可能是职业化的成员。他们中大多数的人未来直接就可能成为建筑师、景观建筑师和城市规划师，虽然他们有些是其他专业的成员，但也会在进行城市设计工作决策时起着相当的决策作用(例如，苏珊·斯克在加利福尼亚州设计的葛伦德耳和皮埃尔·勒·康泼特在比利时设计的新鲁汶大学，他们二人都是律师，但是他们在决定城市设计中却起着决策者的角色作用)。

职业存在的一个原因是控制市场经济的一些关键点。目前城市设计的一个优势是被作为构成许多专业设计和艺术家聚会场所的手段。设计师的一个责任就是改良职业使其更好地满足社会需求，而不是试图改变社会来满足其专业的需求。每一个专业都有它的核心、相应的结构和标准。这些在它们的领域内是好的，有益的，不可避免地会比设计师表现的内容要少。曲解了城市设计问题的定义，以致它们所满足的职业需求对社会和设计职业自身的长期运营都是一个危害。

不同业主群的相对重要性

在任何设计中，固有业主群及他们的需求具有绝对的重要性。这是应该在编制、设计和评价预定计划的行为中要坚持的立场。很少有人公开承认这些观点。在任何设计过程中，在一个玻璃盒子里探讨设计将不利于业主群的相对重要性都将是很明显的。但是这种立场说起来容易做起来难。

很明显地，投资商的基本动机是实现一项设计走向成功至关重要的。没有投资商的支持，一项工程就不能进行。在公众利益方面，这意味着必须形成建设项目、不动产可以感知的市场，并迫使部分公众机构建立设计指导方针满足公众需求的市场——让所有的开发商都在这之中进行建设。同样的也可以在公众利益的其他相关法律中得到真正的体现。

设计过程的直接参与者——投资商、设计师和不同的业主群——有着基于他们所涉及的不同程度的权力，包括专家的见解、还有财政的和政治的意见。他们通过公开的讨论明确谁的利益是至高无上的就站在谁的立场上。城市设计师们却将把那些不掌权的人和受别人管理的人的要求带到讨论中。然而，任何将立场建立在谁的基础上是非常重要的，而不要进行详细规划。就像上面所陈述的一样，城市设计师基本程序性的任务是一种调节利益关系的工作，他们是中介人，是不掌权和受管理人的辩护者。这个过程是连续的，因为对城市设计涉及人的相对重要性的看法将随着历史的进程向前推进而有可能改变。

构思设计项目和目标

一旦最初关于各利益集团范围的包括已经进行的潜在计划得到明确的话，那么，这个正在进行中的计划目标就是任何设计师都必须作出的最为普遍的决定目标。在城市设计中，专业秩序的第一步就是建立一种基于反映社会进程的设计方向感或接受已经存在的一个计划。

社会议程和行为系统模式

一个新的功能性方法意味着要不断建立城市设计目标和客观计划，要明确一个已经执行的设计或一套设计指导方针在实施时已经达到的性能或功能。这一任务是开放式的。狭义地看，设计过程的第一步是要明确设计的主要关注点。这一明确的内容通常被疏忽。特定情形涉及的范围应当进行准确地表明陈述。这将毫无疑问地改变设计过程的进展。在特定的情况下，这一范围可能包括讨论物质空间设计模式以及这一模式对人和／或生物环境的影响，或对特定地区的设计政策及其产生影响的讨论。应该探寻一个在处理社会问题过程中必然提供可以拓宽视野的空间。

从空间上和理论上讲，城市设计涉及的范畴很容易改变，就可能会像设计进程经常遭到改变一样，但是有这一点偏离也是必须的。应该明确雇请城市设计师解决什么。所涉及的范畴要从外围进行明确的规定。城市设计师的职责是对城市设计的相关问题进行广泛地思考，这种思考是要比投资商更广泛的思考。城市设计师需要开阔的视野。

城市设计师的关注最初集中在不断形成的城市四度空间的综合功能上，是区域、总体、或局部城市设计所必须提供的。对这些功能的说明是一个城市设计目标的基本陈述。因为有许多目标在开始时仅仅是推测性的，所以当设计过程不断进行下去的时候，这些目标尤其是关于行为系统模式的定义可能会转变。然而有一个出发点是必须的。除了对建设工程项目的特殊关注外，城市设计师也必须要关注对周围环境中起催化作用的城市设计和相关决策，以及在那些地区在特殊考虑下所作出的潜在决策。

必须认识到物质性设计努力的目标，就像服务于已经达成一致的社会目标一样。在许多城市设计作品中，人们关注的是详细说明城市发展要素应当被控制和怎么被控制。尤其是当基本的关注成为将来发展的开发指导方针时，这是非常正确的看法。在第2章和第9章提到的城市环境是由主题组成的，在这些主题中，个体建筑师将有进行构成背景的特质性、反主题构成活动的自由。从那个意义上讲，建筑环境由形态和场地组成。两者的目标必须都要建立。

城市设计的目标具有普遍性；设计目标是特殊意图的陈述。目标已经被反复地提到，它是如此的普遍以至于每一个人都认可它。目标必须通过在一个必要活动合适的网络描述它们时得到实施，审美价值将在为环境布局设计而显现的特征中形成基础（参见雷斯塔德，1969年）。在明确和设计目标方面，完成一个目标潜在的执行过程和金融资源也必须被牢牢地置于核心地位并被牢记。然而，从理想的角度来看，一个人要推迟使用可能作为建立新设计观念的实施技巧直到潜在的想法被开发出来。这样的活动可以提高解决问题的创造性。无论怎样，就像可以利用的实施性技巧经常是问题的一部分一样，应当考虑到它们是程序的一部分。没有经验主义，归纳的方法可以存在于任何设计过程中。这些都是设计行为。

人类动机、需求和设计计划

人类需求和计划的一般模式可以通过新功能性方法反映到城市设计上，在本书中已经得到提倡，体现在图7–3中。正如在第23章所描述的一样，所有人类需求将得到考虑，但是首要关注的却是和人类最基本需求有关的内容。

人类需求是在行为系统模式下实施的。如果要避免过去许多失败的设计，那么，在设计程序上就必须认识到开展活动和适宜的美学价值合适的文化方法。这些活动和价值的鉴别是一个经验性的问题。已经广泛地描述过为描述和解释当前活动系统和审美价值的观察和访问技巧（赫丝特，1975年；密歇尔森，1975年；西斯尔，1980年；贝克特尔、玛瑞斯、密歇尔森，1987年；玛瑞斯、阿伦茨，1987年；克瑞姆佩，1991年；桑奥夫，1991年）。他们代表的方法是对设计带有经验主义主旨的分析和综合。行为活动系统的分析和设计应该在一个行为环境框架里进行，因为设计理念活动系统和现在的环境联系在一起。行为活动环境的设计和应该存在其中的审美价值属于一个设计问题。这些问题是计划的核心内容。需要进行许多精确的观察，并且从知道他们需要什么的人中找出这些问题，只有

大街内部的景色

观察和要求

12 观察：男孩十岁以后，在外面通常是无人监督的，可以享受附近漫游的自由
要求：许多场所为徒步运动空间

13 观察：不同性别的青少年群体花很长时间“聚在一起”或者找事情去做，他们经常做和大人或者同龄人相当的事情。
要求：（A）联系在男孩群体和其他不同地位的同龄群体之间
（B）联系在男孩和女孩之间的室外领域和房间

14 观察：青年在附近小商店的拐角聚会。
要求：选择的地方为非正式的聚会场所及商业围绕的地段。

15 观察：尽管男孩和男孩接触，女孩和女孩接触，但是女孩经常出现在男孩经常出没的地方的附近
要求：青春期女孩出现的区域可以看见男孩出现的区域

16 观察：年轻的青年女孩在街上照顾更年轻的小孩
要求：青年女孩的区域接近小孩玩耍的地方

17 观察：男人和女人都使用穿着作为自我表现的方式，他们花费更多的钱在衣服上
要求：一般分布于行人、公寓、商业和娱乐区域之间

18 观察：对于男人，男人经常一周一次在街上洗他们的车，车是他们身份的重要表现方式
要求：看得见汽车的区域

19 观察：酒吧和小吃店是交换新闻和闲言碎语的地方，对常客来说像消息中心一样
要求：（A）商业区域联系生活区域
（B）商业区域的氛围分布于街道和其他商业区

20 观察：妇女在购物时参加社交
要求：商业区域的氛围分布于街道和来自街道

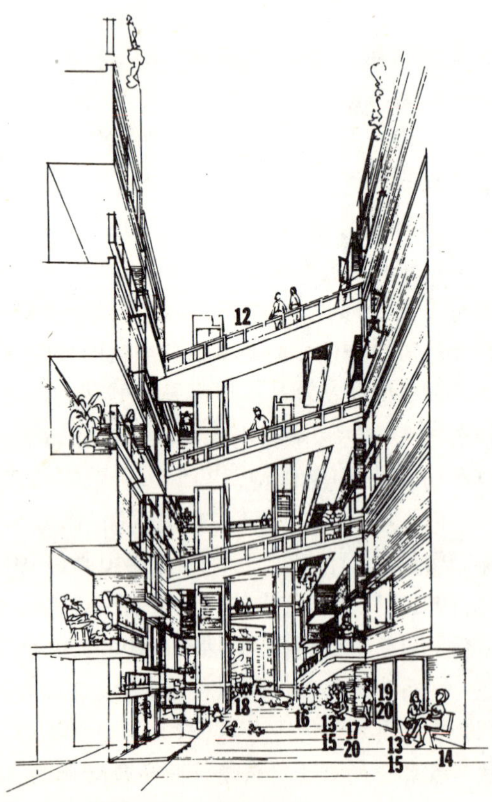

图24－5　观察领域和行为环境设计
（资料来源：布瑞林、西斯尔，1970年）

这样才是可能的，但是，这样的陈述仍必须要转化为设计需要的东西或者详细说明才行。因而，这样的观察就像那些显示在图24－5中的有关人类行为和需求一样，为了让它们在一个新的设计环境中得到体现一样，能在不同的设计中表现出来，而不仅仅是一个炫耀或展览。这样的工作方法是城市设计的一个必要工作方法。

城市设计的必要性

如果城市设计涉及一个新城市地区或者开放空间系统的创造，那么显然物质性空间设计是必要的，但是，在处理现实城市的问题中，许多政客和大多数设计人员有一个“大建筑综合体”的概念，通过改变建筑环境，通过盖楼，特别是建住宅，修路建公园（萨拉逊，1972年）解决所有问题。

行为系统模式作为设计基础，为了设计存在于生物环境和社会环境中的物质系统的实施要求而使用。如果行为和审美价值能被足够好地发挥或者存在于当前的建筑环境之中（有可接受的容忍），那么，就没有城市设计问题存在了。为了改变建筑环境的需求，现有环境布局设计的提供能力和想得到的行为系统之间存在一个不协调的状态。

为了能够完成这个评价物质系统一些模式必须要发展。这些模式的目标不同于最终的设计目标。它们是一个建筑环境要求提供适宜能力的说明，为的是让行为系统可行，而不仅仅是一个设计意图的说明。即使行为系统也许是可行的，建筑环境仍可能要求不断变化，为的是提供更好的行为系统。行为方式和物质空间系统之间不协调的容忍程度相当于从一种文化到另一种不同文化，必须在改变的成本和利益模式里领会。在资源贫瘠的情形下，容忍的程度必须是更高的。另外，容忍的程度因变量的不同而不同。在美国人们对于物质环境的不舒适通常有非常小的容忍力，但是相比而言，相比较于在欧洲，人们对可见的混乱和公共场所的肮脏会有相当大的容忍力。

设计过程阶段的最后一步是详细说明所要求产生的改变和每个变化的重要性。这不是一个容易的任务，因为要求的变化既不是相互排斥的也不是互相独立的。在任何设计过程中，但是特别是在一项特殊的设计过程中，无论使用什么可以被利用的证据去作出合理的决策，以及在设计过程中个人参与的相对力度这些相关的重要性都需要进行讨论。必

须看到并参考那些在过程中有无利益的人——在项目中不同重要层次合作人的决策。

构思设计

在好的计划里要求有许多创造性的想法。目标、行为系统模式和物质系统模式都是设计的内容。然而，在这些模式的设计里，程序性的目标不同于为建筑环境的一个真实目的而进行创造的目标。设计阶段的目标是要产生一个特定的物质产品。它要留给设计师在没有使用他们希望使用的任何方法和技巧的干扰下最好地完成任务。这里对设计活动的描述没有计划活动方案描述的观念性特征。如果作为一个创造性思维的必要部分没有被广泛地接受，那么，现在这里说的观念态度就是广泛的。它有相当的经验主义支持。设计过程的设计阶段目标是创造许多可能实施的未来，那么，将在整个过程的选择阶段就形成供人参与评价的基础。

基于对城市设计师今天所做工作进行的观察(参见第一部分)，城市设计常规类型的成果有四种：(1)一个总体设计，在尺度上可能是从一个小的综合建筑到一所大学或者办公园区再到整个新城镇；(2)一个城市局部的设计，在那里一些建筑和基础结构设施产生了一个工程项目和指导方针，这个指导方针被写成指导其他人的方针；(3)一个基础结构设施系统的设计，在其中将布置建筑和开放空间；(4)为促成城市的三维空间特征而形成一套设计政策和指导方针，就像它经历的阶段性更新一样，并且是为了维持现状城市的方方面面。这可能就是这些可能事物要素的组合。当计划被执行时，任何这样匹配努力的将是一个管理系统的规划。

所有的这些情形都包括在一系列完整的模式化设计里。一个最终成果——一些将来可以进行预测的状态或者社会和建筑环境状态的布局。特定的物质形态仅仅可能在总体设计层面实现。其他城市设计类型关注的是可达到的任何物质状态的执行情况。专门为某一个特定状况设计指导原则方针，首先，设计师必须设计许多可接受的、说明性的场地规划和示意性剖面（在标准海拔下和空间的封闭关系），实际上就是几何学上可能的结果。明确什么是可接受的未来物质空间设计，而且必须产生一个玻璃盒子式的参与过程。由于是产生于设计内部的设计指导原则，事实上为的是在城市建筑的进步过程中取得满意的最终成果，那么，这些指导方针就能得到发展（参见图9-8）。

经验主义设计方法的含义

把一个规划变成建筑环境中实际设计的设想是一项创造性的活动，而不是经验主义的活动。如果一个人对生态进行了思考，无论怎样，许多事情的过程都能招来一个经验主义的理解。首先是适合于不同行为模式的环境表面不同模式的提供能力。第二是适合于行为活动的不同潜在表面特征(包括表面质地、颜色、非透明性和硬度)的提供能力。第三是环境不同模式感官、形式和象征审美的提供能力，在微观(例如质地和颜色的比例)和宏观(例如广场的规模)水平上都必须得到理解。第四是属于科学完善模式中的复合材料及它们提供能力的结构特征。第五是需要理解结合不同形式可能的几何形态去创造更大的实体为特殊的目的。在类型学思维里，设计师可以引用先例和一般的解决办法作为一个登山式的设计基础。在生态主义和经验主义的思维中，设计师必须依靠实证性的理论得出关于将来可能的推论。不可避免的，设计师必须要基于合乎逻辑的论证作出理性的决策。如果这个论证有一个经验主义的基础，与之相比较，如果使用一个纯理性主义方法，那么，将有一个更可能的事物产生，也就是说，人们将获得一个适合人类行为活动的环境。

设计中的综合生态学和类型学方法

人们已经注意到，不是所有的设计师都可以十分舒适地运用一个模仿性的方法进行设计，这包括对范例进行调整和从一般解决方案到特殊解决方案的调整，然后再对不同类型加入他们自己的审美观点进行推敲和修饰，在可获得的资源里去进行这些工作。我们已经指出，用这个方法进行设计经常会导致一个既不体现任何人的利益又非常乏味的设计(参见玛瑞特，1982年)。对于一个城市设计师而言，没有不同的类型、不同的范例而仅仅有一般解决方案的知识是愚蠢的，但是知识必须是他们对具有的提供能力的理解和他们所蕴含的环境结合体。

城市设计师必须要熟悉城市形态、开放空间、通信媒体、交通方式和建筑物的类型，这些是作为他们要在不同文化和现实处境中生存的条件。他们必须了解建筑的一般形式和组成建筑环境的开放空间。几乎不可避免的，建立这个理解的基础上，设计师将学会了解存在于人类生活和生活目的之中形式与功能之间的关系法则。

一个设计的常规方法是熟练地运用一个普通的解决方法去解决适合当时情形的常规类问题。在这本书里已经介绍过许多常用的解决方案，包括适于郊区的财产堡垒计划（参见图3–5）。三个普通住宅区规划设计——邻里单位、居住综合体单元、步行生活系统——已经多次提到。在许多其他的设计中它们已经多次作为一个设计基础而得到使用，有时候在期待的结果方面会取得成功，有时候却没有取得成功。马里兰州的哥伦比亚就是以“邻里单位”为基础理论进行建设的，虽然它没有达到建议者的所有期望，但是它的计划设想仍创造了一个十分宜人的环境。在印度的昌迪加尔，尽管勒·柯布西耶提供了一个全面的组织原则，邻里或者区划却很少体现一个整体而完善的“邻里单位”概念。与其相似的，同样的，布朗–库克–肯尼迪–狄玛斯–拉伯逊为位于马萨诸塞州剑桥的麻省理工学院附近进行的100纪念大道设计是一个好的可以随时间逐步发展的中等收入阶层居民区的代表，但是将集合住宅设计中的一种有问题的形式应用到居住综合体中，而且将这种居住类型提供给居民，从很大程度上讲将是一个灾害(参见图6–6)。使用一般解决方案的基本困难之一是，解决问题的方法处在能解决问题和不能解决问题的矛盾中。另一方面，城市设计必须处理的许多问题就是一个个一般普遍存在的问题。

这里提倡的设计方法主要是解决问题的方法，它开始于目标和任务的建立阶段，然后它给那些任务提供一个基于环境和人与环境关系特征的抽象理论知识——一个生态学的方法。倘若范例和层级系统作为设计的基础得到理解，那么，类型学的知识就能给这个过程以帮助。一个使用先例作为主要参考的设计，对它的保护应是强有力的。危险的是仅仅从外观上去模仿或运用先例却是不正确的！

普通的解决方法和设计规定

有时候针对新问题的解决办法是新的或是已经存在的方法。事实上，有时被视为经验主义研究的而且是基于研究设计的最有用的最终成果最近在参考手册中经常出现，也经常有所反映（举例来说，库珀·马库斯、萨克斯西，1986年；雷涅，帕那兹，1987年；库珀·马库斯、弗朗西斯，1990年）。一般的设计都是设计程序和解决方案的说明。因而一个邻里单位的设计平面图是详细说明社区和设计模式的特征。设计规定反映在设计特征上是相似的。它们把注意力放在特殊问题和方案的解决上。

他们运用自如的设计方法已经导致确定的计划变成了仅仅是一般的方案问题解决方法，尽管他们没有像对待第一个场所空间设计那样发展设计方法。举个例子，怎样处理一个陈旧的滨水地区，一般模式是有一些像在巴尔的摩内港这样的地方进行设计处理的方法惯例[参见图16–4（1），图24–2（2）]。基于过去经验滥用一般范例的情况，他们都有一个勉强的为城市设计而使用的一般解决方案的建议。然而，步行系统的想法是一个就像是“人车共存系统”的解决方法[参见图16–7（3）、图8–2]。许多经验主义的研究更多地集中在描述建筑环境的特殊模式和所提供的行为活动上。克里斯托弗·亚历山大和他同事（1977年）的工作就是一个典型例子，但是不意味着这是惟一的例子。

一些问题事实上是一般的问题，不需要在人们每次面对它们的时候都要去进行彻底的改造。各种不同类型机动车辆的转弯半径很好地建立了一个常规的数字系统，但并不是要把这个数字系统记在建筑师头脑里（例如德卡瑞、库珀利姆，1975年，1978年）。同样地，规范就像是为老年人设计房子一样已经发展成为这样一种很平常很一般的事（雷涅、帕那兹，1987年）。这些规范不仅是作为环境设计的仿造要素，也是也作为如同形态学分析使用一样的设计程序（康贝格、巴哥诺尔，1977年）。在这一章中，目标的使用就是作为一个对计划评价方法的理想矩阵被建议（参见图24–6）。

当要处理的问题是和那些一般的解决方法或者规范问题相同的时候，使用一般的解决方法和设计标准作为一种捷径产生设计是合理的。应用一般的解决方法独立解决问题应得到明确。这样一个程序减少了一般的或者标准的解决方法使用不当的可能性。就像它们名称的含义一样，一般的解决方法和设计标准处理反复情况的陈述广泛得就像刷子一样平铺直叙。*如果范例和一般的解决方法是适用的但是你不使用那就是愚蠢的。单单是为了追求新奇的缘故，简单地背离它们也是同样愚蠢的。*瑞典的住宅部门机构继续使用范例的失败，仅仅是因为他们使用的是已经被证实是失败的范例，这是一个以这样的态度进行设计给人们造成不健康环境的例子。

设计中发散式思维和整合式思维的成果

创造性思维包括发散式思维(产生观念)和整合式思维(合成为整体)。在设计任务里有一些从灵机一动到形态学的分析再到以计算机为基础的设计演算可以在技术上帮助设计师(布罗德本特,1973年;康贝格、巴哥诺尔,1977年;彼得·罗尔,1987年)。

设计过程包括在建议的行为系统要素和建筑环境规划形态之间建立一种系统的相互关联和协调一致,克里斯托弗·亚历山大和他同事(1977年)建议在许多同样的设计中采用这样的方法。目标是根据数量、质量、材料和几何形态详细说明限定空间要素的特质、公众领域的目标和机制。必须首先对环境功能方面最重要的要素进行讨论,接下来的事是不重要的。然而,设计的最终活动是一个综合性活动,而不是一个简单集合体。不可避免地,为了更好地认识仍然是作为问题其他部分的要求,好的功能解决方案必须让步于较好的功能解决方案。整合活动是一个讨论的过程,在设计活动中,这既有设计师之间的争论,也有与其他合作者之间的争论。

具有创造性的设计师是那些能看到/了解到建筑环境有很多要求的并具有很强提供能力的人,他们经常检测并整合可以提高设计能力的潜在方法,他们承认环境要素被重新整合的可能性,想象建筑形式的新构成要素和几何形态,并且了解在多方面表现中他们为人类行为活动的提供能力。他们对于自己工作中不明确的事物有非常高的耐性。

表现设计

一种表现或模拟一份计划的方法在设计和理解上都会存有偏离。建立一个真正可以供人参与的设计过程的困难之一是外行发现许多规定性绘图符号(例如正投影、轴侧投影和等角投影)甚至图标模式和透视画法难于让他们理解。另外,一个设计的许多属性被口头进行了描述(即模拟化),并且人们想象的与用言语词汇所表达的含义之间有很大程度的差异。特别是在短暂时间交流的情形下,围绕这种问题的交流几乎没有解决的方式和方法。人们在展望可能将什么样的计划成为现实的大量地依赖设计师的专业技能。

如果城市设计师的责任之一是把人们的注意力带到将来可能发生的事物上,那么,当前提议作为选择的设计技术就必须基于设计师们的使用效用,即作为充分预测未来可能模式的效用。模式将被看作既不是迎合艺术标准的设计也不是它们自身的产品,而是它们经常就是这样的。现存原型设计或设计的场所空间和那些被建议的地方有着相似的特征,它们也能作为一个能使人们认为参观这个地方会有一定收获经验而被作为今后参观的对象。无论怎样,这样的原型经常被人们认为是已经不存在的或者是因为距离太远而不可能进行参观的对象。需要有一个好的模式,这样评价就能以它为基础(见后面有关“预测背景环境下设计的实施”的讨论)。

任何一个具有代表性的技术都把注意力放在一个问题或者一个解决方案的某些方面上,而不是其他方面。一个经常使用的模式是作为一个销售策略而不是作为一个即将实现的模式进行使用的。许多城市设计计划被表现为轴测图或者鸟瞰图和其他透视图形式。图像模式能从不同的角度查看设计的效果。计算机绘图技术能通过一个设计计划模拟运动的状态。或许以计算机为基础的虚拟现实模型将会对公众领域潜在未来空间的四维认知提供十分重大的进展。今天的许多事情仍然是通过口头形式保存的。

为维持行为活动计划(在许多例子中是为了生存需要的坚强援助)和建筑环境管理程序的设计进行,可能要通过文字和流程图的规范系统算法进行表现。

评价图板上的设计方案

需要对以如何较好地提供行为活动和合适的物质系统作为基础的城市设计计划进行评价。当一个城市设计完成的时候,也就意味着他们完成了对资源的消耗,以及完成了对城市的管理和满足人类需求的执行。另外,同时对他们的积极态度和消极态度在社会环境和生物环境方面产生的广泛负面影响也必须要有一个评价标准。建议他们应联合起来应对一个多元情况下不同的优势和劣势。一个建议或许存在内在不足,但是在环境上也有非常积极的催化作用。反过来看或许是另一个设计的正面作用。一个建议可能会很好地服务一群人,但不是另外一群人。不同财政行为的计划可能会有不同的长期和短期成本效益。

在第21章中已经提到,许多理论性过程贯穿于设计过程的选择阶段。一个主要过程就是预测一个社会化过程的性能(实际系统将最好地庇护它)和预言设计设想的结果。第二个理论性过程是评价这些性能本身。第三个理论性过程是作出一个设计设想,但是应该是比其他决策好的决策和一个是否可以接受的决策。这样的评价必须基于在规划期间建立的项目原始目标的基础上，包括其间对目标和方法相继而进行的争论。

预测背景环境下设计的实施

必须建立三种交叉式的预测方法，目的是为了描绘将来如何发挥一个设计的功能效应：(1) 如果设计可以得到实施，那么，设计及其对计划的影响将存在于将来的社会文化背景特征中；(2) 在那个特定的背景中实施设计项目；(3) 有关设计设想对生物环境和社会环境产生影响的特征。

预测将来的社会文化背景

任何一个设想如果要得到实现，都需要将在一个社会、经济和物质的背景环境中运行。环境中有一些组成要素非常稳定，而另一些要素将以某种方式发生变化，对这些方式要进行非常高精度的预测，但是在其他方面它们又是反复无常变化的，难以琢磨。在一个人的能力之外去处理潜在反复无常的变化是一个尝试，或者可以通过处理一个计划把它们作为一个能抵挡外界任何变化的孤岛去控制它。虽然有时候一个城市设计设想的字面意思可能是为了一个岛屿（例如纽约的罗斯福岛），但是它仍然要受到围绕它进行任何计划的影响。

主要的环境关注有三种：随着曾经受经济潮流变化和社会背景变化影响的设计一旦得到实现，一个催化剂般的关于土地使用和建筑类型的设想就会不断地围绕着环境问题（见后面）而展开。虽然将来所有预测都会有一定的风险，但是，环境要素确实也会出现在特殊模式里。从短期看，有相当多的数据证明在城市的人口和经济潮流变化中产生的城市设计成果可以预测未来。人们可以从公众机构探知出现在城市基础结构设施规划和建筑规划许可申请中的信息变化，因而能确定一些相互支持和相互竞争的项目。然而，任何信息都将是不完整的。决策必须在不确定的情况下作出。

在现存城市设计将会影响将来城市设计的范围里进行有关未来生活方式的精确预测是很困难的。在美国人那里这是可能的，也是可能渐渐变得唯物的，他们有着舒适寻找和感觉经历的渴望。他们在这方面绝不是惟一的（参见尼纳、斯哥，1984年，在印度）。对于值得考虑的推测而言这个开放的趋势将到底会坚持多久。所有这些观察为以开放为目标的健康城市设计加强了论据。

预测一个设计的实施

设计师一般使用可利用的经验数据并运用整个范围内的模拟技术进行预测他们的设计计划将如何实现。一个长时间使用的方法是通过简单的工程制图就像是对将来进行形式表现的模拟试验。还有其他的模拟过程。

设计计划的执行必须要进行多维度的预测。过程包括许多判断。通常是由专家（一个陪审团或者一个审查委员会）进行这些判断。在某些情况下，对一个设计计划执行的预测是相对直接的。这些情况包括计划的成本、交通流和对生物环境方面的影响。可以通过风通道试验精确地预测风形态产生的影响。虽然外行们仍很难从计算机图画模拟试验中看到未来建筑的形态，但是仍不仅可以通过使用制图的方法，也可以通过计算机辅助连续体验的模拟技术预测一个计划进行的状况。运动形态的仿真模型已经得到很大发展，并且经济计量模型也可以用来为一个项目预测经济影响。最经常使用的技术之一是比较现在的情形和相类似的情形或者相似情形的案例研究。倘若通过相似的设计和案例研究可以较好地了解相似的情形和案例研究是怎样进行工作的，那么，就可以去加强现在关于计划将怎样进行工作预测的制定（例如，符合现在情形的相似物和案例研究）。类似的问题之一就是他们能抓住的想象力非常灿烂，但是操作来自考虑之中的情形是非常困难的（例如他们不是好的模拟）。许多模型仍可以在我们的头脑中得到建立并且可以进行口头表达。

整合预测的方法是从有关世界和世界是怎样运转的经验主义理论中推论出来的，是我们可以利用进行预测最强有力的方法（布劳斯，1953年）。然而，只有当它们是建立在实证性理论之上的时候才是好的。

预测计划对环境的影响

任何新的总体设计都是由局部城市设计或设计指导方针对它及其周边地区产生的影响组成。影响将直接作用在生物环境上，作用在经济、文化和娱乐活动上，并且会作用在人类的生活上。引进高收入的项目进入一个低收入的地域将引导一个地域向现代化迈进。相反的做法或许是正确的。特别是当如果没有人口增长，也没有在潜在市场可以使收入任意增长的情况下，引进一个新的商业中心到一个城市或者它的郊区将影响现在的商业。

环境影响报告在许多国家可以合法授权。这样的报告趋向于集中在生物环境中特殊项目的特殊影响上，主要是空气和水污染的影响，不是集中出现在第18章中提到的要关注的全部范围。城市设计师应当同等地关注社会环境。如果不是生物环境就是社会环境的影响被否定，那么，人们将要补偿他们的损失或者计划将放弃的环境。在特定的文化背景下必须要做这样的决定。举个例子，在美国如果一般的期望是所有的企业家活动都是有风险的，那么，公众投资在城市设计中产生的消极影响就可以看成是补偿的要求。这个态度几乎不像是公平的。然而必须在文化认可的道德秩序里认识到社会公正问题。经常有关于教条的道德秩序、宣称的道德秩序和实践的道德秩序之间不同的争论。

评价计划

*评价包括对一个设计计划的执行进行预测价值系统的应用。在设计中所包含的受到影响的人必须是评价预测设计方案实施的人。*一个供人参与的过程就是意味深长的预言，它们实现的可能性和制定的程序必须是非常清楚的，否则合乎逻辑的讨论就是不可能的。讨论一个开放的参与程序需要展示每一个设想的成本与效益的关系。最僵硬死板的显示方式就是使这个显示和一个目标成果矩阵有关，就像是莫里斯·希尔（1972年）早在20世纪70年代建立的模型一样。系统承认有不同支柱的人在一个设计成果中体现的目标价值会有不同（参见图24–6），因而会对每个目标和每个局内人给予不同的权重系数。系统也承认一些在数量方面的设计目标是可以进行度量的，然而在其他方面，目标仅仅涉及口头表达。矩阵变成了一个可以进行清晰讨论的可能是解决问题方法的相对矩阵显示列表。从逻辑上讲难点是去发展显示的列表。理论上它是一个完好的模式，我们需要提高可以接近这种十分僵硬死板评价计划的能力。

清楚表达一个设计目标详细设计程序重要性在尝试着开展这样一个评价上变得非常显而易见。程序框架使那些人去评价不同目标的相关重要性和受到计划影响的相对重要性。矩阵变成了正面计划和反面计划的显示和不同参与者之间争论的焦点，并涉及许多应当发展前进的计划论点。没有一个特殊陈述涉及到设计将可以取得什么成果，一个设计计划的合理讨论也是不可能进行的，这些都变得非常清楚。虽然是这样，单是一个合理的讨论仍都不能得到保证！

决定一个实施的设计或行动方针

城市设计包括一个不变的决策倾向，制定决策来自一个过程短暂的自始至终过程。最终包括制定一个委托去实施一个特殊的设计或者一组指导方针。作出一个决议经常特别困难，因为财力和人力对它的影响很大。*从一个可能实现的计划到决定实施一个计划不应当仅在表面价值层面上进行成本效益的分析。*

怎样设计和指导成本效益研究的经验主义知识已经充分地发展了，并超过过去20年的研究成果。但是仍然存在许多缺点。所有决策的制定都包含设计目标所不能预测的一些风险。决定一个项目最终是否是进步的决策人可能是一个计划仪式的发起人或者一个公共协调机构。有时候，特别是如果为了完成项目资金保证是必须的，那些项目的设想就可能是一个公共投票的对象。然而设计过程是在所有关注的利益之上整体完成的，完成设计设想的最终决策可能就是反复无常的。如果决策没有通过，过程就要返回到设计的初期过程或者就被放弃了，设计过程依赖需要重新进行处理的问题特性。

在专制统治的社会里应当建设哪些建筑的决策权已经传递到城市设计师手里，但是恰恰因为是这样，某些设计师就拥有了超越设计的否决权利。在这样的社会里，权力是集中的，城市设计师可能是最接近和制订决策工作的人。艾伯特·斯皮尔在1937年到1943年之间为柏林进行了城市工作，和阿道夫·希特勒有如此接近的关系，以至于希特勒经常被称为是他的联盟设计师。在民主社会里，制定决策的权力则更加扩散。如果要实现参与民主的概念，美国城市设计师的作用就是确保在制定决策中的参与尽可能是广泛的。

实施城市设计

实施一个城市设计的计划包括把图纸上想象的环境设计带到现实中。有许多的城市设计设想从未得到实现。尽管有一些设计进行了概念性的探索，但是有许多设计是有意不能实现的也从不想要得到实现。就像前面提到的一样，如果是有意完成设计设想，就会使用一组程序，可获得的资源也就必须被指定为明确问题和发展设计过程程序阶段的组成部分。还必须指出的是，在某些情况下，实施程序的特点仅仅是作为一个设想被采纳使用的。

在许多现在认为是有价值的项目案例里，如果了解到完成设计的全部困难已经开始出现的话，那么，毫无疑问地设计就将被搁浅了。如果政治家们已经意识到建造悉尼歌剧院将花费12700万澳元而不是7万澳元的话，那么，悉尼歌剧院是否被建造将是很值得怀疑的。如果在开始就对悉尼和澳大利亚的整体利益进行预测，悉尼歌剧院也许可能代表着前进的趋势，但是从公共能力方面和他们选出的代表所设想的长期利益方面也是有限的。预测成本的失败与预测整体利益的失败是相适应的。

目标成果矩阵

目标描述：		a			β	
权重系数：		2			3	
方式	权重系数	花费	利益	权量系数	花费	利益
a组	1	A	D	5	E	–
b组	3	H		4	–	R
c组	1	L	J	3	–	S
d组	2	–		2	T	–
e组	1	–	K	1		U
		Σ	Σ			
a标描述		γ			δ	
权重系数		5			4	
a组	1		N	1	Q	R
b组	2		–	2	S	T
c组	3	M	–	1	V	W
d组	4		–	2	–	–
e组	5		P	1	–	–
		Σ	Σ			

图24－6　项目评价的目标成果矩阵方法

(资料来源：希尔，1972年)

时间和执行程序

除了一些例外的总体城市设计之外，大部分的城市设计总是不能立刻整体建设。局部城市设计随着时间被分成许多阶段进行实施，并且在实施过程进展时，一些设计可能会发生改变。大学里的学习应该掌握计划的变化就相当于你完成第一个建筑设计和开放空间的设计及后面的设计过程一样（参见特纳，1984年）。任何经验主义的观察都将得出这样典型的结论但不是普遍的结论。纽约市的罗斯福岛正处在一系列的开发阶段中，在各个阶段都发生了许多变化。在有关实施一个城市设计项目或设想的特征方面，城市设计师应该做些什么呢？

根据开发过程的经济合理性以及那些使用这些项目的人的生活质量，实施过程的每一个阶段都应该具有独立的工作内容。如果整个主要的规划在进行了一个阶段后被搁浅，如果仅仅由于计划的一个特殊部分已经执行，那么，将来的设计就不同于限于设想的设计，每个阶段都应当有能力作为一个完整的部分去进行工作。每个阶段的设计不应当有碍于其他阶段的设计选择，除非这是它的主要意图。人们可以感知一个强烈的设计理念，而不仅仅是局限于设计师自己，这可能是在将来不同的变化条件下被坚持的思想。休斯敦赖斯大学的主体规划跨越了这个世纪，但是却保持了相当的一致，令最近负责这大学另外附加部分设计的赞助商和建筑师们所敬仰。无论怎样，一个大规模项目的第二个阶段经常搁浅，一个新的总体规划将得到发展。这个新的规划较好地从原始状态分离出来，仅仅是为了显示它由不同的设计师和那些不同的发起者经常参与的。然而，新问题或者机会将频繁出现，并且必须要进行处理。

实施程序的范围

实施任何大规模的城市设计项目将经历许多过程和困难，它们中的有一些是可以预见到，但是另一些却不能预知。无论怎样，一个经常遇到的主要问题是地块的获得和整合问题，涉及更多的公众利益，就像20世纪50、60年代联邦城市复兴过程中认识到的一样。另一个问题是为一个项目争取获得基金，特别是公共基金。一般来讲，国家没有土地市场，中央集权制的国家可以通过相关法令取得土地。在美国，小块土地累积成较大的土地差不多就可以进行暗中的转让与出售，甚至在公众领域进行处理的时候，也经常是具有准法律依据的策略（福瑞登、塞格尼，1989年）。就像在其他国家在美国一样，政府有权通过使用知名领域的权力获得土地。有时土地获得的整个过程在城市设计过程正式开始前就已经完成了；在其他时间，两个过程会走在一起。城市设计师的责任之一是进行斗争，这样可以从而确保人们在不处于不利的地位上时也会通过土地的获得进行努力。由于他们忍受的艰难，个人必须要获得适当的补偿。相似的，接受飞来横财的人必须要支付税费。实施这样一个规定性的任务在政策上或许是不可能的，一个城市设计师作为一个税收和法律系统的执行者应当针对很多问题尝试进行公开辩论。当然，美国的税收体系由土地购买者和投资商及城市形态进行决策。

如果城市设计项目：(1) 它们是大规模的项目；(2) 用于建设的土地大部分是公共所有，特别是公众所用；(3) 有开发压力；(4) 有可利用的资源投资开发；(5) 项目有政治支持；(6) 它们是合时宜的（参见韦斯特曼，1990年），这样调整城市设计项目并进行实施就是比较容易的。多数具有幻想性质的计划已经认可了第一个和第二个条件，并已经尽力地去创造其他四个条件。

在总体城市设计和局部城市设计中，如果开发商和财政安排是在适当的位置就具有相当的控制权，但是即使在这种情形下，对他们来说还是要有服从并同意他们计划的一些评论委员会。在民主社会里，实施的权利不同于总体城市设计设想依赖的合法机制和它们之中可利用范围内的实施程序。在美国，程序本质上是那些目前存在于第3章“今天的城市设计”中描述的程序，它们是：

- 分区规划控制
    - 规定性分区规划
    - 激励性分区规划
- 限定性规定
- 设计指导方针

在设计和使用这些方法的过程中公众机构经常规范术语。

在大多数场所，已经接受了这些程序作为公共政策和实施及管理的过程，而且进行了很好的清晰发展。必须再行复查实施分区规划的方法，建筑许可和规划许可申请的方式，已经完全合法地建立了来自消极的检查和处理的上诉方式。在这里要做的惟一的一点就是，如果机制不适当，他们需要在关注的合法权限框架里进行设计；许多程序对相当大程度的腐败行为是开放的；在许多权限里进行控制容易给开发商经济困难的借口。

城市设计师就像其他市民一样要求与腐败进行斗争。然而，在腐败系统中为了获得想得到的需求产生吸引是很容易的。在一些文明社会里出现法律上的腐败就好像是行为规范似的。当法律都被认为是腐败的时候，一个尴尬的局面就开始出现。一个城市设计师的职责依然是为社会公正和合乎道德的设计及其实施过程而进行斗争。

私人和公共权利

在实施任何计划中，特别值得一提的是，在城市区域的更新计划中，即使集体作为一个整体可以得到繁荣，但是许多人仍喜欢被转移或者是因为规划设计计划可能对他们的生活产生负面的影响而被转移。这个问题伴随着有害设施的设置是特别敏感的（例如，那些社会的和生物的不受欢迎的物体）。

在一个像美国这样强调个人利益高于集体利益的社会里，后者的提倡者有时候被称为“共产主义者”，虽然作为一个强化的问题，并且其合作活动的需要变得更加清楚，无疑这个态度将是变化的。城市设计师需要准备去起诉在公众利益计划保护方面不利的群体，但是他们也通过很多建议为那些消极影响的利益部分进行讨论。在某些情形下，不管一个项目是否对其他人的生活质量产生任何影响，但是它真正的理念是消极的因素。在这种情况下，城市设计师的作用就是一种教化作用。就像维奥莱特－勒杜克在一个世纪以前提到的一样：

> 在游览胜地，我们极应当明智地将公众的评价看作至高无上的意见，其最充分的原因是如果我们建立公共建筑，毕竟是公众使用它们并为之付款。我很乐意认为我们必须解释清楚（充分说明）这种评价，然而这种评价还不至于误导人们，使人心甘情愿地认可。

城市设计依据它的特殊性质把公众利益放于第一位。城市设计强调直接地或者间接地通过公共活动强调公众利益的获得。城市设计决策必须为解决在政治舞台并且经常在法院里出现的问题而进行斗争。基于相关的预测，使用经验证据，通过理解和有能力去解释一个项目的长处和不足，并且要给设计师一定的政治权利。但是时常它仍是不足以获胜的事实。

评价实施的计划

一个城市设计计划怎样工作才好，什么时间完成才好，传统的系统评价不是设计专业关注的主要内容，就像在第21章中解释的一样，城市设计师的责任之一是分析他们的工作成效，或者更好地邀请其他人评价他们的工作成果，并且广泛宣传他们的成果。这样容易把城市设计师推入一个主要的困境之中。应该以谁的立场角度评价设计的成果呢？谁来支付评价的费用呢？谁来评价它呢？城市设计师的报酬是什么呢？回答必须从对一个计划的目的理解角度上出发。

一个城市设计作品应该在直接涉及的局内人方面也应该在公众利益方面进行评价。对于某些人它可能是好的，而对于其他一些人并不是如此的好。如果问题情形具有很多的复杂性，那么，一个设计的解决方案就是非常不可能地为所有的方面所有的人解决好。它应当是学院派经常运用多维度方式评价设计成果的作用之一，并简单地作为一个理论建设任务。目标宁可是去为将来的设计建立知识基础，也不是去责难任何设计师。在专业批评家和外行新闻机构中的批评家也需要考虑在公众利益和不同局内人方面而不是简单的在建筑师的理论审美思想方面的设计。

专业设计人员因为设计的品质而从他们的同行那里接受奖励。对设计专业人员来说，奖品和奖金能赋予应得的认可，但是遗憾的是，许多获奖的计划仅仅在设计精英中受到很高的尊敬。任何对城市设计师的赞美系统都应该基于一个严格的多维度评价，而不是基于专业小组像看项目图片一样所给予的评价。目前，许多评价都能正确地使用这个方法；但是很少能有严格态度的评价。为设计项目而进行的富有经验的评论方法和方法论在项目建成后都得到很好地发展（普瑞斯，1988年）。如果被城市设计活动完全实证的理论基础能得到提高的话，这样的评论就必须不仅仅局限于集中在设计成果上，也必须集中在它是如何达到目标的过程上。

评价的过程包括提出许多问题：什么样的真实的行为正在继续进行？作为规划和设计的基础它们是有价值的评价过程吗？在正在继续进行的和想得到的行为之间存在无法忍受的不协调吗？那些不协调可归因于建筑环境吗？如果不协调是在可接受的限度内，那么设计就是可以接受的。如果对于任何人都是而且没有不协调的，那么，设计就取得了难以置信的成功！

运行和维护系统

作为一个建设项目主要资助人的用户已经认识到一个项目的质量维护程度的重要性。运行和维护建筑环境和它所覆盖的行为活动（特别那些要求社会津贴补助的活动）的成本是较高的，有时候还非常高。有许多进行设计处理的例子，当它们最先被赋予实施时，短期效应后就出现了磨损或者与最初设计出现差距，就开始恶化。因为对系统管理而言，它仅仅提出一些琐碎的想法，而且还有一些社会性

1.费城的社会山

2.几乎在任何美国城市都会存在的景象

3.费城的市场街东部

图24－7　城市设计运行与环境质量

得到良好维护的环境归因于一系列好的感受（1）。运行和维护公众领域的成本是非常高的。许多城市设计的方案好像假设资金的提供一样有无限的弹性，它们周围环境的人是慷慨大方的。设计师需要意识到人们是怎样利用环境的承载力（2）以及他们的行为结果会怎样影响环境质量。任务是去设计一个能满足丰富多彩的人类行为活动的环境，同时也是健全的或者是可供选择的环境，要使维护过程成为城市设计的一部分（3）。

和客观的想法。在许多城市街道上提供了那些种植花的盒子，那里面仅仅有树和花，加上丢弃的瓶子、罐子和其他垃圾和废物，它们渐渐地枯萎和死亡，最后被替代。铺地的石材出现裂纹，表面逐渐变得污秽肮脏。一旦一个场所看起来是无人照看的，它就好像引发了很多缺乏关怀的注意力，因为它被看作是没有人权的场所（没有任何人照看）。在美国对待城市维护的态度就相当不同。必须要理解运行其中的文化背景特征。一些文明对脏乱和年久失修有很高的宽容度，而另外一些文明则没有什么宽容度。在一些文明社会中，洁净近乎圣洁。美国的许多城市设计都是基于一个假想，人们在一般的活动中依照这个规则而展开。在有些城市里他们可以这样做，但是在另外的城市里结果就是建议采用另外的观点。

维护和管理一个系统的过程必须要考虑到需要明确处理的问题和设计可选择的解决方案。在决策制定过程的开始就需要考虑维护一个系统的可利用资源。一个管理计划必须是任何城市设计计划的组成部分，并且必须反映在设计里。

凯文·林奇指出，得到良好维护的场所为他们的居民所热爱，专业设计人员设计这样的场所能提高他们的能力（班瑞杰、索思沃，1990年）。为了达成这样的目标人们自己必须关心关乎他们自身环境利益的决策制定。凯文·林奇的格言是值得重申的：*规划和设计必须首先以社区参与、地方控制感和直接接触环境的个人约束为开端。*有一个危言耸听的想法认为，简单的来说一个城市设计就是另外一种消费产品（舒尔切，1991年）。

结　论

城市设计师有一个选择，他们采用设计任务的扩张主义观点就像这里描述的和被今天许多人提倡的那样，或者他们能退回到对待城市设计像对待一个大尺度建筑一样。将他们有限的关注领域保持到设计成果赞助商的利益的确是容易的。这里给出的态度是清楚的不合宜的。

城市设计的过程是必须要设计适合的环境——正在形成责任和社会文化的环境。像这里描述的一样，一个抽象的模式可以提供一个设计框架，为的是方便进行提问，在任何场所人们可以做什么及理解设计过程在公众利益中体现的程度。这也使我们要认识自己在社会中的作用是什么。通过许多实施完成的城市设计可以提高人类聚居生活环境的质量，然而更多地需要在政策决议上能让设计师发挥作用并且为这个社会做贡献，但是很大一部分政策决定却落在了设计专业的专业技术之外，但是无论怎样仍然要很好地巩固他们的知识基础。

主要参考文献

① Baldwin,Maynard M.,ed.Portraits of Complexity:Applications of Systems Methodologies to Societal Problems.Columbus,OH:Battelle Memorial Institute,1975

② Cutler,Laurence Stephan,and Sherrie Stephens Cutler.Recycling Cities for People: The Urban Design Process.2d ed.Boston:Cahners Book International,1982

③ Hatch,C.Richard,ed.The Scope of Social Architecture.NewYork:Van Nostrand Reinhold,1984

④ Mills,Miriam,ed.Conflict Resolution and Public Policy.New York:Greenwood,1990

⑤ Preiser,Wolfgang F.E.,Harvey Z.Rabinowitz,and Edward T.White.Post-Occupancy Evaluation.New York:Van Nostrand Reinhold,1988

⑥ Saarinen,Hamid.The Urban Design Process.New York:Van Nostrang Reinhold,1985

⑦ Studer,Raymond,"The Dynamics of Behavior-Contingent Physical Systems."In Geoffrey Broadbent and Anthony Ward,eds.,Design Methods in Architecture.London:Lund Humphries,1969.59～70"Design of the Built Environment:The Search for Usable Knowledge."In Elizabeth Huttman and Willem van Vliet, eds.,Handbook of Housing and the Built Environment. New York:Greenwood,1988.73～96

第四部分

结论：城市设计的未来

西雅图Stlake广场

城市设计作为一项活动有很长的历史，但是其术语的历史则短暂。作为致力于公众领域的设计，城市设计有30年历史了，在美国，至少在20世纪50年代，城市设计就已经确立了自己的地位。10年以后，对城市设计作为区别于建筑学和城市规划的理论性和专业性活动的兴趣增长，导致建筑学大学学校协会(ACSA)将他们关注的焦点集中在他们的研习班(学生为研究某问题而与教师共同讨论的班级)上。1995年1月，在费城举行的一个城市设计批评会议吸引了许多知识渊博的人参加，比如内尼·克雷、戴维·克兰、简·雅各布斯、路易斯·康、凯文·林奇、麦克哈格、刘易斯·芒福德、贝聿铭、G·霍姆斯·帕金斯、戈登·斯蒂芬森、威廉·L·C·惠顿、凯撒琳·保尔·渥斯特。1962年该协会要求戴维·克兰在克兰布鲁克会议上组织一个城市设计研讨会。它促成了《建筑和城市》的出版(1962年)。从那以后城市设计领域就有了长足的发展，正如，学习更多的关于建筑环境和它所服务的人类目的，还有在生物环境基本结构系统中不同建筑形态的不同效果。它的经验主义内容已经成长起来。

城市设计中的经验主义不是新鲜事物。它也有一个很长的历史，但是当前城市设计师的努力是去建造一个源于研究人和建筑环境计划的基础知识学科，与“城市设计”这个术语一样都是最近出现的事物。最近的就是在1989年召开的环境设计研究协会（EDRA）的第21次年会，在位于伊利诺伊大学乌尔班纳分校举行，主题为“时代的到来”。研究人员研究的常识性知识和实践应用之间的差距确实存在，但是研究人员学习了怎样最好地增强他们工作的实用性，并通过对从业者形成可理解的常识性设计准则，也由于从业者学习怎样使用研究人员研究成果的文献著作使差距已经开始缩小了。

城市设计、环境和行为关系研究的时代已经到来，对已经完成和没有完成的他们都只是针对同一点进行的分析。无论怎样，具有成就感的成果和富有理解性的基础都在挑战下坚持不懈。环境和行为关系的研究在行为科学中作为一项独特的研究经常被挑战。尽管心理学涉及处理内部领域和外部领域，或者精神领域、人类行为环境领域的研究，甚至严格而言，近来在研究领域也是存在矛盾的。作为一个独特的领域，在设计领域中城市设计的合理性也受到挑战。对提高城市设计而言，有许多讨论是不相干的。

对城市、建筑环境和人类行为活动有相当理解的城市设计专家，要去解决的城市和郊区发展的问题是一个可持续发展的需要。当前我们对于建筑环境与社会环境和生物环境是如何相互冲突、相互影响的知识认识还存在相当大的差距，但是我们已经在过去30年里学习了很多。许多知识像专业实践一样仍维持在一个零碎片断的状态。如果城市设计是有效的，就需要克服这种状况。城市设计被看作是一门综合的学科和一项综合的专业活动。在所有设计专业中城市设计应当是一个综合性领域。无论怎样，它已经发展了自己的文献研究及特殊的研究方法和技术，因此它可以在自己的演进轨道上很好地进行发展。这种独立性也许不是社会最高效益的体现。

城市设计作为一门学科发展的程度和在它的权力范围内作为一个专业将在第25章“作为一门学科和一个专业的城市设计”进行讨论。这样的一个讨论使来自于不同设计专业的人在城市设计中的作用也同时给与讨论，因为每一个人都会对未来城市的创造作出一定贡献。如果领导阶层来自于一些有综合先见之明的人群，他们扩充的知识超出他们自身专业技术之外，甚至涉及其他学科有贡献的综合观点，那么无论如何，领导阶层都将最好地服务于社会，并且增强改善所有人的生活质量。

尽管现代主义的运动失败了，但是它促使城市设计面向一个合理的方向。我们需要继续完成它们的任务，通过为城市设计作为一门综合学科和一项综合专业活动建立一个知识立足点。城市设计已经完成许多任务，但是如果过去努力的长处和短处要能充分得到理解的话，那么，就能完成更多的城市设计任务。这些知识能帮助城市设计师对未来做一个合理决策，从而理解他们的设想能取得的成果和不能取得的成果。然而，最终，对来自于传统设计学科的城市设计师而言，创造未来是一个政治化的努力，如果他们的想法源于一个合理的经验基础，而且始终能够伴随有对未来可能出现事物的创造性思维，那么，他们就能作出一些重要贡献。

25

作为一门学科和一个专业的城市设计

“城市设计是一个相对持久活动的新术语”是这本书的开始方式。虽然它的名字可能在新的挑战中已经有所改变，但是作为一项活动，它将继续持续地进行发展。我们现在所称呼的“城市设计”关注的是集中于直接通过物质设计或者间接通过其他人必须遵守规范的建立有意识地进行塑造和重新塑造（新建和改建）人类聚居地的古老活动。

19世纪60年代后期，作为这个领域里的术语“城市设计”(Urban Design)代替了“城市的设计”(Civic Design)，这个术语与利物浦大学建筑学院的城市关注相关联。“城市的设计”也许暗示设计主要集中在对城市主要的市政性建筑、市政厅、剧院和博物馆的设计，还有它们与城市中有传统魅力的开放空间之间关系的设计研究。“城市设计”也已经开始运用，尤其是得到凯文·林奇的运用，但是“城市设计”仍意味着主要集中在城市全部的特质上。菲利普·狄亚勒的环境建筑学或许是描述城市设计领域作为一个群体广泛关注的领域一个较好的术语（狄亚勒）。

这本书描述的理性主义关注的是从20世纪初以来主要是从第二次世界大战以来美国城市设计的特征和目标。作为一个理性主义调查和专业活动的领域，它们被各个学科的人所引导，但主要是被建筑师所引导，在过去的30年，城市设计的成长已经不同凡响。由于人类活动范围在大小方面都有长足的增长，通讯手段多样化，几何环境新方法的发现，城市外在物质空间变化的速度飞速发展，城市设计已经是一项日趋复杂的任务。知识的增长使设计的任务更加艰难，因为它既展现了新选择也强化了我们在任务中面临的不确定因素和矛盾。而且，除了在一些特殊的例子中，传统分类法则像宇宙法则，甚至或者是理性主义建筑师所采用的用历史法来评价最终设计和设计方法正确性的综合法则，它们在讨论什么可以构成一个好设计上存在很少有分量的理论。必须要产生新的城市设计法则。今天在美国，城市设计师的工作是并且必须是塑造未来城市、郊区和其他人类聚居地民主化决策过程的主要组成部分。

自从20世纪80年代早期以来，美国执业建筑师关注的范围像城市设计师一样已经变窄（和别处一样）。他们的关注范围集中在为私人部门大规模基地规划的发展计划上，主要目标是提高开发商的利润。许多令人钦佩的和活跃的计划都是在为私人机构的利益服务中取得成效，但是也有明显的成效是在公众利益的获得上。同时，他们也是非常阴暗的，甚至是反社会的，过去城市设计所致力的对许多社会利益和公众利益的关注已经不幸地丢失了。就像在整个更广泛制定政策舞台上对待社会公平问题一样，这个损失同时平行地产生于对日常社会关注的减少。另一方面，城市设计师关注的设计指导方针和相关程序的设计维持了对公众政策的思考，这个思考引发了对环境质量问题的关注，并且开创了30年以前的城市设计。1977年，美国建筑协会的主席约翰·M·麦金蒂回应了这个关注：

> 我真诚地认为，对于城市而言，单体建筑物之间不会有更多的关联。潘索尔大厦是漂亮的，但是谁注意它了？你坐进你的汽车里，驶过丑陋的停车场和中央大街上那毫无生趣的家具商店后到达那里。你驶进地下停车场，通过污秽的隧道。或者你走在地面不够宽敞的人行道上，当你到达潘索尔大厦时，你会不关心它的漂亮与否。你怎样到达和你在路上看到了什么是与城市中是否有漂亮建筑物一样重要的。休斯敦是一个住在那里和走在那里都会令人遗憾的地方。休斯敦这个城市就像一个建筑博物馆。建筑物是这个重要城市的全部城市构成（引用，狄亚勒）。

印地安那州的哥伦布市有着世界上一流建筑师设计的建筑资本，是一个非常令人愉快的城市，但是它也学习世界上最好建筑的地方，一片接一片，在整个城市的品质方面拥有许多机会成本。它的城市领导者变得更加关注城市设计的品质。

当然与1977年麦金蒂作出评论的时候相比，美国大部分城市中心区域现在趋于有更好的条件。这些城市中的大部分是由于20世纪80年代的经济环境所导致的，填补了在20世纪50、60、70年代由于建筑设计早熟被损坏而带来的纰漏，并且改善了许多单体建筑的环境质量，许多归因于城市规划和城市设计的努力。考虑美国城市的将来，一个特殊的问题已经出现："个人财产权是如此重要，以至于对全部合作的效益和人类聚居地发展中的社会公平的关注是不是仅仅被衡量在提高税务征收者的财产价值和投资商的资本收益上呢？"

对这个问题的回答不是完全根据经验的回答。尽管它们通过经验知识而形成，但是仍属于设计理念范畴。它们是将一直不断出现的那一类问题。为了有能力合理解决问题，城市设计理论和与城市设计行为有关的实践需要组织在一个瞄准社会问题并能很好得到解决的方法里。如果城市设计能促进建筑环境中生活的质量问题——或者如果城市设计是建筑学界关注的公众利益，那么，去问一问城市设计在他们自身权利里是否需要被看作是一门学科和一个专业的时代已经来临了。如果需要问，那么城市设计能是什么呢？

学科和专业

一门学科是知识领域的一个分支。一个专业也是一个职业或者那个职业的，它暗示着这群人具有特殊的技巧和独特的知识体系（拉森，1991年）。建筑学既是一门学科也是一个专业(参见安德森，1988年)。建筑学的许多知识与今天的建筑设计有很少的关联，但是它保留了学科中相当合理的部分。一个建筑师的专业活动利用了许多十分少用的建筑学学科的知识（许多建筑师声称利用了很多），但是相反却利用了其他专业的知识——例如，管理科学的专业知识。甚至在实践上而不是在学术上，建筑设计活动本身也很注重视利用不同分支的工程技术学科和物理学科的基本原理。

在有关土木工程学、景观建筑学和城市规划——其他主要的环境设计领域，可以得到同样类型的观察结果。它们都被公认为既是一门学科也是一个专业。城市设计作为一个专业活动的出现引起了有关在其自身权利中作为一个领域的合理性问题，也引起了它是否可以作为一门学科存在的问题。当然其他设计专业也把它作为自己专业领域的一部分进行考虑。作为一门学科和一个专业它对社会是否有特殊性的效益是另一个问题。城市设计确实不能是一个排他专业。

作为一门综合学科的城市设计

平行于对城市经验主义研究的发展，城市场所空间也进行了可持续的发展，城市设计理论基于人们不断增强的对人与环境关系的理解而发展起来。我们对设计方法——程序性理论的理解也随之有一个增长。许多这些增长的知识和思维体系与其他研究领域共享——在积极而富有建设性的实证性理论方面有城市研究学和环境心理学，规范性理论方面有城市规划、景观建筑学，还有一个小范围的建筑学。

就像是在本书里想象的，尽管城市设计领域的理论内容和其他领域有交叉有搭接，但是作为一门综合学科，它又是独一无二的。在有关城市设计的领域里，它是否能被认为是一门学科一直以来都是一个开放讨论的问题。涉及的内容中许多是将来依靠其他学科进行关注的范围，特别是建筑学环境设计学科、市政工程学科、城市规划和景观建筑学科等。传统的城市设计通过填充建筑学和城市规划之间的知识和专业的缝隙因而与之有十分紧密的联系。由于建筑学缩小了它关注的领域范围和工作方式，也由于城市规划涉及的范围除了社会问题和经济问题外，主要就是继续关注交通运输和土地使用规划方面，于是城市设计在它自身基础上日渐变成一个实实在在的实体。

建筑学作为一门学科，作为知识领域的一个分支，集中体现在建筑特征上，也集中体现在多数专业人员在设计中所形成使用的设计指导方针上。看起来，近些年来城市设计专业好像是对它在建筑学领域中所关注的从新使用方式和新结构方式中产生的复杂事物已经变窄范围的反应。规划已经被独立的独立专家承担。在许多地方建筑的发展领域正接受结构工程及建筑工程的监理，以及受到运用那些主要的传统管理模式的建筑师管理。建筑学学科的关注点牢固地保持在设计方面及建筑师的独特贡献上，主要也就是在理论审美问题上。尽管个体建筑师在一个场所设计和材料选择中正日益关注环境问题，但是建筑学并没有能发展广泛的对环境关注。除了被批评家、业主、法律、规范和设计指导方针强迫这样做的地方之外，其他地方都是勉强地去接受新的关于作品的生理或者心理作用结果的知识。

一大批市民和专家已经开始关注生态环境的性质，特别是那些住在美国土地短缺地区的人们。由于在那些至今有广阔开敞空间的地方人口压力有所增长，于是就滋生了对环境健康的关注。最近的态度是把城市设计作为环境适应中环境改变过程的一部分，这个态度来自于景观建筑学专业将它关注的范围从花园设计改变和扩展到包括生态和生物基础之上的区域规划。伴随着这个改变的发展，人们已经关注到农业景观和人类聚居地模式的社会生态学，也关注到聚居地模式的新形式和保护生物环境的合法手段的研究。关于这些问题我们应有一个非常紧迫的感觉，如人口增长和更多的土地由乡村用地变成城市土地使用，并且也有自相矛盾的情形出现，像在美国许多地方就开始进行"退耕还林"。

设计领域的知识体系在很大程度上相互交叉重叠，绝对是值得非常多地运用自然科学理论和社会科学理论来进行研究。自然科学提供了对材料性质、材料结构和技术的观察力，社会科学着重于活动系统的理解、文化框架及审美理论里的活动在空间上的分布。尽管分析的特殊技巧依靠关注的焦点和一个作为设计基础使用的实证性理论，但是设计方法论、设计过程研究对所有决策制定领域而言仍是常见的。

城市设计独特的关注点是集中在城市形态和形式上。这个关注点已经产生而不仅仅是被预见的。由于要解决其他专业和外行所不能解决问题的需要，城市设计的发展就成为这个需要的成果。结果它正在开始引导研究，而且在自己的领域中发展了对其自身发展很重要的实证性理论。就像建筑学一样，直到最近城市设计才有少数的除了历史先例描述之外的研究传统。这种态度正在发生改变。不管城市设计是否真的在自身权限里变成一门学科，这很大程度都将依赖于建筑学、景观建筑学和城市规划将来发展的方向。每个设计专业都声称城市设计是自己专业职责的一部分动力是可以理解的。对城市设计的关注也就是对生活质量和未来生活的关注。

经验主义举例说明了通过它们在场所上，在对生活中人们的行为与生活的关注研究也评价了他们自己。理性主义首要关注的就是对开发我们处理未来能力的关注。这样的陈述既不否认经验主义对未来的关注，也不否认理性主义对生活的关注，而它宁可是作为每个群体怎样去寻找目标的表达。城市设计作为一门学科需要综合两方面的想法——研究我们是谁、我们是什么和我们可能变成什么，带着对开发将来可能事物的关注，扩展我们现在对我们可能是什么的理解。

可能发生的变化是整个新学科的变化，或者是前面提到的环境建筑学科的变化，它们将作为设计特殊化的理论基础。城市设计是一项综合性活动。依赖于对环境问题及一些相对可能性的广泛理解，以及对未来可能的发展结果的理解。长期的社会压力将几乎不可避免地导致现有设计专业对生活质量继而对人类聚居地共同的关注。这也意味着传统专业界限和忌妒心理的破裂。当前变化的压力来自于开发商是有点令人惊讶的，他们想看到一个适合于他们建设项目的综合满意方法。

作为一项综合性专业的城市设计

30年前在设计专业中，城市设计几乎是一个完全未知的题目。从那以后，它至少已经变成一个公认的专业领域活动。有许多专业组织投身于城市设计专门技术的发展中，促进了城市设计作为一项专业的活动。城市设计期刊描述了城市设计中计划和完成的项目，介绍了设计理论方面的基础理论。许多专业公司提高了自身素质和作为城市设计师的技巧。公众机构为城市设计师和具有城市设计技术的人做广告。美国的一些设计学校有很多教育计划（世界上也日益增长）致力于教授城市设计技能。所有的这些都是为一个职业做的吗？

城市设计是所有设计专业共同感兴趣的领域。同时，做好城市设计除了与传统设计专业有关联以外，还需要一个独特的知识体系。在专业工作方面也是独一无二的。而且应该是保持并应努力进行协同合作的领域。城市设计师面临的问题太复杂了，因而个人无法独自地进行处理工作。随着挑战的日益增长，建筑师和城市设计师的工作质量和逻辑性需要面临法律支持，因此专业技能的要求也增强了。"绅士建筑师"渐渐地已经是过去的景象了，这不仅仅是因为进入设计专业的女性数量增长了，也因为缺乏作为法律支持和民众普遍公认的好品味。

一个日益被教化的社会正一点点直接地或间接地通过人们所提出的问题要求城市设计工作是专业所胜任的。这个要求和其他专业如像医学专业的要求是平行展开的。因而城市设计师必须要掌握与人类聚居地有关的自然科学和社会科学知识，并且能够运用这些知识作为设计基础。如同在这本书中已经体现的一样这些知识变化多端。正如理解建筑环境中风模式的影响和与风模式有关的建筑环境都是日益详细研究的领域。怎样理解使用风的冲洗力量，同时去净化空气使公共空间令人愉快舒适，这是一个非常特殊的知识和设计技能领域。在许多地方这个理解已经为城市设计实践作了贡献，并通过它作用于城市生活质量，特别是作用于城市街道生活(参见第11章)。城市设计活动或者城市艺术活动把许多这样的思路拉在了一起。

城市设计将会保持一种协同合作的艺术。具有城市设计技能的人，将继续需要通过专门的培训或通过坚定自信的个人经历获得设计技能。由于人类聚居地规模的持续增长和人口密度的增加，在对世界城市发展进行观察后，从规划和设计角度上来说，对城市的保护是困难的，这就要求将观察和保护持续下去。就像这本书里论证的一样，城市设计已经明显地发展成有自身知识体系的应用技术领域。城市设计至少有一个独特的专业领域。这个方面，像乔纳森·巴尼特（1982年）说的一样，“城市的设计不是设计建筑物”——编写设计指导方针是通过塑造建筑物和公众领域去塑造城市及其区域。为了使城市设计指导方针在法律上是可信的，必须是基于专业知识而不是私人的怪念头。它们可以做到这些。尽管塑造城市公众领域指导方针的创许是城市设计的独特能力，但是它绝不是将来城市设计的惟一作用。

城市设计和世界性问题

正如第3章“今天城市设计的特征”中提到的，建筑师在处理世界性的社会问题和经济问题方面已经处于一个力量较为有限的角色（戈德伯格，1989年）。事实上，建筑学专业已经看到由于建筑和结构方法已经变得更复杂，使得设计和单体建筑设计实施的缩水。在城市设计方面，缩减开资也就是意味着认识到建筑设计和物质环境的质量在今天所面对的主要世界性问题时很少有冲突，但是它没有认识到创造美好世界性城市设计的潜在作用——即在处理人类生活的建筑环境多元化冲突方面所起的作用。

总体城市设计和局部城市设计的经验——住宅建设工程、新城镇和城镇中的新城——第二次世界大战之后的第一个30年的新城镇建设已经展示给我们的主要社会问题是，城市建设不能由于我们的专业设计人员已经习惯了去相信（经常被我们的客户煽动）的仅仅简化到对住宅问题或公共空间缺乏问题的解决上。同时，在20世纪80年代，人们缺乏对城市整体质量监控的关注，仅仅只是通过私人机构的努力，城市发展的规模对许多城市居民可能有的或者应该有的生活提高已经没有做贡献了。

如果当前设计实践中连续的机会成本缩减，那么，就需要努力去实现总体城市设计的许多作用。城市设计师的一个潜在功能就是给决策者提供有关的建筑环境，特别是提供有关公众领域变化的三维空间质量的引导能力和建议。如果是在一个局部的基础上制定关于建筑环境的设计决议，也可能带来民众对社会效益的注意。对其他决策者而言，由于一些简化但是更有魅力的艺术作用，简单地赋予他们一些几何构成方面的想法，可能就会得到欣赏。毫无疑问，不同的设计师关注城市了解城市的功能局限于他们自身的专业技术、利益和价值观的可认知范围(伯格曼，1982年；斯科特·布朗，1982年；亚历山大，1987年；奥斯特，1987年；麦凯，1990年)。如果他们声称可以从更多的专业角度或者仅仅能从自身专业能力方面看世界，而且未能看到他们自己也是作为许多决策者的一个——如果他们不能把城市设计看作是一个协同合作的努力过程，那么，危险就出现了。

决策者

在民主社会，决策的力量是非常分散的。表面上看，建立社会整体目标的决定是由那些通过他们自己选举的政客及社会成员(或至少那些是市民的人)制定的。这样的大多数社会允许市场是一个为建立社会的竞争目标和手段特征的主要仲裁者。这个塑造了21世纪城市的观察结果在第2章中已经进行了阐述。与其他国家相比，某些国家公众机构部门在建立有关城市形态的质量优先权上有更坚固的干涉力。在那里，作为决策者的专业设计师，或者更可能也可以作为决策者顾问的专业设计师可以起一个很大的作用。那里的权利在个人之间扩展分布得更分散，在明确的法律限定里，人们可以做自己想做的。因而与美国相比，西欧的专业设计师在城市设计方面具有更大的影响力。

传统上设计专业都要紧紧跟随当前的社会潮流，而不是创造潮流。现代主义——包括理性主义和经验主义——正在处理20世纪上半叶社会所关注的问题，今天许多城市设计师只是跟随宽泛的社会实用主义消费者的社会潮流。除非设计师在社会上能拥有一个更公开的政治地位，否则这种情形将继续存在。他们必须比现在更加坚定地提倡环境品质的重要性。他们必须比现在更非常主动地跟上政治家的脚步。他们在人类聚居地环境质量利益上的改革精神需要复苏，像示范的一样，例如，迈克尔·哈灵顿（1962年）在贫困地区的示范和I·麦克哈格（1969年）在景观建筑学方面的示范，当然也包括今天倡导的“绿色和平”。

20世纪80年代，在美国特别是在城市的公众机构部门主要关注的是资金返回的不足造成运转方面的不足。在城市设计方面，由作为企业家的开发商而来的流行态度鼓励进行大型建筑物大规模的开发。城市设计领导者来自于私人机构。城市政府很大程度上已经放弃了他们的规划作用。从历史发展的观点上说，政府部门联合公众机构提出政策建议，开发商提出建筑建议。开发商给出建筑提议后公众机构应作出反应。现在塑造城市未来或好或坏的物质环境质量的主动权已经掌握在开发商手中。

社会主要决策者仍然是政治家、土地拥有者与开发商，以及进行投资开发的人——私人机构的银行家和公共政府机构的银行家。他们拥有权力的程度随时间而发生转变。在城市中能作出主要设计决策的权力被相对少数的人拥有，他们是权力精英。形成城市个性的无数小的决定是由许多人共同决定的。城市设计师的作用可能是对这些公众利益的决定给予连贯并形成最后的决议，对市民经济的和私人经济来说他们就是顾问或设计师。设计师仰赖他们的专长也可以满足许多不太繁重的任务需要。

设计专业的政治权利来自于自身的技术。在这本书中已经讨论过，基于越来越多的知识经验，争论是越来越有力。直到最近，技术领域里的交通规划师和其他规划师们才有相当的力量去做他们希望想做的事，因为他们能够详细地描述他们所关注的工作需求。现在，然而，规划的社会结果体现在土地使用、人口分配和社会隔离等方面，受制于一定的论点和他们传统地用来评价并且促进方案的标准已经被严重地质疑。

在城市设计中，一些建筑师通过尽力理解城市问题和提出解决方案等手段，为城市设计提供了一个坚强的领导力。然而主流建筑师仍然坚持他们所了解的最好的城市设计来自于先天的创造力而不是源于知识的深奥，这样使他们丢掉了可信度，进而又丢掉了政治权利。倘若他们在增强人类生活质量方面有限的功能效用被理解，并且再没有更高的效用，拘泥于形式的理性主义者设计方法才是合理的。城市设计师的权利是去作出决策，或者确切地说是形成决议，这些决议来自于他们的声誉和专业技术，也来自于他们为他们的提议、能言善辩的争论能力。仅仅依赖争论的能力将是一个长期运作的错误。

整合专业技术

在城市设计方面很少有人已经接受过明确的教育。城市设计科目的毕业生数量在世界各处少得是可以忽略不计的，那些毕业生中的一些已经返回到建筑设计上，因为建筑设计可以有更直接的回报。今天许多直接参与城市设计的设计专业人员已经了解了有关城市问题真实的经验方法（通过体验），尽管他们或许没有觉察到什么是立即必须要做决策的。

因为有这么多的城市设计已经被开发商驱动，所以城市设计师们必须学习关于开发程序的相关事务。与过去相比，他们必须更为敏感对城市形式广泛功能的关注，因为他们参与了伴随着城市设计计划的发展及实施完成而出现的政治上的明争暗斗。然而他们没有进行特别的多功能设计的关注，因为没有政治压力去要求他们这样做，也是因为他们所掌握的知识或经验的教育不能帮助他们有能力去关注涉及的广泛社会问题和技术问题（斯科特·布朗，1990年）。无论如何，设计师正显著地提高一个增长经验研究体系的意识，特别是那些容易转化为设计准则的设计体系（例如凯文·林奇，1960年；纽曼，1972年；怀特，1980年）。

在未来城市设计中工作的许多人将从传统设计学科中分离出去。他们中的多数人通过自身具有的学科基础将进行周密的城市设计。他们将继续是他们利益的提倡者。如果设计师作为社会力量和设计力量对社会潜在的贡献可以通过城市设计师以某种方式得到预见的话，那么，至少城市设计师应该将这些利益用绳索捆绑在一起。

作为意象制造者和形式化艺术家的城市设计师：建筑学的观点

传统的与建筑学关联的设计思维是将创造力标榜为空洞的形式——处于对他们自身兴趣的设计（赫丝特，1989年）。当建筑师去看和批评今天的城市时，很大程度上他们仍关注把城市作为一种几何形态，也仍认为城市是一个建筑展示的环境。这种工作已经综合在其他的城市关注中。

城市设计师作为没有任何明确社会关注的纯形式赋予者有许多潜在的作用。正如一个建筑师或者建筑设计师带来创造性的生活一样，一个基本作用就是让建筑设计迎合一系列的城市设计指导方针。如果一个设计程序是以要解决社会文化和经济问题为基础的，而且是以一个委托为基础去解决问题的话，那么，最佳状态的城市设计指导方针就只能给出一个什么是需要去做的大纲。在有许多方式都能对它们进行解释。给那些必须符合城市设计原则的建筑设计提供创造性解决办法的能力，在波士顿的Fan Pier许多主要建筑师（罗伯特·斯特恩、弗兰克·盖里，罗伯特·文丘里）的工作中也清楚地说明了这个观点（乔纳森·巴尼特，1987年）。如果这个能力能被扩展到全体的专业设计人员中，那么城市的质量就将会有所增长。

就本身而言，作为形式赋予者的第二个作用更接近城市设计。这是城市观念和设计想法中关于怎样组织现有城市空间模式的一个传统想法（培根，1974年）。公共领域最终毕竟属于建筑学领域的创造，建筑学有一个物质化的形式。目标是去为人类生活创造一个有灵感的、公认的物质性框架。建筑学的观念可以对有关场所潜在形式闪现一个火花，但是像他们的前辈一样，这个观念可能是一个解决有限的维持不建设问题的大胆计划（斯基、斯东，1976年）。有时候，他们解决的那些问题已经是足够重要的，因此，所有其他的问题都可以忽略。

作为实用生态学家的城市设计师：景观建筑学观点

在生物环境中建筑环境和居民的主要影响之一就是针对自然领域，最终影响到人类健康。建筑改变了微气候，铺面材料改变了水流模式，人类行为活动污染了空气等。正像在第18章中所提到的一样，这个清单几乎是无穷无尽的。自从20世纪70年代以来，景观建筑学专业发生了根本转变。因为公众变得更加意识到生物环境的破坏，景观建筑学被推到环境设计学科的最前沿。地域和地方生态适宜性目标已经开始着手设计。要记住在单调脆弱的自然环境中设计决策的相互影响作用（麦克哈格，1969年；霍夫，1984年；斯本，1984年）。就本质而言，关注的焦点应该经常置于服务的自然环境利益上。

像城市设计师和建筑师一样，在许多景观建筑师心中也具有局限的人类模式——主要是生物模式。虽然一般来说这是危险的，美国的景观建筑师也趋于把从传统的花园设计（那些来自英美传统设计的英式景观花园，那些来自欧洲理性主义传统设计的几何形式花园）产生的可预知的美学环境理论带到城市和城市空间的设计中。

最近景观建筑师更多关注的是设计时应该将人类需求放在头脑中（赫丝特，1989年；斯本，1984年，1989年）。生态景观建筑学服务的目标和任何其他专业设计运动的目标一样都是政治产物，关注来自于这个认可。另外，在人类聚居地中创造更多的开放空间解决“社会病”曾经是城市设计的一个基本原则，现在却遭到更多的批评。作为娱乐区域的公园设计因政治权利才进行开发的情形已经发生改变，并且公园服务功能已经发生改变。作为一个结果许多城市用地被设计成公园：令人愉快的广场，更新公园，建设娱乐设施和开放空间系统（盖伦·格瑞兹，1982年）。

景观建筑学对将来城市设计思维的贡献是主要的，因为公众变得更加关注生态环境的健康。多数现在有两个特长的区域可能就与城市设计有关。首先是对城市自然环境的作用以及城市对自然环境影响的理解，其次是对公共场所设计的理解。第二个方面的作用是将作为一个采用更大方的人类模式和对于解决公园运动的特征问题和他们强烈的社会关注态度得到充分增强（例如赫丝特，1975年，1989年；库珀、弗朗西斯，1990年）。

作为基础结构设施设计师的城市设计师：土木工程学观点

城市设计师作为城市基础结构设施设计师显然是和土木工程学相联系的，在某种程度上也和城市规划相关联。主要关注是基础结构设施系统的设计和有关土地使用的问题。关注的焦点趋于城市就像一系列通讯管道。在本书中已经讨论到，城市的质量很大程度上是取决于公共基础结构设施（街道和开放空间）的质量和设施的分布作用。因而，这个作用作为拓宽设计关注的主张是至关重要的，对设计的关注已经从狭隘的理性主义的功能主义已经转到第7章中所描述的内容，更为普遍的是转到第二部分中描述的内容。事实上，城市设计是并将继续首要关注增强住宅区的都市网络质量（克兰，1960年；布坎南，1988年）。公共政策也同样需要。

作为社会力量的城市设计师：城市规划观点

城市规划长期以来都进行社会关注，那就是提高人类的生活质量。现代主义建筑运动的失败导致城市规划师集中了注意力在经验主义方法上进行规划，但是当他们努力处理社会基础问题和经济问题的时候，把城市的三维空间质量忽略了。物质性城市和集中对城市形式及其功能关注的相关系统的再发现是必须的，将导致城市规划师重新思考他们在城市设计中作用的特质。尽管最近许多总体城市设计和局部城市设计在城市规划的真空状态下好像被取代了，不可避免地城市设计活动要遵循城市规划的决策，但是城市设计也将促成城市规划的决策。

城市设计师在帮助社会自觉创造未来的方面也涉及其他的一些决策者。这是不可避免的。任何城市设计计划都是通过它所提供的和没有提供的行为来促成将来。在第1章中提及的是，由于特殊建筑环境模式提供的那种行为不意味着它一定会发生，但是那些没有提供的行为就一定不能发生。一个社会性议程的设计为城市设计确立了一个参量。

像任何一个其他的市民一样，城市设计师也能在促成社会目标中起到激进积极的作用。与实践家相比，这个作用更接近于与空想家联系在一起，但是社区设计运动思想中已经具有社会目标了（参见第2章、第3章和第4章）。

创造综合景象

由于城市设计对未来社会的改良作出了一些主要贡献，因此，要对所有包含前一部分四个意象的城市设计进行整合。每一个传统设计专业都提供了很多业主、公众，在城市设计及其各部门中，直接通过公众机构工作或者间接通过他们为开发商所做的工作，也都提供了更多的业主和公众。如果城市规划师、城市设计师、景观建筑师和城市工程师来到同一把伞下，社会就将可能得到很好的服务，而且有能力完成这本书中描述的城市设计作用，需要给进行综合城市景象的人提供一个综合视野。

专业提供的领导能力与综合城市景象是不相干的。领导能力可能来自最受关注的个体。问题是那些受关心的人并没有具备必须的知识能力来进行综合城市物质景象。领导者需要知道足够多的有关城市设计全部的问题，了解他们知道的和不知道的，并且知道怎么将具有不同知识和技术领域里的人组织在一起。他们对使用有技术的人必须要有足够的自信心，并明确在特殊情形下应该解决什么问题。

与其他设计专家相比，并考虑到当前的专业技术发展，城市规划师和景观建筑师更可能在城市设计中发展其领导才能，尽管特殊问题和时机的辨别可能来自其他人。在把总体城市设计和局部城市设计放在一起的时候，建筑群体易于扮演一个主导角色，因为建筑师在设计建筑方面有能力。基础结构设施的设计和公众领域中建筑设计指导方针的确切阐述需要既可以理解建筑师狭义感觉的人，也可以理解环境设计和问题解决广义感觉的人。如同在过去一样，特别是在城市设计中，专业人员的中心地位作用将高度地依赖服务业主的特性。

将来潜在的业主

前面已经提到的约翰·西斯尔（1974年）区别城市设计师的付费业主和不付费业主的方法是一个非常有用的方法。这是一个重要的区别法，因为它说明了在未来的设计中城市设计师面临的多种责任。设计师为给他们付费的业主做一个提倡者有主要的责任，但是从整体而言，他们也对他们计划的使用人和社会有一个专业性的责任。事实上，声称不支付的业主为设计质量通过租金、税收或者心理压力等方式结束付费。尽管这些业主口头上应付着作为使用者要参与设计的概念，但是他们经常不直接涉及决策过程。但是实际上他们真的需要。

付费业主：开发团体

开发团体由两个主要群体组成：经纪人和他们的经济后盾。在公共部门，经纪人是政府的代理人和政客。他们的经济后盾是纳税人（虽然渐渐的是私人机构）。在私人机构里，经纪人就是一个开发商，他们的经济后盾是银行家和其他贷款机构。他们为建筑师的产品付费人（购买者和租贷人）担当代理人。

公众机构

从历史发展的角度说，尽管在这里不是惟一的，但是公众机构是公众领域里从事于公众利益的经纪人。他们促进了都市网络发展，通过公众纪念馆发扬对历史事件和重要人物的颂扬。他们也是艺术的资助人。公众机构关注的形式基本上整体被看作是对社会有益的，但是他们没有将使用者的费用直接支付给自己，或者对于他们来讲，集资在行政上不可行的。这个关注必须继续，但是除非市民通过在财产、收入和不同商品消费上的税收愿意为公共系统付费，否则，将会很少取得这样的进步。人们必须意识到他们自身的利益正处于危险的处境中。在美国，这样的意识仅仅是当人们察觉到可能的利益冲突将立即发生的时候才可能产生。

在公众机构中，付费业主是有操纵能力的政客和市民公仆。通常期望前者指出方向，后者去执行或者监督计划理念的执行。政客的主要目的之一是获取重新选择的机会。他们对于城市设计关注的程度随他们的委托人而变化，但是有一些政客是设计质量和城市所反映问题的坚决提倡者(史密斯，1991年)。建筑环境得到改变是公共官员主要关注的一个焦点。它也是处理城市基本问题的一个令人困扰的事情。不仅仅是建筑师，许多选举官员在建筑决定论上也都有一个坚定信念。

如同前面已经提到的情形一样，近年来在许多场所，公众机构已经把公众领域开发的成本传递给了私人机构。这些例子中公众利益能得到保护主要有两个基本方面的贡献：通过为开发建立合适的指导方针，通过参加选举的官员及他们的指示批评对待来自私人机构的建议。从这个意义上说，公共建筑领域中公众机构和私人机构之间增强协同合作的努力成果不断地涌现出来。已经支付的价格是将公共领域忽视了(布坎南，1988年；赫特，1990年)。这不是真实情形。

私人机构

在第20章中已经提到，发展私人机构经纪人和赞助商的老一套想法是容易的。开发商的陈词滥调仅仅是他们关注的最佳利益，因此他们关注快速又可赚更多利润的项目。然而，开发商趋向于按他们知道的以他们想建造的方式去建造，即使这就意味着前面所谈的潜在利益。他们趋于像建筑师一样差不多就是充当“第一夫人”的角色。他们纵观城市，寻找机会建造他们想要建造的东西。他们不会问的问题：“对这个地方这是最好的事情吗？”

有两种潜在作为经济后盾的群体：银行家和纳税人。银行家的陈词滥调是，希望风险最小化，因此他们喜欢保守的设计程序和解决方案（知道的超过未知的)。纳税人的陈词滥调是，希望税金支付最小化；他们被自身的私利压迫，并且当环境直接影响他们时，他们仅仅关注环境设计。事实上，政治家们以唤醒投票人对税收的愤怒而成功发达。如同这些陈词滥调的情形一样，它们是这些陈述的真正内容；它们也被高度地误导。

开发商的想法比老套的建议要广泛，尤其是个体开发商有他们自己特殊的关注。只要关乎他们自身的私利，他们经常就非常关注建筑环境质量。这样的人就像是马里兰州哥伦比亚的詹姆斯·瑞兹，对他们自己的工作有一个坚定的社会关注和审美关注(R·布鲁克斯，1974年；泰纳伯姆，1990年)。开发商在加利福尼亚州葛伦德耳的城市设计指导方针有坚定的支持者，在那里保持设计质量中指导方针的效用是容易理解的，并且在休斯敦，那的分区规划是最近改革的新方法。开发商经常提供公共生活福利设施，当然是在其自身私利之内，但是也可能在广泛的公众利益之内。如果他们能看到广阔的利益，并且对他们有一个切实的回报，就能经常被说服去做后者，提供公共生活福利设施。事实上分区规划的整个动机就是以这个主张为基础的。

清楚的是，对建筑环境设计的关注相当地不同于从人到人的关注，而且也包括从民族到民族、从纳税人到纳税人的关注。在一些城市对建筑环境都有主要的关注。与许多城市相比，芝加哥对建筑学的理解有一个广泛的基础，但不是对城市设计。在旧金山或者更是如此，在俄勒冈州的波特兰，有相当的公众支持城市设计措施，这个措施或许会有损城市的金融收入，但是许多著名的物质空间仍将保持设计质量(史密斯，1991年)。旧金山在建立美国城市的城市设计指导方针方面居于主导地位已经不是令人惊讶的事了。相反的，芝加哥却关注促进单体建筑的开发，特别是摩天大楼——越高越好。

不付费业主

不付费业主由许多潜在群体组成。他们不同于用户、居民行为群体和特殊民族利益群体。在城市设计中将继续关注以下四类主要群体：开发的真正使用者，不管是开发一个建筑物、建筑综合体、邻里单位、开放空间，还是开发城市；公众利益；相关的专业人员；不可避免地还有个体设计师。

用　户

较早之前就有过规定，城市开发建设的使用者如果没有聘请建筑师和城市设计师，他们是不用付费的。时常，他们与为他们进行设计的专业设计人员之间没有接触，导致专业设计人员和用户之间存在一个管理上的缺口。用户在设计过程中的作用被其他人表现：公众机构和市场专家，他们据称知道怎样表明和应怎样满足用户的需求。在专业设计人员和用户之间也有而且将会时常存在社会隔阂（参见第21章；西斯尔，1974年）。这本书中介绍的关于设计和设计程序的知识基础将能使设计师对有关需求、目标和手段等敏感的问题进行提问，而不是依赖于他们自身的社会观点去判断。就像第24章陈述的一样，关注应当与设计的最终受益者有关。虽然许多建筑师声称他们知道得更多，并且认为咨询用户是毫无意义的，但在最近的调查中，85%的美国建筑师说，他们相信用户意见的采纳可以改善设计质量（狄克逊，1988年）。不清楚的是在调查中建筑师通过了解提供的用户意见到底理解了什么。

证明设计中没有把用户放在心中是困难的，除了通过艺术设防——城市设计作为艺术家努力的工作。这样的设计经常充分地产生并得到表达（普瑞，1970年；布瑞林，1974年；库珀、萨克斯西，1986年）。建筑师面临的困难是他们被设计成果看起来像什么的专业标准、专业价值系统和他们自身喜欢和不喜欢的东西所左右着。

公众利益

声称城市设计师应该服务公众利益是容易的。明确公众利益是什么或者设计一个方法并探知其真相却是一项困难的任务，就像在本书中多次提到的一样。问题是："谁代表公众利益？"许多团体提倡他们信任的设计目标符合国家利益。

公认的是不同的参与者在城市发展中有相互竞争的公众利益目标和概念，并且城市规划师和建筑师的工作明确是基于狭隘的对专业、对阶级和对社会出身偏爱的基础。市场已经是一个社会事业机构，在那里他们之间目标的冲突得到解决。结果是那些拥有财富的人在他们自身的利益里比其他人更有能力去塑造事物的发展思维路线。因而，社会规划师、物质规划师和城市设计师的作用就是设计处理繁杂的事物，市场失败就源于考虑这些问题。环境质量就是这些物质之一。

如果一个人接受城市建筑环境质量依靠于不同人提供的需求，那么，就可以把公众利益关注的内容概括为：(1)公共福利；(2)生物环境的健康，但不是忽略人类环境的状态；(3)保护在将来可能是重要的环境要素；(4)关注那些在决策过程中没被代表或者没被完全代表的人，特别是少数民族、儿童和穷人。在这里表明的，存在于公众利益中明确的目标是：增加行为活动的机会和为了生活的富足，从这个意义上讲，每天展现的环境应该是一个适合于教育任何人的工具；审美目标，源自于不同人种艺术和娱乐的起源环境（参见第16章和第17章）。这些目标未被充分明确，解决它们将继续是一个充满感情色彩的非常政治性过程。

明确公众利益将牵涉到不同竞争对象之间的交涉。在这种交涉过程中，城市设计师的部分功能是仲裁，部分功能又是把潜在的将来介绍到讨论中去。城市设计师相信的是公众利益的艺术设防是不够坚固的。如果城市规划师可以在经验知识的基础上精确地决策预测结果的运用，那么就可以起到一个非常有力的作用。

专业同辈

专业人员的主要酬劳之一是对于他们工作的报酬、赞誉，或者来自于他们是其中成员的专业社会的赞扬（蒙哥马利，1966年；布拉瓦，1984年）。这不仅仅增强了设计师的自尊心，同时这也经常会对业务有好处，尽管有时也感觉到相反的事物也是正确的。

在过去30年里，建筑学专业不得不面对的困窘之一是，那些获得了许多的奖励或者受到高度表扬的计划却陷入困境之中，因为那些真正使用计划的人意识到那仅仅是一个充满乏味的设计（伯克瑞福，1990年）。产生矛盾的原因是，被专业人员和用户用来判断一个建筑或者一个城市地块的评价标准不同（参见戈特曼、韦斯特曼，1974年）。专业人员非常自然地评价作为同时代的可以接受的审美标准。用户则在自身活动和审美价值方面评价一个他们需要的计划功效。两个群体都确信他们的立场是正确的。在评价设计方面应该体现谁的价值的问题将是一个将持续下去的基本政治问题（参见第21章和第24章）。

城市设计师

城市设计师以多种方式推广他们自己的作品：

自我促进、资金回报和自我满意。前两个对留在业务工作中是必要的——毕竟城市设计是一项业务工作，最后一个是无形的理由。城市设计师从不同方式的工作中获得满意：同行的赞扬、内心的满足和获胜的观点。

建筑师霍华德·罗克（他主要从事理性主义城市设计工作）的设计意象被安·兰德表现在她的哲学性小说《本源》里，并且在《阿拉斯耸耸肩》里对她解释表述的哲学立场是一个有力的表现："我的哲学，基本上是英雄人物的概念，作为正常生活的目的它有自己的快乐；作为高贵的行动和仅仅绝对的理由，它获得收获。"这和工作在美国的理性主义城市设计师汤姆·乌尔夫之间（1981年）的描述是相似的。希望城市设计师的专业快乐来自于做好所有关注的工作，包括他们自身。

专业人员和业主——集成的方法

将来城市设计师潜在作用的发挥就是依靠他们怎样将公众机构和私人机构联系，也依靠他们的知识和抱负，也依靠他们采取的态度和社会赋予的责任。虽然协同合作设计的态度已经是本书的一个议题(第24章),但是更多的将会仰赖于城市设计师和客户们所掌握的知识。

作为专家的设计师

包含在环境变化过程中的所有建筑师、景观建筑设计师和其他专业设计人员都是有专长的。当专业设计人员承担专家责任的时候,他们要努力促进他们的品味和价值——即运用客位研究的方法去进行设计(维尼·穆德,1990年)。部分城市设计师的态度是告诉他们我想要的。这是设计过程中非常利己主义的观点,但是在许多设计教育中人也被灌输了这个观点(米切尔,1974年)。如果那些在建筑设计中受过教育的人希望在城市设计中扮演一个专家角色的话,那么与现在相比他们必须对建筑环境和人类需求的功能有更好的理解。这些知识将服务于两个目的:它将能使他们知道他们能做什么和他们不知道什么,提出明智的问题并且弄清楚业主方面的知识以及业主对设计的局限性他们真正了解了多少。在许多例子中,专业人员和业主将会是一对对称的知识缺乏团体(伯泽杰内克,1974年;瑞特欧,1984年)。

作为助产士的设计师

从20世纪70年代开始,反映在20世纪50年代和20世纪60年代的建筑学和城市设计中，豪斯特·瑞特欧（伯泽杰内克，1974年；瑞特欧，1984年）提议对专家的专业能力要进行夸大，而且最好业主不懂专家的专业。对于建筑师和城市设计师来讲,他提出的助产士作用而不是专家作用将是更适当的自我意象表现。

助产士是一个值得尊敬的职业。相似于助产术专业的建筑学专业，假设业主是自己目标更好的判断人,设计师的作用就是从头到尾照看好设计过程,排除出现的问题和提出减轻城市病痛的方法。城市设计师的功能因而是与社区公众一起工作，从而引发他们的需求和价值，然后使用他或者她的专业特长，去帮助社区公众把他们的想法变成一个具体的设计。对设计而言，这是一个主位研究的方法——一个依赖使用者价值的方法。做最极端的理解，这个方法能告诉他们他们所说他们想要的。这里的态度是，这个观点是和城市设计师潜在的作用与他或她具有的像设计师所声称的全部理性而广泛可利用的知识的潜在作用一样是有限的。

城市设计师功能中的"作为助产士的设计师"的概念被看作是20世纪60年代一些城市生长和死亡的代名词。如果事情已经发展到更令人深思的社区设计运动之中，那么，建筑师和业主的关系就被视为一种协同合作的关系。

作为合作者的设计师

社区设计运动超越了专业设计的主导方向,因为它根本没有关注建筑师的文化品味。然而作为专业活动的一个分支它已经繁荣起来，就像在第3章"今天城市设计的性征"中描述的一样。运动已经涉及住宅的面积和人口问题,这通常被看作是很少有政治影响力的,因为他们既没有为街区投票也没有使它足够的富裕。然而，由于社区设计运动本质上是一个合作性设计运动，因此其想法（就像在第24章中说明的一样）已经能被扩展到城市设计的整个区域。

协作完成的设计过程包括不同设计专业人员的合作，在设计的演变中，他们每一个人都有自己的专家、用户和发起人（哈伯，1969年，1974年；米歇尔，1974年；哈奇，1984年；金，1989年；J.斯特恩，1989年）。由于合作工作得好，就一定会形成对一个综合观点全部图解般的理解。合作完成的设计过程需要许多城市设计师，在设计里包含一个低利己主义的需求，并且包含用户完全积极参与的过程，而不是一个使心理疲惫不堪的消极过程。这个方法很强烈地依赖于设计师的专业技术，他们把用户的注意力带到关注的问题上，并且独断专行地听取反应。在一个还不知道潜在用户的项目里，设计程序包括代表人群的设计。设计的解决方法在争论的过程中通过合作体现。城市设计师的功能有四种：（1）引导出一个社区目标；（2）把注意力放在取得那些目标的潜在方法上；（3）通过说明每一种方法的长处和不足，帮助社区评价每一种方法的可行性；（4）帮助社区实施完成已经同意的解决方案。理念上还有第五功能：评价整个计划。

城市设计师的未来作用

对这本书的主题再次进行回应。如果要成为一个功能性经验主义的城市设计，从专业角度关注人类聚居环境的设计必须要进行合作性的工作（乔恩·朗，1990年；韦斯特曼，1990年）。尽管建筑师主体专业活动的单体建筑设计可能很好地像它将继续发展的一样得到继续，城市设计师作为一个公共服务专业，必须要把重点集中在建筑学和城市设计上。这是当前观念学的立场，也形成了这本书的立场（参见第23章和第24章）。城市设计必须关注公众领域，不管它是在私人机构的控制下还是在公众机构的控制下。尽管明确城市设计是什么是比较困难的，但是它还是必须要关注公众利益。

在公众机构的作用

在公众机构中城市设计师体现为两种行为方式：作为一个公共雇员和作为私人顾问为公众机构或者城市规划机构进行工作。与前者相比，在后者中，在公众利益方面他们或许有进行工作更大的自由度，在那里他们可能被包裹在公共官员的偏袒关注之中。事实上，他们的目的都是给参加选举的公共官员提供信息和建议。在这方面的作用中，城市设计师的功能建立在城市规划师和选举官员磋商方面，目标是为了城市的发展；城市设计师提出了城市设计指导方针，在这个指导方针指导下，具有特殊专长的建筑师将设计特殊建筑、公共开放空间景观，特殊艺术作品；也可以在建立指导方针基础上协调和评价设计师的作品。

整体而言，在发展这些指导方针和设计方面，这里描述的标准立场是（和形成将来城市设计过程引导的全部方法，同样在第23章和第24章中进行描述）城市设计师必须关注整个社区，并且特别关注那些少数能够直言的成员意见，这些成员的意见可能与短期和长期的设计决策结果有关，可能也和将来后代潜在的需求有关。城市设计师的作用和义务是对公众的关注带来采用超越其他社会设计的物质性设计成果，否则，适合未来设计的可能性尤其是在不同人群的公众领域中就可能被错过，为的是提高或保持好品质。关注未来，也包括短期和长期的关注。

在私人机构的作用

在私人机构里城市设计师的作用需要更慎重地明确。一方面，他们是私人利益的提倡者，并且与避免公众利益受限制机制有关联。事实上对于前者，私人机构以前公共代理官员的要求基于假设他们知道怎样传播规章制度。另一方面，城市设计师有自身的专业职责。一个愤世嫉俗的人可能要说，后者给开发商追求自身利润最大化的需求铺平了道路。“当开发商为设计共同的堡垒在你面前晃着大叠钞票的时候，建筑师怎么还能做别的什么事情呢”（戈德伯格，1989年）。

城市设计师可能为开发商进行一个总体设计，或者就像是为开发商做的一个全面设计计划，一个说明性的场地规划，和为其后的单体建筑师和景观建筑师设计的指导原则方针。不论开发商是否考虑城市设计师的建议，他们都可以进行最终的控制，并且担当一个裁判。在完成这些目标的同时城市设计师必须为公众利益的目标进行斗争。当公众机构有清晰的公众利益发展目标，并且为私人部门获取利润提供动机的时候，这个作用的发挥就相当容易。

在本书中已经描述过的观念学立场是，城市设计师应特别反对那些经常在设计中暗含的隔离主义政策。不论隔离是依据年龄层次、国籍、收入或者土地使用类型展开的，但是这些设计却都卖得好。除了非常特殊的群体外，这样的隔离容易威胁到少数种族和群体经受的严厉文化冲突，这里提到的立场是，这样的设计是与一个好社会格格不入的。尽管有一些经验主义证据支持了这种立场的社会效用，但那是一个政治化手段。这个立场也存在一些矛盾，就像城市设计中程序性的设计问题在第18章中讨论时这个矛盾才被显现。这就是说，在民主社会里程序性的问题居先于成果质量。

结论：城市设计作为不断前进的过程

城市设计许多可能的观念立场已经从本书中省略了。有些仅仅碰巧被提到。关于城市、郊区或者组成部分应当具有的特殊模式书中很少提到。本书没有提出新的通用模式，也没有提供将来城市的综合景象。这里描述的城市设计立场应该采用两个非常适用于城市设计师的口号："形式跟随功能"和"将来在召唤我们"。

书中的许多论据围绕"功能"的确定而展开。这在建筑评价标准中变得非常宽泛。要给予明确的是，依据建筑学的主流思想，城市设计关注的与其已经假定的相比是非常广泛的，但是它们和当前的许多想法不相似。事实上，其内涵是从其他理论借来的。与一般的相比，设计也被看作是一个稍微不同的方法，尽管我们有许多不理解，它不是神秘的过程，我们已经习惯考虑它。许多学者和执业者已经以支持的立场观察城市设计，但是城市设计也脱离了建筑学的标准。

城市设计是并且需要考虑成为一个高度的充满价值的讨论过程之一，在那里社会正努力地去塑造未来。正因为如此，城市设计师有社会责任，这个责任的外延超过了艺术家（除了与公共艺术有关的艺术家）和个别建筑师。前者要对他们自己负责任，后者要对个别业主负责任。城市设计师需要去了解他们工作的社会成果。

城市设计师必须要认识到工作的政治性，需要认真地接受民主行为准则和尊重个人权利与行为的自由，既要在理论中也要在实践中把这些作为他们工作的基础。他们也必须承认他们正工作在一对相似的矛盾事物中及那些经常出现在美国公众领域设计的矛盾中，那就是，为房地产服务及为所服务的公众利益增值。

获取了这些目标，城市设计就是最佳协同合作性艺术。城市设计与环境改变有关，环境改变的观念将创造他们可能创造的同样多的公众利益。城市设计涉及到的全部设计学科和专业都来自以人为本的观点。如果城市设计要取得进展，则需要获得一个综合利益的认可。城市设计是不间断地促成城市、城市地区和城市公众领域的发展过程。在任何人类聚居地中，不管是有意识的设计还是无意识的设计，这些要素的任何一个状态都是一个渐进城市设计过程中的结果。

在民主社会，有意识的城市设计过程必须是一个对检查、解释和争辩开放的过程。为个别业主进行的建筑设计，也是在城市设计指导方针和其他细则指导下进行的工作，尽管这些态度的公共效用不是显而易见的，但是可以充分保持许多建筑师提倡的不透明程序。然而城市设计必须是一个玻璃盒子式的程序。为了形成一个成功的玻璃盒子式程序，城市设计必须基于清晰透明的实证性和程序性的理论知识体系。我们可以运用那里的许多知识。许多知识需要保持进行理解的状态。这将有益于我们运用我们所掌握的理论和为了更好地理解而进行研究。

主要参考文献

① Anderson, Stanford. "Themes for a Symposium on Ph.D. Education in Architecture." In Linda Groat, ed., Post-Professional and Doctoral Education. Ann Arbor: University of Michigan, Architecture and Planning Research Laboratory, 1991.8～12

② Ferebee, Ann, ed. Education for Urban Design. Purchase, NY: Institute for Urban Design, 1982

③ Kostof, Spiro, ed. The Architect: Chapters in the History of the Profession. New York: Oxford University Press, 1977

④ Lang, Jon. "Urban Design: The Collaborative Art of Shaping Cities." In Tamas Lukovich, ed., Urban Design and Local Planning: An Interdisciplinary Approach. Kensington NSW: University of New South Wales, Faculty of Architecture, 1990.2.1～2.16

⑤ Larsen, Magali. The Rise of Professionalism: A Sociological Analysis. Berkeley and Los Angeles: University of California Press, 1979

⑥ Scott Brown, Denise. "Between Three Stools: A Personal View of Urban Design and Pedagogy" In Ann Ferebee, ed., Education for Urban Design. Purchase, NY: Institute for Urban Design, 1982. 132～172

⑦ Thiel, Philip (forthcoming). Notations for an Experiential Envirotecture. Seattle: University of Washington Press

参考文献、致谢和索引

旧金山

参考文献

Abelson,R.P."Computers,Polls and Public Opinion-Some Puzzles and Paradoxes." Transaction,1968,5:20~27

Abercrombie,Stanley."Afterthoughts on the San Juan Retreat." In Ann Ferebee,ed.,Education for Urban Design.Purchase,NY:Institute for Urban Design,1982.173~174

Ahu-Lughod,Janet.Changing Cities:Urban Sociology.New York:HarperCollins,1991

Acharaya,Pansanna Kumar (1927).Indian Architecture According to the Manasara-Silpasastra.Reprint.Patna:Indian India,1979

Ackoff,Russell.The Art of Problem Solving. New York:John Wiley.1978

——Creating the Corporate Future.New York:John Wiley.1981

Agnew,John A.,and James S.Duncan,eds. The Power of Place:Geographical and Sociological Imaginations.Winchester,MA:Unwin Hyman.1989

Agnew,John A.,John Mercer,and David Sopher,eds.The City in Cultural Context.Boston, MA:Allen and Unwin.1984

Albers,Josef.Interaction of Color.New Haven:Yale University Press.1963

Alexander,Christopher.Notes on the Synthesis of Form.Cambridge,MA:Harvard University Press.1964

——"Major Changes in Environmental Form Required by Social and Psychological Demands." Ekistics,1969,28:78~86

—— "The City as a Mechanism for Sustaining Human Contact." In Robert Gutman, ed.,People and Buildings.New York:Basic Books, 1972,406~434

——"The Architect Has No Clothes." Progressive Architecture,1990,71,4:11

——"Perspectives:Manifesto 1991." Progressive Architecture,1991,72,7:108~112

Alexander,Christopher,Sara Isikawa,and Murray Silverstein.A Pattern Language Which Generates Multi-Service Centers.Berkeley,CA: The Center for Enviromental Structure.1968

——The Oregon Experiment.New York: Oxford University Press.1975

——A Pattern Language:Towns,Buildings, Construction.New York:Oxford University Press. 1977

Alexander,Christopher,Hajo Neis,Artemis Anninou,and Ingrid King.A New Theory of Urban Design.New York:Oxford University Press. 1987

Alexander,Christopher,and Barry Poyner. "Atoms of Environmental Structure." In Gary T. Moore,ed.,Emerging Methods in Environmental Design and Planning.Cambridge,MA:MIT Press, 1970,308~321

Allen,Lady (Marjory).Planning for Play. Cambridge,MA:MIT Press.1968

Altman,Irwin.Environment and Social Behavior:Privacy,Personal Space,Territory, Crowding.Monterey,CA:Brooks/Cole.1975

Altman,Irwin,and Ervin H.Zube,eds. Public Places and Spaces.New York:Plenum.1989

AIA(American Institute of Architects)/New York Chapter."Report of the 60th Street Task Force." New York:AIA/New York Chapter. 1990

American National Standards Institute. American National Standard Specifications for Making Building and Facilities Accessible to,and Usable by,the Physically Handicapped.New York:ANSI.1971

American Planning Association."Urban Design." In The Best of Planning.Chicago: American Planning Association,1989,478~531

Anderson,Stanford,ed.On Streets. Cambridge,MA:MIT Press.1978

Anderson,Stanford."Themes for a Symposium on Ph.D.Education in Architecture." In Linda Groat,ed.,Post-Professional and Doctoral Education.Ann Arbor:University of Michigan, Architecture and Planning Research Laboratory, 1991,8~12

Angel,Shlomo."Discouraging Crime through City Planning."Berkeley:University of California, Center for Planning and Development Research. 1968

Appleyard,Donald."Motion,Sequence,and the City." In Gyovgy Kepes,ed.The Nature of Art and Motion.New York:George Braziller,1965, 176~192

——"Why Buildings Are Known." Environment and Behavior,1969,1,3:131~156

——"Styles and Methods of Structuring a City." Environment and Behavior,1970,2,3: 100~107

Appleyard,Donald,with M.Sue Gerson and Mark Lintell.Livable Streets.Berkeley and Los Angeles:University of California Press.1981

Appleyard,Donald,Kevin Lynch,and John Myer.The View from the Road.Cambridge,MA: MIT Press.1964

Appleyard,Donald,and Members of the Faculty,University of California,Berkeley."A Humanist Design Manifesto." Photocopied.1982

Arcidi,Philip."Paolo Soleri's Arcology:Updating the Prognosis." Progressive Architecture, 1991,72,3:76~79

Arens,E.,and P.Bosslemann."Wind,Sun and Temperature-Predicting the Thermal Comfort of People in Open Spaces." Building and Environment,1989,24,4:315~320

Arens,E.,P.Bosslemann et al."Developing the San Francisco Wind Ordinance and Its Guidelines for Compliance." Building and Environment, 1989,24,4:297~303

Arens E.et al."Sun,Wind and Comfort." University of California at Berkeley,College of Environmental Design,Institute of Urban and Regional Development,Environmental Simulation Laboratory.1984

Arias,Ernesto G."Resident Participation and Residential Quality in U.S.Public Housing:Towards a Substantive Understanding of Participation." Unpublished Ph.D.1988 dissertation,University of Pennsylvania.

Ariès,Phillippe.Centuries of Childhood:A Social History of Family Life.Translated from the French by Robert Baldick.New York:Knopf. 1962

Arnheim,Rudolf.Art and Visual Perception. Berkeley and Los Angeles:University of California Press.1965

——Towards a Psychology of Art.Berkeley and Los Angeles:University of California Press. 1966

——The Dynamics of Architectural Form. Berkeley and Los Angeles:University of California Press.1977

Arnold,Henry F.Trees in Urban Design. New York:Van Nostrand Reinhold.1980

Arthur,Paul,and Romedi Passini. Wayfinding:People,Signs and Architecture.New York:McGraw Hill.1990

ASCORAL (Assembly of Constructors for an Architectural Revolution).Les Trois Etablissements Humains.Paris:Denoel.1945

Ashihara,Yoshinobu.The Aesthetic Townscape.Translated from the Japanese by Lynne E.Riggs.Cambridge,MA:MIT Press.1983

Attoe,Wayne.Skylines:Understanding and

Molding Urban Silhouettes. New York: John Wiley. 1981

——ed. Transit, Land Use and Urban Form. Austin: University of Texas, Center for the Study of American Architecture. 1988

—— "Historic Preservation." In Anthony J. Catanese and James C. Snyder, eds., Urban Planning. New York: McGraw Hill, 1988, 344～365

Attoe, Wayne, and Don Logan. American Urban Architecture: Catalysts in the Design of Cities. Berkeley and Los Angeles: University of California Press. 1989

Audirac, Ivonne, Anne H. Shermeyen, and Marc T. Smith. "Ideal Urban Form and Visions of the Good Life: Florida's Growth Management Dilemma." American Planning Association Journal, 1990, 56, 4: 470～482

Avin, Uri. "Le Corbusier's Unité d'habitation: Slab for All Seasons." Unpublished master's thesis, University of Cape Town. 1973

Aynsley, R.M. "The Politics of Pedestrian Level Urban Wind Control." Building and Environment, 1989, 24, 4: 291～295

Aynsley, R.M., W. Melbourne, and B.J. Vickery. Architectural Aerodynamics. London: Applied Science Publishers. 1977

Bach, Wilfred. "Seven Steps to Better Living in the Urban Heat Island." Landscape Architecture, 1971, 61, 2: 136～138, 141

Bacon, Edmund. "The City as an Act of Will." Architectural Record, 1967, 141, 1: 113～128

——"Urban Process: Planning With and For the Community." Architectural Record, 1969, 145, 5: 129～134

——The Design of Cities. Rev. ed. New York: Viking. 1974

Bailey, James, ed. New Towns in America: The Design and Development Process. New York: John Wiley. 1973

Bakema, Jacob B. Thoughts about Architecture. London: Academy Editions. 1982

Balint, Michael. "Friendly Expanses–Horrid Empty Spaces." International Journal of Psychoanalysis, 1955, 36: 225～244

Baldon, Cleo, and Ib Melchior with Julius Shulman. Steps and Stairways. New York: Rizzoli. 1989

Baldwin, Maynard, ed. Portraits of Complexity: Applications of Systems Methodologies to Societal Problems. Columbus, OH: Battelle Memorial Institute. 1975

Balfour, Alan. Rockefeller Center: Architecture as Theater. New York: McGraw Hill. 1978

Baltzell, E. Digby, ed. The Search for Community in Modern America. New York: Harper & Row. 1968

Bandini, Micha. "Typology as a Form of Convention." AA Files, 1984, 6 (May): 73～82

Banerjee, Tridib, and Michael Southworth, eds. City Sense and City Design: Writings and Projects of Kevin Lynch. Cambridge, MA: MIT Press. 1990

Banham, Reyner. Theory and Design in the First Machine Age. New York: Praeger. 1960

——Megastructure: Urban Futures of the Recent Past. New York: Harper & Row. 1976

Barker, Roger. Ecological Psychology: Concepts and Methods for Studying the Environment of Human Behavior. Stanford, CA: Stanford University Press. 1968

Barker, Roger, and Paul Gump. Big School, Small School: High school Size and Student Behavior. Stanford, CA: Stanford University Press. 1964

Barker, Roger, and Phil Schoggen. Qualities of Community Life. San Francisco: Jossey–Bass. 1973

Barnett, Jonathan. Urban Design as Public Policy. New York: Architectural Record Books. 1974

——An Introduction to Urban Design. New York: Harper & Row. 1982

——The Elusive City: Five Centuries of Design, Ambition and Ideas. New York: Harper

& Row.1986

—— "In the Public Interest:Design Guidelines." Architectural Record,1987,175,8:114～125

Barré,Francois."The Desire for Urbanity." Architectural Design,1980,50,11/12:5～7

Bartholomew,Richard."Urban Design Education:Some Basic Questions." Urban Design International,1980,1,2:50

—— Personal Interview.1991

Barzilay,M.,C.Hayward,and L.Lombard-Valentino.L'Invention du Parc:Parc de la Villette. Paris:Ed.Graphite.1984

Batchelor,Peter,and David Lewis,eds.Urban Design in Action.Raleigh:North Carolina State University,American Institute of Architects and School of Design.1985

Baumeister,Reinhard.The Cleaning and Sewage of Cities.Translated from the German by J.Goodell.New York:Engineering Press.1985

Bayard,M.D.Business and Industrial Park Development Handbook.Washington,DC:Urban Land Institute.1989

Bazjanac,Vladimir."Architectural Design Theory:Models of the Design Process." In W. R.Spillers,ed.,Basic Questions of Design Theory. New York:American Elsevier,1974,3～20

Beaujeu-Garnier,Jacqueline,and G.Chabot. Urban Geography.Translated from the French by G.M.Yglesias and S.H.Beaver.London:Longman Green.1967

Bechtel,Robert.Enclosing Behavior. Stroudsburg,PA:Dowden,Hutchinson,and Ross. 1977

Bechtel,Robert,Robert Marans,and William Michelson,eds.Methods in Environmental and Behavioral Research.New York:Van Nostrand Reinhold.1987

Bednar,Michael J.,ed.Barrier-Free Environments.Stroudsburg,PA:Dowden, Hutchinson,and Ross.1977

——Interior Pedestrian Places.New York: Whitney Library of Design.1989

Belgasem,Ramadan."Human Needs and Building Criticism." Unpublished Ph.D. dissertation,University of Pennsylvania.1987

Bellevue,City of.Design Guidelines:Building/Sidewalk.City of Bellevue,WA.1984

Benedikt,Michael.For an Architecture of Reality.New York:Lumen.1984

Benevolo,Leonardo.The Origins of Modern Town Planning.Translated from the Italian by Judith Landry.Cambridge,MA:MIT Press.1967

——History of Modern Architecture.Translated from the Italian by H.J.Landry.Cambridge, MA:MIT Press.1970

—— The History of the City.Translated from the Italian by Geoffrey Culverwell. Cambridge,MA:MIT Press.1980

Benjamin,Andrew."Deconstruction and Art/ The Art of Deconstruction."In Christopher Norris and Andrew Benjamin,eds.,What Is Deconstruction? New York:St.Martin's Press, 1988,33～56

Bentley,Ian,Alan Alcock,Paul Murrain,Sue McGlynn,and Graham Smith.Responsive Environments:A Manual for Designers.London: Architectural Press.1985

Berleant,Arnold."Aesthetic Perception in Environmental Design." In Jack Nasar,ed.,Environmental Aesthetics:Theory,Research,and Applications.New York:Cambridge University Press,1988,88～108

Berlyne,D.E.,ed.Studies in the New Experimental Aesthetics:Steps Towards an Objective Psychology of Aesthetic Appreciation. Washington,DC:Hemisphere Publishing.1974

"Bernard Tschumi".Architecture and Urbanism,1988.216(September):10～67

Betsky,Aaron.Violated Perfection,Architecture and the Fragmentation of the Modern.New York:Rizzoli.1990

—— "Los Angeles:Recent Urban Design." Architectural Record,1991,179,1:27

Birch,Eugenie Ladner (1980)."Radburn and the American Planning Movement:The Persistence of an Idea." Journal of the American Institute of Planners,1980,46,4:424～439.Also in Krueckeberg, Introduction to Planning History, 1980, 122~151

Birch, H.G., and H.S.Rabinowitz. "The Negative Effects of Previous Experience on Productive Thinking." In P.G.Watson and P N. Johnson Laird, eds., Thinking and Reasoning. Baltimore: Penguin, 1968. 44~50

Bird, Jon. "Report from London Distopia on the Thames." Art in America, 1990, 78, 7 : 89~97

Birren, Faber. Color Psychology and Color Therapy: A Factual Study of the Influence of Color on Human Life. New Hyde Park, NY: University Books. 1965

——Light, Color and Environment. New York: Van Nostrand Reinhold. 1982

Blake, Peter. Form Follows Fiasco: Why Modern Architecture Hasn't Worked. Boston: Little Brown. 1977

Blau, Judith. Architects and Firms: A Sociological Perspective on Architectural Practice. Cambridge, MA: MIT Press. 1984

Blau, Judith, Mark LaGory, and John S. Pipkin, eds. Professionals and Urban Form. Albany: State University of New York Press. 1983

Bloomer, Kent, and Charles W.Moore. Body, Memory and Architecture. New Haven, CT: Yale University Press. 1977

Boardman, Philip. The Worlds of Patrick Geddes. London: Routledge and Kegan Paul. 1978

Boguslaw, Robert. The New Utopians. Englewood Cliffs, NJ: Prentice-Hall. 1965

Boles, Daralice. "Reordering the Suburbs: New Solutions to Urban Sprawl." Progressive Architecture, 1989, 70, 5 : 78~91

——"New American Landscape." Progressive Architecture, 1989, 70, 7 : 51~55

—— "Aging in Place in the 1990s." Progressive Architecture, 1989, 70, 11 : 85~91

Bosanquet, Bernard. Three Lectures on Aesthetics. London: Macmillan. 1931

Bottles, Scott L. Los Angeles and the Automobile: The Makings of the Modern City. Berkeley and Los Angeles: University of California Press. 1987

Boudon, Philippe. Lived-In Architecture: Le Corbusier's Pessac Revisited. Translated from the French by G.Onn. Cambridge, MA: MIT Press. 1972

Boulding, Kenneth. The Image. Ann Arbor: University of Michigan Press. 1956

Bourassa, Steven C. "A Paradigm for Landscape Aesthetics." Environment and Behavior, 1990, 22, 6 : 787~812

Boyer, M. Christine. Dreaming the Rational City: The Myth of American City Planning. Cambridge, MA: MIT Press. 1983

—— "Erected Against the City: The Contemporary Discourses of Architecture and Planning." Center: A Journal for Architecture in America 6. New York: Rizzoli, 1990, 36~43

Brill, Michael "An Ontology for Exploring Urban Public Life Today" Places, 1989, 6, 1 : 24~29

Broadbent, Geoffrey. Design in Architecture, Architecture and the Human Sciences. New York: John Wiley. 1973

——"The Rational and the Functional." In Dennis Sharp, ed., The Rationalists: Theory and Design in the Modern Movement. London: Architectural Press. 1978. 142~159

——Emerging Concepts in Urban Space Design. London and New York: Van Nostrand Reinhold (International). 1990

Broadbent, Geoffrey, Richard Bunt, and Charles Jencks, eds. Signs, Symbols and Architecture. New York: John Wiley. 1980

Brolin, Brent. The Failure of Modern Architecture. New York: Van Nostrand Reinhold. 1976

——Architecture in Context: Fitting New Buildings with Old. New York: Van Nostrand Reinhold. 1980

Brolin, Brent, and John Zeisel.

"Social Research and Design: Application to Mass Housing." In Gary T.Moore, ed., Emerging Methods in Environmental Design and

Planning.Cambridge,MA:MIT Press,1970.239~246

Bronfenbrenner,Urie.Two Worlds of Childhood:U.S.and U.S.S.R.New York:Russell Sage Foundation.1970

——The Ecology of Human Development: Experiments by Nature and Design.Cambridge, MA:Harvard University Press.1979

Brooks,H.Allen,ed.Le Corbusier.Princeton, NJ:Princeton University Press.1987

Brooks,Richard O.New Towns and Communal Values:A Case Study of Columbia, Maryland.New York:Praeger,1974

Bross,Irwin D.J.Design for Decision.New York:Macmillan.1953

Brotchie,John,Michael Batty,Peter Hall,and Peter Newton,eds.Cities of the 21st Century: New Technologies and Spatial Systems.New York: Halsted.1991

Brower,Sidney N.,Kathleen Dockett,and Ralph B.Taylor."Residents' Perceptions of Territorial Features and Perceived Local Threat." Environment and Behavior,1983,15,4:419~437

Brownhill,Sue.Developing London's Docklands.London:Paul Clapham.1990

Brownlee,David.Building the City Beautiful: The Benjamin Franklin Parkway and the Philadelphia Museum of Art.Philadelphia:Philadelphia Museum of Art.1989

Bruegmann,Robert."Two Post-Modern Visions of Urban Design." Landscape,1982,26,2: 31~37

Buchanan,Colin Douglas.Traffic in Towns. London:H.M.S.O.1963

Buchanan,Peter."What City? A Plea for the Place in the Public Realm; City Planning in Britain."Architectural Review,1988,184,11:30~41

—— "Making Places in Spain." Architectural Review,1990,188,7:29~31

Bucher,Lothar.Kulturhistorische Skizzen aus der industrieausstellung aller Völker.Frankfort. 1851

Buder'Stanley.Visionaries and Planners:The Garden City Movement and the Modern Community.New York:Oxford University Press. 1990

Burnham,Daniel H.,and Edward H.Bennett (1909).Plan of Chicago.Edited by Charles Moore. Reprint.New York:De Capo Press,1970

Burnette,Charles,Jon Lang.and David Vachon,eds.Architecture for Human Behavior. Philadelphia:AIA/Philadelphia Chapter.1971

Butt,John,ed.Robert Owen:Aspects of His Life and Work.New York:Humanities Press. 1971

Bycroft,Peter."Behind the Facade:What Post-Occupancy Evaluation Tells Us about the Quality of Contemporary Architecture." Paper presented at the RAIA National Convention, Canberra,April 1989.Photocopied.1989

Byrne,Peter.Risk,Uncertainty and Decision-Making in Property Development.New York: Spon.1984

Calkins,Margaret P.Design for Dementia: Planning Environments for the Elderly and the Confused.Owings Mills,MD:National Health Publishing.1988

Calthorpe,Peter."The Post-Suburban Environment."Progressive Architecture,1991,72, 3:84~85

Campbell,Joseph,with Bill Moyers.The Power of Myth.New York:Doubleday.1988

Cantril,Hadley.The Pattern of Human Concerns.New Brunswick,NJ:Rutgers University Press.1965

Caramel,Luciano,and Alberto Longatti.Antonio Sant'Elia:The Complete Works.New York: Rizzoli.1988

Caro,Robert.The Power Broker:Robert Moses and the Fall of New York.New York: Knopf.1974

Carper,Steve."Let it Snow." Planning,1991, 57,4:29

Cart,Stephen,and Kevin Lynch."Where Learning Happens." Daedalus,1968,97,4:1277~

1291

Carr,Stephen,Myer/Smith Inc.City Signs and Lights:A Policy Study.Cambridge,MA:MIT Press.1973

Carstens,Diane."Housing and Outdoor Spaces for the Elderly" In Clare Cooper Marcus and Carolyn Francis,eds.,People Places:Design Guidelines for Urban Open Space.New York:Van Nostrand Reinhold,1990.171~214

Cartwright,Timothy J."Problems,Solutions and Strategies:A Contribution to the Theory and Practice of Planning."Journal of the American Institute of Planners,1973,39(May):179~187

Castells,Manuel.The Urban Question:A Marxist Approach.Translated from the French by Alan Sheridan.Cambridge,MA:MIT Press.1977

Catanese,Anthony J.,and James C.Snyder. Urban Planning.2d ed.New York:McGraw Hill. 1988

Cervero,Robert.America's Suburban Centers: The Land Use Transportation Link.Boston:Unwin and Allen.1989

Chadwick,George.A Systems View of Planning:Towards a Theory of the Urban and Regional Planning Process.New York:Pergamon. 1971

Chandler,T J.Urban Climatology and Its Relevance to Urban Design.Geneva:World Meteorological Organization.1976

Chapin,E Stuart,Jr.,and Edward J.Kaiser. Urban Land Use Planning.Urbana and Chicago: University of Illinois Press.1979

"Charter of Machu Picchu,The".Journal of Architectural Research,1979,7,2:5~9

Chawla,Louise."Homes for Children in a Changing Society." In Ervin H.Zube and Gary T Moore,eds.,Advances in Environment, Behavior,and Design 3.New York:Plenum,1991. 187~228

Cherulnik,Paul D."Impressions of Neighborhoods and Their Residents." In Polly Bart, Alexander Chen and Guido Francescato,eds., Knowledge for Design:Proceedings of the Thirteenth International Conference of the Environmental Design Research Association.College Park, MD,1982:416~421

Chidister,Mark."Public Places,Public Lives: Plazas and the Broader Public Landscape."Places, 1989,6,1:32~37

Ciucci,Giorgio,Francesco Dal Co,Mario Manieri-Elia,and M.Tafuri.The American City from the Civil War to the New Deal.Translated from the Italian by Barbara Luigia La Penta. Cambridge,MA:MIT Press.1979

Claflen,George."Simulated Stimulation/ Stimulated Simulation:Regionalism and Urban Design." Paper presented at the Association of Collegiate Schools of Architecture Conference. Photocopied.1992

Clark,Barbara.Growing Up Gifted. Columbus,OH:Charles Merrill.1979

Cohen,Uriel,A.B.Hill,C.G.Lane,T. McGinty,and G.T.Moore."Recommendations for Child Play Areas." Milwaukee:University of Wisconsin-Milwaukee,Center for Architectural and Urban Planning Research.1979

Cole,Margaret Van B."A Comparison of Aesthetic Systems:Background for the Identification of Values in City Design." University of California at Berkeley,School of Architecture. Mimeographed.1960

Collins,George,and Christiane Craseman Collins.Camillo Sitte and the Birth of Modern City Planning.New York:Random House.1965

Collins,Peter."Parallax." Architectural Review,1942,132,789:387~389

Colquhoun,Alan."Typology and Design Method." Arena:Journal of the Architectural Association,1967,83,913:11~14

—— "Rational Architecture.Review of an Exhibition Offshoot of the Milan Triennale Architecture Razionale Exhibition Held at Art Net in London." Architectural Design,1975,45,6: 365~370

—— "Form and Figure." In Essays in Architectural Criticism.Cambridge,MA:MIT Press, 1981.190~172

Conrads, Ulrich, ed. Programs and Manifestoes on 20th Century Architecture. Translated from the German by Michael Bullock. Cambridge, MA: MIT Press. 1970

Conway, Donald, ed. Human Responses to Tall Buildings. Stroudsburg, PA: Dowden, Hutchinson, and Ross. 1977

Cook, E. T, and Alexander Wedderburn eds. The Works of John Ruskin. London: George Allen. 1903

Cook, Peter, Warren Chalk, Dennis Crompton, David Green, Ron Herron, and Mike Webb. Archigram. Boston: Birkh?user. 1991

Coolidge, John. Mill and Mansion: A Study of Architecture and Society in Lowell, Massachusetts. New York: Columbia University Press. 1942

Cooper Marcus, Clare. "The House as Symbol of Self." In Jon Lang et al., eds., Designing for Human Behavior: Architecture and the Behavioral Sciences. Stroudsburg, PA: Dowden, Hutchinson, and Ross, 1974. 130～146

——Easter Hill Village: Some Social Implications of Design. New York: Free Press. 1975

—— "Remembrances of Landscapes Past." Landscape, 1978, 22, 3 : 34～43

Cooper Marcus, Clare, and Wendy Sarkissian Housing as If People Mattered: Site Design Principles for Medium Density Housing. Berkeley and Los Angeles: University of California Press. 1986

Cooper Marcus, Clare, and Carolyn Francis, eds. People Places: Design Guidelines for Urban Open Space. New York: Van Nostrand Reinhold. 1990

Copper, Wayne W. "The Figure/Grounds." Cornell Journal of Architecture, 1983, 2(Fall): 42～53

Cordray, Mark. "Behavioral Choice: A Framework for Goals-Making, Programming and Evaluation in Physical Design." Unpublished student paper, University of Pennsylvania. 1974

Corner, James. "A Discourse on Theory I: Sounding the Depths-Origins, Theory, and Representation." Landscape Journal, 1990, 9, 2 : 61～78

—— "Layering and Strategies." Landscape Architecture, 1990, 30(December): 38～39

——"A Discourse on Theory II: Three Tyrannies of Contemporary Theory and the Alternative of Hermeneutics." Landscape Journal, 1991, 10, 2 : 115～133

Couperie, Pierre. Paris Through the Ages. Translated from the French by Marilyn Low. New York: George Braziller. 1965

Crane, David A. "The City Symbolic." Journal of the American Institute of Planners, 1960, 26 (November): 285～286

Cranz, Galen. "Using Parsonian Structural-Functionalism for Environmental Design." In William R. Spillers, ed., Basic Questions in Design Theory. New York: American Elsevier, 1974. 475～484

——The Politics of Park Design: A History of Urban Parks in America. Cambridge, MA: MIT Press. 1982

——"Evaluating the Physical Environment: Conclusions from Eight Housing Projects." In Victor Regnier and Jon Pynoos, eds., Housing the Aged: Design Directive and Policy Considerations. New York: Elsevier, 1987. 81～104

Cronon, William. Nature's Metropolis: Chicago and the Great West. New York: Norton. 1991

Crooks, Cheryl. "Glendale's Surprising Rebirth." Los Angeles (July). 1985

Cross, Nigel, ed. Developments in Design Methodology. New York: John Wiley. 1984

Crowther, Richard I. Ecological Architecture: The Ecological Perspective for Design. Stoneham, MA: Butterworth. 1992

Csikszentmihalyi, Mihaly. Beyond Boredom and Anxiety. San Francisco: Jossey-Bass. 1975

Cudahy, Brian J. Under the Sidewalks of New York: The Story of the Greatest Subway System in the World. Rev. ed. Lexington, MA: Stephen Greene Press. 1988

Cuff, Dana. Architecture: The Story of Practice. Cambridge, MA: MIT Press. 1991

Cullen, Gordon. Townscape. London: Architectural Press.1961

Curl,James S.A Celebration of Death.New York:Charles Scribner's Sons.1980

Curtis,William.Modern Architecture Since 1900.London:Phaidon.1982

——Le Corbusier:Ideas and Form.London:Phaidon.1986

Cutler,Laurence S.,and Sherrie Stephens Cutler.Recycling Cities for People:The Urban Design Process.2d ed.Boston:Cahners Books International.1982

Dahinden,Justus.Urban Structures for the Future.Translated from the German by Geral Onn.New York:Praeger.1972

Dalton,Linda C."Emerging Knowledge about Planning Practice." Journal of Planning Education and Research,1989,9,1:29~44

Dane,Suzanne,ed.New Directions for Urban Streets.Washington,DC:National Trust for Historic Preservation.1988

Dantzig,George B.,and Thomas L.Saaty. Compact City:A Plan for a Livable Urban Environment.San Francisco:W.H.Freeman.1973

Darley,Gillian.Villages of Vision.London:Granada Publishing.1978

Dattner,Robert.Design for Play.New York:Van Nostrand Reinhold.1969

Davey,Peter,ed."Public Places." Architectural Review,1987,181,1084:31~93

——"Three on the Waterfront." Architectural Review,1989,185,1106:46~54

Davidoff,Paul."Advocacy and Pluralism in Planning." Journal of the American Institute of Planners,1964,31,4:331~338

Davidson,Judith."The Light that Made Milwaukee Famous."Architectural Record,1991,179,11:30~35

Dear,Michael,and Allen J.Scott,eds.Urbanization and Urban Planning in Capitalist Society. London:Methuen.1981

Deasy,C.M.Design for Human Affairs.New York:Halsted.1974

De Bono,Edward.Lateral Thinking.Creativity Step by Step.New York:Harper.1973

De Chiara,Joseph,and Lee Koppelman.Urban Planning and Design Criteria.New York:Van Nostrand Reinhold.1975

——Site Planning Standards.New York:McGraw Hill.1978

Del Rio,Vincente.Introducáo ao desneho urbano no processo de planejamento.São Paulo:Pini.1990

De Monchaux,Suzanne."Planning with Children in Mind:A Notebook for Local Planners and Policy Makers on Children in the City Environment." Sydney:New South Wales Department of Environment and Planning.1981

Dennis,Michael.Court and Garden from the French Hotel to the City of Modern Architecture. Cambridge,MA:MIT Press.1986

De Rivera,Joseph."Emotional Experience and Qualitative Methodology." American Behavioral Scientist,1984,27:677~688

De Sausmarez,Maurice.Basic Design:The Dynamics of Visual Form.New York:Reinhold. 1964

Descartes,Rene."Discourse on the Method of Rightly Conducting the Reason." In The Philosophical Works of Descartes.Translated from the French by E.S.Haldane and G.T.R.Ross. New York:Cambridge University Press,1934. 87~88

DeSeve,G.Edward."Financing Urban Development:The Joint Efforts of Government and the Private Sector."The Annals,The American Academy of Political Science,1986,53:58~76

De Solà Morales,Ignasi."Weak Architecture." Otagano 92 (Summer).1989

Deurksen,Christopher J.Aesthetics and Land-Use Controls.PAS Report No.399.Chicago:American Planning Association.1986

Devereaux,Kathryn."Children of Nature." University of California,Davis Magazine,1991,9,2:20~23,38~39

Dewey,John.Art as Experience.New York:

Putnam.1934

Diefendorf,Jeffrey.Rebuilding Europe's Bombed Cities.New York:St.Martin's Press.1990

Dixon,John M."P/A Reader Poll Design Preferences." Progressive Architecture,1988,69,10：15～17

—— "World on a Platter." Progressive Architecture,1992,73,7：86～88

Doshi,Harish.Traditional Neighborhoods in a Modern City.New Delhi:Abhinav Publications.1974

Downs,Roger,and David Stea,eds.Image and Environment:Cognitive Mapping and Spatial Behavior.Chicago Aldine.1973

Draeger,Harlan."FAA Gives OK,Clear Way for World's Tallest Building Here." Chicago Tribune (April 4),1991：1,26

Dreier,John."Greenbelt Planning:Resettlement Administration Builds Three Model Towns." Pencil Points (August),1936:400～417

Duany,Andres."Traditional Towns." Architectural Design Profile,1989,81：60～64

Duany,Andres,and Elizabeth Plater-Zyberk."The Town of Seaside." Progressive Architecture,1984,65,1：138～139

Duany,Andres,Elizabeth Plater-Zyberk,and Chester E.Chellman."New Town Ordinances and Codes." Architectural Design Profile,1987,79：71～75

Duncan,JamesS.,ed.Housing and Identity:Cross Cultural Perspectives.New York:Holmes and Meier.1982

Dunlop,Beth."Seaside:Coming of Age." Architectural Record,1989,177,8：96～103

—— "Our Towns." Architectural Record,1991,179,10：110～119

Durgin,E H."Proposed Guidelines for Pedestrian Level Wind Studies for Boston-Comparison of Results from 12 Studies." Building and Environment,1989,24,4：305～314

Eagleton,Terry.The Significance of Theory.Oxford:Basil Blackwell.1990

Eaton,Leonard K.Two Chicago Architects and Their Clients:Frank Lloyd Wright and Howard Van Doren Shaw.Cambridge,MA:MIT Press.1969

Effrat,Marcia Pelly "Approaches to Community:Conflicts and Complementaries." In Effrat,ed.,The Community:Approaches and Applications.New York:Free Press,1974.1～32

EgeJius Mats."Ralph Erskine:Byker Redevelopment,Byker Area of Newcastle upon Tyne." In Yukio Futagawa,ed.Global Architecture.Tokyo:ADA Editions.1980

—— "Housing and Human Needs:The Work,of Ralph Erskine (with Original Sketches by Ralph Erskine)." In Byron Mikellides,ed.,Architecture for People.New York:Holt,Rinehart and Winston,1980.135～148

Eisenmann,Russell."Pleasingness and Interesting Visual Complexity:Support for Berlyne." Perceptual and Motor Skills,1966,23:1167～1170

Elazar,Daniel J.Building Cities in America;Urbanization and Suburbanization in Frontier Society.Lanham,MD:Hamilton.1987

Ellis,Charlotte."Paris Precedent."Architectural Review,1987,183,1092：78

Ellis,John."Streets of San Francisco:The Downtown Plan." Architectural Review,1985,183,1056：50～54

—— "US Codes and Controls." Architectural Review,1987,184,1101：79～84

Ellis,Russell,and Dana Cuff,eds.Architects' People.New York:Oxford University Press.1989

EI-Sharkawy,Hussein."Territoriality:A Model for Design." Unpublished Ph.D. dissertation,University of Pennsylvania.1979

El Wakil,Abdel Wahid."Public Lecture." Royal Australian Institute of Architects,Sydney,29 April.1991

Ely,Richard T."Pullman:A Social Study." Harper's Magazine,1885,70,417：58

Engels,Friedrich.The Condition of the Working Class in England in 1844.Translated from the German by Florence Kelley Wischnewtzky.Reprint.London:Allen and Unwin,1950.1892

ERG[Environmental Research Group. "Chestnut Hill:People,Environment,Issues,and Goals." Philadelphia:ERG.1990

Eriksen,Aase.Learning about the Built Environment.New York:Educational Facilities Laboratory.1975

——Playground Design:Outdoor Environments for Learning and Developing.New York:Van Nostrand Reinhold.1985

Erikson,Erik.Childhood and Society.New York:Norton.1950

Eslami,Manoucher."Architecture as Discourse:The Modern Method—Theory and Practice in Le Corbusier's Purist Period." Unpublished Ph.D.dissertation,University of Pennsylvania.1985

—— "The Question of 'Architectural Object' in Modern Architecture:Le Corbusier's Cartesian Theory and Practice in His Purist Period." In Charles Hay,Peter Wong,Bryan Flesnor,and Alex Gotthel,eds.,VIA 9.New York:Rizzoli, 1988:139~154

Eubank-Ahrens,B."A Close Look at the Users of Woonerven." In Anne Vemez Moudon, ed.,Public Streets for Public Use.New York:Van Nostrand Reinhold,1987.63~79

Evenson,Norma.Chandigarh.Berkeley and Los Angeles:University of California Press.1966

——Corbusier:The Machine and the Grand Design.New York:George Braziller.1970

——Two Brazilian Capitals:Architecture and Urbanism in Rio de Janeiro and Brasilia.New Haven,CT:Yale University Press.1973

——Paris:A Century of Change,1878~1978. New Haven,CT:Yale University Press.1979

Exline,Christopher H.,Gary L.Peters,and Robert P.Larkin.The City:Patterns and Processes in the Urban Ecosystem.Boulder,CO:Westview Press.1982

Fallows,james.More Like Us:Making America Great Again.Boston:Houghton Mifflin.1989

Farrell,Terry."Post-Modern Urbanism." Art and Design,1985,1,1(February):16~19

Ferebee,Ann,ed.Education for Urban Design. Purchase,NY:Institute for Urban Design.1982

Ferriss,Hugh.The Metropolis of Tomorrow. Reprint.Princeton,NJ:Princeton University Press, 1986.1929

Festinger,Leon.A Theory of Cognitive Dissonance.Stanford,CA:Stanford University Press.1962

Fisher,Bonnie,and Boris Dramov.The Urban Waterfront.New York:Van Nostrand Reinhold.1987

Fisher,Thomas."The New Urban Design:Building the New City." Progressive Architecture, 1988,69,3:86~93

—— "Presenting Ideas." Progressive Architecture,1989,70,6:84~93

Fishman,Robert.Urban Utopias in the Twentieth Century:Ebenezer Howard,Frank Lloyd Wright,and Le Corbusier.Cambridge,MA:MIT Press.1982

——Bourgeois Utopias:The Rise and Fall of Subrurbia.New York:Basic Books.1987

Fitch,James Marston."Experiential Bases for Aesthetic Decision." Annals of the New York Academy of,Science,1965.706~714

——American Building 2:The Environmental Forces That Shape It.New York:Schocken Books. 1972

—— "A Funny Thing Happened……" American Institute of Architects Journal,1980, 69,1:66~68

Fitzhardinge,Richard."The Humanists." Lecture presented at the University of New South Wales,March 20.1990

Fleischer,Aaron."The Influence of Technology on Urban Form" In Lloyd Rodwin,ed., The Future Metropolis.New York:George Braziller,1961.64~79

Fleming,Ronald Lee,and Renata von Tscharner.Place Makers:Creating Public Art That Tells You Where You Are.2d ed.Cambridge, MA:Harcourt Brace Jovanovich.1987

"Four Commentaries on the Charter." Journal

of Architectural Research,1979,7,2：10～12

Frampton,Kenneth.Modern Architecture 1851～1945.New York:Rizzoli.1983

Francescato,Guido."Paradigm Lost:Exploring Possibilities in Environmental Design Research and Practice." In Graeme Hardie,Robin Moore,and Henry Sanoff,eds.,Changing Paradigms:Proceedings of EDRA20/1989.Environmental Design Research Association,1989.63～67

Francis,Alan."Private Nights in the City Centre." Town and Country Planning,1991,60,10：302～303

Francis,Mark."The Making of Democratic Streets." In Anne Vernez Moudon,ed.,Public Streets for Public Use.New York:Van Nostrand Reinhold,1987.23～39

—— "Urban Open Spaces." In Ervin H. Zube and Gary T Moore,eds.,Advances in Environment,Behavior and Design 1.New York:Plenum,1987.71～106

Franck,Karen."Exorcising the Ghost of Physical Determinism." Environment and Behavior,1984,10,4：411～430

—— "Phenomenology,Positivism,and Empiricism as Research Strategies in Environmental Behavior Research." In Ervin H.Zube and Gary T Moore,eds.,Advances in Environment,Behavior,and Design 1.New York:Plenum,1987.59～67

—— "Overview of Collective and Shared Housing." In Franck and Ahrentzen,New Households,1989.3～19

Franck,Karen,and Sherry Ahrentzen,eds. New Households,New Housing.New York:Van Nostrand Reinhold.1989

French,Jere Stuart.Urban Space:A Brief History of the City Square.Dubuque,IA:Kendall/Hunt.1983

Freud,Sigmund.An Outline of Psychoanalysis.Translated from the German by James Strachey.New York:Norton.1949

Fried,Lewis.Makers of the City:Jacob Riis,Lewis Mumford,James T.Farrell and Paul Goodman.Amherst:University of Massachusetts Press.1990

Fried,Marc."Grieving for a Lost Home." In J.Duhl,ed.,The Urban Condition.New York:Simon & Schuster,1963.151～171

Frieden,Bernard J."Center City Transformed:Planners as Developers."Journal of the American Planning Association,1990,56,4：423～428

Frieden,Bernard J.,and Lynne B.Sagalyn. Downtown,Inc.:How America Rebuilds Cities. Cambridge,MA:MIT Press.1989

Friedmann,John.Planning in the Public Domain:From Knowledge to Action.Princeton,NJ:Princeton University Press.1987

Frieman,Ziva."A Non-Unified Field Theory." Progressive Architecture,1989,70,11：65～73

Friend,John,and Allen Hickeling.Planning Under Pressure:The Strategic Choice Approach. New York:Pergamon Press.1987

Fromm,Dorit.Collaborative Communities:Cohousing,Central Living and Other New Forms of Housing.New York:Van Nostrand Reinhold.1991

Fromm,Erich.Escape from Freedom.New York:Farrar and Rinehart.1941

Fulton,William."Bethesda Stages a Beauty Contest" Planning,1985,52,1：18～21

——"The Long Commute."Planning,1990,56,7：4～10

Gadamer,Hans-Georg.Philosophical Hermeneutics.Translated from the German by David E.Linge.Berkeley and Los Angeles:University of California Press.1976

——Reason in the Age of Science.Translated by Frederick G.Lawrence.Cambridge,MA:MIT Press.1981

Galanty,Ervin Y:New Towns:Antiquity to the Present.New York:George Braziller.1975

Galbraith,John Kenneth.The Scotch.Boston:Houghton Mifflin.1985

Gall, Wayne. "Breaking the Barriers: Restoration of an Urban Green Space." In David Gordon, ed., Green Cities: Ecologically Sound Approaches to Urban Space. Montreal: Black Rose Books, 1990. 169～176

Gallagher, Mary Lou. "Des Moines and the Vision Thing." Planning, 1991, 57, 12：12～15

Gallion, Arthur, and Simon Eisner. The Urban Pattern: City Planning and Design. 2d ed. New York: Van Nostrand Reinhold. 1975

——The Urban Pattern: City Planning and Design. 5th ed. New York: Van Nostrand Reinhold. 1986

Gamble, John. "Order and Process." Photocopied. 1989

Gandelsonas, Mario. The Order of the American City. New York: Princeton Architectural Press. 1988

Gans, Herbert. The Urban Villagers: Groups and Class in the Life of Italian Americans. New York: Free Press. 1962

——People and Plans: Essays on Urban Problems and Solutions. New York: Basic Books. 1968

——"Integrating New Towns." Design and Environment, 1972, 3, 1：28～29, 50～51

——Foreword to Clare Cooper Marcus, Easter Hill Village. New York: Free Press, 1975. ix–xxi

Gapp, Paul. "Turning the Planet into a House We Can Live in." Chicago Tribune, Section 13, 1990, (April 22): 5

Gardiner, Richard A. Design for Safe Neighborhoods. Washington, DC: U.S. Government Printing Office. 1978

Garnier, Tony. The Cité Industrielle. Reprint. New York: Rizzoli, 1990. 1917

Garreau, Joel. Edge City: Life on the New Frontier. New York: Doubleday. 1991

Gastal, Alfredo. "Towards a Model of Cultural Analysis for the Designing Process." Unpublished Ph.D. dissertation, University of Pennsylvania. 1982

Gayden, Ernst L. "Design Model for the Energy Efficient City." In Rocco A. Fazzolare and Craig B. Smith, eds., Changing Energy Use Futures. New York: Pergamon Press, 1979. 1142～1150

Geddes, Robert, and James Dill. "Practice in Theory." Progressive Architecture, 1989, 70, 11：115～116, 118

Gehl, Jan. Life Between Buildings: Using Public Space. New York: Van Nostrand Reinhold. 1987

——"A Changing Street Life in a Changing Society." Places, 1989, 6, 1：8～17

Geist, Johann Friedrich. Arcades: the History of a Building Type. Translated from the German by Jane O. Newman and John H. Smith. Cambridge, MA: MIT Press. 1983

Gerosa, Piergiorgio. "Architectonic Elements of the Urban Typology. Lotus International, 1979, 24：121～128

Getzels, Judith et al. Zoning Bonuses in Central Cities, PAS Report No. 410. Chicago: American Institute of Planners. 1988

Ghirardo, Diane. "A Taste of Money: Architecture and Criticism in Houston." Harvard Architectural Review, 1987, 6：88～97

——Building New Communities: New Deal America and Fascist Italy. Princeton, NJ: Princeton University Press. 1989

Gibson, Eleanor. Principles of Perceptual Learning and Development. New York: Appleton-Century-Crofts. 1969

Gibson, James J. Perception of the Visual World. Boston: Houghton Mifflin. 1950

——The Senses Considered as Perceptual Systems. Boston: Houghton Mifflin. 1966

——The Ecological Approach to Visual Perception. Boston: Houghton Mifflin. 1979

Gibson, James J., and Eleanor Gibson. "Perceptual Learning: Differentiation or Enrichment?" PsychologicalReview, 1955, 62：32～41

Giedion, Sigfiied. Space, Time and Architecture. 4th ed. Cambridge, MA: Harvard University Press. 1963

Gilbert, James. Perfect Cities: Chicago's Utopias 1893. Chicago: University of Chicago Press.

1990

Girouard, Mark. Cities and People: A Social and Architectural History. New Haven, CT: Yale University Press. 1985

——The English Town: A History of Urban Life. New Haven, CT: Yale University Press. 1990

Givoni, Baruch. "Architecture and Urban Planning in Relation to Weather and Climate" In S.W.Tromp and J.J.Boama, eds., Progress in Bioclimatology. Amsterdam: Swats and Zeitlinger, 1973. 183～193

Glendale Redevelopment Agency. Urban Design Information. Glendale, CA: GRA. 1986

——Personal Interviews with Susan Shick, executive director, and Jim Rez, deputy executive director. 1986

Goffman, Erving. Asylums. Garden City, NY: Anchor. 1961

Golany, Gideon. New-Town Planning: Principles and Practice. New York: John Wiley. 1976

Goldberger, Paul. "Building against Cities: The Struggle to Make Places." New Art Examiner, 1989, 16, 5 (February): 24～28

—— "Beyond Utopia: Setting for a New Realism." New York Times (June 25): Section H, 1989, 1, 30

Goldfinger, Erno. "The Elements of Enclosed Space." Architectural Review, 1942, 91, 541 : 5～8

Goldsmith, Edward et al. Imperiled Planet: Restoring Our Endangered Ecosystems. Cambridge, MA: MIT Press. 1990

Goldstein, Eric A., and Mark A. Izeman. The New York Environment Book. Covelo, CA: Island Press. 1990

Goode, David "Introduction: A Green Renaissance." In David Gordon, ed., Green Cities: Ecologically Sound Approaches to Urban Space. Montreal: Black Rose Books, 1990. 1～8

Goodman, Paul, and Percival Goodman. Communitas: Means of Livelihood and Ways of Life. Chicago: University of Chicago Press. 1947

Goodman, Robert. After the Planners. New York: Simon & Schuster. 1971

Goodsell, Charles T. The Social Meaning of Civic Space: Studying Political Authority through Architecture. Lawrence: University of Kansas Press. 1988

Gordon, David, ed. Green Cities: Ecologically Sound Approaches to Urban Space. Montreal: Black Rose Books. 1990

Gosling, David, and Barry Maitland. Concepts of Urban Design. New York: St Martin's Press. 1984

——"Urbanism." Architectural Design Profile 51. London: Architectural Design Publications. 1984

Gottschalk, Shimon S. Communities and Alternatives: An Exploration of the Limits of Planning. Cambridge, MA: Schenkman. 1975

Goudie, Andrew. The Human Impact on the Natural Environment. 2nd ed. Cambridge, MA: MIT Press. 1986

Gratz, Roberta Brandes. The Living City: How Urban Residents Are Revitalizing America's Neighborhoods and Downtown Shopping Districts by Thinking Small in a Big Way. New York: Simon & Schuster. 1989

Gray, Christopher. Cubist Aesthetic Theories. Baltimore: Johns Hopkins University Press. 1953

Greer, Norma Richter. The Creation of Shelter. Washington, DC: American Institute of Architects. 1988

Gregotti, Vittorio. "The Weakness of Criticism." Casabella, 1990, 562 : 2～3, 63

Grigsby, William, and Louis Rosenberg. Urban Housing Policy. New York: APS Publications. 1975

Groat, Linda. "Meaning in Post-Modern Architecture: An Examination Using the Multiple Sorting Task." Journal of Environmental Psychology, 1982, 2 : 3～22

—— "Contextual Compatibility in Architecture: An Issue of Personal Taste?" In Jack Nasar, ed., Environmental Aesthetics: Theory, Research, and Applications. New York: Cambridge University Press, 1988. 228～253

Groat, Linda, and David Canter. "Does Post-Modern Architecture Communicate?" Progressive Architecture, 1979, 60, 12 : 84~87

Gropius, Walter. The Scope of Total Architecture. New York: Collier. 1962

Gruen, Victor. The Heart of Our Cities, The Urban Crisis: Diagnosis and Cure. New York: Simon & Schuster. 1964

——Survival of the City. New York: Van Nostrand Reinhold. 1973

Gutman, Robert (1966). "Site Planning and Social Behavior. Journal of Social Issues 22: 103~115.

—— "Questions Architects Ask." In People and Buildings. New York: Basic Books, 1972. 337~369

—— "Cast of Characters: Architecture, the Entrepreneurial Profession." Progressive Architecture, 1977, 58, 5 : 55~58

——Architectural Practice: A Critical Review. Princeton, NJ: Princeton Architectural Press. 1988

Gutman, Robert, and Barbara Westergaard. "Building Evaluation, User Satisfaction and Design." In Jon Lang et al., eds., Designing for Human Behavior: Architecture and the Behavioral Sciences. Stroudsburg, PA: Dowden, Hutchinson, and Ross, 1974. 320~329

Habrakan, N. J. Supports: An Alternative to Mass Housing. Translated from the Dutch by B. Valkenberg. New York: Praeger. 1971

Hakim, Besim S. Arabic-Islamic Cities: Building and Planning Principles. London: KPI. 1986

Hall, Edward T. The Hidden Dimension. New York Doubleday. 1966

Hall, Peter G. Great Planning Disaster. London: Weidenfeld and Nicholson. 1980

——Cities of Tomorrow: An Intellectual History of City Planning and Design in the Twentieth Century. New York: Basil Blackwell. 1988

Halprin, Lawrence. Cities. New York: Reinhold. 1963

—— "Motation." Progressive Architecture, 1965, 46, 7 : 126~128

——The RSVP Cycles: Creative Processes in the Human Environment. New York: George Braziller. 1969

——Taking Part: A Workshop Approach to Collective Creativity. Cambridge, MA: MIT Press. 1974

Hamblen, Matt. "Montgomery County at the Crossroads." Planning, 1991, 57, 6 : 7~12

Handy, Susan "Neo-Traditional Development: The Debate." Berkeley Planning Journal, 1991, 6 : 135~144

Harrington, Michael. The Other America: Poverty in the United States. New York: Macmillan. 1962

Harris, Britton. "The Limitations of Science and Humanism in Planning." Journal of the American Institute of Planners, 1967, 35, 5: 324~325

Hart, Roger. "Children's Explorations of Tomorrow's Environments." Ekistics, 1978, 45 : 387~390

——Children's Experience of Place. New York: Irvington. 1979

Hatch, C. Richard, ed. The Scope of Social Architecture. New York: Van Nostrand Reinhold. 1984

Hatton, Brian. "The Development of London's Docklands." Lotus International, 1990, 67 : 55~90

Hawley, Amos. Human Ecology: A Theory of Community Structure. New York: Ronald Press. 1950

Hayden, Dolores. Seven American Utopias: The Architecture of Communitarian Socialism. Cambridge, MA: MIT Press. 1976

——Redesigning the American Dream: The Future of Housing, Work, and Family Life. New York: Norton. 1984

——The Power of Place. Los Angeles: The Power of Place, Inc. 1989

Heath, Tom F. Method in Architecture. Chichester John Wiley. 1984

—— "Behavioral and Perceptual Aspects of the Aesthetics of Urban Environments." In Jack Nasar, ed., Environmental Aesthetics: Theory, Research, and Applications. New York: Cambridge University Press, 1988. 6~10

Hedman, Richard, and Andrew Jaszewski. Fundamentals of Urban Design. Washington, DC: Planners Press. 1984

Heidegger, Martin. Poetry, Language, Thought. Translated from the German by Albert Hofstadter. New York: Harper & Row. 1971

Heider, Fritz. The Psychology of Interpersonal Relations. New York: John Wiley. 1958

Helmer, Stephen. Hitler's Berlin: The Speer Plans for Reshaping the Central City. Ann. Arbor: University of Michigan Research Press. 1980

Helmreich, Robert. "The Evaluations of Environment: Behavioral Research in an Undersea Habitat." In Jon Lang et al., eds., Designing for Human Behavior: Architecture and the Behavioral Sciences. Stroudsburg, PA: Dowden, Hutchinson, and Ross, 1974. 274~285

Helson, Harry. Adaptation Level Theory: An Experimental and Systematic Approach to Human Behavior. New York: Harper & Row. 1964

Hepworth, Mark E. "Planning for the Information City: The Challenge and Response." Urban Studies, 1990, 27, 4 : 537~558

Herdeg, Klaus. The Decorated Diagram: Harvard Architecture and the Failure of the Bauhaus Legacy. Cambridge, MA: MIT Press. 1983

Hershberger, Robert G., and Robert C. Cass. "Predicting User Responses to Buildings." In Jack Nasar, ed., Environmental Aesthetics: Theory, Research, and Applications. New York: Cambridge University Press, 1988. 197~211

Hertzberger, Herman. "Shaping the Environment." In Mikellides, Architecture for People. 1980. 38~40

Hesselgren, Sven. Man's Perception of the Manmade Environment: An Architectural Theory. Stroudsburg, PA: Dowden, Hutchinson, and Ross. 1975

Hester, Randolph T, Jr. Neighborhood Space. Stroudsburg, PA: Dowden, Hutchinson, and Ross. 1975

—— "Social Values in Open Space Design." Places, 1980, 6, 1 : 68~77

Hilbersheimer, Ludwig. The New City. Chicago: Paul Theobold. 1940

Hill, Morris. "A Goals-Achievement Matrix for Evaluating Alternative Plans." In Ira M. Robinson, ed., Decision-Making in Urban Planning. Beverly Hills, CA: Sage, 1972. 185~207

Hillier, Bill, and Julienne Hanson. The Social Logic of Space. Cambridge, Eng.: Cambridge University Press. 1984

Hinshaw, Mark. "The Private Sector Builds a Public Place: Sixth Street Pedestrian Corridor, Bellevue, Washington." Urban Design Review, 1983, 6, 4 : 6~7

Hitt, Jack, ed. "Whatever Became of the Public Square?" Harper's Magazine, 1990, 281 (July): 49~60

Hochberg, Julian. Perception. Englewood Cliffs, NJ: Prentice-Hall. 1964

Holden, A. "The Crusader Prince." Sunday Times of London (October 30): C1-C2. 1988

Holston, James. The Modernist City: An Anthropological Critique of Brasilia. Chicago: University of Chicago Press. 1989

Hopf, Peter, and John A. Raeber. Access for the Handicapped: The Barrier-Free Regulations for Design and Construction in all 50 States. New York: Van Nostrand Reinhold. 1984

Hough, Michael. City Form and Natural Process: Towards a New Urban Vernacular. London: Routledge. 1984

—— "Formed by Natural Process-A Definition of the Green City." In David Gordon, ed., Green Cities: Ecologically Sound Approaches to Urban Spate. Montreal: Black Rose Books, 1990. 15~20

—— Out of Place: Restoring ldentity to a Regional Landscape. New Haven, CT: Yale University Press. 1990

Houstoun, Lawrence O., Jr. "From Streets to Mall and Back Again." Planning, 1990,

56,6.4～10

—— "Weather Report." Planning,1990,56,12:19～21

Howard,Ebenezer.Garden Cities of Tomorrow.London:Sonnenschein.1902

Huet,Bernard."The City as Dwelling Space:Alternatives to the Charter of Athens." Lotus International,1984,41:6～16

Hughes,Robert.The Shock of the New.London:British Broadcasting Corporation.1980

Ihde,Don.Experimental Phenomenology.Albany:State University of New York Press.1986

Ingersoll,Richard."Unpacking the Green Man's Burden." Design Book Review,1991,20:19～26

Irving,Robert Grant.Indian Summer:Lutyens,Baker and Imperial Delhi.New Haven,CT:Yale University Press.1981

Isaac,Alan R.G.Approach to Architectural Design.Toronto:University of Toronto.1971

Itten,Johannes."The Foundation Course at the Bauhaus." In Gyorgy Kepes,ed.,The Education of Vision.New York:George Braziller,1965.104～121

Izumi,Kiyo."Some Psycho-Social Considerations of Environmental Design." Mimeographed.1968

Jackson,Daryl."Propositional Modernism and Evolutionary Urbanism." Architecture Australia,1987,77,10:57～59

Jackson,John B.The Necessity for Ruins,and Other Topic.Amherst:University of Massachusetts Press.1980

Jackson,Kenneth,and Camilo José Vergara.Silent Cities.New York:Princeton Architectural Press.1989

Jackson,Peter.Maps of Meaning:An Introduction to Cultural Geography.London:Unwin Hyman.1989

Jacobs,Allan B.Making City Planning Work.Chicago:American Planning Association.1980

——Looking at Cities.Cambridge,MA:Harvard University Press.1985

Jacobs,Allan B.,and Donald Appleyard."Toward an Urban Design Manifesto." American Planning Association Journal,1987,53,1:113～120

Jacobs,Jane.The Death and Life of Great American Cities.New York:Random House.1961

——The Economy of Cities.New York:Random House.1969

Jacobs,Steven,and Barclay G.Jones."Urban Design through Conservation." Unpublished manuscript,Berkeley,CA.1962

Jakle,John A.The Visual Elements of Landscape.Amherst:University of Massachusetts Press.1987

Jellicoe,Geoffrey,and Susan Jellicoe.The Landscape of Man:Shaping the Environment from Prehistory to the Present Day.Rev.ed.New York:Van Nostrand Reinhold.1987

Jencks,Charles.What is Post-Modernism?London:Academy Editions.1986

Johnson,Eugene,ed.Charles Moore:Buildings and Projects 1949～1986.New York:Rizzoli.1986

Johnson,Philip,and Mark Wigley.Deconstructivist Architecture.New York:Museum of Modern Art.1988

Johnson,Robert E.The Economics of Building:A Practical Guide for the Design Professional.New York:John Wiley.1989

Johnston,Jacklyn."Establishing Ecology Parks in London."In David Gordon,ed.,Green Cities:Ecologically Sound Approaches to Urban Space.Montreal:Black Rose Books,1990.177～184

Jones,Barclay G."Design from Knowledge Not Belief." A/A Journal,1962,38,6:104～105

Jones,Barclay G.,and David E.Sparrow,"Major Themes In Planning Thought." Mimeographed.1980

Joselit,David."Public Art and the Public Purse." Art in America,1990,78 (July):142～151

Jukes,Peter,ed.A Shout in the Street:An

Excursion into the Modern City.New York: Farrar Straus Giroux.1990

Jung,Carl G."Approaches to the Unconscious."In Carl G.Jung,ed.,Man and His Symbols.New York:Dell,1968.1～94

Kalia,Ravi.Chandigarh:In Search of Identity.Carbondale and Edwardsville:Southern Illinois University Press.1987

Kaminski,,Gerhard."The Relevance of Ecologically Oriented Theory Building in Environment and Behavior Research." In Ervin H. Zube and Gary T.Moore,eds.,Advances in Environment,Behavior,and Design 2.New York: Plenum,1989.3～36

Kandinsky,Wassily.Punkt und Linie zu Flache.München:Langen.1926

Kantowitz,Barry,and Robert D.Sorkin. HumanFactors:Understanding People–System Relationships.New York:John Wiley.1983

Kaplan,Abraham.The Conduct of Inquiry: Methodology for the Behavioral Sciences.Scranton, PA:Chandler,1964

Kaplan,Marshall.Urban Planning in the 1960s:A Design for Irrelevancy.Cambridge,MA: MIT Press.1973

Kaplan,Sam Hall."The Holy Grid:A Skeptic's View." Planning,1990,56,11：10～11

Kaplan,Stephen,and Rachel Kaplan.Cognition and Environment:Functioning in an Uncertain World.New York:Praeger,1982

Kappraff,Jay.Connections:The Geometric Bridge between Science and Art.New York: McGraw Hill.1990

Kay,Jane Holtz."Building a There There." Planning,1991,57,1：4～8

Katju,K.N."A Tale of Two Cities," Journal of the Indian Institute of Architects,1953, 19,4：13～15,22

Kelbaugh,Doug,ed.The Pedestrian Pocket Book:A New Suburban Design Strategy.New York:Princeton Architectural Press.1989

—— "A Sense of Limits...from the Last Decade." In American Institute of Architects, eds.American Architecture of the 1980s. Washington,DC:American Institute of Architects, 1990.341～342

Keller,Suzanne.The Urban Neighborhood: A Sociological Perspective.New York:Random House.1968

Kelly,Brian,and Roger K.Lewis."What's Right (and Wrong) about the Inner Harbor" Planning,1992,58,4：28～32

Kent,T J.The Urban General Plan.San Francisco:Chandler.1964

Kepes,Gyorgy.Language of Vision.Chicago: Paul Theobold.1944

——,ed.Sign,Image,Symbol.New York: George Braziller,1966

Khan–Magomedov,S.O.Pioneers of Soviet Architecture.London:Thames and Hudson.1987

Kiernan,Stephen."The Architecture of Plenty:Theory and Design in the Marketing Age." Harvard Architecture Review,1987,6： 102～113.

King,Stanley,with Merinda Conley,Bill Latimer,and Drew Ferrault.Co–Design:A Process of Design Participation.New York:Van Nostrand Reinhold.1989

Kirchhoff,Gerhard,ed.Views of Berlin. Boston,MA:Birkhauser.1989

Klee,Paul.Pedagogical Sketchbook.Translated from the German by S.Moholy Nagy.New York: Praeger.1953

Klotz,Heinrich.The History of Post–Modern Architecture.Translated from the German by Radka Donnell.Cambridge,MA:MIT Press.1988

Knack,Ruth E."Repent,Ye Sinners,Repent." Planning,1989,55,8：4～13

Knight,Barry,and Gary Gappert,eds."Cities in Global Society." Urban Affairs Annual Review 35.Newbury Park,CA:Sage.1989

Koberg,Don,and Jim Bagnall.The Universal Traveler:A Soft–systems Guide to Creativity, Problem Solving and the Process of Design.2d ed.Los Altos,CA:William Kaufman.1977

Koeningsberger,Otto.Master Plan for the

New Capital of Orissa at Bhubaneswar. Cuttack: Orissa Government Press. 1960

Koffka, Kurt. Principles of Gestalt psychology. New York: Harcourt Brace. 1935

Kohler, Wolfgang. Gestalt Psychology. New York: Liveright. 1929

Kohn, Franck Fox. Defensible Space Modifications in Row House Communities. New York: Institute for Community Design Analysis. 1975

Kolb, David. Postmodern Sophistications. Chicago: University of Chicago Press. 1990

Kolb, David A. Experiential Learning: Experience as the Source of Learning and Development. Englewood Cliffs, NJ: Prentice-Hall. 1984

Koolhaas, Rem. Delirious New York: A Retroactive Manifesto for Manhattan. New York: Oxford University Press. 1978

Korman, R. "Reshaping the Urban Windscape." Engineering News Record, 1986, 216 (3 April): 30~33

Kostof, Spiro, ed. The Architect: Chapters in the History of the. Profession. New York: Oxford University Press. 1977

——A History of Architecture: Settings and Rituals. New York: Oxford University Press. 1985

——The City Shaped: Urban Pattern and Meanings. Boston: Little Brown. 1991

Krampen, Martin. "Environmental Meaning." In Ervin H. Zube and Gary T. Moore, eds., Advances in Environment, Behavior and Design 3. New York: Plenum, 1991. 231~268

Kricken, John, and Philip Enquist. "Four Recent Suburban Projects from SOM, San Francisco, California." Urban Design Review, 1986, 9, 2 : 20~22

Krier, Leon. Rational Architecture. Bruxelles: Archives d'Architecture Moderne. 1978

—— "Projet pour une Nouvelle Ecole de Cinq Cents Enfants." Archives d'Architecture Moderne 19. 1980

——Albert Speer: Architecture 1932~1942. Bruxelles: Archives d'Architecture Moderne. 1985

—— "Master Plan for Poundbury Developmentin Dorchester." Architectural Design Profile, 1987, 79 : 46~55

—— "Urban Components." In Andreas Papadakis and Harriet Watson, eds., The New Classicism: Omnibus Volume. New York: Rizzoli, 1990. 197~203

Krier, Rob. Urban Space (Stadtraum). Translated from the German by Christine Czechowski and George Black. New York: Rizzoli. 1979

—— "Typological Elements of the Concept of Urban Space." In Andreas Papadakis and Harriet Watson, eds., The New Classicism: Omnibus Volume. New York: Rizzoli, 1990. 213~219

Krinsky Carol H. Rockefeller Center. New York: Oxford University Press. 1978

Kroll, Lucien. The Architecture of Complexity. Translated from the French by Peter Blundell Jones. Cambridge, MA: MIT Press. 1987

—— "Architecture and Bureaucracy." In Byron Mikellides, ed., Architecture for People. New York: Holt, Rinehart and Winston, 1980. 162~170

Krueckeberg, Donald A. "The Culture of Planning." In Donald A. Krueckeberg, ed., Introduction to Planning History in the United States. New Brunswick, NJ: Rutgers University, Center for Urban Policy Research, 1983. 1~12

Krupat, E. People in Cities: The Urban Environment and Its Effect. Cambridge, MA: Cambridge University Press. 1985

Kuhn, Thomas. The Structure of Scientific Revolutions. Chicago: University of Chicago Press. 1962

Kultermann, Udo, ed. Kenzo Tange 1946-1949: Architecture and Urban Design. London: Pall Mall Press. 1970

Kundera, Milan. Quoted by Calvin Maclean in "Director's Notes" for "Jacques and His Master." The Commons Theater, Chicago, IL. 1970

Kuper, Leo et al. Living in Towns. London: Cresset Press. 1983

Ladd, Florence. "City Kids in the Absence of Legitimate Adventure." In Stephen Kaplan and Rachel Kaplan, eds., Humanscape. North Scituate, MA: Duxbury, 1978. 443～447

Lagorio, Henry J. Earthquakes: An Architect's Guide to Nonstructural Seismic Hazards. New York: John Wiley. 1990

Lai, Richard Tseng-yu. Law in Urban Design and Planning: The Invisible Web. New York: Van Nostrand Reinhold. 1988

Laing, R.D. The Politics of Family and Other Essays. New York: Pantheon. 1971

Lamb, Richard. "The Challenge of Ecology to the Design Professions: Invention and Intervention." Exedra, 1991, 3, 1 : 16～24

Lang, Jon. "Socio-Psychological Factors in Tall Building Design." New York: American Society of Civil Engineers, Preprint No. 3720. 1979

—— "The Nature of Theory for Architectural and Urban Design," Urban Design International, 1980, 1, 2 : 41

—— "The Built Environment and Social Behavior: Architectural Determinism Reexamined." VIA 4. Cambridge, MA: MIT Press, 1980: 146～182

—— "Formal Aesthetics and Visual Perception. Visual Arts Research, 10, 1984, 1: 66～73

——"Problems, Paradigms, Architecture, City Planning and Urban Design." Journal of Planning Education 5, 1985. 1 : 26～27

——Creating Architectural Theory: The Role of the Behavioral Sciences in Environmental Design. New York: Van Nostrand Reinhold. 1987

——"The New Suburban Downtowns: Prototypes for Future Development?" Paper presented at the ASCA Conference, Los Angeles. 1987

——"Understanding Normative Theories of Architecture," Environment and Behavior 20, 1988. 5 : 601～632

——"The Cultural Implications of Housing Design in India." In Setha Low and Erve Chambers, eds., Housing, Culture, and Design: A Comparative perspective. Philadelphia: University of Pennsylvania Press, 1989. 375～392

—— "Teaching Urban Design: The Penn Experience." Paper presented at file Universade Federal do Rio Grande do Sul, Porto Alegre, Brazil. Photocopied. 1989

—— "Urban Design: The Collaborative Art of Shaping Cities." In Tamas Lukovich, ed., Urban Design and Local Planning: An Interdisciplinary Approach. Kensington NSW: University of New South Wales, Faculty of Architecture, 1990. 2.1～2.16

—— "Design Theory from an Environment and Behavior Perspective." In Ervin H. Zube and Gary T. Moore, eds., Advances in Environment, Behavior and Design 3. New York: Plenum, 1991. 54～101

——"Methodological Issues and Approaches: A Critical Appraisal." In Ernesto G. Arias, ed., International Studies on the Meaning and Use of Housing: Methodologies and Their Application to Policy, Planning and Design. London: Gower, 1992. 51～69

——(in progress). "The Architecture of Independence: A Case Study of India, 1880～1970"

Lang, Jon, Charles Burnette, Walter Moleski, and David Vachon, eds. Designing for Human Behavior: Architecture and the Behavioral Sciences. Stroudsburg, PA: Dowden, Hutchinson, and Ross. 1974

Langdon, Philip. "A Good Place to Live." Atlantic Monthly (March), 1988 : 39～60

Langdon, Philip, with Robert G. Shibley and Polly Welch. Urban Excellence. New York: Van Nostrand Reinhold. 1990

Langer, Susanne K. Feeling and Form. New York: Charles Scribner's Sons. 1953

Lansing, John B., Robert W. Marans, and Robert B. Zehner. Planned Residential Environments. Ann Arbor: University of Michigan, Survey Research Center. 1970

Larsen, Jane Warren. "Bethesda: An Artist's Perspective." New Art Examiner (April): 1. 1987

Larson, Magali. The Rise of Professionalism: A Sociological Analysis. Berkeley and Los Angeles:

University of California Press.1979

Lasar, Terry Jill. Carrots and Sticks: New Zoning Downtowm. Washington, DC: Urban Land Institute. 1989

Las Colinas Association. Personal Interviews with Greg Watling, vice president and manager, and Ethan R. Bidne, director, architectural controls. 1986

Lasswell, Harold. The Signature of Power: Buildings, Communications and Policy. New Brunswick, NJ: Transaction Books. 1979

Latham, Richard S. "The Artifact as a Cultural Cipher." In Laurence B. Holland, ed., Who Designs America? New York: Anchor, 1964. 257~280

Laurie, Michael. "Nature and City Planning in the Nineteenth Century." In Ian C. Laurie, ed., Nature in Cities: The Natural Environment in the Design and Development of Urban Green Space. New York: John Wiley. 1979

Lavin, Sylvia. "The Uses and Abuses of Theory." Progressive Architecture, 1990, 71, 7: 113~114, 179

Lawlor, Robert. Scared Geometry: Philosophy and Practice. London: Thames and Hudson. 1982

Lawrence, Roderick. "Structuralist Theories in Environment–Behavior–Design Research." In Ervin H. Zube and Gary T Moore, eds., Advances in Environment, Behavior and Design 2. New York: Plenum, 1989. 37~40

Lawson, Bryan. How Designers Think. 2d ed. London: Butterworth Architecture. 1990

Lawton, M. Powell. Planning and Managing Housing for the Elderly. New York: Wiley Interscience. 1975

—— "An Ecological Theory of Aging Applied to Elderly Housing." Journal of Architectural Education, 1977, 31, 1: 6~10

Le Compte, William. "Behavior Settings as Data. Generating Units for the Environmental Planner and Architect." In Jon Lang et al., eds., Designing for Human Behavior: Architecture and the Behavioral Sciences. Stroudsburg, PA: Dowden, Hutchinson, and Ross, 1974. 183~193

Le Corbusier. Vers une Architecture (Towards a New Architecture). Translated from the French by F. Etchells. Reprint. New York: Praeger, 1970. 1923

—— La ville radieuse (The Radiant City). Translated from the French by Pamela Knight and Eleanor Levieux. Reprint. New York: Orion Press, 1967. 1934

—— Looking at City Planning. Translated from the French by Eleanor Levieux. Reprint. New York: Grossman, 1971. 1948

—— L'Unité d'Habitation de Marseilles (The Marseilles Block). Translated from the French by Geoffrey Sainsbury. London: Harvill. 1953

—— The Modulor. Translated from the French by Peter de Francia and Anna Bostock. Cambridge, MA: Harvard University Press. 1954

—— My Work. Translated from the French by James Palmer. London: Architectural Press. 1960

—— The Athens Charter. Translated from the French by Anthony Eardley. New York: Grossman. 1973

Lee, Terrence. "Urban Neighborhood as a Socio–Spatial Schema." In Harold M. Proshansky et al., eds., Environmental Psychology: Man and His Physical Setting. New York: Holt, Rinehart and Winston, 1970. 349~370

Leedy, Daniel L., Robert M. Maestro, and Thomas M. Franklin. Planning for Wildlife in Cities and Suburbs. Washington, DC: U.S. Fish and Wildlife Service. 1978

Lefebvre, Henri. Everyday Life in the Modern World. Translated from the French by Sacha Rabinovitch. New Brunswick, NJ: Transaction Books. 1984

Leff, Enrique. "The Global Context of Greening Cities." In David Gordon, ed., Green Cities: Ecologically Sound Approaches to Urban Space. Montreal: Black Rose Books, 1990. 55~66

Leich, Jean Ferriss. Architectural Visions: The Drawings of Hugh Ferriss. New York: Whitney Library of Design. 1980

Leighton, Alexander H. My Name Is Legion:

Foundations for a Theory of Man in Relation to Culture.New York:Basic Books.1959

Leinberger,Christopher B.,and Charles Lockwood."How Business Is Reshaping America." Atlantic Monthly 258 (October),1986：43～52

Lennard,Suzanne H.,and Henry L.Lennard. Livable Cities.People and Places:Social Design Principles for the Future of the City.Southampton, NY:Center for Urban Well-Being.1987

——,eds.Livable Cities I.Carmel,CA:Center for Urban Well-Being.1988

——,eds.Livable Cities II.Carmel,CA: Center.for Urban Well-Being.1990

Leopold,Luna B.Hydrology for Urban Land Planning-A Guidebook on the Hydrological Effects of Urban Land Use.Washington,DC:Geological Survey Circular 554.1968

Lesnikowski,Wejciech G.Rationalism and Romanticism in Architecture.New York:McGraw Hill.1982

Lesser,George.Gothic Cathedrals and Sacred Geometry.London:Alec Tiranti.1957

Levi,David."The Gestalt Theory of Expression in Architecture" In Jon Lang et al., eds.,Designing for Human Behavior:Architecture and the Behavioral Sciences.Stroudsburg, PA:Dowden,Hutchinson,and Ross,1974.111～119

Levinson,Nancy."Share and Share Alike: Cohousing Is Catching on in the U.S." Planning, 1991,57,7：24～26

Levy,John M.Contemporary Urban Planning.2d ed.Englewood Cliffs,NJ:Prentice-Hall.1991

Lewis,Nigel C."A Procedural Framework Attempting to Express the Relationship of Human Factors to the Physical Design Process." Unpublished student paper,University of Pennsylvania.1977

Littlejohn,David.Architect:The Life and Work of Charles Moore.New York:Holt,Rinehart and Winston.1984

Lofland,Lyn H.A World of Strangers:Order and Action in Public Space.New York:Basic Books.1973

—— "Social Life in the Public Realm." Journal of Contemporary Ethnography,1989,17, 4：453～482

—— "The Morality of Urban Life:The Emergence and Continuation of a Debate." Places, 1989,6,1：18～23

Low,Setha M."Developments in Research Design,Data Collection,and Analysis:Qualitative Methods." In Ervin H.Zube and Gary T Moore, eds.,Advances in Environment,Behavior; and Design 1.New York:Plenum,1987.279～303

Low,Setha M.,and Erve Chambers,eds. Housing:Culture and Design:A Comparative Perspective.Philadelphia:University of Pennsylvania Press.1989

Lowry,Ira."The Dismal Future of Central Cities." In Arthur P.Solomon,ed,The Prospective City:Economic,Population,Energy,and Environmental Developments.Cambridge,MA:MIT Press,1980.161～203

Lozano,Eduardo E."Visual Needs in Urban Environments and in Physical Planning."In Jack Nasar,ed.,Environmental Aesthetics:Theory, Research,and Applications.New York:Cambridge University Press,1988.395～421

——Community Design and the Culture of Cities.New York:Cambridge University Press. 1990

Lüchinger,Arnulf.Structuralism in Architecture and Urban Planning.Stuttgart:Karl Kramer.1981

Lucy,William.Close to Power:Setting Priorities with Public Officials.Chicago:Planners Press.1989

Lukashok,Alvin K.,and Kevin Lynch."Some Childhood Memories of the City.Journal of the American Institute of Planners 22,1956,3:142～152

Lynch,Kevin.The Image of the City. Cambridge,MA:MIT Press.1960

——What Time Is This Place? Cambridge, MA:MIT Press.1972

——Managing the Sense of a Region. Cambridge,MA:MIT Press.1976

——Growing Up in Cities: Studies of the Spatial Environment of Adolescents in Cracov4 Melbourne, Mexico City, Salta, Toluca, and Warszawa. Cambridge, MA: MIT Press. 1977

—— "City Design: What It Is and How It Might Be Taught." In Ann Ferebee, ed., Education for Urban Design. Purchase NY: Institute for Urban Design, 1982. 105～111

——Good City Form. Cambridge, MA: MIT Press. 1984

Lyotard, Jean-Francois. The Past Modern Condition—A Report on Knowledge. Translated from the French by Geoff Bennington and Brian Massumi. Minneapolis: University of Minnesota Press. 1984

Mackay, David. "Redesigning Urban Design." Architect's Journal, 1990, 192, 2 : 42～45

Maharishi Sthapatya Ved Institute. "An Introduction to Maharishi Sthapatya Ved: Urban Design, Architecture and Construction for Perfect Health and Ideal Living." Fairfield, IA: Maharishi Sthapatya Ved Institute. 1991

Maillard, Lucien, ed. L'Evé nement Mé -dia, la Revue de la Grande Arche. Paris: Envé nment Media. 1989

Maitland, Barry. The New Architecture of the Retail Mall. New York: Van Nostrand Reinhold. 1991

Maldonado, Tomàs. "Is Architecture a Text? Casabella 53, 1989, 560 : 60～61

Mansfield, Howard. Cosmopolis: Yesterday's Cities of the Future. New Brunswick, NJ: Rutgers University Center for Urban Policy Research. 1990

Mänty, Jorma, and Norman Pressman, eds.. Cities Designed for Winter. Helsinki: Building Book. 1989

Marans, Robert W., and Sherry Ahrentzen. "Developments in Research Resign, Data Collection, and Analysis: Quantitative Methods." In Ervin H. Zube and Gary T. Moore, eds., Advances in Environment, Behavitor, and Design 1. New York: Plenum, 1987. 251～277

Mariani, Riccordo. "The Planning of the E42: The First Phase." Lotus, 1990, 67 : 90～126

Mariermont Company. Mariemont: The New Town, "A National Exemplar." Mariemont, OH: Mariemont Company. 1925

Markovich, Nicholas C., Wolfgang E. Preiser, and Fred G. Strum. Pueblo Style and Regional Architecture. New York: Van Nostmnd Reinhold. 1990

Marks, Larry. "Revitalization of Downtown, St. Louis, Mo." AIA Urban Design Case Studies 1990, 1, 1 : 1

Marmot, Alexi. "The Legacy of Le Corbusier and High Rise Housing," Built Environment 1982. 7, 2 : 82～95

Martienssen, Rex D. The Idea of Space in Greek Architecture. Johannesburg: University of the Witwatersrand Press. 1956

Martin, Evelyn. "Between Heaven and Earth." Planning 1991. 57, 1 : 24～27.

Martin, Richard, ed. The New Urban Landscape, New York: Rizzoli. 1990

Marx, Karl, and Freidrich Engels(1848). The Communist ManIfesto. Translated from the German by Samuel Moore. Hammondsworth: Penguin, 1967

Maslow, Abraham. "Theory of Human Nature. Psychological Review, 1943, 50 : 370～396

——The Psychology of Science. New York: Harper & Row. 1966

——Toward a Psychology of Being. Princeton, NJ: Van Nostrand. 1968

——The Farther Reaches of Human Nature. New York: Viking. 1971

——Motivation and Personality. 3d ed. Rev. by Robert Frager, James Fadiman, Cynthia McReynolds, and Ruth Cox. New York: Harper & Row. 1987

Masotti, Louis H., and Jeffrey K. Hadden, eds. The Urbanization of the Suburbs. Beverly Hills: Sage. 1973

Mayer, Albert. The Urgent Future: People, Housing, City, Region. New York: McGraw Hill.

1967

Mayer,Harold M.,and Richard C.Wade. Chicago:Growth of a Metropolis.Chicago:University of Chicago Press.1969

McCamant,Kathryn M.,and Charles R. Durrett.Cohousing:A Contemporary Approach to Housing Ourselves.Berkeley,CA:Ten Speed Press.1988

—— "Cohousing in Denmark." In Karen A.Franck and Sherry Ahrentzen,eds.,New Households,New Housing.New York:Van Nostrand Reinhold,1989.100~126

McClelland,David,John W.Atkinson,R.A. Clark,and E.L.Lowell.The Achievement Motive. New York:Appleton-Century-Crofts.1953

McHale,john.R.Buchminster Fuller.London: Prentice-Hall International.1961

McHarg,Ian.Design with Nature.Garden City,NY:Natural History Press.1969

McNulty,Robert et al.The Return of the Livable City:Learning from America's Best. Washington,DC:Acropolis Press.1986

Meier,Richard L.A Communications Theory of Urban Growth.Cambridge,MA:MIT Press. 1962

Melnick,Scott."The Urbanization of the Suburbs." Building Design Construction,1987, 28,3:70~77

Meltzer,Jack.Metropolis to Metroplex:The Social and Spatial Planning of Cities.Baltimore: Johns Hopkins University Press.1984

Menzel,H."Public and Private Conformity under Different Conditions of Acceptance in the Group." Journal of Abnormal Psychology,1957, 55:398~401

Messinger,Alexander,and Robert G. LeRicolais."New Vistas for New Cities." Architectural Design,1972.43,3:144

Meyer,Hannes.Hannes Meyer.London: Schnaidt Tirani.1928

Michelson,William."Most People Don't Want What Architects Want." Transaction 1968.5,8: 37~43

—— ed.Behavioral Research Methods in Environmental Design.Stroudsburg,PA:Dowden, Hutchinson,and Ross.1975

——Man and His Urban Environment:A Socioloical Approach.2d ed.Reading,MA: Addison-Wesley.1976

Mikellides,Byron."Architectural Psychology and the Unavoidable Art."In Byron Mikellides, ed.,Architecture for People.New York:Holt, Rinehart and Winston,1980.9~26

—— "Appendix on Human Needs." In Mikelledis,Architecture,1980.191~192

Miles,Mike E.,Emil E.Malizia,Marc A. Weiss,Gayle L.Berens,and Ginger Travis.Real Estate Development:Principles and Process. Washington,DC:Urban Land Institute.1991

Miller,Donald L.Lewis Mumford:A Life. New York:Weidenfeld and Nicholson.1989

Mills,Miriam,ed.Conflict Resolution and Public Policy.New York:Greenwood.1990

Mitchell,Howard E."Professional and Client: An Emerging Collaborative Relationship." In Jon Lang et al.,eds.,Designing for Human Behavior:Architecture and the Behavioral Sciences.Stroudsburg,PA:Dowden,Hutchinson, and Ross,1974.15~22

Mohney,David,and Keller Easterling,eds. Seaside.New York:Princeton Architectural Press. 1991

Moholy Nagy,Sybil.The Matrix of Man. New York:Praeger.1968

Moleski,Walter."Behavioral Analysis and Environmental Programming for Offices." In Jon Lang et al.,eds.,Designing for Human Behavior:Architecture and the Behavioral Sciences.Stroudsburg,PA:Dowden,Hutchinson, and Ross,1974.302~315

Moleski,Walter,and Jon Lang."Organization Needs and Human Values in Office Planning," Environment and Behavior 1982.14,3:319~332

Moll,Gary,and Sara Ebenzeck,eds.Shading Our Cities:A Resource Guide for Urban and Community Forests.Covelo,CA:Island Press.1989

Moneo,Raphael."On Typology." Oppositions, 1978,13 (Summer):23~45

Monkkonen, Eric H. America Becomes Urban: Tire Development of U.S. Cities and Towns 1790～1980. Berkeley and Los Angeles: University of California Press. 1988

Montgomer, Roger. "Comment on 'Fear and House-as-Haven in the Lower Class.'" Journal of the American Institute of Planners 1966.32, 1 : 31～37

——"A Manifesto on Urban Design." University of California at Berkeley, School of Architecture. Photocopied. 1975

——"Architecture Invents New People." In Russell Ellis and Dana Cuff, eds., Architects' People. New York: Oxford University Press, 1989. 260～281

Moore, Gary T., ed. Emerging Methods in Environmental Design and Planning. Cambridge, MA: MIT Press. 1970

——"Knowing about Environmental Knowing: The Current State of Research on Environmental Cognition." Environment and Behavior 1979.11, 1 : 33～70

Moore, Gary T, C.G. Lane, A.B. Hill, U. Cohen, and T McGinty. Recommendations for Child Care Centers. Milwaukee: University of Wisconsin-Milwaukee, Center for Architecture and Urban Planning. 1979

Moore, Robin C. "Streets as Playgrounds." In Anne Vernez Moudon, ed., Public Streets for Public Use. New York: Van Nostrand Reinhold, 1987. 45～62

——Childhood's Domain: Play and Place in Child Development. Berkeley, CA: MIG Communications. 1991

Moore, Robin C., Susan M. Gottsman, and Daniel C. Iacofano, eds. Play for All Guidelines: Planning, Design and Management of Outdoor Play Settings for All Children. Berkeley, CA: MIG Communications. 1987

Moore, Terry. "Planning Without Preliminaries." American Planning Association Journal 1988.54, 4 : 525～528

Morris, A.E.J. History of Urban Form: Before the Industrial Revolution. New York: John Wiley. 1979

Morris, Charles. Foundations of a Theory of Signs. Chicago: University of Chicago Press. 1938

Morris, E.K., and E. Levin, eds. "Typology in Design Education." Journal of Architectural Education 1982.35, 2: whole issue

Moudon, Anne Vernez, ed. Public Streets for Public Use. New York: Van Nostrand Reinhold. 1987

——"Normative/Substantive and Etic/Emic Dilemma in Design Education." Unpublished manuscript. University of Washington: College of Architecture. 1990

——"A Catholic Approach to Organizing What Urban Designers Should Know." Journal of Planning Literature 1992.6, 4 : 331～349.

Mozingo, Louise. "Women and Downtown Open Spaces." Places 1989.6, 1 : 38～47

Muller, Peter. Contemporary Suburban America. Englewood Cliffs, NJ: Prentice-Hall. 1981

Mumford, Lewis. The Culture of Cities. New York: Harcourt Brace. 1938

——The City in History: Its Origins, Its Transformations, and Its Prospects. New York: Harcourt, Brace and World. 1961

Murray, Henry A. et al. Explorations in Personality. New York: Oxford University Press. 1938

Nadler, Gerald. "Engineering Research and Design in Socioeconomic Systems." In Gary T. Moore, ed., Emerging Methods in Environmental Design and Planning. Cambridge, MA: MIT Press, 1970. 322～331

Nager, A.R., and W.R. Wentworth. "Bryant Park: A Comprehensive Evaluation of Its Image and Use with Implications for Urban Open Space Design." New York: City University of New York, Center for Human Environments. 1976

Na Nangara, Yongyudh (in progress). "A Psychological Study of Design Behavior: The Correlation between Preconceptions and Outcomes in Architectural Design." Ph.D. dissertation,

University of Pennsylvania.

Nasar, Jack. "Architectural Symbolism: A Study of House Style Meanings." In Denise Lawrence and B. Wasserman, eds., Paths to Co-existence: Proceedings of EDRA 19. Riverside, CA: 1988. 163～172

—— ed. Environmental Aesthetics: Theory, Research, and Applications. New York: Cambridge University Press. 1988

National Capital Development Commission. The Future Canberra. Sydney: Angus and Robertson. 1965

National Main Street Center. Main Street Guidelines. Washington, DC: Preservation Press. 1987

Nealy, Craig. "Burlington, Vermont Urbanization Strategy." Cornell Journal of Architecture, 1983, 2：136～137

Neisser, Ulrich. Cognition and Reality. San Francisco: Freeman. 1976

Neutra, Richard. "Practical Cities Must Not Be Full of Irritations." American City 69, 1954. 4：122～123

Newcomb, T.M. "Interpersonal Balance." In Robert P. Abelson, E. Aronson, W. McGuire, T.M. Newcomb, M. Rosenberg, and P. Tannenbaum, eds., Theories of Cognitive Consistency: A Sourcebook. Chicago: Rand McNally. 1968

Newman, Peter W.G., and Jeffrey R. Kenworthy. Cities and Automobile Dependence: A Sourcebook. Brookfield, VT: Gower Technical. 1989

Newman, Oscar. Defensible Space: Crime Prevention through Urban Design. New York: Macmillan. 1972

——Design Guidelines for Creating Defensible Space. Washington, DC: U.S. Department of Justice. 1975

—— "The Use of Color and Texture at Clason Point." In Tom Porter and Byron Mikellides, eds., Color for Architecture. New York: Van Nostrand Reinhold, 1976. 49～53

——Community of Interest. New York: Anchor. 1980

——"Whose Failure is Modern Architecture?" Mikellides, Architecture, 1980. 49～58

Newton, Norman T. "The City Beautiful Movement." In Design on the Land: The Development of Landscape Architecture. Cambridge, MA: Belknap, 1971. 413～426

New York, City of. "Plazas for People, Streetscape and Residential Plazas." New York: Department of City Planning. 1976

——"Midtown Development: Final Report." New York: Department of City Planning. 1981

Nicolin, P-L. GA: Carlo Aymonimo/Aldo Rossi Housing Complex at the Gallratese Quarter. Milan, Italy 1969～1974. Edited by Y. Futagawa. Tokyo: ADA Editions. 1977

Nielsen, Sanja M. "Information Resources: An Expert's List of Books You May Need." Architectural Record 172, 1984. 9：39～43

Nilsson, Sten. The New Capitals of India, Pakistan and Bangladesh. London: Curzon Press. 1975

Ninan, T N., and Chandar Uday Singh. "The Consumer Boom." India Today, 1984, 9, 3：82～90

Nohl, Werner. "Open Space in Cities: In Search of a New Aesthetic." In Jack Nasar, ed., Environmental Aesthetics: Theory, Research, and Applications. New York: Cambridge University Press, 1988. 74～97

Norberg Schulz, Christian. Intentions in Architecture. Cambridge, MA: MIT Press. 1965

——Existence, Space, and Architecture. New York: Praeger. 1971

——Genius Loci: Towards a Phenomenology of Architecture. New York: Rizzoli. 1980

Norris, Christopher. "Deconstruction, Post-Modernism and the Visual Arts." In Christopher Norris and Andrew Benjamin, eds., What Is Deconstruction? New York: St. Martin's Press, 1988. 7～31

Oc, Tanner. "Planning Natural Surveillance Back into City Centres." Town and Country

Planning,1991.60,8:237~239

Okamoto,Rai Y.,and Frank E.Williams. Urban Design Manhattan.Prepared for the Regional Plan Association.New York:Viking. 1969

Olds,A.R."Designing Settings for Infants and Toddlers." In Carol S.Weinstein and Thomas G.David,eds.,Spaces for Children:The Built Environment and Child Development.New York: Plenum,1987.117~138

Olgyay,Victor.Design with Climate:Bioclimatic Approach to Architectural Regionalism. Princeton,NJ:Princeton University Press.1963

Olin,Laurie.Personal Communication.1991

Olsen,Donald J.The City as a Work of Art. New Haven,CT:Yale University Press.1986

Olwig,K.R."The Childhood 'Deconstruction' of Nature and the Construction of 'Natural' Housing Environments the Children."Scandinavian Housing and Planning Research,1986,3:129~143

Orwell,George."Politics and the English Language."In Shooting an Elephant.New York: Harcourt Brace,1954.77~92

Ostler,Tim."Whither Urban Design?" Architects Journal,1987,185,18:20~21

Ostroff,E.Humanizing Environments. Cambridge,MA:World Guide Publishers.1978

Overy,Paul.Kandinsky:The Language of the Eye.New York:Praeger.1869

Owen,Robert.A New View of Society.New York:Dodd and Manter.1825

——"Report to the County of Lanark." Reprint.New York:AMS Press,1975.1821

Palmer,Mickey A.The Architect's Guide to Facility Programming.Washington,DC:American Institute of Architects.1981

Papadakis,Andreas C."Paternoster Square and the New Classical Tradition." Architectural Design,1991.62,5/6:whole issue

Papadakis,Andreas C.,C.Cooke,and A. Benjamin,eds.Deconstruction.New York:Rizzoli. 1989

Park,Robert E.,Ernest Burgess,and Roderick D.Mackenzie.The City.Chicago:University of Chicago Press.1925

Parr,Albert E."The Child and the City: Urbanity and the Urban Scene." Landscape, 1967,16,3:3~5

——"Lessons of an Urban Childhood." American Montessori Society Bulletin,1969,7,4

Parsons,K.C."Clarence Stein and the Greenbelt Towns."Journal of the American Planning Association,1990,56,2:161~183

Parsons,Talcott.Societies.Englewood Cliffs, NJ:Prentice-Hall.1966

PAS(Planners Advisory Service).Reinventing the Village:Chicago:PAS.1991

Pass,David.Vällingby and Farsta:From Idea to Reality.Cambridge,MA:MIT Press.1973

Passini,Romedi.Wayfinding in Architecture. New York:Van Nostrand Reinhold.1984

Pathak,Jitendra."Human Behavior and Community Design."Unpublished student paper, University of Pennsylvania.1980

Patton,Phil."In Seaside,Florida,the Forward Thing Is to Look Backward." Smithsonian, 1991,21:82~93

Pawley,Martin.Architecture versus Housing. New York:Praeger.1971

——Theory and Design in the Second Machine Age.London:Blackwell.1990

Peattie,Lisa."First Stage:The Platonic City versus the Aristotelian City." In Planning:Rethinking Cuidad Guayana.Ann Arbor:University of Michigan Press,1981.41~72

——"The Political Basis of Urban Design." In Planning:Rethinking Cuidad Guayana.Ann Arbor:University of Michigan Press,1981.93~111.

Peets,Elbert."The Genealogy of L 'Enfant's Washington." Journal of the American Institute of Architects,1927,15.(5,6,and 7):115~118,151~154,187~191

Peña,William,Steven Parshall,and Kevin Kelly.Problem Seeking:An Architectural Programming Guide.Washington,DC:AIA Press.1987

Pepper, Stephen C. The Basis of Criticism in the Arts. Cambridge, MA: MIT Press. 1949

Perez Gómez, Alberto. Architecture and the Crises of Modern Science. Cambridge, MA: MIT Press. 1983

Perin, Constance. With Man in Mind: An Interdisciplinary Prospectus for Environmental Design. Cambridge, MA: MIT Press. 1970

——Everything in Its Place: Social Order and Land Use in America. Princeton, NJ: Princeton University Press. 1977

"Peter Eisenman versus Leon Krier". Architectural Design Profile 81. Architectural Design, 1989, 59, 9/10 : 6~18

Petersen, Arne Freimuth. Why Children and Young Animals Play and Its Role in Problem Solving. Copenhagen: Commissioner Munksgaard. 1988

Petersen, Steven. "Urban Design Tactics." Architectural Design Profile 20. Architectural Design, 1979, 49, 3/4 : 76~81

Peterson, Jon A. "The City Beautiful Movement: Forgotten Origins and Lost Meanings." Journal of Urban History 2, 4: 415~434. Also in Donald Krueckeberg, Introduction to Planning History, 1976. 40~57

—— "The Impact of Sanitary Reform upon American Urban Planning," 1840~1890. Journal of Social History 13, 1 : 83~103. Also in Krueckeberg, Introduction to Planning History, 1979. 13~39

Peterson, Peggy. "The Id and the Image: Human Needs and Design Implications," University of California, Berkeley, School of Architecture. Mimeographed. 1969

Peterson, Rebecca Bauer. "Gender Issues in the Home and Urban Environment." In Ervin H. Zube and Gary T. Moore, eds., Advances in Environment, Behavior, and Design 1. New York: Plenum, 1987. 187~218

Pfaff, William. "Puritanism, Fascism and the U.S. University." Chicago Tribune, Section 4, 1991, (May 26): 3

Pickfbrd, Ralph W. Psychology and the Visual Arts. London: Hutchinson Educational. 1972

Pocock, Douglas, and Ray Hudson. Images of the Urban Environment. New York: Columbia University Press. 1978

Pollowy, Anne-Marie. The Urban Nest. Stroudsburg, PA: Dowden, Hutchinson, and Ross. 1977

Pommer, Richard David Spaeth, and Kevin Harrington, eds. In the Shadow of Mies, Ludwig Hilbersheimer, Architect, Educator, and Urban Planner. Chicago: Art Institute of Chicago. 1988

Popenoe, David. The Suburban Environment. Chicago: University of Chicago Press. 1977

Porter, Tom, and Byron Mikellides, eds. Color for Architecture. New York: Van Nostrand Reinhold. 1976

Porteous, J. Douglas. Environment and Behavior: Planning and Everyday Urban Life. Reading, MA: Addison-Wesley. 1977

Portman, John, and Jonathan Barnett. The Architect as Developer. New York: McGraw Hill. 1976

Portoghesi, Paolo. Postmodern: The Architecture of the Post Industrial Society. New York: Rizzoli. 1979

——After Modern Architecture. Translated from the French by Meg Shone. New York: Rizzoli. 1982

Prak, Niles Luning. The Language of Architecture: A Contribution to Architectural Theory. The Hague: Mouton. 1968

——Architects: The Noted and the Ignored. New York: John Wiley. 1984

Pressman, Norman. "The Survival of Winter Cities: Problems and Prospects." In Gary Gappert, ed., The Future of Winter Cities. Newbury Park, CA: Sage, 1987. 49~70

Preiser, Wolfgang, ed. Facility Programming: Methods and Application. New York: Van Nostrand Reinhold. 1985

Preiser, Wolfgang, Harvey Z. Rabinowitz, and Edward T. White. Post-Occupancy Evaluation. New York: Van Nostrand Reinhold. 1988

Preiser, Wolfgang, Jacqueline C. Vischer, and

Edward T.White,eds.Design Intervention:Toward a More Humane Architecture.New York: Van Nostrand Reinhold.1991

Proctor,Mary,and Bill Matuszeski.Gritty Cities:A Second Look at Allentown,Bethlehem, Bridgeport,Hoboken,Lancaster; Norwich, Paterson,Reading,Trenton,Troy,Waterbury, Wilmington.Philadelphia:Temple University Press.1978

Proshansky,Harold."Environmental Psychology and the Design Professions."In Jon Lang et al.,eds.,Designing for Human Behavior:Architecture and the Behavioral Sciences.Stroudsburg, PA:Dowden,Hutchinson,and Ross,1974.72~97

Proudfoot,Peter."Deconstructivism and Architectural Science." Architectural Science Review 34,1991.2:55~63

——(forthcoming).The Secret Plan of Canberra.Kensington,N.S.W.:UNSW Press.

Pushkarev,Boris S.,and Jeffrey M. Zuphan.Urban Space for Pedestrians.A Report of the Regional Plan Association. Cambridge,MA:MIT Press.1979

Rainer,George.Understanding Infrastructure: A Guide for Architects and Planners.New York: John Wiley.1991

Ramsey,Richard."Spennard Commercial District Development Strategy." Urban Design Review 9,1986.2:16~19

Rapoport,Amos."Whose Meaning in Architecture?" Interbuild/Arena 14(October), 1967:44~46

——House Form and Culture.Englewood Cliffs,NJ:Prentice-Hall.1969

——Human Aspects of Urban Form:Towards a Man-Environment Approach to Urban Form and Design.New York:Pergamon Press. 1977

——The Meaning of the Built Environment: A Non-Verbal Communications Approach. Beverly Hills,CA:Sage.1982

—— "Culture and the Urban Order." In John Agnew,John Mercer,and David Sopher, eds.,The City in Cultural Context.Boston:Allen and Unwin,1984.50~75

—— "The Use and Design of Open Spaces in Urban Neighborhoods." In Dieter Frick,ed., The Quality of Urban Life:Social,Psychological, and Physical Conditions.Berlin:Walter de Gruyter, 1986.159~175

——History and Precedent in Environmental Design.New York:Plenum.1991

Rapoport,Amos,and Robert E.Kantor. "Complexity and Ambiguity in Environmental Design." Journal of the American Institute of Planners,1967,33,4:210~221

Rasmussen,Steen Eiler.London:The Unique City.Rev.ed.London:Jonathan Cape.1937

——Experiencing Architecture.Cambridge, MA:MIT Press.1959

Regional Plan Association.Regional Survey of New York and Its Environs.New York:Russell Sage Foundation.1927

Register,Richard.Ecocity Berkeley:Building Better Cities for the Future.Berkeley,CA:North Atlantic Books.1987

Regnier,Victor,and Jon Pynoos.Housing the Aged:Design Directives and Policy Considerations. New York:Elsevier:1987

Reid,Paul."Urban Spaces:Theories and Practices."In Tamas Luckovich,ed.,Urban Design and Local Planning:An Interdisciplinary Approach.Kensington:University of New South Wales,Faculty of Architecture,1990.5.1~5.5

Reiner,Thomas.The Place of the Ideal City in Urban Planning.Philadelphia:University of Pennsylvania Press.1963

Reissman,Leonard.The Urban Process:Cities in Industrial Societies.New York:Free Press. 1964

Ralph,Edward.The Modern Urban Landscape.Baltimore:Johns Hopkins University Press.1987

Reps,John.The Making of Urban America: A History of Planning in the United States. Princeton,NJ:Princeton University Press.1965

——Washington on View:The Nation's Capital Since 1790.Chapel Hill:University of North Carolina Press.1991

Riboulet,Pierre."Concerning the Composition of the Capital at Chandigarh." In Association Francaise d'Action Artistique,Architecture in India.Paris:Electa Moniteur; 1985.91~98

Richards,J.M.An Introduction to Modern Architecture.Harmonsworth:Penguin Books.1962

——A Guide to Finnish Architecture. London:Hugh Evelyn.1966

Richter,Alexander,and Kurt Forster."Daniel Libeskind:Edificio per uffici,abitarione e spazi pubblici." Domus,1988,696 (July/August):46~55

Ricoeur,Paul.The Rule of Metaphor: Multidisciplinary Studies of the Creation of Meaning in Language.Translated from the French by Robert Czerny.Buffalo and Toronto:University of Toronto Press.1975

Riesman,David.The Lonely Crowd:A Study of the Changing American Character. New Haven,CT:Yale University Press.1950

Rietfeld,Rijk.Personal communication.1983

Rittel,Horst."Some Principles for the Design of an Education System for Design." Journal of Architectural Education,1971,26,4 : 16~26

—— "Second Generation Design Methods."

In Nigel Cross,ed.,Developments in Design Methodology.New York:John Wiley,1984.317~329

Rittel,Horst,and Melvin Webber."Planning Problems Are Wicked Problems"In Nigel Cross, ed.,Developments in Design Methodology.New York:John Wiley,1984.135~144

Ritzdorf,M."Planning and the Intergenerational Community." Journal of Urban Affairs,1987,9,1 : 79~87

Roberts,Robert.The Classic Slum:Salford Life in the First Quarter of the Century.Manchester: Manchester University Press.1971

Robertson,Jaquelin."Hasn't most of the built world always been a disparate slum with but a few places of light and beauty? Yes-and no,not quite." In Chris Johnson,ed.,The City in Conflict.Sydney:The Law Book Co.,1985.43~60

Robinette,Gary O.,ed.Landscape Planning for Energy Conservation.Reston,VA:Environmental Design Press.1977

——Barrier-Free Exterior Design:Anyone Can Go Anywhere.New York:Van Nostrand Reinhold.1985

Robinson,Charles Mulford.The Improvement of Towns and Cities,or The Practical Basis of Civic Aesthetics.New York:Putnam.1901

Robinson,Julia."Architectural Research:Incorporating Myth and Science."Journal of Architectural Education,1990,44,1 : 20~32

Robinson,Julia,and J.S.Weekes. "Programming as Design." University of Minnesota School of Architecture.Mimeographed. 1983

Roddewig,Richard J.Preservation Ordinances and Financial Incentives:How They Guide Design. Washington,DC:National League of Cities.1981

Roddewig,Richard J.,and Cheryl A. Inghram.Transferable Development Rights Program.PAS Report No.374.Chicago:American Planning Association.1987

Rodger,Allan,and Roger Fay."Sustainable Suburbia." Exedra,1991.3,1 : 4~15

Rogers,Carl.A Way of Being.Boston: Houghton Mifflin.1980

Ronner,Heinz,and Sharad Jhavari.Louis I. Kahn:Complete Work 1935~1974.Basel:Birkh?user.1987

Rossi,Aldo.The Architecture of the City. Translated from the Italian by Diane Ghirardo and Joan Ockman.Cambridge,MA:MIT Press. 1982

Rouard,Marguerite,and Jacques Simon. Children's Play Spaces:From Sandbox to Adventure Playground.Translated from the German by Linda Geiser.Woodstock,NY:Overlook Press.1977

Rowe,Colin."Program versus Paradigm."

Cornell Journal of Architecture,1983,2 : 8~19

——"Urban Space." In Andreas Papadakis and Harriet Watson.New Classicism.New York: Rizzoli,1990.187~188

Rowe,Colin,and Fred Koetter.Collage City. Cambridge,MA:MIT Press.1978

Rowe,Peter.Design Thinking.Cambridge, MA:MIT Press.1987

——Making a Middle Landscape.Cambridge, MA:MIT Press.1991

Royal Australian Institute of Architects and BHP Steel,Sheet and Coil Products "Architecture Students Biennale Design Awards and Exhibition." Canberra:The RAIA and BHP Steel.1990

Rubenstein,James.The French New Towns. Baltimore:Johns Hopkins University Press.1978

Ruchelman,Leonard I.The World Trade Center.Syracuse,NY:Syracuse University Press. 1977

Rudofsky,Bernard.Architecture without Architects:An Introduction to Non-Pedigreed Architecture.New York:Museum of Modern Art. 1964

——Streets for People:A Primer for Americans.New York:Doubleday.1969

Rusch,Charles W."On the Relationship of Form to Behavior." Design Methods Group Newsletter,1969,3 (October):8~11

Rybczynski,Witold."With Wear and Tear, Habitat Has Become a Home." New York Times, 1990,(August 5):H28,30

Rykwert,Joseph.The Idea of a Town:The Anthropology of Urban Form in Rome,Italy and the Ancient World.2d ed.Cambridge,MA: MIT Press.1988

Saarinen,Thomas F.Environmental Planning: Perception and Behavior.Boston:Houghton Mifflin.1976

Saegert,Susan."Masculine Cities,Feminine Suburbs."In Catherine R.Stimpson,ed.,Women and the American City.Chicago:University of Chicago Press:1981.93~108

Saint,Andrew.The Image of the Architect. New Haven,CT:Yale University Press.1983

Salisbury,Frank.Architect's Handbook for Client Briefing.London:Butterworth.1990

San Francisco,City of Department of City Planning.The Urban Design Plan for the Comprehensive Plan of San Francisco.San Francisco: San Francisco Department of City Planning. 1971

——Guiding Downtown Development.San Francisco:San Francisco Department of City Planning.1982

The Downtown Plan:A Proposal for Citizen Review San Francisco:San Francisco Department of City Planning.1983

The San Francisco Downtown Plan.Final Report.San Francisco:San Francisco Department of City Planning.1985

Urban Design:An Element of the Master Plan of the City and County of San Francisco. San Francisco:San Francisco Department of City Planning.1988

——Residential Design Guidelines.San Francisco:San Francisco Department of City Planning.1989

——Mission Bay:The Plan.San Francisco: San Francisco Department of City Planning. 1990

Sanoff,Henry.Methods of Architectural Programming.Stroudsburg,PA:Dowden, Hutchinson,and Ross.1977

——"Facility Programming." In Ervin H. Zube and Gary T Moore,eds.,Advances in Environment,Behavior and Design 2.New York: Plenum,1989.239~286

——Visual Research Metho& in Design.New York:Van Nostrand Reinhold.1991

——ed.Designing with Community Participation.Stroudsburg,PA:Dowden, Hutchinson,and Ross.1978

Santayana,George.The Sense of Beauty. Reprint.New York:Dover,1955.1896

Sant'Elia,Antonio."Manifesto of Futurist Architecture." In U.Appolonio,ed.,Futurist

Manifestoes.New York:Viking.1973

Santrock,John W.Life Span Development. 3d ed.Dubuque,IA:Wm.C.Brown.1989

Samson,Seymour.The Creation of Settings and the Future Societies.San Francisco:Jossey–Bass.1972

Sasuki,Peter."Germans and Turks at Germany's Railroad Stations:Inter–ethnic Tensions in the Pursuit of Walking and Loitering." Urban Life:A Journal of Ethnographic Research, 1976,4:387~412

Schafer,Roger."Marseilles–A Housing Consultant's Look at Le Corbusier's Unité d'Habitation." Architecture Plus,1974.2,1:86~91

Schmandt,Jurgen,Frederick Williams,Robert H.Wilson,and Sharon Stover,eds.The New Urban Infrastructure:Cities and Telecommunications. New York:Praeger.1990

Schneekloth,Lynda."Advances in Practice in Environment,Behavior and Design." In Ervin H.Zube and Gary T Moore,eds.,Advances in Environment,Behavior,and Design 1.New York: Plenum,1987.307~334

Schneider,Gerhard."Psychological Identity of and Identification with Urban Neighborhoods." In Dieter Frick,ed.,The Quality of Urban Life: Social,Psychological,and Physical Conditions. Berlin:Walter de Gruyter,1986.203~218

Schneider,Jerry B.,and Anita Francis.An Assessment of the Potential of Telecommuting as a Work Trip Reduction Strategy:An Annotated Bibliography.Council of Planning Librarians Bibliography,1989,246

Schneider,Kenneth R.On the Nature of Cities:Toward Enduring and Creative Human Environments.San Francisco:Jossey–Bass.1979

Schön,Don.The Reflective Practitioner:How Professionals Think in Action.New York:Basic Books.1983

Schroeder,Herbert W.,and L.M.Anderson. "Perception of Personal Safety in Urban Recreation Sites." Journal of Leisure Research,1984, 16,2:178~194

Schubert,Otto.Optik in Architektur und Städebau.Berlin:Verlag,Gebr.Mann.1965

Schultz,Stanley K.Constructing Urban Culture:American Cities and City Planning,1800~1920.Philadelphia:Temple University Press.1989

Schumacher,Ernst E.Small Is Beautiful:Economics as If People Mattered.New York:Harper & Row.1973

Schurch,Thomas W."Mission Bay:Questions about a Work in Progress." Planning,1991,57, 10:22~24

Scott,Allen J.Metropolis from the Division of Labor to Urban Form.Berkeley:University of California Press.1988

Scott,Brown,Denise."On Formalism and Social Concern:A Discourse for Social Planners and Radical Chic Architects." Oppositions,1976, 5:99~112

——"Suburban Space,Scale,and Symbols." VIA,1977,3:41~47

——"Between Three Stools:A Personal View of Urban Design and Pedagogy." In Ann Ferebee, ed.,Education for Urban Design.Purchase,NY: Institute for Urban Design,pp.132~172.Also in Urban Concepts,1982.9~20

——Urban Concepts.London:Academy Editions.1990

Scully,Vincent J.Earth,the Temple,and the God.New Haven,CT:Yale University Press.1962

Seamon,David."Phenomenology and Environment–Behavior Research." In Ervin H.Zube and Gary T Moore,eds.,Advances in Environment, Behavior,and Design 1.New York:Plenum,1987. 37~70

Selyunin,Vasily."The Stolen Sea." Translated from the Russian by Jonathan Bastable. The Australian Magazine,1990,(April 14~15): 6~16

Senkevitch,Anatole."Trends in Soviet Architecture 1917~1937." Unpublished Ph.D. dissertation,Cornell University.1974

Sennett,Richard.The Uses of Disorder:Personal Identity and City Life.New York:Knopf. 1970

——The Fall of Public Man.New York:Knopf.1977

Sert,José Luis,and C.I.A.M.Can Our Cities Survive? An ABC of Urban Problems,Their Analysis,Their Solutions.Cambridge,MA:Harvard University Press.1944

Sharp,Dennis,ed. The Rationalists:Theory and Design in the Modern Movement.London:Architectural Press.1978

—— "Introduction." In Sharp,The Rationalists,1978.1~6

Shaw-Eagle,Joanna."The Fine Art of Developing Bethesda." New Art Examiner,1986,(November):40~42

Shearer,Alistair.The Traveler's Key to Northern India:A Guide to the Sacred Places of Northern India.New York:Knopf.1983

Sherwood,Roger.Modern Housing Prototypes.Cambridge,MA:Harvard University Press.1978

Shirvani,Hamid.Urban Design Review:A Guide for Planners.Washington,DC:Planners Press (Chicago:American Planning Association).1981

——The Urban Design Process.New York:Van Nostrand Reinhold.1985

——Beyond Public Architecture:Strategies for Design Evaluation.New York:Van Nostmnd Reinhold.1990

Shvidkovsky O.A.,ed.Building in the U.S.S.R.1917~1932.New York:Praeger.1971

Simon,Herbert A.The New Science of Management Decision.New York:Harper,1960

——The Sciences of the Artificial. Cambridge,MA:MIT Press.1969

——"Style in Design."In John Archea and Charles Eastman,eds.,EDRA Two:Proceedings of the Second Annual Environmental Research AssociationConference,October1970.Pittsburgh,1970:1~10

Singh,Ajit.Tribal Development in India. Delhi:Amar Prakashan.1984

Sitte,Camillo.Der Städte-Bau nach sienen künstlerischen Grundsätzent (The Art of Building Cities:City Building According to Its Artistic Fundamentals).Translated from the German by Charles T.Stewart.New York:Reinhold,1945. 1889

Skaburskis,Jacqueline."Territoriality and Its Relevance to Neighborhood Design:A Review." Architectural Research and Teaching,1974,3,1:39~44

Skolimowski,Henryk."Rationality in Architecture and the Design Process."In Dennis Sharp,ed.,The Rationalists.London:Architectural Press,1978.160~173

Sky,Alison,and Michelle Stone.Unbuilt America:Forgotten Architecture in the United States from Thomas Jefferson to the Space Age. New York:McGraw Hill.1976

Smith,Herbert H.Planning America's Communities:Paradise Found? Paradise Lost? Chicago and Washington,DC:Planners Press.1991

Smithson,Alison,ed.Team 10 Primer. Cambridge,MA:MIT Press.1969

Smithson,Alison,and Peter Smithson.Urban Structuring.New York:Reinhold Studio Vista. 1967

——Ordinariness and Light.London:Faber and Faber.1970

—— "Signs of Occupancy." Architectural Design,1972,41,2:91~97

Soleri,Paolo.The City in the Image of Man. Cambridge,MA:MIT Press.1969

——Fragments.New York:Harper & Row. 1981

Sommer,Robert,Personal Space:The Behavioral Basis of Design.Englewood Cliffs,NJ:Prentice Hall.1969

——Tight Spaces:Hard Architecture and How to Humanize It.Englewood Cliffs,NJ:Prentice-Hall.1974

Sorkin,Michael.Exquisite Corpse.London and New York:Verso.1991

Southworth Michael."The Sonic Environment of Cities." Environment and Behavior,1969,1:1:49~70

—— "Shaping the City Image." Journal of Planning Education and Research,1985,5,1:

52～59

Spaeth, David. Ludwig Hilbersheimer: An Annotated Bibliography and Chronology. New York: Garland. 1981

—— Mies van der Rohe. New York: Rizzoli. 1985

Spire, Anne Whiston. The Granite Garden: Urban Nature and Human Design. New York: Basic Books. 1984

—— "The Poetics of City and Nature: Toward a New Aesthetic for Urban Design." Places, 1989, 6, 1: 82～93

Srivistava, Rajendra K. "Undermanning Theory in the Context of Mental Health Care Environments." In Daniel H. Carson, ed., Man-Environment Interactions, Part Ⅱ. Stroudsburg, PA: Dowden, Hutchinson, and Ross, 1975. 245～258

Stamp, Gavin. "Romania's New Delhi." Architectural Review, 1988, 184, 1098: 4～6

Stäubli, Willy. Brasilia. London: Leonard Hill. 1966

Steadman, Philip. Energy, Environment and Building. Cambridge, Eng.: Cambridge University Press. 1975

Steele, Fred I. Physical Settings and Organizational Development. Reading, MA: Addison-Wesley. 1973

Stein, Clarence. Toward New Towns for America. New York: Reinhold. 1957

Stein, Richard. Architecture and Energy. Garden City, NY: Anchor. 1977

Steiner George. Real Presences. Chicago: University of Chicago Press. 1989

Stern, Jennifer. "Pratt to the Rescue: Advocacy Planning Is Alive and Well in Brooklyn." Planning, 1989, 55, 5: 26～28

Stern, Robert M. Urban Alternatives: Public and Private Markets in the Provision of Local Services. Pittsburgh: University of Pittsburgh Press. 1990

Stern, Robert A. M., with John Massengale. "The Anglo-American Suburb." Architectural Design Profile. London: Architectural Design. 1981

Stern, Robert A. M., with Raymond W. Gastil. Modern Classicism. New York, Rizzoli. 1988

Stewart, Cecil. A Prospect of Cities: Being Studies Towards a History of Town Planning. London: Longman's Green. 1952

Stilgoe, John R. Borderland: Origins of the American Suburb 1820～1939. New Haven, CT: Yale University Press. 1988

Stollard, P., ed. Crime Prevention through Housing Design. London: Chapman and Hall. 1991

Strauss, Anselm. Images of the American City. New York: Free Press. 1961

Stringer, Peter. "Models of Man in Casterbridge and Milton Keynes." In Byron Mikelledis, ed., Architecture for People. New York: Holt, Rinehart and Winston, 1980. 176～186

Ann L. Planned Residential Environments: Sweden, Finland, Israel, The Netherlands, France. Baltimore: Johns Hopkins University Press. 1971

Studer, Raymond. "The Dynamics of Behavior-Contingent Physical systems." In Geoffrey Broadbent and Anthony Ward, eds., Design Methods in Architecture. London: Lund Humphries, 1969. 59～70

—— "Design of the Built Environment: The Search for Usable Knowledge." In Elizabeth Huttman and Willem Van Vliet, eds., Handbook of Housing and the Built Environment. New York: Greenwood, 1988. 73～96

Suttles, Gerald D. The Social Construction of Communities. Chicago: University of Chicago Press. 1972

Swalwell, Bruce. "Human Needs and Environmental Support Systems." Unpublished student paper, University of Pennsylvania. 1976

Swan, James A., ed. The Power of Place: Sacred Ground in Natural Environments. Brea, CA: Quest Books. 1991

Taylor, Jennifer, and John Andrews. John Andrews: Architecture, a Performing Art. Melbourne: Oxford University Press. 1982

Taylor, Nicholas. The Village in the City:

Towards a New Society.London:Temple Smith. 1973

Tennenbaum,Robert."Hail Columbia." Planning,1990,56,5:16~17

Thiel,Philip."A Sequence-Experience Notation for Architectural and Urban Space." Town Planning Review,1961,32:33~52

—— "The Tourist and the Habitué:Two Polar Modes of Environmental Experience,with Some Notes on an Experience Cube." Mimeographed.1964

—— "Starting off on the Right Foot:An Incremental Approach to Design Education for Responsible Public Service." Photocopied.1990

——(forthcoming).Notations for an Experiential Envirotecture.Seattle:University of Washington Press.

Thorne,R.,R.Hall,and M.Munro-Clark. "Attitudes Towards Detached Houses,Terraces and Apartments:Some Current Pressures Towards the Less Preferred but More Accessible Alternatives." In Polly Bart,Alexander Chen, and Guido Francescato,eds.,Knowledge for Design:Proceedings of the Thirteenth International Conference of the Environmental Design Research Association.College Park,MD,1982:435~448

Thorns,David.The Quest for Community: Social Aspects of Urban Growth.New York: John Wiley.1976

Thrall,Grant Ian.Land Use and Urban Form:The Consumption Theory of Land Rent. New York:Methuen.1987

Tillman,Peggy,and Barry Tillman.Human Factors Essentials:An Ergonomic Guide for Designers,Engineers,Scientists,and Managers.New York:McGraw Hill.1990

Timms,Duncan W.G.The Urban Mosaic:Towards a Theory of Residential Differentiation. Cambridge,Eng.:Cambridge University Press.1977

Tobin,Joseph,J.,David Y.H.Wu,and Dana H.Davidson."How Three Countries Shape Their Children.World Monitor,1989,2,1:36~45

Toffier,Alvin.Future Shock.New York:Random House.1970

Tompkins,Peter.Secrets of the Great Pyramid.London:Allen Lane.1973

Torchinsky,Bernard.Ricardo Bofill-Taller de Arquitectura.New York:Rizzoli.1989

Torre,L.Azeo.Waterfront Development.New York:Van Nostrand Reinhold.1989

Trancik,Roger.Finding Lost Space:Theories of Urban Design.New York:Van Nostrand Reinhold.1986

Treib,Marc."Fragments on a Void-Arata Isozaki's Design for Tsukuba Center,Partially Revealed." Landscape Architecture,1985,75,4:70~77

Tschumi,Bernard.Ciné gramme Folie,le parc de la Villette.Paris:Champ-Vallon and Princeton, NJ:Princeton University Press.1987

—— "Parc de la Villette." Architectural Design,1988,58,3/4:43~60

—— "Notes Towards a Theory of Architectural Disjunction." Architecture and Urbanism, 1988,216 (September):11~15

——Questions of Space:Lectures on Architecture.London:Architectural Press.1990

Tuan,Yi-Fu.Space and Place:The Perspective of Experience.Minneapolis University of Minnesota Press.1977

Turner,John E C.Housing by People:Towards Autonomy in Building Environments.New York:Pantheon.1976

Turner,PaulV.The Education of Le Corbusier:New York:Garland.1977

——Campus:An American Planning Tradition.Cambridge,MA:MIT Press.1984

Tyng,Anne."Geometric Extensions of Consciousness." ZODIAC 19.Milan:Edrioni di Communita,1969.130~162

——"Simultaneous Randomness and Order: The Fibonacci-Divine Proportion as a Universal Forming Principle." Unpublished Ph.D. dissertation,University of Pennsylvania.1975

ULI (Urban Land Institute)."Fair Lakes,

Fairfax, Virginia." Project Reference File, 1988, 18, 5 (January–March): whole issue

Untermann, Richard K. Accommodating the Pedestrian: Adapting Towns and Neighborhoods for Walking and Bicycling. New York: Van Nostrand Reinhold. 1984

Unwin, Raymond. Town Planning in Practice: An Introduction to the Art of Designing Cities and Suburbs. London: Unwin. 1909

van der Plaat, Deborah. "Geometrical Symbolism and the Influence of Mysticism and Occultism on Organic Architecture." Unpublished working paper, University of New South Wales. Photocopied. 1992

van Vliet, Willem, and jan van Weesep, eds. Government and Housing: Developments in Seven Countries. Newbury Park, CA: Sage. 1990

Varva, Bob. "High Profile or Too High." DuPage Profile, 1987, 1, 20 : 8～9

Vayda, Andrew, ed. Environment and Culture: Ecological Studies in Cultural Anthropology. Garden City, NY: Natural History Press. 1969

Vaz, J.L., "Architecture for Bhubaneswar, New Capital, Orissa." Journal of the Indian Institute of Architects, 1954, 20, 2 : 3～4

Ventre, Francis T. "Regulation: A Revitalization of Social Ethics." In John Capelli, Paul Naprstek, and Bruce Prescott, eds., Ethics and Architecture. VIA, 1990, 10 : 51～81

Venturi, Robert. Complexity and Contradiction in Architecture. New York: Museum of Modern Art. 1966

Venturi, Robert, Denise Scott Brown, and Steven Izenour. Learning from Las Vegas: The Forgotten Symbolism of Architectural Form. Cambridge, MA: MIT Press. 1977

Verge, Alix (1990). "Geometry: The Architect's Friend." Unpublished student dissertation, University of New South Wales. 1992

——Personal communication. 1992

Veseley, Dalibor. "On the Relevance of Phenomenology." Pratt Journal of Architecture, 1989, 2 (Spring): 59～62

Vigoda, Ralph. "From Community's Pariah to Its Pride." Philadelphia Inquirer, 1991, (January 24): 6

Vignelli Associates. "Design: Vignelli." University of New South Wales College of Fine Arts, Announcement of Lecture Series. 1990

von Frisch, Karl. Animal Architecture. New York: Harcourt Brace Jovanovich. 1974

Wade, John. Architecture, Problems, Purposes: Architectural Design as a Basic Problem Solving Process. New York: John Wiley. 1977

Wall, Donald. Visionary Cities: The Arcology of Paolo Soleri. New York: Praeger. 1971

Walter, Eugene Victor. Placeways: A Theory of the Human Environment. Chapel Hill: University of North Carolina Press. 1988

Ward, Barbara, and René Dubos. Only One Earth: The Care and Maintenance of a Small Planet. New York: Norton. 1972

Ward, Colin. The Child in the City. Rev. ed. London: Bedford Square. 1990

Warfield, John, and J. Douglas Hill. An Assault on Complexity. Columbus, OH: Battelle. 1973

Watkin, David. Morality and Architecture. Oxford: Clarendon. 1977

Watson, Lee H. Lighting Design Handbook. New York: McGraw Hill. 1990

Webber, Melvin. "Order and Diversity: Community without Propinquity." In Lowden Wingo, ed., Cities and Space: The Future of Urban Land. Baltimore: Johns Hopkins University Press, 1963. 23～54

Weber, Adna Ferrin. Growth of Cities in the 19th Century. Reprint. Ithaca, NY: Cornell University Press, 1963.

Weiler, Ann, "My Urban Design Manifesto." Unpublished student paper, University of Pennsylvania, Urban Design Program. 1988

Weinstein, Carol Simon, and Thomas G. David, eds. Spaces for Children: The Built Environment and Child Development. New York: Plenum. 1987

Weiss, Marc. The Rise of the Community Builders: The American Real Estate industry and Urban Land Planning. New York: Columbia University Press. 1987

Wekerle, Gerda. "A Woman's Place Is in the City." Antipode: A Radical Journal of Geography, 1984, 16, 3: 11～19

Wekerle, Gerda, Rebecca B. Peterson, and David Morley. New Space for Women. Boulder, CO: Westview. 1980

Welner, Alan H. "Environmental Accessibility for Physically Disabled People." In Frederic J. Kottke and Justus E Lehman, eds., Krusen's Handbook of Physical Medicine and Rehabilitation. New York: W.B. Saunders, 1990. 1273～1290

Wener, Richard. "Advances in Evaluation of the Built Environment." In Ervin H. Zube and Gary T. Moore, eds., Advances in Environment, Behavior, and Design 2. New York: Plenum, 1989. 287～313

Wertheimer, Max. "GestaltTheory," "The General Theoretical Situation," and "Laws of Organization," In William D. Ellis, ed., A Source Book of Gestalt Theory. London: Routledge and Kegan Paul, 1938. 1～88

Westerman, Hans. "The Contribution of Various Professions to Urban Design." In Tamas Lukovich, ed, Urban Design and Local Planning: An Interdisciplinary Approach. Kensington: University of New South Wales, Faculty of Architecture, 1990. 1.1～1.9

Westin, Alan. Privacy and Freedom. New York: Atheneum. 1967

Weyergraff-Serra, Clara, and Martha Buskirk, eds. The Destruction of the Titled Arc: Documents. Cambridge, MA: MIT Press. 1990

Wheaton, William L.C., and Margaret E Wheaton. "Identifying the Public Interest: Values and Goals." In Ira M. Robinson, ed., Decision-Making in Urban Planning. Beverly Hills, CA: Sage, 1972. 49～60

White, Morton G., and Lucia White, eds. The Intellectual versus the City from Thomas Jefferson to Frank Lloyd Wright. New York: New American Library. 1964

Whyte, William H. The Social Life of Small Urban Spaces. New York and Washington, DC: Conservation Foundation. 1980

——City: Rediscovering the Center. New York: Doubleday. 1988

Wicker, Allan. "Size of Membership and Member's Support of Church Behavior Settings." Journal of Personality and Social Psychology, 1969, 13: 278～288

——An Introduction to Ecological Psychology. Monterey, CA: Brooks/Cole. 1979

Wiebenson, Dora. Tony Garnier: The Cite Industrielle. New York: George Braziller. 1969

Wiedenhoeft, Ronald V. Cities for People: Practical Measures for Improving Urban Environments. New York: Van Nostrand Reinhold. 1981

Wilford, Michael. "Off to the Races, or Going to the Dogs." In David Gosling and Barry, Maitland, eds., Urbanism—Architectural Design Profile 51. London: Architectural Design Publications. 1984

Wilkinson, P.E., ed. Innovations in Play Environments. New York: St. Martin's Press. 1980

Williams, Eddie N., ed. The Social Impact of Urban Design. Chicago: University of Chicago, Center for Policy Studies. 1971

Williams, Stephanie. Docklands Guide. London: Architectural Design and Technology. 1990

Willmott, Peter, and Michael Young. "Social Research and New Communities." Journal of the American Institute of Planners, 1960, 33, 5: 387～397

——The Symmetrical Family. London: Routledge and Kegan Paul. 1973

Wilson, Edward O. On Human Nature. Cambridge, MA: Harvard University Press. 1978

Wilson, Elizabeth. The Sphinx in the City. London: Virago Press. 1991

Wilson, William H. The City Beautiful

Movement.Baltimore:Johns Hopkins University Press.1989

Wingler,Hans.The Bauhaus:Weimar,Dessau, Berlin,Chicago.Translated from the German by Wolfgang Jabs and Basil Gilbert,edited by Joseph Stein.Cambridge,MA:MIT Press.1969

Wise,James."Deopportunizing Design:A Comprehensive Strategy for Deterring Vandalism."In Polly Bart,Alexander Chen,and Guido Francescato,eds.,Knowledge for Design:Proceedings of the Thirteenth International Conference of the Environmental Design Research Association. College Park,MD,1982:283~284

Wisner,Ben,David Stea,and Sonia Kruks. "Participatory and Action Research." In Ervin H.Zube and Gary T.Moore,eds.,Advances in Environment,Behavior,and Design 3.New York: Plenum,1991.271~296

Wolf,Edwin,2d.Philadelphia:Portrait of an American City.Harrisburg,PA:Stackpole Books. 1975

Wolfe,Tom.From Bauhaus to Our House. New York:Farrar Straus Giroux.1981

Wolschke-Buhnahn,Joachim."Fear of the New Landscape:Aspects of the Perception of Landscape in the German Youth Movement between 1900 and 1933 and Its Influence on Landscape Planning." Journal of Architectural and Planning Research,1992,9,1:33~47

Wood,Edward W.,Sidney N.Brower,and Margaret W.Latimer."Planners'People." Journal of the American Institute of Planners,1966, 32 (July):228~234

Woodbridge,Sally."A New Plan for Mission Bay." Progressive Architecture,1987,68,6: 37~38

Woodward,Alison."Communal Housing in Sweden:A Remedy for the Stress of Everyday Life?" In Karen Franck and Sherry Ahrentzen, eds.,New Households,New Housing.New York: Van Nostrand Reinhold,1989.71~94

Wright,Frank Lloyd.The Living City.New York:Horizon.1958

Wrigley,Robert L."The Plan of Chicago: Its Fiftieth Anniversary." Journal of the American Institute of Planners,1960,26,1:31~38.Also in Krueckeberg,1983.58~72

Wyckoff,William.The Developer's Frontier: The Making of the Western New York Landscape. New Heaven,CT:Yale University Press.1988

Wynne,Nancy,and Beaumont Newhall. "Horatio Greenough:Herald of Functionalism." Magazine of Art,1939,32 (January):12~15

Zehner,Robert."Environmental Priorities and the Greenhouse." Australian Planner,1991,29, 1:33~38

Zeisel,John."Fundamental Values in planning with the Non-Paying Client."In Jon Lang et al.,eds.,Designing for Human Behavior:Architecture and the Behavioral Sciences. Stroudsburg,PA:Dowden,Hutchinson,and Ross, 1974.293~301

——Inquiry by Design:Tools for Environmental Behavior Research.New York:Cambridge University Press.1980

Zelinsky,Wilbur.The Cultural Geography of the United States.Englewood Cliffs,NJ:Prentice-Hall.1973

Zevi,Bruno."The Italian Rationalists." In Dennis Sharp,ed.,The Rationalists:Theory and Design in the Modern Movement.London:Architectural Press,1978.118~129

Zotti,Ed."A Primer for Writing Design Guidelines." Planning,1991,57,5:12~14

Zube,Ervin,and Gary T.Moore,eds. Advances in Environment,Behavior,and Design 1, 2,and 3.New York:Plenum.1987,1989,1991

Zucker,Paul.Town and Square:From Agora to Village Green.New York:Columbia University Press.1959

Zwicky Fritz."A Morphological Method of Analysis and Construction." Studies and Essays (Courant Anniversary Volume).New York: Interscience.1948

致 谢

除了在下面列出的照片、图表和图画之外，所有其他的部分都是作者自己的工作内容。一些照片和说明是作者的学生（主要是宾夕法尼亚艺术学院研究生院的学生）、同事和朋友给予作者的，有些甚至连我也不知道出处。我已经把它们列出在“作者收集”当中。我非常感激所有的这些帮助。在这本书中，我努力联络并充分信任已引用的版权持有人的说明。如果有任何关于说明的版权所有权书写的不够准确（或错误），请与新南威尔士大学建筑学院的作者交换意见：College of Architecture，University of New South Wales，PO Box 1，Kensington，NSW 2033，Australia.

图Ⅰ-1(1)	承蒙马文·S·克鲁特惠赠。
图Ⅰ-1(4，5)	理查德·菲特兹哈丁格准许用。
图Ⅰ-2(2)	圣陶西·库玛·密斯瑞准许使用。
图Ⅰ-2(3)	埃里克斯·沃基准许使用。
第1部分，城市设计的背景	承蒙拉里·马克斯惠赠。
今天的城市设计	承蒙旧金山城市规划委员会惠赠。
图1-1(1)	承蒙安妮·斯特朗惠赠。
图1-1(3)	作者收集。
表1-1	斯卡克曼图书有限公司准许使用。
表1-2	詹姆斯·J·吉布森，《感觉被考虑为知觉系统》：p.50。霍顿·密菲林公司版权，1966年准许使用。
图1-7(1)	鲁西·德瑞克准许使用。
图1-7(2)	作者收集。
图1-8	美国心理学协会版权，1973年。鲍威尔·劳顿准许使用。
图1-9	凡·诺斯特拉德·莱茵霍尔德准许使用。
图2-1(3)	作者收集。
图2-5(2，3)	芝加哥历史协会准许使用，ICHi-22270，ICHi-02524。
图2-6(1，2)	芝加哥艺术学会RX 17016.28准许使用。
图2-8(2)	麻省理工学院出版社准许使用。
图2-9(1)	承蒙弗兰克·劳埃德·赖特档案馆惠赠。
图2-9(2，3)	弗兰克·劳埃德·赖特基金会版权，1958年。
图2-10(1，2)	乔治·布拉萨勒准许使用。
图2-10(3)	承蒙建筑师戴尼·纽特拉惠赠，加利福尼亚大学洛杉矶分校收集的戴尼·纽特拉论文。
图2-10(4)	1993年版，ARS，纽约/SPADEM，巴黎。
图2-10(5)	承蒙文森特惠赠。
图2-10(6)	埃里克斯·沃基准许使用。
图2-11(2)	选自J·M·理查兹的《现代建筑概述》(鹈鹕图书，1940年，1962年再版)。J·M·理查兹的版权，1940年。
图2-12(1)	柯森地基金会准许，委托陶密克·泰姆瑞转载。
图2-12(2)	保罗·鲁道夫的版权。承蒙保罗·鲁道夫的惠赠，并转载。

图 2–12(3) 普莱格出版公司准许再版，绿林出版集团。
图 2–13(2) 转载建筑设计杂志，承蒙伦敦学术协会组织与建筑师哈蒙德·碧碧·巴布卡惠赠。
图 2–13(3) 承蒙加利福尼亚索萨里托的SWA小组惠赠。
图 2–14(1) J·丹尼斯·威尔逊准许使用。
图 2–15(3) 理查德·菲特兹哈丁格准许使用。
图 2–16(1) 作者收集。
图 2–16(2，3) 承蒙澳大利亚堪培拉国家首都规划管理委员会惠赠。
图 2–16(5) 作者收集。
图 2–18(1) 普莱格出版公司准许再版，绿林出版集团。
图 2–18(2) 文森特准许使用。
图 2–19(1) 麻省理工学院出版社准许使用。
图 2–19(3) 宾夕法尼亚的历史团体准许转载。
图 2–20(3) 鲁思·德瑞克准许使用。
图 2–21(1) 亨氏·罗纳和肖维德·哲威瑞，巴塞尔的伯瑞格豪斯·威莱格·AG准许使用。
图 2–21(2) 作者收集。
图 2–21(3) 作者收集。
图 2–22(2) 比勒费尔德大学提供的照片。
图 2–22(3) 格迪斯，布赖切，考勒斯，康宁安准许使用，费城。
图 2–23(2) 约翰贝利尔准许使用。
图 2–23(3) 詹姆斯·布莱克准许使用。
图 2–23(4) 迪珀·尼加哈瓦准许使用。
图 2–23(5) 作者收集。

图 3–2(2) 承蒙旧金山城市规划委员会惠赠。
图 3–4(1) 1993版，ARS版权，纽约／SPADEM，巴黎。
图 3–4(2) 哥伦比亚大学出版社，1990年版，出版商准许转载。
图 3–4(3) 费城宾夕法尼亚大学，路易斯·康档案馆准许使用。
图 3–5(1,2,3) 威克特·格鲁有限公司版权，1964年，1992年。赛门＆斯凯特有限公司准许转载。
图 3–6(1) 莱斯特·沃克版权，1981年。瞭望出版社乌德斯托克，纽约。
图 3–6(2) 普林斯顿建筑出版社准许转载。
图 3–7(1) 埃里克斯·沃基准许使用。
图 3–7(2) 迪珀·尼加哈瓦准许使用。
图 3–7(5) 承蒙旧金山城市规划委员会惠赠。
图 3–7(6) 鲁思·德瑞克准许使用。
图 3–8(1) 伦敦查普曼＆霍尔有限公司和贝尔纳·特斯密准许转载。
图 3–8(2) 鲁思·德瑞克准许使用。
图 3–8(3) 鲁思·德瑞克准许使用。
图 3–9(2) 承蒙波士顿城市更新委员会惠赠。
图 3–10(3) 《进步建筑》准许转载，庞顿出版社。
图 3–11(1) 埃里克斯·沃基准许使用。
图 3–11(2，3) 鲁思·德瑞克准许使用。
图 3–12 承蒙旧金山城市规划委员会惠赠。
图 3–13(1，2) 建筑实录丛书准许转载，麦格劳·希尔公司。
图 3–14 建筑实录丛书准许转载，麦格劳·希尔公司。
图 3–15(3) 麻省理工学院出版社准许转载。
图 3–16(1) 文森特准许使用。
图 3–16(2) 麻省理工学院出版社准许使用。
图 3–17(1) 艾瑞塔·伊兹扎克准许使用。
图 3–19(1) 承蒙纽约城市住宅管理委员会惠赠。
图 3–19(2) 转载自建筑设计杂志，承蒙伦敦学术协会组织惠赠。
图 3–20(1) 承蒙哈佛大学设计研究院弗朗西斯·利比图书馆惠赠。
图 3–20(5) 普林斯顿建筑出版社准许转载。
图 3–20(6) 麻省理工学院出版社准许转载。
图 3–22(1) 埃里克斯·沃基准许使用。
图 3–22(2) 伦敦学术协会组织，迪斯尼公司准许转载。
图 3–22(3) 理查德·菲特兹哈丁格准许使用。

图 4–1(2) 建筑师爱德华·德瑞尔·斯东准许使用
图 4–1(3) 奥斯卡·纽曼准许转载。
图 4–2(1) 美国建筑学会准许转载／来自第六十街特别工作组报告的纽约篇，1990年。
图 4–2(2) 费城汉纳／奥林有限公司准许使用。
图 4–2(3) 伦道夫·葛里费兹准许使用。

图 4-3(1，2) 承蒙加利福尼亚州葛伦德耳城市更新委员会惠赠。
图 4-4(1) 麻省理工学院出版社准许转载。
图 4-4(2) 承蒙约翰·布拉特惠赠，建筑师。
图 4-4(3) 伦敦查普曼和霍尔有限公司，里昂·克里尔准许转载。
图 4-5(1) 伦敦查普曼和霍尔有限公司，卡萝·艾莫妮默准许转载。
图 4-5(2) 承蒙科内尔建筑学报惠赠。
图 4-5(3，4) 伦敦查普曼和霍尔有限公司，里昂·克里尔准许转载。
图 4-6 伦敦学术协会组织，贝尔纳·特斯密准许转载。
图 4-7(1) T·戈登·卡伦准许转载。
图 4-7(2) 克利斯多夫·亚历山大版权，1977 年牛津大学出版社准许使用。
图 4-7(3) 奥斯卡·纽曼准许转载。
图 4-8(1) 凡·诺斯特拉德·莱茵霍尔德和理查德·哈奇准许使用。
图 4-8(2) 普拉特承蒙社区和环境发展研究中心负责人罗恩·舍菲曼惠赠。
图 4-9(2) 凡·诺斯特拉德·莱茵霍尔德准许转载。
图 4-10(1,2,3) 麻省理工学院出版社准许转载。

图 5-2(2) 鲁思·德瑞克准许使用。
图 5-2(3) 史蒂夫·金准许使用。
图 5-3(1) 作者收集。
图 5-3(2，3) 美国规划师协会学报准许转载。
图 5-4(2) 洛丽·利兰准许使用。

图 6-1(1) 凡·诺斯特拉德·莱茵霍尔德准许转载。
图 6-1(2) 麻省理工学院出版社准许转载。
图 6-1(3) 费城宾夕法尼亚大学路易斯·康档案馆准许转载。
图 6-3(3) 承蒙安妮·斯特朗惠赠。
图 6-4(2) 马克·亨肖准许使用。
图 6-5(3) 马文·S·克鲁特准许使用。
图 6-6(3) 亚历山大出版社准许转载。

图 7-1(1) 麻省理工学院出版社准许转载。
图 7-3(3) 作者收集。
图 7-7(1) 迪伯·尼加哈瓦准许使用。
图 7-8(2) 迪伯·尼加哈瓦准许使用。
图 7-9(1) 作者收集。
图 7-9(2) J·丹尼斯·威尔逊准许使用。
图 7-9(3) 理查德·菲特兹哈丁格准许使用。

图 8-2(1) 马克·弗朗西斯准许使用。
图 8-3(2) 作者收集。
图 8-6(2) 埃里克斯·沃基准许使用。
图 8-7(3) 承蒙马文·S·克鲁特惠赠。
图 8-8(1) 作者收集。
图 8-8(1) 迪珀·尼加哈瓦准许使用。
图 8-9(1) J·丹尼斯·威尔逊准许使用。
图 8-9(3) 承蒙旧金山城市规划委员会惠赠。
图 8-10(3) 作者收集。

图 9-1 (1) 埃里克斯·沃基准许使用。
图 9-1(3) 承蒙科内尔建筑学报惠赠。
图 9-2(2) 承蒙旧金山城市规划委员会惠赠。
图 9-2(3) 麻省理工学院出版社准许转载。
图 9-3(3) 克利斯托弗·亚历山大版权，1977 年。牛津大学出版社准许转载。
图 9-4(5) 詹尼斯·泰勒准许使用。
图 9-6(1,2,3) 作者收集。
图 9-8(1,2) 凡·诺斯特拉德·莱茵霍尔德准许转载。
图 9-8(3) J·丹尼斯·威尔逊准许使用。
图 9-9(1) 凡·诺斯特拉德·莱茵霍尔德准许转载。

图 10-1(2) 作者收集。
图 10-1(3) 斯坦利·泰格曼准许转载，建筑师。
图 10-2(1，2) 普莱格出版公司准许再版，绿林出版集团。
图 10-2(3) 印地安那州大学出版社准许转载。
图 10-6(1) 规划师杂志准许转载。美国规划协会版权，1992 年 1 月。
图 10-7(1) 1960 年，巴克明斯特·富勒版权。承蒙洛杉矶的巴克明斯特·富勒

研究所惠赠。

图 10–7(2) 普莱格出版公司准许再版，绿林出版集团。

图 10–8(1) 凡·诺斯特拉德·莱茵霍尔德准许转载。

图 10–8(2) 埃里克斯·沃基准许使用。

图 10–8(3) 麻省理工学院出版社准许转载。

图 10–9(1，2) 1993 年，ARS 版权，纽约／SPADEM，巴黎。

功能性 迪伯·尼加哈瓦准许使用。

社会环境

图 11–2(2) 埃里克斯·沃基准许使用。

图 11–5(3) 作者收集。

图 11–6(1) 斯科特·布朗·文丘里和同事准许使用。

图 11–6(3) 安·斯特朗准许使用。

图 11–7(2) 詹妮弗·泰勒准许使用。

图 11–9(3) 作者收集。

图 11–10(1,2,3) 作者收集。

图 11–11(1,2) 作者收集。

图 11–11(3) 承蒙旧金山城市规划委员会惠赠。

图 12–3 欧文·奥特曼准许使用。

图 12–4(3) 作者收集。

图 12–6(1) 费城汉纳／奥林有限公司准许使用。

图 12–7 奥斯卡·纽曼和美国司法局国家司法协会准许使用。

图 12–8(1) 作者收集。

图 12–9(1) 作者收集，照片由唐纳德·M·斯蒂芬森提供

图 12–9(2) 麻省理工学院出版社准许使用。

图 12–9(3) 作者收集。

图 12–10(1) 斯科特·布朗·文丘里和同事准许使用。

图 12–11(1) 华莱士，罗伯茨和托德准许使用。

图 12–11(2,3) 奥斯卡·纽曼准许使用。

图 13–2(1,2,3) 作者收集。

表 13–1 斯卡克曼图书有限公司准许使用。

图 13–3(1) 转载自建筑设计杂志，承蒙伦敦学术协会组织惠赠，以及罗伯特·A·M·斯特恩准许。

图 13–3(2) 绘自《共同的住房：一个通向我们自己住房的现代途径》(十速出版社，1990 年)。凯思琳·M·麦坎曼特和查尔斯·R·德瑞特准许使用。

图 13–3(3) 规划师杂志准许转载，美国规划协会版权，1991 年 7 月。

图 13–4(1) 费城汉纳／奥林有限公司准许使用。

图 13–4(2) 作者收集。

图 13–4(3) 迈克尔·迈金利山，克莱尔·库珀·马库斯，凡·诺斯特拉德·莱茵霍尔德准许使用。

图 13–6(1,3,5) 伦道夫·赫斯特和凡·诺斯特拉德·莱茵霍尔德准许使用。

表 13–2 伦道夫·赫斯特和凡·诺斯特拉德·莱茵霍尔德准许转载。

图 13–7(1,2) 凡·诺斯特拉德·莱茵霍尔德准许转载。

图 13–7(3) 作者收集。

图 13–8(3) 作者收集。

图 13–8(5) 伦敦查普曼和霍尔有限公司，查尔斯·穆尔，威廉·特纳布尔准许使用。

图 13–9(2) 采用自唐纳德·阿普尔亚德，《适合居住的街区》。加利福尼亚大学评议董事会的版权。

图 13–13(3) 鲁思·德瑞克准许使用。

图 13–14 承蒙旧金山城市规划委员会惠赠。

图 13–15(3) 约翰·巴林杰准许使用。

图 13–15(4) 迪伯·尼加哈瓦准许使用。

图 13–15(6) 费城汉纳／奥林有限公司准许使用。

图 14–2(1) 承蒙建筑师海恩斯，伦德伯格·威斯尔，及其接班人麦肯奇·威霍斯，格密里惠赠。

图 14–2(2) 承蒙旧金山城市规划委员会惠赠。

图 14–3(1,2) 作者收集。

图 14–4(1) 鲁思·德瑞克准许使用。

图 14–9(2) 内尔·哈特准许使用。

图 14–9(4) J·丹尼斯·威尔逊准许使用。

图 14–10(2) J·丹尼斯·威尔逊准许使用。

图 14–12(1) 埃里克斯·沃基准许使用。

图 14-12(2) 史蒂夫·金准许使用。
图 14-12(3) 作者收集。

图 16-2(1) 作者收集。
图 16-2(2) 史蒂夫·金准许使用。
图 16-2(3) 迪珀·尼加哈瓦准许使用。
图 16-4(1,2) 作者收集。
图 16-5(1) 作者收集。
图 16-5(2) 克莱尔·库伯·马库斯和凡·诺斯特拉德·莱茵霍尔德准许使用。
图 16-6(2) 大卫·艾利森准许使用。
图 16-7(3) 普林斯顿建筑出版社准许转载。
图 16-8(1) 迪珀·尼加哈瓦准许使用。
图 16-8(2) 作者收集。
图 16-8(3) 承蒙弗兰克·劳埃德·赖特档案馆惠赠。

图 17-2(1) 承蒙安妮·斯特朗惠赠。
图 17-3(2) 承蒙旧金山城市规划委员会惠赠。
图 17-3(3) 拉里·马克斯准许使用。
图 17-5(3) 作者收集。
图 17-6(1) J·丹尼斯·威尔逊准许使用。
图 17-7(4) 承蒙旧金山城市规划委员会惠赠。
图 17-11(2) 埃里克斯·沃基准许使用。
图 17-12(1) 作者收集。
图 17-13(4) 费城汉纳/奥林有限公司准许使用。
图 17-13(5) 迪珀·尼加哈瓦准许使用。
图 17-13(6) 作者收集。
图 17-14(2) 史蒂夫·金准许使用。

图 18-1(1) 巴克明斯特·富勒版权，1960年。承蒙洛杉矶巴克明斯特·富勒研究所惠赠。
图 18-3(1,3) 日内瓦世界气象协会准许转载。
图 18-3(2) 伦敦劳特利奇准许转载。
图 18-4(1) 鲁思·德瑞克准许使用。
图 18-5(1) 麻省理工学院出版社准许转载。
图 18-5(2) 凡·诺斯特拉德·莱茵霍尔德和劳伦斯·哈珀准许转载。
图 18-6(1) 埃里克斯·沃基准许使用。
图 18-6(2) 凡·诺斯特拉德·莱茵霍尔德准许转载。
图 18-7(2, 3) 伦敦劳特利奇准许转载。
图 18-8(1,2,3) 马克·弗朗西斯准许使用。
结论 摄影家詹姆斯·布莱克准许使用。
获得功能性环境的程序性问题 罗恩·舍菲曼准许使用，普拉特社区环境发展研究中心。

图 20-1(1) 迪珀·尼加哈瓦准许使用。
图 20-5(1) 安妮·斯特朗准许使用。
图 20-5(2) J·丹尼斯·威尔逊准许使用。

图 21-1 承蒙《为人类循环城市：城市设计程序》AIA 合著者：劳伦斯·S·卡特，谢丽·斯蒂芬斯·卡特勒惠赠。
图 21-2 约翰·西斯尔准许转载。
图 21-4(1) 詹尼弗·泰勒准许使用。
图 21-4(2) 承蒙派克市场保护与开发委员会惠赠。
图 21-4(3) 迪珀·尼加哈瓦准许使用。
图 21-6(1) 承蒙旧金山城市规划委员会惠赠。
图 21-6(3) 费城艺术博物馆准许使用。
图 21-7(1) 作者收集，来源未知。
图 21-8 承蒙宾夕法尼亚州大学美艺术研究学院惠赠。
图 21-9 承蒙马里兰州蒙哥马利县规划委员会惠赠。
图 21-10 费城ERG准许转载。

图 22-1(1,2) 承蒙美国建筑师学会／费城分会惠赠。

图 23-1 美国哈佛大学出版社准许转载。
图 23-3(1) 1993年，ARS版权，纽约／SPADEM，巴黎。
图 23-3(2) 伦敦查普曼和霍尔有限公司准许转载。
图 23-3(3) 承蒙旧金山城市规划委员会惠赠。

图 24-1	雷蒙德 · 斯达弗准许使用。
图 24-2(1)	选自埃德蒙得 · 培根的《城市设计》。埃德蒙得·N·培根版权，1967年，1974年版。威金 · 佩格瑞准许使用的版权，企鹅图书公司分部。
图 24-5	约翰 · 西斯尔准许转载。
图 24-6	美国规划协会杂志准许转载。
第五部分 结论：城市设计的未来	承蒙费城汉纳/奥林有限公司惠赠。

索 引

C

Q

R

译者后记

城市设计几乎与城市文明的历史同样悠久，而城市设计却是一个有着相对持久活动的新术语。“城市设计”这个术语从20世纪50年代后期开始进入专业设计领域，作为一个专业领域和一门学科有了较大的发展，特别是在美国，它有明确的实用主义的研究方向。

《城市设计——美国的经验》的作者乔恩·朗博士是美国宾夕法尼亚州费城城市环境设计研究中心主任，目前是澳大利亚悉尼市新南威尔士大学建筑学院的教授。可以看到，通过他的工作我们可以全面而细致地了解美国在城市设计方面的经验，对我国正兴起的城市设计研究会有一定的启发。

译文尽可能保存原意，不添不减，免得文责不清。但是本人知识及能力有限，未免有翻译不到之处，敬请读者给予指正。

本书在翻译的过程中，长安大学的胡立军、潘育耕老师，西安建筑科技大学王芙蓉老师参加了部分文稿的翻译、校稿工作，我的研究生吴志刚、陈墨峰、罗国华、肖哲涛、王颖辉、谢芸、熊东旭为最初的翻译做了大量的工作，还有一些朋友及研究生王宇新、李慧、李波、杨慧、郝丽君、张彦、鲁晓勋、王征、李塬、刘海明等也做了一些工作，在此表示感谢。

该书的翻译工作承蒙好友澳大利亚悉尼王进女士、西安建筑科技大学外语系唐一凡教授的热心帮助，在此特致谢意。

同时，我应该感谢的是中国建筑工业出版社的王伯扬、陆新之编辑，感谢他对译者的帮助与鼓励。并向中国建筑工业出版社负责本书的校对、美术设计的相关人员表示感谢！

王翠萍

2005年3月于古城西安